石黒一憲

ＩＴ戦略の法と技術

「ＮＴＴの世界的Ｒ＆Ｄ実績」vs.「公正競争」

THE BASIC STRATEGY OF JAPAN FOR THE INFORMATION SOCIETY

—— "World-leading R&D Activities of NTT" vs. "The Distorted Notion of Fair Competition"

BY

KAZUNORI ISHIGURO

2003

SHINZANSHA

信 山 社

はしがき

「猛烈なる怒りと嘆き」が臨界点を超えたとき、デモーニッシュな形での私の執筆が始まる。岩波の『法と経済』(一九九八年)のときも、そうだった(同書の『あとがき』参照)。

本書に収められた論文の原題は、「真のIT革命の達成と『NTT解体論議の愚かさ』――『国内』『公正競争』論議の暴走vs.『NTTの世界的・総合的な技術力』への適正なる評価」というものであり、〔財〕日本関税協会発行の『貿易と関税』二〇〇一年三月号から二〇〇三年四月号まで、実に二六回の連載、であった。一回の連載が概ね四〇〇字で六〇枚超。その二六倍である。

私は、かくて、満五〇歳を超えて、これまで全く自分がまともに研究などしたことのない、『IT技術』という未知の領域に、まさに全速力で飛び込み、摑めるだけのものを摑み、自分なりに咀嚼し、猛烈なるスピードで執筆に打ち込んだ。岩波の『法と経済』の場合も似たようなことではあったが、今回は、まさに待ったなしの状況にあったからだ。

「NTTが日本のITやインターネットの発展を阻害している」などという、『技術の視点』からは全く根拠を欠く主張が、『覇権国家アメリカの焦り』を背景とする、太平洋の向こうからのマインド・コントロールの為の強い電波と、それに幻惑された人々によって、日本で過度に増幅して伝えられていたからだ。

ところが、『技術的に遅れているアメリカ(!)』からの、この妨害工作に対して、概して、現場の第一線で活躍する、日本の世界的技術者達は、自らの重大な危機を認識出来ず、かつ、当のNTTの対応も、従来型の、日本の規制官庁との寝技的な交渉に、終始しがちだった。まさに、「自分が書かねば、そして行動せねば、もはや破滅しかない」といった状況だったのである。そして、出来上がった本書は、その意味でも、『〝技術〟と〝規制〟との真の架橋』(!!)を、強く志向する内容のものと、なっているのである(本書で言及された様々なITないしテレコムの技術動向は、まさに最新のものとなっている〔但し、とかく過大評価されがちなUWB(ウルトラ・ワイド・バンド)無線については、別稿で論ずる〕。いわゆる文科系・理科系の双方が、お互いを正しく認識できるよう、著者たる私は、この点で最善を尽くしたつもりである!!)。

だが、本書にも記したが、「人は忘れる、否、忘れたがるものである。」――それは、今回同様に身を挺して戦った、かの『郵政三事業民営化問題』や、かつての『NTT分割問題』のときと、同じことである。それは、始めから分かっていた。だが、私には、そんなことはどうでも良い。それが人間の悲しい性なのだから。これは、またしても『自分との闘い』に、ほかならなかったのだから。――妻裕美子が、そうした私の葛藤を、いつものように全身全霊で支え、理解してくれるだけで、私には十分なのだから。

それにしても、いざ本書に収められた論文を著書として刊行しようと思い立った私は、(これまた分かってはいたことだが)今更ながら、愕然とした。本書の内容と深く関係するはずの出版社を始めとして、どこも「無理です。厚すぎます。」の一点張りだったからである。欧米や私の知る韓国でも、一〇〇〇頁を越す出版など、ごく普通のことである。しかるに、この日本では、売れると分かっている書籍以外、そんなことはあり得ない。要するに、日本の一般の出版社には、リスクを負ってでも文化の発展に寄与しようなどという気概が、そもそもないのだ。

そんな中、今回も私（と妻）の悶々たる思いを、深くご理解いただき、本書を是が非でも出版しよう、とおっしゃって下さったのは、信山社の村岡侖衛氏だった。本当に頭が下がる思いがする。そして、それと同時に、国際競争力のかけらもない日本の出版界の現状には、改めて腹が立つ。

印刷所の方々にも多大なご面倒をおかけした本書の刊行だが、［財］日本関税協会の鎌田泰二氏には、連載論文のフロッピーを快くお渡し頂き、心から感謝している。すべて手書きの私の連載論文が元ゆえ、それがなかったら、本書の価格は更に（禁止的に！）高くなっていたであろう。

かくして、二〇〇〇年一二月以来の、そして、更に溯れば一九九五年前後以来の、情報通信分野における、『石黒一憲――闘争の全記録！』とも言うべき本書が、遂に刊行される。石にしがみついても、との思いでの、著書としての刊行である。

但し、本書に収められた長大なる論文の完成には、殆ど無数とも言うべき方々のお助けがあったこと――それが、岩波の『法と経済』の場合との、圧倒的な差である。私が、自らの信念と怨念とを合体させ、すべてを私なりに浄化出来たのも、それらの方々のお陰である。心からの感謝の意を、改めてここで、表させて頂きたい。

本書にも、信山社の『国際摩擦と法［新版］』（二〇〇二年刊）ほどではないにせよ、私の絵とイラストを、しかも、私達夫婦にとってとても嬉しいそれらを、入れて頂いた。本当に優しい村岡氏のご厚情に、重ねて感謝の意を表したい。

二〇〇三年五月二八日午前一時三〇分

これから始まる妻裕美子の本書再校の大変さを思いつつ

石黒 一憲

石黒一憲　IT戦略の法と技術

目　次

Prof. K. Ishiguro
June 2, 2003

Aber für was??
wie immer
ohne Schlafen!
An Impression of ADIEMUS
AM 7:50
Prof. K. Ishiguro
August 27, 2000.

一　本書執筆の動機と基本的な目的
――極度に混乱した日本の諸状況の打破に向けて

1 いわゆるＩＴ基本法の基本理念とＧＩＩの構築

『亡国的自虐』、と言うべきである。

せっかく「**沖縄ＩＴ憲章**」や**ＭＩＴＩ**（今は**ＭＥＴＩ**）の**"eQuality Paper"**（それらについては、石黒「ＧＡＴＳの下での貿易・投資の更なる自由化をめぐって――ＡＰＥＣ向け提出文書（石黒報告書）の邦訳（上）」貿易と関税二〇〇一年一月号五一頁以下の同論文Ⅱ、そしてそれ以降の部分において、随所に言及しておいた）がありながら、また、とくに「**沖縄ＩＴ憲章**」の**基本理念**（それが本来のＧＩＩ〔世界情報通信基盤〕構築、そして二一世紀情報社会の基本理念とも合致し、**Ｊ・Ｆ・ケネディの理想**とも直結するものであることにつき、石黒・同前一月号五二頁、同論文（下）貿易と関税二〇〇一年二月号所収のＶ、同・世界情報通信基盤の構築――国家・暗号・電子マネー（一九九七年・ＮＴＴ出版）三六頁以下、等）を受けた、いわゆる**ＩＴ基本法**（「**高度情報通信ネットワーク社会形成基本法**」）が制定されたというのに、一体日本の中で昨今展開されている諸論議は、なぜこうまで混乱し、『理念』欠如のまま、「国内」オンリーの「公正競争」論議の中に、埋没したままなのか。

ＩＴ基本法三条には、「**すべての国民が**、インターネットその他の高度……情報通信技術の恵沢を**あまねく**享受できる社会」の実現が目的だ、とある。同法三―九条の「基本理念」（同法一〇条参照）は、四条において、「中小企業者」にも言及しつつ（「経済構造改革の推進」と共に）「産業の国際競争力の強化」への寄与、を基本目的の一つとする。

そこで言う「**国際競争力**」**概念について、従来の論議に対して大きな反省・再考を求めるのが**、本書の一つの眼目ではある（本書一1(3)、そして三！・）。それはともかく、同法五条は再び**"国民の視点"**に戻り、「国民生活の全般」にわたっての、「ゆとりと豊かさ」の実現を基本目的に掲げる。同法六条は「**地域**」の視点であり、「個性豊かで活力に満ちた地域社会の実現及び地域住民の福祉の向上」に「寄与」せよ、とある。

七条でようやく「公正な競争の促進」が出て来るが、「規制の見直し等高度情報通信ネットワーク社会の形成を阻害する要因の解消」等と、いわば抱き合わせでこの点が示される。**『安易な公正競争論議の横行』こそが、ここで言う『阻害要因』の最たるものだ、というのが本書の基本**をなす。

同法八条は、「**格差**」の「**是正**」である。「地理的な制約、年齢、身体的な条件その他の要因」に基づく情報通信格差の是正を「積極的に図らなければならない」、とある。九条は漠然とした規定だが、以上、同法三―九条に示された「基本理念」の主軸は、あくまで国民・一般利用者の視点であり、正当である。冒頭の三条は「すべての国民」が「高度情報通信ネットワークを……主体的に利用」することに力点を置く。そして、第二条は「高度情報通信ネットワーク社会」を定義し――

「インターネットその他の高度情報通信ネットワークを通じて自由かつ安全に多様な情報又は知識を世界的規模で入手し、共有し、又は発信することにより、あらゆる分野における創造的かつ活力ある発展が可能となる社会」

——としている。

2　私と『郵政省』との関係、そして決定的な訣別

ここにおいて、今はNTTグループに「公正競争論」による脅しをかけ続ければ右の「高度情報通信ネットワーク社会」が達成される、と誠に短絡的に考えている人々、とくに旧郵政省の人々は、彼ら自身が殆ど忘れている、ある電気通信審議会答申を、想起すべきである。私自身が起草委員となった**平成六年諮問第一〇九号『グローバルな知的社会の構築に向けて——情報通信基盤のための国際指針』答申**（平成七〔一九九五〕年五月）である。

この答申一〇頁以下の「2　世界的な情報通信基盤の理念」の中で、同・一四頁には、「**基本的人権**としての『情報発信権』及び『情報アクセス権の保障』」、とある。情報格差の（グローバルな）是正にも力点を置き、かかる見地から「広帯域・双方向・デジタル」の三要素に着目するのである。正当である。

ならば、なぜ彼らは、サプライ・サイドの、しかも日本国内での事業者間の「公正競争」にばかり目を向け、二〇〇〇（平成一二）年一二月の、ミゼラブルとしか言いようのない妙な第一次答申（本書二―1⑵）を出したのか。これが『**郵政省**』の〝終焉〟において、彼らが示し得た最終成果とは、何たることか、と私は嘆き、そして彼らと訣別した（後述）。

私は、電気通信審議会の、かの平成六（一九九四）年五月の答申（『二一世紀の知的社会への改革に向けて——情報通信基盤整備プログラム』）に深く関与し、**二〇一〇年までの全国光ファイバー網構築**を強く推し、『郵政省』に全面協力した。石黒・超高速通信ネットワーク——その構築への夢と戦略（一九九四年・NTT出版）四一頁以下の同書第一章は、そのための準備作業としてのアメリカでの調査結果、である（そこで、私はアイオワ州のICNと出会ったのである）。

ところがその後、かのNTT分割論議が、郵政省（省庁再編ゆえ旧郵政省と書くべきところではあるが、無視する。看板をかけ替えても中身は同じだからである）のメイン・ストリームでの議論となり、私は鋭く同省と対立した（後述）。分割論議が一応決着した後も、今日に至るまで、郵政省のテレコム行政関係の委員会・研究会と、私は殆ど無縁である。彼らも、私が何を言い出すかが、鬱陶しかったのであろう。

だが、**一九九七（平成九）年の行革・規制緩和の嵐**の中、『**郵政三事業民営化・テレコム行政分断**』論議が巻き起こった。私の頭の中では、基本は前年の『NTT分割』論議と同じだった（後述）。**戦うべきときには断乎戦う。それが私の主義・信条**であり、郵政審議会での活動の他、文字通り全国を行脚して、抵抗に徹した。だが、そうしつつも、「天にツバする者は……」、との思いが強くあった。前年のNTT分割論議のときと**同じ理屈で、私は戦った**。

そして、**一九九九（平成一一）年四月二〇日の逓信記念日**に、私は郵政大臣（野田聖子大臣）から表彰を受けた。「**感謝状**」には、「あなたは郵便事業に深い理解を寄せられ郵政審議会専門委員とし

て活発な活動を行う等事業の発展に多大の貢献をされました」云々とある。「等」の部分がものすごく大きいのだが（石黒・法と経済〔一九九八年・岩波〕二三七頁以下、同・日本経済再生への法的警鐘――損保危機・行革・金融ビッグバン〔一九九八年・木鐸社〕二四一頁以下、等）、それはともかく、その後も私は、本書二3⑵の、**郵便のユニバーサル・サービスに関する報告書**作成に、文字通り尽力し、そしてそれも、二〇〇〇（平成一二）年一二月に、報告書としてそれが公表された。

こうした経緯の中で、妙な変化が生じていた。アイオワ州への調査にも同行し、その後、『通信と環境』（同・前掲超高速通信ネットワーク一二九頁以下）、『沖縄マルチメディア特区構想』、更にはアメリカの、かの『ＨＰＣ（ハイ・パフォーマンス・コンピューティング）プログラム』や『電気通信基盤充実臨時措置法』（後二者については、同・ボーダレス・エコノミーへの法的視座〔一九九二年・中央経済社〕七七頁以下）との関係でも、私に沢山の機会を与えてくれた、私の最も信頼していた郵政省のＯ補佐までが、「この頃は、ＮＴＴよりもメーカーの方が〝研究開発〟面でがんばっているから」云々と言い出す始末。まさに本書二1⑵の郵政省の第一次答申（後に細かく辿る）は、それを前提としたものとしか、思われない代物である。

だが、私はそもそも、ＮＴＴ分割論議のさなか、**郵政省の『マルチメディア時代に向けた情報通信産業における研究開発の在り方に関する研究会』**（一九九五〔平成七〕年九月に報告書が出ている）において、郵政省側（当時のトップは、ＫＤＤＩ特別顧問で、二代続けて郵政事務次官が社長に就任する予定、とされる㈱ＤＤＩの五十嵐三津雄氏。お世話になった方だが、ＮＴＴ〝分割〟の総司令官的存在。もはや絶対に、私は、彼を許せない）のあまりに一方的で強引な論議に腹を立て、相当きつい発言をし、同じく委員だった**宮脇陸ＮＴＴ常務**（当時）が、「今までは黙っていたが……」と猛然と反撃し、**杉岡良一富士通専務**（当時）等も同調する、といった実体験を有する（報告書に則して本書二1⑶あるいは二2あたりで後述する）。

そうした中、二〇〇〇（平成一二）年一二月四日と七日、審議会の場に終始マスコミ各社を入れ、ＮＴＴ糾弾集会の如き郵政省の、本書二1⑵で論ずる審議会のヒアリングが開催された。

明確に言っておこう。これから徐々に論じてゆくことから察することができるであろうように、郵政省は、**『社会からＮＴＴ寄りと見られたくない症候群』**の虜となり、「俺達は正義の味方」、「ＮＴＴこそ諸悪の根源」と、演じて見せたかったのであろう。マスコミ報道は、思った通りには必ずしもならず、ＮＴＴとＮＣＣ各社（ＮＣＣとは、ニュー・コモン・キャリアの略）の対立浮き彫り、といった程度で、彼らの思惑は外れたが、私は完璧に怒った。そして、**〝沖縄人〟**たる同省Ｉ官房審議官に、次のような**〝絶縁状〟**を叩きつけていた。二〇〇〇（平成一二）年一二月六日のことである。

Ｉ氏は、沖縄の情報通信高度化に大いに貢献し、その上で本省に戻った。『アイオワのＩＣＮ――その精神』から日本が学び、一刻も早く全国光ファイバー網構築を、という点では、私と基本を同じくする人である。そのＩ氏が、ポロッと私の自宅に、週刊東洋経済二〇〇〇年一二月二日号二四頁以下の「ＮＴＴのブロードバンド戦略は間違いだらけ――光ファイバー開放高速ネットの好機」（野村明弘記者）を送って来た。それ自体が「間違いだらけ」のものであることは、これから本書を通して示してゆくが、そこで私はキレた。

そこでＩ氏に送った絶縁状の中から、左に若干の引用をし、私の立場を明確にしておきたい。

「はっきり申します。今の郵政省の、郵便のユニバーサル・サービスに関する議論を、私は断乎サポートし、御存知の報告書が出ました。ですが、郵政研究所月報〔二〇〇〇年〕九月号〔註――貿易と関税二〇〇〇年一一月号六二頁以下に転載してある〕に書かせて頂いた御省の『光』についてのトーン・ダウン、そして、このたび〔二〇〇〇（平成一二）年一二月四日・七日〕の〝魔女裁判〟（N社〔対NTT〕）、断乎として、許せません。日本滅亡路線そのものと私は考えます。これから数年、御省（名前はかわっても）との冷戦は、日本の為、世界の為、死ぬまで貫きます。

ある意味で、さようなら、と言わざるを得ない私の心が、沖縄、奄美、徳之島、智頭、等々にあることだけは、何卒お忘れなく、と皆々様にお伝え下さい。お世話になった方々ばかりの御省と、再度戦闘状態に入ることは、誠に、断腸の思いです。

追伸――一二月八日(!!)、日本の光技術者達二〇〇名近くを前に、私はＩさんと共通するはずの、私の理想を、熱く語って参ります。」

かくて、冷戦というよりは戦闘だが、自己の中において私は郵政省と完全に絶縁し、その旨、同省のＯ補佐、Ｉ補佐にも伝えた。そうなると、書けることがいろいろ増えて来る。それらすべてをぶちまけるのが、本書所収の論文（？――論文と言えないなら本稿と言えばよい）である。

3　ＩＴ革命に浮かれる日本の悲惨な現状

『ＮＴＴの技術力』など大したことない、という非実証的・非現実的な〝思いこみ〟にすべての原因がある。――本書執筆の準備を急ピッチで進める中で、私はそう実感した。その意味で、本書三は極めて重要な役割を有する。再度、本書の目次に回帰して頂きたい。

その上で、〔図表①〕を見て頂きたい。いわゆるＩＴ戦略会議の最終報告書は、ごく簡単なものだが、霞ヶ関某所で偶然入手した、討議終盤の「イメージ」図である。入手後、直ちに、テレコムに関する私の東大での特別講義で、データ・ヴュアーで画面に示したものである。この図表に示した私の「手書きコメント」までは印刷として鮮明に出ないであろうから、改めてそれについても書いておく。

ＩＴ革命を目指すこの〝戦略〟会議は、欺瞞《ぎまん》に満ちたものである。後述の如く、国策としては、既に二〇〇五年に全国（加入者網）光ファイバー化完了が示されている。にもかかわらず、〔図表①〕においては、「光ファイバ〔ー〕は、one of them」に過ぎない。何よりも〔図表①〕のタイトルに、「超」が抜けている。「高速インターネット網のイメージ」は、誤植ではない。たまたま拾った（？）この図表に、講義用に書き込んだコメントでは、この他、「是即ち、国民をバカにするもの也」、「いわゆるＩＴ戦略会議のトーンダウン」、「こんなものをこの国は目指すのか?!」、等々とあった。

光ファイバーと並置されるものとしては、ＩＭＴ―二〇〇〇（次世代携帯電話――本書二―5⑶で後述）、ＤＳＬ（デジタル加入者回線――本書二―5⑵で後述）、ＦＷＡ（大したことないが、これも後述）、そ

〔図表①〕 ＩＴ戦略会議・討議用資料（2000年）

〔高速インターネット網のイメージ〕

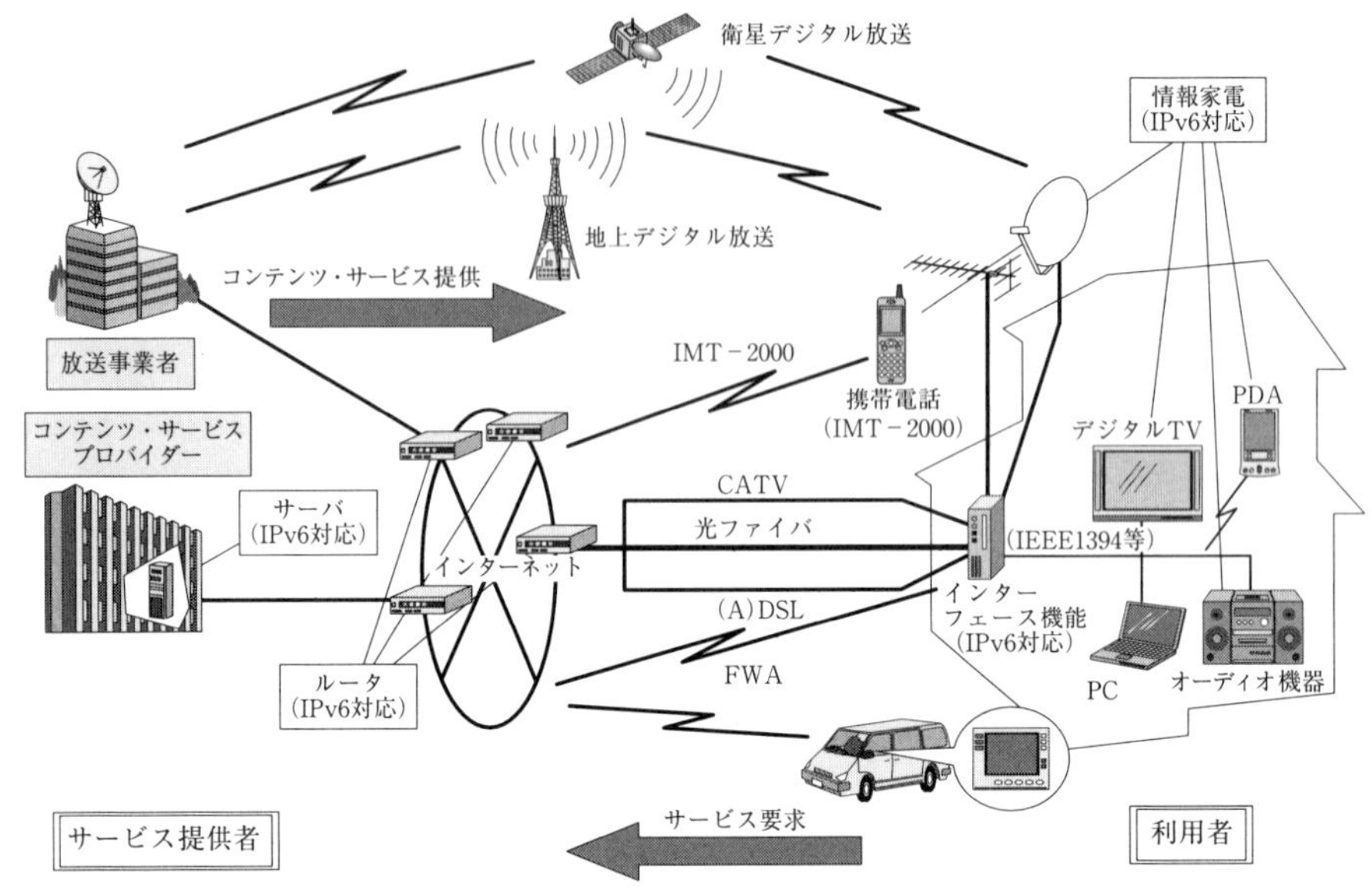

して「デジタル放送」（地上及び衛星）だが、完全双方向で動画像・データ・音声を超高速で、の我々がこれまで目指して来たはずのことを実現できるものは、後述の如く、光ファイバーしか、今のところ存在しない。ＩＭＴ―二〇〇〇は、二メガビット毎秒程度だし、ＤＳＬに関しては、現状のＡＤＳＬについて、〔図表①〕への書き込みには、「五〇〇キロビット毎秒（最高で二〇メガであるが、これはＶＤＳＬ）」と、若干ラフだが、示しておいた――なお、本書二九九頁の〔図表㉝〕を見よ。

〔図表①〕のあちこちにＩＰｖ６とある点にも注意して頂きたい。インターネット最先端とも言えるＩＰｖ６については、本書三２で、ＮＴＴの世界貢献（!!）の一端として、言及する。

図であれこれ論ずるのは何かと不便、かつ不十分ゆえ、ここで日経ビジネス二〇〇一年一月一五日号一四九頁に掲載の小論を転載する（今日は一月一二日ゆえ、もうそろそろ届く頃である）。日経ビジネスの三橋英之氏が私の話を要領よくまとめてくれたものだが、随分と手を入れさせてもらったし、そもそも話の中身は、私の頭にあることゆえ、そして、本書の全体的イメージをあらかじめ摑んでおくためにも、便利と思われるからである。

＊日経ビジネス二〇〇一年一月一五日号「異説・異論」欄（石黒）――「ＮＴＴ叩きでＩＴは強くならない」

『いま日本電信電話（ＮＴＴ）ほど叩きがいのある会社はないらしい。

日本の情報技術（ＩＴ）革命を阻んでいるのはＮＴＴの割高な通信料金である。既存の銅線を使って高速インターネット接続を実現するデジタル加入者線（DSL）事業者たちの活動を邪魔している。持ち株会社の傘下に置かれたグループ企業間に競争原理が働いていない…。新電電各社だけでなく、公正取引委員会、規制改革委員会、市場原理主義に立つ経済学者、マスコミ、そしてNTT擁護の守旧派と見られたくない旧郵政省（現総務省）までが歩調を揃え、NTTを諸悪の根源と非難する。そして、問題解決のための方策をこう授けてくれる。接続料金をもっと下げろ。電柱や共同溝、光ファイバー網を開放しろ。グループを完全分割せよ。

巨大企業による独占が新規参入を妨げ、公正な競争を阻害している――俗耳に入りやすい議論だが、果たしてNTTをバラバラにして弱体化すれば、日本のIT革命は進むのか。そんなことはあり得ない。逆に、日本全国の通信のブロードバンド（広帯域）化・光化は遅れるばかりであり、米国を追い抜くことなど不可能だ。

NTT悪玉論には大事な視点が欠落している。その一つが日本の通信技術を誰が担うのかという問題だ。NTT悪玉論者は認めたがらないが、NTTの研究開発力は世界最高峰にある。一本の光ファイバーの中に数十の光信号を流すNTTの**波長分割多重（WDM）**技術は米国市場をも席巻しているし、そのほか多くの分野でNTTの技術力は世界をリードしている。それと比べれば、新電電の技術力はゼロに等しい。

ある新電電（日本テレコム）の社長は「技術は買えばよい」と言うが、自前の技術がなければクロスライセンスで他社技術を入手することさえかなわず、巨額のカネを積むしかない。これは直接、通信コストに跳ね返る。**NTTの弱体化と技術の乏しい新電電への大幅なシェアの移行は、日本の通信技術を空洞化させ、国民的な損失を生む。**

米国の狙いはまさにここにある。

NTT接続料を巡る日米摩擦は二〇〇〇年七月、二年間で約二〇%の接続料値下げという政治的妥協で決着した。〔その際〕米国政府はNTTの接続料が米国の八倍に上ると主張したが、これは米国のごく一部の都市における、かつ極めて対象の限られた最も安い接続料金との比較でしかなかった。また、コスト算定の手法として米国政府が押しつけた「長期増分費用方式」は、しょせん経済学のモデルの中でのものであり、現実への適用には問題が多い。ともかく、米国が断固として接続料にこだわったのは、NTTの研究開発費の、そしてブロードバンド化・光化の原資である接続料収入を削減させるためだ。**NTTの設備投資額が大きすぎるという主張も、日本の通信ネットワークの高度化をこれ以上加速させたくないという米国政府の本音の表れ**である。

一九九七年一二月に米国に先駆けてネットワークの全国デジタル化を終え、二〇〇五年に光ファイバー網の設置完了を目指すNTTは、米国にとってインターネット時代の覇権を脅かす存在だ。日本は世界最強の情報通信網を構築する絶好の位置にいながら、それを周回遅れと錯覚するから奇妙な議論が横行する。**「つなぎ」の技術であるDSL**を持ち上げ、光ファイバーは要らないなどと言う向きには、米DSL業者の株価を調べてみることを勧める。コバッド・コミュニケーションズをはじめとするDSL業者の株価はここ数カ月で急落し、今や一ドル前後という惨状だ。これを一体どう説明するのか。

今こそ光ファイバーを基軸とする日本のITの技術基盤をいかに強化するかを論ずべきなのに、それがNTTの弱体化のみを目的としたかのような議論にすり替わっているのは問題である。情けなくなるほど不毛で非生産的な議論をいつまで続けるつもりなのか。』

重要と思われるところには、傍線を付しておいた。すべて、これから本書において、詳細に、そして執拗に、示してゆく事柄である。
それにしても、極めて重要な事柄であるのに、**あまりにも人々に知られていないことが多過ぎる**。本書三への導入部的な意味をこめて、ここで、前記の日経ビジネスの小論中に傍線を付したいくつかの点について、次に、データを示しておきたい。「新電電の技術力はゼロに近い」の点から始めよう（但し、本書三があくまでもメインであることを、念押しした上で！）。

4　NTTとNCC各社の技術力比較の一側面 ――本書三の入り口の問題として

「技術は外から買えばよい」論については、本書三4でその暴論性を徹底批判するが、ここでは試みに、日米の代表的な学会における〝実績〟を比較しておきたい。技術革新の最も急激なIT分野で、どれだけの数の論文が発表されているか、また、どれだけ研究者として評価されている人材が居るかを、NTTとNCC各社とで比較するのである（NTTのこの面での実績の全容は、本書三、及びそこに至るまでの随所ですべて示すことに、注意せよ）。もとより、**岩波の『法と経済』**を書いた私が、論文の数だけで何かを論じ切るはずもないが（だから本書三があるのである！）、実に面白いデータがあるのである。

ただ、旧KDDは、NTTと共に新規参入各社（NCC各社）と対峙する立場にあった。そのことには、注意すべきである。実を捨てて名を辛うじて残し得た（？）旧KDDの戦略が、今後の旧KDDの研究開発陣に、どんな影響を与えてゆくかは、私としても、大いに憂慮するところである。旧KDDの、NTTと共にこれまでなされて来た国際標準化作業への貢献が、「㈱DDI」の「株」の「カ」、つまり、Kとしてのみ残り、英語名KDDI（KDDインターナショナルではないかと、海外向けにある種の誤解を生ぜしめ得る？）となった今、この先に不安を感ずる旧KDDの研究者は、少なくないようである。ときどき、拙宅にもそんな手紙が舞い込む〔その後、「㈱KDDI」への社名変更がなされたこと後述〕。

そんなことはともかく、まず、**米国電気電子学会**（IEEE――Institute of Electrical and Electronics Engineers）のフェローとして選出された者の数を見ておこう。「アイ・トリプル・イー」のフェローとして選出されることは、それ自体、大変なことだが（その筋の専門家なら、誰でも知っていることである。ちなみに、IEEEの「I」を「学会」と訳すべきことは、かの尾佐竹先生〔東大・工・名誉教授〕にお教え頂いたことである。なお、石黒・情報通信・知的財産権への国際的視点〔一九九〇年・国際書院〕一六四頁以下は、その御教示をも踏まえた上でのものである）、その最近五年間の選出者数を示した〔図表②〕を見て頂きたい。ちなみに、NCC側の一名（一九九八年）はKDDゆえ、その当時としてはこれをNCCの中に含めること自体、抵抗がある（IEEEが、電気・電子の広汎な分野を扱う学会であることに、「日本合計」との対比をする際には、注意せよ）。

〔図表②〕 IEEEのFellowsの選出者数

	1997	1998	1999	2000	2001	合計
NTT関係（人）	1	3	4	3	3	14
NCC関係（人）		1				1
日本合計（人）	29	28	17	23	32	129

次に、〔図表③〕は、情報通信関連の最も

重要な日本の学会での論文発表件数（審査をパスしたもののみが発表され得ることに注意）である。ＫＤＤを別として見た場合、ＮＣＣ各社がいかにプアーな状況にあるかが、如実に示されている。『学会にろくに論文も出せないようなプアーな技術開発力しか有しないＮＣＣ各社』にシェアが大きく移動し、他方、これから論ずるように、『ＮＴＴの総合的なＲ＆Ｄ体制崩し』が、『公正競争』の美名（？）の下に、その影に隠された形で（!!）なされることが、一体日本、そして世界の為になるのかどうか。それが、本書三を通して、強く私が訴えたいことである。

〔図表③〕　電子情報通信学会への投稿論文採用件数

		和文論文誌	英文論文誌	合　計
1997～2000		3,915	4,680	8,595
NTT		380	529	909
KDDI グループ合計		53	80	133
	KDD	46	78	124
	DDI	4	2	6
	IDO	3	0	3
	ツーカー	0	0	0
JT グループ合計		1	0	1
	JT	0	0	0
	J フォン	1	0	1
TTNet グループ合計		0	0	0
	TTNet	0	0	0
	アステル	0	0	0

ちなみに、同じ電子情報通信学会のデータとして、〔図表④〕も示しておこう。同学会でＩＰネットワークを扱う中心的研究会たる情報ネットワーク研究会、交換システム研究会（〔図表④〕では、それらを「研究会」として示してある）、及び、「総合大会・ソサイエティ大会」（同じく〔図表④〕では、「総合・ソサ大会」と略称）での論文発表数である。

〔図表④〕　電子情報通信学会の情報ネットワーク・交換システム分野における発表件数

	NTT	メーカー	大学	KDD	NCC	その他
'98総合・ソサ大会	330	121	115	23	0	28
'99総合・ソサ大会	190	71	114	19	1[注1]	16
'98研究会	165	100	192	8	1[注2]	44
'99研究会	115	87	187	19	1[注1]	26
総合計	800	379	608	69	3	114

注１：日本テレコム／東大の共著
注２：日本テレコム／日本情報通信コンサルティングの共著

私が、この種の数字だけを見て一定の結論を導くタイプの人間でないことは、**岩波の『法と経済』**を御覧頂けば、一目瞭然のはずだが、この〔図表④〕には、重要なインプリケーションがある。それは本書三への伏線をなすことでもあるが、ＮＴＴの論文発表件数が、日本のメーカーはおろか、「大学」全体をも凌ぐものになっている、という事実である。ＮＴＴの研究所に居た安田浩氏が東大の先端研教授に、また、青山友紀氏が東大工学部教授に就任されたことは、東大の学内事情も別途あるにはあったが（！）、〔図表④〕からしても、自然な流れなのである（なお、以上の図表を、本書三3所掲の〔図表53～59〕と対比せよ）。

以上は、あくまで本書三への〝入り口〟の問題でしかない。だが、先端的な技術開発が、まずは論文で示され、そして究極的には国際標準（私の大嫌いな言葉だが、まさしくグローバル・スタンダード）へとなってゆくのである。その流れを踏まえた上で、一つの参考資料として、但し、「この頃はNTTよりメーカーの方が進んでいて……」といった漠然たる、しかも**誤った印象論の横行する昨今の日本の状況に**、あとで打ちつける五寸釘の前の、軽いピン程度のものとして、彼らの好む〝データ（数字！）〟を示したまでである。

ところで、光栄にも私が「特別講演」をさせて頂いた電子情報通信学会（光通信システム研究専門委員会、光エレクトロニクス研究専門委員会、フォトニックネットワークをベースとする次世代インターネット技術時限研究専門委員会の共催）の第一四回光通信システムシンポジウム『二一世紀の通信インフラを創出する光ネットワークと光デバイスシンポジウム』（二〇〇〇年一二月七・八日、於箱根）を、一例として見てみよう。所詮、私がたまたま関係し得た事例ゆえ、これだけで何かを言おうとは、そもそもあまり思わぬが、気になる点があるのである。

報告者（私自身はカウントしないで示す）の所属を、まず、順に示して見よう。NTT、NTT、東大、東工大、NEC、三菱電機、NEC、モルガン・スタンレー・ディーン・ウィッター証券会社、NEC、古河電工、NTT-ME、ルーセント・テクノロジーズ、東大、阪大、KDD研、NTT、住友電工、富士通研、郵政省、NTT、東急ケーブルビジョン、NEC、NTT、NTT、沖電気、東大、NEL（?）、となる。CATV事業者と「KDD研」（NTT対NCCの図式の中での、その独特の、微妙な位置づけについては既述）を除けば、NCC各社は、一体どうなっているのか。ちなみに二五六名の参加者の名簿を見ても、「東京通信ネットワーク」から三名の参加、「大阪メディアポート」から一名。それのみである。NCC各社は、関心すらないのか、と私は思った。「特別講演」をする立場だから、なおさらであった。

私がそこで用いたレジュメも、本書の全体的意図を理解する上で、参考になる点もあろうと思い、左に掲げておく。但し、私自身は、その後に『研究開発』面でのNTTの実績がまさに世界に冠たるものであることを、二〇〇〇年末ギリギリまでの大量の資料の収集・整理と、風邪に悩まされつつの、二〇〇一（平成一三）年一月二一—五日のその集中的な読破によって、初めてその全体像において、摑み得た。従って、そのことは、この「特別講演」では十分言及されていない。

『公正競争論の名の下に、世界に冠たるNTTの総合的な技術開発力をバラバラにして進めるIT革命』——その馬鹿馬鹿しい全体構図に私が本格的に気付くのは、そのあとのことだったのである。

＊『電子情報通信学会（光通信システム研究専門委員会＝光エレクトロニクス研究専門委員会＝フォトニックネットワークをベースとする次世代インターネット技術時限研究専門委員会共催）『第一四回光通信システムシンポジウム』（二〇〇〇年一二月七—八日、於箱根）——『特別講演』（一二月八日一一時一〇分—一二時一〇分〔発表五五分〕——石黒）

「情報通信政策の世界動向と日本の進路――〝VI&P〟（一九九〇年）に続く〝日本発世界へ〟の基本ポリシー提案の必要性とその阻害要因の検討」

◇大前提――アル・ゴア（アメリカ）のもともとの発想とその後の歪み（石黒・世界情報通信基盤の構築――国家・暗号・電子マネー〔一九九七年・NTT出版〕一二頁以下）へのしっかりとした認識（再認識）の必要性

◇阻害要因と当面の対応

(1)　国際枠組み

●WTO（世界貿易機関）基本テレコム合意（一九九七年）――「競争促進的な規制上の諸原則（諸規律）」のアメリカ提案に基づく「レファレンス・ペーパー」の存在

◆「外国からの参入活発化（シェア等の成果重視）＝競争促進的」という『（公正）競争概念の歪み』

――一九九六年のNTT分割論の場合と全く同じ構図

――NTT接続料金摩擦の場合にアメリカがWTO提訴する、としたのは、「レファレンス・ペーパー」中の competitive safeguards 条項（"a major supplier" に対するもの）による

――NTT再々編成問題で日本側がコム社・ドコモをドミナントと指定すると、直ちにWTO提訴の際に日本側が不利になる（一九九五年にアメリカがAT&Tをもはやドミナントでない、と政策決定した意味は、そうしたことの事前回避にある）。それが日本の政策担当者に、全く理解されていない不幸！

◇MITIの"eQuality Paper"（＋『沖縄IT憲章』の基本理念）で修正中。二〇〇一年の〝GBDe〟日本総会（議長は富士通から）が民間サイドでの軌道修正の好機。尽力中。（次期GATS〔サービス貿易一般協定〕交渉対応）。

⇨

☆石黒の目標は、〝アイオワのICNの精神〟を日本に定着させ、日本全国を Field of Fiber にするための阻害要因の除去にあり（石黒・超高速通信ネットワーク――その構築への夢と戦略〔一九九四年・NTT出版〕で詳論）。

●OECD／ISO／WTOの暗い連携――規制改革・MAI（多数国間投資協定）

◆市場原理主義＋外国からの参入促進（市場アクセス＝内外逆差別！）

◇石黒・グローバル経済と法（二〇〇〇年・信山社）で詳論。

◇同「電子署名・認証機関に関するITU（国際電気通信連合）専門家会合（一九九九年一一月）について」貿易と関税二〇〇〇年五―一二月号でも、光ファイバー網のグローバルなインターオペラビリティを重視しつつ、市場原理主義（実はアメリカのNSA〔国家安全保障局〕と民間のGBDe／ILPF〔Internet Law & Policy Forum――会長は富士通アメリカの加藤氏〕の蜜月によるもの）へのアンチ・テーゼを提示。⇨ international service [quality] and/or regulatory standards for CA services の重要性（但し、ＩＳＯ９０００等とは切り離したもの）⇩工業技術院サイドの論議（富士通山本名誉会長が座長）の今後の展開に大いに期待。電気通信技術審議会も連動すべきもの。

⇩前記ＩＴＵ会議での石黒報告は、ＩＴＵのホームページに、ミスプリ付き（by MPT）で公開。なお、同会議は内海ＩＴＵ事務総局長自身の、"for all people and all nations" とのＧＩＩの理想に忠実な発案によるもの。但し、日本政府のサポートはゼロ〔！〕。かつ、元ＮＳＡの S. Baker 氏が、ＩＴＵ事務総局との協同でとんでもない原案を作成。

(2) 国内論議

● 「国内公正競争」概念と「国際的な不公正貿易論」との不当な癒着

◆ここ数年のＮＣＣ各社（最近〔ＤＤＩへの吸収合併後！〕は何と旧ＫＤＤも含めて！ ——何ともはや嘆かわしい）の対ＮＴＴの主張は、ＵＳＴＲ（アメリカ通商代表部）のそれと、全く区別が付かない。なぜ、そうなってしまったのか！

⇨

☆一九九六年の日米保険摩擦でも同じ構図——『前門の虎、後門の狼』！（前門はＵＳＴＲ、後門は行革委「規制緩和小委員会」〔現「規制改革委員会」〕）

⇨

☆規制改革委員会公開シンポジウム（二〇〇〇年一〇月一〇日）の議事概要につき、http://www.kantei.go.jp/jp/gyokaku-suishin/index.html 参照（石黒・神野〔財政学〕vs. others の構図）

◆公取委の不透明な（親米的！）動き——けっこう危ういはずの航空・電力等はセーフなのに、「テレコム」についてはアメリカ政府（＆ＮＣＣｓ）が喜ぶようなことを次々と。⇩典型的なのが『ＤＳＬ vs. 光』の構図

⇨

☆サプライ・サイドのみで見て、銅線前提のＤＳＬ事業者が既に参入している以上、光ファイバー化がＤＳＬ事業者の事業を「阻害」するかのごとき書き振り。

⇨

☆公取委はサプライ・サイドの「現在の」競争しか見ていない。実におかしい。二〇〇五年までの全国光ファイバー敷設完了は、いまや「国策」のはずなのに（オーストラリアのＡＣＣＣ〔競争・消費者委員会〕の健全な営為と要対比）。

◆ＩＴ戦略会議の大幅トーン・ダウン——当面は四分の一世帯のみを光で!?

◆二〇〇〇年版通信白書でも全国光ファイバー敷設完了は「二〇一〇年以降」に（石黒・郵政研究所月報二〇〇〇年九月号でも問題点として指摘）。

◇それらを打破するためのＭＩＴＩの "eQuality Paper" でもあること！（そして、それをサポートするのが、Ishiguro, "Further

Liberalization of Trade & Investment under The GATS among APEC Economies —— A Proposal for A Balanced & Sustainable Approach to Economic & Technological Cooperation [August 31, 2000: Submitted to APEC [Group on Service] on Sept. 17-18, 2000] たること。』

＊　＊

論文数やＩＥＥＥのフェローの数とて、所詮は極めて断片的な参考資料に過ぎないが、それでも、ＮＴＴの技術力など大したことはなく、これからはメーカーの時代だ、と単純に考える向きが多い現状において、多少は彼らを立ち止まらせる効果は、あるかも知れない。本当は本書三をいっぺんにすべてここで示したいところだが、そうも行かない。

本書のもととなったところの、論文の執筆、とくに連載論文のそれというのは因果なもので、一つ一つ手順を踏んでゆかざるを得ない。本書一は、その意味で、すべて頭出し的なものにとどまらざるを得ない。

だが、〝右の如く漠然と考えている人々〟に問う。これも一例に過ぎないが、次のＣＮＮのホームページにおける記述（報道）は何なのか、と。

＊　ＣＮＮ報道——"CNN.com（by Carolyn Duffy Marsan）: March 23, 2000.

Japan's NTT to be first ISP to offer IPv6

Japanese telecommunications giant NTT last week announced the first commercial Internet service supporting IPv6, a comprehensive and controversial upgrade to the 30-year-old communications protocol that underpins the Internet.

NTT's announcement was made at the IPv6 Global Summit, a gathering of 150 Internet engineers and product designers, held in Telluride, Colo. The summit was sponsored by the IPv6 Forum, a group of 80 companies and research institutions promoting the IPv6 standard……"

〝そうした人々〟は、ＣＮＮ等のアメリカ発の報道には敏感なはずである。**ＩＰｖ６でＮＴＴが世界の最先端に立っている、との報道。その裏に明確に存在する『ＮＴＴとインターネット』——その両者をつなぐＮＴＴの研究開発の歴史と実績。**

そもそも、インターネットの時代だと皆が口々に言う現段階において、古典的な電話の世界における『接続料金』があれほど問題となり、「『ＮＴＴの接続料金』が高いから日本のインターネット・ビジネスが伸びない」、といった〝短絡〟（石黒・貿易と関税二〇〇〇年一一月号六〇頁）までが生じた馬鹿馬鹿しさ。それらすべてを、本書を通じて引っ繰り返す。——それが私の狙うところでもある。

５　光ファイバーとＷＤＭ
——Ｃ・パートリッジの指摘とＮＴＴの実績

本書一３で示した日経ビジネス二〇〇一年一月一五日号の小論で

も言及したWDM（波長分割多重―― wavelength-division multiplexing）の問題について、（本書三で一層詳しく扱うが）あらかじめここで、一言のみしておこう。

まず、Craig Partridge, “On to Petabit Networks”, Data Communications, October 21, 1997 の指摘（K氏からの御教示）を見ておく。パートリッジ氏は、特に将来の広帯域ネットワークの技術に関して最も尊敬を集めている著名な物理学者、として知られる。ここで紹介する彼の指摘の冒頭には、**ISP（インターネット・サービス・プロバイダー）達が、爆発的なトラフィックの増大に直面しているという、周知の事実が**、まずもって示されている。その上で、テレコム事業者は、一層大容量のネットワークを必要としている、とする。ギガ（一〇億）ビット毎秒からテラ（一兆）ビット毎秒、そして更に……、といった展開が必然の流れだ、とされ、そこに辿り着くための技術として、**WDM、しかもNTTのそれ、が着目されている**のである。原文を左に引用しておこう（Partridge, supra.）。

“Progress in networking is usually driven by progress in transmission speeds. And when it comes to high-speed networking, this observation can be summarized as follows: “Where fiber goes, everyone else follows.” So let's look at the state of fiber.

The past couple of years have seen two major trends. The first is the ongoing improvement of **WDM (wavelength-division multiplexing) technology. Nippon Telegraph and Telephone Corp. (NTT, Tokyo), which boasts the leading WDM research lab**, is using the technology to pack larger and larger amounts of bandwidth into fiber. The company has moved way beyond the terabit level, and fiber itself has a theoretical capacity of around 50 to 75 Tbit/s.……”

要するにそこでは、光ファイバーが決め手だとあり、その際WDM技術の進展が注目され、**『世界レベルのNTTのWDM研究』**への言及が、明確になされているのである。それによって、テラビット毎秒の世界への道が示される、との文脈である。一九九七年一〇月段階でのこの指摘は、その後のNTTの更なる実績によって、一層力強く裏付けられて今日に至るのであるが、そこから先は本書三で論ずる。

ところで、インターネットの爆発的発展に、十分に将来的にも対処するために世界的に注目され、実用化されているところの、**このWDM技術のコア部分を握るAWGという技術において、NTTの技術のシェアが、何と世界全体の七〇%（!!）に達していることを**、一体どれだけの人々が、日本において認識しているのであろうか。

即ち、WDM（波長分割多重）が大規模になればなるほど、その特性（損失、値段）から、コア部品としての**AWG（大規模WDM光合分波回路）**が有利となり、一六チャネル以上の規模では殆どAWGが用いられている。そして、AWGの波長分割多重全体でのシェアが、（一九九六年には一〇%以下だったのに対し）現在は三〇%と、急増中なのである。

WDM自体の売上げでは、ルーセント、ノーテル、シエナ、アルカテル、等々の企業名が並ぶが、コア技術たるAWGについては、NTTの技術をベースとしたNEL、PIRIといった企業が、一九九九年を見れば、世界の七〇%のシェアを有する。

しかも、その後もNTTのAWG技術の開発は更に進展し、一〇〇一（平成一三）年一月一日、つまり、私がこれまでに収集し得た大量の資料（規制面&技術面）との本格的な格闘を始める前日には、NTT先端技術総合研究所から、同研究所ニューズレターNo. 057として、以下の報告がなされるに至っている。即ち――

＊「大規模一〇〇〇チャネルAWGを世界で初めて開発」（NTT）

〔大規模化を可能にするタンデム接続〕

爆発的なインターネットの普及によって情報通信量が飛躍的に増大しています。そのため、**光ファイバに波長の異なる複数の光をまとめて伝送する波長分割多重（WDM）**が盛んに導入されています。**NTTではWDMに不可欠な光合分波器としてアレイ導波路格子（AWG）を世界に先駆けて開発してきました**が、一ウェハ上で実現できるチャネル数は二五〇程度に限られていました。

今回、AWGのチャネル数を大幅に増加するために縦続（タンデム）接続法を開発し、世界で初めて一〇〇〇チャネル規模のAWGを実現しました。今回のAWGは、1 THz（T〔テラ〕：10^{12}）という広いチャネル間隔をもつ前段AWGとチャネル間隔が10 GHz（G〔ギガ〕：10^{9}）の狭いチャネル間隔をもつ後段AWG一〇台をタンデム接続することによって実現しました。……今回はチャネル間隔を10 GHzに設定しましたが、AWGのチャネル間隔は任意に設定可能であり、12.5 GHzや25 GHz等で一〇〇〇チャネル規模のAWGも実現することができます。

〔超多波長光ネットワークへ向けて〕

今回開発したタンデム接続法を用いれば後段AWGを追加することによってWDM波長数を順次拡大することが可能であり、急速に増大する帯域需要にフレキシブルに対応できるWDMシステムを構築することも可能になります。この方法で、波長域を光ファイバ低損失領域（一・三～一・六μm）全体に拡大できれば、数千～一〇〇〇〇チャネル規模のAWGを実現することが可能となります。

このような大規模の波長を自在に扱うことができる技術は、光の波長を活用してさまざまな機能を持たせる将来のフォトニック〔光〕ネットワーク実現に大きな前進をもたらすことが期待できます。」

このAWGの研究成果とて、NTTの世界的・総合的な技術力の一端でしかない。**すべてを、即ちNTTのR&Dの全体像を、『世界最強の研究者集団内部に基本的には閉じた状態』から開放し、社会に広くその実績を示す**のが、本書刊行の一大目的でもある。

その全体像から見た場合、この部分の執筆の数日前報道された、既に一〇銭程度しか差のつかぬ市内電話料金の『値下げ競争』や、そこにまつわる『公正競争論議』など、何と小さく見えることか。某NCCの、品性下劣としか言いようのない昨今の覆面（KKKか？）TVコマーシャル（そこに旧KDDが吸収されてしまったとは……。情ない限りである）もさることながら、我々は、もっと大きな将来的ビジョンを有していたはずであり、**『公正競争論議による思考停止』**は、明確に、打破されねばならない。

6　日本の加入者系光ファイバー網敷設の都道府県別格差の実情
――IT基本法の基本理念との関係において

本書全体を通して、「銅線のままでよい、光ファイバーなどいらない」的な論議は、自然消滅に至るはずである。ともかく、二〇一〇年までに全国光ファイバー網を構築する旨の、私の関与した前記電気通信審議会答申でも、それでは誰がそれを敷設するのかと言えば、私も含め、（再編成前の）ＮＴＴしかないじゃないか、と多くの委員が考えていた。ただ、それをあえて表に出さずに……、というのがこの答申の前提だったはずである。

ＮＴＴ再編成後も、東京・大阪の大都市圏の中心部は別として、全国津々浦々へ、となると、ＮＴＴ、つまりはＮＴＴ東日本・西日本が、少なくともメイン・プレイヤーとなることは、誰も疑えない事実のはずである。**ＮＴＴがＦＴＴＨ（ファイバー・ツー・ザ・ホーム）技術の国際標準化をリードした実績等**については、すべて本書三で論ずるが、世界の先頭に立ってＦＴＴＨを実現しようと、全力で努力して来たＮＴＴ（東日本・西日本）に、「やる気」を一気に喪失せしめたのが、後述の、**ＮＴＴの接続料金に関する日米摩擦**である。

その詳細は本書二４で後述するが、ここで**一般には全く知られていない図表**を示す（但し、本書二九頁に示す〔図表⑬〕と対比せよ！）。霞ヶ関某所で入手した資料である。**社会に混乱を生ぜしめるから伏せておけ、ということで一切(!?)公にされなかった表**であるが、そんなことを言っている場合ではない。ＮＴＴ自体、従ってまた、私の見解においては日本の情報通信の高度化そのものが、今まさに大きな〝解体〟の危機に直面しているからである。

既述の如く、**ＩＴ基本法三条**は、**「すべての国民が……情報通信技術の恵沢をあまねく享受できる社会」**の実現を目指せ、としている。「ゆとりと豊かさ」に言及する同法五条、活力ある地域社会や住民福祉の向上のための六条、そして、八条の「格差」の「是正」！――光ファイバーがどこまで敷設されているかの現状を、

〔図表⑤〕 加入者系光ファイバ網カバー率（NTT）

【平成11年度末現在】

	全国都道府県数	光カバー率＊別都道府県数				光カバー率＊上位３都道府県
		～50％	49～40％	39～20％	19％～	
東 （41％）	１都 １道 15県	1	2	13	1	東京都（58％） 神奈川県（49％） 宮城県（46％）
西 （29％）	２府 28県	0	2	21	7	熊本県（44％） 大阪府（41％） 広島県 沖縄県（36％）

＊：光カバー率＝光化き線点数／全き線点数×100

〔図表⑥〕　NTTによる加入者系光ファイバ網整備水準（都道府県別）

平成11(1999)年度末現在

都道府県名	全き線点線 ①	光化き線点線 ②	カバー率 ③(②/①)
北海道	9,739	3,130	32%
青森県	2,080	595	29%
岩手県	1,879	407	22%
宮城県	3,211	1,474	46%
秋田県	1,577	500	32%
山形県	1,542	530	34%
福島県	2,596	613	24%
茨城県	4,196	1,033	25%
栃木県	2,738	642	23%
群馬県	2,663	651	24%
埼玉県	9,305	3,535	38%
千葉県	9,245	3,620	39%
東京都	27,682	15,918	**58%**
神奈川県	13,492	6,577	49%
新潟県	2,911	557	19%
山梨県	1,535	519	34%
長野県	2,731	732	27%
東日本計	99,122	41,033	44%

府県名	全き線点線 ①	光化き線点線 ②	カバー率 ③(②/①)
富山県	1,297	416	32%
石川県	1,545	434	28%
福井県	1,090	254	23%
岐阜県	2,582	623	24%
静岡県	4,433	907	20%
愛知県	8,863	2,908	33%
三重県	2,089	371	18%
滋賀県	1,686	287	17%
京都府	3,623	1,104	30%
大阪府	14,282	5,835	41%
兵庫県	8,187	2,185	27%
奈良県	1,795	265	**15%**
和歌山県	1,592	259	16%
鳥取県	686	173	25%
島根県	846	159	19%
岡山県	2,215	723	33%
広島県	4,172	1,499	36%
山口県	1,956	473	24%
徳島県	1,090	243	22%
香川県	1,425	368	26%
愛媛県	1,953	377	19%
高知県	1,226	259	21%
福岡県	6,328	2,154	34%
佐賀県	1,020	188	18%
長崎県	1,667	344	21%
熊本県	2,024	893	44%
大分県	1,556	417	27%
宮崎県	1,429	310	22%
鹿児島県	1,955	425	22%
沖縄県	1,285	467	36%
西日本計	85,897	25,320	29%

正しく認識する必要は、まさにIT基本法から直接的にもたらされるものでもある（なお、以下に示す表における「き線点」とは、電話局から先の、加入者回線の集線ポイントのことである。本書二1(2)で再度言及する）。

　平成一二年版通信白書二二四頁の「光ファイバ網全国整備の促進」の項には、「我が国における光ファイバ網の整備状況については、〔平成〕一一年度末で全国の約三六％の地域をカバーしており、順調に進んでいる」などと、本書二1(2)で言及する点との関係が一体どうなっているのか、と感じさせる妙な指摘がある。

　ともかく、二つの図表を示しておこう。NTT東日本・西日本の敷設実績である。

〔図表⑤〕の東日本四一％・西日本二九％を足して二で割ると三五％になる。前記通信白書の約三六％との関係の、一層の詳細が、知りたいところである。

　これに対し、〔図表⑥〕は、**相当ショッキングなものに思われる。「カバー率」で、実に一五％〜五八％という、歴然たる『格差』が存在する。それが現実である。**もはや各地方公共団体や建設省等も独自に動き出しているから、NTTの敷設実績がどうであろうと関係ない、などとタカをくくっておられる状況なのか。

　前掲の平成一二年版通信白書二二四頁にある通り、既述の電通審答申を経て、「従前、二〇一〇年の全国〔光ファイバー網〕整備完了を目指していたが、**〔平成〕一〇年一一月に改訂された『高度情報社会推進に向けた基本方針』等において、二〇〇五年への前倒し」がなされた。**それとの関係がどうなるのか、の問題である。

　NTT（グループ）、とりわけNTT東日本・西日本に『公正競争』の手枷足枷をはめ、『時間軸欠如』のまま、今が今という短期的（?）思考のみでシェア等を云々することと、IT基本法の基本理念を最も高度、かつ最も確実にする全国光ファイバー網整備完了とを、正しく秤にかけるべきである。『国内公正競争論議の暴走』を、何としても食い止めねばならぬ。

この関係で、私がものした小論を、ここで掲げておくことが、本書一と本書二以下とをつなげる上で、有益であろう。上位レイアの問題も扱われているが、とくに傍線部分に注意して頂きたい。

＊『石黒・日本学術振興会「未来開拓事業」『電子社会システム』プロジェクト・研究推進委員リレー討論「電子社会システムの基本コンセプトを求めて⑤――日本のIT戦略の極度の混乱と我々が真に求めるべきもの」（電子社会システムニューズレターNo.5（二〇〇〇年一一月））

私はそもそもITなる言葉が大嫌いである。「IT革命」の到来だと浮かれ騒いでいる人々が、「電子社会」の基本をほとんど理解していない今の日本の状況を打破せねば、「本当のこと」は何も見えて来ない。私はそう思う。電気通信審議会答申で全国津々浦々の「光ファイバー化」達成が二〇一〇年とされ、一九九七年の行革・規制緩和の嵐の中で、私も結構関与しつつ、目標年が二〇〇五年に前倒しされた。そのまま行けばよいものを、遡れば一九九六年のNTT再編（「持株会社方式ならまあよかろう。但し、研究所、とりわけ電子マネー関連の研究体制はいじらない前提で」、ということで、私は、ある種の手打ちに応じた。それなのに！）、一九九七年のテレコム行政分断工作、更には一九九九年以降の日米NTT接続料金摩擦。そして一九九六年――一九九七年の悪夢の再来というべきNTTの再々編成問題とテレコム行政の在り方再検討の嵐、である。「組織をいじればガタガタになる日本」（大蔵省・日銀も例外ではなかった）――日本を仮想敵国とする或る国があったとすれば、一連の流れは、初歩的戦術の類いである。なぜそれに気づかないのか。漱石同様、「こんな国は早晩滅びるね」と言わざるを得ない。

二〇〇〇年版通信白書のコメントを郵政研究所月報二〇〇〇年九月号に書いたが、同白書における全国光ファイバー化完了予定は、政府方針の二〇〇五年にもかかわらず「二〇一〇年以降」となってしまっている。二〇〇〇年一一月末あたりに公表されるはずのIT戦略会議の報告書について、「超」高速通信ネットワーク全国展開云々の新聞報道が出たが、何かの間違いである。当面全世帯の四分の一に光ファイバーを敷設するのみ。あとは、2Mbps程度の携帯電話（IMT-2000）、DSL、CATVや衛星等で、となって、大幅にトーン・ダウンしたのがIT戦略会議の報告書の実態である。誰かが不用意に「五年以内に米国を抜く」と言ってしまったあと、「再度」（VI&Pを想起せよ！）身構えた米国に、何だこの程度か、と安心させるフェイントとしてならともかく、何たることかと私は思う。極端な距離制限等を伴うDSL（xDSL）のうち、ADSLのAは周知のごとく「非対称的」であり、そもそも『完全双方向の動画像・データ・音声一体型のインフォメーション・スーパーハイウェイ（GII）の理想』には程遠い。VDSLにせよ、せいぜい二〇メガ程度。我々は「ギガ」を目指すべきではなかったのか。

日米NTT接続料金摩擦で日本側交渉担当者が、最後のギリギリの妥協線を、何と交渉の最初に米国側に提示する、といった不始末。それがNTT（東日本・西日本）に、光ファイバー敷設のインセンティヴを、決定的な形で失わせてしまった。いまだに、各都道府県別の光ファイバー敷設率（そのばらつき！）のデータは、「混乱を惹起するから」との理由で一般国民や各都道府県に開示されず、かつ、一〇〇芯程度のファイバーを敷設するのが常識のところ、細いファイバーを無秩序に、また、東京・大阪の中心部の「儲かるところ」にばかり無駄な重複投資的に、各社が引きまくる現状。その現状は「地域格差」等のディバイドを拡大させるのみなのに、公式には、NTT対NCCの構図で、単に光ファイバーの敷設キロ数のみを比較し、最近はNCCの方ががんばっている、といった情報が流される。何芯のファイバーかが問題のはずなのに、である。

さて、ネットワーク・インフラから上位の問題に目を転ずれば、これまた悲惨。IT投資を喧伝する企業トップは、**セキュリティに対する感覚**がほとんど無いかのごとくである。**その象徴がデビット・カード**である。あんな危ないものをなぜ世に出すのか（辻井重男教授と私は、この点全く同じ意見である）。末端での偽変造ばかりが問題なのではない。従来、銀行のATMに閉じていた銀行間ネットワークが、一般店舗にも足をのばす。私がハッカーだったら、ダミーの店舗からNTTデータのセンターを経由し、全銀システムや日銀ネットの破壊を、まず考える。そもそも、極力新規投資をせずして電子マネー「らしきもの」をやっています、というポーズをとりたかった銀行界に、NTTデータが引きずられた結果である。しかも、二年後に**ICカードになれば安心です**、といった**妙な見方**がマスコミを通して国民にインプットされる。せめて、岩村充「電子マネー入門」（一九九六・日経文庫）二五頁のコラムを、二七頁のICカード（モンデックス）安全神話と対比し、その上で考えるべきである。

そもそも、**CRYPTOという国際的な暗号技術の学会では、どんな暗号システムでもいずれ破られることを事前に想定して、いかに迅速にシステムを修復し、被害を最小限にとどめるかが重視されている、と聞く**（平成九年電気・情報関連学会連合大会〔一九九七年八月二二日、於日本学術会議講堂〕講演論文集の私の報告にもその論文を引用したところの、太田和夫氏の言葉）。そうあって当然である。

「ネットワーク災害」の規模について、いまだに日本では電電公社時代の世田谷電話局洞道火災事故が、上限であるかのように思われている。だが、かつて日銀が大いに懸念した米国の**バンク・オブ・ニューヨーク事件**（但し、単なるソフトのバグが原因）では、FRBが、当時のフィリピンの対外公的債務総額に匹敵する二〇〇億米ドル超の資金（リクィディティ）補塡を迅速にしなかったら、金融パニックが米国外にも波及するところであった。この種の事件とて、起こり得るパニックの上限ではあり得ない。**英国・香港を経由してなされる、まさに「ガードの甘い国日本」をターゲットとした偽変造クレジット・カードの行使。**挙げて行ったら切りがない。すべてを安易に、ビジネス・オンリーで考えたがる日本。一体どこに爆弾を仕掛けたら、この国は正気に戻るのか！——言いたいことは山ほどあるが、これ位にしておく。』

7　小　括

結局、右の最後に言う「爆弾」が、本書だということになる。「不発」にはさせない。絶対に、「炸裂」させ、「亡国の徒」達の「殲滅」を、死んでも狙う。その覚悟である。

「研究開発」及びその実績の重要性を深く認識し得ない輩に、「競争」（いわゆる公正競争を含む——その歪んだ実態は、これから示す）を**語る資格はない。私は、そう断言する**（以上、二〇〇一〔平成一三〕年一月一二日午後一一時二分、点検を含めて執筆終了。明日以降も、多少は休むつもりだが、作業〔執筆〕続行の予定)。

＊ 同年一月一三日午前一時半過ぎ、私をずっと待ってくれていた妻裕美子と、とても遅い夕食。午前二時頃から、「第一回目はこれで良いか否か」、妻に原稿を読んでもらい、その眼の輝き如何で、封筒に封をすることとする。駄目だ。心身ともボロボロだ。明日、否、今日の土曜は、基本的に休まねば、自分自身が滅びてしまう！ ――午前二時半、裕美子から「カッコいいですろ！ ……」とのゴー・サインが出た。これでホッと一息、である。

二　昨今の「ＮＴＴ悪玉論」の再浮上とＮＴＴ「グループ」解体論議への徹底批判

1　二〇〇〇年一二月の諸状況をめぐって

(1) 概観——二〇〇〇年版通信白書における〝揺らぎ〟の問題性を含めて

以下、本書二では、『世界に冠たるNTTの研究開発体制とその実績』に着目することなく、『国内公正競争論の暴走』によって、日本のIT技術開発のコア部分が破壊されようとしているという、誠にパラドキシカルな現在の諸状況を抉り出し、徹底批判する。

二〇〇〇（平成一二）年一二月、即ち〝行革〟による省庁再編直前の段階において、『NTT叩き』の報告書・答申の類は、一応出揃ったと言える。それらを、一応の目安としての一覧表（〔図表⑦〕）にして、まず示しておく（本書の関心に即して、縦軸的な事項群は、適宜ピックアップしてある。なお、公取委が二〇〇一（平成一三）年一月に出した、安易なドミナント規制に対してストップをかける重要な報告書については、後述する）。

〔図表⑦〕を横断的に見た場合のキイ・ワードは、「非対称的規制」、「ドミナント（支配的事業者）規制」、「ドコモへの出資比率の引き下げ」、NTT（グループ）の在り方をめぐる「完全資本分離」、「グループ内競争」、「ユニバーサル・サービス基金」、等であろう。

本書の主たる関心たる『公正競争vs.技術革新（研究開発）』の図式からは、まずもって、〔図表⑦〕の最下段を横に辿ることが必要となる。IT戦略会議の太枠で囲った部分がまとも、ということに一応はなるが、本書六頁の〔図表①〕に示したように、IT戦略会議の示す「戦略」が、光ファイバーを全世帯の四分の一程度に、といった安易な路線ゆえ、どこまで本気かが問題となる。〔図表⑦〕の産構審提言も若干まともそうに見えるが、その真意は、更に突き詰めて考える必要がある。

何よりも公取委・規制改革委・経団連のものにおいて、そもそも「研究開発＝技術革新」の視点が基本的に欠落していることに、注意すべきである。そして、電通審答申に至っては、後述（以上の諸点については、基本的にすべて後に詳述する）の如く、NTTの研究開発は、NTT法による法的義務づけがあって初めてなされて来た、との信じ難い驕《おご》りが前提となっている。その上で、その義務を外し、更にはNTTグループ全体が外資に買収されても、日本の国際競争力は高まる、などといった非常識極まりない論理展開となっている（後述する）。

かくて、『競争』、とくに『公正競争論』に大きなウエイトがかかり、NTTグループの完全な解体（後述）までが、実際上意図され得る状況となっているのである。

もっとも、二〇〇〇（平成一二）年一二月には、IT基本法を意識した郵政省の別な報告書が出ている（いわゆるe-Japan報告書）。それと〔図表⑦〕の電通審（第一次）答申とを対比する際（本書二1⑵、面白い構図（旧郵政省の矛盾した〝二つの顔〟）が、浮かび上がって来るのである（そこを、今から、書きたくて仕方がない！）。

以上の、〔図表⑦〕に基づく概括的な論述を受けて、これから個々の答申・報告書等のそれ自体を見てゆくことにする。但し、公取委の〔図表⑦〕中の報告書については、その後二〇〇一（平成一三）年一月一〇日に出された電気・ガス・航空とテレコムとをまとめて論じた報告書（その一部は、本書二－１⑴の中でも言及する）と共に、本書二５（そのタイトルに注意せよ）で論ずるし、郵政省（旧郵政省）関連のもの二つは、既述の如く次の項目で扱う。また、規制改革委のものは、本書二－１⑷のサブ・タイトルにあるように、そこで扱う。

従って、ここでは、〔図表⑦〕中の産構審・第二次ＮＴＴ改革与党ＰＴ報告・経団連、そしてＩＴ戦略会議のものを見てゆくべきことになるが（後述の如く、経団連のものは後にまとめて扱うこととした）、その前に、本書でも既に一言した『平成一二年版通信白書』について、多少見ておこう。既述の如く、同白書については、既に、貿易と関税二〇〇〇年一一月号六二頁以下に転載した**郵政研究所月報同年九月号の私の小論**がある。だが、一方では紙数の制約もあり、他方では、「郵政研究所」の雑誌への掲載ということもあり、鬱陶しいので多少和らげた表現で、最初から書いておいた。だが、郵政省と完全に絶縁（既述）した今となっては、図表も含めて、いろいろと言っておきたいことがある。そこで、この白書をまず扱い、以下、既述のいくつかのものへと、論じ進めることとする。なお、本書二－１⑷、同４⑴で、私の『法と経済』との関係も含め、理論的な点については、別途まとめて言及する（一部はここでも言及するが）。本書の目次に回帰して、確認して頂きたい。

〔郵政省編・平成一二年版通信白書――特集『ＩＴがひらく二一世紀』・再論〕

貿易と関税二〇〇〇年一一月号六二頁下段に示しておいたように、この白書（二〇〇〇年六月二〇日、『ぎょうせい』から発行）の基本的に目指すところは、同白書六九頁に、次の如く示されている（「ていた」、と言うべきところか、とも思われる）。即ち、――

「二一世紀の日本の将来像として、『世界と共鳴し合う魅力ある日本』（IT JAPAN for ALL）の創造を提起し、二〇一〇年頃の日本を、日本人及び世界の人々にとって、『住みたい、訪ねたい、働きたい、投資したい』魅力に溢れた国にすることを目標とし、この実現に向けて、日本を世界のＩＴ革命の創造拠点（!!）、最良の実験場として、日本の特性や得意分野を活かした成功モデルを他国に先駆けて（!!）提示するため、総合的な政策を展開する必要性」があり、「具体的な情報通信政策については、①世界で最先端のネットワーク利用環境を実現すること（!!）、②柔軟でダイナミックな情報通信ネットワークと、国民誰もが（!!）情報通信を使いこなせる利用環境を実現すること、③国際的な連携・協調を一層強化し、地球規模の情報通信の調和ある発展に貢献すること、の三つの目標」を掲げる、云々とある。

そうであれば、既に論じた**ＩＴ基本法の基本理念**との親和性は高い。だが、実際には、『ＮＴＴ潰し』の為の『公正競争論』に、（旧）郵政省は急速に傾くことになる。

思い起こして頂きたい。この白書は、既述の如く二〇〇〇（平成一二）年六月二〇日に刊行された。だが、その約一か月後の同年七月一八日（!）に、『**ＮＴＴの接続料金に関する日米摩擦**』が、〝三年間で二二・五％引き下げ、そのうち二年間で九割程度引き下げる〟ということで、屈辱的な決着を見た。但し、当時報道されていた通り、アメリカ側は、〝三年目以降の引き下げ率の拡大〟をも求めている。

それからである。すべてが〝本格的狂気〟の世界に移行したのは。

関する答申・報告書等（2000年12月現在）

規制改革委員会 規制改革についての見解 （H12.12.12）	第二次NTT改革与党PT報告 （H12.11.30）	経団連（情報通信委員会） 一次提言（H12.3.28） 答申草案意見書 （H12.11.30）	IT戦略会議 IT基本戦略 （H12.11.27）
● 地域市場はNTTが独占状態であることを踏まえ，ドミナント規制を導入。 相当程度競争進展	● 市場支配的地位に着目した支配的事業者規制の導入	● 市場シェア・ボトルネック設備の保有等の基準を踏まえて，市場支配力に着目した規制の導入（上限価格規制，接続ルール，情報開示，内部相互補助規制）。 ● 支配的事業者規制の導入には，事前規制撤廃（一種二種区分の抜本見直し）が必要	● 非対称規制の導入
● 非支配的事業者への規制は，必要最小限とし規制緩和を推進すべき。	無し	無し	● 支配的事業者の反競争的行為に対する監視機能の強化
● 持株会社の廃止について検討すべき。 ● NTTコム，ドコモの出資比率低下	● 行動プログラム策定 ①ドコモ，コム出資比率の見直し検討	無し	無し
● NTTが自らグループ内競争を促進して，非対称規制から脱することが必要。	● NTT東西の高コスト構造の是正 ● 行動プログラム策定 ②公正競争実現 ③NTT法規制緩和 ● 諸措置の円滑実施後，NTTを完全民営化。NTT法廃止	● インセンティブ規制は，行政の恣意的裁量の恐れがあり，掘り下げた検討が必要。	無し
無し	● ユニバーサルサービス基金創設（事業者負担激変緩和措置としてNTT株売却益，電波利用収入等の活用等，公的支援導入検討）	● 競争中立的な仕組みが前提	無し
無し	公的支援の充実を含めた新たな研究開発体制の確立（NTTの研究開発は一民間企業によるものと整理）	無し	● 世界最高水準の技術力維持のため研究開発支援・促進

“市場画定”の問題性については，後述する。

〔図表⑦〕 **情報通信・NTTの在り方に**

	電通審 競争政策の在り方第一次答申 （H12.12.21）	産業構造審議会　情報通信部会 第一次提言案（H12.8.17） 第二次提言案（H12.11.22）	公取委（＊＊） 政府規制と競争政策に関する研究会 （H12.6.12）
競争政策　支配的事業者規制　地域	● 情報開示，ファイアウォール設定 ● 接続会計分離やプライスキャップ規制等の継続 ● 契約約款認可の緩和はファイリング方式どまり	● 行為規制，カルテル的行為防止 ● エッセンシャルファシリティ開放義務	● 接続に関し非対称規制に合理性有り
競争政策　支配的事業者規制　移動体	● 接続約款認可 ● 一層の役務別会計情報開示 ● 契約約款認可の緩和はファイリング方式どまり	明確な言及なし	明確な言及なし（以下，本図表において，単に「無し」として示す）
競争政策　支配的事業者規制　長距離（＊）	● 一層の役務別会計情報開示 ● 契約約款認可の緩和はファイリング方式どまり		
競争政策	● 支配的事業者認定 ①市場シェア50％超 ②ボトルネック設備の有無 ③ボトルネック設備設置事業者との関連性 ほか総合的に判断 ● 非支配的事業者の規制緩和（契約約款・接続協定の届出化）→非対称規制 ● 不当競争防止ガイドライン	● ドミナント事業者以外に対する規制は必要最小限以外撤廃 ● 総合的指針の明確化	● 公取委は関係省庁と協力してルールを作成する。
NTTの在り方をめぐって　資本分離について	● 完全資本分離は時期尚早 ● ２年経過後，競争進展無い場合，完全資本分離を含めた経営形態の抜本見直し（状況次第で前倒し）。	NTTの経営判断で決定 ただし， ①競争整備ガイドライン準拠 ②持株会社機能を研究開発機能などに純化	● ドコモが独立した競争単位となるまで出資比率を引き下げ
NTTの在り方をめぐって	● インセンティブ活用型競争促進方策 〔条件〕（自主計画に記載させる） ①地域網のオープン化 ②グループ内競争 ③東西経営効率化 ④ドコモ，コムの持株比率低下 〔効果〕（インセンティブ!?） ①東西の業務範囲拡大 ②放送・製造分野への進出 ③ユニバーサルサービス基金の発動	● より厳しい独占規制の下，より自由な経営を保証 ● NTT法見直し（東西業務範囲＆資金調達を自由化） ● 東西のユニバーサルサービス部門，エッセンシャルファシリティ部門との会計整理 ● NTT各社間の競争の本格化	● 持株会社方式による再編は競争促進効果が不充分 ● NTTの公正競争確保措置の状況を行政が監視し，必要に応じて措置を講ずる
ユニバーサルサービス	ユニバーサルサービス基金の導入 （一定の競争進展があれば稼動） ● 各事業者のコスト負担が原則 ● 長期増分費用方式によるコスト算定	合理的な料金での提供のために制度的措置 1. NTT法見直しにより，インターネット分野への参入解禁，資金調達の自由化によるNTT東西の自助努力環境整備。 2. NTT株式売却益の活用検討。ユニバーサルサービスファンドの創設の検討は上記手段と併せて検討すべき選択肢	無し
研究開発等	● NTTの研究推進等の責務の撤廃 ● **NTT全体の外資による買収も可とし，政府持株の撤廃へ**	NTTの持株会社の研究開発部門を，国の研究開発戦略の拠点と位置付けた上で，国家予算を重点配分	無し

＊　この第一次答申の誠に恣意的な，NTTのみを縛ってKDDIをセーフにしよう，云々といった

＊＊　公取委の2001年１月報告書については，双方を対比させつつ，後述する。

〔図表⑧〕 光ファイバ網の整備スケジュール

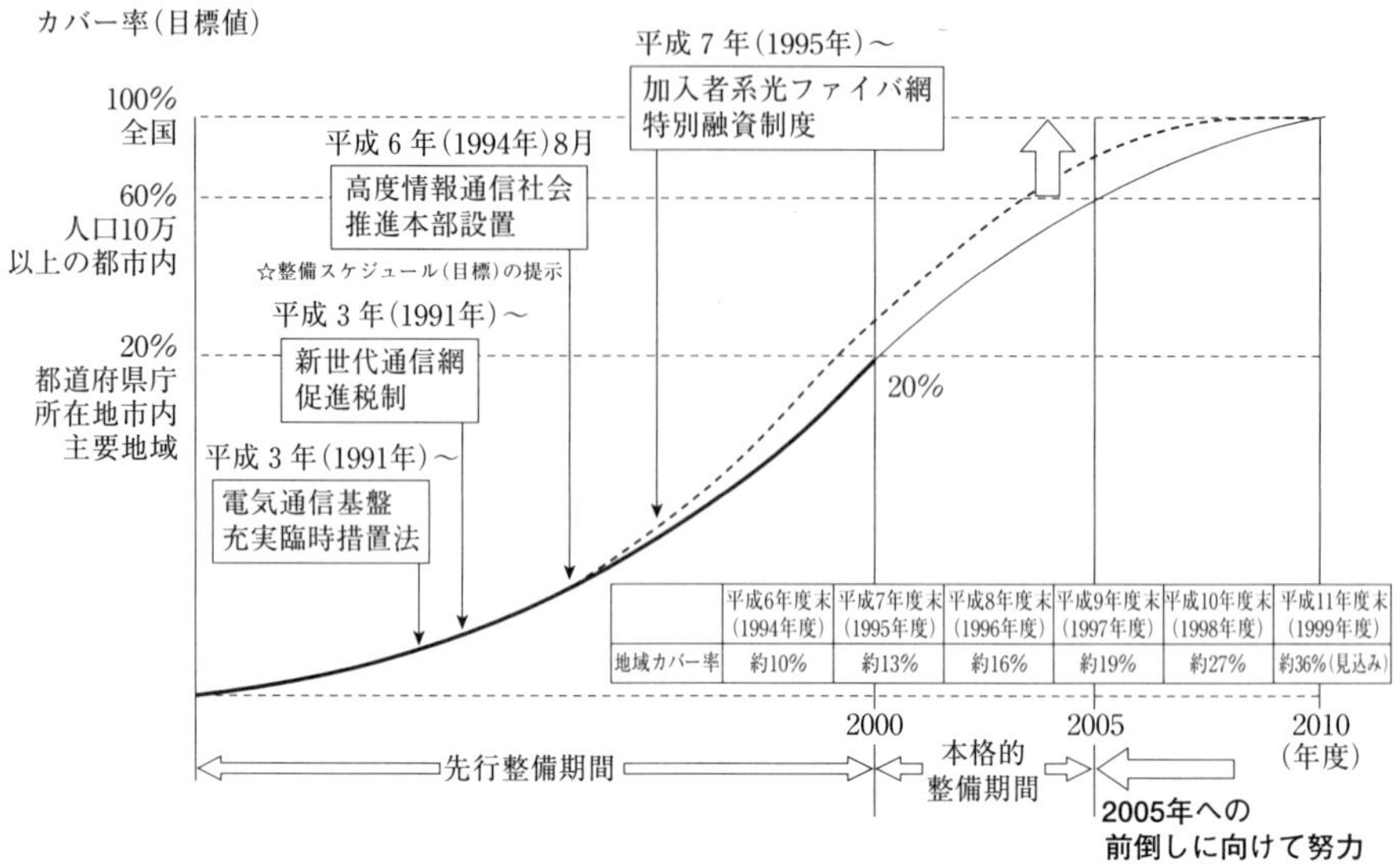

	平成6年度末(1994年度)	平成7年度末(1995年度)	平成8年度末(1996年度)	平成9年度末(1997年度)	平成10年度末(1998年度)	平成11年度末(1999年度)
地域カバー率	約10%	約13%	約16%	約19%	約27%	約36%(見込み)

〔出典〕 郵政省編・前掲2000年版通信白書224頁。

〔図表⑨〕 ネットワークの発展展望

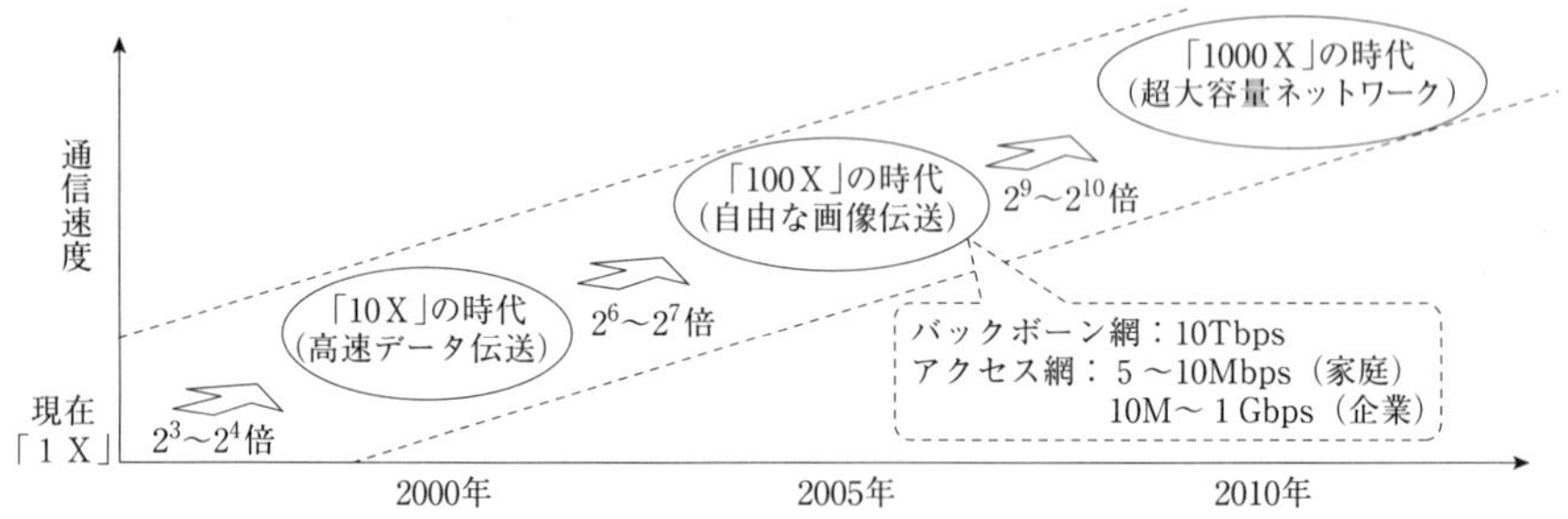

〔図表⑩〕 アクセス網における技術の進化動向

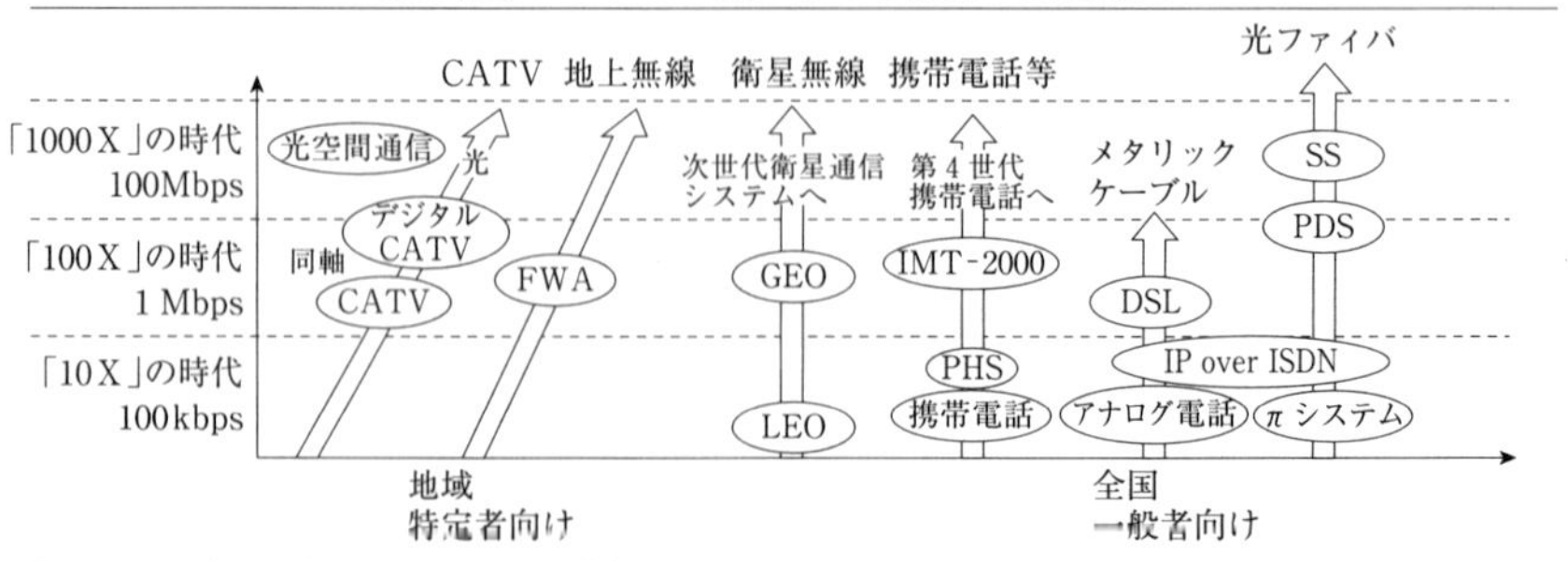

〔出典〕 郵政省編・前掲白書223頁（〔図表⑨⑩〕）。

〔図表⑪〕　定額制インターネット料金の日米比較（平成12年３月現在）における日本のＤＳＬ事業の料金構造（単位：円／月）

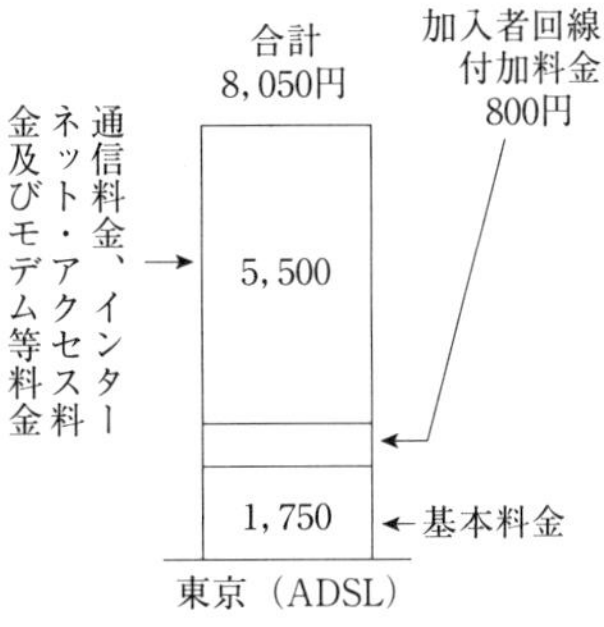

※１　東京（ＡＤＳＬ）
基本料金はNTT東日本の電話（住宅用）（1,750円）及びNTT東日本の IP ルーティング網接続サービス（800円），通信料金，インターネット・アクセス料金及びモデム等料金は東京めたりっくの DSL インターネット接続サービス（ADSL標準接続）の料金（5,500円）。
〔出典〕同前･95頁（その後の定額制インターネット料金の変化と日米比較については後述する。とくに，本書198頁の〔図表㉖㉗〕と対比せよ！）。

そして、それが本書二4のサブタイトルにある「短か過ぎた蜜月」の意図するところでもある。

さて、前記通信白書の引用部分に戻って考えよう。最後の③の点など、既に率先してＮＴＴがやって来ていることでもあるが（本書三で詳述。但し、本書二4⑵のサブタイトルにも注意せよ）、「二〇一〇年頃の……」とある。貿易と関税二〇〇〇年一一月号六三頁下段から六四頁上段に示したように、また、前掲白書二二四頁にあるように、「光ファイバー網」の「全国整備完了」時点は、平成「一〇年一一月に改訂され」て、「二〇〇五年への前倒し」が決まっていたはずである。だが、『ＮＴＴ分割論議』に禍いされた結果、**いわゆる『公正競争論議』の代償**(!!)として、その計画実現が覚束なくなって来ており、そしてダメ押し的に、既述の日米摩擦の屈辱的決着があり、そこから一転(?)して（旧）郵政省は、〔図表⑦〕の「研究開発」の項目につき（関心）「無し」と記しておいたところの、いわくつきの公取委の報告書（後述）にも巻き込まれ、〝自己喪失的な保身の術〟へと走ることになるのである（但し、そのわずか四日後に、後述のｃ－Ｊａｐａｎ報告書が出ている!!）。

さて、ここで、同白書からいくつかの図表を示しておこう。同白書・七〇頁に、「中期（五年～一〇年以内）」との定義の下に、「ＦＴＴＨ（ファイバー・ツー・ザ・ホーム）」については、中期以降実現」とある（つまりは〝二〇一〇年以降〟に実現となる！）ことに注意した上で、〔図表⑧～⑪〕を見て頂きたい（但し、〔図表⑪〕は、貿易と関税二〇〇〇年一一月号六四頁に示した点、即ち、ＤＳＬ事業者がけっこう法外なカネをとっているのに、ＮＴＴばかりが「高い」と言われるのはなぜなのか、との点を図で明らかにするための、補足的なものである）。

本来、貿易と関税二〇〇〇年一一月号の既述の個所においても、これらの図表を示しながら、「これは何だ！矛盾じゃないか！」云々と文句をつけたかったのだが（とくに、〔図表⑧〕の示された同白書の同じ頁に、〝二〇〇五年への前倒し〟のことが本文に記され、それとは別の頁に、既述の如く「二〇一〇年以降」に達成、ということが、目立たぬ形で示されているのである。この白書が真に全国民の為のものであるならば、実に〝不誠実〟と、言わざるを得ない）、ともかく私が光ファイバー網全国敷設にこだわる理由は、本書において、更に深く示してゆく（〔図表⑩〕において、唯一光ファイバーのみが、「一〇〇〇Ｘ」のラインを突き抜けていることに注意せよ）。

このあたりで、〔図表⑦〕に示しておいた報告書等に戻り、それぞれについて論じてゆくこととしよう。

〔第二次NTT改革与党プロジェクトチーム報告（二〇〇〇〔平成一二〕年一一月三〇日）〕

〔図表⑦〕にもその概要を示したこの与党三党PT報告は、わずか三頁の、ごく短いものである。1～5の五項目にわたる指摘がある。全体的には、本書二―1⑵に示す〔図表⑦〕の郵政省第一次答申に近い面がある。

だが、前もって押さえておくべき点がある。それは、〔図表⑦〕のこの郵政省第一次答申に対して、「**自民党通信部会では、『NTTへの規制強化が目的化〔!!〕しており、本質を見誤っている』など反対意見が相次いだ**」、との事実である（日刊工業新聞二〇〇〇〔平成一二〕年一二月一八日の『ズームアップ』欄からの引用）。マスコミの常として、そこには「国益や安全保障を盾に親NTT議員が多い通信部会を利用し、〝NTTの政治的巻き返し〟が始まりそうだ」、とあるが、そんな指摘はどうでもよい。「郵政政務次官を経験した議員」の言として、そこには、「電通審の答申案は競争政策の視点ばかりが先に立ち、国家安全保障の視点が抜け落ちている」とある。問題は安全保障ばかりではないが、基本的に同感である。すべて別途確認済みゆえ、同記事から更に引用を続けるが、「通信会社出身の議員は答申案の、NTTドコモの支配的事業者〔ドミナント〕規制をやり玉に上げ『ドコモが今日のシェアを築いたのは**iモードの開発**をはじめ、経営判断の結果だ。高シェアを独占として縛るのでは企業活動とやる気に影響を及ぼす』、と述べた」。シェア移動の烈しい携帯電話分野における競争政策の在り方については、本書二―5でまとめて示すが、右の指摘も、まさにその通り。ただ、その先に、誠に気になる指摘が、同じ議員によるものとして、引用されている。即ち、――

「次世代携帯電話のIMT―2000は膨大な設備投資が必要で、**有利子負債が多いKDDI**はそれに耐えきれず、**外資の出資**をあおがざるを得ないことは証券会社のアナリストも指摘している……。」

――とある。IMT―2000のみならず、旧KDDの、日本全体を海から包囲する形での中継系光ファイバー網構築のコストも気になる。本書では直接触れぬが、京セラ・トヨタの経営判断次第でKDDIは（旧KDDを含めて）、十分に外資の手に、完全に渡り得る。**DDIへの吸収に甘んじた旧KDDの西本正社長の経営判断が正しかったのか否か**。いずれ、そこが問題となるはずである。

ちなみに、産経新聞二〇〇〇（平成一二）年一二月一八日の『主張』欄にも、まともな記事がある。「シェア五七%のNTTドコモを『支配的事業者』とし、五〇%以下になるまで規制を強化すべきだ」と既述の電通審第一次答申がしている点につき、「**五〇%で線を引く根拠**を明確に示すべきであろう」とか、「国内事情だけで企業の活力をそぐような規制強化となっては、中長期的な国家戦略としては妥当とはいえまい。**世界レベルでの競争に勝ち残れる通信事業者の育成**という課題を前に、論議すべき点は多い」、としている。正当である。

さて、このように、与党三党の既述のPT報告は、それが右の如

〔図表⑫〕　ＮＴＴ東日本・西日本とＮＣＣの光ファイバ回線（敷設ケーブル亘長）

		ＮＴＴ東日本・西日本	ＮＣＣ
加入者系	敷設距離	79千 km	141千 km
	比率	36%	64%

〔図表⑬〕　NTT 東日本・西日本と NCC の光ファイバ回線（利用回線数）

	ＮＴＴ東日本・西日本のファイバ回線数	比率	ＮＣＣの光ファイバ回線数		ＮＴＴ東日本・西日本のファイバ回線数	比率	ＮＣＣの光ファイバ回線数
北海道	106,700	75%	35,000	滋賀	20,500	90%	2,400
青森	19,700	86%	3,200	京都	55,000	87%	7,900
岩手	19,200	88%	2,500	大阪	322,100	85%	57,100
宮城	57,500	80%	14,400	兵庫	88,900	87%	13,800
秋田	14,600	90%	1,600	奈良	23,300	94%	1,500
山形	15,200	85%	2,600	和歌山	12,400	89%	1,600
福島	28,800	86%	4,500	鳥取	8,700	84%	1,700
茨城	49,100	80%	12,600	島根	11,800	83%	2,400
栃木	37,700	81%	9,000	岡山	37,900	82%	8,600
群馬	39,100	82%	8,500	広島	71,900	71%	30,000
埼玉	125,000	88%	16,300	山口	22,600	81%	5,200
千葉	126,700	89%	16,200	徳島	10,000	81%	2,300
東京	958,800	86%	154,600	香川	18,200	78%	5,000
神奈川	273,400	88%	37,000	愛媛	18,500	86%	3,000
新潟	30,500	88%	4,000	高知	9,700	89%	1,200
富山	19,000	71%	7,600	福岡	88,300	87%	12,700
石川	28,500	87%	4,300	佐賀	8,400	88%	1,200
福井	12,900	81%	3,100	長崎	17,300	92%	1,600
山梨	15,700	77%	4,700	熊本	23,100	92%	1,900
長野	40,500	93%	3,200	大分	15,600	93%	1,200
岐阜	26,300	90%	3,000	宮崎	11,800	91%	1,100
静岡	57,200	82%	12,700	鹿児島	19,300	94%	1,300
愛知	155,100	87%	24,000	沖縄	24,300	92%	2,000
三重	31,700	90%	3,400	合計	3,228,300	85%	554,600

単位：電気通信回線数（「電気通信事業法施行規則」第23条の２第３項の「単位回線」（64kbps）に換算したもの）

〔出典〕　郵政省編・後掲『接続ルールの見直しについて』の第１次答申（〔図表⑫〕はその20頁，〔図表⑬〕は21頁）。

き報道（とくに前者）にも示されているように、自民党との関係で、既にして安定的なものとは言い難い。それはそれとして押さえた上で、この与党ＰＴ報告を見ておこう。

まず「１　第二次ＮＴＴ改革の目指す国民的目標」について。「国民的目標」であり、「公正競争上の目標」、ではない。だが、⑴⑵に分けて、様々なことが押し込まれた感じになっている。つまり、「競争促進とユーザー保護」を図れとあるが、「世界をリードする低廉な通信料金と国民利用者の利便の最大化」を図れ、ともある。〝料金の安さ〟と〝利便の最大化〟との関係を、どう見るつもりか。**昨今の風潮は、「今の技術で今後も良いから安くせよ」オンリーだが、それは実におかしなことである。**それは、本書全体で論ずる。なお、この個所で「公正・有効競争」云々と共に、「事業者による創造的な事業展開を確保する」、とある。**「創造的な事業展開」**のベースは**Ｒ＆Ｄ**にあるはずなのに、この部分（１の⑴）では、**「世界をリードする」**のは**「低廉な通信料金」**でしかない、かの如くである。１の⑵では、「ＮＴＴグループ各社の経営の自立性を高め」て〝内ゲバ〟をさせる（「各社相互の競争を促進する」）「など」によって、市場活性化と「日本の通信産業の国際競争力強化を図る」、とある。ＮＴＴが〝内ゲバ〟をすればそうなるのか。ここにも、**Ｒ＆Ｄの視点は埋もれている**。

「２　新たな競争政策の展開による電気通信市場構造の改革」の項に移る。まず、「ＮＴＴ、電力会社、自治体等の光ファイバ、電柱・管路等の国民共有財産の開放を積極的に推進することにより、ＩＴインフラ整備に向けた競争を一層加速させ」ろ、とある。**「光ファイバー」を「国民共有財産」と把握するのは正しい。ＮＴＴの敷設したもののみをオープンにせよ、との論議が横行する現状において、この点は注目されてよい。**

ちなみに、二〇〇〇（平成一二）年一二月二一日に出されたものとして――

＊　郵政省・「『接続ルールの見直しについて』の第一次答申」

――を見ておこう（電気通信審議会の答申である。諮問は同年一〇月一一日）一八頁以下に、「光ファイバ設備の扱い」との項目がある。**「光ファイバー設備を指定電気通信設備から除外すべきか否か」**という、重大な問題が、そこで扱われている。ヒアリングがなされ、ＮＴＴ東日本・西日本は「除外」を主張したが、否定されてしまった。ＮＴＴ側の争い方が若干まずかったことは、私が強く感ずるところである。つまり、〔図表⑫〕がＮＴＴ側の論拠だったようであり、それに対して、郵政省側が〔図表⑬〕を示した。この〔図表⑬〕は、本書一七頁の〔図表⑥〕に示したところの、『都道府県別の加入者系光ファイバー網整備における『歴然たる格差』を、巧妙に顕在化させないような形で、提示されている。まずもってそこに注目すべきである。

〔図表⑫〕は、中継系と加入者系とを区別していないかのようだが、実際には加入者系の数字である（後述）。ＮＴＴ側は、いまやＮＣＣ側の方が光ファイバーを多く敷設しているから、規制の強い「指定電気通信設備」から除外せよ、とした。だが、同前・一八頁にあるように、「光ファイバ設備の設備投資インセンティブが働くようビジネスベースでの事業展開が不可欠」、との点が最大のポイントだったはずである。けれども、ＮＴＴの接続料金に関する日米摩擦の決着（それがＮＴＴに加入者系での光ファイバーの更なる敷設への、大きなディスインセンティヴとなったのに、この答申でも**郵政省は「知らん顔」**で通している。私はそれが許せない。後述）後ゆえか、同頁でＮＴＴ側は、「仮想的なモデル（長期増分費用方式〔後述〕）での全国一律料金や設備を持たないエリアでの建設等の義務が発生する場合にはコスト回収に期間を要したり回収もれが生じたりする虞がある」、としている。長期増分費用方式の問題点は本書二４⑴で示すが、全国光ファイバー化に対し、既にＮＴＴ東日本・西日本の腰が引けてしまっており、「全国一律料金」の維持も無理だ、との考え方に傾いている点は、問題である。そうさせてしまったのは、全くもって郵政省の責任であるが、既述の『与党ＰＴ報告』の２（その⑴）にあるように、**ＮＴＴのみならず「電力会社、自治体等」の光ファイバーをも、「国民共有財産」として「開放」、つまりは『相互開放』（!!――全面相互接続を対等に行なわせること）こそが、ＩＴ基本法の基本理念との関係でも、最も重要なことのはずである。**

ところが、郵政省側は「イー・アクセス、ディーディーアイ、日本テレコム、ケーブル・アンド・ワイヤレス〔!!〕、エムシーアイワールドコム・ジャパン〔!!〕、レベルスリー・コミュニケーションズ、東京通信ネットワーク、テレコムサービス協会、……日本交信網」等の意見に、結局は従うことになる。

そうした文脈で出されたのが〔図表⑬〕である。同答申・一九頁は、「ボトルネック性は加入者へのアクセスについて生じるものなので、その程度を見るにはケーブル亘長〔「一以上の光ファイバ芯線を束ねて、これらの芯線を保護する等の目的で被覆を施したものを一本のケーブルとして捉え、このケーブルについて、収容局から各家庭までの長さを合計したもの」。同頁の注6〕ではなく、加入者へのアクセスの占有率を検証する必要がある」として、前記の〔図表⑬〕が示されるに至る〔但し、計算してみると、〔図表⑬〕のＮＴＴの回線数の合計は、一般の電話の全加入者数の、五％にしかならない。いまだそのレベルでの競争なのに、ＮＴＴ側にのみ、早くも足枷がはめられる、というのである。ＮＣＣ側が専ら大企業ないし大口ユーザー向けの数字であろうことは、容易に想像がつく。けれども、「き線点」から先に光ファイバーを敷設する点では、ＮＴＴとて基本的には同様の状況にある。前記の〔図表⑤⑥〕をベースに考えた場合、いずれにしても、郵政省の出した〔図表⑬〕、つまりはそこに示された数字の算出プロセスが、実はあいまいである。しかも、〔図表⑤⑥〕にあるように、全国的なアクセス系の光ファイバー化のためには、「光カバー率＝光化き線点数」が当面の問題となる。そうでなく「光ファイバ回線〔利用回線数〕」なるものを、なぜ前提として論ずるのか……。実は、同答申・一九頁は、ＦＴＴＨのＨ〔「家庭」〕を、右の本文のカギカッコ〔　〕内の引用で示したように、実は直視していない。種を明かせば、要するに〔図表⑬〕は、実は企業向け高速・大容量サービスの回線数〔実際に利用されている数〕を単純に六四キロビット毎秒に換算したものなのであり、それ自体問題がある。この点は、更に後述する〕。

ＮＴＴ側が、「公正競争」の枠を越え、ＩＴ基本法の基本理念に立ち、堂々と前記の〔図表⑥〕を示し、この『地域格差』の是正こそ、まさに国の政策の基本であろう、といった主張を、なぜ正面切って出来なかったのか。料金やコストでこれまで散々いやな思いで〝郵政対応〟を強いられて来たが為に、ＮＴＴ側も、自然に「公正競争」の狭い土俵でしか戦えない、と思い込んでいる節もある。そこを打破せよ、というのも、本書を通した私の強いメッセージの一つである〔!!〕。

さて、同答申・二〇―二一頁に戻る。そこには――

「加入者へのアクセスに関して、現在、指定電気通信設備の決定に際して採られている一定の方法〔!?〕で光ファイバ設備の回線数を集計すれば、平成一一年度末現在において、ＮＴＴ東日本・西日本が全都道府県で少なくとも七〇パーセント以上の占有率を占めており、全国平均では八五パーセントの占有率を占めていることが明らかとなっている。……以上より、光ファイバ設備は従前どおりメタル等の設備と区別せず、今後も指定電気通信設備の範囲に含めて捉えていくことが適当である。」

――とある〔但し、「光ファイバ設備への長期増分費用方式の適用」〔同前答申・二二頁以下〕については、いまだ未定の部分もあるが、同・二二頁には、「今後」は同方式の「導入の可否も検討されていくと考えられる」、とある。もっとも、「事業者の新規投資へのインセンティブを失わせないことに留意してその適用の是非等を判断していくことが望ましい」〔同頁〕ともあるが、今更何を言うか、と私は思う。日米接続料金摩擦のことである）。

さて、以上の〝必要な廻り道〟をして、**『第二次ＮＴＴ改革与党ＰＴ報告』**の２の項に戻る。せっかく２⑴で「国民共有財産」としての光ファイバーの「開放」を、ＮＴＴに限らず提案し、「ＩＴインフラ整備に向けた競争」の「一層」の「加速」（それは主として加入者系で大きな問題となる！）に言及しつつ、２⑵では、「公正競争」の狭い枠組に戻ってしまっている。即ち、「市場支配的地位に着目した**支配的事業者規制**等を導入」せよ、とあり、「再編後のＮＴＴグループ各社間のファイヤーウォール措置を徹底」せよ、ともある。その反面で――

「競争政策促進の観点から徹底した規制の簡素化もしくは撤廃を図るとともに、公正取引委員会の判断基準を明確にするため、通信分野における総合的指針を策定するなど公正取引委員会の機能の強化を図ること。」

――とある。ＮＴＴグループだけ縛って、あとは自由に、という**『非対称的規制』**、である。**〝公取委の断判基準の明確化〟**は、本書二５で論ずる通り、必要不可欠だが、そもそも従来の公取委の対ＮＴＴの考え方が「公正」とは、私にはとても思えない（後述）。ともかく、この２の⑵と⑴とは、全然逆方向を示すものであり、⑴に純化してゆくのが、ＩＴ基本法との関係でも、必須なはずである。

こんなに一々細かく論じてゆかなくても……、と思いつつ、筆を進めている私だが、この与党ＰＴ報告を、更に見てゆく（２の⑶は事業者間紛争処理ゆえ略す）。

「３　インターネット時代に対応したＮＴＴの経営構造の改革」の項は、「⑴ＮＴＴ東西の高コスト構造の是正」、「⑵ＮＴＴ東西の健全経営基盤の確立」、「⑶ＮＴＴグループ各社間の行動プログラムの策定」、「⑷ＮＴＴ東西の新たな経営ビジョンの策定」の四項目につき、わずか数行ずつ論ずる。

そのうち⑵が多少プラスかな、と思えば、「ＮＴＴ持株会社の保有する株式等の資産を有効活用し……」とあるのみ。一体何のことだと言いたくなる（後述）。⑶は地域網の徹底した開放、グループ内競争、ドコモやコム（ＮＴＴコミュニケーションズ）への出資比率の「見直し」等、である。⑷は、笑ってしまう。ＮＴＴいじめを徹底的にやれ、と一方で言いつつ――

「ＮＴＴ東西の事業運営の将来を展望し、光ファイバサービスのほかインターネットや通信・放送融合分野の新しい事業領域を自由に開拓できる途を切り開き、自立した健全な経営基盤を確立することが必要である。そのためグループ経営の在り方を見直し、その際には国際競争の動向も視野に入れ、速やかに新たな経営ビジョンを策定すること。」

――とある。

これはまさに、**『手枷足枷をはめられ、椅子にがんじがらめに縛られた囚人』**に、**「自由になってみろ」**と、**サディスティックな看守が薄笑いを浮かべつつ言うが如きこと**ではないか。しかも、この『看守』は、「経営」と「公正競争」しか、基本的には理解していない。――こうした歪んだ構図。しかも、この『囚人』としての『Ｎ

ＴＴ』が、世界の情報通信技術を実際にリードし続けているのに、殆ど誰もそこに着目しない現実。私は、それと戦うのだ。

もっとも、この与党ＰＴ報告は、Ｒ＆Ｄにも一応は言及している（〔図表⑦〕の該当個所を見よ）。４の、″国の新たに講ずるべき措置″の中において、である。

４⑷では、再び多少は″まともな顔″が出て来る。即ち――

「競争の進展に対応した事業者間の公平なコスト負担を可能とするため、ＮＴＴ東西のみならず、他の電気通信事業者も対象としたユニバーサルサービス提供確保のための新たな仕組み（ユニバーサルサービス基金）を創設すること。」

――とある。だが、そこには″但書″がある。″日米保険協議**じゃあるまいに**（石黒・日本経済再生への法的警鐘〔一九九八年・木鐸社〕六七頁以下）、右制度導入に伴い**「激変緩和」**措置が必要だ、などとある。ＮＴＴ株売却等による「公的支援」を検討せよとし、「デジタル・ディバイド解消」にも一言してはいる（以上、４⑴）。

次の４⑵は、Ｒ＆Ｄ関連だが、「国の基礎的研究開発体制の充実」とある。要するに、「ＮＴＴの研究開発力」への「依存」を脱せよ、とある。**旧厚生省の『国立病院立ち枯れ作戦』と同じことが、**現在、**国立大学に対しても行なわれていることは**、周知のことだが、本書三で詳論することの頭出しとして前記の〔図表④〕に示したところからも若干は知られるように、「大学」が束になって情報通信分野で競争したところでＮＴＴを抜けるかどうか、といった実態（後述。本書三3）を、明らかに踏まえていない暴論の類であろう。しかも、「国」の「基礎的」Ｒ＆Ｄのみで、なぜ十分なのか、何も書かれていない。

次の４⑶は、一見アレッと思う記述から始まる。「ＮＴＴ東西が我が国防衛ネットワークの一翼を担っている現状にかんがみ……」、とある。**ＮＴＴの外資規制撤廃**には、安全保障上「大きな問題がある」とするのである。そうであるのに、「国の安全保障上必要」とあらば「外国による買収防止措置」をとれ、などとし、結局は「外資規制の緩和又は撤廃」を検討せよ、と来る。そんな措置を**ＷＴＯとの関係**で、一体どう見るかは別として、はなはだ腰の坐りのよろしくない報告書、である。

５は、政府持株をいずれなくし、ＮＴＴの完全民営化をせよとか、政府持株の売却益の使途の話となる。

それで終わり、である。

この手の報告書を一つ一つ潰してゆく、と決めた自分自身が、真実情けなく思われるが、次にゆく。

〔産構審情報経済部会・第二次提言――ＩＴ国家戦略を実現するための制度設計（二〇〇〇〔平成一二〕年一一月二二日）〕

ここでは、右の提言の前半たる「競争政策のあり方」の部分のみを見る（後半はＥコマース関連ゆえ略す）。これも計二〇頁（後半を含めて）の簡単なものである（以上、執筆は、二〇〇一〔平成一三〕年一月一九日午後一―九時）。

本書二1⑴の冒頭あたりに示した〔図表⑦〕からも、この提言についての注目点は、ＮＴＴの資本分離云々は″経営判断″の問題としている点、そしてＲ＆Ｄ（研究開発）の扱い、の二点である。そこに留意しつつ、この提言それ自体を見てゆこう。

同提言二頁の「はじめに」の書き振りからして、この第二次提言がIT戦略会議・IT基本法を見据えたものであり、かつ、これから示すその「競争政策のパート〔三―一一頁〕」の部分が、電気通信審議会の本書二1⑵で扱う第一次答申の草案への、「パブリックコメントとして提出する」とされている点も注目される。

同提言四頁の「1. 技術革新と制度改革」の冒頭（「⑴ 改革の目標」）は、IT基本法（既述）の〝基本理念〟そのままに、「全ての国民がIT革命の利益を享受することをできるよう」にすることが「目的」だ、とある。そのための「二つの政策目標」が「効率性と**公益的価値**」とされるのは、「効率」オンリーの発想と一線を画する点で良い。ただ、「効率性」は「競争政策」で「達成」し、「公益的価値」は「公共政策」で「達成」する、とある。その割り切り方が大いなる問題であろう。

貿易と関税二〇〇一年一月号五四―五五頁（**APEC向け石黒報告書**の邦訳）で、私は、単に市場競争上のバリアの低減（その意味での〝効率性〟!?）を追求するのみでは不十分とし、「〔WTOの〕加盟諸国は、単に国内規制を自由化するのみではなく、それよりも一層多くのことを、せねばならない」とする、かの〝eQuality Paper〟の本旨について、論じていた。同前・五五頁にあるように、**この『Eクォリティ・ペーパー』における「競争もしくは競争政策」は、「真の」それであり、つまりは『消費者保護』や「その他の公的関心」をも「競争政策」の中に盛り込むべく、「競争政策」の「再定義」（!!）を意図するものなのである**（同前頁下段の最後のパラグラフを見よ）。

同じ旧通産省の出したこの二つのペーパーにおいて、かくて、「競争政策」の位置づけが、極めて本質的なところで、ズレているのである。これは重要なポイントである。ともすればサプライ・サイドでの競争（公正競争）のみを問題としがちな、しかも電気・ガス・航空に比して、テレコムについてのみ、（アメリカに評価されたいと思ってか）アンバランスな程の過度な突っこみを行なう**日本の公取委の対応**とあわせて、本書二5で、一括して批判を行なう。

産構審のこの第二次提言四頁冒頭（1⑴）に戻れば、「利用者の視点に立った制度・経営の抜本的改革」が⑴の見出しとなっているが、そこで言う「利用者」について、「全ての国民が……」と、既述の如き書き振りになっているのであり、そこからすれば、NTT対NCCの『国内』『公正競争』における『効率性』のみを「競争政策」の関心とするのは、余りにも狭過ぎるとらえ方のはずである。他方、この提言に言う「公共政策」の内実が、やはり問題となる（この点は、遂に殆ど何も語られずに終わる!）。

産構審提言1⑴の二番目の項は、従来の電話網ではなく「二一世紀型のインターネット網を前提とした制度・組織を、競争環境整備」の観点から「構築する」とある。だが、**今のインターネットがそのまま「二一世紀型」の模範となるかどうかは、大きな問題のはずである**。ともかく先にゆこう。

1⑵は「制度改革」との関係で「技術革新の本質」を論ずるが、一般向けの**安田浩＝情報処理学会編・爆発するインターネット**（二〇〇〇年・オーム社）二一頁以下の「インターネットの今後の進展」（執筆担当、江崎浩＝安田浩＝村井純）を見た方がよかろう、と思われる程度のことが書かれている。但し、同（産構審）提言・四頁で、「電話網」は「規模の経済性とネットワークの経済性」により「独占的に構築された」とあり、同・五頁では、「インターネット網においで働いた原理は規模の経済性ではなくネットワークの経済性であり」云々、とある（厳密に見ると、更におかしい。「電話網で働いた経済原理」は「主として規模の経済性」だと、同提言・五頁にある）。これらの言葉をどこまで詰めた上での提言なのかが、怪しいのである。この単純な割り切りは、一体どこからもたらされるものなのかが、気になる。石黒・貿易と関税二〇〇〇年一一月号六三頁下段でも論じた**ＩＣＡＮＮ、ＵＳセントリック問題、そして“Tier One”**の問題等、すべてインターネットをめぐる不透明な独占的事態と絡むもの（とくに右の第一、第三の問題）であることを想起せよ。

どうやら、同じ旧通産省の中なのに、この提言は、右の如き**グローバルなインターネットの展開における、中枢部分での反競争的事態**に気付かぬまま、「⑶　制度改革の骨子」（同提言・五頁以下）へと、至ってしまっているようである。そこでは、「インターネットにおける「ネットワークの経済性を発揮させるためには……競争政策が最も有効」だとされ、「エッセンシャルファシリティ開放に向けたルール整備」、そして、ＮＴＴを「電話網時代において制度的に形成されたメガキャリア」だと断定した上で（この見方が本書目次三2のタイトルからして相当怪しいものであることに注意せよ）、ＮＴＴの「体質を競争的」にすべく「ＮＴＴ各社間の競争の本格化」を促せ、とある（同提言・五頁）。だが、この論じ方は、どこか妙ではないか。ＮＴＴグループ内での〝内ゲバ〟によって、いかなるプラス（ゲイン）がどれだけ得られると言うのか。

他方、日本の最も信頼すべき独禁法の教科書たる**白石忠志・独禁法講義（第二版・二〇〇〇年・有斐閣）**八一頁の〝Essential Facility 理論〟のコラムを見よ。そこには、**エッセンシャル・ファシリティの「取引拒絶だからといって、それだけで独禁法違反となるわけではありません。他の要件、特に『正当化理由なし』の要件も満たされなければ、違反とはなりません」**とある。そのあたりの冷静な理論的精査なしに突っ走っている感を、この提言についても、否定し得ない。私はそう思う。

同提言・六頁は、「全ての国民がＩＴ革命の利益を享受できるよう」にする（同・四頁冒頭）、というところから始まったこの提言のトーンが、ガタッと落ちている個所である。つまり、「全国民に対する基幹的通信サービスの保証」とあり、「基幹的……サービス」は「ライフラインサービス」だと、**極端な問題の矮小化**がいきなりなされ、「国民にあまねく普及している通信の手段は、当面、固定電話（音声）サービス」ゆえ、インターネットの競争が「電話サービスの劇的な撤退につながらないよう」にせよ、とする。これが「制度改革の第二の骨格」とまでされている。

要するにこれは、弱者切り捨ての論（!!）**である**。そうであってはならない、というのが『沖縄ＩＴ憲章』、『Ｅクォリティ・ペーパー』、そして『ＩＴ基本法』の基本理念ではなかったのか。この提言の言う『競争』は、同・六頁に言う「全ての国民」のうち、一部の者達の間で、また一部地域（大都市圏）のみで行なわれる。あとは音声通信で我慢せよ、ということである。まさしくこれは、**全国民的視座に立つことを放棄した〝羊頭狗肉〟**そのものであり、許し難い。

同提言・六頁には、続いて「国家安全保障の観点から、先端的研究開発機能と通信主権を確保する」旨、太字で示しつつ、どうそれらを確保するかにつき、そこでは論ずることなく、これが「制度改革の第三の骨格となる」、とする。

以上の「1　技術革新と制度改革」（同・四－六頁）を受けた「2　インターネット分野における本格的な競争の実現」（同・七－九頁）に移る。「インターネット」がすべて、との前提に立ち、そこでの「新規参入の促進」が2⑴のテーマとされる（同・七頁）。その②に、「ドミナント事業者に対する接続ルールの強化」とある。白石・前掲書の引用個所（太字部分）と、十分対比すべきである。「エッセンシャルファシリティを保有する……ドミナント通信事業者」はそれを「開放」せよ、とあるのみだからである。

ちなみに、この②の前の①は、「電気通信事業法」を「事業法から競争法」に「転換」し、「利用者利益の最大化」を「法目的」とし、その「手段」として「有効競争の確保」を考えよ、とある（同・七頁冒頭）。「競争」はそれ自体が目的ではない、とする限度では、正しい（!!）。私のＡＰＥＣ向け提出文書のⅠの冒頭にも、

――

「自由化それ自体は、最もベーシックな経済理論によれば、目的ではなく、単にすべての人々、そしてすべての国々の向上（福祉）のための、一つの手段であるにとどまる。」

――と記しておいた（貿易と関税二〇〇一年一月号四九頁下段）。「自由化」を「競争促進」と、ここでは置き換えて考えればよい。だが、この産構審提言は、既述の如くその六頁で「全国民」を二つに分け、単に従来型音声通信を維持すればよい「国民」を、別途想定していた。それゆえ、同・七頁の前記の指摘は、誠に白々しい、としか言いようがないものとなってしまっている。

同提言・七頁の2⑴③は「ドミナント事業者以外」に対する大胆な規制の廃止を言う。『非対称的規制』である。石黒・法と経済一六四頁以下、とりわけ同・一六七頁以下の、鈴村興太郎教授の論述に対する私の批判的（!）コメントを、是非参照すべきである（更に後述する）。

同提言2⑴④（同前頁）は、「公益事業者や公共主体が、その保有するダークファイバーを他の通信事業者に貸し出す事業を利用の公平を担保しつつ自由化する」、とある。既述の『第二次ＮＴＴ改革与党ＰＴ報告』の2⑴では、「ＮＴＴ、電力会社、自治体等の光ファイバー」について、「国民共有財産」としての「開放」を提言していた。それに比すれば、この産構審提言2⑴④は、トーン・ダウンしている。ＮＴＴのみに『非対称的規制』をかけた上での立論だからである（ダークファイバーとは、光の灯っていない、つまり使われていない光ファイバーのこと、である）。

同提言2⑴⑤⑥は略し、2⑵の「インターネット分野におけるＮＴＴ各社間競争の本格化」（同・七－八頁）に移る。内ゲバで「利用者利益の増進」がもたらされる（①）、とある。「ＮＴＴ東西の業務範囲や資金調達を自由化する」ことによって、「インターネット市場における競争」が「本格化」する、とある（②）。だが、『非対称的規制』の手枷足枷はどうなるのか。この手枷足枷が、「エッセンシャルファシリティ」の「開放」の「義務づけ」に限定されている（2⑴②）にせよ、2⑴④の「ダークファイバー」の「貸し出し事業」の「自由化」との関係が不明確ゆえ、ＮＴＴ東西の光ファイバーにのみ開放の「義務」が生ずる、ということになるのかどうか。

誰が敷設しようと、光ファイバー網は、まさにＩＴ革命を牽引する全国民的資産であり、全面開放を平等に確保する、となぜ言えぬのか、の問題である。

2⑵③は「会計整理」である。「公平かつ有効」な「競争」のため、「ＮＴＴ東西」につき、「ユニバーサルサービス部門とその他部門、エッセンシャルファシリティ部門とその他部門との間の適正な原価配賦を担保するため、会計上の整理を行う」、とある。再度、石黒・前掲法と経済の八八頁以下（〔コスト算定の内実〕）を、参照すべきである。適正なコスト配賦を、と言っただけで、様々な手枷足枷が伴い、〝フォワード・プライシング〟のような柔軟な価格設定が出来なくなる。近代経済学及び会計学の側が、科学的なコスト算定を、現実世界との関係では示せないでいるという『冷厳なる現実』を、直視せよ。私は、再度、強くそう言いたい。

但し、それに続く2⑵④は、「組織選択におけるＮＴＴの経営意志の尊重」とあり、少しホッとする。「持株会社を維持するのか否か」、「各社への出資比率」の点——それらも含めた指摘である。

だが、後述の「競争環境整備ガイドラインに準拠」することが前提とされる。公正・有効競争の実現、及び、「持株会社の機能が長期的な資源配分に貢献する研究開発機能などに純化する限りにおいて」、ともある。

そもそも純粋持株会社の在り方について、右の如く条件をつけることが、実はこの産構審答申の基調となっているところの、独禁法との一体化（後述）との関係で、いかなる根拠を有するかが、問われねばならない。再び、最も信頼すべき白石・前掲独禁法講義（第二版）に戻れば、「平成九年改正により、……事実上、ほとんどすべての持株会社が解禁された。事業支配力過度集中の定義は九条五項に定められており、その具体化を試みた……公取委ガイドラインもある……。しかし、その内容は政治的妥協によって数字を操作しただけのものであ」る、とある（白石・同前一一三頁）。公取委のやることがすべて正しい「競争政策」とは到底言えない、というのが本書二5で示すところでもあるが、「研究開発」に言及する点は注目すべきものであるにせよ、前記産構審提言2⑵④の〝内容〟は、私としては納得がゆかない。本書三をすべて踏まえた上で、再度、日本のいわゆるＩＴ革命の進路を考え、そして彼らが、この提言の2⑵等をどう〝再考〟すべきなのかを、問いたい気持ちである。

ところで、この産構審提言2⑴②③（既述）は、『ドミナント事業者規制』を『非対称的規制』において行なえ、としていた。この点について、本来は本書二5で論ずるところなのだが、ストレス解消のため、ここで一言のみしておく。

公取委は、右の項目で徹底批判するところの、前記の〔図表⑦〕にその概略を示した、とんでもない報告書を出していた。だが、二〇〇一（平成一三）年一月一〇日、公取委から——

＊『政府規制等と競争政策に関する研究会報告書——「公益事業分野における規制緩和と競争政策」について』

——と題した報告書が出された。電気・ガス・航空と共にテレコムもあわせてそこで扱う、ということゆえ、『テレコム・オンリー突出型』でなくなるのは、ある意味では必然だが（後述）、この報告書の二三—二四頁は、「市場支配的事業者に対する非対称規制（以下「ドミナント規制」という。）」について、若干バランスのとれた方向に〝復帰〟している。その点を、ここであらかじめ示しておきたいのである。

公取委・同前報告書二四頁は――

「ドミナント規制については、次のとおりメリットがある一方で、**デメリット**も存在する。」

――と明言する。同頁(ア)のメリットは月並みゆえ略すが、(イ)のディメリット、そしてそれに続く部分は、ここであらかじめ（釘をさす意味で）引用しておく必要がある（ちなみに、**この公取委報告書が、規制改革委の方向性とも若干距離を置いていることも**、同・二三―二四頁から、私には読みとれる。これも重要な点である）。即ち、公取委・同前二四頁には――

「(イ)　他方、独占禁止法の規制に加えて事業法によりドミナント規制を課すことは、①独占禁止法との重複規制により規制体系を複雑化し、事業者の円滑・自由な事業活動を阻害するおそれがある、②規制が恣意的に運用された場合には、事業者間の公正な競争条件を歪めるおそれがある、③既存の規制の緩和・撤廃と一体的に行われなければ、かえって規制強化になってしまうといった問題も存在する。……

　したがって、ドミナント規制の導入の当否について検討する際には、独占禁止法による規制に加えて更にこのような規制を設けることの必要性など上述の問題について十分な検討が行われることが必要である。

　また、ドミナント規制を導入することとなった場合には、同規制の対象となる市場支配的事業者の認定、市場の画定、規制の内容等ドミナント規制の具体的内容について、独占禁止法による規制と整合的なものとする観点から、同法の運用機関である公正取引委員会と所要の調整を行うことが必要不可決であると考えられる。」

――とあるのである。私は、本書二２で論ずる、あの忌まわしき〝NTT分割〟論議に際して、一方では「国際的視点」を重視しつつ、「『公正競争』と言うとき、『**二つの公正競争基準**』が未整理のまま混在し、実際には独禁法でも無理な状況下で、NTTの『分割』がなされようとしている」、と訴えていた（石黒・通商摩擦と日本の進路〔一九九六年・木鐸社〕三六四頁）。右に引用した部分の公取委報告書は、（これまで公取委が一体何を言って来たかは別として――後述）それとして評価できる（少しは正気に返った〔!?〕――本音が権限拡大願望にあることはともかくとして）。

　さて、ここで**産構審の前記提言**に戻る。２(3)(4)は大した内容ではない。だが同・一〇頁③の「ユニバーサルサービス」の「保証」は、既述の如く、ミゼラブル&プアーそのもの。「固定電話」のみを同サービスとし、「**携帯電話サービスは将来の課題**」、そして「**インターネットサービスは、その次のステージで検討するべき**」だ、と**ある。恐るべきトーン・ダウンである**。前記の〔図表①〕のIT戦略会議での検討資料とも、対比すべきである。だから**羊頭狗肉**だと言ったのである。**しかも、この「狗肉」は腐り切っている**。関係者（機情局!?）は、猛省を要する。私が、『グローバル経済と法』〔二〇〇〇年・信山社〕の全体を通して批判したことすべてが、この産構審提言の背後にある。だから一層、私はこの〝**羊頭狗肉**〟を、許せないでいるのである。

　なお、同提言・一一頁は、「4．競争環境の中でも確保すべき国家安全保障」と題して、『研究開発』に言及する。４⑴の後段は、何故か「会計分離」を再度脈絡を欠く形で持ち出すゆえ、無視する。４⑴前段は――

「⑴　インターネット分野における国家的研究機能
ＮＴＴ持株会社の研究開発部門を、国の研究開発戦略の拠点として位置づけた上で、国家予算の重点配分を実施、先端的な研究開発を実行させる。こうした措置により、ＮＴＴ法上の研究開発義務を見直す。……なお、こうした国家的な研究開発については……」（同前・一一頁）

――とある。なぜ「国の」と言うのか。ＮＴＴのＲ＆Ｄ部門も旧郵政省から旧通産省へと、もぎとりたいのか。どうも、ＮＴＴからもぎとることまでは考えていないようだが（会計分離云々とあるので）、判然としない。Ｒ＆Ｄに言及するだけ、ましだとは思うが、なぜ「インターネット」に限るのか。そこもおかしい。また、なぜ「国家安全保障」のみから「研究開発」を見るのか。なぜ、同提言・四頁冒頭の、「全ての国民がＩＴ革命の利益を享受する」ことを可能とすべく、『研究開発』を重視する、と言うだけの『素直な〝心〟』が、彼らには無いのか。『Ｅクォリティ・ペーパー』と彼らの考え方とは、そこが決定的に違うのである。

　全体として、産構審の臨時委員でもある私としては、ひどく杜撰なものを出したものだ、との印象が残る。正直言って、こんなものとつきあうのは嫌だが、本書二１⑵で後述の（旧）郵政省のものは、もっとひどい。だが、それらを一つ一つ潰してゆかねば、本書三の〝美しい世界〟へは、至り得ぬのだ。それが、論文というものの宿命なのである。

　さて、前記の〔図表⑦〕における「経団連」の意見だが、これは本書二１⑵で扱った方がよいことに、今気付いた。そこで、『ＩＴ戦略会議』を、次に扱うこととする。

〔ＩＴ戦略会議・ＩＴ基本戦略（二〇〇〇〔平成一二〕年一一月二七日）〕

　これまた、わずか一三頁の薄いものである。前記の〔図表①〕と対比する必要がある、と注意を喚起した上で、この報告書について見てゆく（以下、『基本戦略』と略称）。

　この基本戦略は、「Ⅰ．基本理念」と「Ⅱ．重点政策分野」から成る。Ⅱ.２.はＥコマース、Ⅱ.３.は電子政府、Ⅱ.４.は人材育成ゆえ、それらを除いた部分（同基本戦略・一－七頁）のみが対象となる。「Ⅰ．基本理念」は、既述のＩＴ基本法の「基本理念」に直結する。その意味で、これまで（また、これからも！）見てゆかざるを得ない超低レベル（!!）の答申等とは、一線を画すものではある。

　同・一頁冒頭には「すべての国民が情報（通信）技術（ＩＴ）を積極的に活用し、かつその恩恵を最大限に享受できる知識創発型社会の実現」、とある。「国民」を二分する既述の産構審提言の羊頭狗肉とは、エラい違いである。同・一頁には「インターネットを中心とするＩＴの進歩」ともあり、そのニュアンスも、産構審の既述のものとは、若干は異なる。

　同・一頁のⅠ.１.⑵は「新しい国家基盤の必要性」と題する。そこには「情報通信インフラなどの国家基盤を早急に確立する必要がある」（同・一－一頁）、ともある。その限りで、至当である。だが、

「国民」は「痛みにも耐え」ろ、とある。**〝行革〟的発想**（後述）である（同・二頁）。

Ⅰ.2.は各国の取り組みと「日本の遅れ」、である。本書三のすべてを、ここにぶつけたい衝動に、私は駆られるが、まあ仕方がない。同・二頁（Ⅰ.2.⑴）の基本認識は、「米国はいうに及ばず、欧州やアジアの国々がIT基盤の構築を国家戦略として集中的に進めようとしている」ことが語られる。この「国家戦略」と、チマチマとした「国内」「公正競争」論議とを、どう秤にかけるかが、問われるべきところである。

Ⅰ.2.⑵の日本の「取り組みの遅れ」は、どう書かれているのか（同・二頁）。案の定「インターネットの普及率は、主要国の中で最低レベル」、「アジア・太平洋地域においても決して先進国であるとはいえない」、と来る。石黒・貿易と関税二〇〇〇年一一月号六三頁上段の「インターネットの対人口普及率」や「モバイル通信の対人口普及率」（及び「契約数」）などを参照すべきだが、「遅れ」を過度に主張して、だから大胆な基盤整備を、と持ってゆくなら分かる。だが、そうなっていないから困るのである（後述）。

しかも（！）、日本の「インターネット利用の遅れは、地域通信市場における通信事業の事実上の独占による高い通信料金と利用規制によるところが大きい」、と来る（同・二頁）。規制が公正・活発な競争を妨げている、ともそこにあるが、**この辺から、この基本戦略の方向性は、怪しくなって行く**。右の指摘については、石黒・貿易と関税二〇〇〇年一一月号六〇頁下段以降を、是非参照せよ。〝論理の飛躍〟である。

同・三―四頁（Ⅰ.3.）の「基本戦略」では、「当面の五年間」の「国家戦略」とその「**国民全体で**」の「**共有**」が重視される。二〇〇五年まで（!!）の計画となる。「国・地方」の「相互」の「連携」ともある（同・三頁）。Ⅰ.3.⑵は「**目指すべき社会**」像を示す。IT基本法に直結することゆえ、略する（既述）。基本的には、至当である。とくに、同・四頁には、「社会参加」として、「国民自らの積極的な情報**発信**」（本書一2冒頭で言及した、かつての電通審答申と、対比せよ）、そして「**障害者や高齢者の社会参加**」への言及もある。

それを踏まえたⅠ.3.⑶の「四つの重点政策分野」を見てみる。その①が「超高速ネットワークインフラ整備及び競争政策」である（②以下は、既述の如く略す）。何故に、「競争政策」と抱き合わせ（!!）にするのか。そこが問題である。全国民的視座に立てば、「国内」「公正競争」論の暴走が、NTTの接続料金に関する日米摩擦の屈辱的決着と相まって、IT基本法の基本理念でもある『**格差是正**』に逆行する現実をもたらしているのに、なぜそうなるのか。

かくて、同・五頁以下の「Ⅱ．重点政策分野」のうち、「1．超高速ネットワークインフラ整備及び競争政策」（同・五―七頁）に、以下集中する。

1.⑴には、「ネットワークインフラの整備」は、民間主導が原則だ、とあり、「政府」は「自由かつ公正な競争の促進、基礎的な研究開発等民間の活力が十分に発揮される環境を整備する」、とある。ちょっと待って欲しい、と言いたくなる。**NTTの「基礎的」R&Dへの認識（本書三）は、どうなっているのか**。また、「競争」についての「自由」と「公正」との関係を、一体どう考えているのか。「公正とは何か？」に関する石黒・前掲法と経済一一九頁以下、そして、同・一三三頁以下の、「**新古典派の前提とする自由主義の内実**」あたりを、熟読してから書いて欲しかった、と真実そう思う。

但し、同・五頁（Ⅱ.1.⑴）には、「競争政策の遂行にあたっては、『利用者の利益の最大化』と『公正な競争の促進』を基本理念とし、云々とある。この場合の『利用者』は、全国民ということになる。この文脈では、既述の産構審提言の如き〝国民の二分法（分断）〟は考えられていない。『競争政策』の枠内において『利用者』、つまりディマンド・サイドの「利益の最大化」を二本柱の一つにする、ということは、私の言う〝真の〟競争政策（既述。石黒・貿易と関税二〇〇一年一月号五五頁、そして同・五一頁以下のⅡの全体を見よ！）と合致する。その意味で、注目されてよい点である。

だが、同（IT基本戦略）・五頁以下の「⑵ 目標」が、大きな問題となる（前記の〔図表①〕と対比せよ）。⑵①は、「競争及び市場原理の下」で、との限定（なぜこんな限定をつけるのか？）付きで、「五年以内に超高速アクセス（目安として三〇～一〇〇Mbps）が可能な世界最高水準のインターネット網の整備を促進」する、とある。「超」高速と言うのなら、アクセス系とは言え、ちと目標が低過ぎはしませんか。それが私の言いたいことである。

アル・ゴア（石田順子訳）「インフラ整備に政府の投資を」鴨武彦＝伊藤元重＝石黒編・リーディングス国際政治経済システム第一巻（一九九七年・有斐閣）一八〇頁以下、及び、同・一八九頁以下の私の「解題」に、再度回帰すべきである。一九九一年の段階で、ゴアは「一〇億（即ちギガ）bpsの基幹ネットワーク」（同前・一八八頁）の構築の必要性を、しかも「光ファイバー」（同前・一八四頁以下）の「各家庭、オフィス、工場、学校、図書館、病院」への「敷設」を、提言していたのである。本書でも既に若干論じたが、その後十年で「ギガからテラへ、そして」更にその先へ（本書三6のサブタイトルを、目次で確認せよ）、との技術トレンドがある。それなのに「三〇～一〇〇Mbps」とは何事か、ということである。これで「我が国のインターネット環境」が五年後に「国際的に……常に世界最高水準」になるのか。それが問題である。

IT基本戦略・五頁に戻るが、こうした低い目標を掲げつつも、同頁は、そうしたネットワークが、それを「必要とするすべての国民」に、「低廉な料金で利用」できるようにさせよう、とする。この姿勢は正当である。前記産構審提言の情けなさ（既述）とは、大違いである。

但し、同頁は、カッコ書きで、「少なくとも三〇〇〇万世帯が高速インターネットアクセス網（同・一三頁の注5で、「xDSL、CATV、加入者系無線アクセスシステム」とある）に、また、一〇〇〇万世帯が超高速インターネットアクセス網（同・一三頁の注6で、「現時点では光ファイバー……が代表的な例」とあるが、光ファイバー以外一体何があると言うのか！　――もっとも、数十メガ限度ならVDSLは考えられるが……）に常時接続可能な環境を整備することを目指す」、とある。

前記の〔図表①〕とそれに対する私のコメントは、IT基本戦略・五頁の、このカッコ書きと関係する。前記の〔図表⑧⑨⑩〕なども、十分に対比して考えるべきである。「世界最高水準」を目指すIT戦略会議が、国策としての『二〇〇五年の全国（アクセス系）光ファイバー化完了』計画を、なぜこの「カッコ書き」の中で捨てたのか、の問題である。

なお、同・六頁のⅡ.1⑵④には「IPv6」への言及もあるが、本書三2で、NTTの世界的研究開発実績との関係で再論する。

同・六―七頁のⅡ1⑶（「推進すべき方策」）が、ここで論ずべき最後のポイントとなる。その①は、「超高速ネットワークインフラの整備及び競争の促進」である。また、〝抱き合わせ〟である。しかも、①のアとして、いきなり「〝市場支配力に着目した非対称規制を導入する」、とある。文字通り、いきなりである。この点については、産構審提言との関係で既に言及した二〇〇一（平成一三）年一月の公取委の報告書に、回帰すべきである。

サプライ・サイドの足の引っ張りあいによって、同頁の⑶①アの言う『利用者利益の最大化』と『公正な競争の促進』」の二兎（「基本理念」）を、いかにして追えると言うのか。

だが、「事前規制を透明なルールに基づく事後チェック型行政に改める」、と続く。ドミナント規制は「事前規制」の最たるものであろう。しかも、「……に改める」にすぐ続けて、「支配的事業者の反競争的行為に対する監視機能の強化を図る」、とある。これは「事後規制」の話であろう。――『混乱した論理』に、もうこれ以上付きあいたくない気持ちを抑えつつ、先にゆく。

同・六頁の⑶②は「情報格差の是正」だが、左の書き振りに注意せよ。即ち、そこには――

「過疎地や離島など条件不利地域における高速インターネット利用の普及策について検討する。」

――とある。「過疎地や離島など」と言うが、日本の国土の約七割がいわゆる『中山間地』であり、前記の〔図表⑤⑥〕が示すような、アクセス系（加入者系）の光化についての歴然たる格差が現にあることを、ここで再度想起せよ。IT基本戦略の右の個所では「高速」とあり、「超高速」とはなっていない（!!）。『全国民すべてが……』と言いつつ、ここに彼らの〝馬脚〟が現れている。そこに注意すべきである。

それにつづく同・六―七頁の③は、「研究開発の推進」である。本書三とも深く関係するゆえ、それに短いから、全文を引用しておく。そこには――

「世界最高水準の技術力を保持し、またこれを維持するために研究開発を支援・促進する。」

――とある。「国内」「公正競争」論議が、NTTグループの解体にまで至れば、要するに、NTTのR&D体制自体がバラバラになる。IT戦略会議は、『〝公正競争〟vs.〝世界的技術開発の維持・発展〟』の基本構図に対して、一体どう考えているのか。そこは見えぬままである。

なお、同・七頁の④は、「我が国が、国際インターネット網のハブとして機能できるための必要な措置を講ずる」、とする。国が出て行く前に、本書三、及びそこに至るまでの随所で詳述するように、NTTがあれだけがんばっている。その実態をどこまで把握した上での立論か。また、既述のICANN、USセントリック問題・〝(Global) Tier One〟問題、等を十分考えた上で「ハブ」を論ずるのが筋だろう、とも思うが、一体どうなのか。ちなみに、こうした諸点は、同・七頁以下のEコマース等々に関する部分にも、何ら触れられていない。

以上で、二―1⑴の論述を終える（執筆終了、二〇〇一〔平成一三〕

年一月二〇日午後四時二〇分。これから点検に入る。点検終了、同日午後五時三八分。少しは土・日の残された時間を、人並みにゆっくり過ごしたい。だが、早く、次を書きたい。悶々。――妻のところに戻ったら「雪が降ってるよ」と言われた。雪は大好きだ。ここで論じたような汚い物を、短い間だけでも、綺麗にしてくれるから……）。

(2)　二〇〇〇年一二月に出された旧郵政省の二つのレポートの整合性――「脅しの論理」vs.「ＩＴ基本法」？

〈はじめに――再確認事項と直近の「世界初」のＮＴＴ技術開発成果（ＡＷＡ）の紹介、等〉

以下では、二1(2)として、最も嫌悪すべき二〇〇〇（平成一二）年一二月の旧郵政省答申を扱い、それを同じ旧郵政省の別なレポートとぶつけて、その間の〝整合性〟の問題を扱う。私の精神的ストレスは、もはや限界をはるかに超えているので、少し明るい話題、あるいはまともな議論の存在を先に論じ、その上で右の点に進むこととする（共に、右の二つの旧郵政省の文書と深く関係するものである）。

まず、私も共著者の一人だった西垣通＝ＮＴＴデータシステム科学研究所編・電子貨幣論（一九九九年・ＮＴＴ出版）の共編者たる**西垣通教授の『正論』**（産経新聞）二〇〇一（平成一三）年一月二一日朝刊について見ておく。

＊『ＤＳＬより光ファイバー敷設を急げ』産経新聞二〇〇一年一月二一日付け『正論』欄（西垣通）

既に、本書一6において、ＤＳＬ（デジタル加入者回線）については、私の学振・未来開拓事業関連の小論を転載して多少は論じておいたが（その他、貿易と関税二〇〇〇年一一月号六二頁をも見よ）、技術者出身の西垣教授の右の「正論」においても、**『ＤＳＬより光ファイバー敷設を急げ』**の見出しがある。引用しよう。**『米・韓に遅れるな』**と「早急にＤＳＬを普及させよ、という声があがってくる。普及の障害として非難の的にされるのはＮＴＴで、公取委は昨〔二〇〇〇（平成一二）〕年末、ＮＴＴ東日本に対し、他のＤＳＬ事業者の新規参入を阻害し独占禁止法に違反した疑いがあるとして、厳しい警告を行った」、とある。公取委のこの警告の信じ難い程に大きな問題性については、本書二5で詳細に論ずる。

だが、その先で西垣教授は、「しかし、純技術的に見ると、ＤＳＬより光ファイバーのサービスを優先させるべきだという議論のほうが、はるかに説得力を持つ」とする。この部分の小見出しは『技術的検討を忘れるな』であり、本書の趣旨と、軌を一にする。

続いて西垣教授の右の記事では、『ＡＤＳＬは万能ではない』、『一挙に日米逆転の事態も』の小見出しが続く。これも私見と同じだが、私なら、最後の『も』は、『へ！』となる。ともかく、同教授の言葉を、これまでの論述を再確認する意味でも、若干辿っておこう。西垣教授は、「すでに基幹線〔中継系〕部分は光ファイバー化されているから、問題は基幹線〔正確には、き線点までの光ファイバー化とそこ〕から各家庭までの数キロの引き込み線だけだ。……だが本来電話線用に敷設された銅線では伝送能力に決定的な限界があ」る。『ＤＳＬというのは、銅線に音声用の周波数帯域より高い周波数帯域の信号を流す技術」だが、「銅線では、光ファイバーと異なり、伝送距離が伸びると信号が急速に減衰してゆく。光ファイバーなら、伝送方式さえ改良すればテラ（兆）ビット／秒レベル以上の超高速伝送も可能」となる。かくて、DSL（銅線ベースの技術）には「限界」があり、「さらに雑音の問題（!!）がある」、とされる。その上で西垣教授は、「IT時代の主役たる動画映像には少なくとも百五〇万～六百万ビット／秒……の伝送能力が必要だから、これ（ADSL）ではなお不十分である。とくに将来は、双方向つまり対称的な（超）高速通信が期待されるが、当然これには不向きと言える。なお、ADSLで数百万～数千万ビット／秒の高速伝送が実現できるという声もあるが、これは正確ではない。一般にADSLの伝送能力はかなり個別状況に影響されることが実験で確認されている」、とある。「品質保証」・「雑音」の問題である。かくて、西垣教授は、ADSLを「有効だが、あくまで一時しのぎの便法」とし、「同様なことが……ケーブルテレビ用同軸ケーブルについても言える」、とする。それが「本来……双方向サービス向きとは言えない」し、「インターネット利用者が増えると、一挙に性能が低下してしまう」、としておられる。「要するに、未来のIT時代を担う本命はあくまで光ファイバーなのだ」、との結論が、そこで示される。私もそれを当然の前提として、本書を書き進めている。日経ビジネス二〇〇一年一月一五日号の私の小論が『異説・異論』扱いであり、西垣教授のものは『正論』だが、要するに二人は、同じことを言っているに過ぎない（但し、より正確なADSLに関する技術的問題については、本書二八九頁以下のbで後述する）。

＊　AWA無線技術を利用した世界初のパーソナル・ワイヤレス・ブロードバンド（最大三六Mbps）のトライアル（二〇〇一年一月二五日NTT発表）

さて、ここで直近の〝NTT技術開発の快挙〟について一言する。とても本書三まで待ち切れないので、本書一を受けつつ、またも〝頭出し〟的に『NTTの技術力』に言及する訳だが、これには別な理由もある。これから批判する電気通信審議会の、問題の第一次答申に向けたヒアリングの中で、二〇〇〇（平成一二）年九月二八日（『三小委員会合同ヒアリング』）に「IT革命を推進するための電気通信事業における競争政策の在り方について」と題して、「九州通信ネットワーク株式会社・第二電電株式会社（DDI――その数日後、KDDは、DDIに吸収されて㈱DDIが誕生）・東京通信ネットワーク株式会社・日本テレコム株式会社」が共同で出した「ヒアリング資料」がある。その一九枚目に、「NTTの研究開発及び成果の普及等の意識及び評価」の項目があり、そこに彼等の〝無知〟、あるいは〝悪意に満ちた事実の捏造《ねつぞう》〟が、次の如き文言で示されているのである。即ち――

「ここ数年の実績を見ても、NTTの革新的（な研究開発の）成果はみられないのではないか。」（6.(1)②）

何たる不見識か(!!)、と思う。本書一やその4の（図表②③④）からすれば、そもそも彼等は技術開発に無頓着でNTTのシェアを奪うこと、そしてそのための料金競争に、専心する立場ゆえ、こんなことになるのだ。

ちなみに、同年一二月四日の、私が〝魔女裁判〟と呼んでいる対マスコミ全公開型ヒアリング用に㈱DDI（英語名KDDI）、日本テレコム、TTネットの出した「ご説明資料」の中には、〝研究開発〟への言及は一切ない。（旧KDDの研究開発陣は一体何をしているのか、と思うが）かくて前記の九月二八日ヒアリング用文書の引用部分が、彼等の本音と思われる。再度言う、何たる不見識か（だが、後述の電通審第一次答申の基調としては、『……との意見も（ＮＣＣ側から）ある。従って……』の論法〔!?〕が非常に目立つのである）。

だから、その後も綿々と続くＮＴＴの世界的技術開発の直近の成果の一端を、ここでことさらに示しておきたいのである。そして、そうした積極的な営為を支える或るデータも、あわせてここで、再度本書三の頭出しとして示し、その上で、誠にみじめな旧郵政省の電通審第一次答申へと筆を進める所存、なのである。

もともとは、妻裕美子が気付いた二〇〇一（平成一三）年一月二三日付読売新聞朝刊の記事（『次世代ネットワーク　光ファイバーと高速無線接続――ＮＴＴ東、来年にも開始』）を見て、それで「エッ？」と思って調べ出したことである。その二日後、ＮＴＴ（持株会社及び東日本）側から、正式の報道発表がなされた。

『世界初〔!!〕のＡＷＡ無線技術を利用したパーソナル・ワイヤレス・ブロードバンド〝**Biportable (Broadband IP Platform with the Optical and Radio Technical Ability** ――バイポータブル）〟のトライアル』ないしは、『光ファイバと高速無線技術を利用した』それ、である。

ＡＷＡ（**Advanced Wireless Access**）は「高速屋内ワイヤレスアクセスシステム」であり、「タウンスポットやオフィス、家庭等の各スポットの屋内部分」（そこまでは光ファイバー！）にＡＷＡを利用することで、「屋内配線を必要としないだけでなく……様々な屋内スポットにおいて同一の端末をシームレスに利用」することが可能となる。

私が「アレッ!?」と思ったのは、ＡＷＡ無線技術で「最大三六Ｍbps」の伝送が可能、とあった点である（「既存の無線ＬＡＮ」では「一一Ｍｂｐｓ」まで、とあり、「実測値で三倍強の帯域を確保」、とある。しかも、その帯域を、「『上り』『下り』それぞれに柔軟に帯域設定……できる」、ともある（ＡＤＳＬのＡと対比して考えよ）。また、「一つの無線装置（基地局）で半径一〇〇メートルをカバーし、最大一二ユーザが接続可能」、ともある。

このＡＷＡ無線技術の前提は「光ＩＰネットワーク」であり、各スポットまでは光でつなぎ、その先を無線で、ということになる（重要なこととして、ＡＷＡは持ち運び出来る点で、後述のＦＷＡ（固定無線アクセス」とは基本的に異なる、との点に注意すべきである。なお、本書一〇二頁と対比せよ）。まさに「光ファイバーと無線の融合による新しいブロードバンド時代の幕開け」と言える。既述のＮＣＣ各社の〝（意図的？）無知〟を示すヒアリング資料（その引用部分）と対比すべきところであろう。

だが、この最新ニュースとて、本書三で論ずる「ＮＴＴの世界的・総合的な技術力」とその具体的成果の、ごく一例たるにとどまる。

＊　日本からの『**Nature**』誌への掲載論文数（一九九八―二〇〇〇年）とＮＴＴ

本書三まで待ち切れないので、ここで一つの図表（〔図表⑭〕）を示しておく。これとて、本書三で扱う問題群の一端にとどまる。〔図表⑭〕は、そこに論文が載ること自体が**自然科学分野の基礎研究**をする者にとって大変な名誉とされているところの『ネイチャー』誌への、日本関連の掲載論文の数に関する表である。

〔図表⑭〕 日本からの『Nature』誌への掲載論文数

最近3年間のトップ20

順位	研究機関名	98	99	00	計
1	東京大学	25	17	21	63
2	科学技術振興事業団	10	17	21	48
3	京都大学	11	9	11	31
4	大阪大学	11	6	10	27
5	東北大学	5	5	10	20
6	理化学研究所	3	5	11	19
7	名古屋大学	4	5	4	13
8	九州大学	2	2	5	9
⑨	ＮＴＴ	3	2	3	8
10	北海道大学	2	3	2	7
11	東京工業大学	2	1	3	6
11	基礎生物学研究所	1	2	3	6
13	慶應義塾大学	1	2	2	5
13	総合研究大学院大学	0	2	3	5
13	奈良先端科学大学院大学	1	3	1	5
13	国立遺伝学研究所	3	1	1	5
17	筑波大学	3	0	1	4
17	都立大学	2	1	1	4
17	広島大学	3	1	0	4
17	宇宙科学研究所	3	0	1	4
17	生物分子工学研究所	0	3	1	4

最近3年間の民間研究機関のトップ20

順位	研究機関名	98	99	00	計
①	ＮＴＴ	3	2	3	8
2	生物分子工学研究所	0	3	1	4
3	日本電気	1	1	1	3
4	日立製作所	1	1	0	2
4	キリンビール	1	1	0	2
4	国際電気通信技術研究所	1	0	1	2
4	浜松ホトニクス	0	2	0	2
8	塩野義製薬	0	0	1	1
8	種子生産研究所	0	0	1	1
8	日本たばこ産業	0	0	1	1
8	チッソ	0	0	1	1
8	海洋バイオテクノロジー研究所	0	1	0	1
8	神戸製鋼所	0	1	0	1
8	三菱生命研	1	0	0	1
8	宇部興産	1	0	0	1
8	協和発酵	1	0	0	1
8	武田薬品工業	1	0	0	1
8	ペプチド研究所	1	0	0	1
8	茨城日本電気	1	0	0	1
8	ＴＤＫ	1	0	0	1
8	味の素	1	0	0	1
8	ヘリックス研究所	1	0	0	1

　まず誤解して頂きたくないのは、本書一4で示した〔図表④〕の、既述のインプリケーション（「NTTの論文発表件数が、日本の〔全〕メーカーはおろか、『大学』全体をも凌ぐものとなっている、という事実」〔詳細は本書三3で示す〕に関するそれ）、との関係である。〔図表④〕は日本の電子情報通信学会のデータであり、この〔図表⑭〕は、『ネイチャー』誌関連のデータである（http://www.natureasia.com/japan/nature/top10/index.html.ja 参照）。『ネイチャー』誌は、生物、化学、天文学等の自然科学全般を含む幅広いサイエンスの基礎研究分野が対象であり、〔図表⑭〕のNTTの実績は、情報通信分野に関する基礎研究たる物理、応用数学の一部である。これに対し、〔図表④〕の電子情報通信学会では、情報通信分野に特化した上で、基礎研究から実用化研究までを、広く扱っている。

　それを前提として〔図表⑭〕を見た場合、NTTが、後述の分割論議・再編成の激動にもかかわらず、長期的な事業・研究開発戦略に基づき、国内トップ・テンの地位を維持し、しかも〔図表⑭〕の右の図表にあるように、民間研究機関としては日本で断然トップの座を維持していることが、注目されねばならない（ちなみに、この三年間が、とくにNTTに有利な期間をピックアップしたのではないか、と疑う者は、〔図表⑭〕の時間軸を、更に過去にのばせばよい）。

　純粋基礎研究のコストまで接続料金にはね返るのは不公正だ、との声が内外に谺する中で生じた、既述の、そして本書二4で論ずる『NTTの接続料金に関する日米摩擦』を、ここで想起すべきである。『技術は外から買えばよい』的な発想に見られる極度の短期的思考、そしていわゆる『公正競争』論議の裏に、まさしく『IT基本法の基本理念』を実現するための重要な〝技術政策〟が、完全に埋没している現状を、かくて私は、かの忌まわしき旧郵政省（電通審）の第一次答申（本書二1⑴冒頭の〔図表⑦〕参照）との関係で、抉り出す作業へと、移らねばならない。ああ、いやだ。だが、やらねばならない。

〔電気通信審議会・ＩＴ革命を推進するための電気通信事業における競争政策の在り方についての第一次答申――ＩＴ時代の競争促進プログラム（平成一二〔二〇〇〇〕年一二月二一日）〕

ａ　はじめに

これは、資料を除き、本文計八一頁のものであり、それへの徹底批判の為には、相当の紙数を要することを、あらかじめ断っておきたい（本書九四頁までそれが続く）。ただ、本書Ｉ１⑵の基本的趣旨は、この忌まわしき答申と、同年一二月二五日に同じ旧郵政省から出された**『二〇〇五年へ向けたｅ－Ｊａｐａｎ超高速ネットワークイニシアティブ――二一世紀における情報通信ネットワーク整備に関する懇談会第二次中間報告』**（本書九四頁以下で扱う）とを対比し、更に批判の度を深める、との点にある。

さて、右の点を踏まえた上で、既に〔図表⑦〕でその概略を示しておいたところの、この旧郵政省（電通審）の第一次答申について、論じてゆくこととする。**まず、この答申が、〔図表⑦〕で示した他の報告書等の類を適宜つまみ食いしつつ、『〝公正競争〟の名において、〝ＮＴＴいじめ〟を徹底させ、かくてＩＴ〝革命〟の真の起爆剤たる〝研究開発〟、とくにＮＴＴのそれの実績を無視する〝亡国的自虐〟』の構図を、ＩＴ基本法の基本理念にも反する形で示したものである、との私の総括的評価を示しておく。**

鬱陶しいが、この答申の項目立てを、左に示しておく。「はじめに」につづき――

「１　ネットワークの将来ビジョン（三頁）
２　競争政策の基本的枠組み（四頁以下）
３　ＮＴＴの在り方（二二頁以下）
４　ユニバーサルサービスの確保（四九頁以下）
５　通信主権等の確保及びＮＴＴにおける研究開発体制の在り方（六七頁以下）
６　提言（七九頁以下）」

――そして「おわりに」（八一頁）、である。**「研究開発」は殆どおまけに近い構成**、である。順次見てゆくほかない（但し、右の１～６の項目については、以下において、最低限①～⑥として、区分らしきものは示しておくこととする）ので、そうする。

ｂ　ＩＴ基本法の「基本理念」の無視

まず、「はじめに」（同答申・一頁）だが、**そこで引用されているいわゆるＩＴ基本法（本書Ｉ１参照――なお、同法は平成一三〔二〇〇一〕年一月六日に施行）の条文が気になる。**即ち、そこでは一七条のみが引用されている。どうせ引用するなら、「基本理念」（第三―九条）中の第七条をなぜ引用しないのか（後述する）。そこで、七条と一七条とを左に示しておく。

「**ＩＴ基本法七条**――『高度情報通信ネットワーク社会の形成に当たっては、民間が主導的役割を担うことを原則とし、国及び地方公共団体は、**公正な競争の促進**、規制の見直し等高度情報通信ネットワーク社会の形成を阻害する要因の解消その他の民間の活力が十分に発揮されるための環境整備等を中心とした施策を行うものとする。』」

「**同法一七条**――『高度情報通信ネットワーク社会の形成に関する施策の策定に当たっては、広く国民が低廉な料金で利用することができる世界最高水準の高度情報通信ネットワークの形成を促進するため、**事業者間の公正な競争の促進**その他の必要な措置が構じられなければならない。』」

要するに、これから順次論じてゆくように、**この第一次答申は、IT基本法の基本理念の全体像を明示的に踏まえることをせず、「公正競争」と現状での「低廉な料金」の点のみに着目し、他方、同法一七条にもある「世界最高水準の……ネットワークの形成」促進という技術の（更なる）革新には目をつぶり、かつ、驚くべきことに、後述の如く、同法一七条の「広く国民が……」の点をも踏みにじる内容のものとなっている。**同答申・一頁がここで、同じく「公正な競争の促進」に言及する〃基本理念〃中の同法七条に言及しなかったのは、「規制の見直し等……阻害する要因の解消」云々という「規制の見直し」の部分が、旧郵政省の規制権限の維持に対してマイナスに働くことを、警戒したがゆえではないか、とさえ疑われる（後述する）。

『公正競争』や『料金の安さ』は、世界最高のネットワーク構築とその恩恵の全国民への供与を前提としたもののはずである。同答申がこのIT基本法の基本理念の全体像（そして同法一七条の条文の全体）を正しく踏まえていないことに、まずもって注意すべきである。

ちなみに、同じく本書二1⑵の中で後述する〃e-Japan〃云々の中間報告の中では、IT基本法の種々の条文への言及がなされており、かつ、同省側のネットワーク高度化（その実現）への〃焦り〃が、如実に示されている。**その両者を、なぜ統一的視座から見通すことなく旧郵政省がその終焉を迎えてしまったのか。**本書二3で論ずる点からして、私はそれが残念、と言うよりは、断じて許し得ないのである（以上、「はじめに」の3について）。

同答申・二頁の「はじめに」の6では、「ユニバーサルサービス政策と競争政策が一体として検討されるべき」だとする、この答申の「認識」が示されている。だったら、同じ郵政省が出し、私が強くサポートしたところの、本書二3⑵の、**郵便のユニバーサル・サービス**に関する報告書の方は、一体どうなのか、と言いたい（後述）。何でも競争政策や経済理論（らしきもの）で説明したがる一般の傾向はあるが、**ユニバーサル・サービスと称される一連の問題は、むしろ社会政策ないし所得再分配、そして社会全体の平等・公平、更には社会的正義の問題と直結する**（石黒・前掲法と経済一〇 頁以下の「4 内部補助とユニバーサル・サービス」の項を参照せよ）。つまり、それは**〃社会全体の基本的な在り方〃の問題であり**、それを単なるサプライ・サイドの「公正競争」論議で斬ることは許されない。後述の如く、この答申の示すユニバーサル・サービス論は、**IT基本法の基本理念とかけ離れた、国民不在の、実にみすぼらしい内容のもの**となっている。

① 同答申・三頁以下の「1 ネットワークの将来ビジョン」に移る。冒頭に「電話網からIP網への構造的変化」とあるが、問題は、そこで具体的に何がイメージされているか、である。将来の予想として、「光ファイバ、DSL……、CATV、**FWA（固定無線アクセスシステム**（「Fixed Wireless Access の略。無線により固定の加入者に対する通信設備を構成するアクセス伝送網」と同頁の注3にあ

る)、衛星等の多様なアクセス網と、WDM（波長分割多重）などを利用した超高速バックボーン網とで構成される」との「予測」が、そこに示されている。「超」高速はバックボーン網のみ、とある。アクセス網は、光とその他をゴッチャにしたものである。本書一3で示した〔図表①〕のIT戦略会議討議用資料と比較しても、加入者系の光化をどうするのかが、やはり問題となる。そのはずである。

同頁には、「我が国の電気通信事業者は……事業展開のグローバル化や激化する国際競争に伍していける競争体質の一層の強化が求められる」ともある。だが、この答申は「公正競争」、しかも「国内」のそれ（更に言えば国内の地域通信網！）にばかり注目し、これから論ずるように、NTTを縛り、二代続いて郵政事務次官が社長となろうとするKDDI（KDDは、もはや消えた！）等を支援すること、そしてその先で、日本の事業者が（NTTを含めて）完全に外資に買収されても、それはそれでよいのだ、とまで言っている（本書二(2)のmで扱う）。

c インターネット時代の競争政策？

② 同答申・四頁以下の「2 競争政策の基本的枠組み」に移る。「競争」と言っても、その冒頭にあるように、「公正競争」のことである。かかる意味での「(公正)競争」によって「技術革新の促進」がなされる、と同・四頁にある。だが、**既述（本書四三頁以下）の、『世界初のAWA無線技術』による三六メガビット毎秒の達成や、同答申・三頁が言及していたWDM（本書一5参照）にしても、不当な公正競争論議の横行の中で歯を食いしばってがんばって来たNTTの長期的R&D戦略の成果以外に、日本のテレコム事業者のいかなる実績があると言うのか。**

同・四頁は、「**ISP（インターネット接続サービス）**」に言及し、日本でも「数多くの電気通信事業者が参入し……事業者間の競争を通じ、……IPv6など技術革新への対応などに取り組んでいる」とある。だが、本書一4の末尾近くに既に示しておいたように、**IPv6で世界最先端を走っているのもNTT**なのであり（本書二2で詳述する）、**そのNTTをがんじがらめに縛り、さらには『持株会社体制廃止（NTTグループ解体）＝NTTの世界的・総合的R&D体制崩壊』までを〝脅しの論理〟（後述）で示すのが、この答申なのである。まさにこの答申は、貿易と関税二〇〇〇年一一月号六〇頁に示した『日本の〝自己崩壊〟への過程』の、最も醜い象徴な**のである。

同答申・四―五頁は、**DSL**に言及し、「その他にも、光ファイバや無線技術……を活用したインターネットのアクセス網も現実化しつつある」とした上で（「光」を「その他」で扱うとは何事か！）、次のように述べる。即ち、「インターネットのアクセス網については、競争が行われている地域が限られるなど、必ずしも競争が進展しているとは言い難い状況にある。このため、可及的速やかに、電気通信事業者間の公正な競争環境の整備に取り組み、公正な競争を通じ、料金の低廉化をはじめとした消費者の利益の最大化を図る必要がある」、とされている。

この発想は、そもそもおかしい。「競争」と言うより、各事業者、とくにNCCやISP側の「事業」展開が「地域」的に、大都市圏にばかり集中し、そこでのパイの奪い合いが、この場合の「競争」の現実であることは、これまでにも示した。非都市部（儲からぬ地域！）で「公正な競争環境」を整備したところで、現状での大きな地域格差は、実際に(!)どうなると言うのか。「消費者利益の最大化」と言うが、「公正競争」によって日本の全地域の「格差」は、ここで問題とされている「高速インターネットサービス」についても、むしろ拡大するばかりではないのか。また、「消費者の利益」につき、ここでは「料金の低廉化をはじめとした」それ、とあるが、この点もまた、その先がまたあいまいなことは、これから示す（**この答申は、後述の如く、携帯電話（!!）やインターネット・サービスを、何とユニバーサル・サービスから当面外す、などとしているのである!!**）。

同・五―六頁は「インターネット時代の競争政策」と題する。だが、その基本は**現状の「メタル回線」にばかり力点を置く**ものであり、それが、大きな問題となる。即ち、同・五頁は、「現在のインターネット関連のサービスは、地域アクセス部分においては、依然としてメタル回線に物理的には大きく依存している」とし、「高速」インターネット用のDSLに着目し、右の「現状……を視野に入れることなく競争政策を展開することは現実的ではなく」、と来る。そして――

「東・西NTTが有するメタル設備を……インターネット関連サービス提供のための共通基盤として有効に活用されるための仕組みは維持されることが必要であり、そのためのより徹底した公正競争条件の整備に取り組む必要がある。」（同・五頁）

――とされる。

何故、現状の銅線ネットワークを前提としたまま、「IT革命を推進するため」とされるこの第一次答申が出され得るのか。**目標設定が基本的にズレている**。この点は、私同様、**DSLは〝つなぎの技術〟**とする、既述の西垣教授の『正論』に戻って考えるべきである。

同答申・五頁は、「CATV、FWA、衛星、光ファイバ網」等が、「今後」は「アクセス網」として「構築されたり」するので、「市場の変化に柔軟に対応した競争政策の展開が必要」だ、とするが、これから論ずるように、これはリップサービスたるのみ。**メタル回線をあくまで前提とした『公正競争論の暴走』（光ファイバーはメタルの単なる延長とするそれ）**が、このあたりから始まるのである。

他方、光ファイバー（等？）のアクセス網の展開を他人事のように書いているこの答申は、そもそもおかしい。**二〇〇五年までに全国光ファイバー化（加入者網）を完了させるのは、ほかならぬかつての電通審答申を踏まえた、文字通りの国策なのであり**、郵政省はその実現のため、前記の〔図表⑧〕に示した通り、全力で努力しているはずなのである。だったら、なぜ全国光ファイバー網敷設完了（わずか五年先！）を前提とし、そこに至るまでの、また、その完了以降の競争の在り方を、正面から論じなかったのか。――これ以上書くと、私の頭がおかしくなりそうゆえ、この点はこの位にする。何のために私はアイオワ州まで行って光ファイバー化の正しさを、〝O補佐〟等と調べて来たのか、云々。

もっとも、同答申・六頁は、次の項目として「**ITインフラ整備促進に向けた競争環境の整備**」を論ずる。だが、その冒頭は「米国のIT革命成功の要因」は……、と来る。アメリカが成功を既におさめた、とのこの認識は、どこまで正しいのか（ディジタル化の全国完了すら達成していないのがアメリカである！）。アメリカの「定額制の市内電話サービス」と「インターネット」がまず注目され、「アクセス網の広帯域化」が問題とされ、「DSL、FWA、CATV、衛星、光ファイバなど」、とまた羅列である。**その上で**、いきなり「**東・西NTTの地域通信網の一層の開放及び光ファイバのア**

ンバンドル（**「指定電気通信設備の機能のうち、接続事業者が必要なもののみを細分化して利用できるようにすること」――同・四頁の注10）化を促進」せよ、と来る。**なぜＮＴＴ側のみに足枷をはめるのか（その問題性）については、既に論じた。だが、同・六頁には、「電気通信事業者が他の電気通信事業者に対し、より円滑に光ファイバ等の設備提供ができるように制度の見直しを行う」ともある。**銅線の単なる延長で光ファイバーをとらえること**（既に批判した）も問題だが、右の如く言うならば、すべての事業者を平等に扱い、ともかく全国光ファイバー網（加入者網）完了を優先的に進める方が、これまでの（私も深く関与して来た）電通審答申の線からも、自然であろう。「このように」して「ＩＴ革命の推進が図られることになる」と同・六頁はこの項目を結ぶが、**「光ファイバを新たに敷設する事業者」（同頁の⑤）が、それをどこに敷設するか（大都市圏のみか否か）を論ぜずして、ＩＴ基本法の基本理念は実現できない。**

以上の〝インフラ整備〟に関する一頁弱のリップサービス（そこでもＮＴＴを縛ることだけは忘れない！）につづき、同・六―八頁の「公正競争ルールの確立」の項となる。前の項が単なるリップ・サービスで、**話がここでまた「現状」の「メタル回線」（既述）に戻ってしまっていることに、**注意すべきである(!!)。即ち、同・七頁では、「地域通信分野では依然として東・西ＮＴＴによる事実上の独占的状態」があり、また、「ＮＴＴグループは、電気通信市場の売上高・通信トラヒックにおいて圧倒的なシェアを有している」、とある。だから、ＮＴＴ側をより強く縛り、反面、他の事業者の方は思い切って規制緩和する、という**『非対称的規制』の更なる徹底**の、頭出し部分が、この頁である。そこには、最後に「ＮＴＴグループ各事業会社が、明確（??）な公正競争ルールの下でインターネット時代に対応したダイナミックな事業展開を自らの経営判断の下で遂行できるようにすることが基本」だ、とある。**彼等の頭には「経営」や「事業」しかない。それらを下支えする〝研究開発〟など、ここでは（否、ここでも）眼中にはない。内ゲバと一方的な規制強化とでＮＴＴグループが解体に向かえばハッピーだと思っているＮＣＣ各社、そして彼等の頭越しに日本市場を食い物にし、かつ、情報通信分野での日本の発展をも阻止しようと考える人々。それらに迎合するのが、結局はこの答申の、これから先の論理(?)である。**

大体以上の、２⑴「基本的視点」につづく２⑵では、再度「ＩＴインフラ整備」云々と来る。冒頭（同・九―一〇頁）は「線路敷設の円滑化」・「卸電気通信役務（キャリアズ・キャリア役務）の制度化」ゆえ略。同・一〇頁で「接続ルールの整備」とあり、**ここで再度「東・西ＮＴＴの中継伝送路及び端末系伝送路の各々について、伝送装置を介さないアンバンドルされた形態での接続」を確保せよ、と来る。銅線の単なる延長で光ファイバーをとらえた上での指摘である。**また、同頁は、「地域通信市場の活性化を図り、**再販ベースの新たな競争主体を創出する観点から**」、ＮＴＴ東日本・西日本に対して、「事業者向けの割引料金（キャリアズ・レート）」を公衆網についても導入しよう、とある。**なぜ「再販ベース」と言い、「設備ベース」の、と言わぬのか**（公取委の考え方、等との関係で、後述する）。再度、二〇〇五年全国光化計画との関係で言えば、まさに非大都市部での加入者網の光化が急務のはずである。あまりにも視野が狭い。

d　支配的事業者規制の導入

さて、同・一一頁以下が、いよいよ「**支配的事業者規制の導入**」である。「利用者保護の観点等に配慮しつつ、事業者が迅速な事業展開ができるように」云々、とある。「事業者」とあるが、〝内ゲバへのお誘い〟は別として、NTT以外のそれのことであろう。

同・一一頁は、「支配的事業者」が居ると、「不当に高い接続料金（‼――**あの日米摩擦の屈辱的決着を経て、当の旧郵政省が、こんなこと言える立場か！**）」の設定等により、不当な競争が引き起こされたり、低廉で良質なサービスや多様なサービスの提供に悪影響を及ぼし、利用者の利益や電気通信サービスの公共性が阻害するおそれ（‼）が生じる」から規制せよ、とする。「**おそれ**」のみで「**規制**」を、**しかも非対称的に、更にかける、と言うのである。**

同頁⑥は、「なお、当然のことながら」として、支配的事業者が競争阻害等を「行った場合」には、「**独占禁止法によっても**」規制される、とある。

それでは足りぬと思ってか、同頁③では欧米では既に支配的事業者規制が導入されているとし（この点は、まとめて後述する）、かつ、同・一一―一二頁で、「このような事業者の市場支配力に着目した規制は……WTOにおいても合意（「主要なサービス提供者」概念）の得られている規制手法であり、**内外の事業者等からこの規制手法を早期に導入すべきとの意見が多数出されている**」、とある。

「**WTOのレファレンス・ペーパー**は、旧郵政省のM課長と私（Y氏）が書いたんですよ」と、臆面もなく一九九九（平成一一）年の夏の終わりに私に言ったY氏よ。「中身はどうなのか？」との私の問いに対して、「中身はアメリカですけど……」と答えたY氏よ。〝官房国際〟での、同年七月末の**ILPF国際会議**（貿易と関税一九九九年一一・一二月号の私の連載を見よ）への出席結果の報告（？）を頼まれ、旧郵政省に出向いた私の、その場での様々な苦痛（彼らの極端な勉強不足、等々に関するそれ）。それが、同年九月一〇日判明の、「**特発**」**性難聴**への主原因（少くとも、その大きな一つ）であった。その場に居たY氏、そして**内海ITU事務総局長**を見捨てて二〇〇〇（平成一二）年一二月の大切なITUの会議（貿易と関税二〇〇〇年五―一二月号の私の連載参照）に日本政府（旧郵政省）として誰も人を送らなかったM氏よ。あなた方がアメリカの言い分をまとめた、**基本テレコムに関する「レファレンス・ペーパー」**に対して、**産構審の「サービス貿易に関する小委員会」（副委員長は私）中間報告書（一九九九（平成一一）年二月五日）**一三頁に次の如くあることを、一体知っているのか。即ち――

「基本電気通信に関する『参照ペーパー』で規定している『主要なサービス提供者』、『反競争的行為』などに見られるように、具体的内容について今後の検討を待つ必要のある用語及び概念があるが、今後、規制の調和（ハーモナイゼーション）を進めていくに当たっては、こういった用語の使い方やそれが持つ意味について、恣意的な解釈や運用が行われることのないよう主張していくことが必要である。」

――と、そこにはあるのである（石黒・前掲グローバル経済と法三七三頁参照）。

この種の慎重さを全く欠き、間接的にアメリカの意向通り、また、このいわくつきの「レファレンス・ペーパー」（詳細は、同・前掲世界情報通信基盤の構築一三二頁以下）**そのままに、NTT**（グループ）**を規制することに専心する旧郵政省の人々。もはや、彼等〝亡国の**

徒〟を、私は断じて許せない。

なお、ここで前記の電通審第一次答申・一二頁に戻れば、既述の引用部分に続き、更に次のようにある。即ち、「現在のボトルネック設備（指定電気通信設備）のみに着目する非対称規制を拡充する方向」で、この「支配的事業者」規制を導入する、とまずあり、その先で、繰り返しに近いが、「なお、ここで言う『支配的事業者』とは、現に、市場支配力を濫用し、顕著な弊害を市場にもたらしていることを要件とするものではなく(!!)、……市場に多大な影響力を有し、市場支配力を濫用することによって公正な競争や利用者利益、電気通信サービスの公共性を阻害するおそれ（客観的蓋然性）が高いことに着目して、電気通信分野に固有の概念として設定するものである」、とある。「公取委とは違うんだよ、ウチは……」と言いたげな表現であることに、十分注意せよ。

＊　公取委・『政府規制等と競争政策に関する研究会報告書』（二〇〇一年一月）・再論

ここで、既に言及（産構審提言２⑴②③との関係）した二〇〇一（平成一三）年一月一〇日の、公取委から出された『政府規制等と競争政策に関する研究会報告書――「公益事業分野における規制緩和と競争政策」について』と題した報告書（同報告書については、本書二5⑵等において、再三言及する）が問題となる。本書三七頁以下ではその二四頁を引用して「ドミナント規制」を牽制したが、ここでは同報告書（それに私が全面賛成する訳ではない。後述の本書二5で論ずる）を、より広く検討し、電通審第一次答申の問題点を、一層深く抉り出すこととしよう（ちなみに、後者において、「支配的事業者規制の導入」は、同答申一一―一四頁で種々論じられているが、同・一二頁で「第二種電気通信事業者を含めない理由」もあいまいだし、「市場シェア」につき極力「客観的な基準」を、と言いつつ「例えば……五〇％超」とするのが「適当」とするなど、どこから出て来る数字かが極めて不明確な、従来の指定電気通信設備の指定上の数字の単なる流用を、したりしている。「何が客観的か！」とどなりたくなる）。

なお、公取委側の前記報告書五頁以下の、「新規参入を保障する仕組みの導入」と題した部分だが、同・五頁でも「事業を営む上で不可欠な……ネットワークを保有している既存事業者が当該ネットワークへの接続を……拒否・制限する行為」は直ちに独禁法違反だ、などと短絡している訳ではなく、「合理的な理由」なき拒否等が違反だ、としている。白石・前掲独禁法講義（第二版）八二頁とも、再度対比せよ。

さて、本書において既に引用していたのは、公取委・前記報告書（面倒ゆえ〝公取委〟として引用する）二四頁だが、それは同・二一頁以下の「独占禁止法と事業法との関係」の一部である。その人前提が同・二一頁にも示されている。即ち、そこでは、規制緩和・撤廃後の、との条件（但し、「公益事業分野に競争が導入された以上、……独占禁止法により規律されていくことが基本」だ、と同頁にあることに注意せよ！）の下で、ではあるが、「事業法による事前規制から独占禁止法による事後チェック型の規制へと規制体系を転換」せよ、とある。すべての公益事業分野で単純にそう言えるかについて、私は否定的だが、旧郵政省(等)による、ＮＴＴを狙い撃ちした「公正競争論の暴走」に直面した私としては、本書との関係において、公取委側の右の指摘は、その限りで基本的に正しい、と言わざるを得ない。

公取委・同前二二頁は、「独占禁止法による規制に加えて、事業法による規制を導入する必要性については十分検討される必要がある。また、事業法による規制を導入する必要性が認められた場合には、独占禁止法による規制と整合的なものとする必要があ」る、とする。**内外からのクレイムやWTO関連の問題ある条文等から直ちに「支配的事業者規制」へと走る前記の電通審・第一次答申に対しては、この視点から、明確に「待った」をかけるべきである。**

しかも、公取委・同前（二二）頁は、電気通信事業法を明示しつつ、「NTT地域会社の加入者回線網の開放」の「義務付け」や「接続等」の「規制」についても、規制の導入に際して、「独占禁止法による規制との競合や整合性について問題が生じることのないよう留意」せよ、ともしている。従来からの旧郵政省によるテレコム規制、というか〝NTTいじめ〟の論理に対しては、この観点からの根本的反省が必要だったはずである。**独禁法上問題がないのにあいまいな「公正競争」の名において規制をかけることが、真に「自由」(!!)な競争を阻害する——私はずっとそう思い、発言し続けて来た。**

さて、前記の電通審・第一次答申一二頁は、「非対称的規制」を**更に「拡充」して「支配的事業者規制」を行なう、とするものだったが、公取委・前掲二三頁以下は、「事業法による市場支配的事業者に対する非対称規制(!!)に関する考え方」と題し、『非対称的規制』それ自体、しかもテレコム分野でのそれの導入の問題点を、正面から扱う。**

同・二三頁は、「市場支配的事業者……が競争制限行為を行う蓋然性は高い」、とする。そこまでは、前記の電通審第一次答申と同じである。だが、その先が明確に異なる(!!)。即ち、あくまで「競争促進を目的とした一般法である独占禁止法に基づ」く規制」が基本」だ、とされている。その上で、既に引用した公取委・同前二四頁の指摘があるのである。要するに、「ドミナント規制の導入の当否」それ自体について、独禁法による規制に加えてその種の規制が必要か、また、必要とされた場合にも、「市場支配的事業者の認定、市場の画定、規制の内容等……について」独禁法と整合的なものとせよ、とされているのである。

e 市場画定の在り方を中心として——公取委「DDI、KDD及びIDOの合併に係る事前相談」（二〇〇〇年三月）との対比において

既に断り書きをしておいたように、**私は公取委のこれまでのNTTに対する行動が、「公正」だったとは考えない(!!)。この点は、本書二5で具体的に示すが、その点を別途〝矯正〟することを前提とした上で、電通審の前記第一次答申の〝狂気〟に対するとりあえずのカンフル注射として、この公取委報告書に言及した次第である。**

ここで前記の電通審の第一次答申・一一―一二頁に戻る。「市場シェア」のとり方は既に批判したが、「市場の範囲」（市場画定）も妙である。そこには、「新規参入の容易性といった市場特性（周波数資源の有限性による事業者数の制約等）や我が国の電気通信市場の実態等を勘案し」云々との、またしても不明確極まりない論じ方の末に——

「当面、例えば、(a)固定通信（地域）、(b)固定通信（長距離・国際）、(c)移動通信（携帯電話・PHS）を市場として画定する……」

――とある（同・一二三頁）。**〝ＮＴＴ叩き〟が殆ど唯一の目的**だと、誰の目にも分かり易いのは(b)である。なぜ国内長距離と国際とを一緒にするのか。

ここで、ネット上も公開されているところの、**二〇〇〇（平成一二）年三月一六日の、公取委『ＤＤＩ、ＫＤＤ及びＩＤＯの合併に係る事前相談について』**を見ておこう。同年一〇月の㈱ＤＤＩ誕生に向けた事前相談である。**『市場画定』**（「一定の取引分野」）は、「国際通信分野」、「長距離通信分野」、「移動体通信分野」に分けてなされ、それぞれについての問題につき、独禁法上の考え方が示されている。**その市場画定の仕方が、前記引用の電通審第一次答申の(b)と異なる点**に、まずもって注意せよ。

公取委は、右の三つの市場（「取引分野」）のいずれにおいても、当該合併は競争の実質的制限にはならない、とした。問題は**「国際通信分野」における公取委の判断**である。㈱ＤＤＩ（ＫＤＤＩ）のうちＫＤＤのこの分野でのシェアを中心に考え、「合算すると**六〇％超**」だとされた。そこにも注意しつつ、それ以降の公取委の説明を、左に引用しておこう。

「シェアは……六〇％超であり、その順位は第一位となる。しかしながら、本件合併によるシェアの増加分はごくわずかであり〔理由になるか??――ともかくシェア六〇％近くあっても独禁法上それだけでは問題としない、ということがその前提となることに注意せよ〕、かつ、国際的に総合的事業能力の高い外国事業者から出資を受けた競争事業者が複数存在する。また、国際通信分野においては、新規事業者の参入により**価格競争が活発**に行われてきた結果、通話料は数次にわたり大幅に低下してきており、最近においても、外資系事業者を含め有力な事業者が参入し、**引き続き競争が活発**に行われている。さらに、国内の電気通信分野において極めて有力な事業者グループに属する会社〔ＮＴＴコミュニケーションズ社のこと！〕が国際通信分野に参入したところ、当該会社は現時点では参入したばかりであるものの、当該グループの国内の電気通信分野における地位等にかんがみれば、当該会社は潜在的に非常に高い競争力を有しているものと評価でき、今後国際通信分野において有力な事業者となっていくことが見込まれる。加えて、『公専公』の解禁により第二種事業者の参入が本格化し、競争圧力として機能すると考えられる。」

――とある。従って、シェアが六〇％近くても合併はＯＫとされた、のである。その反面で、ＮＴＴコム社に対して、今、同社を縛らねばならぬ、とのニュアンスもない。次に、「〔国内〕長距離通信分野」の状況については、ＫＤＤＩ（面倒ゆえ、こう書く）の合算シェアは二〇％弱であり、第二位だが、「他に第一位で六〇％超のシェアを有する事業者」も居り、「また、長距離通信分野においては、**価格競争が活発**に行われてきたところ、最近においても、有力な事業者が参入し、**引き続き競争が活発**に行われている」、とある。**ＫＤＤＩの合併に関する指摘とはいえ、国内長距離市場でも「競争が活発」だ、と公取委は見ているのである。**

他方、「移動体通信分野」について、この公取委の「事前相談」は、価格競争の活発さ(!)に加え、「最近においては、価格競争に加え、技術(!!)、付加価値サービスなどの面における競争も活発」だ、との見方を示している。価格のみでなく、「技術」面での「競争」も見る公取委の立場は、その限りでは正当である。だが、その公取委がＮＴＴドコモに対して、これまで何を言って来たか、となると話は別である。この点は、本書二5(3)でまとめて扱う。

ちなみに、白石・前掲独禁法講義（第二版）一一六頁では、KDDI合併に関する公取委の右の如き判断の「基準」は、同書第二章に言う「競争停止の一般論とまったく同じ考え方に基づいている（競争減殺に関する同書四三—四四頁が参照されている）。……企業結合規制に特有の考え方は（そこには）まったく出てこない」、とされている。それを踏まえて、私の前記の指摘に、再度回帰して頂きたい。

ここで、前記の電通審第一次答申・一三頁に戻る。市場画定の仕方における前記の(b)、即ち、「固定通信（長距離・国際）」の市場の分け方は、極めて〝人為的〟（『人為的』という言葉は、この第一次答申において、後に、実に滑稽な形で何度か用いられており、批判する）である。KDDI合併に関する公取委の、前記の「国際」と国内の「長距離」とを分けるやり方の方がまだ自然である。だが、その両者を合算する形でNTT側（コム社）のみ(!)を〝支配的事業者〟とし、〝国際〟についてのKDDIはセーフとしよう、との意図（国際と国内長距離との市場規模の大きな差をも考えよ）が見え過ぎる程に、見えているのである。同様のことは、ドコモにもあてはまる。KDDIに関する公取委の前記「事前相談」では、KDDIは「関東ブロックにおいて二五％超、東海ブロックにおいて三〇％超となる」るが、「両ブロックにおいて五割程度のシェアを占める第一位の事業者」（NTTドコモ）が居る、とある。それでも「競争」は「活発」とする公取委の見解（白石助教授の前記の指摘に注意せよ）に対し、電通審サイドは、「五〇％超」という同・前掲一二頁の「市場シェア」基準で、NTTドコモを規制しようとし、それでも％が不安ゆえ、PHSも含めたのではないか、とさえ疑われる。但し、この分野での市場シェア変動の激しさについては、後述する。

結局、電通審の前記第一次答申・一四頁では、NTTドコモを「支配的事業者」とし（それが日米規制緩和対話におけるアメリカ側の明確な対日要求であったことに注意せよ!!）、「接続契約の作成、認可申請、公表といった義務を課すことが必要」だ、とした（ドコモとは名指ししてはいないが、明らかである）。だが、旧郵政省側がなぜNTTドコモへの規制強化にこだわるかについては、右に示したように日米規制緩和対話以来の因縁があり、本書二5(3)で論ずる。

他方、NTTコム社は、同前頁でセーフとなったが、そもそもの出発点がおかしい。また、公取委としても、KDDI合併で示した線で、再度NTTに対する従来の突出した指摘（後述）を再考すべきである。

なお、電通審・前掲一四頁には、「一部の事業者から」と称して、支配的事業者指定を受けると「グローバル市場において事業を展開する上で致命的な阻害要因となる旨の懸念が表明されている」とある。ドコモ・コム社側の当然の指摘である。対米関係でもアメリカ側が「待ってました」とばかり、様々なハラスメントを行ない易くなるのは見えており、他方、日本国内市場への市場アクセスとの関係では、日本政府（旧郵政省）が自らWTO基本テレコム合意の「レファレンス・ペーパー」に言及しつつ「支配的事業者」と認定した以上、『コンペティティヴ・セーフガード』条項に引っ掛りて、様々な対日要求をし、WTO提訴にまで至り得るのは、殆ど常識的展開である。

私は、従来より、旧郵政省が、WTOパネルの場における扱いとして、「日本はクロです」と言わんばかりの文書を次々と出して来たことを、殆ど自殺行為だとして、批判して来た（石黒・前掲世界情報通信基盤の構築二二〇頁以下、とくに二二三頁を見よ！）。

石黒・同右に示したように日米フィルム摩擦では「証拠」がないから日本がシロになったが、ＮＴＴ関連では、既に「証拠」が山と積まれている。この第一次答申も、あえてそれに屋上屋を架し、そこまでしてＮＴＴを叩きたいらしい。それが〝彼等の本音〟であろう。つまり、必要ならＷＴＯパネルで日本をクロとしてもらって、それを理由に更に一層ＮＴＴを叩きたいのであろう。ともかくそれが殆ど彼等の本能の如くなっていることは、この十数年来の彼等とのつきあいで、私自身肌で感じて来たところでもある。本書では、彼等が見落としがちな（あるいは、認めたがらない）『研究開発』面でのＮＴＴの『世界的実績』を逐一示し、『技術』（研究開発）を踏みつけにする者に対する〝復讐〟を、徹底的に行なうのだ。

――といったことであるのに、何と電通審・前掲一四頁は、「仮に、日本において、ある事業者を支配的事業者として認定したとしても、それにより、当該事業者の外国子会社が、外国の規制当局により支配的事業者として取り扱われるものではない」などと述べる。石黒・前掲〔世界情報通信基盤の構築〕一九六頁以下の、「〔旧！〕ＫＤＤ側の日米国際専用線再販事業」問題で、私も背後から支えつつ、アメリカ側とそれなりに戦った人も、旧郵政省内に居るはずなのに、『何を寝呆けたこと言っとるか!!』、である。

電通審・前掲第一次答申一五頁以下の「規制緩和の推進」に移る。「支配的事業者規制の導入」で『非対称的規制』を強化しつつ、他の事業者に対しては「大幅な規制緩和」をする、というのである（同・一五頁）。同・一六頁には、「現在、東・西ＮＴＴについては、地域通信分野における事実上の独占的状態に着目して、同社が提供する音声伝送役務（電話及びＩＳＤＮ）及び専用役務の料金について、いわゆるプライスキャップ規制（上限価格規制）が課されている」が、「今後、地域通信分野における競争の進展に伴い」、それを緩和する、とある。

だが、注意せよ。一々言わなかったが、支配的事業者云々以来の論議は、すべて現状のメタル回線を前提としたものであり、『銅線から光ファイバーへ』という〝技術革新〟の側面は、全く議論の焦点になっていない。それと、右に言う「競争の進展」が、ＮＴＴ東日本・西日本に対して、大幅にシェアを失うべく、大いにグループ内での内ゲバをせよ、と言うに等しい〝脅し〟の論理に基づくものであることは、後述の如くである。

ＮＴＴグループ内の固定電話系企業とＮＴＴドコモとが既に烈しい競争関係にあることは、殆ど誰でも知っていることであろう。それなのに、新たにＮＴＴドコモをも縛り、ＮＴＴ東日本・西日本には『競争の進展＝地域通信分野における目に見える形でのシェア低下』を求める。ＮＴＴコム社が市内参入したところで、プレイヤーが一人増えるのみ。何がどこまで変わると言うのか。一体何を考えているのか、と言いたくなる。

「公取委」までもが、いまや（表向きには？）批判的な、かの非対称的規制を振りかざしての『公正競争論の暴走』の影に、ＩＴ基本法の基本理念は、かくて踏みにじられ、地域等の格差は増大するばかり。だが、この『亡国的自虐』の構図には、まだまだ先があるのだ。もう、本当に、書くという作業がいやになる。まだ、計八一頁のこの答申の、何と一六頁までを論じたに過ぎないのだから!!（朝八時頃からずっと書き続け、今、夜の六時二〇分。四〇〇字で計五二枚目だ。二〇〇一（平成一三）年一月二七日。また雪だ。だが、雪も見たくない。ストレスが限界ゆえ、ここで今日は筆を擱き、明日のあることを信ずることとする。――ものすごく頭に来たら、案の定、雪の降る空に、夜六時四五分、四七分と、雷鳴が轟いた。段々激しくなるかの如き雷鳴の中で、ふと考えた。この戦いは一体何の為なのか、と。なぜ自分で自分を囚人の如き立場に置き、苦しみつつ書くのか、と。そして、要するに、それは自分との戦いなのだ、と自分に言い聞かせた。そうでなければすべてが崩れる。私は自分の為に、自分の限界と戦っているのだ。いつもの雷鳴が、そう教えてくれた。そうなのだと思う。）

＊　経団連情報通信委員会の意見（二〇〇〇年一一月三〇日）

同前・一七―一八頁の「電気通信事業における規制の基本フレーム」で、同答申は**一転して、〝守りの姿勢〟**となる。この第一次答申で、何度か同じようなことがある（順次見てゆくほかはないが）。

これは、（前記の図表⑦との関係であくまで別途見ておこうと思っていたのだが、もはや本文中にここで織り込んでしまうならば）例えば**『経団連情報通信委員会・電気通信審議会ＩＴ競争政策特別部会第一次答申草案への意見（二〇〇〇〔平成一二〕年一一月三〇日）』**から、旧郵政省の従来のテレコム規制に、けっこう注文がついていたことと関係する（経団連からは、同年九月一四日にも『電気通信分野における競争促進法の早期実現に向けて』と題する文書が出されていたが、新しい方のもののみを見ておくことで十分、と私は判断する）。

この経団連側の文書では、その一頁目で、現状のテレコム規制が「国家が通信を管理する色彩を強く残している」ことを、そもそも問題視する（同・二頁では「事前規制が手つかずであり、ＩＴ有効利用の障害となる」ともされている）。そうでありながら「市場支配力の有無に着目した規制体系の導入」（同・一頁及び同・三頁）を言うのだが、他方「一種・二種事業区分の**事前規制**を抜本的に見直」すことなしに「支配的事業者規制の導入」をすると「実質的な規制強化となる」（同・三頁）から、「一種・二種事業区分の廃止」（同・一頁）をまず行なえ、とされている（同・四頁も同じ）。他方、本書で後述の「**ＮＴＴの在り方**」については、「経営に直接介入するような規制は早急に撤廃」せよ、あるいは、「ＮＴＴへのインセンティブ規制」（後述）は、「**行政の恣意的裁量**に委ねられるおそれがあり、掘り下げた検討が必要」だとする一方で、「通信主権の問題」ないし「天災・事変」に際しての問題も「競争促進法で担保」できるかの如き、能天気なことも言っている（以上、同・七頁）。

かくて、ここで電通審前記第一次答申・一七頁に戻れば、経団連からの右の批判も踏まえつつ、「一種・二種区分」を死守する**旧郵政省の〝守り〟の姿勢**が、そこで示される。例えば「第一種電気通信事業は、国民生活や経済活動に不可欠なインフラ機能を提供する公共性の高い事業」ゆえ「事業の安定性・確実性の確保の観点から、許可制」としているのだ、云々（同頁）とあるが、肝心のインフラの抜本的発展と格差是正等の、私の最も重視する観点からの指摘はなく、同・一八頁で「ルール型行政の充実」で経団連から示されたような批判に答えようとする。即ち、同・一八頁では、「問題があればすべて**事後規制**で対処」せよ、との見方があるが、としつつ、「事後の変更命令等」という電気通信事業法の枠内でのみ問題を把握するが如き前提で、「事後規制方式は……強い規制となる可能性があるというデメリットも有する。したがって……」とある。**公取委の排除措置に対しても「強制的に既存の事業活動を制限し、投資**

コストの回収等を困難とする強い規制となる……というデメリット」を主張するつもりなのか、と問いたい気もするが、ともかく、この第一次答申は、「したがって……事業者に公正競争ルールをあらかじめ明示し、予見可能性を高める……『ルール型行政』の充実」で対処する（以上、同・一八頁）として、事後規制で対処せよ、の論から自己を守ろうとする。そもそも、あまり説得力がない論じ方の中、「インフラ設備産業」として第一種電気通信事業をとらえ、そこでは「問題が生じてからそれを排除することは困難」だとし、「ルール型行政は、**支配的事業者**による先行利益の排他的維持を防止」できるから「適切」、ともある。「先行（者）利益」の「維持」の「排他」性など、知的財産絡みでも独禁法で扱えば十分なはずだし、そもそも業務改善命令等の規制方式には「デメリット」ありとしており、何を言っているのか、訳が分からぬ。**とにかく、「支配的事業者」（ＮＴＴ）を押さえ込むことだけは、こんなところでも忘れていない執拗さが、アンバランスな形で目立つ。**「予見可能性」の点など、既述の「支配的事業者規制」との関連で、既にして足許がふらついているが、後述のインセンティブ規制や、ＮＴＴグループ解体への〝脅し〟に至ると、まさしく『不透明の極み』と言うべきものとなっていることも、あらかじめ一言しておく。

電通審・前掲一九―二一頁は「公正競争ルールの運用」だが、**〝アメリカの真似〟**としての「意見申出制度の拡充」、消費者契約法が平成一三（二〇〇一）年四月施行となることへのリップサービス、につづき、同・二〇頁で、「**ＤＳＬ事業者等のためのコロケーション**」をめぐる接続紛争の処理のため、独自の委員会を作る、等とある中、公取委との「必要な連携」も「検討」し、「電気通信事業法と独占禁止法の適用関係をより明確にすることが必要」、ともある。これもリップサービスの類である。

さて、ここでいよいよ「**ＮＴＴの在り方**」（同・二二頁以下）となる。いよいよ、である。（以上、二〇〇一（平成一三）年一月二八日午前一一時一分。今日は、くたびれてしまって、朝一〇時から書き始めたばかり。従って、次の分を、すぐこのまま、書き続ける）。

f　ＮＴＴの在り方

③　いよいよ電通審・前掲二二―四八頁の「3　ＮＴＴの在り方」である。**ＮＴＴをがんじがらめにし、あまつさえ「解体」させれば日本のＩＴ革命は成功する（あるいは、予定通り日本のテレコムを外国に売り渡せる!?）と思い込んでいる輩にとっては、まさにここが「言いたい事」であろう。**だから、頁数も多い。

平成七（一九九五）年七月公表の、既述の『**グローバルな知的社会の構築に向けて――情報通信基盤のための国際指針**』電通審答申（私が起草委員として直接関与）までは、郵政省は、まだまともだった。日本の、そして世界の高度情報化に向けて尽力するその姿勢が、『ＮＴＴ叩き』へと、ガラリと変わってしまった。二〇〇〇（平成一二）年末の前記第一次答申（以下、電通審・前掲として示すのはこれである）・二二頁には、「ＮＴＴの在り方」についての「昭和五七（一九八二）年の**臨調答申以来**」の流れが、まず示されている。そして、平成八（一九九六!!）年答申では「**完全資本分離型再編成**」、つまりはＮＴＴを「長距離」・「二社の地域」に再編成し、「相互に資本関係のない」状態とする、とされた。私が猛然とそれに抵抗したこと、後述の如くである。『**研究開発**』を守ることが当時の私の最大関心事項であったことも、後述の通りである（本書二2）。

だが、平成一一（一九九九）年に「実施されたＮＴＴの再編成においては、主として以下のような理由から持株会社方式の下、東・西ＮＴＴを持株会社の一〇〇％子会社とすることとされた。（ＮＴＴコム社については、ＮＴＴ法の附則で持株会社が設立の際の発行株式総数を引き受けることとされている。なお、ＮＴＴドコモについては、ＮＴＴ法上の規定はない〔!!〕。）」――と、同前・一二頁に淡々と書かれている。

だが、これから先の議論と大いに関係するので、一九九九（平成一一）年夏になされたＮＴＴ再編成の「理由」として同前（第一次答申）・一二―一三頁に示されている点を、左に示しておく。

《ＮＴＴ再編成の主な理由――同前・一二―一三頁》

「(a) 再編成後のＮＴＴグループが個々の会社の財務に厳格に拘束されない形でのグループ運営（ファイナンス）を容易に行い得ること

(b) 多くの経費と要員を要する**基盤的な研究開発のリソースをグループ全体として維持することに適していること**

(c) 他方、持株会社方式の下でも独占的な地域通信部門と競争的な長距離部門を独立した会社とし、その間のファイアウォールを徹底させる措置等により、公正競争、グループ各社間の直接・間接競争〔この傍点部分に問題があること後述〕、**技術競争**は最大限実現し得ると考えられること……。」

私は持株会社方式で研究所の一元管理が維持できるならば、それでよかろう、とのある種の〝手打ち〟（その場に居たのは旧郵政省の五十嵐氏、団氏、そして故高田氏）に応じた。右の(b)がそれにあたる。

だが、(c)と関係し、当時の郵政省（そして伊東光晴教授）がこだわった〝ヤードスティック競争〟（後述）など所詮無理、との点は、別途鈴村興太郎教授などとも意見が一致していた（石黒・前掲通商摩擦と日本の進路三六八頁の〔追記〕を見よ）。

さて、電通審・前掲一三頁は、「ＮＴＴ再編成の評価」と題して、様々なことを言う。まず、**行革委**からは純粋持株会社方式では公正有効競争が確保されるか疑問、との「強い懸念」が、平成八（一九九六）年一二月の規制緩和推進に関する第二次見解において示されていたこと、そして平成一二（二〇〇〇）年三月の規制緩和三ケ年計画（再改訂）では、「ＮＴＴの再編成の着実な実施」・「ＮＴＴドコモ株の保有割合の引下げ」につき、「**携帯電話事業者間の競争状況とＮＴＴドコモと東・西ＮＴＴとの間の競争の状況に留意**」（!!――「競争」の実態把握の仕方として、既に扱った公取委のＫＤＤＩ合併への事前相談と同様、右の傍点部分は、至極まともである。しかるに、この電通審第一次答申が、あくまでメタル・ベースでのＮＴＴ東日本・西日本の「地域通信」でのシェアばかりを問題とするという、その奇妙さと、十分対比すべきである）しつつ検討する、とされた旨が示される。

許し難いのは、電通審・前掲（第一次答申）一三頁（イ③）である。これが、これ以降の議論に大きな歪みを与える源ゆえ、徹底的に叩いておく必要がある（再編成の理由として、既に(a)(b)(c)に分けて引用した部分の(c)にも同じ問題があることにも注意せよ）。そこには

「ＮＴＴは昨〔一九九九（平成一一）〕年七月、持株会社の下に再編され一年が経過したばかりであり、現時点では持株会社形態

による再編成の評価は難しい面があるが、現状においては、必ずしも地域通信の競争進展や、ＮＴＴグループ各社間の相互競争による市場の活性化といった効果が出現しているとは言い難い状況にある。」

――とある。この同頁（イ③）の指摘は、平成一二（二〇〇〇）年三月の規制緩和三ケ年計画云々について、数パラグラフ前に太字で示した競争の実態把握と、既にしてズレている。メタル回線の「地域」ばかりに執着して、ＩＴ「革命」の本旨とズレた発想に終始するからこうなるのだ。

だが、もっと『許し難い』ことがある。ＮＴＴ再編成への流れの中で主として論議されていたのは、長距離会社と（東西）地域会社との分離による公正競争条件確保と、ＮＴＴ東日本・西日本の地域会社相互のいわゆる「ヤードスティック競争」（後述）による「間接競争」の推進、だけだったはずである。それなのに「グループ各社間の」とそれを言い換え、「直接競争」までそこで直ちに意図されていたかの如き〝歴史の改竄《かいざん》〟が、素知らぬ顔でなされている（同・二七頁の⑥に即して更に後述する）。「当時のことはもう忘れました」とでも言うのか。身を挺して、下らぬ〝ＮＴＴ分割論〟と戦っていた私としては、断じて許し難いゴマカシである。彼等としては、自分達は行革委等と同じことを前から考え、行動して来ていた、と言いたいのであろうが、事実は事実として、当時の担当者達に会って、確認すべきである。右の点は、明確な誤りである！（詳細については本書二2で、再度論ずる。）

さて、電通審・前掲二三頁に戻る。それ以降のこの頁は、「持株会社」化により「グループ全体としての市場支配力が強化され」た云々の「指摘もある」とか、本来の「グループ経営」のあり方（??）に反し、持株会社体制では「グループ内企業で競争する強いインセンティブが働」かない、等の「指摘もある」、などとする。

そもそも（純粋）持株会社解禁の際の議論と、右の「指摘」が、根本的なところでズレている点に注意すべきである。

一般に「純粋持株会社が行う事業」としては、「個別の子会社の管理」、「子会社のためのサービス」の提供（「資金調達」を含む！）、「グループ全体の管理」の三つ、とされる（江頭憲治郎「企業組織の一形態としての持株会社」資本市場法制研究会報告・持株会社の法的諸問題〔一九九五年・資本市場研究会〕一六頁）。そもそも、『グループ内で〝内ゲバ〟をさせる』ことが「グループ経営」の「本来」だなどと、一体企業経営の現場で、誰が考えているのか。持株会社がトップにあろうとなかろうと、一般の企業グループの経営の基本に反するであろうことが、『ＮＴＴ叩き』の目的の下、〝為にする議論〟として、誠に非常識な形でなされている。それに頬被りするのが『公正競争』という、実は内容不明に近いプラカード（後述）なのである。

もっとも、電通審・前掲二四頁は、「ＮＴＴの完全資本分離型再編成」につき、その旨の答申を出した後、「インターネットや携帯電話の急激な普及」等の大きな変化があり、それゆえ「完全資本分離が唯一」とするには「時期尚早」とする。

その際、珍しくＲ＆Ｄに言及している。即ち、同頁には、「特に、研究機関の帰趨如何によってはＮＴＴグループの研究開発力の低下を招くおそれがないか検討が必要」だ、とある。けれども、この答申がＲ＆Ｄについて、後述の如く最後に、おまけのように論じたところでは、ＮＴＴの技術力なんて……、といった展開となる。そもそも論理の一貫性など求め得ないのが、この計八一頁の第一次答申なのだが、先にゆく。

なお、同・二四頁では、種々の手（公取委から「待った」をかけられているドミナント規制を含む）を打ってダメなら「**完全資本分離を含むNTTグループの経営形態の抜本的見直しに着手する**」とし、後述の〝**脅しの論理**〟の頭出しをする。

＊　AT&Tのいわゆる分割とその後

だが、同頁下段には「**諸外国のメガキャリアにおける新たな再編成計画**」のまとめとして、「①AT&T再編成」・「②ワールドコムの再編成」・「③BTの再編成」とある。BTなどは二〇〇一年夏に持株会社を新設するとあるが、AT&Tの「四部門に経営を分離する……計画」も、**企業としての自主的決定**であり、ワールドコムも同じである。しかるに、NTTについては、同じ頁の上段で「規制」でぶったぎる、とある。その間の〝落差〟については、何の説明もない。杜撰である。

NTT分割論議（本書二2）のときもそうだったが、AT&Tが「分割」――そう表現するのは誤りに近い（石黒・前掲通商摩擦と日本の進路三六一頁を見よ！）――されたのだから日本のNTTも、といった〝アメリカの後追い症候群〟が、いまだに残っている。AT&Tがグループ経営から完全経営分離に走ったから日本のNTT「グループ」も……、と漠然と考えている輩が、実に多いのだ。そのアメリカは、一九九五年一〇月一二日のFCC（連邦通信委員会）の決定でAT&Tを「非ドミナント」化している（FCC Report No. CC 95－60）。まさに、WTO設立後の、基本テレコム交渉の最中の出来事であり、既述の「レファレンス・ペーパー」との関係でも、アメリカは、AT&Tは「メジャー・サプライア」にはなるまい、などと発言していた（石黒・前掲世界情報通信基盤の構築一三七頁を見よ！）。

AT&Tの二〇〇〇年一〇月の〝**四部門経営分離**〟も、同（平成一二）年九月五日の日本経済新聞に『AT&T――名門再生に試練』（「手間取るCATV事業」・「本業の通信〔は〕成長力不足」・「アームストロング会長、身内からも批判、岐路に立つ」）の報道にある通りの状況で（アメリカの報道としても、例えば同年八月一四日付のAWSJを見よ。見出しは、"AT&T Struggles In Giant Sector: Business Service ―― Slow Growth, Except in Debt, Marks Armstrong's Reign" とある）、全くの苦肉の策として打ち出されたものであることは、誰でも知っているはずである。**そうした背景にまで十分踏み込んで検討した上で出すのが答申と言うものであろう。**私は、この第一次答申のあまりのレベルの低さに呆れつつ、筆を進めているのである。

g　NTTグループ内での〝内ゲバ〟の促進？

さて、電通審・前掲二五頁は、「**IT革命推進のためにNTTが果たすべき役割**」である。この頁の③に、「NTTグループ各社が……『インターネットの時代』の枠組みに適応した『IT企業』に進化することが望まれる」、とある。あたかも、NTTは「『電話の時代』の枠組み」にとどまっているかの如き、〝**実に無礼な書き方**〟である。本書三、そしてその頭出しとして既に断片的ながら示して来たIPv6・WDM・AWA等々におけるNTTの、まさに世界を牽引する活発な動きは、だったら何なのか。NTT（とくに東・西日本）を〝メタル〟の世界に閉じ込めようとしてIT化への流れ

に逆行することに専心して来たのは、当の（旧）郵政省であろうが!!——その張本人が何を抜かすか、と書きながら私は、猛烈に怒っているのだ（だから、モーツァルトのレクイエムにチェンジした。ヨッフムの教会での録音である）。

この頁の①は、ＮＴＴグループが「連結ベースで今や七七社の運営会社により構成され」ており、ＮＴＴコム社が「地域」へも参入可能「になる」と共に、「東・西ＮＴＴも相互に相手エリアへの参入が制度的に可能になった」、とある。**東・西NTTの手足を縛り、「ヤードスティック競争」にいまだにスティック（固執）する姿勢が顕著である。そして、NTT東日本・西日本については、後述の如く〝インターネット・サービス〟への進出にも「待った」をかけるのが、この答申である。**

「お前は悪魔か！」と言いたくなる。少なくとも、この頁においてもまた、偽善者ぶる彼等の姿勢が、非常に醜いものとして私には映る。『鏡で自らの顔をじっと見よ！』と忠告したい。

同頁②は、御題目的に、「ＮＴＴグループは……において牽引役の一角となることが期待されている」とある。だが、彼等の言いたいことは、同頁④にある。「ＮＴＴグループ各社の経営向上は……厳しい競争によって初めて達成されるものであり、ＮＴＴグループのすべての事業領域において公正な（「自由な」の誤りではないか、とさえ言いたくなる）競争が実現される環境を整備することに加え、ＮＴＴグループの各社が徹底的な競争にさらされることが必要」、とある。**要するに〝グループ内での内ゲバ〟により〝経営向上〟に至る、ということで、しかも、⑤では、そのことが「我が国の国際競争力の強化に大きく寄与する」とある。**

「公正」の語が妙なのは措くとしても、だったらトヨタでも日立でも何でもよいから、「グループ内での内ゲバで経営向上が可能か」、と尋ねてみることだ。**グループが一丸となって、初めて厳しいグローバル競争に勝ち残れるかどうか、各社（グループ）とも、その瀬戸際にあるはずである。**よほど〝内ゲバ〟が好きらしい彼等は、昭和四四年東大入試中止の被害者たる我々（クラスの一名は自殺、もう一人は浅間山荘の手前で他殺、等々）の前途に不当なる壁を築いた彼等と、同じ〝神経回路〟を有しているのか、とまで疑われる。いずれにしろ、この④⑤は、全く実証性がないし、単なる彼等の〝思い込み〟であり、下らぬ。

同答申・二六―二九頁は、**「東・西NTTの在り方」**である。「一人あたり売上高」が低く、「高コスト構造の解消」が必要だ、とまずある。**かつてのNTT分割のときにも、「一人あたりの売上高」が問題になり、郵政省の某研究会で、私は当時の同省の面々に食ってかかった。保守・管理要員や標準化に専念する人々を多く抱えていること等を無視して、収益を単純に頭割りして云々、といった安直な議論が横行していたからである。**今はＮＴＴ－ＭＥの存在等が別にあるが、思い出したから書いたまでである。同・二六頁は、右を受けて東・西ＮＴＴの「人員削減」策は「評価すべき」だが「しかしながら」、として、**またしても許し難いことが書いてあるのである。**

即ち、同・二六―二七頁の③では、「しかしながら、……事業者接続料の引き下げ」等々により、「電話収入に依存する東・西ＮＴＴの収益に大きな影響が及ぶことが十分に予想される」、と来る。だったら、**旧郵政省のA（天野）局長は、〝NTTの接続料金に関する日米摩擦〟に際し、自民党側と合意した最終妥協案を、なぜ交渉当初に出したのか。拙劣な交渉、というよりも、私は別な意図を感ずる。**

＊　二〇〇〇年春の事業法改正時の衆参両院『附帯決議』

自民党との関係だけではない。平成一二（二〇〇〇）年四月、五月の、『電気通信事業法の一部を改正する法律案』に対する衆参両院の『附帯決議』（衆議院は同年四月二六日〔公衆電気通信法等々制定時の衆議院電気通信委員長だったところの、私の祖父関内正一の命日――石黒・前掲超高速通信ネットワーク二一七頁以下を見よ〕、参議院は同年五月一一日）から、以下に引用する。

《衆議院側附帯決議》

「政府は、本法施行に当たり、次の各項の実施に努めるべきである。

一　長期増分費用方式の導入に際しては、ユニバーサル・サービスの確保及び東・西NTTの経営・利用者料金に悪影響を及ぼすことがないことに留意し、効率的な投下コストの適正な回収が図られるよう、モデルの選択、適用、実施を慎重に行うこと。

一　長期増分費用方式は、諸外国においても一部において導入されているに過ぎない方式であり、この規制方式自体の有効性については、今後十分な検証を行い、必要な見直しを行うこと。

一　移動体・インターネットの急速な普及等の市場構造の変化と地域通信市場での競争が急速に進展する中で、東・西NTTが自主的に日本のIT革命の推進に貢献できるように、事業範囲・サービス規制の在り方について早期に検討すること。

一　移動体・インターネットの急速な普及、CATV、NCCの急速な市場参入、放送のディジタル化等、マルチメディア化の進展に伴い、市場構造の変化が進む中で、ユニバーサル・サービスの在り方が問われており、具体的な検討を行うこと。

一　東・西NTTが、ユーザー向け料金の引下げを図るよう経営努力するとともに、東・西NTTに接続する事業者が事業者間接続料の引下げをユーザ向け料金の引下げに還元するよう促進すること。

一　インターネット時代に的確に対応できるよう、東・西NTTの定額料金制サービスの低廉な料金でのエリア拡大を促進すること。」（以下2項目は略。）

《参議院側附帯決議》

「政府は、本法の施行に当たり、次の事項の実現に向け万全を期すべきである。

一、長期増分費用方式の導入に際しては、ユニバーサル・サービスの確保及び東・西NTTの経営・利用者料金に悪影響を及ぼさないよう留意し、効率的な投下コストの確実な回収が図られるよう、モデルの選択、適用、実施を慎重に行うこと。

二、長期増分費用方式は、諸外国においても実施例の少ない方式であることから、この規制方式自体の有効性については、今後十分な検証を行い、必要な見直しを行うこと。

三、移動体・インターネットの急速な普及等の市場構造の変化と地域通信市場での競争が急速に進展する中で、東・西NTTが自主的に日本のIT革命の推進に貢献するために、公正競争の確保に配意しつつ、財務基盤の確立並びに迅速かつ柔軟なサービス展開及び事業運営をできるよう、事業範囲・サービス規制の在り方について早期に検討を行うこと。

四、移動体・インターネットの急速な普及、ＣＡＴＶ、ＮＣＣの急速な市場参入、放送のデジタル化等、マルチメディア化の進展に伴い、市場構造の変化が進む中で、ユニバーサル・サービスの在り方が問われており、具体的な検討を早急に行うこと。

五、東・西ＮＴＴが、ユーザ向け料金の引下げを図るよう経営努力を行うとともに、**東・西ＮＴＴに接続する事業者が事業者間接続料の引下げをユーザ向け料金の引下げに還元するよう促進すること。**

六、インターネット時代に的確に対応できるよう、東・西ＮＴＴの定額料金制サービスの普及拡大及び光ファイバを活用した高**速広帯域サービスの開発普及に努めるとともに、光ファイバアクセス網については指定電気通信設備規制の在り方について検討を行うこと。**

七、移動体・インターネットの急速な普及、地域通信市場での競争の進展、Ｍ＆Ａを中心としたグローバル競争の本格化等の市場構造の抜本的変化を踏まえて、**我が国事業者の国際競争力を強化、向上する方策について早急に検討を行うこと。」**（八・九は略。）

衆参両院で多少のニュアンスの差はあるが、**「長期増分費用方式」それ自体の当否が、**それぞれの二番目の項目で問われていること、それぞれの一番目の項目で、**東・西ＮＴＴの経営への悪影響**に留意せよ、とある点、それぞれの三番目の項目で東・西ＮＴＴがＩＴ革命推進に貢献できるよう努めよ、とある点等が関係する。**アメリカの要求への旧郵政省側の腰砕け**（自作自演？）**的妥協で、すべてが狂ってしまったのである。**なお、参議院側の「六」に、「光ファイバアクセス網については指定電気通信設備規制の在り方について検討を行うこと」とあるが、**単なるメタルの延長で光ファイバーをとらえるのみとなっている点**（既述）**も、『検討した結果こうなりました』と舌を出すやり方によって、実質無視された訳である。**

私が言いたいのは、電通審・前掲二六―二七頁の③で、旧郵政省が、自分のやったこと（とくに、**日米接続料金摩擦!!**）**について、何ら「ゴメンナサイ」と謝ることもなく、他人事のように言及し、同・二七頁で、ＮＴＴ東日本・西日本に対し、「従って……新たな経営環境を踏まえた……経営改善……に早急に取り組」め、などと述べていることが、いかに無責任かつ許し難いことか、である**（同・二七頁には「国民の理解を得るため」がんばれ、ともある。「国民」はだませても、私はだまされない！）。

ところで、同・二七頁の⑥では、「東・西ＮＴＴの併合」（合併）論に対して、「東・西間のヤードスティック競争（比較競争）の促進や将来的な直接競争の可能性」ゆえに不可、とされている。再編成時点の大前提を動かさぬ、ということだが、**右において、東・西ＮＴＴ間の「直接競争」は「将来的な」ものとされている。その通り。かのＮＴＴ再編成に際しては「ヤードスティック」云々による「間接競争」のみが東・西地域会社間で想定されていたこと**（同・二三頁の「イ③」に関連して既述――本書二２で更に詳述する）**が、ここで〝自白〟されていることに、注意すべきである。**

さて、同・二七―二八頁の「公正競争の確保」に移る。東・西ＮＴＴに対する種々のクレイムのあること（「……という指摘がある」**の連続！**）から、**支配的事業者規制等の既述の諸点**（**接続ルールの見直し**（既述）も含む）をやるのだ、とあるのみ。

h　NTT東・西の業務範囲

さあ、そこから先が、ちと面白い。同・二八―二九頁の「東・西NTTの業務範囲」である。既述の平成一二（二〇〇〇）年事業法改正に伴う**衆参両院での附帯決議**の、各三番目の項目（参議院のものには「公正競争の確保に配意しつつ」と付加されているが、その代わり六の項目がある。前記引用部分で確認せよ！）で、「東・西NTTが自主的に日本のIT革命の推進に貢献」できるよう、「事業範囲・サービス規制の在り方について早期に検討」せよ、とあった。「それなのに！」――といった展開になっているのである。

ちなみに、何度かこれまでにも言及した**公取委の『政府規制等と競争政策に関する研究会報告書』**（平成一三（二〇〇一）年一月一〇日）五頁以下には、「新規参入を保証する仕組み」として、「ネットワークの開放」と共に「**代替的ネットワーク構築の促進**」策があるとされ、後者の「障害となる要因」（同・六頁。なお、**IT基本法七条**に、「規制の見直し等高度情報通信ネットワーク社会の形成を阻害する要因の解消」云々とあることを、再度想起せよ！）の例として、次の指摘がある。即ち、「NTT地域会社の加入者回線網の有力な代替ネットワークとしての可能性」を有するCATVネットワークにつき、ほかならぬ**旧郵政省の「規制」がそれを阻害**している、とあるのである。

ところが、電通審・前掲二八頁は、そんな公取委の指摘（そしてIT基本法七条！）など頭から無視し、「東・西NTT」の「ボトルネック独占による弊害を取り除くことが困難」ゆえに右両社の「業務範囲を県内通信に限定」した現行法の線を、あくまで守ろうとし、その上で、再度、〝**悪魔のささやき**〟をするにとどまる。断じて許し難い。しかも――

「NTT再編成の結果として、高コスト部分が東・西NTTに集中し、インターネットアクセス料金や接続料が高いなどの問題が生じているとの指摘がある。」（同頁）

――とある。右の指摘の前半は、あんた達（旧郵政省）がこだわってやったことだろうが、と言いたい。誰かの指摘、ということで、またも責任逃れ、か。卑怯だろうが！

同頁の③では、「県内」オンリーゆえ〝インターネット〟（そこには県も国もない!!）対応上「限界が生じつつある」とされ、この業務範囲は「見直されることが必要」だ、とある。だが、そこには条件があり、「公正競争が確保され、地域通信市場における競争が進展することに伴い、見直されることが……」、なのである。

この条件が、後述の〝**脅しの論理**〟と直結するのだが、同・一八頁には、**怖ろしい程の現行法死守の姿勢**が示されているから、笑ってしまう。即ち、右の如く言いつつ、同頁⑤では「しかしながら」と来る。「県内」オンリーの規制への違反は「**罰則**」つきで、「公正競争」確保上重要ゆえ、「単純な業務範囲の制限撤廃は、公正競争を著しく阻害する」云々、とある。

トートロジーそのもの。さすがに気になったのか、同・二八―二九頁の⑥でアメリカでこれこれだったことを「想起する必要がある」などとする。だが、**ここは日本である**。公取委の既述の指摘やIT基本法七条を、どう考えるのか（同法七条に「公正な競争の促進」とあるからいいんだ、とでも言うつもりなのか。同条には「規制の見直し」の語が次に続いていることを忘れるなかれ）。

かくて、**「罰則」つきゆえ軽々に「業務範囲見直し」はまかりならぬ**とし、後述のインセンティブ規制等がちらつく同・二九頁の⑧以下では、更にダメ押し的に、次の如くある。即ち、「ＮＴＴ東日本の子会社である**ＮＴＴ－ＭＥ**」等が「インターネット接続サービス等のＩＳＰ事業を展開していることは、子会社を通じた東ＮＴＴによる事実上の業務範囲の拡大であり、**脱法的行為ではないか**との指摘がある」、と。そして、この点についてのＮＴＴ側の主張は十分ではないとして、「東・西ＮＴＴが子会社を通じれば自由に業務範囲を拡大できるものではない」、と断定する。

親子会社間のファイアー・ウォール（但し、人員流動まで縛るのはナンセンス）がそれなりにあればよい、というのが彼等のいつものやり方のはずだ、と私は思うし、**現行法がこうだから駄目だ、と言うのみでＩＴ基本法七条（基本理念を示した条項の一つ！）との関係が十分か。むしろ、説明責任は、旧郵政省の側にある、と言うべきである。**

それにもう一つ。私は、**旧郵政省の簡保・郵貯の資金自主運用問題**に、けっこうタッチして来た。細かくは言わぬが、旧郵政省は、自分では〝国の資金〟ゆえに規制がかかるところを、傘下の別団体に資金をおろし、そこを通じて、けっこう危ないことをやって来ていたはずである。**「自国の核爆弾はクリーンだが、お前のは汚ない」の論理なのか。**

少くとも、電通審・前掲二九頁の既述の指摘の中には、ＩＴ革命云々、といった新しい次元での発想はない。**〝囚人〟を縛りつづける、あのサディスティックな発想があるのみ。それを「公正競争」で美化しようとしても無駄である。**

「公正」とは何なのか。そう問うならば、再度、石黒・前掲法と経済三八頁以下、一二九頁以下、一六一頁以下、そして**「『智頭のひまわり』とその意義」**にも言及した二一七頁以下、更に二一五頁以下をも見よ。お前のものは信用ならん、と言うならば、**井上達夫「公正競争とは何か――法哲学的試論」**金子晃＝根岸哲＝佐藤徳太郎監修（フェアネス研究会編）・企業とフェアネス――公正と競争の原理（二〇〇〇年・信山社）三―三二頁を見よ。それでも分からねば出てゆけ。そう言いたい。

i　ＮＴＴコム社・ＮＴＴドコモ等の扱い

電通審・前掲三〇―三一頁は、「ＮＴＴコム、ＮＴＴドコモ等の事業会社の在り方」、である。ＮＴＴコム社については、「ファイアウォール」の点と共に、「持株会社によって事実上受けている業務範囲の制約を取り除き、地域通信市場へ積極的に参入」せよ、とある。**〝内ゲバへのお誘い〟**である。他方、同・三〇頁には、持株会社に資金調達を依存していることが「グループ内の相互補助に相当するとの批判があり、これを改め」ろ、とある。

誰かが批判ないし指摘をしているから、それに従って動け――といった論理が、何とこの答申の基調をなしていること(!!)は、これまでにも示した。**『主体性がない』答申なのである。**

だが、江頭・前掲（資本市場研究会から出された『持株会社の法的諸問題』）一六頁に即して既に示したように、持株会社が「子会社のための資金調達」をすることは「通常」そうなっていることなのであって、これを云々するのは、誠におかしい。電通審・前掲三〇頁の②は、これを「グループ内の相互補助」とする「批判があ」るから「改め」ろ、とするが、**ここにもテレコムの世界で多くの誤りの見られる一つの重要な問題がある。「反競争的な」内部相互補助のみが問題なはずであり**（石黒・前掲法と経済一〇一頁以下、及びそこに所掲のものを見よ）、**短絡は許されない。**

同頁には、「東・西NTTと一人株主たる持株会社を通じて」、NTTコム社は「実質的に一体」ゆえ「様々な公正競争上の問題」があるから「払拭」せよ、とある。「様々な……」などと言わず、一つ一つ実証的に例を示せ。やり方・言い方が、ものすごく汚ない。汚ならしい。要するに、NTTコム社に「地域通信市場」に入れ、入れと誘うための枕詞のつもりなのだろうが、書いていて、いやになる。しかも、同・三一頁では、コム社への「持株会社の出資比率を低下させ」ろ、とある。

同・三一頁は、「**NTTドコモ**等の位置付け」である。例の如く、ドコモへの出資比率を下げろ、との「指摘がある」、と来る。ドコモを「東・西NTTの有力な競争相手とする」ことが「望まし」い、とある。実態が既にそうなっていることは周知の事実。NTT東日本・西日本の収益が、かなりドコモに食われていることは、皆知っているはずなのに、これからそう導くような書き振りは何だ。『メタル回線ばかりに目が釘づけになっているから、現実が、そしてIT革命への正しい道筋が、彼等には見えないのだ！』――私はそう叫びたい。

もはや、同・三二―三四頁の「持株による子会社株式の売却を巡る諸問題」に移る。同・三二頁の最初の項目は「NTTドコモ・NTTコムの持株比率低下の意義」であるが、『笑っちまうぜ！』的な『**自白**』があるから、やはり笑ってしまう。少しは楽しみがなければ、本書二のような馬鹿馬鹿しい検討対象を、扱ってはいられない。

『笑える』のは、右の意義の①(a)として――

「NTTドコモ・NTTコムが県内／県間、有線／無線といった、**人為的な事業領域区分にとらわれず自由な事業展開ができるよう**になり……」

――とある点である。しかも、『人為的』云々の語は、同・三五頁以下の「NTTグループ内事業会社のダイナミックな事業展開」の項の中でも、同・三六頁で――

「事業会社相互間のダイナミックな競争が生じれば、**人為的な各社間の事業領域等の調整**は不要となるばかりでなく、こうした調整はかえって市場原理の発揮の妨げになるおそれがある〔!!〕」

――とある。すべて〝**脅しの論理**〟を背景にした指摘だが、同・三六頁の指摘は、ドコモやコム社についてのみのものではない。『自白』である。**本当に『人為的』で、自由競争を阻害するサド・マゾ的規制なのである。NTT東・西を「県内通信」に閉じ込め**、「罰則」つきゆえ「子会社」を通じてもダメだとする、既述の同・二八―二九頁の現行規制もまた、**『人為的』で競争阻害の「おそれ」があるはずである**。なのに、この答申は、「おそれ」のみで支配的事業者規制を、既述の如く更に「導入」しようとし、公取委からも、既述の如く若干不興を買っているのである。『お前、腰が坐ってないぞ！　書き直せ』と、これが学生の書いたものなら、教師の端くれとして、言いたくなる。

ところで、なぜNTTグループ内の〝内ゲバ〟が活発化すれば「市場の活性化が図られる」（電通審・前掲三二頁）のか。透明な行政の看板をかけるならば、そこまで言って欲しいものである。『政府（規制）の失敗』の〝恥の上塗り〟たるこの答申ではあるが、『市場の失敗』への危惧は、どこにも示されていない。分配の公正（公平）さへの視点の欠如（後述のユニバーサル・サービス論で露呈される！）もある、等々。

何ら実証性を持たないこの答申（原案）に対し、同・三二頁によれば、NTT側から、次のクレイムがついた、とある。即ち――

「NTTからは、(a)グループ運営による積極的な国際展開の推進と国際競争力の強化、(b)現行配当水準維持、(c)グループ内人員流動の円滑化、等の観点から、NTTドコモの持株比率を五一％以上に維持するとともに、NTTコム株式を当面一〇〇％保有することが必要であり、資本関係を弱めても設備ベースでの地域電話市場の競争促進につながらないとの意見が出されている。」

――と。かかる簡単なまとめ方の当否（後述）はともかく、〝地域ボトルネック〟があるなら、〝設備ベース〟で代替ネットワークを築く道もある、との点は、二〇〇一（平成一三）年一月の公取委の前記報告書にもある点であり、この点は何度も批判した。

ところが、電通審・前掲三二頁は、右の如くNTTの意見をまとめたのみで、それには何もコメントせず、すぐ、次の「国際競争力の強化の問題」に、移ってしまっている。NTTの言うことなど、聞く耳持たぬ、のスタンスである。

それでは、NTT側は、この答申（原案）について、一体どう反論していたのであろうか。NTTから出された平成一二（二〇〇〇）年一二月一四日付の「NTTの考え方」から、若干の点を、引用しておこう（その項目4からの引用である）。

「4．……答申は、全体としては、国内の電話市場における競争促進の観点から、NTTグループに対する規制強化の色彩が強い内容であり、①IT革命の推進に貢献するためのNTT東西の自立化、②国際競争力の強化等の喫緊の課題に十分応えていないと考えておりますが、個々の答申内容についてのNTTの考え方は、以下のとおりであります。

(1)　NTTグループの資本関係の維持は、グループ運営による国際競争力の強化、現行配当水準の維持、NTT東西の経営効率化のための円滑なグループ内人員流動実施等のために必要なものであり、株主利益の観点から、経営の自主的判断で決定すべき事項であると考えております。

(2)　〔略。〕

(3)　IT革命の推進に向け、NTTは、光インフラは今後とも競争下で構築されるものであり、その投資インセンティブを損なわないよう、指定電気通信設備規制から除外し、自由競争原理に基づく他事業者と平等なルールとすることを要望しましたが、答申は、「地域通信市場＝全体としてNTT東西の独占」という前提に立ち、インターネット／電話、光／メタルという市場環境の差異を考慮した競争政策を示しておりません。

(4) 答申は、NTT東西の業務範囲規制について、一定の条件付きで緩和することを認めておりますが、電話からインターネットへの需要シフトが不可避である中で、NTT東西が財務基盤を確立し、IT革命の推進に貢献するためには、早急に業務範囲規制を緩和することが必要であると考えます。

また、**米国の地域電話会社でも認められており、既にNTT東西が実施している子会社を活用したインターネット関連分野での事業領域拡大**に新たな規制を課すことは、子会社を通じたNTT東西の事業の活性化・経営効率化を阻害することとなります。

(5) 長距離・移動体市場は既に十分競争が進展しており、ボトルネック性もないことから、諸外国で規制の例がない長距離事業者のコミュニケーションズはもとより、ドコモについても支配的事業者として非対称規制する必要はないと考えます。

また、**非対称規制により、国内市場での競争力が弱められる結果、市場普及率がキー・ファクターである世界レベルでのデファクト・スタンダード競争（i-モードなど）に勝ち残ることができなくなります。**

(6) 〔略。〕

私がこれまで書いて来たこと、そしてこの答申が「**国内**」しか見ていないことの**問題性**（!）も、そこに明確に示されている。このNTTの意見に、国際競争力の点がかなり重視されているために、電通審・前掲三二頁以下が、NTTの意見に何も答えず、「国際競争力の強化」云々の項にいきなり移ったようにも思われるが、そこには、そもそもおかしなことが、書かれている。

j 国際競争力の源泉？—R&Dの視点の欠落

まず、同・三二頁は、「**国際競争力の強化に必要な要素**」として、「(a)海外展開の前提となる財務体力、(b)機動的な海外展開を可能とする経営資源の調達力、(c)〔それらを〕有効に活用することができる経営力等」を挙げる。だが、何か抜けていないか。

同・三三頁は、「**国際競争力の源泉**」につき、「特に、NTTグループの場合には」として、例の〝内ゲバ〟論を示す。だが、何か抜けていないか。それが、本書三で詳論する『**技術**』の視点(!!)、である。「財務」とか「経営」のみで「国際競争力」、さらにはその「源泉」を論ずるのは、ピント外れもはなはだしい。この点は、本書三ですべて論ずる。

ところが、同・三三頁は、「NTT持株会社の経営上の問題（配当水準の維持）」の項で、妙な観点から『研究開発』の語に言及する。即ち、NTT持株会社が「研究開発部門を別とすれば……純粋持株会社」ゆえ云々、とある。**この答申が『研究開発』の重要性を直視していない(!!)**ことは後述するが、その先で、この答申が何を示しているかも、大きな問題である。

同頁は、NTT持株会社に対し、「東・西NTTの経営改善を図り、……配当収入への大宗をNTTコムに依存する体質から早急に脱却」せよ、と言う。NTT東・西をがんじがらめに縛り、NTT-MEを通じたISP進出等にもノーと言っておきながら、「東・西NTTの経営改善」をせよ、とは何事か。**こんな無責任な規制当局なら、もっと早く、自らの手で解体しておくべきだったと、真実私は悲しい（本書二3）。もっとも、その後の彼等の心変わりが原**

因ゆえ……、とは思う。

同・三三―三四頁は「人員流動」・「株主利益」ゆえ、略したいが、一点のみ。同・三四頁には、持株会社の子会社株売却による「収入」がうまく利用されれば「ＮＴＴ株価にはプラスに働くことが期待される」、とある。「**お前は易者か？**」と問いたい。明日どうなるかも分らぬ株式市場に対し、「責任をどう取るつもりか」を問いたい。下らぬ。

同・三六―三八頁は、「ＮＴＴグループ全体の在り方」である。その前の同・三五頁に「ＮＴＴグループの事業会社各社が……自主的な経営判断のもとにインターネット時代に対応したダイナミックな事業展開を行うことができるようになれば」云々、とある。またも〝内ゲバ〟前提の論である。『縛っているのはあんただよ』、と言いたい。

所詮、最初に結論ありきの審議会答申（**確信犯！**）だが、同・三六頁の「在り方」論の冒頭には、持株会社体制で「**一元的な研究開発体制**により国際競争力を強化できる」云々とある。だが、これも「……等のメリットが指摘されている」との、他人事の書き振りである。

ところが、次に、「他方、他事業者等からは」として、一連の〝不定愁訴〟が示される。「様々な反競争的行為が行われる温床となり得る」程度の、非実証的な、**『不公正貿易論』(!!)による対日批判**と似た程度のことである。

この流れで「研究開発面」への言及が、またしても「……という指摘もある」として、なされている。即ち、同・三頁には、コム社やドコモ等が「自らの経営判断に基づき……事業に必要な……研究開発拠出金を負担しているのであれば、必ずしも持株会社形態によるグループ運営が唯一不可欠」とは言えない、とある。『ＮＴＴの世界的・総合的な研究開発の現場と実績』など全く関心のない連中が、「公正競争」ゲームで遊ぶのは勝手だが、私にはこうした輩が、絶対に許せない存在として映る。

ともかく、この答申は持株会社体制を崩して〝内ゲバ〟をさせるために、「研究開発」につきこれこれの「指摘もある」、としているに過ぎない。同・三六―三七頁では、「さらに」とし、持株会社の支配を弱めれば「競争促進的」となる「との考え方もある」として、「従って」、と来る。**確信犯**だが、断固断罪に処すべき書き振りである。

同・三七頁は「ＮＴＴ法における諸規制の在り方」である。ポツンと「ＩＴ革命の推進に向けてＮＴＴの持てる人材、資源を有効に活用していく観点」からは云々、とあるが、「経営」や「財務」しか見ず、かつ、さんざん更なる手枷足枷をはめておいて「ＩＴ革命の推進」に言及するとは、言語道断なり。

ところが、それに続く同・一八頁が、更に頭に来る。「**商号の使用制限**」である。現状では、ＮＴＴグループ各社に「**ＮＴＴ**」の名**称使用**上の制限はないが、とした上で――

「『ＮＴＴ』という呼称が顧客に対するイメージ戦略として**強力なブランド効果**を有し、他の事業者を排除する効果があるとの指摘もあり、公正競争上の観点から引続き検討を行う必要がある。」

――とされている。**旧郵政省は、ここまで堕落してしまったか**、と**改めて嘆かれる。『証拠』を示そう。**

平成九（一九九七）年一二月に郵政省が出した『**日本電信電話株**

式会社の再編成に関する基本方針』に付随する『郵政省の考え方』（原案への意見に対する回答）の一三－一四頁である。そこには、再編成に伴い、「ＮＴＴブランド（又は統一ブランド）の使用など営業面での一体性を引き起こしうる行為は全て厳格に禁止すべきとする意見」に対し、「ロゴマーク、ＮＴＴブランド等の使用については、一般的な商取引の問題であると考える」、との毅然たる態度が（法的にはあたり前のことだが）示されていた。また、平成一一（一九九九）年四月二三日に郵政省が出した、ＮＴＴ側の再編成実施計画案に対する意見への回答としての、『郵政省の考え方』においても、その四一頁で、「ロゴの使用に関しては基本方針策定時の『郵政省の考え方』において示したとおり、一般的な商取引の問題と考える」、として一貫した姿勢が貫かれていた。

それがどうだ。ズルズルとアメリカの対日『不公正貿易論』的主張と同様の『公正競争論的不定愁訴』に引きずられ、一年八か月後には「検討を行う必要がある」（電通審・前掲三八頁）、となってしまった。どこまでこの先堕落するのだろうと、もはや（！）他人事ながら、哀れに思う。だが、断じて許せない。

k　インセンティブ規制？

さあ、次が同・三九－四二頁、そして同・四三－四七頁まで続く『インセンティブ規制』（「インセンティブ活用型競争促進方策」）である。

あらかじめ一言しておこう。経団連も、たまにはまともなことを言うものである。既に引用した二〇〇〇（平成一二）年一一月三日の経団連情報通信委員会『電気通信審議会ＩＴ競争政策特別部会第一次答申草案への意見』の七頁には――

「ＮＴＴへのインセンティブ規制――草案では、ＮＴＴへのインセンティブ規制の導入が提案されているが、行政の恣意的裁量に委ねられるおそれがあり、公正競争条件のあり方や透明性確保のための方策を含め、掘り下げた検討が必要である。」

――とある。まさにその通り。「何がインセンティブか」、とさえ私は思う。これが、既に何度も示した〝脅しの論理〟を示した部分である。

かかる規制（以下、インセンティブ規制と略称）を設ける理由は、電通審・前掲三九頁の注33に、「インターネット関連分野等への業務範囲の拡大へのＮＴＴグループの取組み意欲を動機付け（インセンティブ）として競争促進を図ろうとする点」にある、と説明されている。同頁にあるように、「ＮＴＴグループとして講ずる自主的措置」を「自主的実施計画」として出させ、「行政がその実施状況をモニタリング」し、行政がＯＫと考えれば「東・西ＮＴＴの業務範囲規制等を緩和する」が、その「導入後二年経過後もなお十分な競争の進展」がないか、「または」、右の自主計画が不適切なら、二年経過を待たず「直ちに、完全資本分離を含むＮＴＴグループの経営形態の抜本的な見直しに着手する」、とある。

何故に、これが「インセンティブ」たり得るのか。「脅し」と「インセンティブ」は全く違う。蟻地獄に落ちてもがき苦しむ為の「自主計画」を出せと言い、それが不十分なら身体をバラバラにするぞ、といった〝恐怖政治〟そのものが「行政」の役割とは、これ如何に。「公正競争」の「公正」とは、つくづく怖い概念である。だから、法哲学の井上達夫教授の論文も読め、と書いたのである。

同・四〇頁では、これもアメリカの真似ですよ、との説明がある。

アメリカの一面しか見ていないことは、もう再説しない。**確信犯に**対しては無意味だから。だが、どこまでも攻撃は続ける。

同・四一－四二頁は、NTTグループへの規制の概要ゆえ略し、インセンティブ規制の「具体的内容」（同・四三－四四頁）を見る。

同・四三頁冒頭に、「東・西NTTの業務範囲規制が緩和されるための条件」云々、とある。自主計画に基づき「地域通信市場において競争が確実に進展すること」が必要、とある。私にとってはもう論じ飽きたところの、アメリカの『成果（結果）重視の貿易政策』そのまま、と言うべきである。**『日本市場で「アメリカ製の半導体や自動車（部品含む）」のシェアが一定％にならねば「通商法三〇一条」で報復だ』、といった月並な展開（但し、不当そのもの）と対比せよ。右の『　』の中で、「アメリカ製……」を「NCC」に、そして、「通商法三〇一条」を「（NTTの）完全資本分離」に置き換えよ。全く同じではないか、この構図は！**

そう言えば、**『自主的輸入拡大（VIE）』**（石黒・前掲通商摩擦と日本の進路六一頁以下を見よ）、というのもあった。アメリカが日本に対して強い圧力をかけ、日本が自主的にアメリカ側のシェア向上を『約束』するように持ってゆくというアレ、である。

（旧）郵政省がNTTに出させる「自主計画」も、「自主的」とは名ばかり。頭と胴体、手と足（更には指？）をバラバラにされたくなかったら出せ、という〝脅し〟そのものである。アメリカばかり見ているから、旧郵政省サイドまでが〝USTR的な洗脳〟を受ける。その結果であろう。

電通審・前掲四三頁は、自主的にNTTが出すはずの計画につき「以下のようなものが考えられる」として、(a)(b)(c)と挙げる。(a)は、例によって**メタル・オンリーの発想**で（その実、光も抱き合わせで）「地域網のオープン化」の徹底、(b)はコム社の市内参入、「東・西NTTの相互参入」（まだこんなことにこだわっている！）、ドコモ・コム社に対する『持株比率の低下等』の、**〝内ゲバ〟**に**「必要な措置」**、そして(c)で「接続料」等の「早期低廉化等につながる東・西NTTの経営効率化……措置」、とある。すべて、繰り返しに近い。書いていて、いやになる。

同頁で、それらの「NTTグループの措置により、地域通信市場（どうしてそこばかり、つまり「国内」ばかり見ているのか、バカ野郎、と心の中で私は叫んでいる。単に心の中だけで、である）において競争が確実に進展することが見込まれる場合には……」とある。

そうなれば、インターネット等を自由にやれるのかと思えば、さにあらず。またしても条件をつける執拗さよ。「お前達はUSTRの廻し者か」、と再び心の中でつぶやく。〝思考回路〟が全く同じだからである。**「公正」の語の悪魔的効果**、と言うべきである。

右の場合に更に付加される条件とは――

「東・西NTTの経営目的や本来事業に支障がない範囲であれば……」

「公正競争条件が確保される中で……」

――の二つであり、それらの条件の下で「インターネット関連サービスなど、今後成長性が見込まれる新事業領域への業務拡大が認められるべき」だ（同・四三頁）、とある。

注意すべきである。自らのシェアを、大きく、目に見える形でN

TT東・西が落としてからなら、条件付きで「今後成長性が見込まれる」分野をやらせる、ということである。成長性のありそうなところは、今のNTT東日本・西日本にはやらせない、と言っているのと同じである。そうでありながら、NTT東・西に『経営改善』を求めるこの答申は、全くの矛盾そのものではないか!!

しかも、右に引用した更なる条件の第一のものの中には、「東・西NTTの経営目的……に支障」云々とある。ちょっと待ってくれ。「経営目的」との関係まで郵政省（行政）が一々具体的にチェックして決めるのか。おかしいじゃないか、いかに特殊法人だとは言え、おかしいじゃないか（規制の実際を踏まえて「おかしい」と言っているのみ。実態が誠にひどいものであることは、半ば公知の事実である）。

この点につき、同・四三―四四頁は、「NTT及び経済界からは、NTTの経営内容に行政が直接介入する諸規制は早期に撤廃すべきとの要望」が出ているとし、それらを「弾力的」に「見直」す必要あり、と述べ、誠に卒然と――

「これにより、NTTの経営自由度を向上し、もって、来たるIT革命推進の原動力の一角を担い、我が国情報通信全体の発展のために寄与していくことが期待される。」（同・四四頁）

――と来る。〝**嘘の国会答弁**〟みたいである。〝内ゲバ〟で強くなるのはなぜか。説明せよ。――もう、何をか言わんや、の世界である。

ところで、**「インセンティブ」と銘打つ以上は〝飴〟が必要である。その飴が、NTTにとって全く飴になってないことに驚いたテレコム関係者は、極めて多い。**事実である。

一つ目の飴は、「放送業」への進出（四四、四五頁）、二つ目の飴は「製造業」への進出（同・四五頁）、である。全く意味のない飴を出して「これがインセンティブだから『蟻地獄』――というよりは芥川龍之介の『蜘蛛の糸』（だが、それではちと綺麗すぎるか？）――の世界に堕ちなさい」と言うとしたら、こんな非人間的な話はない。しかも、そこで「堕ちろ」と言われているNTTこそが、本書三で詳細に示すように、日本のみならず世界のITを、現に『技術』でどんどん牽引している事実があることを、再度言うが、彼等は、深く認識すべきである。「地域」・「メタル」の呪縛から彼等を解き放つ（と言うより〝引き剥がす〟）ことが、いわゆる日本型IT革命の出発点だと、深く認識すべきである。

さて、電通審・前掲四六―四七頁が、経団連の既述の正当な批判の重要なターゲットたる、**「競争進展の判断基準」**である。同・四六頁でも、「地域通信市場」・「グループ内の相互競争」――そればかりである。視野が狭過ぎるし、二年間の〝解体猶予期間〟中のいくつかの「時点」が示されるのみ。同頁の「行政判断の透明性」の「確保」のための「明確な基準」については、「他事業者からの〔NTTへの〕要望」が踏まえられているか、等々の「定性的な計画の充実度がより重視されるべきである」ともある。

口をもごもごさせているから、言ってあげよう。アメリカの対日通商政策のように、〝数十％シェア確保〟云々と、言ったらよいでしょうに、と。

こんな調子であいまいに書きつつ、**またも許し難い（信じ難い）**

ことが、同・四六頁に記されている。即ち――

「いずれの局面においても、東・西ＮＴＴの顧客獲得意欲、サービス改善意欲を削ぐことのないよう十分配慮することが求められる。」

一体、これは何だ。こんな〝綺麗事〟を、口先だけで言い、全く逆のことばかりをやる人間(達)を、私は絶対に許さない。再び、既に本書で書いた**『囚人』と『看守』**の、太字体で記した部分を、私は想起する。但し、『復讐するは神にあり』、である。ヨッフムのレクイエム(モーツァルト)で、ちょうど神父さんの御言葉が(教会録音ゆえ)入っていた。でも、神様に問いたい。本当に復讐してくれますか、と。その位、私は怒りまくっているのだ、今日はとくに！――何にせよ、同・四六頁の右引用部分は、一体何なんだ。偽善者ぶるのもいい加減にせよ、と言いたい。

もう、どうでもよいが、同・四七頁には、「競争の進展をシェアとして数的に把握することが必要になる場合には……」として、いくつか案らしきものが数行示されて、この部分は終わる。

同・四八頁は、この③の項目、つまり「3　ＮＴＴの在り方」の、「結語」である。「インターネットへの需要のシフトなど」からして「地域通信市場に」云々と、またしても「地域」(国内ローカル網)の話である。これまでの〝脅し〟の総まとめとして、「二年の経過期間を経ずに、資本の完全分離を含む」云々、とある。本当にさようなら。いろいろと御世話になりましたが、私の顔を見ただけでビクビクおびえてみせたＮ補佐を含め、もうあなた方の顔すら、私は一切見たくありません。

④　**1　ユニバーサルサービス――インターネット・移動電話を除外！**

さて、同・四九頁以下は「4　ユニバーサルサービスの確保」となる。だが、この点は、基本的には、本書二3⑵の「郵便」のそれと対比して論じた方がよい、と判断する。

だから、最低限の『馬鹿馬鹿しさ』のみにつき、ここで一言するにとどめる。

同・四九頁には「インターネットや移動電話の爆発的な普及」ゆえ、ユニバーサル・サービスについての「新しい視点」が必要、とある。そして、同・五〇頁に「デジタル・ディバイド解消の観点を含めて検討」する必要あり、とある。

ああそれなのに、それなのに。**同・五一頁の示す「ユニバーサルサービスの具体的範囲」は、一体何なのか。**そこには――

「ユニバーサルサービスの範囲……を拡大すれば地理的格差なくサービスを享受できる利用者が増加する一方、その提供コストも膨らむことから、必要最小限の範囲とする必要がある(!!)。」

――とある。

具体的には、同頁③で「(a)加入電話サービス(加入者回線アクセス及び市内通話サービスの他、特例料金が適用される離島通話サービス)、(b)公衆電話サービス」、そして「(c)緊急通報サービス(警察一一〇番、消防一一九番及び海上保安庁一一八番)が該当する」、とある。現状(同頁①)と同じじゃないか！　――何が「新しい視点」なものか。

これは、IT基本法の基本理念（本書一―1）を踏みにじるものである。この答申冒頭の「はじめに」の3におけるIT基本法への言及が、同法一七条のみだったことを想起せよ。同法三―九条の基本理念は、はじめから無視されていた、と考えざるを得ない。

同・五二頁は、「インターネット」はおろか「移動電話」も「ユニバーサルサービス」から外す理由を、以下の如く述べる。説得力があるのかどうか。その点も、IT基本法の〝基本理念〟から判断すべきところであろう。

「仮にインターネットアクセスをユニバーサルサービスとして位置付けようとした場合、一定の基準（通信速度等）を設けたとしても直ちに陳腐化してしまう可能性があり、かつ利用者ごとに求める基準も異なると考えられる。」

「移動電話については……固定電話と移動電話の代替性（固定電話から移動電話への移行）が顕在化しておらず〔!?――何言ってんの?〕、また、ユニバーサルサービスとして全国あまねく提供を確保することが困難である（宅内に利用が限定される固定電話と異なり、利用者が移動しながらどこでも利用するという特性がある）と考えられる。」

「したがって、インターネットアクセス、移動電話等のサービスについては、普及途上にあることから……ユニバーサルサービスとは位置付けられない。……」（以上、同・五二頁。）

かくて、それらは「近い将来」（いつのことやら……）に「次世代ユニバーサルサービス」となり得るのみのもの、とされる（同頁）。

何たる不見識か。IT基本法、そしてその前提となったIT戦略会議との関係をどう考えるのか、と誰でも思うはずである。

だが、それは彼等の関心外だった。「公正競争」の呪縛は、ここでは日本の国土の七割を占める中山間地に住む人々、そして様々なハンディキャップを負う人々に対し、とんでもない短刀をつきつけている。彼等は、NTTに対し〝国民の理解〟を得られるよう努力せよ云々としていたが（既述）、こんなことで全国民の理解が得られるとでも、彼等は思っているのか。

これから先（同・五四頁以下）のユニバーサル・サービスに関する問題は、既述の如く本書二―3(2)で、「郵便」の場合と対比しつつ、論ずる。

この答申は、とにかくひどい。この先においては、同・六七頁以下の「5 通信主権等の確保及びNTTにおける研究開発体制の在り方」以下を論じ、引き続き、もう一つの、実にあわてふためいて作成されたように思われるところの、平成一二（二〇〇〇）年一二月二五日の、郵政省の別な報告書について論ずる。

そこでは、〝『研究開発』&『IT革命』〟の自然な構図において、電通審第一次答申との実に醜い対比が可能ゆえ、（旧郵政省が、かくて、誠に見苦しく、かつ、極端な〝政策分裂〟の中に、その〝終焉〟を迎えたことが、そこで如実に示される――平成九〔一九九七〕年の〝行革・規制緩和の嵐〟の中で必死に私が支えた「郵政省」が、である!!）、次の部分の執筆は、私としても、それなりに楽しみである。

かくて、平成一三（二〇〇一）年一月二八日の日曜日、午前一〇時に這うようにして起きてから、一切休みなしに四〇〇字で五九枚

（あと一枚追加）を（も）書き終えた。今、午後九時二分。点検は、明日、まとめて行なうこととする。昨夜の雷が、私に何らかの力を与えてくれたようである。

まだまだ先は長いが、「すべて」を書く。それが、一研究者としての、そして一国民としての、私の責務である。いくら辛く馬鹿馬鹿しくとも、誰かが今やっておかねば、後世の人々に対して申訳が立たぬ。私が生き、考え、悩み、怒った全過程を活字にするのだ。たとえ、誰一人として読まなくともよい。と言っても、少くとも妻裕美子と、ごく少数の私の理解者は、きちんと読んでくれる。それだけで私は満足である。

＊　二月は採点・論文審査その他、いろいろとあり、また、シンガポールテレコム高度化調査の海外出張もある。執筆再開がいつになるか、不安はあるが、心身がもはや〝ボロボロのＮ乗〟（ボロボロもＮも1より大）ゆえ、休養をとらねば、とも思う。やはり、悶々。――同日夜一〇時三五分。今、明日の点検の前に、私の精神状態の安定の為に、ベートーベン（ジョージ・セル）の『論理性』に救いを求める私の横で、妻裕美子が、必死に手書き原稿の事前点検を、してくれている……（妻のチェックはもうすぐ終わるが〔同日午後一一時三五分〕、私自身が限界ゆえ作業打ち切りとし、その先の妻のチェックは明日してもらうこととした。これから〔結局、午後一一時五三分になってしまった〕我々二人は、ようやく夕食、そして風呂、である。私は朝からチョコレート二切れのみでがんばった……）。

＊　　＊

＊　自らの『限界をはるかに超えたストレス』を、更に自らの足で踏みにじるが如き、無謀なるこの二日間の、四〇〇字で計一二〇枚の執筆は、かくて終わった（〔私の〕点検は、それらをまとめて翌日午前一一時頃から。そして、同日午後二時八分終了）。

＊＊　私と妻の、二か月分まとめての校正（初校）終了、同年三月八日午後一時半。本書のもととなった原稿は既にあちこちにコピーして配布し、『国難』を訴えて来た。あと一週間が（最初の）勝負だ。すべて、私としてやれることは、やったつもりだ。それが決着したら、しばらくしてそれ以降の執筆を再開する（再校刷りが届いた四月三日朝、「魔の三月」に実質全面勝利したことが、確定的に明らかとなった！）。

＊《若干の脇道――ゴールドマン・サックス社のＮＴＴに対する投資評価》

ここまでで、右の電通審第一次答申（引き続き電通審・前掲、として示す）の項目4を終え、次に、R&Dに言及する項目5以降を扱うことになる。携帯電話やインターネット・アクセスを『ユニバーサル・サービス』の枠外に置き、どこまでもＮＴＴ東・西日本の『地域網』独占的状態の打破にこだわり、いわゆるボトルネック解消には代替ネットワーク敷設へのインセンティブを与える道もある、との公取委の既述の（二〇〇一〔平成一三〕年一月の）報告書の示す方向も無視して、ＮＴＴの弱体化と〝内ゲバ〟にこだわる。――この電通審・前掲の許し難い国民不在の、「国内」オンリーの「公正競争」論の醜さは、以下の項目でも、更に露呈される。

だが、単線的にその醜さを追うのは、何とも釈然としない。そこで、若干の脇道をする（本当は、〝脇道〟などではないが、この＊部分は本書八五頁にある、一行アケの「＊　　　＊」部分まで、延々と続くことを、あらかじめ断っておく。理由あっての脇道である）。

まず、次の指摘に注目して頂きたい。即ち――

「特に郵政省は官庁再編で監督権限剥奪の危機を避けるために、ＮＴＴへの規制強化・競争実現をデモンストレートする必要に迫られているようにも見受けられ」る。

――との指摘である。私も、全く同感である。そこ（あとで開示する）には――

「政治家・郵政省・学者・競合企業・米国政府〔!!〕を含めて、ＮＴＴには多様な圧力団体が存在し、各団体の声明が週に何回か新聞一面に載る傾向にある。このため、ＮＴＴは極度に追いつめられているかのような印象を抱き……」

――との指摘がまずあり、その上で、「特に郵政省は……」の前記の指摘となる。

実はこれは、『ゴールドマン・サックス・ジャパン』社の、『通信サービス』関連の『推奨リスト採用銘柄』（二〇〇〇年一二月一日レポート。アナリストは「安藤義夫＝土佐千穂子＝有沢敬太」の三氏）からの「引用」である。『日本電信電話（ＮＴＴ）（九四三二）――日本のブロードバンド・キャリアの旗手〔!!〕』と表紙にある。

そして、前記の二つに分けた引用は、ＮＴＴに関する投資家サイドの大きな期待〔!!〕に対する、「二つのリスクファクター」の第三たる、「規制環境」についての指摘（他の二つは「世界的通信株の下落」と「価格競争」）なのである（同レポート・一二―一三頁）。

詳細は同社のこのレポートを、是非とも直接御覧頂きたい（そのための「引用」である）。だが、その表紙に、同年一一月二八日のＮＴＴの終値（株価）は九四八、〇〇〇円だが、「目標株価」は「二〇〇万円」だとし、「ＮＴＴの推奨リスト採用銘柄（買い推奨）のレーティングを継続する」、とある。以下、四点にわたるその表紙における〝総括評価〟から、主として「引用」する（この種の外資系企業の投資判断の類には、後述の、かつてのＮＴＴ分割論議の際、分割すれば〔AT&Tのように〕株価は上がるだろう云々の、為にする議論が目立ち、頭に来ていた。だが、本書の基調とまさに合致する、至極まともな分析が、たまたま〔!?〕そこでなされていたので、それを「引用」するのである）。

「日本ではデータ通信への評価軸が欠落しており、爆発的成長寸前の魅力的事業を有するＮＴＴのブロードバンド・キャリア部門が過小評価されている。」（同・表紙の第一点。）

「ＮＴＴの魅力の第一は、ブロードバンド・キャリア戦略である。ＮＴＴの経営資源は、世界最高水準の光化率を誇る『ネットワーク』、ネットワークの分岐点に立つ『交換局』、世界的な『技術力』〔!!〕、全法人・個人をカバーする『顧客基盤』に集約され、これらを最大活用すること……こそが株式価値極大化の近道と言えよう」、とある（同前・第二点、及び同・一頁）。

それと全く逆行する電通審・前掲の『囚人への鞭打ち』の如き〝公正競争〟論と〝内ゲバ〟論。――それらと、誠に自然な、同社のかかる投資判断とを、冷静に対比せよ（「リスクファクター」の中に「米国政府」とあった点については、後に述べる）。

同社のＮＴＴへの期待に満ちた、同前・表紙の第三・第四の指摘は、それぞれ、次のようなものである。「ＮＴＴの魅力」の「第二は国際戦略」だとし、「ベリオの買収により国際インターネット相互接続の優先権を入手することとなり、ＮＴＴネットワークの価値は高まった。利用価値の高いネットワークを世界的に延長し、トラフィック・ジェネレーターであるデータセンターと組み合わせることで、ＮＴＴは世界的ブロードバンド・キャリア企業の仲間入りを目指す……」、とあるのが第三点。

そうなったら〝米国政府〟がどう対応するのか。それが一つのポイントとなり、本書で後述する。同社の同前・表紙の、「ＮＴＴの魅力」の「第三」は「モバイル戦略」である。「ドコモ」の「事業拡大」は「二つの方向性」でなされている、とある。まず「ｉモードの可能性の追求では、Ｊａｖａ投入に伴う課金機能、ダウンロード機能強化で『表示デバイス』からの脱却に期待がかかり、プラットフォーム化で、商取引や連携機器の拡大、そしてビジネス向け応用の進展」が期待されている。そして、「一方の世界化では、ｉモードを消費者向けプラットフォームの世界標準にすべく、海外投資を活発化している」、とある（同・一頁には、「ＮＴＴはインターネットに弱いとの誤解」に対し、「実は……〔ＮＴＴが〕『インターネットの隠れ王者』である点〔!!〕はあまり知られていない」、ともある。本書でも更にこの点を、詳細に示すつもりである）。

そのＮＴＴドコモまでを、寄ってたかって『規制』で抑えつけようとする『公正競争』論を、〝社会全体の視点〟に立って、一体我々はどう考えるべきなのか。――昨日の我々の結婚記念日に、後述（本書二1⑷）の〝規制改革委公開シンポ〟（二〇〇〇〔平成一二〕年一〇月一〇日）で共に戦った東大経済学部神野直彦教授から、『「希望の島」への改革――分権型社会をつくる』（二〇〇一年・ＮＨＫブックス）、とのタイトルの御高著を頂いた。最もベーシックなところで社会の基本的在り方を問う同書も、是非御覧頂きたいものである。

さて、同社のもう一つのレポートたる『通信サービス――テレコム・マンスリー　二〇〇一年・月――二〇〇一年の展望』（『オーバーウェート・二〇〇一年一月一二日――表紙の〝年〟の表示に一部ミスがある）を見てみよう。そこには、〝ＮＴＴ対ＮＣＣ各社〟の構図に対して、興味深い、別な角度からの指摘がある（三名のアナリストは、前記のものと同一）。まず、表紙が面白い。

「投資判断としては、ＮＴＴのＲＬ（推奨リスト採用銘柄）のレーティングを再度強調。新電電（ＫＤＤＩと日本テレコム）は、短期的には明るい見通しが想定できず、ＭＰ（アベレージパフォーマー）を継続したい。」

――とある。ここでは、同・一頁の最後のパラグラフから、「引用」をするにとどめる。

「日本に関しては、今後、注目材料には事欠かない。特に、既存キャリアは、ＮＴＴのＦＴＴＨ（Fiber to the Home）サービスの開始やＡＤＳＬの本格導入、ＮＴＴドコモも一月のＪａｖａサービスの開始等がある。また、ファンダメンタルズも堅調なため、〔投資家の〕センチメント次第……となる。……欧米でのセンチメントの好転が目先見込まれないなか、日本の既存通信キャリアがどの程度グローバルのトレンド・セッターになれるかが、株価反転の物差しとなると考えられよう。逆に、新電電は、業績のモメンタムが相対的に弱く、両者（既述——KDDIと日本テレコム）ともモバイル事業の見通しが決して明るくない（特にKDDI〔!!〕）ため、投資リスクは大きい。……」

——とある。だから一層NCC各社は『ドコモいじめ』、そして『NTTグループいじめ』に走るのである。公取委は、『支配的（ドミナント）事業者規制』は独禁法と整合的に、云々との立場だが、本書二5で後述するように、公取委のNTT（とくにドコモ）に対する従来の姿勢は、それ自体が問題であり、むしろはっきりと〝アメリカ寄り〟であった（公取委の『アメリカにほめられたい症候群』の問題である）。

ここで、アメリカを一層苛立たせたであろう、最近の『NTTの技術開発実績』の一端を、（本書三まで待ち切れぬから！）若干示し、その上で、〝アメリカの対NTT戦略〟を示す文書をサッと見た後に、電通審・前掲に戻ろう。

ちょうど日米間の〝NTT接続料金摩擦の屈辱的決着〟の頃の（！）、日刊工業新聞二〇〇〇（平成一二）年七月二五日付けの記事からの引用である。そんな下らぬ〝摩擦〟とは無関係に、NTTのR&Dは、更に着々と進んでいるのである（!!）。

＊「NTTが光コネクター——MU型で世界制覇狙う——
高性能と低コスト〔!!〕両立」（二〇〇〇年七月）

高速・大容量化する情報通信技術では光通信が今後のキーとなる。同分野で主導権を握ることは情報技術（IT）分野を大きくリードすることを意味する。……光コネクターは光ケーブル同士を接合するインターフェース部品で、大容量、高速化する光通信網を支える重要なインフラ技術だ。……光コネクターの……第二世代（SC）〔「九〇年代」〕……ではNTTが開発したSC型コネクターが世界市場で七〇%のシェアを獲得し、米国のST型に大きく差をつけ、世界標準としての地位を不動のものとしてきた。……NTTは第三世代の攻防に向け、MU型コネクターを投入し……ている。同コネクターは……SC型……に比べ三分の一と小さく、しかも性能や信頼性はSCと同程度ながら、コストでは三〇—四〇%減を達成し……一接続コストを一〇〇〇円以下にする技術を確立した。……すでに同コネクターの仕様は日本工業規格（JIS）、国際電気標準会議（IEC）、米国電気電子〔学会〕（IEEE）で規格化されており、世界標準化をリードした格好だ。……〔しかも〕NTT側は特許の開示を標準化機関に宣言〔reasonable terms and conditions での非差別的ライセンスに応ずる旨の宣言、のことである——私の専門ゆえ付記する〕。……エリクソン、ノキアなどもMU型コネクターの採用を決めた。……」

とかく、何の根拠もなしにNTTのR&Dの成果はコスト高ゆえ……、などと思い込む連中に対しては、単なる一例だが、と断った上で、右の記事に注目せよ、と言いたい。しかも、彼等の好きな『グローバル・スタンダード』との関係でも、〝NTTの技術は世界に通用しない〟などと、具体的根拠もなしによく言われるが、ごく一例に過ぎぬにせよ、一体どこを見てものを言っているか、と問いたい。再度この点を本書三で示すのが、楽しみである（本書三六八頁）。

＊アメリカの思惑――アメリカ外交問題評議会二〇〇〇年一〇月公表ペーパーを中心として

ところで、アメリカの世界覇権願望にとって〝目の上のたんこぶ〟的存在たるＮＴＴの世界的技術力に対して、アメリカはそれを、一体どう見ていたのか。もとより彼等が滅多に〝証拠〟を残すようなことはない。だが、一九九〇（平成二）年三月二六日の、いわゆる『日米構造協議問題学者会議』（於日本プレスセンター――小宮隆太郎先生と私が共同戦線を組んだ、私にとっての記念碑的会議である）において、『元ＵＳＴＲ次席代表』たる、かのアラン・ウルフ氏が提出したペーパー（シュテインという者との共著論文―― Allan Wm. Wolff & Michael H. Stein, "U.S.-Japanese Relations and the Rule of Law: The Nature of the Trade Conflict and the American Response"）には、次の如くあった。石黒・ボーダーレス社会への法的警鐘（一九九一年・中央経済社）二六七―二六八頁から引用するが、貴重な『証拠品』ゆえ、この際、原文も示しておく（貿易と関税一九九〇年六月号からの転載・収録であることを付記しておく）。

「Wolff/Stein ペーパー二一頁、二五～二七頁の論じ方には、十分注意する必要がある。

即ち、まず、二一頁では、一九七〇年代において、米国政府はＩＢＭ、ＡＴ&Ｔと独禁法（反トラスト法）に基づき争ったのに、それとは対照的に、日本政府は、その間にＩＢＭへの対抗策を、産業政策として行なった、とされる。そして、二六頁では、とくにＮＴＴ（電々公社）の研究所〔NTT's research labs〕の役割に注目し、二七頁では、日本のメジャー企業間の（ＮＴＴの研究所を中核とする）共同研究開発という反競争的行動に対して日本の公取委が何の行動もとらなかったことを問題視する。さらに、一九八五年の電気通信自由化の際にも、日本の国際競争力を弱めないポリシーがとられ、ＮＴＴの研究所が日本の産業発展に大きく寄与して来たことに対しては、何の措置もとられなかったとし〔**"[W]hen the Japanese telecommunications system was restructured [in 1985], the policy was implemented in a way which did not undercut Japanese international competitiveness; the activities of NTT's laboratories in support of Japanese industry were nct significantly affected."**〕、あたかもこれを問題視するかの如くである。

私[石黒]は、[かつての]ＮＴＴ分割論議において、分割によって最も利益を得るのは誰なのかを問題とし、かつ、米国がこの点につき何の圧力をも日本に対してかけて来ないはずはないと、前から主張して来た。Wolff/Stein ペーパー二八頁は、ＡＴ&Ｔの〝分割〟（ただし、"divestiture"、"breaking up" という語がそこでは用いられているが、一般には、"divestiture"、即ち、企業財務的用語としての〝不採算部門の切り捨て〟という語が、いわゆるＡＴＴの〝分割〟について用いられること、そしてその意味に再度注意せよ）が、ベル研究所の研究レベルを下げたにもかかわらず、いわゆるＡＴ&Ｔの〝分割〟（divestiture）は、米国の国際競争力とは無関係になされたことを強調する。

あたかも同じような形での、ＮＴＴ研究所の体質を弱める措置を、日本に暗に求めているようなニュアンスも、そこにはある。」

もう一一年近く前の会議だが、右は私のコメンテータとしての発言用ペーパーである。元ＵＳＴＲのアラン・ウルフ氏と言えば、日米の移動電話・フィルム摩擦でも登場する著名(?)人である。念のため、ここでは〔 〕の中に原文も引用しておいたが、ともかく彼は、うっかり〝本音〟を漏らしてしまった。そこに私が猛然と噛みついたのである。

彼が、NTTの「研究所」にターゲットを置いていたことに、十分注意すべきである。NTTの「経営」よりも、「技術」が、アメリカにとっての脅威なのである。アメリカ側が『NTTのドミナンス』と言うとき、『NTT研究所』の『技術』への、アメリカ側の脅威がそこに裏打ちされていること——それを彼等は必死に(?)隠そうとするが、その意味で、元USTRの彼が漏らした〝本音〟は、貴重なる『証拠』なのである。そこにおいて、『日本の国際競争力の源泉』として、『NTT研究所』が、明確に把握されていること〔!!〕に、最も注意すべきである。

ここで、アメリカ新政権の対日経済政策のあり方を論じた『アメリカ外交問題評議会』(座長はかのローラ・タイソン。メンバーはアマコスト元駐日大使、SIIの頃ゴチャゴチャ言っていたあのプレストウィッツ、AT&T副社長、等々)の、二〇〇〇年一〇月公表のペーパーを見ておこう。この評議会は制度的には政府直属ではないが、実際には……、ということになる(http://www.cfr.org/public/pubs/Japan_TaskForce.html)。

"Future Directions for U.S. Economic Policy Toward Japan, Sponsored by the Council on Foreign Relations (Laura D'Andrea Tyson, Chair; M. Diana H. Newton, Project Director)"——そこにおいて、テレコム分野、就中NTTが、いかに取り扱われているのか。そこを見るのである(頁の観念がないので、実に引用しにくい!)。

『外圧から内圧へのシフト』という基本構図が、EXECUTIVE SUMMARY, CONCLUSIONSの第二パラグラフ(以下、「パラ」と略す)からも鮮明である。テレコム・セクターに言及しつつ、そこには、対日交渉が長引くことからして、"[T]he American government can hasten [structural] reforms at least when they are supported by powerful Japanese business interest……"との点がサジェストされる、とある。〝NTT叩き〟の影の、と言うか真の主役たるアメリカは、日本の中で、国内問題としてNTTを叩いてくれる人々の活躍を、大いに評価する形に、なっているのである。ともかく、同サマリー中の"Recommendations about the Substance of U.S. Economic Policies with Japan"の8.から、左に引用しよう。日本が〝改革〟をすれば「日本の消費者及びアメリカの諸企業が」メリットを受ける、との前提の下に(日本の諸企業たるNCC各社は?——と考えるべきところである〔!!〕)、そこには——

"Within the telecommunications sector, a key issue remains the dominance of the Nippon Telegraph and Telephone Corp.: the recent reduction in NTT access charges, although important, is only a first step toward significant deregulation.……"

——とそこにある。例によって規制緩和を云々するが、アメリカの強制的圧力による、かの接続料金摩擦の決着を「単なる第一歩」としている点、そしてNTTの「ドミナンス」と言う場合、既述の元USTRアラン・ウルフ氏の〝失言〟(!?)との関係をも考えた場合、〝NTTの技術的世界覇権へのアメリカの脅威〟が、そこに存在しないなどと、一体誰が言えようか。そこに注意すべきである。その意味での「NTTのドミナンス」が、アメリカの対日経済(!?)政策の要だとされている、と見るべきである。

この『タスクフォース・レポート』の本体に入って、若干見てみよう。"TASK FORCE RECOMMENDATIONS" の項の第三パラで、再度〝接続料金〟問題への言及があり、"What's instructive about this case is the fact that new-economy voices in Japan's business and political circles supported the U.S. proposal …… and were instrumental in achieving this outcome." とある。『日本の中の声がアメリカにとって助けになった（**instrumental**）』、との事実が語られているのである。〝ＮＴＴ叩き〟の『日本国内の声が』が、アメリカの(!!)サポーターになって、ＮＴＴの『ドミナンス』を崩してくれる、ということである。

"Recommendations about the Substance of U.S. Economic Policies with Japan" の3.の第三・第四パラが「ＮＴＴのドミナンス」について直接言及し、**許し難い次の指摘**が、右の第三パラにある。

"Many observers both within and outside Japan believe that this [the dominance of NTT] represents a major stumbling block to Japan's ability to reap the economic benefits of the IT and Internet revolutions."

「経済」オンリーの発想（それがアメリカの〔但し、表向きの〕戦略、である!!）の問題性は措くとしても、**ＮＴＴの「ドミナンス」がＩＴ革命・インターネット革命をブロックする主原因だ、との右の指摘を、『技術の視点』から見たとき、どうなるのか**（馬鹿なことを言うな、ということである）。だからここでも、『光コネクター』についてのＮＴＴの世界的技術シェアと更なる技術開発の例を、ことさらに示しておいたのである。ＷＤＭ・ＩＰｖ6、そして光コネクター、等。だが、それらも、ほんの一例の類に過ぎない。**アメリカは、皆が『技術』から目をそらすように、うまく日本を〝誘導〟しているのである。**そして、それに迎合する『日本の中の人々』が、「技術の」ドミナンス、とはあえて言わぬ（既述のアラン・ウルフ氏の〝失言〟的ペーパーは別）アメリカの、例の如き規制緩和云々の声に、操られているのである。**ボロボロの『国内』『公正競争』論を錦の御旗と勘違いした上での、〝蟻地獄〟への自滅的行進**、と言うべきである。皆が皆、景気低迷の中で、今日か明日かという「今」にしか関心を示せなくなっていることが、そのことへの悲しい追い風となってもいるのである。だが、**その現下の不況の原因を辿ってゆく際にも、再び、『アメリカの影』の存在に、我々は気付くべきである**（**石黒・前掲法と経済三六―三七頁を見よ！**）。

ところで、アメリカの前記レポートの、右の第三パラでは、再度〝接続料金摩擦〟への言及があった後で、実は、**面白いこと**が書かれている。「ＮＴＴのマーケット・パワー」を「弱める」べく、「外国の投資家達が今まさに行動している」、とある。その「外国の投資家達」の「例」は、ＭＣＩ、ＡＴ&Ｔ、ＢＴ、そして（おまけとして!?）日本テレコムと右の後二者とのジョイント・ベンチャーである（**日本テレコム**が既に外資〔しかも英米のそれ〕によって牛耳られるに至っていることも、ここで想起せよ！）。だが、その〝合弁〟によって"business and residential consumers" へのサービス提供がなされる、とあるが、「住宅地」とは言っても、非大都市部はどうなのか、と再度言いたくなる。ＩＤＣがＣ&Ｗに買収されたことも、そこに示されている。かくて、アメリカ側が、**「ＮＴＴのドミナンス」を崩す主役達**としてそこで示しているのは、ＭＣＩ、ＡＴ&Ｔ、ＢＴ、Ｃ&Ｗ、となる。**『ＮＴＴ対巨大外資系通信会社』の基本構図の中で、〝井の中の蛙〟としての日本のＮＣＣ各社など、アメリ**

力側にとっては、初めから（買収の対象たる以外!?）、眼中にないのである。それなのに、旧KDDまでが日本の「国内」にばかり釘づけになり、かつ、KDDIとなってしまい、云々。実に悲惨である。

石黒・グローバル経済と法（二〇〇〇年・信山社）の中で最も強調した点、即ち**アングロサクソン主導による『グローバル寡占への道』**を突き進むが如きWTO・OECDの方向性――それに対する『世界の防波堤たるべきNTTの技術力』を、日本自身が崩そうとしているのである。こんな馬鹿げた話は、ないはずである。**『経済』・『経営』を真に裏打ちするのは『技術』である。**こんなあたり前のことを、一法学部教授に過ぎない私が、死を覚悟の上のこの執筆で、なぜ強調せねばならないのか、と思う。

なお、この第三パラに続く第四パラでは、**NTTドコモのiモード**に着目しつつ、"**I-mode** …… allows users to link to the Internet from their cellular phones, thereby bypassing NTT's land lines and connection rates. In this area, the disruptive nature of the Internet and wireless technologies is weakening NTT's dominance in its traditional markets and creating opportunities for new entrants, including American and European providers. ……"とある。そう言うのなら、なぜNTTの「伝統的」領域での「ドミナンス」につき、「接続料金」にあれ程までにアメリカがこだわったのか（本書二4）、と言いたい。『NTTの技術力』への『アメリカの脅威』を、『経済』オンリーの理屈で……、といった既述の構図を、右の英文から読み取れるか否か。その〝感性〟の問題である。

ところが、このペーパーの最後の、"MANAGING THE TRADE-OFF BETWEEN MACROECONOMIC STIMULUS AND STRUCTURAL REFORM"の項の、"Sectoral Disputes vs. Structural Issues"第三パラでは、再度〝日米接続料金摩擦〟につき、"Clearly, it involved the interests of a particular U.S. industry sector. …… It exposed the manner in which …… NTT … monopoly blocks progress on Information Technology."などと、「一体何を言っとるんだ、お前は！」と怒鳴りたい一文がある。本書八〇頁との関係で言えば、「光コネクターでまたも負けたから悔やしいのか、お前は！」とさえ言いたい。「NTTの独占がITの進歩をブロックしている」だと!?――それをブロックしているのは、『外圧』を『内圧』にすりかえた上での、アメリカの、誠に汚ない対日戦略と、〝カリフォルニアの電力〟（やアメリカ国内航空運輸の混乱）などごく一例に過ぎないところの、アメリカ製の『規制緩和（規制改革）』、そしてそれとワン・セットをなす『公正競争』論の、世界的蔓延の故であろう。

さて、それに続く第四パラが、また〝接続料金摩擦〟を例に出しての、次の指摘である。

"U.S. action is most effective when the American agenda coincides with the desires of major interest groups in Japan……."

そして、右の〝摩擦〟においてもそうだったとして、この場合にも――

"[M]any businessmen and bureaucrats in Japan sided with the United States against the NTT monopoly and its Japanese protector, the Ministry of Posts and Telecommunications [!!]."

——だった、とある。

さて、右の二つの引用文について、まず、前半に波線を付した"coincide"の語に、注意せよ。「偶然の一致」とは何と卑怯な言葉遣いか。自ら不当な電波誘導で航空機を山に撃突させておいて（あるいは例のニアミスも……⁉）、「あれは偶然だった……」と言うが如きことである。それにしても、『日本国内のアメリカ信奉者達』は、アメリカに誘導されている、との自覚すら無い程に、洗脳されている。彼等は、この引用文を読んで「ウンウン、そうだ」と、喜ぶはずである。"本物の馬鹿"（アマルティア・セン＝鈴村興太郎ラインの「経済的合理人＝合理的馬鹿」の用語法からの連想で、「馬鹿」の語を用いるのみ）とは、彼等のことを言う。まさに亡国の徒そのものである。

だが、後半の引用部分にも注意せよ。あれだけの"裏切り"をやっても、「旧郵政省はＮＴＴの支持者」とされている。それが辛くて辛くて仕方なくて、電通審の前掲答申で、遂には『国の将来』を裏切り、そして"消滅"したのが、旧郵政省だったことになる。

ここで、本来この部分で論ずるはずだった、電通審・前掲の項目5以降に、戻ることとする（前記の＊の"脇道"は、これでようやく終わり）。

＊　　＊

m　ＮＴＴの海外への売却？

⑤　さて、電通審・前掲第一次答申の「5　通信主権の確保及び**ＮＴＴにおける研究開発体制**の在り方」（同前・六七―七八頁）について、以下に論ずる。Ｒ＆Ｄは、殆どおまけであることも、これから順次示してゆく。

だが、二〇〇〇（平成一三）年二月三日、日々の過労がたたってようやく昼過ぎに起き出し、昨日の特別講義の試験の採点を終えてからの、午後三時に始めた執筆で、既に四〇〇字で二六枚。⑤は、明日に、やはりまわそう。

むしろ、④までに示した旧郵政省のぶざまな姿（国民不在のＮＴＴ叩き）の、直近の一例を、手短かにここで示す。いずれも、妻裕美子の"発見"に基づく（私は新聞など読む暇はないので……）。

読売新聞二〇〇一（平成一三）年二月一日付朝刊には、「ＮＴＴ東西が今春から始める……『Ｌモード』」、つまり「『ｉモード』の固定電話版」につき、郵政省（旧郵政省！）がＮＴＴ法違反だとして"内閣法制局"（法改正でもない限り、あまり霞ケ関の省庁が行きたがらないところである）の判断を仰いで云々、とある。あくまで「地域」にＮＴＴ東・西を『囚人』として縛りつけたい旧郵政省が、"猫の手も借りねば自信がない"的に、お墨付きをもらおうとしたのである。そこまで堕ちたか（ＮＴＴ法の解釈なら自分でやればよかろうに！）、と思う。だが、同紙同月三日朝刊、つまり今日の朝刊では、一部仕様変更の上、Ｌモード「四月にもサービス開始」とある。即ち——

「Ｌモードはパソコンのような難しい操作なしに簡単にネットを楽しめるため、お年寄りなど〔!!〕に待ち望む声が強い。産業界などからも『需要が高いサービスを禁じるのはおかしい』『ＩＴ推進に逆行する』〔!!〕などの声が出ている。……」

──とある。内閣法制局とのやりとり等の詳細はいずれ調べるが、何とも見苦しい〝展開〟ではないか（その後、この問題は電通審マターとなる）。そんな旧郵政省が、ＮＴＴのＲ＆Ｄに対して、一体何を言っていたのか。──これで今日は、ともかく筆を擱く（以上、同年二月三日午後七時二五分。二八枚目の半ば、である）。明日が楽しみである。

電通審・前掲のこの部分（５の項目）は「⑴　基本的視点」、「⑵　通信主権の確保」、「⑶　ＮＴＴにおける研究開発体制の在り方」、の三つから成る。**Ｒ＆Ｄが、必ずしも正面に据えられていない点に、**まずもって注意すべきである。

まず右の⑴の「基本的視点」（同・六七頁）から。そこでは、「**政府持株保有義務や外資規制**」が、まず出て来る。即ち「電話」中心の全国ネットを有するＮＴＴについてのそれ、である。既に、既述の④で、「ＩＴ時代」のユニバーサル・サービスは「音声通信」のみとされ、「携帯電話」も「インターネット・アクセス」も、外された上での立論である。ついでに「新株発行について」の「認可制」も同頁に出て来た上で──

「従前、我が国の情報通信技術の発展に多大な貢献を行って来た電電公社の優れた技術陣、研究開発のノウハウ等をそのまま引き継いだＮＴＴが、これまでの経緯から、今後とも積極的かつ効率的に電気通信技術に関する研究開発を推進していくべき責務を定めるとともに、……普及の責務もあわせて……規定したところである。」

──とある（同・六七頁）。何のことはない。現行ＮＴＴ法の規定の説明である。下らぬ。

ところが、「グローバル化、ボーダーレス化」対応と、「積極的な「海外市場へ」の「展開」のために「標準化活動、国際的な情報通信基盤の整備等」における「国際的なリーダーシップを発揮」、「貢献」することが「求められている」のは、「ＮＴＴ」も「他の電気通信事業者」も同じだ、とある（同頁）。ＮＣＣが（旧ＫＤＤは別として）一体そんな活動していたっけかな、と思うべきである。

次の同頁⑤で本音がチラッと出る。「各国政府やメーカー等が、鎬を削って情報通信分野の技術開発や国際標準化に取り組んでいる中で……」、とまず来る。**技術開発や国際標準化は「国やメーカ」主体だ、との全く誤った認識**。「ＮＴＴ」は「等」の一語の中に、全く実績のない日本の（旧ＫＤＤを除く）テレコム会社と同じく、強引に押し込められている。その異常さ、非常識、実態との大きなズレが、この先の議論に対する、まさに誤った「**基本的視点**」を提供するのである。午前一一時過ぎに、やっと執筆開始してみると、この電通審第一次答申のレベルの低さが、改めて認識される。要するに、ＮＴＴに「研究の推進・成果普及」の「法的責務を課」すのは、「世界的に見ても特異な例」ゆえ、その義務を外そうと言うのである。

この第一次答申のこれまでのトーンからすれば、これだけＮＴＴをいじめてゆくとなると可哀そうだから、この責務を外してやろう、といったある種の憐憫の情の発露のつもりか、とさえ疑われる。下らぬ。何たる思い上がりか。

ところが、同頁⑥は、「我が国の情報通信分野における国際競争力の向上を図る観点」から、ＮＴＴに対する「**政府持株保有義務や外資規制**」、そして前記の「責務」を外す、というこの⑤の方向性を示して終わる。この第一次答申全体からは、ＮＴＴグループ解体の"脅し"の下に"内ゲバ"をさせることが、その基本的意図となる。その上で、右の如きことを言うのである。だったら、（外資系テレコム会社に乗っ取られつつある者も含めて）ＮＣＣ各社のＲ＆Ｄを充実させろ、といったメッセージもあってよかろうに、『国内』『公正競争』、しかも『地域通信市場』（メタル中心）のそれしか基本的に考えていないから、そうなるはずもない。それが、「ＩＴ革命を推進するため」と称するこの第一次答申の、みすぼらしい内実である。

同・六八—七四頁と、随分長く、「通信主権等の確保」が続く。"ＮＴＴのＲ＆Ｄ"は、そのあとの、おまけに過ぎない。

同・六八頁で、「**ＮＴＴ株式の政府保有義務**」（常時1/3以上）につき、その趣旨はＮＴＴの「経営に積極的に介入する趣旨ではないが」、「政府の介入の可能性」につき「疑問が呈されている」、とある。既述の**Ｌモード**やＮＴＴ東西を「地域」に金縛りにすることの方が一層深刻な「疑問」につながるはずだが、それより、政府持株が「1/3」の「下限」に近づいていること（二〇〇〇年で四五・九％）からも、それを「基本的に撤廃する方向」が、同・六九頁に示されている。また、「ＮＴＴに対してのみユニバーサルサービスの提供や研究の推進、成果普及を義務付ける」ことも「見直」す、とある。

同・六九頁からは「**ＮＴＴに係る外資規制**」の「**撤廃**」が、同・七二頁まで扱われる。

まず**ＷＴＯとの関連**で、「外資系第一種電気通信事業者の参入が相次ぎ、**平成一二年一二月一日現在で外資比率1/3以上の第一種電気通信事業者は三八社を数える**」、とある。

唯一残っているＮＴＴへの外資規制を外すことにつき、これまでのトーンとしては諸外国がこうだから我国も、との主体性のない横並び意識に支配されていたこの第一次答申は、別なことを言い出す。

同・六九頁は、グローバルなＭ＆Ａの中で、とくに——

「英国のボーダーフォン・エアタッチによる独のマンネスマングループの買収のように、**ＮＴＴの株式時価総額（平成一二年一二月一日現在で約一五兆円）を上回る規模（平成一二年一二月一日のレート換算で約二〇兆円）の合併事例まで登場している。**」

——とする。石黒・グローバル経済と法（二〇〇〇年・信山社）の八頁以下、（旧郵政省関係の誰にも分かる雑誌に書いた）同・四一七頁以下、等々も、一切彼等には無縁だったようである。

さて、その先の同第一次答申・七〇頁は、**外資規制を外すとＮＴＴが外資に買収されることも可能となるが、それでもいいじゃないか、とする**。こんなことを言う官庁は、即刻潰すべきである。以下に注意せよ（同頁）。

「将来ＮＴＴが外国資本によって支配される可能性を一〇〇％否定することができない状況にあるが、これを単に企業買収や我が国の安全確保上の脅威として防御的に捉えるのではなく、むしろグローバルな競争に勝ち残っていけるような事業者たらんとするために、一層の経営効率化を通じた企業価値の向上や体質強化の絶好の契機として**前向きに受け止める姿勢**〔?!〕が求められる。」

——とある。**『大北電信株式会社』**（デンマーク）による（海底電信線経由の国際通信の）明治三年から、実に昭和一八年までの〝独占〟の教訓（石黒・国際通信法制の変革と日本の進路〔一九八七年・ＮＩＲＡ〕五頁以下）、とくにそれにより「通信政策遂行上、種々の障害」があったこと（同前・六頁）など、もう彼等は忘れているようである（**第二ＫＤＤ問題**に関する、かつての郵政省の、別な意味で見苦しいが、日本を守ろうとする必死の抵抗と対比せよ。同前・二四一頁以下）。

だが、『外資に乗っ取られたＮＴＴ』による「国際競争力の強化」（ＩＴ基本法四条参照）、とは、これ如何に。自国内に『技術力』がそもそもないなら、外資導入で云々、もあり得るが、そうではないのに、『国内』『公正競争』ばかりを見ながら、ここでいきなりＮＴＴを国際的Ｍ＆Ａの標的にしようとして（文脈上は、殆どそのための政府持株・外資規制の撤廃論であることに注意せよ!!）、それを「前向き」に受け止めよ、とする。**ＩＴ基本法三条以下の「基本理念」**の全体から考えよ。『格差是正』等々まで、かくて外資に乗っ取られた日本の（ＮＴＴがそうなるならＫＤＤＩなど、簡単であろう）各通信事業者に、全国津々浦々の平等なＩＴ推進を期待できるのか（私はここで、**関東大震災のときの日本の損保会社と外資系のそれとの、行動パターンの圧倒的な違い**を思い出す。前者のみが勅令による助成金の交付を受け、必死に〝日本的道義〟のためにがんばった、という経緯である。石黒・日本経済再生への法的警鐘五二、一四三頁を見よ！）。――ともかく、この第一次答申は、ＮＴＴを丸ごと売りに出したいらしい。だったら、ＮＴＴを自由にしろ。自由にして企業価値を更に高めてから、そう考えろ。ともかく、ここでも『技術』は、彼等の眼中にはない。頭に来る。こんな官庁は、存在する意義がない。抹殺すべきである。

もっとも、「ＮＴＴグループはＩＴ革命推進の基盤を形成していく上で牽引的役割」が「期待されていること等」からして、外資規制撤廃には慎重たるべし、「との考え方もある」（電通審・前掲七〇頁）として、以下、それを否定しにかかる。

なお、ＮＴＴグループ内で例えばコム社への持株からの出資比率**を下げれば、あっという間に、国内長距離（プラス国際）の日本のメジャー企業は外資の手に渡り得る。**ここでは、持株会社たるＮＴＴ自体も外資の手に渡ることを「前向きに」考えよ、とされているのである。そこに注意せよ。

さて、同・七〇頁の慎重論に対し、同・七一頁では、「国の安全」を守るための措置について「幅広い観点から議論を進めることが必要」として、問題を先送りする。他方、同頁では「米国、フランス」の「二〇％の外資規制等」の残存がありながら、**日本のみが丸裸になるのはどうか**、との論「もある」、とする。なお、ここで、同・第一次答申末尾の資料五－三の表を示しておこう（図表⑯）。もはやイギリスのＢＴには、いわゆる**ゴールデン・シェア**（**黄金株**――石黒・前掲書〔ＮＩＲＡ〕二七五頁以下、同・前掲グローバル経済と法一六〇頁）はなくなったから……、と言われるが、（図表⑮）に示されたように、**Ｃ＆Ｗにはそれが残っており、そのＣ＆Ｗが『インターネットの（グローバル）Tier One』の一翼をも担っていること**（石黒・貿易と関税連載二〇〇〇年一二月号四八頁を見よ）、等も想起すべきである（黄金株自体の欧州裁判所での取扱いは別として!!）。

もともとアメリカは、ウルグアイ・ラウンド開始前の段階から、ＮＴＴ法（及び旧ＫＤＤ法）上の外資規制を問題にしており（石黒・国際的相剋の中の国家と企業〔一九八八年・木鐸社〕三二頁）、それ以来の一貫した、執拗な対日要求の中で、遂にこの電通審・第一次答申の、「私、自分で服を脱ぎます！」的対応となるのである。自分

〔図表⑮〕　諸外国における通信主権等確保の仕組み

	日　本	アメリカ	カナダ	イギリス	ドイツ	フランス
外資規制	ＮＴＴ （間接を含め20％未満）	無線局免許 （直接20％以下 間接25％以上は個別に判断）	設備ベースの電気通信事業 （直接20％以下 間接を含め46.7％以下）	—	—	無線局免許 （間接を含め20％以下）
政府株式保有義務	ＮＴＴ （発行済株式総数の３分の１）	—	—	黄金株 （Ｃ＆Ｗのみ）	—	ＦＴ （資本の過半）
参入時等の審査	—	ＦＣＣ決定 （「公共の利益」の観点からの審査 －国の安全 －外交政策 －通商上の懸念）	—	免許修正 （公共の利益に反する場合）	免許拒否 （公衆の安全又は秩序の侵害）	免許基準（条件明細書） （国防及び公共の安全）
その他	—	エクソン・フロリオ条項（国防生産法） （外国企業による企業買収が国家安全保障に影響を及ぼすおそれがある場合、当該買収の停止又は禁止を命ずることが可能）	カナダ投資法 （総資産１億9200万カナダドル＊以上の直接買収については、カナダ投資庁が審査） ＊前年度上限額×今年度名目 GDP／前年度名目 GDP	—	—	—

〔出典〕　電通審・前掲第１次答申巻末資料５－３。

でとことん『囚人』をいためつけ、十分にサド的快楽をむさぼったあとで、それから売る、のでもない。これ以上、新たな御主人様の脅威とならぬように抑えつけてから、〝売る〟ためのハードルを、自ら撤去するのである。再度言う。こんな〝売国的官庁〟などいらない。存在自体が国民にとって、また世界のＩＴ発展（技術革新）のため、有害である。『Ｌモード』の一件など、単なる氷山の一角である。

　下らぬから先に行くが、この先もまた下らぬ。電通審・前掲七二頁は、**「外資による買収」**を想定した上で、「むしろＮＴＴを外資との競争にさらすことが経営の一層の効率化を進めるインセンティブになる」のだ、と反対論を捩じ伏せたつもりでいる。**「外資による買収」**によって「経営」にどんな変容があるか。そこを**『ＩＴ基本法の基本理念』**の実現との関係で、どう捉えるのか。そんな発想、全くないのが彼等である。ひょっとして日産自動車の一件をＴＶのニュースで見て、そこから短絡したのか、とも言いたくなる。それだからゴールドマン・サックス・ジャパンの投資判断なども、ここで「引用」したのである。

　ともかく、同・七二頁は、**「当面の措置」**として、「1/3まで、ＮＴＴに係る外資規制を緩和する」、とする。これとて、**アメリカの執拗な対日要求に対する腰砕け的妥協**だが、そのことには、何も触れていない。その先これも撤廃する含みが、そこにある。

　同・七二頁以下は、「国際競争力向上のため」として、「ＮＴＴに係る新株発行認可制」、その関係で同・七二―七三頁に**ヴェリオ社買収**への言及がなされ、「当分の間、ＮＴＴ持株会社のエクイティ・ファイナンスに係る新株発行による株式の増加数については、政府株式保有義務の対象となる発行済株式の総数に参入しないこととされているところである」、とある。同・巻末資料五―四に、ＮＴＴ

法附則一三条一項が引用されているが、制度論としては、何だか妙な話である。

同・七三頁は「東・西ＮＴＴ」の「新株発行認可制」、である（ＮＴＴ法五条二項）。そこには、「現行ＮＴＴ法上……業務範囲は県内通信に限定」ゆえ、「それが維持される限りは、東・西ＮＴＴによるグローバルな事業展開及びそのための機動的な資金調達の必要性が想定しにくい」、としつつ、それを「踏まえ、引き続き検討する」、とある。あくまでＮＴＴ東・西を「県内」に縛りつけておきたいようである。

なお、同・七四頁にかけて、「外国会社との株式交換」、「外国子会社を介した三角合併」のため「商法改正」が必要とある。**同・七四頁の注51には、日本企業が外資を買収する場合の例が挙げられているが、その数頁前には、ＮＴＴ自体が外資に買収されることを「前向き」にとらえる姿勢が、端的に示されていたではないか。**

巷では、国民の血税を注入した倒産金融機関を外資が買い、更に『タックス・シェルター』を用いて巨額の税金逃れを、ぬけぬけとしている、とのことである（カラ売りをして大儲けした上で山一や旧長銀等を破綻させ、さらに巨額の税金もチャラにして二重に儲けるやり方。実に汚ない。いずれ書く）。テレコムも似たことにならぬよう、この電通審第一次答申とは全く別の観点からの『規制』が必要になる（そんなものは一切トレード・バリアだとする連中と私との戦いが、石黒・前掲グローバル経済と法、である）。その意味では、木下信行編・［解説］改正銀行法〔一九九九年・日経新聞社〕一五三―一五四頁（「［日本の］銀行を子会社とする外国の持株会社に対する法律の適用」）、とくに、石黒・国際民事訴訟法〔一九九六年・新世社〕一三頁以下と基本を一にする木下編・同前一五四頁の指摘に注意せよ。

――と書いても全く無意味なことを承知で、一応右の如く書いておくのだ。文句あるか。

さあ、つまらぬ数頁を経て、ようやく**「ＮＴＴにおける研究開発体制の在り方」**（電通審・前掲七五―七八頁）である。

ｎ　″ＮＴＴ　Ｒ＆Ｄ″への無理解！

『ＩＴ革命を推進するため……』、あるいは、『ＩＴ時代の……』と、答申のタイトルでは示しつつ、**『研究開発』は、わずか四頁**である。そもそも関心が無い、に近いのである。″外国にＮＴＴが身売りされることを、前向きに拍手で送ろう″、が本音ゆえ、どうでもいいのだろう。そんな輩にテレコム行政を委ねるなど、許し難いことである。

冒頭の同・七五頁の最初は、「ＮＴＴは……予算規模、国際標準化活動への寄与実績等からも明らかなように、我が国全体の情報通信技術の研究開発において重要な役割を果たしてきている」、とある。続けて、『だからアメリカが怒っているので、ＮＴＴを徹底的に叩き、かつ外国に売っちゃいます』、と（彼等の本音を）書くべきところだろう。面白いのは、同頁に「郵政省とＮＴＴの研究開発費」を比較した棒グラフがあることである。九八年に巨額の「補正予算」でＮＴＴの研究開発費をチラッと実額で抜いたことが書きたかったのか、とも思われる。だが、この「補正」は、単なるバラまき予算だったはず。ともかく、そのことを、私は実によく知っている、とだけ言っておこう。そこからいかなる『実績』が得られたのか。ついでに、そこも『開示』した上で、議論を進めるべきであろう。

ところが、「競争環境」の「急速」な「変化」のゆえに、また「我が国全体としての情報通信技術の国際競争力」の「維持・向上」のために「ＮＴＴの研究開発体制の在り方」を検討する、と来る（同頁）。『あんた達にそんなことを云々する資格はない』、というのが、本書を通した彼等へのメッセージである。

同・七五－七六頁が、「ＮＴＴの研究の推進・成果普及の評価」である。あまりにも馬鹿馬鹿しいので、引用しちゃいましょう。

「①　情報通信分野の標準化の主流がデファクト標準に移行しつつある〔!?——例えばモトローラなど、ＪＲ東日本のＩＣカード・システム導入に関する最近の摩擦で明らかなように、国際的なデ・ジュール標準の取得に必死である。これはごく一例だが、ともかくこの①の認識も、古いし、かつ、太平洋を渡った妙な攪乱電波にいまだに毒されたものである!!〕中、ＮＴＴは、研究開発拠点の海外進出、海外の研究機関やベンチャー企業との提携、海外からの研究者の受入れといった国際市場を視野に入れた体制整備が不十分との指摘がある。」（同・七五頁。）

本書三への頭出しとして、これまで示して来た諸点からも、『あなた達は、一体何を具体的にイメージしているのですか?』、と問いたい。しかも、またしても「……との指摘がある」の、逃げ方の卑怯さよ。

ところが、そのあとですぐ（同頁）——

「②　今後とも国際標準化活動においてＮＴＴが十分に貢献していける体制を確保できると言えるのかどうか、検証を行う必要がある。」

——と来る。ＮＴＴの『実績』の一端（直近までに至るそれ）は、既に本書でも示して来ている。旧郵政省が余計なことをしなければ、事はうまく進む。本書三ですべて示す。

それにしても、ここで大いに注意しておくべき点がある。ここに至るまでの、この第一次答申の基調は、ＮＴＴとＮＣＣ各社（等）との公正競争の確保にあった。だったら、〝研究開発〟面でのＮＣＣ各社（等）の『実績』は、一体どうなのかについても、せめて一言位しておくべきではないか。——この点は、全く言及なしに、この第一次答申は終わってしまう〔!!〕、のである。

同・七六頁の、次の③がまた頭に来る。

「③　グループ内外の競争が今後急速に進展していく中、これまでのようにグループ各社の資産や売上高等で按分して共通の負担を求める方法により、膨大な研究開発予算、人員を維持し続けていくことが可能かどうか、また、そのことがＮＴＴの高コスト構造の解消を遅らせる要因の一つになっていないかどうか、検証を行う必要がある。」

ＮＴＴにグループ内での〝内ゲバ〟をさせようとする旧郵政省の〝本音〟は、ここにある、と言うべきである。要するに、ＮＴＴの「膨大」なＲ＆Ｄ予算、そして実はその〝実績〟がこれ以上アメリカの脅威となると、また日米交渉で延々と疲れることになるから、壊しちゃえ、の論理だと私は見る。少くとも、〝グループ内競争〟を煽り立て、実際にそうなれば、右の如くＮＴＴのＲ＆Ｄ体制そのものが危うくなる。そんなことさせてたまるか、の一念で私は本書を必死に書き続けているのである。

だが、一層許せないのは、現状でのNTTのR&D体制が、「NTTの高コスト構造」の原因であるかの如く、右に書かれていることである。NTTの接続料金をめぐる一連の議論の中で、テレコムと直接関係ない研究までNTTがやり、その費用までが接続料金の中に組み込まれているのは不当だ、との声が、非常にしばしばNCC側等から聞かれた。それと同じことを、旧郵政省は言っているように、私には思われる。それがいかに馬鹿気たことかを示すのが、本書三の役割でもある（本書の目次だけからでも大体のことは分かるはずである）。

電通審・前掲七六頁の④では、NTT側からの「意見」として、数々の「実績」の上に立ちつつ、「今後もグループ運営の下での一元的な研究開発体制でなければ国際競争力を維持できない」との、至極当然の立場が示された、とあるが、次の⑤が、また頭に来る（同頁）。

「その一方で、NCCからは現在の重厚壮大な研究開発体制のままでは、ますます加速するIT分野の研究開発のスピードに追いつけないとの意見もあり、現在の研究開発体制が国際競争の維持・向上の観点から適切かどうか、検討を行う必要がある。」

――とある。NCC側にこんなことを言う資格は全くない。本書の中で、いずれNTT対他事業者の図式において、研究開発予算を対比した表も、示すつもりである。

それにしても、右の⑤は、NCCがこれこれと言うから「検討」する、となっている。NTTの声は聞かず、NCCの（そして実は、彼等をサポーターとするアメリカの）声に従う、の論理に、ここでもなっているのである。

ところが、同・七六―七七頁は、実に妙な展開となる。同・七六頁の①で、「一通信事業者に法的に研究の推進・成果普及の責務を課すことは国際的に見ても極めて特異な例」だとあり、その責務を外す方向に論が進む。

NTT法上の「責務」を外せばNTTも普通の（?――NCC並みの）会社になり、「膨大な研究開発予算、人員」を有しなくなるだろう、との馬鹿馬鹿しい発想がそこにある。

「責務」の有無にかかわらず、R&Dなしに国際競争に勝ち残れるか、というのが本書三で示すNTTの『実績』であり『戦略』である。ともかく「当該責務」の「撤廃」（同・七七頁）が打ち出されるが、同頁の図五―七には、NTTの『実績』がチラッと示されている。審議の最終段階で入った図だが、「光ファイバ・光コネクタ・WDM用光部品類」につき注がついていて、「世界市場の六～七割のシェア」とある。また、「音声符合化ソフト」にも注がついており、「国際標準MPEG4（!!）のオーディオ規格に採用」とある。この図は「NTTの研究成果の普及」についてのものだが、同じ頁のその上の部分には、NCC側の、「競争当事者（NTT）に他社への研究成果の普及を義務づけることは困難」云々の、自分達のことは一切棚に上げたが如きクレイムがある。まったく締まりの無い答申である。

同・七八頁は、「グループ内外の競争」（〝内ゲバ〟プラスα）により「長期的にはNTTの純粋基礎研究（!!）を含む基礎研究全体の比重が低下する可能性は否定できない」とする。その先の同頁の指摘が、いかにも役人らしい。それを補うべく、「国の支援により公的研究機関が中心となって」「基礎研究」を推進する、云々とある。**〝予算を俺達に直接くれ〟**のために**ＮＴＴに内ゲバをさせるのかな、**とも思う。

それにしても、ここまでのこの第一次答申の、Ｒ＆Ｄについての指摘では、「ＮＴＴの」とあったが、例えば同・七五頁で「国際市場を視野に入れた体制整備が不十分との指摘がある」等、とされる際、それでは**ドコモの活発な国際提携**など、一体どうなのか等々、文句をつけ出したら、本当に切りがない。情けない答申を、出したものである。しかも、『研究開発』は、以上の点を示したのみで終わる。**『研究開発』をおまけ扱いにした『ＩＴ推進』策など、その存在自体が矛盾の極であろうが**(!!)。

⑥同・七九―八〇頁は、「提言」であるが、「ＩＴ時代の競争促進プログラム」とあるものの、何がＩＴか、という情けない内容の答申であったことは、これまで延々と示して来た通りである。この「提言」部分は、それをレジュメ風にしたのみのものである。

そして、同・八一頁の「おわりに」である。再びＩＴ云々とあるが、その3で、「公正有効競争の促進により、高速インターネットアクセス網の」云々、とある。「高速」であって、「超高速」ではない。

その4では、政府を含めて本提言を「真摯に受け止め」よ、とある。**不可の答案を書いた学生が、「私の努力を真摯に受け止めろ」と、答案の末尾に書くが如きこと**である。

全くの不可。権限さえあれば「即刻退学せよ」と命じたい程の代物である。

おっと、八一頁があった。「国際競争力の向上につながることを切に願ってやまない」とあって、そこで終わる。**彼等が「切に願ってやまない」のはＮＴＴグループの内ゲバによる解体と海外売却、そしてＮＴＴのＲ＆Ｄ体制の崩壊、であろう。**

今日の執筆はこれで終わりとし、次に、「ｅ-Ｊａｐａｎ」云々の、二〇〇〇（平成一二）年のクリスマスに出された、旧郵政省のもう一つのレポートを、この忌まわしき電通審第一次答申と対比しておきたい。**旧郵政省（現総務省）の極端な〝政策分裂〟、そして『技術軽視でＩＴ革命を』という、この第一次答申の恥部が、**それによって露わなものとなるからである。

本当にいやだった。石黒・グローバル経済と法で、ＯＥＣＤの規制改革報告、ＭＡＩドラフト等々と戦ったとき以上に、いやな作業であった。今はそれも終わった。これから、パリからの私の弟分の訪日ゆえの、妻との久々のお出かけである。

〝汚物処理〟の如き執筆は、本当にいやだ。馬鹿馬鹿しくなって、途中から一切出席しなくなった電通審の委員も居たようだが、こんな答申に名を連ねること自体、恥であろう。

ともかく、ユニバーサル・サービスに関する一部を本書二3⑵に残し、これでこの第一次答申とは、オサラバとなる。こんなものをベースに、二〇〇一（平成一三）年三月までに法案を出すらしいが、いい加減にしろ、と言いたい（私は、断乎それを阻止する。本書二1⑶でそれから先の展開について書く）。

＊　以上、体調不良の中、平成一三（二〇〇一）年一月四日午後

四時五六分、執筆終了。彼との待ち合わせは午後七時ゆえ、まだ時間があるが、点検は明日にまわそう。もういやだから……
（点検終了、二〇〇一〔平成一三〕年二月五日午後一時半）。

かくて、ようやく、かの旧郵政省の、電通審第一次答申の批判を終えた。論文の執筆はともかく、公表が毎月一回だから、そのタイム・ラグの間に様々なことが起きて来るはずである。そのための手は別途打ってあるし、今後も継続して、別途行動する。

　さて、次には、ようやく1⑵の後半として予定していた項目に移ることとなる。執筆再開は、二〇〇一（平成一三）年二月一一日午後二時三九分。昨日（土曜）から、殆ど死んだように眠り、今日も、こんな時間になってやっと机に向かう。二月一八日のシンガポールへの出発前に、出来れば、この部分を仕上げておきたい、と思う気持ちと、心身とが、なかなか〃同調〃しないのだ。だが、ともかく始めよう。

〔二〇〇五年へ向けたe-Japan超高速ネットワークイニシアティブ——二一世紀における情報通信ネットワーク整備に関する懇談会第二次中間報告（平成一二〔二〇〇〇〕年一二月二五日）〕

a　旧郵政省の矛盾する〃二つの顔〃

電通審・前記第一次答申の出た**四日後**に出たのが、この中間報告である。これとて、『高度化のために、バラマキ用の予算を下さい』が本音であること後述の如くである。だが、テレコムの技術動向をメインとした検討であり、**あの第一次答申の売国的色彩とは対照的、**である。

『（旧）**郵政省には二つの顔があった**』旨、既に本書の中で示した。一つは、二〇一〇年（その後、前倒しで二〇〇五年）までの全国光ファイバー網整備完了への、まともな顔。もう一つが、NTT叩きの歪んだ顔。この第二次中間報告（以下、e-Japan・前掲として引用）は、前者の『まともな顔』の流れである。本文四〇頁のものである。

　e-Japan・前掲一一―三頁が、この第二次中間報告の「検討の方向」を示した箇所だが、二〇〇〇（平成一二）年一一月二七日の「**IT基本戦略**」中のうち、「特に**超高速**ネットワークの整備」について「詳細な検討を行う」、とある。その際、「インフラ整備の推進……と利用の促進・高度化……とは、相互に刺激しあいながら発展するという好循環の中で推進すべき」であり、「これらを一体的に推進する必要がある」、とある（以下、同前・二頁）。その通りである。それなのに、電通審・第一次答申は、NTT叩き（否、実質はアメリカの意向を受けたNTT潰し！）に専念し、これに〃逆行〃する、とんでもない内容であった。しかるに、この**矛盾する二つの方向性**を全体としてどう整合させるか、との視点は遂に示されずに、この報告書も終わるのである（後述）。

　e-Japan・前掲四頁以下の「最近の動向」は、二〇〇〇（**平成一二）年七月七日の閣議決定**〔**情報通信技術（IT）戦略本部の設置について**〕を、冒頭で引用している。即ち、「世界規模で生じている情報通信技術（IT）による産業・社会構造の変革（いわゆる『IT革命』）にわが国として取り組み、IT革命の恩恵を全ての国民が享受でき、かつ国際的に競争力ある『IT立国』の形成を目指した施策」云々に言及する閣議決定である。そこに、「**日本独**

自のＩＴ国家戦略の構築」（ＩＴ戦略会議の検討課題の一つ）とあること（同・四頁）にも注意せよ。

同・五頁は「ＩＴ基本戦略の決定」（同年一一月二七日）だが、「五年以内に超高速アクセス（目安として三〇から一〇〇Ｍｂｐｓ）が可能な……インターネット網の整備」を「促進」し、「必要とする**すべての国民が**……利用できるように」（低料金で）云々、とあることが再叙される。その際に、本書六頁の〔図表①〕と関係することが、言葉で再叙されている。「光ファイバー」の届く一〇〇〇万世帯は「超高速」、それ以外は「高速」の「インターネットアクセス網」、とある。**〝三〇Ｍｂｐｓ〟という右の「目安」の下限が、ＡＤＳＬやＩＭＴ‐２０００で達成できないという、技術的には当たり前のことを前提として**、このe‐Ｊａｐａｎ報告書が、これ以後検討を進めるのである。

ＩＴ基本戦略の立てた戦略が、目指すレベルにおいて低過ぎることとは、本書で既に示したが、同戦略の立てた目標すら達成が覚束ない、との焦りがこのe‐Ｊａｐａｎ報告書の現実認識（後述）なのである。だったら『国内』『公正競争』でＮＴＴを縛り上げ、バラバラにしたら、この焦りがなくなる、とでも言うのか。旧郵政省の電気通信局電気通信事業部（要するにＮＴＴ叩きを、まさに推進して来たところ）が、四日おいてこのe‐Ｊａｐａｎ報告書（第二次中間報告）を出しているのである。それ故に一層、頭を整理してからものを言え、と私が言いたくなるのである。

b　ＩＴ基本法の「基本理念」からの出発

同・五頁は『**ＩＴ基本法**』（二〇〇一〔平成一三〕年一月六日施行）に言及するが、電通審・前掲（第一次答申）と異なり、『基本理念』の諸規定（但し、同・五頁は、同法三条「〜第一五条」が「基本理念」であるとあるが、同法一〇条を見よ。三条から九条までが「基本理念」であろう。凡ミスである。みっともない）にも、広く言及している。この差は大きい（既述）。

e‐Ｊａｐａｎ・前掲六頁は、ＩＴ基本法の概要を示した図（図1‐2）を掲げる。同法において「**公正な競争の促進**」とは、『**施策の基本方針**」の中の一つたるにとどまること、そして『国内』『公正競争』論の暴走（電通審・前掲）が、「**創造性のある研究開発の推進**」に〝逆行〟することを〝脅しの論理〟と共に、明確に志向していることとの問題性を、我々は深刻に受け取めるべきである。**ＩＴ基本法の「基本理念」から出発しなかった電通審・前掲第一次答申の問題性**を再確認するためにも、この図を〔図表⑯〕として、ここ（九七頁参照）に掲げておこう。

e‐Ｊａｐａｎ・前掲六‐九頁は諸外国の動向ゆえ略し、同・一〇頁以下の「第二章　超高速ネットワークの整備推進の意義と必要な対応」に移る。

まず、同・一〇頁冒頭を引用しておく。

「(1)　超高速ネットワーク整備の必要性

二一世紀における超高速ネットワークは、**超高速通信を可能とする光ファイバ網**を中継系・加入者系を通じた中核的インフラとし〔!!〕、アクセス部分についてはＦＴＴＨ（Fiber to the Home）による光ファイバ網のほか〔!!〕、既存のメタル回線を高速通信に利用するＤＳＬ（デジタル加入者線）や、ケーブルテレビ網を高速インターネットアクセスに利用するケーブルインターネット、さらに無線を活用した**ＦＷＡ**〔Fixed Wireless Access〕といった、多様な高**速アクセス網**（ブロードバンド）が競争的に整備され、これらが全体として超高速ネットワークを構成すると考えられる。」

右引用部分の最後の太字部分たる「超高速」の語は、『IT基本戦略』（前記の〔図表①〕と対比せよ‼）のトーン・ダウン（既述）を、ある意味で〝善解〟しようとしたもの、とも受け取られ得る。だが、右の引用部分のそれ以外の個所における「超高速」と、「高速」との区別は、正しい。そして、この点がこの報告書の、これ以降の指摘と深く関係する。

末端ユーザーから見れば、まさに『光以外』がボトルネック(‼)となって『超高速』サービスを受けられなくなる(‼)のである。NTT東・西の『メタル回線』がボトルネックになって『公正競争』を妨げる云々の、電通審・前掲第一次答申の発想に、根本的に欠落していた視点である。そこに最も注意すべきである（‼——なお、右引用部分の最後の方に、「高速……網（ブロードバンド）」とあることにも注意せよ。ISDNにもN-ISDNと、B（つまりブロードバンド〔広帯域〕）-ISDNがある、との従来の用語法の下では、B-ISDNはまさに超高速ネットワーク的な意味で用いられて来た。だが、いつの間にかISDNと言うと狭帯域のそれのみを示す用語とされ、かつ、「ブロードバンド」の語も、用語法自体があいまいになって来ている（後述）。ただ、右の引用部分に、正確に「高速」とあるように、現在は「超高速」とは区別された、いわば「超高速」への橋渡し的なものとして「ブロードバンド」の語が用いられがちであり、この点、十分に注意すべきである）。

しかも、このe-Japan・前掲一〇頁は、IT基本法に忠実に、更に次の如く述べる。即ち、「この超高速ネットワークは……都市部・地方部を問わず、多大な社会経済的効果を有し、高度情報通信ネットワーク社会〔同頁・注9は、ここでIT基本法二条に言及する〕を実現する上で不可欠な社会的基盤である」と。そこに、サプライ・サイドの〝パイの奪いあい〟のみを眼中に置いた『公正競争論』の歪みはなく、まさに『社会』の在り方そのものを直視した見方が示されていることに、注意せよ。IT基本法それ自体に、そう規定されているのである。それを忘れたかの如き電通審・前掲第一次答申は、〝全面書き換え〟されるべきである(‼)。

e-Japan・前掲一〇頁は、そこに言う「地方部」を同頁の注11で定義し、「人口一〇万人未満の都市〔過疎地域含む〔‼〕〕」とする。これまた至当である。

同・一一頁は、再度IT基本法八条〔格差是正〕に言及し、「超高速ネットワークの整備にあたっては、全国均衡ある整備に留意し、地域間格差〔いわゆるデジタルディバイド〕が生じないように留意する必要がある」、としている。

ここで想起すべきは、電通審・前掲第一次答申が、『携帯電話』、『インターネット・アクセス』を、IT時代のユニバーサル・サービスから（当面、とあるにせよ）除く、としていたことである。本書一七頁の〔図表⑥〕を想起せよ。国同様の、あるいはもっとひどい財政難に苦しむ各地方公共団体の努力には、おのずから限界がある。「地方部」の多くの住民は、当面銅線でダイヤル・アップできれば有難いと思え、ということである。その上、地域社会でもがんばって来ているNTTを〝解体〟してしまえ、とまで脅しているのである。同じ時期に出されたこの旧郵政省の二つのレポートは、かくて、この点、全く矛盾しているのである。その矛盾は、IT基本法の基本理念を、電通審・前掲が踏まえていないことから、そして、サプライ・サイドの『国内』『公正競争』にばかり目を奪われたことから、生じたものなのである。断じて許し難いことである。

〔図表⑯〕 高度情報通信ネットワーク社会形成基本法（ＩＴ基本法）の概要

1．目的

情報通信技術の活用により世界的規模で生じている急激かつ大幅な社会経済構造の変化に適確に対応することの緊要性にかんがみ、高度情報通信ネットワーク社会の形成に関する施策を迅速かつ重点的に推進すること

2．定義

「高度情報通信ネットワーク社会」とは、インターネットその他の高度情報通信ネットワークを通じて自由かつ安全に多様な情報又は知識を世界的規模で入手し、又は発信することにより、あらゆる分野における創造的かつ活力ある発展が可能となる社会をいう。

3．基本理念

- すべての国民が情報通信技術の恵沢を享受できる社会の実現
- 経済構造改革の推進及び産業競争力の強化
- ゆとりと豊かさを実感できる国民生活の実現
- 活力ある地域社会の実現及び住民福祉の向上
- 国及び地方公共団体と民間の役割分担
- 利用機会等の格差の是正*

4．施策の基本方針

- 高度情報通信ネットワークの拡充等の一体的な推進
- 世界最高水準の高度情報通信ネットワークの形成、公正な競争の促進その他の措置
- 教育及び学習の振興並びに人材の育成
- 電子商取引等の促進
- 電子政府、電子自治体の推進、公共分野の情報化
- 高度情報ネットワークの安全性及び信頼性の確保、個人情報の保護
- 創造性のある研究開発の推進
- 国際的な協調及び貢献（国際規格の整備、対 LDC 協力）*

5．高度情報通信ネットワーク社会推進戦略本部

- 内閣に設置（本部長――内閣総理大臣）
- 官民の協力を結集（全閣僚及び民間有識者により構成）

6．重点計画

○政府によって迅速に講ぜらるべき施策を定めた重点計画を策定（高度情報通信ネットワーク社会推進戦略本部の所掌）
- 高度情報通信ネットワーク社会の形成のための基本的な方針
- 世界最高水準の高度情報通信ネットワークの形成の促進
- 教育及び学習の振興並びに人材の育成
- 電子商取引等の促進
- 行政の情報化及び公共分野における情報通信技術の活用の推進
- 高度情報通信ネットワークの安全性及び信頼性の確保

○重点計画は原則として各施策の具体的目標及び達成期限を付す
目標の達成状況を適時に調査し、公表

7．責務

- 国及び地方公共団体の責務
- 国及び地方公共団体の相互連携

8．統計の作成・公表、広報活動

9．附則

- 平成13年1月6日より施行
- 施行後3年以内に、施行状況について検討を加え、その結果に基づいて見直し

〔出典〕 e-Japan・前掲6頁の図1－2。（* 上記3．の最後の項目は「機会」が「期間」となっていたり、4．の最後が、LDC を LCD とするなど、報告書のミスプリが目立つ。）

e-Japan・前掲一三頁が「利用者の視点を重視」していることは、この点で特筆すべきである。即ち、同・一二頁以下の「2　超高速ネットワークの整備推進のために必要な対応」では、「高度情報通信社会推進本部決定（平成一〇〔一九九八〕年一一月）に基づき、超高速ネットワークの中核的インフラとなる光ファイバ網の二〇〇五年における全国整備」が「政府目標」たることを再確認し、その目標の「達成を確実なもの」とするべく、云々とある。

ところで、ここで、本書一3の＊の項で示した私の『日経ビジネス』二〇〇一年一月一五日号の『異説異論』欄に対する〝読者からの反応〟について、一言しておこう。この欄への反応としては、過去第一位か第二位の反響の大きさだった旨、編集部から連絡を受けたが、私のものに限っては「反対論」のみを別途掲載する旨の連絡を受け、ギクシャクしたことは措く。同誌同年二月五日号には、結局、賛成二、反対（？）一の読者意見が掲載された（その後、いくつかの意見の掲載が続いた）。むしろ、ここで着目したいのは「石黒氏の指摘は事実だと思うが、一ユーザーとして、私は違う意見」だとする「滋賀県、無職、五一歳」の読者の意見である（二月五日号）。編集部のつけたタイトルは「利用者の側に立った改革を」とある（!!）。

この読者は「昨年一二月よりつなぎっぱなし五〇〇〇円のサービスがスタートしたために加入した。しかし、接続速度の遅さには大変不満である。……ADSL……の、今より一〇倍速いサービスに早く加入したいが、私が住んでいる滋賀県ではまだ利用できない〔!!〕。……二〇〇五年……までの五年間、現状のままで我慢しろというのはおかしい。NTTで無理ならば他の事業者に、日本が無理なら韓国の事業者に、消費者の利益を一番に考える」べきだ、としている。

この読者が同県内のどこに住んでおられるのかが気になる。儲かるところならADSLでも何でもNCC的存在の者は参入するであろう。だが、そうでなければ、どうなるのか。旧郵政省の電通審第一次答申の線で行ったら、前記の〔図表⑥〕の、「き線点」までのNTTの光ファイバー整備状況は、わずか一七％と、全都道府県の最低レベルにあることからして、〝NTT叩き〟のための『消費者利益不在』の〝政策〟(?)で、「二〇〇五年」への期待は無理、となろう。NTTが需要見合いで「き線点」までの光化を行なって来た結果が一七％という数字であるとすると、NCC等（ADSL事業者等を含む）とて同じ行動に出る。いつADSLがこの読者の住むところに届くのか。それが届くのも、NTT西日本のADSLなのかも知れないが、そのNTT西日本をも叩くのが、旧郵政省の『公正競争』オンリーの既述の答申なのである。

こうした「国民の声」（石黒・前掲法と経済二四一頁以下と対比せよ。そして、本書二3で論ずるところと対比せよ）のあることをも前提とした上で、e-Japan・前掲一二頁に戻ってみよう。同・一二—一三頁では、「利用者の視点を重視する観点」から、「光ファイバのき線点までの整備率〔本書の前記〔図表⑥〕参照。但し、NTTの実績であることに注意〕やブロードバンド〔「高速」対応のものであること既述〕の普及状況（加入世帯数）はもとより、利用者にとって重要な「通信速度」(!!)や「料金」等も含めて「年次整備指標」を作成する、とある。とくに「通信速度」を問題としている点は、あたり前ではあるが、正しいことである（調子が悪い。あまりにも悪いので、二〇〇一〔平成一三〕年二月一一日午後五時二二分、筆を擱く――翌日も頭が朦朧としてようやく午後二時、後頭部の痺れを感じつつも執行再開）。

c　「超高速」と「高速」――技術的視点から

さて、同・一四頁以下は、右の「年次整備指標」である。ここでは、二〇〇五年までの全国光ファイバー網整備・利用者の視点の重視云々の点が「IT基本法の基本理念」と共に再度示され、同・一五頁で**「超高速ネットワーク」イコール「国民生活を支える基盤」の図式の下に**、その「超高速ネットワーク」については「都市部、地方部を問わず……均衡ある整備・普及が図られるべき」だ、としている。

既述の如く、『超高速』と『ブロードバンド＝高速』とは、この報告書において区別されており、そのうち『超高速』化が、同・一五頁において「デジタルディバイド解消」の小見出しの下に、「IT基本法第八条」の格差是正規定と直結される形で、課題とされている。これは、IT基本戦略（IT戦略会議）の、本書の前記〔図表①〕に示したトーン・ダウンを、本来の姿に復帰せしめたもの、とも評価し得る点である。旧郵政省の『まともな顔』が、まだ辛うじて残っていたことに、内心私は少々ホッとする（もはや明確な〝絶縁〟を経た上で、ではあるが）。だが、これは高々、一懇談会の中間報告であり、他方、『NTT叩き（潰し）の醜く歪んだ顔』の方は電通審第一次答申であり、重みが違う。旧郵政省全体としては、後者が主となる。とんでもない主客顛倒であり、錯乱である。

e-Japan・前掲一六頁は「IT基本戦略」の掲げる「目標」を再叙する。多少くどいが（この報告書自体が若干くどいのである）、確認のため、同頁から若干引用する。本書の〔図表①〕と再度対比して確認し、前の段落の太字部分に示した点に回帰せよ。即ち、同頁には――

「少なくとも三〇〇〇万世帯が高速インターネットアクセス網に、また一〇〇〇万世帯が超高速インターネットアクセス網に常時接続可能な環境を整備〔五年以内〕することを目指す。」

――との、「IT基本戦略」の示す点の再叙が、カッコ書きでなされている。そこでの「超高速」は光ファイバー（FTTH！）にあたる。それ以外は「高速」であり、この区分は正しい。

そして、同頁注5に**IT基本法一七条**への言及がある際にも、同条が「広く国民が……」として、「**利用者の視点を重視している**」との点から同条を引く。**ここで再度念押しのために想起すべきは、電通審・前掲第一次答申一頁**（「はじめに」の3.）**が、IT基本法の基本理念の諸規定に何ら言及せず、この一七条のみを挙げ、そこに「事業者間の公正な競争の促進」云々とあることから、直ちに〝NTT叩き〟へと走ったことである。本書二1⑵のサブ・タイトルに「『脅しの論理』vs.『IT基本法』?」とつけた理由は、まさにここにある。**

公正競争論（しかも、「国内」の「地域網」のみを眼中に、KDDI〔その〝国際〟の六〇％シェア！〕をドミナント規制から外してNTTのみを縛るべく〝市場画定〟をもマニピュレートし、更に、銅線の単なる延長で光ファイバーを捉え、NTTのそれのみを縛る、云々といった醜く歪んだそれ!!）が『二〇〇五年』の目標達成を「阻害」する（IT基本法七条）ならば、かかる「規制〔案〕の見直し」をする（「高度情報通信ネットワーク社会の形成を阻害する要因の解消」――同条）のが筋であろう。

それは、Ｊ・Ｆ・ケネディが世界平和・人類の相互理解の為、全世界に及ぶ最高の技術によるＩＮＴＥＬＳＡＴの創設を目指したこととも、相通じる考え方であろう。貿易と関税二〇〇一年一月号五一頁以下のⅡ、同二月号三〇頁以下のⅤで、ＩＴ基本法の〝基本理念〟の、歴史的文脈について論じたところへと回帰せよ。「銅線」・「地域」の「独占」のみに目を奪われて〝全体的視点〟を失うのは、レーガン政権以降のアメリカが、米欧間ビジネス通信のみに着目して（一部の者の金儲けの為に）世界システムたるＩＮＴＥＬＳＡＴ体制を崩壊へと導いたのと同じであろう。

だが、二〇〇一年の完全民営化後のＩＮＴＥＬＳＡＴの株式の三五％は米英が握る、という怖ろしい構図が、そのあとにある（石黒・貿易と関税二〇〇〇年一二月号四三頁上段を見よ）。電通審・前掲第一次答申は、ＫＤＤＩ等の日本のＮＣＣ各社を応援するかの如くだが、その実、ＮＴＴ自体も外資に買収され易いように政府持株もなくす云々、としている。ということはＮＣＣ各社など同じ運命を辿っても、それをすべて『前向き』に受け止めよう、ということを意味する。そして、二〇〇〇年秋に出された、ローラ・タイソンをチェア・パーソンとするアメリカ新政権の対日経済政策に関するレポート（本書二(2)八一頁以下の＊で引用）では、ＮＴＴのドミナンスを脅かす存在として、米英のメジャー・キャリアのみが列記されており、日本のＮＣＣなど、そこで示したように、単なる買収の対象（あるいは外資のメッセンジャー的存在）でしかないかの如くである。同年夏の〝日米接続料金摩擦〟以来、Ａ局長（当時）はもとより、旧郵政省の全体が、かかる〝売国的〟路線をひた走ることとなり、わずかに残された旧郵政省の〝良心〟（＝良識）が、このｅ－Ｊａｐａｎ・前掲を残した。――私は、そう考えているのである。

ここで、ｅ－Ｊａｐａｎ・前掲一六頁以下に戻ろう。くどいようだが、同・一六頁では「ＩＴ基本戦略」に従い、「短期的には、一年以内に……すべての国民が極めて安価にインターネットに常時接続することを可能とする。これに必要なあらゆる手段を速やかに講ずる」とあり、同頁・注６にはＩＰｖ６（ＮＴＴの実績については、本書一４の＊の個所でＣＮＮのネット上の報道を含めて既述）への言及もある。にもかかわらず、電通審・前掲第一次答申では、「携帯電話」・「インターネット・アクセス」は、『すべての国民』のためのユニバーサル・サービスから〝除外〟されていたのである。そのことを、再度ここで強調しておきたい。電通審・前掲第一次答申が「ＩＴ基本法」、そして「ＩＴ基本戦略」を踏みにじるものであることを、再確認したいが為である。

さて、ｅ－Ｊａｐａｎ・前掲一七頁に移る。そこでは、日本のインターネット利用がＥメール等の「ナローバンド」から、「動画像」中心に「次第に移行しつつある」、とある。

この関係で、同・一九頁に「通信速度」に関する重要な指摘がある。多少図式化して示しておこう。そこで〝目標〟とされている「通信速度」についてである。

◎「二〇〇五年まで」――「家庭で五Ｍｂｐｓから一〇Ｍｂｐｓ、企業で一〇Ｍｂｐｓから一Ｇｂｐｓ」

◎「二〇一〇年まで」には（!!）――「家庭で五〇Ｍｂｐｓから一〇〇Ｍｂｐｓ（!!）、企業で一〇〇Ｍｂｐｓから一〇Ｇｂｐｓ」

——が、それぞれ「広く利用される」、とそこにある。「家庭」に着目すれば、「今後一般家庭〔!!〕でも一〇Ｍｂｐｓ程度以上の超高速通信が可能なネットワーク」利用が考えられる、とされている。だが、一〇メガで「超」と言うのは、私としては大きな抵抗がある。だが、より重要なのは、それに続く同・一九頁の指摘である。

「しかしながら、今後の普及が想定される**ＡＤＳＬ等のブロードバンド**〔「高速」対応——既述〕では、現時点においては通常一・五Ｍｂｐｓ程度の通信速度が想定されており〔ＡＤＳＬで本当にそれだけの速度が実際に出るかは、当時においても別問題だったことに**注意せよ！**〕、映像配信や遠隔医療等でも高精細・高品質なものには**対応できない**〔!!〕と考えられる。」

右の指摘は極めて重要である。ＩＴ基本法の掲げる基本理念の実現のためには、まさに右の点、つまり、「**ＡＤＳＬ等**」の「**高速**」**のものでは二〇〇五年**〔!〕**の**「**家庭**」**用ニーズですら対応できないことが**、そこで正しく指摘されているのである（その後の一二メガＡＤＳＬ等の展開における技術的問題については、本書二5⑵で詳述する）。

こうした状況下で、ＮＴＴ東・西の「銅線」ネットワークにぶら下がろうとするＡＤＳＬ事業者の新規参入促進にばかりハッスルするかの如き、後述の**公取委の最近の行動**は、一体どう評価されるべきなのか。彼等に『時間軸』・『〝技術革新〟への適切な視座』が欠落していること（とりわけ〝対ＮＴＴ〟の図式において！）が、大きな問題となる。この点は本書二5で、まとめて論ずる。**ＩＴ基本法を正面に据えた場合、公取委がいかなる行動をとるべきかの問題**である。

ここで、ｅ‐Ｊａｐａｎ・前掲一九頁の、前記引用部分に続く部分を、更に引用する。

「従って、二〇〇五年における目標水準を一・五Ｍｂｐｓではなく一〇Ｍｂｐｓを超える超高速アクセス網の実現に置くわが国においては光ファイバ網の整備の推進が重要である。」

右の引用部分には、光ファイバーに関する世界最高レベルの技術と敷設実績（面的な広がり）を有する**日本独自の道**（但し、本書目次の二4⑵を見よ。**ＮＴＴのＦＴＴＨ技術**は、〔**とりあえずは一〇〇Ｍｂｐｓ級のものとして**〕**既に国際標準**、**しかもデ・ジュールのそれに**、**なっていることを忘れるな！**）への、確固たる信念——それの醸成のために、**私はアイオワのＩＣＮ調査**等々を行ない、「二〇〇五年」への前倒しのためにも、私なりに尽力して来たのである!!——が示されている。**本来の旧郵政省は、この道を信じて、まっすぐ進むべきだったのである**。

ところで、同・一九頁の注7も、重要ゆえ引用しておこう。そこには——

「現在は、いわゆる**ラストワンマイル**において、**き線点**から利用者までのＦＴＴＨ、ＤＳＬ、ＦＷＡ、ケーブルインターネット〔ＣＡＴＶ〕が競争する状況にある。将来においては、ハードウェアとしては光ファイバが家庭や集合住宅まで敷設されたいわゆるＦＴＴＨ、ＦＴＴＣ〔ファイバー・トゥ・ザ・カーブ（curb）——加入者宅の近傍に多重化装置を設置し、そこまで光ファイバーを敷設する方式〕等の状況が広く普及した上で、集合住宅内の各戸配信等についてはVDSL、FWAといった技術が利用されるという構造になることが考えられる。」

――とある。そこで想起すべきは、本書二1⑵の冒頭の項目で言及した『**光ファイバーと高速無線接続**』（**AWA無線技術で最大三六Mbps**）**に関するNTTの技術開発**である。その実績を、右のe-Japan報告書からの引用部分の後半と対比すべきである（妻裕美子が読売新聞二〇〇一（平成一三）年二月九日夕刊の「ホーム〝LAN〟競争激化」の記事（『デジタルひろば』欄）に気付いてくれた。宅内で「全く配線の必要ないLANとして」の「無線」利用（同記事）との関係も含めて、NTTの『光プラスAWA』の画期的成果の位置づけがなされるべきこととなろう。AWAは『持ち運びできる』点でFWAとは異なることにつき、本書四五頁を見よ）。

　さて、e-Japan・前掲二〇―二一頁は、「料金」について、である。まずもって重要なのは、「低廉な定額料金制サービスが求められる中で」、様々な競争（!!）が既に展開されている、という事実が、そこで自然な形で示されていることである。『**競争状態への基本的な見方**』を『再考』する上でも、重要なファクターと、私は考える。即ち、同・二〇頁には――

「料金に関しては、低廉な定額料金制サービスが求められる中で、ISDNを用いた完全定額制（フレッツ・ISDN――月四五〇〇円）をはじめ、DSL、ケーブルテレビ等による月五〇〇〇円程度の定額制サービスが提供されてきている。**特に、従来一般利用者向けサービスが提供されていなかった光ファイバ**（**!!――本書二九頁所掲の〔図表⑬〕をもう一度見よ。そして、前記の〔図表⑥〕と対比した上で、この引用部分の意味を考えよ!!**）についても、**NTT東西が**二〇〇〇年一二月から、最大一〇Mbpsを利用者間で共用するサービス（三二人で共用する場合月三万円程度、七五〇人で共用する場合月四〇〇〇円程度）の提供を予定しているほか、ユーズコミュニケーションズが一〇Mbps又は一〇〇Mbpsを月五〇〇〇円程度で提供するサービスを二〇〇一年四月頃から提供予定であるなど、今後低廉な料金での多様なサービスの提供が期待されている。」

――とある。「地域網」・「銅線の単なる延長としての光ファイバーの把握」・「NTT叩き」といった〝単線的思考〟にいまだに支配されている電通審・前掲第一次答申と対比すべきである。皆が皆中心に据えて考えるインターネットについて、実際には、これだけの『**料金競争**』がある。少しは、〝**虫眼鏡**〟で**銅線とローカル網**（**ハード!**）の『**独占**』にばかり眼を向ける、**余りにも狭い視野を、再考せよ**、と言いたい。無論、電通審・前掲に対して、そう言っているのである。既述の二〇〇一（平成一三）年一月の**公取委の報告書**（本書において、『産構審情報経済部会・第二次提言』への批判の一部として引用した報告書である。本書三七頁、五三頁の＊の個所を見よ）の説く通り、インフラのボトルネック解消のためには、『**代替的ネットワーク**』敷設へのインセンティブ論があるはずだし、石黒・前掲法と経済九三頁に示したように、「**なるべく相互接続料**（**金**）**を安くしようとする姿勢からは、新たなテレコム・インフラ整備を新規参入事業者が行なうインセンティブが薄れる**、という問題」が生ずる。

　そもそも、「**地域**」・「**長距離**」・「**国際**」・「**移動**」という、一見もっともらしい『**市場画定**』の仕方（電通審・前掲第一次答申が、KDD

ーをセーフとすべく、そこに更に『人為的』操作を加えていたことは既述）が、このe-Ｊａｐａｎ・前掲の示す実際の〝ＩＴ革命〟への道との関係で、どこまで妥当なのか、の問題がある。**『利用者の視点』から『市場画定』**をするべきなのではないか、ということである。この点は、本書二―1⑵、そして二―5で論ずる。

さて、「料金」と言うか、〝料金競争〟の実態に言及するe-Ｊａｐａｎ・前掲であるが、同・二二頁には、あたり前のことながら「料金は本来市場において決まるものであ」る、との指摘があり、その上で二〇〇六年までの「予測」をしている。ＮＴＴ東西への「料金」・「サービス」両面での**『非対称的規制』（公取委の二〇〇一（平成一三）年一月の前記報告書が、事業法上の非対称的規制それ自体を独禁法にあわせろ、と言っていることに注意せよ**。それから先の公取委の〝やり口〟については後に批判する）によって、ＮＴＴのみを雁字搦《がんじがら》めにしているのが、このe-Ｊａｐａｎ報告書を出したのと同じ旧電気通信局とは、とても信じられない記述である。

ともかく、e-Ｊａｐａｎ・前掲二二頁の、「料金水準・通信速度の目安」に関する表を、次に見ておく。「ブロードバンドサービスに関する……」とあるが、「二〇〇四～二〇〇六年」で見ると、「光ファイバ」は「三〇Ｍｂｐｓ～」の速度が想定されているのに対し（但し、ここでは「高速」と「超高速」との仕分けがあいまいになっている。「ブロードバンド」の語についての、既述の注意書きに回帰せよ）、「ケーブル」は「四Ｍｂｐｓ～六Ｍｂｐｓ」、「ＤＳＬ」一般については「五〇〇ｋｂｐｓ～一Ｍｂｐｓ」とされ、「ＶＤＳＬ」のみ、なぜか「光ファイバ」と同等の「三〇Ｍｂｐｓ～」、とされている。

これだけを見ると、銅線を前提とするＶＤＳＬ（**Very highbit-rate Digital Subscriber Line**）が光ファイバーと同等の速度を出せるようで、ミスリーディングである。この点は、e-Ｊａｐａｎ・前掲の、これから先の論議で、〝そうではない〟ことが明確化される（本書一一三頁の＊の項を参照）。だが、同・二二頁にも、注3として、次の指摘が既にしてあることに、我々としては注意すべきである。即ち――

「一〇Ｍｂｐｓ程度を超える超高速（気に入らぬ言い方だが、まあよい）通信サービスにおいては、**き線点まではもとより**、マンションの入り口等（韓国ではあるまいし、なぜマンションのみを挙げるのか。同・一九頁及びその注7には「家庭」、あるいは「家庭や集合住宅」とあった。正確に書け、と言いたい）にまで光ファイバ網が整備されていることを前提に、ラスト数十メートルないし敷地内のみを、様々な理由のため他の技術（例えばＶＤＳＬ技術や高速ＦＷＡ等）により補っているというネットワーク構成となっていることが想定されている。

この意味では、**ＶＤＳＬ等の技術は、光ファイバを前提としたプラスアルファの技術であるとも考えられる。**」

――とある。そもそも「二〇〇四～二〇〇六年」でＶＤＳＬが「三〇Ｍｂｐｓ～」のスピードを安定的に出せるかは、予測としてのものである。昨（二〇〇〇（平成一二）年秋、ＶＤＳＬ関連に強い外国某社の技術責任者と話した際、彼等は、現状で六〇メガ出るから光など不要、と述べた。だが、私が問い詰めると、やはり現状では二〇メガ程度が限度、との予想通りの答となった。それが仮りに六〇メガまで行ったとしても、その先があるのか。そこが問題の核心なのである。

二〇〇〇（平成一二）年一二月二五日に出された、このe-Japan報告書は、その先の個所でも、〝まとも〟である。即ち、同・二二頁は再度「光ファイバ網の整備の意義」（「き線点」よりずっと先までの「整備」が考えられていること既述）を論ずる。重要ゆえ、引用する。まず、そこでは、「数Mbps程度の高速〔!!〕通信」は「DSL、ケーブルインターネット・FWA（Fixed Wireless Access〔加入者系無線アクセスシステム〕）」による「いわゆるブロードバンド〔＝「高速」。ここでのブロードバンドの、「超高速」と明確に区別された用語法に、再度注意せよ〕でも可能だが」、とあり、その次に――

「他方、数十Mbpsを超える超高速通信は、一般に光ファイバにより実現されるものと考えられる。光ファイバ網は、実用化ベースでは、現在一芯で最大二・四Gbps程度の通信速度を持つとされ、これを波長分割多重（WDM）方式により多重化（三二波）することにより、一芯で約八〇Gbps程度の超高速通信が可能となっている。さらにこのWDM技術の進展により、更なる超高速・大容量化も見込まれている。

このように、二〇〇五年において、必要とする利用者〔全国民!!〕――IT基本法の基本理念たることに、再度注意せよ〕が数十Mbps以上の超高速インターネットアクセス網を利用できる環境を整備するためには、加入者系まで含めた光ファイバ網の全国整備が極めて重要である。」

――とある。数十メガビット毎秒「以上」を「超高速」とするに至って、初めて、石黒・超高速通信ネットワーク――その構築への夢と戦略（一九九四年・NTT出版）の前提とする世界との自然な接続が、辛うじて可能になる。

右引用部分には、『二〇〇〇年版通信白書』におけるが如き、『国策』としての『二〇〇五年全国光ファイバー網整備』を『二〇一〇年以降実現』とするが如き、トーン・ダウン（石黒・貿易と関税二〇〇〇年一一月号六二頁以下参照）もない。正当である。

だが、考えて欲しい。右引用部分で着目されているWDM技術を、一体誰が世界レベルで牽引しているのか、と。本書一5の目次、そして、その中に書かれていることに回帰せよ。

e-Japan・前掲一二頁の前記引用個所では、WDMによる波長多重は「三二波」となっていた。だが、WDMのコア技術として本書一5で言及したAWG（アレイ導波路格子）――それ自体がNTTの世界に先駆けての開発による――に関し、このe-Japan報告書の出された数日後には、NTTが「大規模一〇〇〇チャネルAWGを開発」の正式発表が、NTTからなされているのである。そこに示したように、更なる技術開発により「超多波長光ネットワーク」〔数千～一万チャネル規模のAWG〕の「実現」〕の構築が可能となり、「光の波長を活用してさまざまな機能を持たせる将来のフォトニック・ネットワーク実現に大きな前進をもたらすことが期待」されているのである。

ところで、右に「フォトニック・ネットワーク」とある点に関し、e-Japan・前掲二三―二四頁から、若干の引用をしておこう。「超高速通信ネットワーク」整備上の「技術的基盤」に関する指摘である。そこには――

「二〇〇二年頃には、バックボーンにおいてテラビット（Tbp

ｓ〔テラは一兆〕）級の通信速度が実用化されることが期待され、その後ペタビット（Ｐｂｐｓ〔ペタは千兆〕）級の通信速度実現に向けた取り組みが必要である。このため、政府としても、二〇〇五年頃にはペタビット（Ｐｂｐｓ）級の通信速度を実現するための基礎研究に取り組む必要がある。」

――と、まずある。なぜ頁を先に飛ばしたかと言うと、前記の正当な指摘以降、『予算ちょうだい』型の役人にありがちな方向に、このe-Japan報告書が流されてゆくからである。だが、〝基礎研究は国がやる〟的な、電通審・前掲第一次答申的な考え方の下で、右の引用部分のあとで、何が示されているか。そこを見る必要がある、のである。即ち、e-Japan・前掲三四頁には――

「ペタビット級通信には、光ファイバを前提としたフォトニックネットワーク技術が必要である。これを光多重化技術、光ノード技術、光ネットワーク技術に区分した場合、具体的には、光多重化技術については、二〇〇〇年には光ファイバ一芯あたり二〇〇波、二〇〇五年には一〇〇〇波の多重化が可能となるようＷＤＭ技術の高度化に取り組む必要がある。……」

――とある。「政府」が「二〇〇五年」に、と考えて出したこの報告書の数日後の元旦に、ＮＴＴが一〇〇〇チャネルＡＷＧ技術開発に成功、の発表があったのである。――私が何を言いたいのか。『ＮＴＴのＲ＆Ｄなど大したことないから、外資に買収されてもかまわないし、基礎研究は国がやる』などと思っている輩に対し、しかも、ペタビット級通信のコア部分につき、ＮＴＴは、みごとに『技術』のバケツで冷水をぶっかけているのである。そこがみごと、と言うか面白い（快哉！）のである。

そのＮＴＴを金縛りにして、アメリカの（半ば隠された形での――既述）意向通りに、その実ＮＴＴのＲ＆Ｄにストップをかける声に、この日本は満ち満ちている。『そこがおかしい‼』と、私は力説しているのである。

＊　ベル研究所の運命

ちなみに、前記の日経ビジネス二〇〇一年二月五日号五四―五八頁（真弓重孝執筆）には、『経営戦略――誤算の研究』欄に、「米ルーセント・テクノロジーズ（世界最大の通信機メーカー）――ＡＴ＆Ｔから独立〔する〕も経営風土変えられず組織硬直、ネット化の波に乗り遅れ失速」と題した記事がある。同・五四頁には、かの「ベル研究所」を「傘下」に抱えるルーセントが「ノキア」や「アルカテル」に「買収されるのではないかとの憶測が、ニューヨーク株式市場を駆けめぐった」、とある（本書三4において、更に後述する）。

本書七七頁の《若干の脇道》の最初に掲げたゴールドマン・サックス・ジャパンのＮＴＴへの評価と対比すべきである。もとより、日経ビジネスの前記記事に対しては、本書三を通じて、もっと問題の全体を見ろ、と言いたい点が多々あるが、それはともかく、こうした状況下で、「ベル研」が沈みゆくならＮＴＴ研究所も共に沈めよう、という或る種の力が働くことは、ごく自然なことであろう、と再度私は言いたい（覇権国家のやることは、歴史上いつもこんな感じだったはずである。ただ、今あるのは〝見えざる戦争〟なのではあるが……）。

＊　＊　＊

ここでe-Japan・前掲三四頁に戻る。そこで光ファイバー関連技術（WDM以外）について言及されている点については、本書三で、NTTのR&D実績との関係で、一括して、それ自体として示すが、『**VDSL**』について、「二〇〇三年頃には……光ファイバ網とのハイブリッド方式による五〇Mbps級の超高速インターネットが技術的に可能とされていることが期待される」、とある。傍点部分の、若干持って回った表現に注意せよ。いずれにせよ、数十メガ止まりがVDSLなのだ、との点に再度注意せよ。

ところが、同・三四頁の「**IPv6への対応**」では、「超高速インターネットには、情報家電等接続される端末が膨大な数となるため、十分なアドレス空間を備え、プライバシーとセキュリティの保護に資する機能を有するIPv6への対応を、官民を挙げて推進することが必要である」、とある。

書いていることは〝まとも〟だが、『**インターネットの隠れ王者**』（前掲のゴールドマン・サックス・ジャパンの評価）たるNTTがIPv6で世界の先頭を走っていることは、本書一―4の末尾でも、頭出し的にCNNのネット上の報道を引用して示した。「官民を挙げて」と右にはあるが、『**NTTグループ解体**』への『**脅し**』の、**実際上のターゲットは、その**『**NTTの研究開発体制**』の『**崩壊**』にある。そこをどう考えた上での指摘かが、大きな問題となる。

しかも、同頁には「**第四世代移動体通信システム**（いわゆる4G）の研究開発・世界標準化の推進」とある。「二〇一〇年頃までの実用化」を「期待」してのものだが、そんなことは、〝**Beyond IMT-2000**〟として、後述の如くNTTドコモが率先して、既に活動中である。**そのNTTドコモを、アメリカに言われるままに、支配的事業者として「国内」で縛ろうとして必死になりながら、「世界標準化に向けた国際展開を推進することが必要」**だ（e-Japan・前掲三四頁）などと、よく言えたものだ。白々しいにも程がある。

d　光ファイバー網整備の現状と屈折した展望

ここで、e-Japan・前掲二三頁に戻る。「光ファイバ網の整備状況と今後の整備見通し」の項である。『大変だから予算ちょうだい』が、ここから先においてこのペーパーの辿り着く見苦しい結論となるが、そんなことは、もはやどうでもよい。

まず、同頁に、「中継系ネットワークについては、ほぼ一〇〇%の光ファイバ化が完了」、「事業者」（誰でしょね!?）からの「ヒアリングによれば、東京―大阪間で最大五〇Tbps～六〇Tbps」対応ゆえ、「現状」では「十分な余裕がある」、とある。

一寸待て、と言いたい。基本的、かつ結論的には大丈夫なのだが、**なぜ東京・大阪間だけを問題とするのか**。この指摘の背後には、IT基本法の基本理念を踏まえつつも、踏み込みがまだ足らぬ〝本性〟が見え隠れしている、と言うべきである。

同頁は、問題の焦点たる「加入者系光ファイバ網」について、「一九九九年度末現在、政令指定都市や県庁所在地級都市のビジネスエリアでは整備率が九三%（全体では五六%）、人口一〇万以上の都市等のビジネスエリアでは七二%（全体では三四%）に達している」、とある。同・二三頁では、これ「に対し、人口一〇万未満の都市等においては一四%〔!!〕と低く、**地域間格差が拡大**している

〔図表⑰〕　都市規模別加入者系光ファイバ網整備率

区　分		カバー率					
		94年度末	95年度末	96年度末	97年度末	98年度末	99年度末
政令指定都市及び県庁所在地級都市	全エリア	16%	21%	28%	34%	44%	56%
	ビジネスエリア	32%	47%	74%	89%	92%	93%
人口10万以上の都市等	全エリア	8%	11%	11%	13%	22%	31%
	ビジネスエリア	6%	23%	48%	59%	69%	72%
その他		2%	3%	5%	6%	8%	14%
全　国		10%	13%	16%	19%	27%	36%

注１　整備率は、き線点までの整備率。
注２　ビジネスエリアは、加入者の50%以上が事業所であるエリア。

〔図表⑱〕　加入者系光ファイバ網整備率の推移（都市規模別での試算値）

	2000年度	2001年度	2002年度	2003年度	2004年度	2005年度
政令指定都市及び県庁所在地級都市	59%	74%	89%	100%	100%	100%
	57%	**69%**	**84%**	**100%**	**100%**	**100%**
	92%	94%	95%	96%	96%	96%
人口10万以上の都市	90%	92%	93%	94%	95%	95%
	56%	**70%**	**84%**	**98%**	**100%**	**100%**
	39%	48%	57%	69%	80%	91%
人口10万未満の都市（過疎地域を除く）	58%	65%	71%	75%	79%	81%
	36%	**48%**	**63%**	**78%**	**99%**	**100%**
	23%	29%	35%	42%	49%	57%
過疎地域	26%	32%	38%	42%	46%	48%
	16%	**25%**	**35%**	**44%**	**58%**	**100%**
	0%	0%	0%	0%	0%	9%
全　国	79%	82%	85%	87%	89%	89%
	48%	**60%**	**74%**	**89%**	**97%**	**100%**
	45%	54%	63%	71%	76%	81%

注１　整備率は「き線点」までの整備率
注２　上段は経済的合理性に従って整備が進むと仮定した場合の整備率
　　　中段は2005年に100%整備が完了することを前提とした場合の整備率
　　　下段は従来の整備率の水準で推移するとした場合の整備率
〔出典〕 e-Japan・前掲23頁（〔図表⑰〕）、同24頁（〔図表⑱〕）。

〔!!〕」、とある。「都市等」の「等」の中に、日本の国土の七割を占める〝中山間地〟が押し込められていることを、忘れるな(!!)。そして、敷設率の高い都市でも「ビジネスエリア」以外で光ファイバーをせっせと敷設し続けて来た〝主役〟がNTTであることも、忘れるな。更に、右の如き指摘においても、前記の、本書一6に示した〔図表⑥〕の都道府県格差の表が伏せられたままであることに、再度注意せよ。

e-Japan・前掲一二三頁は、ともかくも「採算の取りにくい地方における光ファイバ網の整備の強力な推進が必要」だ、とするのだが、そこで二つの表が示されている。それらを〔図表⑰〕・〔図表⑱〕として、ここに掲げておく。

〔図表⑰〕に「その他」とあるところが、前記の如く、私としては、IT基本法の基本理念との関係で許せない。『すべての国民』のための営為において「その他」とは何事か、ということである。自分が其処に住んでいたら、一体どう思うのか。デリカシーに欠ける。欠け過ぎる。

ところで、〔図表⑱〕の注2に「経済合理性」云々とある点については、同頁脚注12で、「き線点まで」(!!)の整備につき、「収入」が「コスト」を「上回る」場合のこと、とされる。それを前提に〔図表⑱〕の左上の太枠のところを見て頂きたい。そこの下段の「九二%」は、現状の整備率と考えてよい。「経済合理性」からは「五九%」なのに「九二%」。これは何を意味するのか。本書でも何度か論じたように、現状では大都市部の中心地帯(東京の大手町あたりや大阪の梅田周辺、等)の儲かるところにばかり、〝重複投資的に〟光ファイバーが敷設され、NTTのみ(!!)に光ファイバー網の一方的開放を求める〝非対称的規制〟によって、更にこの大きな格差が、猛烈に拡大しようとしている。——それが現実の姿なのである。それを〔図表⑱〕の左上の太枠の部分から、どこまで深く読み取ることが出来るか(もう一つの太枠部分については後述する)。それが問題の一つの核心でもあるのである(!!)。

また、この〔図表⑱〕(及び〔図表⑰〕)を、本書二九頁に示した〔図表⑫⑬〕(NTT対NCCの光ファイバー回線の比較の図表)とも対比すべきである。〔図表⑰⑱〕では「き線点までの整備率」が、本書一七頁の〔図表⑥〕と同様に問題とされているのに、〔図表⑫⑬〕では、「利用回線数」の比較となっている。その違いがいかなる意図からもたらされたものかも、考えるべきである。〔図表⑫⑬〕はNTT(東西)の敷設する光ファイバーのみを縛るための、〝歪んだ意図〟からのものであったことを、想起すべきである。

さあ、これからいよいよ、『予算ちょうだい』路線へと、かのe-Japan報告書は走り出す。同・一二五頁以下は「支援措置の必要性」の項である。同・一二五頁冒頭には、「政府目標」たる「二〇〇五年」全国敷設完了の目標に対し、「仮に経済的合理性に基づいて光ファイバー整備がなされても「全国で八九%に留まり、実際の整備率はさらにこれを下回る可能性もある」」、とある。旧郵政省が、NTTの接続料金に関する日米摩擦、そして遡ればNTTの再編成(持株会社体制)などの余計なことをしなければ、そして『公正競争』の名の下に、今後一層、例の第一次答申の線でNTT、とくにNTT東・西に手枷・足枷をはめることなどしなければ、NTT側としての〝経済合理性〟に基づく自主的経営で、相当部分(全部とは言えぬまでも……)、現状の、そして将来の〝格差〟は、縮小し得たはずである。既述の如く、一九九〇(平成二)年のVI&P計画で二〇一五年までの全国光ファイバー網整備を打ち出したのはNT

T自身であり、一〇年前倒しになったからということで、そこに本来の意味でのインセンティブを付加したならば、どうなっていたであろうか、との点を考えるべきなのである。〃余計な事〃ばかりする張本人たる旧郵政省側が「さらにこれを下回る可能性もある」などと、よく言えたものだ。

ここで、いわゆる『公正競争』論によって、日本社会がどの程度の〃損失〃を被ったかを、得られたと称される〃利益〃と、正しく秤にかけるべきだ、と私は思う。サプライ・サイドの〃パイの奪い合い〃ではなく、全国民的な、真の意味でのウェルフェアが問題である。岩波の石黒・前掲法と経済の目次から「公正」の語を辿り、そして、同・国際的相剋の中の国家と企業（一九八八年・木鐸社）二八頁に到達して頂きたいものである。後者に引用したザジャックは、「フェアネスの問題について言及すると直ちにそれは私的利益追求のための煙幕（smoke screen）だと一蹴されるアメリカ経済学界の〔当時の〕現実」を嘆いていた。だが、NTTを包囲する『公正競争論』は、まさしく「私的利益追求のための煙幕」そのものではないか（!!）。――私は、強くそう思う（〃公的整備〃〔後述〕に言及するこのe-Japan報告書に対しても、私が言いたいのは、財政再建が急務のはずの日本で、将来の社会経済の根幹たるテレコム分野において、旧郵政省のいわゆる〃公正競争論〃によって、いかに大きな社会的・経済的〃損失〃がもたらされたのか、つまり『公正競争論の代償』が、どれほど大きかったのかを、もっと真剣に考えるべきだ、ということである。そこに問題が移ると、それまで何だかんだと叫んでいた経済学者達も口を噤《つむ》ぐことを、百も承知で、私はその点を訴えたい）。

さて、e-Japan・前掲二五頁は、『そうしてしまった張本人はお前だ（犯人はお前だ！）』、との点には頬被りしたまま、「デジタルディバイドの拡大」の「懸念」ゆえに、「政府」の「措置」が必要だ、と持って行く。

「二〇〇五年」の「整備率」たる「八九％」を、「二〇〇五年度の一年間」で「一〇〇％」にするには「数千億円」必要だ、とある（同頁）。――一部には『高々数千億円なら国がやれば済む』、との声もある。だが、前記の〔図表⑥〕の都道府県格差の現実をもう一度見て頂きたい。前記の〔図表⑱〕も、一つの予測に過ぎない。「全国」ベースで残りが一一％（右下端の枠の数字）としても、日本の国土の七割が中山間地であることを前提に、〔図表⑱〕の「過疎地域」の「四八％」という予測値、そして従来通りで行った場合の、その「九％」という数字を、もう一度見て頂きたい。〔図表⑱〕の、太枠で囲った右下の方の部分である。

本当に試算額「数千億円」で済むのか、の問題である。そこが大きな疑問として残る。e-Japan・前掲同頁（二五頁）も、「整備状況によっては、さらにこれよりも大規模になる可能性もある」、としている（!!）のである（ちなみに、『二一世紀における情報通信ネットワーク整備に関する懇談会報告書』〔二〇〇〇（平成一二）年六月三〇日・郵政省〕一二頁によれば、「加入者系」の光化を「新たに」行なう場合、「全国整備」には「約一〇兆円程度必要」、とある。その六割を未敷設とラフに考えても、六兆円となろう）。

同・二五頁は、加入者系光ファイバ網整備の「特別融資制度の拡充」を訴えるが、「下限金利一・〇%がボトルネックとなり」本来の効果が上がらないから、それを下げろ、とある。NTTのローカル網に対する安易な『ボトルネック』論と、対比すべきである。本当にどうしようもないボトルネック――ここでは、『公正競争論の

歪んだ鏡』なしの、自然な用語法において、「ボトルネック」への言及がある。そして、同・二五―二六頁は、お定まりの税制優遇措置、である。同・二六頁では、「例えば過疎地域等において、公的整備……も検討することが必要」、とある。あと五年なのに、何が「検討することが必要」、だ。

ともかく、いろいろあっても、光ファイバーが主役であることを正しく認識する点では評価できるのが、このe-Japan報告書である。同・二七頁以下は「ブロードバンド（DSL、ケーブルインターネット、FWA）」を、基本的に「光ファイバ網を活用した超高速通信に対する需要換起にもつながる」ものとして位置づけている（同・二七頁）。

面白いのは、同・二九頁である。まず「**VDSL**が実用化した場合には」云々、とある。現在、VDSLで数十メガがすぐにも実現できる、などと言えるか、の問題である。また、同頁は、**CATVの限界**についても、はっきり書いている。全部光ファイバーにすれば別だろうが、「**同軸ケーブルを利用したケーブルインターネットに関しては、二〇〇〇年代中盤以降、光ファイバとの通信速度に関する格差が広がる**」、とある。

もっと面白いのは、DSL（当面ADSLを想定しているものと思われる）に関する、次の指摘である（通信料金についてのそれ）。

「DSLモデムの売切り制の導入や**過当競争の進展**等により、DSLの料金が極端に低廉化（例えば一〇〇〇円以下等）した場合には、ダイヤルアップやISDN（狭帯域のそれ、である!）の利用者を吸収して加入者数が拡大する可能性がある。」

――とある。DSLにとって一見グッド・ニュースのようだが、「過当競争」とあることに注意せよ。NTTの局舎に入って『線をつながせろ』（いわゆるコロケーション）と今は大いに胸を張る不遜な（A）DSL事業者が、このe-Japan報告書の線で、つまり、IT基本戦略よりも、もともとの『政府目標』に立ち戻り、『光ファイバー全国敷設完了二〇〇五年』となったとき、どうなるのか。銅線のままでも、過当競争（つなぐだけで消費者から高いおカネを取っていた従来のISPや、PHSの事業者と同じ運命?）が、私も大いに気になっている。その点が右にサラッと触れられているから、面白いのである。

だが、エンド・ユーザー宅に光ファイバーと銅線とがsice by side で引き入れられた途端、**サービス品質(!!)の差**は、誰の目にも明らかとなるはずである。そうなったらVDSLにすがるのであろうが、それでも限界のあることは、これまでこの報告書に即して、見て来た通り。同・二九頁には、「VDSL」の「実用化」で「三〇Mbps以上」が可能となれば、「料金次第では、……光ファイバとの競合……が生じるとも考えられる」、とある。過渡期的にはそうなり得るが、光ファイバーのスピード・アップは、これまで随所に本書で示して来た通り（本格的には本書三。だが、そこでは別に光ファイバーのみを扱う訳ではない）、無限に近い。

そうなった段階で、窮したDSL事業者が、またもや『私的利益追求のための煙幕』としての『公正競争論』に頼る、といった忌々しい展開になるのであろう。**まさに従来のアメリカの、対日『不公正貿易論』と同じ**である。

e-Japan・前掲三一頁に移る（途中は操り返しが多いため）。「ブロードバンドの普及予測」をも行なった結果を合わせると、「二

○○四年～二○○六年頃」で、「超高速インターネットアクセスを実現し得る**ＦＴＴＨの加入世帯数**は、仮に二○○五年に光ファイバ網の全国整備が実現するとの前提に立った場合でも九○○万世帯台に留まる。また……**ブロードバンドの加入世帯数**は約一二○○万～一六○○万と試算され、**いずれもＩＴ基本戦略で掲げた目標値（それぞれ一○○○万世帯、三○○○万世帯）には及ばない**」、とある。**『だから予算ちょうだい』**なのだが、さすがにワン・クッション置かぬと恥ずかしいと思ってか、既に言及した同・二三三頁以下の、「テラ」から「ペタ」への「技術的基盤」を間に入れて、同・三四―三五頁で、「**電気通信基盤充実臨時措置法**の延長・拡充」を訴える。同法が二○○一（平成一三）年五月に「廃止期限を迎える」からである。

ここで彼等に言っておきたいことがある。よもや忘れはしまいが、私は、私なりに同法制定の為に全力を尽くした（その一端につき、石黒・ボーダーレス・エコノミーへの法的視座（一九九二年・中央経済社）七七頁以下、とくに八一頁を見よ）。同・八一頁に示したように、同法の基礎には**「通信格差の是正」**・**「国土の均衡発展」**という二つの大切な柱があったからである。そして、全国光ファイバー網整備完了へとひた走る。――その目的の為に、**あの一九九七（平成九）年の『行革・規制緩和の嵐』**に際しても、私は全力でこの理念の正しさを守るべく、努めたのである。

それなのに、同法の「延長・拡充」云々のすぐあとには、**なぜか小さな活字で**（e-Ｊａｐａｎ・前掲三五―三六頁）、あの忌まわしき電通審・前掲第一次答申のサマリーがあり、かくしてe-Ｊａｐａｎ報告書の実質部分が、プツンとそこで終わってしまうのである(!!)。何と不自然な展開であろうか。

同・三八頁以下は、「今後に向けた提言」であるが、同・三九頁には次の如くある。

「民間においても、超高速ネットワークの整備は民間主導原則の下で推進されるべきものであること〔ＩＴ基本法七条参照〕に鑑み、民間においては、『超高速ネットワーク年次整備指標』において試算された、今後の光ファイバ網を活用したサービスやブロードバンドに関する通信速度や料金、今後の光ファイバ網の整備状況、ブロードバンドの普及見通し等を念頭に置きつつ、これらの水準を上回る水準を可能な限り達成し、二○○五年における世界最高水準の超高速ネットワークが実現できるよう、**計画的な投資**(!!)、サービス展開やアプリケーションの開発等に努めるべきである。」

ＶＩ＆Ｐ計画以来の、ＮＴＴの着実かつ大胆な国内・国際両面におけるＲ＆Ｄの実績、そして自ら立てた全国光ファイバー化の〝悲願〟達成への「計画的な投資」を邪魔した張本人が、白々しくも吐く〝御上の御達し〟である。だったら、その数頁前（同・三五―三六頁）に、恥ずかしくて(!?)〝小さな活字で〟そのサマリーのみを示した電通審・前掲第一次答申は何なのか。また、『民間においても』とあるが、ＮＣＣ各社等（外資に乗っ取られたそれら(!!)も含む）に過疎地等にまで光ファイバーを引く気など、そもそもあるのかが、別途問題となるが、この点も触れずに終わっている。

かくて、遂に、この二つのレポートの間の〝矛盾〟については、何の言及もないまま、e-Ｊａｐａｎ・前掲は、殆ど無意味な形で

「今後の技術革新」の語を、最後の同・四〇頁で、言葉だけ示して、だらしなく終わる、のである。

＊　＊

以上で、本書二1⑵を終わる。そのサブ・タイトルがすべてを示している。『脅しの論理』vs.『IT基本法』?」と目次には示した。だが、最後の「?」は、皮肉のつもりである。

IT基本法、とくにその基本理念の諸規定を迂回して「国内」「公正競争」オンリーの発想でNTT叩き（KDDIは救う）に徹した、不純で極めてレベルの低い電通審・前掲第一次答申は、絶対に、省令改正や法改正のベースとされてはならない。

もし第二次答申を出すならば、せめてe-Japan・前掲がそうだったように、IT基本法の基本理念の諸規定をすべて踏まえ、その全体的要請の一部たる「公正競争」、そしてその更に一部たる「国内」、しかも「地域網」のそれを、同法の基本理念の中に、適切に位置づけるべく、猛省すべきである。

公正競争、しかも「国内地域網」のそれが、すべてではない。これは、IT基本法上、明らかなことである。「二〇〇五年」を目指して、旧郵政省が、e-Japan報告書を主軸として奮起することが、本来は期待される。

だが、もはや彼等は**全くの確信犯**である。だから、私は彼等に絶縁状を叩きつけ、その上で、死を常に意識しつつ、本書執筆を決意したのである。

〝曲学阿世の徒〟の典型たる某教授（S&D）と同じ大学に奉職するのは、苦痛であり、恥ずべきことだと、最近私は、公言して何ら憚《はばか》らない。殆どすべての、この手の旧郵政省の報告書（とくにNTT叩きのそれ）に名を連ねるその二氏よ。あなたには、学問的良心というものが、本当に微塵も無いのか。――それにしても、なぜ猪瀬博先生は、この重大な日本の危機に際し、天に召されてしまったのか。その後の数か月、猛烈なスピードですべてが狂い出したのである。私には、そう思われてならない。

＊　以上、二〇〇一（平成一三）年二月一二日の執筆を、夕方一度中断し、妻と二人で、何と殆ど今年になってから初めての外食をし（六本木のベトナム料理）、元気になって、午後一一時頃から執筆再開。二月一三日午前二時二三分脱稿。すぐに点検に入る。妻は、本書一の部分の再校の最終チェック中。活字になるまで待ってはいられない。大量コピーして、その校正刷も配りまくる。

かくて、今月一八日からの忙しいシンガポール出張の前に、是非e-Japan報告書について論じ、その正しい部分（本来の、旧郵政省の最重要課題――全国光ファイバー網整備）と、**暗黒の独裁政治の如き電通審・前掲第一次答申**とを、〝二物衝撃〟（山口誓子の俳論）的にぶつけ、正邪の光を識別した上でIT基本法の基本理念に回帰せよ、とする私なりのプランは、すべて原稿用紙の上に、万年筆で叩きつけるように、書きまくって定着させた。

今、ちょうど午前二時半。点検に入る。点検終了、午前二時五九分。コピー等のあとの妻裕美子（第一読者!!）の点検終了、午前六時五六分。ADIEMUSに励まされての、夫婦揃っての、いつもの徹夜、である。

＊　ＶＤＳＬの国際標準化動向

　既に言及したＶＤＳＬについて、ＩＴＵ-ＴのＳＧ（スタディ・グループ）15に提出された日本側（提出元は「ＮＴＴ・三菱電機・ＮＥＣ・住友電工・富士通・東芝・沖・松下」とある）の寄書から、現状（とくに『通信速度』と『距離上の制約』）を見ておく。二〇〇一年一月八―一二日の会合でTemporary Document CF-052として提出されたものである。その概要の日本語版があり、ここではそれで十分と思われるので、それを見る。

　まず、**ＶＤＳＬの国際標準化**は、まさに今進行中、との点に注意すべきである。そして、同寄書概要にあるように、ＶＤＳＬとは、「数百メートルからせいぜい一キロメートルと短距離なものの、最大二〇Ｍｂｐｓ程度」、とされている。それについての国際標準化作業、なのである。「信号周波数」問題が絡み、いくつかの案がある中、ともかく同寄書で日本側はPlan 998というものを選択する、とした。ＶＤＳＬでは、「対称伝送」・「非対称伝送」、そしてその双方を可能とする「フレキシブル」の三案があるが、Plan 998は「非対称伝送に有利」とされる（米英仏加韓の各国がそれを採用）。

　同プランの場合、**『通信速度』と『距離』との関係**については、次のようにある。

● 伝送距離六五〇メートルの場合――「下り」二二Ｍｂｐｓ（以下、メガと略す）、「上り」三メガ。
● 同距離七六〇メートルの場合――「下り」一四メガ、「上り」三メガ。
● 同距離三二〇メートルの場合――「下り」一三メガ、「上り」一三メガ。
● 同距離七〇〇メートルの場合――「下り」八メガ、「上り」八メガ。
● 同距離七四〇メートルの場合――「下り」六・四メガ、「上り」六・四メガ。

　ＶＤＳＬの場合にも、微妙な状況の変化が右の数値に影響を与え、同じビット数でも、例えば「北米環境下」での〝距離〟は若干異なる。

　だが、〝最大二〇メガ程度〟と言っても、『完全双方向性』を考えると一三メガ（日本の場合「三二〇メートル」、「北米環境下」では「五八〇メートル」の伝送距離――いずれも「シミュレーション結果」としてのもの）が最高速度となる。それが、**国際標準化作業の現場から見たＶＤＳＬの現状**である（〔追記〕その後の動向については、本書四九四頁を見よ。ＶＤＳＬに関しては二つの方式間で相互接続不可の状況が、続いているのである!!）。

　エンド・ユーザーが情報の単なる受け手にとどまるのではなく、〝発信〟面も大いに重視すべきこと（**ＩＴ基本法二条**に「情報……を世界的規模で入手し、共有し、又は発信すること」とある点にも注意せよ）からして（将来の技術革新は、もとよりＶＤＳＬについても急速だろうが、それでも一〇〇メガなど、所詮無理とされている）、かかるＶＤＳＬの現状はしっかり把握すべきだと考え、この点の追記を行なった次第である。（以上、同年二月一四日午後五時半）。

(3)　「ＮＴＴの技術力に対する適正なる評価」の必要性と「国際進出・国際競争力」概念への根本的反省の必要性

本書二—1⑵までの部分の脱稿は二〇〇一（平成一三）年二月一四日。但し、それは**ＶＤＳＬに関する国際標準化動向**に関する末尾部分の＊部分の脱稿時点であり、その部分の執筆は、同年二月一二・一三日の二日間であった。本書一の脱稿は同年一月一二日ゆえ、ほぼ一か月で、「二〇〇〇年一二月の諸状況」に対する総批判的論述を終えていたことになる。

これから先書き出す今日は、何と同年六月二四日。しかも、今、午後四時四九分。今日は、どこまでもアイドリングのつもりだ。約一三〇日ぶりの執筆再開なのだから（書きかけの論文をこれ程長期にわたり放置〔?〕したのは、理由あってのことだが、わが研究生活において、初めてのことである）。

この四か月半の間に、私は、ここまでの執筆分をフルに活用し、〝地下活動〟を含めて、後述の如く、**〝ＮＴＴ叩き〟のための法案潰し**（骨抜き化）**に専念し、それに成功**した。本年六月一五日、その法案が国会を無事通過したがゆえの執筆再開である。本当は四月中にも書き出したかったが、〝政変〟もあり、事態が流動的だったため、更なる〝地下活動〟が必要だったのである。

だが、この四か月半の間に生じたことを、**〝怨念〟**と共に書き記す前に、やはり**〝美しい世界〟**について、多少語っておきたい。〝ＮＴＴ叩き〟の風潮の中でも、ＮＴＴ（グループ）の世界的・総合的な技術力（Ｒ＆Ｄ）の成果は、着実に実を結んでいるのであり、これまでの論述でもそうして来たように、その重要な一端を、ここでまず示してから、**『わが闘争』**の内実を語りたい、と思う次第である（二—1⑶のタイトルに示した点は、これまでにも何度となく言及した点であり、法案審議との関係でも、後述する。本当は本書三への導入部としてこの部分を書こうと思っていたが、四か月半の〝空白〟〔但し、執筆上でのそれ〕のゆえに、以下の如き論述を行なうこととしたのである）。

〔世界初の画期的なテラビット級光ＭＰＬＳルーターの開発（二〇〇一年五月）、等の快挙——ＮＴＴ叩きの風潮の中で〕

問題の法案が成立する前、二〇〇一（平成一三）年五月二二日、ＮＴＴから**極めて重要なプレス・リリース**があった。そのタイトルには——

『光ネットワークをダイナミックに制御するテラビット級光ＭＰＬＳルータを開発—— SuperComm 2001 において動態展示を実施』

——とある。テラ（一兆）ビット級の大容量光ルーターを、またしてもＮＴＴが（!!）、**「世界に先駆けて実現」**した、のである（ＮＴＴ未来ねっと研究所の開発）。

まずもって思い起こして頂きたいのは、本書一4の二番目の＊の項で示した**ＣＮＮの報道**である。ＩＰｖ6の世界初の商用化をＮＴＴが、しかもアメリカで行なった、との報道である。本書一5にはＷＤＭ一般、そして同年一月一日の、**「世界で初めて」**の「一〇〇

○チャネル規模のＡＷＧ」の「実現」についても言及してある。光ファイバーの製造技術や光コネクタ等々の世界的〝技術〟を既にＮＴＴが握っていることは、これまでにも示し、また、本書三でも示す（『技術』による、ＮＴＴの華麗なる世界進出の実績!!）。だが、今度は「ルーター」である。インターネットのルーターと言えば外資、と思いがちな〝一般常識〟を覆す快挙である。

前記のプレス・リリースから、若干更に見てゆこう。この光ルーターは、「ＩＰトラヒックの変動に即応して通信経路や通信帯域をダイナミックに制御可能」とすべく開発されたものである。もとよりそれは、「インターネットを始めとするＩＰネットワークのさらなる大容量化」のみならず、「高信頼化及び経済化を実現するため」のものである。

しかも、それを、同年「六月三日より米国アトランタにて開催される展示会（SuperComm 2001）において動態展示」する、というのである。インターネットは自国のものだと思い続けたいアメリカの中で、世界で初めてそれを動かせて見せる、ということである。ＩＰv6に関する既述のＣＮＮの報道とダブらせて考えるべきである。

ところで、どうしようもない〝ＮＴＴ叩き〟の風潮からは、またＮＴＴが勝手な、世界に通用しない独自の物をつくった位に、思われがちである。だが、この光ルーターに付された語としてのＭＰＬＳ（Multi-protocol Label Switching）とは、「ＩＥＴＦ（Internet Engineering Task Force）により標準化された」ところの、「トラヒックを区別して転送しうる重要な技術」の一つなのであり、注意を要する（横井弘文＝森岡康「ＩＰ統合網の帯域設計法――ＭＰＬＳによる品質保証と多重化効果」ＮＴＴ　Ｒ＆Ｄ五〇巻六号〔二〇〇一年六月一〇日発行〕四三四頁）。横井＝森岡・同前頁から引き続き引用すれば、「現在は、インターネットは爆発的に普及し、転送されるＩＰパケットは、質的に多様化し、量的に増大している。従来の〔インターネットのバックボーン回線の〕帯域設計法では、ＱｏＳ（Quality of Service〔従来のインターネットが提供していた「ベストエフォート」と呼ばれる一様なサービス品質〕）クラスでＩＰトラヒックを区別しないので品質の保証が難しく、高品質を求めるＱｏＳクラスがあれば、そのレベルに品質規定値を繰り上げて帯域を設計するため統計多重化効果が得られない。例えばＶｏＩＰ（Voice over IP）トラヒックを収容するためには、遅延が短く廃棄が少ないＱｏＳを提供しなければならないが、そのために回線の使用率を低く運用することになり過剰に帯域を用意する必要がある。このような無駄を避けるために、トラヒックを区別して転送する……重要な技術としてＩＥＴＦ……により標準化された」のがＭＰＬＳだ、ということになる。

そして、そのＭＰＬＳ化の流れの中に、前記プレス・リリースに言う「テラビット級光ＭＰＬＳルータ」の「世界に先駆けて」の「実現」が、あるのである。

その具体的インパクトとして、前記のＮＴＴのプレス・リリースによれば、その開発により、「電気の処理速度の限界によりもたらされていたＩＰパケット転送処理に関するノードのボトルネックを波長ルーティング処理を付加することで解消するとともに、既存の光ネットワークにより一層の自律性、柔軟性をもたせることが可能とな」った、とある。なお、右に「ボトルネック」という、別な文脈で聞き慣れた嫌悪すべき言葉があるが、ここでは純粋技術的な、まともな意味でのそれである。即ち、そこにあるように、インターネット・トラフィックの爆発的な「増加量は、電気の処理速度の発展に関する経験則である『ムーアの法則』を凌駕しているため、ノードにおいてはインターネットトラヒックの処理に関するボトルネックの問題が顕在化し……その解決のために、MPLSのような新しい技術が開発され」たが、それとて「電気処理に基づくIPネットワーク技術であるため、その効果には限界があり、……抜本的な解決のために……現在その解の一つとしてMPLS」があり、現在IETF等で標準化中、といった経緯がある。

ともかく、**R&Dを正面から論ずることを殆どしないまま〝NTT叩き〟の風潮が広がる中で**、一例として右に挙げたNTTのR&Dの成果が、世界的に大きなインパクトを有するものであることは、一応なりとも御理解頂けたものと考える。

NTTのこの『テラビット級光MPLSルータ』についての、アトランタでの〝展示〟に関する報道を、若干見ておこう。

まず、**日経コミュニケーションの「ニュース速報**〔Headline News:2001/06/08〕」では（例によってあまり問題のマグニチュードを適切にとらえていない面はあるが）、『SUPERCOMM2001 速報――**次世代ルーターに来場者が高い関心　NTTなどがOXC一体型機器のデモ**』のタイトルの下に、次の如き報道がある（なお、OXCとはOptical Cross-connect の略。光クロスコネクトスイッチのことだが、今回の光ルーターには、前記の五月二二日のNTTのプレス・リリースによれば、「NTT研究所で開発した最新鋭の波長変換機能を加えた……OXCとIETF等で標準化中のラベルスイッチ技術であるMPLS〔既述〕……を実装」している、とある）。

「NTTが米国アトランタで開催されていた『SUPERCOMM二〇〇一』で、高速ルーターと光クロスコネクト（OXC）を一体化した機器を展示した……。同様の機器は例が少なく、特にT（テラ）ビット〔毎〕秒クラスのスイッチング容量を持つ機器を実際に動作させて見せたのは世界初だという。来場者の関心も高く、技術説明が始まると多くの人が足を止め、真剣な表情で聞き入っていた……。〔中略〕光クロス・コネクトとルーターを一体化した製品としては、米ビレッジ・ネットワークスが『iOPN二〇〇〇』を展示していた。……最大スイッチング容量は六四〇Gビット〔毎〕秒以上である。……」

なお、アメリカの（同じくウェブ上の）メディアたるLIGHT READING（May 25, 2001）には、"Previous SUPERCOMM 2001 News Feed" として、以下の如き報道が、事前になされていた。若干引用しておこう。

"NTT to Demo Terabit MPLS Router

Nippon Telegraph and Telephone Corporation (NTT) challenges to evolve the IP network architecture to be suitable for coming 'Optical Era,' and have become **the first company** to develop a Terabit/sec–class photonic MPLS router system that dynamically controls light–path routing and bandwidth. …… Up to now, high–capacity links have been achieved by ultra–large–capacity Dense Wavelength Division Multiplexing (**DWDM**) transmission technology. The development of a photonic MPLS router will make it possible to eliminate node bottlenecks …… . …… The photonic MPLS router evolves the IP network to the next generation broadband photonic IP/MPLS network.”

英語でないと信用出来ない人々には、この方が安心(?)できるであろう、と思って引用してみた次第である。

それ以外にも、例えばＮＴＴ技術ジャーナル一三巻四号（二〇〇一年四月号）四〇頁には、「**接触・非接触共用ＩＣカードで、公開鍵暗号の高速処理を世界で初めて実現――非接触ＩＣカードによる高セキュリティ電子マネーで支払時間０・４秒を実現**」、とある。これとてＩＳＯ７８１６（接触〔型〕）、ＩＳＯ１４４４３（非接触〔型〕）に準拠したＩＣカード上の成果であり、かつ、従来の**ＲＳＡ方式**ではなく、これまたＮＴＴが世界の先頭を走る「**楕円暗号方式**」を用いた成果である（同頁参照）。

こういったＮＴＴのＲ＆Ｄの成果を挙げて行ったら、殆どキリがない程である。**そもそも一九「七七年に……世〔界〕にさきがけて64ｋｂｉｔＤＲＡＭの完成を発表」したのもＮＴＴ**である（出口公吉他「Ｘ線露光（リソグラフィ）技術の一〇〇ｎｍ級ＬＳＩへの適用」ＮＴＴ　Ｒ＆Ｄ五〇巻六号〔二〇〇一年六月〕四二四頁）、等々の点については、本書三で一括して、その全体像を示すこととしよう。

さて、私の考えるこの〝**美しい世界**〟とは別に、この四か月半の間、日本では、一体『**国内公正競争論の暴走**』がいかなる形で顕在化し、私（と妻裕美子）がいかにそれと戦ったのか。以下、それについて、**大いなる苦痛**と共に、論ずることとする。

〔二〇〇一年二月一四日～同年六月二四日までの展開と『わが闘争』〕

a　「『国難』ゆえの嘆願書」（二〇〇一年三月一二日）

本書二1⑵までの脱稿後、直ちに私は、それらの大量のコピーを作成し、妻と一緒に、そして各方面への「嘆願書」と共に、私が必要と考える各所にそれを送り（大量の茶封筒にそれらを入れて切手を貼り、夫婦揃ってポストまで、夜中に何度運んだことか。ある場所のポストが満杯だと別のポストまで歩いたり……。「まるで内職してるみたい……」と妻も言い、私も思ったりしたものだ）、かつ、「嘆願書」のプラスαとして、各種メディアに訴えたもの（石黒「ＮＴＴ叩きでＩＴは強くならない」日経ビジネス二〇〇一年一月一五日号一四九頁、石黒＝田原総一朗「日本の官僚、学者を取り込むアメリカの『ＮＴＴ弱体化工作』に異議あり」ＳＡＰＩＯ二〇〇一年三月一四日号二四頁以下、石黒「ＩＴ革命をどう進めるか？――Ｒ＆Ｄのパワーが、世界と戦う命綱だ」テレコム・フォーラム二〇〇一年三月号四頁以下、同「『ＩＴ革命』の課題と行方」ＴＷＩＮＥＴ二〇〇一年五月号三頁以下、月尾嘉男＝石黒「シリーズ対談・東大から何が見える――二一世紀の展望・第二回　情報通信」東京大学新聞二〇〇一年五月八日号、等々）も、送付ないし手渡しをした。その間に別途送信したファクスは、一五センチを超える厚さになっている。文字通り人間魚雷『回天』になったつもりで、私（と妻）は全力で戦った。訴えた先は永田町及びその周辺と霞ヶ関の（旧郵政省を除く）ほぼ全省庁（大臣経験者や各省庁事務次官宛にも嘆願書を出した）。駄目でもともと、のつもりでのこうした私（と妻）の行動は、一九九七（平成九）年の郵政三事業問題の場合と同じであり、一切手段は選ばない。だが、今回の行動の一つの支えとしては、石黒「国際摩擦と日本の構造改革」住民と自治（自治体問題研究所編集・自治体研究社発行）二〇〇一年三月号一四頁冒頭に記した点、即ち、「刑法学の大家、**団藤重光先生……が……二〇〇〇年六月のあるパーティーで『出発点でおかしいものは最後までおかしい』、と言われ**」たことがあった。一連の大学改革の動きについての御発言であり、**私は、国立大学をめぐる問題についても、私と同様に、手段を選ばぬゲリラ戦が必要なのに、との思いを常に抱きつつ、行動していた**（実戦体験のない者には、そもそも戦い方が分からない!!）。

まず、日付と内容の一部は多少変えながら各所に出した「嘆願書」自体を示しておこう。一応、三月二二日の日付のものを、ここでは示しておこう。

三月二二日付の「嘆願書」をここで示したのには、理由がある。一週間程延びてしまったが、**三月二二日、私（と妻）にとっては、それこそ『天下分け目の戦い』と言うべき、永田町某所（自民党本部）での極めて重要な会合があった**からである。

案の定、旧郵政省側からは、事前に局長さんと会ってくれ等々（等々の中身が、私と妻を烈火の如く怒らせたものであったが、それは触れぬままとしよう）の懐柔策（?）がとられたし、それを一切拒絶した上での会合当日、旧郵政（総務）省側からは、私の『法と経済』（岩波）に非常に好意的な書評めいた一文を、かつて雑誌に掲載してわざわざ学内便で私宛に送付してくれたところの、かのD教授が登場し、私への個人攻撃を、同省側の用意したペーパー（同省とのつきあいは私も長いから、横長のその紙を見ただけで、すぐにそれと分かる）に基づき、猛然と行なった。行革のときにあれ程に、まさに**粉骨砕身同省を助けた私に対する、徹底した個人攻撃**である。しかも、部屋の片側にはズラリと旧郵政省の面々が、撫然として坐っている。

だが、あえて私は、必死に準備したレジュメ（後掲）に基づき、淡々と説明をし、相手方の〝見苦しさ〟を露呈させる方が得策と考え、深追いはしなかった。〝聴衆〟がこのやりとりをどう受けとめるか、の方が重要と考えたからである。当方には、本書二―1⑵までの「証拠」があるのだし、石黒の言うことには反証可能性がない云々の、D教授の不当な攻撃（NTT叩き〔支配的事業者規制〕はグローバル・スタンダードだと連呼するD教授には、『グローバル経済と法』を読め、というつもりで、見えるところに、『法と経済』の上にそれを置き、パラパラと頁をめくってみせる程度にした）にも、サラッと「論文を読んで頂ければお分かりになるはずです」、としか答えなかった。会場に持ち込む大量の、私の論文の未公表部分のコピーは、当日、妻に手伝ってもらって（とても重くて一人では持てない分量だった）、一番大きな紙袋二つに、「嘆願書」等と共に、私自身でタクシーで持ち込んだ。そうしないと、更なる個人攻撃のために、総務省側がそれを前日徹夜で読んで云々、となることは、わかり切っていたからである。

ところで、二〇〇一（平成一三）年三月八日に一部の新聞で報道されていた通り、**IT戦略本部**（政府の高度情報通信ネットワーク社会推進戦略本部）の**『e-Japan重点計画案』**（後述）については、**その発表の二日前になって、急に〝NTTの経営形態見直し〟が書き加えられることになり**、紛糾した。当初案になかった〝持株会社形態の抜本的見直し〟という、既述の電通審第一次答申の内容を持ち出してそこに入れようとしたのは、報道されている通り、**規制改革委員会委員長**の宮内氏（本書二―1⑷で関連した問題を論ずるときに再登場する）である。

そんなこともあって、**断平許せぬとの思い**と共に臨んだ二〇〇一（平成一三）年三月二二日の永田町某所での会合用の、私のレジュメを示しておこう。

レジュメにはないが、三月二二日に会合が延期され、実にラッキーな一面もあった。同日朝、**イギリス（香港ベース）のＣ＆Ｗ社が日本のＩＳＰ大手のＩＩＪの買収をする、との報道**がなされたのである。そのニュースのコピーも、大きな紙袋の中に入れ、会合のある部屋に入ったのは、当然である（〃主たる聴衆〃にはすべて私自身で手渡しをした）。

レジュメの内容は、ここまでの論述のまとめ的な意味あいのものだが、Ａ局長等の実名をバンバン出し、限られた時間内だったが、全力を尽くした。

◎二〇〇一（平成一三）年三月二二日の永田町某所での講演用レジュメ

『ＮＴＴ問題について（平成一三年三月二二日午後二時～）

東京大学法学部教授　石黒一憲

1　「国内」「公正競争」論議の裏に隠れた「真の問題」は何か？

●持株会社体制解体（の脅し）の実際上意味するところ！

⇦

世界的・総合的なＮＴＴの研究開発体制の崩壊！

⇨

◆アメリカの対日要求の背後にも常にそれが在る

＊接続料金問題の屈辱的決着（最も拙劣な対米交渉！）

＊ドコモを支配的事業者にせよ（日米規制緩和対話）

＊ＮＴＴのドミナンスが日本のＩＴの発展を阻害？

⇨

◆ベル研究所の没落ゆえにＮＴＴのＲ＆Ｄをも解体したい、との本能的欲求と**『アメリカの焦り』**

⇨ ⇨ ⇨ ⇨ ⇨

＊一九九八年のＮＴＴの技術によるＦＴＴＨ国際標準化

＊ＤＳＬ（ＶＤＳＬ含む）の先は？（絶望的なアメリカ？）

＊ＩＰｖ６の世界初（アメリカ初）の商用化もＮＴＴ

＊（ＩＰｖ６＆）モバイルでの日欧攻勢――中心にＮＴＴ

＊ＷＤＭ（波長分割多重）のコアたる技術（ＡＷＧ）でのＮＴＴの独走（光ファイバー製造技術、光コネクタ等々で世界の圧倒的〃技術シェア〃を握るＮＴＴ）

＊全米デジタル化も完了していないアメリカ

＊電子商取引のコア技術たる『暗号』でのＮＴＴの実力（これはＭＥＴＩを使っていまだに輸出ストップさせている）ｅｔｃ．

⇨ ⇨ ⇨

◇国際競争力概念への基本的再検討の必要性！

（「技術による世界進出」の先頭に立つＮＴＴの実像が「公正競争論議」の「暴走」の影に隠れてしまっていることは、重大な問題！）

◎これは、果たして「ＮＴＴ対ＮＣＣの（公正）競争」の問題なのか？

⇨

◆アメリカ外交問題評議会タスクフォース報告（二〇〇〇年一〇月次期政権の対日政策の為に公表）⇩「ＮＴＴのドミナンスを脅

「国難」ゆえの

嘆願書!

☆国会内の一大事の時に、誠心苦しく存じます。

Prof. Kazunori ISHIGURO (教授 石黒一憲)
The University of Tokyo, Faculty of Law (東京大学法学部)
(Hongo 7-3-1, Bunkyo-ku, Tokyo 113-0033, Japan)
Office: TEL. +81-3-5841-3131 (or 3255) / FAX. +81-3-5841-3174
Home: TEL/FAX. +81-3-3226-8580
(Shinjuku 6-2-4-504, Shinjuku-ku, Tokyo 160-0022, Japan)

失礼ながら、一国民として、お願い申し上げます。
現下のNTT叩きの風潮は、NTT(グループ)の世界的・
総合的技術力を怖れる米(英)の戦略に、まんまと誘導
されてのものと考えます。
とくに昨年12月の旧郵政省第1次答申(電通審)は、IT基本法
の基本理念の諸規定に何ら言及せず、「国内」「公正競争」の視点、
つまりはNTT対NCCsの構図のみで突っ走り、①NTTそのものが
外資に買収されても「前向き」に受けとめよう、②「携帯電話やインター
ネット・アクセス」もユニバーサル・サービスから外す、云々といった内容です。
(上)以降未刊行申訳なく存じますが、私の論文(上)の、うしろの方の
[図表⑥]を御覧下さい。これだけの都道府県別格差(加入
者系の光ファイバー化率で約60%~15%)がありながら、この
表は、何ら国民に知らされておりません。この状況下でNTTのみ
を押さえつけた場合、全国的格差の増大が、大いに懸念されます。
細かい点はともかく、電通審第1次答申の示す狭い視点のみ
からのNTT叩きは、IT立国を目指す日本の国策に明確に
反します。なお、この点は、簡単には、同封の小学館SAPIO誌
2001年3月14日号の対談にも書きましたが、論文(上)の
44、45頁の図表だけでも御覧頂ければ、大体のことはお分
り頂けるものと信じます。(NTTが敷設していない部分は数千億円で国や
地公団体がやる、と言われますがこの数字は極めて怪しいのです!)
目先の「公正競争」、しかも「国内」のそれのみに眼を奪われ、
21世紀IT立国を目指す、より高次の「国策」が踏みにじられる
ことは断じて許し難く、先生の御支援を、切にお願い申し
上げる次第です。

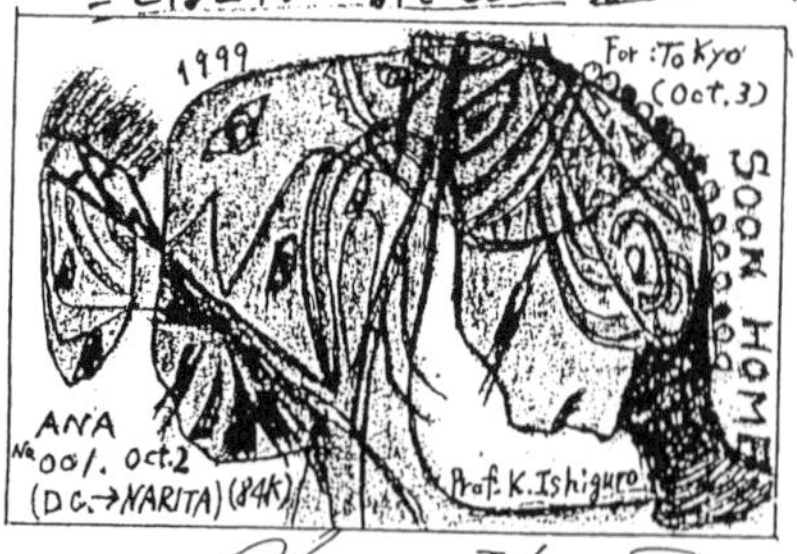

Kazunori Ishiguro

草々
2001年3月22日
東大・法・教授
石黒一憲

㊏ P.S.:「支配的事業者規制」(非対称的規制)を事業規制(事前規制)として新設する
ことに対しては、2001年1月の公取委の報告書が問題あり、としております!!

かす存在」＝ＭＣＩ・ＡＴ＆Ｔ・ＢＴ・Ｃ＆Ｗ⇩ＮＣＣ各社の名はそこにない！（外資との合弁、という形で「日本テレコム」の名が間接的に在るのみ）⇩「アメリカの単なるメッセンジャーとしてのＮＣＣ各社」の構図！

２

旧郵政省の電気通信審議会「第一次答申」と「ｅ−Ｊａｐａｎイニシアティブ」（ともに平成一二年一二月）との不整合――問題の所在を鮮明にするために！

◇「第一次答申」――ＩＴ基本法の「基本理念」規定への言及なし！⇩専らＮＴＴ叩きへ

◇「ｅ−Ｊａｐａｎ」――ＩＴ基本法の「基本理念」規定を踏まえる⇩二〇〇五年までの全国光化重視（ＩＴ戦略会議を超えて！）

⇨

◆但し、「数千億円」で全国的光化が可能か？

桁が一つ少ない！（国・地公団体等で、後述の、現状での大きな格差をどこまで解消出来るのか？）

◆ところが、Ｍ氏の一言で政府レベルのｅ−Ｊａｐａｎ構想に「第一次答申」の「ＮＴＴ叩き」部分が挿入⇩閣議決定へ？

◆「第一次答申」の致命的問題点の例示

☆①ＮＴＴグループ内での「内ゲバで効率化」？⇧トヨタでも日立でもそうか？

☆②不自然な「市場画定」――「長距離・国際」をひとまとめ⇧国際」を独立させるとＫＤＤＩが引っ掛かってしまうからそうした、としか考えられない不自然さ！

☆③ＮＴＴの外資による買収を「前向きに受け止める（？）」べきだ」との論を前提とした「政府持株低減（撤廃提言も示唆）・外資規制撤廃」とＮＴＴコム社・ドコモへの出資比率低減⇧外資規制撤廃の個所のみは「外国には外資規制残っているが・・・」として独自路線⇩主要テレコム会社をすべて外資の手に渡して「日本の国際競争力強化を」、との論の奇妙さ（国を売る気か！）

☆④ＮＴＴ東西を「現行法（ＮＴＴ法）」で雁字搦めにし、「地域独占解消＝シェアの目に見えた低下」あれば飴をやる、が「インセンティブ規制」？⇧形容矛盾！

☆⑤「ドミナント規制」には平成一三年一月公取委報告が重大な疑念を表明（事後規制たる独禁法との整合性＆規制の不透明性）⇧

⇩「第一次答申」は「事後規制」は問題だと切り返すが、説得力なし。単なる「おそれ」のみで規制する問題性。（産構審平成一三年三月末報告書でも上記公取委の線に同調し、ドミナント規制に反対。）⇧第一次答申は、〝規制改革〟の基本線に逆行！

☆⑥「銅線」の単なる延長で全国民的資産たる「光ファイバー」を把握し、かつ、ＮＴＴの敷設する光ファイバーのみに重い義務を課す

☆⑦「ＩＴ時代の」と題した答申なのに、「携帯電話・インターネットアクセス」はユニバーサル・サービスから外す、などと。

⇧そもそも国民が納得するか（時代錯誤？）、また、ＩＴ基本法三条（「すべての国民が・・・」）をどう考えてのことか！

☆⑧Ｒ＆Ｄへの言及の著しい乏しさとＮＴＴの技術力への過小評価

（ＮＣＣの「技術は外から買えば良い」、の愚論に従った？）

☆⑨ＮＴＴ東西の力を殺ぎ、全国加入者網光化への重大な阻害要因となった、屈辱的な「ＮＴＴの接続料金に関する日米摩擦」の

「決着」に関する責任の所在（！）には一言もせず、かつ、平成一二年の事業法改正に際しての衆参両院での附帯決議にもある「長期増分費用方式」の問題点への十分な精査もなし

☆⑩貿易と関税二〇〇一年三月号の石黒論文（上）四四、四五頁の加入者系光ファイバー網敷設上の歴然たる『都道府県格差』の図表〔本書の〔図表⑥〕——もとよりそれも持参した〕を知りながら巧妙にそれを隠し、NTTを叩けば皆幸せになるかのごとき答申を出すことの不誠実さ！

⇨ ⇨ ⇨

◆そう思っているのは米（&英）であろうが⁉（一体どこの国の官庁なのか？）

——これらは単なる例示である！

殆ど読むに耐えない極めて杜撰な答申であり、これを前提に法案を提出することなど、断じて許し難い。

——目下なすべきことは、NTTへのいわれなき『囚人』扱い（旧郵政省は『看守』？）をやめ、『光の国ニッポン』の構築に向けて、技術重視・国民本位の政策を実施することと信じます。R&D実績の殆ど無い（旧）NCC各社はいずれ外資の手に渡るはず。最後に残るナショナル・フラッグ・キャリアの世界への更なる（！）飛翔を目指すべき。IT基本法の基本理念に基づく、地域等の格差是正による全国津々浦々への最高度のテレコム・サービスの提供は、旧郵政省の基本方針でも在ったはず。その原点に回帰せよ、と私は彼らに言いたい。

（詳細は執筆中の石黒の連載論文御参照。郵政省関係の平成一二年第一次答申と同・e-Japan報告書については、校正刷りや一部手書きで恐縮ながら、執筆が完了しておりますので、他の若干のものと共に、資料として添付させて載きます。）

以上。』

念のため再度一言しておけば、右のレジュメの中のIPv6については本書一4の＊の個所、WDMについては本書一5以下、アメリカ外交問題評議会の報告については、本書八一頁以下で扱った。また、日本のIDCが既にC&Wによって買収されていることも追加的に同会合で言及し、そこで、まさに三月二二日朝の、IIJへのC&Wの買収や、ボーダフォン社の一連の動き（対日本テレコム）についても言及した。なお、「第一次答申」の問題点の⑨にある附帯決議は、本書六四頁の＊の項に示してある。

その後、かのADSLの『東京めたりっく』社が経営危機に陥ったとの報道が同年五月二九日になされたりして今日に至っている。ADSLについての公取委の対NTTでの行動の問題性についてはは後述するが、右の事態は、相当前から予想されていたことである、とだけここでは言っておく。

永田町で私なりに全力を尽くし、その後も地下活動を続ける中で、いろいろなことが起きた。それらの一端について、以下に記しておこう。

まず、〝NTT叩き〟のための法案の国会提出までの細かな経緯はともかく、私の右の講演（⁉）の数日後たる、三月二七日という日が、極めて重要である。同日段階で、当該の法案は既に骨抜きになっていたからである。現象的には、その日に自民党総務部会・電

気通信調査会それぞれの部会長・専任部会長・会長の連名で、**「電気通信事業法等の一部を改正する法律案の国会提出に当たり、政府に対し、右のとおり要請する」旨の文書**が出された。通信主権等の確保、国際競争力の向上（そこに、「我が国の電気通信事業及び技術の国際競争力の向上に留意すること」とある！）、次世代のユニバーサル・サービスの確保（公的支援による早期全国展開）、政府保有ＮＴＴ株式の扱いの四項目のみが、そこで扱われている。**電通審第一次答申の毒牙**は、既に抜き去られた上での要請たることに、注意を要する。

かくて、**自民党との調整**で骨抜きになった法案が国会提出に至る訳だが、その意味での一応の決着後、同年四月に私が都内某所で行なった講演（どことは言わぬ）の要旨を、ここで示しておこう。旧郵政省の、既述の第一次答申をベースとするとんでもない法案の、どこがどう骨抜きにされたかを概観する上で、便利であろう、とも思われるからである。但し、私自身は、この文書を用いて更なる地下活動を行なっていたこと、言うまでもない。

b　『外圧ハネ返し今国会で法案成立を——ＩＴ革命とＮＴＴをめぐる情勢』（二〇〇一年四月・石黒）

講演のポイント

1　法案は、①二年後の完全資本分離の記述削除、②「支配的事業者」の文言削除、③東・西会社の業務範囲拡大——など電通審答申の毒素は抜けた。

2　ＮＴＴ悪玉論はデジタル化・ＦＴＴＨ・次世代インターネットなどＮＴＴの研究開発力に対する米国の焦り。ＷＴＯ提訴の動きに注目。

3　国会審議にあたっては、「ＩＴ基本法」に基づく省令改正が必要。

『答申』の毒素排した事業法改正法案

四月一〇日に国会に提出された電気通信事業法改正案、ＮＴＴ法改正案は、法案の原型であった電気通信審議会第一次答申の毒素が完全に抜かれたものである。

第一は、ＮＴＴの経営形態に関わる問題。電通審答申では、「二年経過後も地域通信市場で十分な競争の進展が見られない場合には完全資本分離を含め、持株会社形態を抜本的に見直す」とされていた。しかし法案ではＮＴＴの完全資本分離も「二年後見直し」という数字もどこにもない。

第二は、支配的事業者規制を形骸化させたこと。「支配的事業者」という言葉自体消えてしまった。また答申はドコモとコミュニケーションズを狙い撃ちにした強い規制を目論んでいたが、コミュニケーションズは対象外となり、ドコモに対する規制も答申より緩和されている。

さらに不透明な行政指導で行なわれる恐れがあった禁止行為も、法律で限定列挙させ裁量行政に歯止めをかけた。

第三は、ＮＴＴ東・西の業務範囲拡大に見通しが立ったこと。答申では、持株会社がドコモとコミュニケーションズの持株比率を引き下げることやグループ内競争の促進など、ＮＴＴグループの解体を狙った条件が付けられていた（インセンティブ規制）。しかし法案では、「本来業務が円滑に遂行され公正競争が確保されれば」業務範囲の拡大が認められることになった。

私はこの間、懸命に原案をつぶすため闘ってきた。その結果は、後述する一点を除いて完璧に勝ったといって良い。

NTT叩きの背後にはアメリカの影

答申の毒素を抜いたから、もう安心と考えてはいけない。問題の根っこは残ったままだ。一連のNTT叩きは国内問題として捉えがちだが実は国際問題であり、背後にアメリカの影がある。

NTTは、一九九七年一二月に全国デジタル化を完了した。一方、アメリカは当分できない状況にあるので、まずこれに焦った。翌九八年、ITU（国際電気通信連合）でFTTH（ファイバー・ツウ・ザ・ホーム）の国際標準化が行なわれた。これはNTTの技術をベースにしたものだった。アメリカはさらに苛立つ。そして二〇〇〇年三月二三日、CNNホームページが「NTTが世界初のIPv6によるインターネット商用サービスをアメリカで開始する」と伝えた。インターネットはアメリカのものと思い込んでいたのに、日本のNTTが先陣を切って次世代インターネットを始めるという報道は、ますますアメリカを苛立たせたのだ。

デジタル化・FTTH・次世代インターネットとすべてNTTが先陣を切ることに対する焦りと苛立ち。その結果が、昨年の接続料金をめぐる日米摩擦である。アメリカの目的は日本のIT革命の推進などではない。接続料金を引き下げさせて、NTTの研究開発資金を枯渇させることこそ真の目的だった。

昨年一〇月のアメリカ外交問題評議会タスクフォースレポートに、アメリカの次期政権が日本に対してどう臨むべきかという記述がある。そこでは「NTTのドミナンスが一番の問題だ」と記載されている。そして、NTTのドミナンスを脅かせる相手として挙げているのは、アメリカのMCIとAT&T、イギリスのBTとC&Wである。日本のNCCのことなどは、まったく眼中にない。

「支配的事業者規制」「ファイアウォール」など旧郵政省は、アメリカに言われた言葉をそのまま法案に盛り込もうとしたが、事の始まりは九七年二月のWTO（世界貿易機関）基本テレコム合意である。日本から参加した郵政官僚は、アメリカに言われるまま合意文書を作成したが、その中に「外国からの参入がしやすいよう、国内の大きな事業者を常時監視する」などNTT叩きに使えるものが入っている。接続料問題で交渉が行き詰まった時、アメリカがWTOに提訴すると脅したのは、この合意文書があったからだ。

アメリカは新政権の落ち着く六月頃にも、またNTT叩きを再開するという情報がある。アメリカが狙っていた事業法・NTT法改正案が骨抜きにされたのだから、今度はWTO提訴も予期して対応しなければならない。

「IT基本法」の理念に基づく国会審議を

法案は連休明け以降、国会審議に入るが、会期末の混乱の中で改正案が成立に至らない展開となることが心配だ。これが廃案にでもなると、敵は必ず巻き返しを図ってくる。これまでの努力を実らせるためにも、今国会で成立させなければいけないというのが、国会審議の前提だ。

ところで、法案はほとんど原案の毒素を排除したとはいえ残滓は残っている。事業法第一条、法の目的に「公正な競争を促進する」という表現が追加されたことだ。昨年一一月、情報通信分野の基本法たるIT基本法が成立しているのだから、〝すべての国民がインターネットなど高速情報通信の恵沢をあまねく享受できる社会づくり〟をめざす法律であることを明確にするため、「IT基本法の基本理念の諸規定に基づき」と書くべきところだろう。この点は、ぜひ国会で追及してほしい。

もう一つは、光ファイバーの問題だ。これは、法案ではなく、既に省令の改正で銅線と同様に、ＮＴＴの光ファイバーのみに開放義務が認められていたわけで、全国光化に向けてのインセンティブを削ぎかねない。この点、今後、国会の内外で地道な省令改正要求を行なっていく必要がある。ＩＴ基本法の下では公正競争がすべてではないのだから。

いずれにせよ、法案審議が終わればすべて終わりではないことを理解していただきたい。未だに根拠のないＮＴＴ悪玉論がはびこっているし、敵は、今後もさまざまな形でＮＴＴ叩きをしてくるだろう。』

＊　＊　＊

＊《若干のつぶやき》

以上をまとめてから、六月二四日夜遅く、翌朝まで、妻と話し続けた。四か月半ぶりの執筆ということもあるが、書いていて実に悶々とした思いがある。わずか四〇〇字で三〇枚にもならぬ中で、我々のあの地獄のような苦しみと（相手方一人一人の顔が直ちに浮かぶ）怒り、そして情けなさを、どうして〃表現〃できるというのか。――それが私の悶々の原因であることが分かったのは、夜も明け始めた頃だったか。そして、妻裕美子が、以下の如き内容の、私の気持ちを代弁してくれる文章を、サラサラッと書いてくれた。だから、それをそのまま引用する（傍点は夫、つまり私）。

『かくも、正義に反する形のものになるしかなかった、法案を骨抜き状態に至らしめるまでの、我が闘争と、苦悩は、筆舌に尽くし難い。一法学者として、一学者として、あの絶望的な状況で正義を貫くために、この戦いに身を挺して挑み、斗い抜いたのは、私一人と言っても過言ではない。ここに至るまでの諸々の事柄と精神的な苦痛を明らかにし、自らがどれだけ頑張ったのか、ということを理解してもらいたい、という気持ちは、ひとりの人間として、当然ある。だが、書くことにより、明らかにしたところで、理解してもらえるわけもない。だから、私は淡々と書くことにする。』

右に私が附した傍点部分には、なぜ旧郵政省側があんな第一次答申そのままの法案を国会に出そうとしたのか、についての（私と同様の）妻の思いが、こめられている。事実、三月二二日の既述の会合前に私の自宅に電話をかけて来たのは、私共が個人的にも最も親しい同省の課長さんだった。「法案を引っ込めろ。俺は全面戦争中なんだ。敵と会えるわけなかろう」との私の言に対し、「そんなことにしたら、アメリカとの関係が大変なことになっちゃうし……」、と本音を吐いたその人への、私共の、誠に屈折した思いが、そこにある。

＊　＊　＊

c　国会での法案審議と衆参両院附帯決議

さて、私にとっては、「三月二二日以降」ということになるが、その後の展開を記しておこう。電気通信事業法等の改正法案が閣議決定されたのは二〇〇一（平成一三）年四月一〇日のことである。

何がどう骨抜きになったのかについての概略は既に示したが、とくに移動体事業者について言えば、原案でシェア五〇%以上の者を（地域固定のNTT東西と共に）「支配的事業者」としていたのが、（地域固定と共に）「指定事業者」の名称の下に、かつ、省令で（今のところ二五%基準ということで）規制することになった。だが、こうした事業者に対して、原案では「ユーザ約款」及び「接続ルール」につき「認可」を要するとし、他の事業者（「届出」）と差別した扱いになっていた。そこが「届出」となったため、「接続ルール」・「ユーザ約款」・「ユーザ料金」ともに「届出」で、他の事業者との差はなくなった（後者の者は「接続ルール」につき「協定届出」となる）。非対称的規制と言っても、『届出を受理しない』という、行政手続法で対処すべきハラスメントを別とすれば、〃実害〃は殆どゼロとなったのである。NTT東西についても、一言で言えば現状維持プラス業務範囲の拡大のメリットが得られた。

ここで、『日本電信電話株式会社等に関する法律（昭和五九年法律第八五号）』（NTT法）の改正規定のうち、右の最後に示した部分を示しておこう。NTT法二条に五項が新設され、NTT東西（「地域会社」）は、「総務大臣の認可」の下で、新規事業（「……電気通信業務その他の業務」）を行なえることになったが、条文上は——

「総務大臣は、地域会社が当該業務を営むことにより……業務の円滑な遂行及び電気通信事業の公正な競争の確保に支障を及ぼすおそれがないと認めるときは、認可をしなければならない。」

——とある。公正競争確保云々の、サプライ・サイドに立つ（つまり、新サービスをNCC各社等が出来るようになるまで待て、といったユーザー不在の）いつもの手はともかくとして、右の引用部分の太字部分に注意せよ。他方、公正競争云々だけが要件ではないことにも注意せよ。「業務の円滑な遂行」と共に、である。ここまで〃敵〃を追い詰めたら、まあ良しとすべきであろう。

他方、『持株会社体制の期限つき見直し又は解体』についての〃暴論〃は、いかに排除されたのか。四月一〇日の前記閣議決定を経て『第一五一回国会（平成一三年）』に提出された『電気通信事業法等の一部を改正する法律案』自体の「附則」第六条（総務省・電気通信事業法等の一部を改正する法律案関係資料七一頁）は、次の如く定めている。即ち——

「第六条　政府は、この法律による改正後の規定の実施状況、インターネットその他の高度情報通信ネットワークに係る技術及びその利用の動向その他内外の社会経済情勢の変化等を勘案し、並びに国際的な電気通信事業の円滑な遂行及び我が国の電気通信技術の国際競争力の向上に配意し、通信と放送に係る事業の区分を含む電気通信に係る制度の在り方について総合的に検討を加え、その結果に基づいて法制の整備その他の必要な措置を講ずるものとする。」

——とある。この条項が、『NTTグループの期限付き解体条項』となるはずだった訳である。本書が最も強調する技術の視点が十分にそこにインプットされていることにも注目すべきである。火事場の馬鹿力（私の祖父関内正一は、太平洋戦争中の東北地方消防総監督的地位にあった）的に、ここまで押し戻せたのだから、そして、もう其処は、夏草の茂る涼風の、普通の大地に戻ったのだから、良しとすべきであろう（三月二一日のあの戦いの日に、例の面々を尻目に、わ

〔図表⑲〕　**電気通信事業法等の一部を改正する法律案の概要**

目　　的

電気通信事業の公正競争の促進を図るため、非対称規制の整備、卸電気通信役務制度の整備、電気通信事業紛争処理委員会の設置、ユニバーサルサービスの提供に係る制度の整備を行う等のほか、**東・西ＮＴＴの営むことができる業務の追加を行う**等所要の措置を講ずる。

内　　容

⑴　非対称規制の整備

市場支配力を有する電気通信事業者の反競争的行為を防止、除去するための規制を導入するとともに、利用者利益を確保しつつ、市場支配力を有さない電気通信事業者に対しては、契約約款、接続協定の認可等を一定の条件の下で届出に緩和する等所要の措置を講ずる。

⑵　卸電気通信役務制度の整備

電気通信事業者によるネットワーク構築の柔軟性を高めるため、一般の利用者に対する電気通信役務の提供とは別に、専ら電気通信事業者の電気通信事業の用に供する電気通信役務（卸電気通信役務）の制度を整備する等所要の措置を講ずる。

⑶　電気通信事業紛争処理委員会の設置

電気通信設備の接続等に関する電気通信事業者間の紛争等の円滑かつ迅速な処理を図るため、総務省に許認可部門から組織的に独立した電気通信事業紛争処理委員会（国家行政組織法第８条に基づく審議会等）を置く等所要の措置を講ずる。

⑷　ユニバーサルサービスの提供の確保に係る制度の設備

ユニバーサルサービス（基礎的電気通信役務）の提供を確保するため、当該サービスの提供に係る費用の一部を各電気通信事業者が負担する制度を設ける等所要の措置を講ずる。

⑸　東・西ＮＴＴの業務範囲の拡大

東・西ＮＴＴの経営自由度を高めるため、地域電気通信業務の円滑な遂行及び電気通信事業の公正な競争の確保に支障のない範囲内で、総務大臣の認可を受けて、保有する設備又は技術、職員を活用して行う電気通信業務その他の業務を追加する等所要の措置を講ずる。

⑹　その他所要の改正

線路施設の円滑化のための措置、ＮＴＴに係る外資規制の緩和その他所要の規定の整備を行う。

施行期日

公布の日から起算して６月を超えない範囲内において政令で定める日。

ただし、ユニバーサルサービスの提供の確保に係る制度の整備に関する規定については、公布の日から１年以内で政令で定める日。

電気通信事業紛争処理委員会の設置に関する規定のうち両議院の同意を得ることに関する規定については、公布の日。

〔出典〕　総務省・前掲『法律案関係資料』221頁（〔図表⑳㉑〕とともに、太字体部分に注意！）。

〔図表⑳〕 **非対称規制の整備**

○電気通信分野における一層の競争促進のため、市場支配力に着目した非対称規制を導入 ○非対称規制 　　市場支配的でない事業者に対する規制⇨大幅緩和 　　**市場支配的な事業者※⇨現行規制をベースとしつつ、料金サービス面を含め極力緩和** 　　　※　地域固定、移動体通信分野のみで、長距離、国際通信分野は除外 ○市場支配力の濫用の防止 　市場支配的な事業者による反競争的行為の類型を明確化した上で、これを防止、除去するための措置を講ずる

非対称規制の内容

		市場支配的な事業者		市場支配的でない事業者
		地域固定系設備	移動体系設備	
サービス	料金	プライスキャップ 届出　（**現行どおり**）	届出　（**現行どおり**）	届出　（現行どおり）
	契約約款	認可　（**現行どおり**）	認可→**届出**	認可→届出
接続		接続約款認可・公表 （**現行どおり**）	接続協定認可 →　接続協定**届出**・公表	接続協定認可 →　接続協定届出
公正競争の確保		ファイアーウォールの設置 （役員兼任の制限等）		（業務改善命令）
		接続情報の目的外利用、不当差別等の禁止（停止・変更命令）		

〔出典〕 総務省・同前（〔図表⑲〕参照）233頁。

〔図表㉑〕 **東・西ＮＴＴ等の経営自由度の向上**
（東・西ＮＴＴの業務範囲の拡大／ＮＴＴに係る外資規制の緩和等）

ＮＴＴの再編成の枠組を前提として＊以下の措置を講ずる **○東・西ＮＴＴの業務範囲の拡大** ・東・西ＮＴＴが経営資源（設備又は**技術**、職員）を活用して、本来業務の円滑な遂行及び公正競争の確保に支障のない範囲内で、**インターネット関連サービス等新たな分野に進出可能** ○ＮＴＴ株式に係る規制緩和 ・外資規制、新株発行、ＮＴＴコム株式処分についての規制緩和又は廃止によるＮＴＴグループ運営の柔軟性向上

【現　行】		【改正後】
○東・西ＮＴＴの業務範囲 　地域通信業務に限定	⇨	**○東・西ＮＴＴの業務範囲** 　**インターネット関連サービス等新たな電気通信業務の追加（認可制）**
○ＮＴＴ持株会社の外資制限 　20％未満		○ＮＴＴ持株会社の外資制限 　1/3未満
○ＮＴＴ持株会社の新株発行 　認可制		○ＮＴＴ持株会社の新株発行 　一定株数に達するまで届出の特例
○ＮＴＴコムの承継株式の処分 　認可制		○ＮＴＴコムの承継株式の処分 　認可制の廃止

〔出典〕 総務省・同前227頁。（＊筆者註：「ＮＴＴの再編成の枠組を前提として」とは、現行の持株会社体制の下で、ということである。念のため付記する。）

ざわざ私に名刺をくれた旧知の三名の方々にも、感謝したい。「大丈夫ですよ」と言ってくれた方には、とくに！）。

　なお、法案の概観などしている余裕はないので、国会に出された総務省の前記『法律案関係資料』二二一・二二二・二二七頁（いずれも右資料末尾の「参考資料」）を、図表⑲⑳㉑として左に引用しておこう。**非対称的規制とＮＴＴ叩きが骨抜きにされたあとの資料**だ、ということになる（ポイントとなる点は太字体で示す）。

　ここで、**この法律案の審議経過**を略述しておこう。二〇〇一（平成一三）年四月一〇日の前記閣議決定を経て、同日衆議院に、**内閣提出第九五号**として法案提出。五月二四日にようやく衆議院総務委員会で趣旨説明、同月二九日・三一日に同委員会で審議、五月三一日に同委員会で可決され、六月五日の衆議院本会議で可決。六月六日に参議院での趣旨説明、六月一二日・一四日に同院総務委員会で審議され、六月一四日に同委員会で可決。そして、六月一五日の参議院本会議で可決され、成立に至った。

　但し、衆参両院で『附帯決議』もなされている。極めて重要ゆえ、その全文も、ここで示しておく。

◎電気通信事業法等の一部を改正する法律案に対する附帯決議（平成十三年五月三一日　衆議院総務委員会）

「政府は、本法施行に当たり、左の点についてその実施に努めるべきである。

一　**地域通信市場の競争が進展する中で**、電気通信事業の公正な競争の一層の促進を図るため、市場支配的な電気通信事業者に係る契約約款の認可制等の適正な運用を図るとともに、その実施状況等を勘案し、**その見直し**を含め必要な検討を行うこと。

二　移動体・インターネットの急速な普及、**地域通信市場の競争の進展**等、市場構造が急激に変化する中で、**電気通信事業者がその財務基盤を確立し、ＩＴ革命に貢献できるよう**、電気通信事業者の業務の在り方について検討を行うとともに、ベンチャー系電気通信事業者の育成と支援に努めること。

三　**光ファイバアクセス網の構築及びその開放を促進**するため、公正競争の確保に配慮しつつ、**より一層の規制改革の推進**に努めること。

四　**外資の本格参入**等、我が国の通信市場のグローバル化が進展する中で、我が国の**電気通信事業及び技術の国際競争力の強化**の在り方や、国の安全及び通信主権の確保の在り方について速やかに検討を行うこと。

五　**「規制改革推進三か年計画」におけるＮＴＴの「自主的な実施計画」の取扱いに当たっては、本法の立法趣旨、国会における審議を十分に踏まえ、ＮＴＴの経営の自主性を損ねることのないよう十分に配慮すること。**

六　いわゆるユニバーサルサービス基金制度については、ユニバーサルサービスを提供する電気通信事業者等の経営や利用者の料金に悪影響を及ぼすことのないよう運用し、基金の発動時期や交付金の決定方法について早急に明らかにすること。

七　市場構造の変化や**通信技術の進展**に対応するため、通信と放送の融合等を踏まえ、通信と放送に係る許認可等を含む**規制の在り方の見直し**を総合的に検討すること。

八　高速インターネットアクセスや移動電話サービスといった、いわゆる次世代のユニバーサルサービスと見込まれるサービスについて、その早期全国展開を可能とするよう、早期にデジタル・デバイドを解消する観点から、必要な公的支援の範囲の拡大と充実を図ること。

九　NTT株式の売却収入の使途については、情報通信基盤の高度化を実現するために活用することを基本とするよう、政府のNTT株式保有義務の撤廃を含め幅広い観点から検討すること。

十　連結納税制度の早期導入について、その実現のため能動的な努力を行うこと。

十一　今後増加が見込まれる電気通信事業者間の接続等に係る紛争の解決に当たっては、公正競争の促進及び利用者利益の保護に配慮しつつ、迅速、公正な処理を図ること。

また、電気通信に係る規律等に関する事務を中立公正に行うため、電気通信事業紛争処理委員会について、その事務の執行状況、事務処理体制等を勘案し、公正競争確保の観点から、その在り方について総合的に検討し、その結果に基づいて必要な措置を講ずること。」

◎電気通信事業法等の一部を改正する法律案に対する附帯決議（平成十三年六月十四日　参議院総務委員会）

「政府は、本法施行に当たり、次の事項についてその実現に努めるべきである。

一、地域通信市場の競争が進展する中で、電気通信事業の公正な競争の一層の促進を図るため、非対称規制、特に、市場支配的な電気通信事業者に係る契約約款の認可等の適正な運用を図るとともに、その実施状況等を勘案し、その見直しを含め必要な検討を行うこと。

二、移動体・インターネットの急速な普及、地域通信市場での競争の進展等、市場構造の変化が進む中、電気通信事業者がその財務基盤を確立し、迅速かつ柔軟なサービス展開を行い、自主的に我が国のIT革命に貢献できるよう、その業務の在り方について検討を行うとともに、ベンチャー系電気通信事業者の育成と支援に努めること。

三、情報通信分野における独占禁止法違反事件に迅速・的確に対処すべく、独占禁止法の厳正な運用及び公正取引委員会の審査体制等の充実等に努めること。

四、光ファイバアクセス網の構築及びその開放を促進するため、公正競争の確保に配慮しつつ、より一層の規制改革の推進に努めること。

五、外資の本格参入等、通信市場のグローバル化が進展する中、我が国の電気通信事業者及び情報通信技術の国際競争力の強化の在り方や、国の安全及び通信主権の確保の在り方について速やかに検討を行うこと。

六、「規制改革推進三か年計画」（平成十三年三月）におけるNTTの「自主的な実施計画」の取扱いに当たっては、本法の立法趣旨、国会における審議を十分に踏まえ、NTT株主の権利保護等の観点からNTTの経営の自主性を損ねることのないよう十分に配慮すること。

七、基礎的電気通信役務（ユニバーサルサービス）を確保するための制度の運営に当たっては、開始時期、交付金の決定方法等について早急に明らかにするとともに、同役務を提供する電気通信事業者等の経営や利用者の料金への影響についての実態把握に努め、その在り方について検討を行うこと。

八、市場構造の変化や通信技術の進展に対応するため、通信と放送の融合等を踏まえ、通信と放送に係る許認可等を含む規制の在り方の見直しについて総合的に検討を行うこと。

九、近い将来においてユニバーサルサービスになることが見込まれ、急速に普及が進んでいる高速インターネットや移動電話サービス等について、早期に全国において公平かつ安定的なサービスの提供が図られるよう、必要となる公的支援の範囲の拡大と充実を図ること。

十、政府が保有するＮＴＴ株式の売却収入及び配当金の使途については、情報通信基盤高度化の実現に資するよう活用することとし、同株式保有義務についても、その可否を含め幅広い観点から検討を行うこと。

十一、連結納税制度の早期導入について、引き続きその実現のため能動的な努力を行うこと。

十二、今後、増加の可能性がある電気通信事業者間の接続等に係る紛争等の解決に当たっては、公正競争の促進、利用者利益の保護に配慮しつつ、迅速、公正な処理を図ること。

　また、電気通信に係る規律等に関する事務を中立公正に行うため、電気通信事業紛争処理委員会について、その事務の執行状況、事務処理体制等を見つつ、公正競争確保の観点から、その在り方について総合的に検討し必要な措置を講ずること。」

右の衆参両院での附帯決議について注目すべき点をいくつか挙げておこう。**「地域通信市場の競争」**の**「進展」**が、明確に認識されていることに、まずもって注意すべきである。バナナの叩き売り的な一〇銭レベルの、しかも消費者にとって極めて分かりにくい（要するに、実に下手な）制度たる『マイ・ライン』によるものとはいえ、地域市場での競争は烈しさを増している。そのことを素直に認めた上での附帯決議なのである。

　次に、忌まわしき電通審第一次答申（イコールこの法律案の、叩き潰された原案）とは逆に、**規制の見直しにむしろ重点があり、対ＮＴＴでは、その財務基盤の確立と自主性とが強調されている**。また、「外資の本格参入等」との関係で、「事業」と共に、**「技術の国際競争力の強化」**が説かれている点は、まさに私が一連の闘争の中で最も強調した点である(!!)。率直に言って、私は（妻と共に!!）実に嬉しい。

　それともう一つ。**『規制改革推進三か年計画』**（平成一三年三月）について、両院の附帯決議が、「ＮＴＴの経営の自主性」ないし「ＮＴＴ株主の権利保護」等の観点を重視しつつ、ある種の〝牽制〟をしていることを、見落としてはならない（後述）。

　これは、法案の国会審議にあたり、Ｋ総務大臣が、自民党の了承外の発言をしたこと等と、深く関係する。Ｋ首相登場以降、二〇〇一（平成一三）年六月二四日(日)付けの読売新聞の、「自民　政策決定システム様変わり――首相主導に渦巻く不満」の記事に示されたような〝異変〟が起きている。私の同僚の北岡伸一教授はＫ首相のやり方でよい旨のコメントを、そこで行なっている。だが、一般論はともかく、本書との関係で、そして『我が闘争』との関係で、私が一番懸念していたのは、まさに、この点であった。当該の法律案が従来通りの手法の下に、無事国会を通過し、かつ、これから論ずるようなＫ総務大臣の不穏当な発言はあれ、附帯決議で既述の釘が刺されていることの意味は大きい。**参議院選挙後の、予定された地殻変動**がその通り起きればよいが、と私は更に願っている。

　さて、これから先は、明日以降にまわそう。やっと夕方起き出してからずっと書き続け、トイレにもゆかず、午後一一時になったし、明日は講義もあるゆえ（以上、六月二五日執筆）。

　執筆再開は六月二七日午前一〇時二六分。出来れば今日中に、この続きを仕上げてしまおうか、とも思う。やはり今日も、『マーラーの第六番』である。

K大臣、つまり小泉政権で再任されてからの片山虎之助総務大臣の国会での発言について、まず一言する。衆議院総務委員会議録第一六号（平成一三年五月二九日——審議初日）一頁以下を、サンプル的に見ておくのみで十分であろう。

冒頭、吉田六左エ門委員の質問は、「NTTに強い規制をして弱体化させることでNCCとの競争を促進しようというように総務省の競争政策を私は感じるのですが、ボーダフォンが日本テレコムを傘下におさめるなど、海外の強者が日本に本格参入してきた、こうした状況、従来のようなNTTを弱める競争政策は見直す必要があるのではないか」云々、とするものであった。これに対してK大臣は、「我々はやはり日本のNTTのような企業に国際競争力を持ってもらいたい……し、それから……通信主権という観点もどうしても要る」としつつ、「NTT」の「体質強化」のために「できるだけNTTにも経営の自由化、自由度を持っていただくように」云々、と答弁している。更に吉田（六）委員は、「改正法案の中の非対称規制……もNTTを弱めることを目的とするものであってはならない」し、「市場支配力の基準となる市場シェアを省令で定める際に、NTTドコモだけが対象になるような基準であってはならぬ」云々と論じ（以上、前掲議録・二頁）、かつ、「固定市場においても、マイライン導入を機に市内で競争が本格化する中で、東西だけが〔認可制で〕強い規制を受けることになっている。……〔NCCは〕スパイクを履いてレースに臨み、……NTT東西ははだしかげた履きで走らなきゃならぬ、……最終的には、将来的に現行法を見直す必要がある」（同前・二頁）、等の質問をしている。これに対しては小坂憲次副大臣が答えたが、吉田（六）委員は、「米国の圧力に負けて、長期増分費用方式、いわゆるLRICを導入したこと……がNTT東西の財務を弱らせてしまった。……そして、アメリカでは……強引な新規参入を促進した結果、むちゃな値下げ競争をやって、DSLとか無線のジャンルで……六社ともみんな必要以上の競争を強いられて、結果として倒産し……最後にはひとり勝ちで、料金が今上がりつつある。同じ過ちを繰り返さないようにしなければならない」云々と述べ、片山大臣も、「アメリカではDSLを利用したインターネット料金が上がりまして、今や日本の方が安くなっている」（!!）旨、明確に述べている（同前頁）。——この点は、国会審議の文脈を離れても、極めて重要な〝事実〟として、一般常識（通念）を修正しておくべきところである（後述）。

吉田（六）委員の質問は、更に続く。「最後になりますが、総務省は、法律に根拠を持たない行政指導（!!）という形で、NTTに対して、ドコモの持ち株比率の低下とか合理化の促進、ネットワークのオープン化等を内容とする自主的実施計画の策定を促していると聞きます。実質的にNTTに対する規制を強化するということなので、これは問題ではないのかな」云々、との吉田（六）委員の質問に対して答えたのは小坂副大臣だが、答弁内容としては、「これは自主的な実施計画の提出〔五月八日に提出〕で」あり、その提出を「期待する」という「規制改革推進三カ年計画等において決定された方針に従って〔総務省側の〕意向をお伝えしたということでありまして、あくまでも自主的な実施計画と東西NTTの業務拡大の認可等がリンクするようなことは考えておりません」（!!）と明確に答弁している。

これも、電通審第一次答申（つまり本法案の原型）との関係で極めて重要な答弁、と言うべきである（以上、同前・二二頁）。但し、『口頭の行政指導』など蹴飛ばすことは、ビジネスの鉄則であり、言いたいことは山程あるが、ともかく交渉窓口では、全員『行政手続法』のパンフレットを膝の上に置いて臨むべきである。業種の如何を問わず、私が常に言っていることである（!!）。

ところが、高木陽介委員の、既述の改正案附則第六条に関する質問（後述の『e-Japan重点計画』及び『規制改革推進三カ年計画』との関係）において、それらの文書においては（附則第六条と異なり!!）「ＮＴＴグループの経営形態を抜本的に見直す」とあるが（後述）、「ＮＴＴ問題だけではなくて、競争促進の状況をチェックしていく」必要ありとする、若干舌足らずな質問がなされたことに対して、片山総務大臣は、次の如く答えている。即ち――

「片山国務大臣　……電通審の答申では二年という期限でございましたが、私は二年は速やかにの方がいいのではないかと、……できるだけ前倒しをしていただくこともあるし、事情があれば必ずしも二年にこだわらないでもう少し時間をかけることもあり得るのではなかろうか、こういたした次第でございます。」（以上、同前・一五頁。）

――と。右に「こういたした次第」云々とあるが、改正案附則第六条には、そんなことは書いてないし、それを落とさせることが、私の地下活動の成果でもあった。Ｋ首相になってからの（竹中某大臣と連動したかの如き）片山総務大臣の対ＮＴＴでの発言は、国会を通った改正法案の『骨抜き化』へのプロセスを、完全に無視している。もとより、Ｋ首相になってから、自民党の政策決定プロセスへの関与が変化した旨の既述の読売新聞報道にもあった点は、あるにはあるが、こうした不規則発言的な見方を、当の自民党がいつまで座視すべきかの問題である。

ところで、既述（同前・二二頁）の吉田（六）委員の、「法律に根拠を持たない行政指導」との正当なる批判に関して、同前・一八頁で片山大臣が平然と（黄川田徹委員に対する答弁の中で）、「ＮＴＴさんに……地域通信網の開放だとか、ドコモ等に対する出資比率の引き下げだとか、経営の効率化だとか、私どもの方からこういう注文を出しました」と答え、「実行が十分でない、十分な効果が上がらない、そういうことになりましたら、我々〔総務省〕としてもＮＴＴのあり方を抜本的に見直す、こういう考え方でございます」、と答弁している点（同前・一八頁）も問題である。法案国会提出前の、自民党側と総務省側との合意を全く無視した発言であり、かつ数段落前に太字で示した小坂副大臣の答弁とも矛盾する。

片山大臣が周波数の「オークション方式」について、「どうも外国の例を見ますと、オークションをやると落札価格が大変高くなって、それが結局、利用者のサービス料金へ転嫁されるような例もありますし、あるいは高い落札をしたために事業者の経営状況が大変悪くなってやめてしまうというような例もないわけではありませんので」云々、としている（同前・一六頁）点は、当然のこととは言え、注目すべきである（後述）。だが、『ＮＴＴの在り方』に関する片山大臣の見解の問題性は明らかである。

もとより、国会内では様々な論議があったが、既述の衆参両院の附帯決議にわざわざ一項目が立てられ、便宜、参議院の方を再度見れば、そこに――

「六、『規制改革推進三か年計画』（平成十三年三月）**におけるNTTの『自主的な実施計画』の取扱いに当たっては、本法の立法趣旨、国会における審議を十分に踏まえ、NTT株主の権利保護等の観点からNTTの経営の自主性を損ねることのないよう十分配慮すること。」**

——とあることは、既述の如く、片山大臣や総務省側の思惑に釘を刺す上で、重要な意味を有する。労働経済学の猪木武徳教授が「経済学と経済政策——小泉政権の場合」と題して、二〇〇一（平成一三）年六月一九日付けの読売新聞夕刊に書いているように、「外国でも、小泉内閣が需要の低迷を重視せずに構造改革に取り組むことに対して、疑問と不安の入り混じった反応が見られ」、フィナンシャル・タイムスでも「小泉首相の構造改革はカタストロフィーを招きかねない」とか、「地獄への道は小泉の善意〔!?〕によって敷き詰められている」等の指摘がある、とされている。

平成九（一九九七）年の狂気（石黒・法と経済〔一九九八年・岩波〕参照）と同じことが、自民党の単なる選挙対策を超えて、いつまで続くかの問題である。

片山大臣は、前掲議録・一五頁で、高木（陽）委員の質問に答えて、『前倒し』もあり得る云々と答える前に、非常に曖昧かつ問題のある答弁をしている。即ち、**NTTの自主計画**につき——

「それが公正な競争の確保の進展にとって必ずしも我々〔総務省〕が考えておる点とは違う、こういうことになりましたら……規制改革の三カ年計画やe-Japanアクションプランに書きましたように、速やかに電気通信に係る制度、NTTのあり方等の抜本的な見直しを行う、こういう考え方でございます。ただ、法律は、**これはいろいろな議論がございましていろいろな要素を入れましたので、ちょっと複雑でわかりにくくなっておりますけれど**も、基本的な考え方はそういうことでございます。」

——として、前記の二年の期限の『前倒し』論に至るのである。右の太字部分に言う「法律」とは、既述の附則第六条だが、同条にはNTTの在り方云々の文言はない。**それを落とすことにつき総務省側が了承することが、自民党との間での、法案の国会提出についての大前提だったのである。**そこをわざと直視しないのが、右の片山大臣（再任後）の答弁なのである。

それでは、『規制改革推進三か年計画』・『e-Japan重点計画』における『NTTの在り方』、つまり片山大臣が電通審第一次答申とそれらを直結させたいと思っている文書における『NTTの在り方』は、どういった表現になっているのであろうか。**あくまで前記の衆参両院での前記附帯決議を踏まえた上で考える必要がある**が、次に、それらを見ておこう。

d 『規制改革推進三か年計画』（平成一三〔二〇〇一〕年三月三〇日閣議決定）における『NTTの在り方』

紙ベースでの右『計画』一一頁以下（⑶個別事項）の「イ　電気通信分野における新たな競争政策の樹立」（同・一四頁以下）の⑦（同・一六－一七頁）が、該当個所（「NTTの在り方」）となる。その文言を見ておこう。

「 a 　NTTのグループ経営の改善と公正競争の確保を図る観

点から、地域通信網の開放の徹底、ＮＴＴコミュニケーションズ及びＮＴＴドコモに対するＮＴＴ持株会社の**出資比率の引下げ**を含むＮＴＴグループ内の相互競争の実現、東・西ＮＴＴの経営効率化の推進等、競争促進のための自主的な実施計画をＮＴＴ持株会社及び東・西ＮＴＴが作成し、公表することを**期待する**とともに、当該実施計画の実施状況を注視する。」（「実施予定時期」については平成一三―一五年の三年間、「注視」とあるのみ！）

「ｅ　ＮＴＴグループの経営形態等については、公正な競争を促進するための施策によっても十分な競争の進展が見られない場合には、**通信主権の確保や国際競争の動向も視野に入れ**、速やかに**電気通信に係る制度**、**ＮＴＴの在り方等の抜本的な見直し**を行う。」（「実施予定時期」には、年度を区切らず「必要に応じ措置」、とある。）

注意すべきは、ａの自主計画は、あくまで「期待する」、の限度でのものであり、「注視」した結果、ｅに至ったとしても、右の太字の傍点を付した点と、すべて〝抱き合わせ〟になっている、という点である。

それともう一点、この『計画』の九頁には、「Ⅱ　横断的措置事項」の「１　ＩＴ関係」に、「⑴　ＩＴ分野の基本方針」として、「五年以内に世界最先端のＩＴ国家となるためには、この間に緊急かつ集中的に施策を実行することにより高度情報通信ネットワーク社会の形成を積極的に促進する必要があり、そうした観点から、**規制改革の加速化**を図る」、とある。全体として見れば、『ＮＴＴの在り方』のみを、国内オンリーの視点から問題とすることは、この『計画』においても、方針とはなっていない、と言うべきである。

そして、この『計画』の閣議決定の一一日後になる前記改正案の閣議決定の方では、**前記附則第六条**に『ＮＴＴの在り方』について、同じことを書こうと思えば書けたはずだが、それがすべて落ちた（落とされた！）上での法案提出だったのである。その間、ゲリラ戦に徹していた私（と妻）としては、片山大臣の前記答弁に対し、「許せない」、との気持ちである。自民党側としても、おそらく同じ、のはずである。

次に、『ｅ-Ｊａｐａｎ重点計画』におけるＮＴＴの取扱いについて、見ておこう。

ｅ　『ｅ-Ｊａｐａｎ重点計画』（平成一三〔二〇〇一〕年三月二九日、高度情報通信ネットワーク社会推進戦略本部〔ＩＴ戦略本部〕）

同日了承された『ｅ-Ｊａｐａｎ重点計画』（前記『三か年計画』の前日、である）の紙ベースでの一〇―一一頁（「2. 世界最高水準の高度情報通信ネットワークの形成」の「⑶　具体的施策」の「①　インターネット網の整備」の中に、なぜかその「ア　公正競争条件の整備」として、ＮＴＴへの言及がある）を見てみよう。

おかしいのは、この「公正競争条件の整備」の項目で、「利用者利益の最大化と公正な競争の促進を基本理念とし、**事前規制を透明なルールに基づく事後チェック型行政に改め**、電気通信分野における公正競争条件の整備を行う」とあるのに、そのすぐ次の行に「ｉ)　**非対称規制**の導入（総務省）」、とあることである。その矛盾にも気付かぬのか、と思うが、まあよい。その程度のものなのだから。

同・一一頁には、「ii)　**ＮＴＴに対するインセンティブ活用型競**

争促進方策の導入（総務省）」という、誠に懐かしい言葉（四月一〇日閣議決定による前記改正法案では消えている!!）が出て来る。だが、内容的には、大きくトーン・ダウンさせられている。即ち――

「NTTグループが地域網の開放の徹底など**自主的に**一定の競争促進措置を実施することを**期待する**。また、IT革命推進のため〔!!〕、東・西NTTの業務範囲規制を本来業務の遂行及び公正競争条件に支障を与えないことを条件として緩和し得る制度を創設する。

このため、二〇〇一年中に日本電信電話株式会社等に関する法律の改正案を国会に提出するなど所要の制度整備を行う。

なお、公正な競争を促進するための施策によっても十分な競争の進展が見られない場合には、**通信主権の確保や国際競争の動向も視野に入れ**、速やかに**電気通信に係る制度**、NTTの在り方等の抜本的な見直しを行う。」

そこには、自主計画につき、やはり「**期待する**」の**限度**たること（但し、ドコモ・コム社への出資比率への言及は、そこにはない!）、見直しにつき、前記『三か年計画』と同様、NTTの在り方のみを問題とせず、「**制度**」（規制!!）**と抱き合わせでの見直し**が、同様の考慮事由と共に、示されている。

こうした三月末段階の、いまだ微妙とは言える状況から十日程を経て、『NTTの在り方』の文言を全く落とした前記改正法案の附則第六条に至るのである。その間、私も、妻と共に、全力で戦ったのである。その成果の、重要な一端がここにある。

＊　＊　＊

ここまでの部分のまとめを兼ねて、NTT労働組合発行の『あけぼの』二〇〇一年六月号二二頁以下に掲載された私の小論を、転載しておこう。同誌の同年五月号四二頁以下には、私と志を同じくする（本書二4参照）慶応大学商学部の**井手秀樹教授**の、「**光建設に対する"インセンティブ"与え事前規制から独禁法による事後規制へ**」が載った。それを受けての小論である。

f　「『NTT叩き』vs.『戦略的技術開発』――『真の公正競争』に向けて」（石黒）

> 「NTT〔叩き〕」に〔日本が〕明け暮れしている間に、覇権国家アメリカはWTO基本テレコム合意を武器に世界の通信主権を虎視眈々と狙っている。今なすべきは、国内の無意味な消耗戦に終止符を打ち、NTTが世界的技術力を武器に国際戦略を進めることにある。

〔**NTTをめぐる現在の日本の風潮の問題性とWTO体制**〕

『あけぼの』本年五月号四二ページ以下の慶応大学・井手秀樹教授の論文（「日本の高度情報通信ネットワーク社会の構築に向けて」）で指摘された、現下のNTTグループをめぐる極めて重大な事柄については、私自身も別途多くを論じてきた。**『国内』『公正競争』論議の暴走による『代償』**がいかに大きかったかの問題である。

IT基本法の基本理念の諸規定において『公正競争』は、one of them の要請でしかない。しかるに、それだけが、しかもまったく

『国内』に閉じた形で論議され、あまつさえそこにおける『公正』概念が大きく歪み、単なるＮＴＴ叩きの汚れた道具に堕していたのである。

いわゆる『支配的事業者規制』導入はＷＴＯの国際公約だと総務省側は言う。だが、それは具体的には、一九九七年二月（発効は翌年二月）のＷＴＯ基本テレコム合意における、いわゆる『参照ペーパー』の中の『主要なサプライア』に対する『競争（維持のための）セーフガード』を意味する。『参照ペーパー』の原型は、アメリカがこだわった『競争促進上の諸原則』である。

だが、そこで言う『競争促進』とは、もっぱら『外国からの参入』の促進を意味する。それが現状におけるＷＴＯの（問題ある）常識である。ＮＣＣ各社は、この点（『外資による漁夫の利』論）をまったく理解できていない。だが、ＮＴＴ側とてＷＴＯをどこまで理解できているのか。これは実に危険なことである。是非とも石黒『世界情報通信基盤の構築』（一九九七年・ＮＴＴ出版）一三二ページ以下を参照せよ。「それを武器として戦わねば危ない」ということである。

〔『見えざる戦争』とＮＴＴの従来型〝交渉手法〟への疑問〕

一連のＮＴＴ叩きの実像は、国内公正競争論議の外装をまとった（国家対国家の）『見えざる戦争』である。しかもそれは、すでに『全面戦争』の様相を呈して久しい。従来型の旧郵政省との〝寝技〟的争い方から脱した、新たな自己防御手段（戦略）が開発されねばならない。そのことを私は声を大にして言いたい。

ところで、既述の『参照ペーパー』については、次に『石黒・グローバル経済と法（二〇〇〇年・信山社）』三七一ページ以下で私が太字で示した諸点をぜひ参照せよ。『参照ペーパー』がアメリカ等によって悪用・濫用されぬようにすることが、その後も、経済産業省（通商機構部を軸とする『戦う部隊』）のＷＴＯ次期交渉での重要課題とされているのである。旧郵政省側にそんなセンスはない。ＮＴＴ側としてもこの点を十分熟知し、国際的視座の下で戦わねばならない。

実は、すでにはじまっているＷＴＯ交渉において、この『参照ペーパー』方式は、『エネルギー』等の他の分野でも導入されようとしている。『エネルギー』分野に最もこだわるアメリカは、まさにＮＴＴを叩いた（否、アメリカのメッセンジャーに堕した旧郵政省等に「叩かせた」）のと同じ理屈で、エンロン社を筆頭として日本の『エネルギー市場』を狙おうとしている。

そこで面白い現象が生じつつある。電力系ＮＣＣは、他のＮＣＣ各社と一緒になってＮＴＴを叩いてきた。その『ＮＴＴ叩きの論理』が、今度は自分たちの本業たる『電力（エネルギー）』分野で、自分自身を叩く構図になりつつあるのである。ちょうど、『ＮＴＴ分割（再編成）』で天にツバした旧郵政省が、その後郵政三事業問題で叩かれたのと、同じ構図である。

〔『国内の金縛り』状況を一刻も早く脱せよ！——ＮＴＴの世界的技術力への正当な評価の必要性〕

ＮＴＴを日本国内の『公正競争』論議で『金縛り』にし、できれば解体したいと願うアメリカ（およびイギリス）は、実は『ＮＴＴの総合的・世界的な技術力、そしてＲ＆Ｄ体制の解体』を狙っている。

だが、この点にふれる前に言っておきたいことがある。それは、当のＮＴＴ（グループ）内においても、自分の会社の世界最高峰の技術力への正当な評価が十分になされていないような印象を、私がしばしば抱く、という『事実』である。そういったことがあるから、「最近はNTTよりメーカーの方が技術力をつけてきているので…」といった、『NTT解体論』にも直結し得る誤解を招くのでは、とさえ私は感ずる。まずもってグループ内でこの点を何とかしてほしい。

さて、『インターネットの隠れ王者』としてNTTを正当に位置づけたのは、ゴールドマン・サックス・ジャパンのアナリストである。他方、IPv6の世界初の商用化がNTTによって、しかもアメリカで行なわれた旨のCNN報道がなされたのは、昨年夏のことであった。

そうしたものをも一般の説得のために用いつつ、目下私は、『貿易と関税』誌（財団法人・日本関税協会発行）の二〇〇一年三月号以降に「真のIT革命の達成と『NTT解体論議の愚かさ』――『国内』『公正競争』論議の暴走vs.『NTTの世界的・総合的な技術力』への適正なる評価」と題した長大な論文を執筆しつつある。規制の問題等もさることながら、私はむしろ『技術』の視点を強調したいと考え、今般の法案（全力で私自身が地下活動を含めて、死ぬ思いで戦い、そして骨抜きにしたそれ！）の動向がはっきりしてから、その九月号分以降を書き進めるつもりでいる（八月号分までは、この一～二月に突貫工事で執筆し、霞ヶ関・永田町等に、『国難ゆえの嘆願書』とともにばらまいた）。

〔NTTグループが一丸となったさらなるR&D実績の積み重ねこそが最大の自己防御〕

NTTが光ファイバー関連の『技術』で世界を席巻していることすら、一般に十分に理解されていない。そもそも『NTT　R&Dの系譜――実用化研究への情熱の五〇年』（一九九九年）がなぜ市販されていないのか。世界最高峰のNTT技術陣は自己の技術力について、自己完結的にならず（！）、もっと対外的宣伝活動を戦略的にしておくべきではなかったか。そうであれば、私もはるかに戦い易かったのにと、ここ数ヶ月の地獄のような日々を振り返り、痛感する。

この小論執筆の数日前、NTTが世界に先駆けてテラビット級光MPLSルータを開発した旨のプレス・リリースがあった。六月三日からアトランタ（またしてもアメリカ国内！）のスーパー・コム二〇〇一で展示されるとのことである。

IPv6でも光ルータでも、NTTに先を越されるアメリカの焦りはいかばかりか。『技術』を武器とするこの『国際戦略』は正しい。

『インターネット』イコール『アメリカ』の従来図式をどんどん塗り替える世界の主役――NTTが、そうした形で世界の檜舞台に、さらに華々しく、かつ多面的に躍り出ることを、覇権国家アメリカは最も恐れているのである。だからアメリカは、NTTのR&Dの原資たる『接続料金』に目をつけ、あれほどこだわり、旧郵政省を（かつての大蔵省叩きと同じような状況に）追い詰め、自分のメッセンジャーとして使ったのである。

グループ各社がバラバラに動き出せば、いわゆる『上納金』への種々の抵抗ないし不定愁訴も増える。それは、ここで言う『見えざる戦争』を仕掛けてきている覇権国家アメリカが、まさに狙うところである。グループ各社において、さらにこの点への理解を深めるべきである。

〔グローバルな『制度づくり』へのさらなる貢献を！〕

JR東日本のスイカ・カードについてのモトローラ社の対日ク

レームの事件をご存知だろうか。モトローラ社の提案したＩＳＯでの国際的なデジュール標準化がまだ途中だったから、〔ＳＯＮＹとして!!〕事なきを得た、というのが実際のところである。

デファクト重視の傾向もアメリカからの対日煙幕と考えたほうが良い。私が電気通信技術審議会専門委員だった頃、皆が、これからはデファクトの時代だと急に言い出したのは、何年前のことだったか。ともかく、デジュールの国際標準が他者によって作成されてしまうと、ＷＴＯのＴＢＴ協定（貿易の技術的障害に関する協定）との関係で、厄介なことになる。ＮＴＴが一九九八年にＩＴＵで**ＦＴＴＨの国際標準化**に成功したのは、アメリカを焦らせる快挙であった。**3Ｇに続き4Ｇへの、ドコモのまさに世界を先導する取り組み**も同様である。

だが、従来型の純粋な技術標準化のみではなく、ＷＴＯとの関係での**『サービスの標準化』**も重要である。ＩＴＵのみでなくＩＳＯでの活動を、もっと強化せねば危ない（詳細は前掲の『グローバル経済と法』を見よ!）。ＧＢＤｅ／ＩＬＰＦ等々の国際的な民間団体の活動において、ＮＴＴの動きは、（私自身もそれを強く促したのだが）最近ようやく活発化している。だが、まだ十分ではない。**この種の国際会議においては、技術者と法学部系の国際的な制度構築論議に詳しい人材との『共同作業』**が必須である。国内の総務省対応もさることながら、グローバルな制度づくりが、ＷＴＯ基本テレコム交渉の既述の『参照ペーパー』のごとき、問題ある形でなされないようにするための、『戦略』が必要である。**頼りになるのは、経済産業省の通商機構部だけだ、との『事実』**を前提に、あとはグループ各社のご判断に委ねるほかない。

私は一介の研究者でしかないのだから。

＊　＊　＊

以上で、本書二1⑶の論述を終える。

この四か月半を振り返るという、**あまりにも書けないことの多過ぎる作業**（!!）は、実に大きな苦痛を伴うものであった。だが、**妻裕美子が私の内心を代弁してくれた前記引用の文章**（本書一二五頁!!）のように、書いたところで、本当に分かってくれるのは、この世の中で、数名であろう。

人はすぐ忘れるものである。それは、かつての①ＮＴＴ分割論（後述）のときにも、②郵政三事業民営化論（後述）のときにも、十分に経験したことである。――昭和四四年の東大入試中止が、いかに我々に大きな傷を残し、かつ、日比谷高校のクラス・メート数名がいかなる運命を辿ったか（様々なかたちでの死、である）。そんなことを知っている人、そして覚えている人は、当事者たる我々のみであろう。

右の①②における『我が闘争』も、そして本書に書き記した点も、いずれ遠からず『風化』する。それが、人の世の常である。私には、妻がずっとそれらを覚えていてくれるだけで、十分である。心底、そう思う（以上、二〇〇一〔平成一三〕年六月二七日午後二時一一分脱稿。点検に入る。点検修了、同日午後三時三八分）。

＊再び、『行革ゾンビ』、そして『平成の四悪人』との対決（!）である。

(4) 「非対称的規制」・「内部相互補助」等への厳密な経済分析の必要性——「規制改革」論議との関係を含めて

〔概　観〕

これまでの論述により、二〇〇〇（平成一二）年六月一五日の法案成立に至る『わが闘争』の内実は、既に示し得たこととなる。だが、K首相の下での構造改革路線の下で、**行革ゾンビの復活**の傾向が、顕著である。**経済低迷のときの構造改革の成功率（それが低いこと）**についての、石黒・法と経済（一九九八年・岩波書店）二一一―二一二頁に示した**IMFのレポート**のことなど、皆忘れているようである。そうした状況下で、再度NTT問題を一から論ずる、などと言う某大臣が居たりする。

＊「行革ゾンビの復活とOECD」vs.「M・フランスマン教授の警鐘」

おそらくは、そうした**行革ゾンビの復活**の傾向を受けてのことであろう。法案の通った六月頃だったか、**経済産業省の産構審『情報経済部会』**が、**妙な動きを始めた**。その「検討課題」の5（〈ネットワークインフラ〉）の三つのパラグラフの第二には、次のようにある。即ち——

「欧米に比べ割高な通信料金が我が国産業の高コスト要因の一つであり、また我が国におけるインターネット拡大の主要な制約要因となっている。」

右は、**全くの事実誤認**である。NTT関連の法案に関する国会審議においても、既に示した（衆参附帯決議を引用した直後の部分参照）ように、かの片山総務大臣が（五月二九日の審議初日の答弁の中で）、**「アメリカではDSLを利用したインターネット料金が上がりまして、今や日本の方が安くなっている」**旨、明言している。**古い一般常識の上に、産構審『情報経済部会』が検討を進めることへの懸念**は大きい。しかも、メンバーも問題であって、**『怨念としてのNTT叩き』**に凝り固まった面々が並んでいる。のみならず、同部会が扱うのは、「情報経済」とあるが、実はネットワーク産業全体の公正競争論を軸とした問題のようであり、**『電力もテレコム（NTT）も同じ理屈で斬られる』**ことになる。

それだけではない。**これまではまともだったOECDの競争法政策委員会**（Committee on Competition Law & Policy: CLP）が、二〇〇一（平成一三）年四月一〇日に、**『規制産業の構造分離（Structural Separation in Regulated Industries）』**なる物騒な事務局レポートを了承してしまった。OECD, Directorate for Financial, Fiscal and Enterprise Affairs, DAFFE/CLP (2001) 11である。

まともだったはずのCLP（石黒・前掲法と経済一九二頁以下、とくに一九六頁以下を、一例として見よ）が事務局ペーパー（正確にはそれに基づく勧告）を了承したのは同年三月二三日であり、それを前提として、同年四月五日付で**OECD Council, Draft Council Recommendation Concerning Structural Separation in Regulated Industries (Note by the Secretary-General), C (2001) 78**が出されている。

前者の文書（DAFFE/CLP[2001]11）のパラ一五七とその注を引用しておこう。

"157. Japan has also carried out a form of separation of its telecommunications incumbant [NTT], by forming separate regional companies, operating under a single holding company. This separation [of the NTT (!!)] has been widely debated in Japan and was also taken up in **the OECD regulatory reform review of Japan**.[69]"

そして、その注69には——

"[Note] 69 The OECD Regulatory reform report on Japan states: [T]he holding company structure means that the NTT companies do not have strong incentives to compete against each other and have no incentive to enter into infrastructure competition. Thus the benefits of divestiture [!?] may not be fully realized. The Japanese government should review the current holding company structure, making the NTT regional companies fully independent of each other, in order to realise the benefits of divestiture [!?]. OECD, (1999), page 353."

——とある。この注69は、アメリカのAT&T分割（divestiture——それがM&A用語であり、「不採算部門の切り捨て」を意味することに注意。石黒・通商摩擦と日本の進路〔一九九六年・木鐸社〕三六一頁以下を見よ！）と、一九九九（平成一一）年七月になされたＮＴＴの再編成とを同視するかの如くであり、実におかしい。また、ＮＴＴグループ各社がインフラ・ベースでの競争をする何のインセンティブもない、とするが、アクターはＮＴＴグループ各社だけではないはずであり、妙な立論である。ドミナント（インカンバント）な事業者を規制で縛るばかりでなく、インフラ整備へのインセンティブを与え、云々とする二〇〇一（平成一三）年一月の、本書でも既に何度も引用した公取委の報告書（ＣＡＴＶによる「代替的ネットワーク構築の促進」を論じている）の方が、ずっとまともである。

このＯＥＣＤの文書については、この夏休み中に別途論文を書くつもりだが、そもそもなぜ『構造分離』をいきなり持ち出すのか。そこにおける〝競争政策の大きな歪み〟を詳細に検証する必要がある。

それと共に、このＯＥＣＤの文書が、同じＯＥＣＤの、あの忌まわしき『規制改革』（石黒・グローバル経済と法〔二〇〇〇年・信山社〕七五―三〇五頁、とくに七五―一四七頁を見よ!!）から直接もたらされていることに、注意せよ。『行革ゾンビの復活』——その〝根腐れ〟は、実に深いところで生じているのである。

ところで、私の書くものについての数少ない愛読者たるＪ・Ｓ氏から、日経新聞二〇〇一（平成一三）年五月二一日付けの「経済教室」のコピーが送られて来た。「英エディンバラ大学教授マーティン・フランスマン」氏の、「ＮーＴ再編、米欧も参考に——分割への対応に差　米は四社に、欧州は見送り」との見出しの記事である。「ＡＴ&Ｔ、ドイツテレコム、フランステレコム、ブリティッシュ・テレコム（ＢＴ）」との比較に限定したものだが、右四社が「二〇〇〇年に大規模なリストラを実施」したものの、ＡＴ&Ｔ以外は「分割しないことを決めた」し、ＡＴ&Ｔは「低迷する株価の押し上げ」のため『四社を独立させた』が、その「分割発表の日にＡＴ&Ｔ株は一三%下落し、二〇〇〇年通年では、六六%下落」した、とある。同教授は、このAT&Tの場合とて「規制当局が強制したものではない（!!）」とし、「NTTを独立企業に分割すべきだと議論する理由はない」、とする。前記の各国メジャー四社「のうち、規制当局が社内競争をするよう義務付けたところはない」し、「国内で地理的境界線に沿って分割された企業はなく」、NTT東西（及びコム社）の「合併を検討する根拠すらある」、とする。日本の当局が欧米に従うならば、むしろ現下のNTT悪玉論の示す方向とは逆になることを示し、日本の論議における「政治的、イデオロギー的な熱の一部を取り除」くのが、同教授の意図である（なお、本書三4と対比せよ）。

＊　＊　＊

さて、以上の導入部分を経て、本書二1(4)の見出しに掲げた問題に、入ることとする。

見出しには「厳密な経済分析の必要性」とある。だが、既にして「経済分析」と言うとき、石黒・前掲法と経済の全頁で極力体系的に批判した新古典派経済学の単純な論法の問題がある。

＊「電子社会の将来像――『IT基本戦略』を超えて」（経団連会館シンポジウム報告〔二〇〇一年五月九日〕・石黒）

そこでここでは、二〇〇一（平成一三）年五月九日に経団連会館クリスタル・ルームで、一六〇名余の参加の下に開催されたあるシンポジウムでの私の基調講演と、実行委員長でもあった私の同シンポジウム開催報告から、若干の点をまず示しておこう。日本学術振興会未来開拓学術研究推進事業「電子社会システム」第四回公開シンポジウムである。全体テーマは「電子社会の将来像」であり、私の基調講演は「電子社会の将来像――『IT基本戦略』を超えて」というものであった。以下、本書二1(4)に関係する点に絞って、その一部を示す。

『1　あるべき「電子社会像」構築への二つの対立軸――日本国内での論議を例に

「電子社会」への移行期たる現在、あるべき「電子社会像」構築に向けて、基本的に二つの考え方の間での、大きな対立があることに、我々は最も注意すべきである。

第一は、「市場競争＝効率性基準」に判断基準を一本化し（但し、それも純然たる「価値判断」たることに注意！）、それによって極力「政治的バイアス」を除去しつつ、主として（専ら？）サプライ・サイドでの問題、つまりは事業者間の競争に重点を置き、ディマンド・サイドでの問題は、いわば間接的に処理される、とする考え方である。そこでは実際上、いわゆる「支配的事業者」への「非対称的規制」が、「公正競争」の観点からインプットされ、新規参入促進が重視される。ごく大雑把に言ってしまえば、それは新古典派経済学「的」アプローチ（あるいはそれを更に単純化したそれ）である、とも言える（そこにおいて、「分配」の問題がどこまで具体的、かつ深刻なものとして捉えられているかが、別途大きな問題となる）。

第二の考え方は、IT基本法（「高度情報通信ネットワーク社会形成基本法」）の基本理念の諸規定（同法三―九条）に端的に示されたような、「社会」全体のバランスの取れた発展（『情報通信格差の是正』を含む！）、そして人々の「心の在り方」を変えることに、主眼を置くものである。IT基本法三条は、「すべての国民が、インターネットその他の高度……情報通信技術の恵沢をあまねく享受できる社会」の構築を目指す。同法五条も「国民生活の全般」にわたっての「ゆとりと豊かさ」の実現を基本目標に掲げる。ちなみに、「公正競争」促進は、基本理念中の七条において「規制の見直し等」の阻害要因の除去とともに掲げられ、他方、一七条（基本理念の諸規定の外）で再度言及されている。

ところが、平成一二（二〇〇〇）年一一月二七日にまとめられた「ＩＴ基本戦略」、そしてそれを受けた平成一三（二〇〇一）年三月二九日の「e-Japan重点計画」でも、五年以内に「超高速」ネットワークを一〇〇〇万世帯に、「高速」のそれを三〇〇〇万世帯に、との前者の基本線が、踏襲されるのみに終わった。他方、本年の電気通信事業法・ＮＴＴ法改正（原）案作成に当たっては、専らこのＩＴ基本法一七条のみ（！）から出発し、ＮＴＴグループ内の〃内ゲバ〃を促進し、更にはＮＴＴグループ全体の外資による買収も前向きに受けとめよう、等々の平成一二（二〇〇〇）年一二月二一日の旧郵政省電気通信審議会第一次答申が前提とされ、大いに紛糾した。

「支配的事業者規制」の導入（「非対称的規制」の対ＮＴＴでの拡充）に重点を置くこの法案は、結局骨抜き状態になったが、そうあって当然である。そもそもこの法案とその前提となった電通審第一次答申は、既述のごとくＩＴ基本法の基本理念の諸規定を正面から踏まえることを、していない（！）のであり（事業法一条改正案で「公正競争」の語のみが挿入されるのも、その歪んだ流れを不当に踏まえたものである）、かつ、「国内公正競争」オンリーのその発想は、前記の第一の考え方に近い。

こうした国内的な**対立軸**は、国際的な論議にも存する。だが、理論（学問）上の問題について、ここで一言しておこう。

そもそも従来の新古典派経済学にとって、社会的な正義・公平・公正の問題がどう扱われて来たのかが、「電子社会の将来像」をイメージする上でも大問題となる（更に言えば、究極には経済学、とくに**新古典派経済学における「自由」の意味内容**を巡る問題がある。**宇沢弘文教授**の指摘に言及する石黒・前掲法と経済二三頁以下参照）。それらの〃非「効率」基準〃を、すべて定量的・数値化して示すことは、そもそも学問的にどこまで可能なことなのか。また、基本的に価格にしか反応しない「経済的合理人」（ホモ・エコノミクス＝「**合理的馬鹿**」〔後者は〃アマルティア・セン＝鈴村興太郎〃ラインの用語法〕）をあくまで前提とするだけでよいのか（ちなみに、奥野正寛教授も、かつて従来の新古典派経済学の前提とする人間像の冷たさに対して、疑問を呈しておられたはずである）。更に、「**単純化されたモデルの世界から現実の世界への逆流**」（鈴村教授は常にこの点を強く戒める！）へのガードは、具体的な議論の場（対社会でのそれを含む）において、十分になされているのか（石黒・前掲法と経済参照。他面において、西垣通＝ＮＴＴデータシステム科学研究所編の『電子貨幣論』〔一九九九年・ＮＴＴ出版〕において、**新古典派経済学が陥りがちな「時間軸」欠落の問題**について、西垣教授の言葉を借りれば、「対象の均衡関係を重視する経済学」的な発想に対して、「対象の時間的挙動に着目する工学の発想からの疑問」が呈せられている〔同書・一八〇頁〕ことにも、別途注意すべきである）。

それと同時に、同じ「経済学部」内部にあっても、財政学の側からではあるが、「**いま日本は、血眼になって社会から人間を排除することに全力を挙げている**」として「社会」には「競争」で語られるべき文脈と、「協力」によって語られるべきそれとがあるのに、それがごちゃごちゃに議論されていることへの、強い警鐘が鳴らされていること（神野直彦『希望の島』への改革」〔二〇〇一年・NHKブックス〕七頁以下、一九頁、等）、そしてその意義にも、我々は敏感であるべきである。この「基調講演は、かかる神野教授の懐疑の念（同教授の目指す"社会像"が、IT基本法の基本理念に通ずるものであることを、我々は直視すべきである）と共通するものを、**最も重要な人間的価値の問題**として自覚的に抱きつつ、「電子社会の将来像」の構築のため、行われるものである。

2　「電子社会」の基本的なあり方を巡る国際的な論議の動向と日本

(1)　従来の問題状況（略）

(2)　現状打開への模索——中間報告の一端として

平成一三（二〇〇一）年三月三〇日、**二〇〇一年版不公正貿易報告書**（産業構造審議会レポート・経済産業省通商政策局編）が刊行された。その四四五頁以下には、「第一九章　電子商取引の議論の現状と今後の方向性」の章がある。

同報告書・四四九―四五三頁に紹介されるに至った**「電子商取引に関する通商産業省提案（Towards eQuality: Global E-Commerce Presents Digital Opportunity to Close the Divide Between Developed and Developing Countries）」**（**http://www.meti.go.jp/english/information/data/cw 001019 e. html** で公開）に、注目すべきである。このペーパーは、平成一二（二〇〇〇）年六月に第一次提案を、同年一〇月に第二次提案を、それぞれWTOに対するものとして行った。目下、第三次提案を準備中である。（中略）

前掲・二〇〇一年版不公正貿易報告書四四九頁以下から便宜引用すれば、このペーパーの基本には、「情報化社会〔電子社会〕に生きる人々にとって、『**公平性**（**equality**）』や、『**生活の質**（**quality of life**）』の確保が必要不可欠であるという、〔我々の〕強い**信念**が込められている。この『eQuality』の確保を課題とした本提案の思想は、二〇〇〇〔平成一二〕年七月の九州・沖縄サミットで発出された**〔沖縄〕IT憲章**及び二〇〇一〔平成一三〕年一月に施行された高度情報通信ネットワーク形成基本法（**IT基本法**）の〔基本〕理念〔の諸規定〕とも呼応するものとなっている。また、本提案においては、**三つのバランス**の確保が念頭に置かれている。第一は、企業及び消費者双方の利益のバランス……第二に、先進国と途上国のバランスある発展……第三に、自由化とルールのバランスの確保である」。ちなみに、この第三の点は、「情報経済〔電子社会〕においては、**グローバル企業による寡占状態**が発生しやすい」ことに鑑み、単なる〔更なる〕自由化のみではなく、「消費者保護、信用秩序の維持等についての法的環境とのバランスを考慮すべき」だ、とするものである（同・四五〇頁）。そこでは、「過度な知的財産権の保護が反競争的に機能する場合について」の「知的財産権の保護の制限」や「ビジネスモデル特許」の問題も「検討対象」として明示され、「**あるべき競争政策の姿**を検討する」（同・四五二頁）、とある。

同ペーパーの発出と欧米の官民の好意的姿勢が（但し、競争政策で縛られることへのアメリカの官民の若干の抵抗は残っているが）、WTOにおいて停滞していた電子商取引問題の検討を再度活発化させたことは特筆すべきであ……る。（中略）

(3) 日本国内での「出口なき論議」(!?)との関係

（中略）eQuality PaperやＩＴ基本法を有しながら、日本国内の状況はむしろそれらに示された**「あるべき電子社会像」とは逆行する**様相を呈しつつある。この点をいかにうまく政策誘導するかが、重大な問題となる。

ここで、理論的かつ実践的にも重要な二つの具体的問題に、言及しておこう。第一は、「電子社会」・「電子商取引」の中核をなす金融システムに関する問題であり、第二は、いわゆる「公正競争」を論ずる前提について、である。

まず、前記の第一の問題について。とかくアメリカのＵＣＣ（統一商事法典）の**階層構造の振替決済システム**が日本でも「証券のペーパーレス化＝電子化」の模範とすべきものとされがちだが、それが**システムの効率性の追求に偏し**、「末端の投資家」（エンド・ユーザー）の権利を切り捨てたものであることが理論的に解明された。そうではない法システムの模索が、**ＧＩＩ（世界情報通信基盤）の基本理念**からして、また、「あるべき電子社会像」との関係で、必要なはずである。安易に従来の日本の有価証券法理を捨てるべきではない、との方向性の中での検討の必要性が強く認識されたことになる。同じことが、これから構築され得る「グローバルなＣＡ（認証機関）ネットワーク」について、とくに「ネットワーク型**電子現金**」との関係で大いに懸念されることにも、注意すべきである。

この点で特筆すべきは、森下哲朗「国際的証券振替決済の法的課題（一）」上智法学論集四四巻一号（二〇〇〇年九月）一—七九頁である。そこで解明されたことのエッセンスは、以下の点にある。即ち、昨今の日本の金融情勢を反映してか、既述のごとく**単純にアメリカの法制度の日本への移入をすべきだ、との意見**が多いが、まずアメリカにおける一九六〇年代の「ペーパー・クランチ」（同前・二一頁）がペーパーレス化の原点にあったことを、押さえておく必要がある。

ところで、日本でも模範とされる傾向の強い一九九四年のＵＣＣ（統一商事法典）改正で導入された「セキュリティ・エンタイトルメント」という新しい概念（同前・三〇頁以下）によって、（末端の）投資家は自らが直接関係した仲介金融機関に対してのみ、権利行使が出来るに止まることになった（同前・三二頁）。従来の日本の有価証券法理を介在させた「物権法的な構成」では、投資家にはＡ社の証券を自分が買ったのだから当然自分はＡ社に対して直接の権利を有する、との**「安心感」が法的にも裏付けられていた**が、それが断ち切られるのである（同前・三七頁）。

なぜそんな制度になったのかが問題である。同前・四七頁には、この改正が「個々の投資家の利益を反映したというよりも、**業界のニーズを反映したもの**」であり、「**行き過ぎた効率性への配慮**」がその根底にある、との指摘のあることが紹介されている。投資家が訴訟に訴える場合の問題（個々の投資家の救済）よりもシステムの効率運営を、法制度として優先した結果が、上記の「セキュリティ・エンタイトルメント」という新しい概念の導入だとされているのである。

ここに示されているのは、まさに「あるべき電子社会像」との関係での、**「効率vs.正義（公正・公平）」の基本的な対立構図**である。企業側のシステム運営上の効率性一辺倒の発想からは、末端の投資家の保護などどうでもよい、といったことになりがちである。その基本的発想は、**「グローバル寡占推進のためのＷＴＯ／ＯＥＣＤの**

更なる自由化路線」と相通ずるものと言える。こうしたサプライ・サイドに偏した発想の行き詰まりが一方では意識されつつ、にもかかわらず、かかるアメリカの法制度の輸出願望、そして日本の側での輸入願望が、日に日に強くなっているという矛盾。そこに我々は、注目すべきなのである。

ともかく、アメリカの制度は日本より優れている、との「単なる思い込み」が、金融専門家達をも巻き込み氾濫する今の日本において、真の問題点が、まさに「あるべき電子社会像」との関係で「解明」された意義は大きいと言うべきである。

次に、「公正競争」絡みでの前記の第二の問題であるが、この点で特筆すべきは白石忠志「B2Bサイトと支配的事業者規制」法学教室二四六号（二〇〇一年三月）六五－七〇頁である。同前・六八頁以下では、「支配的事業者規制」への言及がある。そこにおいて、平成一二（二〇〇〇）年一二月の前記電気通信審議会第一次答申の「支配的事業者規制」に対する、極めて本質的な指摘があるのである。

問題の単純化のため、NTT地域会社への従来の規制との関係でそれを見ておけば、従来は「接続約款規制とプライスキャップ制度とがワンセットとなって議論されてきた」が、それらを「根拠づける事実」は「異なるのではないか」との観点から、それぞれの「存在根拠」が実は不明確だとされ、その上で前記第一次答申の「支配的事業者規制」について、次の指摘がある。即ち、同答申の言う「支配的事業者の認定」を「考慮する要因」たる「市場シェア」と「ボトルネック設備の設置の有無」のうち、後者は「明らかに〔「末端回線網への接続の市場」という〕川上市場に着目したもの」だが、前者は「地域内通信の市場」という川下市場のシェアのことと思われ、そうなると、マイラインに象徴される「地域内通信への競争導入」による競争活性化は、従来の「川上市場」「川下市場」未分離のあいまいな論議の横行に対し、「これまで未分化であった議論を緻密化するきっかけを与えた」、とされている（同前・六九－七〇頁）。

表現はソフトだが、その真意は、従来、いわゆるIT革命との関係でもNTTの地域独占が問題の元凶だとする「単純な議論」が「常識」として横行していたが、競争政策の観点からこれを厳密に見た場合、そこでの「競争」を論ずる前提としての「市場画定」のあり方が実はあいまいであり、実際の規制（その提案を含む）が真の競争政策から見た場合、問題を含むものとなっている、との点にある。「NTTを叩けば日本のIT革命が成功する」との一般常識（？）に対する、一見ソフトだが実は強烈なパンチが、冷静な筆致と分析の中に示されているのである。

3　現状の総括と展望（略）』

私は、A4版で八枚のこの基調報告の末尾に、こう記した。即ち――

「かくて、新古典派経済学のみでも、市場原理のみでも、貿易・投資の自由化のみでも解決出来ない『人間の本質的な苦悩』、そして『人間の尊厳』の問題に対する全人格的な戦い。――それによって初めて『電子社会の将来像』の具体的イメージが明確化されるはずである。」

――と。

＊　規制改革と「国民の痛み」――『改革は、やってみなければ〔どうなるか〕分からない』!?

このシンポジウムの関連情報は http://ess.fine.chiba-u.ac.jp/Symposium01/ で公開されているが、私の基調講演に続くパネル討論では、重要な点についての応酬があった。『電子社会システムニューズレター』一二号（二〇〇一年六月）六頁以下に私自身が記した「公開シンポジウム概要」から当該部分を抜き書きしておこう。パネルでは――

「奥野教授から、新古典派経済学でも市場原理を補完する種々の手立てについて論じて来ている等の、基調講演に対する反論がなされた。……基調講演者からは、奥野教授に対して、「分配」及びいわゆる（社会的）「セーフティ・ネット」について、どこまで新古典派経済学からの具体的提言がなされているか疑問である、との発言もあったが、「（改革を）やってみなければ分からないのだから、そのあたりについての提言が曖昧になるのは当然」との回答〔!!〕があり、それに対する水谷助教授からの反論、等もあった。」

右にある水谷助教授とは、京都大学文学部（倫理学）の水谷雅彦助教授のことであり、奥野教授とは、石黒・前掲法と経済に再三登場する奥野正寛教授である。**「（改革を）やってみなければ分からないのだから……」とする彼の一言（本音）を引き出せたことが、私にとっては一番の成果**であった。

どうであろうか。**規制改革ないし構造改革を口にする人々は、改革を断行すれば必ず状況は良くなるから痛みを我慢せよ、と国民に説く。だが、奥野教授の右の言の如く、「やってみなければ分からない」というのが、本当のところであろう。**石黒・法と経済二四頁には、奥野教授の「経済学という学問の性格は、本質的に『現実を後追いする』ものでしかない」、との言葉が引用されている。その奥野教授は、「現代の経済学に何が欠けて」いるかを問い、ゲームの理論に即して新古典派的人間像の「冷徹」さ（言い換えればその非現実性&非人間性）を問題とされつつ（石黒・同前一一〇頁）、結局は元居た場所を脱し切れずに、其処に戻って行ったのである（同前・一一〇―一一三頁）。

＊　＊　＊

かくて、本書二１⑷の見出しに示した「『非対称的規制』・『内部相互補助』等への厳密な経済分析」とは、**新古典派経済学とは明確に一線を画した上でのそれ**、である。新古典派厚生経済学の第一定理（石黒・前掲法と経済二五頁以下を見よ）を、そこにある「多くの仮定」（同・二五頁）を無視して振りまわし、かつ、**そもそも「公正」を論ずる学問的道具を有しない彼等が率先して「公正競争」論に〝参入〟し**、ＮＴＴ悪玉論を唱える。――そこは、もはや学問の世界では、ないのである（同前・三八―三九頁）。

こうした一般の風潮とは明確に距離を置く、**私の同志たる井手秀樹慶応大学商学部教授**の発言を見ておこう。電力等とテレコムとを共に専門とする彼（**産業組織論専攻**）は、井手「**米カリフォルニア州電力危機**から学ぶこと――日本型自由化モデル構築に躊躇するな」エコノミスト二〇〇一年三月一三日号五〇－五一頁において、「米国の規制緩和全般について言えることは、『公平な市場原理に委ね、とりあえずやってみよう』という実験的な性格だ」（同・五一頁）、としている。友人としての権限において彼の本音を示せば、右の傍点部分は、米国のみならず日本国内での電力・ガス・テレコム等に共通した一般の、極めて無責任な、無目的的な人体解剖の如き論調であり、断乎許し難い、ということなのである。『改革はやってみなければ分らないから、いわゆるセーフティ・ネットや分配の問題に関する経済学者（殆どすべて新古典派）の発言があいまいなのは当然だ』といった、前記学振公開シンポにおける奥野発言と、この点をダブらせて考えるべきである。断乎、そうすべきである。

所詮「後追い」の学問でしかない経済学（既述の奥野教授の言葉）が、一発屋的に自社シェアを向上させた企業経営者達と共に〝改革〟の先頭に立ち、「公正」を論じ、「改革すればすべてバラ色」と叫ぶその無責任さは、彼等にとって短期的利益はもたらすであろうが、その実、誠に不幸なことではないのか。

少なくとも、国民に痛みを我慢せよと言うのなら、「痛み」の定量化（それすらせぬ彼らの無責任さよ！）でもして、「これこの通り、私も痛みを我慢してるから……」と、自らの手首を切って、コップ一杯程度でよいから、その血の色（一体それは何色なのか？）と量とを、全国民の前で示すべきである。「痛み」も「嫉《ねた》み」も、彼等は分析できないはずなのに、なぜ彼等は其処を伏せて軽薄な対社会的発言を続けていられるのかu.s.w.——すべて、石黒・前掲『法と経済』で示したことである。

ここで、既に一言した井手秀樹「光建設に対する〝インセンティブ〟与え事前規制から独禁法による事後規制に」あけぼの（NTT労組発行）二〇〇一年五月号四二頁以下を、見ておこう。

まず、同前・四四頁以下では、「非対称的規制」と「ドミナント規制」とを、既述の公取委報告と同じく同視しつつ、むしろ『ドミナント規制』が「公正競争条件」を「歪める」（!!）とし、「非対称的規制を採用すべきではない」、と明言する（同前・四四頁）。そして、「わが国の通信行政はNTT対NCCといった構図で、公正競争条件の整備に多大な労力を費やしてきた」が、一九九九（平成一一）年七月のNTT再編成後「わずか数か月後には、NTTの弱体化を目的としたような議論」がなされるに至ったことを問題とする。一連の議論は「NTTの再編成の時に、かなりの時間と労力をかけて検討」されたものであり（但し、その問題性については、石黒・前掲通商摩擦と日本の進路三六一頁以下）、「実に不毛で非生産的な議論と言わざるを得ない」（井手・同前四五頁）、と断ずる。

他方、井手・同前四三頁以下は、「そもそもアメリカが押しつけた『長期増分費用方式』は……いわば〝仮想的〟にネットワークを白紙の状態から効率的に一気に構築した場合……のコスト……を計算した〔だけの!!〕ものであ」り、「こうしたモデルに基づいた料金はあくまでレファレンスであって、この値に決して縛られるものではない……。このような接続料金引き下げが光ファイバ敷設のインセンティブを損うことは明らかであると同時に、NTTの設備を新規事業者に〔一方的に〕貸すことを前提とした非対称的規制を採っていたのでは、NTTが積極的に光投資をするインセンティブは湧かない」（同前・四三頁）、とする。まさにその通り、である。

そこで井手教授は、既述の「カリフォルニア州電力危機の原因の一つに、規制の不透明性等による発電所建設、送電線拡大の投資インセンティブの喪失が指摘され〔てい〕たこと」を想起せよ、として、〝真のインセンティブ〟付与の必要を説く（同前・四三－四四頁）。六月一五日の法案国会通過後も残された問題（前記の《若干のつぶやき》の項の直前のところで一言した問題）に関する指摘である。即ち、光ファイバーについても、ＮＴＴのそれのみが**「不可欠な設備〔essential facilities〕」**だとして「安い料金」で「開放するとなると……将来需要を見越して設備増強をする**インセンティブ**がなくなる」（井手・同前四四頁）とされている。その通りである。更に私は、既に本書において**白石助教授の正論**について言及した点の先において、そもそも**エッセンシャル・ファシリティなる概念が十分精査されずに一人歩きしている現状**に、大きな危惧の念を抱く。ＮＴＴの敷設するものは、当然「不可欠な設備」だ、との思い込みが競争を歪め、地域格差等をも一層増大させる点への、理論上、そして実際的な疑念である。

かくて井手教授の所説は、要するに、その基本線において私見と全く同じである。但し、私は彼に、「もっとはっきり書いてくれ!!」と、常に言ってはいるのだが。

なお、本書二１⑷の見出しには**「内部相互補助」**も掲げてあるが、それについては石黒・法と経済一〇一頁以下でも論じたし、もうよいであろう。従って、次の項目に進むこととする（但し、次に論ずる点との関係で再度言及する**公取委の二〇〇一**（平成一三）**年一月報告書一〇頁**が、「独占部門から自由化部門への……**内部補助**が行われた場合には、競争導入分野における公正な競争が阻害されることになる」、としている点は実におかしい。**白石忠志**・前掲独禁法講義〔第二版〕七四頁が**「内部補助は、独禁法の違反要件とは、直接には関係しません」**としている冷静なその筆致と対比せよ。また、**ＷＴＯ基本テレコム合意**〔一九九七年二月〕の「レファレンス・ペーパー」中の**「競争セーフガード条項」**においても、反競争的な諸行動の例示とされているのは、内部〔相互〕補助自体ではなく、"anti-competitive cross-subsidization" たること〔石黒・世界情報通信基盤の構築――国家・暗号・電子マネー（一九九七年・ＮＴＴ出版）一三八頁に原文がある〕に注意せよ。そして、白石・同前七三―七四頁に回帰せよ。――以上、二〇〇一（平成一三）年八月四日、午後二時頃―七時四七分執筆）。

〔規制改革論議との関係〕

本書二四―二五頁の〔図表⑦〕において、行政改革推進本部・規制改革委員会の、二〇〇〇（平成一二）年一二月一二日に公表された『規制改革についての見解』の要点を、本書との関係でまとめておいた。

これから見るように、規制改革委の右の『見解』（ここでは右文書を『見解』と略して示す）には、ＮＴＴの在り方との関係で、**既述のＯＥＣＤの文書と軌を一にするもの**があり、問題が大きい。この規制改革委の『見解』との関係では、**二つのことが重要**である（本当は、"**国際的な課税逃れ商品の販売**"との関係で叩くべき点も別にあるが、それは措く）。

第一に、**この『見解』の存在にもかかわらず、ＮＴＴ関連法案が正しく『骨抜き化』されて、無事国会を通過したこと**（既述）、である。第二に、本書で再三言及したところの、**公取委の『政府規制等と競争政策に関する研究会報告書――「公益事業分野における規制緩和と競争政策」について』**と題した二〇〇一（平成一三）年一月一〇日の報告書が、規制改革委のこの『見解』を引用し、それを踏まえた上で（公取委・同前報告書一三頁）、**「非対称規制（以下『ドミナント規制』という。）」（同前頁）との定義づけ**の下に、「事業法による市場支配的事業者に対する**非対称的規制**」のデメリットをも挙げ、独禁法による事後規制に極力一本化すべし、との考え方を示していた点が、重要である（同前・一二三―一二四頁）。この第二の点は、本書でも既に示した点だが、規制改革委は、ＮＴＴに対する**ドミナント規制**を導入せよとしていたこと後述の如くである。従って、私は、「この公取委報告書が、規制改革委の〔ＮＴＴについての〕方向性とも、若干距離を置いている」、と記しておいたのである。

さて、以上を前提として、既に掲げた〔規制改革論議との関係〕との小見出し、との関係について、論じ進めよう。だが、いきなり規制改革委の前記『見解』に入る前に、それの出される二か月程前に行なわれた同委員会の「**公開討論**」（それについては、既に貿易と関税二〇〇一年一月号四八―四九頁で一言してある。ネット上の公開については、同・四八頁下段を見よ）について、論じておくべきであろう。ちなみに、規制改革委・前記『見解』四―五頁には――

「今年度〔二〇〇〇年度〕は、初めての試みとして『規制改革の在り方や進め方』を巡る、**総論部分の公開討論**を開催した。……昨今、市場競争の促進が**不平等な社会**〔!!〕を作るのではないか等の懸念から『規制改革』の在り方あるいは進め方について各方面で多様な議論がなされている。そこで本年度は、『規制改革』の是非を含めたテーマを正面から取り上げ、公開討論を行った。この公開討論では、市場原理、グローバルスタンダード、セーフティネット、公（パブリック）の概念等について規制改革に賛成、反対それぞれの立場の出席者により、**激しい討論**がなされた。……」

――とある（激しくしたのは、この私である!）。ネット上の公開もいつまで続けられるか不安ゆえ、まず、この公開討論における私自身の発言を中心に、紙に定着させることを試みる。もとより、この公開討論は規制改革につき、総論的に是非を問うものゆえ、私の発言においても、本書の主たるテーマたるＮＴＴ関連の問題は直接出て来ない。だが、既にＯＥＣＤの文書を示して論じたように、**再度『ＮＴＴの在り方』論は、ＯＥＣＤ（そしてＷＴＯ!?）等の世界的な規制改革論議と結びつきつつある**。この世界的な論議の問題性については石黒・前掲グローバル経済と法、そして貿易と関税二〇〇一年一・二月号の連載論文でも詳細に扱ったが、**『行革ゾンビ』**（当時の感覚としては〝生き残り〟!?）的な彼等の前で、私が（**神野直彦教授**と共同戦線を張りつつ――貿易と関税二〇〇一年一月号四八―四九頁を見よ）何を発言したのか。本書二―１⑷の見出しにある「厳密な経済分析」との関係で、一般性を有する部分に限って、以下にそれを再録・定着させておく。

＊ 規制改革委員会公開討論「二一世紀の日本――ここを変える、ここを守る」（平成一二〔二〇〇〇〕年一〇月一〇日、於千代田公会堂）――**石黒発言を中心とした抜粋**

（＊ 引用文中にあるレジュメ・資料は省略し、若干のコメントを付する。）

「石黒〔中略〕おかしな規制はあるが、だからといってすべての規制を緩和するというような話は間違っている。そのような経済学の理論はない〔石黒・貿易と関税二〇〇一年一月号四九頁以下参照〕。新古典派経済学では、**様々な仮定**の下でそのようなことが起こる**場合がある**としているが、その**仮定と現実が区別され**ていない。また、規制緩和委員会が規制改革委員会に変更になったことについてであるが、レジュメにもあるように、三年前にＯＥＣＤで規制改革が言われ、とにかく競争促進的な規制は良い規制だとされた。だが、経済学者は、ＯＥＣＤの規制改革、ＭＡＩ（多数国間投資協定）において、どのような議論が行われたのかきちんと細かくフォローする必要がある。ＯＥＣＤの報告書には、非常に初歩的な計算ミスなどもみられ〔石黒・グローバル経済と法二八一頁以下を見よ〕、とても信頼に足るものではない。そして、ＯＥＣＤの規制改革と連動して進められたＭＡＩも挫折している。橋本政権下の行革・規制緩和は、ニュージーランドを模範としているが〔石黒・法と経済二〇五頁以下〕、そこで妥当したことがなぜ日本でも妥当するのかという反省もないまま、ニュージーランドの後を追いかけるようにすべての改革を行う、すべてを市場に委ねるということをやったわけである。ニュージーランドは、膨大な財政赤字に悩み、一番短絡的なことをやった国である。即ち、国の全国民的資産を切り売りして、財政赤字を埋め、後は、経営や会計をやっている人間だけを尊重して、すべてを新古典派経済学の論理で推進して、その結果、失敗している。最近は、ニュージーランドの政権が変わり、二度とそういうことはしないということになっている。このような状況の下で、日本はどのように考えるべきかという大問題がある。もう一つの具体的な例としては、大学のあり方である。ニュージーランドでもそうなってしまったが、社会的ニーズのある学問だけ教えれば良いということになると、結果として、大企業のニーズに沿った学問しか行われなくなる。国立大学の独立行政法人化の問題でも、三年前、郵政三事業の民営化でなされた議論と同じ議論が行われている。いきなり、文部省が、大学への予算は、今年から三割カットだ、来年は更にその四割カットだとやり、国立大学は、兵糧攻めにあっている。学問は、経済界のニーズのある学問だけやっていれば良いのか。すぐ役にたつ、すぐ製品になるような学問だけで良いのか。そんなはずはない。ところが、そのような現象が現実に生じつつある。そこで、資料を御覧いただきたい。三年前に何が起こったのか。中央の方で、郵貯、簡保は民間を圧迫するし、郵便事業についても競争を導入すべきであるとして、民営化の議論が起こっていたとき、実に全国三千余の市町村のほとんどから郵政三事業国営維持を訴える要望書が出されている。ところが、この声が全然中央では反映されていなかった。一方で、地方分権と言いながら、このようなことをやっていたのはおかしいのではないか。また、沖縄ＩＴ憲章にあるように、どういう基本的スタンスでＩＴ化を進めていくかということも問題である。沖縄ＩＴ憲章が、非常にバランスがとれたものになっているということに日本全体の注意がいっていない。それから、レジュメにもあるように、沖縄ＩＴ憲章前に、ＷＴＯ向けに日本政府が、「電子商取引に関する eQuality Paper」を出している。電子商取引におけるサービス品質のことを指すのと同時に、イコールティ、即ち、平等ということもだぶらせている。大企業、大都市に住む人だけがｅコマースができるようでは、うまくいかないということを示しており、評価できる。このように基本的な流れが変わってきていることを、規制改革委員会でももっと深刻に受け止めて欲しい。その中で、私が言いたいのは、例えばＩＴ化でも、大阪や東京に重複して無駄な光ファイバーを引くのが流行しているが、そうではなく、例えば奄美大島のようなところにも引き、早く全国展開すべきであるということである。」

右の引用部分は、西村清彦規制改革委員会委員（東大・経〔司

会）、宮内義彦同委員長（オリックス会長）、浜田広司委員（リコー会長）、榊原英資慶応大学教授（元ＭＯＦ）の発言に続くものだが、貿易と関税二〇〇一年一月号四八－四九頁との関係で、右の私の発言の次の、**神野直彦教授（東大・経）の発言**の一部も引用しておこう。

「神野　日本で改革を進める場合、ものごとの位置を見失ってしまうというところがある。規制改革のほか、地方分権の改革も進められているが、いずれの改革の目的も、**人間の生活の豊かさ**、**ウエルフェア**を高めることではないかと思っている。財政学の立場でお話をさせていただくが、現在と全く同じような不況が一九世紀末に起きている。世界的に物価が下がり続けたグレートディプレッションという時代である。この一八七〇年代から始まる大不況の中で、一つは、**二つの経済学のパラダイム**が発生している。一つは、新古典派と言われている立場であり、もう一つは、ドイツで財政学という学問が生まれている。これは、新古典派と全く対立する立場である。新古典派も、良く読んでみると、必ずしも市場万能主義を言っているものではないが、新古典派と違い、財政学の方では、市場というのは、適切な政治システムによる制御が必要であるというふうに考える立場である。お手元のレジュメの三枚目に、社会を構成する三つのサブ・システムという図がある。私達の社会は、社会システム、即ち家族とかコミュニティとか自発的な協力に基づいて形成される人間の関係、共同体があり、もう一つは、政治システム、つまり、人間の強制的な協力関係を背景とした関係である。もう一つは、経済システムであり、市場経済、競争の領域がある。左下の部分が、競争原理で行われなければならない部分であり、それを除く右の領域は、強制的にしろ、自発的にしろ、**競争ではなく協力原理で行わなければならない領域**である。私の考えでは、日本が間違えているのは、競争原理でやらなければならないところと、そして、良く護送船団方式と呼ばれているが協力原理でやらなければならないところとあるが、競争原理でやらなければならないところに協力原理を導入し、協力原理でやらなければならない公共部門などに、競争原理を持ち込んでいるというところである。ここに、**社会を崩壊させるような大きな原因**が潜んでいるのではないかと考えている。協力も競争も、別に人間が利他的であるとか、利己的であるとか意味するものではなく、協力原理というのは、自分が失敗すれば他者も失敗する、他者が成功すれば自分も成功するという原則をインプットしておくということである。家族をみれば分かるように、誰かが失敗すれば自分も失敗する。競争の原理というのは逆で、誰かが成功すれば自分は失敗する、誰かが失敗すれば自分は成功するという関係を社会のシステムの中にインプットしておくということである。その二つのシステムが適切にバランスをとってインプットされなければ社会というのはうまく機能しない。逆に、協力の領域がきちんと機能していないと、競争の領域というのも機能しないというのが財政学の考え方である。そして、一番重要なのは、共同体の中で**人間生活**が営まれ、その**人間の生活のウエルフェア**を高めるために政治があり、そして経済が機能しているということである。政治も、経済も、その手段に過ぎないというふうに考えている。〔以下略〕」

各自発言した後、第二部のパネルディスカッションに移り、西村教授の司会の下、八代尚宏規制改革委員会委員（上智大・国際関係研究所教授）が、「規制改革という言葉は、ＯＥＣＤをまねたものではなく、もともと規制緩和にはその考えがあったわけであり……新規参入規制のような事前的規制を、できるだけ事後的規制に変えていく」のが骨子であり、「その基本は消費者主権を確保すること」だ、などと述べた。私は、「規制改革委員会の名称変更が、OECDをまねたものではないという意見〔八代氏〕については、いったら中公新書から出ている通産官僚の本の中身は、いったい何なのかということである。詳細は私の本〔『法と経済』と『グローバル経済と法』〕に全て書いてある」と答えた。続く神野教授の発言のあと、あの宮内氏の、次のような許し難い発言がなされた。即ち――

「宮内　先生方のお話には神学論争的なところがあり、私のような経済人には太刀打ちできないが……経済をもっと活性化してゆく〕……中で、社会をもっと良くしていくという余力が出てくると考えている。……社会の中……の弱者には大きくなったパイの一部をもって十分な対策ができる〔!?〕し、その他の社会的な政策もできる〔!?〕わけである。……神学論争に経済人として付け加えると、これくらいのことしか言えない……。」

――と。理論も十分分からずに規制改革断行の委員長となり、〝神学論争〟云々とは何事か。――そこで、このパネルの最後の一言として、私は――

「石黒　宇沢弘文、伊東光晴、岡野行秀等の名誉教授級の経済学者の間からは、今の〔現役の〕経済学者が時流におもねていることに対する批判が出ている。九七年と九八年で全く逆のことを言うような経済学者がテレビ〔等〕で勝手なことを言っているが、そういうことでいいのか。神学論争という言葉で全ての議論を片づける〔宮内氏！〕のは汚いやり方である。全て私の主張はバランスのとれた行き方で規制というものを考えるべきだということである。」

――と宮内氏のやり方の汚なさ〔!!〕を批判した。その宮内氏が、本書一一七頁以下の〝『国難』ゆえの嘆願書』〟の項で示した通り、『e-Japan重点計画案』に電通審第一次答申の『NTT解体論』を入れろと、ゴネたわけである。これとて理論〔神学論争!?〕が分からぬ、単なる「経済人」としての行動であろう。『俺達が儲かれば余りが出るから、パイならぬパン〔米?〕の残りで、お前らは食いつなげ』が規制改革委の委員長の本音だということになる。石黒・法と経済二三頁を再度見よ。そして、右の発想の汚なさを再度熟知せよ、と私は言いたい。

宮内氏の前記の発言が弱者の立場を直視していないことは明らかだが〔経済発展の間接的効果として社会を見る誤り！〕、弱者は個人ばかりではない。私は、地方公共団体のことにも触れて――

「国は、行革の一環として、国立大学に対し、財政が苦しいなら合併しろと、全国の市町村に対するのと同じことを言っているに等しい。市町村が広域合併したら、地域社会に一層根ざした行政などできるわけはない。そうであるにもかかわらず、合併を繰り返している。もう一度、〔私自身が参加した〕生活大国五か年計画の広域経済圏構想について考えていただきたい。正面から、生活圏を論ぜず、また、落ちこぼれた自治体はどこかにくっついていろ、で終わってしまったままである。」

――と述べた。国立大学のことは、「ついでに」程度だったのだが、この私の発言の前には、**八代委員の次の如き暴言**があった。即ち――

「八代　……石黒先生は、民営化すれば、社会的〔?〕ニーズのあるものしか〔大学で〕教えられなくなると言われるが、例えば、**経済学、法学はなぜ国立の大学で教えなければならないのか**、民間の大学ではだめなのか。……本当に必要なインド哲学とか核物理学とか政府でなければできないもの〔?〕を国立に残し、そして、市場で競争できるもの〔学問?!〕については民間に任せる、そういう仕分けが必要ではないのかと思っている。」

ともかく、**この程度の人々が政府の規制改革を進めている**のである。石黒・法と経済二一頁以下でも登場する司会の西村清彦教授が、市場原理主義的規制改革論に対して、一歩距離を置いているように思われたこと、そして神野教授との出会いが、私にとっては、せめてもの救いであった。

＊　＊　＊

それでは、右にその裏側を垣間見たところの、規制改革委員会の前記『見解』は、『NTTの在り方』との関係で、何を言っていたのか。次に、それを確かめておこう。

＊　規制改革委員会・規制改革についての見解（平成一二〔二〇〇〇〕年一二月一二日）――「NTTの在り方」論を中心に

まず、右『見解』の構成だが、「第一章　総論」の中に「6　IT化と規制改革」があり、「第二章　各論」の冒頭に「1　情報通信」がある。その1の「〔各論〕」の、「〔2−3〕」に「NTTの在り方」（同『見解』三四―三六頁）が出て来る。

だが、その前に、「総論」についても、やはり一言しておく必要がある。同『見解』・七頁以下に、「規制改革（緩和）の効果」の項目があり、同前・八頁に「**規制改革の経済効果分析**」への言及がある。「今年度〔二〇〇〇年度〕」については、「効果分析の対象を従来の調査より広く取って、その効果を**定量的**に試算できるものは試算し、データの制約等〔!!〕で定量的分析が困難な場合には**定性的**な分析を試みた」、とある。だが、石黒・グローバル経済と法二三七頁以下、とりわけ二五八―三〇五頁で論じたように、OECDレベルでも、**この種の定量的分析の精度には、多々疑問があり**、かつ、同前・二七一―二七二頁の二つの表で示した「**NAFTAの経済効果試算例**」の表だけからも、**計算プロセス**〔!!〕に**非常にラフなものがある**ことを、忘れるべきではない（〝政策評価〟関連で、後述する）。この点は、既述の、**長期増分費用モデル**に関する**井手秀樹教授**の指摘をも想起しつつ、考えるべきところである。

それともう一つ。石黒・グローバル経済と法三七四頁の注(10)で示したところの、「規制緩和で全てを片付けるのみで十分かを真摯に考える、**経企庁の若手経済官僚達の自然な疑問**」にも注意せよ。彼等の正当な疑問は、**すべてを数値化することへの疑問**にも及んでいたことを、彼等との有益な研究会の座長であった立場から、補足しておく（なお、石黒・法と経済二〇五頁以下の「第八章　国民生活と危機管理」と対比せよ）。

さて、規制改革委の前記『見解』の総論部分であるが、同・一〇頁には「規制改革の意義・目標」の項があり、「規制改革の議論とは、今後どのような社会を構築するのか、これから国民はどのような暮らし方をしていくのか」との選択の議論に他ならない。こうした選択の基準となるのは『国民の利益』である、とある。前記公開討論でも宮内氏が似たようなことを言っていたが、あくまでもそれは〝経済拡大の間接的効果〟としての文脈においてのものであった。

この点、同『見解』一頁の「序」には、「構造改革が十分に進展し……ないため……景気回復……が達成できず」云々と、まずある。構造改革と景気回復との因果関係が、実は必ずしもさして明確ではないことについては、ＩＭＦの調査に関して石黒・法と経済二一頁以下で、また、ニュージーランドの場合に即して同・二〇五頁以下でも、それぞれ指摘した。にもかかわらず、同『見解』一頁は、いわば惰性としての従来路線を踏襲するのみで、「市場原理」の「積極的」な「活用」を軸に据え、そして――

「もとより、社会は経済活動のみによって成り立つものではないが、健全な経済こそが健全な社会の活力源となる。縮小する経済が、どれほど社会に閉塞感をもたらすかを、我々は、近年、痛いほどに体験してきた。」

――とある（同前頁）。何を言うか、という感じである。〝一九九七（平成九）年の狂気〟、即ち、行革・規制緩和（改革）一辺倒の政策が日本経済をガタガタにした事実（石黒・法と経済一頁以下！）は、全く無視されている。右の「痛いほど」の「体験」は、まさに規制改革が、実にまずいタイミングでなされたことによる。それなのに、同『見解』一〇頁は「国民の利益」が第一だ、などと言う。私には、そこが許せない（!!）。同『見解』一三頁は「広義のセーフティネット構築の必要性」を説くが、「個々の分野では一定の検討を行った」（同頁）のみである。その「内容」は、「政府」に対して「国民的な検討を行い、所要の措置（?）を講じるべきである」（同頁）、とするのみである。何たる無責任さか、と思う。そして私は、前記の学振公開シンポにおける〝改革はやってみなければ分らないのだから……〟、といった既述の奥野教授の、水谷助教授が（私の代わりに）噛みついてくれた、発言を思い起こす。

同『見解』一〇頁以下の「ＩＴ化と規制改革」の項では、「今年度は、当委員会の宮内委員長がメンバーとしてＩＴ戦略会議に参加」云々、とあり、その同じ頁（同・二一頁）で、「ＮＴＴの在り方」についても「指摘を行った」、とある。

さあ、同・二五頁以下の「1　情報通信」には、どの程度「国民」の視点が盛り込まれているのか。まず、同・二五頁には「あらゆる人々が」云々とあるが、なぜかそこにはＩＴ基本法への直接の言及はない。

同・三一頁以下の「電気通信事業者のネットワークにおける競争条件の整備」の項目では、「利用者」（!?）利便の向上のために、「ネットワーク構築段階」・「サービス提供段階」（接続等の問題は後者）それぞれの競争促進が重要だ、とある（同・三二頁）。そうであるならば、いわゆるボトルネック解消のために代替的ネットワーク構築を重視する、公取委の二〇〇一（平成一三）年一月の既述の報告書との接点も出て来るのか、とここでは思うであろう。

たしかに、同・三三頁では「線路敷設問題」への言及があるが、その前提は、「地域アクセス回線は……不可欠な設備であるが、地域アクセス回線については、ＮＴＴ東西地域会社による事実上の独占状態である」、との点にある（同頁）。そして、同・三四―三六頁の「ＮＴＴの在り方」に至る。

同・三四頁では、「平成七（一九九五）年一二月の行政改革委員会第一次意見」（そこで「ＮＴＴに対する非対称規制の存続」が「是認」されたことも、同頁に示されている）以来の流れが示されているが、そこで「純粋持株会社方式によるＮＴＴの再編成方針について」、同意見が「強い懸念を表明し」たこと（平成八（一九九六）年一二月の同委員会第二次意見）、そして平成九（一九九七）年一二月の同委員会の「最終意見」でも――

「持株会社方式でのＮＴＴの再編成に関しては、不完全な結果に終わったと言わざるを得ない部分があると指摘している。」

――とある（同前頁）。規制改革委になってからも、何しろ委員長代理が旭リサーチセンター社長の、かの鈴木良男氏ゆえ、対ＮＴＴの攻撃は、実にしつこい（後述）。

同『見解』三五頁の「ＮＴＴの経営形態」の項では、電通審第一次答申と同様のＮＴＴグループ各社の内ゲバ論と共に、「持株会社の廃止について、検討すべきである」、とある。それを前提に、ドコモ・コムの両社への出資比率を下げろ云々の点を、「当面の問題」として示す（同頁）。

その上で、同・三五―三六頁で「ドミナント規制の導入について」の項が出て来る。

もはや本書の中では決着をつけた問題だが、同『見解』は、「地域通信分野以外の各分野」は「相当程度競争が進展している」ことを認めつつ（!!）――

「このような各分野における競争の進展状況を踏まえ、事業者の市場支配力に着目したいわゆるドミナント規制を導入し、支配的事業者によるその市場支配力の濫用を防止するとともに、非支配的事業者に対する規制は利用者保護の観点から（!?）必要最小限のものとし、自由な事業展開が可能となるような規制緩和を積極的に進めるべきである。

ドミナント規制は、競争が有効に機能していない場合に、競争を機能させるために支配的事業者に対して適用されるものであり、本来そのような規制が必要でない状態が望ましい。

ただ（!!）、電気通信事業は、ネットワークの円滑な接続の確保が基本的な要請であることから、競争の有無にかかわらず（!!）、公平かつ公正な接続を保障する接続規制等の一定のルールは必要である。」

――としている（同前・三五―三六頁）。

右の引用文の〝論理〟は、一体どうなっているのであろうか。右の第二パラからは、「ドミナント規制」の導入は「競争が有効に機能していない」場合のもの、とされる。ところが、引用文の前に、「地域通信分野以外」では「相当程度競争が進展」、とある。「相当程度競争が進展」している以上、「競争」は一応「有効に機能」している、はずである。

そもそもラフな論理だが、そうなると、コム社やドコモは「ドミナント規制」から外れることになりそうである。つまり、「ドミナント規制」は、競争が進展ないし機能していないとされる「地域通信分野」、要するにＮＴＴ東西に対してのもののみ（!?）、となりそうである。そうなると、一般のＮＴＴ叩きの論調（既述）との間に、齟齬《そご》が生ずる。

そこで、コンテクストの不明確な、「ただ」で始まる第三パラが置かれた（おそらくは、あとになって）のでは、とも思われる。ただ、第三パラでは、「競争の有無にかかわらず」、とあるが「接続規制等」に限定してある。**それと「ドミナント規制」とを同視すると、「ドミナント規制」導入への、右引用文中の論理が崩れる。**「競争が有効に機能していない場合」のための「ドミナント規制」、との論理が、である。

他方、規制改革は「国民」の為、というのがこの『見解』の基本（既述）だが、なぜ「非支配的事業者」への規制緩和についてのみ「利用者保護」が言われるのか。**ドミナント規制導入が、「利用者」、否、「国民」の利益に、いかにして結びつくのか。その論証もない。**

思い起こして頂きたい。規制改革委の前記公開討論における、同委員会メンバーの発言のラフさ加減を！――後者を引用してそこで扱ったのは、単に私がこの公開討論にたまたま参加したから、ではない。**この程度のラフな議論によって、日本の将来が、ひと握りの、どうやって選ばれたか分からぬ人々によって、決定されようとしていることを、**裏から示したかったのである。

ＮＴＴ関連では、前記引用文（三つのパラグラフからなるそれ）の論理に注目するだけで十分かも知れない。だが、**行革委以来の、対ＮＴＴでの規制改革委員会の執拗さと、持株会社体制解体の主張とが、前記のＯＥＣＤの『規制産業の構造分離』なる文書における、ＮＴＴに対するいやらしい指摘と連動するものであることに、**注意すべきである。

「神学論争」には「経済人」として付いてゆけぬとしつつ、電通審第一次答申をe-Japan重点計画に、強引に盛り込もうとした宮内氏の、あの眼鏡の奥の暗い部分――それを辿ってゆくと、まさ**に私が、岩波の『法と経済』、そしてその詳細版たる信山社の『グローバル経済と法』で〝対決〟した、巨大なる闇のパワーの真の姿と、出会うのであろう。**とても「国民」の為などではない、非人間的なそれと。

＊　＊　＊

＊　政策評価――数値化・定量化とその限界

規制改革委の前記『見解』の「総論」部分で、「規制改革（緩和）の効果」（同・七頁以下）の部分があることは、既に示した通りである。「規制改革（緩和）」という『政策』（!!）により、二〇〇〇（平成一二）年一月の分析では、「国内電気通信、国際電気通信、国内航空、電力等八分野について料金・価格の低下による利用者のメリット**（消費者余剰）**の増加が平成一〇（一九九八）年までの累計で八・六兆円程度と**試算された**」（同・八頁。「近年の**規制改革の経済効果**――利用者メリットの分析」）、とある。本書では、この種の数字**を算出するプロセスのあいまいさについて**、再三言及した。

規制改革（「ＮＴＴの在り方」論をも含めたそれ!!）という名の「政策」で、どの程度「国民」が、〝利益〟（と言うよりもウェルフェア、であろう）を得、また〝損失〟（〝痛み〟!?）を被るのか。――こうした点について、**一般の風潮としては、何かと言うと数字ですべてを語りたがる。**だが、それはどこまで可能かつ妥当なことなのか。この点は、前記の学振の公開シンポでの基調講演にも示した。

この点を、『政策評価』という観点から、もう一度補足しておこう。田辺国昭教授（東大・法）は、まさに『政策評価』の専門家として、その最前線に立つ研究者である。その彼が、田辺国昭「政策評価」森田朗編・行政学の基礎（一九九八年・岩波書店）二八四頁以下の結論部分で、次のように記していることを、我々は忘れるべきではない（同前・二九九―三〇〇頁からの引用）。即ち――

「政策評価という活動は、『正しい』政策を『正しくない』政策から区分するための決定的なテストを提供するものではなく、また、社会についての対立する複数の理論の間での『神々の闘い』を裁定する役割を担うものでもないのである。むしろ、政策評価は、社会経済にかんする諸理論と評価結果との多元性の中で、各々の理論とこれに基礎づけられた実践としての政策を漸進的に改良してゆく部分的な営みに過ぎない。

政策評価にたいする社会の期待は、評価結果の客観性を前提とした政策の裁定者としての役割の上に成り立つものであった。この役割期待が政策評価の合理主義パラダイムと結びつき……政策評価という活動は公的領域内に出現し、拡大していった。しかしながら、このような政策評価は……評価結果に歪みを生じさせ、客観性という基盤を浸食している〔!!〕。政策評価が自律的な領域として自己反省の対象となったとき、社会における役割、評価の実践を支えるパラダイム、そしてそこで用いられる評価モデルの三つの間での新たな組み替えが、求められているのである。」

田辺教授は、ジュリスト一九九九年八月一―一五日号（一一六一号）の「行政改革の今後の展望――個別的検討」と題した特集の中でも、その一四八頁以下に、「政策評価の仕組み」と題して論じ、「評価指標の体系化や評価の数値化・計量化」に重点のかかる中央省庁等改革推進本部の「方針」（平成一一〔一九九九〕年四月）を踏まえつつも（同前・一四八頁）、「現在の政策評価をめぐる議論」は「混乱」している（同前・一四九頁）とし、更に――

「改革は、新しいアイディアによって進められるよりも、むしろ過去の忘却〔!!〕によって進められる部分が多い。政策評価は、ある面において過去のトラウマにとりつかれ〔!!〕、それを忘れることによって成り立っている改革ではないだろうか。……政策評価の導入に際して、過度の期待と失望との悪循環を避けるためには、この過去の失敗の経験の意味をくみ取ることが必要であろう。」（田辺・前掲ジュリスト一一六一号一五一頁。）

――としておられる。

とくに後者は、非常に含蓄のある指摘であり、「ＮＴＴの在り方論と規制改革論議との関係という、本書二―1(4)における論述の結びとしても、適切なものと考える（田辺教授の右の指摘は、私の『法と経済』の通奏低音と通ずるものがある、とも感じる）。骨抜き化後の法案は国会を通ったが、『わが闘争』が、既に示したＯＥＣＤの不穏な動きを含め、私の本来のフィールドである国際問題へと再度回帰しつつあること、そして、一見ドメスティックな色彩の強い本書が、実は『グローバル経済と法』で描いた世界的危機状況の延長線上にあることを、二日間にわたる執筆を通して、私はかくて、明確に認識した。

だが、本書の構成上は、次に目次の二―2から書き始め、そして「美しい世界」としての本書三に至り、まずもってそれらをすべて書き終えねばならない。再度思う、阿修羅になりたい、と（二〇〇一〔平成一三〕年八月五日午後一〇時五分、執筆終了。これから夕食。点検は明日にする。背中が苦しい!!）

＊　　＊　　＊

――と思っていたが、八月五日深夜、妻裕美子に今書いた内容を、築地直送の嬉しい夕食（**Special thanks to Mr. A.K. !**）と共に、夜の一二時（カボチャの馬車タイム）近くまで話し、そうして以下の＊の項の補充を、八月六日午前〇時三七分、（再度マーラーの第六番〔バーンスタイン〕をバックに）〝原稿の点検〟に先立ち、妻のサジェスチョン（従わないと怖いし、でも、実に適確だから、仕方がない!!）に基づいて、行なうことにした。ついでだから（Ａ・Ｋ君のおかげで、ものすごく元気になったことだし）、〝原稿の点検〟も、寝る前に済ませてしまおうと、再度机に向かった次第である。

＊　松原隆一郎「小泉改革――熱狂の行方　国民は痛みに耐えられるか」（読売新聞二〇〇一〔平成一三〕年七月一〇日付け）について

松原教授（東大）は社会経済学の専攻、とある。だが、イデオロギーの如何にかかわらず（!!）、彼は、私と同じことを考えている。そのことに気付いて、記事をコピーしてくれていたのは、言うまでもなくわが妻裕美子である。ありがとう。でも、それについて書くのを忘れていて、ゴメンね。何しろ何枚もの皿を一度に廻す〝水芸〟の如きもの、が論文執筆なもので。

松原教授のこの論稿は、参院選の公示二日前の、タイムリーなものである。以下、引用する。

「小泉内閣の『骨太の方針』の背景にある**経済理論**は、基本的にマーケット（市場）の調整に任せれば、需要と供給は一致するというものだ。景気についてもそうだし、失業問題も、市場にゆだねれば、**失業者は必ず、ほかの職場で仕事を得られる**と考えている。」

まさに、その通り。だからＫ大臣などという極楽トンボが登場するのである。松原教授は続けて――

「しかし、私は、**ケインズが言った**ように、賃金での調整が可能なほどの長期でもうまくいかない可能性があると思っている。実際に、日本経済は十年間も停滞してきた。」

これまた、その通り。規制改革委員会の前記『見解』は、そうでありながら、右の十年を「**失われた一〇年**」と呼び（同・一頁）、同じ路線を、無謀にも、そのまま突き進もうとしている、のである。「ホンマもんのアホじゃ！」、と私は言いたい。

松原教授は、しかしながら、私と違って、極めて上品、かつ慎重である。即ち――

「バブル崩壊以来、政府は**不況の痛み**を緩和するために**鎮痛剤**をがんがん打って来た。小泉内閣になって……**今度は大外科手術**をやると言い出した。僕は……改革はやるべきだが、**ここまで先延ばししてきて**〔！〕、**いきなり大手術というのはショックが激しすぎる**〔と考えている〕。……今の経済不振の大きな原因は、規制緩和など**供給サイドの構造改革**〔!!〕の遅れというより、国民総生産（ＧＤＰ）の六割を占める**個人消費の低迷**だ。それは、**雇用や収入に不安があるから**だ。これまで政府が〔!!〕収入面で不安をまき散らし、企業もリストラに走ったため、**ショックと不安が膨張**して、経済を委縮させてしまった。……」

これまた、その通り。反論の余地は、ないはずである。松原教授は、「長い間、日本の消費を支えていたのは**終身雇用制**で、これが**日本社会の一番のセーフティネット**だった」、と続ける。『異議無し！』、と叫びたい。

その先が面白い。

「小泉内閣が〝痛み〟を公言し、デフレが進んでいるのに、八〇%を超える支持率を得ている理由として、経済のこの現状が首相の責任だとは国民が考えていないふしがある。……しかも、小泉さんはひょっとして、政府が経済（景気）に対して責任がないというシステムを作りつつあるのではないか〔!!〕。規制緩和などはするが、あとは市場に経済を任せていくんだ、その方針は〔経済財政〕諮問会議が決めるのだというなら、基本的に政府には経済に責任がない〔!!〕ことになる。」

――とある。そのことのために、経済原理を用いるのだから、これまさしく〝殺人的茶番劇〟と言うべきである。私はすべてダイレクトに物を言うために研究者になったがゆえに、そう断言するが、松原教授が私と同じことを考えていることは、確かである。

松原教授は、その先において、「宇多田ヒカル」と「小泉首相」とを結びつけ、現下の「社会風潮」を、やんわりと批判する。「何となく」、がキイ・ワードである。その上で、「ほとんど経済財政諮問会議に丸投げ」の現状を、「国民はだれもわからない」として、批判する。小泉・竹中某ともに「何となく説明している感じ〔!!〕を出すのが非常にうまい」、ともされている。私だったら躊躇なく「エセ」という言葉を、用いるところである。

松原教授は更に、将来にわたって――

「供給ばかり骨太になっても〔これは if-clause であることに注意〕需要は先細りではないか。……仮りに痛みに耐えられなくなったら、どうするのか。政権を民主党に代えるわけにいかない。小泉内閣の改革に賛成しているわけだから。……」

――と論ずる。「人生で十一回も仕事を変える」という「アメリカ型システム」の導入は疑問だとして、雇用問題に焦点を当てるのである。

まさに、〝わが意を得たり〟、である。そう言えば、Ｉ氏がファクスで送ってくれたのだが、産経新聞同年七月一六日㈪朝刊の「アピール」欄に、「元会社役員　後藤茂　71〔才〕」という方が、ＮＴＴ分割に言及し、かつＫ大臣〔竹中平蔵経済財政担当相〕の考え方につき――

「竹中ＩＴ担当相のこうした考え方は、世界規模での激烈な競争下にある日本の情報通信事業の国際競争力強化を目指しての国家戦略的見地が欠落したもの〔!!〕であり、きわめて遺憾である。」

――とされ、私の『法と経済』にも言及して下さっている。御目にかかったことはない〔!?〕方だと思うが、まさに正論であり、前記の松原教授のものと共に、是非、その全文を味読して頂きたいものである（以上、同年八月六日午前一時三二分、執筆終了。一九四五年のこの日、あと数時間後に広島に原爆を落とし、某映画監督の『パールハーバー』を観ての感想ではないが、『どうしても実験したいなら一発でいいじゃないか。真珠湾攻撃は、事前にアメリカが、暗号解読〔!!〕で察知していた〔V型ロケットによるロンドン爆撃に際してのチャーチルの行動と同じ!!――石黒記〕のだし、真実を語れ！』と言いたくなる某覇権国家との、またしても戦いを予期しつつ、ここで筆を擱く。午前一時三七分。点検終了、同日午前三時三一分)。

2　一九九六年までのＮＴＴ「分割」論議への筆者の抵抗と一九九九年七月の「持株会社方式」によるＮＴＴの「再編成」――「研究開発体制」の問題に重点を置いて

＊　二〇〇一(平成一三)年八月八日午後三時五〇分、ようやく執筆を再開して、そして気付いた。本書二2の見出しに、もともとは、「一九九七年七月の……」とあった。それを「一九九九年七月の……」と訂正した。再編成が決まったのは一九九七(平成九)年だが、実際に持株会社体制がスタートしたのは、一九九九(平成一一)年の七月である。私にとって、それほど〝一九九七(平成九)年〟という年が、いやな年だったのである。それがゆえの、誠に屈折したミスであった。

ＮＴＴ再編成論議が本格化したのは一九九五(平成七)年の夏頃であり、私は猛然と反発し、今回(二〇〇〇(平成一二)年末以来)と同様、徹底して戦った(但し、九五年秋頃までは、郵政省の研究会の場でも戦った〔後述〕)。そして、一九九六(平成八)年一二月六日に、**ＮＴＴと郵政省との〝合意〟**が成立し、〝再編成〟に至った。私も、持株会社方式で『研究開発体制』をいじらぬなら……、ということで、当時ＮＴＴ叩きの急先鋒(後に郵政事務次官となる！)で、現㈱ＫＤＤＩ副社長(!?)の五十嵐三津雄氏等との、ある種の〝**手打ち**〟に応じた。

この一九九五―九六(平成七―八)年の、あまり思い出したくもない私の闘いの内容については、石黒・通商摩擦と日本の進路(一九九六年・木鐸社)三六一―三六八頁を、まずもって参照されたいが、ここでは、同・三六八頁の〔追記〕を、まず掲げておこう。

「〔追記〕　議論の進め方が全くフェアでない点を含めた**ＮＴＴ分割論の愚かしさ**について、私は種々の研究会等に属し、鈴村興太郎・南部鶴彦両教授等々と共に、言うだけのことは言って来た。いわゆる**ヤードスティック競争**〔後述〕の虚構性と審議会のあり方については鈴村教授が、ネットワークの自由な接続こそが問題であり、それが確保されれば分割など不要だし、分割したからいわゆるボトルネックがなくなる訳でもない点は南部教授が、そして私は、株主保護の点を含めつつ、証券界の対応上の問題等(これは本章〔石黒・前掲書〕の講演でも強調したが、削除されていた)についても、再三論じた。そして、**曲学阿世の徒が如何に多いか**の点をも認識しつつ、平成八年二月に至り、完璧に匙を投げた。何が何でも平成八年三月まで論議をすべて凍結し、二〇一〇年の全国光ファイバー網整備の大目的のために日本の官民が全力を尽くすように、誰かが持って行って欲しい。そうでなければ日本は、遠からずもはや滅びる。そう思う。

平成八年二月二九日、とうとう電気通信審議会の分割答申が出た〔後述〕。私の短いコメントが翌日の東京新聞朝刊に出ているはずである。答申は日本企業の国際競争力を言い、あたかも海外の市場に日本の通信事業者が出て行って、そこで富を集めて来いと言うが如きニュアンスだが、この発想は古い。ネットワークを他国に先駆けて抜本的に高度化すれば、自然に日本は**国際的な通**

信のハブになる（各国の、国際的ハブ化をめざした大規模空港建設競争の場合との比較が、なされるべきである）。それがこの場合の、誠にエレガントな国際競争力論のあり方のはずだ。私はそう思う。」

それでは、一九九六（平成八）年一二月六日の『NTTと郵政省との合意』の内容は、いかなるものであったのか。議論の過程では、NTTの地域会社を九社に分割しろとか、とんでもない暴論も出たし、私が分割反対を論ずるとその逆を説く、かの規制改革委のナンバー2でもあった旭リサーチセンター社長の鈴木良男氏が、よく登場したものであった。試みに一九九五（平成七）年九月一四日付けの日刊工業新聞の鈴木氏の主張（共に写真入りで私は左、彼は右に、コラムがある）の最後には、「一度、歴史の歯車を動かしてから（分割を経験したうえで）反論してほしい」、などとある。既に本書において批判した奥野教授の、「〔改革〕はやってみなければ分らないから……」の論と対比すべきである。さて、前記の『合意』の全文を掲げておこう。

＊『NTT再編成についての方針』（郵政省――NTT側合意文書発出は一九九六〔平成八〕年一二月六日）

「本年三月二十九日の「規制緩和推進計画の改定について」の閣議決定を受けて、NTTの在り方について検討を進めてきたところであるが、この度、郵政省として、以下の通り、方針を決定することとなった。

郵政省としては、本方針によって政府内の所要の調整を進め、次期通常国会に所要の法律案を提出する予定である。

一　日本電信電話株式会社（以下NTTと呼ぶ）を純粋持株会社の下に、長距離通信会社と二の地域通信会社に再編成する。

二　長距離通信会社は、基本的に県を超える通信を扱う、民間会社とし、新たに国際通信にも進出しうるものとする。

三　地域通信各社は、基本的に県内に終始する通信を扱う、特殊会社とし、当該エリアにおける電話をあまねく確保する責務を負う。

地域通信各社の営業エリアは、東日本（北海道、東北、関東、東京、信越）、西日本（東海、北陸、関西、中国、四国、九州、沖縄）とする。

四　持株会社は、地域通信各社の株式の全てを保有するとともに、基盤的な研究開発を推進する特殊会社とする。

また、持株会社は、長距離通信会社の株式の全てを保有するものとする。

五　研究開発のうち、基盤的研究開発については、持株会社に一元的に行わせるとともに、事業に密着した応用的研究開発は、長距離通信会社、地域通信各社において行わせる。

六　NTTは、国際通信進出を視野に置き、海外における通信事業への参入及び出資、並びに多国籍企業等のグローバルな情報流通ニーズへの対応などに積極的に取り組むものとする。

七　公正有効競争を担保するための条件を、長距離通信会社と地域通信会社との間に確保する。

八　郵政省は、再編成の実施のために、独占禁止法、商法等の関係法令、及び、譲渡益課税、連結納税等の税制上の特例措置について、政府内の調整を進める。

九　郵政省は、その他、再編成に関連して、必要な事項について、関係者の意見を聴取しつつ、所要の調整を進め、次期通常国会に所要の法律案を提出するものとする。」

私が、〝手打ち〟に際してとくに注文をつけたのは、この第五の「研究開発」のところであり、ネットワーク型電子マネー一つを考えただけでも、研究開発を「基盤的」、「応用的」に分けることはおかしいし、弊害の出ぬよう、そこはとくに十分留意して欲しい、と五十嵐氏に強く申し入れた。

なお、右の第二・第三の項目に「基本的に」とあることにも注意せよ。にもかかわらず、二〇〇〇（平成一二）年一二月の電通審第一次答申について既に批判したようにＮＴＴを〝県内〟に閉じ込めることに、その後の旧郵政省は、躍起になった（過去形）、のである。

なお、当時の私の主張を、ここで念のため示しておこう。本書一2と対比して頂ければ幸である。

＊「国際的視点欠く〔ＮＴＴ〕分割論――独禁法の手続も無視」（石黒・毎日新聞一九九五〔平成七〕年七月九日〔オピニオン　ワイド・日曜論争〕）

『
1　ＮＴＴ分割論議には国際的な視点が欠落している。米国はＮＴＴの分割、弱体化を望んでいる。
2　独禁法によれば企業分割は最後の手段で、国際競争力が失われたり、他の手段がある時は分割を否定している。
3　ＮＴＴ分割は光ファイバー網整備や研究開発に悪影響をもたらす。

昨〔一九九四（平成六）〕年五月のマルチメディア社会を展望した電気通信審議会の答申、それから今年五月の世界情報通信基盤（ＧＩＩ）に関する同審議会の答申に私は深くかかわった。

また、私は日米間の自動車摩擦や移動体電話摩擦、さかのぼっては日米構造協議などを専門的に見てきた。ＮＴＴの分割問題を考える場合、この二つが私の基本的なスタンスだ。

まずＮＴＴ分割論議には、国際的な視点が全く欠けているといわざるを得ない。以前、米国の通商代表部（ＵＳＴＲ）に通商法三〇一条を起草したＡ・ウルフという人がいた。彼は日米構造協議関係の国際会議で、日本はハイテクで米国を脅かしているが、その力の源泉になっているのがＮＴＴの研究所で、その下でＮＥＣや富士通などがコンピューター産業を発達させて米国の脅威になっている、という認識を示していた。そこには、ＮＴＴを解体して弱体化させたいというニュアンスが感じ取れた。しかし、米国はそこのところは露骨には言わない。言わなくても、日本が勝手にＮＴＴ分割の方向に向かっていると見ているからだ。ＮＴＴ分割問題は、このような脈絡の中で考えてみる必要がある。

ところが実際には、分割問題はもっぱら国内における公正、有効競争という観点から論じられている。ＮＴＴは大きすぎるから分割して公正競争を確保するというのだ。いま有力視されている図式は、一つの長距離会社と二つの地域会社に分割するというものだが、問題は分割後に何が起きるかだ。

いま米国で起きているように、分割された後の長距離会社や各地域会社がお互いの領域に相互に参入し合い、活発な競争が行われるならば、確かに市場は活性化し得る。しかし日本の場合、分割された後も、それぞれの業務領域が固定されて地域独占が維持され、その中でNTTと新電電との間で行われたように、新規参入者が育つまで「強い者は少し待て」という「非対称的規制」が行われるだろう。つまり、公正競争の名の下に競争を制限するわけである。これまでとほとんど変わらない。

視点を変えて、公正競争の守護神ともいうべき独占禁止法では、NTTの分割はどのような意味を持つか。独禁法では企業分割は競争を維持するための最後の手段である。条文〔八条の四〕には、他の手段がある時や国際競争力の維持が困難になる時は分割は行わないとある。NTTの分割問題で、果たしてこの二つの点は論議されているだろうか。少なくとも国際競争の観点からは、ほとんど論議されていない。

「他の手段」についてはどうか。昨年十二月、郵政省は電気通信事業法に基づきNTTに対して新電電の新型通信サービスへの接続命令を出した。事業法が出来てから十年、そういう手段がありながら、なぜ今まで利用しなかったのか。他にもいろいろ手段があるのに、それに訴えず、最後の手段である企業分割を独禁法とは別の次元で行おうとするのは、法のシステムを度外視して情緒的に物事を考えているとしか言いようがない。

光ファイバーはだれが

情報通信ネットワーク高度化のビジョンづくりに参加した者として、NTTの分割がこの問題とどう結び付けて考えられているのか、大変疑問に思う。ビジョンは、新社会資本としての光ファイバー・ネットワークの整備を二〇一〇年までに行うとしている。それを行うのは多分NTTしかない。そして、毎年一兆円の投資をしなければ二〇一〇年に間に合わないという時に、NTTを分割してしまったら光ファイバー網の整備は、計画通り行われるだろうか。

研究開発についても同じようなことが言える。現在は、おそらく技術革新が非常に速いテンポで進んでいる時期だと思う。その技術革新に後れを取らないためにも、長期的な視野に立ったシステマチックな研究開発体制が必要だ。分割によってそうした体制が崩れ、基礎研究よりも目先の応用研究だということになる恐れは十分ある。

私はNTTの分割が必要だとは考えないが、仮に分割が必然だとしても、光ファイバー網整備の状況や研究開発のトレンドを考えた場合、今がその時期なのかということを慎重に検討してみる必要がある。そうした考慮もなしに、ただ臨調答申以来の惰性で分割が論じられているかに見えるのは遺憾だ。

英のBT非分割に学べ

英国はBT〔英電気通信会社〕を分割しないことを決めた。「範囲の経済性」という言葉を使い、BTが一体であることの方が国民の利益にかなうという判断だ。米国だけを見ずに、英国のこうした行き方も学ぶべきだ。

NTTの分割問題には、実にいろいろな問題が絡んでいる。それらが何一つ突き詰められないまま、明治以来営々として築かれてきた日本の電気通信網がズタズタにされようとしていることに、私は我慢がならない。』

ちなみに、私は、例えば日経コミュニケーションズ一九九三、〔平成五）年一一月一日号一一三頁、東京新聞一九九六（平成八）年三月一日朝刊等々、一々数え切れぬ程に発言を続けたが、**当時の富士通会長山本卓眞氏**も、例えば文芸春秋一九九五（平成七）年五月号二八四頁以下に、「NTT分割・私の異論――大連合による競争拡大を計る方が生産的だ」の論稿（後に改めて引用する）を寄せ――

「……ややもすると最初から分割を最終目的とした、**分割のための分割論**に陥っているかのような議論が多数見受けられるのも事実である。ことはわが国の産業競争力の将来に大きな影響を与える問題である。一歩間違えれば**後代に取り返しのつかぬ禍根を残すもの**と考える故に、私は敢えてこの際一石を投ずることとした。……」（山本・同前二八四頁。）

――との、実に毅然たる態度を示して下さった。殆ど**NECの関本忠弘会長と富士通の山本会長の御二人のみが私の味方**、といった状況だったのである。

ところで、今更思い出したくもないのだが、NTT再編成時の電通審答申についても、ごく簡単に、ここで言及しておこう。

＊　**電気通信審議会答申・日本電信電話株式会社の在り方について――情報通信産業のダイナミズムの創出に向けて**
（平成八〔一九九六〕年二月二九日）

まず、**この答申が「研究開発」をどう見ていたのか**。当時の答申は、二〇〇〇（平成一二）年一二月の、既述の電通審第一次答申に比すれば、まだ（少なくとも表面上は――後述）まともだった、とも言い得る。即ち、平成八（一九九六）年二月のこの答申（以下、同『答申』と略称）の二九頁には、「研究開発力の向上」の項があり、「科学技術庁の調査によれば、通信・電子・電気計測分野（分野設定のあいまいさについては後述）の民間企業の技術開発力について、一九九一年から一九九四年の三か年で我が国の米国に対する優位が劣位に転じたと評価されている」ことを受け、「より一層の研究開発力の向上を課題とすべきである」、とある。もっとも、同『答申』五〇―五一頁では、「NTTは……これまで我が国の研究開発力の向上に貢献してきた」が、**一九九五（平成七）年発表の「AT&Tの再分割」**を例に、「**これはメーカの研究開発力の重要性を示す**」、などとしている（ちなみに同・二三頁には、**ドコモへの出資比率**（当時は「九五％」）を「低下させることが課題」だ、ともある）。

だが、日本が（世界的な）「通信のハブ」になること（同・四八頁）が意識され、「価格の低廉さ、サービスの多様性はもちろんのことであるが、マルチメディア時代においては……高度な研究開発力……が重要」であり、それが「**国際競争力の源泉**」（同・四九頁）だ、との認識は、明確にあった。その関係で、同・五五頁には――

「**電気通信分野における研究開発費を確保するため、売上高の一定割合を研究開発費とすることをNTTをはじめとする事業者**〔!!〕**が目標値として掲げること**も検討すべきである。」

――ともされている。例によって、**NCC各社のR&D投資の乏しさ**（後に示す）を正面から指摘しない形のものだが、暗にNCC各社に対し、もっとR&Dを重視せよ、と言っているようにも、私には思われる（後掲の〔図表㉒〕を見よ）。

同『答申』六四頁以下の「**第四章　NTTの在り方**」は、再編成問題が中心になるものの、同・六四頁以下で、「**NTTの研究開発も……国際市場の動向を踏まえたダイナミックな研究開発競争の中で、我が国全体の研究開発力の向上に貢献していくことが期待されている**」とあり、同・七五頁の「再編成後のNTTの姿」に関する「基本的視点」の冒頭にも、「① **NTTの潜在的な力を全面的に開花させ得る、自由化を目指した体制**」を、とあった（だが、その③に「再編成会社間の**ヤードスティック**〔**間接**〕**競争**とともに、相互参入による**直接競争**の創出を目指す」とある点については、当時の議論において明らかに前者に重点のあったことは事実だが、それ〔右の前者〕とて石黒・前掲通商摩擦と日本の進路の、前記引用の〔追記〕部分に一言してあった通り、そもそも無理な話であった〔更に後述〕。なお、その④には「**NTTの……職員の士気向上**」を図るなどとも、白々しく書かれていた）。

また、同・八一頁には、「**NTT研究所の姿**」の項に、「**研究開発力は、事業の発展の源泉であり、かつ事業化のインセンティブが研究開発の活性化の要因である**」旨、明言してもいた。

その一方で、同・七八頁には、「**西NTTの誕生**によって、**東京一極集中の是正**に資することが期待される」などと、非現実的なことが書かれてもいたのである。

この位でやめよう。当時のもろもろを、一々思い出すことになるから。

ともかく、こうして第一四〇回国会に**NTT法改正案**が提出され、可決成立して、NTTの再編成がなされたのである（平成九〔一九九七〕年法律第九八号、同年六月二〇日公布。公布後二年半までの間再編成実施となった）。

＊　＊　＊

＊ヤードスティック競争？

なお、やはり気になるので、「**ヤードスティック競争**」について、一言のみしておこう。ネットワークとして東西NTTがつながっているのに、「**ヤードスティック競争**」など出来るはずがないのだが、当時の郵政省、そして、とりわけ伊東光晴教授（京大・経）は、それにこだわった。そのあたりが、石黒・前掲通商摩擦と日本の進路の〔追記〕に示したことなのだが、標準的な説明を、横倉尚「直接規制政策――規制研究と規制緩和」植草益編・日本の産業組織――理論と実証のフロンティア（一九九五年・有斐閣）三六五頁から、引用しておこう（同書には、私も執筆している）。そこにあるように――

「ヤードスティック規制は、比較的多数の企業が規制の対象となっている産業の場合、企業間のパフォーマンスの比較が可能であるという点を規制に反映させたものである。伝統的な規制方式では規制企業の料金は、その企業の費用をベースに算定されるが、ヤードスティック規制では当該企業以外の企業の費用の平均値などがそのベースとされる。企業は費用引下げの努力等によりこの平均値等の基準を下回る費用を実現できれば利潤の増加が期待できる。このようなインセンティブによって全体の費用水準の低下が期待できるというわけである。ヤードスティック規制を有効に機能させるためには、需要条件・費用条件等が類似している企業が複数あること、これらの企業が共謀しないこと等が必要である。

日本のバス事業の規制には、ヤードスティック規制の考え方がとり入れられている。」

――ということなのだが、「共謀」などしなくとも、ＮＴＴ東西の二社の間で**ヤードスティック競争**（yardstick competition）がいかにして可能なのか。鈴村教授も私も、そんな非現実的な……、と嘆いたものである。ついでに、金本良嗣「交通規制政策の経済分析」講座・公的規制と産業4『交通』（金本良嗣＝山内弘隆編〔一九九五年・ＮＴＴ出版〕）七三―七四頁も見ておこう。**ヤードスティック競争（間接競争ないし比較競争）の手法の「欠点」**として、同前・七四頁には、前記の「共謀」の点と共に、（現実には）「事業者間で**コスト条件が異なっており**、まったく同じ条件の企業は多くないことである。例えば、バス事業では坂の多い地域や利用者の少ない地域ではコストが高くならざるをえない。このような条件をすべて同一にそろえることは不可能であり、条件のよい事業者は超過利潤を得ることになる」、としている。そこに、**この議論があくまでも経済学上の一つのモデル（同前・七三頁を見よ）の下でのものたることが**示されている。他方、同前・七四頁には、「欠点」の第二に、「比較の基準の設定やパフォーマンスの評価について**規制当局の裁量権**が発生し、それが適切に運用されない可能性があること」が、挙げられている。

ＮＴＴ東西の間でのヤードスティック競争の非現実性は、右の説明をあてはめただけでも、十分明らかになし得るところ、と思われる。

これに対し、一九九六（平成八）年二月の前記『答申』七〇頁以下は、「ＮＴＴの再編成の意義」において、「再編各社間のヤードスティック競争……によって**ボトルネック独占力**の行使を防止」云々（同・七〇頁）と説き（但し、コム社とＮＴＴ東西とは、まさに〝**コスト条件**〟が大きく違うから、結局ＮＴＴ東西間でのヤードスティック競争となろうが〔**同・八〇頁では「地域ＮＴＴ各社間に間接競争を導入する観点からヤードスティック方式……の導入を」、とある**〕、それでも問題があることを、既に示したところで再確認して頂きたい）、同・七五頁でもそれ（たしかに「相互参入による**直接競争**の創出を目指す」とそこにもあるが、ＮＴＴ東西を県内に押し込めるその後の旧郵政省のスタンスを想起せよ！――同『答申』・七七頁には、「**直接競争が長期的に進展していくことが期待できる**」とある。それが当時の議論の本当の姿だったのである）を繰り返し、同・八五頁では、**地域を一社としたのでは「ヤードスティック競争」の「効果が期待されない」**ことを、地域二社体制の根拠の一つにまで、挙げているのである。

＊　＊　＊

なお、一九九六（平成八）年の前記『答申』には、「**光ファイバ網の整備については、二〇一〇年に全国の家庭まで敷設することが目標となって**」いること（同・四三頁）が明示されている一方で、ＮＴＴの「海外市場への展開事例が極めて少ない」（同・六六頁）、とある。そこに、本書が最も重視し、本書三でまとめて示す点、即ち〝**技術による国際進出**〟の観点が、脱落している。その当時から、そうだったのである。

それと共に、本書一2で言及した、郵政省の研究会報告書が、前記『答申』の前年に出されている。R&Dには力点を置きつつも、**前記『答申』に既に若干匂っていた、『これからはメーカーのR&Dに期待しよう』**的なニュアンスの源は、この研究会報告書にある。

本書一2に回帰した上で、それについて、ここで見ておく必要がある。

＊ 郵政省・マルチメディア時代に向けた情報通信産業における研究開発の在り方に関する研究会報告書（平成七〔一九九五〕年九月）

〔図表㉒〕〔我が国の〕研究所、電気通信事業者、放送事業者、メーカにおける研究開発費及び研究者数（1993年度）

研究所	研究開発費	研究者数
通信総合研究所	285億円	290人

電気通信事業者	研究開発費	研究者数
NTT	2,883億円	8,500人
NTT DoCoMo	250億円	290人
KDD	84億円	170人
DDI	81億円	38人
日本テレコム	22億円	23人
TTNet	6,5億円	14人

放送事業者	研究開発費	研究者数
NHK	147億円	408人
民放A社	6億円	18人

メーカ	研究開発費	研究者数
A社(1994年度)	3,800億円	13,000人
B社(1994年度)	2,900億円	10,000人
C社	2,800億円	16,000人
D社(1994年度)	2,800億円	10,000人
E社	1,500億円	7,000人

出典：研究会アンケート調査（郵政省・前掲報告書37頁）。

この報告書三七頁の表を、〔図表㉒〕として掲げておこう。八年も前のデータではあるが、太枠で囲った部分（とくにKDD――当時はNTTと同じ立場――を除く各社）の状況に注目せよ。それがゆえに、平成八（一九九六）年の前記『答申』五五頁が、「売上高の一定割合を研究開発費」に、などとしていた（既述）のである。

NCC各社の、（旧KDDを除く）このミゼラブルな数字が、その後八年たってどう変化したというのか。この点は、本書二2末尾の＊を付した〔追記〕で示す。また、本書三4の目次を見て頂きたい。そこで、もっと世界的な視座でのNTTのR&Dの位置づけについて論ずる。

だが、同報告書は、この〔図表㉒〕の示された頁で、「我が国においては、研究開発費、研究者ともに**メーカの規模が大きい**ことが分かる。また、事業者で見ると、**NTTの規模が著しく大きい**」、とする。〔図表㉒〕に「メーカ」名の明示はないが、「テレコム及び周辺の情報関連技術に特化した数字はどうなのか。それでなければ比較できないじゃないか」と、当時の私は、日立の例などを出しつつ五十嵐氏に食ってかかったりもした（そもそも〔図表㉒〕には、ドコモより先に〝分離〟されたNTTデータについての言及がない）。ともかく、この〔図表㉒〕から、直ちに、**〝これからはメーカーのR&Dだ〟**などと言えるのかどうか。そこが、まずもって問題である。

それがゆえに、本書において、〔図表②③④〕、そして〔図表⑭〕等を、私は随時示しつつ、ここに至ったのである。

郵政省・前記報告書三八頁は、「我が国の科学技術全体の研究費に占める**基礎研究**の比率は、欧米と比べて低い」として科学技術庁の数字を出す。同頁の図表は、それ自体ラフなものゆえ、ここで示さぬが、基礎研究（応用研究・開発研究との、三つの「構成比」の図である）について、フランス（一九九〇年）二〇・一%、ドイツ（一九八九年）一九・八%、米国（一九九三年・推定値）一六・三%、日本（一九九三年）一四・三%、とある。**〝日本は基礎研究が駄目だ〟**との**〝一般常識〟**そのままである。**それを突き崩すのが、本書執筆の重要な動機である**ことは、これまでにも、本書三への伏線として、本書の随所で具体的に例も出して論じて来た。

ところが、同報告書・三八―三九頁は、「我が国の情報通信分野における基礎研究費」を見るのだとし、「通信・電子・電気計測器工業」（平成五（一九九三）年度――なぜそれらをまとめて扱うのかについても、私は食ってかかった）につき「基礎研究費」は「三・九％」と「全製造業」のそれの「平均比率……六・五％」より「低い」、とする。比較の仕方がラフだが、その上で同頁は、「基礎研究を行っている国内系電気通信事業者の平成六（一九九四）年度の基礎研究費……〔は〕当該事業者の研究開発費総額三一五五億円〔前記の〔図表㉒〕でＮＴＴとドコモの数字を足してみよ！〕……〔の〕二・八％と低い値となっている（研究会調べ）」、とする。

基礎研究の定義もあいまいだし、そもそもあてにならぬのだが、右の指摘の裏の意味を考えよ。国内ＮＣＣ各社の基礎研究がゼロだ、と言っているのである（!!）。

あらかじめ断っておくが、私は、この研究会の極めて杜撰な進め方に本気で腹を立て、五十嵐氏との全面対立に至った。だが、その程度のＲ＆Ｄに対する理解（無理解!!）の下に、かのＮＴＴ再編成がなされ、そして二〇〇〇（平成一二）年一二月の、既述の電通審第一次答申における、Ｒ＆Ｄの極端な軽視、と言ってもよいスタンスへと至るのである。私には、それが断乎許せないがゆえに、忌まわしきこの報告書に、言及しているのである（精神的苦痛ゆえ、二〇〇一（平成一三）年八月八日午後八時四三分、今日の分の執筆はこれで終わりとする!!）。

同報告書・四二頁は、「ＮＴＴと欧米の主要電気通信事業者とを比較した場合、情報通信分野全体の研究開発費に占める割合（絶対額ではない）」は、「ＮＴＴは一三％と、ＡＴ＆Ｔの八・九％と比べ大きく、欧州事業者（ＤＴ二六％、ＦＴ三五％、ＢＴ二六％）に比べ小さい」が、「この値は各国の情報通信産業の研究開発におけるコンピュータ産業の比重の大きさと関係しているものと考えられる」、とする。――私は、こんな数字が何の意味を持つか、とも質問した。各国メジャーがその国で有するプレゼンスの大きさしか（計測が正しくとも）出て来ないじゃないか、とも言った。右の引用部分の後半（「この値は……」以下）についても、何が言いたいのか、と問うた。

だが、同頁では続けて――

「研究者一人当たりの研究開発費では、ＮＴＴが三三九二万円と、他の事業者（ＡＴ＆Ｔ一二七四万円、ＤＴ一八八五万円、ＦＴ一九六四万円、ＢＴ一一八六万円）に比べてかなり大きくなっている……。」

――とする。基準となる為替レートが問題だが、一応、同報告書資料編二八頁では「平成六年期中平均レートを使用」として、「一〇二・一八円／ドル、六二・九七円／マルク、一八・四〇円／フラン、一五六・五〇円／ポンド」、とされている。しかも、同報告書資料編の同じ二八頁には、〔図表㉒〕に登場する「メーカ」のＡ社が研究者一人当たり二、九二三万円、Ｂ社が二、九〇〇万円、Ｃ社が一、七五〇万円、Ｄ社が二、八〇〇万円、Ｅ社が二、一四三万円の研究開発費とあり、ＮＴＴの額はＡ～Ｅ社を超えている。だが、この点は、同・報告書四二頁では、言及がない。――小さな問題のように思われるが、『ＮＴＴよりメーカーにＲ＆Ｄをまかせよう』という、当時からくすぶっていた考え方（思い込み！）からして不利な数字は極力伏せる、ということで、この研究会が進められ、〝再編成〟の既述の『答申』に至るのである。そこはもはや、誰しもが忘れてしまった点であろうが、私はまだ覚えている。だから書いたまでである。なお、右の点は、本書三4への一つの伏線をなすこと、言うまでもない。

なお、同報告書・四三頁の「交換機」に関するNTTの「メーカと〔の〕共同開発」、とくに「D70交換機」（なお、本書三で言及するが、NTTアドバンステクノロジ社の編集・発行による『NTT　R&Dの系譜――実用化研究への情熱の五〇年』二二三頁には、D60・D70といった「ディジタル交換機……の登場は、ISDNをはじめとする今日の〝ディジタル時代〟の幕開けであった」、とあることに注意。それが「諸外国に先駆けてNTT〔が〕INSの全国展開を進めることができた」原動力となったことにつき、同前・二七頁）につき、NTTとの共同開発による交換機は海外で通用しないから駄目だ、との考えが郵政省から示され、研究会は大いに紛糾した。「おかしいじゃないか」と口火を切ったのは、もとより、この私である。

だが、前記の研究会報告書・四九―五〇頁は――

「一九九三年単年のデジタル交換機（固定系）の世界市場において……シェアの高い六社〔順にアルカテル、シーメンス、AT&T、エリクソン、ノーザン・テレコム、NECとなることにつき、同・資料編三五頁〕は、一部の例外〔同・資料編三五頁からは、AT&Tとなり、しかも、自国依存率は、実に七五・八%となる！〕を除き……自国市場に依存する割合は低くなっている傾向が見られる。……（中略）……このような中で、日本メーカの海外市場のシェアを見ると、欧米主要国においてほぼ0%となっており……NTTとの共同研究開発に先立ち独自に開発した機種……により、その他の市場において一九九三年に一社で一五%……のシェアを占めるメーカもあるが、NTTと共同研究開発した機種は国内市場にあてている。……（中略）……これまでのことにより……我が国の事業者〔NTT〕とメーカの共同開発製品〔交換機〕は必ずしも市場競争力に結びついていない……。」

――とする。要するに、五十嵐氏を中心とする郵政省側は、当時既に、NTTと日本メーカとの共同研究開発は無駄だったと言いたくて（なぜそう言いたいかは、本書でも再度言及したA・ウルフ氏の発言――そこに示されたアメリカ側の認識――と関係する!!）、右の点にあくまでも固執したのである。

つまり、同・資料編三五頁の表（「世界主要交換機メーカの自国依存率（一九九三年）」）において、当時七―九位だった富士通、沖電気、日立の「自国依存率」が、それぞれ七七・二%、九四・四%、八六・六%だったことを問題としたかったのだが、六位のNECはそれが三五・二%であり、他方、三位のAT&Tが自国依存率七五・八%(!!)、即ち、富士通と同程度に高かった、（一位から順にアルカテルは二二・八%、シーメンスは三七・四%、四位のエリクソンは六・四%、NT〔ノーザン・テレコム〕は一五・九%の自国依存率）ため、苦心して〝作文〟したのが、右に引用した同報告書・四九―五〇頁、なのである。

研究会では、そもそも自国市場のサイズが小さな国（エリクソンやノーザン・テレコム等を考えよ）との比較、そしてヨーロッパ統合との関係を度外視した比較が、単純にできるか、AT&Tの場合を

〔図表㉓〕 AT&T 等の研究開発費

（単位：百万ドル）

	1982	1983	1984	1985	1986	1987	1988	1989	1990	1991	1992	1993
AT&T	1,790	2,221	2,368	2,210	2,278	2,453	2,572	2,652	2,433	3,114	2,911	3,069
ベルコア	–	–	802	827	836	873	945	1,006	1,062	1,108	1,150	1,053
アメリテック	–	–	*	7	27	36	38	38	37	32	32	24
ベルアトランティック	–	–	*	6	15	25	35	48	37	44	45	43
ベルサウス	–	–	*	5	9	16	24	36	38	40	43	42
ナイネックス	–	–	*	16	44	53	67	75	75	74	75	78
パシフィックテレシス	–	–	*	12	36	40	42	40	36	34	35	37
SBC	–	–	*	8	14	22	32	48	50	49	53	53
US ウェスト	–	–	*	13	27	42	61	51	52	56	55	54
RHC 小計	–	–	*	67	172	234	299	336	325	329	338	331
総計	1,790	2,221	3,170	3,104	3,286	3,560	3,816	3,994	3,820	4,551	4,399	4,453

＊：該当データ未取得

注：RHC の研究開発費にはベルコアへの出資額は含めていない。

出典：「AT&T 年次報告」、「ベルコア年次報告」、Dataquest Japan（郵政省・前記研究会報告書〔資料編〕9頁）。

〔図表㉔〕 AT&T 等の研究者数

（単位：人）

	1982	1983	1984	1985	1986	1987	1988	1989	1990	1991	1992	1993
AT&T	33,700	33,100	27,400	25,900	25,300	25,800	25,300	24,600	24,800	24,400	24,300	24,600
ベルコア	–	–	5,000	6,300	7,800	8,000	8,300	8,500	8,800	8,600	8,300	8,100
アメリテック	–	–	*	74	277	337	324	309	276	216	202	136
ベルアトランティック	–	–	*	73	139	204	269	324	251	254	249	211
ベルサウス	–	–	*	53	88	136	176	253	257	264	273	269
ナイネックス	–	–	*	186	450	521	628	625	608	560	576	591
パシフィックテレシス	–	–	*	137	416	409	418	392	316	272	275	257
SBC	–	–	*	91	152	221	285	413	408	417	403	442
US ウェスト	–	–	*	176	386	586	637	622	599	591	585	581
RHC 小計	–	–	*	790	1,908	2,414	2,737	2,938	2,715	2,574	2,563	2,487
合計	33,700	33,100	32,400	32,990	35,008	36,214	36,337	36,038	36,315	35,574	35,163	35,187

＊：該当データ未取得

出典：「AT&T 年次報告」、「ベルコア年次報告」、Dataquest Japan（郵政省・同前10頁）。

〔図表㉕〕 AT&T 等の特許数

	1984	1985	1986	1987	1988	1989	1990	1991	1992	1993	1994
AT&T	517	596	482	428	401	407	450	504	457	470	506
ベルコア	0	0	5	23	38	60	46	69	72	72	61
アメリテック	0	0	0	0	0	0	0	0	0	0	1
ベルアトランティック	0	0	0	0	0	1	1	0	0	0	0
ベルサウス	0	0	0	1	0	2	0	2	0	0	2
ナイネックス	0	0	1	0	1	5	6	9	9	4	3
パシフィックテレシス	0	0	1	4	5	10	9	4	3	2	3
サウスウェスタンベル	0	0	0	3	0	1	2	0	0	0	0
US ウェスト	0	0	0	0	0	1	0	0	1	3	5
RHC 小計	0	0	2	8	6	20	18	15	13	9	14
総計	517	596	489	459	445	487	514	588	542	551	581

出典：United States Patents and Trademarks（Dataware Technologies）（郵政省・同前10頁）。

どう説明するのか、そもそも交換機というものは……、といった激論が交わされたが、『確信犯』ゆえどうにもならず、皆憮然とした、のである。なお、本書三で論ずべき点を、既に若干示したが、技術開発には、大河の如き脈々たる流れがある。「交換機」がNTTに対する恰好の攻撃材料とされたのは欧米でのシェアが0%ということがあったからだが、R&Dの大きな流れの中で、考える必要があるはずである〔本書三で論ずる〕。また、各国がそれぞれ独自に電話網を構築する過程で、コアとなる交換機にも土着的な色彩が伴っていたこと、そしてそれがAT&Tの場合の数字にも結びついていたこと等も、そこで反論として強くなされた。

右は、『技術』というものに対する基本的な見方の問題である。郵政省の前記報告書をサッと読んでも分かるまいし、〝生き証人〟の一人として、以上、ここに記しておく。

同報告書の『確信犯』的な狙いは、AT&Tの〝分割〟後、かえって活発なR&Dがなされるようになったから、だからNTTも〝分割〟すべきだ、との点にあった。同前・八一頁には——

「米国は競争原理に基づいて……AT&Tから分離した各RHC〔地域電話会社〔持株会社——後述のRBOCと同じ〕〕は既に研究所を設立し独自の研究開発を進めている。このような流れを受けて〔?〕RHCはベルコアの売却〔!!〕を決定したが、ベルコア自身もRHCからの独立により製造分野への進出等、世界的視点で研究開発力を強化してグローバル市場に乗り出そうとしている。……」

——とする。同旨は、同・八六頁でも繰り返され、かつ、同・八五頁では、ちらっと日本の「地域ネットワークは事実上の独占状態にあるため」云々、とある〔但し、同・八六頁に「新規参入事業者においても研究開発を行う……ことが重要である」とあるのは、前記の〔図表㉒〕と関係し、面白い〕。

さて、同前・八一頁の右の引用部分だが、当時、郵政省にとっては、〝まずいニュース〟があった。それが、右引用部分中に傍点をつけた「ベルコアの売却」である。ベルコアは、AT&Tの〝分割〟〔不採算部門の切り捨て——divestiture〔既述〕〕後もAT&Tに残ったベル研究所に対し、地域電話会社七社の共同の研究機関として設けられたものである。当時既に「ベルコアの売却」があり、その後、本書〔前記のM・フランスマン教授の日経「経済教室」を引用した部分参照〕で示したように、AT&Tのリストラの嵐の中で、かのベル研を擁するルーセント社〔一九九六年にAT&Tから分離・独立〕も、〔当初のアルカテルへの売却が破談となり〕古河電工に一部〝身売り〟となって、今日に至るのである〔二〇〇一〔平成一三〕年七月三〇日付電経新聞トップ記事〕。

前記研究会では、この点をめぐっても激論が交わされた。郵政省側〔五十嵐氏とその周辺〕は、〝分割〟すればR&Dも向上する、と言いたくて、いくつか資料を出して来た。同・前掲資料編九一—一〇頁の三つの表である。それを、〔図表㉓㉔㉕〕として示しておく。

この〔図表㉓㉔㉕〕〔とくに〔図表㉓㉔〕〕との関係で、まず、既述の如く、郵政省の前記報告書・四二頁にあるように、「研究者一人当たりの研究開発費」において、NTTがAT&T〔及びDT・F

T・BT）よりもずっと多くの金額であったことを、想起しておく必要がある。それをも一応踏まえた上で、同・八一頁の前記引用部分の指摘が、〔図表㉓㉔㉕〕から、果たして導き得るのか。そこを考える必要がある。まず、前記引用部分には、「AT&Tから分離した各RHCは既に……独自の研究開発を進めている」とあったが、**「研究開発費」**を〔図表㉓〕で見ても、一九九二年においてRHC**小計は三三二一**（単位は一〇〇万ドル）、**AT&Tは三、〇六九、ベルコアは一、〇五三**である。RHCの研究開発の拠り所は明らかにベルコアであり、**そのベルコアの売却**が報じられたのである。

同研究会では、まさにこの〔図表㉓㉔㉕〕から、**NTTを「分割」してもR&Dは大丈夫だ、と郵政省側**（当時は、既に本書において言及したNTTの〝再編成〟の時よりもずっと過激な議論が支配的だったことに注意せよ！）**が主張し、私も含め、強い反論がなされた。**私は、『ベルコアを除きRHC自体のR&Dは大したことがなく、そのベルコアが売却、即ち解体されるというのに、そんな議論（郵政省側のそれ）が成り立つか！』と言い、かつ、「〔図表㉕〕からも右の点は明らかだが、〔図表㉕〕自体について言えば、**『特許数』だけから一体何が言えるのか。基本特許もクズ特許も一緒くたにして、そこから何が導けるのか！**」とも言った（というより、怒鳴った）。

ちなみに、**R&Dを特許取得件数で計測するという方法の愚かさ**については、石黒・前掲法と経済一八八頁において、「私自身がかのNTT分割問題の際に、そうした分析姿勢に対して猛然とクレイムをつけた、といったことはここではどうでもよい」、とした上で、その後 Law vs. Economics の視点から、そして正面から、論ずることになった。そのことを、付け加えておこう。

こうした経緯から、郵政省・前記報告書八一・八六頁（後者は、「AT&Tから分離したRHCやベルコアは既に独自の研究開発を進めており……」とする）の指摘は、実証性の乏しい、**腰砕け**的なものとなったのである。この点についても、**〝生き証人〟**として、言及した次第である。だが、**『確信犯』**は**『確信犯』**のままであった。その『確信犯』が『規制当局』として、五十嵐氏（そして、かの浜田氏――後述）を中心に**『NTT分割』**にどこまでも固執し、その五十嵐氏は、今は㈱KDDI副社長となっているのである。

この『研究開発の在り方』研究会報告書（平成七〔一九九五〕年九月）の、それ以外の記述は、別に大したことはなく、技術動向等を淡くなぞった程度のものでしかない。そして、**『技術の視点』**については、この程度のものを前提として、翌年一二月の、本書で既述の『郵政省・NTTの〝再編成〟への合意』がなされ、一九九七（平成九）年六月に、**改正NTT法**の公布へと至るのである。

私としては、**持株会社体制の下での一元的な研究開発体制は維持**できた、ということで前記の**〝手打ち〟**に応じた。だが、『研究開発の在り方』研究会の頃の郵政省は、〝分割〟後のNTTについて、AT&T〝分割〟の場合と同様、分割後の各社に、それぞれR&Dをさせよう、と考えていたのである（すべて、**〝アメリカの猿真似〟**である!!）。その**〝残滓〟**は、同報告書・八六頁の、既に一部引用した次の部分に示されている。即ち――

「米国の国際競争力は一段と向上している。……このような研究開発を取り巻く環境の大きな変化に対し、我が国としても……ベンチャー……育成……〔と共に〕新規参入事業者においても研究開発を行う等、情報通信技術の全ての分野において、自立的に意志決定が可能なできるだけ多数の組織が……ダイナミックな競争を促進し、市場支配力によるダイナミズムの低減を生じないよう留意しつつ、国内における一層活発な競争を通じて国際競争力の向上を図ることが重要である。」

――とある。傍点部分及び傍線部分は、明らかにNTT（の〝分割〟）を意識したものだが、ダイレクトにそうは書かせなかった（!!）のである。論理が滅茶苦茶だったから、である。

＊　＊　＊

この報告書の出された次の月に、郵政省の『二一世紀の新しい情報通信産業の将来像研究会報告書』（平成七〔一九九五〕年一〇月）が出されている。私は、そのメンバーでもあった。ヒアリングに重点を置いた淡白な報告書であるが、同・四〇頁に「ボトルネック独占」の解消のため云々、とあり、これまたNTT〝分割〟のための伏線としての研究会であった。そして、同・四一頁にも――

「研究開発面でも、多元的な競争軸が形成される中で、自立的に意思決定が可能な多数の組織が……連携することにより……競争を通じた研究開発力の向上が図られると考えられる。」

――と、一か月前の前記報告書の八六頁よりは若干和らげた表現だが、やはり〝伏線〟となる点が示されていた。但し、『将来像』研究会報告書・四四頁以下は、「地域通信ネットワークのボトルネック独占」と題し、同・四四頁で「WTO基本テレコム交渉」（!!）にも言及しつつ、同・四七頁で「構造的な措置」を、一つの選択肢として示す。同・五二頁で「我が国を通信のハブ」にすることが「望ましい」とあり、同・五三頁は、「国際競争力の要素」の一つとして「技術開発力」を挙げるが、それ以降の部分は、まさに省略に値する報告書である。

既述の如く、私は平成七（一九九五）年五月の電通審答申『グローバルな知的社会の構築に向けて――情報通信基盤のための国際指針』作成のための、起草委員であり（他の一人は知的財産法の専門家）、GII（世界情報通信基盤）構築への日本の世界貢献について、郵政省の面々と熱く語った。

その延長線上で、ここで扱った二つの研究会のメンバーにもなっていた訳だが、その間、同年夏頃から、〝NTTを分割せねば日本は一歩も前に進めぬ〟的な、パラノイア的現象が、暗雲の如く日本を覆い、私はそれと戦い……、といった展開に至るのである。

＊　＊　＊

＊　富士通山本卓眞会長（当時）の見識！

ここで、最後に、当時富士通会長だった、私が（関本忠弘NEC元会長に対するのと同様に）大いに尊敬するところの、山本卓眞氏（貿易と関税二〇〇〇年一一月号三八頁上段を見よ）の、前掲文芸春秋一九九五年七月号二八四頁以下から、若干の引用をしておこう。

同・二八五頁は、「ボトルネック支配力」が本当に問題なら「公正取引委員会はNTTに分割を命令することが可能である」とする。私と同じく、〝二つの公正競争概念〟の存在を問題とするのである。また、同頁は、「巨大だから効率が悪いというのは基準が明瞭ではない。……米国のビッグスリーは巨大であるから分割せよという話には決してならない」、とする。〝内ゲバで活性化〟論に対する私の主張と同じである（既述の「二〇〇一（平成一三）年三月二二日の永田町某所での講演用レジュメ」と対比せよ）。

山本卓眞・前掲二八五―二八六頁は、次のように、正論を述べている。即ち――

「ＮＴＴとＮＣＣの対等な競争が実現するまで、ＮＴＴに規制を課して、他社を自由にするという、非対称規制の考え方は、期間を限定して運用するならば〔!!〕たしかに効果のある方法であると思う。しかし、ここで気をつけねばならないのは、これ〔非対称的規制〕は本来矛盾を内包しており、固定化してしまうと既得権益者、つまりこの場合はＮＣＣの保護にしかならず、結果的に利用者に迷惑をかけるおそれも出てくるということだ。ましてや、弱者〔ＮＣＣ〕を優遇し、競争条件を整えるためにＮＴＴを分割するなどというのは、社会的効用を全く無視しており、論外であろう。……（中略。）

私は分割された地域独占の二社による間接競争よりも、現状のように長距離系のＮＣＣなどと競争を繰り広げている今現在のＮＴＴの方が余程活気〔!!〕があり、競争的だと考えている。……（中略。）

英国においては米国と事情を全く異にしており、ブリティッシュ・テレコム（ＢＴ）を分割しようという動きは全くない〔註――その後の自主的なＢＴの動きについては、本書で既に引用したＭ・フランスマン教授の、日経新聞二〇〇一（平成一三）年五月二一日付「経済教室」を見よ〕。……これは、まず英国がこの分野で国際競争力を保ち、技術革新のリーダーシップをとるためにも規模の大きい会社が絶対に有利であり、分割は企業力を弱体化させるだけで意味がないこと、……そしてユーザーはエンド・ツー・エンド（一体型）のサービスを望んでおり、マルチメディアなど新しいテクノロジーの進歩に対応することを考えると、地域分割の意味は殆どないこと〔!!――右のフランスマン教授の論稿と対比せよ（石黒註）〕等の理由による。……」

既に批判した『規制改革委員会』の主役たる「企業人」（〝神学論争〟と称して真になされるべき議論を回避する）とはまるで異なる見識の高さ。――そこに注目すべきである。

山本会長（当時）は、同前・一八八頁で「市内〔電話〕はこの円高〔当時〕にもかかわらずニューヨークと同等でロンドンよりもはるかに安い」という、皆が殆ど忘れていた〝事実〟を示した上で、料金リバランスの必要を論じ、そして――

「現在の構造のままで分割をおこなったとしても、競争は促進されず市場が活性化するとは思えない。……かえって地域格差を生じ、ネットワークの分割損を生じ、規模の経済〔!!〕を損じ、わが国の通信市場を細分化し固定化して閉塞させてしまうと私は考えている。」

――としておられる（同前頁）。基本的に、右に引用し、傍線を付した通りになってしまった、と私も思う。〝徒花《あだばな》〟は多々あれども。だからＮＴＴのＲ＆Ｄを何としても守る、ということで今日に至るまで、私は戦っているのである。

次に、山本・前掲二八八―二八九頁は、「インフラを作る者は誰か」と題し、まず、「現在の収支状況から試算すれば……西地域会社〔NTT西日本〕は赤字になる」とした上で――

「ここでわが国の将来のインフラ投資を誰がおこなうのかという重要な命題について考えてみたい。……今後重要なのは市内の加入者系への投資であり、これは数十兆円にものぼる巨額な投資が必要と見積もられている。このような巨額の投資が、収支トントン〔NTT東日本〕もしくは赤字〔同西日本〕の経営体に期待できるであろうか。この部分を仮に政府が補填するとすれば、気の遠くなる財政支出〔!!〕が必要であり、またこれはNTT民営化の趣旨にも背くことになる。結果として……わが国の情報装備〔!!〕はその分諸外国に比べ遅れを取り、産業競争力は二流三流にまで転落してしまうだろう。」

――と断じておられる。こうしたことを㈱富士通の山本会長（当時）が、（NECの関本会長と共に――その詳細はここでは語らぬが）一九九五（平成七）年七月の段階で、主張しておられたのである（!!）。

なお、山本・同前二八九―二九〇頁は、「R&Dとわが国の産業競争力」と題し、「NTTの研究開発力は依然として重要」だし、単純なアメリカからのアナロジーは「国情を無視」（ベンチャー関係でのそれ）したものであり、そして――

「NTTを分割し研究開発を別〔つまり、バラバラ〕にすれば研究開発力は落ちざる得ない。現場とつながってこそ研究開発は生きる。RBOC〔アメリカのベル系地域電話会社〕の共通の研究機関であったベルコア〔!!〕が最近売却に出されていると聞く。前車の轍を踏むことのないようしっかり舵取りして貰いたい。……すぐれた技術がなければ審査能力もなく〔!!〕外国製品も含めた安くてよい製品の調達力を落とす道理である。……分割して弱体化させるという論理は時代遅れだ。世界の中の競争が大切なのであり、国内の競争に目を奪われてコップの中の嵐で騒ぐのは将来を忘れた議論である。」

――とされる。『コップの中の嵐』とは、至言である。私は、かつて「井戸の中での巨大な蛙の、肉の切り売り論争」と書いた（石黒・ボーダーレス社会への法的警鐘〔一九九一年・中央経済社〕一三六頁――井戸の外に、外国の大きな蛙数匹が、「沈黙を守」りつつ井戸の中を覗いている構図において、である）。表現の仕方は違っても、山本会長（当時）と同じことを言っているのである。

なお、山本・同前二九〇頁は、分割で「株価は本当に上がるか」につき、「最近いくつかの証券会社のアナリスト」がそう言っているが、「ちょっと待って貰いたい。……株が高くなるという保証はない」のにそう「囃《はや》すのは株主に対し不謹慎であるし、無責任」だ、とする。

当時は、ゴールドマン・サックス（!!）やモルガン・スタンレーが、山本・同前頁の言及するような報告書を出していた。――妻裕美子が当時の新聞の切り抜きを、産業廃棄物（!?）の山の如き、もはや私の自己管理能力をはるかに超えてこの十数年、という資料の山から、発掘して来てくれた。一九九五（平成七）年三月二八日㈫付けの日経新聞（「NTT、分割で株価上昇」――そこには「五十嵐三津雄電気通信局長」のインタビューもある）、同年四月六日㈭付けの同紙（「NTT見直し議論再開――利用者と株主の利益両立が課題」）。更に同年四月二〇日付けの同紙（「NTT分割論議と株主権〈上〉――証券市場分割後押し」）には、クラインオート・ベンソンの〝シミュレーション〟まで引用されている。

山本・前掲二九〇―二九一頁では、「シームレスな競争の時代」に向けて、むしろ「〔NTTの〕分割なしで大連合による競争拡大を」、との提言がなされて、この論稿が結ばれる。

だが、当時は、これが全くの少数説だったことを、やはり〝生き証人〟として、言わせて頂く。本書においても私は、「人はすぐに忘れるものである」、と書いた。実は、〝証人〟は山程いるが、皆、意図的か否かはともかく、忘れているか、黙っている（否、黙っていた）。そして、再度不毛な、NTT〝分割〟論を超えた〝解体〟論が説かれ、二〇〇一（平成一三）年六月一五日の法案国会通過後も、更にもう一度、『ゾンビの復活』となるのである。

＊　＊　＊

以上においては、二〇〇〇（平成一二）年末をピークとする〝混乱〟の前史として、一九九五（平成七）年夏あたりからの「NTTの在り方」論議を〝回顧〟した。私にとっては、これまた大きな苦痛だが、やらねばならなかった。

その当時の議論においても、「NTTの在り方」論議との関係でR&Dの問題は、やはり直視されていなかった、のである。むしろ、意識的に実態を歪めようとする闇の力が働いていた。それが、二〇〇〇（平成一二）年一二月の、あの電通審第一次答申につながって行ったことを、『忘れたい過去』から掘り起こし、ここで論じたのである。

その私が、一九九七（平成九）年に至り、あの郵政省の危機を救うことになる。なぜか。――それを次に明らかにすることとする（二〇〇一（平成一三）年八月九日午後七時〇分、執筆完了。点検に入る。この前の分に続き、〝原爆の日〟に脱稿、ということになる。点検終了、同日午後八時三四分。第一読者、妻裕美子の〝校閲〟〔!?〕終了、午後一〇時五七分。一つ前の分の原稿の再校もやってくれていた。これから原稿のコピー、そして夕食の準備、である）。

＊〔追記〕研究開発に関するNCC各社の最近の動向

前記の〔図表㉒〕との関係で、研究開発に関するNCC各社の最近の動向（その一端）につき、一言のみしておく。電通審特別部会第二回会合（平成一二〔二〇〇〇〕年一〇月三〇日）の資料によれば、〔図表㉒〕にあったKDDとDDIを合わせて、「研究開発費一八五億円、研究者数二〇八人」という数字が、KDDIになってから「一二〇億円、一八七人」と、大きく減っている（IDOもあわせた合併後の数字たることに要注意）。日本テレコムは〔図表㉒〕に比して、「研究開発費が三七億円、研究者数が六七名」と増加しているが、そもそも会社自体が外資の傘下に、その後置かれてしまった。NTTの奮闘については、本書三で論ずる。

3　一九九七年の「郵政三事業民営化・テレコム行政分断」論議への筆者の抵抗との関係

(1)　概　観

既に引用した石黒・通商摩擦と日本の進路（一九九六年・木鐸社）三六八頁の〔追記〕にあるように、当時の〝NTT分割〟問題について、私は「平成八（一九九六）年二月に至り、完璧に匙を投げ」ていた（もとより種々の〝活動〟は続けていたが）。同じく既に示したように、（電通審答申（同年二月二九日）を経て）同年一二月六日に〝NTT再編成〟についての郵政省・NTT間の合意が成立し、そして平成九（一九九七）年六月二〇日（!!）に、改正NTT法が公布されるに至る。

ところが、誠に皮肉なことに（!?——日米関係で考えればそれが何ら偶然とは言えぬこと後述）、改正NTT法公布の頃には、いわゆる〝行革・規制緩和〟との関係で、一九九五—九六（平成七—八）年の〝NTT叩き〟と同じ波長での、一方的な世論の風は、〝郵政三事業〟、そして（若干それ程には目立たぬ形ではあったが、同様の強さで）〝テレコム行政分断〟に対して、向けられていた。

行革会議中間報告が一九九七（平成九）年九月三日に出て、右の二つの問題が共に大問題となった（「気味の悪い二つの事柄」と共に、この点については石黒・日本経済再生への法的警鐘〔一九九八年・木鐸社〕二四三頁以下参照）。

石黒・同前二四一—二六九頁（貿易と関税一九九八年三・四月号からの転載を主とするもの）には、「第三章『〝行革〟への国際的視点』……」の「1．平成九年『行革』回顧——『郵政三事業民営化・テレコム行政分断』との孤独な戦い（!!）」と題して、その当時のことがまとめられているので、参照されたい。

つくづく思うが、『日本経済再生への法的警鐘』と題したこの私の著書は、その存在すら殆ど全く知られていないけれども、再度〝構造改革〟万能論が日本の表層部分を覆い尽くし、徐々に無謀な浸食現象が生じつつある昨今、〝必要なこと〟についてはすべて同書で『警鐘』を鳴らしておいたのに、との思いが、私にはやはりある。別に今の狂った世の中に対して何を期待する訳でもないが。

さて、本書の全体的な流れとして、ここ（本書二3）で〝郵政三事業民営化・テレコム行政分断〟について論ずる趣旨は、この戦いにおける私の実際の発言と行動について、石黒・前掲『警鐘』とは若干別な視角からこれを示し、かつ、本書二3(2)の後述の報告書（目次参照）を詳細に辿ることによって、〝テレコム〟と〝郵便〟とで何がどこまで違うと言えるのか、について論ずることにある（旧郵政省の、この二つの分野での政策の不整合を突く点に、もとより主眼がある。なお、本書二3(1)の末尾を見よ）。

その私の基本スタンスは、石黒・前掲法と経済にすべて示したところであり、その第一〇章（二三七頁以下）は「『郵政三事業民営化論』を超えて」と題していた。同前・二〇三頁以下の、同書「第Ⅲ部『社会全体の利益』と近代経済学」の、そして同書自体の、最後の章として、である。

＊「ある鉱物学者からの手紙」——ニュージーランドの惨状!!

ところで、〝当時〟何があったかを論ずる前に、石黒・同前（法と経済）二〇五頁以下の「『ニュージーランドの奇跡』と『人間の尊厳』」の項目と深く関係する、ごく最近の論稿を見ておこう。河内洋佑「ニュージーランド大いなる実験の裏側——ある鉱物学者からの手紙」『正論』平成一三（二〇〇一）年五月号二八四頁以下である。河内氏は「一九六七年から一九九七年の間に、数年の中断をはさんで延べ二六年間ニュージーランド」（以下、ＮＺと略す」に在住し、「一九八四年から始まった」同国の「きわめてラディカルな経済改革の前後を身近に体験」した（同前・二八四頁）。是非その全文をお読み頂きたいが、ともかく冒頭の同前頁には、「改革が十分な民主的討論もなしに開始され……アダム・スミスの時代そのままのような古典的資本主義をやみくもに適用して……その結果は……経済そのものでも、また教育や医療福祉分野でも失敗に終わ」り、そうした「改革によって国民生活がどのように変わらざるを得なかったかを……記」した論稿たることが、示されている。

本書がテレコム分野のＲ＆Ｄに力点を置くこととの関係で、同前・二八五頁以下の「研究・教育分野での効率化の経緯」の項も、興味深い（というか、悲惨である）。即ち、「国立研究所」が「株式会社」とされ、「儲からない部分は容赦なくつぶされ……数学研究所は再編の翌年に赤字ということで廃止」、そして「応用目的の研究」が「大部分」となった、とある。また、同前・二八六頁には——

「基礎研究というものは何が出てくるかわからないところに価値があると私は思うのですが、こうしてＮＺの基礎研究は壊滅的打撃を受けました。……次世代を育てるということよりも目先の利益が先行するというわけです。……同じ英語国であるアメリカ、イギリス、カナダ、オーストラリアなどに職を求めて脱出する人が相次ぎました。……各大学〔で〕は……儲からない学科は廃止され……」

——とある。日本の国立大学も遠からずその道を歩む（破滅に至る道であることを知りながらＮＺの轍を踏む！）ことになると思うと頭に来るが、同・二八七頁以下では、医療・福祉面で、公立病院において「病室は空いている」のに「単に経費削減のため」に「閉鎖され」たり云々、とある。

その先は、とても辛くて私には書けない実態（石黒・法と経済にも概要を示したそれ）がなまなましく示され、そして、河内・前掲二八九頁に——

「郵便局は一千二百あったものが四百に減らされ、田舎の局は全部廃止されました。銀行の支店も同じようになくなっています。ＮＺには現金書留という振込制度はなく、年金などは郵便局や銀行払い込みになっています。田舎では、バスもなくなり、老人や車のない人はお金を取りに行くこともできなくなりました。日本では考えられないことかもしれませんが、郵便局まで一〇〇キロなどというところも珍しくありません。そういうところでは病院も廃止され、都市の病院に統合されました。老人や貧乏人は出舎には住むこともできなくなりました。若い人でも事故などのときにはどうするのでしょうか。……（中略。）

郵便業務も自由化され、民間業者が多数参入しました。その結果、翌日配達を保証するという理由で郵便料は実質的に大幅に値上がりすることになりました。しかも実際にはこのようなサービスは、上記のように田舎などの犠牲の上に行われることになったものです。」

——とある（石黒・前掲日本経済再生への法的警鐘二五一頁と右の指摘とを対比せよ）。まさに、同・前掲法と経済二四一頁以下（より詳しくは、同・前掲日本経済再生への法的警鐘二五四—二五七頁を見よ！）と一致する、〝現場〟からの指摘である。河内・前掲二九一頁の「**国有資産の売却と外国による支配**」の項も現物で確かめて頂きたいが、「郵便局の貯金業務……通信などの国有資産は**民間に叩き売り**されました。買ったのは主に海外資本です。……」、とある。

河内氏が「延べ二六年間」の同国滞在を踏まえて訴えていることは、私（や私の前掲のものでも引用した同国のJ・ケルシー教授の指摘）と全く同じである。

〝**聖域なき構造改革**〟（プラス非対称的規制を軸とする国内メジャー事業者への公正競争論的抑圧——その暴走）によって、日本社会がガタガタになる。——その構図は、NTTの〝再編成〟、そして今回の〝解体〟論議においても、また、（目下再燃している）〝郵政三事業民営化〟論についても、全く同じなのである。だから、私はそれらすべてに対して抵抗したのである（〝テレコム行政分断〟については、〝NTT分割〟の延長線上で、アメリカの影を強く感じ、後述の如くそこを訴えた、のである）。

＊〝郵政三事業民営化・テレコム行政分断〟との私の戦い（①〜⑤）

石黒・前掲『警鐘』の既に示した個所をまずもって御覧頂きたいが、ここでは新聞というメディアを通した私の発言をまず示し、次に、今回のNTT問題に対するのと同様の、永田町（等）での私の活動の際のレジュメを、示しておこう（産経新聞のものは、同前　二六〇—二六一頁に転載済みだが、郵便とテレコムとで、私の論ずる点——その基本線——が全く同一であることを示すべく、あえて再録する）。

①石黒「郵政三事業——競争原理だけで解体は暴論」（毎日新聞一九九七〔平成九〕年九月九日『討論　行革会議中間報告』）

「情報通信行政にしても、郵政三事業の経営形態にしても、競争原理だけに頼って考えられた行政改革会議の中間報告は評価できない。

私は常々、社会政策——情報通信であれば都市部と過疎地域の情報通信格差をなくすこと、郵政三事業では国土の均衡発展と全国民の平等を守ること——が政策で重要な視点だと主張してきた。「官業による民業圧迫」と効率化を錦《にしき》の御旗《みはた》に、何でも民営化すれば良いという経済オンリーの発想には大いに抵抗がある。社会政策の視点が欠けた郵政解体は暴論だと思う。

中間報告には矛盾もある。三事業では、簡保の民営化、郵便貯金の早期民営化、郵便の国営維持を打ち出しているが、郵政三事業は一体運営でこそ効率的な経営を行える。三事業を分割するのはナンセンスだ。

経済の専門家はすぐに簡単なモデルで経済効果を測るが、現実の企業は戦略的な行動を取るから、前提が狂い、予測通りには必ずしもならない。市場はオールマイティーではなく、「市場の失敗」もあり得る。

そもそも、**大都市ではない地域の人々の声**を代弁する人や機関は登場しにくい。日本は国土の七割が中山間地だ。ところが行革会議の論議では、**国民の立場からの意見**が見えてこない。

郵便局は全国三三〇〇の全市町村を一二三年かけてカバーした。このネットワークは**全国民的資産**というべきものだ。行革会議が問うているのは「あなたの町や村から郵便局がなくなるかもしれないが、それでよいか」ということなのだ。

情報通信行政のとらえ方も目的が欠如している。欧米、アジアが情報通信の高度化のためにしのぎを削って競争しているのは、経済や産業の発展のためのみではなく、**社会発展**の原動力として情報通信が注目されているからだ。

それとは別に、**行革会議の進め方自体にも疑問**がある。わずか一〇人余りで、専門分野も十分カバーしているとは言い難い人選でこうした国家の重要な基本を決めてしまうのはおかしい。

審議会のあり方が問題になっている時なのに、国民のために断行する行革の方針を決定する会議に**国民の声**が届いているかどうかも分からない。」

右の最後に示した「行革会議の進め方自体」への「疑問」は、Ｋ首相、Ｋ大臣の下での**現在の〝改革〟についても、そのままあてはまる**。なお、右の毎日新聞にも〝**テレコム行政分断**〟をあわせて論じているが、それを直接扱ったものを、（再度――既述）ここに掲げておく。

②**石黒「国際性欠如の『情報通信行政』分割」**（産経新聞一九九七〔平成九〕年八月二六日『アピール』欄）

「二十一日の行革会議合意によれば、情報通信行政は産業（経済）省〔現経済産業省〕と総務省の委員会とに分割されている。二十一世紀に向けた高度情報化の流れの中で、情報通信行政をわざわざ分割し、さらにそれを**旧来型の産業政策としてのみ把握**している行革会議の発想の基本には、大きな問題がある。情報通信は、もはや一産業たるを超えた、**国家・社会の基軸**をなす重要な分野と言うべきである。

欧米のみならず韓国、シンガポールなどアジア諸国を含め、諸外国が情報通信の高度化のために、今まさにしのぎを削って競争しているのは、単に経済や産業の発展のためのみではない。

二十一世紀情報社会における**人々の心の豊かさ**、つまりは（経済発展と区別された）**社会発展の原動力**として、情報通信というものが大いに注目されているからである。

アメリカ政府が情報スーパーハイウェイの構築を、「**民主主義**」と直結させて考えているのも、それがゆえである。

一九九五年二月の**G7情報社会サミット**をはじめとして、二十一世紀に向けた国際社会のコンセンサスになっていることは、「**持てる者**（富める者）」と「**持たざる者**」との間での、そして**都市部と過疎地域との間**での、「**情報通信格差**」を**なくすこと**である。

日本の場合、**深刻な高齢化・少子化社会の到来**との関係で、高度情報通信技術を駆使した遠隔医療・遠隔教育などへのニーズが、他の先進諸国と比べても極めて高いことが、国民各層へのアンケート調査によって明らかになっている。過疎地域や貧しい人々に対するこうしたサービスの充実こそが、数年前に「生活大国」化を宣言した日本政府の、まずもってなすべきことのはずではないか。

経済オンリーの発想と、官庁の看板の掛け替えのみに三年余を要するということから、**二〇一〇年までの全国的な光ファイバー通信網構築の基本目標の達成に、遅れが出ることは必至**である。**それは国土の均衡発展、情報通信格差の是正の観点からも、二十一世紀の日本社会にとって致命的な打撃**となろう。

二十一世紀に向けた情報通信行政においては一層、経済（産業）**政策と社会政策との「バランス」**が課題となる。のみならず、電子マネーや暗号（そしてその裏返しとしての盗聴）の問題からも知られるように、金融政策や国家安全保障とも、また「通信の秘密」という**基本的人権の保障**とも、ますますそれは深くかかわるものとなる。それが国際社会の常識である。**行革会議での論議には、その意味での真の国際性が欠如している。**」

右の①と②、そして既に論じた私の、〝NTT分割論議〟との戦いの内実は、全く同じなのである。表面的理解ですべてを片付ける今の日本では、ありがちなことではあるが、**一方でNTT分割に反対し、今度は郵政省を支持する、というのは矛盾だ、といった無理解**がけっこう根強く、私（及び妻!!）が非常に情けない思いを（更に!!）抱いたことは、事実である。だが、私の主張は、この点で常に一貫したものだったのである。そして、その主張を貫き、本書も執筆している、のである。

ところで、石黒・前掲『警鐘』二四二頁に記した通り、ここで扱う問題についても、私は、同・二四五－二五七頁にあたる部分を「手書きの段階から『行革』関係者に……個人的に送付」する等のゲリラ活動をも行なっていたが、次に、〝永田町〟で当時行なった講演レジュメを二つ（③④）、そして、**K首相登場で再燃した郵政三事業問題との関係**で、どこでとはあえて言わぬが、同様の場所で行なった講演レジュメ（⑤）を示しておこう。とくに⑤は、次の項目たる本書二３⑵と、深く関係する。

③石黒「情報通信と行革」（自民党通信部会行政改革プロジェクトチーム〔一九九七〔平成九〕年一〇月一五日〕）**講演レジュメ**

「◎二一世紀に向けた情報通信は「経済発展」のみならず「社会発展」のためのものでもある。

↓二一世紀の「民主主義」の必須の前提（クリントン政権も深く認識）

↓「産業（経済発展）＋事業者間の公正競争維持」では語り尽くせない

↓「国土の均衡発展」と「情報通信格差の是正」の重要性！

◎「全国的光ファイバー網の早期構築」の国家戦略性

↓行政の一元性確保の重要性

↓米・欧・アジアの戦略的対応！

↓アジアの「回転軸（pivot）」としての日本

↓日本の国家安全保障上も極めて重要！（「市場競争」のみで国家安全保障を語れるか！）

◎「情報通信省」構想について

↓「テレコム行政の分断」回避は日本のGII（世界情報通

信基盤）貢献の大前提
↓「テレコム」の二重の役割（dual role［＊］）
＊ＷＴＯ（世界貿易機関）テレコム・アネックスの基本
――「テレコムはそれ自体が一産業分野であるのみならず、全産業分野を牽引する基幹分野、との認識」

⇨
☆それに「社会政策」上の基幹分野性を加味すれば完璧！
↓だが、「郵便局」は？
◆二一世紀に向けた「郵便局」の役割と「テレコム行政」との接点
↓「地域の情報通信拠点としての「郵便局」
↓電子商取引の全国拠点としての「郵便局」（［例］沖縄県の都市銀行支店は那覇市に一つあるのみ！）
↓ワン・ストップ行政サービスの実現と「郵便局」（沖縄県八重山郡竹富町、等）
↓「郵便局」と「テレコム行政」との分離は、国家・社会としてどこまで得策か？
◇「行革の模範としてのニュージーランド」??
↓「福祉国家宣言の実質廃棄」と「市場原理主義の勝利」（ニュージーランドにおける社会・文化、そして経済の混乱！）

＝「国家資産」をストック視して徹底的に売却して「財政赤字」補塡のみを目指した。「次の危機」には、もはや、売るものが無い！

＝マオリ族への皺寄せと「ワイタンギ条約」

↓その『惨状』について、どこまで適切な情報が伝えられているかは、極めて疑問！

（ニュージーランド政府の対外プロパガンダと九三―九五年の「奇跡」のみが日本で喧伝。だが、改革は八四年から！　九三―九五年の事態急転と「改革」との因果関係は、実は曖昧。ニュージーランドの国土の大半たる「地方」の疲弊への日本の無関心。日本の調査団も主としてわずかな「都市部」のみを視察？）

↓ニュージーランドの「内なる悲痛な声［＊］」（「ニュージーランドの過ちを他国は繰り返してはならない！」）に耳を傾けねばならない！

⇦
＊J. Kelsey, Economic Fundamentalism（1995 Pluto Press [London]）（石黒・貿易と関税一九九七年一一月号参照）
※石黒・世界情報通信基盤の構築――国家・暗号・電子マネー（平成九年一〇月　ＮＴＴ出版）参照。」

ニュージーランドの惨状については、既に引用した河内・前掲と対比して頂きたい。また、**『沖縄の視点』**については、石黒・前掲『警鐘』二五九頁に示した石垣市、竹富町の島々に置かれた郵便局の図を、同・二四七―二四八頁、同・二四九―二五〇頁、同・法と経済二四〇―二四一頁と共に、参照せよ。

但し、右の③では、「**日米関係**」を直視することは、あえてしなかった。それを行なったのは、**超党派議員団**を前に行なった、次の④においてである（同・前掲『警鐘』二四四―二四五頁と対比せよ。――と、書くだけ一応書いておく）。

④石黒『郵政三事業民営化・テレコム行政分断』の『国際政治的文脈』」(「国民生活を考える行政改革」第二回勉強会〔一九九七〔平成九〕年一一月一一日〕)講演レジュメ

◆平成五年——「郵貯・簡保資金」に関する細川首相へのアメリカ政府の要望!

⇨

「数百兆円をアメリカ政府の意向の通りにつかわせてもらえないか?」(米)

(間にはいって「調整」したケント・カルダー氏は、最近駐日大使館詰めに!)

⇦

「全額自主運用」となれば当時のアメリカの意図どおりになる蓋然性が高い(要注意)!

∵アメリカ系投資顧問・会計事務所の「介在」型自主運用になることは必至!

⇦

「金融ビッグバン」で民間(生保・銀行)が郵貯・簡保のマネーをもらおうとして必死だが、「漁夫の利」を得る「漁夫」は、専ら海外に居る、と考えるべきところ!!

◆テレコムについて、アメリカは日本の何を一体恐れているのか?

(1) ISDN〔ディジタル〕網全国構築を日本はすでに完了(アメリカは出遅れている!)

(2) 「光ファイバーを全国敷設する」となったら日本の動きは速い(「横並びの強み」!)

(3) 電子マネー・電子商取引についてのNTTの「基本特許」!(「シティバンクの日本特許出願をNTT基本特許が阻止」の実績! ↓↓「ネットワーク型電子マネー」で日本に走られたら、アメリカは確実に困ってしまう)

⇨

◎アメリカは直接・間接に「日本」を牽制?

(1) 外為法で日本の暗号製品輸出を止めさせて、アメリカ製品で世界そして日本市場を席巻

(2) ICカード型電子マネーしか脈はない、という見方を広めることにより、そちらに多額の補助金を流すように仕向ける

(3) インターネット・フィーバーで「インフラ」から目をそらさせる

⇦

☆〔日本の戦略〕——地域情報通信拠点たる「郵便局」ネットワークのフル活用

◆全国二四、六〇〇の「郵便局ネットワーク」に最近開発された高度テレビ電話等を備え付け、すべての局を専用線で結び、可及的速やかに光ファイバーに置き換える

◆全国二四、六〇〇の「郵便局ネットワーク」と「郵貯」とを結び付けて「電子マネー」の実用化をはかる

⇦

◎GII(世界情報通信基盤)の理想の実現に大きく接近!(アメリカは確実に恐れをなす。アジア諸国は日本に大いに注目するはず。)

◎全国津々浦々への真の「ユニバーサル・サービス」!

⇦

☆テレコム行政一体性維持は国家安全保障上も当然の前提(一

産業としてのみテレコムを把握することは時代錯誤）

☆「郵政三事業国営維持」は全国地方議会、全都道府県のほぼ一致した強い意向。

☆地域社会から郵便局を減らすようになり得る政策は、「全国民の利益」と「日本の国際競争力」に逆行！

◎このまま行けば「行革」から最も利益を得る者は誰か？

⇦アメリカ合衆国？

◆郵政三事業プロパーの問題については、別添〔略〕の「郵政研究所月報」一一月号の論文をご参照！」

この④については、とくに「☆〔日本の戦略〕」で示した点について、ある種の説明をせねばならない。**そこにおいて、なぜＮＴＴへの言及がないのか**、との点についてである。本書を通じて一貫して訴えているように、**ＮＴＴなくして全国津々浦々までの「光」化は、あり得ない**。だが、国内公正競争論の悪影響で、**加入者系光ファイバー敷設率**は、本書の〔図表⑤⑥〕（それらを〔図表⑫⑬〕及びそれに付した説明と対比せよ）に示した通りの状況にある。他方、二〇〇五（平成一七）年度までに全国敷設一〇〇％にするとした場合の、前記の、かなり強引な旧郵政省報告書の〔図表⑰⑱〕との関係でも、**日本の国土の七割を占める中山間地の状況**が問題として残る。

私が郵政三事業国営維持を強く訴え、全国をまわって種々の活動をした際にも、実は、**本省の人々の殆ど**が〝現場〟で日々額に汗して奮闘している郵便局員達の**心**を、あまり深く考えていない、と肌で感じていた。例えば**ワンストップ行政サービス**が行なわれていた沖縄（と言うより先島《さきしま》）の**竹富島**では、肝心の機械の作り方がまずく、本人確認がこれでは出来ない、との町側の対応があった。この点を含め、**ボランティアによる島民へのアンケート調査**がなされ、厚さ数センチのそれを、私は現地で入手し、郵政本省に届けようとした。だが、結論的に、それは黙殺されてしまった。

そうしたことはともかく、今は**全国二四、七〇〇**となった郵便局の多くは、**地域社会**のことを真剣に考える、鳥取県八頭郡智頭《ちづ》町の**寺谷篤氏**（石黒・前掲法と経済二一七頁以下、同・二二二頁注(32)を見よ）のような局長さんや、一人一人の局員によって支えられている。しかも、**過疎地・離島を含めた全国ネットワーク**になっている。ＮＴＴが国内公正競争論で雁字搦めになり、かつ〝再編成〟される、という当時の状況下において既に、**不採算地域で光ファイバーを敷設すること**に対し、ＮＴＴは尻込みしがちだった。〝分割〟阻止で動きつつ、私は**そこ**を何とかして欲しい、と強く訴えて来た。その点も、今も変わらない。

だが、**ＮＴＴの努力を補完するには**、まさに**中山間地において社会の拠点的意味を強く有する、この郵便局ネットワークを使わぬ手はない**。――その考え方も、いまだ私においては不変である。**日本の郵便局ネットワークが官と民との協力によって築き上げられて来たことも**、私は別途論じて来ているが（石黒・前掲『警鐘』二四六頁）、むしろ過疎地を含めた地域社会から郵便局が（ＦＴＴＨではなくとも――**国民生活に一番身近な〝社会的拠点〟たる日本の郵便局の位置づけ**に、注意せよ）、そして都市部からＮＴＴが（これはまさにＦＴＴＨ！）、との**『両面作戦』**による**『早期全国光化』**を、私はずっと志向しているのである（!!――にもかかわらず、既述の**旧郵政省の『e-Japan』報告書**が、「過疎地域等」での「公的整備」に言及する際〔同報告書・一二六頁〕、なぜ**郵便局の存在が語られない**のか、私には理解できない。「『地域情報通信拠点』としての郵便局」について論ずる石黒・前掲『警鐘』二五一－二五三頁と対比せよ。後者の指摘が前記④の講演レジュメの前提となっているのである）。

以上が、前記④の後半への、私の説明である。

さて、以上を踏まえた上で、予告しておいたように、本書のもとになった論文の執筆と同時進行的に、そしてとくにK首相誕生で再燃した郵政三事業民営化問題に関して、私が最近行なった（③④に準ずる位置づけとなる）某講演のレジュメを示しておこう。前半の重複は、事柄の性質上、お許し頂きたい。〝再燃〟なのだから。

⑤石黒「郵政三事業民営化問題——注意すべきその国際政治的文脈を含めて」（二〇〇一〔平成一三〕年五月八日都内某所）講演レジュメ

「〔これまでの経緯〕平成九年行革回顧（詳細は石黒・日本経済再生への法的警鐘〔一九九八・木鐸社〕、同・法と経済〔一九九八・岩波〕、等参照）

◆平成五年「郵貯・簡保資金」に関する細川首相へのアメリカ政府の要望！

＝「数百兆円をアメリカ政府の意向の通りにつかわせてもらえないか？」（米）

（間にはいって「調整」したケント・カルダー氏は、平成九年に急に駐日大使館詰めに。）

⇩「全額自主運用」となれば当時のアメリカの意図どおりになる蓋然性が高い。

∵アメリカ系投資顧問・会計事務所の「介在」型自主運用になることは必至（現在も同じ）

（行革論議最終段階で「全額自主運用」にこだわった人物は？〔橋本首相、その人である!!〕）

⇩「金融ビッグバン」で民間（生保・銀行）が郵貯・簡保のマネーをもらおうとして必死だが、「漁夫の利」を得る「漁夫」は、専ら海外に居る、と考えるべきところ！

（現在のNTT再々編成・持株会社体制解体論議と類似する構図たることに注意）

☆〔日本のあるべき政策〕過疎地・離島を含む日本の地域社会の真の社会基盤、かつ情報通信拠点でもある「郵便局」ネットワークのフル活用

◆都銀等の「三事業」批判派は、日本の国土の七〇％を占める「中山間地」（過疎地・離島地域を含む）に、そもそも拠点を持っているか？（郵便局しかない地域が如何に多いのか、その実態への認識が先）⇩「日本社会全体の調和ある発展への基本政策」の必要性（「三事業」イコール「官」の営為というのは明治以来の歴史的事実に反する）。

◎全国津々浦々への真の「ユニバーサル・サービス」！ 二〇〇〇年一二月の旧郵政省・郵便のユニバーサル・サービスについての報告書〔石黒はその完成後、旧郵政省と絶縁〕は、「経済の論理＝サプライ・サイドの論理」より、むしろ「社会政策」としての側面を強調。本来、「ユニバーサル―サービス」は、新古典派経済学の「外」の問題のはず。

◎EUでの「郵便自由化」の従来の流れへの反作用、オーストラリア・ニュージーランドでの従来路線〔自由化一辺倒〕からの転換に要注意。（経済オンリーの発想への「市民社会の抵

抗」。詳細は石黒・グローバル経済と法〔二〇〇〇・信山社出版〕参照。）

◎日本の地域社会の一致した抵抗（「三事業一体での国営維持」）から出発してすべてを考えるべき。⇩「郵政三事業国営維持」は全国地方議会、全都道府県のほぼ一致した強い意向。地域社会から郵便局を減らすようになり得る政策は、「**全国民の利益**」に逆行！（現在でもこの点は変わらず！）

◎テレコムと関係付けた具体的施策の例

・全国二四、七〇〇の「郵便局ネットワーク」を可及的速やかに超高速光ファイバー網に置き換えて、全国二四、七〇〇の「郵便局ネットワーク」と「郵貯」「簡保」、そして全金融機関を含めた電子商取引関連のネットワークとの**完全相互接続**を図るべし。（セキュリティ問題は別途解決出来る。**相互接続に後ろ向きの全銀協等の方がおかしい。**）」

かくて、以上を踏まえて、右の⑤でも言及した旧郵政省の**『郵便』の『ユニバーサル・サービス』**に関する報告書について、次に論ずることとする。その際、既に予告しておいたように、かの電通**審第一次答申**（二〇〇〇〔平成一二〕年一二月）における**『テレコム』の『ユニバーサル・サービス』**の取扱い、とくにその**『コスト』**に関する問題との、対比をも行ないたい（以上、二〇〇一〔平成一三〕年八月一六日午後〇時三〇分。三時間しか眠れず、朝五時に起き資料捜しで手間取り、かくて四〇〇枚で二〇枚プラスα。今日は、調子が悪いので、以下は、明日にまわす）。

(2)　二〇〇〇年一二月の「郵便のユニバーサルサービスの在り方について」報告書との対比――郵便とテレコムとで何がどこまで違うと言えるのか？

既述の如く、この報告書（報道発表日は同年一二月四日）の完成を見届け、その上で私は旧郵政省と完全に〝絶縁〟し、そうでありながら自らの主義主張に基づき、国会議員の方々数十名の前で、前記⑤の講演を行なった。報告書の正式名称は、「**郵便のユニバーサルサービスの在り方について――『郵便のユニバーサルサビースの在り方に関する調査研究会』報告書**」（平成一二〔二〇〇〇〕年一二月四日、郵政省郵政研究所）、である。会合は平成一〇（一九九八）年二月二六日から平成一二（二〇〇〇）年一一月三〇日まで、実に二四回に及ぶ。

行革会議最終報告（石黒・前掲『警鐘』二六七頁以下）において、「情報通信に関し、現行の通商産業省と郵政省との分担は、変更せず」、「郵政三事業一体として新たな公社（郵政公社）とし」、その「**民営化等の見直しは行わない**（国営）」とされ、「職員の身分」についても「国家公務員」とされたが、「**郵便事業への民間企業の参入**について、その具体的条件の検討に入る」、との一項が入ってしまった。その線で**中央省庁等改革基本法**（平成一〇〔一九九八〕年六月一二日法律一〇三号）が制定され、同法三三条　項六号により「**民営化等の見直しは行わない**」と明記されているのに、昨今のK首相の下での民営化論再燃である。但し、同法三三条三項で「**政府は、郵便事業への民間事業者の参入について、その具体的条件の検討に入るものとする**」とされ、そこで本研究会のスタートとなった。

面白いのは、かの〝ＮＴＴ再編成〟（と言うか〝分割〟）に最も固執する点で、本書で再三登場した五十嵐氏と同様に、同氏の下でＮＴ

Tを攻撃したH（浜田）氏が、研究会の途中で何と郵務局長となり、『郵便』について、まるで**『テレコムでのNTT叩き』と逆のこと**を主張する、との奇観を呈するに至ったことである。『郵便とテレコムとでは違うから……』というのが彼の口癖であった。

たしかにテレコムと、例えば電力、そして航空等々、個々の産業分野ごとに個性・特性のあることは事実だが、**〝市場原理主義者達〟**は、**新古典派経済学**のテーゼを単純化し、すべてを同じとして扱って来ていた（石黒・前掲法と経済三三頁以下を見よ）。それは極めて大きな問題だが、それではテレコムと郵便とで、「何がどこまで」違うと言えるのか。そこを精査する必要がある。

「郵便のユニバーサルサービスの在り方」報告書（以下、同報告書と呼ぶ）を見ておこう。同報告書は三つの章から成る。私が最も強調したのは「郵便事業の意義」（同前・三一九頁）の個所を充実させることであった（後述）。第二章では「ユニバーサルサービスの確保」、第三章では「民間事業者の参入」と題して「参入基準」・「参入に伴う措置」等が語られる。第二章の中で、同・一八頁以下に「**郵便事業の特性**」の項があり、本書での論述からは、ここも重要なポイントとなる（既述）。研究会メンバーは私ともう一名を除けば経済学・会計学の専門家である。彼等に任せると、すぐに市場競争云々、独占と競争との関係での参入基準云々、となってしまう。私の考えでは、テレコムでも全く同じ（!!）なのだが、**『我々がいかなる社会を目指すべきなのか』**という、**通常の経済分析に入る前の、プライマリー・バランシングこそが重要**である。私はそのことを繰り返し主張し、相当程度、この報告書にそれが盛り込まれた（後述）。

既述の、直近の前記⑤の講演レジュメにも、**「本来、『ユニバーサル・サービス』は、新古典派経済学の『外』の問題のはず」**だとして、**「社会政策」**としての側面を強調していた。石黒・前掲法と経済一〇一頁以下の「内部補助とユニバーサル・サービス」の項にも、この点は示してある。

さて、郵政省の前記報告書を見ておこう。まず、同報告書一―二頁の「はじめに」では、「郵便事業への民間事業者の参入を認める場合に」は、「**すべての国民利用者の利便であるユニバーサルサービスの確保が最重要の政策課題であ**」る、との基本観が語られる。

これをテレコムに置き換えると、どうなるか。石黒・世界情報通信基盤の構築――国家・暗号・電子マネー（一九九七年・NTT出版）五八―六〇頁、七八頁、八四頁、同・法と経済二二五頁以下、等で再三論じたように、私は以下の如く考える。即ち、**『GII**（世界情報通信基盤）の基本理念からも、また、**インテルサット**設立に至る**J・F・ケネディ**の考え方からも、更には**米アイオワ州**の全州的光ファイバー網構築（同・超高速ネットワーク――その構築への夢と戦略（一九九四年・NTT出版）五五頁以下）からも、最高度の技術を駆使して、超高速・大容量、そして完全双方向の動画・データ・音声一体型の通信サービスを、**すべての人々に**提供することこそが、**二一世紀型情報社会における「新たなユニバーサル・サービス」**である』、と。この点は、貿易と関税二〇〇一年一月・二月号の連載論文の基調をなしていたものでもあり（同・一月号五一頁以下、同・二月号三一頁以下）、私の信念である。

つまり、今あるサービスの一部を〝最低限の保障〟のように切り取って「ユニバーサル・サービス」なるものを考えるのは、そもそも間違っている、ということである。

『郵便』の『ユニバーサル・サービス』に関する前記報告書では、

これから示すように、この私の考え方が、幸いなことに議論のベースになっている。だが、私は言いたい。だったら、テレコムはどうなのか(!!)、と。

さて、『郵便』に関する前記報告書における『ユニバーサル・サービス』の定義を、見ておこう。

同報告書・三頁以下の「郵便事業の意義」において、「郵便は……国民利用者各層の生活文化に深く根ざしたもの」であり、「郵便は、近代社会の根幹を支える基盤的な役割」を有し、「民主主義や法治国家の実現に寄与している」、とある（同前・三頁――同頁注4では、「文化の形成への貢献」への言及もある）。その通り。それを、サプライ・サイドの〝パイの食い合い〟といった低レベルでとらえることの愚かさよ(!!)。だが、『電話からインターネットへ、そして情報スーパーハイウェイへ』の流れの中で、『テレコム』とて、同じではないか。私はそう思う。

＊　世界的な「日本の郵便」のサービス品質！

同報告書・三頁は、あまり知られていない重要な事実を示す。即ち――

「我が国における郵便の品質は世界的に見ても高く、差し出された郵便物は、全国に翌日又は翌々日に配達されている。」

そして、同・三―四頁に付された注5には――

「我が国においては、郵便物の九六・三％が『新郵便日数表』（全国の郵便局の窓口にある。――右の本文と対比せよ）に定める配達日数どおりに配達されており、諸外国における送達日数達成率（米国八六～八三％（九九年度）、イギリス九一％（九九年度）、ドイツ九五％（九九年度）、フランス八一％（九九年度）、カナダ九五％（九九年度））と比較しても、高い水準を保っているといえる（各国郵便事業体公表資料より）。」

――とある。私はもっと、この『世界的サービス品質を誇る日本の郵便』の側面を強調せよ、と主張したのだが、穏やかな表現のままとなった。『官がやるとサービスが悪いから民営化ないし競争導入せよ』なら分からぬではないが、実態は、そうではない、のである。なお、誤解するなかれ。今日本で問題とされているのは「信書」（その定義は同・一頁注1）についての競争導入（民間参入）なのであり、『これは郵便物ではありません』のシールと共に届けられるパンフレット類、そして小包（宅配便等）については、既に烈しい「郵便局」との競争があること、周知の通りである。

さて、前記①～⑤において、レジュメ的なものゆえ若干ラフに示した点を、正確に示せば――

「郵便は、明治四年（一八七一年）の創業以来、そのサービス提供を支えるインフラとして、日本全国津々浦々に郵便局を展開し、日本各地を連結する全国ネットワークを構築してきたところである。すなわち、郵便局は、現在、全国三、二五二の市町村すべてを網羅して設置（平成一一年度末現在で約二四、七〇〇局）されており、この……郵便ネットワークを通じて、都市部から山間辺地、離島等の過疎地域に至るまで、郵便物を日々間断することなく、日本全国あまねく配達している。郵便事業は、一日当たり約二、九〇〇万箇所に、約七、一〇〇万通を配達しており、日本列島を網羅する基幹的……ネットワークを形成している。」

――ということになる（同・四頁）。なお、同頁は、「更に、大地震、火山噴火等のような自然災害時においては、業務運行を確保すると共に……被災者が差し出す郵便物の料金〔等〕を免除するなどの特例」がある点にも言及する。その具体例としては、「平成七年（一九九五年）一月の阪神・淡路大震災……、本〔平成一二〕年三月の有珠山噴火や七月の三宅島噴火など」（同頁）が挙げられている。

＊　阪神・淡路大震災と『赤いポスト白書』

この点について、私は二つのことを言いたい。まず、郵便プロパーの問題として、石黒・前掲『警鐘』二四八―二四九頁に、私は次のように記しておいた。即ち――

「⑸　すべて民間でできる？　――阪神・淡路大震災の場合

民間が出来ることは国がやるな、との論に対して、私は言いたい。

阪神・淡路大震災を考えて欲しい。平成七（一九九五）年一月一八日、つまり地震の翌日、宅配便最大手の某社が被災地向け宅配便の受付中止を決定し、他社も追随した。再開されたのは、ほぼ一カ月後の二月一三日からである。

もとより、その間も郵便はフル稼働し、建物倒壊の危険をも省みず、公的使命(!)に基づき、局員達は配達に努めた。そのことは、証拠写真多数と共に、白川書院新社刊の『阪神・淡路大震災――赤いポスト白書』（一九九六）に示されている。

宅配便各社は、遅配等についてのユーザーからのクレームを怖れたのであろうか。だが、被災地の人々は、当時のことを忘れていないはずである。

意地の悪い人々は、郵便局に山と積まれた未配達物資の写真を見て、だから郵便局は効率が低い、などと言ったらしい。民間宅配業者の倉庫には、たしかに被災地向けの配達物はたまっていなかった。受付自体をストップしたからである。企業経営の「効率性」のゆえである。

民間企業の言う「効率性」と、「国民生活の安全性」とは、別の次元での問題である。昨今は民間宅配業者も全国的ネットワークを構築したと胸を張る（但し、実際には、民間宅配便で出したのに郵便小包で届く、といった「再差し出し」問題が、過疎地域等との関係では問題となっているし、離島料金を別に徴収しているのに、民間宅配業者が港に積荷を置いたままで「宅配」していない、といった問題が起きている）。だが、緊急時に何が起こるか、否、何が起こったかを、考えるべきである。

すべてを市場原理に委ねるということは、企業に「参入の自由」と共に「退出の自由」を与えることである、と経済学者達は言う。今は景気の良い民間宅配業者も、昭和三〇年代には、業績悪化に苦しんでいた。仮に、郵便事業への参入、具体的には「信書」の配達への参入が認められた場合、民間宅配業者は、たとえば都市部でのクレジット・カードの配達等、儲かるところだけに参入することになり、そうなれば、全国津々浦々へのユニバーサル・サービスの維持への重大な影響が出る。また、民間の参入によって郵便事業において不採算部門の切り捨てが起きたら、そしてそこで大災害が起きたら、一体どうなるのか。そこも考えるべきである。」

――と。

それともう一つ。同・前掲世界情報通信基盤の構築三九頁に示したように、当時郵政省官房国際部長であった**内海善雄現ＩＴＵ事務総局長**が、一九九五年二月のＯＥＣＤ・ＡＰＥＣ合同国際シンポジウム（於バンクーバー）において、まさに「**阪神・淡路大震災のスライド**」を用いて、**競争原理万能では『テレコム』を語り尽くせない旨**、力説していたこと、である（なお、石黒・貿易と関税二〇〇〇年五月号五七―五八頁と対比せよ）。その内海氏が、ＩＴＵ事務総局長として、『テレコム』の核となってゆくＥコマースの、認証機関の在り方等につき、**“for the betterment of all people and all nations”のための世界貢献**を強く訴えたのである（同前・五九頁。同・五月号～一二月号の私の連載論文を見よ）。

つまり、**“競争原理・市場”では語り尽くせぬ問題たる点で、『郵便』も『テレコム』も、同じなのである**（!!）。そのことを、私は強調しておきたい。

さて、ここで『郵便』の『ユニバーサル・サービス』に関する前記報告書に戻る。同・五頁は、「郵便」が「平時・非常時等の別を問わずあまねく、公平に……国民生活・国民経済を支える高品質の〔!!〕ライフライン」だとし、同・八頁では、“智頭町の努力”（既述）には言及せずに（こういうところが、本省の感覚として、私は許せない。当初、郵政省側は、「**智頭のひまわり**」〔石黒　法と経済二一七頁以下〕に対して、やめろ、と言っていたのである！）、「**過疎地域**における**高齢者が安心して暮らせる地域社会づくり**」への「郵便局及び郵便局職員」の「大きな貢献」の例として、「ひまわり（日・回り）サービス」を挙げてもいる。同・八―九頁では、「郵便」よりも「**郵便局**」に焦点をあて、それが「国民の共有財産」たることへの「認識」と「配慮」とを訴える。そうせよ、と強調したのは、私である。経済学者は、そうした一連の社会的・人間的側面を論ぜず、すぐ計算やモデルに走るから、である。

さて、同報告書・一五頁以下の「郵便のユニバーサルサービス」の項に移る。**とかく、当該サービス**（テレコム等）**の一部の、シビル・ミニマム的部分を「ユニバーサル・サービス」とする議論が、分野を問わず横行している**が、この報告書は、そうではない（!!）。

同・一五頁は、「郵便サービス」自体が「国民生活、社会経済活動に不可欠」ゆえ、「**郵便サービスは、ユニバーサルサービスとして認識**されてきた」、とする。そして、**万国郵便条約**第一条の条文を示す。同条には、「**すべての利用者**が、その質を重視した郵便の役務を、加盟国の領域のすべての地点において、恒久的に、かつ、合理的な価格の下で受けることができるような普遍的な〔!!〕**郵便業務の提供を受ける権利**を享有することを確保する」、とある。そして、「米国、カナダ及びオーストラリア等、欧州以外の各国」において、「ユニバーサルサービス」とは、「その提供を理念・目的として設立される郵便事業体によって提供されるサービス」とされていることを、更に挙げる（同・一五頁）。

要するに、**世界的にも高いサービス品質を誇る現在の日本の郵便サービス自体がユニバーサル・サービスであって、その「サービス品質を低下させることは、国民利用者利便の確保の観点から適切ではない」**（**同・一七頁**）、**というのが、同報告書の基本**であり、私の強く主張した点でもある。

だが、右の**万国郵便条約**一条は、貿易と関税二〇〇一年二月号三一―三二頁にその条文を示したところの、**インテルサット協定**の前文、及び五条d項と、実は同じ思想に立っている。「すべての人々」、「人類すべてのベネフィット」、そして「世界の平和と（相互）理解」への「貢献」のために、『テレコム』（国際衛星通信）の**インテルサット**も創設された。**J・F・ケネディの理想**の下に、である。つまり、**この点でも、『郵便』と『テレコム』の目指すところは、同じ**なのである。だが、市場万能論と米（英）の覇権主義から、インテルサットはまさに今年民営化され、日本の『郵便』も今、同じ嵐に巻き込まれようとしている、のである。

こうした状況下で、五十嵐＝浜田ラインでのNTT叩き（その論理はインテルサットの民営化・地域分割と同じ）に専念していた浜田氏が、いきなり郵務局長となり、テレコムと郵便は違うから……、となったのである（既述）。

＊　郵便事業の特性？

それでは、同報告書一八―二〇頁に示された「**郵便事業の特性**」（①～⑤の五点からなる）は、右の点との関係でどこまで説得的なのか（テレコムとの区別においての説得性、である）。①は「全国均一料金」だから、あまり関係なし。②は「**範囲の経済**を働かさなければならないネットワーク産業」たることを挙げる。だが、『テレコム』は、果たして『**範囲の経済**』と無縁、などと言えるのか。新聞レベルでの論述ながら、既述の、毎日新聞一九九五（平成七）年七月九日の「オピニオン　ワイド」欄での私の指摘の最後に、「**範囲の経済性**」ゆえにイギリスがBTを分割しないとした点に、言及しておいた（石黒・前掲通商摩擦と日本の進路三六七―三六八頁とも対比せよ）。かくて、「範囲の経済性」の存在ゆえに『郵便』と『テレコム』とを別扱いして論ずることの当否も、疑わしい。

③は、「**規模の経済**」である。同前・一八頁22には、「生産規模が増大するにしたがって、財・サービス一単位あたりの平均費用が低下すること」とある。それでは、『**テレコム**』と『**規模の経済性**』**との関係**はどうか。橘木俊昭「電気通信事業における民営化の経済分析」林敏彦編・電気通信（講座・公的規制と産業3）（一九九四年・NTT出版）一〇二―一〇三頁の「むすび」には、「わが国のテレコム「民営化の経済効果」の分析結果として「**規模の経済性**が存在していた」、とされている（同書・二九九頁以下の林敏彦「課題と展望」の三〇二頁とも対比せよ）。「規模の経済性を働かさなければならない」（『郵便』に関する前記報告書・一八頁）点が『テレコム』と違うとも、言いにくい（あるいは端的に、言えない）はずである。

同前頁の④は、『郵便』は「労働集約的」であり、「**クリームスキミング**、すなわち、収益性の高い地域や利用者だけに限定した参入に対し対抗し得ない脆弱性」がある、とする。「**クリーム・スキミング**」は、まさに『テレコム』その他の各分野で、いわゆる規制緩和に伴って広く生じて来た問題である。石黒・法と経済の全体を通して、私は、「**クリーム・スキミング的参入**」**による全体秩序の歪み**を問題視して来た。だから、『郵便』も守った、のである。だが、『テレコム』とて同じである。本書全体がそれを再度訴えかけているもの、とも言える。従って、これも『**郵便**』と『**テレコム**』**とを区別する理由**にはならない。

同前報告書・一九頁の⑤は、日本の「森林の占める割合が大きい国土事情」のゆえに、「地域やルートにより収益性に差があり……

クリームスキミングが生じやすい」、とする。④の延長線上の論だが、それ自体は正当な指摘である。私は、石黒　前掲法と経済二一六頁の「**国土保全の観点**」に関する指摘を前提に、「各国の森林比」以外の諸点をも付記すべきだとして、石黒・同前二二二頁引用の諸文献も研究会事務局に示したりした。だが、これとて『テレコム』との区別の論拠としては使えまい（右の傍点部分を見よ）。

なお、以上の①〜⑤は、同報告書・二〇頁にあるように、これまでの「**信書送達**」の「**法的**」な「**独占**」の理由として示されたものである。だが、〝民間参入〟ということになり、それに備えて「**ユニバーサルサービス確保のための制度的措置**」（同・二〇頁以下）を論ずることになる。これから先は、経済学者・会計学者の登場、ということになる。

私としては、その前に、制度論的に〝**社会政策**〟面を強調せよ、と主張し、本報告書も、これまで見て来たように、その線で書かれている。だが、『テレコム』と『郵便』は別だ、と簡単には言えない。

そのことをあくまで前提とした上で、『**社会全体の利益**』（石黒・法と経済二〇三頁以下と対比せよ）を重視する本報告書の基本を、強く支持し、他方、『**テレコム』に関する『国内公正競争論の暴走**』（それは、まさに旧郵政省が仕掛けたものである、と言ってよい！）については、猛省をせよ、というのが私の基本的スタンスだったことになる。

ただ、前記報告書・二二頁には、「**郵便事業は、電気事業や電気通信事業等のようなボトルネック性の強い装置産業とは異な**」る、とする個所がある。「郵便事業体の……ネットワーク」は「不可欠な施設（エッセンシャル・ファシリティ！）」「ではない」、とされるのである。むしろこの点が、正面から『**郵便**』と『**テレコム**』の差として示された点のようにも思われるであろう（同頁のコンテクストは別として）。たしかに『**郵便局 vs. クロネコ**』の図式で考えればそう言えるのかも知れない、と一見思われがちである。この点は、若干説明を要する。

つまり、同報告書・四頁の既に示した数字、即ち「**一日当たり約二、九〇〇万個所に、約七、一〇〇万通**」の「**配達**」という現在の郵便局の実績との関係が問題となる。一九九七（平成九）年の〝行革・規制緩和の嵐〟の際に、私が既述の『**赤いポスト白書**』と共に使った資料を、妻裕美子に発掘してもらった。**当時、「宅配便」側は、取扱店が全国で二八万個所以上もあり郵便ポストの一六万本よりも多い、と主張していた**（だから郵便に参入させろ、と言うのである）。だが、取扱店やポストは〝**引受拠点**〟であり、〝**配達**〟について見れば、**当時『郵便』は一日二、八〇〇万個所に、『宅配便』側は一日一八〇万個所が最大**ゆえ、ネットワークの密度が〝配達〟について大きく違う、との〝事実〟があった。この『**配達個所の圧倒的な差**』（二、八〇〇万対一八〇万――『宅配便』側の一五倍以上〔!!〕の個所への配達実績）を前提に、その相当部分に本格参入、となったとすると、〝配達〟面での郵便局ネットワークは『エッセンシャル・ファシリティ』だ、といった主張が、（旧郵政省が得意〔!?〕とする）**公正競争論**からして、なされて来る可能性がある。

そもそも『テレコム』でも、自前でネットワークを作ればよいのに（設備ベースでの競争！）、作るとカネがかかるからＮＴＴのものを使わせろ、の流れであったことを想起せよ。**『エッセンシャル・ファシリティ』の認定を厳格にしないと、かえって競争秩序が歪む**のである（!!）。

だが、それを含めて前記報告書・二二頁の既述の点に戻ると、今後の展開の中ではこの論も危うくなる（少くとも、そうなり得る）ことに、注意すべきである。

ちなみに、同報告書作成への検討の中で、私は「ユニバーサル・サービス――テレコム vs.郵便？」と題し、一九九八（平成一〇）年九月一八日に報告を行ない、**WTO基本テレコム合意のレファレンス・ペーパーの考え方が『郵便』にあてはめられたらどうなるか**を、まず論じていた。一言のみするが、同年五月八日、クリントン大統領は**WTO次期サービス貿易交渉**につき、「エクスプレス・デリバリー」を最初の例に挙げ、強調していた。**FedEx** が後に居るのである。――そこまで考えた場合にどうか、との点が更に問題となるのである。

＊　＊　＊

さて、以上においては、『郵便』の『ユニバーサル・サービス』に関する前記報告書における**『ユニバーサル・サービス』の概念設定の正しさ**と、それを『テレコム』にもあてはめるべきことについて、主として論じて来た。

だが、ここで、本書二3の(1)の末尾に示しておいた〝**積み残し案件**〟、即ち、『**ユニバーサル・サービス維持のためのコスト**』に関して、『テレコム』と『郵便』とを、対比しておきたい。

＊ ユニバーサル・サービス維持のためのコスト？――テレコムとの対比において

まず、『郵便』に関する前記報告書を、先に見ておく。同・二二頁には――

「ユニバーサルサービス提供に係る**コスト**の公正かつ正確な計測が不可欠であるが、無記録扱いの郵便分野にあっては、郵便物の流れを機械的に記録することができず、費用負担の公正かつ**正確な計測が困難**である……。」

――とある。これは現場の実情を述べた程度だが、同・二五頁の注27が重要である。そこでは、右の（同・二二頁の）引用部分をリファーしつつ――

「郵便事業においては、ユニバーサルサービスのために必要な**コストの計算**は基本的に困難がつきまとう。**諸外国においても**、具体的な参入基準の設定の目的で行う、ユニバーサルサービス提供のために必要なコストや郵便事業体財政への影響に係る**試算の手法**〔!!〕についてコンセンサスが得られているわけではない。」

――とある。実は、既述の「エクスプレス・デリバリー」重視のアメリカの意図との関係からして、対日参入する際、面倒な地域への配達には既存の郵便局ネットワークを（安く!!）使わせろ、といった「再差し出し」（既述の、石黒・前掲『警鐘』二四八―二四九頁を引用した箇所を見よ）的問題が、今度は市場アクセス問題と絡んで、アグレッシブな形で早晩起こる、と私は危惧していた。

――そうなると、『電力』、『テレコム』同様、『郵便におけるネットワーク相互接続』的事態になり得る。そこに、十分注意すべきである。

そして、こうした展開の中では、本書二4で論ずる「NTTの接続料金」をめぐる「日米摩擦」と同様に、『コスト』が問題となり、それをどんどん安くしろ、といったことになるはずである。

だから私は、前記報告書作成のための委員会のメンバーでもあった井手秀樹教授と共に、一九九八（平成一〇）年六月一七—二〇日にスイスのモントルーで開催された"Emerging Competition in the Postal & Delivery Sectors"という国際会議に出席（というよりも、ある種の偵察を）したりもしたのである。

井手教授にも、「『ユニバーサル・サービス』維持のための『コスト』計算は、一体どうなってるんだ!!」と、数年にわたり催促し続けた。だが、結論的に、信頼できるものは何もない、ということであった。その点が、やんわりと前記報告書・二五頁の注27に、示されていたことになる（表現が丸くなってしまったことが惜しまれる）。

だが、これは『郵便』に限られたことであろうか。私は、そうは思わない(!!)。石黒・法と経済八三頁以下の同書第三章は、「コスト神話の虚実」と題し、要するに「コスト、コスト」と騒ぐ経済学者達が、肝心の「コスト」を厳密に計算できないでいる、という信じ難い"事実"を、白日の下に曝《さら》した。

その点からすれば、『郵便』の前記報告書・二五頁注27の指摘は、『郵便』についても、やはりそうだった、というだけのことになる。

＊　＊　＊

ここで、"積み残し案件"（既述）に言及する必要がある。かの忌まわしき二〇〇〇（平成一二）年一二月の『電通審第一次答申』が、堂々と（否、臆面もなく!!）『テレコム』に関する『ユニバーサルサービスコストの算定方法』と題して、論じているからである（同答申・五四頁）。

同頁には、誠にあっさりと——

「現行のユニバーサルサービスのコスト算定については、非効率性を排除しやすい(!?)長期増分費用方式によることが適当(!?)である。なお、コストの具体的な金額の算定(!?)については、平成一四（二〇〇二）年春を目途に検討が進められている長期増分費用モデル(!!)の見直し結果を踏まえる必要がある。」

——とされている。同頁は続けて、「コストの算定単位」は「現時点では都道府県単位とすることになる(!?)が、より実態に即したコスト把握を行う」べく云々、とする。「実態」とズレた「モデル」の世界で、どこまで辿り着けるのか、が問題である。ところが同頁は——

「ユニバーサルサービスコストの算定に際しては、長期増分費用方式により算定したコストを直ちにユニバーサルサービスコストとするのではなく(!!)、長期増分費用から一定部分(??)を除いた純費用(!?)を算定し、これをユニバーサルサービスコストとすることが適当である。」

——とする。今度は『純費用』である。しかも、『一定部分』とは、何と不明確な書き振りであろうか。もっとも、同頁は更に

——

「純費用を算定するための具体的な手法（英国のように便益を直接算定する〔!?〕方法や、米国のように一定のベンチマーク〔それをどう算定するのか??〕を上回る部分を純費用とする方法が存在する）については、各手法のメリット及びデメリットを比較衡量しつつ、必要に応じて双方の手法を併用〔?・?〕することを含め、我が国の実情〔??〕に適した手法を採用する方向で引き続き検討することが適当である。」

――とする。所詮は〝ドンブリ勘定〟、ということである（後に再度論ずる）。

同頁は、「算定基礎となるデータ」につき、その「提供の義務付けや説明責任等を提供事業者に課す」ようにしようか、などと事業者に〝脅し〟兼〝責任転嫁〟するようなスタンスをとる。事業者が出したデータにつき、窓口で「もっと安くしろ」的な不透明なやりとりが、前提とされているのである。

その挙句、同頁は「ユニバーサルサービスと料金水準」と題し、「一般論」としては「地域別料金格差を設けることは一概には否定されない」、などとする。もとより、同・五五頁以下で、かの「ヤードスティック競争」に言及する等、例の如き展開となるのだが、かくて『テレコム』では、『ユニバーサル・サービス』の維持のための『コスト』は十分算定可能、との前提ですべてが動いている、かの如くである。

『郵便』と『テレコム』とで、どうしてそんなに差があるのか。『テレコム』については、単に、米英等、皆で赤信号を渡っているから……、といったことなのではないか。否、実は信号も、道も、それ自体の存在がバーチャルなまま、見切り発車的に、バスが崖から、分解写真のように（?）落ちつつある、というのが本当のところではないのか。

これから先は、右の電通審第一次答申でも言及されていた『長期増分費用モデル』（石黒・法と経済八八頁以下、とくに九一頁以下、そしてアメリカのFCCの誠に杜撰な「ベンチマーク」論〔国際通信に関するそれ〕との関係での、同・前掲世界情報通信基盤の構築一二四―二〇二頁、とくに同・一四六頁以下を見よ）について、本書二4で論ずることとしよう。

＊　その後の諸外国での『郵便自由化』をめぐる動向

本書二3の(1)の中で、⑤として私の講演レジュメを引用した際、EU等の動向について一言した。この点につき最小限の〔追記〕をしておく。ニュージーランドについては、既に引用した河内洋佑・前掲二八五頁にあるように、「現在は……〔政権運営が変わり〕改革には急ブレーキがかか」っている状況であるし、オーストラリアでは、二〇〇一年三月二九日に、郵便自由化促進のための政府提出法案が、ユニバーサル・サービス重視（農村部等の地方におけるサービスの低下等の問題）を訴える政党の反対で、議会で一度も審議されず廃案になった（日経新聞同年四月三日付け朝刊にも報じられた）。EUの状況は混沌としている。自由化促進の欧州委員会と北欧諸国に対し、フランスが反対し、かつ、欧州議会もフランス同様、ユニバーサル・サービスの維持を重視し、膠着状態となっている。ドイツでも、同年六月二八日、二〇〇二年末までとされていたドイツポストの独占期限を二〇〇七年末まで延長する法案が成立した。なお、こうした事態の意義を理解する上では、ここで扱った『郵便のユニバーサルサービスの在り方について』の前記報告書一五頁以下、二〇頁以下、二四頁以下、等を見よ。"問題再燃"の中で、見落としてはならない点である（以上、二〇〇一〔平成一三〕年八月一七日午後三時五八分。点検に入る。点検終了、同日五時四〇分。点検しながら分かったが、精神的な疲労の度合いがひどい。休まねば危ない！）。

4　「ＮＴＴの接続料金」をめぐる「日米摩擦」――短か過ぎた蜜月？

(1)　概観――長期増分費用モデルの問題点も含めて

〔インターネット接続料金の日米逆転！〕

まずもって重要なのは、インターネット主体でいわゆるＩＴ化が現実問題として進む中にあって、**なぜ今更「電話」の接続料金を論ずるのか**、ということである。そこで、一連の問題の議論に入る前に、二つの図表（〔図表㉖㉗〕）を示しておきたい。

『**今や日本のインターネット料金の方がアメリカより安い!!**』のである。この現実を、何よりも直視すべきである。もっとも、この種の料金比較には慎重さが要求され、この種の図表だけから直ちにすべてを理解する、という訳にはゆかない、というのが私の基本的立場である（石黒・前掲法と経済一九二頁以下、同・前掲日本経済再生への法的警鐘五四―五七頁）。そうではあっても、**誤った一般常識が氾濫する今の日本**にあっては、「アレッ!?」と思って人々を立ち止まらせるのみでも、十分に意義のあることと思われる。とかく問題だとされるＮＴＴ関連の利用料金について、**〔図表㉖㉗〕の日米比較**を行なうのも、そのためである。とくに、〔図表㉗〕は、日米接続料金摩擦の渦中たる、一九九九（平成一一）年末の状況と、直近の二〇〇一（平成一三）年九月の状況とを対比してある。「インターネットの二四時間常時接続」への流れをインプットした場合、『**ＡＤＳＬを含めた料金面での日米逆転!!**』は、極めて象徴的な出来事として、すべての関係した議論の、出発点とさるべきものである（定額制インターネット料金〔日本〕については、本書二七頁の〔図表⑪〕とも対比せよ。なお、〔図表㉖㉗〕のベライゾン社は、エリア拡大等を果敢に志向し、アメリカで大いに注目されている企業である）。

前記の如く、片山総務大臣が「**アメリカではＤＳＬを利用したインターネット料金が上がりまして、今や日本の方が安くなっている」旨の国会答弁**をしていることを、再度想起されたい。この点は〔図表㉗〕の左側からも読み取れる。だが、二四時間（常時接続）の定額料金制（ダイヤルアップ利用）でも、劇的な、同様の変化（日米逆転）が生じていることに、十分注意すべきである（なお、後述するが、総務省総合通信基盤局・平成一三年九月七日「平成一二年度電気通信サービスに係る内外価格差調査」、及びその概要についての、同日付けのプレス・リリースをも参照せよ）。

〔**ＮＴＴの接続料金に関する日米摩擦**（一九九九年～）〕

さて、ここで時間を数年前に戻し、一九九九（平成一一）年の日米摩擦の時点にリセットする。一九九九年春の、ＵＳＴＲによる外国貿易障壁報告書（**ＮＴＥレポート**〔The 1999 National Trade Estimate Report on Foreign Trade Barriers（NTE）〕――それ自体については、石黒・前掲グローバル経済と法四五二頁以下）の対日指摘部分には、次のようにあった（なお、原文の入手は、ＵＳＴＲのウェブサイト

〔図表㉖〕 インターネット利用料金の日米比較：2001年3月現在

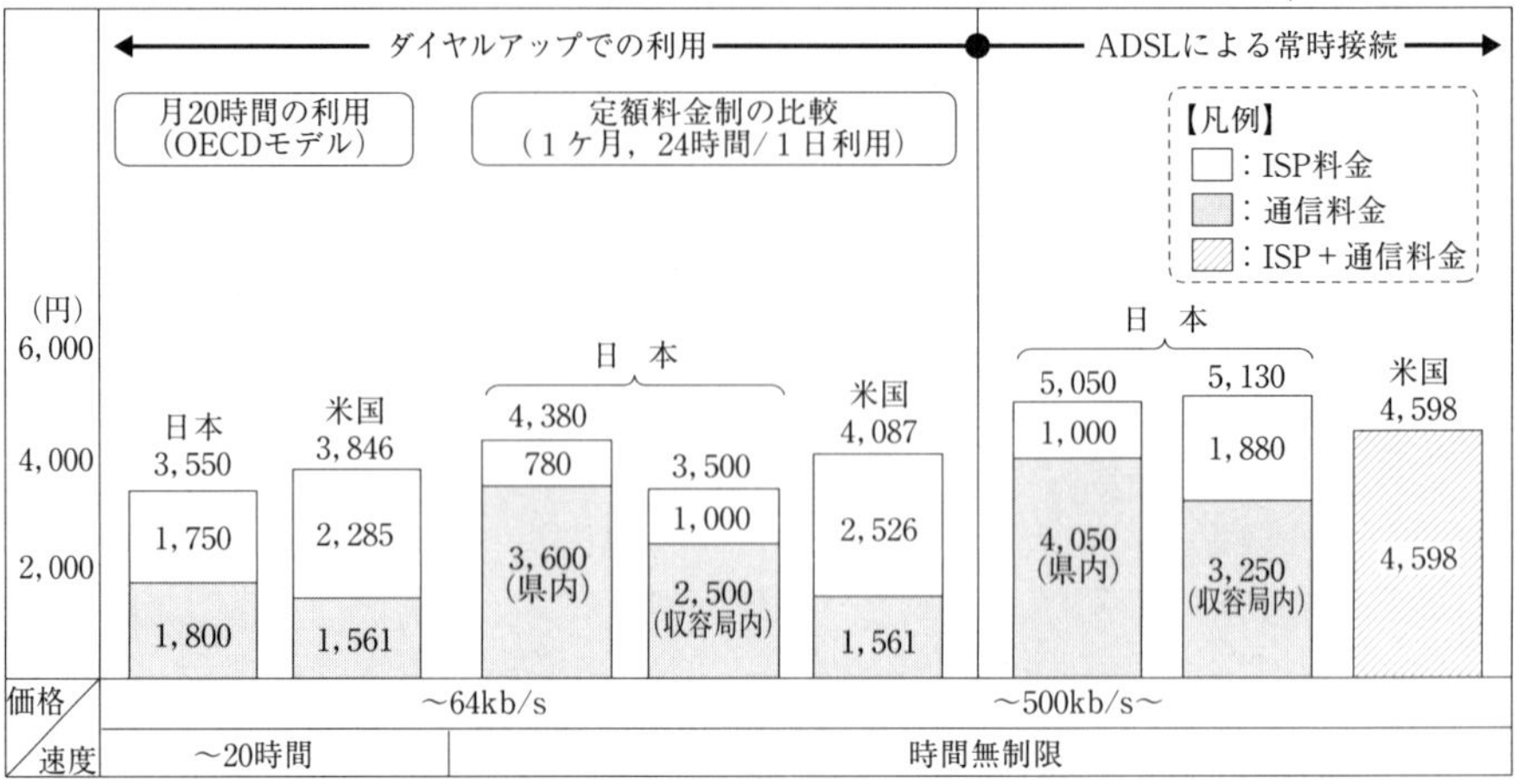

（注1）日本はNTTグループのサービスを適用，米国はベライゾン（旧ベルアトランティック）とAT&Tのサービスを適用（郵政省「内外価格差調査（H12.8.5）」をベース）

・20時間利用　日本：通信料＝NTT東 i・アイプラン1200（1,200円＋600円），ISP料金＝OCNホームパックのナチュラル（20hまで1,750円）
　米国：通信料＝ベライゾン定額市内通話料13,56ドル，ISP料金＝AT&Tワールドネット（10hまで9.95ドル＋9.9ドル）

・定額料金制　日本（県内）：通信料＝県内はNTT東西フレッツ・ISDN，ISP料金＝ぷらら（ぷららライト）
　日本（収容局内）：通信料＝NTT東西IP接続サービスタイプ2，ISP料金＝WebONE
　米国：通信料は同上，ISP料金＝AT&Tワールドネット（無制限21.95ドル）

・ADSL利用　日本（県内）：通信料＝NTT東西フレッツ・ADSL，ISP料金＝ぷらら（フレッツ・ADSLセット）（※通信速度：1.5M/512k）
　日本（収容局内）：通信料＝NTT東西ADSL接続サービス，ISP料金＝NTT-ME（WAKWAK）（※通信速度：512k/224k）
　米国：通信料＋ISP料金＝ベライゾン・オンラインDSL（39.95ドル）（※通信速度：640k/90k）

（注2）為替レートは，1ドル＝115.10円（2001.1.4レート）

〔図表㉗〕 インターネット利用料金の返還（日米比較）：2001年9月現在

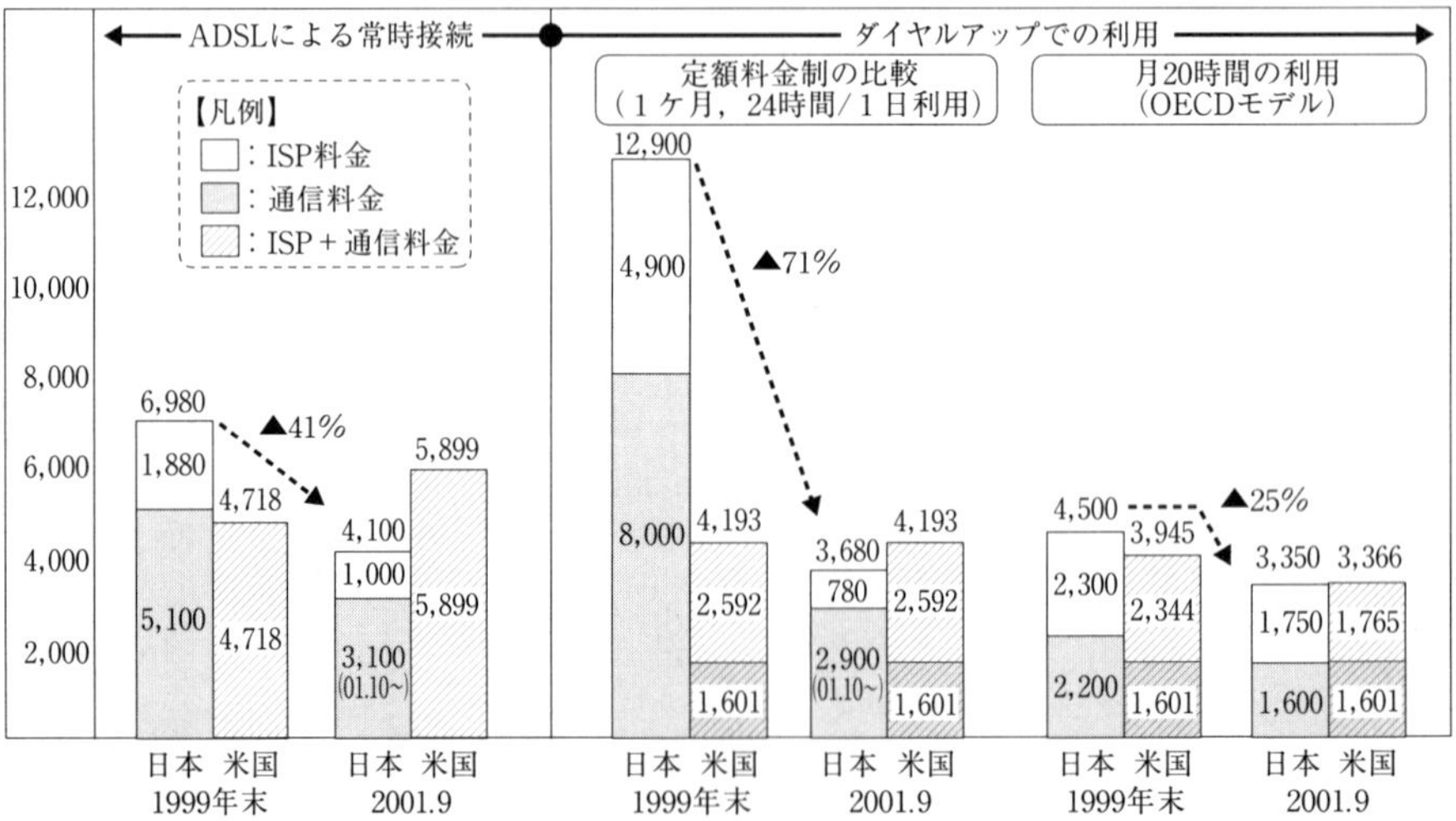

（注1）日本の料金は①ADSL　②定額料金制　③月20時間　の順に，
1999年：通信料金は，NTT東西の①ADSL接続サービス　② IP接続サービス　③ i・アイプラン，ISP料金は，①WAKWAK②③OCN
2001年：通信料金は，NTT東西の①フレッツ・ADSL　②フレッツ・ISDN　③ i・アイプラン，ISP料金は，①②ぷらら　③OCN
米国の料金は，通信料金・ADSLについてはベライゾン（旧ベルアトランティック），ダイヤルアップのISP料金はAT&Tワールドネット

（注2）為替レートは，1ドル＝118.09円（2001年1～3月IMT平均レート）

（注3）米国側のダイヤルアップ料金は，下が通信料金，上がISP料金。

〔www.ustr.gov〕で"reports"の項から可能)。即ち――

"[T]he United States has urged Japan to …… lower interconnection rates for FY 1998 below the level proposed by NTT; ……." (USTR, supra [1999], at 209.)

実は、このＮＴＥレポート発表(日本時間同年四月二日)の二日前たる三月三一日(日本時間)に、ＵＳＴＲは「通商法一三七七条」、即ちいわゆる**"電気通信条項"**(経済産業省通商政策局編・**二〇〇一年版不公正貿易報告書**〔二〇〇一年・㈶経済産業調査会出版部〕三一四頁以下参照)に基づき、「ＮＴＴの接続料」(及び「設備ベース事業者の回線リース」)につき、「**ＷＴＯ提訴等を示唆しつつ**、一方的に期限を切って」対日要求をしていた(郵政省・米国通商法一三七七条〔電気通信条項〕年次レビュー及び九九年外国貿易障壁報告書〔バリア(ＮＴＥ)レポート〕へのコメント〔平成一一年四月二日〕からの引用)。

ＮＴＴの再編成問題の決着以降(本書で既に示した通り、一九九六〔平成八〕年一二月六日に、郵政省・ＮＴＴ間の合意がなされた)、実は郵政省・ＮＴＴ間の関係は、基本的に良好であった。それが、本書二４の副題たる「**短か過ぎた蜜月？**」の意味である。

＊　**郵政省の対米スタンスと「日本政府の裏切り」**

一九九九(平成一一)年四月二日の、既述の郵政省のコメントにも、徹底してアメリカ(ＵＳＴＲ)と戦う姿勢が、次の如く示されていた。即ち――

「通商法一三七七条レビューで問題提起されている……点については、昨〔一九九八〕年一〇月から行われている**日米規制緩和対話**の中で、累次議論をしてきたところであるが、米側の主張には、一方的で、誤解に基づく、あるいは事実に反するものが多い。また、郵政省としては、これに係る日本の制度がＷＴＯ協定に違反するものとは考えていない。……

ＮＴＴの接続料は……コストオリエンテッド〔原価に照らして適切〔!!〕〕である。

また、ＮＴＴの接続料については、四年間で四〇％の引き下げを行っている。さらに、**米国は自国のごく一部の比較的低廉な料金のみによって日米間比較を行っているが**、これは**アンフェア**〔!!〕である。実際、米国では地域系事業者の接続の大宗を占める州際(長距離)通信事業者向けの接続料は**長期増分費用方式**が導入されておらず〔!!〕、日本に比べて割高になっているところもある。」(郵政省・前掲コメントより引用。)

なお、この日本側の正面切った対米反論は、日本の新聞でも、**理性派の谷公士郵政事務次官**の記者会見内容として、多々とり上げられた(同年四月二日朝刊の日経・産経・朝日、四月三日朝刊の東京・産経・朝日・日経、等)。

ちなみに、**ＮＴＴの接続料金に目をつけたアメリカの対日主張**は、更に遡って、例えばUSTR, U.S. Presses Japan for Progress on Japanese Deregulation Initiatives (Nov. 10, 1997)のテレコムの項の冒頭にも――

"Setting of rates paid by carriers to interconnect with the NTT network as close as possible to market prices to prevent NTT from imposing excessive costs on competitors and ensuring that new entrants will be able to fully compete with NTT."

——との対日要求があった。

ところが、いわゆる規制緩和・規制改革との関係で、日本政府自体が自ら、こうした郵政省の対米抵抗の〝外堀〟を埋める作業を行なっていた(!!)。即ち、一九九八(平成一〇)年三月の「規制緩和推進三ケ年計画」では、「長期増分費用方式の導入について、平成一〇〔一九九八〕年度の接続会計の結果を踏まえて、平成一一〔一九九九〕年度末までを目途に関係者の意見調整を図り、その取扱いを決定するなどの措置により、接続料の引き下げを促進する」、とされていた。しかも、前記のUSTR対郵政省のくっきりした対立構図が出来上がる、前の月たる一九九九(平成一一)年三月の「規制緩和推進三ケ年計画」では、何と——

「長期増分費用方式について、できるだけ早期に導入することができるよう、平成一二〔二〇〇〇〕年春の通常国会に所要の法律案を提出する……」

——とのおまけまで、ついてしまった(!!)。旧郵政省にとっては、一九九七(平成九)年の郵政三事業民営化・テレコム行政分断への嵐に続く〝内憂〟が、〝外患〟と共に顕在化したこととなる。

だが、当時の郵政省は、それでもがんばっていた。一九九八(平成一〇)年五月の規制緩和及び競争政策に関する日米政府間合意(「規制緩和及び競争政策に関する日米間の強化されたイニシアティヴ共同現状報告」)においては、「できるだけ早期に接続料に長期増分費用方式を導入することができるよう……改正案を二〇〇〇年春の通常国会に提出する意図」を、日本政府として「有する」とし、「長期増分費用方式は二〇〇〇年中に実施されよう」、としつつも——

「この過程において、ユニバーサル・サービスの確保に支障を生じたり、既存の地域電話会社の利用者料金及び経営に破壊的な影響を与えないよう適切に配慮する。」

——としていたのである。

そして、この点で我々は、本書六四頁の＊の項に示したところの、二〇〇〇(平成一二)年四―五月の、長期増分費用方式導入に際しての衆参両院での附帯決議(とくにその第一・第二の項目!)を、もう一度確認しておくべきである(後述)。既述の、一九九九(平成一一)年四月初めの段階での、私の尊敬する谷郵政事務次官の対米反論を裏付けるのが、この衆参両院附帯決議であることに、最も注意すべきである。

こうした状況の中で、当時、私が井手教授と連名で投稿した小文の全体を、ここで示しておこう。

＊　石黒＝井手秀樹「米国のNTT接続料下げの論理　日本の高度化抑制が狙い」(産経新聞一九九九(平成一一)年一二月二一日付け朝刊『私にも言わせてほしい』欄)

「日本の将来の情報通信の発展にも重大な影響を及ぼし得る日米摩擦が目下進行中である。NTTの通信網と他の通信事業者のそれとの「接続料金」をめぐる摩擦である。米国政府は、米国内のごく一部の都市での最も安い接続料金との比較をし、日本の接続料金は米国の八倍だ、などと主張する。従来の日米通商摩擦でも多く見られた問題の多い論法である。

だが、米国側の攻撃は、平成一一年九月に出された郵政省の研究会報告書にも向けられている。この報告書では、「長期増分費用方式」という方式による接続料金の算定結果が示された。通信網接続にはさまざまな方法があるが、その一ったる中継交換機接続で、ＮＴＴの現行接続料金より五七％の引き下げが可能としている。それでも駄目だ、というのが米国の主張である。

米国は、この算定方法は世界的に共通な流れに逆行する、と言う。だが、米国の長期増分費用方式による接続料金は、実は市内電話相互間などに限定的に適用されているのみであり、そのトラフィックは全米平均で全体の四％程度である。欧州連合（ＥＵ）でも、この方式を現在導入しているのは英国のみだが、事業者側の実際の投下コストを考慮した柔軟なものとなっている。米国は、例によって自国でもまだ十分実現できていないことを日本に要求しているのである。

ところで、この郵政省のモデルは、「現時点で利用可能なもっとも低廉でもっとも効率的な設備と技術で構築したネットワーク」という考え方に基づいて、いったん実際に発生したコストを離れ、いわば〝仮想的〟にネットワークを白紙状態から効率的に一気に構築した場合、どれだけコストがかかるかを計算している。

これは、いかなる事業者であっても実現できない性格のものである。この報告書自体、それがそのまま適用されると、①ＮＴＴ東日本・西日本の経営②利用者の料金③ユニバーサル・サービスに影響を与えることから、実際の接続料金算定に際しては「さらに」十分な検討が必要、としている。

電気通信事業法三八条の二は、ネットワークの管理運営に〝実際に要した費用〟に基づいて接続料金の算定を行う、と規定している。一九九八年（平成一〇年）一〇月の日米合意で、日本側が二〇〇〇年（平成一二年）に長期増分費用方式に基づく接続料金の導入を約束した際にも、前記の①―③の前提が明確にあったのに、米国側はこの点を不当にも無視しているのである。

現状でも、とくにＮＴＴ西日本をめぐる経営環境は厳しく、平成一一年度の事業計画では四二〇億円の赤字が見込まれている。また、郵政省のモデルを〝そのまま〟適用すると、ＮＴＴの試算では約四三〇〇億円の減収になるといわれている。こうした試算の背景には、米国と違って、わが国では接続料金を下げてもトラフィック増による成長が見込めないという実態もある。

実際の投下コストの回収が困難となれば、ＮＴＴは将来の地域ネットワークの高度化などへの投資に消極的にならざるを得ない。そうなれば、日本全国津々浦々にまで至る情報通信の高度化も遅れてしまう。

だが、むしろ、米国はそれを狙っているのかもしれない。今回の摩擦でも、米国側は、ＮＴＴの設備投資額が大きすぎる旨、別途文句をつけている。平成九年一二月一七日に米国に先駆けて全国デジタル化完了を宣言したＮＴＴの、つまりは日本の情報通信高度化のこれ以上のスピード・アップを何とか押さえ込みたい、との米国の思惑が一連の事柄の背景にもある、というのがこの日米摩擦の〝実像〟のはずである。」

ともかく、以上の経緯の下に、交通経済学の岡野行秀先生（東大・経・名誉教授）を座長とする「長期増分費用モデル研究会」が郵政省内に設置され、一九九九（平成一一）年九月に、同研究会の「報告書」が公表された（プレス・リリースは同年九月二〇日）。

〔長期増分費用モデルと〝現実〟〕

＊「モデルの世界から現実の世界への逆流」――岡野行秀名誉教授（東大・経）の警鐘

「モデルの世界から現実の世界への逆流」を常に戒めておられるのは、**私の最も信頼する経済学者たる鈴村興太郎先生**である（鈴村教授の最近の共著たる鈴村興太郎＝後藤玲子・アマルティア・セン――**経済学と倫理学**〔二〇〇一年九月・実教出版〕が、新古典派経済学と訣別した上での、**価値判断**重視型の鈴村教授の新たな学問体系への、導きとなるであろう）。

幸いにも、岡野座長の下での前記研究会報告書は、基本線において、右の「逆流」を防止しようと、意図してはいる。即ち、同報告書・九三―九四頁の、「**モデル利用に際しての留意点**」の項には――

「本モデルの作成に当たってはコスティングを目的とし、接続料金の算定方式のような、いわゆる**プライシングの議論には立ち入っていない**が、プライシングとの関連で、**本モデルの位置付け**を述べておくこととする。

・本モデルは、現時点で利用可能な最も低廉で最も効率的な設備と技術を組み合わせて、ネットワークを仮想的に構築するという仮定を置いている。したがって、例えば、①現実のネットワークは長期間にわたり徐々に構築されてきたものであるのに対し、**モデルは全設備を一気に最新かつ最も低廉な価額で取得することを前提としている**。②現実には一定の将来需要を見越した設備構築をしているのに対し、モデルでは現在の需要に対する設備のみ対象としている。**このようなモデルの性格**から、本モデルで算定された長期増分費用が算定対象となった現実の設備の費用を下回り、投下資本の接続料による回収〔!!――アメリカでの訴訟との関係で後述〕が困難となるということも場合によっては起こり得る。今後、**接続料算定の議論の際には、本モデルのこのような性格にも留意することが必要となろう**。

・なお、第Ⅰ章の「経緯・背景」でも記したとおり、**平成一〇（一九九八）年五月の「規制緩和及び競争政策に関する日米間の強化されたイニシアティブ」共同現状報告**において、接続料に長期増分費用方式を導入することに関連して、「この過程において、ユニバーサル・サービスの確保に支障を生じたり、既存の地域電話会社の利用者料金及び経営に破壊的な影響を与えないよう適切に配慮する」旨が表明されているところである。

〔中略〕

・ユニバーサル・サービス・コスト算定方法の詳細はマルチメディア時代に向けた料金・サービス政策に関する研究会報告でも明確にされていない。本モデルでは加入者回線、市内呼、公衆電話市内呼等のコストを算定可能としたが、これらの値からユニバーサル・サービス・コストをどのように算定していくかについては別途議論が必要である。」

――とある。前記の石黒＝井手の小論と対比すべきである。ちなみに、イロハのイとして、同報告書・五頁は、「『**長期増分費用**』『LRIC』」とは、字義のとおり、『長期』の『増分費用』を意味する。『増分費用』とは、財・サービスの追加的な生産・提供によって直接に生じる費用をいう」云々とする。だが、同頁には、「英米モデルと同様に本モデルでは増分費用に合わせて合理的な**共通費用**の算定も行う」、とある。このあたりは、なぜ「限界費用」ではなく「(長期)増分費用」なのか、との点を含め、石黒・前掲法と経済八八頁以下（「テレコム・ネットワーク相互接続問題――コスト算定の内実」）と対比されたい。それをしないと、本当のことは見えて来ないから、である（郵政省・前記報告書一二頁が、「作業スケジュールも勘案し、本モデルでは、電話及びＩＳＤＮについてコスト算定し……」、としている点にも注意せよ）。

＊　アメリカ政府の対日クレイムと議論の歪み

ところが、この研究会報告書をベースとする電気通信審議会の「長期増分費用方式を用いた接続料金算定の在り方について」の意見招請（締切りは同年一〇月二〇日）にあたり、アメリカ政府は、次のようなクレイムをつけて来た（"U.S. Comments on MPT LRIC Study Group Report to the Telecommunications Council", Received on Oct. 19, 1999）。面倒ゆえその要約（「概要」）から抜き書きすれば、「アメリカは、郵政省の最終ＬＲＩＣモデルにはまだ基本的な欠陥が残っており」、そのために、これでは一九九八〔平成一〇〕年の日米間の既述の合意（「約束」）「の目的を達成しない」、と考える、とされている。そこには、「本来のＬＲＩＣの原則」からは云々、ともあり、**あたかもアメリカ（当時の〔後述〕ＦＣＣ）の方針が唯一正しいとするかの如き前提**がある。つまり、「国際的に受け入れられている将来志向型ＬＲＩＣモデルの原則」を、「反映しておらず、日本政府の約束と矛盾」する、というのがアメリカの主張である。

だが、**肝心の「(長期)増分費用」の概念自体について、既にして英米間でズレのあることに**、我々は注意すべきである。ここで、南部鶴彦教授（学習院大・経済）を座長とし、鈴村興太郎教授や私も参加した**ＮＩＲＡ（総合研究開発機構）・電気通信産業における事業者網相互接続に関する研究――公平な相互接続のための新しい枠組み作りに向けて（一九九八年・ＮＩＲＡ）**から、若干の点を示し、その上で、**ＦＣＣのＬＲＩＣ方式をめぐるアメリカでの泥仕合い的訴訟**についても、言及しておこう（以上、二〇〇一〔平成一三〕年一〇月二六日午後六時一九分。フランス司法省＝パリ第一大学共催のインターネット法国際コロキウム用原稿執筆等で、ずっと液晶画面とのにらめっこが続き、悶々たる日々だった。やはり万年筆はいい。これこそわが世界、と真実そう思う。今日は、ほんのアイドリングだが、ここで筆を擱く）。

ＮＩＲＡ・前掲報告書を見てみよう。長期増分費用を論ずる前提として、**英米間での「相互接続」概念自体の相違**についての指摘がある。即ち、「アメリカではネットワーク同士を物理的に接続することだけを指すのに対し、イギリスではそのほかトラフィックを消費者まで届けるところまでを含む」として、既にして英米間で食い違いがあるのである（ＮＩＲＡ・前掲七頁）。**「増分費用」概念についてもイギリスの規制当局（ＯＦＴＥＬ）とＦＣＣとで差がある**（同頁）。郵政省の前掲（「長期増分費用モデル研究会」）報告書一〇頁に「モデル案の募集」がなされたとあるように、**モデルは単一の存在ではあり得ず**、それらのうちどれを選ぶべきかという**『価値判断』**が介在している（石黒・前掲法と経済の全体で訴えた新古典派経済学の一大弱点としての、『価値判断回避』を標榜しつつ実は隠れてそれをしてしまっているとの点、と対比せよ）。

当のアメリカ（ＦＣＣ）とて、「シンクタンクの作ったモデルや、通信事業者が研究委託をして作ったモデルがいくつかあり……これらを引用しつつ……〔一九九六〕年八月に……相互接続裁定を出した」訳だが、同「裁定に対する最大の批判は、モデルから算出された結果として提示されている相互接続料の値が低すぎて現実的でない」点にある（ＮＩＲＡ・前掲八頁）。

ここで想起すべきは、同じＦＣＣが、国際通信の場合のネットワーク接続、つまり、いわゆる国際計算料金制度について、長期増分費用方式を用いると表向きには宣言しつつ、実際には誠にだらしなく、『安ければ安い程よい』的方向に堕して行った、そのプロセスである（石黒・前掲世界情報通信基盤の構築一四六頁以下）。

ＮＩＲＡ・前掲を踏まえた論述は、石黒・前掲法と経済九二―九四頁に示したところゆえ、重複は避けたいが、英米の長期増分費用モデルの違い（ＮＩＲＡ・前掲八頁）は、実は、両国の規制当局の目指す「『競争』のあり方」（!!）の違い、という価値判断の差に基づいている（同・九頁）。即ち、イギリスの「ＯＦＴＥＬはあくまで新規参入者が自前のインフラを構築して参入するインフラベースでの競争を重視しているのに対し、「ＦＣＣはインフラ競争を少なくとも短期的にはそれほど重要と考えておらず、とりあえず、新規参入者が全面的に既存事業者のインフラに依存するかたちでもいいので〔とにかく〕新規参入者の増大を促進したいとの意向」の下に、〝安ければ安いほどよい〟的な路線を示すのである（以上、引用はＮＩＲＡ・前掲九頁）。このＦＣＣの姿勢の根本的問題点については、石黒・前掲法と経済九三頁を参照されたい。また、英米における長期増分費用モデルの差の詳細については、ＮＩＲＡ・同前四一頁以下（南部鶴彦＝河上百合）を参照されたい。

ともかく、本書のこの文脈においてはっきりさせるべきは、既述の、一九九九年一〇月一九日に日本側（郵政省）が受領した、アメリカ政府の電通審方針へのクレイムにおける、「国際的に受け入れられているＬＲＩＣモデル」とズレているから「欠陥あり」といった主張には、根拠がない、ということである。「同じく相互接続、長期増分費用という言葉を用いても、〔英米〕両国では全く意味が異なる。また、長期増分費用を算出するためのモデルも異なる。言葉やモデルの違いに対する正確な理解のないまま議論が進められれば、無用の混乱を生じさせる恐れがある」（南部＝河上・前掲ＮＩＲＡ報告書四一頁）、との指摘の重さに、我々は最も注視すべきなのである。

そしてその先に、『共通費の配賦』という難問（石黒・前掲法と経済九〇頁と、南部＝河上「米国と英国各々における相互接続ルールの動向〈研究会報告２〉」ＮＩＲＡ政策研究一一巻四号〔一九九八年〕一四、一五頁とを対比せよ）があり、厳密なモデルの世界内部における、更なる不確定要因が伴う。それらについて、種々の仮定や「語られざる仮定」（石黒・前掲法と経済四一頁注24）を駆使して何とかモデルを築き上げたとしても、そこから先の具体的な接続料金の算定作業は、岡野座長の前記研究会報告書について引用したように、別問題として残る。何円何銭レベルの〝算定〟根拠とそのプロセスは、かくて、すべて科学的になされる訳では毛頭なく、〝plausible reasoning〟のための外装として経済モデルが借用されるのが現実、とさえ言えるのである（!!）。

「〝安ければ安い程よい〟の理屈」に立つアメリカ（ＦＣＣ）が、「新たなテレコム・インフラ整備を新規参入事業者が行なうインセンティブ」を削ぐ（石黒・前掲法と経済九三頁）道を進むのは勝手だが（その路線においては、『エッセンシャル・ファシリティ』概念の水膨れ現象が起こり易いことにも注意せよ!!）、それを日本にまで押しつけ、日本側がなし崩し的に妥協してしまった、というのが、これから先の展開となる（後述）。

だが、その前に、アメリカが〝これしかない〟的な正統性を誇示するＦＣＣの長期増分費用モデルをめぐる、アメリカ内部での訴訟合戦について、一言しておこう。

〔ＦＣＣの長期増分費用モデルに基づく相互接続ルール（一九九六年八月）をめぐるアメリカ国内での訴訟の嵐〕

＊　ＦＣＣの「接続料金は安ければ安い程良い」論へのアメリカ国内での抵抗

私がこの日米摩擦の担当者であったら、これまで論じて来た諸点、そして、このアメリカ内部での訴訟をも挙げて、アメリカ側に対し、『ミラー・アタック』をかけるところである。

ともかく、行論上、さほど詳細に辿る必要はないので、大体のところを示す。安過ぎる接続料金を示したＦＣＣ裁定（市内相互接続規則〔Docket 96－98〕でＬＲＩＣ方式を義務づけた）に対して、「地域電話会社と、ＦＣＣの州に対する越権を懸念した州の公益事業委員会からは、相次いで訴訟が提起され……これらの多くは、セントルイスの連邦第八〔巡回区〕控訴〔裁判所〕に併合され、一九九六年一〇月一五日、審理終了までの〔ＦＣＣ裁定の〕実施延期の仮処分が出された。ＦＣＣは仮処分の撤回を求めたが、連邦最高裁は、九六年一一月にこれを拒否する最終決定を下して実施を差し止める一方、審理を継続することとした」のである（以上、南部＝河上・前掲ＮＩＲＡ政策研究一一巻四号一三頁）。主な争点はいずれも連邦憲法上の問題であり、ＦＣＣの管轄問題、そして〝没収ないし収用〟の問題(!!)である（後述）。とくに後者は、ＦＣＣの長期増分費用モデルに基づく裁定が、『現実のコスト』の回収を認めていない」がゆえに、「正当な補償なしに財産権が侵害されることはない、と財産権を保障する米国〔連邦〕憲法〔修正第五条〕」に違反する、という重大な問題と絡む（以上、南部＝河上・同前〔ＮＩＲＡ政策研究〕一四頁）。

その後のゴタつく訴訟の経緯を、いかにも法学部教授らしく詳細に辿ることは、本書の趣旨ではない（少し調べれば誰でも分かることだから）。ともかく、ＦＣＣのＬＲＩＣ（正確にはＴＥＬＲＩＣ〔total-element long-run incremental cost〕）方式は、多数の訴訟の嵐に巻き込まれている（その間の事情については、Telecommunications Reports [TR], Aug. 12, 1996; June 21, 2000; Oct. 2, 2000; Oct. 16, 2000 等参照。ウェブ・サイトは www.tr.com）。TR, Oct. 16, 2000, at 22 には、何とあのアイオワ州公益事業委員会（石黒・前掲超高速通信ネットワーク五五頁以下！）が当事者となった Iowa Utilities Board, et al. v. FCC, et al.（case no. 96－3321）についての記載があり、懐かしい。このケースでは、二〇〇〇年に第八巡回区控訴裁判所でＦＣＣのＬＲＩＣ（ＴＥＬＲＩＣ）方式が overturn された、とある（TR, Oct. 16, 2000, at 22）。だが、GTE Service Corp. v. FCC（case no. 99－1244）では、ユニバーサル・サービスのためのＦＣＣのＬＲＩＣ関連の方法論がニュー・オーリンズの第五巡回区控訴裁判所で支持された、等の混沌とした状況が示されている（TR, Oct. 16, 2000, at 22）。

なぜ二〇〇〇（平成一二）年段階の状況を略述したかの理由は、明らかであろう。アメリカ国内がこれだけ混乱しているのに、ＦＣＣのＬＲＩＣ（長期増分費用）方式は絶対的なものだ的スタンスで、アメリカが対日圧力をかけて来ていたからである。なぜ、そこを鋭く突く対米交渉が行なわれ得なかったのかが、大きな問題（汚点！）として残るから、である（石黒・前掲日本経済再生への法的警鐘四三頁以下の、「日本版〝損保危機〟への重大な警鐘――アメリカ的矛

盾の強制輸出に抗して」と、十分対比して考えよ)。

なお、NTTの接続料金問題に関する屈辱的な日米交渉が妥結してしまったのは、後述の如く二〇〇〇（平成一二）年七月一九日だが、何と同年七月一八日に、セントルイスの第八巡回区控訴裁判所の重要な判決が下されている。訴訟は多数あるが、日付が右の如く近接しているし、何よりも再び**アイオワ**(!!)が登場するゆえ、二〇〇〇年七月一八日のその判決を、多少（趣味的に?）細かく見ておこう。Iowa Utilities Board, et al. v. Federal Communications Commission and the United States of America (case no. 96–3321, Submitted: Sept. 17, 1999; Filed: July 18, 2000) である。

この判決の冒頭部分に、FCCの最初のReport and Order (11 FCC Rcd 15499 [1996]) に対する訴が同裁判所にconsolidateされた旨の記載があり、その上で、本件の「背景」についての説示がなされている。同裁判所は、Iowa Utils. Bd. v. F.C.C., 120 F. 3d 753 (8th Cir. 1997) において**FCCの権限逸脱**を認めていた（だが、料金設定原則は審理せず）。これに対して連邦最高裁への上告がなされ、（種々の訴訟が併合されているからややこしいが）連邦最高裁は、AT & T Corp. v. Iowa Utils. Bd., 525 U.S. 366 (1999) で、FCCの権限はあるとして控訴審の判断を否定したが、FCCの（LRIC方式による）料金決定の方法論等について判断するよう、同控訴裁判所に差戻しをした。二〇〇〇（平成一二）年七月一八日の同控訴裁判所の判決は、それを受けたものである。以下、**LRIC（長期増分費用）問題に関する同判決の判示内容**に集中しよう。

アイオワ州公益事業委員会等の主張は、四つの根拠に基づく。即ち――

1. **Hypothetical** Network Standard
2. Use of a Forward-looking Methodology
3. Effect of Universal Service Subsidies
4. **Takings** Argument

――の四点である。1は、**LRIC方式**（モデル）の**仮想性**（**非現実性**）、2は、現実にかかっているコストの回収を否定してモデルを作ることの問題性、3は自明ゆえ略すとして、4は、既述の「**収用**」（ないし没収）の**論点**で、2とも深くかかわる。

まず注目すべきは右の1の争点に関する判旨である。引用しよう。

"**We agree with the petitioners [Iowa Utils. Bd., et al.] that** basing the allowable charges for the use of an ILEC [Incumbent Local Exchange Carrier]'s existing facilities and equipment …… through interconnection …… on what the costs would be if the ILEC provided the most efficient technology and in the most efficient configuration available today utilizing its existing wire center locations **violates** the plain meaning of the [Telecommunications] Act [of 1996――Pub. L. No. 104-104, 110 Stat. 56]. It is clear from the language of the statute that Congress intended the rates to be 'based on the cost …… of providing the interconnection or network element,' id. (emphasis added), not on the cost some **imaginary** [!!] carrier would incur by providing the newest, most efficient, and least cost substitute for the actual item or element which will be furnished by the existing ILEC pursuant to Congress's mandate for sharing. ……"

右は**ＬＲＩＣ方式の仮想性**（岡野座長の下での郵政省の前記研究会報告書を想起せよ）を、一九九六年連邦通信法違反として、正面切って否定したものである。もっとも、同判決は、前記２の点については（実際にかかった）**「歴史的コスト」**でなく、**フォワード・ルッキングなコスト**をベースとすることまでは否定していない。だが、右の１の点に関する判旨の重要性は変わらない。同判決は、ユニバーサル・サービスのコストは接続コストに含まれない（前記３の争点）とし、かつ、**「収用」の前記４の争点についての判断は、いまだ機が熟せずとして**、なされなかった。

当然ＦＣＣ側が上告し、最終決着には至らないであろうことは予想されたが、それにしても、右にその一端を示した、**アメリカ内部での長期増分費用方式の導入をめぐる烈しい訴訟の嵐など何処吹く風か、という形で日米交渉がなされ、屈辱的決着に至る**のである。

＊〔追記〕その後のアメリカ連邦最高裁判決（二〇〇二年五月一三日）の位置づけ

その後、二〇〇二年五月一三日の連邦最高裁判決（Verizon Communications Inc., et al. v. FCC, et al., 122 S. Ct. 1546 〔2002〕）は、ＬＲＩＣの仮想性を合法とする等、前記判決を破棄する判断を下した。だが、当のＦＣＣが、パウエル新委員長の下、設備ベースでの競争、即ち、インフラ整備重視の方向性を示すに至っていること（本書二５⑴冒頭の項目を見よ）の方が、むしろ注目されるべきである。紆余曲折は様々あれども、アメリカの内部は、同国のＩＴバブル崩壊（本書三４参照）を踏まえ、明らかに変わって来ているのである。

〔日米交渉決着への経緯とその後――ＦＴＴＨ問題との関係も含めて！〕

既に示したように、一九九九（平成一一）年四月初め段階において、郵政省側は、**一方的報復**をちらつかせてＮＴＴの接続料金引下げ（その実、**ＮＴＴグループ全体のＲ＆Ｄ投資の原資枯渇**を狙った戦略――石黒＝井手前掲参照）を迫るアメリカに対し、**谷公士事務次官**の下、断乎戦う姿勢を示していた。だが、その郵政省が、前記の岡野研究会の報告（同年九月二〇日）後、コスト計算に徹してプライシング（接続料金の額）には立ち入らぬ、との岡野研究会の前提を受け、その翌日の同年九月二一日になされた野田聖子郵政大臣の電気通信審議会への諮問（第三三号）に基づく**答申が出る前に**、次のような行動に出た。即ち、二〇〇〇年一月に、『**四年間で二二・五％までの引下げを行なう**』旨の**提案**を、アメリカに対して行なったのである。「モデルの世界」にもあまたの仮定があり、それ自体ヴァーチャルな存在だが、それを「現実世界」に引き込む作業は、所詮は**ドンブリ勘定**でしかない。電通審も電通審だが、Ａ局長のやったことは、もっと非道い。

㈳行革国民会議のホームページ（www.mmjp.or.jp/gyokaku/sinbun/nenn2000/sousetsu.htm）から、この間の事情を示す部分を、（傍点部分で事実関係を一点修正した上で）引用しておこう。〝四月初め〟の断乎たる態度が一転して、**殆ど徒花《あだばな》が瞬時に凋むかの如き情けない展開**だったのである。そしてそれは、一九九四（平成六）年三月決着の、かの**日米移動電話摩擦**を想起させるものである（石黒・前掲通商摩擦と日本の進路一一一―五九頁を見よ！）。馬鹿馬鹿しいの一語に尽きる。のみならず、**この日米摩擦の決着後、短か過ぎた蜜月**などなかったかのように、**郵政省は、NTT叩きへと猛進**するのである。再度言いたい。一体、どこの国の官庁なのか、と。さて、前記ホームページからの引用をしておくと――

「NTT接続問題の決着
NTTの市内通信網への接続料金については、米国がその引き下げを強く求めており、日米間で交渉が続けられてきた。九九年四月二二日には、日本側が接続料金の引き下げに努力すると約束することで大筋合意が成立し、米国側の制裁措置は回避された。

郵政省では、九九年九月、……から長期費用増分方式へと新たな算定方式案を発表、これにもとづくと市内通信網接続の場合は一六・七%の引き下げ巾となることを明らかにしたが、NTT側はこれでは経営が破綻すると批判する一方、米国側はこれでは引き下げ巾が不十分であり日米合意に違反すると反発し、ふたたび日米交渉の場に問題は持ち込まれることになった。

郵政省では、二〇〇〇年一月、実施期間の延伸や費用としてとるデータの更新によって四年間で二二・五%までの引き下げ案を米側に提示、電気通信審議会でも二〇〇〇年二月九日、こうした郵政省の案を前提として接続料金の算定に当たっては新算定方式を採用することを認める答申を提出した。政府ではこれにもとづき電気通信事業法改正案を国会に提出、法案は五月一二日成立した。ただし、この改正法は算定方式を定めたものであって、具体的な期間や料率などは省令で定めることとなっている。

こうした国会審議の間も日米間では交渉が続けられてきたが、七月のサミット前の決着を目指して、結局、七月一九日、二年間で二〇%強の引き下げをまず行い、三年目からはさらに大幅な引き下げを目指すということで最終合意となった。」


何と、大見得を切った一九九九（平成一一）年の四月の、その月のうちに、もう妥協である。そして、一六・七%という数字を出し、アメリカが駄目出しをすると「四年間」で二二・五%、でいかがでしょうと言い、待ってましたとばかりアメリカが、更に「四年」を「三年」とし、最初の二年間で前倒し実施し、三年目からは『更に大幅な引き下げ』をする、とのおまけまで、ついてしまった。彼等は、本当に、**通商問題のど素人**である。彼等に**『不公正貿易報告書』の真意**など、全く分かってはいない。しかも、そこには、もっと暗い意図さえ、私には見えている。つくづくいやな**亡国路線**、である（なお、外務省ホームページ［www.mofa.go.jp/mofaj/area/usa/keizai/kanwa/3-2.html］の**『強化されたイニシアティブ』の下で日本政府によってとられた規制緩和及びその他の措置』**、その「I　電気通信」の「A.　相互接続」の項をも見よ）。

ちなみに、二〇〇〇（平成一二）年五月一二日に、同年二月九日の電通審答申を受けた電気通信事業法改正案が成立した際、既述の**衆参両院での附帯決議**がなされていたことを、我々は忘れるべきではない。――と書いたところで誰もそこを見ることなどしないであろうから、その骨子を、ここで改めて衆議院のものから再度引用する。即ち――

《衆議院側附帯決議》
「政府は、本法施行に当たり、次の各項の実施に努めるべきである。
一　長期増分費用方式の導入に際しては、ユニバーサル・サービスの確保及び東・西NTTの経営・利用者料金に悪影響を及ぼすことがないことに留意し、効率的な投下コストの適正な回収が図られるよう、モデルの選択、適用、実施を慎重に行うこと。

一　長期増分費用方式は、諸外国においても一部において導入されているに過ぎない方式であり、この規制方式自体の有効性については、今後十分な検証を行い、必要な見直しを行うこと。
一　移動体・インターネットの急速な普及等の市場構造の変化と地域通信市場での競争が急速に進展する中で、東・西ＮＴＴが自主的に日本のＩＴ革命の推進に貢献できるように、事業範囲・サービス規制の在り方について早期に検討すること。（以下略。）」

この附帯決議など無視され、〝妥協プラスα〟（αは何なのか??）で日米交渉が進み、二〇〇〇（平成一二）年一二月一三日、ＮＴＴ東西から認可申請がなされ（取締役選任等で首根っこを押さえられている被規制者の悲しさよ！）、同年四月一日に遡って日米決着の接続料金が適用されることになった。この点の認可は二〇〇一（平成一三）年一月一一日になされているが、右のＮＴＴ側の認可申請の八日後、二〇〇〇（平成一二）年一二月二一日に、本書二１⑵で詳細に批判した、〝亡国的ＮＴＴ叩きの電通審答申〟が出て、私がそれと徹底抗戦して今日に至っていることになる。

＊『ＦＴＴＨ推進は日本の不当な産業政策!?』――アメリカの『自白』！

他方、（旧）郵政省はと言えば、小泉政権下で郵政三事業問題が再燃し、かつ、二〇〇〇（平成一二）年一〇月一二日の「規制撤廃および競争政策に関する日米間の強化されたイニシアティヴに基づく日本政府への米国政府年次要望書」（在日米国大使館〔http://usembassy.state.gov/tokyo/wwwhj055.html〕）では、冒頭の「電気通信」の最初の項目に「Ｉ．独立した規制機関」とあり、そこにおいて――

「郵政省の現在の構造では、公平で独立した規制機関として機能する能力を発揮できない。このことは特に、(b)規制機能に対するＮＴＴ寄り〔!?〕の政治的影響……などに明らかに見られる。
……」

――などとまで言われている。だから同年一二月二一日の、かの電通審答申で、ＮＴＴ叩きをやったのか。悲しくないのか、君等は。

ちなみに、在日米国大使館の右文書の同じ項には、――

「ＮＴＴの重要な株主としての政府の利益、など……の圧力の持つ意味の例として、日本におけるインターネット・サービス促進のための政策が挙げられる。郵政省はこの分野〔インターネット・サービス!!〕でＮＴＴが独占しないような十分な競争安全策を講じないまま、インターネット利用の拡大（例えば、定額接続、ファイバー・トゥ・ザ・ホーム〔!!〕）を目的とする政策を是認した。
……」

――とある。これは、極めて重要な、〝アメリカの本音〟についての〝自白〟に近いこと（!!）である（本書八一頁の＊の個所と、是非対比せよ!!）。右の引用部分を、何度も読んで頂きたい。何度も何度も、である。

右の指摘の前提には、「インターネット・サービス」分野でＮＴＴが、（独占と言いたくなる程に）実は強い存在であることが、なければおかしい。それと、「定額（常時）接続」を認めたことが問題視されている。なぜそれがアメリカにとって問題なのか。答は、前記の〔図表㉖㉗〕、つまりは『インターネット接続料金の日米逆転！』という事態にある、と見るのが自然である。

同様に、ＦＴＴＨを認めたのが、なぜ悪いのか。これも同様に、アメリカにとって、日本に（これ以上！）先を越されることが問題だから、としか考えようがなかろう（ちなみに、「競争安全策」とは、ＷＴＯ基本テレコム合意の〝競争セーフガード〟〔石黒・前掲世界情報通信基盤の構築一三八頁以下〕のことである）。

この文脈でアメリカ側がＦＴＴＨに言及していることは、極めて重要であり、そこが、次項（本書二4⑵）で論ずる点と直結することになる（本書の目次を、もう一度見よ）。

＊　＊　＊

ところで、かの忌まわしき二〇〇〇（平成一二）年一二月二一日の、ＮＴＴ叩き（というより〝海外への叩き売り〟）の電通審答申には、まるで、この在日米国大使館のペーパーに沿って書かれたかの如き印象がある。即ち、同ペーパーにおける「電気通信」の項の「Ⅱ．支配的事業者の規制と競争上の安全策」、「Ⅲ．相互接続」中の「Ⅲ－Ａ－5.」の「ＮＴＴドコモを『指定事業者』〔!!〕とし」云々の個所等々、吐き気を催す程である。ＮＴＴドコモ関連の問題はまとめて後述するが、ともかく、完全にアメリカ側の意向に、というか軍門に下った彼等の自虐的・マゾヒスティックな亡国論の背景が、ここでの論述を通して、幾分かなりとも、明らかとなったのではないか、と期待する。所詮、すべて虚ろで空しいことばかりで、書くのが嫌になることばかりだったのだが……。

ちなみに、ＵＳＴＲが二〇〇一（平成一三）年三月三一日に公表した外国貿易障壁報告書（ＮＴＥレポート〔既述〕）の対日指摘部分（邦文は http://usembassy.state.gov/tokyo/wwwhj099.html で入手可能）から、若干の引用をしておこう。電通審答申の毒を抜く私なりのゲリラ戦の最中に出されたものであることに注意せよ。そこには『分野別規制撤廃・緩和』の冒頭たる「電気通信」の項の第三～第五パラグラフに――

「二国間協議の結果、日本は、二〇〇〇年度に競争志向の相互接続料金設定方法を導入し、強化されたイニシアティブの下での一九九八年五月のコミットメントを履行した。第三回共同現状報告で、日本は長期増分費用（ＬＲＩＣ）方式による料金モデルを作成することに合意した。これにより実現する料金の引下げ率は二〇％（加入者交換機接続）から五〇％（中継交換機）となり、この引き下げの多くが二〇〇〇年度内に実施される。この料金引き下げの第一段階は、二〇〇〇年度の相互接続料金案に反映された。しかし、交渉によるこの引き下げにもかかわらず、日本の相互接続料金は依然として国際水準に比べて高い。日本は二〇〇〇年に、このＬＲＩＣモデルの欠点に対処するための調査に着手した。米国政府と日本は、二〇〇一年にＬＲＩＣモデルの改正を検討する際に、さらなる料金引き下げと地域網のアンバンドル化された部分にもＬＲＩＣを適用することについて話し合うことで合意した。

日本の電気通信規制の枠組みは、事業者による市場支配よりも、事業者の回線所有の有無（自社回線であるか賃借回線であるか）を重視している。支配的事業者に注目するアプローチの下では、規制当局は〔ママ〕、競争を促進するため、サービスや基盤設備の支配を通じて消費者や競争事業者を「人質」に取り得る立場にある「支配的事業者」に対し規制を視野に入れた監視を行う一方、そうした市場力を持たない事業者には、新たなサービスや技術の導入を加速化させるため事業上の制約を最小限に留めることを認める。米国は、日本が、電気通信の規制に関して、消費者利益に資する競争促進を明確な主要目標として確立する法的枠組みを採用し、「支配的事業者規制」をこの制度の中核とすることを強く求めてきた。

　最近、日本は米国の懸念事項のいくつかに対処する上で重要な措置を取った。二〇〇〇年一二月、郵政省は、この分野に競争を導入するために必要な電気通信政策の改革に関する報告を明らかにした。その提案には、**支配的事業者規制、光ファイバー網のアンバンドリング化**に関するルール、ＮＴＴ東日本・西日本両社や公益事業者が管理する線路敷設権のコロケーションとアクセスに関する指針、そして移動体通信の料金改正手続きの策定などが含まれる。日本政府が二〇〇〇年末までに実施した具体的な改革には、光ファイバーのアンバンドリング化などがある（ただしアンバンドリング化に関する正式な条件は、まだ策定されていない）。**改革案は、米国が要求している規制構造の抜本的・競争促進型の改革のレベルには至っていないが**、重要な第一歩ではある。改革案の詳細は、まだほとんど固まっていないため、米国は日本との協議を通じて改革案実施のため、さらなる具体的な措置を求めている。こうした措置の実施には一年以上を要すると思われるが、これはこのように変化の速い分野においては極めて長い期間である。」

――とある。右引用の最初の（第三）パラグラフについては、再度、本書二4(1)冒頭からの指摘と〔図表㉖㉗〕を見て頂きたい。ともかく、右の引用の全体からして、**あの電通審答申でもまだ不十分**、と**するのがアメリカである。**

　また、次の項目たる「相互接続と料金設定」の最初のパラグラフに――

「支配的事業者が競争を妨げることに対抗できる措置が十分でないことを最も顕著に表す一例が、ＮＴＴ東日本・西日本両社が競争事業者に対して課すことを許されている高いコストと煩雑な条件である。合意された料金引き下げが実現されても、ＮＴＴ東日本・西日本両社が競争事業者による回線使用の際に課す**相互接続料金は、米国やドイツにおける同様の料金の四倍**にもなる。これは、ＮＴＴが自らの非効率性と膨張したコスト構造を競争事業者に転嫁することを許されてきたためである。改定されたＬＲＩＣモデルが完全に導入されることで、この課題への対処が期待される。さらに総務省は、ＮＴＴが自社の顧客に対してはＩＳＤＮの料金を抑えて提供する一方で、そのような新規サービスの開発・導入コストを回収するため〔!!〕、そうしたコストを競争事業者に負担させることを認めてきた。このような典型的な「価格圧縮」行為（すなわち競争事業者が、ＮＴＴの小売料金と同水準あるいはそれ以下の料金で競争できるサービスを提供しようとすると、それらの事業者は損失を負うことになる）により、ＮＴＴの市場支配が継続することが保証される。これはまた、**総務省がＩＳＤＮやファイバー・トゥ・ザ・ホーム（ＦＴＴＨ）の推進という産業政策**〔!!〕に関与する一方で、支配的事業者規制も試みるという日本の規制制度に固有の矛盾を浮き彫りにしている。」

――とある。**再度、ＦＴＴＨの問題が、今度は「産業政策」**（アメリカがゴア副大統領時代にやろうとして躓いたそれ――石黒・前掲世界情報通信基盤の構築二五頁以下）と結びつけて槍玉に挙げられている。〝赤裸々なジェラシーの表明〟である。

それにしても、接続料金をアメリカに言われるまま引き下げても、まだ「米国やドイツ」の「四倍」、とある。総務省総合通信基盤局・前掲平成一二〔二〇〇〇〕年度電気通信サービスに係る**内外価格差調査**（二〇〇一〔平成一三〕年九月七日）は、東京・ニューヨーク・ロンドン・パリ・デュッセルドルフ・ジュネーブの六都市につき、①インターネット、②国内電話、③携帯電話、④国際電話、⑤専用線、の各料金について比較（但し、若干ラフである。石黒・前掲法と経済一九二頁以下と対比せよ。もっとも、プレス・リリースにも「本調査結果は指標の一つ」に過ぎないことが示されてはいる）したものだが、なぜ「**接続料金**」について、**同様の比較**を、ラフでもよいから、しておかないのか。もはや、**戦意喪失で白旗**、ということなのか。

ここでの論述の最後に、**骨抜き後の法案成立**を経て、二〇〇一（平成一三）年**一〇月一四日**に公表されたアメリカ側の、Annual Reform Recommendations from the Government of the U.S. to the Government of Japan under the U.S.-Japan Regulatory Reform and Competition Policy Initiative（www.ustr.gov/regions/japan/2001-10-14-reformrec.PDF）を見ておこう。例によってゴチャゴチャ書いてあるが、テレコム関連のサマリーを見るだけで十分であろう。

案の定、今般の法改正は“ incomplete ”だとあり、“[T]he United States urges Japan to complete the process of instituting and implementing a pro-competitive regime, rather than settle for **something less**.”ともある。そして、「〔対日〕勧告のサマリー」には——

“ ● Dominant Carrier Regulation and Competition Safeguarcs [!!]: **Strengthen and implement dominant carrier regulations to prevent competitive abuses by …… NTT …… and NTT DoCoMo.**

● Interconnection: Reduce high interconnection rates and reform the inefficient rate structure that hinders the development of a competitive telecom market.”

——云々、とある。

どこまでも自国の価値観（自分は常に正しいとプリテンドして、その実、**金儲けのことのみ考えているそれ**）を、**自国内の混乱には頬被りして**、**同盟国日本にまで押しつけるアメリカよ(!!)**。そして、そのアメリカの言うなりの、**だらしない日本の所轄官庁よ(!!)**。——いい加減にしろ(!!)。

私は、完璧に怒っている。

霧の火柱際限のなき負の連鎖　　一憲

*　　　*　　　*

かくて、ここで示された『**ＦＴＴＨに関するアメリカの対日牽制**』**の裏に何があるのか**を、次に論ずることとする（以上、平成一三〔二〇〇一〕年一〇月二七日、午前一〇時半頃から午後六時二二分まで、ぶっ通しで執筆。点検は明日の日曜に行なう。とても体力的に自信が持てないから、である。——と思いつつも、妻のすごくおいしい夕食を経て元気百倍となり、点検終了、同月二八日午前二時五分）。

(2)　なぜアメリカはあれ程までに執拗だったのか？
——ＮＴＴの技術をベースとした一九九八年のＦＴＴＨ（ファイバー・ツー・ザ・ホーム）の国際標準化との関係

直前の項目の末尾にも示したように、アメリカ側は、〝ＮＴＴの接続料金〟を問題としつつ、他方で（実はその双方がつながっていることを示すのがここでの執筆目的なのだが）、**ＮＴＴによるＦＴＴＨに対して〝競争セーフガード〟をかけるべきだったのに、日本政府（総務省）がそれをせず、〝産業政策〟としてそれを進めた、云々との対日批判**を展開して来ている。是非、その部分（衆議院側附帯決議を再度引用した後の部分）を、もう一度見て頂きたい。そして、その上で二〇〇一（平成一三）年一二月一四日㈮午後二時頃からようやく執筆開始となった、これから先の論述を、お読み頂きたい。筆者としては、切にそう願う。

アメリカ（連邦政府）が〝ＮＴＴの接続料金〟が高いから日本のＩＴもインターネットも進まない、といった〝御為《おため》ごかし〟を抜かす背景には、これまで本書でも再三（但し、ピン・ポイント的に）論じたところの、**ＮＴＴの〝技術による華麗な世界進出〟の実績への強烈なジェラシー**がある。ところが、その上に、更にここで論ずる**ＦＴＴＨ国際標準化の問題**が、あるのである。

自分自身が（インターネットを含めた）情報通信の世界覇権を維持せんと腐心する大国の側の政策担当者だったと仮定して、すべてをその立場で考え、技術面でどんどん先を越してゆくＮＴＴに対し、自分だったらどう考え行動するか、とのシミュレーションによって、**視点を変えて見詰めること**——それが必要な作業であろう。

これまでにも論じて来たように、アメリカは、核心となる加入者回線部分の光ファイバー化など、全く覚束ない状況にある（大都市中心部・大企業向け等は別として）。この点を、**鈴木滋彦「再編成後のＮＴＴ　Ｒ＆Ｄの状況と将来ビジョン」**ＮＴＴ技術ジャーナル二〇〇一年九月号一〇頁以下のインタビュー記事から、再度見ておこう。同・一四―一五頁から引用する。

「ＮＴＴは、一九八八年にＩＳＤＮサービスを開始し、**ディジタル通信サービスに関してはドイツと日本が勝って、アメリカは負けた（！）**のです。さらに、ＮＴＴは、光ファイバの可能性に着目し、一九九〇年には**『ＶＩ＆Ｐ構想』**を発表しＩＳＤＮから光への展開を考え、着々と光化を推進してきました。

一方、アメリカはメタルを使って周波数多重するＤＳＬ技術を開発し、巻き返してきました。最近、日本でも市場が急速に立ち上がったので、ＮＴＴも『ＩＳＤＮから光へ』という展開だけではなく、お客さまのニーズにこたえてＡＤＳＬサービスを開始することにしましたが、これには市中技術を使っています。

しかし、私たちが二一世紀に向けて夢に描いていたマルチメディア社会はたかだか数メガの世界でしょうか。私は、そうは思いません。光の持つ大きな可能性——テラ（一兆）～ペタ（一〇〇〇兆（ビット毎秒））の世界——こそが新しい社会をつくり出すと信じています。

技術は勝ったり負けたりの繰り返しです。それをある時間軸で切って、どこが勝ったの、どこが負けたのというのは、**技術の大**

きな流れから言えばナンセンスです（この部分は、『NTTは、ISDNにこだわっていたのでADSLで負けたんだ』というような批判をする人たちもいるようですが」、との問いに対するものたることに注意）。我々は、次の光で再び勝つつもりでグローバルな競争をしています。ちょっとしたアイデアによって、一度だけ勝つことは可能だと思いますが、いったん〃負け〃ても次に〃勝てる〃ということが企業の持続的発展を続けるためには必要なことです。そしてそれを可能にするのはまさに〔持株会社体制の下で一元化された〕R&Dなのです。」

右の鈴木滋彦氏（NTT第三部門長）は、私（石黒）の「世界的・総合的な技術力で電子社会の将来ビジョンを示せ」との『オピニオン』記事が掲載されたNTT東日本BUSINESS六二号（二〇〇一年一二月号――私のものは、その二六―二九頁）の三頁において、NTTが「今、光のサービスを全国レベルで低廉な料金で展開できるのは、アクセス網の光化に一九九三年から長期的に取り組んできたこと、そして並行してFTTHを低コストで（!!）実現する技術開発と標準化活動（!!）を推進してきたことの成果です。世界最先端の光の技術を持っていたNTTだからこそ、光の本当の可能性を見いだすことができ、早期にスタートできたわけであ」る、としておられる。ちなみに、同誌八頁（執筆は同社第三部門）には、「アクセス系で、光がこれだけ普及しているのは世界中で日本だけ」とある。その通り、なのである（なお、家の近くの電柱までの光ファイバー化が、NTTによって、日本で最初になされたのは、阪神淡路大震災後の神戸市長田区において、七〇〇戸を対象としたものであった。一九九八〔平成一〇〕年三月のことである。この点は、同年五月二五日付けの日経新聞にも報道されている。もっともそこで用いられたのは、〃π（パイ）方式〃という、いわば一世代前のものではあったが）。

さて、鈴木滋彦氏が右に言及しておられる光関連の「標準化」活動の内実が、重要である。それを、これから論ずる。

NTTに国際的視点が乏しい、と言われることが少なくないが、こと技術に関しては、全くナンセンスな指摘である。IPv6の商用化、二テラビット級MPLS光ルータの開発等と同様、NTTは、FTTHについても、実はアメリカの国内(!!)に深く食い込み、その上で欧州等のキャリアを巻き込み、FTTHの国際標準化に成功したのである。その『国際技術戦略』は、誠にもって見事なものであった、のである。

〔FTTHの国際標準化への経緯とNTTの世界貢献〕

まず、最低限必要な技術用語の整理のみをしておく。光アクセスシステムの高度化のためには、アクティヴ・ダブル・スター（ADS）方式とパッシヴ・ダブル・スター（PDS）方式とがある。光サービスの多様化とマス・ユーザーへの普及とを考えた場合、ネットワーク末端の分岐点における温度制御（冷却（!!――後述））や電源の問題が生ずる。ADS方式では、この分岐点で、アクティヴ素子（光―電子信号間の変換装置としての能動素子）を用いた電源・温度制御が必要となるが、PDS方式は、それを不要とするパッシヴ素子を用い、それによるコスト・ダウン（!!）もはかれることになる（なお、簡単には、日経コミュニケーションズ一九九八年四月二〇日号九八頁の米田正明「NTTの高速光アクセス・システム九八年一月に国際標準の勧告草案」の項参照）。

NTTの技術先導性が国際標準として結実したのは、このPDS

方式を用いた、**通称ＢＰＯＮ**（ビー・ポン〔**Broadband Passive Optical Network**〕）なるものである。だが、ＮＴＴは、非常にうまく各国主要キャリアをまとめて行き、**ＩＴＵでのデ・ジュールの国際標準化**（Ｇ.９８３勧告）を導いた。そのプロセスを、これから若干克明に辿ってゆくこととする。

＊　ＮＴＴの欧米亜のキャリア・メーカーへの呼びかけとＦＳＡＮの創設――ＩＴＵでの勧告化への流れ

ＮＴＴは、一九九五年春に**欧州**のキャリア六社」に呼びかけ、光アクセスシステムの技術仕様共通化（＝標準化）に向けた努力を開始した（中西健治＝前田洋一「ＦＳＡＮの標準化活動――ブロードバンドＰＯＮ（Ｂ-ＰＯＮ）の国際標準化動向」ＮＴＴ技術ジャーナル二〇〇一年一二月号六八頁）。当時、ＮＴＴを合わせて七か国がＧ７（**Group 7**）を構成した訳だが、「その後、光アクセスシステムによるフルサービスの提供という」この「考え方に賛同したキャリアが**北米**〔!!〕をはじめ世界各国から加わり」（中西＝前田・同前頁）、かくて、構成国数に依存しない名称として、Ｇ７から**ＦＳＡＮ**（**Full Service Access Network**――「エフサン」）への名称変更がなされた。

二〇〇一年九月現在、ＦＳＡＮには**世界各国の二一キャリア**が集う。即ち、欧州からは、FT/CNET; BT; Eire; KPN; Telefónica; Telia; DTAG; SwissCom; TI/CSELT; Malta の一〇社、アジア・中東・オーストラリアからは KT; Chunghwa; Sing Tel; Bezeq; Telstra の五社と中核のＮＴＴ、そしてカナダの Bell Canada に加え、アメリカからは BellSouth [!!]; Verizon; SBC; Qwest の、計二一社である。更に、ＢＰＯＮ関連での**一二の協力メーカー**として、Alcatel; CS Telecom; Fujitsu; Hitachi; Lucent; Marconi (Bosch); Mitsubishi (Paceon); NEC; OKI; Quantum Bridge; Siemens; Terawave がある。

北米、とくにアメリカのキャリアまでが、ＮＴＴ主導のＦＳＡＮに巻き取られ、ＮＴＴ主導でＩＴＵでのＦＴＴＨ国際標準化がなされたことへの、アメリカ（連邦政府）**の焦りが如何に大きかったかを、かのＨＰＣプログラム以来の、アメリカの連邦レベルでの政策**（例えば、アル・ゴア＝石田順子訳「インフラ整備に政府の投資を」及びそれについての石黒の「解題」〔鴨武彦＝伊藤元重＝石黒編・リーディングス国際政治経済システム第一巻〔一九九七年・有斐閣〕一八〇頁以下、一八九頁以下〕、石黒・世界情報通信基盤の構築三六頁以下、等を見よ）との関係で、どれだけ深く感じ取れるかの、**感性の問題**である（後述）。

ちなみに、中西＝前田・前掲六八頁にあるように、ＦＳＡＮでは、ＯＬＴ（Optical Line Terminal）・ＯＮＵ（Optical Network Unit）――中継系光ファイバー網からＯＬＴを経て、光ファイバの分岐がなされ、各家庭側のＵＮＩ（User Node Interface）に至る手前にＯＮＵがある――につき、「ＯＬＴとＯＮＵ間の光インタフェース仕様を検討する……ＷＧ〔ワーキング・グループ〕と、光アクセスのオペレーションサポートシステム（ＯＳＳ）インタフェース仕様を検討する……ＷＧ」とが設けられたが、「ＮＴＴは両ＷＧの議長を務める（〔後者の〕ＷＧについては**本**〔二〇〇一〕**年八月まで**）など、**ＦＳＡＮでの主導的役割**を果たしてい」る。

実は、一九九八年一〇月にＩＴＵ-Ｔの勧告として採択されたのは、**G. 983.1 勧告**であり、これは「**一五五Ｍｂｐｓと六二二ＭｂｐｓのＯＬＴ－ＯＮＵ間光インタフェース基本仕様**」である。その後も、**Ｇ.９８３シリーズの勧告**が次々となされ、かつ、キャリアが設計するNMS（Network Management System）とメーカーの設計するEMS（Element Management System）間のインタフェース仕様に関するQ.834シリーズ勧告も、ITU-Tの場で、FSAN、つまりはNTT主導で、次々となされている（中西＝前田・前掲六九頁の表1を見よ）。

＊　NTTの協力によるベルサウスのアメリカ初のFTTH

それらの出発点たるG.983.1の正式勧告化を受けて、「NTTは〔!!〕、北米キャリアであるベルサウス〔後述!!〕とSBC、欧州のキャリアであるブリティッシュ・テレコム（BT）とフランステレコム（FT）とともに〔!!〕、G.983.1を基に実装装置を含む装置レベルの仕様を共通化した共通技術仕様を作成し」、「各社のB-PONの仕様に共通技術仕様を適用することで、一層の低コスト化〔!!〕」を目指して来ている（中西＝前田・同前頁）。

しかも、こうした低コスト化のための共通技術仕様策定に参加した前記五社中、「NTTではB-PONの導入に関して、FSAN仕様が確定する前の〔!!〕一九九七年四月から専用線サービス（ATMメガリンク）に適用するなど、世界をリード〔!!〕してきた」のであり、その先にFTTHにターゲットを絞った現在の、そして将来に向けてのNTTの技術戦略のあることは、更に後述する。後述のベル・サウス社側からの発表を見れば、アメリカ（連邦政府）がいかに焦るか（既述）は、歴然たるものとなる（そう思えなければ、己の感性の乏しさを、もはや嘆くべきである）。

ともかく、NTTが先導したBPON（B-PON）につき、中西＝前田・同前頁には、「ベルサウスは昨〔二〇〇〇〕年六月にB-PONによるFTTH〔!!〕サービスを提供し、SBCは本〔二〇〇一〕年五月にB-PONによるFTTB（Fiber To The Business）サービスを開始し、FTも二〇〇二年にはB-PONによるFTTBサービスの商用化を行う予定」、とある。この流れの中で、NTT・ベルサウス・BT・FTなどの技術者が二〇〇一（平成一三）年四月に「横浜」に集まり、「幹線網と家庭やオフィスを結ぶ加入者系回線を効率的に使う『動的帯域割り当て（DBA）技術』……の標準化に向けて大詰めの協議を行った」ことについては、日経新聞二〇〇一（平成一三）年五月四日付けにも、「光ファイバー、効率的に使用　NTT、標準化に先行し導入」のタイトルの下に、報じられている。そこには、「NTTは〔二〇〇一年〕四月に発表した経営計画で高速光接続サービスをビジネスの柱とする方針を示したが、DBAはその基幹技術になる見通し。これまで主に企業向けに提供していた光接続サービスを月額九千円にして家庭への普及を目指す。『光（通信）の風を起こす』（鈴木滋彦取締役）としている」、とある（最後の点は後述）。但し、同記事は、最後に、誠にいやらしく、「NTT分割論議などもからむ微妙な問題」があり云々、としている。これが日本のマスコミの（頭の）限界であり、本書の執筆を通して、私の頭の中では既に粉々に破砕したところの、〝日本の現在の風潮〟である。

同紙の右の報道には、「加入者系光通信網の整備は日本が先行した」とあり、前記の仕様統一化で「システムの導入コスト」が下がる（!!）、ともあるのに、概して日本のマスコミは、NTTのR&Dなど独自路線で世界に通用せず、かつコスト高で役に立たない云々と、判で押したように、根拠もなく騒ぎ立て、世論をミスガイドし続けて今日に至っているのである。「馬鹿野郎、どこ見てものを言っとるのか!!」と、さぞかし現場の技術者達は怒っていることであろう。私とて、全く同じ思いである。本当に頭に来る。

ＮＴＴ側の技術資料をベースに論じたのみでは、そんな輩（マスコミに限らぬ!!）の腐った頭（脳味噌）には〝糠に釘〟であろうから、『アメリカ』の側から、以上示した点につき、寒風を吹かせてやろう。

ＦＳＡＮでのグローバルな活動をする一方で、**ＮＴＴが、ベル・サウス社と「高速光通信システムを共同開発することで合意した」**旨の、日経新聞の報道がなされたのは、一九九八（平成一〇）年六月一八日のことである（合意と共同実験開始は同年六月一七日）。そこには、「**日米の大手通信会社が同分野で協調するのは初の試み**」だ、ともある。本書で既述の、**ＩＰｖ６世界初商用化**、二テラビット毎秒の**ＭＰＬＳ光ルータの発表**を、いずれもアメリカ国内で行なったＮＴＴの（技術）戦略とダブらせて、考えてみるべきである。**これもまた、〝接続料金〟問題等々でＮＴＴを叩き続けるアメリカへの、強烈なるカウンター・パンチ**なのである（同日付けの日刊工業新聞、朝日新聞等でも、日米共同開発の報が載った）。

ベルサウス社側（後述）からは、ＮＴＴとのこの共同研究開発の成果につき、John Goldman (BellSouth) / Mickey Noah (Lucent Technologies) / Andy Maas (GCI Group [for Oki]), "Atlanta First North American Site For Fiber-To-The-Home System —— New BellSouth Network Architecture Delivers High-Speed Internet Access, Digital Video and CD-Quality Sound" のプレス・リリースが、**一九九九年六月四日**になされている（ルーセントと沖が入っているのは、両社がアクセス・システムを担当するからである）。その冒頭には、重要なことが書かれているので引用する。

"ATLANTA —— Suburban Atlanta residents will be **the first in North America** to experience the nearly unlimited speed and bandwidth of passive optical networking delivered directly to their homes."

つまり、**ＮＴＴの技術協力**（後述）により、『**北米初**』の**ＦＴＴＨが実現する**、ということである（アイオワのＩＣＮも、ＦＴＴＨではなかったことに注意。石黒・超高速通信ネットワーク五五頁以下と対比せよ）。ベル・サウス社の計画は、既述のＰＯＮ（ＢＰＯＮ）により、アトランタの四〇〇世帯（customer homes）にＦＴＴＨサービス（一〇〇メガビット毎秒のそれ）を提供するというものである。右のペーパーに、"In this first installation, BellSouth will offer participating **residential [!!] customers**: …… "とある点も重要である。とくに、後述の**パウエル新ＦＣＣ委員長の大きな方針転換**、との関係でそれが重要であり、かつ、**ＮＴＴのＲ＆Ｄが一貫して目指して来たもの**との共通性においても、それが重要、なのである。

Goldman et al., supra の第六パラグラフには、嬉しいことに、

——

"**Fiber to the home is BellSouth's ultimate platform** for satisfying our customers' voracious appetite for bandwidth, an appetite that is growing at exponential rates."

——ともある。『**ＤＳＬの先が見えないアメリカ(!!)**』の中にあって、ベル・サウス社は、かかる信念の下に、**ＮＴＴとの共同研究開発の道を、自ら選択したのである**。しかも、Id. para. 7には——

"The Atlanta installation builds on our research collaboration with

"**NTT, which is creating common technical specifications for optical network systems** as part of our participation in the Full Service Access Network (FSAN) industry consortium."

――とあり、NTTが、既述のFSANで、光ネットワークシステムのための作業をリードしており、それを（言い方としては、それをベースとして、ではあるが）アトランタで使う旨が、示されている。

＊　NTTの華麗なる国際技術戦略！

ここで本当のことを言ってしまえば、『FSAN設立に至るNTTの戦略（!!）』としては、当初欧州キャリアに呼びかけG7をつくり、その上でアメリカのベル・サウス社を別途引き込む。――そして、一九九九〔平成一一〕年六月二三日付けの日刊工業新聞七面に「FTTHの装置類　技術仕様を共通化　NTTと米欧三社共同」の見出しの下に示されているように、NTTが一九「九八年六月からベルサウスと技術仕様の共同開発を開始」したことに惹かれて、今度は同年「一〇月からBTとFTが〔それに〕加わった」のである。

かくて、一九九九年六月二二日には、"For Immediate Release" として、日米欧の右四社連名での、プレス・リリースがなされた。即ち、"**BellSouth, BT, FT, NTT** Complete Specifications To Bring Optical Fiber Directly To The Customer: Joint R&D Leads To Tomorrow's High-Speed Telecom Infrastructure" とのタイトルのそれ、である。

そこでも、ベル・サウス社側は――

"**We believe** that fiber to the home (FTTH) is the key to making available the bandwidth that tomorrow's data, imaging and video applications will require."

――と明確に述べている。ちなみにこの文書では、青木利晴現NTTデータ社長が――

"This is an epochal agreement between independent, international telecommunications companies. …… **We believe** this will lead the world telecom market into the 21st century by providing a new global information sharing platform."

――と述べ、フランス・テレコム側が、続いて――

"[T]he four companies came together because of their long-term interest in deploying fiber directly to the customer……"

――と述べ、以後、BT側のコメントに続き、FSANでの既述の活動と、それがITU－TでのG.983勧告に結びついたこと、等が示されている。

NTTによるこの一連の、『技術による世界進出』上の国際戦略は、実にみごとである（!!）。それの分からぬ連中が、『日本国内』に閉じこもり、NTT叩きを惰性でやり続けているのである。ちなみに、まともな記事として、日経ニューメディア一九九八年五月一一日号一三頁の、石川和彦「NTTのFTTHシステム、異例の早さでITU規格として承認へ」を見ておこう。そこには、「NTTが中心となって開発したFTTH……システムの仕様がこのほどI

ＴＵ……の……ＳＧ15……で承認された。九八年一〇月には正式にＩＴＵ規格になる見込みであり、ＮＴＴがＩＴＵに提案してからわずか一年半である。これまでは……三、四年かかるのが一般的で、今回は異例の早さ」だとあり、なぜそうなったかを論じている。ＦＴＴＨについてＮＴＴが欧米事業者より先んじていたことが述べられたのち、ＮＴＴ独自でＩＴＵに提案しても「欧米各国から必ず反論が出るとＮＴＴはみた」とあり、そこでＦＳＡＮを結成し、かつ、ＮＴＴは「自ら開発した仕様に、メンバーの意見を反映させる方針を取った」とある。それが功を奏したのである。他の事業者も「ＮＴＴが開発した仕様をできるだけ生か」すことにより仕様を「共通化すればアクセス回線を光ファイバ化する際のコストを低く抑えることができる」ため、「作業はスムーズに進み……ＮＴＴが代表する形で九七年四月にＩＴＵのＳＧ15」への提案がなされたのである（以上、引用は石川・前掲。米田・前掲日経コミュニケーションズ一九九八年四月二〇日号九八頁をも参照せよ）。

かくて、各国の主要キャリアを、納得づくで一挙にＦＴＴＨ国際標準化（一九九八年一〇月のG.983.1がその第一弾！）にまで、ＮＴＴは導いた。しかも、アメリカのベル・サウス社はじめ、ヴェライゾン、ＳＢＳ、クウェストまで引き連れて、である。

そのアメリカは、全国レベルで考えれば、いまだ銅線ネットワークで、ＤＳＬに高速化を頼りつつ、地域電話会社のアクセス回線の取扱等をめぐり、既に論じた〝訴訟の嵐〟を含めて、実にもたついた状況にある。事ここに至れば、覇権国家アメリカが、ＮＴＴを、タリバンや旧ソ連以上に敵視（但し、突き詰めれば単なるジェラシーからのそれ）することは、自然である。だから、かかるＮＴＴの、Ｒ＆Ｄの原資たる〝接続料金〟に目をつけ、難癖をつけ、その際、ここで論じた点など全く知らぬか、または自己もしくは自社利益のために多少は知っていてもそれに頬被りして、ともかくＮＴＴを叩けばいいと思い込んでいる連中を操り（日本の場合、洗脳されたアメリカのメッセンジャー達は、既に国内に無数に居る。そのことが、アフガン問題との差である！）、ＮＴＴグループ自体の解体まで叫ばせている、ということである。だから、日本側がＮＴＴを抑えつけることなく、産業政策としてＮＴＴのＦＴＴＨを認めたのだとし、そのことを、アメリカは問題視しているのである（既述）。

ここまで仮りに読んでも私の言うことが分からぬ、あるいは分かりたくない連中が、日本の圧倒的多数である。つくづく思う。馬鹿な国になってしまったものだ、と（以上、二〇〇一〔平成一三〕年一二月一四日、午後七時六分、筆を擱く。本年一一月二〇日、いろいろあり過ぎたが、ともかく、光栄にもフランス国民議会――コンコルド広場からセーヌ川を渡った正面!!――の中の会議場で、フランス司法省＝パリ第一大学共催の『インターネット法国際コロキウム』での報告を行ない、無事帰国してからの、随分ブランクを置いた末の執筆再開である。この部分までの点検終了、一二月一四日午後七時五六分。久々ゆえ、慎重を期してのことである）。

〔『ＶＩ＆Ｐ』から『ＨＩＫＡＲＩ』へ〕

＊「一九九五年という年（!!）」――「技術の文脈」と「覇権国家の思惑」

もう一度考えて頂きたい。ＮＴＴが欧州キャリア六社に声をかけ、Ｇ7を形成したのが、既述の如く一九九五年春、ＮＴＴとベル・サウス社との共同研究開発合意が一九九八年六月、G. 983.1勧告が同年一〇月、そして、FSANとITU-Tとの連携プレーは、中西＝前田・前掲NTT技術ジャーナル二〇〇一年一一月号六九頁の表1の如く、その後も続いている（ちなみに、執筆再開〔二〇〇一（平成一三）年一二月一五日の午後一時三九分――〝夜歩く〟せいで、朝起きられない!!〕時点で右の表1に、更に最新情報を付加すれば、同表中のG.983. dba〔上り信号の動的帯域割当機能〕はG. 983.4として、同じくG. 983.sur〔OLT－ONU間冗長切替機能〕はG. 983.5として、また、G. 983. omci. dba〔動的帯域割当機能に応じた装置管理制御仕様〕はG. 983.7として、それぞれ二〇〇一年一一月に正式勧告化されている。なお、この時点で、キャリアが設計するNMS〔Network Management System〕・メーカが設計するEMS〔Element Management System〕間の技術仕様に関するQ.834シリーズ勧告に、「プロトコル非依存モデル」の標準化たるQ. 834.3も加わっている）。

この「一九九五年春」から本格化するNTTの、FTTH国際標準化に向けた着実な『グローバル技術戦略』に対し、既述の如く、「一九九五（平成七）年の夏頃」から、『NTTの分割ないし再編成』論議が活発化した、のである。そして、翌（一九九六）年一二月にはNTT・旧郵政省側の再編成合意がなされた。この合意において、「研究開発」を持株会社担当の「基盤的」なそれと長距離・地域会社の担当する「応用的」なそれとに二分するという、誠に妙な仕分けのなされたことも、既に示した。そして、その間、一九九五（平成七）年秋に出た旧郵政省の『マルチメディア時代に向けた情報通信産業における研究開発の在り方に関する研究会報告書』（既述）でも、「とくにNTTとの共同開発による交換機は海外で通用しないから駄目だ」、といった暴論が示された（なお、次の項目において、まさに右の最後の点を『トロン』との関係で、別な視点から、『補論』として示す）。

この『一九九五年』という年の『春』から『夏』（そして『秋』……）に至る流れを、『技術』の文脈（ここで示したそれ）とダブらせたとき、何かが見えて来ないか。

そして、もう一つ付け加えるならば、NTTとベル・サウス社との共同研究開発成果としての、アトランタでの（NTTの技術による）北米初のFTTH実現計画が報じられたのが、一九九九年六月四日（両社の合意と共同実験開始の報は一九九八年六月一八日）。まさにその一九九九年の三月三一日（日本時間）に、アメリカ（USTR）が通商法一三七七条（三〇一条のテレコム版）による対日制裁（&WTO提訴）の脅しを行ない、同年四月初めの谷郵政事務次官の対米反論が、日本政府の裏切りで徒花の如く凋むのも、この四月、であった（既述）。

これまた、『技術』の文脈と『覇権国家』の思惑とをダブらせたとき、やはり、何かが見えて来ないか。

よりによって、アメリカのメジャー・キャリアたるベル・サウス社が、かのNTTと組んで、しかも、北米初のFTTHを実現せんとし、更に裏にはグローバルなFSANがあり、その中枢もNTT。しかるに覇権国家の手のひらからは、基本的には銅線がダラリと、重く垂れ下がっているのみ。――『一九九五年』の出来事（既述）も、石黒・法と経済（一九九八年・岩波）一六一頁以下の「公正競争論と不公正貿易論との交錯」をインプットすれば、この『一九九九年の出来事』と符合する。そうして、本書で示したことを、『時間軸』をしっかり立てて対比するとき、ＮＴＴの『経営』を狙ったかの如きアメリカの対日（対ＮＴＴ）攻勢が、実は、ＮＴＴの『技術力』そのもの、そして、それを前提とした『世界技術戦略』に向けられていたことが、おぼろげながらであれ、感じ取れるはずである。

ＮＴＴのＶＩ&Ｐ計画の発表（正式には一九九〇年）でアメリカがいかにあわてたか（石黒・ボーダーレス・エコノミーへの法的視座〔一九九二年・中央経済社〕八三頁以下の「アメリカの戦略――国内競争と国際競争とのアンビバレンス⁉」の項を参照せよ。とくに、当時のアメリカが日欧等の追い上げを脅威とし、「極度の悲愴感」を抱き、「まさにアメリカの公衆網の高度化を急務とすべきだ」としていたことに、注意せよ。同前・八五頁の⑵冒頭参照）。そのあたりから、一連の事柄を見詰め直すことによって、初めて問題の真の姿、その全体像が、見えて来るのである。

＊「日本国内での『ゾンビ』達の動き」vs.「美しい技術の世界」

さて、前置きが若干長くなってしまったが、「『ＶＩ&Ｐ』から『ＨＩＫＡＲＩ』へ」、という項目において論じようと思っていた事柄を、順次示す。即ち、問題は、再び『美しい技術の世界』に戻る。――そうするつもりだったが、一つ忘れていたことがある。日本国内の『ゾンビ』の動きについて、である。

性懲りもなく、総務省の情報通信審議会（旧電通審）のＩＴ競争政策特別部会は、第二次答申案でＮＴＴ東西地域会社の「サービス小売り」「通信網卸売り」の構造分離案を出して来た（日経産業新聞二〇〇一〔平成一三〕年一二月一三日付け朝刊、同日付け日経新聞をも見よ）。他方、政府の総合規制改革会議答申も、ＩＴ分野についてはＩＴ戦略本部のＩＴ関連規制改革専門調査会（そのメンバーは殆ど『ゾンビ』）での検討に「期待したい」としつつ、電力については、まさに「構造分離」論のオンパレード状態である。そこに何が（ベースとして）あるかについては、本書二5⑴の一・三番目の〔　〕の細目次を見よ。情けない、単なる惰性としての、そして日本沈没への、更なる構図である。論文執筆という所詮無力な作業とは別に、私が〝現場〟で戦っていることは、言うまでもない。それらを本書二5⑴で、さらけ出してすべて示すつもりである。

＊ＮＴＴの新『ＨＩＫＡＲＩ』ビジョンとは？

さあ、いよいよ『美しい技術の世界』だ。『ＨＩＫＡＲＩ』とは何なのか。既に引用したＮＴＴ技術ジャーナル二〇〇一年九月号一〇頁以下の、鈴木滋彦（ＮＴＴ第三部門長）「再編成後のＮＴＴ Ｒ&Ｄの状況と将来ビジョン」から見てゆこう。同・一〇頁で鈴木氏は、再編成後の二年間を振り返り、「この二年間のうちに、ＡＤＳＬサービス、一〇Ｍｂｐｓの光・ＩＰ通信網サービスの提供を開始しました。移動体通信においても〔二〇〇一年〕五月から世界に先駆けて〔!!〕ＩＭＴ-２０００の試験サービスを開始し、〔同年〕六月には、光サービスをビジネスとするＮＴＴブロードバンドイニシアティブ株式会社（ＮＴＴ-ＢＢ）も発足させました。そして、〔同年〕八月からは最大一〇〇Ｍｂｐｓのアクセスメニューを追加しました。料金の面でも、定額制料金の導入や各種料金の値下げを行い、インターネットアクセスの料金は今や国際比較においても遜色ないレベルになりました」、と述べておられる（最後の点については、前記の〔図表㉖㉗〕で確認せよ）。

　同頁で鈴木氏は、「光の時代ということで、これまでの電話の時代とは違う新しい技術が次々に要求されるようになってきたというだけでなく、ＩＴ分野の競争が」変化し、「プライス競争が中心」の量的拡大の時代から、「価値の競争」、つまり「技術力という後ろ盾」を「必要」とする、「価値の差異化」を「目的」とする「質的競争」・「質的多様化の競争に移ってきた」、とされる。まさにその通り。日米保険摩擦のゴタゴタ（石黒・日本経済再生への法的警鐘――損保危機・行革・金融ビッグバン〔一九八八年・木鐸社〕）の後、東京海上を筆頭としてわが損保業界は、焦点の自動車任意保険につき、サッと（破滅に至るエンドレスな価格競争から）サービス競争へと転換した。正しい選択である（なお、石黒・前掲法と経済六七頁以下、及び同・二〇八頁以下と対比せよ）。それと同じことがテレコム分野でもなされるべきところ、旧郵政省（前某大学工学部Ｓ教授）が「マイ・ライン」などという愚劣な〝政策(!?)〟で一般消費者を惑わせ、かつ、ＡＤＳＬの「八メガ、うちは安いよ」の連呼である（「最速」で「八メガ」のはずなのに、そこもあいまい）。

　鈴木滋彦・前掲（一〇）頁は、続けて――

「Ｒ＆Ｄを生み出す技術が、事業活動の競争力の源泉となるのです。一方、Ｒ＆Ｄを持たない企業は、他社と同じ技術を使うわけですから、プライス競争しかないのです。ここで強調しておきたいことは、ＮＴＴの持株会社が自らＲ＆Ｄ〔部門〕を持つ意義は、単に今の競争に勝つための次の技術を生み出すためだけではない、ということです。大事なのは、『次』の技術を生み出すプロセスの中から、Ｒ＆Ｄが『次の次』の技術を着想し弾込めしている、ということなのです。『次の次』が読めるということは、このグローバル競争時代における事業戦略立案のための強力な武器となります。私は、この点こそが、技術を他社から買うというビジネススタイルとの最大の違いだろうと思っています。」

――と述べておられる。全くその通り。「異議なし！」と叫びたい。その鈴木滋彦氏、そして、既述の青木利晴氏（現ＮＴＴデータ社長）は、何を隠そう、ＦＴＴＨ国際標準化への立役者だったのである。ＮＴＴというのは若干おかしな会社であり、『技術陣』（や『労組』）の方が、国際的視座を有し、国際戦略に長《た》けており、ビジネスがそれについて行っていない面がある。〝文系〟の私が、必死に技術の勉強をし、国内公正競争論議の暴走において『技術の視点』が欠けていることを、本書で強く訴えて来ているのも、『ＮＴＴ技術陣』の明確な国際的視座こそが、もともとの私の専門領域と重なるから、でもある。

　ところで、鈴木滋彦・前掲一一頁以下の、同氏の言う「次の次」のイメージだが、「一九九〇年代半ばの情報アクセス」が「ダイヤルアップによるインターネット接続が中心」だったのに対し、「現在では、携帯電話からのアクセス〔ｉモード〕が普及し常時接続も立ち上が」っているが、そこから更に『光ソフト』（ＮＴＴの造語――光ベースのハードと各種ソフトの組みあわせ・連携による総合的サービス）と『ユビキタスサービス』、即ち「人だけでなく、さまざまな機器がネットワークに接続され、相互に連携することで、いつでもどこでも安心・安全・便利・快適なサービス」をキイとする世界への展望が語られる。そこでは「光の風」という言葉が同前・一七頁に示されているのみだが、それが『ＨＩＫＡＲＩ』へとつながるのである（後述）。

右のインタビュー記事における『次の次』のイメージは、一見月並みとも思われがちだが、**そこに至る技術を、実は**ＮＴＴはガッチリと握っている。ＮＴＴ　Ｒ＆Ｄ五〇巻一〇号（二〇〇一年）に、『**ＨＩＫＡＲＩルータ**』（既述の**ＭＰＬＳ光ルータ**関連の諸論文がそこにある）・『超高速ネットワーク実験』の二つの特集論文群があるのは、その一端である。一例として、佐藤健一＝滝川好比郎＝古賀正文「次世代ブロードバンドＩＰ網を実現する**フォトニックＭＰＬＳルータ**」同誌・同前七三八－九頁以下を見ておこう。同・七三八頁には、「我が国においては、**一九九七年**頃から**ＷＤＭ**伝送が用いられるようになり……現在ではファイバ当りの伝送容量として一二〇Ｇｂｐｓ（二・五Ｇｂｐｓ×四八チャネル）を超えるシステムが利用されている。光伝送技術はその導入から約二〇年の間に、三桁におよぶ容量の拡大を達成してきた。**一方、現在実用化されているＷＤＭシステムにおいては……帯域の数％**〔!!〕**程度**……を利用している**に過ぎず**、今後のさらなる発展が期待される。……世界的にも二〇〇〇年代の初頭には、全トラヒックの半分以上がインターネットを中心とするデータトラヒックになるであろうと予測されている。……ＩＰ技術の進展と……光技術の進展に支えられ、**ネットワークのパラダイムは大きく変わりつつある**。これを実現する転送技術として、超大容量のＷＤＭ伝送に加え、途中のノードで任意の波長を自由に分岐・挿入するシステム、光信号を電気信号に変換することなく光のままでルーチング（**クロスコネクト**〔!!――ＮＴＴの世界的技術力の一端として後述する〕）等の処理を行う、シンプルでスケーラブルな新しいパラダイムの光ネットワーク（フォトニックネット**ワーク**〔!!〕）構築技術の研究開発が各国で進められている。……」、とそこにある。そして、同前・七四六頁には、ＦＴＴＨ国際標準化と並ぶ“**重要な事柄**”の一端が示されている。即ち――

「ＩＴＵ-Ｔのフォトニックネットワークに関する国際標準化に関しては、ＮＴＴはその当初から積極的に推進してきた。**一九九五年頃から**〔!!〕、フォトニックネットワークのトータルな概念とアーキテクチャ、主要技術について、積極的に寄書提案（これまでに六〇件以上〔!!〕）を行ってきている。**ＮＴＴの提案した各種の概念、技術はそのほとんどが標準として採用**されている（表②）。……」

＊　フォトニック（光）ネットワーク関連での国際標準化へのＮＴＴの大なる貢献

同前・七四七頁のこの表②を、細かな技術内容はともかくとして、〔図表㉘〕として、念のため示しておこう。

この〔図表㉘〕で注目すべきは、光ネットワーク（フォトニック・ネットワーク）関連の基本的標準化に関する、**太枠で囲った部分である**。「**ＩＴＵ-Ｔのスタンス**」が、**それらの殆どについて**「**ＮＴＴ提案**」**と同じ方向でまとめられて来ている**、という事実である。そこが重要なポイントである。『**ＮＴＴが世界のフォトニック・ネットワークを、基本コンセプトから細部に至るまでリードして来た**』**というのは、誰も否定できない事実**なのである（なお、光ルータ関連でのＮＴＴの、ＩＴＵ-Ｔに限らず、**ＩＥＴＦ**〔Internet Engineering Task Force〕を含めた標準化活動の全体像については、長津尚英＝富沢将人＝岡本聡＝滝川好比郎「フォトニックネットワークの標準化活動」ＮＴＴ　Ｒ＆Ｄ五〇巻一〇号〔二〇〇一年〕七八四頁以下参

〔図表㉘〕 **NTTによるITU-T（SG13，15）光ネットワーク標準化の推進**

	NTT提案（1995～1997．2に光パスの概念に基づいてフルセットで提案）	ITU-Tのスタンス	NTT提案の採用年月
WDMネットワークコンセプト	ディジタルクライアント信号のみサポート	同左	1997.9
	電気技術（O/E、E/O）の活用と光技術による大束の処理能力の活用	同左	1998.2
WDMのアプリケーション	ネットワーキング重視	同左	1998.10
光チャネルレイヤの監視情報転送	ディジタルフレームの採用	同左	1999.4
	具体的なフレーム構造の一例としてSTMフレームの利用を提案	Digital Wrapper	
光チャネルレイヤの品質監視指標	BER監視をサポート	同左	1999.4
光チャネルレイヤのマネジメントケーパビリティ	OCh-APS, OCh-DCC（Data Communication Channel）をサポート	同左	2000.4

〔出典〕 佐藤＝滝川＝古賀・前掲NTT R&D50巻10号（2001年）747頁の表２。

照。ちなみに、同前・七八五頁には、「フォトニックMPLS（ルータ）は、IETFの場においてもNTT等の連名によるインターネットドラフトの提出を受けて本格的な標準化作業が開始された」、とある。（!!）。

ところで、〔図表㉘〕との関係で、既に引用した佐藤＝滝川＝古賀・前掲七四六頁の中に、NTTのフォトニック・ネットワーク国際標準化への動きが、「**一九九五年頃から**」本格化した、とある。そこに前記の、**アメリカ側の、NTTのFTTHに対するジェラシーに満ちた対日批判**を、重ね合わせて見よ。**〝NTT分割論〟**が**烈しくなったのは、一体いつだったのか**。ここでも再度示したように、まさにそれは一九九五年夏頃のことであった。――**これは、単なる偶然の一致だ、などと言えることなのか**。一九九八年のFTTH標準化とNTTの接続料金に関する日米摩擦とを重ね合わせる私の基本的視座からは、答はもとより否、である。是非、じっくりと考えて頂きたい。**技術者の方々も含めて**、である（!!）。

『美しい技術の世界』と『覇権国家の思惑』とを重ね合わせて考えること――これは、常に必要なことである、と言っておく。

だが、ここでは、やはり（後述の『**トロン**』でもう一度暗くなるので一層!!）、純粋な、『美しい技術の世界』について、更に書き続けたい。必要なことでもあるのだし。

＊ 通信と「エネルギー問題」

光を軸とする次世代フォトニック・ネットワークについては、電子情報通信学会誌二〇〇二（平成一四）年五月号において、「フォ

［図表㉙］　スイッチシステム大容量化のブレークスルー技術

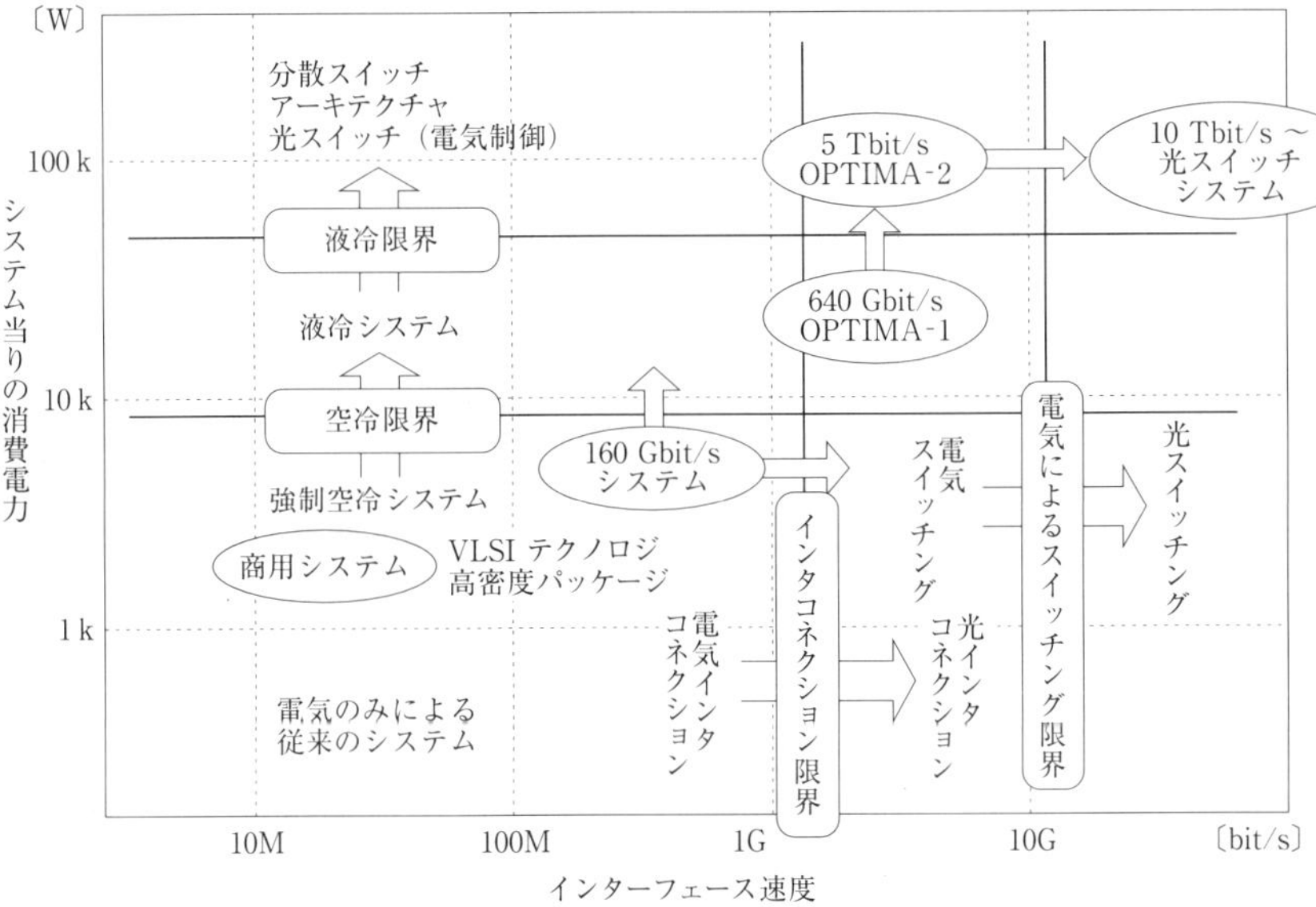

［出典］　山中＝山越＝川野・前掲NTT　R&D49巻12号700頁の図５。

トニック―Ｐネットワークは人類の幸せのために」との嬉しい特集が組まれ、私も「ＩＴ基本法と『光の国』日本の国際戦略」と題した小論を寄せている。私の小論などはともかくとして、次世代フォトニック・ネットワークの普及のためには、厖大な領域でのＲ＆Ｄが必要になる。本書三の頭出しとして、サンプル的にポイントの若干を示しておこう。

まず、「ＮＴＴグループは昨（二〇〇〇）年一二月に一般家庭向け光アクセス試験サービス（光・ＩＰ通信網サービス）を世界に先駆けて開始し……」との指摘（それ自体は既述）を冒頭部分に有する、中山諭＝市村充「通信エネルギー技術の研究開発」ＮＴＴ技術ジャーナル二〇〇一年一一月号（同論文は同・三六頁以下）を筆頭とするところの、同誌の同名の「特集」が組まれている。そこではCO_2削減もさることながら、通信とエネルギー問題との関係が多面的に扱われている（同誌七四頁以下には、「世界初、複数ＩＳＰ間の経路障害を解析するインターネット自動診断システム『ＥＮＣＯＲＥ』を開発」の記事もある）。そして、ＮＴＴ　Ｒ＆Ｄ五〇巻一一号（二〇〇一年）には、「極低電力情報端末用ＬＳＩ」の特集諸論文がある。それらをちらちらと読みつつ、私は、ここでの論述とも関係する山中直明＝山越公洋＝川野龍介「次世代マルチサービスノード実現に向けた超高速スイッチシステムの開発」ＮＴＴ　Ｒ＆Ｄ四九巻一二号（二〇〇〇年）六九八頁以下のあることを、遂に知り得た。私がこの部分を書く一年前の論文だが、そこには、当時ＮＴＴで開発した六四〇Ｇｂｐｓの『ＯＰＴＩＭＡ（OPTically Interconnected Multi-stage ATM switch architecture）スイッチ・システム』に即しつつ、フォトニック（光）・ネットワークにおける重要な問題が、示されていた。まず、同前・七〇〇頁の図5を、〔図表㉙〕として掲げておこう。

要するに、「ＩＰ系データトラヒックの急激な伸びに伴い、Ｔｂ《テラ》ｐｓ級の……超高速大容量スイッチシステムが近い将来必要になる」（同前・六九八頁）ための技術開発なのだが、同・六九九頁を見ると、**もはや"待った無し"の切迫した状況**であることが示されている。即ち――

「例えばリアルタイムの動画像通信に必要とされる一〇〇Ｍｂｐ**ｓ程度のトラヒックを一〇万加入者分**〔!!〕**処理する場合**を想定すると、Ｔｂｐｓ級の処理能力を有するスイッチシステムが必要となる〔!!〕。従来のＡＴＭ交換機では、**ＱｏＳ**〔**Quality of Service**〕をきめ細かく制御できるというメリットがある一方で、ＩＰデータを処理する場合ＩＰパケットから……ＡＴＭセルへの分解または組立（**SAR**: Segmentation And Reassembly）の処理が必要となる。ＩＰトラヒックが支配的となりかつ回線速度の高速化が進展した場合、ＳＡＲ処理が大きな負荷となることが予想される。このことからＱｏＳを保証でき、かつＩＰデータを効率的かつ高速に処理することが可能な、従来のＡＴＭ方式に代る新しいＴｂｐｓ級の大容量ノードシステムの実現が望まれる。」

――とあるのである。

＊「発熱量」と「冷却」――「全光《ひかり》システム」化への道

そして、その先において、同・七〇〇頁に、〔図表㉙〕の説明として、**『発熱量』**と**『冷却』**の問題が取り扱われている、のである。即ち――

「スイッチＬＳＩの高速信号を**電気接続**する場合、信号劣化が無視し得る距離内にＬＳＩチップを配置する必要がある。しかしながら、小さい領域に発熱量〔!!〕の大きい多数のＬＳＩチップを密に配置すると、これらのＬＳＩの発熱に対処するための**特殊な冷却技術**が必要となる。〔本書の〕〔図表㉙〕の縦軸方向は、冷却の観点から見たブレークスルー技術を示している。**システム当りの発熱量**がある値を境にして、従来の空冷方式では対処できなくなり、液冷方式のようなさらに強力な冷却方式が必要となる。そしてさらにスイッチ規模を拡張するには、発熱の集中を抑えるため高速信号を比較的長い距離伝搬させてＬＳＩを分散配置させる必要が生じてくる。このような状況では、〔図表㉙〕の横軸に示すように、従来の電気接続に代って〔!!〕、高速信号の長距離伝搬特性に優れる光インタコネクションが用いられるようになる。**さらに将来的には、スイッチング動作も含めた全光システム**〔!!〕**の実現が期待される**。……」

このように、『全光《ひかり》システム』化は、**もはやテレコム技術の世界では必然の流れ**、なのである。しかも、あまり時間はない。インターネットの世界的爆発は、「集積度と速度性能は一八か月で倍になるという **Moore** の法則……を上回る勢い」（同前・六九九－七〇〇頁）だからである。

そのような状況下で、『光の世界』の中枢にあるＮＴＴ（グループ）のＲ＆Ｄを抑え込むことは、**覇権国家アメリカ**にとって、自分で自分の首を絞めるようなことであろう。まさに、既述の電子情報通信学会誌の特集がそうであったように、**「フォトニック・ネットワーク」**は、**「人類のため」**のものなのだから。

　本書二5で論ずるアメリカＦＣＣのパウエル新委員長の、ブロードバンド・インフラ敷設重視への、政策上の大転換（石黒・前掲法と経済九三頁と対比せよ!!）は救いだが、アメリカの国内がその線で（遅蒔《おそまき》ながら）変わったとしても、アメリカの対日通商政策にそれが反映されるのは、もしそうしたことが起こるとしても更に数年は、その先かかるのが常識である。二〇〇二（平成一四）年秋頃の、日米間でのＮＴＴの接続料金交渉でも、アメリカ側は相変わらずの姿勢であろう。そこで日本政府が、また妥協したとしても、ＮＴＴ東西としては、断乎認可申請などすべきでない。この点を論じた個所でそこまで書くべきだったが、日米合意の線で認可申請をせよと、仮りに総務省がＮＴＴ側に迫っても、拒絶せよ。次の手は、業務改善命令であろう。それが出たら、待ってましたとばかり、『行政争訟』を起こし、最高裁まで断乎争うべきである。結局は、それが（ここでも示した通り）世の為、人の為であり、本当はアメリカの為でもあり、かつ、ＮＴＴ労組が、本来経営側の行なうべき内部改革を、血のにじむ思いで、経営側に言われるまでもなく自ら行っていたのであるから、なおさらそうすべきである(!!)。

　もっとも、私としては、Ｓ部長の〝新体制〟の下での〝対米寝技〟を、そうなる前の問題として、期待してはいるのだが。

　いやだ、いやだ。また『美しい技術の世界』に戻らねば……。

＊　＊

　ここで、「『ＶＩ＆Ｐ』から『ＨＩＫＡＲＩ』へ」との小見出しへと、再度戻ることになる。既に引用したＮＴＴ　Ｒ＆Ｄ二〇〇一年一〇月号（五〇巻一〇号）の特集の第一が「ＨＩＫＡＲＩルータ」となっていたことが、これと関連する。私は、既述のＮＴＴ東日本ＢＵＳＩＮＥＳＳ六二号（二〇〇一年一二月号）二六頁以下、とくにその二九頁で、ＮＴＴに対し、「かつてＶＩ＆Ｐプランで世界を瞠目させたように、それと同じくらいの二一世紀の将来ビジョンを、まず打ち立てるべき」だ、と発言していた。

　それに相呼応するかの如く(!!)、同誌三頁以下には、ＮＴＴ第三部門「特集1『ＨＩＫＡＲＩ』が拓くブロードバンドの世界――ＮＴＴ　Ｒ＆Ｄの『ＨＩＫＡＲＩ』ビジョン」、そして、鈴木滋彦第三部門長の「持株Ｒ＆Ｄの総力をあげて『ＨＩＫＡＲＩ』ビジョンの実現を目指す」との、実に嬉しい決意表明がなされたのである。鈴木・同前四頁には――

「私共は、ＶＩ＆Ｐ構想に次ぐ二一世紀に向けたビジョンとして『ＨＩＫＡＲＩ』ビジョンというものを打ち出していきたいと考えています。『ＨＩＫＡＲＩ』という言葉は、物理的な意味での光・光時代に必要とされるソフトウェア技術・ハードウェア技術、光によって生まれる新しいサービス（光ソフトサービス〔既述〕）などすべてを包含する言葉で、日本が光アクセスサービスの開始・普及で世界のトップを走っており、『光』をぜひとも国際語にしたいという願いを込めてあえてローマ字表記にしたものです。

……」

――とある。

　当初、私は『ＨＩＫＡＲＩ』なるネーミングに若干抵抗感があったが、今は違う。例えば〝Keiretsu〟（系列）などという言葉が〝貿易屋〟の汚れた玩具として、対日批判の道具とされたことなどを思えば、まさに日本（ＮＴＴ）の技術なくして語れぬ光（フォトニック）ネットワークの全体イメージを『HIKARI』と呼んで何が悪い。『背中から襲おうとする奴等の、その〝インテリジェントな武器〟の中にまでNTTの技術が入っているかも知れぬことを、忘れるな。それを知ってから、襲うなら襲え』、的なスタンスである。同誌・二九頁の私の発言の最後に記されている通り（その頃私は『HIKARI』のことを知らなかったが）、「ぜひ頑張っていただきたい」、というのが、私の本当の気持ちである。

――と、ここまで書いて来ると、次は、目次にあるように、『トロン』の話になる。アメリカの執拗なNTT叩き（日本の国内への操り、ないし、〝あやかし〟の糸を通し、〝人形師〟は時々顔を覗かせる形でのそれ）の裏に、一九八〇年代後半に日米摩擦の種となった『トロン』の問題がある、ということである。そして、その先で、日本の糸田公取委委員が二〇〇一（平成一三）年一〇月にアメリカのプレスを前に、一体何を言ったのか。そして、まさにその頃(!!)パウエル新FCC委員長が何を言っていたのか。更に、ここでもちらっと言及しておいた日本国内の『構造分離』論（とくに垂直的なそれ）の背後にあるボロボロの、OECD製の〝壊れた玩具〟の実体を抉る作業を経て、日本の公取委の、対NTTでの「不公正」(!!)な行動を暴露する作業が、延々と続く。

今日の執筆は、これでやめておこう。『美しい技術の世界』を論ずることにあくまで主眼を置き、一二月二〇日締切分は、これにて打ち切る（もっとも、年内にはその先を書くつもりではあるが……。執筆終了、平成一三（二〇〇一）年一二月一五日午後六時五七分。一服してから点検に入る。点検終了、同日午後八時三分。これから夕食、六〇分の妻との〝速歩〟、風呂、等である。一一月二三日のパリからの帰国以来の重荷から、これでやっと解放される。私はウレピー!!)。

〔補論――『トロン』をめぐる日米摩擦とNTT〕

＊ 一九八八―八九年の日米摩擦――MS-DOS（等）を守りたかったアメリカ！

なぜ〝NTTと『トロン』〟なのか。ここまでの論述において、とりわけ強調した点は、個々のNTTをめぐる摩擦案件（但し、「接続料金」問題を除き、日本の大多数の人々が〝国内問題〟とばかり思っているそれら）を、『NTTの技術開発』成果と対比しつつ、しっかり『時間軸』を立てて見詰め直すことの重要性、であった。

本書二4(1)の最初の頁にも、〔NTTの〝接続料金〟に関する日米摩擦（一九九九年〜）〕の項の冒頭に、USTRの外国貿易障壁報告書（NTEレポート）一九九九年版を引用しておいた。〝NTTと『トロン』〟との関係は、その一〇年前、つまり一九八九年のNTEレポートの対日指摘部分の中に、はっきりと示されている。頁数等は各自確認されたいが、このNTEレポート一九八九年版には、『TRON』と題する一頁がある。

『トロン』の開発は日本政府の市場への介入（the Japanese government's marketplace intervention）であり、許し難い、というのがUSTR（アメリカ連邦政府）の言い分である。後述するが、この『TRON』関連の対日指摘部分は、二つの柱からなり、その一つが〝NTT〟関係だったのである(!!)。

一般には、『トロン』問題は、右の（USTR側対日指摘の）もう一つの柱たる文部省関係の摩擦案件の方に光があてられがちであった（例えば一九八九（平成元）年八月一五日付け日経新聞の、「日米ハイテク摩擦の実像①　トロン――見えない技術に先手」の小見出しも、「文部省の計画火種」・「批判は空振りに」・「米企業に恐怖感」のみであった）。だが、**アメリカ側は、明確に〝ＮＴＴによる『トロン』の採用〟を抑え込もうとしていたのである。**そして、それは表面的には功を奏した、かの如くである。だが、そうではなかったのである。**今日まで脈々と続く『ＮＴＴとトロン』の関係**が、後述の如く、実はあるのである（!!）。

問題のマグニチュードを、一九八九年の前記ＮＴＥレポートの『ＴＲＯＮ』関連対日指摘部分から、以下に、いわば側面から示しておこう。**『マイクロソフト（ＭＳ）』全盛の現在に至る、重大な前史**（!!）が、そこに如実に示されている。そこに何を読み取るか。再び〝読み手〟の感性が問われるべきところである。前記対日指摘部分の第四パラグラフである。即ち――

"If this specification [of 'the newly developed Japanese operating system software (**TRON**: The Real-Time Operating System Nucleus)'] is completed ……, U.S. operating systems and computers which run only operating system other than TRON (e.g. **Microsoft's MS-DOS** [!!] and OS/2 and AT&T's **UNIX**, the accepted world leaders) will be effectively excluded ……. Moreover, **their long-term competitive position** compared to the TRON system in the Japanese market could be adversely affected."

話は十年以上前のこと、である。『ＭＳ－ＤＯＳ（等）対ＴＲＯＮ』の図式で、アメリカ側が日本側の新しいＯＳの開発に待ったをかける構図だった、のである。**日本側が不必要な妥協**（後述）**をしなければ、世界のＯＳの地図は、大きく塗りかえられていたかも知れないのである。**

前記の平成元（一九八九）年八月一五日付け日経新聞の記事の冒頭には、『トロン』と並んで、日本の**『次期支援戦闘機（ＦＳＸ）』開発問題**なども、当時において日米摩擦の種になっていたことが、示されている。

平成一三（二〇〇一）年一二月三〇日の午後五時頃ようやく起き出して、誠に重い筆をとる私（どうにも身体が、そして頭が、「書くな!!」と命じているようだ。余りにも忙し過ぎたこの一年の年の瀬になぜ……、との思いが交錯する）には、かの**『日立対ＩＢＭ事件』**（石黒・国際民事訴訟法〔一九九六年・新世社〕の索引から逆探知せよ）のあとが『トロン』、そして『ＮＴＴ』なのだな、との思いが強い。

日経新聞・同前記事には、「在米外交筋」の言として、「日本が革新的技術を開発することはあり得ない、という幻想が崩れた米国の焦り、えたいの知れない動きへの恐怖」が、『トロン』に対する対日先制攻撃の背景にある旨、示されている。だったら、本書におけるここまでの論述で、〝技術重視の視点〟から論じて来たＮＴＴの華麗なる、しかも世界を相手とした実績は、どうアメリカ側から見られているのか、が問題となるはずである。しかも、**『トロンとＮＴＴ』とが強く結びついたまま今日に至っている**（!!――後述）のである。**国家戦略は鳩豆的理解では把握できない。**其処に敵が居る限り、最後の洞窟（否、華麗な宮殿、なのかも知れない）まで敵を追い詰めて……、といった展開の中で、すべてを考え直す必要が、あるのである。

さて、前記ＮＴＥレポート（一九八九年版）の中で、『トロンとＮ

TT』については、どう書かれているのか。同レポート該当個所の第五～第七パラグラフがそれ、である（ちなみに、アメリカが槍玉に挙げたもう一つの柱たる文部省の、トロン仕様のパソコンの調達問題については、ここでは省略する〔但し、後述する〕）。以下に、右の三つのパラグラフを、第五・第六・第七の順に、若干の解説と共に、すべて原文で示す。

"[I]n January 1989 **NTT** announced it will require **TRON architecture** for an upgrading of its **next generation digital communications network**. NTT issued a request in November 1988 for joint development of a high speed packet multiplexing system stating that **TRON** will be used for system management," [USTR, supra, para. 5.]

右（第五パラ）は、**ＮＴＴが次世代デジタル通信網に『トロン』を使用する旨**、一九八九年一月に発表した云々、である。その『トロン』を**一九八八－八九年の日米交渉で**、アメリカ側は、後述の如く（半ば!!）闇に葬った。

だが、翌一九九〇年に、ＮＴＴは何をしたのか。『ＶＩ＆Ｐ』計画の発表（既述）である。アメリカがそこで大いに慌てたことは、本書においても既に示した。更に、そのＮＴＴのＲ＆Ｄの軌跡において、今日まで『トロン』が（多少形を変えてであれ）脈々と生きていた（後述）、のである。**既に論じた『ＦＴＴＨ国際標準化』問題と共に右の点をインプットした場合、『あなたがアメリカ側の政策担当者だったら、どう考え、どう行動するか』**との問いを、再び発することが許されるべきであろう。

次の第六パラには、文部省の『トロン』仕様の調査とあわせてＮＴＴの問題が扱われている。後者の部分から引用する。

"The **NTT** market for which TRON has been specified has not yet been estimated. **The long-turm implication** of a general Japanese preference for TRON-based computer systems would ultimately influence purchasing decisions throughout the entire Japanese electronics market." [USTR, supra, para. 6.]

右については、**アメリカがあくまで長期的に(!!)問題を捉えていること**、そして、既述の第四パラで**『マイクロソフトのＭＳ－ＤＯＳ』等への重大な脅威**たり得る旨が示されていたこと、更に、右には「日本市場」のみが問題とされているが、アメリカ側は、まさにグローバル市場を念頭に『トロン』を抑え込もうとしていたであろうこと（確実である）、等に留意すれば、十分であろう。次の第七パラには――

"On September 9, 1988 the United States expressed its concern about the possibly discriminatory procurement. In two subsequent meetings Japan provided some limited additional information on the procurement. During a scheduled review of **the U.S.-Japan NTT agreement [!!]** held during the week of March 20, 1989, the United States requested additional information on **the NTT procurement** specs requiring TRON. Additional information on the TRON project is also being sought from the Japanese government through technical level consultations." [USTR, supra, para. 7.]

――とあり、一九八八－八九年の日米交渉の経緯を示す。だが、**『NTTの調達に関する日米秘密協定』**（!!――石黒・通商摩擦と日本の進路〔一九九六年・木鐸社〕九三－九五頁、及びその前後を見よ）の存在をインプットしないと、多少分かりが悪いはずである。

さて、『トロンとNTT』との関係については後述するとして、**この『日米トロン摩擦』がその後（表向きには）どうなったか**について、一言しておこう。一般には、『トロン』問題は一九八〇年代末に決着、とされている。そして、日米通商摩擦の最前線で一九九〇年代を戦い抜き、**『不公正貿易報告書』**（一九九二年から刊行。それによって筋をあくまで通す日本の通商政策の基盤が確立した）の生みの親たるT部長も、二〇〇一（平成一三）年二月二八日付けの私宛の私信で、『トロン』問題はアメリカ通商法「三〇一条の〔対日制裁〕リストにのせられながら、途中で消えてしまい、一方で、トロン開発も下火になった。何が起きたかの**真相は不明です**。」と書いておられる。「トロン協会」のホームページには、一九八九年五月二五日に**『トロン』がスーパー三〇一条**対象品目から外されたが、その後も日米政府間交渉が行なわれた、とある。

要するに、T部長こと**豊田正和氏**が日米摩擦の正面に、大魔神ないしはウルトラマンの如く登場する前のことゆえ、だらしない対米妥協がなされた、のである。「真相は不明」と言うより、関係各省が、やってはならぬことをやってしまった結果、（駄目な文部省――石黒・国際知的財産権〔一九九八年・NTT出版〕一五六頁を見よ!!――が妥協したのは当然としても）表向きにはアメリカの意図通りの展開となった、のである。

「真相は不明」とある裏で、種々の行政指導等があったことは、自然な推論であろう（霞ヶ関内部で、日米自動車摩擦等との〝取引〟がなされたであろうことも、同様に推測できる）。

＊　トロンの概要

ところで、『トロン』と一口に言っても、文部省の教育用コンピュータから遂に〝除外〟されてしまったB-TRONは、英語に最適化されているアメリカ製OSに対抗する（但し完全にオープンな――後述）、日本語を含めた多言語処理（!!）が得意なPC用のOSである。これに対して、『トロンとNTT』との関係で問題となる（なった）のは、C-TRONである（I-TRONについては後述）。

行論上は、以下C-TRON関連の問題に集中すればよいのだが、**GII（世界情報通信基盤）の理想**との関係で、極めて重要な新聞報道を、妻裕美子が見つけ、切り抜いておいてくれた。平成一三（二〇〇一）年一〇月二日付けの読売新聞の、**「日本生まれのOS『Bトロン』活用　中国の学者が論文」**（大和太郎記者）である。「中国の言語学者（劉曙野氏）が、日本生まれのパソコン用基本ソフト（OS）『Bトロン』を活用して日中韓三国の漢字を大規模に比較する、力のこもった博士論文を書き上げ」たことの報道、である。劉氏は、「**Bトロンの多漢字・多国語処理能力**（!!）のおかげ」、としている。同氏は、「これほど優れたOSはない。**世界各国の文字もたやすく処理でき**、漢字に関する研究に使うにはこれが最高」としつつ、「**一方で同OSが日本でも〔あまり〕知られていない**のに再度驚いた」とし、『トロン』の生みの親たる坂村健教授（私の『国際通信法制の変革と日本の進路』〔一九八七年・NIRA〕と共に、同教授の著書も、一九八九（平成元）年三月、㈶電気通信普及財団の第四回テレコム社会科学賞を受賞。坂村教授とは、そのとき会ったのみである）のコメントも載っている。

ここで、坂村健＝唐津一「トロンの意義と展望を語る」日経産業新聞平成六（一九九四）年一〇月三一日付けの対談を見ておこう。「多様なCPU上で動くトロン」に関する部分で、坂村教授は、「ある仕事をやっているときに、別の仕事も実時間で同時にやれるようなマルチタスク・リアルタイム性」につき、当時の「パソコンではそれができない。Windowsでも、一つ動いていると、こっちは止まってしまうというふうになる。UNIXもあまりリアルタイム性はないですね。しかしトロンだとうまくいきます。……B-TRONのパソコンのOSではそれを実現しています。……」としておられる。劉氏の既述の言と対比すべきであろう。のみならず、右の坂村＝唐津対談では、坂村教授が、「世界最大のコンピューター学会であるアメリカのIEEE〔本書の〔図表②〕とそれに付された同頁の説明参照〕・コンピューター・ソサエティーも全面的にバックアップしてくれることになっています。アメリカでは、企業だけでなく研究者の間でも、トロンの重要性が理解され始めている」旨、述べておられる。

それだけではない。坂村＝唐津・同前（坂村発言）では、別のI-TRONについて、それが多く「すでに世界の産業標準になっている」とし、「VTRやファクシミリ、高機能電話機、電子楽器、最近ではカーナビゲーションなど多くのものがI-TRON仕様でできています。いわゆるディスプレーがあってキーボードがあるという形ではありませんが、目に見えないコンピューターとして入っているわけです。プロジェクトが始まって十年たち……ここにきて人の目につくB-TRONの製品も話題にのぼるようになってきた。……」としておられる。そのB-TRONを用いた一つの具体的成果が、（一月三一日の、この部分のもともとの原稿の初校の日、発熱でダウンの）妻裕美子発見による、劉曙野氏の研究だったことになる。

さて、『トロンとNTT』を結ぶ、問題のC-TRONであるが、実は、坂村＝唐津・同前対談も、「マルチメディアを支える」基盤たるC-TRONに重点を置いている。前記日経産業新聞の見出し冒頭にも「ATM交換機にトロン仕様　ISDN制御で重要な役割」、とある。坂村教授は「トロンがいま一番使われているのは通信分野」だとし、唐津教授も、「ATM交換機の大型のものは日本が非常に強い。そのATM交換機はトロン仕様でできている」とし、「光ファイバー」との関係（!!）で、「いろいろな種類の信号を上手に仕分けて一本の線に乗せて送り、着いたらまたそれを仕分ける仕組みが必要になる。その仕組みがATMですが、そのソフトのもとになっているのがC-TRONです。だから情報スーパーハイウエーをやるにはC-TRONがキー技術になります」、としておられる。

ここまで来ると、『トロンとNTT』が無縁のはずはない、との推測ができるであろう。『トロン』は世界に対してオープンであり、かつ、USTRの既述の、一九八九年NTEレポートにおける「TRON」関連の第一パラには——

"Although some U.S. companies are members of the TRON association, no U.S. manufacturer is in a position to sell TRON-based PCs or telecommunications equipment."

——とあり、第四パラで『マイクロソフトのMS-DOS』等が影響を受けるから云々、とあったのである。『マイクロソフト』（等）を支援して、英語中心（!!）で世界覇権を維持しようというアメリカの意図は、赤裸々である。そうして『日米トロン摩擦』が起き、ある種の指導で日本メーカーも、表立ってトロンを推進しにくい、妙な環境の中に置かれたのである。

＊　日米摩擦をすり抜けた「ＮＴＴとトロンとの結合」——「アメリカのＮＴＴへの圧力」の一つの背景として

実は、ＵＳＴＲに名指しをされていたＮＴＴとて、同じ状況下にあった。だが、うまくアメリカの矛先をかわして、今日に至っているのである。『トロン』を表立っては採用しない（できない）が……、ということで、一九九一（平成三）年一一月二八日のニューズ・リリースが、ＮＴＴからなされた。タイトルは、「通信システム用リアルタイムＯＳインターフェース仕様（ＩＲＯＳ〔アイロス〕）を公開」、である。ＩＲＯＳは「ＡＴＭノードシステム（交換機）のアーキテクチャおよびこれに適用可能なＯＳインタフェース」だが、「ＡＴＭノードシステムだけでなく、ＮＴＴにおけるリアルタイム通信システム共通に適用可能な仕様〔!!〕とすることを目標と」するものである。そして、このニューズ・リリースに付された「〈参考〉ＩＲＯＳ仕様と他の仕様との関係」の中に、ＩＲＯＳには「既存仕様からは……Ｃ-ＴＲＯＮ〔!!〕の一部……を採用しました」、とある。そこにもあるように、ＩＲＯＳもまた、国際標準化を強く意識した上でのものであり、かくて、独自ＯＳたるＩＲＯＳの中に、明確にＣ-ＴＲＯＮが位置づけられることになったのである。これは、アメリカの『トロン』攻撃に対する、ある種の〝禊《みそ》ぎ〟的な手続、とも言えよう。

そして、直近の状況はと言えば、次の通りになっている。即ち、交換システム系では、近年の新規開発ノードはほぼ全面的にＣ-ＴＲＯＮ（をベースとした）仕様を用いた制御系によるノードとなっており、これはＮＴＴドコモ、しかも『ＩＭＴ-２０００』においても同様(!!)なのである。これに加えて、移動端末系でも、独自ＯＳのメーカーもあるが、そこでも『トロン』（Ｉ-ＴＲＯＮ——既述の坂村＝唐津対談からの引用部分を見よ）が広汎に用いられているのである（とくに交換機に関して、本書一七〇頁の傍線を付した部分、及びその前後の論述と、是非対比せよ。実際のビジネスでは、〝C-TRON inside〟を宣伝文句としただけでアメリカから機器選定に対するクレームの来る危険性があり、ベンダーも売りにくい状況が続いていたのである〔!!〕）。

一般には、『日米トロン摩擦』は既に十年以上も昔の話、と思われている。だが、そこに実質Ｃ-ＴＲＯＮを引き継いだＮＴＴ（ＩＲＯＳに付加された自社技術ゆえ、ＩＲＯＳとＣ-ＴＲＯＮとは全く別物、と言い切れるか否かの問題）の存在をインプットした場合、別な角度から、『アメリカがＮＴＴ叩きに躍起になる理由』が、おぼろげながら見えて来るはずである。以上が、〔補論〕として『トロンとＮＴＴ』について論じた理由である（以上、平成一三〔二〇〇一〕年一二月三〇日午後八時一二分。——悩む。大晦日まで書くのか、と。このまま静かに年を越し、新たな年に書き続けるべきではないのか、と。——結局そうすることにした）。

＊　執筆再開は、平成一四（二〇〇二）年一月三日午後〇時五五分。いきなり公取のことを書く気にはなれないので（汚なくていやだから、である）、去年末に書いておいたＴＲＯＮの件を、まとめておく。

ＴＲＯＮの理想はＧ-Ｉの理想に通ずる。英語で世界を語らざるを得ない現状に対し、十数年前以来のＴＲＯＮは、Ｇ-Ｉの基本的前提たる世界各国の文化的・言語的多様性の維持、との要請を内包するOSである（であった）。それが貿易障壁だとするアメリカの対日攻勢（MS-DOS等を守ろうとするそれ）に対し、NTTは、実質C-TRONを引き継ぎ、かつ、B-TRON、I-TRON等はそれとして生きている（詳細は坂村＝唐津・前掲対談を見よ）。このNTTの営為と、既に論じたFTTH国際標準化へのNTTの、技術的・戦略的世界貢献とをあわせ考えた場合に、一体何が見えて来るのか。それについての**〝感性〟**が今まさに問われている、というのが、平成一三（二〇〇一）年の末に、私が記した事柄であった。そのことを、あえて平成一四（二〇〇二）年の新春に再叙しつつ、かくて私は、**〝技術〟を理解しようとせず、かつ、アメリカに旗を振ってばかりいる日本の公正取引委員会が、いかに「不公正」な委員会であるかという、その不純さを糾弾すべく**、新年初の筆をとるのだ。

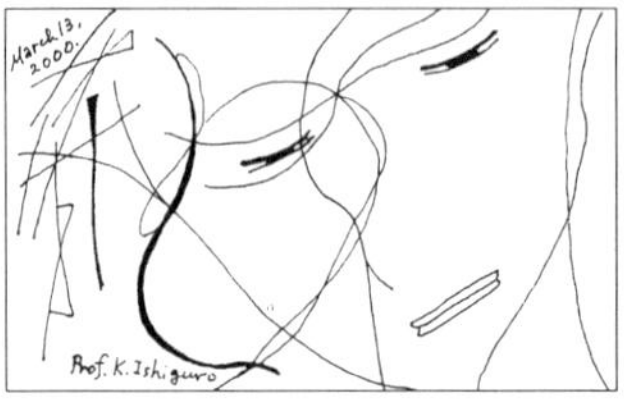

5　公正取引委員会のNTTに対する行動はどこまで「公正」か？

(1)　前提としての〝真の〟競争政策の在り方――オーストラリアのACCC（競争・消費者委員会）の営為、そして旧通産省の「Eクォリティ・ペーパー」等との対比において

〔糸田公取委委員vs.パウエルFCC新委員長――目指すべきものの圧倒的な差について！〕

a　糸田省吾公取委委員のワシントンD.C.での講演（二〇〇一年一〇月一一日）――『NTT叩き』への支援要請？

さて、**糸田省吾**公正取引委員会委員は、二〇〇一（平成一三）年**一〇月一一日**、アメリカである講演を行なった。聴衆は、ワシントンD.C.の弁護士達であり、テーマは、「日本の電気通信事業分野における競争――公正取引委員会の課題」である（Shogo Itoda, Commissioner, Japan Fair Trade Commission, “Competition in Japan's Telecommunication Sector: Challenges for the Japan Fair Trade Commission”, Thursday, October 11, 2001）。

この糸田公取委委員のアメリカでのスピーチが、いかに狭隘な視野の下になされた、アンフェアな内容のものかを糾弾し、かつ、**皮肉にも同時期になされたパウエルFCC（連邦通信委員会）新委員長のステートメントが**、いかに将来を、そして社会全体を見据えた立派なものかを、対比するのが、ここでの第一弾の作業となる。

まず、あらかじめ一言しておくべきことがある。公取委は、平成一二（二〇〇〇）年六月二二日に**「政府規制と競争政策に関する研究会」**の、本書二5⑵で批判するとんでもない中間報告書を出していた（その概要は、本書の前記〔図表⑦〕に示してある）。だが、翌平成一三（二〇〇一）年一月一〇日に、同研究会から**「公益事業分野における規制緩和と競争政策について」との副題を有する最終報告書が出された**（本書においても再三言及した）。既述の如く、この中間報告書の示すところは、平成一三（二〇〇一）年一月の最終報告書において、随分と和らげられ、**〝非対称的規制〟**ないし**〝支配的事業者規制〟**の導入への慎重な態度、そして**〝代替的ネットワーク構築へのインセンティヴ〟**を（いわゆるボトルネック対策につき）考えるべきこと、等の点が示されるに至っていた。

＊　公取委の提案？

ところが、である（!!）。二〇〇一（平成一三）年の一〇月に行なわれた**糸田委員のアメリカでの前記講演**では、専ら（研究会委員の言うことなど聞かず、事務局側が勝手にまとめたに等しい）前記**中間報告書のみが引用され**、かつ、単なる一研究会の中間報告書に過ぎぬそれが、**「公取委の提案」だとして紹介され**、『これこの通り、公取委は（アメリカの御意向に沿って）ＮＴＴを叩いてますよ』、とのニュアンスでの、対米エールが送られている、のである。〝現物〟は適宜ネット等で捜せば出て来るゆえ（霞ヶ関某所でも「捜してみたら？」と言ったらすぐ出て来た。そして、Ｓ部長は激怒していた）、ダイレクトに引用しておこう。Itoda, supra, at 2 (Need for reorganizing the NTT group) には――

"6. Therefore, in **June 2000**, the JFTC made ...... proposals as follows. ...... Second, **the organization of NTT** should be reviewed in view of the ineffectiveness of restructuring it into a holding company to promote competition. ...."

――とある。公取委の正式提案として、しかも、そのかなりの部分が引っ繰り返されたところの六月の中間報告書の方のみを、なぜ持ち出すのか（但し、それが本書二六四頁以下の「霞ヶ関での暗闘」、そしてそこでの公取委のスタンスと、直結〔!!〕していることに、十分注意せよ）。**そのやり方は、明らかに**（後述）**『アメリカに褒めてもらいたい症候群』**のゆえであろうが、『アンフェア』であろう。

この**『アメリカ向け糸田ペーパー』**の存在と内容を、霞ヶ関各所に知らせるのが、二〇〇一（平成一三）年秋の私のゲリラ的活動の一端だったのだが、ここで、この糸田ペーパーの構成（項目立て）を、まず示しておこう。『ＮＴＴ叩き』の文脈で強調される**『ＮＴＴ東日本に対するＤＳＬ関連での公取委の警告』が如何に問題を含むものであったか**は、別に後述するところだが。

計わずか七頁の Itoda, supra は――

"I.　JFTC's Role in the Telecommunication Sector
1.　(To publicize the competition policy to promote structural reform)
2.　(Is the connection charge too high?)
3.　(Revitalizing competition in the telecommunication market)
4.　(Brief history of system reforms related to telecommunications)
5.　(Fair Trade Commission's proposal for system reform)
6.　(**Need for reorganizing the NTT group**)

7. (Strict enforcement of the Antimonopoly Act for promoting competition)
8. (Promotion of competition by the JFTC as the central figure [!!])
9. (Establishment of guidelines for securing competition in telecommunications market)
10. (Contents of the guidelines)
11. (Promotion of competition by **eliminating vertical consolidation [!!]**)
12. (Competition-promoting measures by firms)
II. JFTC's Duties and Japan's Competition Policy
13. (Two functions of the JFTC: Law enforcement and policy management)
14. (Strengthening the functions of the JFTC)
15. (Strict enforcement of the Antimonopoly Act)
16. (Elimination of international cartels: Promotion of international cooperation for the enforcement of the Competition Law)
17. (Prevention of Antimonopoly Act violations)
18. (Policy Management: Reformation of regulations)
19. (Policy management: Reinforcement of the Antimonopoly Act)
20. (Substantiation of the surcharge system)
21. (Strengthening the structure of the Fair Trade Commission)
22. (Substantial personnel increase in the JFTC)
23. (Positioning the JFTC within the Cabinet Office)"

──の構成をとっている。項目を見ているだけで、かつて一九九七(平成九)年の〝行革・規制緩和の嵐〟に際し、旧通産省が『霞ヶ**関の司令塔』たらんとして**暗躍したのと同じことを、**今度は『公取委』が狙っていることが**、明らかとなる。それについての、アメリカ側からの更なる支援をとりつけたい、ということであり、その際、**『NTTをきちんと叩いてますよ』、と言いたかった**のであろう。

所詮つまらない宣伝文書だが、右の1～23の項目ごとに、ポイントのみを示しておく。なぜそんなことをするのかを、忘れないで頂きたい。パウエルFCC新委員長の後述の正しい提言と、内容プアーかつアンフェア(既述)な糸田ペーパーとを対比するため、なのである。

まず糸田ペーパーの前記1だが、日本の公取委は"a watch dog that does not bite"との、「アメリカ」側からの批判は、「完全な誤解」だとある。それを〝NTT叩き〟に即して実証せんとするのである。

だが、そう思って項目2を見ると、**妙にまともなことが書いてある**。ここだけ、ではあるのだが。つまり、**NTTの接続料金**についてのアメリカ(及びEU)の対日批判と日米間のやりとりについて、NTTも、それとの接続を求めるアメリカ企業も私企業ゆえ、"Neither government should interefere."として市場にまかせればよい、とするのである。"They should not address the issue of raising or reducing rates. Sound competition in the market will allow the rate to settle to a fair level by itself."とある。**もし糸田氏が本当にそう思っていたのなら、なぜ日米摩擦の渦中にあって、〝公取委の見解〟として堂々と論陣を張らなかったのか**。このペーパーの項目6で、糸田氏が『公取委の提案』とする既述の平成一二(二〇〇〇)年六月の研究会中間報告書においても、前記の〔図表⑦〕にあるように、NTT東西(地域会社)に対しては『接続に関し非対称的規制に合理性有り』としていたのであり、「**何を今更!!**」の感を抱く。

だが、アメリカでのプレゼンテーションに付きもののショー・アップ効果からは、項目2で相手（アメリカ側）に「アレッ!?」と思わせておいて、そのあとで聴衆の納得ゆく線を示す、ということなのかも知れない。**いずれにせよ、日米摩擦再燃のとき、糸田氏として、そして公取委として、仮りに本当に右の如く考えているのなら、今度こそ発言してもらおうじゃないか、と私は強く思う。**

糸田・前掲の項目3は頭出しの一行半ゆえ、項目4に移ると、**ＮＴＴ**について、一九八五（昭和六〇）年の民営化・競争導入では不十分であったとし、"Despite NTT's privatization and market liberalization, there was still **no free competition** in the telecommunications market."とある。**「ノー」とは言い過ぎであろうが**、それを受けて項目5では、公取委が一九九五年（!!）にＮＴＴの分離・分割を「提案」した（"In 1995, the JFTC therefore proposed that NTT be split up …… ."）、とある。そして**一九九九（平成一一）年の『ＮＴＴ再編成』**についても――

"**[N]othing had changed** …… . Consequently, competition was not promoted."

――とある。持株会社体制でも何も変わらなかった。「だから」、として、既述の項目6の**中間報告書**が、"Therefore, in June 2000, the JFTC made other proposals …… ."として引用されるのである。

この項目6の後半は、**『ＮＴＴドコモ』**にも言及し、まさに怒濤の如く（!?）ＮＴＴ批判を展開する。即ち――

"[B]ut even now it **[DoCoMo]** is controlled by NTT which owns 67% of the shares. This distorted competition in both the fixed and mobile telephone markets, and **such distortion has expanded to the whole telecommunication market.** The [JFTC's] proposal states that the situation must be reviewed urgently."

――と糸田公取委委員は述べる。右に二重のアンダーラインを付しておいた個所を見よ。ドコモがＮＴＴによって今なおコントロールされているために（移動系のみならず）固定系を含めた「全テレコム市場」での競争が歪められている、とある。**なぜそう言えるのか。アメリカ側は喜ぶであろうが、議論がラフ過ぎないか。**『ＫＤＤＩの合併』に関する公取委への前記の事前相談（二〇〇〇〔平成一二〕年三月一六日）において、公取委は、「価格競争」及び「技術」面での競争が「活発」だとして、「移動体通信分野」を見ていたのである。しかも、これは**ＫＤＤＩの「合併」**の可否という文脈を超えた、一般的な見方たること、そこで白石忠志助教授の指摘を引用しつつ、示した通りである。

やはり、糸田・前掲（項目2）の、ＮＴＴの接続料金に関する一見まともな指摘は、項目4以下の『ＮＴＴ叩き・ＮＴＴ批判』を浮き立たせるための単なる道具か、と思われる。

＊「独禁法の厳正なる適用」と「警告（単なる行政指導！）」との意図的混同？

かくて、糸田・前掲の項目7は、「競争促進のための**独禁法の厳正なる適用**」と題して、後に徹底批判するところの、**『ＤＳＬに関する公取委のＮＴＴ東日本に対する警告』**に言及する。即ち、地域網におけるＮＴＴの実質独占により、新規参入者の接続要求を「合理的理由なく（without legitimate reason）〔!!〕」ＮＴＴ側が拒絶したならば、との前提の下に、糸田・前掲（項目7）は、次のように述べる（後述の如く、『警告』は所詮『行政指導』であって、『独禁法の厳格な適用』それ自体の問題ではない。そこのおかしさにも注意すべきである!!）。即ち——

"If ……, the JFTC **considers** this to be hindering market entry and so **a violation of the Antimonopoly Act**. Last December, firms which wanted to start offering **DSL** services …… asked NTT to connect to its telephone circuits. In response, NTT attached strict conditions to the connection and deliberately prolonged the negotiations to delay the start of their businesses. It is also suspected that NTT impeded the newcomers by using the latter businesses information for NTT's own benefit. The JFTC warned NTT of **suspicion of violation of the Antimonopoly Act** and publicly announced this warning."

後述の、この『ＤＳＬに関する公取委のＮＴＴ東日本に対する警告』の裏には、世界初の試みとしての、ユーザー・フレンドリーなＡＤＳＬサービスの実現に向けた『技術』（いわゆる『ライン・シェアリング』）の視点を、公取委が意図的に（知らなかったとは言わせない——後述）無視したとの、許し難い事実がある。それはさて措くとしても、糸田・前掲のＮＴＴ叩きは、この項目7で一区切りとなる。その関係で、劇的効果を出すべく「警告」の実績を示したのであろう。

英語で"warning"と言った場合の一般的印象（語感）は、かなり強い。**白石忠志・独禁法講義**（第二版）一五四頁（二〇〇〇年・有斐閣）は、「一般常識においては『勧告』〔審決〕よりも『警告』や『注意』のほうが厳しいという印象を受ける。しかし独禁法においては、勧告は法定の処理であり、**警告や注意は非公式の処置**」に過ぎない。"語感"とは別に、「**警告**」は"**行政指導**"なのであり、不当な行政指導に対しては、行政手続法を盾に、筋を通すべきである（そうすべきであった）。白石・同前一六〇頁は、「警告」（及び「注意」）につき、「**弊害が軽微な行為**」に対して、あるいは「**確実に違反といえるかどうか公取委として自信がないときにも**」それらが用いられる、との「指摘もある」、とする。その通り、である。かつ、「警告……の行政指導〔!!〕を受けた場合」、「国家賠償請求の対象とはなり得る」が、警告それ自体に対して「上訴することはできない」（同前頁）。

その程度のものが「警告」なのであり、糸田・前掲の項目7の末尾にも、よく読めば"The JFTC warned NTT of suspicion [!!] of violation ……."とある。だが、**アメリカが最も注目するＤＳＬ**（その先の見通しが立たないから注目するのだ、との点に注意せよ）につき、"公取委がＮＴＴにウォーニングを与えた"と言えば、確かに相手は「ウォーッ」と喜ぶであろう。**下手な芝居**である（後述）。

＊ 公取委こそが霞ヶ関の司令塔？——総務省批判を含めて

この辺で、所詮詰まらぬこの糸田ペーパー（但し、**その裏にあるドス黒い雲の正体**は、これから暴露してゆく!!）につき、多少まとめておこう。これまで見たように、**糸田氏は『旧態依然たるＮＴＴのローカル・ボトルネック論』に立って、テレコムの競争政策を論じている**。そして、公取委はこれだけＮＴＴ叩きのメイン・プレーヤーとしてがんばっているのだから、とのパフォーマンスを示す。しかも、これから先の糸田ペーパーは、"省利省益"ならぬ"公取

委こそが霞ヶ関の司令塔〃論へと進む。そこには、銅線の音声通信主体の考え方しか、ないかの如くである。それは、**糸田氏が二〇〇一（平成一三）年一月の、公取委の研究会の既述の最終報告書に、意図的に（!!）一切言及しないことによって**、更に増幅されること、でもある。

ここで、次の一文を、かかる糸田氏の立場と対比すべきものとして、あらかじめお読み頂きたい。

"No matter what your view, it is important for us to identify this issue — that **competition policy must take account of our broadband deployment goals [!!]** and that we have to calibrate our judgments, and, most importantly, our expectations."

右は、糸田氏のワシントンD.C.での講演のなされた日（二〇〇一年一〇月一一日）の二週間後、同じくワシントンD.C.でなされた**マイケル・K・パウエルFCC新委員長**の、後述の講演（その4の項目の末尾）からの引用である。**「競争政策は（!!）、我々の目標たるブロードバンド〔ネットワーク〕敷設を、考慮せねばならない」、とある。この視点が、公取委の糸田委員の前記講演に、全く欠けていたこと——そこに注意すべきである。**

右の点が本書二5(1)の最初の小見出しに相当するここにおいて、最も強調したい点であり、ここからすぐに、パウエル氏の論へと一気に筆を進めたい。だが、出来ない。糸田・前掲の項目8以下において、糸田公取委委員は、**更に許し難いこと**を述べているから、である。

項目8で、糸田氏は総務省（旧郵政省）批判をする。**総務省**がテレコム規制をやっているが、公取委がテレコム市場を仕切った方が適切だ、云々とある。項目8の第四文を引用しよう。

"The Fair Trade Commission …… can take greater responsibility than the Ministry of Home Affairs, which protects and fosters the [Japanese !?] telecommunication industry ……." (Itoda, supra.)

右の糸田氏の言葉と、本書八一頁の＊の個所に引用した**アメリカ外交問題評議会タスクフォース**のペーパーとを対比せよ。旧郵政省がＮＴＴをプロテクトしている云々、の指摘である。**アメリカ側がいかにも喜びそうなことを、糸田氏が書いていることに、注意せよ。**私とて、総務省（旧郵政省）と訣別した上で本書を書いている。だが、**公取委がまともな競争政策を、ＮＴＴに対してやっていないことを**、これから示してゆく、のである。**公取委への権限集中を**、のトーンは、このあたりから、糸田氏の論において鮮明になってゆく。まさに**〝省利省益〃的論述**、である。

＊「テレコム・ガイドライン」（二〇〇一年一一月）と「『望ましい条項』の問題性」

糸田・前掲の項目9〜12は、二〇〇一（平成一三）年九月に公取委＝総務省の連名で出された**「電気通信事業分野における競争の促進に関する指針（原案）」**についてであるが、これまた「俺が大将」的に、**総務省との共同作業たることは、何も示されていない**。あたかも公取委だけでやったかの如く書かれている。総務省側は、**糸田公取委委員の暴走**に注意すべきだ、と忠告のみしておいたこと、もとよりのことである。

ちなみに、このテレコム・ガイドライン案については、**白石忠志「電力適正取引ガイドラインの特徴」**（二〇〇一年九月執筆。同助教授のホームページで、既に公開されている〔www.tadashishiraishi.com〕）の末尾5において、重要な指摘がある（この部分は近々拡充される予定）。即ち、「電力適正取引ガイドライン」が先例となってテレコムのそれが作られたが、**「電力と通信は対照的」**だとされる。即ち、電力の場合には、**事業法と独禁法の「事実上の棲み分け」**がそれなりに志向されていたが、**テレコムの場合には「独禁法とのほぼ全面的な重複」**であり「二つの法律（二つの官庁）の棲み分けの糸口を見つけるのは容易でない」、とされているのである（以上、引用は白石・前掲論文）。しかも、白石・前掲論文4⑶の言う**「『望ましい』条項」**が、テレコム・ガイドラインについてもある。「競争を一層促進する観点から事業者が採ることが望ましい行為」のことだが、これは、電力ガイドライン以来のものであり、**従来の種々のガイドラインとは「異質」**（白石・同前4⑶第一パラ末尾）なものである。白石・同前4⑶のやんわりとした批判は、実際上重大な問題を提起するものとして更に強調すべきものだが（以上につき、白石忠志「電子社会と競争政策」中里実＝石黒共編著・電子社会と法システム〔二〇〇二年・新世社〕二七〇頁以下を見よ）、それはともかく、既述の、**規制上の「全面的な重複」**につき、考える必要がある。公取委の二〇〇一（平成一三）年一月一〇日の、**糸田氏があえて言及しない研究会最終報告書**の二四頁には、「ドミナント規制」導入へのその批判的立場との関係で、「**独占禁止法との重複規制により規制体系を複雑化し、事業者の円滑・自由な事業活動を阻害するおそれ**」が、指摘されていた。しかるに、テレコム・ガイドラインはまさにその道を突き進み、かつ**「『望ましい』条項」**によって、更に事業者に不安を与え、のみならず、それらの不明確・不透明（!!）な網の下で、**『警告』**という強い語感の〝**行政指導**〟による、対社会的&対米のアピールを、NTT問題に関して行なっている（後述）、のである。事ここに至れば、ここで示している糸田氏のペーパーが、糸田氏個人のものと、どこまで言えるかが、多少なりとも明らかになって来るはずである。

ちなみに、糸田・前掲の項目12に「**『望ましい』条項**」について三行半の指摘があるが、その前の項目11は、二〇〇一（平成一三）年九月末、私なりに**公取委の尻尾を摑んだ**と実感したところの、後述の**『ＯＥＣＤ構造分離』**報告書と直結する。テレコムの「ドミナント」なオペレータについて、**“eliminating vertical [!!] consolidation”**をすることによる競争の促進、である。

糸田・前掲の項目13以降は、Ⅱ.として公取委の権限拡大を訴え、項目14で**小泉政権もそれを後押し**している、云々ともある。**『公取委を霞ヶ関の司令塔に!!』**と訴え、アメリカからの更なる支援を求めるが如き項目18から、左に引用をして、糸田氏とはサヨナラをしたい。そこには——

“[W]ithout reforming the bureaucratic regulation system that stifles competition ……, a competitive market cannot be established. …… It is also important to specify in the Antimonopoly Act that the JFTC will also address regulatory reforms.”

——とある。そこにあるのは、まさに〝官僚主義的〟な、権限拡大願望であろうが!!（公取委の二〇〇一（平成一三）年一月の研究会報告書においても、同様の意図が示されていたことに、注意せよ。）——しかも、規制全分野についての権限拡大、である。だから私は、アメリカでの同国弁護士達向けのスピーチゆえ分かるまい、と油断して書いたであろうこの糸田ペーパーの存在を、ことさら霞ヶ関各所に知らせ、注意を喚起しておいたのである。

＊　＊　＊　＊

新年早々、つまらぬペーパーを相手に書かねばならぬアホらしさを、**パウエルＦＣＣ新委員長による華麗なるアメリカ通信政策の大転換(!!)**について論ずることにより、払拭したい。今、一月三日午後五時三八分。今日という日が、こんなことで終わるのは、絶対いやだ。まだ時間がある。少しでも書いておこう。

＊　＊　＊　＊

b　パウエルＦＣＣ新委員長の政策提言（二〇〇一年一〇月二五日）——従来のＦＣＣの政策の大転換!!

石黒・法と経済（一九九八年・岩波）九三頁において、私は、（従来の**！**）「ＦＣＣのように、なるべく相互接続料を安くしようとする姿勢からは、**新たなテレコム・インフラ整備を新規参入事業者が行なうインセンティヴが薄れる**、という問題」が生じると述べ、「『**本当の意味での競争の実現**』として、何をイメージするかの問題」がそこにある、と論じた。また、本書においても、（既述の問題性は別として）公取委の二〇〇一（平成一三）年一月の研究会報告書五頁以下が、いわゆるボトルネック的「ネットワークの開放」と共に、「**代替的ネットワーク構築の促進**」策がある、としている点を、評価しておいた。

本書におけるこの部分の小見出しにもある「**〝真の〟競争政策の在り方**」については、とくに、既に旧通産省（現経済産業省）の**eQuality Paper**にも言及しておいたし、他方、ＡＰＥＣ宛提出ペーパーの邦訳・解説たる貿易と関税二〇〇一年一月・二月号の連載においても、とくに同・一月号五一頁以下で同様の点を論じ、かつ、同・五五頁において、**オーストラリアＡＣＣＣのＡ・アッシャー氏**の、消費者政策・競争政策を共に担当するＡＣＣＣならではの、バランスのとれた提言について紹介しておいた。

ところが、**接続料金問題のみならず、すべてについて今が今の競争促進に明け暮れしていたアメリカのＦＣＣの政策に、根本的な反省の念が生まれつつある**。それが、パウエルＦＣＣ新委員長の、一連の政策提言である。しかも、**それが例の糸田氏のアメリカでの講演に、非常に近接した時期になされたものであることは、〝ザマー見ろ〟的な皮肉である**。もとより、パウエル新委員長の下での政策転換が実際の〝**地殻変動**〟をどの程度、また、どの位の年月をかけて起こすかは、いまだ未知数ではあるが。

まず、Remarks of Michael K. Powell, Chairman, Federal Communications Commission, At the National Summit on Broadband Deployment (Washington, D.C., **October 25, 2001**)を見ておこう (http://www.fcc.gov/Speeches/Powell/2001/spmkp 110. html)。

＊「消費者重視」と「ブロードバンドに関する規制緩和」

その冒頭には、「ブロードバンド」こそが「アメリカの中心的な**通信政策の目標**」であり、その敷設（**deployment**——ネットワークのそれ）が、国家そして世界に大きな恩恵をもたらす、とある。そこで言う「ブロードバンド」の定義に『光ファイバー』が入っていないこと（なお、「ブロードバンド」の用語法が日本でもあいまいに「なって来ている」ことについては、本書においても既に述べた）は、**アメリカゆえの不幸**（既述）だが、パウエル・前掲の1の第三パラグラフには――

"Broadband is not a copper wire. It is not a coaxial cable. It is not a wireless channel. It is all of these things. The capability can ride on many platforms (and should) in order to tailor solutions to consumer patterns and interests."(Powell, supra [Oct. 25, 2001].)

――とある。右に「**消費者**」の語が出て来るが、実は「**消費者重視」はパウエルＦＣＣ新委員長が最も強調する点の一つ**である。糸田・前掲ペーパーには、何ら登場しない言葉、である(!!)。

パウエル・同前の項目２は"How should we measure broadband deployment progress and success?"と題し、その第三パラで、（これもアメリカゆえのことだが）二〇〇一年中にはアメリカの「**家庭**（**households**〔!!〕）」の四五％が**ＤＳＬ**へのアクセス可能な状況にあり、種々の（ＣＡＴＶ等も含めた）broadband availability は全米で八五％なのに、実際にアメリカの「**家庭**（**households**〔!!〕）」の一二％しか、それを利用していない、とする。その理由を問うことから、大きな方針転換がもたらされるのである。そして、**著作権の問題**（**Napster** **問題!!**）にまで言及しつつ、２の項目のパラグラフでは――

"Demand may not be the right measure to justify governmental intervention, but it tells us a great deal about **how central this innovation is to our lives and how highly consumers value it.**

It is important to identify patterns of deployment to see if market failures [!!] are barring deployment in certain areas of our Nation." (Powell, supra [Oct. 25, 2001].)

「**市場の失敗**」もさることながら、既述の意味での、**従来のＦＣＣの「規制の失敗」**が大きかった、とは思われるが（この点は、更に後述する）、ともかくＦＣＣの方針転換を促すための〝表現〟と割り切るべきであろう。

続く項目３の第一パラでパウエル氏は、"**Market failure** might demand a government response, but **market challenges** should be left to market players."と述べ、『**ブロードバンドに関する規制緩和**』（!!――**例の電通審第一次答申における形容矛盾的『インセンティブ規制**』と、明確に対比すべきそれ!!）へと、論を進めるのである。即ち、パウエル氏は同前・項目４で、政府にとって「ブロードバンド・ディプロイメント」のためにとり得る方法、を問う。その際、常に"consumers or providers"として、**消費者**（即ち、ディマンド・サイド!!）が念頭に置かれていることにも再度注意すべきだが、補助金・税制優遇等に続き"**Removing Legal Barriers**"とあり、そこが最も強調されている。この小項目の第一パラで"Stimulating content creation might involve **a reexamination of the copyright laws**,"などとあり、私としては拍手喝采したいところだが（石黒・前掲法と経済一八一頁以下参照）、この小項目の第三パラには、まさに引用するに足る個所がある。即ち――

"**I believe strongly that broadband should exist in a minimally regulated space [!!]. Substantial investment is required to build these networks and we should limit**

regulatory costs and uncertainty. We should vigilantly guard against regulatory creep of existing models into broadband, in order to encourage investment. …… Innovation is critical and can be stifled by constricting regulations.……." (Powell, supra [Oct. 25, 2001].)

＊　パウエル氏の「『ブロードバンド敷設』への信念」——糸田氏の見解との対比において

右は、ブロードバンド・ネットワーク敷設のための「投資インセンティヴ」確保の観点から、従来型規制枠組の「ブロードバンド」への侵入を防ぎ、それを最小限の規制領域とすべきだ、との強い信念の表明、である。公取委の糸田委員がそれにのみ固執していたところの、公取委研究会の前記二〇〇〇（平成一二）年六月の中間報告書において、「研究開発」の視点、従ってイノヴェーションの視点がそもそも欠落していたことを、本書の〔図表⑦〕で再確認しておくこともまた、必要なことであろう。

糸田氏は、**日米構造協議以来の日本の公取委の守護神たるＵＳＴＲ**の方ばかりを見ていたのかも知れないが、右に示したパウエルＦＣＣ新委員長の「ブロードバンド敷設」に向けた〝信念〟について、**糸田委員はどう思うのか。そこだけは聞いておきたい**。なぜなら、右引用部分の二つ先のパラグラフにおいて、既に引用したパウエル氏の、"[C]ompetition policy must take account of our broadband deployment goals……."との言葉があるから、である（ここまで書いたら、少しスッキリした。あとは明日にまわそう。以上平成一四〔二〇〇二〕年一月三日午後七時八分。——執筆再開、同年一月四日午前一一時三八分）。

パウエルＦＣＣ新委員長は、右に引用したペーパーの日付の二日前、二〇〇一年一〇月二三日に、ＦＣＣのプレス・コンファレンスにおいて、同様の方針を打ち出している。Michael K. Powell, Chairman, Federal Communications Commission, Press Conference, **October 23, 2001**: "Digital Broadband Migration" Part IIである。右にはパートIIとあるが、ＦＣＣのサイトから全体像を摑み取ることは容易ゆえ、ここでは右のペーパーの骨子を示すのみで十分と考える。

「マイグレーション」という言葉を用いて、「ディジタル・ブロードバンド」の世界への「移行（移住）」——そこが在来型のテレコムの世界とは別の場所であること——を訴え、**規制面でも別扱いする必要のあることが**、強調されている（Powell, supra [Oct. 23, 2001]: Introduction.）。この文書はＦＣＣとしてのアジェンダ・セッティングのためのものであり、右の標語のための「**規制上の諸原則**（**regulatory principles**）」が、そこに示されている（Id.: Introduction [3rd para.]）。キイとなる政策上の課題としては、次の五つが示されている。即ち、"(1) **Broadband Deployment**, (2) **Competition Policy**, (3) Spectrum Allocation Policy, (4) Re-examination of the Foundations of Media Regulation, and (5) Homeland Security" の五つである。「九月一一日」のテロ以降のことゆえ、右の(5)も登場する訳だが、ここでは(1)(2)に重点を置く。

〝二〇〇〇（平成一二）年一二月のＮＴＴをめぐる諸状況〟を延々と批判して来た**私にとっては、パウエル氏の一語一語が、それこそ宝石のように貴い**。日本の通信政策・競争政策が早く正気を取り戻して欲しい、とも思うものだから、Id.: I. Broadband Policy の冒頭から引用しておく。

"**The widespread deployment of broadband infrastructure [!!] has become the central communications policy objective today**. It is widely believed that ubiquitous [!!] broadband deployment will bring valuable new services to consumers, stimulate economic activity, improve national productivity, **and advance many other worthy objectives** —— such as improving education, and advancing economic opportunity for more Americans. We share much of this view and intend to do our part in advancing reasonable and timely deployment. We will set out a comprehensive framework to give targeted attention to issues that affect broadband deployment."

全米至るところに（ubiquitous）ブロードバンド・インフラの敷設（deployment）をタイムリーに行ない、それにより、あくまで消費者を最初に立てつつ、（経済的価値だけでなく!!）教育等の価値ある諸目的を達成する——**そのための通信政策の提示**、なのである。「ブロードバンド」を「光（『HIKARI』）」に置き換えれば、本書を通して再度訴えた私なりの（GII構築上の）理念と一致する。

この「ブロードバンド・ポリシー」の「主要な目的」は五本の柱から成る。重要ゆえ便宜番号を付して示しておく。

"① The Nation should commit to achieving **universal availability of broadband**.
② Broadband service should exist in **a minimally regulated space**.
③ There should be mulitiple broadband platforms.
④ Promote universal service objectives in economically sound way.
⑤ Do not let definitional battles define regulatory treatment."

右の①についても、パウエル氏は「**消費者の自由な選択（consumer free choice）**」を重視し、かつ、（現実の）利用可能性（availability）を強調する。

②が、**競争政策・規制政策**と関係する。既に一〇月二五日付けの同氏のペーパーに即して示した点だが、**重要なのは**、「**相当な投資が必要だから我々〔FCC——規制者〕は規制コストと規制上の不確実性を減ずるべきである**」（原文では、"**Substantial investment is required to build out these [broadband] networks and we should limit regulatory costs and regulatory uncertainty.**"）、との**基本的政策判断**である。

＊ 日本の「テレコム・ガイドライン」の『望ましい条項』との対比

これに対し日本では、公取委・総務省の既述のテレコム・ガイドラインが、白石・前掲論文（二〇〇一年九月段階での同論文末尾参照）の説くように、事業法・独禁法の「ほぼ全面的な重複」となっているのみならず、既述の「『望ましい』条項」を広汎に設け、白石・同前論文4の末尾に（電力ガイドラインに即して）示されているように——

「『望ましい』条項に反する行為をする場合、事業者は、行政指導〔公取委の警告等——後述!!〕をはじめとするインフォーマルな行政活動のレベルで、一定のプレッシャーを受けることになろう。**制定法上は、事業者は、独禁法に違反しない限り、独禁法上の命令等を受けることはない**〔!!〕。しかし、『望ましい』条項に反する行為をおこなった（おこなおうとする）事業者は、審判や裁判で争うという段階よりも前の段階で、**みずからの行為に問題がないことを行政担当者に対して説明するコスト**〔!!〕を負担することになり、行政担当者を説得できない場合には当該行為の取りやめを余儀なくされるという**リスク**も生じよう。」

――といったことになる（中里＝石黒共編著二八六頁以下の白石助教授の指摘と対比せよ）。その〝実例〟とその問題性については、『**DSLに関する公取委のNTT側への警告**』に即して後に論ずる。だが、パウエル氏、否、アメリカのFCCは、まさに「ブロードバンドへの投資」（そこから社会経済が得られる諸価値!!）との関係で、「規制コスト及び規制の不確実さ〔『**望ましい**』**条項**」など、その典型例であろう!!〕を減ずるべきだ」、としているのである。**関係者は、即時猛省を要する。**

ちなみに、前記②には、「消費者の需要」に言及しつつ、次の指摘もある。これまた、重要な点であろう。即ち――

"**Innovation is critical and can be stifled by regulation**. Our regulatory focus should be on demonstrable [!!] anticompetitive risks and discriminatory provisioning." (Powell, supra [Oct. 23, 2001].)

「**技術革新を窒息させる規制**」――日本での展開は、（技術を無視することによって!!）まさにそうであった。そして今やFCCは、「**論証できる**（**demonstrable**）」反競争的・差別的行為に規制の重点を絞ろうとしている。テレコム・カイドラインの「『望ましい』条項」は、**まさにこれと逆行する**。白石・前掲論文（ネット上のそれにおいては、その4⑶）にあるように、（テレコム・ガイドラインでも同じことだが）「**問題の起きそうのない行動を『望ましい』としていること自体の政策的当否が**、鋭く問われねばならないはずである。他方、あいまいな行政指導として『警告』を発する癖が公取委に、対NTTで生じつつあること（後述）も、この流れで猛省を要する点である。**だが、妙な行政指導については、それを受けてしまう側（NTT!!）の問題もまた、大きい。違反を「論証できる（demonstrable）」なら正式の審判手続でやってくれと、何故言えぬのか。弁護士が「まあまあ」と妥協的姿勢を示すなら、そんな弁護士は斬り捨てるべきである**(!!)。

バウエル氏の前記①～⑤の指摘に、ここで戻ろう。

③もそれなりに極めて重要であり、"We should try to avoid the 'one-wire' problem that has precipitated heavy regulation ……. Broadband is a functionality, not a particular platform. Broadband data capability will infect all communications medium including telephone, cable, and wireless/satellite systems." とある。これを『**アメリカの対日テレコム通商政策**』にあてはめ、私の言う『**ミラー・アタック**』を試みるべきである。右の③は、日本に置き換えると、〝**NTT東西のローカル・ボトルネック打破**〟がすべての前提、と**考えることのおかしさ**を示している。「ブロードバンドは〝機能〟なのだ」との視点から、様々な代替的メディアの並存が示される。既述の〝**「代替的ネットワーク構築の促進」策**〟（公取委研究会二〇〇一〔平成一三〕年一月報告書）とも、結びつく指摘である。

④のユニバーサル・サービス関連は省略するとして、⑤に行くと、

そこでも"Broadband regulation must be thoughtfully crafted to account for new characteristics and the state of market."との重要な指摘がある。

＊ パウエル提言におけるアメリカのテレコム競争政策の大転換——「真の競争政策」を目指して

この①〜⑤に即したＦＣＣの行動（Commission Actions）が、パウエル・同前に、続いて示されているが、次の項目たる「II. 競争政策」は、極めて重要である。純粋法律的にも、である。

Powell, supra [Oct. 23, 2001]: II. Competition Policy には、一九九六年連邦通信法の下でのパウエルＦＣＣ新委員長の、重大な決意が示されている。「競争促進」のための同法成立後、様々な事が起きたが（however [!!]）、"[I]t is time to reconsider the best approach to achieving meaningful competition [!!]."、と冒頭にある。**その含意は、既述の、「長期増分費用モデル」を含めたＦＣＣの従来の政策が、「意義深い競争」を、必ずしももたらさなかった、との点にある。**この点は"Principal Objectives"の冒頭に——

"Facilities-based competition is the ultimate objective."

——とあることからも知られる。既に石黒・法と経済九〇頁を引用して再論したように、接続料金を安くすればよい、との思い込み（従来のＦＣＣの政策）からは、ネットワークの新規敷設による、**「設備ベースでの競争」**へのディスインセンティヴが生じてしまう。実際、アメリカはその道を辿り、かつ、その過程で、既に論じたような**「訴訟の嵐」**に、ＦＣＣは曝された。それを抜本的に改め、**設備**（ネットワーク）**を競争者にも敷設させるように持ってゆくこと**により、"This would decrease reliance on incumbent networks, provide the means for truly differentiated choice for consumers, and provide the nation with redundant communications infrastructure." という方向に持ってゆこうとするのが、パウエル氏なのである（パウエル・同前II.の第二パラには"It is time to make prudent course corrections [!!] in our [FCC's] policies."ともある）。しかも、同前II.の第四パラでは、かかる政策変更を行なうに際し、何と**"the best hope for residential consumers [!!]"**という言葉を用いている。大都市部や大企業・金持ちのための（ＩＰないし）ブロードバンドではないのだ、とのパウエル氏の考え方は、まさに私の信念とも通ずる。

かくて、様々な設備（ネットワーク）が潤沢（**redundant**）に並存する「国家」の構築を目指すパウエルＦＣＣ新委員長の政策提言は、前副大統領アル・ゴアの説いたＧＩＩ（世界情報通信基盤）の理念とも、アイオワ州の全州的光ファイバー網たるＩＣＮ構築の理念とも一致する（但し、Powell, supra [Oct. 25, 2001]: 4. What are the tools and solutions available to government?: "The Government Can Aggregate Demand"の第二パラで、全米各地のコミュニティの努力を例示する際、"for example, in Berkshire and Cape Cod, MA, and Evanston, IL"とあるのみで、アイオワのＩＣＮに言及がないのは、一体なぜなのか？——それに言及すると、「ブロードバンド」と「光ファイバー」との関係につき、言及せねばならなくなるから、なのか……）。

ともかく、「II.競争政策」の項で、パウエル氏は、とりわけ"residential consumers"のためには、ＣＡＴＶや無線（としか言えないアメリカの悲しさ、そしてそれと異なる日本の状況については既に論じた!!）が「ブロードバンド・プラットフォーム」となるであろう、と述べた後、本書二4で論じた「**接続料金問題**」との関係でも、重要な指摘をしている。即ち、Powell, supra [Oct. 23, 2001]: Ⅱ. Competition Policy, Principal Objectives の第三項目として――

"• Simplified, Enforceable **Interconnection Rules**.

Where interconnection is required, performance measures should be concise, clear and rigorously enforced. **Such rules should provide incentives [!!] for investment in facilities.**"

――と述べている。接続ルールがブロードバンド（日本では、更にその先の光〔!!〕）ネットワーク敷設――そのための投資――へのインセンティヴを与えるようなものたるべきことが、そこに示されている（!!）のである。

これまた、本書二4で種々論じて来た点と符合する、重要な点である。

以上が、二〇〇一（平成一三）年一〇月二三日のパウエル氏のステートメントとして、本書が着目する重要な点である（なお、「Ⅲ・**周波数割当政策**」では「市場オリエンテッドな割当政策」が打ち出されているが、それだけ見て**欧州の周波数オークション**と同じ道をアメリカが歩む、と短絡してもらっては困る。〝周波数〟を得た者がそれを実際に用いる〔!!〕インセンティヴが現状では乏しい、との判断の下に"We must …… ensure that we maximize the use of available spectrum to the extent technically possible. Through this, we must continue to highlight and advance new spectrum efficient technologies……," として、『技術の視点』も、十分にそこにインプットされていることに、注意すべきである）。

更に、同年一一月八日には、ＦＣＣの新ルール案に関して、パウエル氏のステートメントが出されている（Separate Statement of Chairman Michael K. Powell, Re: Notice of Proposed Rulemaking, Performance Measures and Standards for Unbundled Network Elements and Interconnection et al., CC Docket Nos. 01-318 et al., **Nov. 8, 2001.**）。

これまた極めて重要である。従来は、**新規参入者側に有利に、既存事業者のネットワーク要素を『分離（アンバンドル）』して、使いたいところだけ（しかもなるべく安く）使わせろ、の一点張りだった政策が、大変革を受けようとしている、のである。**パウエル氏の基本観からは、当然そうした正しい展開となる。そこでもパウエル氏は、一九九六年連邦通信法につき、"[T]he statute's goal of facilitating broadband deployment **to all Americans [!!]**" に照らして"**examination of our unbundling regime**"を行なう（パウエル・同前第三パラ）、としている。しかも、同前・第五パラでは、既述のアメリカ国内での『**訴訟の嵐**』が、従来のＦＣＣによる、一九九六年法に対する"overly aggressive statutory interpretation"によることを示唆しつつ、そこからのロスが大きかったことまで、匂わせている。そして――

"Just as importantly, such interpretation may drain critical resources away from carriers' efforts to bring consumers new products and services and to invest in existing and newer technologies and infrastructures. …… **I firmly believe** that the requirements we propose here are those that will generate **real competitive choices [!!] in the long run [!!]**."

――とある。石黒・法と経済でも批判した従来のＦＣＣの、短期的思考に基づく問題ある政策は、かくて、パウエルＦＣＣ新委員長の下で、**まさに〝地殻変動〟と言うに足る大転換を**、始めつつあるのである。しかも、この方向性は、私が何年も前から主張して来たところの、**『正しいと私の信ずる道』**を指し示している。そのことに、一刻も早く日本の規制者・為政者達は、気付くべきである(!!)。**『アメリカは変わりつつある』**のである。彼らが「ともすればアメリカのうしろに世界があると考え、アメリカに自己をあわせることが国際化であり、国際調和であると錯覚する」（石黒・国際摩擦と法――羅針盤なき日本〔一九九四年・ちくま新書〕六頁。なお、同書は品切れゆえ、出版社の許しを得て、信山社から、改訂の上、再度二〇〇二年に出版した。その〔新版〕では二頁、となる）人々ならば、なおさら、**『もっとしっかりとアメリカを見ろ』**、と私は言いたい（ちなみに、通信興業新聞平成一三〔二〇〇一〕年一一月一二日付けの「社説　ブロードバンド・サービスの規制」に、パウエル氏の前記一〇月二三日のステートメントと総務省方針との大きなズレが、正当に批判されている）。

＊　＊　＊　＊

ところが、である。**わが公取委（Mr. Itoda & others !?）**は、ＯＥＣＤを使って、**一体何をしようとしたのか**。それを次に暴露する（以上、平成一四〔二〇〇二〕年一月四日午後三時六分。点検に入る。点検終了、同日午後五時一五分。今日はこの位にしておこう。二か月前分についての妻の初校も、もうすぐ終わるし……）。

〔ＯＥＣＤ『構造分離報告書』――序説〕

＊　二つの公正競争基準と独禁法の「厳正な適用」

ここまでの論述を通して示したように、現在の日本の公取委は、いわゆる**『規制改革』の流れに乗り**、本来の独禁法に基づく営みとは別に、政府規制全般につき、各省庁を従える**『霞ヶ関の司令塔』**たらんと腐心している。小泉政権が要員の増員を含めてその後押しをしている云々と、前記の**糸田公取委委員**のアメリカでのスピーチにあるのも、その一端であった。そして、**〝小さな公取委〟**をそのような存在に格上げしてくれる最大の味方は、**ＳＩＩ**（日米構造協議）**以来のアメリカ**、であった。即ち、日米通商摩擦でアメリカ側が示す対日姿勢、とくにそこにインプットされた**『歪められた競争の観念（the distorted notion of competition）』**（!!）**こそが、彼ら（日本の公取委）の追い風となった**、のである（これから、まさにその点に肉迫してゆく）。

その良い例が、**「競争回復措置」としての企業分割に関する独禁法八条の四**（昭和五二年法律六三号による追加）**とは別に**（!!）、**公取委側がＮＴＴの〝構造分離〟を打ち出して来ていた**こと、である。**独禁法八条の四の但書後段は**、同条に基づく分割（条文上は「営業の一部の譲渡その他……競争を回復させるために必要な措置」）について、**「ただし……国際競争力の維持が困難になると認められる場合及び……競争を回復するに足りると認められる他の措置が講ぜられる場合は、この限りでない」**との制約を課している。しかも、この制約をクリアーした後においても、同条二項で「当該事業者に雇用されている者の生活の安定について配慮しなければならない」、ともある。これとて、ＮＴＴ東西について語る場合には、リップ・サービスで済まされる問題ではない。

私が一九九五年夏以降のＮＴＴ分割論議の本格化（その結果が九九年夏のＮＴＴの〝再編成〟であった）に際して、**「資本主義社会における『企業分割』の重さ」**に言及し、**独禁法八条の四**を挙げて論陣を張った（石黒・通商摩擦と日本の進路〔一九九六年・木鐸社〕三六一頁以下、とくに三六三頁以下）のも、ズバリ独禁法八条の四に基づきＮＴＴ分割を、それこそ**〝厳正な独禁法の適用〟**（既に扱った糸田**公取委委員**のアメリカでのスピーチの第七項目〔"Strict enforcement of the Antimono-poly Act for promoting competition"〕——但し、そこで何が一体、対ＮＴＴの具体例とされていたかの点に、再度注意せよ）において、**そもそもなし得ない状況下**であるのに、何故〝分割〟に飛びつくのか、との思いが強かったから、である。そこで石黒・同前三六四頁の〔追記〕でも——

「『公正競争』と言うとき、**『二つの公正競争基準』**が未整理のまま混在し、実際には独禁法〔八条の四〕でも無理な状況下で、ＮＴＴの『分割』がなされようとしている……。」

——と指摘したのである。私のこの問題関心は、**石黒・法と経済**〔**一九九八年・岩波**〕一六一頁以下の**「公正競争論と不公正貿易論との交錯」**へとつながり、そして、貿易と関税二〇〇一年一・二月号の連載において邦訳した**ＡＰＥＣ向け提出文書**においても、かかる**「歪められた競争概念」**の克服（例えば同・一月号五五頁下段末尾を見よ）に、重点を置いたのである。

その意味では、**『公取委を霞ヶ関の司令塔に』**との不純極まりない欲求を内包しつつも、本書で再三言及した公取委の、政府規制等**と競争政策に関する研究会・公益事業分野における規制緩和と競争政策**（二〇〇一〔平成一三〕年一月・**最終報告書**〔!!〕）一五頁には、「第四　市場支配的既存事業者の組織の在り方」の「１　有効競争促進のための組織の見直し」の項において——

「……**独占禁止法の厳正な執行**〔既述の点に注意せよ〕……のような〔一連の——同頁参照〕**措置を採った上でも、なお有効な**競争が促進されない場合においては、統合の効率性や株主利益等についても配慮しつつ、市場支配的既存事業者の**垂直的統合や企業結合関係**の在り方といった組織それ自体について見直しを行うことも重要な選択肢の**一つ**であると考えられる。」

——とあり、〝独禁法の厳正な適用〟（**『警告』**は、**単なる行政指導**であること、既に糸田公取委委員のアメリカでのスピーチを批判する際に、示した通り）等の諸措置がとられた上でも、なお駄目ならば……、との**〝最後の手段〟**として、条文に関する明示はない〔!!〕ものの、**独禁法八条の四**に基づく措置が位置づけられている、と見得る。もっとも、同研究会・同前（一五）頁には、すぐ続いて**「ＮＴＴ再編」**後の**「現状において」**は、「持株会社方式の見直しやＮＴＴグループ内企業に対する出資比率の引き下げ等……の検討を行うことも必要」、とある。

この同じ頁の、右に引用した前半部分と、右の後半部分は、実は矛盾している。独禁法（八条の四以外の）の「厳正な執行」が、一体ＮＴＴに対して（正式の排除措置として）行なわれていたのか。否であろう。そうした事例は、過去において、なかったはずである。それなのに、**「現状において」**、なぜ**〝最後の手段〟**としての**〝組織の見直し〟**の**『検討』**が**「必要であると考えられる」**のか。

実際、右に〝一字下げ〟で引用した部分（同前・一五頁）にも、独禁法八条の四の文言をしっかりとは踏まえていない（!!）説明がなされている。このような形で、公取委は、〝独禁法の厳正な執行〟から離れて、『毒性のあるアメーバ』がamorphousな触手をのばすように、『規制改革』全般を手にしようと画策しつつあるのである（同報告書一九頁以下の「規制改革において公正取引委員会の果たす役割」としての、「政策提言活動等」の項を見よ）。

公取委が、厳正な法の執行を離れて、法に縛られない（!?）〝政策提言〟（既に示した糸田氏のペーパーに言う〝Policy Management〟がそれに相当する）を行ない、その過程で、極めて不透明・不合理で、かつアンフェアとさえ言い得る『DSLに関するNTTに対する警告』などを、出してゆくのである（後述）。これは（アメリカの不公正貿易論的対日主張が、必ずしも長期的に見てアメリカに利益をもたらさない、と信じつつ私がそれと戦って来たのと同様に!!）公取委にとって、長期的には、〝危ない橋〟となるように、私は思っている。

＊　＊　＊

その公取委の〝暗躍〟の場が、実は、かのOECDであった、というのがこれから示すことである。公取委の前記研究会最終報告書でも、あいまいながら（既述）、独禁法八条の四の文言に示された通り、企業の〝構造分離〟は、個々的な排除措置（独禁法の厳正な執行）でも駄目な場合のための、最後の手段だったはずである。ところが、既に一言しておいたように、「これまではまともだったOECD競争法政策委員会〔CLP〕」が、〝妙なペーパー〟を了承してしまった。二〇〇一（平成一三）年三月二三日のことである。それが、以下において批判する『OECD構造分離報告書』である。同報告書の、NTT関連の誠にいやらしい書き振りについては、既に示したが、「そもそもなぜ『構造分離』をいきなり持ち出すのか」が問題である（一体全体、そんな競争政策があり得るのか、ということである!!）。そこで、二〇〇一年の「夏休み中」に書いた論文（(財)トラスト60の国際金融・貿易法務研究会報告書に所収）の主要部分を、以下において〝転載〟する。

なお、『電力もテレコム（NTT）も同じ理屈で斬られる』ことになるこの報告書については、同年九月末に更なる動き（!!）があり、それを背後から潰すための私なりの活動中に、〝公取委〟がスッとあらわれて、それを阻止したのだが、この点は、次の小見出し（〔……その後の不純な展開〕）で扱う（従って、以下の〝挿入〟にあたっての当面の相手は、OECDそれ自体となることに、注意されたい）。

（石黒・(財)トラスト60国際金融・貿易法務研究会報告書（二〇〇二年）――『OECD構造分離報告書』批判）

a　はじめに

まず、同報告書についての、わが友井手秀樹教授（慶応大学商学部、産業組織論）の『電気新聞』二〇〇一（平成一三）年八月一七日「時評――規制産業の構造分離は必至?」と題した論稿から見てゆこう。但し、「構造分離は必至?」というタイトルは、意識の低い編集サイドのつけたものであり、彼の真意とは異なる。既述の如く、二〇〇一（平成一三）年三月二三日に「競争法・競争政策委員会」での「報告書」の採択があり、同年「四月に〔OECD〕理事会において……『勧告』が採択」された（井手・同前）。内容的には同じであり、井手教授の言葉を引用すれば――

「いずれも、独占的部分（ボトルネック）と競争的部分とを併せもつ垂直的に統合された企業が、競争的分野の競争を制限しようとするインセンティブをもっており、競争を維持・促進するためにはどのような政策アプローチが必要かを中心的な問題として捉えている。」

だが、井手・同前の説くように、「ただし、『勧告』は〔構造〕分離を勧告しているわけではない」のだが、「ボトルネック部分を〔構造〕分離すれば、すべての企業が対等な立場で競争し、可能な限り最大限、競争が進展する」との「認識」が、この「勧告」にはある。そう言った上で、「OECD参加加盟国に対して、自由化・民営化の決定を行う際に、垂直的に統合された企業の統合と分離のメリット・デメリットを慎重に比較し、分離について真剣に検討することを促」すのが、この「勧告」である。

「勧告」のベースとなった「報告書」の方は、「最も適切な政策アプローチは問題となる状況に依存しており、産業毎、国毎に異なっている」と、一応まともなことは言いつつ、その上で、「垂直分離のメリット・デメリットを比較考慮した後、垂直分離の方が競争促進に効果的」、としているのである（井手・前掲）。

むしろ問題は「垂直分離」の「デメリット」の方であり、「範囲の経済性（取引費用の削減、情報の利用可能性等）の喪失」、「垂直分離に伴う社会的コスト大」が挙げられているが、「メリット・デメリットに関する実証分析は示されていない」〔!!〕（井手・前掲）。そうであるのに、なぜ「構造分離」が最も適切だと言えるのか。そこが、そもそもおかしいのである。

井手・前掲は更に、「WTO」交渉に対して「こうしたOECDの『規制改革』が連動」する状況にあること、そして「日本政府がこうした流れに率先して関与し、それをリードするといった傾向すらみられること」を問題視する。井手＝石黒の懸念は、全く同じだが、現下のK首相の下で〝再燃〟した〝構造改革〟問題との関係で、我々の立場は、全くの少数説であろう。

ちなみに、井手・前掲は、「今回の『報告書』の中には、NTT持株会社体制は不十分ないし失敗である、電力分野においても構造分離がされていないなどの指摘がある。そこに二一世紀の世界覇権維持を目指す米国の戦略的行動が見え隠れしている。その主な議論の場はOECDであり、そこでの議論をGATT〔WTO〕サービス貿易交渉に持ち込む戦略を〔米国が〕とってきたことを十分認識」せよ、とする。これまた、私見と同じである。更に、井手・同前は、「『○○分野はテレコムと違った特性がある。わが国の特殊事情がある、云々』の発想はほとんど通用しない」との、まさに私と同じ現状認識の上に立つ。石黒・グローバル経済と法（二〇〇〇年・信山社）七五―三〇五頁で「OECDにおける『規制制度改革』」につき、かのMAI（多数国間投資協定）案の正当なる挫折を含めて詳論したところに、すべては回帰する。『学問』の力で、こうした『行革・規制緩和（規制改革）』一辺倒の〝ゾンビ〟の暴力を、抑え込まねばならない。私は、強くそう信ずる。

ところで、OECDのこの報告書・勧告は、「規制産業の……」とあり、その射程は極めて広い。テレコムもさることながら、エネルギー産業、とくに電力が、むしろ当面の矢面に立たされている。だが、幸か不幸か、カリフォルニアの電力危機が起きた。同州は、OECDのこの報告書（以下、勧告より報告書に焦点をあてる）の示す線、即ち垂直的な構造分離を断行していた。それが右の危機とどう結びつくかが、大問題となっている。

問題のマグニチュードは、実に大きい。（垂直的な）構造分離のディメリットは、前記二点にとどまらず、例えば電力について言えば、電力の安定供給についての『信頼性』、そして、電力需要増大に対応してなされるべき、将来に向けての『投資インセンティブ』（もとより、更なるR＆Dを含む）の確保、といった問題を、一体どう考えるかが問題となる。

そもそも『競争政策』は、〝今が今〟のサプライ・サイドでの競争活発化ばかりを見るのみでよいのか、ということである〔追記――この点で、既述のパウエルFCC新委員長の正しい指摘との対比が、十分になされるべきである〕。

石黒・法と経済（一九九八年・岩波書店）第Ⅲ部（「『社会全体の利益』と近代経済学」）は、サプライ・サイドの効率化、しかも現時点でのそれ（と言っても、多様な「効率」問題へのアプローチがあるが、それはここでは措く）を論ずるのみで十分かを、鋭く抉ったつもりのものである。その抉り方が足りないとは私は思わないが、ともかく、『競争政策』がすべての国策の頂点に位置するが如きことで、社会が、国が、そして世界が持ちこたえられるのか否か。そこが問題なのである。

＊　カリフォルニアの電力危機

さて、既述の、カリフォルニアの電力危機についてだが、伊東光晴「カリフォルニア電力危機に学べ――電力自由化は部分自由化でよい」エコノミスト二〇〇一年五月八日号一二二頁以下、井手秀樹「米カリフォルニア州電力危機から学ぶこと――日本型自由化モデル構築に躊躇するな」同誌二〇〇一年三月一三日号五〇頁以下を、まずもって参照すべきである。

その前に、まさに垂直的な構造分離を断行した同州の制度について、概略のみ示しておこう（某研究会での、井手教授の用いたレジュメに基づいて、まとめておく）。危機の前提となったシステムを見ると、まず、発電部門（火力!!）の売却がともかくもなされ、同州の三つの主要電力会社（そのうち二社が経営危機となった）は、必ずPX（パワー・エクスチェンジ――電力取引所）を通して電力を買うことが当面義務づけられた。他方、小売は（九八年四月より）全面自由化され、但し、小売料金水準は、右の三社につき凍結、更には引下げろ、ということになった。また、送電系統はISO（独立システムオペレータ）が一元管理することになった。

二〇〇〇年冬の危機に際して注目すべきは、かの排出権取引との関係で、『NO_x排出権の消化により二七〇万kWの発電所が運転を停止せざるを得なかったこと』を見落としてはならない、との点である。私自身は、旧通産省の「共同実施等検討委員会」（事務局は㈶地球産業文化研究所・㈱三菱総研）に、いやいや出席していた立場であった（平成一〇〔一九九八〕年六月に『排出権取引・共同実施／CDMの論点整理（中間整理）』が出ている）。

排出権取引だ、市場原理だ、と浮かれ騒ぐアメリカかぶれの「金融工学」の連中等の話を突き詰めてゆくと、戦時統制経済の如き〝切符〟の購入が、電力会社等にとって必要となり、しかも、その一枚の切符の価格は、ロシアあたりから〝枠〟を買って来るとして、殆ど禁止的な高価格になろう、とされた。それでも、サヤだけとって儲けよう、というのが当時の興銀等のスタンスであった。私は、「市場原理の導入と言いながら、最後は統制経済か。あなた方は、そこがおかしいと何故思わぬのか！」と怒鳴って、以後、出席を拒否した。

そもそも、アメリカの状況をすぐ日本にあてはめることがおかしいのだが、排出権取引がうまく機能せず、まさにそれが足枷になって発電所が運転停止に追い込まれた、という二〇〇〇年冬のカリフォルニア州電力危機の一側面を、忘れるべきではない。

伊東・前掲エコノミスト一二二頁によれば、二〇〇〇年の「七月二〇日、……カリフォルニアの電力卸売スポット価格は、ｋＷｈ当たり……五〇セントに達し……一年前の……二・七セント……の……実に二〇倍近い暴騰」となった。「市場による入札」方式が招いた混乱である。アメリカでも議論は二分されているが、「九九年一一月から始まったニューヨーク市の電力自由化市場も、決して安定的ではなかった。二〇〇〇年六月二六日、一ｋＷｈ一〇〇セント、八月九日八六セント……と、突発的な高騰をみせている」（伊東・同前一二三頁）、とされる。

伊東・前掲一二三頁は、イギリスが垂直的な電力の構造分離を「最初に推進した」とし、「発電、送電、配電」の「一貫」性を保っていた国営電力会社につき、「一九八三年」に、まず「発電分野への参入が自由化」され、「一九八六年六月」に「三発電会社、一送電会社、一二配電会社に分離・分割し民営化した……」、とする。だが、伊東教授は、同頁において、「コースにはじまる取引費用論」を問題とされ、「問題は、一社による垂直的統合体による取引費用の排除にくらべ、発電部門の市場競争化と需要者の選択による競争圧力によってもたらされる社会的利益（!!）のいずれが大きいかである」、とされる。同頁は、「発電部門を分離し、これを市場にゆだねた場合には、〔一日のうちでも時間帯によって……大きく変動する〕需要の変動の不確実性にもとづく取引費用の増加に直面せざるを得ない」、とする。

そこから先は、現物を見て頂きたいが、井手・前掲エコノミスト五〇頁は、カリフォルニア電力危機の「中長期要因」として、「発電所建設」の「停滞」（「インセンティブ」の「阻害」）を挙げる。同様に、送電線ネットワークの拡充へのインセンティブも「阻害」されたと思われるが、それはともかく、もっと基本的なこととして、井手・同前五一頁は——

「米国の規制緩和（規制改革）全般について言えることは、……とりあえずやってみよう……という実験的な性格だ。」

——とする。私流に翻訳すれば、要するに、「実験的」は「無責任」、ということになる。市場原理を正面に据えつつ、結局は同州の危機回避のため、二〇〇一（平成一三）年二月一日、州政府が最大百億ドルの州債を発行し、電力を自ら調達し、経営危機の主要二社に供給することになった。井手・同前五〇頁は、これで「ひとまず最悪の危機は脱しそうだ」が、果たして長期的にどうかについては、控え目な表現ながら、若干疑問を呈しておられる。

まずもってここで想起すべきは、『日米保険摩擦』を私が論じた際に取り扱った、自動車の任意保険（アメリカには自賠責はない）をめぐる、まさにカリフォルニア州の、動向である（石黒・日本経済再生への法的警鐘（一九九八年・木鐸社）六四頁以下の〔図表③〕、同・一二二頁以下、等参照）。料率自由化の先頭に立っていた同州が無保険車増大・料率アップ等に耐えかね、同州住民提案（一九八八年）で、再規制路線の先頭に立った、という経緯である。また、同前・一三三頁以下の如く、市場競争に委ねた結果の〝歪み〟が、アメリカ全体を覆う「残余市場」の問題として、やはりそこは「官」の側の強い規制手段でカバーされる、という〝悪循環〟にも、別途注目する必要がある。

電力の場合、カリフォルニアは特殊だ、といった見方も一方で(半ば意図的に!?)なされているが、右の自動車保険の場合と同様の、政策の大転換が、将来的に起こる可能性もある、と私は感じている。

＊　エンロン社の対日要求と「金融工学」

にもかかわらず、木曽健一「金融技術を活用した非金融市場の創出——エンロンに学ぶ」The McKinsey Quarterly, September 1999 (Vol. 19) 六四頁以下のようなものが一方で氾濫する現実。同右・六四頁冒頭には——

「金融技術を未開拓の市場に持ち込んで莫大な利益を上げる——これは資本主義先進国の金融プレーヤーが、規制で守られていた金融市場が開放されたときによくやる戦略である。」

——とあり、同・六五頁で「エネルギーの新たな流通市場を創出し、そのトレーディング事業を核に高成長を遂げ」た「エンロン社の事例」を紹介する、とある。

そのエンロン社が二〇〇一(平成一三)年五月一五日にプレス・リリースし(同社〔エンロンジャパン社〕のホームページで公開)、USTRさながらの対日要求を行なった。そしてそこには、「発電部門における市場支配力対策」として、「電力会社に一定量の供給力を競売にかけること」の「義務付け」、「電力会社を垂直分割『持株分社』化した上で、発電部門は複数に分割」(「資本関係も絶つ完全な分社化」がそこで言う「持株分社化」)、そして——

「電力会社による供給エリアにおける発電設備の新設を原則禁止」

——などとある(!!)。この夏(二〇〇一〔平成一三〕年)も、猛暑で電力需要が供給能力ギリギリまで達していた。「停電」問題などより、ともかく「金融」で儲けさせてくれ、の暴論である。

しかも、「公正な競争環境の整備」と称して、「電力会社から送電・系統運用部門を別会社化」して、「送電部門は……全国統一会社」に、「最終的に」は「集約」させ、「全国統一強制プール」をつくれ、等々とある。カリフォルニアの「危機」は特殊ゆえ、カリフォルニアのようにやれ、ということである。「冗談言うな」の世界である〔追記——その後のエンロン倒産で危機は去った、との認識が一部にあるが、私は、これはアメリカがよく用いるフェイントの類ゆえ、逆に先方がそれだけ本気だと思え、一層注意せよ、と言い続けて今日(平成一四〔二〇〇二〕年一月一一日)に至っている。なお、エンロンの対日進出を、政府の規制改革関連の「議長」たる、かの宮内会長率いるオリックスが全面サポートしていたことについて、エコノミスト二〇〇三年四月一日号八九頁以下を見よ。政府の規制改革方針が直接の利害関係者によって牛耳られ続けている異常さ、の問題である〕。

＊　＊　＊

それでは、以上の導入部分を経て、OECDの『規制産業の構造分離』報告書を、見ておこう。二〇〇一(平成一三)年四月一〇日の、既述の競争法政策委員会の報告書(OECD, Directorate for Financial, Fiscal and Enterprise Affairs, "Structural Separation in Regulated Industries": **Report by the Secretariat,** DAFFE/CLP [2001] 11）が核心ゆえ、それを見ておく（そこに同年三月二三日の報告書が添付されている）。

b　ＯＥＣＤ競争法政策委員会「規制産業の構造分離」報告書の問題点

これは計五七頁の報告書のあとに図表等を付した計八九頁の文書である。以下、同報告書の1～5の項目に即して、順次見てゆく。但し、**これが**（**ＯＥＣＤ**）**事務局の報告を同委員会が了承したものであることに**、まずもって注意する必要がある（既述。――〔追記〕そして**同年九月、ＯＥＣＤ事務局は、〝更なる暴走〟**をし、それを日本の公取委が側面支援することになるのである〔後述〕）。

＊「**1　Introduction**」

これは、OECD, supra, at 2 の部分である。冒頭に、「構造分離」が問題となる「規制産業」の「例」として、**「鉄道、郵便サービス、テレコム、電力、天然ガス」等**、とある。この報告書のカバーする領域が、極めて広いことに注意すべきである（パラ1）。

パラ2では、非競争的（non-competitive）部門の所有者は、競争的な部門（component）で競争制限をする「**インセンティブ**」と「能力」とを「**有し得る**（**may** have ……）」点が基本的な問題だ、とある。右は、あくまで「可能性」である。**「可能性あり」ゆえ「（垂直的）構造分離」、というのが、どこまで競争法・競争政策上の論理として成り立つのか**。すべては、そこに帰着する。

パラ3は、競争はしばしば（frequently [!!]）有益（beneficial）だ、で始まる。「しばしば」を「頻繁に」的に訳しても、実にあいまいなものの言い方である。

パラ4では、競争促進のため、競争政策上は、(a)統合的企業の非競争的部門へのアクセスに関する規制、(b)競争的・非競争的部門の所有上の分離、(c)非競争的部門のクラブ的または共同の所有（井手・前掲電気新聞〔八月一七日号〕では、「**航空会社に対する発着枠**〔**スロット**〕**の配分等**」がその例とされている）、(d)非競争的部門の独立事業体によるコントロール（運営・運用の分離）、(e)統合された事業体の、より小さな相互的部分への分離、(f)統合された企業が競争的部門で競争する能力に関する制限、等の手段がある、とする。

パラ3では競争促進で「イノベーション」も促進される、ともあったが〔**追記――パウエルＦＣＣ新委員長が、従来のＦＣＣの政策を批判し、一体何と言っていたのか。そこを想起すべきである**（!!）〕、それには「しばしば」との限定が付されていた。それを受けたパラ4で、**いきなり構造分離という〝外科手術〟のリスト**までが示される。

これは根本的な問題だが、石黒・前掲法と経済三〇頁に示したように、かの**Ｊ・スティグリッツ教授**は、「より激しい競争を伴う市場経済の方が、競争がより穏やかな経済よりも一層効率的だ、と信**ずる理由は何らない**」と述べておられる。そんなことはおかまいなしに突き進むのが、この報告書なのである。

パラ5は略し、パラ6を見る。そこでは、「競争制限へのインセンティブ」に対する二つの手段としての「**アクセス規制**」と「**垂直的**〔**構造**〕**分離**」に焦点をあてる、とする。パラ4の(a)～(f)の六つの手段の例示から、**いきなり二つに絞る**、という訳である（徹頭徹尾、強引そのもの、なのである〔!!〕）。

＊「2　The Basic Problem and the Tools for Addressing It」

以下（パラ7以降――OECD, supra, at 3-15.）は、ポイントのみを見てゆく。最初から「垂直統合」が問題とされているが、パラ8では「規模の経済性」への言及がある。エコノミー・オブ・スケールゆえに一社の方が数社間競争より「市場の需要」に「より効率的に」対応できる場合、と説明される。説明の仕方がダイレクトでない。若干意図的なものも、私は感ずる。

パラ9は、「ネットワーク効果」または「ディマンド・サイドでの規模の経済性」に言及する。「ネットワーク外部性」の語も出ている。

パラ10は、「郵便」を例に挙げ、不採算地域への配達のためのクロス・サブ（社会的なそれ――石黒・法と経済一〇一頁以下参照）が正当化される場合があることを述べる。

かくて、パラ8～10は、「垂直分離」と直結せず、それとは逆方向で物事を考える際のポイントを、サラッと示したものである。

だが、パラ11で、そういうことはあってもこのペーパーの考える競争の維持は可能、と来る。パラ12は、競争的・非競争的の仕分けは、国ごとに、地理的要因・需要のレベル、所得水準等で異なる、とする。これはリップ・サービス、である。

パラ12に付された表1は、「鉄道・電力・郵便・テレコム・ガス・航空・海運」につき、「通常非競争的な行動（activities）」と「潜在的に競争的なそれ」の区分を示す。パラ13は、競争促進のメリットを月並に示し、パラ14で、政策担当者にそれを促す。パラ15は、非競争的分野を握る者が競争的分野で競争制限をするインセンティブを「持ち得る」とし、かつ、"usually has a strong incentive to restrict competition ……"と、国営企業等につき、「強い」との形容詞を付する。そして(a)～(c)の理由を挙げるが、そこから先の議論の持ってゆき方の方が問題ゆえ、略す。パラ16は、電力に関するFTCの、かかるインセンティブについての説明を、長々と引用する。

パラ17は、この報告書で「規制」とは、「市場でのパワーに対する経済規制」を言う、とする。社会的側面（カリフォルニア電力危機、等々を含む）は、初めから断り捨てられていることに、十分注意せよ(!!)。

パラ18～46は、1のパラ4で示した(a)～(f)の、競争を守り、促進するための手段の説明だが、パラ47～56で、「会計・機能及び企業の分離」も付加されている。一言のみすれば、「アクセス規制」（パラ19～21）の中で、パラ20において「範囲の経済性（economy of scope）」が扱われ、「統合により一定の、範囲の経済性を維持するメリット」が「アクセス規制」の手法にはあるが、規制者が常に、統合された企業のアクセス拒絶と戦わねばならぬ点を、さもディメリット(!?)の如く挙げ、のちにこのアプローチがあまりうまく行っていない「若干の証拠」を挙げる、とある。

このパラ20で、「範囲の経済性」をなぜ急に持ち出すのか。パラ8～10のところになぜまとめて示さぬのか。不自然であろう。

なお、パラ22・23の「所有の分離」では、非競争的部門の所有者が、「完全な所有の分離」により、川下の企業の間で差別をするインセンティブがなくなる点をもって、この手法の主な利点とする。そこでは、この手法の主たるディメリットは、「潜在的な範囲の経済性の喪失」だとされているが、それだけか。――石黒・法と経済二五頁に引用した新古典派厚生経済学第一定理の簡単な説明でも、

「外部性」、「公共財」、「自然独占」、「情報の不完全性」があれば、「市場の失敗」が起こる、とされている。パラ8～10とパラ20でサラッと触れている点を、より体系的に示し、その上で議論を進めるのが真の競争政策論であろう。そうなっていない(!!)のが本報告書なのである。

なお、パラ44には、「ヤードスティック」規制への言及もあるが、これについては、本書において既に批判した。

パラ56の中で、これらの規制手法の利害得失が、表2にまとめられているので、これを〔図表㉚〕として掲げておこう。

この〔図表㉚〕からも、なぜ「範囲の経済性」のみを持ち出すのかについての不自然さ（既述）が、感じ取られるであろう。それと、「オペレーショナル・セパレーション」のところでのみ「イノベーション」関連の問題が扱われていることも、不自然であろう。

＊「3 **Vertical Separation versus Access Regulation**」

この3（OECD, supra, at 16-22.）のタイトル自体、不自然ではないか。「行為規制」及び「構造規制」の代表的なもの二つを検討するのだと、パラ57にあるが、「構造分離」にどうしても持ってゆきたいからそうしている、としか私には思えない。

パラ59～75の **"Separation Limits the Needs for Regulation that is Difficult, Costly and only Partially Effective"** との見出しが、すべてを物語る。「構造分離」してしまえば規制の必要が減ずる、とあるが、この報告書は、「行為（行動）規制」は困難でコストがかかり、そして部分的にしか効果がない、との前提に立っている。

この発想は、そもそもおかしくはないのか（!!）。

＊　＊　＊

ちなみに、二〇〇一（平成一三）年一月一〇日に公取委が出した『政府規制等と競争政策に関する研究会報告書──「公益事業分野における規制緩和と競争政策」について』の基本スタンスを、再度（!!）見ておこう。たしかに同・一五頁には、「市場支配的既存事業者の組織の在り方」の項で、種々の「措置を採った上でも、なお有効な競争が促進されない場合においては、統合の効率性や株主利益等についても配慮しつつ、市場支配的既存事業者の垂直的統合や企業結合関係の在り方といった組織それ自体について見直しを行うことも重要な選択肢の一つである」、とされている。

だが、それは最後の手段（最終的には独禁法八条の四。同法七条の一項もあるにはあるが……）であって、同報告書の基本は、むしろその一七頁の、「事業法による事前規制から独占禁止法による事後チェック型の規制へと規制体系を転換させていく必要」を、訴えてゆく点にある。

＊　＊　＊

ここで、ＯＥＣＤの競争法政策委員会が了承した前記報告書の、パラ59以下に付された前記の英文に戻って、考える必要がある。そこには「規制」とあり、〝事業法と独禁法との仕分け〟は明示的にはない（パラ67には、「競争当局」が出て来るが、事業規制当局と同じだ、とのニュアンスが、そこに示されている）。ともかく十把ひとからげに「規制」は困難でコスト高、部分的にのみ有効ゆえ、『（垂直的な）構造分離』がよい、とされているのである。──これは、滅

〔図表㉚〕 **Summary Assessment of the Pros and Cons of the Policies For Promoting Competition**

Policy	Advantages	Disadvantages	Behavioural/ Structural Approach?
Access Regulation	Certain economies of scope are preserved: costly separation is avoided.	Requires active regulatory intervention: Regulator may not have sufficient information or instruments to overcome all forms of anticompetitive behaviour. Need to monitor and control capacity.	Behavioural
Ownership Separation	Eliminates incentives for discrimination: Allows for lighter handed regulation	Potential loss of economies of scope: May require costly and arbitrary separation.	Structural
Club Ownership	Eliminates incentives for discrimination	Club may seek to exclude outsiders; may facilitate collusion: only effective in certain circumstances.	Structural
Operational Separation	May facilitate control of discrimination and anti-competitive behaviour	Possible lack of profit motive reduces incentive to provide innovative and dynamic services	Not clear?
Separation into Reciprocal Parts	Anti-competitive behaviour is offset by incentives to interconnect: Facilitates horizontal competition within the non-competitive componet: Economies of scope are preserved: No need for line-of-business restraints.	Only applies in certain circumstances	Structural

〔出典〕 OECD, supra, at 15（Table 2）.

茶苦茶な論理の飛躍ではないのか(!!)。

パラ59には"regulatory burden"を減ずる云々、そしてパラ61には"the ease of regulation"などともあるが、「規制の重荷」を（規制当局の側に立って!!）軽くするために「（垂直的な）構造分離」を企業側に強いる、とのこの発想は、本末顛倒もはなはだしい。しかも、出発点は、独占的企業が競争制限へのインセンティブを「持ち得る」からということであり（既述）、なぜ問題が顕在化した段階で、通常の独禁法による規制を正面から行なうことでは不十分なのか。実におかしい、と私は思う。

井手秀樹・前掲電気新聞（二〇〇一〔平成一三〕年八月一七日付け）の本報告書へのコメントには、「今回の『報告書』の中には……米国の戦略的行動が見え隠れしている」、とあった。そして、事実、パラ63〜67を受けたパラ68には、再びFTCの、「行為規制を実効的に行なう上での困難」（電力事業に関するもの）についての指摘（但し、一九九五年段階でのもの）が、長々と引用されているのである（パラ74も同様。但し、これは一九九八年のもの）。

パラ77にも、妙なことが書いてある。規制プロセスで「信頼し得るコスト情報」の収集が困難だが、「構造分離」すれば、情報がより良く集まる、とある。発想が逆転している。以下同文の観あり、である。

もっとも、パラ80以下では、「範囲の経済性」が「構造分離」によって「喪失」される点への記述がある。これとて、「範囲の経済性」のみをなぜ問題とするのか、との既述の疑問はあるが、見ておく。

パラ80は、伊東教授の論稿に即して既に言及した「取引費用（**transaction costs**）」の削減（パラ82をも参照）のほか、「投資の改善（improve……）」をも、「統合」の利益に挙げる。だが、案の定、パラ81で、**一定の条件（??）の下では「範囲の経済性」はネグリジブル**だ、と持ってゆく。

ここで想起すべきは、井手・前掲（電気新聞二〇〇一〔平成一三〕年八月一七日付け）が、**このＯＥＣＤ報告書において「垂直分離の……メリット・デメリットに関する実証分析は示されていない」**（!!）、と述べていることである。その通り、なのである。

なお、パラ85は、「範囲の経済性の喪失」と共に、「構造分離（the break-up）」に"a substantial one-time cost"が伴い得ることをも、「分離」のマイナス面として、一応挙げている。

こうしたロスとの関係で、パラ86では、**「範囲の経済性」**について、規制当局が十分な情報を有していない可能性があることにつき、**「挙証責任」**を「分離」に有利に設定すれば、証拠の面で有利になる、などとする。**何か、基本的なところで考え違いをしたまま突っ走るその姿勢は、石黒・グローバル経済と法（既述）で詳論したＯＥＣＤの規制改革報告書及びＭＡＩ案と、全く同じである。**私は、強くそう思う。

パラ87も同じようなもので、"in some cases"というあいまいな書き方の下で、「（構造）分離」をしないと"vertical dis-economies of scope"が生じ「得る」、などとする。そうした上で、イギリスのブリティッシュ・ガスの「分離」後、統合時の二倍以上の（企業）価値が生まれた、などとする。この種の"**逸話風の理由づけ**"（石黒・**ボーダーレス社会への法的警鐘**（一九九一年・中央経済社）二五一頁以下を見よ）は、**ＮＴＴ**を"分割"しても株価が上がるとして、**ＡＴ&Ｔの分割**をベースに、かつて、よく説かれた。そのＡＴ&Ｔがその後いかなる運命を辿って今日に至っているか。そこを考えるべきである。

パラ87の次には「垂直統合の経済効率」についてのまとめ（Box 二）があるが、次のパラ88から「結論」が始まる。**「垂直分離」した方が競争のレベルと質が高くなり「得る」ことは、「経験が示している」、とある。**原文では、"Experience shows that …… **may** be higher ……"である。あくまでもあり「得る」の限定なのに、英語自体、妙である。このパラ88には「パブリック・ベネフィット」の語も出て来るが、例えば**カリフォルニアの電力危機との関係**（その後に本報告書が出ていることは、**驚きである!!**）でのこの言葉の重みを、**本報告書は、何ら理解していないようである。**

このパラ88で、またしても**ＦＴＣの指摘**（一九九七年の、電力に関するもの）が、長々と引用されている。パラ89でも、**ＦＴＣの指摘**が三行、また引用されている。いずれも"分離"に有利な文脈で、である。**殆どアメリカ（ＦＴＣ）に乗っ取られたような感じの報告書である**（そこに日本の公取委が、相乗りしている。後述）。

そのためか、パラ91では、**ＦＣの電力・ガスのディレクティブ**でも、「構造分離」は要求せず、「会計分離」にサポートされた「アクセス規制」に頼っている旨の**フランスのペーパー提出**のあったことが、付記（!?）されている。「**チャイニーズ・ウォール**」（なお、石黒・前掲ボーダーレス社会への法的警鐘四五－七四頁参照）と共になされる「会計分離」で十分だ、というのが**フランス当局の意見**だ、とそこにある。

本報告書が、かのＭＡＩ案のような一方的論議を史に行なえば、ＭＡＩ案を葬った（石黒・前掲グローバル経済と法二三五、二三六、四三一頁、等）のと同じ**『フレンチ・レジスタンス』**（!!）が生じ得たはずである。**パラ91は、その意味で、重要**である。

〔追記〕東大法学部二〇〇一年度冬学期石黒ゼミの「エネルギー・グループ」（その報告書は、実に素晴らしいものであった）が、『パラ91』に加え、フランス側の正面切った本報告書への批判と言える『パラ55』の存在を指摘してくれた。彼らへの心からの感謝と共に、この『パラ55』を左に全文引用する。そこには本報告書に対する "the French submission"（左の注14には "French country submission" とある〔!!〕）として——

"55. The most appropriate form of separation in any given industry will depend on a variety of factors which must be balanced. These factors include the magnitude of economies of scale from integration, the one-time costs of separation, the benefits of and scope for competition and the public policy objectives for the industry in question. This is summarised in the French submission to this study:

'In this context, structural measures, which are likely to involve the dismantlement of sizeable economic enterprises, demand delicate and complex trade-offs. While vertical integration must not harm competition, it is also necessary to take into account the efficiency gains and the benefits from universal service [that might arise from integration]. Conversely, disintegration may increase the transactions costs borne by the consumer. **For this reason it is not appropriate to adopt a dogmatic position** [!!] but, rather, to consider the benefits and costs of separation on a case-by-case basis'.[14]"

——との『**毅然たるフランス政府の姿勢**』が示されている。それは、『**構造分離へのドグマ**』に取り憑かれた本報告書への至当なる批判・反論である。それと同じことを、同年九月末に日本政府が行なおうとしたのに、それを阻害したのが、日本の公正〔**!?**〕取引委員会だった（**後述**）のである（!!）。

＊「**4 Experiences with Different Approaches to Separation in Different Industries**」

この部分（OECD, supra, at 23-47.）では、各分野ごとの各国の「垂直分離」への取り組みが、延々と語られる。だが、冒頭のパラ92にあるように、その視点は、「分離」によって、反競争的行動及び競争の展開にいかなる効果があったか、に閉じている。この〝**競争オンリーの発想の問題性**は、**石黒・法と経済**、**同グローバル経済と法**で、私としては論じ尽くしたつもりだし、別な角度から、貿易と関税二〇〇一年一月号四九頁以下（とくに同・四九―五一頁の「I **自由化と規制改革**——『**目的**』か『**一つの手段か?**』を見よ）で自ら邦訳したところの、私の**APEC向け提出ペーパー**でも示しておいた。

ＯＥＣＤのこの報告書のパラ92以降は、いわば「木を見て森を見ざる」の「木」である。『**なぜ、いきなり垂直的構造分離を推奨するのか**』が「**森**」であり、**その森に皆入れ**、との**論証が極めて不十分なこと**——**それを示すのが**、**本書のここでの論述の基本的趣旨**である。これまで示して来たことからも、右の点は、それなりに(!?)明らかとなし得たと思われる。従って、論述は、以下において、最低限必要な個所に限定して行なう。

但し、パラ94との関係で、やはり一言すべきは、"[T]he objective measurement of regulatory effort and expertise is close to impossible.”とあること、である。「垂直分離（構造分離）」とて、同じはずである。はなはだ定性的な、印象論的な記述が、延々となされるにとどまるのである。つまり、私の考える〝真の競争政策〟（石黒・前掲法と経済一九四―一九七頁）とは程遠いのが、ＯＥＣＤのこの報告書だ、ということである。

パラ94でいろいろと言訳めいたことを記し、パラ95では――

“For these reasons we will not attempt to find systematic linkages between the level of competition and the separation approach chosen.”

――云々とある。これが、既述の電気新聞で井手教授の指摘した点、即ち「メリット・デメリットに関する実証分析は示されて〔い〕ない」との点と結びつくのである。実証分析も、ここに至る〝論理〟もあいまいなまま「垂直的構造分離」にこだわるのは、単なる信仰告白か、私的利益追求のための煙幕の類である。書くのが、いやになって来た。本当に。

パラ110以下の「電力」を見てみよう。パラ114では、欧州委が「ある程度の分離を送電と他の行動との間に要求している」、とある。前記のパラ91におけるフランス〔政府〕の抵抗（!!）に際しても引かれた96/92/CEが、そこでも引かれている。だが、「多くのＥＵの国々」は右のディレクティブよりも「分離」を更に徹底した、とある（パラ115）。それらの国々の中に、フランスは入っていない（!!）。

他方、パラ119はアメリカの状況を簡単に示す。そしてパラ124の次に置かれたBox 3が、アメリカの状況をまとめている。アメリカの規制は連邦法と州法との双方であり、多少厄介である。ところが、どうしたことか、Box 3には、連邦レベルのことしか書かれていない。詳細は別の機会に論ずるが、アメリカでは、州際の卸売市場は連邦エネルギー規制委員会（ＦＥＲＣ）が管轄するが、小売市場は州の管轄である。そして、小売自由化は、一九九六年法案成立のロードアイランド州以来、約二五州（そのうち七州は、法案成立のみ。但し、ニューメキシコ州は実施を延期）、つまりアメリカ全体の半分でしか行われていない。なぜ、そのことまで書かぬのか。自分の主張に都合のよいことのみを書き、あとは捨象する。――その書き方は、ＯＥＣＤの本報告書全体に共通するもののように、私には思われる（日本の規制改革論議にも共通する点である!!）。

パラ148以下のテレコムに、一気に飛んでしまおう。そこに、ＮＴＴに関するいやらしい記述のあることは、既に示しておいた。パラ152以下は、長距離とローカルとの分離を扱い、冒頭のパラ152で九八四年のいわゆるＡＴ＆Ｔ分割を挙げ、そこに“The US telecommunications regime is currently one of the most competitive in the world.”などと、余計なことが書いてある。クレイムがついて“one of”がついたのだろう。

この脈絡で書きづらいのは、パラ155のＥＵである。ＥＵを全体として見れば、各国のインカンバンド〔なキャリア〕が彼等の地理的〔国内〕市場でドミナントだが、それはアメリカにおけるＲＢＯＣ（ベル系地域電話会社）と似ている、などと苦しい説明がある。「垂直分離」とはズレた説明がそれに続く。

パラ156は“Other countries have considered separation.”で始まる。だが、ノルウェイ議会がTelenorの〝分離（分割）〟を否決し、カナダも同様の決定を下した、とある。

このパラ155・156の、何とも締りの悪い記述の次に、パラ157として(更にその注69で――既述)「日本」、つまりはNTTの問題が出て来るのである。パラ155～157で、いわばある種のバランスを保って、「構造分離(垂直分離)」論とのズレを目立たせないようにしたつもり、なのであろう。

なお、パラ160では、NTTからのドコモの分離に言及している。

だが、パラ161以下は、「ローカル・サービスとブロードバンド・サービスとの分離」などという、とんでもないことを言い出す〔追記――なぜとんでもないかを、既に論じたパウエルFCC新委員長の指摘に戻って考えよ!!――そこに「構造分離」などという発想が一体あったのか!!〕。競合(競争)するインフラ・ベースでのネットワーク間の競争促進のためには、「伝統的なローカル・テレコム・サービス」と"broad band/cable services"との「分離」が要求されるかも知れない、とある。そこでは、「垂直・「水平」双方の(構造)「分離」が説かれている。パラ162で、この点について一九九六年にOECDで烈しい議論があった、とされている。だが、このあたりは、極めてラフな議論であり、私の、本書におけるこれまでの論述と十分対比しないと、頭が混乱する。パラ168の、BTのリストラ・プランの意味づけについても、同様である。

パラ179以下の郵便サービスを、多少見ておく。EU・オーストラリア、ニュージーランドで「自由化」そのものをめぐり、最近、混乱した状況が生じている。パラ179～185は、実に苦しい、というより見苦しい。パラ185で、「どのOECD(加盟)国も、郵便のインカンバントの"分離"を、いまだ選択していないが……」、などとしている。EUの「会計分離」政策に言及する(パラ187)のがやっと、である。

別に意図的に電力・テレコム・郵便を右においてピックアップした訳ではないが、OECDのこの報告書は、ここで「要約と勧告」に移ってしまう。

＊「5 **Summary and Recommendations**」

パラ188からのこの部分(OECD, supra, at 47-50.)は、長いパラ190の(2)(Id. 48)で、"The OECD itself has, on numerous instances, argued **for stronger separation**."とあるように、ともかく「分離、分離」と叫び続けるが、パラ198の(1)～(4)でいろいろ留保をつけ、結局は井手教授の前記電気新聞のまとめを借りれば、「分離について真剣に検討することを促している」にとどまる。そして、OECD理事会勧告は、「分離を勧告しているわけではない」(井手・同前)。

あとは注等であり、ここでは省略する。

c 小括

所詮は"汚物処理"のような執筆、であった。本報告書の中身は、『グローバル経済と法』で私が執拗に辿ったOECDの営為と同様、ボロボロであった。だが、報告書のタイトルたる『規制産業の構造分離』の語(言葉!!)のみが、妙にギラついている。

この程度のものが、かえって、日本国内の"規制改革"派の道具として、"持って来い"のものとされがちなのである。MAIのときも、そうであった。MAI案の各条文を誰も精査しようとせず、「投資を自由化して何が悪い」式の反応が、一般であった。同じようなことが、本報告書についても、生ずるのであろう〔実際、その通りの展開となりつつある。後述〕。情けない話だが、それが現実である。

その現実を正しい方向に導くために、私は日々戦っているのだが……。全く空しい限りである（以上、平成一三（二〇〇一）年八月二三日、午前六時頃から午後二時一九分までで脱稿。点検終了、同日午後三時五二分。――〔追記〕私の原稿を丹念にチェックして下さったＴ氏のヘルプに心から感謝する）。

＊　＊　＊

――今日はここで筆を擱き、本格的な点検と〝この先のこと〟の執筆は、明後日以降行なうこととする（平成一四（二〇〇二）年一月八日午後五時五二分、記す。――ここまでの部分の点検は、同月一一日午後三時五五分、三時間余かけて終了）。

〔ＯＥＣＤ『構造分離報告書』とその後の不純な展開〕

右に批判した二〇〇一（平成一三）年春の『**ＯＥＣＤ構造分離報告書**』については、**わが友井手秀樹教授**が、まさに同年夏執筆の私のもの（十行前位までの＊マークまでで〝転載〟したそれ）、つまりは一日で書いたその手書き原稿をもとに、**井手秀樹「垂直的構造規制の国際的潮流――批判的考察」**電気新聞二〇〇一（平成一三）年**九月二五日号**（「時評」欄）を書いてくれた。**産業組織論**の側からも私と同旨を展開してくれているのである（「石黒氏の見解は私見と全く同じである」ともある）。そして、「結局、**報告書は分離を勧告している**わけではないという点を念頭において、事業者の経営方針を尊重しつつ……」、と結んでいる。

ところが（‼）、まさに井手教授の電気新聞の「時評」の出た日、つまり二〇〇一（平成一三）年の『**九月二五日**』という日が、この小項目で論ずる「**その後の不純な展開**」にとっての〝タイム・リミット〟となっていた。

＊　ＯＥＣＤ事務局の暴走（二〇〇一年九月）

実は、ＯＥＣＤ**事務局**が、決して『（垂直的）構造分離』を勧告した訳ではない前記報告書（及びＯＥＣＤ理事会の「勧告」――それが前記パラ55・パラ91に示されたフランス政府の公然となされた反論をテーク・ノートすることによって辛うじてなされ得たこと（‼）に、再度注意せよ）の線を更に踏み越えた文書を作成し、同年九月二五日までに何かあったら回答せよ、と各国に詰め寄っていたのである。**取扱に十分注意しつつ**それを引用すれば、同年九月一八日頃、**ＯＥＣＤ事務局競争政策課**（**Division, Competition Law and Policy**）から、次のような文書が送られて来ていた。そこには、『**構造分離**』に関**する**『**ポリシー・ブリーフ**』が、ＣＬＰの若干の代表による有益（〝有害〟の誤りではないか？）な〝修正〟（‼）に基づいて（following helpful corrections from **several** delegates）、アップ・トゥー・デートなものとなった、とまずある（当該文書はCLP/2001.195 To: CLP Delegates RE: **Policy Briefs on Leniency, Structural Separation** であり、http://www.oecd.org/publications/Pol brief/2001/200109.pdf で公表される、とある）。そして、それをベースに、**若干の代表の要請**（… **requested by several delegates** ――それが誰かの〝犯人捜し〟が必須である）により"Policy Brief on structural separation"が出来たので、それをＯＥＣＤ事務局長の責任において公表するにあたり――

"Please have a look at this draft brief and contact …… if you have any concerns no later than **25 September 2001**."

——ということだったのである（これだけ重大な問題につき"have a look at ……"とは何事か〔!!〕。あまり深く読んでコメントしないでね、的な"逃げ"のニュアンスと共に、とんでもないことがそこで示されている、のである〔!!〕）。

二〇〇一（平成一三）年春の前記『報告書』について、それが我国（日本）の意向も踏まえたバランスのとれたものだとする、信じ難いコメントも、本件につき、私個人に対して霞ヶ関某省側からなされたが、問題は、ＯＥＣＤ事務局側が勝手にまとめた『ポリシー・ブリーフ』の中身、である。**"When should regulated public utilities be broken up?"** と題した計七頁のそれは、ＯＥＣＤとしての、各国の正式了解の線をはるかに踏み越え、あたかも『構造分離』を公益事業につき『行なえ』、とするかの如き内容のものとなっている。本来それが、ＯＥＣＤ勧告・前記報告書を単に紹介するためのものであるはずなのに、である。

＊ 霞ヶ関での暗闘と公取委（二〇〇一年九月二八日深夜）

"霞ヶ関での暗闘"は、この九月二五日のタイム・リミット（それ自体ＯＥＣＤ事務局の設定した勝手なもの）を越え、九月二八日までに及んだ。**経済産業省側（但し、同省内の良識派）が強く修正を求めたのに対し、外務省、そして公取委〔!!〕が反対し、郵政省が沈黙**（郵政三事業の爆弾を抱えていたため!）。従って、二対一でＭＥＴＩが負けた、ということに一応なっている。それでも、この『ポリシー・ブリーフ』案が、勧告本文を踏み越えている点につき、具体的な修正要求は、日本政府から一点なされている。『垂直統合された"自然独占"の事業体（自然独占なら、経済理論上の問題として、なぜそれをバラす〔解体する〕のか?——これは、イロハのイ、であろうが）の完全構造分離（**full structural separation**）』を考える際の考慮事由として、勧告の本文第二パラにあった"the transition costs of structural modifications and economic and public benefits of vertical integration, based on the economic characteristics of the industry in the country"が脱落していることへの修正要望、である。**外務・公取、そしてＭＥＴＩ内反乱分子とて、この点は抗し難かった訳だが、本当のことを国民に知らせずに闇に葬ることは、断じて許し難い。**だから、私は断乎書く。

そもそも、本書で既に批判した報告書（それとてＯＥＣＤ事務局ペーパーが了承されてしまった結果としてのもの!!）に基づく**ＯＥＣＤ理事会勧告は、構造分離にもディメリットがあるため、他の諸措置とのバランスを考えるべきだ、としている。**そのために、**構造分離のコストと利益を、行為規制によるコストと利益と、**十分にバランスさせるべきだ、と勧告しているにとどまる。そのため、一層『構造分離』に傾くこの『ポリシー・ブリーフ』が出された場合、「勧告」の内容について**関係者・一般の人々への誤解が広まり、**ひいては同「勧告」の趣旨を踏まえた（と称する）政策の遂行を歪めてしまうおそれがある。そこで、本来、この『ポリシー・ブリーフ』が、（ＯＥＣＤ『規制改革』報告書と同様に〔!!〕——石黒・グローバル経済と法七五頁以下、及び同・一三六頁下段の"Vive la France!"の個所参照——"**benign neglect**"で了承されたであろう前記の）「勧告」の線に戻るまで、公表を差し控えるべきだ、というのが、**この"暗闘"の中での"正しい声"**だったのである。

具体的には、まず、タイトルの"When should regulated public utilities be broken up?"が不適切である。「勧告」は『構造分離』を合意した訳ではないのだから。次に、『ポリシー・ブリーフ』案には"essential inputs; essential services"等の「勧告」（及び前記報告書）にない曖昧な語が多用されているが、『エッセンシャル・ファシリティ』概念（その"水膨れ現象"につき本書において既に示した懸念に、十分注意せよ!!）との関係で混乱が生ずるゆえ、すべて削除すべきである。第三に、『ポリシー・ブリーフ』案一頁第二パラには"The incumbent firm may not willingly provide [key] inputs, especially where doing so means the potential loss ……."とあるが、右のアンダーライン部分は前記報告書では"might have an incentive not to ……."とあった。かかる"小細工"の山で、あたかも『構造分離は必然の流れ!?』、といった誤ったイメージを植え付けるのが、この『ブリーフ』案なのである。右は、その象徴である。第四に、事務局の同案三頁第七パラには"Experience has shown that ensuring non-discriminatory access is difficult."などとあるが、削除すべきである。前記報告書（及び「勧告」）の非実証性については石黒＝井手とも一致するところだが、こんな文言は「勧告」にはなく、明らかな「勧告」からの逸脱である。同じようなことばかりだが、第五に、同案四頁第四パラには"It might also be useful **to break up a regulated firm** if doing so allowed the regulator ……."とあるが、前記報告書のこれに相当する部分は"Breaking up a regulated firm may be one of some measures for regulator ……."であった。これも明白な逸脱、である。第六として、同案七頁第二パラには"Recognising the potential importance of **full structural separation** as a tool for promoting competition, the OECD member countries recently agreed ……."とあるが、「勧告」本文第一パラでは、右のアンダーライン部分は **"the balance of structural measures and behavioural measures"** とあったのに、全く話が違う。かつ、「勧告」では"full structural separation"の「フル」の語は一切なく、これも削除すべきである。——等々、挙げていったら、きりがない。

だが、ＯＥＣＤ事務局の"更なる暴走"（「勧告」からの"逸脱"）に対する、全部挙げたら二〇項目近い正当なる修正要求を捩じ伏せた側の"論理"は、即ち、外務・公取、そして経済産業省内部にも巣喰う"闇の力"の源ないしその意図は、一体いかなるものなのか。そこが大きな問題となる。

とくに、日本の公正取引委員会が、ＯＥＣＤ事務局作成の『ポリシー・ブリーフ』案に対する、右に略述した修正要求を、なぜ拒絶できるのか。更に言えば、独禁法の条文（八条の四）を全く無視したＯＥＣＤの前記報告書に、なぜスンナリとＯＫを出せるのか——そこが、遡って問われねばならない。『規制改革の中枢』・『霞ヶ関の司令塔』たらんとする非法律的・官僚主義的な"公取委の野望"——それをインプットすれば、すべて説明のつくこと、ではあるのだが（!!）。

右の"霞ヶ関内部の暗闘"は、平成一三（二〇〇一）年九月二八日の深夜に及んだ。そして、それには、実に下らぬ"後日談"のおまけ、まである。そこはあえて書かぬが、ともかく私があれ程動き、悪者にさえされたのに（慣れてるけどさ!!）、なぜテレコム・サイドが何もしなかったのか。そこも、実に頭に来る点である。

＊「暗闘」後の国内での論議

ともかく、〝公取委の思う壺〟の非法律的、かつ非競争政策論的(後述!!)『構造分離』論が、とくに右の〝暗闘〟後、あちこちで、それこそ無数に播かれた醜い種が芽吹くように、囁かれるようになる。日本の中で、である。即ち、早速、二〇〇一(平成一三)年一〇月二二日、総務省の『**情報通信審議会・IT革命を推進するための電気通信事業における競争政策の在り方についての特別部会**』(第四回競争政策・ユニバーサルサービス委員会)では、ペンシルバニア州・コネチカット州・ニューヨーク州における、テレコムの『**卸・小売の分離**』が紹介された。『**電力**』ならば、**前記のエンロン社の対日要求**(その本音!!)のように、垂直的構造分離(フル・セパレーション――OECD事務局『ポリシー・ブリーフ』案に即して既述)により、中間に〝**金融市場**〟を作り、**金融工学**で儲けて云々、となる。だが、テレコムで同じことが考えられるのか。〝猿真似〟的に『電力』の構造分離から学ぼうとして、何を学んだのですか、と問いたい(内閣府国民生活局の物価安定(!!)会議も、矛盾に満ちた不穏な動きを示している。二〇〇一(平成一三)年一二月の「電気通信における主要論点メモ」(事務局作成)を見よ)。

これに対して、経済産業省の**産構審情報経済分科会**から二〇〇一(平成一三)年一一月に出された報告書素案(「ネットワークの創造的再構築」――その前の名称は、「創造的破壊」、であった)においては、その第四章(IT関連)第一節(「情報市場の**構造改革――垂直統合構造**のアンバンドルと自治機能の強化」)の1(4)に「**創造的破壊を促す競争政策**の展開――情報市場における競争環境整備指針の提案」(同・五四頁以下)の項があり、同・五八頁に「**垂直的構造規制の国際的潮流**」のコラムがある。本書で既に批判した同年三月のOECD競争(法)政策委員会の報告書がそこで紹介されているが、素案本文には、「今後は、事業者の経営方針を尊重しつつ(!!)も、**必要最小限の(!!)**公正競争環境整備を行うことが、課題となるだろう」、とあるにとどまる。〝遠隔操作〟で、**私なりに説得を重ねた成果**、である。

だが、二〇〇一(平成一三)年一二月上旬には、**政府の『総合規制改革会議』**答申案が出された。前記OECD『構造分離報告書』との関係で、当面矢面に立たされているのはエネルギー分野であり、『**発送電完全分離**』なども政策オプションの一つに挙げられている。

右は、いずれも、いまだ〝**兆し**〟に過ぎない。必死にその〝毒の芽〟を、私なりにすべて摘み取ろうとしている最中、なのである。

＊オーストラリアACCC委員長A・フェルズ教授と石黒との往復書簡

ところで、同年九月末の前記〝**暗闘**〟で頭に来た私は、**そもそもなぜ、OECD競争法政策委員会が前記報告書を了承してしまった**かを、オーストラリアACCC委員長であり、今もOECDで、同委員会及び貿易委員会の間の調整役となっている**A・フェルズ教授**(石黒・前掲法と経済一九四頁以下、及び、私と同教授との出会いについて記した同・前掲国際知的財産権一二三頁以下を見よ)宛に、問うてみた。同年一一月八日のことであり、Allan Fels 教授からは、同月一四日に回答があった。私は、貿易と関税二〇〇一年一・二月号に邦訳した**APEC向け提出文書**も添付してフェルズ教授に送った(否、妻にeメールで送ってもらった)のだが、そこに私は次のように記した。即ち――

"Now I must explain the reason why I send this mail to you.

As you know, the OECD issued a report on 'Structural Separation of Regulated Industries' in this March, and in this September the Secretariat of the OECD asked the Member Governments to comment on the new paper (draft) which went one step further than the former paper.

To tell the truth, such OECD's activities are a shock to me, because they are fundamentally based on only the efficiency concerns of the regulators, stating that 'access regulations' are costly and inefficient.

That was the reason why they made a sudden jump onto the most drastic measure of 'structural separation'.

The French government disagrees with such a jump (e.g. paras. 55 & 91 of the former [March] paper), and in Japan also, there have been voices (including me) that it is curious to bypass the daily activities of competition and other regulatory authorities (including the ACCC!!!), and that it is rather the extreme position to stick to the 'structural separation' when one considers, as an example, **the electric power crisis of California**, on which the OECD papers do not make any comment.

Therefore, the Japanese Government (METI) submitted two papers to the WTO. One is the so-called 'eQuality paper' on the e-commerce, and the other is on 'energy'. ……

Now I sincerely wish to know your view on such OECD's activities. I believe that they are too one-sided and not at all sustainable, and that they are typical examples of the '**distorted notion of competition**' which I referred to in my attached paper submitted to the APEC.

On top of that, there is no economic theory which supports such drastic 'separation' measures. ……"

――と。これに対するフェルズ教授の私宛のメールを次に引用することは、ここでは〝**緊急避難**〟だと御理解頂きたい。フェルズ教授は、冒頭で"**The OECD paper was pushed by the Secretariat** but enjoyed fairly general support."とした上で――

"If we look at the [OECD] resolution however, you will see that it is heavily qualified. Its underlying thrust is to support vertical separation and to qualify this very heavily **but the unmistakable bias is in favour of structural separation.**……〔中略〕

I am aware of the Japanese papers but I have not a great deal to add to them.

Thank you for letting me peruse your paper in relation to APEC and **I can see the link with the discussion about a distorted notion of competition.**……"

――としておられる。右の〔中略〕の部分で、フェルズ教授は、競争政策上、〝構造分離〟は"not so uncommon"だとし、競争政策アナリスト達のうち"[S]ome of them argue …… that these [forms of structural separation] are better than behavioural regulation."としておられる。

あえて私は、**誰が見ているか分からぬｅメール**で、フェルズ教授とのやりとりを行なった(否、妻にやってもらった)。フェルズ教授の返信にも同様の前提がある。だから、サラッと読むと**同教授の真**

意は分かりにくい。それゆえ、前記の〝一字下げ〟の引用部分で太字とし、かつ、二重アンダーラインを、重要な部分につけておいた。その最後の一文の後段部分が、『同教授の私へのシグナル』である。即ち、『競争概念の歪み』についてのそれ、である。「アンミステーカブル・バイアス」の部分にも、そこから逆に光をあて、真意を読み取らねばならない、のである。実は、私からのメールには、他にもいろいろ書いてあった。それらは、あえてディスクローズしない(ネットで逆探知すればよかろう)。

私は、ACCC委員長のフェルズ教授までおかしくなったのか、と危惧していたが、そうではなかった。その意味でホッとした。だが、日本の公取委の、前記〝暗闘〟における行動——OECD事務局の〝更なる暴走〟(フェルズ教授の前記メールにも、同年三月の前記報告書を「事務局がプッシュした」とあったことに注意)としての『ポリシー・ブリーフ』案に対する反論を〝全面的に否定〟したそれ——は、断乎許し難い。それだけは言っておく。

＊「アメリカ司法省対マイクロソフトの訴訟」と「OECD構造分離報告書」

ところで、『構造分離』論議との関係で、ここで一言すべきは(いずれ白石忠志助教授が論文を書いてくれることになっているし、他方、既に論じた『トロン』関連で、アメリカが『マイクロソフトのMS-DOSへの脅威』として『トロン』を見ていたことを再度想起すべきだが)、『司法省対マイクロソフトの訴訟』の経緯である。一連の流れの中で、二〇〇〇(平成一二)年六月に、『マイクロソフトの二分割命令』がワシントンD.C.の連邦地裁で出されたが、その後の展開に、ここでは注目する。

白石忠志助教授の誠に有難いサジェスチョンに基づき、ここで注目するのは、二〇〇一(平成一三)年六月二八日の連邦控訴裁判決(なお、白石「マイクロソフト事件米国連邦控訴審判決の勘所」中里＝石黒共編著・前掲二九九頁以下参照)、即ちU.S. v. Microsoft Corp., 253 F. 3d 34 (D.C. Cir. 2001) である。とくにId. at 105-107の判旨が重要である。そこでは、「マイクロソフトの分割(**the split of Microsoft**)」を命じた地裁判決を破棄するにあたり、『OECD構造分離報告書』との関係で極めて重要な点が、示されている(その重要さないし〝重み〟を教えてくれたのも白石助教授である)。即ち、『企業分割』は、M&Aの場合にそれを認める条件として命じられるのと、マイクロソフトのように単一の企業の場合にそれを命じるのとでは、大きな事情の差がある、とされる(Id. at 105f.)。そしてId. at 106には——

"One apparent reason why courts have not ordered the dissolution [split] of unitary companies is logistical difficulty. …… [A] corporation, designed to operate effectively as a single entity, cannot readily be dismembered of parts of its various operations without a market **loss of efficiency [!!]**."

——とある。『効率上のロス』ゆえに『構造分離』以外の道を模索せよということ、である(!!)。

わが独禁法八条の四がまさに〝最後の手段〟としての『企業分割』を考えていること——それを、ここで想起せよ。アメリカ独禁法上も重みのある(その点については白石助教授のお墨つきがあること既述)この連邦控訴審判決は、まさに『独禁法の厳格な執行』としてのものである。既に論じた糸田公取委委員のアメリカでのスピーチを、ここで想起せよ。糸田氏のスピーチは、右控訴審判決（六月二八日）の数か月後（二〇〇一年一〇月一一日）になされていた。糸田氏は『独禁法の厳格な執行』で公取委はＮＴＴをきちんと叩いている、と対米アピールする際、単なる『警告』を例とした。そして、公取委の二〇〇一（平成一三）年一月の研究会最終報告書は、既に示したように、『企業分割』的手段は〝最後の手段〟だとしつつ、「現状において」ＮＴＴの組織形態の「検討」が「必要」だとする〝矛盾〟（既述）を示していた。

その公取委が、右の糸田氏のアメリカでのスピーチの二週間程前、ＯＥＣＤ事務局の『ポリシー・ブリーフ』案の〝暴走〟に対し、一切文句をつけるな、と〝暗躍〟していたのである（最も荒れた日、否、夜は二〇〇一（平成一三）年九月二八日）。同年一〇月のパウエルＦＣＣ新委員長の、前記ステートメントとも対比しつつ、〝真の〟競争政策の在り方について、深く考え直す必要があろう。

――と、ここまで書いて来たからには、もっとドスを深く突き刺してあげたくなる。だから、糸田氏がこだわる公取委の研究会中間報告書（二〇〇〇（平成一二）年六月）を間に挟み、殆ど反論不能な形になるまで、公取委の『ＤＳＬに関するＮＴＴに対する警告』の問題性を、その次に赤裸々に示すこととする（以上、平成一四（二〇〇二）年一月一二日、午後五時頃にやっと起き出して、午後一〇時一分、一切休まず一気に脱稿。これからの点検は到底無理ゆえ、それは明日にまわして、とりあえず筆を擱く。――夕食までの間、フランスとのややこしい著作権絡みのやりとりがあり、午後一一時五二分、やはり点検に入る。点検終了、同月一三日㈰午前〇時四八分。これから妻と二人での六〇分速歩、そして風呂、である。おそらくその後、妻が私の原稿をコピーし、かつ、読んでくれるはず。かくて我々は、またしても徹夜、となる）。

(2) 二〇〇〇年六月の「電気通信分野における競争政策上の課題」研究会報告書（公取委）の問題点――そこに欠落する「時間軸」と「技術革新」、そして「社会全体の利益」の諸観点

〔はじめに〕

本書二5⑴以来の流れを、手短かにまとめておく。糸田省吾公取委委員は二〇〇一（平成一三）年一〇月一一日、アメリカ（ワシントンD.C.）で同国の弁護士達を前に、この5⑵でこれから示す二〇〇〇（平成一二）年六月の公取委研究会報告書（中間報告書）のみを挙げ、同じ研究会の二〇〇一（平成一三）年一月の最終報告書には何ら言及せずに、そしてまた、『独禁法の厳正な適用』の文脈において、後述の『ＤＳＬに関する公取委のＮＴＴ東日本に対する警告』（単なる行政指導としての『警告』をこの文脈で持ち出すこと自体、実におかしい。『厳正な適用』と言うなら、正式の排除措置の事例を挙げるべきであろうが、対ＮＴＴでは、それは皆無である）を挙げ、更には、持株会社体制下でも何ら競争の進展はないとし、ドコモの持株会社による支配によって全テレコム市場での競争が歪められている、とまで言っていた。すべて、既に書いた通りである。

だが、糸田公取委委員のアメリカでのこの講演の頃、既にアメリカのパウエルＦＣＣ新委員長は、ブロードバンド・ネットワークの全国敷設の促進こそが最重要課題であり、競争政策は常にこの点を念頭に置き、ブロードバンドの世界はミニマムで明確・透明な規制の下に置かれるべきであり、まずもって敷設への投資インセンティ

ヴを重視し、反競争的な行為への規制についても、キチンと証拠立てられる行為への規制にとどめるべきことを説いていた。

その彼我（米日）の差は絶望的にまで大きく、その後のテレコム・ガイドラインの「『望ましい』条項」も、まさにパウエル氏の正しく指し示す方向と逆行するものであった云々、というのが私の示したところであった。

その公取委が、『OECD構造分離報告書』、そしてOECD事務局側の更なる暴走を裏で支え、霞ヶ関内部からの正当な批判文書の発出を、外務省と共に圧殺した、というのがその先で示した点であった。

ここでは、以上を踏まえ、糸田公取委委員がなぜかこだわった公取委の前記研究会中間報告書（そのポイントは前記の〔図表⑦〕に示してあるが、そこで「研究開発等」の項目につき、何ら指摘「無し」とある点が重要である）をサラッと見た後、糸田氏がこだわる『DSLに関する公取委のNTT東日本に対する警告』（それが二〇〇〇〔平成一二〕年一二月二〇日、つまり、あの忌まわしきNTT叩きの電通審第一次答申の前日に出されたことにも、注意せよ。郵政省よりも一日早く、対NTTで公取委が手を打ったことを、公取委は、アピールしたかったのであろう）について言及する。

DSL（ADSL）事業者に対してNTTは反競争的行動でこれを抑えつけている、とのイメージを植え付け、『DSLの先がないアメリカ』、そして『NTTのFTTHに対する、ジェラシーに満ちたアメリカの対日批判』と連動し、〝アメリカの対公取委支援〟を、一層確実なものとしたかったのであろう。テレコム・ガイドラインをあたかも公取委だけで作成したかの如く述べ、総務省（旧郵政省）よりも公取委の方がテレコムをより良く規制できる旨アピールする糸田公取委委員の、アメリカでの前記ペーパーの基調を、再度想起すべきである。

あらかじめ一言しておくならば、かかるコンテクストで出された『DSLに関する公取委のNTT東日本に対する警告』には、当時旧郵政省サイドにおいて、NTT東西とDSL事業者とを交えて慎重に行なわれていた、世界初の『ライン・シェアリング』に関する試験（ユーザー保護のための、周波数干渉問題に重点を置くそれ）との関係という『技術的視点』が、全く欠落している。また、将来の技術動向を見据えた『時間軸』も、脱落している、等々の問題がある。ちなみに、二〇〇一（平成一三）年一二月にも、今度はNTT東西二社に対する、やはりDSL絡みでの二度目の『警告』もなされたが、後者とて、何とまあ重箱の隅をつついて針小棒大に、との観を否めないし、問題の本質は、所詮は『光へのつなぎとしてのDSL』（後述）という技術的図式（旧郵政省での検討を踏まえて、後に一層明確に示す）の中で見切り発車的にゴー、となったADSLが、一部の保安器から影響を受ける場合がある（但し、電話用としては全く問題がない!!）、等の点にある。そもそも公取委サイドと、『技術的視点』をもバックに有する旧郵政省サイドとの、基本的なスタンスの差（後者の方がもともと正当）が、かえって浮き彫りになるのが、この第二回目の『警告』である。

それらについて順次論じてゆくのが、ここでの私の任務、だということになる。

〔公取委・政府規制等と競争政策に関する研究会『電気通信分野における競争政策上の課題（公益事業分野における規制緩和と競争政策・中間報告）』（二〇〇〇〔平成一二〕年六月一二日）について〕

この中間報告書に言及するのは、既述の如く糸田省吾氏のアメリカでの講演で、これが公取委自身のポリシー・ペーパーの如く強調され、これのみ（既述）をベースに議論がなされていたから、である。全二五ページに加えて資料編もついているが、なぜかこの中間報告書本体は、公取委のホームページにも載っていないようである。研究会委員の言うことなど聞かずに事務局（経済取引局調整課〔プラス糸田氏⁉〕）が突っ走ったものであるがゆえのことか、とさえ疑われる。この手のものは、本書でこれまで詳細に扱って来ているし、ここでは、ＤＳＬの技術面を踏まえたその位置づけに重点を置きつつ、公取委が『警告』で介入して来たことの不公正さ・不当さを示すのに重点を置きたい。そこで、本書二5⑶で示す『ドコモ』の問題を含め、ピン・ポイント的に、その問題性を示すにとどめる。

＊　ＮＴＴドコモ関連での問題

『ドコモ』関連から入ろう。同・中間報告書一一頁には、「携帯電話等の移動体通信事業については、現在活発な競争が行われている」、とある。『ＫＤＤＩ合併に際しての事前相談』（それが企業結合規制に特有のものとは言えないことは、既に、白石助教授の教科書を引用して示した通り）でも、『価格競争』・『技術、付加価値サービス』面での『競争』も『活発』、とされていた。

ところが、公取委・前記中間報告書一一頁では、続けて「現在活発な競争」があるが、「今後どのようなことが競争阻害要因となり得るかについても検討しておく必要がある」、とある。そうしないと、「ドコモへの出資比率引下げ」の論が、出て来にくいからである。同前・一〇頁には、「ＮＴＴドコモは、ＮＴＴ再編前の平成四〔一九九二〕年にＮＴＴとは別会社化となっており、ＮＴＴ法上、ＮＴＴ持株会社の下に置かなければならない旨の規定はない」と、既に伏線が張られていた。同前・七頁では、「ＮＴＴドコモの加入者が全加入者のうちの約五四％（携帯電話約五七％、ＰＨＳ約二五％〔‼〕）を占めており、最も加入者数の多い関東ブロックにおける同社の携帯電話加入者数におけるシェアは約六六％に達している」ともある。そこから、同・一五頁で、「支配的地位を有する事業者（ＮＴＴ東西）に対する非対称的な「重い規制（指定電気通信設備に係る規制）」」――それを「課すこと自体には合理性がある」と同頁はする――を、「例えば移動体通信をも対象とすべきかどうか検討する……必要」がある、とする。この点は、二〇〇一（平成一三）年一月の同研究会最終報告書において、『ドミナント規制』のディメリットをも指摘する形で大きく後退し（既述）、事業法改正でも実質葬り去られた（同じく、既述。前記の〔図表⑲⑳〕参照）。

こうして、公取委・前掲研究会中間報告書二〇頁は、有線系・無線系を一緒くたにした上で、ＮＴＴの「再編」についての「現時点」における「評価」として、ＮＴＴ東西・ＮＴＴコム社・ドコモの「ＮＴＴ四社で、第一種電気通信市場〔⁉〕の売上げの七割」ゆえ、再編後も「実質的な競争関係」に「ほとんど変化は起きていない」、とする。まさに糸田氏のアメリカでの講演と殆ど同じ指摘だが、「第一種電気通信市場」とは、何事か。同・一三頁では「第一種・第二種」の「区分を廃止」せよ、と言っていたのに、しかも同前・一一二頁では「需要者からみ」た視点に基づき、右の如く言っていたのに、NTTを叩く際には「第一種電気通信市場」などと言う。市場画定の仕方の当否など、どこかに吹き飛んだ形での、恣意的な論じ方である（そもそもNTT再編成の趣旨は、いわゆる公正競争の一層の推進に資するということであったはずであり、NTTグループのシェアを減らすということが目的ではなかったこと、本書で既に示した通りである）。

そして同前・一二二頁では「NTT持株会社によるNTTドコモの株式保有」の項を立て、「移動体通信」はNTT東西のいわゆるローカル・ボトルネックに「代替し得る有力なネットワークとなる可能性」があるのにNTT持株会社の下で一元管理されることにより、「以下のような弊害が生じ、又は生じる可能性がある」、とある。第一に、「NTTグループ全体の利益の最大化を図るため、NTTドコモとNTT地域会社の間において、経営戦略として非競争的行動を採り得る(!!)ものであり、競争の活性化に結びつかない」、とする。「得る」の程度のことで持株会社から引き離せ、と言うのは、前記の『OECD構造分離報告書』と同じ暴論の類である。同頁には「独占禁止法違反行為に対しては厳正に対処するとともに、必要に応じて、競争政策の観点から提言を行う」とあるが、独禁法八条の四を使えるのか。否であろう。他方、同・前掲一一頁では「現在活発な競争」が「移動体通信事業」において「行われている」、とあった（既述）のに、ここでは「地域通信市場」の「競争」の「活発」化のために（同前・一二二頁）、持株会社の出資比率を下げよ、とある。問題点の第二として同前頁は、ドコモが「資金調達や料金設定等に対して」持株会社からの「制約を受け」、それによって「移動体通信市場における競争が阻害されるおそれ(!!)がある」、とする。「おそれ」が顕在化した段階で規制する前に手を打て、というこの考え方は、同研究会最終報告書（二〇〇一〔平成一三〕年一月）で明確化された〝事後規制への一本化論〟（既述）と、整合しない。独禁法の厳正な適用・執行とは別な次元での、単なる提言ではあるが、前記のOECDの不穏な動きと連動したい公取委の、『危ない橋』の上での立論である。

さて、同・中間報告書一五―一六頁には、糸田氏のアメリカでの講演内容とも一致する、日米接続料金摩擦に対する一見まともな指摘もある。だが、実は、その次に、同・一六頁に「新たな技術・方法によるネットワーク」の項があり、そこで、いわゆるローカル・ボトルネックへの代替策として、（CATVと共に）DSLが挙げられている。DSLを「NTT地域会社の加入者回線網に代替し得る通信手段」と位置づける同頁の立論からは、遡って同・一二二頁における、同様の代替策としての『ドコモへの出資比率引き下げ』問題は、それと並ぶ方策の一つ、となる。何も、公取委自らが「競争的」と判断する移動体通信市場で、事前規制的に出資比率引き下げにこだわることが唯一ではない、ということになる。しかも、同・一一頁では「今後」の「競争阻害要因」をあらかじめ検討する、ということが「移動体通信事業」について言われていた。その関係で同・一二二頁の、前記の二つの「弊害」またはその「可能性」が指摘されていた訳だが、それらは「今後」生じ「得る」おそれ、の程度でのものでしかない。くどいようだが、公取委は、独禁法の厳正な適用・執行に専念すべきであり、不透明・不明確な「提言」は、ブロードバンドに関するパウエルFCC新委員長の言にあったように、かえって大きな競争阻害要因となる。

＊　ＤＳＬ関連での問題

頭に来るから、執拗にこの公取委の中間報告書を、既述の糸田公取委委員のアメリカでの報告とダブらせつつ辿っている訳だが、さて、いよいよＤＳＬプロパーの問題に移る。同・中間報告書一七―一八頁が、「ＤＳＬサービス」の項である。そこでは「**加入者回線網に代替し得る可能性を秘めた新たな技術ないし方法によ**」る「新たなネットワークの出現」としてＤＳＬ（とＣＡＴＶ）が位置づけられ、それによって「**ネットワーク間競争**」が生まれる（同・一六頁）ことに、関心が集中している。そして、ＤＳＬサービスは「加入者交換局にある交換機を通さず、**ＭＤＦ配電盤**（Main Distribution Frame ――中央集配線盤）にモデムを接続する」形でなされるがため、「ＮＴＴ地域会社の接続に係るコストが交換機を利用しない分低く抑えられる結果、常時接続の定額制によりサービスを提供することが可能であるといわれている』（同前・一七頁）、とある。右に、「……といわれている」とある通り、**公取委のこの研究会中間報告書におけるＤＳＬ技術の捉え方は、間接的かつ浅薄な**ものである（後述）。その程度の技術認識から対ＮＴＴ東日本の後述の『警告』が、しかも、**実に狡猾《こうかつ》なタイミング**で（かの電通審第一次答申の前日に――既述）、なされたのである。

さて、同・中間報告書一八頁では、ＤＳＬ事業者がＮＴＴ東西の「交換局舎内に立ち入り、モデムを設置する行為が制限されるとすれば、ＤＳＬサービスを行おうとする新規参入者は事業活動が困難となる」とし、「したがって、**公正な競争条件の確保の観点から、ＤＳＬサービス事業者がＮＴＴ地域会社の交換局内へ立ち入ってモデムを設置することを可能な限り許容する必要がある**とともに、モデムの設置作業についても、技術的・専門的な要請からＮＴＴ地域会社が行わざるを得ない場合には料金や工事期間の根拠を明確にし、その適切性を担保する仕組みが必要」だ、とする。同頁は、更に続けて、**ＤＳＬは光ファイバーに対応**「できない」から、「仮に、ＮＴＴ地域会社がＤＳＬサービス事業者の事業開始予定地域にあわせて、**これを排除する意図**を有して〔!?〕、光ファイバー化を実施していくこととなれば、ＤＳＬサービス事業者の新規参入が困難となる。したがって……」、とする。右に「排除する意図」云々とあるが、そんな意図があったら、全く別の問題として**独禁法の厳正な執行**で対処できる。だが、〝**政策提言**〟という**法的に不明確なところに棹《さお》をさすこの中間報告書**は、「したがって、ＮＴＴ地域会社は光ファイバー化及びメタル製加入者回線撤去の対象地域、時期等の短期・中期の計画に係る情報をあらかじめ公開する必要がある」、とする。

なお、右の最後の個所には注があり、**郵政省の**「**高速デジタルアクセス技術に関する研究会**」の、一九九九（平成一一）年一一月の中間報告書が引用されている。そこまで踏まえた上で、右の〝提言〟を行ない、「交換局舎内」での出来事を縛る云々、としていた公取委側（糸田委員が、この中間報告書を公取委見解としてアメリカで紹介していたことを、一月号に戻って再確認せよ）が、まさにこの点を問題として、**極めて非常識な時期に**（!!）、**ＮＴＴ東日本に対する**『**警告**』**を出す**に至る、のである。

そのカラクリを、これから順次暴いてゆくこととする。

＊　コロケーション・スペースをめぐる某ＤＳＬ事業者の新規参入阻害行為の取扱いは!?

だが、その前に、実に面白い（不遜な?）出来事が最近ようやく明るみに出たので、一言しておく（Broadband Watch, 2001/12/19 ―― ブロードバンド最新情報「総務省、**コロケーション問題に関する公開ヒアリング**を開催」[http://www.watch.impress.co.jp/broadband/news/2001/12/19/soumu.htm]）。

公取委側の思い込み（対米関係での既述の意図があってのそれ!?）においては、**ＤＳＬ事業を阻害する存在はまずもって**ＮＴＴ、という図式だが、実際にＤＳＬ（とくにＡＤＳＬ）が盛んになって来た現在、むしろ、それこそ**公正競争上の問題**（!!）は、別なところにあるのではないか。そのことが、右のネット上の報道からも知られるはずである。それなのに公取委は、これから論ずる右の点に比すればあまりにもマイナーで、しかも、旧郵政省が技術的障害について十分詰めずにＤＳＬにつきゴー・サインを出したことの後始末的事態に関連し、今度はＮＴＴ東西に対して、**二度目の『警告』**を行なったのである（後に批判する）。

さて、右のネット上の報道だが、ＮＴＴ東西の局舎内にＤＳＬサービス用の機器を置くスペース（コロケーション・スペース）があり、それがＤＳＬ事業者一社によって大幅に押さえられ、他のＤＳＬ事業者用の空きが余りに少ないことが、問題とされている。しかも、スペースを押さえた事業者（Yahoo! BB ―― かの**孫社長**の登場である）は、実際にＤＳＬサービスの展開を、押さえたスペース分だけ実際にやってはいない。

そこで、**ＤＳＬ事業者の間で右の事業者への非難が集中し、ＮＴＴ東西はむしろそれを静観する**、といった奇観を呈するに至ったのである。ＮＴＴ東西への第二回目の『警告』はこの報道の約一か月後に突然（事前にＮＴＴ側とのやりとりがあった東日本への第一回目の『警告』とは、そこが違う!!）なされた。だが、**なぜ Yahoo! BB による参入阻害行為は不問に付されるのか**。孫氏の存在ゆえか、等々。

ともかく、なまなましい前記報道から、引用をしておこう（ちなみに、まとめて後述するが、**ＤＳＬに関する『ライン・シェアリング』**という**「世界初」**の試みに関する技術面での慎重な試験を経て、また、それに関する郵政省研究会の検討も踏まえ、ＮＴＴ側は、公取委の第一回目の『警告』〔二〇〇〇（平成一二）年一二月二〇日〕のなされる七か月程前の、同年五月に、**ＤＳＬサービス用試験ビルの全国拡大〔!!〕とＤＳＬ事業者による自前工事の試行**とを発表し、それが同年七月三日の、**郵政省の「高速デジタルアクセス技術に関する研究会」最終報告書**の前提となった。そんなことを一切無視した上での、公取委の対ＮＴＴ東日本『警告』だったことも、後述する）。

前記報道は、**総務省の情報通信審議会電気通信事業部会接続委員会の公開ヒアリング**の速報である（但し、以下においては、カギかっこを用いて若干補充する）。まず、**コロケーション**用の**「スペース占有問題」**につき、ＮＴＴ東西が「接続約款の変更等」を示した。**「実際に利用していないにもかかわらずスペースだけを占有〔正確には、それだけでなく電力設備容量、ＭＤＦ端子盤等も保留〕してしまう〔ＤＳＬ〕事業者**に対し、占有できる期間を短くするとともに〔期間を延長する際には〕、保留だけでも費用がかかるように改正しようというもの」、である。これがＮＴＴ側の絞めつけかと思う輩は、何も分かっていない。従来のＮＴＴ東西の「約款」では、

「設置申し込みを行なってから一年間、**無償**で収容局内のスペースを保有」できた。これを利用して——

「**Yahoo! BB**（ソフトバンクの孫社長がこれを手がけている）**が実際に使われていないにもかかわらず大量のスペースだけを確保（保留）してしまい、結果的に競合他社がユーザーにＡＤＳＬ接続サービスを提供できなくなってしまうケースが多発している**という。」

——と、前記報道にはある。そして、これは事実である。**こうしたことがＤＳＬを代替ネットワークとして強調する公取委方針（既述）と、なぜ無縁だと言い切れるのか。**

ＮＴＴ側は、限りある局舎内のコロケーション・スペースを無償で競争事業者に貸し、かつ、前記報道の「余っているのにたりない**コロケーション・スペース**」の見出しの項にあるように、**ＮＴＴ東西は、「事業者がＤＳＬサービスを提供できるように約一九〇〇の収容局（局舎）、架数（ラックを設置できるスペースの数）で約五万六〇〇〇、ＭＤＦ端子数で約二五〇〇万のリソースを確保」**した、との涙ぐましい努力をしている。しかも、〔ＮＴＴ自身のサービス提供に向けた〕「**最新技術**」の「**導入**」〔とその開放(!!)〕により、「ＡＤＳＬの試験サービス時は一架一九二回線、一回線あたり約一・五Ｗと約四円かかっていたものを二〇〇一年一二月以降は〔一架〕一五三六回線、〔一回線あたり〕〇・六～〇・八Ｗ、〇・五円まで改善」し、〔例えば東京支店・大阪支店管内において〕「事業者からの要求に対応できない収容局を五一〔正確には五一から更に二七に〕、架数では三〇四まで〔正確には三四四から一〇九まで〕削減」した、とある〔ともかく、ＡＤＳＬの試験サービス時と二〇〇一年一二月以降とでは、一架あたりの回線数は八倍、一回線あたりの消費電力は、より正確には六割減、そして一回線あたりのコストは八分の一に改善していたのであり、このこと自体、大いに注目すべきことである〕。これ以上の「設備増強」は、「ビルのフロアそのもの」の「増床」や、「特別電圧化工事」による「電源設備の増設」で対応するしかない状況にある。**この報道の当時、「ＤＳＬ加入者数が一二〇万」なのに「二五〇〇万回線分のリソース」が、かくてＮＴＴ側の自主的努力で「確保」されていた。**にもかかわらず——

「Yahoo! BBから大量の申し込みを受けたためリソース不足が発生してしまった。不足が生じているのは三一五の収容局で、架数一五七七、ＭＤＦ端子数で七一万一三〇〇。」

——と前記報道にある。

この報道の次の見出しは「**Yahoo! BBは日本のＡＤＳＬを危機的状況に陥れる**」、である。

常にＮＴＴを批判するイー・アクセスの千本社長も、ここでは孫社長を批判する。即ち——

「大崎局ではYahoo! BBが占有しているスペース〔のうち〕……ラックが取り付けられているのは十数架、このうち電源が入っているのは四架、**実際に使っているのは二架に過ぎなかった**……。さらに、ラックすら取り付けられていないスペースが四〇架分、別のフロアにも二〇架分のスペースがあったが、これもYahoo! BBに押さえられて〔おり〕……、**このラックが取り付けられていない六〇架だけでも六万七〇〇〇程度のＡＤＳＬ回線が収容できる**。大崎局が持つ一般加入回線は全部で五万回線。この数値だけを見ても、健全な計算にもとづいてスペースを占有しているのか疑わしいとした。」

右に「疑わしい」としたのは、千本氏である。〝孫対千本〟の構図は、〝孫対他事業者〟の構図であり、実に面白い。孫氏は、こうした状況下でもNTTを批判するが、前記報道にある通りYahoo! BBでは——

「肝心の自社ユーザーへの情報開示は進んでいない。多くのユーザーは曖昧なサポート情報に振り回され、開通までの長い待ち時間を不安に過ごしているのだ。……」

——といった状況にある。この公開ヒアリングでは、「すでに大量のスペースを占有し保留状態に置いているYahoo! BBに対し改善を求める声が相次いだ」、とされる（前記報道）。

千本氏は、「リソースを占有してしまうことによって特定の事業者しかADSLなどの通信サービスを提供できなくなる。……これは大きな問題だ」と発言し、前記記事は、「ユーザーにとって特定の事業者がADSLを独占することにメリットはほとんどないのだ」とコメントしている。

一体、公取委は何をやっているのか、と私は言いたい。『NTTを叩けば日本のITもインターネットもDSLも進む』と盲信しているためか。それとも、孫氏の後に公取委の守護神アメリカの影がちらつくからか。そのどちらかしかなかろう。『警告』も『注意』もせず、競争政策上の〝提言〟もせずに完黙を決めこむ公取委の姿勢は、実に不誠実、かつ不公正であろう。あれほどADSLに、公取委が競争政策上の重点を置くならば、なぜ動かないのか。おかしいではないか(!!)。

〔DSLに関するNTTに対する公取委『警告』の問題性とその後〕

右の最後に示した点は、実は入口での問題に過ぎない。いよいよ、二〇〇〇（平成一二）年一二月二〇日になされた『DSLに関するNTT東日本に対する警告』自体の問題性を抉る作業に入る。

だが、問題はそう簡単ではない。公取委の前記研究会中間報告書一八頁にも、その前年一一月の郵政省研究会中間報告書が引用されていたが（既述）、実は右の『警告』の出される五か月半程前の二〇〇〇（平成一二）年七月三日に、郵政省の「高速デジタルアクセス技術に関する研究会」の最終報告書が出されており、省令等の改正も同年九月中になされ、ADSLサービス本格スタートへの制度・技術両面での検討に決着がついた後になって、同年一〇月二日に公取委がNTT東日本に対して任意調査をかけ、もはや済んだ話としての〝試験期間〟中の出来事を、しかも実に歪んだ形で問題として『警告』を出した、という展開なのである。

公取委の頭には『技術の視点』も、将来の電子社会像に関する『時間軸』も、欠落している。まさに、今が今の、しかもサプライ・サイドでの公正(!?)競争——しかも歪んだ概念としてのそれ（既述）——しかない。更に、そこには妙な色気がある（霞ヶ関の司令塔たらんとするそれ（既述））。郵政省側の中間報告書を、公取委側の前記報告書で引用している以上は、前者に何が書いてあるか位は、知っての上のことだろう。だが、『技術』面を捨象し、『時間軸』も捨てて、郵政省より一日早く『NTT叩き』の実績を示したかったのであろう。その情けなさを示すには、しかしながら、『(A)DS

Ｌの技術的側面』を、しっかりと押さえておく必要が、実はあるのである。

後述する右の技術的側面を一応前提としつつ、まず、公取委の**『警告書』本体の全文**を、左に掲げておく（貴社とはＮＴＴ東日本のことである）。

ａ　『警告書（公審第三二四号平成一二年一二月二〇日）』の問題性

「１　公正取引委員会は、貴社に対し、私的独占の禁止及び公正取引の確保に関する法律の規定に基づいて審査を行ってきたところ、加入者回線をほぼ独占し、地域通信市場において支配的地位を有している貴社が、ＤＳＬ（デジタル加入者線）サービスの試験提供を開始するに当たり、貴社と相互接続協定を締結し、貴社の加入者回線への接続を希望する事業者に対し、以下の行為を行っている事実が認められた。

(1)　ＭＤＦ接続によるサービスの提供条件について、営業部が主体となって、**試験サービスであることを理由に**

ア　サービスの提供エリアを東京都内六ビルに限定すること

イ　一事業者の一収容ビル当たりのラック数は二架（一五〇〇回線）を上限とすること

ウ　**一定数値以上の回線損失がある場合**等にはサービスの提供を拒否すること

エ　ＡＤＳＬ以外の方式による接続を制限すること

オ　自社サービス（第二種サービス）として提供し、ユーザー料金を徴収すること

を決定し、実施していた。

その後、貴社はこれら提供条件を逐次緩和しているが、現在においても、ＤＳＬ事業者のＭＤＦ接続によるサービスである第二種サービスについて、試験サービスとして、暫定的な接続を継続してユーザー料金八〇〇円を徴収しており、また、ユーザーに対し、当該第二種サービスの提供エリアを拡大した旨のアナウンスは行っていない。

(2)ア　接続交渉に際し、「事前協議」と称する交渉を行い、貴社があらかじめ了承した事項を内容とする申込書を受領している。

イ　接続交渉において、ＭＤＦ接続のためのコロケーションに必要な情報をあらかじめ十分に開示していない。

ウ　ＭＤＦ接続のためのコロケーションについて、**平成一二年八月までＤＳＬ事業者による自前工事を認めていなかった。**

なお、**自前工事を認めることとした後においても、**接続工事については工事業者を貴社の認定業者一四社に限定している。

(3)ア　ＤＳＬサービスと競争関係にあるフレッツ・ＩＳＤＮ等の貴社のサービスを企画・営業する貴社の営業部の者が、ＤＳＬ事業者との接続に関する事項を所管するとともに、当該事業者と貴社の相互接続推進部との接続交渉の場に同席している。

イ　貴社の相互接続推進部が、接続交渉等の場において得たＤＳＬ事業者の営業情報を、貴社内の検討会議等において貴社の営業部及びグループ企業に提供している。

２　**ＤＳＬ事業者による本格サービスの全国展開がフレッツ・ＩＳＤＮの本格化より約半年遅れ、貴社のＡＤＳＬサービスの本**

格化と同時期になっているところ、貴社の前記1⑴、⑵及び⑶に掲げる行為は、DSLサービスへの新規参入を阻害し、DSL事業者の円滑な事業活動を困難にさせ、DSL事業者の競争上の地位を著しく不利にしている疑いがある。

これらの行為は、結果として、地域通信市場における貴社の支配的地位を維持・強化し、加入者回線を利用したインターネット接続サービス市場における競争を実質的に制限し、私的独占の禁止及び公正取引の確保に関する法律**第三条**の規定に違反するおそれがある。

3 よって、当委員会は、貴社に対し、今後、このような行為を行わないよう警告する。」

右の『警告書』本文からも知られるように、そこでは「**私的独占**」（**独禁法三条**）の規定に違反する「**おそれ**」がある、とされている。従って、事柄は極めて重大である。

＊「『世界初』の『ライン・シェアリング』試験サービス」の意義への公取委の無理解

だが、冷静に右の『警告文』を読み直して頂きたい。1⑴の「**試験サービス**」の語に、最も注意すべきである。銅線ベースの狭帯域ISDN（フレッツISDNはその一つたるのみ）が既に始まっている状況下で、その同じ銅線に(A)DSLも流す、ということになる。詳細は後に示すが、**周波数帯がダブれば、そこに『干渉』**（信号漏えい）**の問題が起こる**。実は、ISDN（狭帯域のそれ）用の周波数帯の割り当ても、日米欧それぞれ違っており、その点をも考慮して、**ADSLに関するITU標準たるG.992.1; G.992.2**においても、**日本のISDNとの相互干渉**（漏話）を**最小限にするために、Annex C**が**勧告化**されている。だが、「最小限」では実際の日々の通信にとって心許ない。そこで極めて慎重な〝試験〟が必要となる。その点を、あくまで技術的に解決すべく、郵政省側の前記研究会（詳細は後述）においてNTT側・(A)DSL事業者側が共に検討に参加する形で、**『世界初』**の**『ライン・シェアリング』の試験サービス**がなされて来ていたのである。

ところで、前記『警告書』1⑴以下の**論理(!!)**を、**順次潰してゆ**こう。まず1⑴の「ア」だが、DSL「サービスの提供エリアを**東京都内六ビル**に限定」したことが問題視されている。これは、**一体いつの時点での話**なのか。この点は、本『警告書』に添付された〈参考〉2⑶の「DSL試験サービスについて」のことのようである。後者では、NTTが「平成一〇（一九九八）年からDSLのフィールド実験を行った」のと共に、「NTT東日本は、平成一一（一九九九）年一二月二四日から一年間の試験サービスとして、**東京の六収容局**において」云々、とある。その「六収容局」のことのようである。だが、一九九九（平成一一）年一一月一〇日の**郵政省「高速デジタル技術に関する研究会」中間報告書**三頁にあるように、同年二月～七月に検討のなされた「接続料の算定に関する研究会（第二次）」の提言として――

「**DSL技術の導入に未だ不安定・不確定な部分等がある**ことから、対象地域や期間を限定した試験的な接続を行うことが適当である……。」

――とされたことを、公取委側は無視している。また、本『警告』

の出される五か月以上も前の、**郵政省・前記研究会最終報告書**一三頁には、「平成一二（二〇〇〇）年六月二二日現在、一二社……が**ADSL**サービスを、四社……が**SDSL**（対称ＤＳＬ）サービスを提供」しており、「各サービスの提供回線の総数は一〇〇三回線及び五〇回線となって」いる、とある。実は、試験接続中に五収容局か六収容局か（一社からの追加要請で六社になった）が若干不確定だったのは、一九九九（平成一一）年七月下旬の頃のことであり、二〇〇〇（平成一二）年五月には、ＮＴＴが、**試験ビルの全国拡大**を、郵政省の同研究会の席上、（自前工事の試行と共に）発表していた。

ここで前記『警告書』に戻ると、「都内六ビルに限定」云々の、この1⑴アの点についても、「その後、貴社はこれら（従って「ア」も含む）の**提供条件を逐次緩和**しているが、現在においても……」とある。ところが、この「ア」との関係では、いまだに「サービスの提供エリア」の「限定」でもあるのか、と思いたくなるが、右の「……」の部分は、「八〇〇円の徴収」と「ユーザー」への「提供エリア」の「拡大」の「アナウンス」がない、とある。**論理として、おかしい**（文章として、縺〔よ〕れている）。いまだ提供エリアを制限しているから私的独占だ、ということならまだしも、**対ユーザーのアナウンス**がないから、というのは全く理由にならない。それがなぜ新規参入阻害だとか、「ＤＳＬ事業者の競争上の地位を著しく不利にしている」などと言えるのか。エリア拡大の対ユーザーでのアナウンスは、各ＤＳＬ事業者のやることであろう。それをＮＴＴ東日本がしていないから問題だ、などと言う方が、実におかしかろう。

次に、前記『警告書』1⑴イについて。「**一事業者の一収容ビル当たりのラック数**は二架（一、五〇〇回線）を上限」としたことが悪い、とある。だが、**実際の電話局の中を、見たことがないから、こんなことが言える**。ＤＳＬ用にわざわざ空きスペースを何とか設け、そこで、前記の郵政省側研究会の線で、限定した実験を行なうことは、それ自体理にかなっている。**漏話問題の技術的検討なしに一挙に試験を、広汎に行なって、多数のユーザーの通信に支障が生じたら、その責任はどうなる**。そうならぬために試験は、限定的に行ない、順次拡大するのが道理であろう。また、コロケーションとの関係で、ＮＴＴ側は一二架程度用にスペースを空け、接続要望事業者数たる六社で割って一社二架と一応はしたものの、局舎内のＤＳＬ対応の整理が進む（普通の部屋の掃除とは訳が違う。機械を下手に動かせば回線が切れて、電話が不通になったりもし得る！）に従って、この点は自然に解消された結果、かえって既述の『**Yahoo! BB 問題**』が生ずるに至ったのである。

ここで前記『警告書』の1⑴ア〜オのあとの部分を、もう一度見て頂きたい。「その後」において「これら」（従って、この「イ」も含む）の**提供条件は緩和されたが**「**現在においても……**」のあとは、**またしてもつながっていない**。前記の「ア」と同じ現象である。「ア」・「イ」ともに、**一体いつの時点でのことを問題としているのかが曖昧**だし、1⑴のア〜オの列挙が、それ自体は誠に競争制限的な印象〔!!〕を与えるが、**論理としてつながっていない**、のである。

次は、本『警告書』1⑴のウ、である。「**一定数値以上の回線損失がある場合等にはサービスの提供を拒否すること**」が問題であり、**私的独占**につながる、との論理のようである。「イ」と同様、この「ウ」についても、本『警告書』に添付されたプレス・リリース用の〈参考〉には、何ら記載がない。だが、本『警告書』本体（その主要部分は、「1　審査結果」として公表されているが、前記の2・3の項目は、何故かプレス・リリースには載っていない〔!!〕。そのかわりに、「2　独占禁止法上の評価」・「3　公正取引委員会の今後の対応」・「〈参考〉」がついている）に添付された「3　公正取引委員会の今後の対応」の(2)には、本『警告書』本体（既にその全文を示した）には存在しない、とんでもないこと〔!!〕が書かれている。即ち――

「NTT東日本が、目的〔!!〕、手段のいかんにかかわらず、加入者回線の利用を拒否又は制限するなど地域通信市場又は加入者回線を利用したデータ通信サービス市場への新規参入を阻害することは、独占禁止法第三条の規定に違反するものである。」

〝新規参入阻害〟なら話は分かるが、DSLのように、周波数干渉（漏話）に対する十分な技術的担保が必要な場合（それが不十分だとユーザーが迷惑するのみ）、それを「目的」とした行動も不可、なのか。右の引用部分は「今後の対応」としての一般論だが、本『警告書』1(1)ウは、「回線損失」が大きい場合のサービス提供の「拒否」であり、それが私的独占（独禁法三条）と結びつけられていた。そのことを、忘れるべきではない。

詳細は、『技術の視点』から後述するが、郵政省の前記研究会と連動しつつ進められた〝試験〟との関係では、まさに「ウ」の事態が生ずれば、まずもって原因を究明し、障害を除去するのが先決であり、それを放置したままサービス提供をした結果、ユーザーに多大な迷惑がかかった場合、公取委は、「私的独占防止ゆえ仕方がない」とでも言うつもりか。これは、全くの暴論であろう。

次に、本『警告書』1(1)のエについて。「ADSL以外の方式による接続を制限すること」が問題だ、とある。だが、二〇〇〇（平成一二）年七月三日の郵政省の前記研究会最終報告書一八頁にもあるように、「平成一一（一九九九）年一二月から開始されている試験的なDSLサービスの提供期間中に」、既に「ADSL及びSDSLサービスの提供が実施されてきてい」たのであり、同前・一四頁にも、二〇〇〇（平成一二）年六月二二日現在において、ADSL一〇〇三回線に対し、SDSLは五〇回線の実績がある。同前・一八頁にあるように、「VDSL」は、むしろ今後、その導入が検討される存在であり、公取委側が、一体何を根拠に、この「エ」を持ち出したのか、理解困難である。殆ど、事実誤認と言える程に、である。同前報告書・一九頁に、「接続事業者が、ADSL及びSDSL方式以外のDSL方式のサービス……等の実施にあたり、MDF等の接続を要望する場合は、東西NTTは接続事業者と速やかに協議を行い、原則として、接続に応じるべきである」とあり、現実はその線で動いて来ている。公取委は、この「エ」につき、一体何を根拠に、それが「私的独占」につながるとしているのであろうか。すべては、『行政指導』としての『警告』という曖昧なヴェールに包まれたままである。だから、とことん争って、排除措置まで公取委が行く度胸があるか否かを試せ、と私は主張しているのである。

1(1)の最後のオのみが、「その後、貴社は……逐次緩和しているが、現在においても……」の、1(1)の後段（既述）と辛うじてつながる。だが、DSLをNTT東日本が「自社サービス（第二種サービス）として提供し、ユーザー料金を徴収すること」が問題で、「現在においても、DSL事業者のMDF接続によるサービスである第二種サービスについて、試験サービスとして……ユーザー料金八〇〇円を徴収して」いることが問題だとする、この「オ」も、実におかしい。二〇〇〇（平成一二）年七月三日の前記郵政省研究会最終報告書の副題は、「本格的なＤＳＬサービスの導入に向けて」というものであり、それを受けて同年九月以降、省令改正等が順次なされ、必要な約款認可等もなされ、試験サービスから本格サービス（同年一二月二六日開始!!）に移行する『六日前』に、本『警告』がなされた。

＊「『警告』のタイミング」のいやらしさと種々の論理破綻！

このタイミング自体、公取委側の悪意（非法律的な意味での、従って普通の意味での悪意、である）さえ感じられるが、とくに試験サービス中は、何が起こるか予測がつかず、同研究会が終始重大な関心を寄せていた周波数干渉による漏話が生じた場合の、責任問題が大きなポイントとなる。ＤＳＬ事業者側が責任問題の矢面に立たされるのは酷、との善意から、ＮＴＴが「自社サービス」と位置づけた、というのが実際のところである。しかも、これはＤＳＬ事業者と十分協議した結果であり、ＤＳＬ事業者にもメリットがあるからこそスムーズに合意が成立し、相互接続協定として、郵政大臣の認可も受けていたのである。事業所轄官庁の認可があるから、ではなく、ＤＳＬ事業者の立場を考えての解決策だから、との点が重要である。それが何故に、「ＤＳＬサービスの新規参入を阻害し」云々の、本『警告書』本体の2と、つながると言えるのか。そこがおかしい、のである。

八〇〇円の数字も、ＤＳＬ事業者と右の協議の結果である。「現在においても」それを徴収しているのが問題だと、この「オ」に続く1⑴後段は言うが、本『警告書』が出されたのは、既述の如く、ＤＳＬ本格サービス開始の『六日前』である。『一二月二〇日』は、まだ試験サービスの最終段階であり、公取委側の指摘は、おかしい。殆ど〝難癖〟に近いものである。

この1⑴のア～オと、その後のつながりが誠に非論理的なことは既に示したが、1⑴の最後の、「また、ユーザーに対し、当該第二種サービスの提供エリアを拡大した旨のアナウンスを行っていない」、との点の奇妙さは、既に示した。マスコミの大宣伝が、『ＤＳＬ本格サービス開始』（本『警告書』の出たわずか六日後!!）について、既になされていたことは周知の通りであり、それをＮＴＴ東日本が自らアナウンスしないと、なぜＤＳＬサービスへの新規参入阻害で私的独占の問題となるのか。論理破綻もはなはだしい。

さて、本『警告書』本体の1の⑵に移る。「接続交渉に際し、『事前協議』と称する交渉を行い、貴社があらかじめ了承した事項を内容とする申込書を受領している」ことが問題だとする「ア」が、まずある。だが、実は、郵政省の前記研究会中間報告書三頁にもあるように、一九九八（平成一〇）年一一月一二日に、郵政省からＮＴＴに対し、「接続料の算定に関する事項について」と題した文書が渡されており、そこに、「ＭＤＦ接続を検討している事業者との協議により、その具体的な接続態様等の要望を把握し、ＭＤＦ接続を実現する上で必要な技術面、運用面における条件を早急に検討し、その結果を報告」せよ、とあった。そこに、既に引用した同頁の、「ＤＳＬ技術の導入に未だ不安定・不確実な部分等があること」との、同省研究会の指摘を重ね合わせて見よ。例えばアメリカの機械を持って来てそのままそれをつないだらパニックになる、というのは、詳細は後述するが、技術的には自明である。同・中間報告書の中心的関心も、同前・六頁にあるように、「電話及びＩＳＤＮの品質保証の観点」であり、社会的にも、それは当然の要請である。そのための「事前協議」なのであり、また、ＮＴＴの加入者回線網との〝親和性〟を検証せずにＤＳＬサービスを行なうことは、試験サービスであっても、危険過ぎる。ＮＴＴ側にとっては、ともすれば技術的側面を等閑視してビジネスに走りがちなＤＳＬ事業者への無料コンサルティング的な（啓蒙）活動が、この〝事前協議〟だったのであり、それが反競争的だとする公取委側の論理は、ここでも〝技術〟を無視したものであり、問題である（同前・一二頁〔中間報告書〕に、「試験的なＤＳＬサービスを通じて得られたデータによっては、接続事業者が本格的なＤＳＬサービスを行うことが困難にな〔り〕……、接続事業者に経済的損害や、事業計画の見直しといった問題が生じることが想定される。その際に接続事業者とＮＴＴ地域会社の間でトラブルが生じないように、接続事業者が試験的なＤＳＬサービスの実施前に事業者間で十分な協議を行う必要がある」、とあることにも十分注意せよ）。

次に⑵のイだが、「接続交渉において、ＭＤＦ接続のためのコロケーションに必要な情報をあらかじめ十分に開示していない」、とある。まるでＵＳＴＲのようなクレイムのつけ方だが、郵政省の前記「高速デジタルアクセス技術に関する研究会」最終報告書三四頁以下に、「コロケーションについて」（同前・三四頁）との項目があり、「設備の設置が可能な空間は限られている」ことを前提としつつも、右の点については、電気通信事業法施行規則の一部を改正する省令が二〇〇〇（平成一二）年九月一三日に出され、コロケーション手続は、既にそれに沿ってなされていた。それでも不十分と公取委が言うのなら論拠を示せ、と言いたい。だが、本『警告書』本体のプレス・リリース（但し、一部カットされている。既述）に添付された文書（既述）にも、何の具体的指摘もない。これこそ、『不透明な行政指導』そのものであろう。ＮＴＴ側は、コロケーション・スペースの空き具合に関する情報は、ホームページで公開しており、個別の照会にも対応して来ているのであり、これも〝難癖〟の類である。

次の「ウ」は、「ＭＤＦ接続のためのコロケーションについて、平成一二〔二〇〇〇〕年八月までＤＳＬ事業者による自前工事を認めていなかった。なお、自前工事を認めることとした後においても、接続工事については工事業者を貴社の認定業者二四社に限定している」点が悪い、とする。ここには、全くの『事実誤認』もあるが、ともかく、郵政省の前記研究会中間報告書一〇頁において、「接続〔ＤＳＬ〕事業者が〔自ら〕工事・保守及び運用を行うことについては、ＮＴＴ地域会社の加入者交換局舎内及び他事業者のコロケーション設備のセキュリティ〔!!〕確保の観点から検討が必要である」、とされていた点に、まずもって注意すべきである。

この点も、実際に電話局の局舎内で、コロケーション・スペース、とくに『熱帯ジャングル』の如き配線の隅々まで見渡さねば〝現場感覚〟が摑めない。『自前工事』と称して下手につないだりすると、大規模な『ネットワーク災害』さえ生じかねない、のである。

＊『警告書本体』と『プレス・リリース』との間の内容的なズレの一端――不公正の極み！

なお、プレス・リリースと本『警告書』本体とでは、この⑵ウについても、内容的なズレ(!!)がある。『警告書』本体では、自前工事が認められた後も、「認定業者二四社に限定」とあるが、ソレス・リリースには社数の明示はない。**どうしてこんなズルい〝摺り替え〟が公正取引委員会によってなされ得るのか**(!!)。ちなみに、プレス・リリースの(2)ウには、『警告書』本体の「ウ」にあった「平成一二（二〇〇〇）年八月まで」の文言はなく、次の『なお書き』のところに移っている。こんな不正確なことでは、**情報公開の本旨にもとることになりはしないか**(!!)。

ともかく、郵政省の前記研究会で、ＮＴＴ側は、二〇〇〇（平成一二）年五月段階で、既に**自前工事に応ずる旨の方針**を発表していたのであり（試験結果が蓄積されて来ればおのづからそうなるが、そうでないと危ないこと既述）、公取委の『警告』には、いずれにしても、**事実誤認がある**。また、本『警告書』の出される五日前の、二〇〇〇（平成一二）年一二月一五日には、施工を許可する条件とともに、この基準を満たす「**一二〇社**」（「**二四社**」との『**警告書**』**本体の記載は**、**明確な誤り**）の名称が、ＮＴＴ東日本のホームページに掲載されている。『警告書』本体の五倍の社数になるが、**セキュリティの観点から、どんな業者でもよい**、**とは言えない**。それとも公取委は、ＵＳＴＲもどきの言い方として〝any……〟云々とでも、言うのであろうか。**公取委の警告に従って誰でも工事できる、となって、大事故が起きたら、『国家賠償』の問題となり得る**（白石忠志・前掲独禁法講義〔第二版〕一六〇頁）。**そこまでの覚悟はあるのか**。

さて、本『警告書』1(3)に移る。(3)のアは、「**営業部**」でＩＳＤＮサービスを担当する者が、ＤＳＬ事業者との接続を所管し、接続交渉の場に「同席している」ことが問題だ、とある。もとより、「同席」自体というより、(3)のイの、「**相互接続推進部**」が接続交渉等の場で得た**ＤＳＬ事業者の営業情報**を「営業部」や「グループ企業」に「提供」している、とあることが、メインの問題であろう。

だが、こうした接続等の交渉には、**守秘義務契約**が伴う。情報を漏らせば、契約違反となる。「同席」していたから、自然に耳に入る、と言いたいのか。――だが、ここで問いたい。**どこまで『証拠』があるのか**、**と**。情報を流しただけではなく、それが「ＤＳＬサービスへの新規参入を阻害し、ＤＳＬ事業者の円滑な事業を困難にさせ、ＤＳＬ事業者の競争上の地位を著しく不利にしている疑いがある」こと（本『警告書』２）についての**証拠**が、必要なはずである。単なる「疑い」や「おそれ」（同前）で本『警告書』が出された訳だが、それが『**行政指導**』ゆえ、ＮＴＴ東日本側には、争う手段はない。**詳細な事実の確定**（**証拠**!!）なしに、『**ウォーニング**』という、言**葉だけやたら強い印象の曖昧な**『**行政指導**』を出し、**ＮＴＴは、ＤＳＬ事業者の内部情報をグループ各社に流しているとの、一般受けし易い〝情報発信〟を対社会的、そして対米で**（糸田公取委委員のことである）行なうこと自体、誠にもって『不公正』なことではないのか。

問題はＤＳＬ、即ちいわゆるブロードバンドのそれ、である。我々はここで、〝Our [FCC's] regulatory focus should be on **demonstrable** [!!] anticompetitive risks and discriminatory provisioning〟という、既に示したパウエルＦＣＣ新委員長の言葉を、想起すべきであろう。

＊「フレッツ・ＩＳＤＮ」をめぐる『警告書』の奇妙な指摘と『事後的作文』

以上、本『警告書』本体の1(1)~(3)の行為が問題とされ、同2に至るのだが（同3は「警告する」とあるのみ）、プレス・リリースでは、この2・3の部分がなく、「2　独占禁止法上の評価」以下(既述)となっている。その辺はあえて無視し、正式の「文書による行政指導」たる本『警告書』本体の、2の項の論理を見ておく。

冒頭に、DSL事業者の本格サービス開始が、**フレッツ・ISDNの**「**本格化**」より「約半年遅れ、貴社のADSLサービスの本格化と同時期になっているところ、貴社の前記1(1)、(2)及び(3)に掲げる行為は……」、となっている。この「……ところ」までの**枕詞**(!?)は、一体何なのか。NTT東日本自体も他社同様にADSLの本格サービスを始めることが、問題なはずはない。郵政省の研究会での検討、そして省令改正・認可等を経てのことゆえ、NTT側と他社とが同時期に本格サービス開始、というのは、むしろ自然である(但し、実際には、NTT東日本のDSLサービスの本格開始は、一般のDSL事業者より若干遅れて始まっている)。「フレッツ・ISDNの本格化」が約半年先んじた点が問題だ、としているのであろうか。だが、プレス・リリース用に添付された〈参考〉の(5)(「NTT東日本の提供するインターネット接続サービスについて」)には、NTT東日本が「平成一二(二〇〇〇)年七月」に、「フレッツ・ISDN」を「前倒しで商用化することとした」、とある。そして、次の(6)(「フレッツ・ISDN及びDSLの開通状況」)では、「フレッツ・ISDNの開通数は、サービス提供エリアの拡大及び本格サービス化を契機として、急激に増加している」、とある。あたかも、それを反競争的とするかの如くだが、すぐ続けて、「DSLサービスの開通数は、DSL事業者のサービスエリア拡大が進展した平成一二年一〇月以降、急激に増加している」、とある。――一体、何を言おうとしているのか。厳密には摑み切れない、のである。

かかる本『警告書』本体2(既に全文引用してあるので、再度それを見よ)の構造は、実に妙、である。「フレッツ・ISDN」云々の部分は、文脈からはやはり**枕詞**でしかあり得ない。

結局、これまで丹念に一つ一つ潰して来た(1)のア~オ、(2)のア~ウ、(3)のア・イの点が核となり、①DSLサービスへの新規参入阻害等の「疑い」、そして②「加入者回線を利用したインターネット接続サービス市場における競争を実質的に制限し、〔独禁法〕三条の規定に違反するおそれ」がある、という**論理**となる。

私も"書く立場"ゆえ何となく分かるが、「フレッツ・ISDNを先行させてDSLのスタートを遅らせた」と本『警告書』は書きたかったのであろう。だが、そうは書いてない。また、そう書けもしない。DSLの問題は、すべて郵政省サイドの営為によって、慎重に技術に重点を置き、後述(次号)の如く検討されて来たのだし、ISDNで世界をリードした日本のNTT(既述)が「フレッツ・ISDN」を提供するのは、その一連の流れでの、自然な出来事に過ぎない。

卑劣(公取委が、である)なのは、本『警告書』本体2は、「独禁法三条の規定に違反するおそれがある」、で終わっているが、プレス・リリース用のものの、右の2に相当する「2　独占禁止法上の評価」の(2)には、『警告書』本体にはない、次の一文が加えられていること(!!)、である。即ち――

「ただし、上記の問題となる行為の中には、公正取引委員会が審査を開始したことを契機として、また、郵政省の行政指導もあって(!?)、是正されつつあるものもある。」

――との一文が、プレス・リリース用のものに書き加えられているのである。どれが是正され、どれが是正されていないかも、一切分

からない。しかも、本『警告書』を手渡してから、そのあとで作文したものを、なぜプレス・リリースするのか。そもそも、これは、実におかしな、官庁としてやってはならぬことではないのか。

かくて、個別に見てゆくと、**糸田省吾公取委委員**がアメリカで、「独禁法の厳正な適用」（行政指導たる『警告』がそれにあたるかの如き言い方自体、問題である）の例として誇らしげに出した『**ＤＳＬに関する公取委のＮＴＴ東日本に対する警告**』は、内容的に、全くボロボロである、と私は結論づける。

この点では、清家秀哉「電気通信事業と独占禁止政策（前編）」ＫＤＤ総研Ｒ＆Ｄ二〇〇一年一月号二〇頁注16が、「新聞記事からのみの判断であるが、全く新しいシステムを在来の施設で提供する場合、既存事業者の施設の改修が必要になるので、そのための期間や費用が新規参入希望者の意に添わないときは、参入阻害だというのは、ちょっと乱暴な意見ではないかと思われる」、としていることが注目される。若干ラフな議論にせよ、合併後のＫＤＤＩ（系）の雑誌だから注目される、のである。

ここで、**関尾順市＝岡田博己「東日本電信電話株式会社に対する警告について」公正取引二〇〇一年三月号**三五―四一頁（著者は共に公取委事務総局審査局の担当官。但し、「意見にわたる部分は……個人的見解」だとある。同前・四一頁）を見てみよう。同前・三七頁の「5　審査結果」の項の末尾に、本『警告書』本体1(3)の後にプレス・リリース用に書き加えられた、前記の（直近の一字下げ引用部分を見よ）「ただし、上記の……」の部分が、そのまま示されている。それも不自然な話だが、ここで注目するのは、同前・三九頁に「2　**『試験サービス』の性格**」の項がある点である。

本『警告書』は、まさに〝試験サービス〟から本格サービスに移行する直前に出された、実に屈折に満ちたものであることは、これまで示して来たところである。そこを、一体どう説明しているかが、私の関心事なのである。

まず、同前頁は、「**電気通信事業における『試験サービス』**とは、郵政省（現総務省）の通達（平成五（一九九三）年電気通信局長通達、郵電業第一七三号）に基づいて……利用者の範囲及び期間を限定して行うサービスとされている」とし、「必要な範囲で提供条件を制限することは、一定の合理性がある」、とする。だが、「相互接続である**ＭＤＦ接続**には『試験』という概念はな」い〔??〕とし、かつ、「本件は、フィールド実験とは異なり、エンドユーザーから料金を徴収する商用ベースのサービスとして提供されていたものでもあり、『試験サービス』といえども……独占禁止法上問題となり得ることが〔本警告により〕示されたものといえる」、とする。つまらぬ点だが、右の論理は、どうなっているのか。一方で、「試験サービス」ではないと言い、他方で、「試験サービス」だと言うが如くであり、妙である。同前頁は、続けて、「なお、『試験サービス』は、電気通信事業法施行規則第一九条第二号及び第二一条第二号により、料金その他の提供条件は電気通信事業法の**認可対象外**とされている」、とする。だが、現実には、「試験サービス」から「本格サービス」への移行期たる二〇〇〇（平成一二）年一〇月あたりから認可申請がなされ、そして認可がなされて本格サービスへの移行直前に、本『警告書』が出されたことになる。同前頁が一体何を言いたいのか、私には分からない。だが、同前頁の「3　独占禁止法上の評価」には、**本『警告書』及びプレス・リリースにはない論点**が示されている。即ち、同前頁には――

「**フレッツ・ＩＳＤＮ**は平成一二年一二月末現在、ＮＴＴ東日本のエリアにおいて二一九、〇〇〇回線の契約がある一方、ＡＤＳＬは第一種サービスが六四〇回線、第二種サービスが七、八五一回線、合わせて八、四九一回線の契約であり、その普及状況にも大きな差がついていた……。以上のことから〔!!〕、試験サービスという枠組みを考慮したとしても〔!?〕、ＮＴＴ東日本サービスの提供条件の制限等によって、ＤＳＬサービスへの新規参入を妨害し、ＤＳＬ事業者の円滑な事業活動を困難にさせ〔!?〕、自社及びグループ企業の事業を有利にし、ＤＳＬ事業者の競争上の地位を著しく不利にしていた疑いがあるとされている〔!?〕。」

――とある。

たしかに、本『警告書』のプレス・リリース用のものに添付された〈参考〉の末尾には、ＮＴＴ東日本エリアにおける「フレッツ・ＩＳＤＮ」・「ＡＤＳＬ」双方の「開通状況」についてのグラフが示されている。だが、本『警告書』本体にも、プレス・リリース用文書にも、右の双方で「その普及状況にも大きな差がついていた……ことから」して、ＮＴＴ東日本の行動が反競争的だ、とは何も書かれていない（!!）。「フレッツ・ＩＳＤＮ」に関する本『警告書』２冒頭の「……になっているところ」の文言（既述）は、公取委の隠された本音としては、枕詞ではなかった、ということになりそうである。関尾＝岡田・前掲頁の、右に一字下げで引用した部分の末尾には、「……とされている」、とある。右の二つの技術ないしサービスの「普及状況」に「大きな差」が生じたことが、どうも、公取委の主たる関心事だったようである。関屋＝岡田・同前頁には、「本件審査結果においては、ＤＳＬサービスの試験提供の開始に当たってのＮＴＴ東日本の行為によって……ＡＤＳＬの本格サービスの全国展開は、競争関係にあるフレッツ・ＩＳＤＮの本格化より半年遅れ」た、ともある。

「だったら、『警告書』本体に、はっきりとそう書け!!」、とまず言いたい。本『警告書』の分かりにくさは、不透明・不明確な「行政指導」の典型例と言えよう。全く頭に来る話である。後になって一文書き加えたり（既述）、一体何たることか、と思う。

＊「技術の視点」の完全なる欠落

だが、むしろ問題は、右に半ば露呈された『公取委の隠された本音』（関尾＝岡田・前掲頁には「……とされている」とあり、著者の個人的見解ではなく、本『警告書』の趣旨を示したもの、ということになる）において、『技術の視点』が、全く欠落していること（!!）、である。

ＮＴＴの（狭帯域）ＩＳＤＮサービスには、脈々たる、そして世界をリードして来た一連の流れがある。そして、（Ａ）ＤＳＬには、そのＩＳＤＮとの〝干渉〟等の、技術的に困難な、克服すべき課題がある。良く読むと一体何が書かれているのか分からない本『警告書』の、隠された真意が関尾＝岡田・前掲頁の如きものであったと仮定しても、ＤＳＬサービス開始をＮＴＴ東日本が意図的に遅らせた証拠は、どこにも示されていない。公取委自身、そこがあやふやだったからこそ、本『警告書』本体、及びプレス・リリースにおいても、この点を明確化できずに、日本語の論理としても誠に筋の通らぬ文書に、なってしまったのであろう。

のみならず、こうした『技術度外視型』の超皮相的な見方（公取委のそれ、である）は、あまりにも問題である（後述）。

二〇〇〇（平成一二）年一月二一日の地域マルチメディア・ハイ

ウェイ実験協議会21第四回セミナーにおける久保田誠之氏（郵政省電気通信局電気通信技術システム課長）の「高速デジタルアクセス技術の動向について――ＡＤＳＬの導入に向けた研究会報告を中心として」と題した講演資料の一三頁に、「ＩＴＵのＤＳＬ関連の勧告概要①」として図表がある。既述の G. 992.1 及び G.992.2 は「ＡＤＳＬ伝送装置に関する勧告」として、同年六月末に勧告化されたものだが、そのアネックスＡ（「北米のＡＮＳＩ標準」がベース）、アネックスＢ（「欧州のＥＴＳＩ仕様」がベース）、アネックスＣ（日本向け仕様）は、共に「同一回線」で「電話とＡＤＳＬ」とを伝送するものである。いわゆる『ライン・シェアリング』である。

だが、詳しくは（ＤＳＬの原点に立ち戻って!!）後に論ずるが、このＩＴＵ標準により『ライン・シェアリング』の考え方自体は日米欧共通のものとして成立したが、その『実施』の面において、実は日本は、『世界の最先端』を走っていた(!!)、のである。即ち、日本では、一九九八（平成一〇）年二月にＮＴＴが(!!)、関東・関西二四の交換局で一一二のモニターと一二社のＩＳＰの参加を得て、『ＡＤＳＬ実証実験』を開始して以来、まさに　芯の銅線の中での『ライン・シェアリング』を終始進めて来ていた（但し、森田耕司〔ＮＴＴ東日本営業部〕「ＡＤＳＬ試験サービスの概要」〔二〇〇〇（平成一二）年一月二一日セミナー資料〕二四頁にあるように、正確には「加入者回線を加入電話と共用しない」ＡＤＳＬ試験サービスも行なわれていたが、ライン・シェアリングで、しかもＩＳＰがＡＤＳＬ装置を設置〔ＭＤＦ接続〕する方式は、日本が「諸外国に先駆けて実施」したものである）。

前記の、郵政省の「高速デジタルアクセス技術に関する研究会」中間報告書（一九九九〔平成一一〕年一一月一〇日）一一頁に次の如くあるのは、『ライン・シェアリング』の実施面で、日本が米欧に先んじていたことを、示すものである。即ち、そこには――

「ＮＴＴ地域会社の加入者回線に複数の接続事業者が接続して、各々の事業者がアナログ電話信号とＤＳＬ信号とを同一芯線へ重畳する場合、また複数方式のＤＳＬが同時に提供される場合の影響については、世界的にもデータがない状況(!!)である。したがって、接続の技術的な条件の規定にあたっては慎重な検討が必要である。」

――とあるのである(!!)。

前記のＮＴＴの実証実験を経て、日本では、右中間報告書の翌月たる一九九九（平成一一）年一二月から、正式に試験サービスがスタートした。だが、アメリカでのライン・シェアリングの実施は二〇〇〇（平成一二）年一月で、タッチの差のようだが、日本の方が先んじていたのである。即ち、同年一月一二日の CLEC-Planet (http://www.clec-planet.com/news/0001/000112covad.htm) に報じられたのは、"Covad Installs First Line Sharing DSL"であり、そこには"Line sharing was approved late last year by the Federal Communications Commission."ともある。ＦＣＣがライン・シェアリングに関するオーダーを出したのは、一九九九（平成一一）年一一月九日のことであり、コバット社がミネソタ州で全米初のライン・シェアリングを開始した。だが、（この部分の執筆段階で）イギリス・ドイツでは、現時点でも未実施、フランスは二〇〇一（平成一三）年一月から開始したが、料金が高く、殆ど利用されていない、との状況にあった。

だが、そこに更に、日米欧で、ＤＳＬとの『干渉（漏話）』がとくに問題となるＩＳＤＮ（狭帯域のそれ）用の周波数帯が異なり、日本の場合（もとよりＩＴＵの国際的なデ・ジュール標準に基づくＩＳ

DNなのだが）、とくに技術的な困難が大きかった、等の諸事情が、実はあるのである。

今日の執筆はこれまでとし、この先において、公取委の『警告書』（東日本に対するそれ）に欠けていた『技術の視点』、そしてその視点からしてDSLサービスなるものが、この『光の国ニッポン』において、いかなる前提で開始されたのか、更に、二〇〇一（平成一三）年末に、今度はNTT東西に対して、揃ってなされた公取委の第二弾の『警告』について、私の視点からの批判を試みたい（平成一四年二月一二日午前三時半頃（!!）から午後五時二〇分まで、全く休むことなく、つまり一日で脱稿。四〇〇字で計六四枚になってしまった。仕方がない。書くことが多いのだから!!――点検は、少し休んでからにするつもりだったが、結局そのまま続け、同日午後七時四五分、一応終了。いくらマタイ受難曲でも、さすがに胸が苦しい（!!））。

公取委の『警告書』本体とプレス・リリース用に公開されたものとの間で内容が異なる（!!）という、ここで示した驚くべき事実は、次に扱う『警告第二弾』において、一層アンフェア（!!）な形で、再度示されることになる。

＊　本「警告」の問題点の再整理

四日前（平成一四（二〇〇二）年二月一二日）に、未明から書き出して一気に一日で仕上げたここまでの論述では、次の諸点を扱った。即ち、既述の二〇〇一（平成一三）年一〇月の、糸田省吾公取委委員のアメリカでの講演（それの目指す〝競争政策〟が、同時期になされたパウエルFCC新委員長の「ブロードバンド」ネットワーク敷設インセンティヴ重視の考え方と、如何に違うかを示すのがそこでの眼目であった）で重視された次の二つの点を、共に批判すること、であった。まず、二〇〇〇（平成一二）年六月の公取委研究会中間報告書（糸田氏は二〇〇一（平成一三）年一月の同研究会最終報告書には、なぜか言及せずに、アメリカでの既述の講演を行なっている）、次に、二〇〇〇（平成一二）年一二月二〇日に「NTT東日本」に対してのみなされた『警告』、である。後者については、『警告書』本件と、プレス・リリース用のものとの間に、内容的な不一致・不整合のあることをも示しつつ、公取委側が問題とするすべての論点を徹底的に潰し、かつ、NTTの『フレッツ・ISDN』と『DSL本格サービス開始』とが半年ズレたことに言及する『警告書』及びプレス・リリース用のもの双方の、指摘の意図（論理）が不明な個所（「フレッツ・ISDN」は、従来の六四キロビット毎秒、一・五メガビット毎秒のINSサービスに対応するものだが、DSLは『それより速い』最大八メガビット毎秒を、ともかくもセールス・ポイントとしている。そのことに注意して前記『警告書』本体の全文引用部分を御覧頂きたい）について、『公正取引』誌の本件解説から遡って、本『警告』の不十分さと〝論理〟面での弱さ（!!）を、更に叩いたつもりである（NTTを叩こうと躍起になる公取委が、使ってもいないDSL用のコロケーション・スペースの大半を仮押さえし、他のDSL事業者の参入阻害をしている某DSL事業者の行動を全く放置している直近の事態についても、そこで言及した）。

以上で論じた諸点に示された、公取委側のNTT東日本に対する不純な『警告』の内実は、前記の『OECD構造分離報告書』、及び、その後の『OECD事務局の更なる暴走』、更にはそれらのOECD側の営為のベースとなった、かのOECDの『規制改革報告書』（石黒・グローバル経済と法〔二〇〇〇年・信山社〕七五一―四七頁）

と共通する、"one-sided supply-side voices"に満ちた、非常に屈折したものであった。

以上を、**『技術の視点』・『時間軸』・『社会全体の利益』の三つの観点**から、更に叩き、前記の第一回目の『警告』が如何に非常識かつ物事の一面のみを見た不十分なものであるか（論理破綻等については既に批判し尽くした）を、技術面からも検証するのが、以下の論述の役割である。そして、今度は**NTT東西**に対して等しくなされた公取委の、やはり**DSL絡みでの第二回目の『警告』**に対しても、同様にこれを叩く、のである（そもそも、『技術の視点』を踏まえずにDSLがどうの、と公正競争論を振りまわすこと自体、私にとっては、誠にもって許し難いこと、なのである〔!!〕――。ちなみに、電力・航空を例にとっても、行政指導と言えるかどうかすら判然とせぬ『公取委のつぶやき』で対社会的影響力を誇示しようとする、公取委のやり方の不透明さが、最近増幅しつつある。いずれ別途、叩くつもりである）。

ところで、既に論じたNTT東日本に対する『警告』の際に、**NTT西日本**に対しても、公取委は『警告』を出そうとした。だが、出来なかった。実際には、**『警告』**よりも更に曖昧な行政指導たる**『注意』**がなされたにとどまる（関尾＝岡田・前掲公正取引二〇〇一年三月号〔第六〇五号〕四一頁は、「また、NTT西日本においても、NTT東日本の本件行為と同様の制限が行われていた疑いがあるが、公正取引委員会の審査を踏まえ……」とするが、**「注意」をするのがやっと**であった、**との事実**は示されていない）。

b　DSLの技術的側面

さて、まずもってここにおいて重要となるのは、"**DSLの技術的側面**"である。それに関する旧郵政省サイドの、NTT・DSL事業者双方を交えての慎重な技術的検討と試験サービス、そしてそれらを踏まえて本格サービスへの移行のなされる**『六日前』**、しかも、かの**『電通審第一次（NTT叩き）答申』**の**『前日』**に、いわば一連の流れに"割り込む"形で出されたのが、前記『警告』、であった。その点を忘れることなく、**『DSLの原点』**に立ち返った上でなされる以下の論述とこれまでのそれとの、十分な対比をして頂きたい。

＊　**旧郵政省「『高速デジタルアクセス技術に関する研究会』中間報告書――MDF等で試験的な接続を行うことによりDSLサービス等を実施するに当たり規定すべき条件に関する検討結果の公表」（一九九九〔平成一一〕年一一月一〇日）**

以下、旧郵政省サイドの、既に若干引用した中間報告書・最終報告書を、順次見てゆくこととする。それによって、対NTTでの『警告』発出にこだわった公取委のスタンスに欠落していた、**『技術の視点』・『時間軸』・『社会全体の利益』**の諸観点が、浮き彫りにされるからである（公取委が、別な意味での不純な"**時間軸**"〔**つまりはタイミング**〕にこだわっていたことは、既述）。また、この検討を通して、いまだに『DSLブーム』に翻弄されている一般ユーザーに対し、**『DSLとは一体何なのか？』**との"**原点**"を指し示し、再度注意を喚起することも、同時に意図される。図表が若干多目になることは、前もってお許し頂きたい。

まず、既に多少頭出し的に言及した『**ＡＤＳＬ・ＩＳＤＮ信号間の干渉**』の問題につき、旧郵政省・前記研究会中間報告書三二頁（用語説明資料の中）の図表を、若干簡略化し、〔図表㉛〕として掲げておく。ちなみに、同前頁は、『ＡＤＳＬとＩＳＤＮ』と題し、ここまでの論述でも内容的には一応示しておいた点を、以下の如く示している（左の**ピンポン方式**もＩＴＵのデ・ジュール標準たることに注意）。即ち――

「● ISDN（Integrated Service Digital Network）は電話、ＦＡＸ、データ通信等の通信サービスを総合的に提供するデジタルネットワークの国際標準規格。日本では東日本電信電話株式会社と西日本電信電話株式会社によってＩＮＳネットのサービス名で提供されている。

● **ＩＳＤＮの実現方式は国毎に異なる**が、日本方式は〇～三二〇ｋＨｚの周波数帯域を利用したＴＣＭ方式（通称ピンポン方式）。

● ＡＤＳＬは二五～一一〇四ｋＨｚの周波数帯域を利用するため、ＡＤＳＬとＩＳＤＮを同一回線上に重畳する場合には、使用する周波数帯が重なるためＩＳＤＮとＡＤＳＬ相互間で**信号漏えい**（近端漏話）が生じる懸念がある。

● 日本方式のＩＳＤＮとの干渉を最小限にするための方式としてG.992.1（G.dmt）とG.992.2（G.lite）ではAnnexC（日本仕様）が定められている。」

ＰＯＴＳ（**従来型音声通信**）とＩＳＤＮとの間でも、〔図表㉛〕のように、周波数帯のダブリは生ずる。欧米の**エコー・キャンセラー方式**、日本の**ピンポン伝送方式**（いずれもＩＴＵ標準！）の中で、それがそれぞれ処理されることになる。〔図表㉛〕が示すように、ＤＳＬ技術に先行する（**狭帯域**）**ＩＳＤＮ用の周波数帯が、欧米と日本とで違う**。〔図表㉛〕は**銅線ネットワークの世界**での問題であり、**光ファイバーの世界**とは異なることに、十分注意すべきだが、『**ＡＤＳＬという、光**（『**ＨＩＫＡＲＩ**』〔!!〕）**へのつなぎの技術**』（後述）との関係では、〔図表㉛〕の網かけ部分で簡略に示したＡＤＳＬ用の信号スペクトラムを見ただけで、直観的にも、**欧米より日本の方が、ＩＳＤＮとＡＤＳＬとの「干渉」の問題が一層深刻**なのは、明らかであろう。そのためにアネックスＣがＩＴＵ標準として存在する訳だが、日本だけ特別という訳ではなく、実は〔図表㉛〕からは読み取れないことだが、**米欧間にもＩＳＤＮ用の信号スペクトラムの差がある**（「欧」と一口に言っても国ごとに差が更にあり、ＩＳＤＮとＡＤＳＬとの周波数上の棲み分けが最もスムーズなのは、偶然のことは言えドイツだ、といったことが、この〔図表㉛〕の簡略化された図の先に、いろいろとある）。そこで既に一言したように、一九九九（平成一一）年六月に勧告化されたＤＳＬ用のG.992.1; G.992.2の両ＩＴＵ標準には、**北米仕様・欧州仕様**が、それぞれ**アネックスＡ・アネックスＢ**として存在するのである。

たしかにアネックスＡとアネックスＣのスペクトラムは完全に一致し、共存できるようになってはいるのだが、ＩＳＤＮからの影響という点では、日本向けにアネックスＣが別に作られたことからも、日米間での微妙な技術基準の差に十分留意する必要がある。だから、『ＡＤＳＬはアメリカ中心ゆえ、アメリカの機器をそのまま持って来て、日本のＮＴＴのネットワークに、すぐにつなげ』といった、

〔図表㉛〕 **ADSL・ISDN 信号間の干渉**

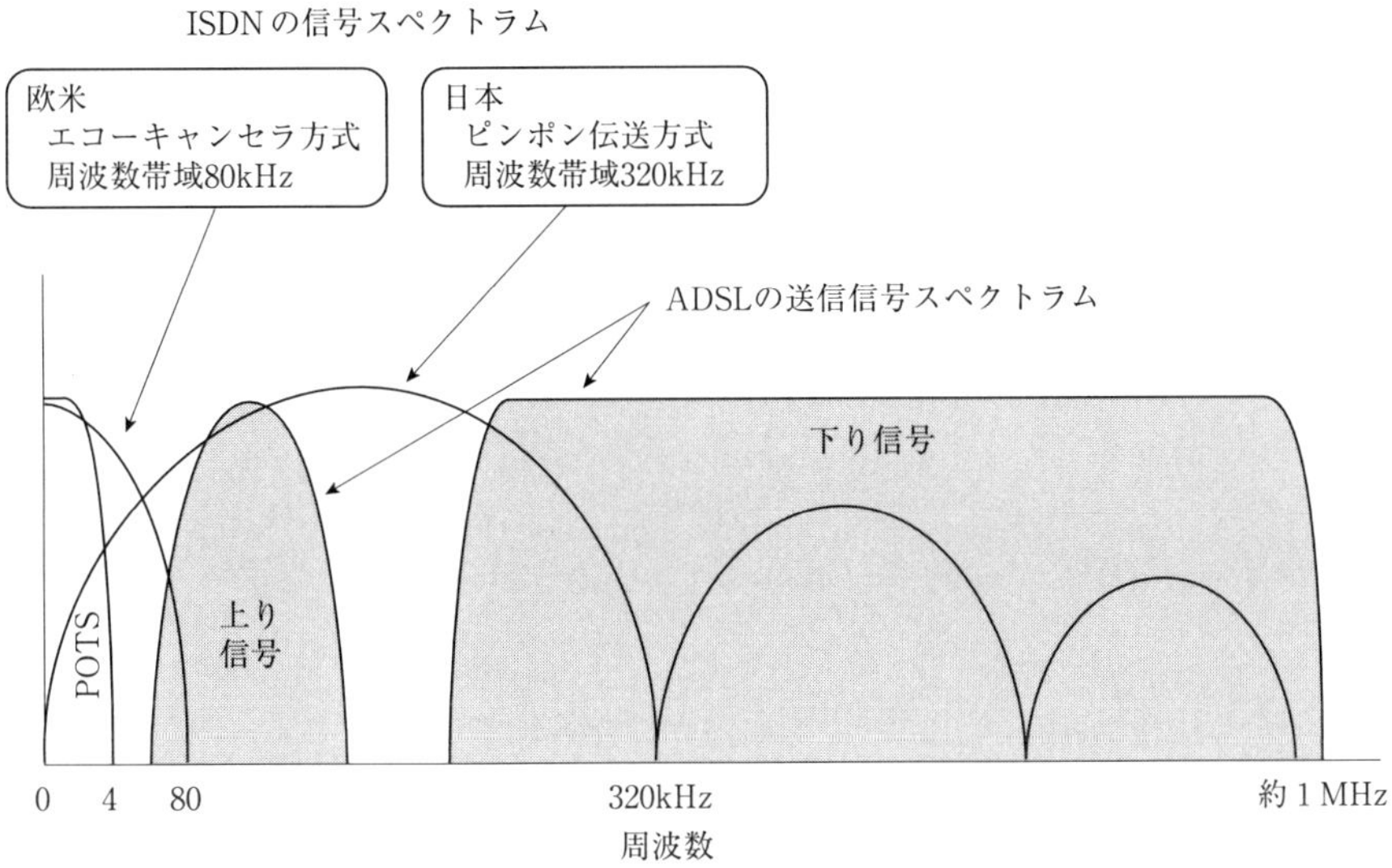

〔出典〕 旧郵政省・前記研究会中間報告書32頁の図表を簡略化。縦軸は電力スペクトラム（dBm/Hz）。POTS とは Plain Old Telephone Service のこと（即ち，従来型音声通信のこと）。

ＡＤＳＬブームの当初聞かれた主張は、こうした技術面での『国際標準化』（私は嫌いな言葉だが、『グローバル・スタンダード』）との関係からは、危険極まりない主張、なのである。

次に、**「干渉」が問題となる銅線ネットワークの**、**断面図**を示しておこう（〔図表㉜〕）。やはり、前記研究会中間報告書三四頁の**「カッド構造と一つ飛び・二つ飛びカッド」**の図に付された説明文を左に示し（カッドとは英語表記では quad となる）、今度は同頁の図を若干詳しくする方向で変え、〔図表㉜〕として示す（もっとも、同一カッドの場合の問題が圧倒的に大きく、一つ飛びカッド以下の影響はネグリジブルではある）。

「●電話回線は一対の銅線からなる。この回線を二組より合わせたものがケーブルの基本単位となっており、これをカッドと呼ぶ。

●一般的に用いられているケーブルは、複数のカッドを束ねたユニットを更に束ねたもので、数百～数千回線を収容できる。

●また、ケーブルにも主に紙絶縁ケーブルとプラスチック絶縁（ＣＣＰ）ケーブルの二種類がある。

●各回線には電話、ＤＳＬ、ＩＳＤＮ等のサービスを収容できるが、物理的に近い回線に収容されたサービスは互いに信号の漏えい（近端漏話）を生じる可能性があり、**近端漏話**はサービスに悪影響を生じる可能性がある。紙絶縁ケーブルの場合はプラスチック絶縁ケーブルと比較し、漏話の影響を受け易い。

●一般的にはサービスを収容する**回線の物理的距離が近いほど近端漏話が大きくなる**。」

〔図表㉜〕　メタリック・ケーブルの種類と断面

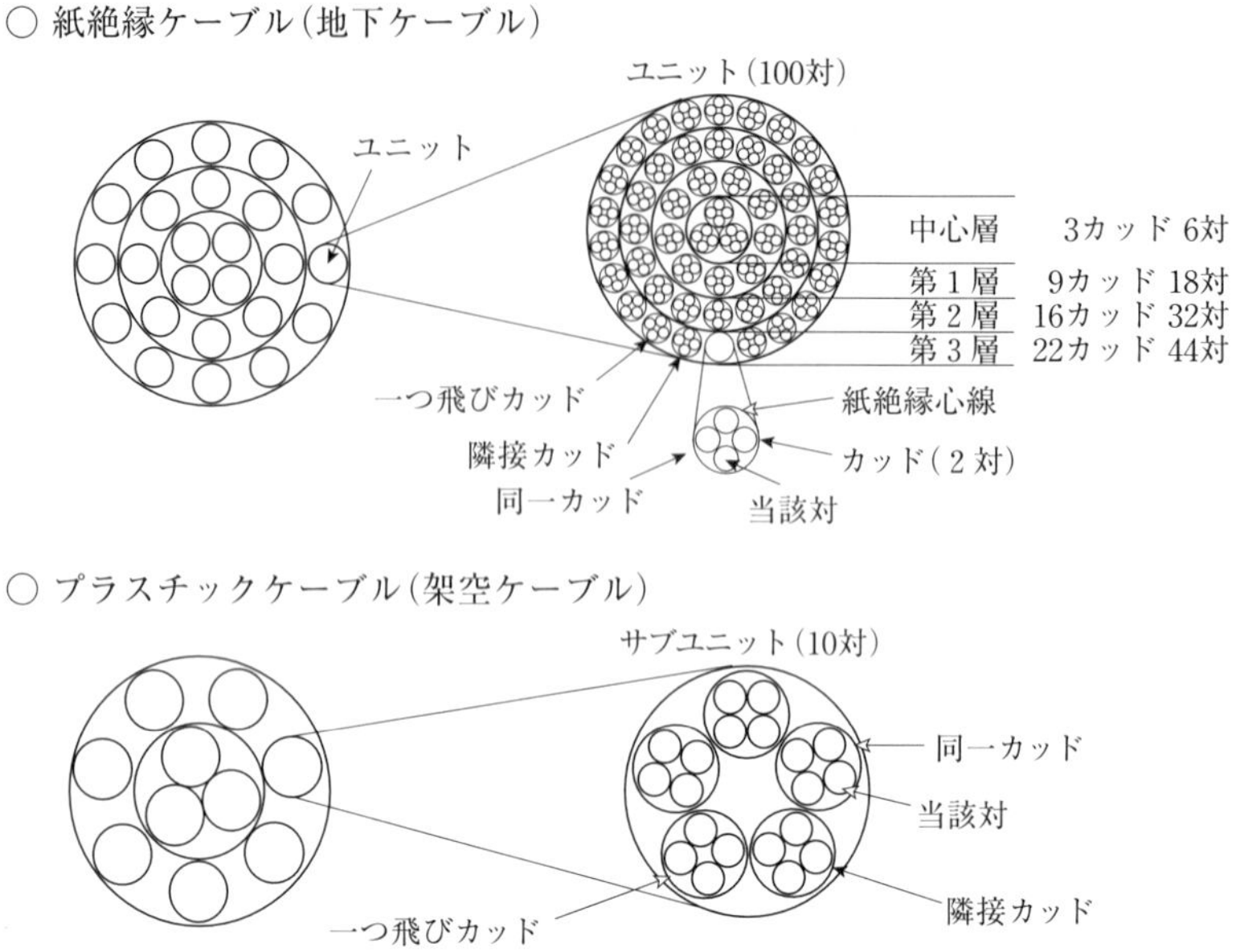

〔出典〕　旧郵政省・前記研究会中間報告書34頁の図をもとに，若干説明を追加。

＊　ＡＤＳＬブームの中で忘れられている重大な問題

さて、以上を〝基礎知識〟として踏まえた上で、郵政省の前記中間報告書が示している諸点を、順次見てゆこう。そこには、いまだに不明確・不透明なＡＤＳＬブーム(!!)の中にある今の日本社会が忘れている重大なメッセージも、含まれているのである(!!——ちなみに、前記引用の森田耕司氏の二〇〇〇〔平成一二〕年一月二一日の「ＡＤＳＬ試験サービスの概要」と題した某セミナー資料七枚目にもあるように、「ＡＤＳＬの歴史」としては、次のような経緯がある。即ち、「一九九〇年初頭」にＡＤＳＬ技術が開発され、「当初はＶＯＤ(Video on Demand)を目的として開発」されたが、ＶＯＤが「技術的に未熟、ＶＯＤサーバが極めて高価だったことから次第に廃退」。だが「一九九五年ごろ、急速なインターネットの普及に伴い、米国を中心にＡＤＳＬが浮上」し、「一九九八年以降、世界各地でＡＤＳＬを利用したサービスが開始」され、ＡＤＳＬだけでなく別のｘＤＳＬ〔ＨＤＳＬ、ＳＤＳＬ、ＶＤＳＬ〕技術も開発、実用化へ」、といった流れがある)。

同・中間報告書三頁(報告書本体の最初の頁)は、「ＤＳＬサービス導入に関する経緯」(既に一言した)の冒頭に、ＮＴＴ東西が「平成一一〔一九九九〕年一二月よりＤＳＬ試験サービスの開始を予定している」ことをまず挙げ、「平成九〔一九九七〕年三月」以来の、旧郵政省内での懇談会・審議会・研究会等の、この関係での流れを一〇項目にわたって示す。その第二が、「ＮＴＴによるＤＳＬフィールド実験の実施(平成一〇〔一九九八(!!)〕年二―一二月)」、である。ＮＴＴのＤＳＬに対する取り組みが、決して世界の流れに対して遅れたものではないことを、既述の森田耕司氏のものの引用をした部分と対比して、確認して頂きたい。そして、ＭＤＦ接続に関するＤＳＬ事業者との、「技術面、運用面」での「協議」（事前協議、ということになる!!）を求める同省の対ＮＴＴの文書（平成一〇〔一九九八〕年一一月一二日付けの「接続料の算定に関する事項について」）が、その第五にリファーされ、「**ＤＳＬを導入する際の漏えい基準**」を「規定」した同省の、「事業用電気通信設備規則の改正」（平成一一〔一九九九〕年一月七日）が第六に、それぞれ示されている。

だが、第七は、既に言及したように、「**ＤＳＬ技術の導入に未だ不安定・不確定な部分等があること**〔!!〕から、対象地域や期間を限定した試験的な接続を行うことが適当」だとし、かつ、「ＤＳＬの技術的条件〔!!〕については、意見集約のための検討の場を設定して具体的な検討が行われることが望まれる」、とする「接続料の算定に関する研究会（第二次）」（平成一一〔一九九九〕年二月～七月）の「提言」であり、第一〇として、「**平成一一〔一九九九〕年一二月から一年程度**」の「**ＮＴＴ地域会社のＭＤＦ等における試験的接続の実施**」が挙げられている。

ところで、前記第六で「**漏えい基準**」（技術基準）が定められたのちに、研究会での前記第七の検討で「ＤＳＬ技術の導入に未だ不安定・不明確な」云々、とあることは、それ自体、若干不自然なものをも感じさせる。もっとも、まさにそのために前記研究会が新たに設けられた訳だが、前記の〔図表㉛〕からも知られるであろう〝**日本特有の技術的諸問題**〟が、一体どこまで〔!!〕解決された上で、**ＤＳＬ本格導入に至ったのかは、後述の如く、大きな問題である。**『公取委の対ＮＴＴ東日本での〝警告〟という**横槍**』の不当性を、技術面から解明するのがここでの論述の主旨だが、**第二回目の公取委の、今後はＮＴＴ東西に対する『警告』**への、伏線をなす問題として、既に多少言及しておいたのが、この点である。

だが、もっと大きな基本的問題が、この中間報告書において、正当に〔!!〕指摘されている。即ち、同・中間報告書五頁には――

「**基本的にはＤＳＬは加入者回線が光ファイバ化するまでの時限的〔!!〕なものと位置付けられている。**」

――とあるのである。従来の郵政省の某研究会報告書を踏まえたものだが、後述の如く、右の点は、正当にも〔!!〕、旧郵政省の前記研究会報告書の基調をなしている。同前・五頁には、「**ＤＳＬの導入によって、将来の光ファイバ化に支障が生じないようにすることは重要**」だ、ともあり、そして――

「ＤＳＬの早期導入により、ユーザの加入者回線の高速化への需要を一層高め、光ファイバ化への移行を加速することが期待される。なお、加入者回線の光ファイバ化が進展しても**メタル回線が残る限り、ＤＳＬサービスの継続を否定するものではない**〔!!〕。」

――とある（同・中間報告書五頁の「本研究会」の立場における「ＤＳＬサービス導入の位置付け」の５）。

＊「技術的視点欠落型」の公取委側の姿勢との対比

注意して頂きたい。既に論じた**公取委の二〇〇〇（平成一二）年六月の中間報告書**では、銅線を光に置き換えるとＤＳＬ事業者がビジネスが出来なくなるから云々、といった『今が今の競争』のことしか、考えられていなかった。そこに『周波数干渉』や、日本（Ｎ

TT）が世界をリードしてその実施を始めた『**ライン・シェアリング**』の問題といった『**技術の視点**』が欠落していたことは既に示したが、更に、将来的に日本の通信ネットワークをどういう方向に持ってゆくべきか、という『**時間軸**』及び『**社会全体の利益**』（あるべき電子社会像!!）の観点も、欠落していたのである。そのことを、再度深く認識する必要が、あるのである。

もとより、郵政省・前記研究会中間報告書五頁は、「光化計画を推進する上で必要があれば」との前提で、「一定期間の事前通知を前提に**メタルから光への置換**ができるよう担保しておくことも必要」との、従来の同省内の研究会報告書の指摘を、引用している。だが、『**銅線から光への置換の事前通知**』という点では同じでも、旧郵政省側は将来の全国加入者回線光ファイバー化完了のために、ということを（「平成九（一九九七）年一一月〔『行革・規制緩和の嵐』が収束に向かいつつある頃のことである!!〕の経済対策閣僚会議の決定」を同頁で踏まえた上で）目的とし、この点を説く。これに対して公取委側（糸田公取委委員の言〔既述〕を下に、もはやそう言ってしまおう）は、単にNTT対DSL事業者という、誠に狭い視野の下での論でしかない。『**社会をどう導くべきか**』の観点に立脚するパウエルFCC新委員長の、ブロードバンド・ネットワーク全米敷設促進のためのインセンティヴ論と、糸田省吾公取委委員との『**目指すべきものの圧倒的な差**』が、ここでは『**旧郵政省**（但し、『**技術**』を正面に据えた、まともな顔の方のそれ）』対『**公取委**』の図式となって示されている、のである。

郵政省・前記研究会中間報告書五頁には、「DSLは主として数Mbps程度……であり、それ以上の高速サービスには基本的に対応できないため、その実現にあたっては、**必然的に加入者回線の光ファイバ化が必要となる**」、との正論が示されてもいる（但し、VDSLの国際標準化動向に関する本書一一三頁の＊の項には注意）。

さて、前記の〔図表㉛㉜〕に関係することだが、郵政省・前記研究会中間報告書八頁は、①「**DSLとアナログ電話**（!!）**間の漏えい**」、②「**DSLとISDN間の漏えい**」の双方（!!）を問題とする。簡略化された〔図表㉛〕からは、右の①については問題がないはず、との印象もあり得るが、同前頁が説くように、実はこの①についても、「DSL信号とアナログ電話信号とを同一芯線に重畳する場合〔『ライン・シェアリング』!!〕における信号相互の影響については**十分な定量的データが得られていない**」状況に、あったのである。具体的には両信号を分離する「**スプリッタに関する仕様**」と共に、「NTT地域会社と接続〔DSL〕事業者の**責任範囲**（!!）等について」の「検討」が行われた訳だが（同前頁）、後述の如く、同研究会最終報告書においても『**電話品質の保証**』が重大な課題となっている（本研究会最終報告書を踏まえた二〇〇〇〔平成一二〕年七月三日の郵政省電気通信局長のNTT東西に対する「要請」の⑸にも、「DSL」との関係で「電話品質を確保するように努めること。また、漏えい等が発生した場合には、直ちにその防止に対処すること」、とある）。

ちなみに一言すれば、**公取委の頭の中**には、こんなことすら無い。電話（音声通信）が万が一影響を受けたら、個々人に、そして社会的に、どういった問題が生じるのか。――**そんなことは一切お構いなしに、『NTT対DSL事業者の〝公正競争〟』ばかりを問題とするのが、公取委**なのである（!!）。

右の②が一層問題であることは既に示したところだが、同・前記中間報告書八－九頁は、次の如く説く。即ち、前記の〔図表㉜〕を再度御覧頂きたいが、「加入者回線」は「二対の銅線を撚り合わせた芯線を二組一単位としたカッド〔quad〕構造」になっており、「同一カッド内の二対の芯線の一方をＩＳＤＮで、もう一方をＤＳＬで用いる場合には近端漏話が大きくなり、ＤＳＬサービスの速度低下〔!!〕を招くこと等〔!!——後述〕が実験等により明らかとなっている」、とある。そして、「ＤＳＬ用芯線をＩＳＤＮ用芯線に対して一つ飛びカッド〔前記の〔図表㉜〕をもう一度見よ〕収容や二つ飛びカッド収容にすることで、この漏話を小さくすることができるが、それによりＤＳＬ用に利用できる芯線の収容位置が限定されることになる」ので、「双方のサービス提供に最適な収容方法について検討」が行なわれたのである。

＊　欧米以上に困難な『信号スペクトラム環境』下での世界初の『ライン・シェアリング』の実施

こうした文脈の中で示されるのが、既に示した極めて重要な点、即ち、『ライン・シェアリング』の『世界初』の『実施』を、前記〔図表㉛〕に示された（米欧以上に）困難な『信号スペクトラム環境』の中で行う日本における、『ＤＳＬサービス導入への基本的な技術的前提』、である。重要ゆえ、同前・一一―一二頁から再度引用すれば――

「ＮＴＴ地域会社の加入者回線に複数の接続事業者が接続して、各々の事業者がアナログ電話信号とＤＳＬ信号とを同一芯線へ重畳する場合、また複数方式のＤＳＬが同時に提供される場合の影響については、世界的にもデータがない状況である〔!!〕。したがって、接続の技術的な条件の規定にあたっては慎重な検討が必要である。……しかしながら、試験的なＤＳＬサービスであることから、実施エリアを必要以上に拡大する必要はないものと考えられる……」

公取委の前記『警告書』は、エリア限定等々でＮＴＴ東日本がＤＳＬ事業者の参入阻害をしたとするが、既に示した通り、ピント外れもはなはだしい。郵政省・同前研究会中間報告書一一頁も、「試験的なＤＳＬサービスの実施エリア」が、「可能な限り」において「順次拡大されることが望ましい」とした上で、右の「しかしながら」以下の指摘を行なっていたし、現実のＮＴＴ側の対応も、既に示した通り、その通りの展開となっていた（過去完了!!）。そこに、公取委の横槍が入った、のである。『技術の視点』等（既述）の欠落した『公正競争論の横槍』が、である。

なお、同前・中間報告書一二―一三頁は、「ＤＳＬサービスの事業展開に必要な情報の開示」についても、十分に『技術の視点』からの提言を行なっていた。即ち、「接続事業者は、ＤＳＬサービスの事業展開に向け、実施可能なエリアや実施可能な芯線数等の情報から、そのサービスの事業性を判断する必要がある。……」、とあり、「接続事業者が試験サービスで利用する各回線の開通時の線路条件、局舎の位置情報、ＩＳＤＮ回線の敷設状況、光ファイバ化の現状及び今後の計画等」についての「可能な限り」での情報提供が、ＮＴＴ東西に対して、既にそこで求められ、その通りに推移していたのである。とくに右に「実施可能な芯線」とある点については、前記〔図表㉜〕に立ち返って、考えねばならない（ちなみに、同前・一三頁では、メタル回線の撤去についての情報開示は「五年前程度が望ましい」、としていた）。

単純な『ＤＳＬ礼賛』の狂気は、もはやかなり鎮静化しているものとは思われるが、同前・一九頁の次のような指摘もまた、当然のことながら、念のためここで掲げておくべきであろう（だから私は、ＤＳＬはやらない、のである）。即ち――

「ＤＳＬサービスは線路設備環境や収容環境等によって、その提供が制限されたり伝送速度が低下する場合があることが一般的〔!!〕であるため、ＤＳＬサービスと他の回線サービスの間で漏えいが生じた場合には、ＤＳＬサービスの側において〔!!〕漏えい防止等の対処を行うこととする。……」

もとよりＮＴＴ側も「ＤＳＬ用芯線の収容先変更を含め、可能な限りの措置を構」ぜよ、と同頁にあるが（むしろＤＳＬ事業者サイドの能力的負担を考えてのことであろうが、この点は最終報告書では変更がある。後述）、**ＤＳＬがそもそも極めて不安定なサービスであること**は、旧東京めたりっくのユーザー達が自ら作ったホームページでの、殆ど無数のクレイムを見るまでもなく、初めから分かっていたこと、なのである（なお、前記中間報告書一八―一九頁にあるように、従来から「**漏えいに関する対処**」は、「**新たに提供された通信サービス側において、対処することが通例とされてい**」た、のである）。

さて、このあたりで、この郵政省の研究会の最終報告書の方に、目を転じよう。

＊　旧郵政省「『高速デジタルアクセス技術に関する研究会』最終報告書――本格的なＤＳＬサービスの導入に向けて」（二〇〇〇〔平成一二〕年七月三日）

ここでの論述の目的は、既に『警告書』本体に即しつつ批判した、**『公取委のＤＳＬに関するＮＴＴ東日本への〝警告〟』の不当性**を、『技術の視点』等から、更に抉ること、そしてその延長線上において、その後ＮＴＴ東西に対してなされた公取委の、やはり**ＤＳＬ絡みでの第二弾の『警告』**をも批判する点にある。だが、書きながら多少いやになって来たこともあり、同前・最終報告書一〇頁の表を、〔図表㉝〕としてまず示したい（アンダーラインを適宜付しつつ、本書のこれまでの延々たる論述との関係で⑴～⑻の注も、若干詳しく付することとする）。本書の〔図表⑩〕、更に遡れば〔図表①〕を表にまとめたものだが、**一体今、技術的にどのあたりのことを問題としているか**について、確認しておきたいからでもある。

一回分の原稿を一日で一気に書くのは、私の健康状態（否、病状）にとって極めて危険ゆえ、〔図表㉝〕の下に細かな注を、半ば趣味的に付し、気分転換したところで、今日は筆を擱き、〝明日のあること〟に期待する（以上、「ゆっくり」をモットーに、平成一四〔二〇〇二〕年二月一六日午前九時半頃から午後三時五五分で四〇〇字二七枚。今日は土曜日。あと、少しだけリフレッシュを試みる。――なんて書きつつ、午後六時過ぎまで、計二七枚の点検をしてしまった。危ないから、本当にここで、今日は筆を擱く）。

この研究会最終報告書は、〔図表㉝〕からも知られるように、ＤＳＬだけを念頭に置くものではないが、検討の主眼は、その副題がそうであるように、ＤＳＬにある（執筆再開、二月一七日㈰午後〇時三五分）。

そのＤＳＬ、とくに中心となるＡＤＳＬサービスに関する、機器（装置）設置面でのＮＴＴ東西とＤＳＬ事業者との関係は、〔図表㉞〕のようになる（同・最終報告書四三頁）。

この〔図表㉞〕には、**『公取委のDSL警告第二弾』**（後述）で問題となる**「保安器」**（それは、ユーザ宅でのスプリッタの隣の◎部分に相当するが、後掲の〔図表㉟〕と対比せよ）は示されていないが、ともかく〔図表㉞〕の「タイプ1」が**『ライン・シェアリング』**であり、既述の如く、そうではないものも、一応検討されていた、ということである。

さて、細かな点はともかく、本最終報告書の基本について、常に批判した**『公取委の警告（第一弾）』**を意識しつつ、以下見ておく。まず、同・最終報告書一二頁の**『DSLに関する基本的位置付け』**は、中間報告書と何ら変わっていないことを、確認しておきたい。即ち、そこには、**「DSLサービスを加入者線の光ファイバ化に伴う全てのメタル線の撤去完了までの間、高速化を実現する技術の一つと位置付け」**、その**「早期導入と全国展開」**により**「光ファイバ化への移行を加速」**させる、というのがその基本スタンス（正当!!）であり、従って「メタル線が残る限り、DSLサービスの提供を否定するものではない」、とある（同前頁）。**『公取委の単純な新規参入（DSL）保護論』**（むしろ光ファイバー化に待ったをかける意味あいでのそれ）とは、**正当にも一線を画している**のである。

ところで、既に一言した同前・最終報告書一四頁の、**「ADSL及びSDSLサービスの提供状況**（平成一二〔二〇〇〇〕年六月二二日現在）」の表の中で、**「サービス提供不可数」**という、注目すべき項目がある。右は、**「光導入**（回線の一部又は全部が光ファイバ化されておりDSLサービスが提供できなかったもの）、**宅内要因**（宅内配線の関係でDSLサービスが提供できなかったもの）及び**ロスオーバー**（回線の**線路損失**の計算結果によりDSLサービスを提供しなかったもの。以前**第一種サービス**〔NTT東西のDSLサービス〕のみで実施していたが、現在は廃止）」というものである。

本書で既に全文引用した**『公取委の警告書（第一弾）』1⑴ウ**は、「回線損失」を理由にDSLサービス提供を拒否することが、右の如く、DSL事業者の新規参入を妨げ云々、の論理になっていたが、かかる拒否は、過去において、しかも、NTT東西自身の行なうDSLサービスについてのみ、行なわれていたことになる。だとすると、既に別な角度から批判しておいた**『公取委の警告書（第一弾）』1⑴ウの指摘は、この点からもおかしい**、ということになる。〔図表㉞〕の〝第二種〟がまさに新規参入組のDSLだが、それと、「回線損失」云々とは、全く結びつかないから、である。

但し、実際に「回線の線路損失（ロスオーバー）」が大きいのにDSLサービスを行なう、というのは、それ自体、大きな問題のはずである。〔図表㉞〕の時点で、「サービス提供不可数」は第一種の（NTT東西の）サービスで一二九回線、第二種の（DSL事業者の）サービスで七〇回線とあり、前記の**「光導入」・「宅内要因」**のみが右の「七〇回線」分ということになる。

なお、**「ロスオーバー」**の実数（件数）が本最終報告書には示されていず、仮にその件数次第では、前記の問題をすべて度外視したとしても、なぜ『公取委』が『警告』までせねばならなかったのかが、更に問題ともなるが、まあよい。

若干不自然とも思われるのは、本報告書一四頁で、**「漏えい発生件数」**が計「0回線」、つまり全くなかった（全体の母数は一〇〇三回線〔ADSL〕プラス五〇回線〔SDSL〕）、とされている点である。この点につき、同・最終報告書一三頁は、**微妙な言い回し**をしている。即ち——

「現時点において、ADSLサービス及びSDSLサービスとISDNサービスとの間で発生した大きな信号の漏えいによるDSLサービス提供上の問題は見られない。」

――とある。それを表で示したのが同前・一三頁であり、従って、「漏えい」の件数ゼロも、「大きな漏えい」に限ってのものとなる。〔図表㉛㉜〕で推測される問題の多くが、現場の努力(!!)で大体解消されたことは、喜ぶべきことだが、気になるのは、右の「大きな」と、区別の助詞としての「は」、である。そしてそれが、『公取委警告（第二弾）』と結びついてゆくのである（後述）。

DSL特有の〝一般的〟問題たる周波数干渉（漏えい）問題の完全解決を待たずに、DSLサービスの本格導入に走った本最終報告書の姿勢は、実は、次の指摘からも明らかである。即ち、同・一八―一九頁は――

「現在、技術面及び運用面において特段の問題は生じていない。……ただし(!!)、今後、大きな信号の漏えい等が発生することも考えられる(!!)ことから、その場合には、直ちに原因を究明し、対策を講じることが必要である。……

また、DSL回線数の増加やVDSL〔Very high bit rate DSL〕等の新たなDSL方式等の導入を考慮すると、今後、大きな信号の漏えい等が発生することも想定し得る(!!)……。」

――とする（同前・三七頁には、「ISDNからの大きな信号の漏えいにより、DSLサービスの提供に制限が生じたり、伝送速度が低下する等の問題が生じることが想定される(!!)」、ともある。また、「DSLモデムの売切り」〔既に二〇〇一〔平成一三〕年一月三〇日に認可されている〕との関係で、「モデムの売切りを実施する場合、ISDN回線等の他回線との信号の漏えい……等が生じた場合の対処方法等」に言及する同・三四頁にも、そうしたことが十分起こり得る、との前提があることになる(!!)。そして、本報告書は、そうした対策のための「スペクトラム・マネージメント」（同前・一九頁、二九頁以下、及び同・四一頁）を、今後の問題とし、「常設の検討の場を早急に設置」せよ（同・四一頁）、とするだけで終わってしまっている。これは、実に大きな問題である。

そもそも、こうした重大な技術的障害の可能性が、国民（社会）に周知されずに、『ⒶDSL八メガ、うちは安いよ』の、歯止めなき価格競争が、まるで急速なデフレ・スパイラルの如く、始まっている。私は、いい加減なTVのADSLコマーシャルを見るたびに、「最速八メガ」（一二メガ以上も同じ）は、人々を惑わす表現だと怒っていた。同・最終報告書四二頁からも、当時のデータとして、ADSLの「下り」は「一・五～九Mbps」で、その最速の伝送可能距離は「二・七㎞」。そこに更に、既述のDSL一般の問題、即ち「データ伝送速度」が「線路の特性や利用環境によって異なり、「回線にノイズが多く混入する環境では伝送速度が遅くなる」（同頁）、といった問題がある。極端な話、隣の人が何を使うかによっても、この点は大きく左右される。そうしたDSL（とくにADSL）があるから『光ファイバー』なんかいらない、などと言われていたのは（今も言う人は居るが）、実におかしなことなのである。

さて、そうした『技術の視点』（本報告書においても、詰めが十分でなかったことを右に示した訳だが、既述の『公取委の警告（第一弾）』には、この視点がそもそも欠落している）と共に、『社会全体の利益』を見据えた『時間軸』の下に、本報告書は、中間報告書よりも一層

〔図表㉝〕　主な高速デジタルアクセス技術の特徴のまとめ

			システム	通信速度	普及状況	課　題	備　考
有線系アクセス網	光ファイバ		FTTH（PDS[1]）	192kbps ～	● き線点までの光化率約36%（H11年度末見込み）FTTH の利用加入者数：約10万加入（H10年度）	● デジタル映像伝送等高速広帯域サービスの提供に向けた、より高速の ATM － PDS 等への円滑な移行。 ● 料金の低廉化による需要の喚起。 ● PDS システムへの円滑な移行（架空 ONU[2] から加入者宅までの光化）	● WDM 技術[3] によって実用上無限の帯域が利用可能 ● 電磁的なノイズを受けない
			π システム[4]	144kbps	● π システムの利用者60万弱加入	● 現状では DSL と同一回線上で共存できない	● 光ファイバとメタリックケーブルのハイブリッド
	メタリックケーブル		DSL	128kbps ～ 52Mbps[5]	● 試験サービス提供中（東京・大阪・大分） ● 有線放送での利用 ● 自営網内利用	● 光ファイバ化との整合性が必要 ● メタルケーブル撤去後の対策が必要 ● **ISDN 等の他回線との漏話対策**	● **通信速度は DSL の方式、距離等の条件に依存**[6]
	同軸ケーブル		CATV	～30Mbps	● 145社が１種事業免許を取得 ● 92社がインターネット接続サービス開始 ● 利用者数は約21万人（H12. 3現在推計）	● 流合雑音対策が必要 ● 光ファイバ化及びデジタル化への対応の検討 ● 導入が困難な集合住宅への対応	● テレビ１チャンネルの帯域（6 MHz）で30Mbps 程度のインターネット接続 ● 帯域共有のため、１ユーザ当たりの利用可能帯域は利用条件によって変動する
無線系アクセス網	地上系	固定系	FWA	～ 156Mbps[7]	● 15社が免許・予備免許を取得 ● うち８社がサービス開始	● 加入者増による帯域逼迫の可能性がある ● 機器コストが高い ● 見通しが悪い状況では回線設定が困難	● 22GHz 帯、26GHz 帯、38GHz 帯を使用
			小電力データ通信	～10Mbps	● まだ事業例は無い	● 基地局の設置場所の確保 ● 基地局までの有線回線の確保	● 2.4GHz 帯、５GHz 帯を使用
		移動系	ITM2000	144kbps ～２Mbps	● 2001年サービス開始予定	● IP 網とのシームレス化 ● 高速化	● ２GHz 帯を使用 ● **２Mbps は屋内での通信速度**
	衛星系		GEO	～30Mbps	● 企業向け衛星 IP 網	● **双方向で衛星回線を用いる場合は高価な地球局装置が必要**	● IP ネットワークサービスは上り回線に地上回線を利用することもある[8]

〔出典〕　旧郵政省・前記研究会最終報告書（2000年７月）10頁。

注〔1〕　光スプリッタによる電話局内装置を共用する方式が PDS 方式。ここでは無視して考えてよい。
注〔2〕　ONU については、本書215頁を見よ。
注〔3〕　WDM については、本書一５、等参照。
注〔4〕　π システムについては、本書214頁を参照。
注〔5〕　52Mbps という数字は、旧郵政省・同上報告書42頁の VDSL に関する「下り」の最大速度であり、伝送可能距離は、わずか「0.3km」。なお、本書113頁の＊の項参照。
注〔6〕　同上報告書42頁では、ADSL の「下り」最大速度は「９Mb/s」（伝送可能距離「2.7km」）とある（当時のデータ）。もっとも、「上り」の最大速度は「640kb/s」とある。
注〔7〕　FWA で最大156Mbps とあるのは、同上報告書５頁にあるように、Point to Point（伝送距離は最大で４km）の場合。Point to MultiPoint では10Mbps で、基地局から「半径１km 程度」とある。なお、本書102、104頁、等と対比せよ（FWA と AWA との違いにつき、本書45頁）。
注〔8〕　旧郵政省・同上報告書８頁では、「上り回線……の高速化」等が必要だとあり、「下り回線を複数ユーザで共有するため、１ユーザあたりの帯域に制限がある」、等の点も示されている点に注意せよ。

〔図表㉞〕 ADSLサービスの概要と機器（装置）設置面でのNTTとADSL事業者との関係

● 東西NTTが提供しているADSL接続サービスは、第１種サービスと第２種サービスに大別されるが、その概要は下表のとおり。

第１種サービス			東西NTTがADSL装置を設置するもの
	タイプ１		加入者線について加入電話と共用するもの
	タイプ２		加入者線について加入電話と共用しないもの
第２種サービス			接続事業者がDSL装置を設置するもの（MDF接続）
	タイプ１		加入者線について加入電話と共用するもの
		タイプ１－１	東西NTTがスプリッタを設置するもの
		タイプ１－２	接続事業者がスプリッタを設置するもの
	タイプ２		加入者線について加入電話と共用しないもの

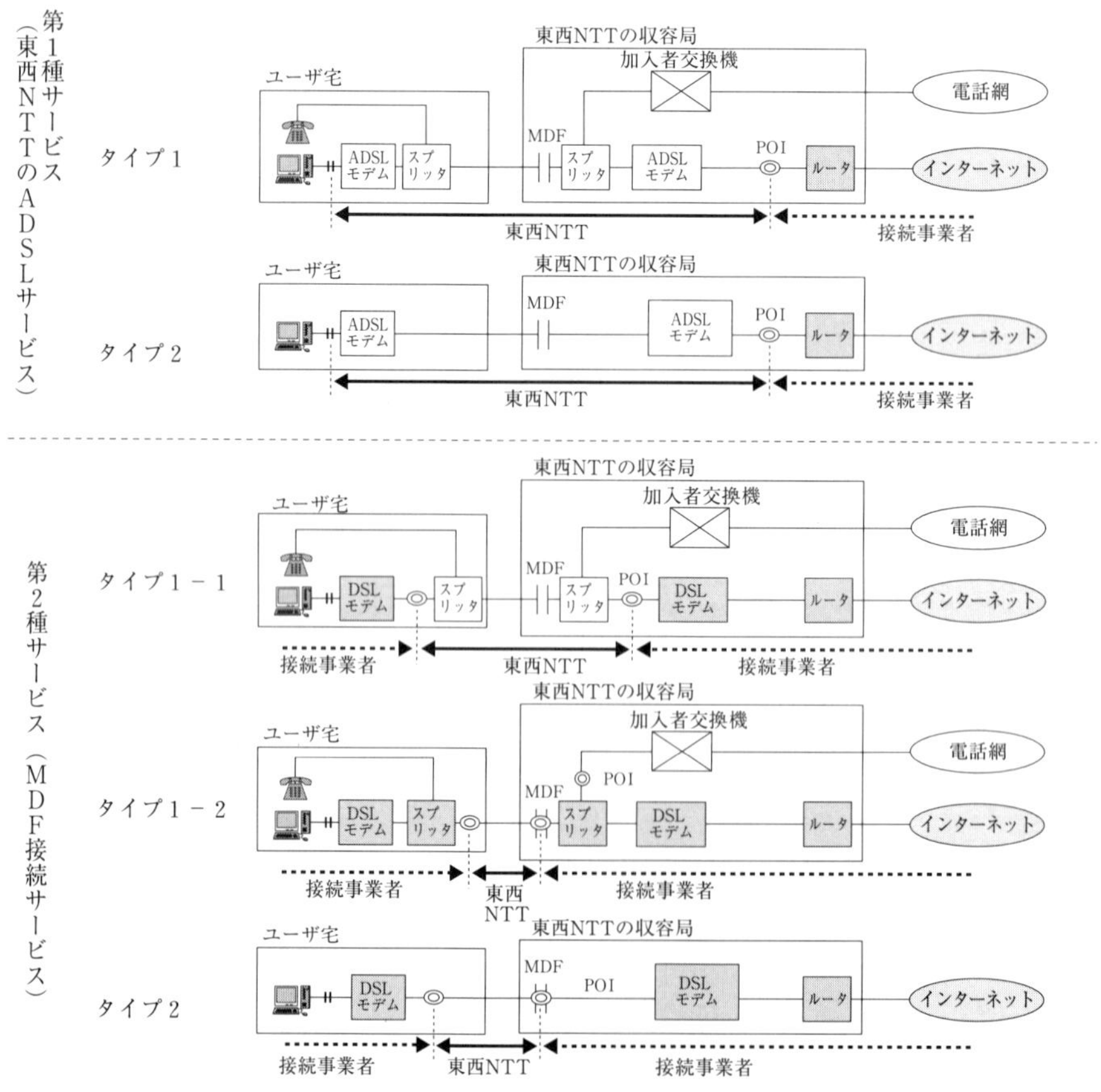

＊図中の網掛けの装置は接続事業者が設置する装置

〔出典〕 旧郵政省・前記最終報告書43頁。

明確なメッセージを発信している。即ち、同・最終報告書一九頁は、「DSLサービスの提供は、『メタル線が撤去されるまで』という時間的制約を伴う」(!!)とし、だからNTT東西が早急にDSL事業者「から要望のある全てのエリアへ〔DSLサービスを〕拡大」すべく協力せよ、とする。もっとも、DSL事業者には『ユニバーサル・サービス』的な考え方はそもそもないし、一切「要望」の「ない」地域を日本地図で示したら一体どうなるのかな、などとも思う(この点で、滋賀県の一ユーザーの声に言及する本書九八頁を見よ!)。

＊『DSLサービスの時限性』と『ヒット&ラン(轢き逃げ)』――一般ユーザーへの説明は十分と言えるか?

この『DSLサービスの時限性』(!!)との関係で重要なのは、公取委側(糸田委員の既に批判したアメリカでの報告を想起し、二〇〇〇〔平成一二〕年六月の、かの公取委研究会中間報告書の指摘をも想起せよ)が、単純なDSL事業者保護論(『今が今の、しかも歪んだ公正競争』のみのためのそれ!!)からこだわる、『メタル線撤去』についての、郵政省・本研究会最終報告書の指摘である。五年前にこの点の情報開示を、としていたのが中間報告書であった(既述)。『二〇〇五年』を意識してか、その「五年」が「四年」となったが、「四年」は「原則」であり、「例外」が認められるに至った(同・最終報告書二三頁以下)。しかも、公取委側が、DSL事業者の現在のビジネスを前提とした問題把握に終始するのに対し、本報告書は、そうではない。順次、これらの点を示しておこう。即ち、同・二三―二四頁は――

「メタル線の撤去の……情報開示から四年後に、東西NTTがDSLサービスに使用〔され〕ているメタル線を撤去する場合、DSLサービスを利用しているユーザが(!!)料金面、品質面等においてそのサービスと同等又はそれ以上のサービスと考える光ファイバを利用した(!!)新たな代替サービス等を接続事業者が(!?)即座に提供可能になるようにすべきである。」

――とする。右の主語は、「東西NTTは……」のようである。そもそも今のDSL事業者の大宗は、『儲けられる数年だけ儲けて、あとは知らない』という、まさに『ヒット&ラン』(日本語訳は『轢き逃げ』。参入・退出の自由との関係での経済学の用語。だが、轢き逃げされるのは、一体誰なのか!!)を考えているようにしか、私個人には思えないが、それはひとまず措く(後述)。もし彼等が『DSL後』のことも考えていたとして、一体どうなるのかと言うと、実は、右引用部分の太字の「等」が重要である。同・三九―四〇頁には、「メタル・光ハイブリッドシステムで利用可能なDSL装置の開発」への言及があり、まるで『NTTにおんぶに抱っこ』の構図となっている。即ち、そこには、そうした「DSL装置の開発」と「当該技術の導入を希望する接続事業者」が、「東西NTTの協力を得つつ(!?)、その実現に向けて検討することが望まれる」、とある。NTTの技術など大したことないから『グループ』を解体せよとの、かの忌まわしき電通審第一次答申等、本書で論じて来た事柄からは、「だったらメーカーに頼めば?」と言いたくなるが、先にゆく。

郵政省・前記研究会最終報告書二四頁は、『メタル線撤去四年前開示』の『例外』について、前記の「新たな代替サービス等を接続事業者が即座に提供可能となっている状況」にあることを、第一の例外とする(第二～第四の例外は、自然災害等によるメタル線の損傷・

張り替え、それ以外の緊急の場合、そしてその緊急の場合に事業法三九条三項の大臣裁定で張り替えろ、となった場合、である）。だが、むしろ面白いのは、この第一の例外に付された附加要件であり、同頁は——

「……かつDSLサービスを利用しているユーザがその停止について、少なくともDSLサービスの契約時及び……メタル線の撤去時期が明らかになった時に、接続事業者から説明されており、東西NTTが一年以上前にメタル線の撤去に関する情報を接続事業者に通知している場合。」

——とする。そもそもDSL事業者がユーザーとの「契約時」に、そんな「説明」をどこまでしているかが問題だが、この点で更に面白いのは、同前・二五頁が——

「接続〔DSL〕事業者は、メタル線が撤去された場合、DSLサービスの提供が不可能となること〔前記の〝代替サービス〟云々と殆ど矛盾している!!〕を了知の上〔!!〕、DSL事業の展開を図ることから、DSLサービス開始前に〔!!〕メタル線撤去後の事業計画について十分検討すべきである。」

こんなことを、今から〔故意で〕『轢き逃げ』〔既述〕をしようとする人に言っても、殆ど無意味である。そんなことは十分分かった上での、旧郵政省サイドからDSL事業者に対する〝忠告〟、と考えるのが実態に最も沿う見方であろう。更に、同前頁は——

「東西NTT及び接続事業者は、ユーザに対して、契約時等事前に〔!!〕、信号の漏えい及びメタル線の撤去により、途中でDSLサービスの中断等が起こり得るということを十分に周知しておかなければならない。」

——とする。前記〔図表㉞〕に戻って考えれば、専らDSL事業者の提供する〔図表㉞〕の「第二種」のDSLサービスについては、東西NTTが地社ユーザーに、こんな周知を行なういわれはない。「接続事業者」側の問題となる。一体、かかる事前通知がどこまで行なわれているというのか。『技術の視点』を無視する『公取委』は論外としても、旧郵政省のこの最終報告書とて、『技術の視点』を突き詰めることなく、『見切り発車』的に〝DSL本格サービス導入〟に走ったこと、そして、それが結局は一般ユーザーを惑わし、わざわざ引いてある光ファイバーをメタル線に戻せ（『公取委警告〔第二弾〕』との関係で後述）、といった動きまでを、一部に生ぜしめている。その点を、私は強く問題視しているのである。

さて、同・最終報告書二七頁以下は、「接続の技術的条件」、そしてその第一として「電話品質の保証のための条件」を示す。この第一の点については、同・二七頁にあるように、NTT東西とDSL事業者との間で既に「相互接続協定書」が結ばれていて、「これまでのところ……接続事業者からの苦情や問題の発生等の報告はない」、とある。ここで、同前・二八頁の図を〔図表㉟〕として示しておく。〔図表㉟〕の中の「接続点D」、即ち「保安器」が、後述の『公取委警告〔第二弾〕』と関係することになる。

重要なのは、同前・二七—二八頁において、〔図表㉟〕のA〜Eのほぼすべての接続点について、「過電圧・過電流」対策のための技術条件が、「加入者線」〔接続点AB〕・「DSLモデム〔局内側〕の

〔図表㉟〕 **DSL関連の接続点**

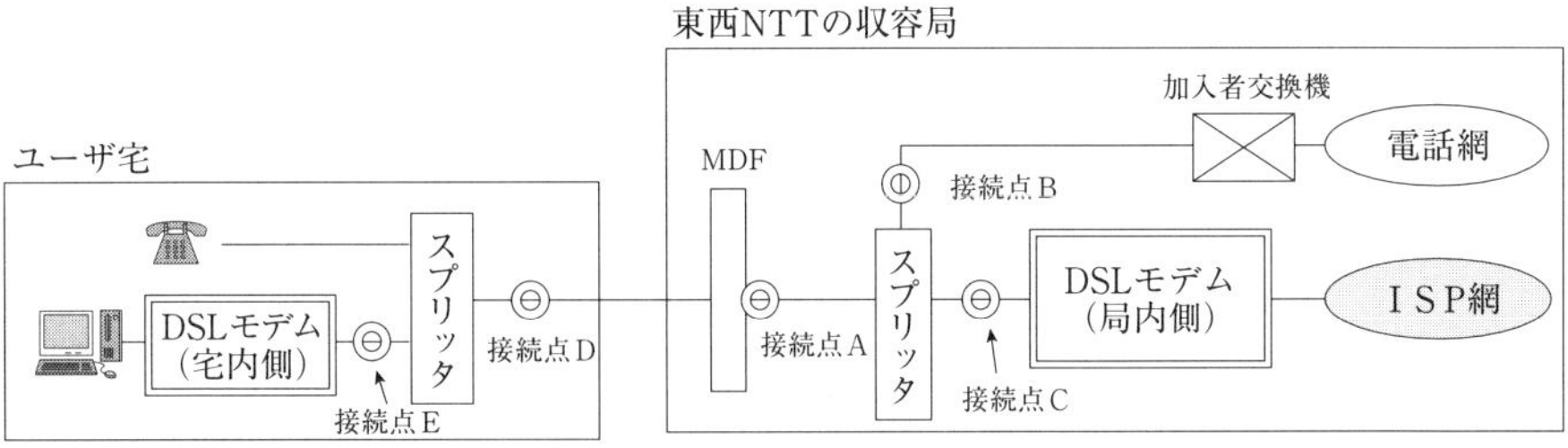

注）接続点Dは保安器を指す。

〔出典〕 旧郵政省・前記最終報告書28頁。

電源系」（接続点C）から侵入する「**過電圧・過電流により、スプリッタが故障し、電話サービスが中断すること**（!!）を防ぐため」（接続点D（保安器）については、どこからとは記載がないが、この点は同じ）に、定められていることである。そして、これらに関する「数値等については、メタル加入者線を所有している東西NTTが規定する」、とある（同前・二八頁）。既述の『**スペクトラム・マネージメント**』は「漏えい対策のための指針」（同前・三〇頁）であり、同頁でも、今後「**漏えいが発生する可能性があること**」をはっきり認め、この点に関するNTT東西・DSL事業者間での〝情報交換〟と速やかな〝対処〟を求めている。

だが、同・三二頁は、前記中間報告書と異なり、「DSLサービスの側」だけでなく、「試験期間中に**ISDN**との間で大きな漏えいが発生していないことを考慮」し）「**DSLサービス側とISDNサービス側の双方**で漏えい防止等の対処を行なうことが適当」、とするに至っている。その関係で、再度、『**ユーザーへの周知**』の問題が、同前・三二頁で示されている。即ち――

「**信号の漏えいによってDSLサービス及びISDNサービスが提供できない場合若しくはサービス途中に著しく速度が低下した場合に備え**、サービス提供前に（!!）各接続事業者はそのサービス内容と**事業者の責務**（!!）について、ユーザに十分周知しておく必要がある。」

――とある。こうした周知が全く不十分だ（要するに、『マイライン』の場合と同じ）と私個人は思うが、実は、同前・三三頁では、「**ユーザ側のセキュリティ確保**」についても、極めて重要な指摘がなされている。即ち――

「DSLサービスは常時接続が可能となることから、自らサーバを設置するユーザ等が増加すると考えられ、それに伴い**セキュリティの脆弱なサーバは不正アクセスを受け、ハッカー等の踏み台にされる**（!!）**等の可能性が極めて高くなると考えられる**。」

――とあるのであり、「接続事業者」に対して（!!）自らのユーザーに対する、「予防、周知及び啓発」への積極関与を求めているのである（同頁）。この点は、必ずしもDSLに特有の問題ではないが、顧客の奪い合いばかりでセキュリティ（既述の『信号漏えい』も、ネットワーク・セキュリティの問題である）が軽視される傾向は、それ自体大きな問題である。だが、**こうしたセキュリティ問題もまた、**

『公取委』の**『公正競争』オンリーの発想からは、みごとに『死角』となるのである(!!)。**

それから先の、この最終報告書の指摘は、既に述べた点とも重なり、行論上は捨象してよい、と判断する（以上、執筆・点検終了、平成一四〔二〇〇二〕年二月一七日午後五時四〇分）。

＊　＊　＊

さて、それでは、かくして『DSL本格サービス開始』（二〇〇〇〔平成一二〕年一二月二六日）となった後に出された、NTT東西に対する**『公取委の警告（第二弾）』**は、一体いかなるものであったのか。それを次に示すこととする。

c　『警告書（公審第三八二号平成一三年一二月二五日）』の問題性

NTT東西に対するとんでもないクリスマス・プレゼントとして、前記の『警告（第一弾）』と異なり、殆ど突然（煙突から落ちたか?・）なされた『警告（第二弾）』は、淋しくなる程にマイナーな問題を扱ったものである。まず、殆ど文言の同じ、NTT東西に対する**『警告書』本体**を、やはり全文示しておこう。

「1　公正取引委員会は、貴社に対し、私的独占の禁止及び公正取引の確保に関する法律の規定に基づいて審査を行ってきたところ、貴社が、平成一二年一二月二六日から開始したADSL（非対称デジタル加入者線）サービスの提供に際し、次の事実が認められた。

(1)　六号保安器バージョン1の取替工事について
ユーザーからの要求があった場合、自社のユーザーに係るものについては、無料で取替えを行っていた事例が多数みられたにもかかわらず、競争事業者のユーザーに係るものについては、一部を除き、有料で行っていた。

(2)　光ファイバーケーブルの収容替工事について
ユーザーからの要求があった場合、自社のユーザーに係るものについては、無料で収容替えを行っていた事例がみられたにもかかわらず、競争事業者のユーザーに係るものについては、一部を除き、有料で行っていた。

2　貴社の前記1の行為は、不公正な取引方法（一般指定第九項又は第一五項）に該当し、私的独占の禁止及び公正取引の確保に関する法律第一九条の規定に違反するおそれがある。

3　よって、当委員会は、貴社に対し、今後、このような行為を行わないよう警告する。」

＊　公表された『警告書』と実際にNTT側に渡されたものとの、内容が違う!!

右には、便宜NTT東日本に対するものを示した。NTT西日本に対するものにおいては、右の1(2)の、右傍線を付した「事例がみられた」が「事例が多数みられた」に、また、「一部を除き、有料で」の部分が「有料で多数」に、となっているだけが違う。

それにしても、何と漠然とした『警告書』であろうか。同じことゆえ右に全文を示したNTT東日本に対するものを見ても、「多数」と「一部」、「事例が〔何件??〕みられた」と「一部を除き」云々。

――公取委のホームページの方には、前記の、勇ましい（その実ボロボロの〔既述〕）『公取委警告（第一弾）』と同様、詳細が示されているかと思って、妻に調べてもらった。そこで私は、愕然とした（http://www.jftc.go.jp/pressrelease/01.december/01122501.pdf）。またしても（!!）、『警告書』本体と、文言が違う（!!）、のである。即ち――

「東日本電信電話株式会社及び西日本電信電話株式会社に対する警告について

平成一三年一二月二五日
公正取引委員会

公正取引委員会は、東日本電信電話株式会社及び西日本電信電話株式会社に対し、独占禁止法の規定に基づいて審査を行ってきたところ、両社が平成一二年一二月二六日から開始したＡＤＳＬサービスの提供に際し、

(1)　電話着信によりＡＤＳＬ接続が切断されるおそれがある保安器（注1）の取替工事について

(2)　光ファイバーケーブルからメタルケーブルへの収容替工事（注2）について

それぞれ、ユーザーからの要求があった場合、自社のユーザーに係るものについては無料で取替え又は収容替えを行っていたにもかかわらず、競争事業者のユーザーに係るものについては有料で取替え又は収容替えを行っていた疑いのある行為が認められたので、本日、両社に対して、同法第一九条（不公正な取引方法第九項〔不当な顧客誘引〕又は第一五項〔取引妨害〕に該当）の規定に違反するおそれがあるものとして、今後、同様の行為を行わないよう警告を行った。

（注1）　保安器とは、落雷等により、通信施設に過大な電圧がかかることを防ぐために加入者宅に設置される設備である。

（注2）　ＡＤＳＬサービスはメタルケーブルを用いて提供されるため、加入者の電話回線の一部又は全部が光ファイバーケーブルとなっている場合、メタルケーブルへの収容替工事（切替工事）を行う必要がある。

1　関係人の概要

名称	東日本電信電話株式会社	西日本電信電話株式会社
所在地	東京都新宿区西新宿三―一九―二	大阪市中央区馬場町三―一五
代表者	代表取締役　井上　秀一	代表取締役　浅田　和男

2　ＡＤＳＬについて

ＡＤＳＬ（Asymmetric Digital Subscriber Line（非対称デジタル加入者線））は、既存の電話回線（メタルケーブル）を使用して、電話で使用する帯域より高い周波数の帯域において、高速デジタルデータ通信を行う技術（ＤＳＬ）のうち、データのやりとりが、上り（ユーザーから収容局へ）に比べ、下り（収容局からユーザーへ）の通信速度を高めたものである。」

――とあるのみである。「一部」とか「多数」とかいった、はなはだ定性的（!!）で漠然とした『警告書』本体（書面による正式の行政指導!!）の文言は全く姿を消している。それが姿を消すことによって、『自社ユーザーには無料』、『競争事業者のユーザーには有料』、との単絡的な印象（!!）が、ずっと強まる。『警告書』本体の曖昧さ（既

述）を、意図的に単純化して、『ＮＴＴ悪玉論』を強調しようとした、〝害意に満ちた情報公開〟、である。これが「公正取引委員会」の名のついた国家機関の、やるべきことなのか。アンフェアの極み、であろうが（!!）。

しかも、詳細についての情報は、注1、注2がついただけで、一切無い（!!）。だから私は、『二重の意味で愕然とした』、のである。『曖昧で不透明な行政指導』を、『警告』の形で公取委は、一度ならず二度までも、対ＮＴＴで行なったことになる（!!）。

＊　なぜ『保安器』なのか？——またしても欠落していた「技術の視点」！

それでは、この『警告書（第二弾）』の中身に入る。**有料・無料**の前に、まず、なぜ『保安器』なのか（!!）。そこが、これまでの論述と、深く絡むことになる。前記の〔図表㉟〕、そして〔図表㉞〕が問題となる。〔図表㉟〕に対する既述の説明の中で、郵政省の前記研究会最終報告書の指摘として、ＤＳＬモデム等から『侵入する**過電圧・過電流**により故障が生じ、**電話サービスが中断**すること』について、言及しておいた。ところが、実際には、それとは別の問題、即ち、交換機から出される通常の電話への呼び出し信号が、保安器のところで高周波（高調波）を出し、結果として高周波部分を利用しているＤＳＬサービスに影響を与える、という事態（郵政省の前記研究会報告書の基本趣旨からも、また社会的〔!!〕にも、**重大な事態**である）が、一部の保安器（後述）について、現実に生じてしまっていたのである（!!）。

その現実を完全に素っ飛ばして、「不当な利益による顧客誘引」及び「競争者に対する取引妨害」にいきなり走る公取委。しかも、「一部」とか「多数」とか、「事例がみられた」とか、何とも曖昧かつ不透明な『行政指導（警告）』をする公取委。——彼等は、もっと、パウエルＦＣＣ新委員長の、既に示した『**ブロードバンドに関する競争政策論**』を、真剣に受けとめるべきである。

二〇〇一（平成一三）年一二月二六日付けの**新聞各紙**には、この『公取委警告（第二弾）』についての**報道**がなされ、とくに朝日新聞には、「今年〔同年〕八月までは、ＮＴＴ側〔東プラス西!?〕が利用者や他の事業者と結ぶ『**約款**』にはこれらの工事〔「ＡＤＳＬに加入すると、電話線の切り替えや保安器の交換が必要となる場合がある」とあり、そのための工事だ、とする文脈——論じ方自体正確さを欠くことは、後述〕に関する取り決めはなく、原則として料金を徴収できないことになっていた。このためＮＴＴ両社は**約三千件**の自社ユーザーの工事をすべて無料としていた」云々、とある。そこでは、「他社の加入者については、各社と別途覚書を結び、**二千数百件**の工事のうち二千件近くで〔料金〕を徴収。一方で、約款を変更して工事料金を変更して工事料金が定まった八月以降も、自社の顧客に絡む**約一八〇〇件**の工事のうち約八〇〇件を引き続き無料にしていたという」、とある。

「多数」・「一部」・「事例がみられる」との、本『警告書』本体の裏にある数字は、遂に示されずに終わったが、**右の数字が公取委から出たものだとするならば、なぜ公取委自身が、それを『警告書』本体またはプレス・リリース用のものに、何ら示さないのか。アンフェアな（!!）取り扱いであろうが（!!）**。しかも、『警告書』本体（既に全文示した）からも知られるように、前記の『プレス・リリース用に改ざん（!?）されたもの』を読んだ印象とは異なり、右の朝日新聞の報道に示された数字を前提としても、他社ユーザー数百件近く（引き算！）は「無料」、約款化後の自社ユーザーからも約一〇〇〇件（計一八〇〇件中のそれ）は「有料」になっていたことになる。だとしたら、そうしたことが、既述の不公正な取引方法の第九・第一五（不当な顧客誘引・取引妨害）に、どこまで直結し得るのか。そもそも、正式の審判手続で勝てる自信が、公取委側に、本当にあったのか否か。こんな『警告』をスンナリと受けてしまうＮＴ東西は、誠にもって情けない。だが、この辺で、途中まで論じた『保安器』の問題に戻ろう。

公取委側のプレス・リリースの既述の注１に、『保安器』の説明として「落雷等により」云々とあるためか、問題の本質がまさにＤＳＬとの関係にあることを理解していないかの如き報道も、少なくなかった。だが、実は、郵政省の前記研究会の積み残した技術的問題が、現実に多数生じてしまったのである。

つまり、『ライン・シェアリング』型（電話と回線を共用する）ＡＤＳＬサービスの、一部のユーザー宅で（線路条件等にもよることに注意！）、ＡＤＳＬ利用中に電話の着信のあった場合、ＡＤＳＬの〝速度低下〟、またはＡＤＳＬの〝一時的な『通信断』〟が生じたのである。これは、電話着信の呼出信号により『保安器』の保護回路に乱れが発生することが原因だ、と判明した。また、ＡＤＳＬ利用中に電話機をオンフック・オフフックしただけでも同じことが生じ得る、ということも明らかになった。

だが、こうした問題は、まさに本『警告書』本体の１⑴には明示され、プレス・リリース用のものには明示されていない（これでは、真の問題が何なのか分らなくなるではないか!!）ところの、「六号保安器バージョン１」についてのみ、生じていた。そこで『保安器』の取り替え工事が、必要となったのである。

真の（更に深い）原因究明は、既述の『スペクトラム・マネージメント』の枠組でなされることとなるが、とにかく、『光へのつなぎ』にせよ、『ＤＳＬ』にはそれなりの役割はある訳で（既述）、保安器の取り替えをして障害原因を除去するのが先決、である。これは、『ライン・シェアリング』の、つまりは日本のＤＳＬの（時限性はあるにせよ）円滑な普及にとって、基本的な問題とも言える。

つまり、『障害除去＝保安器取り替え』の早期完了がまずもって重要であり、そのための工事料金を取った、取らないは、右の観点からして、あえて言えば二の次の問題である。しかも、組織包《ぐる》みでＤＳＬ事業者の追い落としのために料金を取る取らないで差別したならともかく、本『警告書』本体の、「多数」、「一部」・「事例もみられる」といった曖昧な書き振りからも、むしろ『現場での徴収漏れ』の色彩が強い案件ではなかったか、とさえ思われる。――再度ここでも、『証拠』、しかも『〝不当な顧客誘引・取引妨害〟と明確に言えるだけの証拠』（!!――パウエルＦＣＣ新委員長の再三引用した言葉を用いれば〝demonstrable〟なそれ）の存在が、やはり問題となる（電話の故障だとユーザーに強く言われれば、保安器取り替えについて、〝現場〟で料金はどこまで取れるのか。ガタガタ言うと競争事業者に乗り換えるぞ、との脅し文句も、競争の烈しい〝現場〟では、けっこうな抑止力になるだろうな、とさえ私は感ずる）。

次に、『光ファイバーからメタルへの収容替工事』の問題だが、そんなことを求めるユーザー自身に対して、私は、何を考えているのか、とまず言いたい。とにかく『ＤＳＬ』がブームゆえ光ファイバーなんかいらない、などという声が出ること自体、本書で論じ、また『保安器』問題でも更に顕在化した『ＤＳＬの技術面での不安定さ』に対する適切な情報が、ユーザー各層に届いていないことの証拠である。これについて、ＮＴＴ側の努力不足は、やはり否めない（広報活動面）。だが、〝現場〟で「ＤＳＬを入れろ、すぐ入れろ」と迫るユーザー、とくに「俺はＮＴＴを使ってやってるんだぞ」と怒鳴るようなユーザーを前に、**私がその〝現場〟に居たら**、「料金下さい」とは、なかなか言いにくい。そういったことの積み重ねで、これについても〝徴収漏れ〟が生じたのではないかと、私自身が〝現場〟責任者だったとしたら、思うであろう。**だが、そうしたことで説明し尽くせるか否か。**――ここでも**『証拠』が問題となる。**『警告』後にすべて〝徴収漏れ〟分は回収された、とのことだが、そもそも、私には、**この程度のことで、なぜいきなり『警告』を出すのか**、との思いが強くある。なぜ**『注意』**を素っ飛ばしていきなり**『警告』**なのか。

延々と**『公取委の対ＮＴＴへの行動の不公正さ』**を論じて来た私には、〝ともかくＮＴＴ東西あわせて警告を出したかった〟のでは、とさえ疑われる。そして、**『ＮＴＴは不公正だ』**との印象を、一層、対社会的かつ対米で、アピールしたかったのでは、と疑われる。**文句があるなら、なぜ『警告書』本体とプレス・リリース用のものとを、第一、第二弾のものにつき、双方とも内容を変えるようなこと（とくに『第二弾の警告』の場合は悪質）をしたのか。そこから説明をして頂きたい。**

相手方に争う法的手段のない（国家賠償は別）『警告』（行政指導）に凭れかかった、公取委のＮＴＴに対する行動は、アンフェアである。堂々と審判開始決定をして、“legalistic”に行動せよ。ＮＴＴに対する『警告』第一弾・第二弾ともに、排除措置まで行けたケースとは、私には到底思えない。あまりにも筋の悪い、**問題の本質（『技術の視点』等々の既述の〝三つの観点〟）とはズレたところで意図的に公取委が蠢《うごめ》く様は**、私にとって、極めて醜いものとして映る。委員会の名称を変えた方がよいのでは、とさえ私は思う（以上、平成一四〔二〇〇二〕年二月一七日午後八時二〇分脱稿。点検に入る。点検終了、同日午後八時四六分。数日休んで、ちょっと別な仕事にかかる予定である）。

〔追想〕　一昨年の某月某日、パリの夕暮れ時。急の烈しい雷鳴と共に光るモンマルトルあたりを見詰めつつ、確実に「何かが来る、やって来る」と直感（予期）し、そうして、その翌日のパリの夜、偶然出会った『ＤＳＬ』。――以上の執筆をもって、それに一応、私なりに正面から決着をつけることができた。感慨も一入、である。そして次は、いよいよ『モバイル』、である。

(3)　ＮＴＴドコモに対する公取委の見解の推移と日米規制緩和対話、そしてそれ以降の展開――ＷＴＯ基本テレコム合意との関係を含めて

〔概　観〕

本書二5の中の一項目たる、この(3)においては、行論上、ＮＴＴドコモと公取委との関係について論ずることが、主眼とはなる。だが、二5、そして二4でも示して来たように、公取委のＮＴＴ（グループ）に対する一連の行動の裏には、**〝アメリカの思惑〟**をインプットして考える必要がある。しかも、**『技術の視点』**（ＮＴＴによる（!!）画期的な『技術革新』の視点）を、そこに更にインプットした場合、かかる〝アメリカの思惑〟が何処からもたらされたものかが、一層鮮明となる。**『ＮＴＴドコモ』**をめぐる問題についても、この点はほぼ同様である。従って、二5(3)の論述においても、この路線に沿って執筆を行なう。

a　移動電話に関する日米接続料金摩擦？——アメリカの移動系料金システムの特殊性と「エアタイム・チャージ」

ドコモ関連のこの執筆を開始したのは二〇〇二（平成一四）年四月一五日朝のことだが、同月四日の読売新聞夕刊には、ワシントン時間同月三日に、ＵＳＴＲが二〇〇二年版外国貿易障壁報告書（**ＮＴＥレポート**）を発表したことが、報ぜられた。同紙の見出しは、「携帯接続料引き下げをＵＳＴＲが日本に要求」とある。報道内容として、「〔同〕報告は、日本の通信市場の問題点として、携帯電話会社に他の通信事業者が支払う接続料金が割高なことが通信コストの高止まりを招いているなどと指摘し」た、とある。

そこで、この**二〇〇二年版ＮＴＥレポート**の本体を見ておく。同レポート・二〇三頁以下が、対日指摘部分であり、同・二〇四頁以下の「セクター別規制改革」の冒頭に「テレコム」がある。そこには、**パウエルＦＣＣ新委員長の正しい指摘とは乖離した、旧態依然たる対日批判**がある。二〇〇一（平成一三）年六月の法改正（前記の〔図表⑲⑳〕を見よ）で骨抜き化された「**支配的事業者規制**」こそが鍵だ、などとされ（前記ＮＴＥレポート二〇〇二年版・二〇四頁）、同・二〇六頁では、総務省（ＭＰＨＰＴ）が支配的事業者を規制しようと試みつつ、同時に**ＩＳＤＮやＦＴＴＨの促進という〝産業政策〟を行なうのは、日本の規制レジームの矛盾**だなどと、あいかわらず指摘している。

そして、その同じ頁（前掲ＮＴＥレポート二〇六頁）において——

"New entrants to Japan's telecommunications market have expressed concern about the extremely high and non-transparent interconnection and access rates charged by NTT DoCoMo, the dominant wireless service provider……. There is no explanation of how these exorbitant rates are calculated. ……"（USTR, NTE Report 2002, at 206.）

なお、右引用部分に続いて、移動・固定間で移動側が**料金設定権**を有することへの批判があるが、それはここでの問題ではない（いずれ別途論ずる）。更に、前記法改正で実質骨抜き化された**支配的事業者規制**を〝weak asymmetrical regulations over NTT DoCoMo〟と表現しつつ、不満を述べるのである。

ＮＴＥレポートにおける〝ＮＴＴドコモの接続料金に対する指摘は、その二〇〇一年版（同・一八七頁）においても、殆ど同様の形でなされており、そこではドコモを「**指定事業者**（designated carrier）」とするよう、求められてもいた（同頁。ちなみに一九九九年版ＮＴＥレポートの対日指摘部分〔同レポート・二〇八－二一〇頁〕には、ドコモを名指しする指摘はなく、二〇〇〇年版の一八六頁で支配的事業者規制の導入、そして同・一八七－一八八頁に、ドコモの接続料金〔interconnection charge〕についての、同様の指摘があった）。その背景事情は、後述する。

他方、二〇〇二年版ＮＴＥレポートと同日に出された、**ＵＳＴＲの二〇〇二年版『一三七七条レビュー』**（"Results of the 2002 'Section 1377' Review of Telecommunications Trade Agreements": Press Release, April 3, 2002——いわゆる**電気通信条項**に基づくレヴューである。経済産業省通商政策局編『**二〇〇二年版不公正貿易報告書**』〔二〇〇二年三月末・経済産業調査会刊〕四一三頁を見よ）においては、**ＥＵ及び日本**を一体として、移動通信における接続料金批判が、なされている。そこには移動系事業者と有線（固定）系事業者との接続について、そこには

——

"EU Members and Japan —— Mobile Wireless Interconnection Rates:

There is growing **evidence** that mobile wireless operators in the EU and Japan charge wireline telecommunications carriers wholesale rates to 'interconnect' their calls that are significantly above cost. With the rapid growth in mobile wireless services, **the burden** of these above-cost charges **on U. S. operators and consumers** may soon reach **billions of dollars** annually. ……"

——とある。そして右に続き、WTO基本テレコム合意で相互接続料金を"コスト・オリエンテッド"にする旨、EU・日本が約束していることが挙げられ、他方、このペーパー発出の前の週、即ち「先週、日本の主要な移動通信事業者が新たな料金値下げを提案した」こと（後述）を歓迎するが、更に監視する、とある。

かくて、一方ではドコモが槍玉に挙げられつつ、他方で、**移動系の接続料金については、日本全体、そしてEUまでもが、USTRによって批判されている**ことになる。そこで、まずこの点を、いくつかの図表を用いて論ずることが、やはり必要となる。もっとも、**この種の料金比較には、十分な慎重さが必要**である。個々の事業者の提供する料金プランには様々なものがあるし、『どれとどれとを比較すべきか』について、様々な恣意が介在し得るし、また、比較の時点ないし期間の設定等についても、十分な慎重さが必要である（「**あるべき価格比較の姿**をめぐって」と題した**石黒・法と経済**一九二頁以下。その対極をなす杜撰極まりないFCCの、**国際計算料金**に関するアプローチにつき、同・一〇九頁注30所掲のものを見よ）。

＊「日欧」対「アメリカ」——アメリカだけ特殊な課金方法

だが、この点に十分釘をさした上でも、アメリカから、移動電話の接続料金に関して日・EU（就中ドコモ）に対してクレイムがつけられている現実（既述）については、**無視し得ない問題**が、実はある。日米欧を対比した場合、**アメリカだけ、接続に要する費用の回収方法が違っており、いわば事業者アクセス・チャージとユーザー・アクセス・チャージ**との双方がある、という事実(!!)である。つまり、アメリカだけ(!!)、課金方式が異なり、ユーザー側から、接続料金にあたる料金徴収を行なっているのである。USTRは、この点に頬被りして、例の如くアンフェアな対日（及び対EU）批判をしているのである。

公取委関連の（所詮下らぬ）問題はあとで論ずることとして、右の『**アメリカだけ特殊な課金方法**』についての基本的イメージを掴むべく、まず〔図表㊱〕を示しておく。

さて、〔図表㊱〕に関する留意点だが、各国（日本を除く）とも複数の事業者が居り、それぞれ複雑な料金プランを有している。従って、〔図表㊱〕の「米国」の、「四八・三円」という数字自体が問題なのではなく、『**アメリカの移動系接続料金の構造が特殊であること**』に、まずもって目を向けて頂くためのものとして、了解して頂きたい。〔図表㊱〕における「**相互補償料**」とは、固定（有線）系事業者との相互接続料金であり、それは「二〇〇〇年一月」段階での調査結果（〔図表㊱〕の右側の棒グラフ——「二・三円」）において、日欧に比し、圧倒的に安いが、アメリカでは、ユーザーから(!!)別

〔図表㊱〕　携帯電話の接続料の国際比較〔参考〕

当該事業者へ通話した場合の移動網の相互接続料金
（距離・トラヒック等を考慮しOvumが算出した水準値）

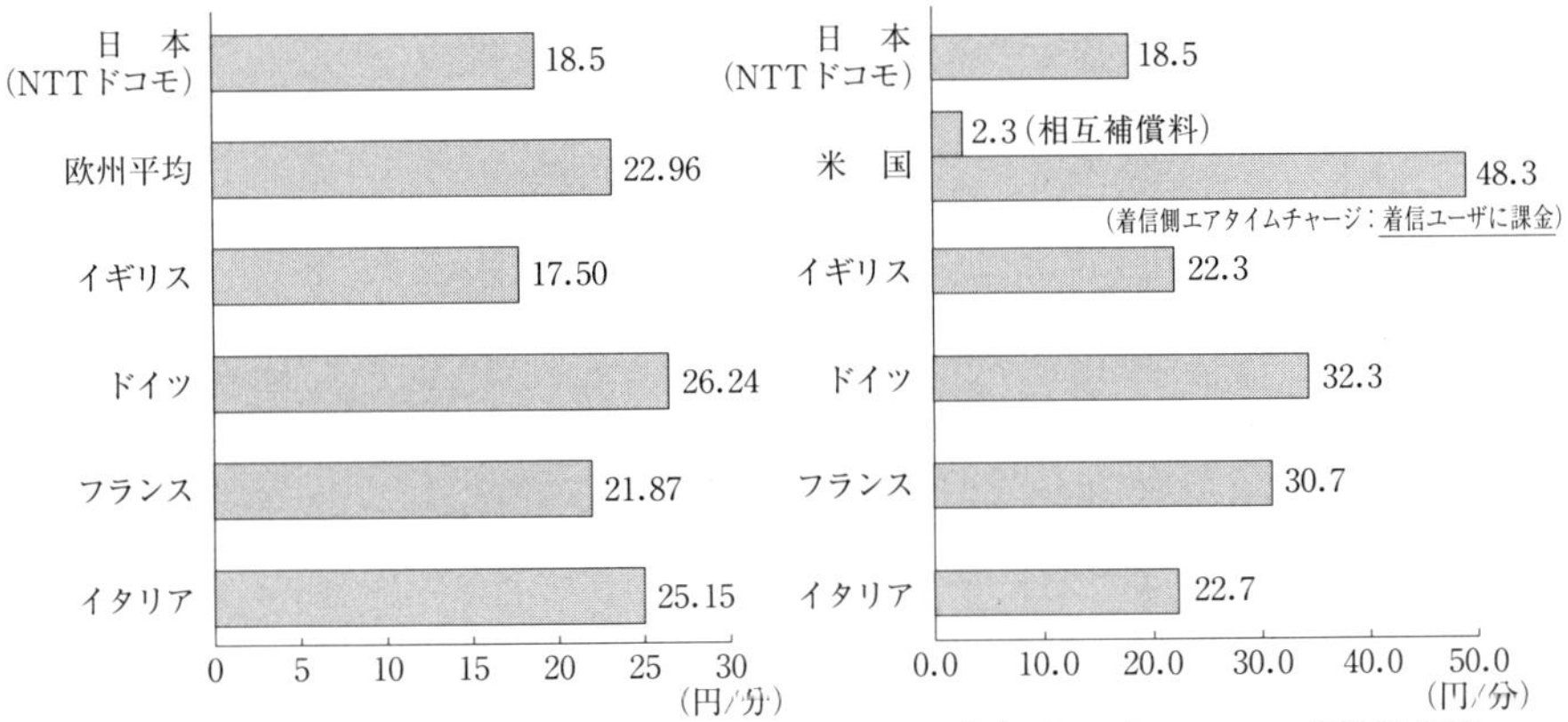

出典：ITU（2000年9月14日版）
NTTドコモは1999年度実績より算出
TTSレートは１ドル109.35円（10月26日）

出典：Ovum-Interconnect（2000年1月版）
NTTドコモは1999年度実績より算出

〔出典〕　郵政省・電気通信審議会『接続ルールの見直しについて（第１次答申）』（2000〔平成12〕年12月21日）16頁の図２。
〔注記〕　OVUM-Interconnectとは，英国OVUM社が出している相互接続に関する報告書。ネット上では，例えば http://www.ovum.com/go/product/flyer/iao.htm で報告書の紹介がある。

〔図表㊲〕　米国における移動体通信料金の特異性（エアタイム・チャージ）――「固定発→移動着」の場合を例に

■ Airtime Chargeは着信の場合でも移動体加入者（下の図の受信者）が支払う　⇒　・接続料金（AC）に移動体通信特有のコストを含ませる必要がない

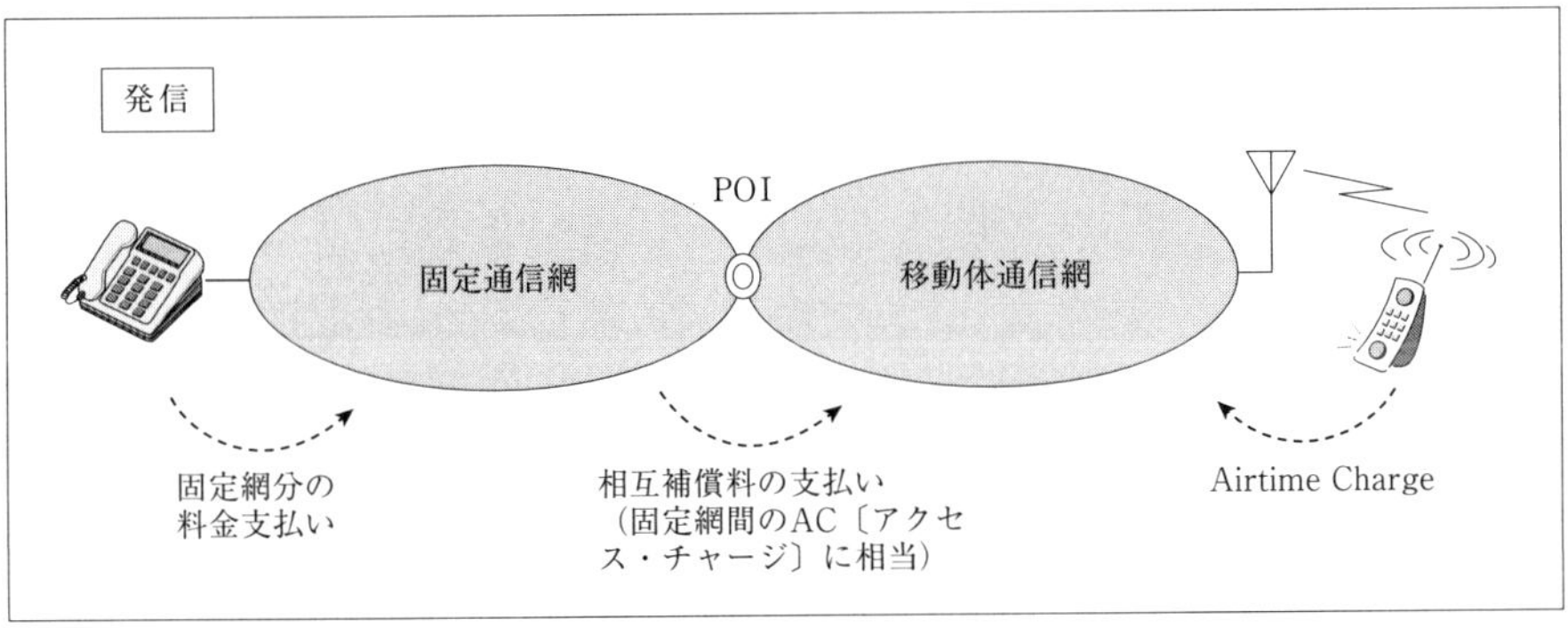

途「**エアタイム・チャージ**」として、けっこうな額が支払われているのだ、という限度で〔図表㊱〕を見て頂きたい。

このアメリカにおける特殊な移動体通信料金の仕組みを分かり易く図解したのが、〔図表㊲〕である。要するに、「**相互補償料**」と「**エアタイム・チャージ**」との双方を足さねば、アメリカの移動通信における相互接続料金のレベルが日・EUに比して高いか安いかは、判明しない（その他、アメリカの移動体通信料金については、移動体発信の課金が、送信ボタンを押した時点から原則課金され、通話先が応答しない場合や話し中の場合でも課金されてしまう、といった**特異性**もあることに、別途注意すべきである）。

それなのにUSTRは、〔図表㊱〕で言えば「相互補償料」の「二一・三円」のところだけをベースに、日・EUは不当に高い、と主張しているようである。**初めから、かかる主張はアンフェアである**。そこを、まずもって私は指摘すべきだと考えるのである（アメリカの友人の〝ケイタイ〟に電話すると、先方が何となく不機嫌になる場合があるといった、しばしば聞かれる話も、この「エアタイム・チャージ」のゆえである。**着信側に**(!!)、**自動的に課金されてしまう**からである）。

ところで、〔図表㊱〕における「米国」のところの料金水準（その数値）の取扱については、既に若干留保をしておいたところだが、二〇〇〇年六月二〇日の、**FCC自らが公表した数字**で、〔図表㊱〕における「米国」の「着信側エアタイム・チャージ」の数字を、若干修正してみよう。FCC News, FCC Adopts Annual Report on State of Competition in the Wireless Industry（June 20, 2001）に関する、同日のSugrue携帯電話局長のプレゼンテーション用資料たるThomas J. Sugrue, Opening Remarks（Sixth Annual CMRS Competition Report: June 20, 2001）の中に、既述の（ユーザーが支払う料金としての）「エアタイム・チャージ」（Average Price Per Minute がそれにあたる）が、二〇〇〇年の平均で毎分二一セントである旨、示されている（FCC, The Sixth Annual Report on the State of Competition in the Wireless Marketplace, FCC 01-192（June 20, 2001), at 28 には、毎分あたりの料金（これがエアタイム・チャージにあたる）が一九九九年から二〇〇〇年までで二五％値下がりした、との調査結果が示されている。つまり、「エアタイム・チャージ」は、一九九九年において二八セント毎分、だったことになる。〔図表㊱〕のレートで換算すると二九・六円位になる。それだけでもドコモの「一九九九年度実績値」より高いことになる）。このチャージも毎年数セント値下がりしているようであるが、仮りに一ドル一一〇円で換算すると、「毎分二一セント」は「毎分二三・一円」となり、一ドル一二〇円だと「毎分二五・二円」となる。ラフなことは分かっているが（銀行の対顧客レートで言うと、一九九九年中は一ドル一〇五円－一二四円位、二〇〇〇年中は一〇五円－一一五円位。二〇〇一年以降は、一二〇円－一三〇円あたりで円安が進んでいる）、〔図表㊱〕の右側の、「米国」の「毎分四八・三円」のかわりに、二三円程度を入れ込み、仮りに、それプラス二円程度で考えれば二五円位になる（但し、後述）。その「米国」が日・EUは不当に高過ぎると批判するのは、所詮おかしな話であろう。

前記の如く原文を引用した**二〇〇二年版NTEレポート**二〇六頁には、ドコモの接続料金が〝extremely high〟とあり、同日発表でやはり既に原文を引用しておいた**二〇〇二年版『一三七七条レヴュー』**には、EU加盟諸国及び日本の移動系接続料金の高さにより、**アメリカのオペレータと消費者**(!!)**が**、**近々**、**毎年数十億ドルの重荷を負う**ことになろう、とまでされていた。一体どういう計算をしたらそんなことが言えるようになるのか。そのプロセス(!!)は、ここでも不明である。

そもそも、〔図表㊱〕に対して、既述の如き、極めてラフな形であれ、一定の〝補正〟を施して、「米国二五円程度」としたにせよ、"extremely high" などという言葉は、一体どこから出て来得るのか。しかも、〔図表㊱〕をもう一度見て頂くと、右側は二〇〇〇年一月ヴァージョンだが、左側は同年九月のそれであり（データのとり方等、厳密には問題はあるにせよ）、ドコモは変わっていないがＥＵ各国の数字は、ともかくも概ね下がっている。

そこで、**〝価格比較〟**に関する前記方法論上の問題はともかくとして、一応の（一つの）参考として、その後のデータに基づく〔図表㊳〕を示しておこう。ドコモは、〔図表㊱〕の毎分一八・五円から、一三・四円になっている。仮りに（データが見つからぬから「仮りに」なのである）アメリカの「エアタイム・チャージ」が二〇〇一年のこの〔図表㊳〕の段階で一五セントになっていたとして、一ドル一二〇円で換算したとすれば（ラフなのは承知の上だが、二〇〇一年の円・ドルのレートは大体、既に示した通り）、「エアタイム・チャージ」だけで「一八円」となる（一ドル一三〇円なら、一九・五円。――ちなみに、その後入手したＯＶＵＭの資料に基づいて〔図表㊳〕の時点でのアメリカを見ると、実際にはエアタイム・チャージが約二〇・九セント、相互補償料は〇・四セント位〔但し、主要六キャリアの単純平均値ゆえ、やはりラフな数字だが〕で、あわせて二一セント強となる。それを二〇〇一年一二月二一日の一ドル一二九・六五円のレートで換算すると、二七・八円となる。それをもとに〔図表㊳〕をもう一度見よ）。

各国とも、（〔図表㊱〕と〔図表㊳〕とを対比しただけでも）移動系についての接続料金は下がって来ているのであり、**〝固定系でのＮＴＴ叩き〟からの単なる類推**（!?）で『ドコモ叩き』を、接続料金を材料にして行なおうとするのは、ＵＳＴＲにとって、相当危ないことであろう。簡単な『ミラー・アタック』をかければ、この点は、打破可能と考える。

但し、アメリカの批判は、ドコモだけではなく、「日本」に向けられていた。既述の二〇〇二年版『一三七七条レヴュー』（同年四月三日）の前の週に、「日本の主要な移動通信事業者が新たな料金値下げを提案した」ことを一応歓迎する、とそこにあったのも、この点を踏まえてのものである（ちなみに、二〇〇二〔平成一四〕年三月二五日に、ドコモは接続料金を最大一四・二％引き下げる旨の、接続料金約款の「届出」〔!!――前記の〔図表⑳〕と対比せよ〕を行なった。**第三世代〔３Ｇ〕のＦＯＭＡ**についても同額の値下げ、とある。妻裕美子発見による、同月二六日の読売新聞朝刊の報道、である）。

＊　日本の移動体各社の料金比較――まともなのはドコモだけだった!?

ここで、接続料金問題を離れ、**日本の移動(体)通信各社の料金比較**についても、一言しておこう。ちまたでは、『ＮＴＴは（ドコモも含めて）高い』との通念がいまだにまかり通っており、それをも背景としつつ、「ドコモを支配的事業者として、ＮＴＴ東西同様に、**非対称的規制できつく縛れ**」、といった声が谺していたように思われる。だが、果たしてそうなのか。また、**あまり一般に知られていない点として、「移動」・「固定」間の通信料金について、ドコモと他事業者との間には、大きな企業努力の差があった**、との事実にも、やはり正しく光をあてておくべきであろう。

前記の二〇〇二年版『一三七七条レヴュー』の指摘（値下げ云々）に対応するのは〔図表㊴〕であるが（但し、あくまで各社の「標準プ

〔図表㊳〕 相互接続料国際比較〔日欧〕

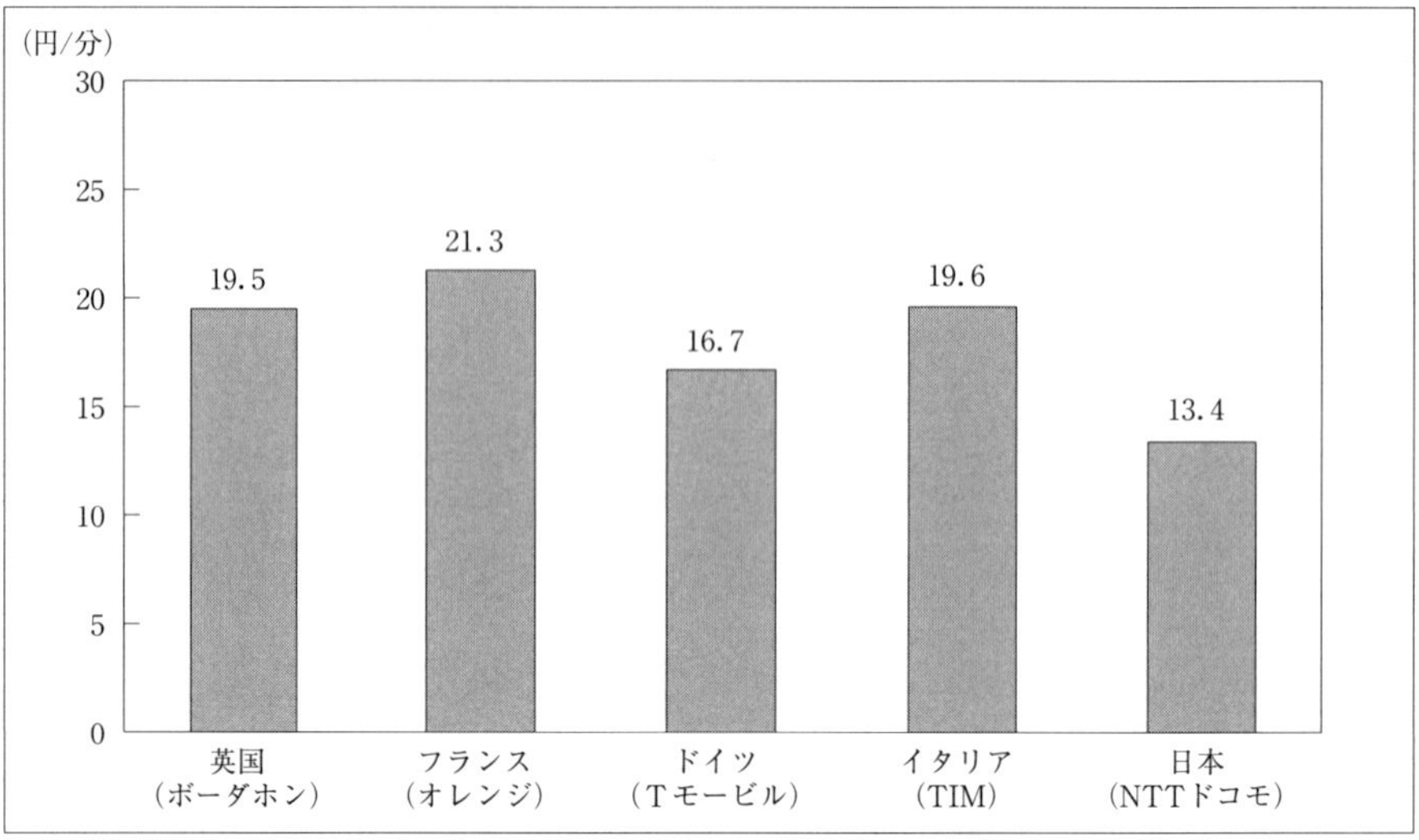

・諸外国の出典は，Ovum-Interconnect（2001年12月版より）：Average mobile termination charges
・諸外国の料金は，為替レート（2001年12月21日現在 1ポンド＝191.84円，1マルク＝60.32円，1フラン＝17.99円，100リラ＝6.10円）で換算
・日本の料金は，NTTドコモの平成13年度適用アクセスチャージ（会社内外の加重平均値）

〔図表㊴〕 日本の移動体各社の通話料金比較（標準プランにおける通話料金）

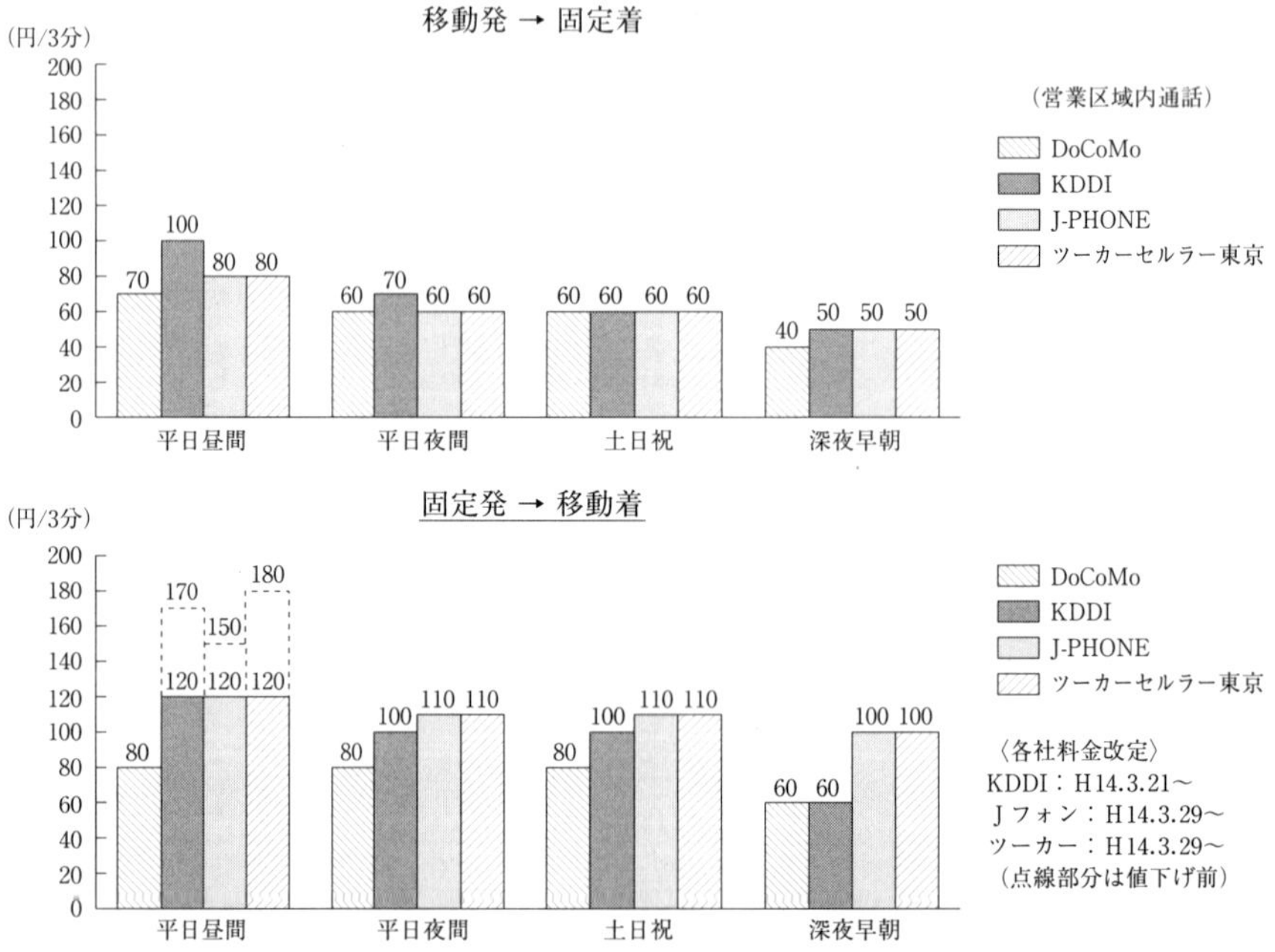

ラン」の比較たることに注意せよ!!)、その前に一言しておくべきことがある。

既に示した**二〇〇〇**(**平成一二**)**年一二月二一日の、電通審「接続ルールの見直しについて**(**第一次答申**)」一七頁注4には、次の如くある。即ち――

「エヌ・ティ・ティ・ドコモの場合は従来、携帯電話発信・固定電話着信の通話料が八〇円であるのに対し、固定電話発信・携帯電話着信の通話料が一〇〇円と設定されていたが、本(二〇〇〇)年一二月一日より、携帯電話発信・固定電話着信の通話料を七〇円、固定電話発信・携帯電話着信の通話料を八〇円に値下げすることとしている。固定電話発信・携帯電話着信の場合は、着信側の携帯電話に各種料金プラン(ドコモの場合通話料一・〇倍〜一・四倍)が存在することから、これらを踏まえた料金であることを考慮すると、事実上、**格差**は解消するものと考えられる。他方、**他の携帯電話事業者の場合**は、携帯電話発信・固定電話着信の通話料が八〇円〜一〇〇円であるのに対し、固定電話発信・携帯電話着信の通話料は一五〇円〜一八〇円と設定されている。(いずれも東京地域、PDC方式、平日昼間近距離三分間の場合。)」

――との指摘である。即ち、右の指摘は、二〇〇〇(平成一二)年末の、まさに『NTT叩き』がピークを迎え、ドコモもその渦に巻き込まれようとしていた時期に、**ドコモ以外の移動通信事業者において、『固定発→移動着』の料金が、『移動発→固定着』の料金の倍近くも高く、その『格差』が解消していない**(!!)ままであったこと、についてのものである。

しかも、〔図表㊴〕から明らかな通り、**ドコモ以外の各社の「料金改訂」**(USTRが着目するそれ)は、標準プランにおいて、前記第一次答申の一年三か月後、「平日昼間」についてなされたもの、となっている。各種割引プランをも勘案しなければ本当の姿にはならないが、**『移動発→固定着』よりも『固定発→移動着』の方が高く、かつ、四社中ドコモが率先して、この『格差是正』に乗り出していたのに、『不公正なのはドコモだ』の声が日本中に広がっていたことを、忘れるべきではない**。〔図表㊴〕を、凝視して頂きたいものである。

b　ＮＴＴドコモをめぐる日米交渉の推移――アナログ時代からの概観

さてここで、アナログ移動電話(1G〔Gはジェネレーション〔世代〕のG〕)の時代から今日に至るまでの、NTTドコモをめぐる日米交渉の推移を、簡単にまとめておこう。本書の主たる関心事は3G(IMT-二〇〇〇――後述)以降の展開だが、**アナログの時代に重大なる日米摩擦のあったこと**を、忘れてはならない。それらの日米の摩擦(ないし交渉)を、本書において**FTTH国際標準化の経緯と日米摩擦**を扱ったときの手法と同じく、極力**『技術の視点』**とダブらせて考えるのが、私の主たる関心である。そしてそこに、**公取委**のドコモに対する行動をインプットして考えることになる。

ドコモが「分社化」されたのは一九九二年のことだが、NTT(というよりは電々公社)における移動通信(というよりは無線通信)**の研究の歴史**は古く、一九五〇年代に遡る。そのこと自体は後述するが、ともかく「**わが国のセルラ方式を採用した自動車電話……は一九七九年、携帯電話……は一九八七年に商用導入され**」ていた(**立川敬二監修・W-CDMA移動通信方式**〔二〇〇一年・丸善〕「まえがき」の一頁目からの引用）。

だが、最初の日米交渉は、一九八五年になされていた（それが一九九四年三月に決着したとされる「**日米移動電話摩擦**」へと、つながるのである）。まさに、電々公社がNTTとなり、〝**民営化・競争導入**〟となった、その年である（以下に略述する、この九四年までの摩擦に至るプロセスと、その摩擦の内実――その詳細!!――については、**石黒・通商摩擦と日本の進路**〔一九九六年・木鐸社〕二五―五九頁。この摩擦の概要については、同・二二―二五頁）。

この一九八五年にアメリカの対日〝分野別〟市場開放要求を踏まえた、いわゆる**日米MOSS協議**が始まり（石黒・同前二六頁）、八六年までのアメリカは、日本に対して、移動通信に関する資料提出を求め、かつ、**周波数の分配と技術標準**に、強い関心を示した。そして、八六年の日米交渉で、日本は**NTT方式とモトローラ（北米）方式の二つの技術標準**を認めることとなった（同前・二七頁――アナログである）。NTTが自社標準で全国展開するのに対し、アメリカにならって「**同一地域二事業者制**を採用した（正式には八七年二月）」日本（同前・二六頁）は、いわゆる関東・名古屋エリアで参入した**IDO**（現KDDIに、その後吸収）がNTT方式を採用したため、同エリアが**北米方式にとっての空白地帯**となり、同エリアに、新たに北米方式用の周波数帯を割り当て、かつ、IDOに北米方式をもサポートさせろ、ということで**一九八九年の日米周波数摩擦**が起き（同前・二七頁以下）、そこで日本が折れた際に渡した対米文書の中の「**コンパラブル・マーケット・アクセス**」なる語がもとになって、**一九九三―九四年の日米移動摩擦**が起きた、のである（同前・三一頁以下）。

注意すべきは、当時はいまだアナログの時代（第一世代〔1G〕）であり、モトローラ社は、この機に乗じて、IDOに対して大量の端末購入を求めたりもした（同前・三六頁以下）。九四年四月に「日本で**移動電話端末の買切り制**がスタートすることを、明らかに見越した」、いわば在庫品一掃セール（別に安くはしないが……）的な要求である（同前・三七頁）。

他方、第二世代（2G）、即ちディジタル移動電話の技術的条件の検討が旧郵政省で始まったのは一九八九年のことであり、この2Gの枠内で、**一九九九年二月、かの『i-モード』が開始**され、モバイル・インターネットの可能性を、大きな驚きと共に、広く世界に対し、示すこととなる（後述）。

その間の、いわば**2G時代の日米交渉**について、簡単にまとめておこう。それらの時期（既述の、**ドコモの接続料金に関する摩擦**も含む）を、後述の『**技術の視点**』から示される『**時間軸**』とダブらせて考えるための、前提として、である。

まず、一九九七年六月に、『**日米規制緩和対話共同声明**』が出され、テレコム分野についての協議開始が決定した。九八年五月には『**第一回共同現状報告**』がなされ、NTT地域会社について、かの**長期増分費用方式**の導入意図を、わざわざ日本政府が表明してしまっていた（既述）。

そして、そのあたりからドコモがターゲットとなることになる。即ち、九八年一〇月に『**米国政府要望書**』が出され、**ドコモのアクセス・チャージ**をコスト・ベースにせよ、との要望がなされた。続いて九九年四月の『**第二回共同現状報告**』（同年五月三日の日付で公表されたそれ〔Second Joint Status Report on The U. S.-Japan Enhanced Initiative on Deregulation and Competition Policy, at 2f〕でドコモの接続料金問題が扱われた際、あたかもドコモの相互接続料金がNTT東西と同様の規制に服するかの如き、当時の事業法による規制と整合しない文言があり〔A1⑵ⓐの項である〕、そのあたりから問題が妙な方向に向かうことなったことに、注意すべきである。即ち、当時の電気通信事業法三八条の二の、ＮＴＴ東西のみに対する規制が、ドコモに及ぶかの如き、条文に反する前提で、"MPT will examine to ensure that NTT DoCoMo's interconnection rates are cost-oriented and non-discriminatory."とされていた。そして、Ａ１⑵⒝では、"MPT will determine whether to categorize NTT DoCoMo as a 'designated carrier' [in FY 2000(!!)]."とあったのである）では、右の点に加え、二〇〇〇年度中にドコモを、ＮＴＴ東西と同じく「指定電気通信事業者」とするか否か、議論することとなり、九九年一〇月、それを踏まえた『米国政府要望書』が出された。そして、前記の二〇〇〇年版ＮＴＥレポート（二〇〇〇年四月）が出て、更に、二〇〇〇年七月に『第三回共同現状報告』、同年一〇月に、再度『米国政府要望書』が出されて、同年一二月二一日、かの屈辱的な（『ＮＴＴ叩き』の）電通審第一次答申が、出されたのである。

この一九九八年あたりからのアメリカのドコモ批判が、（ドコモを中心とする!!――後述）日本の、欧州勢と連携した３Ｇ（第三世代携帯電話）の国際標準化と、時期的に重なることは、後述する（前もって一言しておけば、FCC News, supra [June 20, 2001] には、二〇〇〇年末段階で、アメリカの移動通信において、デジタルの顧客は六二%〔一九九九年末には五一%、一九九八年末は三〇%〕で、アナログの顧客がまだ数多く残っていること〔!!〕が、端的に示されている。アメリカは、移動通信においてもデジタル化が遅れている、のである。なお、同日になされたSugrue, supra における"International Comparisons: Wireless Penetration: YE 2000"の表でも、モバイルについて、日本四六%に対し、アメリカの対人口普及率は三九%である。ちなみに、その表にはスウェーデン七六%、イタリア七二%、イギリス六七%、ドイツ五八%、フランス五〇%とあり、日米の次に中国七%、とある。また、Global Mobile, Vol. 9 No 6 [March 27, 2002], at 9 のデータによれば、アメリカの二〇〇一年末のデジタル比率は、八四・七%程度となっている）。九九八年と言えば、有線系でＮＴＴが、かのＦＴＴＨ国際標準化を達成した年である。しかも、後述の如く、無線（移動）系のドコモもまた、次世代インターネットに、深く食い込んだ技術開発実績を、次々と示している。そのあたりが、ポイントなのである(!!)。

ところで、公取委サイドのドコモに対する行動を論ずる前に、旧郵政省（現総務省）サイドの動きについて、若干補足しておく必要がある。"多少流れが変わって来た"ようにも思われる、重要な点が、あるからである（有線系の問題を含めて言及することを、お許し頂きたい。――ここまでの執筆は四月一五日。同月一七日に細かな補充をしたが、この先は週末まで、執筆再開を待たねばならない）。

c　総務省(旧郵政省)サイドの最近の動き――"流れの変化"への兆し!?

＊　二〇〇二（平成一四）年四月のＵＳＴＲの対日指摘に抗して

二〇〇二（平成一四）年四月一七日、日本政府は、前記二〇〇二年ＮＴＥレポート及び一三七七条レヴューに対する反論文書（『二〇〇二年外国貿易障壁報告書への日本政府のコメント』、『二〇〇二年米国包括通商競争力法一三七七条レビューへの日本政府のコメント』）を公表した。だが、同日付けで総務省は、ＮＴＥレポートに対する"補足コメント"（『二〇〇二年外国貿易障壁報告書の分野別規制改革・電気通信部分に関する補足コメント』）を出した。

有線系での、『**ＮＴＴの接続料金に関する日米摩擦**（一九九九年〜）』（本書二４）を、まさに想起させる展開である。だが、同前・六六頁以下に示したように、有線系でのこの摩擦においては、当時の**郵政省が谷公士事務次官**の下、徹底抗戦する構えを示したのに対して、〝**日本政府**〟自体の、いわば〝**上からの裏切り**〟があった。今度は、そうではない。

しかも、同年四月一九日に時事通信社のネット上の報道（jiji.com）がなされたように、ようやく（!!）〝**諸悪の根源**〟に対して、自民党サイドからの正当な批判がなされるに至った。即ち、時事通信の右報道のタイトルは、「**規制改革会議の論議に疑問＝野中自民党元幹事長ら**」、とある。同日（四月一九日）の自民党総務会で、「**政府の総合規制改革会議**（**議長・宮内義彦オリックス会長**）での論議について『宮内氏〔私の言うＭ氏――エンロン社の日本進出を支えつつ、電力規制改革にもタッチした、オリックスの会長。なお、本書二五四頁の〔追記〕を見よ〕は規制緩和によって利益を受けている会社の人だ。そういう人が責任者になっている。ここは政党人がしっかりしていかないといけない』」旨を、**野中広務元自民党幹事長**が述べ、**武藤嘉文元総務庁長官**も「少しあの人を重用し過ぎていたことに問題がある」と「同調」した、とある。私自身が、一連のゲリラ的活動の中で、常に訴えて来たことである。ともかく、二〇〇二（平成一四）年四月段階（執筆再開は、ようやく同月二〇日夕方。それまで再開できなかったのも、何かの縁があってのことであろう）では、**谷公士郵政事務次官**（当時――既述）が苦しめられたような、**日本政府自体が**〝**外堀**〟**を埋めるといった**〝**愚挙**〟**とは全く逆の**〝**追い風**〟がある（もちろん〝**ゾンビ掃討作戦**〟は、まだ始まったばかりだが）。とことん、がんばって欲しいものである。

さて、既述の「日本政府のコメント」（ＮＴＥレポート関連）だが、二〇〇一（平成一三）年六月の電気通信事業法改正で「公正競争促進のための更なる環境整備がなされた」、とした上で（前記の〔図表⑲⑳〕と、その前後の私の指摘とを、今一度対比せよ）――

「それにもかかわらず、相互接続や料金設定等、我が国が再三十分に説明してきた点について事実に基づかない一方的な記述等がなされているのは、不適切である。特に、根拠なく携帯事業者の接続料を『法外な料金』としているが、**米国内の携帯事業者は着信側にも課金を行っており**〔**既述の「エアタイム・チャージ」のことである!!**〕、比較の対象として適切ではない。」

――とある（固定系についても、右にすぐ続いて、「また、**固定の接続料**は適正なコストのみを賄うものとして設定されており、『価格搾取』は存在しない」とあり、固定系・移動系あわせて「更に、事業者間の個別の問題について、**電気通信事業法**が用意する裁定あるいは意見の申出といった透明な手続を踏まず、**安易に政府間の問題として持ち出す姿勢**は改められるべきである」、ともある）。

この「日本政府のコメント」への「**総務省**」の「**補足コメント**」（ＮＴＥレポート関連）も、ここで示しておこう。まず、本書の行論上、移動系の問題を先に示し、固定系のそれを、あとで示すこととする（後者は、本書二４⑴⑵についての、補足となる）。**総務省・補足コメント**のＩ．４．には――

「**携帯電話の接続料**を国際的に比較すると、一分あたりＮＴＴドコモ一三円、英国一九円、独国一六円、仏国二一円（※）であり、ＮＴＴドコモの接続料は国際的に見て高いということはなく、

『ドコモの法外な料金』という本〔ＮＴＥ〕報告書の記述は事実誤認である。

なお、**米国においては、携帯電話の着信の場合、着信側事業者がユーザから着信料金を徴収しており、事業者間の接続料金という制度ではないため、単純な比較はできない。**

※　ＮＴＴドコモの接続料は二〇〇二年二月届出のもの〔筆者註――二〇〇一年度に遡って適用される〕。その他は二〇〇一年一二月値、一ポンド＝一八三・六四円、一マルク＝五八・〇九円、一フラン＝一七・三二円〔二〇〇一年一二月平均為替レート〕。」

――とある。為替レートに多少の差はあるが、右の総務省・補足コメントの指摘と、同年四月一五日の私の執筆分たる〔図表㊳〕とを対比して頂きたい。欧州各国とドコモの接続料金比較の図表である。そして、**「エアタイム・チャージ」**については、同じく〔図表㊱㊲〕と、それに付された説明に戻って、考えて頂きたい。総務省・補足コメントI．4．に、「単純な比較はできない」とあるのは、これまでも示して来たように、正確な表現であり、アメリカ〔ＵＳＴＲ〕の単純な論法は、ここでもアンフェアの極み、である。

なお、総務省・補足コメントのII．2．では、「本〔ＮＴＥ〕報告書の、『ドコモの法外な接続料金の計算に関する説明はない』及び『ドコモは**着信・発信料金とも設定すること**を許されるべきと主張するため市場支配力を用いている』との記述については、仮に事業者間で個別の問題があるのであれば、電気通信事業法に基づき『裁定の申請』等をすることが可能である」、とある。この点を、既述の「日本政府のコメント」の原文を〝一字下げ〟で引用した直後の、カッコ内の引用の最後の部分と対比せよ。双方とも「事業法」に基づく手続をとらずに「安易に政府間の問題として」ガタガタ言うのは問題だ、とのトーンで統一されている。つまり、『公取委』**のことには、ここでは〔日本政府レベルでも!!〕言及していない**。退官を数か月後に控えた糸田省吾公取委委員は、**糸田「電力の全面自由化に向けての競争政策上の課題」公正取引六一八号**〔二〇〇二年四月〕五三頁で、電力についてではあるが、「一休運営が原因で……独占禁止法違反が多発化するようなことがあれば……**〔構造〕分離**など……もあり得よう」、などとしている。殆ど断末魔的叫びに近いが、**「日本政府のコメント」と総務省の補足コメント〔ＮＴＥレポート関連〕双方に、「事業法」と明確に書いてあること**については、**「Ｓ部長」**の正当なる「激怒」も、関係しているように、私には思われる〔なお、産経新聞社月刊『正論』二〇〇一年七月号二三二頁以下の私の小論、とくにその二三九頁以下と対比せよ〕。

＊　「今や、『我が国の地域通信市場は非常に競争的』」との認識（総務省）!!

以上がＮＴＥレポートに対する総務省・補足コメントの内容だが、そこに、〝有線系〟についても、非常に重要なことが書かれている。本書全体に関係し得る、**現在の〔新体制下の〕総務省の基本認識〔そのエッセンス〕**がそこに示されている、と期待しつつ、そこを見ておこう。前記の総務省・補足コメントI．1．である。即ち、そこには、

「一昨年〔二〇〇〇年〕のローカルループ・アンバンドリングや**コロケーション**に関する接続ルールの整備、昨〔二〇〇一〕年の

非対称規制の整備等により、我が国の地域通信市場は非常に競争的となっている(!!)。例えば、DSLサービス〔但し、既述の"Yahoo! BB問題"を、再度想起せよ〕について競争事業者のシェアを国際的に比較すると、欧米主要国では軒並み一〇%を下回るのに対し、我が国では六〇%を超えている。また、本〔NTE〕報告書自身指摘するように、市内電話料金は、昨〔二〇〇一〕年一五%以上も低廉化した。したがって、本〔NTE〕報告書における『この〔地域通信〕分野は、過剰で時代遅れの規制と、……市場支配力に適切に対処する規制枠組みを日本が措置できないことにより妨げられている』等の記述は、不適切である。」

——とある。

総務省は、今や、『我が国の地域通信市場は非常に競争的』だ、との認識を示しているのである。しかも、それを、「サービス」〔DSL〕・「料金」面から裏付けている、のである。これは、『旧態依然たるローカル・ボトルネック論からの正当なる脱却』(!?)への、重要な端緒と評すべきものである〔後述の情報通信審議会第二次答申と、比較すべきである〕。既述の、不当な糸田公正取引委員会委員の、アメリカでの講演における認識と、改めて対比すべき重大な問題、である。

ちなみに、総務省・補足コメントI.2.には、「接続料は接続に係る適正なコストのみを賄うものとして設定されており、『総務省はNTT〔東西〕に、ISDNのような〔NTEレポート二〇〇二年版・二〇六頁では「ISDN」と共に「FTTHの促進」が、日本の不当な産業政策だと指弾されていたことを想起せよ!!〕新サービスの開発・導入費用を競争事業者から回収して自らの小売サービスに補填することを認めてきた』という本〔NTE〕報告書の記述は事実誤認(!!)である」、とある。また、そのI.3.には、『競争事業者は通話料収入の七〇%を接続料として〔NTT東西に〕支払っている』という〔同報告書の〕記述は根拠が不明であるだけでなく、事実誤認である」、ともある。

この線で、徹底的に、今度こそ(!!)戦い抜いて欲しいものである。心底、私はそう思う。

ところで、次に、同日に〔二〇〇二〔平成一四〕年四月一七日〕出された、一三七七条レヴューに対する「日本政府のコメント」を見ておこう。冒頭に、「我が国としては」一三七七条〔電気通信条項〕「のような一方的なアプローチをとることを容認する条項が存在すること自体、懸念を有しているところである」、とある。前記『二〇〇二年版不公正貿易報告書』〔二〇〇二年三月末刊〕五三頁、六二頁以下、四一三頁、とくに同・六二頁と対比すべき点である〔同報告書の構成上の組み替えが二〇〇二年版でなされた結果、この点での"懸念"の度が薄められたような印象も若干否めないが、書き方の問題であり、同報告書作成のための委員会の副委員長として、来年度は改善を求めるつもりである〕。

続いて、前記の「日本政府のコメント」は、「公表された〔一三七七条〕レビューには、事実誤認や一方的な記述が多く、我が国としては到底看過し得ない」、との断乎たる姿勢を、正当に示す〔前記の総務省・補足コメントを含め、これらの日本側コメントは、公表と同時に、米国政府に伝達されている〕。そして、「安易に政府間の問題として持ち出す」ことは問題で、「電気通信事業法」の「手続」をまず踏め〔既述の点を想起せよ〕、としたのち、移動系・固定系の「接続料」につき、次にその全文を示す内容の、対米反論を行なっている。

「1．移動無線通信接続料

本レビューでは、携帯事業者の接続料について、根拠を明らかにすることなく『コストをかなり上回る』、『コストを上回る料金による負担がすぐに年間数十億ドルにも達する』と決めつけていることは不適切である。また、米系事業者が、意見申出や裁定若しくは命令の申立又は紛争処理手続といった法律上の仕組みを活用してそうした主張を行ったことはない。

また、我が国が、ＷＴＯの基本電気通信合意を誠実に履行している点は改めて指摘するまでもない。

2．有線接続料

我が国では、現行の固定の接続料は、能率的な経営の下における適正な原価に照らし公正な妥当なものとして設定されたものであり、本レビューにおいて根拠なく『既に競争的な水準からかなり高い』と決めつけることは不適切である。

また、我が国との接続料を比較する場合、米国には地域事業者間における相互接続料だけでなく州際、州内アクセスチャージや定額制の接続料も存在することから、これらを全て含めた水準で比較すべきである。」

本書のこの部分では、移動系の問題を扱ってはいるが、右の「日本政府」の（!!）コメントの2．も、極めて重要である。既述の、『ＮＴＴ（固定系）の接続料金に関する日米摩擦』は、終わった訳ではなく、アメリカは、更なる接続料金引き下げを求めている訳だが、それに対し、「現行の固定の接続料は……妥当」とされている。そのことに、改めて注意の目を向けるべきである（!!）。

さて、移動系の接続料金に関する「日本政府」の反論の中で、「年間数十億ドル」の「負担」云々の個所があった。「根拠を明らかにすることなく」云々、との正当な批判である。だが、既に示したように、この「数十億ドル」との数字は、日本のみならずＥＵの移動系事業者の接続料金についても高過ぎる、と非難した上での、全体としてのそれ、であった。

アメリカはいつも正しい、との前提での、お定まりの根拠なき非難であるが、ここで、この点での対米反論のベースとなる〔図表㊵㊶〕を示しておこう。ＵＳＴＲの前記一三七七条レヴューにおいては、既に原文を示しておいたように、日欧の移動系の接続料金の高さによって、「アメリカのオペレーター及び消費者」が、近々、毎年数十億ドルの重荷を負う、とされていた。

だが、既述の「エアタイム・チャージ」が、移動系プロパーの問題として、また、アメリカに特異な現象として、「消費者」に大きな負担（重荷）を負わせているのみならず、それとは別の問題が、やはりアメリカ特有の問題として、存在するのである（!!）。そこに頬被りして日・ＥＵを非難するのは実にアンフェアなことであり、それゆえに〔図表㊵㊶〕を示すのだが、若干の説明が必要である。

一三七七条レヴューの前記の論理は、日・ＥＵの移動通信事業者と「アメリカのオペレーター及び消費者」との間での問題、つまりは国際通信の問題ということになる。ところが、「アメリカ発」（!!）の国際通信（但し、公衆交換網経由の場合）につき、「海外の移動系着信」の場合に、アメリカの国際通信事業者（ＡＴ＆Ｔ等々）が（!!）、「海外の固定系着信」の場合とは異なり、相当高い金額（『携帯着信追加料金』）を、何とアメリカの発信者から（!!）「追加徴収」している、のである（日本では、かかる追加料金〔サーチャージ〕はとっていない!!）。

固定着と移動着ではアクセス・チャージ（ＡＣ）のコストが異なるから、というのがその理由だが、どこまで合理性があるのか、気になる。しかも、かくてアメリカの国際事業者がアメリカの発信者から（!!）得ている「追加料金」は、〔図表㊶〕に示されているように、事業者間接続料金として相手国の移動系事業者にまわる金額よりも、随分と高いのであり、そこが問題なのである。いずれにしても、**アメリカの発信者**（消費者）**に負荷を与えているのは、**〔図表㊵㊶〕**からして、当のアメリカの国際通信事業者**（そして「エアタイム・チャージ」制度の下でのアメリカの移動通信事業者）だと、**まずもって言うべきところ**であろう（但し、〔図表㊶〕とて、既述の如き趣旨からして、一応の目安程度にお考え頂きたい。厳密には、〔図表㊶〕の先で、更に詰めるべき点があるからである）。

＊　情報通信審議会・ＩＴ革命を推進するための電気通信事業における競争政策の在り方についての第二次答申（平成一四〔二〇〇二〕年二月一三日）

旧郵政省（現総務省）サイドでの〝流れ〟が多少変わって来たようにも思われる点の第二として、既に本書で徹底批判した、かの**電通審第一次答申**に続く、この第二次答申について、〝流れの変化〟の限度での言及を、行なっておこう。これとて、有線（固定）系の問題と無線（移動）系のそれとを、共に扱うものであるため、行論上は扱いづらい面はあるが、この点をベースにおいて、後に扱う、**ＩＭＴ－二〇〇〇**をズバリ扱う同省の研究会報告書に言及してゆく必要性がある。その前段階として、御了解頂きたい（精神的に疲れ切ってしまったので、今日はここで筆を擱く。以上、二〇〇二（平成一四）年四月二〇日午後八時一分。夕方からの執筆再開であったが、とにかく、とても疲れてしまった。情けないが、五月一日からパリに行くし、今倒れる訳にはゆかないので……）。

さて、すべては**ＩＭＴ－二〇〇〇**（３Ｇ）から**第四世代**（４Ｃ）以降への、モバイル通信の展開を考える上での前提、ということで以下の論述を行なう。

まず、この**情通審・第二次答申**三頁以下が「最近における……市場環境の変化」の項において論じている点が、注目される。同・三頁に「ＮＴＴグループが大きなシェアを有している」とされる際にも、「マイライン」の「シェア」でそれを見ている。「**固定電話の競争が……市内通話へと波及し**」たこと（!!）、そして「通話料の低廉化」を見た上での指摘（同前頁）なのである（ＮＴＴコム社のマイラインでの「国際通話」シェア「五三・七％」は、いまだに審議会を仕切っているＳ教授の、誤算であろう）。前記の**総務省・補足コメント**（対米反論）と同様、右の傍線部分には、『**旧態依然たるローカル・ボトルネック論**』（アメリカ〔ＵＳＴＲ〕も公取委も、いまだにそれにとどまっている〔!!〕）とは一線を画した何かが、既にして示されている。

同前・四頁は、ＤＳＬ「サービス」に着目（!!）し、「この一年間に約半額と、米国より低廉な水準」まで、「平成一三〔二〇〇一〕年九月以降**熾烈な価格競争が進**」んだ、とする。既に論じた二〇〇一（平成一三）年一二月の、**公取委の誠に筋の悪く、アンフェアな、ＮＴＴ東西に対する「警告」**（ちなみにUSTR, NTE Report 2002, supra, at 215には、二〇〇〇年一二月に、公取委がＮＴＴ東西に対して、〝abuse of market power〟ゆえに二度目の「警告」をした、とある。右は二〇〇一年のミスであろうが、アメリカ側への公取委からの連絡は、かくして密に、アンフェアな形でなされているのである）と、右の指摘と

〔図表㊵〕 移動系が絡む国際通話（国際公衆交換網経由の場合）の清算（精算）方法

— 米国国際事業者が外国移動体（携帯電話）着信の場合につき米国発信者から徴収している「付加料金」の存在 !!

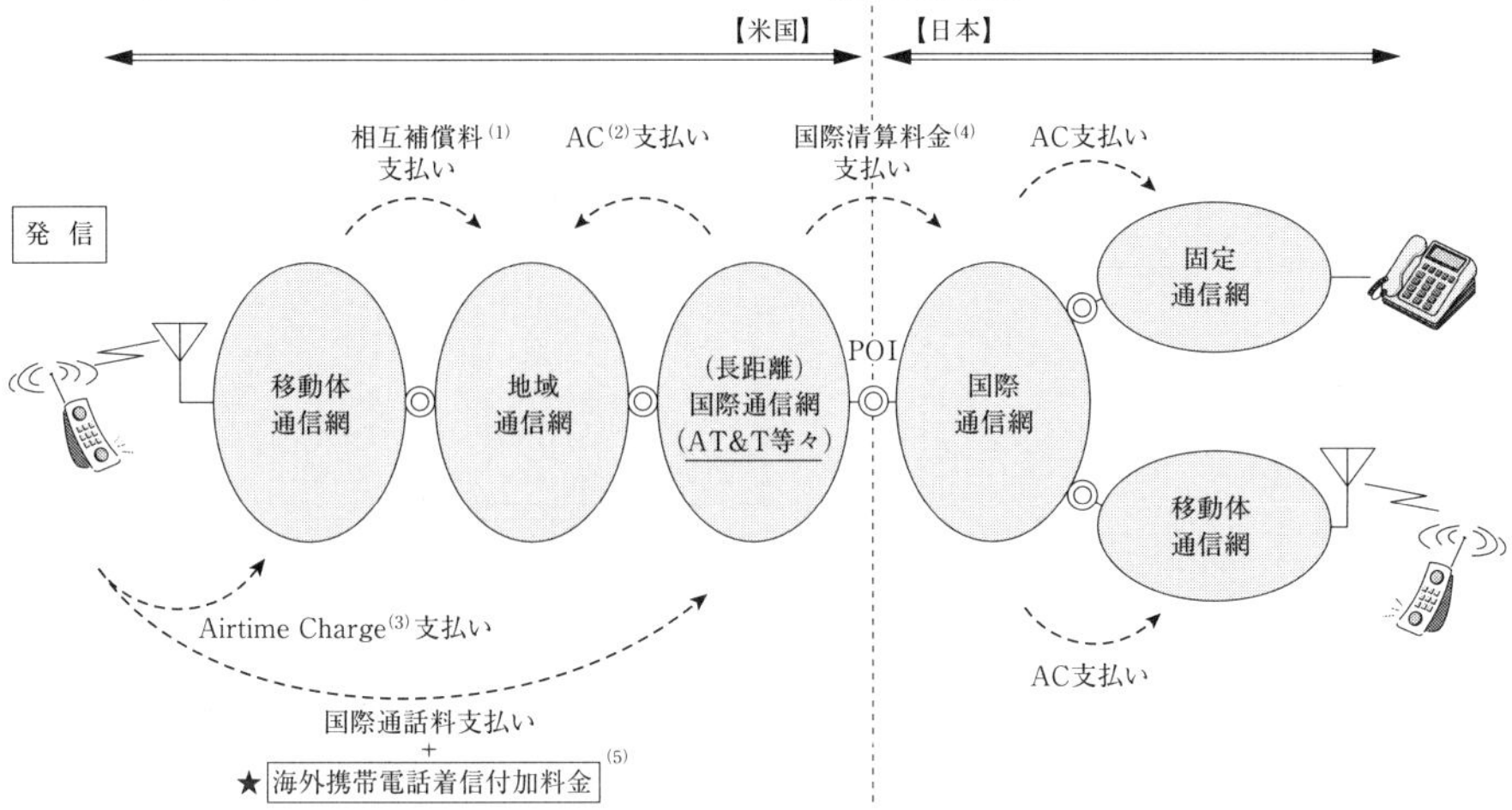

〔注〕・(1)～(3)：本書の〔図表㊱㊲〕及びそれに付された説明参照。ACは，アクセス・チャージの略。Airtime Chargeと紛らわしいので要注意。

・(4)：国際清算料金（国際計算料金制度）については，石黒・法と経済（1998年・岩波書店）94頁以下，同・109頁注30，及び，同・世界情報通信基盤の構築（1997年，NTT出版）97頁以下，124頁以下を参照のこと。ここでは再説しない。国際公衆交換網ベースの場合に国際清算料金が問題となるのだが，移動系が絡む場合については，2000年４月にITUでD.93勧告が出来ている。それを前提に，次の〔図表㊶〕を見る必要がある。

・(5)：〔図表㊶〕参照。外国側が固定系でなく移動系の着信の場合に付加される。図は米国側発信が移動系だが，固定系発信でも同じ。

〔図表㊶〕 着信国別の米国国際事業者による外国携帯電話着信付加料金と外国移動系事業者に支払われる事業者間接続料金との比較

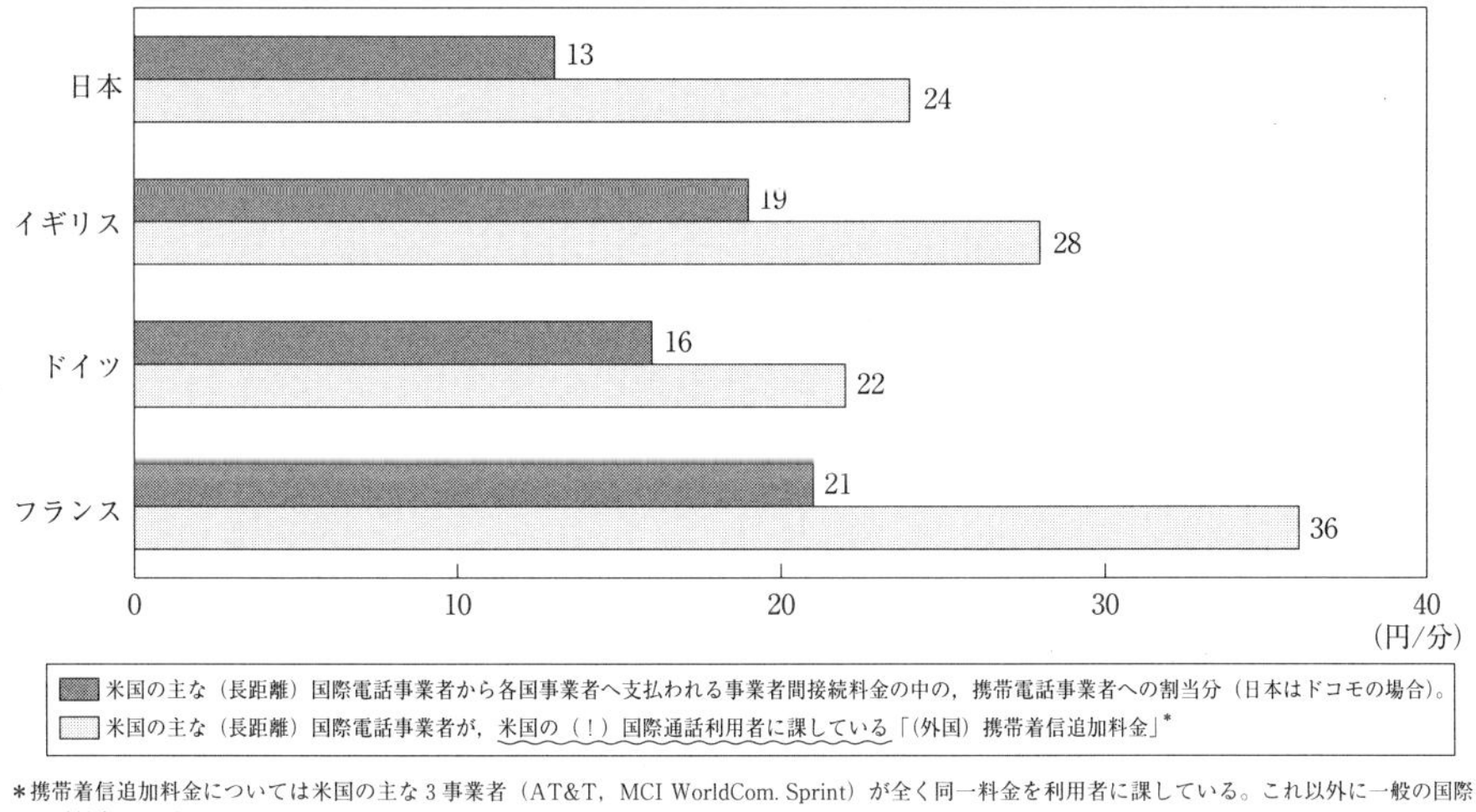

＊携帯着信追加料金については米国の主な３事業者（AT&T，MCI WorldCom. Sprint）が全く同一料金を利用者に課している。これ以外に一般の国際通話料金が必要。

上の各国別のグラフで，例えば日本着信の場合につき，なぜ11円も高い額が米国発信者から徴収されるのか。それが本文中に示したポイントである。

AT&T - http://www.serviceguide.att.com/ACS/ext/Documents.cfm?DID=1086

MCI WorldCom - http://www.mci.com/small_business/products_services/international/mobile_surcharge.jsp

Sprint - http://shop.sprint.com/residential/voiceservices/popups/legalIntlSurchrg/legalIntlSurchrg.jsp

・接続料金は2002年４月17日，総務省「2002年外国貿易障壁報告書分野別規制改革・電気通信部分に関する補足コメント」による。

・為替レートは2001年12月平均値（１ポンド＝183.04円，１マルク＝58.09円，１フラン＝17.32円，USドル＝127.42円）。

を、まず対比せよ。そして次に、情通審・前記第二次答申四頁の、以下の指摘に注目せよ。即ち――

「料金の低廉化……〔の〕反面、一部で行き過ぎた競争から派生する歪みが生じつつある。例えば、マイラインの獲得における不適切な営業行為の横行〔NCC各社はこれに無縁ではない――石黒註記〕……、また米国新興DSL事業者ノースポイントの倒産に見られるように一〇万人を超える加入者がある日突然サービスの停止に追い込まれる事態の発生等が世界各地で起こっている〔!!〕。こうした行き過ぎた競争の歪みが利用者に無用の混乱を与えることを防止するためにも、競争政策を消費者保護政策と一体となって推進していく体制の強化が必要不可欠となりつつある。」

右の認識は〝真の〟競争政策の在り方に関する私の考え方と、同じである。

同・四―五頁（「ブロードバンドアクセスの普及」の項）が、これまた重要。FWAサービスや「二・四GHz帯を使用する無線システム」に言及しつつ、そこでは――

「従来の独占的なボトルネック設備に対抗する新たなブロードバンドアクセス手段の導入の動きが加速しつつある。競争政策の究極の姿としては、こうした設備ベースの競争が進展することが望ましく、従来のボトルネック設備〔!!〕に注目した競争政策の在り方見直し〔!!〕に今後どのような影響を与えることとなるのか、こうした動向を注視する必要がある。」

――とある。右の傍線部分は、重大な（大きなプラスの意味での）変化と言うべきであり、前記のパウエルFCC新委員長の考え方との連動、とも言える。その先において、同年四月一七日の、前記対米文書（総務省・補足コメントI．1．）での、「我が国の地域通信市場は非常に競争的」〔!!〕との、劇的とも言えるコメントが、かの総務省（旧郵政省）から、なされたのである〔!!〕。私は、率直に、かかる変化（いまだ兆し、ではあるが）を喜びたい。旧郵政省への〝絶縁状〟も、そのためのものだった、と言ってよい。

さて、情通審・第二次答申八頁以下は、「競争政策の基本的考え方」の章である。かの、OECD『構造分離』報告書との関係が、大いに気になる部分である。前記第二次答申・八頁以下は、「非構造的」、「新規参入促進型」、そして〔!!〕「構造的」、という「競争政策」の三分類をとる。移動系事業者（ドコモに限らない）にとっても、インフラからIP関連の上位レイアまで、まさに垂直統合型の事業ゆえ（後述）、重大な関心事項となるはずである。

だが、『構造分離』を含む『構造的競争政策』について、同・一〇頁は、その「長所」として「事後の規制のコストが少なくて済む」等々の点を挙げつつも――

「その反面、構造分離を内外でも〔テレコムについて〕先例の少ない政府の規制措置として実施するとなれば、当事者の合意や手続きに多大なコストを要することから〔!?〕、実行可能性が低く、迅速性に欠けるといった短所がある。」

――とする。「短所」の書き方は、不十分極まりないが、少なくともOECD報告書の線で闇雲に突っ走る訳ではない点が、とりあえずは重要である。

そして(!!)、同・一〇頁は、「競争政策の基本的視点」として、「ブロードバンド化への投資インセンティブを削ぐことのないよう、規制水準全般を引き下げること」が「重要」だ、とする。パウエルＦＣＣ新委員長の考え方（既述）に、インタフェースをあわせているのである。更に、その延長で、同・一二頁には、「ＩＴ時代のインフラ整備の担い手としての東・西ＮＴＴの財務の健全化」が重視されている。

もっとも、同・三八頁以下（「構造的競争政策の意義と検討課題」の章）では、「卸・小売分離型の競争促進措置の実施」が「ＮＴＴ以外の多数の事業者」から「要望」された点への回答がある（同・三八頁）。「海外の動向」として「二つの潮流がある」とされ、地域独占の通信会社が「自らの経営判断で(!!)卸・小売の構造分離を進めようとする動き」が一つ、とされる（アメリカの二つの州〔ニューヨークとコネチカット〕の事業者とＢＴが例示される）。だが、それも明確な方向性を示すには至っていないとされる（同頁）。「もうひとつの潮流」として、「規制当局が地域……独占する会社に構造分離を求める動き」の例としては、「ペンシルバニア州」の「規制当局」の「ベライゾン」への要望と「ホリングス法案」（米国議会）が挙げられるが、前記第二次答申・三九頁は「同法案の帰趨」は「現時点」では「未定である」と、サラッと流して(!!)先に行っている。

前記第二次答申・四〇頁以下は、再度「卸・小売分離」という「構造分離」のメリット・ディメリットについて論ずる。とくに「ディメリット」に着目すると、同・一〇頁の、既述の不十分な指摘に加え、「この種の構造分離を実施した先例が諸外国にもないことから、実効性を予見しにくく、円滑な実施が可能かどうかについて確信をもちにくい」点（同・四〇頁）、そして――

「構造分離の結果生まれる卸会社はユーザーサービスから切り離された設備管理・運営を主たる業務とする会社となるがゆえに経営インセンティブが損なわれるのではないかといった懸念や、ネットワークの独占的(!?)管理会社となることから、効率化の誘因が働かなくなるのではないかといった懸念がある。……卸・小売の構造分離を検討する際には、卸会社の経営効率化に向けたインセンティブを確保できる見通しがあるのかどうかについて、卸会社の業務範囲の問題も併せて、慎重に検討することが必要になると考えられる。」

――とある（同・四〇―四一頁）。ＮＣＣ各社が意見を出せば「その通り！」とばかりにＮＴＴ叩きに走った第一次答申とは、大きな違いである。とは言っても、同・三九頁に、「東・西ＮＴＴが事実上独占する地域通信市場」といった、この第二次答申の基調（既述）からは〝消し忘れ〟か、とも思いたくなる表現もあり（同・四四頁には、「東・西ＮＴＴによるボトルネック設備の独占」との表現がある。だが、「設備」だけに着目せず、「サービス」や「価格低下」で競争の進展を見るというのが、この第二次答申の基調であり、それを前提に、既述の総務省の対米補足コメントもなされている、と見るべきである）、従って、〝流れの変化〟への兆し(!?)、との限度でこの第二次答申を受けとめておく方が、無難ではある。だが、流れが変わるときには、いろいろな淀みがあるのはあたり前であって、それがゆえに、上流から一層大量の清冽なる水（とくに、「美しい技術の世界」からのそれ）を、一気に流し込む必要が、あるのである。

＊「真の競争政策」に向けた最も重要な指摘！

むしろ、大きな流れとしては、同（第二次答申）・四四頁の、「公正競争上の構造問題と経営の自由の相克」の項に、注目すべきである。そこには、極めて重要で正しい指摘が、なされている。即ち――

「どのような競争政策であれ(!!)、それが成功裡に進展するためには、当事者である事業者、特に規制の対象となる東・西NTTの経営インセンティブを喚起するような配慮(!!)が組み込まれている必要がある。経営意思決定上の自由こそ(!!)、利用者のニーズを汲み取る創意工夫、革新的なアイデアの源であり、こうした経営インセンティブを喚起する競争政策であってはじめて、利用者利益の向上に資する成果が期待されることを銘記しなければならない。」

――とある。まるでS部長が自分で筆をとって（もぎとって）書いたような、正論である。第一次答申とは様変わりした、正論である。そして、それは、これまで批判して来たところの、日本の公取委に対する(!!)「注意」ないし「警告（warning）」としても受けとれる（ドコモに対して公取委が言って来たことについては、更に後述する）。

なお、この第二次答申の後半は、外資買収と安全保障、等々に言及する（イギリスの「黄金株」〔石黒・国際通信法制の変革と日本の進路（一九八七年・NIRA）二七五頁以下、同・グローバル経済と法（二〇〇〇年・信山社）一六〇頁〕について「欧州裁判所において既に違法の決定がなされ、今後消滅していく方向にある制度」だとする、同答申・九六頁には注意せよ）。それでは、この第二次答申で〝移動通信〟プロパーの問題は、一体どう扱われているのか。

実は、移動通信を扱うのが本来のここでの論述において、固定系を中心として論ずるこの第二次答申についてこれまで論じて来たのも、競争政策の在り方や構造分離問題等が、いずれ移動系（端的にはNTTドコモ）に波及することを予期した上でのもの、であった。「接続料金問題」も、まさに固定系（NTT東西）から移動系（NTTドコモ）に〝飛び火〟した。第二世代（2G――ディジタル）でのiモード、そして3Gから4Gへの流れ（後述）の中で、確実に、いまだアナログが既述の如くけっこう残っているアメリカは、焦っている。

私の祖父関内正一（公衆電気通信法等々が制定される際の、吉田茂内閣時代の衆議院電気通信委員長――石黒・超高速通信ネットワーク〔一九九四年・NTT出版〕二二七頁〔同書の「あとがきにかえて」〕参照）は、太平洋戦争中、東北地方の消防の総指揮官的立場にあった。つまり、私は〝火消し〟の血を明確に受け継いでいるのであり、『移動系（ドコモ）が固定系（NTT東西）の問題を〝対岸の火事〟位に思っていると、とんでもないことになる』、ということを更に示しておきたくて、これまで固定系の問題も、あわせて論じて来た次第である。

さて、情通審・第二次答申では、その一八頁以下で、移動系での〝非対称規制〟（実質骨抜きとなったこと既述）との関係で、同・一九頁において、公取委との「共同ガイドライン」に、「必要に応じて……禁止行為の類型を追加する」（But how?）とか、「プラットフォームやコンテンツなどの上位レイヤー」でも「具体的な禁止行為類型の充実を図っておくことが必要」、などとある（けっこう危ない発想。だから〝変化への兆し〟としか書けないのである!!）。

それとは別に、大きな論点として、同・三四頁以下に、「移動体通信事業の分野における**再販事業者の参入**」の項がある。いわゆる『**MVNO**（Mobile Virtual Network Operator）の問題』、である。同・三四頁注26に、「MVNO……とは、自ら周波数の割当てを受けることなく、**MNO**（Mobile Network Operator ——既存の移動体系の一種事業者）から設備提供を受け移動電話サービスを提供する事業者」、との解説がある。同頁に、「英国ではヴァージン（航空）、テスコ（流通）といった……異業種」から、MVNOによる「比較的自由」な「参入」があり、「市場の活性化に貢献している」、とある。また、同頁には、**MVNOは「第二種電気通信事業」ゆえ「届出」で参入できる**、ともある。

問題は、同・三五頁で、「MNO〔例えばドコモ〕に対し、MVNOへの**電波の一定の空き容量の再販を義務化**〔!!〕する必要があるのではないかとの議論」がある、とされていることとの関係である。だが、この第二次答申は、同頁において、次のような**穏当な線**を示している。即ち——

「……との議論もあるが、市場としていまだ〔主語不明瞭!〕成熟していない段階であることや、次世代〔3G——IMT-二〇〇〇〕の携帯電話に向けて本格投資が開始されようとする現時点で**既存事業者の設備投資意欲を損なうことのないよう**〔!!〕一定の配慮が必要であること等の理由から、規制の仕り方について性急な結論を導くべきではなく、当分の間、ビジネスベースでのMVNOの普及状況を見守ることが適当である。」

——とある。正当である。

このように、総務省（旧郵政省）が考え方を改めつつあり、かつ、**パウエルFCC新委員長**の考え方とも、かなりの程度インタフェースをあわせた競争政策論を展開しているのに、公取委はどうなのか。もはやアホらしいので、〝おまけ〟的に一言するにとどめる。

d　公取委とNTTドコモ——悲しく、かつ、狭隘なる競争政策論への反省を求めて

公取委のNTTドコモに対する姿勢や、**糸田省吾公取委委員**の、**ドコモ関連での暴論**については、本書において、既に一応言及しておいた。ドコモがNTT（持株会社）によってコントロールされているから、移動系のみならず固定系も含めた日本の全テレコム市場での競争が歪められている、というのが**糸田氏のアメリカ向け**『**アピール**』である。「〇〇頁で言及した」と書いても、それを捜す人はまず居ないであろうから、前記の糸田氏のペーパーの該当部分を、再度英文（原文）で示しておく。

“[E]ven now it [DoCoMo] is controlled by NTT which owns 37% of the shares. This distorted competition in both the fixed and mobile telephone markets, and such distortion has expanded to the whole telecommunication market. The [JFTC's] proposal states that the situation must be reviewed urgently.” (Itoda, supra.)

何とまあ**ラフな議論**であろうか。本当にこれが公正取引委員会の委員の議論なのだろうかと、少なからぬ人々が嘆くべきである。

ＵＳＴＲの二〇〇二年版ＮＴＥレポートでは、筋の悪い既述の接続料金問題の他、ドコモ関連では、同レポート・二〇六頁に――

“Reforms to the Telecommunications Business Law in 2001 extended weak asymmetrical regulations over NTTDoCoMo that permit greater scrutiny of NTTDoCoMo's interconnection regime, but the law places the onus on competing carriers to identify anti-competitive behavior and press for corrective action.”

――と、右にアンダーラインを付した漠然たる指摘があるのみである。

有線系での問題にせよ、糸田氏、及び同氏が公取委の提言だと言い張る前記の研究会中間報告書は、接続料金問題での政府介入に否定的ゆえ、無線（移動）系は別、とは言いにくかろう。

かくて、既述の如く、『携帯電話等の移動体通信事業については、現在活発な競争が行われている』との認識を一方で示しつつ、他方では、ＮＴＴ（持株会社）のドコモへの出資比率を下げよ、の一点張りの主張となるのが公取委、である。

ドコモが『分社化』されたのは、既述の如く一九九二（平成四）年のことだが、実は一九九七（平成九）年四月一一日付の日経新聞朝刊には、「『ドコモ』への出資比率、ＮＴＴに圧縮指導、公取委『一〇％に』（!!）――携帯の競争促進」の記事が載っていた。

いきなり一〇％に下げろ、とは何事か。しかも、「行政指導」で、何を言うか、である。

右記事を引用すれば（これは事実そのままの記事である）――

「公正取引委員会は〔同月〕一〇日、日本電信電話（ＮＴＴ）に対し、……ＮＴＴドコモ……への出資比率を現在の九五％から一〇％前後まで引き下げるよう求めるなどの行政指導に乗り出したことを明らかにした。従わない場合には『排除措置など法的手段をとる方針』（企業結合課）。……独占禁止法一〇条に基づき資本関係の緩和を求める。……公取委が独禁法一〇条に基づいて排除命令を出せば、一九七三年以来、二四年ぶりの行政処分になる。ＮＴＴドコモは来秋にも株式公開を予定しており……ＮＴＴも今国会で持ち株会社の下での分離・分割が正式決定される予定……。」

――とある。また、同じ朝刊に――

「公取委はＮＴＴ分割論議でほとんど存在感を示せなかった。ＮＴＴ分割の法改正をひかえたこの時期に（!!）、新たな論点を提示するのは……〔公取委〕としての意地も感じられる。……」

――ともあった。

そもそも独禁法一〇条に基づき排除措置を出せる状況では、何らなかったはずだし、いつもの〝目立ちたがり症候群〟からのこの〝脅し〟は、結果立ち消えとなった。そうあって当然であるが、一言のみしておこう。

同年六月二六日付の日経新聞朝刊『経済教室』には、松下満雄教授の「独占禁止法　企業効率化促す適用を――事業展開幅広く『市場集中』規制は柔軟に」と題した論稿も出た。松下教授は、改正独禁法で導入される純粋持株会社制度の趣旨に照らして、「分社化した子会社の株式所有は原則として許容すべきである」とし、「一定の取引分野における競争」の実質的制限に関する独禁法一〇条」が「あまりにも厳格に適用されると、持ち株会社解禁の効果が損われる恐れがあろう」、とされる。そして、ドコモに関する公取委の、既述の行動について、ドコモも「分社化の例の一つである。**ＮＴＴがもともと社内にあった携帯電話事業を分離してＮＴＴドコモという子会社を設立しその株式を所有しているに過ぎない。この株式所有によって、市場構造が株式所有以前に比較して非競争的に変化するとは考えにくい**〔!!〕。このような株式所有が認められないとすると、上述のように、企業としては子会社設立のインセンティブ（誘因）がないために、分社化に伴う柔軟な企業組織の構築が図りにくくなる。新規の事業分野に進出する度に組織が肥大化して非能率が生じ、**究極的にはユーザーにとって不利益となる恐れもあろう**〔!!〕。分社化した子会社の株式所有は原則として許容されると解すべきだ」、としておられる。

かくて簡単に〝**論破**〟されるような議論であるにもかかわらず、しかも、既述の如く、自ら日本の移動体通信市場は競争的だとしつつ、ドコモへの出資比率引き下げに今もこだわる公取委。

公取委批判は、実に空しく、かつ、下らない（産経新聞二〇〇二〔平成一四〕年四月九日付朝刊「オピニオン」欄の、『正論――奇怪な公取委の振る舞い　現実的視野、国際的視野双方が欠如』〔深田祐介氏〕を見よ。話は深田氏が詳しい航空分野〔実は私も詳しい〕だが、「**噴飯もの**」というその表現は、羽田空港の発着枠問題〔ＪＡＬ・ＪＡＳ合併関係〕に限らず、本書における論述からも、残念ながら、公取委の行動に対しては、すこぶる妥当な表現と、言わざるを得ない）。従って、次には、まず、**第三世代**（**３Ｇ――いわゆるＩＭＴ－二〇〇〇**）に関する総務省の二〇〇一（平成一三）年六月の研究会報告書（案）に言及する前に、**アナログ**（**１Ｇ**）**からディジタル**（**２Ｇ**）、**そして３Ｇから４Ｇへの**『**美しい技術の世界**』を示し、その過程で、**日米摩擦との対応関係**を再度検証する作業も、これまでの論述を踏まえて行なうこととする（以上、二〇〇二〔平成一四〕年四月二一日午後六時ちょうどに脱稿。直ちに点検に入る。点検終了、同日午後七時五九分。モーツァルトのレクイエムを聴きながら……）。

〔アナログからディジタル（２Ｇ）へ、そして３Ｇから４Ｇへ〕

＊　執筆再開にあたって

この前の分の脱稿は四月二一日ゆえ、何と四〇日余も、執筆が中断されてしまった（執筆再開は、二〇〇二〔平成一四〕年六月一日午後三時四四分）。本書二５⑶のタイトルに示した点は、ほぼ既に論じたところゆえ、ここでは、公取委が、そして一般の論調もまた、不当にも直視しないところの『**技術の視点**』を、正面から扱う。そうしないと、私自身、気が狂いそうになるからでもある。ちょうど今日、サンケイの月刊『**正論**』**二〇〇二年七月号**が出来て来た。「**時間軸**」を欠く公取委、そして新古典派経済学への批判を、極力分かり易く、そして、**電力問題**を含めて、論じたものである。五月一－五日のパリ出張（テレコム）から戻り、五月一二日の日曜日に一気に書いたものだが、とことん疲れ切ってしまった。信山社から出す『**国際摩擦と法――羅針盤なき日本**（**新版**）』（その後、七月一〇日にようやく出来上がり、本が手許に届いた）の、新たに書きおろした第三部の内容とも重なるし、とにかく私にとっては実に情けなくて辛い世界のことを、わずか四〇〇字三〇数枚で一気に、しかも「分かり易く」書く辛さ。――それやこれやで、再発するはずもない左耳が、あのとき（九九年九月！）のように絶不調。ともかく『**美しい技術の世界**』を書くしかないのだ。つまり、それを「書く」ことが、私にとっての最良のストレス解消だと気付いた。**電子情報通信学会誌**

二〇〇二年五月号も、ようやくその間において、活字になって届いていた（後述）。

かくて、二〇〇二年四月段階で、B四で六枚分、実に細かい線で頁とキイ・ワードとをつないだ複雑の極とも言うべき配線図つきで既にまとめ、そのコピーをパリにも持って行ったところの、〝モバイルの技術的側面〟を、以下、論ずる。

＊ 『トロン』についての補足――「世界で最も普及しているOSはウィンドウズではなくトロンだ！」

だが、その前に一言、本書二4(2)の最後の、〔『トロン』をめぐる日米摩擦とNTT〕の項で示した点との関係で、更に補足しておく。日経新聞二〇〇二（平成一四）年四月二一日夕刊「人間発見」欄（どこでも電脳①）の坂村健教授のインタビュー記事である。見出しには、「不遇の一〇年経て『トロン』復活」と、まずあるが、この書き方はおかしい。その点は、既述の通りだが、同じく見出しに「携帯電話への搭載で劇的に巻き返し」とある。これは正しい。坂村教授の言として、右記事には、「機器組み込み用のトロンが携帯電話に搭載されたほか、デジタルカメラや自動車のエンジン制御などにも応用されるようにな」り、それらの「製品の出荷量からみて、パソコン用OSを〔トロンが〕はるかに上回っていることは間違いない。今、世界で最も普及しているOSは、米マイクロソフトの『ウインドウズ』ではなく、トロンなのです」、とある。

この点を、前記の『NTTとトロン』に関する論述（IMT―二〇〇〇との関係を含む!!）と、対比して頂きたい。――以上は、久々の執筆ゆえのアイドリングであり、かくて、B四で六枚の、既述の〝配線図〟に基づき、モバイルの技術論を、私なりに、以下に示してゆく。私自身の精神的安定のためにも（!!）。

a　携帯電話に至る前史――NTT（電電公社）における無線系技術開発の戦後の展開

＊ ディジタル無線方式

第三世代携帯電話（IMT―二〇〇〇）で日本が、まさに世界の先頭を走る現状を理解するには、戦後の、〝そもそもの初め〟からの努力の裏打ちが、その重要な前史としてあったことを、まずもって知らねばならない。㈱NTTアドバンステクノロジ編集・発行（非売品）の『NTT　R&Dの系譜――実用化研究への情熱の五〇年』（一九九九年六月一日発行）から、まずこの点を見ておこう（同前・七二頁以下）。

同前・七二頁にあるように、「GHQの占領政策の一環として」、現在のNTTの武蔵野「通研」（要するにNTTの研究所の中核）は、「事業化に直結した研究から実用化までを一貫して行う研究組織に再編成されたが……当初は米国の影響を少なからず受けていた」、とされる。当時は、「マイクロ波方式によるテレビ中継」（一九四七年にアメリカで開始）が注目されていたが、「通研」（詳しくは本書三で論ずる）では「一九五一年秋、本格的な四ギガヘルツ帯のマイクロ波FM超多重方式の研究実用化」がスタートした（同前・七三頁）。そして、電電公社と協力メーカの技術者達の手で、「欧米諸国の文献を基に独自の設計思想を確立」し、「すべての機器を国内の自主技術でつくることを基本方針として」、一九五四年に「我が国初の四ギガヘルツ帯のFM超多重中継システム・SF―B1が完成」した。これは「純国産システムであり、当時としては画期的」、かつ、それによって東京・大阪間での「長距離テレビ伝送が実現」した（同前・七四－七五頁）。

そして、一九六八年には、「**世界で最初の二四〇チャネル多重ＰＣＭ**〔Pulse Code Modulation ――ディジタル信号での**時分割**〔**多重**〕**方式**（同前・九三頁）〕二ギガヘルツ方式の商用試験」を、続いて翌一九六九年には、「**世界に先駆けて**」のその「実用化」という「快挙を成し遂げ」た（同前・七五頁）。まさに、「**世界に冠たるディジタルマイクロ波方式**」（同頁）が、そこで確立されたのである（なお、4Gとマイクロ波との関係については、後述する）。

重要なのは、その技術開発成果を前提に、ＩＴＵ（国際電気通信連合〔International Telecommunication Union〕）の無線系**国際標準化**を担当する「ＣＣＩＲ〔現ＩＴＵ－Ｒ〕での**ＰＣＭ研究**」が、「**我が国の提案・働きかけ**で始まった」こと（同前・七六頁）である（そのドラマチックな経緯については更に後述する）。そして、畳み掛けるように、「海外の研究機関に比べて、並外れた〔技術〕目標を掲げ」、「一六ＱＡＭ（一六値直交振幅変調〔16 Quadrature Amplitude Modulation〕）を用いて、二〇〇メガビット毎秒、標準中継距離五〇キロメートル」を実現し、更に「**ベル研の研究者が“crazy”**とまでいった二五六ＱＡＭに挑戦し、これを実現」した（同頁。そこには、「現在でもこれ以上の周波数利用効率は実現されていない」、とある）。こうして、「**ディジタル・マイクロ波方式に関する技術的リードはもちろん、ＣＣＩＲでのディジタル方式の技術標準の作成においても、我が国が常に主導的役割を果たし**」、かつ、「メーカーも日本電気、後に富士通も加わり、これらを中心にマイクロ波機器の輸出が大きく増進することとなった」、とある（同頁）。**日本の高度成長を支えた一つのストーリーが**、そこにはある。

他方、「**ディジタル無線方式の歴史**を振り返るうえで……決して忘れてはならないものに『**準ミリ波**（二〇ギガヘルツ）方式』と『**ミリ波**（四三～八七ギガヘルツ）導波管方式』の二つがある」とされ、「ともに**開発当時は、世界の最先端をいく最新の技術であった**」（同前・七七頁）、とされている。その間、「安定に動作する一・七ギガヘルツ、四〇〇メガビット毎秒の同期検波器」も「**世界に先駆けて実現**」され、「準ミリ波帯による**世界初の超高速ディジタル方式**」が「一九七六年に」導入された（同前・七七－七八頁）。もっとも、この点は**光ファイバー**伝送方式との競争で、技術的には劣る結果にはなる（同前・七八頁。但し、市川敬章＝秋元守＝原田耕一＝田中逸清＝上野正樹＝渡辺和二「準ミリ波帯帯域共同型ＦＷＡシステムの開発」ＮＴＴ　Ｒ＆Ｄ二〇〇二年六月号五一六－五一七頁を見よ。まさに今、「**準ミリ波帯・ミリ波帯……を利用**」した「**ＦＷＡ**」〔Fixed Wireless Access ――前記の〔図表㉝〕の注7と対比せよ!!〕で、「光ファイバーと同等なＩＰサービスを提供する」べく、「加入者系無線アクセスシステム」の開発がなされつつあること〔!!〕に、注意せよ）。

だが、もはや御理解頂けたであろうように、**戦後の荒廃からスックと立ち上がった、現在のＮＴＴの無線系の研究は、本書で再三既に示して来たように、常に世界最高レベルを目指し、そしてそれを国際標準化作業と、明確かつ自覚的に結びつけつつ、着実な発展を遂げて来ていた。ＩＭＴ－二〇〇〇の快挙**（後述）**も、そうした先人達の、まさに『全くの無からの出発』の上にあることを、忘れてはならない。**

＊衛星通信――『N-STAR打ち上げ』までの展開と「アメリカの対日圧力」

他方、「衛星通信」については、「通研」の中に一九六七年に担当の研究室が新設されていた（翌六八年に、「日本政府が宇宙開発委員会」を、そしてその「実施機関として宇宙開発事業団・NASDA」を設立した〔NASDA法の制定は一九六九（昭和四四）年六月二三日〕）。「一九七七年、**実験衛星CS-1**の打ち上げ」、「八三年には、我が国初の実用通信衛星**CS-2が打ち上げられ**」、そして「一九八八年には、純国産の**H-Iロケットを使ってCS-3が打ち上げられた**」、とある（前掲・NTT　R&Dの系譜・七九-八〇頁）。但し、「CS-3の開発までは通信衛星の技術としてはいわば**欧米技術への〝追いつき〟**であった」が、「一九八一年頃から……〝追い越し〟を図るべく……マルチビーム衛星通信技術の研究開発」に、NTT（電々公社）側は「着手」していた（同前・八一頁）。「**通研**」では「一二研究部三〇研究室」体制でR&Dが進められ、「これは我が国の宇宙開発計画にも反映され、**大型国産打ち上げロケットH-IIおよび二トン級の衛星の開発**」の計画が進み、「設計に始まる物づくりから……打ち上げ後の試験まで一貫して行う」との方針の下に、「**NTT初の独自商用衛星『N-STAR』打ち上げ**」に至る。実際のN-STAR打ち上げは一九九五年八月になされたが、「**調達問題で「日米間の政府間交渉」**がなされ、**一九「九〇年には……スーパー三〇一条の対象にされる**など、実際のメーカ選定までに約二年を費やす結果となった」、とされている（同前・八二頁）。

こうした場面でアメリカが介入する図式については、本書の中でも再三示した。だが、**NTT側は、「日本を代表する電気通信事業者として、衛星通信の分野から**〔**アメリカの圧力に屈して!!**〕**完全に手を引くのはいかがなものか、……すべての技術を外部に頼り、衛星通信の研究開発の道を断つことは、ひいてはNTTの研究開発全体に大きなマイナスになる」、との断乎たる姿勢を貫いた**（同前・八三頁）。その先の技術の展開については、若干後述する。

ともかく、こうしたNTT（**電電公社**）**の無線系技術開発の流れ**の中で、移動通信（携帯電話）の、今日に至るまでのR&Dの軌跡が、位置づけられることになる。

＊携帯電話の黎明とITUでの快挙（一九六三年）

まず、前掲の『**NTT　R&Dの系譜――実用化研究への情熱の五〇年**』（一九九九年六月一日刊）から、引き続き、「**携帯電話の黎明**」（同前・八五頁以下）について、示しておこう。同前・八五頁には、**NTTにおける「自動車電話・携帯電話の開発、その歴史はい**たって古」く、「通研の無線課が公衆用自動車電話の研究を始めたのは**一九五五年**のことである」、とある。そして、「**一九七九年一二月……ついに八〇〇メガヘルツ帯自動車電話方式**が東京二三区においてサービスを開始」し、その後、「同サービスの全国展開とともに**自動車電話方式の大容量化とディジタル化**が図られていくこととなる」（同前・八五-八六頁）のである。

「**通研**」における「**移動通信ディジタル化**の開発に関しては、少数の先駆的な研究チームにより開始されていた」が、徐々に「**拡充**」され、「電力効率と周波数利用効率を両立させる無線伝送系、高品質で低ビットレートの**音声CODEC**〔coder and decoder――PCM符合器と復号器〕、**TDMA**（Time Division Multiple Access――後述）による無線アクセス方式、**ISDN**〔Integrated Services

Digital Network〕ベースのコアネットワークなどの要素技術が確立されて」ゆく。そして、「一九九三年三月にいよいよ商用化」となるが、「すでにアナログ方式では一五〇ccの超小型携帯機」があり、「ディジタル方式でもこれを凌駕する」ためには「困難」があった、とされる（同前・八七—八八頁）。この点などは、IMT—二〇〇〇（FOMA）の早期全国展開（後述）と共に、新技術導入時の、共通した問題と言えよう。

ここで同前書・八八頁以下は、PHSに関する論述に移っている。だが、同前・九四頁の、既述の無線PCMに関するコラムは、実に参考になる。

一九六三年、ITUの「宇宙に関する臨時無線主管庁会議」の技術分科会で、『宇宙通信の周波数割当に係わる技術条件」が大いにもめていたとき、NTT（電電公社）の技術者M氏が発言し、「皆さん、もし地上のマイクロ波方式のベースバンド信号をPCMにすれば、いまの議論はほとんど不要になりますよ」と発言し、一気に会場の関心が集まったところで、同氏は、「この際、CCIRに新たにマイクロ波PCM方式をテーマとする研究課題を設定しようではありませんか」と述べ、それがPCMに関する既述の流れの原点にあったのである。同頁には、「ディジタル技術で世界をリードするNTT。その研究開発史の一ページには、こんな熱血漢たちの武勇伝も織り込まれていることを、誇りに思いたいものだ」、とある。

まさにその通り。こうしたことが埋もれてゆき、忘れ去られることは、断じて許されない。だから私は、「美しい技術の世界」と「NTTの世界的技術戦略」の実像を、ある種の〝語り部〟として、改めて活字にして残しておこうと思い、こうして自ら筆をとっているのである。

ちなみに、石黒「IT基本法と『光の国』日本の国際戦略」電子情報通信学会誌二〇〇二年五月号三〇六頁以下も、私なりの技術者達の自己覚醒への呼びかけ、としてのものである（!!）。なお、同論文に対しては、二〇〇二（平成一四）年五月一〇日付けで、現在東大で客員教授をしておられる、テレコム技術標準の世界で誰一人として知らぬ者は居ない葉原耕平先生から、光栄にも御手紙を頂いた。そしてそこには、「今の現役の技術者諸君が、先生（石黒）がご期待のようなセンスと見識をもっているだろうか。また、幸いにしてそういう人物がいても、その見解を正当に表明できる場があるだろうか。……」、とあった。

全く偶然なことに（私は偶然とは、実は何ら感じていないが）、同じ五月一〇日付けで、NTT第三部門長鈴木滋彦取締役の御手紙と共に、鈴木滋彦監修・最先端のNTT研究者が語るHIKARIビジョンへの挑戦（二〇〇二年四月二五日刊・㈱ビジネスコミュニケーション社）が届いた。『NTT　R&Dの軌跡』は非売品だったが、今度は定価二〇〇〇円で、一般にも販売される。「技術者の対社会的発言を!!」と訴えて来た私の声と連動する、嬉しい一冊である。

さて、それでは、IMT—二〇〇〇に至る、そしてその「次の次」を見越したNTT（ドコモ）の世界的技術戦略の内実は、いかなるものであったのか。以下、改めてこの点を、一から論ずることとする（久々の執筆だし、書き始めてみてどの程度耳の状況が改善されるかを自己チェックする必要がある。従って、六月一日の執筆は、ここまでとする。以上、同日午後六時四五分。明日は娘の満二四歳の誕生日。本人はワールド・カップで終日不在だが、それ自体、いわば私からのプレゼントゆえ……。ここまでの一応の点検終了、同日午後七時六分）。

b　2Gから3G（IMT―二〇〇〇）に至る流れとNTT（ドコモ）の世界的技術戦略

＊　第一ステップ――2Gと日米欧の対応

日本では、既述の如く、「アナログ方式の第一世代〔1G〕が一九七九年に自動車電話方式として最初に導入され、ディジタル方式の第二世代〔2G〕が一九九三年に商用化され、……二〇〇〇年三月には固定電話加入者を上回り、今日に至っている」（立川敬二監修・W-CDMA移動通信方式〔二〇〇一年六月二五日刊・丸善〕一頁）。1Gについては、「米国ではベル研究所で、またわが国においては……現NTT〔電々公社〕……で研究がなされ、米国の方式はAMPS（Advanced Mobile Phone Service）……、わが国の方式はNTT方式と呼ばれ」、ともに「サービスエリアを複数のセルと呼ばれるエリアに分割して構成するためにセルラシステムと呼ばれている」（同前・二頁）。この1GのNTT方式は、「世界の他のアナログセルラシステムに比較しても、最も狭い周波数間隔であり、大幅な大容量化と無線基地局の小型化、高性能化および、多様なサービスの提供を実現した」ものであった（同前頁）。

次に2Gだが、その「開発の経緯としては、ディジタルセルラ方式は多くのアナログ方式が混在する欧州で標準化が開始された。これは……〔1Gの段階ではEC内部で〕国際間の相互接続が不可能だったことと関係する（同前・二―三頁）。

こうして登場するのが、かのGSMである。だが、GSMとは、もともとはGroupe Spécial Mobileのことであり、「一九八二年に、CEPT（The European Conference of Postal and Telecommunications Administrations――欧州郵便電気通信主管庁会議）がGSM……を設立し、ETSI（European Telecommunications Standards Institute――欧州電気通信標準化機構）を中心とした開発が行われ、一九九二年にGSM方式がサービスを開始した」（同前・三―四頁）。

これに対し、アメリカの2Gは、「電子機械工業会（EIA〔Electronic Industries Association〕）」と、3G国際標準化でも顔を出す「通信機械工業会（TIA〔Telecommunications Industry Association〕）」の下で、「アナログセルラ方式とのデュアルモード運用を必須の条件として〔!!〕」、後述のTDMA方式を採用し、「一九九三年にサービスを開始した」が、「一九八九年ごろからは〔後述の〕CDMA〔方式〕の検討が」なされ、「CDMA〔方式〕を採用した標準仕様……も一九九三年に規格に加えられ」た（同前・四頁）。

ここで注意すべきことがある。EC（EU）は、1Gでは汎欧州的運用が不可ということで2G（GSM）にスッと乗り換えたが、アメリカでは1G（アナログ）と2G（ディジタル〔の第一世代〕）との「デュアルモード運用を必須」とした。そして、既に言及した通り、二〇〇一年六月二〇日のFCCニュースにも、アメリカの移動通信では、その段階でディジタル（2G）が、いまだ六二％止まりになっていた。

この『移動通信のディジタル化におけるアメリカの遅れ〔!!〕』が、2Gから3G（IMT―二〇〇〇）への移行に際しても、多少の影を、3Gの特徴としての「グローバル・ローミング」等（後述）との関係を含めて、落とすことになるのでは、とも懸念される。

2Gへの移行という点では、日本はEC（EU）同様、スムーズであった。検討開始（郵政省）は一九八九年と、CEPT（GSM）より七年遅れだが、「一九九〇年には、TDMA〔方式〕の採用などを骨子とする答申が出され」、それと「併行してRCR（㈶電波システム開発センター）——現在のＡＲＩＢ（㈳電波産業会）——において……検討作業が進められ、一九九一年には、ＪＤＣ（Japan Digital Cellular）と呼ばれるディジタル方式自動車電話システム標準規格が策定され」、ＪＤＣはその後「ＰＤＣ（Personal Digital Cellular Telecommunication System）に名称が変更された」（同前・四頁）。ちなみに、この日本のＡＲＩＢが、３Ｇ国際標準化をリードする形になるのは、後述の如くだが、それを支えるべく、ＮＴＴ（ドコモ）の技術陣がガッチリとスクラムを組んでいたことは、言うまでもない（詳細は後述）。

ところで、この２Ｇの「使用周波数帯」について、「米国ではアナログ方式と共用」なのに対して、「日欧では、八〇〇ＭＨｚ帯」、そして「わが国では一・五ＧＨｚ帯も使用されてい」た（同前・四－五頁）。欧州のＧＳＭも「ＴＤＭＡ〔方式〕を採用して」いたこと（同前・四頁）に、別途注意を要する（ＴＤＭＡ・ＣＤＭＡ双方の方式の差については、まとめて後述する）。

だが、この２Ｇについては（遡って１Ｇもまた）、「国、地域毎に異なった通信方式で実現されており、国際的に統一された規格は存在しなかった」（同前・二三七頁）。そして、ＧＳＭが急速に普及していたＥＣ（ＥＵ）は、「ＧＳＭ方式の進展を背景に」、３Ｇ国際標準化への「作業計画を遅らせようと」までしていた（!!——広池彰＝秦正治「ＩＴＵ－Ｒ　ＴＧ８／１マインツ会合報告」ＮＴＴドコモテクニカルジャーナル三巻四号〔一九九六年〕四三頁）。そのＥＣ（ＥＵ）を、ドコモがいかなる〝世界的技術戦略〟で抱き込み、むしろ日欧対アメリカの図式（但し、アメリカの立場が分かれていたことは後述。従って、正確には日米欧の協力体制の確立、と言うべきところ）へと持って行ったのか。そこが、３Ｇ（ＩＭＴ－二〇〇〇）国際標準化への、最もダイナミックな展開部分、なのである。

＊　第二ステップ——２Ｇとパケット通信、そして『ｉモード』の登場へ！

この２Ｇの時代に、世界に先駆けて、画期的な出来事が起きていた。即ち、「固定網におけるインターネットの急速な普及に伴い、移動通信においてもビジネスユースやパーソナルユースでデータ通信を利用する要求が高まり、データ通信特性に適したパケット移動通信が開発され……日本においては、一九九七年に〔既述の〕ＰＤＣをベースとしたＰＤＣ－Ｐ（Personal Digital Cellular-Packet）システムがＮＴＴドコモによりサービス開始され」た（立川敬二監修・前掲書七－八頁）。

だが、それ、即ち「ＰＤＣパケット通信方式」は、第二世代（２Ｇ——ディジタル〔!!〕）の移動電話としては「世界で最初に実用化〔!!〕したパケット移動通信方式」だったのである（ＮＴＴドコモテクニカルジャーナル八巻三号〔二〇〇〇年〕八六頁）。そしてそれが、「ｉモードの飛躍的加入者の増大と多様なサービス提供に貢献するとともに、ＩＭＴ－二〇〇〇を含む将来のモバイルコンピューティングの発展に極めて重要な役割を果た」すことに、なるのである（同前頁）。

もとより、日本のＰＤＣ－Ｐに対して、アメリカはＣＤＰＤ（Cellular Digital Packet Data）、ＥＣ（ＥＵ）はＧＰＲＳ（General Packet Radio Service）という名で、モバイル・パケット通信が「実用化されている」（立川敬二監修・前掲書二七〇頁、二〇頁）。つまり、「米国を中心に利用されている」２Ｇの規格たる cdmaOne（木下耕太・やさしいＩＭＴ－二〇〇〇〔二〇〇一年五月一〇日刊・オーム社〕二頁）のシステムにおける、「パケット通信サービス（PacketOne）」が、

「一九九九年に……サービス開始され」ている。だが、アメリカのCDPDは「アナログシステムであるAMPS〔**Advanced Mobile Phone Service**〕上」のもの〔!!〕であるし（立川敬二監修・前掲書一〇頁）、EC（EU）のGPRSは、「二〇〇〇年冬に〔!!〕」ようやく「サービスが開始され」たものである（同前・三七一頁）。

かくて日本（NTTドコモ）のパケット移動通信は、それ自体が既に世界をリードするものであったが、世界をアッと驚かせる事態は、その先で生じることとなる。『iモードの登場』である（その開発の裏話については、松永真理・iモード事件〔二〇〇〇年・角川書店〕を見よ。なお、「一九九九年二月に発売された五〇一iシリーズは、ブラウザ、インターネットメールを搭載したiモード携帯機の一号機であり、商用後の急激な普及で世界を驚嘆させたのは記憶に新しい」とする、矢崎英俊＝平児玉功＝笹原優子＝堤円香＝千葉耕司「高機能iモード携帯機の概要」NTTドコモテクニカルジャーナル九巻一号〔二〇〇一年〕一〇頁を見よ）。

いわゆる『iモード』は、実は、『世界初のモバイル・インターネット』である（立川敬二監修・前掲書八頁）。つまり、一九九七年サービス開始のPDC-Pというパケット・システムは、従来のPDCシステム（音声）へのインパクトを抑えること、早期にパケットデータ通信サービスを提供することを考慮して、「PDC網とは独立なパケット専用の移動網」によって「構築」されていた。そして、「このPDC-Pを用いて、携帯電話からインターネット接続を可能とした世界初のモバイルインターネットサービスが、一九九九年二月にサービス開始したiモード」なのである（同前頁）。iモード端末には「九・六kbpsパケット通信機能およびブラウザ（閲覧ソフト）が搭載され」、このブラウザは、「世界のディジタルコンテンツの九九%」をカバーする「HTMLのテキストが読めるタイプとなっている」（同前頁）。パケット網も「九・六kbps」であるが（同前・九頁）、それは、「携帯電話を小型軽量化する観点およびテキスト中心〔!!〕でよいことから伝送速度は遅くてもよ」い、との判断による（同前・八―九頁）。この「テキスト中心」主義から動画像へのシフトが、3G（IMT-二〇〇〇）への転換を必要とする、一つの重要なポイントとなるのである（後述）。

ところで、2G、即ち「第二世代のパケット移動通信システムの転送速度は、PDC-P（日本）で最大二八・八kbps、GPRS（欧州）では一〇〇kbps」とされる（立川敬二監修・前掲書二七四頁。但し、木下・前掲書一四〇頁では、GPRSは最大一一二kbpsとある。他方、塚田晴史＝小林勝美＝石川憲洋「WAPフォーラムの最新状況」NTTドコモテクニカルジャーナル八巻四号〔二〇〇一年（一月）〕八九頁には、GSMの「データ通信」は「九・六kbps」だ、とある。私としても、この点はよく分からないが、二〇〇二〔平成一四〕年五月一―四日のパリ滞在中の体験からは、少くとも現状では最後の数字がユーザーとしての実感であった）。そして、「欧州を中心としたGSM採用国・地域では、いずれはIMT-二〇〇〇が導入されると想定されるものの、一方では現行GSM方式のデータ通信の高速化・パケット化にも重点がおかれている」状況にある（木下・同前一四〇頁）。

もっとも、そこには、（記事自体は多少歪んだ書き振りではあるが）日本語版ニューズウイーク二〇〇一年五月三〇日号二五頁の下段左側の、3G用『周波数帯オークション』関連の表にあるように、この競争入札が、巨額の支払を関係各事業体に余儀なくさせ、殆ど身動きがとれなくなった、という屈折した経緯が関係している。同前・二四頁にあるように、火付け役となった「イギリス政府は……

ゲーム理論の専門家……に第三世代の事業〔に関する〕競売プランの作成を依頼し」て、政府自体が金儲けに走ったのである。一見〝市場原理〟で公正に……、との外装の下に、とんでもない参入障壁が実際には作られ、産業自体も疲弊する、最悪のパターンである。私は、欧州の国際会議等でも、この点を強く指弾したことがある。

さて、ここで『ｉモード』に戻ることとする。『ｉモード』は「サービス開始から一年半余りで一七〇〇万加入者（二〇〇〇年一二月現在）を越えるユーザを獲得した」（立川敬二監修・前掲書一七一頁）。「二〇〇一年一月現在」では、それが「一八〇〇万契約を突破し、日々四〜五万契約ずつ増加」する中で、「国内のＩＳＰ（Internet Service Provider）を遥かに凌ぐ……加入者を得るに至った」（高木一裕＝千葉耕司「高機能ｉモード携帯機特集――サービス概要」ＮＴＴドコモテクニカルジャーナル九巻一号〔二〇〇一年〕六頁）。この数字はどんどん伸び、二〇〇一年七月には「二五〇〇万を越え」た（永田清人＝入江恵「ＩＭＴ－二〇〇〇サービスの概要」ＮＴＴ技術ジャーナル二〇〇一年九月号一九頁）。

そうした『ｉモード』の快挙は、いまだ2Ｇの世界での出来事ではある（3Ｇ-ｉモードについては、後に言及する）。だが、二〇〇一年九月にジュネーヴで開催された、ＩＴＵによる「3Ｇライセンシング・ワークショップ」において、なぜかはともかく、日本についての事例研究がなされ、そこでＩＴＵ側からは、「ドコモ……は契約者数ベースで世界最大のＩＳＰ」だとするレポートが出されている（㈱情報通信総合研究所発行・InfoCom 移動・パーソナル通信ニューズレター二〇〇一年一一月号三頁。なお、ｉモードの『サービス開始時、ＩＰの提供するコンテンツはわずか六七であったが、二〇〇一年一月末現在、その数は一〇〇〇以上にもなっ」た（高木＝千葉・前掲ＮＴＴドコモテクニカルジャーナル九巻一号七頁）。また、「二〇〇一年一月、五〇三ｉシリーズが発表され……Ｊａｖａという強力な機能が加わ」り、それによって「セキュリティ機能やダイナミックなコンテンツの提供が可能とな」り（同前頁）、具体的には「状況に応じて新たなソフトがダウンロード可能とな」る、等のことになった（同前・八頁）。他方、ＳＳＬ〔Secure Sockets Layer〕も導入されて、更にセキュリティが強化された（同前頁）。

前記の『トロン』こそが世界最大のＯＳとする坂村健教授の言、そして、同じく前記の『トロンとＮＴＴ』（ドコモを含む!!）との関係、更に、『ｉモード』による『世界最大のＩＳＰ化』の実績――それらが、3Ｇに至る前史の段階で、既に覇権国家アメリカをして、ドコモを『支配的事業者』として〝金縛り〟にせよ云々と、日本政府・旧郵政省に強く求めた理由であると考えるのは、極めて自然なことであろう。

＊　第三ステップ――3Ｇ（ＩＭＴ－二〇〇〇）国際標準化に向けて

この＊の小項目は、多くの論点を含む。そこで、以下、ア.〜ク.に区分した論述を行なう。

ア.　3ＧＰＰと3ＧＰＰ2

1Ｇ・2Ｇが各国バラバラであったことに鑑み、「ＩＴＵ-Ｔ〔電気通信標準化セクター〕」では、一九九三年から〔3Ｇ、即ち〕ＩＭＴ－二〇〇〇の信号方式の検討が進められてきた」（立川敬二監修・前掲書一四頁）。他方、それに先立ち、「ＩＴＵ-Ｒ〔ＩＴＵの無線通信セクター」におけるＩＭＴ−二〇〇〇の標準化活動は、一九八五年に、当時ＦＰＬＭＴＳ（Future Public Land Mobile Telecommunications System）という名称で開始され」ていた（同前・一二頁）。だが、実は、「一九九七年に……世界に先駆けて第三世代の標準化を始めた」のは、「日本」だった（具体的には、既述のＡＲＩＢに「ＩＭＴ−二〇〇〇委員会」が設立された）のである（同前・三四四頁。そこにドコモの技術の裏打ちがあったことを含めて、仲信彦＝大矢智之＝三枝正人＝浜豊和「モバイルマルチメディア信号処理技術特集――音声符号化技術」ＮＴＴドコモテクニカルジャーナル八巻四号（二〇〇一年）二五頁以下。前記の点については、同前・三〇頁）。

この日本のＡＲＩＢの動きに刺激されて、「一九九八年末、ＡＲＩＢ、ＴＴＣ（日本の㈳電信電話技術委員会――その後、情報通信技術委員会に名称変更）、ＴＩＡ（米国通信機械工業会）、（欧州テレコム標準化の中核たる）ＥＴＳＩにより第三世代移動通信の標準化プロジェクト３ＧＰＰが設立された」旨、立川敬二監修・前掲書三四四頁には記されている。だが、同前・一六頁にもあるように、実は３ＧＰＰ（3rd Generation Partnership Projects）は、３ＧＰＰと３ＧＰＰ２との二つに分かれていた。

つまり、「３ＧＰＰは、グローバルな共通仕様を効率的に作成する体制として、一九九八年四月頃より、欧州のＥＴＳＩ（European Telecommunications Standards Institute）、日本のＡＲＩＢ（Association of Radio Industries and Business）、（同じく日本の）ＴＴＣ（The Telecommunications Technology Committee）間で検討が進められ、これに米国（のテレコム標準化団体たる）Ｔ１（委員会）（**Committee T1**）、韓国（!!）のＴＴＡ（**Telecommunications Technology Association of Korea**）が参加して、九八年一二月に３ＧＰＰとして（正式に）発足し、……後に中国（!!）のＣＷＴＳ（**China Wireless Telecommunications Standard Group**）が加わ」った。これに対し、「３ＧＰＰ２は、九九年一月に（アメリカの代表的標準化団体たる）ＡＮＳＩなどが中心になって発足し」た、とされる。以上は、中村寛「移動通信のネットワーク系標準化動向」ＮＴＴ技術ジャーナル二〇〇二年一月号二三頁の記述である（正確には、右にＡＮＳＩとあるのは、ＡＮＳＩの下のＴＩＡ（通信機械工業会）のことである）。

結論を先に言えば、３ＧＰＰと３ＧＰＰ２とでは、別な方式が提案されてしまった。即ち、立ち入った説明は少し先で行なうが、３ＧＰＰでは、「無線アクセス系はＷ-ＣＤＭＡ、コアネットワーク系は（欧州の）ＧＳＭコアネットワークの拡張版を採用し」、他方、「３ＧＰＰ２は、無線アクセス系は**cdma2000**、コアネットワーク系はＡＮＳＩ-41コアネットワークの拡張版を採用した」のである（立川敬二監修・前掲書一六頁）。

ここで重要なことが二つある。まず、アメリカの内部がＴ１委員会とＴＩＡとの間で、既にして割れていた、ということに注意すべきである（アメリカのＴＩＡ（通信機械工業会）が、Ｗ-ＣＤＭＡとは「別の提案である **cdma2000**」にこだわったのである（立川敬二監修・前掲書一九頁）。Ｗ-ＣＤＭＡと**cdma2000**との関係については、後述する）。

だが、それよりもずっと重要なことがある。それは、日本のＡＲＩＢ（その実、ＮＴＴドコモ）が３ＧＰＰをまとめ上げる手法は、既述の、ＮＴＴのＦＴＴＨ国際標準化に向けた世界的技術戦略のみごとさを、想起させるものだ、ということである。その点を、以下に述べておこう（ＦＴＴＨの場合のＦＳＡＮが、ＩＭＴ-二〇〇〇における３ＧＰＰだ、ということになる。――以上、二〇〇二〔平成一四〕年六月二日午後六時四一分。耳の調子は、ずっとよくなった。娘の居ない娘の誕生日を、これから妻と祝うことにする。娘とは、既に本日午前０

時頃から〝お祝い〟をしておいたが、今頃は、ワールド・カップの試合開始〔一八時半を八時半と思い込んでいた危ない娘――私は怒った〕で大騒ぎしているはずだ）。

イ．NTTドコモのリーダーシップと〝戦略〟！

3G（IMT—二〇〇〇）の国際標準化は、既述の如く、ITU—Rで一九八五年から、ITU—Tでは一九九三年から、それぞれスタートすることとなった（ITU内部では、前者は無線系、後者は基本的には有線系の標準化を、それぞれ担当する）。だが、実質的な各国間の調整の場として一九九八年末に3GPPが設けられ、そこに欧州（EC〔EU〕）のテレコム標準化機関たるETSIが加わるについての〝ストーリー〟が、実に興味深い。

FTTH国際標準化におけるNTTの技術戦略が、まずもって〝欧州〟を引き込むことにあったのと同様、ドコモは、「一九九七年末」に重要な方針を打ち出していた。即ち、一九九七年末に、IMT—二〇〇〇の開発基本方針として『W—CDMA（Wideband Code Division Multiple Access）＋GSM拡張版（Global System for Mobile Communications）evolved Core Network』とすることを正式に表明して以来、〔欧州の〕標準化機関であるETSI　SMG（ETSI Special Mobile Group）にも〔NTTドコモとして〕積極的に参加、仕様化促進に寄与して」来ていた、のである（薮崎正実「IMT—二〇〇〇ネットワークの標準化状況」NTTドコモテクニカルジャーナル六巻三号〔一九九八年〕四六頁）。

既述の如く、GSM（もともとは Groupe Spécial Mobile と呼ばれていた）はEC（EU）の2Gのモバイルであり、ドコモは、九七年末に、そのGSMをベースに、IMT—二〇〇〇を構築する旨、表明したことになる。そうしなければEC（EU）が動くことはなかった、とさえ思われる。そしてドコモは、W—CDMAという、もともとドコモが開発・提案（後述）した方式と、いわば〝抱き合わせ〟でIMT—二〇〇〇のあるべき姿をいち早く示した。それを受けて、「ETSI　SMGにおいて……一九九八年一月にETSIの第三世代システムの標準として仕様化予定のUMTS（Universal Mobile Telecommunications System〔IMT—二〇〇〇のことを、EC〔EU〕では、こう呼ぶことが多い〕）の無線伝送方式としてW—CDMA方式を採用することを決定して以来、ネットワーク関連の仕様化作業も本格的に開始されることとな」った。そして、そこに更にドコモからの技術的インプットが、日本のTTC（私も旧郵政省と〝絶縁〟するまではTTCの某委員会の副委員長を、ずっとつとめていたが、TTCとETSIとは、地域標準化機関として相互に関係が深い）を通してなされたのである（以上、引用は薮崎・同前五〇—五一頁）。

こうした一九九七年末から九八年一月の日欧間の大きな動き（仕掛人は、明確にドコモ）には、別な面での、ドコモの技術的努力もある。W—CDMAの話はあとで触れるが、既述の如く、日本のARIBが世界に先駆けて一九九七年に3G（IMT—二〇〇〇）の標準化を開始したのに伴い、例えば3Gの音声通信の側面について、次の動きもあった。即ち、3G用の音声符号化技術として、AMR（Adaptive Multi Rate ――音声符号化適用マルチレート）というものがある。そのAMRが、EC（EU）では一九九八年（何月かは不明！）に「GSMの〔即ち2Gの!!〕音声符号化方式として採用され」ていた（立川敬二監修・前掲書三四四頁）。これに対し、日本のARIBでは、3G用の音声符号化技術の選定に際し、「ドコモ」で技術「品質」の「評価」を「実施」し、AMRの「優れた品質」が証明された（仲＝大矢＝三枝＝浜・前掲NTTドコモテクニカルジャーナル八巻四号三二頁)。その「評価試験の途中」で一九九八年末に、既述の3GPPが設立され、「ARIBの〔つまりはドコモの!!〕評価結果を元に3GPP……にて選定を行なうことが合意され……AMR……が3GPPの必須音声符号化方式として採用された」のである(立川敬二監修・前掲書三四四頁)。かくて、GSMをベースに、そしてAMRをもとりこんで、という点で、(すべては厳密な技術的な評価・判断に基づくものにせよ)日本、つまりはドコモ側は、いわば納得ずくでガッチリとEC(EU――ETSI)を味方につけ、そこにアメリカのT1委員会等々も自然に(!!)加わり、3GPPベースで、3G(IMT―二〇〇〇)の国際標準化作業が進められることになる(同前・三四六頁にあるように、「ドコモが実施し、3GPPに提出されたAMRの……評価結果」をベースに、その後、「W―CDMA〔後述〕における〔AMRの〕品質もドコモとNortel Network社」によって評価の続行がなされて来ている)。

ウ. IMT―二〇〇〇の〝三つの目標〟

ところで、『IMT―二〇〇〇』の『三つの目標』について、ここで示しておくこととする。もともと「IMT―二〇〇〇」の語は、「西暦二〇〇〇年頃のサービス開始を目指すこと、使用周波数帯が二〇〇〇MHzであること、そして最大伝送速度が二〇〇〇kbpsすなわち2Mbpsであることが、その由来」とされる(永田清人=入江恵「IMT―二〇〇〇サービス特集(1)――モバイル新世紀の先駆け『FOMA』誕生・サービス概要」NTTドコモテクニカルジャーナル九巻二号〔二〇〇一年〕七頁)。そのIMT―二〇〇〇(3G〔第三世代携帯電話〕)の『三つの目標』とは、①「国際〔グローバル〕ローミングの実現」――「一つの移動端末により世界中どこでも通信が可能とな」り、ユーザーが「国際間を移動しても通信事業者の提供エリア内に在圏しているときと同様にネットワークサービスの提供を可能とする」こと、②「モバイルマルチメディアの実現」――具体的には「屋外環境においては、伝送速度三八四kbps、屋内環境においては二Mbpsまでの伝送速度の実現」、③「パーソナル・サービスの実現」――つまりは加入者増に対処しつつ「周波数の有効利用によるコストの低減」をはかり、ユーザー・フレンドリーな環境をもたらすこと、の三つである(永田=入江・同前七―八頁)。なお、立川敬二監修・前掲書一〇―一二頁にあるように、右の①〜③はITUとしての(必須の)「要求目標」であり、右の②について補足すれば、「高速移動環境で一四四kbps、低速移動環境では三八四kbps」となり、その伝送速度の下で「音声の他、大容量データや静止画像、さらに動画像(!!)の高速伝送、高品質化が可能となる」ように、するのである(同前・一〇―一一頁)。『IMT―二〇〇〇イコール二Mbps』と短絡することは、そもそも出来ないし、だからこそドコモは、後述の如く3Gの先(4G、5G……)を狙ったR&Dを、猛然と進めているのである。

また、『IMT―二〇〇〇』の『三つの目標』のうち、前記①について言えば、ドコモが対EC(EU――ETSI)戦略で〝GSMをベースとして……〟とした既述の点(上の傍点部分に注意)の、意味が問題となる。『IMT―二〇〇〇』の必須要素の一つとしての『グローバル・ローミング』において、「ローミング先でもホーム網と同様のサービス環境を利用できる」ようにならねばならない(立川敬二監修・前掲書一三八頁)ことが、これと関係する。

つまり、2G(第二世代携帯電話)たるEC(EU)のGSMにおける、パケット通信用の既述のGPRS(General Packet Radio Service)、つまりは2Gの段階では、「ユーザがローミングするとローミング先網では基本サービスのみの提供にとどまっており、ホーム網で提供している多くの付加サービスを提供できなかった」のであり、それを解決するためにＩＮ（インテリジェント・ネットワーク）技術が必要となるのである（尾上誠蔵＝山本浩治「ＩＭＴ－二〇〇〇サービス特集⑴――モバイル新世紀の先駆け『ＦＯＭＡ誕生』・技術概要」ＮＴＴドコモテクニカルジャーナル九巻二号〔二〇〇一年〕二五頁）。だからこそドコモは、ＩＭＴ－二〇〇〇のコア・ネットワーク技術として、ＧＳＭ／ＧＰＲＳ「をベースとし」つつ、「新たに必要な機能・能力を実現するための拡張」、即ち『ＧＳＭの拡張版』を、３ＧＰＰに提唱したのである（同前・二四頁）。

エ．Ｗ－ＣＤＭＡとＮＴＴドコモ

さて、以上の様々な動きを前提とした『３Ｇ（ＩＭＴ－二〇〇〇）の国際標準化』（もとよりデ・ジュールのそれ、である）のプロセスについて、次に略述しておこう。

ＩＴＵ－Ｒにおいて、「一九九八年六月まで」に、３Ｇ用の「無線インタフェースを提案することとな」っていたが、その結果「地上系一〇方式、衛星系六方式がＩＴＵ－Ｒに提案」され、そこから「統一の無線インタフェース策定に向け、相互のコンセンサス形成が進められ」ることになった（立川敬二監修・前掲書一二―一三頁）。そして、「二〇〇〇年五月」に「勧告として正式に承認された……ＩＭＴ－二〇〇〇無線インタフェース」は――

●「無線インタフェースの標準はＣＤＭＡとＴＤＭＡ〔いずれも後述〕からなること」
●「ＣＤＭＡグループはFDD Direct Spread モード」等「からな……ること」
●「ＴＤＭＡグループはFDD Single Carrier モード」等「からなること」
●「いずれの場合でも、主要な二つの第三世代コアネットワークでの運用が可能である（ＧＳＭ発展型、ＡＮＳＩ－発展型等）こと」

――とされた。このうち「［FDD］Direct Spread モード」、即ち右の第二の項目が、「いわゆるＷ－ＣＤＭＡである」、とされている（以上、立川敬二監修・同前一三頁）。

ここで、３ＧＰＰ内部での、そこに至る検討につき、更に言及しておこう。ＴＤＭＡとの技術上の比較を後に行なうところの、このＷ－ＣＤＭＡという技術を「ＩＴＵに提案し」たのは「我が国」であり（木下・前掲書二九頁）、もっとはっきり言えば、ＮＴＴドコモであった(!!)。即ち、日本国内では、つとに一九九七年一月の段階でＷ－ＣＤＭＡを提案することが決定され、その後の検討を経て「Ｗ－ＣＤＭＡが日本からの唯一のＩＴＵ－Ｒ〔への〕提案となっていた（立川敬二監修・前掲書一七頁）。そして、「広帯域の無線チャネルを周波数、時間で分割するのではなく、ユーザごとに異なる拡散コードを割り当てて多元接続を行なう」ことによって「音声だけでなく動画像の伝送も可能であり、マルチメディア化、パーソナル化、グローバル化に最適〔後述〕な移動通信方式」たる、この『Ｗ－ＣＤＭＡ（Wideband Code Division Multiple Access〔広帯域符号分割多元接続〕）』は、実は、「３ＧＰＰ」に対して「ドコモから提案された(!!)」ものだったのである（尾上誠蔵＝大野公士＝保田佳之＝上田隆＝山縣克彦＝太田信浩＝中村武宏「ＩＭＴ－二〇〇〇サービス特集⑵――モバイル新世紀の先駆け『ＦＯＭＡ』誕生・無線アクセスネットワーク技術」ＮＴＴドコモテクニカルジャーナル九巻三号〔二〇〇一年〕六頁）。

実際にも、ＮＴＴドコモ・ワイヤレス研究所の二名の研究者が、二〇〇一（平成一三）年九月に第二回電波功績賞総務大臣表彰を受けているが、受賞理由としては、「ＩＭＴ‐二〇〇〇の無線アクセス方式としてＷ‐ＣＤＭＡ方式の先駆的な研究開発に果敢に取り組み、その成果により、日本提案の中心技術として……ＩＴＵ……における国際標準化に著しい貢献をしたこと」がある（ＮＴＴドコモテクニカルジャーナル九巻四号〔二〇〇二年〕七四頁）。ＮＴＴドコモは、「早い段階からＷ‐ＣＤＭＡの研究開発を推進し、コアネットワークとしてもＧＳＭ拡張版を採用した方式とし、３ＧＰＰにおける詳細仕様の早期開発にも貢献してきた」し、「ＧＳＭネットワークは〔欧州のみならず〕世界に広く普及している〔後述〕ことから、ＩＭＴ‐二〇〇〇の新周波数帯を利用した無線アクセスであるＷ‐ＣＤＭＡの採用は、欧州や日本だけでなく、アジアの多くの国々やアメリカにも〔!!――３ＧＰＰにアメリカのテレコム標準化を行なうＴ１委員会が加わっていたことを想起せよ〕普及することが期待される」、とされている（尾上誠蔵＝山本浩治「ＩＭＴ‐二〇〇〇サービス特集⑴――モバイル新世紀の先駆け『ＦＯＭＡ』誕生・技術概要」同誌九巻二号〔二〇〇一年〕二〇頁）。

そのドコモを中心とする日本のＡＲＩＢと、ＥＴＳＩとの提案がベースとなって（同前・一九頁）、既述のＷ‐ＣＤＭＡの正式国際標準化が、二〇〇〇年五月に、なされたのである（同前頁）。既述の如く、一九九七年末にＮＴＴドコモが『Ｗ‐ＣＤＭＡ＋ＧＳＭ拡張版』で行くことを正式表明して以来、日欧連携はスムーズなものとなったが（同誌六巻三号四六、五〇頁）、既述の、「一九九八年六月」までの「ＩＴＵ‐Ｒへの無線伝送方式の提案にあたって」（立川敬二監修・前掲書一六頁）、「ＡＲＩＢとＥＴＳＩの無線伝送方式の提案は、提案時点で既に基本パラメータが一致しているなど、かなりのハーモナイズが進められていた。これはさまざまな非公式な議論や公式な会合にも共通のメンバーが参加することなどで達成されたものであった」（同前・一八頁）。そして、「ＡＲＩＢ、ＥＴＳＩの提案を中心に、さらに北米Ｔ１〔委員会〕の提案や韓国の提案も個別技術としては取り入れて一つの詳細仕様を作成、中国の提案も……取り入れ」て３ＧＰＰで作成されたのが、「リリース99」というものである（同前・一九頁）。

このように、ＮＴＴドコモは、他の諸国の提案にも実にフレキシブルに対処し、ＩＭＴ‐二〇〇〇国際標準化を導いたのであり、一般のＮＴＴの技術開発に対する、唯我独尊的な誤ったイメージは、かくてＩＭＴ‐二〇〇〇との関係でも、払拭さるべきである（!!）。

さて、「３ＧＰＰにおける最初の技術仕様セットであるＲ99（Release 99）は、二〇〇〇年三月にその仕様がほぼ安定化され」（中村・前掲ＮＴＴ技術ジャーナル二〇〇二年一月号二四頁）たが、「３ＧＰＰでは、今後もサービス・機能を拡張するために継続して仕様化作業が続けられてい」る。そして、二〇〇一年三月には「Ｒ４（Release 4）」が、「リリース99」の「次」のものとしてその「拡張機能を凍結し」、「現在は各機能の詳細仕様の安定化に向けた作業が続けられてい」る、とある（同前・二六頁）。

こうしたＩＭＴ‐二〇〇〇をめぐる国際標準化を受けた詳細仕様の作成と共に、後述の「Beyond IMT-2000 システム」（４Ｇ〔第四世代!!〕）に向けた国際標準化作業が、現に、「二〇一〇年ごろの実用化を目指してＩＴＵを中心に行われてい」る（同前頁）のだが、後述の如く、その牽引役も、実はＮＴＴドコモなのである（それを、単なる「国内公正競争」論で抑えつけようとする公取委の愚かさよ〔!!〕。石黒・月刊『正論』二〇〇二年七月号二三八頁以下をも見よ）。

オ．二系統の国際標準化!?

ところで、アメリカがＴ１委員会とＴＩＡとで別行動をとったことが３ＧＰＰと３ＧＰＰ２という二つの国際的なフォーラムを生み、しかもアメリカのＴＩＡがcdma2000にこだわったために、既述のＩＴＵ標準も、単一のものとはならなかった。即ち、３ＧＰＰ２では、「無線アクセス系はcdma2000、コアネットワーク系はＡＮＳＩ-41コアネットワークの拡張版」（立川敬二監修・前掲書一六頁）で行くことになったが、既述の如く、このcdma2000はＴＩＡ（米国通信機械工業会）からの提案であり（同前・一九頁。なお、同前・四頁）、それが、「ＩＴＵ-Ｒでは最終的にIMT－2000 CDMA Multi-Carrierと」して国際標準化された（同前・一九頁。ちなみに、Ｗ-ＣＤＭＡは、IMT-2000 CDMA Direct Spreadである〔既述〕。同前・一三-一四頁）。Ｗ-ＣＤＭＡとcdma2000との「ハーモナイズが最終段階まで行われた」（同前・一九頁）ことは当然である。だが、「コアネットワーク標準化では、二つの標準システム（ＧＳＭ拡張版と〔ＡＮＳＩ〕-41拡張版）を生み出す」結果となってしまった。まさにその反省に基づき、「今後の〔更なる３Ｇ国際〕標準化では、これら二つの標準システムの独自性を生かしたシステム拡張を続けるとともに、ＩＰ技術に基づき両者間に共通した技術要素を増やしていく、Beyond IMT-2000システムとして、〔真の〕世界統一システムの実現を目指してい」くことが、必須とされるのである（中村・前掲ＮＴＴ技術ジャーナル二〇〇二年一月号二七頁。４Ｇとの関係で後述する）。

ちなみに、Ｗ-ＣＤＭＡは、日本ではＮＴＴドコモとＪ-フォンが採用し、ＫＤＤＩ（!!――ＫＤＤは、もう存在しない……）はcdma2000を採用しているが（木下・前掲一頁）、実は欧州のＥＴＳＩが（既述の如く）、一九九八年一月に、ＩＭＴ-二〇〇〇用にＷ-ＣＤＭＡの採用を決定したこと（ＮＴＴドコモテクニカルジャーナル六巻三号五〇頁）は、技術的には大きな転換を意味する。ＥＣ（ＥＵ）の第二世代（２Ｇ）たるＧＳＭでは、ＴＤＭＡ（Time Division Multiple Access――時分割多元接続）が採用されていた（木下・前掲書三一頁）からである。

カ．ＴＤＭＡとＣＤＭＡ

そこで、本書においてこれまで〝積み残し〟状態にあったＴＤＭＡとＣＤＭＡ（Code Division Multiple Access――符号分割多元接続）との技術比較について、木下・前掲書に基づき、ここで記しておこう（ＴＤＭＡ系も、ＩＭＴ-二〇〇〇の「地上系無線インタフェース」において、ＩＴＵ標準となっていること〔立川敬二監修・前掲書一三-一四頁〕に注意せよ）。

木下・前掲書八-九頁によると、「ＴＤＭＡ」では、「非常に高度で、システマティックなチャネル割当て技術が必要である」のに対し、ＣＤＭＡは、「装置での高精度な送信電力制御で周波数利用効率を高めることができる。すなわち、ＣＤＭＡのほうが比較的容易な手段で周波数利用効率の高いシステムを実現」できる。のみならず、「ＣＤＭＡは、同一周波数を隣接セルでも利用できるため、周波数配置計画が不要〔!!〕である」が、「ＴＤＭＡでは、周波数配置が必要であり、実際の置局状況において、不規則な伝搬や地形の影響を考慮して周波数配置することは多くの困難を伴う。また、不完全な周波数配置は周波数利用の低下をまねくことになるのに対して、CDMAではこのような周波数配置計画を必要としない」、とされる。また、「CDMAでは連続送信できるためピーク電力が小さくてよい。……これは、電磁環境上の影響〔!!〕を最小にするという点でも有利」だが、「TDMAでは、間欠的な送信になり、1bit当りのエネルギーを送信するためのピーク電力が連続送信の場合に比べて」大きくなる、ともある。

もっとも、3Gにおける〔W－〕CDMA方式への移行は、日本〔ドコモ〕にとってもEC〔EU〕と同じことを意味した。日本の2GもまたTDMA方式のPDCであったことは、既に示した。その意味で、日欧ともに大きな技術的変革を、3G実現のために行ない、それを前提に両者が手を組んだことになる。木下・前掲六九頁以下には、日本の従来〔2G〕のPDC方式とW-CDMA方式との、「周波数配置」の面での比較がある。そこには、「PDC方式では同一チャネルや隣接チャネルからの干渉を避けるための周波数配置設計や、ダイナミックチャネル割当て制御など、煩雑な設計・制御を必要としていたが、W-CDMA方式では……これらの設計・制御は不要である。周辺セクタの同一のキャリアで行われる全通信は干渉となるが、復調時に逆拡散の過程で通信に影響のないレベルに抑圧される。このように、W-CDMA方式は常に干渉が存在する〔品質には影響がないレベル〕状況で動作するシステムであり……干渉の量を無線回線設計に見込む必要が生じる」、とある〔木下・前掲書六九－七〇頁〕。DSLの論述を経てモバイルの検討に入った私としては、この「干渉」の問題について、ADSLに関する前記の〔図表㉛〕とそれに付された本文中の説明と、対比をして頂きたいところである〔――と、ここまで書き、点検も済ませて、今日はここで筆を擱く。少し疲れてしまったので……。二〇〇二〔平成一四〕年六月三日午後九時一分〕。

ところで、以上を書きながら疑問を感じ、執筆再開〔二〇〇二〔平成一四〕年六月八日午後三時頃〕までに更に調べた結果を、ここに示す。一つの疑問は、W-CDMAとcdma2000との関係、二つ目は、一体誰がTDMAを提案したのか、ということである。まず、後者の方から、一言しておく。

既述の如く、「一九九八年六月までに」IMT－二〇〇〇用の「無線インタフェースを提案すること」がITU-Rから求められた。その段階までに、日本〔ARIB〕・欧州〔ETSI〕は、既述の如くW-CDMAで既に一本化されていた。だが、アメリカは、T1委員会側がW-CDMAを提案したのに対し、TIA〔米国通信機械工業会〕が三つの提案をしていた。即ち、TIAは、W-CDMAとcdma2000とTDMAを、共に提案していた。また、韓国〔既述のTTA〕も、その段階ではW-CDMAとcdma2000とを、共に提案しており、かつ、欧州のEP DECTという機関〔詳細は不明〕もTIA同様、TDMAを提案していた。ちなみにDECTとは、「ECにおける統一規格のコードレス電話システム〔Digital European Cordless Telecommunications〕」のことともされるが〔KDD総研・国際通信略語用語辞典〔一九九三年・KDD総研刊〕九四頁〕、㈱情総研・後掲二〇〇一年版情報通信ハンドブック二〇一頁には、DECT〔Digital Enhanced Cordless Telecommunications〕Forumが、「欧州で公衆コードレスとして提供されているDECTのIMT仕様版として、TDMA方式を提案」した、とある。ともかく、2G〔欧州では既述の如くTDMA方式だった〕との連続性を重視し、更なる投資をしたくないとする事業者が、ＥＣ（ＥＵ）の中にも居た、というのが実際のところのようである。他方、**アメリカは、ディジタル化（2G化）でも遅れており、国内もバラバラゆえ、**国内の３Ｇに向けての一本化は出来ない、という事情があったものと思われる。

キ．W-CDMAとcdma2000——現状でのcdma2000は本当に3Gと言えるのか？

次に、**W-CDMAとcdma2000**との関係について。後述の総務省『**次世代移動体通信システム上のビジネスモデルに関する研究会報告書**（案）**・IMT-二〇〇〇上のビジネスモデルの発展に向けて——新たなプラットフォームの能力が最大限発揮される環境整備と利用者保護ルールの創造のために**』（平成一三〔二〇〇一〕年六月一四日）一〇頁以下を、まず見てみよう。日本では、「一九九九年九月に**電気通信技術審議会**の一部答申により……**W-CDMA**」と、「米国がＩＴＵに提案した**cdma2000**に基づく方式〔MC-CDMA〕」とが「採用されることとなった」（同前・一〇―一一頁）が、「**cdma2000**は、2G（九・六kbps）と3Gとの中間たる2・5G（第二・五世代）的な、「**cdmaOne**」（六四kbps）という「ANSI-41標準」の、「**拡張方式**であり、システム移行を容易にするため、同方式との互換性が重視されている」ものである（同前・一一頁。ちなみにそこでは、既述のGSM／GPRSについては「最大一七一・二ｋｂｐｓ〔平均二八ｋｂｐｓ程度〕とあるが、本〔二〇〇二〕年五月初めのパリ滞在の際の私の体験からは二八ｋｂｐｓも怪しいようにも思われた）。

この**cdma2000**を、既に**cdmaOne**を採用していたKDDI（ちなみに、石黒「米国が画策する『光の帝国』ＮＴＴ封じ込め戦略」月刊『諸君！』二〇〇〇年八月号四五頁を見よ。但し、そこに「モトローラ方式」とあるのはともかくとして……）が採用することになった。そして、この点に関連して、総務省・前掲研究会報告書（案）一〇頁脚注8には、「既存の周波数帯域で既存のネットワークシステムを活用する次の高速データシステム」として、（文脈上は、W-ＣＤＭＡ及びcdma2000とは別の、即ち「この他」の（!!）「次世代移動体通信システム」として）「**cdma2000 1x Evolution Data Only**（cdma-Oneとの無線周波数利用互換性を保ったデータ専用チャネルで、最大二・四Ｍｂｐｓのデータ通信が可能）がある」、とされている。

この関係で、同前報告書（案）一一頁の図には、３Ｇの無線方式としてW-ＣＤＭＡとcdma2000とが挙げられつつ、『**実はcdma2000はITUの要求する3Gの基準を、完全に満たしてはいない**』**という重大な事実**（!!）が、サラッと示されている。即ち、その図の当該個所を簡略化して〔図表㊷〕として示しておこう。

既述の如く、ＩＭＴ-二〇〇〇についてのＩＴＵの、「無線伝送方式の要求条件〔最小性能要求条件!!〕」は、「高速移動環境〔車載モード〕で**一四四kbps**、低速移動環境〔歩行モード〕では**三八四kbps**、屋内環境では**二Mbps**」であった（立川敬二監修・前掲書の一一頁と九一頁とを対比せよ）。〔図表㊷〕中の「移動時」とは、そのW-ＣＤＭＡについてのビット数からして、ＩＴＵの右の要求条件との関係では、「低速移動環境」に相当する。cdma2000は、それすら満たしていず、かつ、「室内環境」でも、同じ三〇七ｋｂｐｓである。即ち、『**本当はcdma2000はIMT-二〇〇〇とは言えない**（!!）』はずのもの、なのである。だが、アメリカの政治力等々からして、こうしたものもＩＴＵの場で、国際標準として、いわば**清濁あわせ飲む形**で、認められてしまったのである。

〔図表㊷〕 W-CDMAとcdma2000

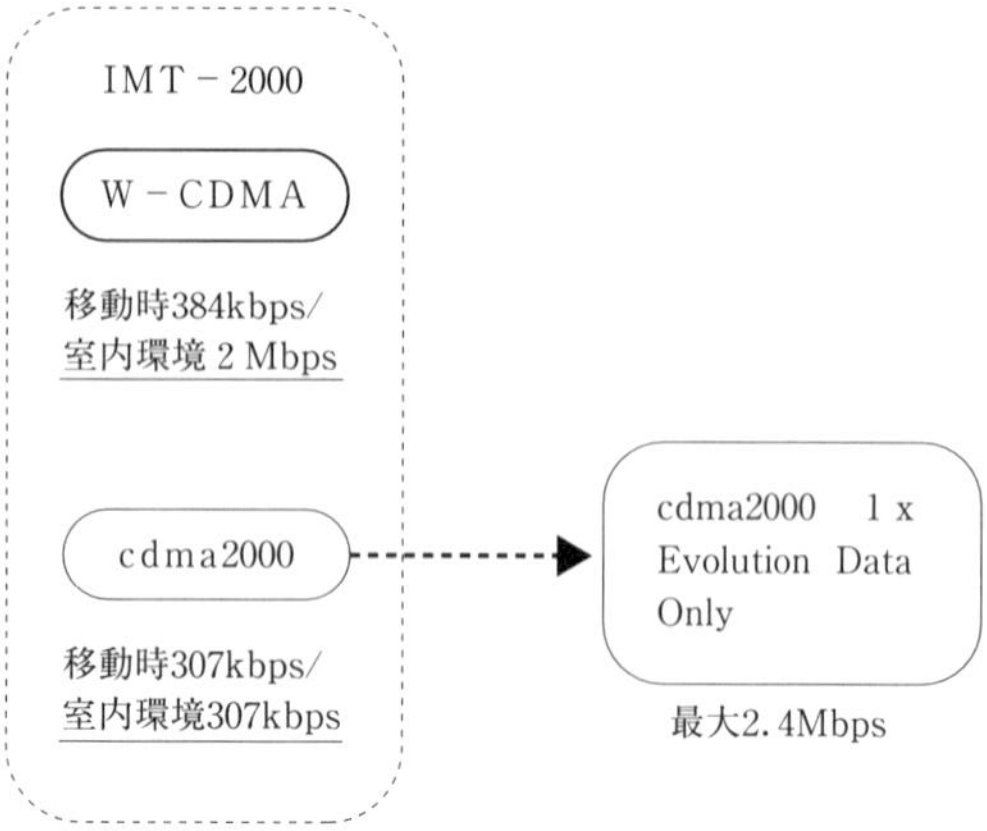

〔出典〕 総務省・前掲研究会報告書（案）11頁の〔図1－3〕。

従って、『次世代移動電話（IMT-二〇〇〇）』という言葉でW-CDMA方式と**cdma2000**方式とを同列に論ずることは、それ自体が極めてミスリーディングであり、**消費者・社会一般を惑わすものである**。いわゆるcdma2000がcdma2000 1x Evolution Data Onlyにまで拡張されて、速度面でのIMT-二〇〇〇の要件が、初めて満たされることになる。

ちなみに、日本ではW-CDMA方式のドコモは〔図表㊷〕の通りの三八四kbpsをベースにサービスを開始したが、KDDIの場合、サービス開始時点では一四四kbps（共に「低速移動時」）であり、〔図表㊷〕のレベルよりも更に低い。

ク. 世界初のIMT-二〇〇〇の商用化と今後

二〇〇一（平成一三）年一〇月のNTTドコモのIMT-二〇〇〇商用サービス開始は「世界に先駆けて」のものである(!!)。他方、「KDDIは既存の八〇〇MHz帯域〔これも使用周波数帯を二〇〇〇MHzとするIMT-二〇〇〇の基本〔既述〕とズレていることに注意せよ〕による……サービスを二〇〇二年六月より全国主要都市にて開始する予定」だとされていた（以上につき、㈱情報通信総合研究所編・二〇〇二年版情報通信ハンドブック〔二〇〇一年一一月刊・同研究所〕一八一頁）。だが、既に略述したように、ITUの場におけるIMT-二〇〇〇の国際標準化自体、不十分なものを多々残す結果となっていた。もっとも、この点は3GPP・3GPP2において、既述の「**グローバル・ローミング**」の実現も含めて、**更に検討が進められている**。これまでの2Gの世界において、NTTドコモがその〝拡張版〟を提案したところのEC（EU）のGSMは、二〇〇〇年一二月末の段階で、アメリカを含め、**世界全体の加入者数の六〇・七%を占めている**（情総研・前掲二〇〇二年版ハンドブック一九九頁の「世界の現行方式比率」の図を見よ。但し、GSM以外については若干分類の仕方が誤解を招き易い図ではある。なお、同前・二〇〇頁には、GSMの「おもな採用国」として、「ノルウェー、スウェーデン、フィンランド、英国、イタリア、ドイツ、フランス、ニュージーランド、オーストラリア、タイ、マレーシア、シンガポール、インド、インドネシア、中国、米国、カナダ、南アフリカなど」とされ、cdmaOne〔「米国クアルコム社が開発」、とある〕は、「韓国、米国、香港、シンガポール、中国、日本、フィリピン、タイ、インドネシア、オーストラリア、カナダ、メキシコ、ブラジル、ペルー、イスラエルなど」、とある。ちなみにTDMAは「米国、カナダ、香港、マレーシア、フィリピン、ニュージーランド、アルゼンチン、チリ、コロンビアなど」、とされている）。それをベースに、W-CDMA方式が、今後世界的にどこまで普及してゆくかという、まさにグローバルな競争が、これから展開されることに、なるのである。

以上、ここまでの論述では、旧電々公社時代からのNTT、そしてNTTドコモの技術開発の軌跡、そして3G（IMT-二〇〇〇）国際標準化に至るまでの、**『NTTドコモの世界的技術戦略』**について、記して来た。だが、IMT-二〇〇〇に関するドコモの技術開発は、インターネットの核心部分にも及ぶものであり、かつ、多方面にわたる。それらを踏まえて、ドコモの、第四世代（4G）以降に向けた、着実なR&D、そしてその国際標準化に向けた更なる努力が、なされているのである。それらの全体像を示すことが、**『技術の視点』**を重視する本書にとっては、必須のポイントとなるし、他方、既に論じたアメリカの、ドコモに関する執拗な対日要求の、背景事情（実際上の理由）を、一層明確化することにもなる。その上で、あまりにもIMT-二〇〇〇（3G）にこだわり過ぎ、とも言えるところの、既に一部言及した**総務省の研究会報告書（案）**についても言及し、かくて延々と続けられて来た本書二の論述に、ピリオドを打つ。そしてその次には、『NTTのR&Dの軌跡』を、〝有線系〟中心に、再び視点を移して、その全体像において示すべく、本書三の執筆へと移行するのである。

門外漢ながら、**『美しい技術の世界』**を書くことで、私の左耳の不調、即ちアモルファスで猛烈なストレスは、かくて、ほぼ解消された。だが、**今後の公取委**が、新委員長の下で、今まで以上に過激かつ非法律的に動くことへの懸念は、現実のものとなりつつある。だからなおさら、彼ら（前掲月刊**『正論』**二〇〇二年七月号の、既に本書で引用した私の小論を見よ）が無視したがる**『技術の視点』**の重要さを、法学部教授たる私が、どこまでも強調しつつ「書く」ことに、専念せねばならぬのだ（!!）。

＊　ここまでの分は、二〇〇二（平成一四）年六月八日㈯午後六時四四分脱稿。点検に入る（妻は二か月前の分の初校をしてくれている。一緒に終わると、少し遊べる、かな!?……）。小項目の細分化も含めて、時間をかけて点検。その終了は、同日午後九時二〇分。先程、わが娘が〝出張〟から戻って来た。――二か月前の分の初校についての、妻からの質問事項等のチェックを終え、再度今書き終えた分に若干の書き足しをして、かくて作業終了は同日午後一〇時一九分。これから夕食、そして妻との、夜中の速歩六〇分。夜の紫陽花の色づき具合を、妻と確かめながらの六〇分（六㎞）、である。――風呂から上がり、もう一度原稿コピー（本体は〝速歩〟の際に、妻がやってくれた初校と共にポストに入れて来た）を点検し、午前五時一〇分終了。妻は、私の隣で明日、否、今日昼の、二人で行く某コンサートのため、マニキュアを塗っている。道理で、小学生の頃のプラモデル作りのような匂いがすると思った……。

さて、これ以降の部分においては、3G（IMT-二〇〇〇）国際**標準化をリードして来たNTTドコモ**が、いわばそれと同時並行的に進めて来た**画期的なR&D成果の一端**を、更に示す。続いて、3G（IMT-二〇〇〇）の**技術的現状**を、3Gの基本（既述）に最も忠実なNTTドコモ（FOMA）の場合に即して示し、3Gが決して、"到達点"ではあり得ないこと〔!!〕を示す。その関係で、IMT−二〇〇〇に焦点をあてた総務省（旧郵政省）の研究会報告書（既に一部言及した）について述べ、それをも踏まえて、"3G以降"に関するNTTドコモの果敢な技術的挑戦の姿を示すこととしたい。

c　3G（IMT−二〇〇〇）国際標準化と並行してなされたNTTドコモの画期的R&D成果の一端——例示として！

＊　TCPゲートウェイ、次世代WAP、そしてXHTML——従来型インターネットを超えて！

モバイル・インターネットの将来にとって、最も重要な技術革新に関する、NTTドコモのR&D成果について、まず述べておこう。だが、そこに至るには、いくつかのステップを踏む必要がある。そこで、前提として、**木下耕太・前掲書**（『やさしいIMT−二〇〇〇』）九四頁をはじめに見ておく。そこには、3Gの「コアネットワーク……とISP〔インターネット・サービス・プロバイダー〕等とのゲートウェイ」たる「TCPゲートウェイ」について、次のように記されている。即ち、「パソコン（PC）などに標準的に実装されている**既存TCPでは、IMT−二〇〇〇の高速パケット交換サービス（下り三八四kbps・上り六四kbps）のうえで、十分**」では「ない可能性がある」、と。

TCP（Transmission Control Protocol）は、アメリカ国防総省の、その後のいわゆるインターネットに至る研究の過程で、「異なるタイプのネットワークを接続するため」に、「ゲートウェイ（gateway）」概念が生まれ、「IEEE（米国電気電子学会）で〔それが〕一九七四年五月に公表された」ことと関係する。具体的には**TCP/IP**（IPはInterconnection Protocol）であり、それが「今日のインターネットの基本プロトコルとなっている」ことは、周知の如くである（但し、それが「OSIとは別物であること」、そして「一九八三年にこのプロトコルが〔国防総省の〕ARPAネットによって採用された」ことを含め、以上につき、**石黒・超高速通信ネットワーク——その構築への夢と戦略〔一九九四年・NTT出版〕**九〇頁。もっとも、中野博隆＝栄藤稔「モバイルマルチメディア信号処理技術特集——モバイルマルチメディア信号処理技術概要」NTTドコモテクニカルジャーナル八巻四号〔二〇〇一年〕一〇頁には、TCP/IPの「制定」は、「一九八一年」だ、とある。ちなみに、中野＝栄藤・同前頁には、「インターネットは、本来データ通信のために設計されたパケット交換網」であり、一九八一年のTCP/IPの「制定」後、「一五年経て実時間〔リアル・タイム〕メディア通信のためのプロトコルRTP〔Real-Time Transport Protocol〕が制定された」、ともある）。

さて、ワイヤレスの世界では、「従来型TCP」に対し、ワイヤレスに適した「**Wireless TCP**（W-TCP）」が「通常のTCPを改良した」ものとして用いられ、IMT−二〇〇〇用の「TCPゲートウェイ」では、双方の間での「変換機能」もある。だが、「TCPゲートウェイが処理対象とするパケットはWWWサービスのみである」、といった問題も別にある（以上、**立川敬二監修・前掲書**〔『W-CDMA移動通信方式』〕二九三、二九五頁）。このW-TCPについては、「インターネット技術の標準化団体であるIETFで公にされている技術のみを採用しており、**既存TCPとも接続可能**」だが、「通常のTCPに比べ三〜四倍」の能力が伴っている（立川敬二監修・同前書二九六頁。但し、『TCPゲートウェイ』自体についてもNTTドコモの貢献が大きい、という重要な事実については、後述する。同前書の書き方は、この点でも、あまりに禁欲的〔!!〕なのである）。

このように、いわばパソコン・ベースの一般のインターネットとモバイル・インターネットとでは、ゲートウェイ方式の点でも差がある。それでは、**「モバイル情報サービス提供方式」**、即ち一般のインターネット利用者にとって一層身近なレベルでは、どうなっているのか。そこにおいて、**『ＮＴＴドコモの大きな世界的技術貢献』**が、あるのである。その点を、やはり一つ一つ手順を踏んで、以下に述べてゆくこととする。

まず、「移動通信網を利用してインターネット網へのアクセスを実現するにも、ＩＳＰを経由するという点では同様であ」り、「移動通信網からインターネットに接続するためのＩＳＰサービス」、即ち、いわゆる**「モバイルＩＳＰサービス」**が重要となる。その「モバイルＩＳＰが提供する情報サービスとしては、まず（もって）、インターネットのWebサイトを検索、アクセスする入り口としての**ポータルサービス**が挙げられる」。この「ポータルサービス」について、ＩＳＰ「自身では提供せず、**Yahoo**などのような独立したポータルサイトに依存する場合」もある。だが、問題は、「こと**携帯端末向けのサービスを意識した場合、独立したポータルサイトで携帯向けに特化したサービスを提供しているところが非常に少ない現状**」（!!）がある。そうした現状では、モバイル事業者（例えばＮＴＴドコモ）自身が「モバイルＩＳＰサービスとしてポータルサービスを提供することは、**携帯端末ユーザに対する利便性を向上させるうえで重要なサービス**と考えることができる」、のである（以上、立川敬二監修・前掲書三五三頁）。

ちなみに、右の点は、モバイル事業者が、ネットワークのインフラ部分からモバイルＩＳＰサービスまでを一体として、即ち、〝**垂直的統合型**〟で提供する意義として、**ユーザーの利便性重視の観点**から、積極的な利点として考えられるべき点である。既述の**『ＯＥＣＤ構造分離報告書』**との関係で、極めて重要な点である（!!）。ＮＴＴドコモを**『支配的事業者』**として**『垂直的構造分離』**をせよ、といった声が、近々出て来るであろうことをあらかじめ予期して、同前頁の「……と考えることができる」といった弱い表現ではなく、もっと突っ込んだ〝理論武装〟が、必要であろう。

なお、立川敬二監修・前掲書三五七頁から、**「モバイルＩＳＰ」の具体的イメージ**を、**iモード**との関係で、念のため示しておく。そこに示されているように、「パソコンでの利用を目的としたポータルサービスは、一般的にはキーワード検索でWebサイトの一覧を表示する機能をもっているが、携帯端末のような小さな画面で、検索結果を全て閲覧することは、ユーザに対して大きな負担（!!）を強いることになる。こうしたことから……**i-mode**では、キーワード検索ではなく**階層化したメニュー**を表示することにより、各Webサイトへのアクセスを実現」する工夫がなされているのである。そして、ＩＭＴ―二〇〇〇以降の展開において「リンクするWebサイト数が大きくな」った場合に、「ユーザの負担を軽減しつつ、すばやく目的とするWebサイトを見つけ出せるような**モバイルならではのポータルの機能**を検討することが今後の課題の一つ」とされている（以上、同前頁）。

さて、以上の手順を経た上で、ようやく**『ＮＴＴドコモの世界的技術貢献』**（!!）について論ずる環境が、整ったことになる。この『貢献』を、二点に絞って示しておこう。

まず、既述の**『ＴＣＰゲートウェイ』**であるが、実は、これについてはＮＴＴドコモ自身が重要な提案を行なっていた。その点が示されているのは、神宮司誠＝山階正樹＝近藤靖＝高橋修＝鶴巻宏治＝鈴木偉元「ＩＭＴ―二〇〇〇サービス特集⑵――モバイル新世紀の先駆け『FOMA』誕生――ゲートウェイ技術」NTTドコモテクニカルジャーナル九巻三号（二〇〇一年）四九頁以下、とくに五三頁の、『TCPゲートウェイ（TCPGW）』に関する記述である。同前・五三頁では、既に本書で示した点につき、「WWWをはじめとする多くのインターネットアプリケーションが採用している**TCP/IP**の標準的な実装、あるいは、出荷時設定のままでは、**高速パケット交換サービス**の上で、十分」ではない「おそれがある」とされ、続いて、「本来、TCPは、コネクションレス型のIPネットワーク上で、信頼性のあるデータ転送を実現するプロトコルであり、原則的に、転送パケットごとに**到達確認応答パケット**……が返ってくるのを待つ、という動作が基本となる。〔到達確認応答〕パケットが返ってくるまでは、再送に備えて、通信データをバッファに保存しておく必要があるため……〔それ〕が返ってくるまでは、その次のデータを送る動作に入ることができず、結果的に**回線使用効率**が低下」する「という現象が生ずる」。これについて、NTT「**ドコモは**〔!!〕、既存のTCPプロトコルの範囲内で実装パラメータのチューニングを行い、高遅延による〔回線使用効率〕低下を改善する技法を提案している」、とされている。その『**ドコモ提案**』においては、「従来の実装（既存の製品）とも問題なく接続可能」である、とされているが（同前頁）、そこで引用されているのは（同前頁と同前・六〇頁とを対比せよ）、実は同誌同号七一頁以下の、石川憲洋＝稲村浩＝三浦史光＝上野英俊「次世代WAP（WAP 2.0）特集――プロトコル技術」である。そして、これから述べるように、『次世代WAP』については、単にNTTドコモがそれを「提案」したのみならず、世界的にそれが受容されている。

従って、ここでは、立川敬二監修・前掲書の章立てに従い「ゲートウェイ方式」と「モバイル情報サービス提供方式」とを分けて、これまで記して来たが（なお、TCPゲートウェイに関して同前書・二九六頁でワイヤレスTCP〔W-TCP〕について引用されているのは、ドコモ側からIETF側に提案された稲村氏のドラフトである）、『**NTTドコモの世界的技術貢献**』は、その双方に及んでいたことになる（!!――XHTMLについては後述）。

ここでWAP（Wireless Application Protocol）について、一から論ずる必要が、生ずることになる。WAPは、「欧州が中心となって技術標準化を進めたモバイル・インターネット・サービス」のプロトコル（及びアプリケーション環境）であるが、その「普及」は「遅々として進んでいないのが現状」とされる（但し、日本以外の状況についての論述と思われる。**情総研編・前掲二〇〇二年版情報通信ハンドブック**一九六頁。同頁下の表も、日本を除いた海外の状況についてのものである）。ちなみに、この点は、欧州全体として、日本のiモードの如きモバイル・インターネットが、いまだ十分発展していないことと関係するものと思われる。

このWAPを検討するために『WAPフォーラム』が設立されたのは、石川＝稲村＝三浦＝上野・前掲七一頁によれば「一九九七年六月」とされる（但し、塚田晴史＝小林勝美＝石川憲洋「WAPフォーラムの最新状況」NTTドコモテクニカルジャーナル八巻四号〔二〇〇一年〕八八頁には、「一九九八年一月」に、**ノキア、モトローラ、エリクソン**他の計四社によって「設立」とある。立川敬二監修・前掲書二六九頁には、「一九九八年一月」に「設立」とある。大したことではないが、きちんと統一して書いて欲しいものだ）。いずれにしても、このW**AP**フォーラムに「**ドコモは設立直後から加入しており、一九九八年一〇月からはボードメンバー**一三社の一つと」なっている（立川敬二監修・前掲書二六九頁）。

ＷＡＰフォーラムにおいては、「**WAP 1.X**プロトコルを標準化した（最新仕様は二〇〇〇年六月に公開されたWAP 1.2.1）」。このフォーラムに参加している企業数は「六〇〇社を超えている」が、問題は、「WAP 1.Xプロトコルは、低速、高遅延である第二世代〔２Ｇ〕の移動通信網」を前提としたものだった、との点にある。**ＩＭＴ－二〇〇〇（３Ｇ）では、「第二世代方式の約四〇倍の速度」**ゆえ、これでは不十分である。その先が、重要ポイントである。

つまり、右の点に鑑み、「**ドコモは〔!!〕、エリクソンなどの〔要するに欧州側の!!〕協力を得て、ＩＥＴＦ（Internet Engineering Task Force）およびＷ３Ｃ（World Wide Web Consortium）で規定された標準に基づ」き、「ＷＡＰとインターネット標準との、より一層の融合を図る」べく、「次世代ＷＡＰ（WAP 2.0）の標準化を行うことをＷＡＰフォーラムに提案」した。この〝ドコモ提案〟は「ＷＡＰフォーラム内で広く受け入れられ、WAP 2.0仕様が二〇〇一年七月に公開された」**（以上、石川＝稲村＝三浦＝上野・前掲七一－七二頁）。

重要なのは、この〝**ドコモ提案**〟が「**iモードの経験〔!!〕を踏まえ**」た上でのものだったこと（同前・七一頁。この提案がなされたのは一九九九年一二月のことである。塚田晴史＝滝田亘＝石川憲洋・同誌九巻三号〔二〇〇一年〕八〇頁）、そして、この「**次世代ＷＡＰの仕様作成には、ドコモ提案の多くが取り入れられ**」ていること（!!――立川敬二監修・前掲書三七二頁、塚田＝小林＝石川・前掲九一頁）、である。

この次世代ＷＡＰにより、「インターネットのアプリケーションやコンテンツをワイヤレスの世界に迅速に取り込むことができる」し、「また、ＷＡＰの成果をインターネットに還元することで、**インターネットの発展にも寄与する**」（立川敬二監修・同前書三七一－三七二頁）ことになる（しかも、同前書等には明示的には書かれていない面があるが、次世代ＷＡＰとしてのドコモ提案には、従来の「ＨＴＭＬに替わるコンテンツ記述言語として」のＸＨＴＭＬ〔eXtensible Hyper Text Markup Language〕の採用〔同前書・三六五頁、三七三頁〕も含まれている〔!!〕）。

こうして、ＮＴＴドコモは、ＩＭＴ－二〇〇〇国際標準化を契機として、**従来のインターネットの中枢ないし基幹部分にも食い込む、重要な『世界的技術貢献』**を、しているのである（!!――但し、実際の「**iモード**などのドコモが提供するサービスへの**WAP 2.0**の適用」は、これからの課題とされていた。石川＝稲村＝三浦＝上野・前掲七六頁〔二〇〇一年一〇月刊のものたることに注意。この点はすぐ後述する〕。以上、二〇〇二〔平成一四〕年六月二二日午後三時半－六時五二分執筆）。

ちなみに、ドコモ提案（既述の如く**ＸＨＴＭＬの採用**を含むそれ!!）を軸とする**WAP 2.0リリースまでの経緯**をまとめておくと、まず一九九九（平成一一）年一二月に、ＷＡＰシドニー会合で「次世代ＷＡＰ」のコンセプトが、**エリクソンの協力の下にドコモによって**、共同提案として行なわれ、二〇〇〇（平成一二）年二月に、次世代ＷＡＰのアーキテクチャー、プロトコルWGが作業を開始。以下、ドコモ提案に従い、アプリケーション、セキュリティなど個別のＷＧの活動が開始され、同年八月のＷＡＰサンフランシスコ・アドホック会合で、「次世代ＷＡＰの仕様作成指針」が承認された。そして、二〇〇一（平成一三）年八月一日（日本時間）に、WAP 2.0仕様が正式に公開された。

この点につき、**二〇〇一（平成一三）年八月二日付のＮＴＴドコモからの「お知らせ」**には、前日に公開された「WAP 2.0の仕様」が、「次世代ＷＡＰ仕様の主要な要素にインターネット技術を〔既述の如き形で〕採用する」旨の「**ドコモ提案を全面的に取り入れ**

た」ものであることが示されている。また、同年五月三〇日に世界に先駆けて（既述）「開始された〔3Gの〕FOMA試験サービスにおけるiモードサービスにおいて、既にWAP 2.0と同等の仕様を採用しており〔!!〕、今後正式に確定されたWAP 2.0仕様へ速やかに移行できるよう検討を進めてまいります」、とある。

更に、二〇〇二（平成一四）年五月二三日付のNTTドコモニュースでは、「国際標準WAP 2.0対応のデュアルブラウザ端末開発に着手――iモード対応HTMLとWAP 2.0の両記述言語に対応」と題して、次の如くある。即ち、同年「一月一八日にWAPフォーラムが仕様公開した次世代モバイルインターネット国際標準仕様WAP 2.0で規定された記述言語（XHTMLモバイルプロファイル〔等〕）についても」、「次期FOMA端末のブラウザにおいて……対応することと致します」、と。そして、「ドコモはこれまで、WAPフォーラムにおける標準化活動の推進と並行して、FOMA端末へのWAP 2.0実装に関する技術検討も進めてまいりましたが、現在開発中のFOMA端末で、WAP 2.0仕様であるXHTMLに対応いたします。これにより、今年度第3四半期に発売予定の本デュアルブラウザ端末においては、現在FOMA端末で既に対応している通信プロトコル部分を含めWAP 2.0に準拠することとな」る、とある。具体的には、「既存のiモード対応HTMLとの機能互換を確保しているXHTML仕様をFOMAへ採用することで、iモード対応HTMLベースでコンテンツ提供を行ってきたコンテンツプロバイダ……においては、コンテンツ作成に際し、記述言語の選択の幅が広がると同時にiモード対応コンテンツの作成で培ったノウハウを生かして、XHTMLコンテンツを作成することが可能とな」るのである（ちなみに、塚田晴史＝広池彰＝石川憲洋「WAPフォーラムの最新状況」NTTドコモテクニカルジャーナル二〇〇二年七月刊所収論文をも参照せよ。同論文2.⑴冒頭にあるように、WAPフォーラムでは、「新規コンテンツの作成には、XHTMLだけを利用して、インターネットと〔モバイルの〕コンテンツ記述言語の共通化を図ることにし」た、とある。この点を、後述のKDDI・Jフォンの対応と比較せよ!!）。

＊ その他の画期的R&D成果――M-stage visual 等

二〇〇一（平成一三）年一〇月に、NTTドコモが「世界に先駆けて」（情総研編・前掲二〇〇二年版ハンドブック一八一頁）IMT-二〇〇〇の「商用サービス」を開始するについては、以上のように、従来のインターネットの中核たるTCP/IPそれ自体に対する、ドコモの重要な〝世界的技術貢献〟があった訳だが、その間、世界的なR&D成果が、別途、少なからず示されて来ていた。その一端を、以下に記しておく。

まず、あまり知られていないことだが、「モバイル史上世界初の映像配信サービス」を行なったのは、実はNTTドコモである。時期的には「二〇〇〇〔平成一二〕年一二月」であり、M-stage visualと言われるのがそれである（鈴木茂美＝頼本真由美＝高田美奈子＝後藤義徳＝柳沢敏輝「M-stage visual――手のひらのなかのエンターテイメント」NTTドコモテクニカルジャーナル九巻二号〔二〇〇　年〕三四頁）。「テキスト情報を主としたiモード」から「映像」、即ち「動画〔!!〕」（や「静止画」）の送信（以上につき、同前・三四、三七頁）という、IMT-二〇〇〇（3G）の世界への脱皮に向けた、快挙である。ちなみに、このサービスの動画圧縮技術については、「次世代〔3G〕携帯電話において世界標準として制定されたMPEG

(Moving Picture Experts Group)－4」が採用されている（同前・三五頁）。「映画の予告編」等が、かくて配信されることになる（M-stage visual は「ＩＭＴ－二〇〇〇〔ＦＯＭＡ〕……またはＰＨＳを通じて」配信される。以上、同前頁）。

次に、既に本書において電々公社時代以来の衛星通信の研究について触れたこととの関係で、ＮＴＴドコモの「Ｓバンド移動体衛星通信方式の開発」（ＮＴＴドコモテクニカルジャーナル九巻二号〔二〇〇一年〕八五頁）がある。これは「伝搬損失の少ない」、即ち、「降雨減衰および散乱の両面で最も影響の少ない周波数であるＳバンド」を使用し、「日本全土を複数のエリアごとにスポット的に照射することによって衛星の送受信性能を大幅に改善できるマルチビーム方式を採用した」ものである。その開発は、「世界に先駆けて高能率な国内移動衛星通信サービスを実用化し、サービスエリアの飛躍的拡大を図るとともに、災害時の臨時回線確保や無人遠隔監視による自然災害防止にも大きく貢献してい」るものであり、かつ、「世界の衛星移動通信サービスの先導的役割を果たして」いる。この技術開発については、二〇〇一（平成一三）年四月一八日、第四三回科学技術功労者表彰において、「文部科学大臣賞」が授与されている。従来からの携帯電話のサービスエリア拡大については、「山間部や海上までをカバーしようとすると膨大な無線基地局が必要となり、コストパフォーマンスが極めて低下するという問題があ」ったが、この方式で「ほぼ一〇〇%の人口エリアカバー率を達成」した。他方、「従来の可搬型の衛星通信システムは地球全体を一つの照射エリアとして扱うため、地上での電力密度を高くすることができず、車載や携帯に適した小型移動端末との通信は困難」だったが、「これらの問題」を「本方式により解決することが可能とな」った、のである（以上、同前頁）。

衛星通信関連では、後述のＩＴＵでの周波数割当の問題が大きい。そのため右の技術開発成果の適用も、当面日本国内に限定されているのである（Ｓバンドは国内利用のみとされているし、それに沿った衛星調達〔既述〕がなされていることも、関係する）。

その意味で、同様の制約の中においてではあれ、これまたあまり知られていない、重要なドコモの技術開発成果があるので一言する。ＮＴＴ技術ジャーナル二〇〇二年一月号五二頁以下に紹介されている、新たな「衛星方式による航空機電話システム」の「開発」である。このシステムによるサービス提供は「二〇〇一（平成一三）年七月より開始」されている。

「航空機電話サービス」、即ち「旅客機内でテレホンカードを利用する公衆電話サービス」は、「一九八六（昭和六一）年に開始され」ていた。そこでは、「八〇〇ＭＨｚ帯のアナログ波を全国六か所の基地局から放射して航空機の下部に取り付けたアンテナで送受信する方式」が用いられていた。だが、「日本全国をカバーするのは上空五〇〇〇メートル付近だけであり、国内線の旅客機で利用できる時間が制限されて」おり、「老朽化が進んでい」た。そこで「静止衛星」が用いられることとなった。つまり、「Ｓバンド（二・六、二・五ＧＨｚ）帯域」を使用し、「新規に開発した衛星航空機電話移動機（衛星移動機）と、国際線や海外の航空機で一般に利用されているハンドセット（市販品を使用）で構成される端末部分、既存の衛星移動通信ネットワークを一部改造した部分」、そして、「新規に開発したクレジットカード与信処理を行なう……制御装置」等を用い、「暗号化」して「クレジットカード情報を……ネットワークへ送出する機能」も有している（以上、同前・五二―五三頁）。

但し、ここでも「ITUでの周波数の割り当て」の問題が出て来る。即ち、「衛星移動通信システムで使用するSバンド……帯域」は、ITU条約下の「無線通信規則（RR）の規定上、これまで航空機で使用することができ」なかったのであり、そこで「一九九七（平成九）年に開催された世界無線通信会議（WRC—九七）において、日本から、国内での航空機使用の追加（周波数）割り当てを提案し……承認され、RRの改訂」がなされた。それによって、ようやく「国内」でのこのシステムの運用が、初めて可能となったのである。

衛星移動通信についてのこのシステムの国際展開のためには、同様の重い手続がハードルとなる。だが、ここで二つの「衛星」利用型移動通信システムに関するドコモのR&D成果を紹介した理由は、『NTTドコモの眼が地上ばかりに向いている訳ではないこと』を示す点にある。既に示したように、IMT—二〇〇〇は「地上系」のみならず、「衛星系」も含んでおり（例えば立川敬二監修・前掲書一二頁）、そこで、こうした点にも言及しておいた次第である。今後のNTTドコモのR&Dにおいては、例として示した右の二つの成果を〝部分〟として、より大きな技術体系へと統合してゆくことが、必須となろう。

ところで、2Gから3Gへの移行に際し、当然「交換機」の問題が生ずる。この点でも「世界に先駆け」てのドコモのR&D成果がある（富永良三「新共通線信号中継交換機（NSTP）の導入」NTTドコモテクニカルジャーナル八巻一号〔二〇〇〇年〕三一頁）。つまり、従来の、「共通線信号中継交換機（STP —— Signal Transfer Point）」は、「移動通信サービスにおける回線接続信号および制御信号の信号中継を行っているシステムである」が、「今後の信号トラヒック増大に対応不可能なことが予想されるため」に、「処理能力の拡大」をし、「世界に先駆け三八四kbpsの高速リンクインタフェースを実現する大容量の新共通線信号中継交換機（NSTP —— New Signal Transfer Point）を導入し、移動通信サービスの信頼性・安定化を図ることにした」、と同前頁にある（具体的なその導入は、「一九九九（平成一一）年七月一四日」に始まり、「二〇〇〇（平成一二）年度末までには……全国拡大する計画」、とされている。同前頁）。だが、IMT—二〇〇〇との関係では、更なる「トラヒックの増大が見込まれるため、今後、更なる処理能力の拡大および高速信号リンク（一・五Mbps）の実現を図ることとしている」、とある（同前・三四頁）。

同誌同号・三五頁以下、四一頁以下には、「大容量デジタル移動通信交換機（NMLS —— New Mobile Local Switch）の開発」、「大容量移動通信サービス制御装置（NMSCP —— New Mobile Service Control Point）の実用化」、等の論稿が続くが、「三八四kbpsの通信速度のインタフェースを追加した」（同前・三五頁）とか、「三八四kbpsへの高速化を図った」（同前・四一頁）とか、されている。たしかに、NTTドコモのIMT—二〇〇〇導入時の伝送速度は三八四kbpsだが（これに対し、KDDIのcdma2000は、一四四kbps）、多少気になる。

IMT—二〇〇〇の更なる大容量化への流れも、順次フォローしてゆく形となるのであろうが、もっと大幅な高速・大容量化が、前もって出来ないものか、などとも感ずる。もっとも、同前・三一頁（富永良三）にあるように、「三八四kbps」も「世界に先駆け」てのものゆえ、それがワイヤレス（モバイル）の世界の現状なのであろう。

もう一つ気になる点がある。石野文明＝今村丞＝中村伸＝大高由江「多機能新配線盤（ＭＯＤＦ〔Metal Optical Distribution Frame〕）システム」ＮＴＴドコモテクニカルジャーナル九巻四号（二〇〇二年）二八頁以下である。

ＮＴＴドコモの「配線盤」は「一九八九年に仕様化されたＮＴＴの継承品」だが、右のドコモの仕様化においては、「従来の方式」で「光配線盤とメタル配線盤で別々の架が必要であった」のに対し、「光コネクタパネルとメタル端子盤の混載を可能にした」ため、「より多くの回線収容を可能とし」た、とある（同前・二八頁）。それはよいのだが、同前・三三頁には、「現在ドコモで使用している光・メタル端子板はＮＴＴ継承品であり、ドコモで必要とする仕様に十分マッチしているとはいえなかった」とし、更にその先で、ＮＴＴ本体（？）とドコモとは別々の道を歩む、といったニュアンスが、若干示されている。

だが、有線系の光ファイバー（「ＨＩＫＡＲＩ」――鈴木滋彦監修・最先端のＮＴＴ研究者が語るＨＩＫＡＲＩビジョンへの挑戦〔二〇〇二年・ビジネスコミュニケーション社発行〕参照）と、無線系の３Ｇ以降（!!）の展開とが、共に支えあってこそはじめて、「ユビキタスサービス」、即ち、「機器や無線技術の高度化による遍在性・モバイル性を活かした情報流通サービス」が、「二一世紀の情報流通サービス」のコアとなるはずである（鈴木滋彦監修・前掲書九頁の図2を見よ）。そのことを忘れてはならない、はずである。

d　ＩＭＴ―二〇〇〇の現状と限界――ＦＯＭＡの場合に即して

『３Ｇ（ＩＭＴ―二〇〇〇）は決してモバイルの到達点ではない』こと、従って第四世代（４Ｇ）以降への展開が必須であること（後述）を示すべく、ＮＴＴドコモが世界で初めて商用サービスを開始（既述）したＦＯＭＡに即して、一体どこまでのサービスが可能なのかを、以下に略述することとする（以上、二〇〇二〔平成一四〕年六月二三日〔日曜日!!〕午後五時半～午後七時二六分執筆）。

永田清人＝入江恵・前掲ＮＴＴドコモテクニカルジャーナル九巻二号（二〇〇一年）八頁以下の、「ＦＯＭＡの概要」を、まず見ておこう（執筆再開は二〇〇二〔平成一四〕年六月二六日。二時間程、これまでの部分に加筆等をし、ようやく午後一時三二分、ここに立ち戻ることとなる）。ＦＯＭＡ（Freedom Of Mobile multimedia Access ――ドコモのサービスブランド名）について、「回線交換」と「パケット交換」とに分けた記述が、そこでなされている。「回線交換」のうち、「音声通信は符号化復号化（ＣＯＤＥＣ〔既述〕）……に……〔既述の〕ＡＭＲ……（一二・二ｋｂｐｓ）を採用することにより、固定網と同程度の高品質通話を表現」している。他方、「ＩＳＤＮ……や移動機とのデータ通信……〔や〕、新たにサービスが提供されるＴＶ電話や動画像通信については……六四ｋｂｐｓの通信を可能としている」、とされる。他方、「パケット交換では最大伝送速度が上り六四ｋｂｐｓ、下り三八四ｋｂｐｓのベストエフォート〔!!〕型サービスを提供する。ｉモードなどのサービスへの接続に加え、専用回線経由でＬＡＮやインターネットサービスプロバイダ……との接続も可能」とあるが、「将来的には〔!!〕室内環境で最大二Ｍｂｐｓのサービスを提供する予定」、とある（以上、永田＝入江・前掲八―九頁）。若干補足すれば、ドコモの３Ｇ伝送実験では既に二Ｍｂｐｓの伝送は確認済だが、とりあえず三八四ｋｂｐｓをベースにサービスを開始する、というのが実際のところである。

なお、同前・九頁にあるように、「音声通信とパケット通信の同時併用」がFOMAによって「可能」となり、「通話をしながらのiモード利用やデータのやりとり……が可能」となる。

また、「FOMA端末ではUIM（User Identity Module）を新たに用いることにより、パーソナルモビリティを実現している。UIMは電話番号や機体番号などのユーザ情報を記憶するICカードであり、利用者がUIMを抜き差しすることで一つの電話番号で利用シーンに応じて自由に移動機を交換することが可能である」、とある（同前・一〇頁）。

このUIMにつき、立川敬二監修・前掲書二二三―二二四頁から若干の補足をしておこう。「セルラシステムでは、移動機を特定して着信制御〔や〕……課金を……するために、移動機〔端末〕内に加入者情報が書き込まれている必要がある」。IMT―二〇〇〇に関するITU勧告の中に、UIMの利用が、含まれているのである。このUIMは、「CPUを内蔵したICカードであり、……欧州……〔の2Gたる〕GSMシステムでは既に取り入れられており、SIM（Subscriber Identity Module）と呼ばれている」。いわゆるSIMカードである（数年前、ニースの近くで私が初めてSIMカードを抜いて別な携帯端末に差し込む人を見たとき、確かに便利だなと思ったが、見せてもらった端末自体は、実にチャチなものだった……）。

従来の日本の2Gでは、誰もが経験したであろうように、端末を新しくするとき、一々「加入者情報の書き込み・消去は専用の装置」でやってもらうしかなかった。「一部の車載移動機を除き、加入者情報は移動機本体の不揮発メモリに書き込まれてい」たからである。「UIM採用のメリットとして、⑴移動機〔端末〕交換の容易さ、⑵セキュリティの向上」がある、とされる。UIMに「記憶されているデータを読み書きするためには……PIN（Personal Identity Number）の照合が必要」とされる（但し、同前書・二二四頁に「ICカードは……非常に高いセキュリティを保つ……」とある点については、太田和夫「セキュリティ応用――ディジタルキャッシュ」電子情報通信学会誌七九巻二号〔一九九六年〕一二六頁をも引用した石黒・前掲世界情報通信基盤の構築二七三―二七四頁と対比せよ!!）。

この「UIMには加入者情報の他に、自分の電話番号や電話帳、SMS（Short Message Service）、積算通話料金などが保存されている」が、「UIMのもう一つの重要な機能」としては、「認証演算機能として」、「ネットワークからの要求により正当な加入者であることを証明する」機能（これは従来から「移動機本体に……内蔵されていた」）と共に、「正当なネットワークからの認証要求であることを確認する機能」もあり、かくて、ネットワーク・端末間で「お互いの正当性を確認」するという、「相互認証機能」がある（以上、立川敬二監修・前掲書二二三―二二四頁）。そして、「将来的にUIMにクレジットカード機能や電子マネー情報を格納することにより、高いセキュリティを保ちつつ〔!?〕携帯電話での電子決済が可能となる」、とある（同前書・二二五頁。この点についても、石黒・同前書の該当頁と対比せよ!!）。

次に、FOMA・iモードについてであるが、「iモードメールでは、文字数が現在〔2G〕の最大二五〇文字から最大約五〇〇〇文字に、添付ファイルを含めたメールの最大サイズでは〇・五kBから一〇kBへと容量が大幅に拡大され」、かつ、「添付ファイルとして画像データ、……ミュージックデータ」も送信可能となった（森田＝高木＝村瀬＝村田＝沢井・前掲NTTドコモテクニカルジャーナル九巻二号〔二〇〇一年〕一四頁。なお、同前・一七―一八頁にUIMに関する解説もある）。

他方、鍵となる「映像配信・TV電話」であるが、FOMA iモードには既述の**M-stage visual**が組み込まれており、かつ、「リアルタイムで映像を見ながらのインタラクティブな通話が可能になる」ＴＶ電話については、「ＮＴＴ（固定網）のＴＶ電話『Phoenix Mini』との相互接続」も「検討」中、とある（同前・一五一―一六頁。ちなみに、石垣島北端の郵便局に、一般利用者向けにフェニックス・ミニを見たときの感動は忘れられない。遠くに住む孫の寝顔を画面で見ながら無言で、受話器を耳にあてつつそれを見つめるおじいさんの顔。――そこに私は、我々が目指すべき何かを見出だすべきだと、ずっと主張して来ている）。

但し、ＦＯＭＡ・ｉモードにおける映像配信（いわゆる・ｉモーション。山口朋郎「次世代ｉモードサービス」ＮＴＴドコモテクニカルジャーナル九巻四号（二〇〇二年）一四頁以下）については、注意すべき点がある。「ｉモーションのコンテンツ」は、「コンテンツプロバイダ」側にアクセスし、そこから「端末に」それを「ダウンロードして端末上で再生する」形のものであり、その際の「コンテンツサイズは最大一〇〇ｋＢ（画像の再生時間は一〇～三〇秒）まで対応可能」たるにとどまる（同前・一五頁）。即ち、極めて「短時間」（木下・前掲書一一一頁）なのであり、それゆえ〝映画の予告編〟的なものに、とどまるのである。

また、ＴＶ電話サービスでも、ＦＯＭＡの「初期段階」では、「六四ｋｂｐｓの回線交換方式」の下で、「毎秒五～一〇フレーム程度の動画像通信」が「可能」たるにとどまる（木下・同前一〇九頁）。

この映像配信・ＴＶ電話が、果たして十分なものか否か。――２メガビット毎秒の伝送がＦＯＭＡにおいて将来可能となる日は近い、とは思われるものの、固定網ではアクセス系で一〇〇メガビット毎秒の伝送が現実のものとなっている現在、モバイルは、まだまだ発展を続けねばならないはずである。そしてそのことが、ＮＴＴドコモにおいて４Ｇ、そして５Ｇ以降に向けた研究が、目下どんどん進められていること（ＮＴＴドコモテクニカルジャーナル九巻四号（二〇〇二年）七一頁）の、背景事情として、あるのである（後述）。つまり、３Ｇ（ＩＭＴ―二〇〇〇）は、この意味で、一つの〝通過点〟としての位置づけと、なるのである。

だが、３ＧとしてのＦＯＭＡの全国展開（但し、更にグローバル・ローミング実現のための国際展開が、同時に進められねばならない!!）のためには、それ自体として相当額の投資が必要となる（それが２Ｇの延長でcdma2000に走るＫＤＤＩとの差である）。即ち、「ＦＯＭＡの提供には新たにＷ―ＣＤＭＡに対応した無線基地局・交換設備によるネットワーク構築が必要である。ドコモはすでに二〇〇一年の首都圏エリアでのサービス開始にあたり、二〇〇一年三月期までに一六〇〇億円の設備投資を実施してきた。今後もエリア拡大およびマルチメディア需要に対応したネットワーク容量確保に向け、二〇〇一年からの三カ年において〔ドコモ〕グループ全体で約一兆円の設備投資を見込んでいる」のである（永田＝入江・前掲ＮＴＴドコモテクニカルジャーナル九巻二号一一頁。なお、ドコモのホームページにあるように、ＦＯＭＡのエリア拡大は、二〇〇三（平成一五）年三月末までに全国で約九〇％、翌年三月末までに全国で約九七％のカバー率達成を予定している）。

それでは、既に一部言及した総務省（旧郵政省）のＩＭＴ―二〇〇〇に関する研究会報告書は、これまでの論述との関係で、何を指摘しているのか。この点を、次に見ておこう。（手許にある「報告書〔案〕」を見るのみで十分ゆえ、そうすることとする）。

＊ 総務省・次世代移動体通信システム上のビジネスモデルに関する研究会報告書(案)『IMT－二〇〇〇上のビジネスモデルの発展に向けて――新たなプラットフォームの能力が最大限発揮される環境整備と利用者保護ルールの創造のために』(二〇〇一〔平成一三〕年六月一四日)の問題点

この報告書(案)冒頭の「IMT－二〇〇〇への高まる期待」(同前・二頁以下)は、パソコンは「初期設定の難行苦行」があるが、モバイル・インターネットでは「加入時の申込みだけで利用できてしまう」ことに着目する。そして、この報告書(案)の二頁(冒頭頁)は、続いてIMT－二〇〇〇について――

「会社や家庭のインターネットで出遅れた日本が世界に冠たるIT国家になる千載一遇のチャンスである。」

――としている。気持ちは分かるし、IMT－二〇〇〇について日本が他の諸国をリードしていることは事実だが、多少気負い過ぎではないか、と私は思う。それが同前・三頁の「通信キャリア」と「コンテンツプロバイダ等」との対比に結びつき、「こうした者(前記の後者)が公正に参加できる競争環境を形成すること」が重要だとする、同前・四頁の指摘と結びつき、かつ、この報告書(案)の基調となってしまっている。

まず、基本を(再)整理する上で、以下、若干のその指摘を見ておく。同前・九頁には、「二〇〇一年五月末現在」で、日本の「モバイル・インターネットは、サービス開始からわずか二年余りの間に三八〇〇万の契約者数を突破し」た、とある。そのうちドコモのiモードは二四〇二万契約、残りがKDDIとJフォンである。同前頁には、「一九九九年二月にNTTドコモが『iモード』サービスを開始したのを皮切りに、DDI系……が同年四月から『EZweb』サービス開始、同年一二月にJフォンが『Jスカイ』サービスを開始した」、とある。

全体として、これまで本書で論じて来ているNTTドコモの"世界的技術貢献"を直視しない傾向の強い報告書(案)なのだが、同前・一一頁には、「NTTドコモは、二〇〇一年五月に、世界に先駆けてW－CDMAによるIMT－二〇〇〇の試験サービスを開始し……」、とはある。これに対し、同前・一二頁で、「J－フォンは、二〇〇二年六月にW－CDMAにより、首都圏……から、順次全国に展開していく予定」、「KDDIは、本〔二〇〇一〕年秋から、当初八〇〇MHzにおいてcdmaOneのcdma2000 1xへのアップグレードにより一四四kbps高速データ通信サービスを提供し、二〇〇二年中には、二GHz帯でのcdma2000によるIMT－二〇〇〇を開始する予定」、とある。だが、いつKDDIが真の(既述)3Gを提供するのか、全く見えない。

同前・二二頁は、「iモードに代表されるモバイルコンテンツ」につき、「現在、多数のコンテンツプロバイダが多様なサービスを展開している」とし、しかも、「コンテンツ流通サービス」が、ドコモ等の「通信キャリア」の側で「コンテンツの内容を選択し、ユーザに魅力あるコンテンツを提供してきたことで発展してきた」、との正しい認識が示される。また、「通信キャリア」が『公式』サイトに対して、「コンテンツ料」につき「料金回収代行サービス」を行なったことが「有料ビジネスモデルの活性化につながった」こと、そして、「通信キャリア」が(!!)「C－HTML」(同頁注38に、それがNEC、ソニー、富士通他六社によって、一九九八年二月に「規定」された、とある）等、「コンテンツ制作に係る基本的な……仕様開発に積極的に取り組んだことで、数多くのサイト（いわゆる『一般』サイト）が『公式』サイト以外に誕生」し、「ｉモードを例にとると、『一般』サイトは『公式』サイトの二五倍近い四万サイトを上回っている」として、ここでも「通信キャリア」の貢献を正しくとらえている（以上、同前・二二頁。なお、同前・二三頁注23には、「ＭＰＥＧ〔Moving Picture Expert Group〕-4を使った動画配信としては世界初」のものとして、既述の **M-stage visual** が紹介されている。このＭＰＥＧ-4については、立川敬二監修・前掲書三三八頁以下）。

だが、前記報告書（案）・二五頁以下は、一転して「いくつかの課題が浮上している」、と指摘するに至る。第一に、「通信キャリアが選別した『公式』サイト」以外のサイトでは「料金回収代用サービス」がないため「有料ビジネスが成立し難い」、との点（同前・二五頁）。第二に、「現行の料金体系のままでは大容量コンテンツの利用は現実的ではな」い、との点。第三は「著作権等」である（同前・二六頁）。――と、『美しい技術の世界』から離れそうになるのはそれ自体苦痛だが、かくて同報告書（案）四三頁以下は、「オープン化」を問題とする。

＊　通信キャリアごとのコンテンツ記述言語の違いとＮＴＴドコモのスタンス

だが、幸い、同・四四頁は、「コンテンツ記述言語」が各モバイル事業者ごとに違うことから、「ある特定の通信キャリアのユーザは、他の通信キャリアのプラットフォーム上のコンテンツにはアクセスできない状況となっている」、との重要な技術上の問題を提示する。同頁の表5－1を簡略化して示せば――

『通信キャリアごとのコンテンツ記述言語の違い

● ＮＴＴドコモ（ｉモード）――Ｃ－ＨＴＭＬ（インターネットの標準記述言語〔ＨＴＭＬ〕との互換性を重視）。

● ＫＤＤＩ（**EZweb**）――ＨＤＭＬ（米国某社開発。インターネット標準記述言語〔ＨＴＭＬ〕との互換性はない〔!!〕）。

● Ｊフォン（Ｊ-スカイ）――ＭＭＬ（ＨＴＭＬで記述されたコンテンツについても利用可能なように、Ｊ-フォン側で変換サーバを設置）。』

――となる。

だが、この報告書（案）の出された二〇〇一（平成一三）年六月一四日の一年半も前、ドコモがＷＡＰフォーラムに次世代ＷＡＰの提案を、エリクソン（欧州!!）の協力の下に行ない云々、といった既述の点は、何ら、そこ（同前・四四－四五頁の「現状」についての問題指摘）には示されていない。奇異であろう（ＷＡＰフォーラムの最新動向については、塚田＝広池＝石川・前掲ＮＴＴドコモテクニカルジャーナル二〇〇二年七月刊の所収論文における、既述の点を参照せよ。インターネットとモバイルの記述言語との共通化に関するドコモの路線が、そこで正式に認知されたことに注意しつつ、前記の日本の三社の従来の対応との比較をせよ）。

但し、前掲報告書（案）がコンテンツ記述言語について指摘したのと同様の問題は、前掲報告書（案）四五頁以下のように、それ（コンテンツ記述言語）以外にもあり、コンテンツ・プロバイダー側にとっても、モバイル事業者側の仕様の差は負担になる（同前・四四頁)。だが、これらについても、まさに国際的な標準化フォーラムにおけるNTTドコモの果敢にして献身的な努力を、何故正面から扱わないのか。不当な取扱ではないか、と私は思う。

他方、同報告書(案)五三頁以下は、「ISP等に対するオープン性の確保」を問題とし、「iモードメールとAOLメールを連携させた『AOLi』サービス」を問題とする。同サービスについては、「モバイルとPCのシームレスなサービスはユーザに歓迎されようが、他の有線系のISPが同様にサービスを展開できない状況」(同前・五四頁)については、「公正な競争環境をめぐる問題提起も予想される」(同前・五三頁)とまでされている。

だが、あえてこの点につき一言すれば、AOLiは、ドコモのiモードに転送し、ウェブ上でiモード端末からアクセスしてメールが読めるようになっているだけであり、有線系のISPも提供可能なものである。実際にも、リモートメールがドコモの公式サイトとして同様のサービスを提供しており、他のISPがサービスを展開できないというのは、**事実誤認**である。

ところで、同じくオープン性の問題として、同前・五七頁は、「ゲートウェイの構築」につき、「IMT―二〇〇〇(W―CDMA)では、インターネットの標準プロトコルである**TCP/IP**が通信プロトコルとして導入され〔??〕、第二世代(2G)では必要とされたプロトコル変換などの負担が大幅に軽減される」、などとしている。だが、既に述べたように、**NTTドコモはTCP/IPの限界ゆえに、WAP2.0を提案し、世界的にそれが受け入れられた**のである。『**寝呆《とぼ》けたことを言うな!!**』、である。この報告書(案)もまた、精確な『**技術の視点**』を伴うものではない(!!)、のである。

そもそも3Gについての報告書かと思って読んでゆくと、あまりに2Gについての話が多く、ウンザリするし、右の点に象徴されるように、とにかくレベルが低いのに驚かされる。『**もっと技術を直視せよ**』と言いたい。

それから先の、この報告書(案)の指摘については、本書では省略する。その冒頭頁にあった、既述の「千載一遇」云々の指摘に見られた〝**気負い過ぎ**〟が、若干**カラ廻り**しているのみ、というのが、本報告書(案)に対する私の、率直な印象である。同前・七頁には、「IMT―二〇〇〇時代を念頭におきつつも、過度に次世代〔3G〕にとらわれることなく、あるべきモバイルインターネットの姿を明らかにすることに努めた」、とある。**だが、そこに3G以降への展望はなく、**(再度言うが)**2Gの亡霊をどこまでも引き摺って3Gを見るが如き観は、否めない。**――もう、この辺でやめにしよう。いやな気分になったから。本日分の執筆は、これで打ち切って、『**美しく純粋な技術の世界**』に戻ることとする(以上、二〇〇二〔平成一四〕年六月二六日午後六時六分)。

e 第四世代(4G)以降に向けたNTTドコモの世界的技術戦略――モバイル・インターネットの将来展望とAll-IP化

3G(IMT―二〇〇〇)の**国際標準化の経緯**については、そこにおけるNTTドコモの世界的技術貢献に重点を置きつつ、これまでの論述において、既に示しておいた。ITU体制の下で、IMT―二〇〇〇については、実質的に3GPP、3GPP2といった「外部機関の標準化文書を参照する形式」で国際標準が「作成された」が、それは「ITU-R〔International Telecommunication Union Radiocommunication Sector〕勧告」としては「初めての」ものとなる(吉野仁=保田佳之=土肥智弘=村上伸一郎=秦正治「IMT―二〇〇〇の標準化状況――ITU-R TG8/1の完了と新WP8Fの設立」

ＮＴＴドコモテクニカルジャーナル八巻二号（二〇〇〇年）七一頁）。

ＩＴＵ−Ｒの下でＩＭＴ−二〇〇〇の国際標準化作業を進めていたのはＳＧ（Study Group）８のTG［Task Group］8/1であるが、同ＴＧは「任務を完了した」として、一九九九年一〇月二五日〜一一月五日の同ＴＧ第一八回会合（ヘルシンキで開催）を受けたＩＴＵ−ＲのＳＧ８のジュネーブ会合（一九九九年一一月一〇−一二日）で、「TG 8/1の解散が決議され」た（同前・七〇頁）。

ところで、既述の如く「IMT-二〇〇〇用の周波数」（について）は一九九二年に開催されたＷＡＲＣ−92（World Administrative Radio Conference-92〔ＷＡＲＣは世界無線通信主管庁会議。後掲のＷＲＣの前身〕）において、二GHz帯……がすでに割り当てられてい」るが、実は、「ＩＴＵ−Ｒにおける検討では、二〇一〇年には周波数が不足すると予測されている」。即ち、ＩＭＴ−二〇〇〇のこの周波数帯域につき「二〇一〇年までに世界の加入者が二億人に達するという将来の需要増予測と、全世界的な規模での国境を越えたＩＭＴ−二〇〇〇端末の使用」等により、新たに「世界共通の周波数帯の確保が必要であるという認識のもとに、ＩＴＵ−Ｒで検討が行われてき」た（吉野仁＝村上伸一郎「ＩＴＵ世界無線通信会議（ＷＲＣ−二〇〇〇）報告」ＮＴＴドコモテクニカルジャーナル八巻三号（二〇〇〇年）七八頁）。その上、FOMA・iモードのようなモバイルインターネットへの需要急増は「明白」ゆえ、「二〇一〇年ごろには新しい周波数帯を用い、周波数利用効率が大幅に向上した大容量の第四世代〔4G〕方式の導入が必要となる」（木下・前掲書一五一頁）。

そうしたことから、既述のＩＴＵ−Ｒの、一九九九年一一月のＳＧ８ジュネーブ会合において、「新たにIMT-二〇〇〇高度化、およびＩＭＴ−二〇〇〇以降の移動通信システム〔4G〕……の検討を行うWP8F〔ＷＰは「ワーキング・パーティ」〕……の設立が承認」され、「二〇〇〇年三月にジュネーブにおいてＩＴＵ−Ｒ　ＷＰ８Ｆの第一回会合が開催され」た（吉野＝保田＝土肥＝村上＝秦・同誌前掲〔八巻二号〕七〇頁）。

注目すべきは、このＷＰ８Ｆ第一回会合において、「日本（ドコモ〔!!〕）から」、「『Beyond IMT-2000 to Fourth Generation Mobile Communication Systems』と題して、第四世代システムに向けた研究開発状況などについて」の「講演」がなされ、「第四世代システムへの早期取り組みへの理解」が「求め」られたことである（同前・七四頁）。そして、このＷＰ８Ｆ第一回会合において「ＩＭＴ−二〇〇〇高度化（IMT-2000 Evolution）の技術的検討とともに、新たにＩＭＴ−二〇〇〇以後の移動通信システム（Systems Beyond IMT-2000）の検討をも所掌事項とすることで合意」がなされ〔!!〕、かくて「第四世代移動通信システムの本格的検討に向けた胎動が始まった」のである（同前・七〇頁）。

もっとも、３Ｇ（ＩＭＴ−二〇〇〇）高度化と４Ｇとの「相互の関係」等について「各国の考え方に大きな隔たりがあ」ったことは事実だが、「〔二〇〇一〕年一〇月のWP8F東京会合において、共通認識がほぼ得られ」るに至った（吉野仁＝大津徹＝村上伸一郎＝鴨川健司「移動体通信の無線系標準化動向」ＮＴＴ技術ジャーナル二〇〇二年一月号二八頁）。この東京会合での成果にドコモが大きく貢献したことは、言うまでもない。

ちなみに、二〇〇一（平成一三）年五月二一日のマルチメディア推進フォーラムという某会合（於東京）でなされたドコモ（ワイヤレス研究所）の山尾泰氏の「第四世代移動通信に向けた技術課題」と題した講演資料から、便宜その二一頁以降を引用すれば、「ＷＲＣ−二〇〇三」において４Ｇに関する「ＩＴＵ−Ｒでの研究の進捗状況を検討」し、「ＷＲＣ−二〇〇五・二〇〇六」において、「４Ｇ

（**Systems Beyond IMT-2000**）に対する……状況をレビューする」ことになっている（同前・二二頁）。

他方、山尾・同前二五―二六頁によれば、「欧州共同体〔ＥＵ〕……の共同研究プログラム」たる「ＦＰ５（**Fifth Frame Programme**）」の四研究テーマの一つたる「**IST Programme**（Creating a user-friendly information society）」の、「鍵となる四つの研究領域（Key Actions［KA］）」のうちＫＡ４として「Essential technology and infrastructures」があり、そこに重要なモバイル関連の研究プロジェクト群がある（http://www.cordis.lu/ist/ka4/mobile/projects.htm）。４Ｇについては『ＢＲＡＩＮプロジェクト』（ＢＲＡＩＮはBroadband Radio Access for IP based Network）があり、その「研究期間は二〇〇〇〔年〕一〔月〕より一五か月間」、「最大二〇Ｍｂｐｓの伝送速度」等での「国際標準化への貢献」がその目的とされる。

ＮＴＴドコモは、ＥＵのこの『ＢＲＡＩＮプロジェクト』のメンバーに、次世代ＷＡＰ（既述）で協力してくれたエリクソンと共に加わり、積極的な貢献とリードを、しているのである（他のメンバーとしては、ＢＴ、フランス・テレコム、ドイツ・テレコム、シーメンス、エリクソン、ノキア、ソニー、大学も英・仏・スペインから各一校ずつ）。

他方、ＮＴＴドコモは、ＩＥＥＥ（米国電気電子学会）、つまりアメリカの中核的学会向けにも、４Ｇに関して、例えば以下の論文を発表している。即ち、Toru Otsu/ Ichiro Okajima/ Narumi Umeda/ Yasushi Yamao (NTT DoCoMo, Inc.), "Network Architecture for Mobile Communications Systems Beyond IMT-2000", IEEE Personal Communications, Oct. 2001, at 31―37; Hideki Yumiba/ Kazuo Imai/ Masami Yabusaki (NTT DoCoMo), "IP-Based IMT Network Platform", IEEE Personal Communications, Oct. 2001, at 18―23.

その他、ドコモ側から４Ｇに関するアジア等向けの〝発信〟として、例えば Toru Otsu, "Towards New Generation Mobile Communications", paper submitted to "International Workshop on Wireless Communications and Networking", May 11, 2001 (Istanbul); Hideki Tobe/ Yuji Aburakawa/ Toru Otsu/ Yasushi Yamao, "Link Bandwidth Assignment Schemes For Wireless Multi-hop Network", Conference Record: Special Section on the APCC2001 Proceedings, The 7th Asia-Pacific Conference on Communications, at 125―128 等々があり、それらの引用文献を更に辿れば、厖大な数の研究論文やＩＴＵ向け寄書を支える『巨大研究者集団ＮＴＴドコモ』の、４Ｇ（以降!!）に向けた〝世界的技術戦略〟の全体像が、見えて来るのである。

そうした中で、前記の、ＩＭＴ―二〇〇〇に関する（と称する）総務省研究会報告書（案）を見ると、poor; shabby といった形容詞に、更に too; unbelievably を付するほかない、のである（!!）。『技術を直視しない者にＩＴを語る資格なし！』、と私は言いたい。

なお、ここで、木下・前掲書一五二―一五三頁から、４Ｇのイメージを略記しておく。念のために、である。そこにあるように、「第四世代〔４Ｇ〕方式の技術的目標」としては――

「●高速通信（移動環境――二Ｍｂｐｓ、歩行・屋内――二〇Ｍｂｐｓ）
●次世代インターネットとの親和性（ＩＰｖ６、ＱｏＳ〔クォリティ・オブ・サービス〕、モバイルＩＰ）
●より高い容量（第三世代〔３Ｇ〕の五～一〇倍）
●固定網・プライベート網とのシームレス接続
●新サービスへの柔軟な対応
●超高周波数帯（三～八ＧＨｚ）〔の利用〕

●低廉なシステムコスト」

——ということになる。そして、右の「周波数帯」については、「より広い帯域の確保が容易なマイクロ波帯が考えられる」（同前・一五三頁）、とある。既に示した、ＮＴＴ（旧電々公社）「通研」での、「世界に冠たるディジタルマイクロ波方式」の確立（ＮＴＴアドバンステクノロジ編集・発行の『ＮＴＴ　Ｒ＆Ｄの系譜——実用化研究への情熱の五〇年』七五頁）という〝歴史〟を、ここで想起すべきであろう(‼)。

ところで、3G以降のモバイル・インターネットを考える際のキイ・コンセプトとして、『All-IP化』の問題がある。木下・前掲書一三九頁にあるように、簡単に言えば、「現在、主として交換機で構成されているインフラ設備を、ＩＰ技術の導入によりルータ等の装置に置き換えること」、である。この点は「ＩＭＴ—二〇〇〇の高度化」の文脈で、3ＧＰＰ及び3ＧＰＰ2において、既に「検討されている」点ではある（同前頁。3ＧＰＰでは「下り最大八・五Ｍbps……の高速パケット通信方式が検討されて」おり、3ＧＰＰ2では、「二〇〇〇年末、下り最大二・四Ｍbpsのパケット通信専用システムＨＤＲ〔High Data Rate〕を『1xEV-DO』の名称で規格化」した、とされる。同前・一三九—一四〇頁。なお、後者については総務省・前掲研究会報告書（案）一〇頁注8）。

この点につき、立川敬二監修・前掲書四〇七頁では、同前・四〇五頁以下の「ネットワーク技術の展望」の項目において、（3Ｇに関する）3ＧＰＰの検討の中で、「伝送機能をすべてＩＰ転送しようとする考え方に立っているものの」、いまだ十分ではない、とされている（ちなみに、同前・四〇九頁以下では、「信号処理技術の展望」の一つとして、「タンデム接続回避技術」が挙げられている。同前・二六〇—二六二頁によれば、「従来の〔2Ｇ〕の移動通信（日欧のＰＤＣ及びＧＳＭ）では……交換機において符号化変換を行い交換機間で……符号化音声の転送を行っていた」が、「このような接続をタンデム接続と呼」び、それ「を行うとネットワークで二回の符号化変換が行われるため、符号化誤差、遅延などにより音声品質が劣化するという問題が発生」する。それを回避する技術は2Ｇの段階でもあることはあったが、限界があり、3Ｇで改善されることになった。そして、更にその先での問題が、そこで論じられている）。

立川敬二監修・前掲書二四一頁では、「将来的には現在の回線交換サービスを含めてＩＰ通信としてデータ転送を行うことで、インターネットサービスと移動通信サービスを融合した柔軟なサービス提供」を行なうべく、「ネットワークをAll-IP化することで経済的にＩＰ転送を行うことが期待できるが、通信品質の保証やネットワークの信頼性確保などの問題を解決する必要がある」、とされている。『脱電話番号化』がそのキイとなる（同前・四〇五頁）。

ドコモは、この『All-IP化』に向けた、国内での実験も行なっている。今井和雄＝藤谷宏＝前田吉功＝平田昇一「移動通信ネットワークのＩＰ化の検討——All-IP実験の概要」ＮＴＴドコモテクニカルジャーナル九巻一号（二〇〇一年）三八頁以下に、その紹介がある。「移動網において……移動制御やルーティング技術」を「移動端末電話番号によって行う」という現状に対しては、3Ｇ（ＩＭＴ—二〇〇〇）においても「最適解」が与えられていない（同前・三九—四〇頁）、との基本認識の下での〝実験〟である。

だが、同前・四三頁には、「今後の課題」の一つとして、「今回のAll-IP実験は……ＩＰｖ4を中心に評価を行ったため、ＩＰｖ6〔‼〕を適用した検証をより深く進める必要がある」、とされている

(『IPv6に関するNTTの快挙』については、本書一4で言及したが、さらに三で詳論する!!)。かくて、『All-IP化』は、今後の果敢なR&Dの成果に期待すべきテーマ、なのである(石井健司＝岡山隆俊＝佐藤恭＝大迫陽二＝檜山聡「移動通信網へのIP技術とOpen API技術の適用評価―― All-IP 実験結果」同誌九巻三号〔二〇〇一年〕九二頁以下でも、同前・九九頁にあるように、モバイルに関する「現時点の技術の到達度や課題を明らかに」するための実験だったことが示されている)。

最後に、「**究極的な移動通信システム**を目指した研究」(山田武史＝冨里繁＝松本正「実伝搬データを用いた**時空等化器**性能評価」同誌九巻三号〔二〇〇一年〕八六頁)について、一言しておこう。「すべてのユーザが同一周波数、同一タイムスロットで、広帯域信号を周波数拡散なしで伝送するという」意味で「究極の」、とされるそれを「達成する装置として、**時空等化器**(S/T-Equalizer: **Space/Time Equalizer**)がある」、とされている(同前頁)。勿論、内外の研究者が鎬《しのぎ》を削る、最先端の領域である(同前・八六―八七頁、九九頁)。それにしても、『**時空**』を『**等化**』する『**器**』とは、一体何なのだろう。IMT-二〇〇〇(3G)の先に、殆ど語感的にはSFの世界のようなものがあるらしい、と感ずることができるのは、何とも嬉しいことである。――と、門外漢たる私の眼は、ものすごく輝やいたりもしている(のだろう。今、鏡を見たら……)。

以上、本書の構成(目次!!)上、『**モバイル**』における**NTT**(ドコモ)**の輝やかしい世界的技術戦略とその展開プロセス**を、『技術の門外漢たる私』の眼で、必死に辿って来た。『**美しい技術の世界**』を私なりに示し、これで延々と書き続けて来た、忌々しいタイトルの本書二の、執筆を終了する。そして、この先において、二〇〇〇(平成一二)**年一二月二七日以来**、文字通りの年末年始返上で必死に読み込んで来ていたところの、念願の『**美しい技術の世界**』を、『**NTTのR&D**』の『**歴史**』ないし『**軌跡**』との関係で、記すこととする(以上、二〇〇二〔平成一四〕年六月二七日午後五時五四分、執筆終了。点検に入る。――ADIEMUSでの今日一日。昨日まではマーラーのみ。点検終了は午後七時五七分。私の初校終了は、同年七月二五日午前二時二九分。七月二四日は、徹底した絶不調の一日だった。『国際問題』誌二〇〇二年九月号用に〝知的財産権〟について書くべく準備中の、完璧なダウン、であった。あまりにも日本政府のWTO対応が非人間的〔!!〕だったことを再発見したから、であろう……)。

三　ＮＴＴの世界的・総合的な技術力への適正なる評価の必要性

2002.10

1　序説——ＶＩ＆Ｐを含めたアメリカの抱く対日脅威の内実と「国内」「公正競争」論議による思考停止

〔本書のこれまでの論述と『技術の視点』——執筆再開にあたっての〝再整理〟として（①～㉑）〕

感慨たるや、まさに無量。やっと、ここに辿り着けた(!!)。一時間余の資料点検を経て、二〇〇二（平成一四）年八月七日午前九時四五分、こうして、ようやく本書三を書き出す。二〇〇〇（平成一二）年一二月二七日から年末年始ぶっ通しで、段ボール箱単位のそれらをすべて読んで一応の整理・付箋付け・コメント等しておいたところの厖大なる技術資料を、久々に取り出し、その後のＮＴＴのＲ＆Ｄ成果として更に一層増加した〝情報〟と突き合わせ、それら相互の関係を確かめる作業を、一昨日と昨日の二日間で行ない、かくて筆を執る。

まさに、今の私の気分は、マーラーの交響曲第五番嬰八短調第四楽章の始まり、そのものである。Adagietto: Sehr Langsam! ——それで良い。だが、なぜか心は涙している。あまりにも計一九回にわたる、ここに至るまでの本書一・二の執筆が、辛かったからだ。既発表分は、雑誌で活字になったものを束ねて、それについ最近行なった前回分の初校を合わせると、二センチと一ミリの厚さになる。一番大きな黒いクリップでも、やっと何とか……、の厚さである。

だが、これからが、一番書きたかったこと、である。本書三の執筆準備をしていて、本書三三三頁下段の「全く偶然なことに」以下のパラグラフに書いたことの、一層深い意味が、自分なりに（心と心との対話の問題として！）嬉しい程、理解できた。資料は、かくて全部揃っている。あとは、どう書くか、だけである。かくて、モンブランのMeisterstück Nr. 149の導きに、すべてをまかせるほかはない……。

さて、本書のこれまでの論述においても、随所に、本書三の扱う『美しい技術の世界』について、言及して来た。とくに、本書三三〇頁以下では、ＮＴＴの〝無線系〟のＲ＆Ｄの流れを、本書三に先立ち、まとめて示しておいた。また、本書二4⑵では、日米通商摩擦と関係づけつつではあれ、ＦＴＴＨ国際標準化に至る（モバイルの3Ｇにおけるそれと酷似する、とさえ言えるところの）『ＮＴＴの世界的技術戦略・国際標準化戦略』について、同様に詳しく論じておいた。ちなみに、ここでの執筆に際し、改めて『ＮＴＴのＲ＆Ｄ成果』と『ＮＴＴ関連の日米通商摩擦』との、詳細な対比を年表として作ることも、考えないではなかったが、それはやめにする。既に個々的には書いたことだし、もはや、『美しい技術の世界』それ自体に、どっぷりとわが身を、まさに〝森林浴〟の如く漬けることが先決（私なりの、ギリギリの健康管理）、と思われるからである。

ところで、断片的(!?)にではあれ、これまで本書の論述において、けっこう多数の『技術の視点』を盛り込んでおいた。それは、『技術の視点』、とくに『ＮＴＴの世界的・総合的な技術力』と果敢なＲ＆Ｄの成果、そしてその意義深さ(!!)を直視せずに、『国内公正競争』論の『暴走』が目立つ現実の日本において、いわば緊急避難的に、事前にアラームを鳴らすための営為でもあった。本書三の冒頭たるここにおいて、念のため、それらを一括して示し、必要に応じて更なるコメント等を付しておくことにしよう。どこに何を論じていたのかの、〝再整理〟である。便宜、本書で扱った順に従い、①～㉑の番号を付して示してゆこう。

まず、① 本書一4（八頁以下）で〔図表②③④〕を示し、「IEEE〔米国電気電子学会〕のフェローの選出者数（一九九七―二〇〇一年）」、日本の「電子情報通信学会への投稿論文採用件数」（一九九七―二〇〇〇年）」、そして同学会の「情報ネットワーク・交換システム分野における発表件数」（一九九八―九九年）」を、サンプル的に示しておいた。NCC各社との対比が主だが、右の最後のものについては、「メーカー」や「大学」との対比も行なった。とくに〝大学〟との関係は、本書三3の四〇八頁以下で、若干ショッキングな図表と共に、正面から論ずることとする。

次に、② 本書一三頁では、NTTが二〇〇〇（平成一二）年三月二三日に、アメリカで**『世界初のIPv6商用サービス』**を開始した旨の、CNN報道を示しておいた。これは、本書三2の**『NTTとインターネット』の語られざる大きな実績**」の、頭出しとしてのものであった。本書三三七頁で、**NTTドコモが契約者ベースで世界一のISPであることを**示し、同・三六〇頁以下でIMT-二〇〇〇以降のAll-IP化と**IPv6**との関係について言及したが、IPv6については、もう一つのNTTの重要なインターネット戦略（!!）と共に、後に詳述する。

以下、単に番号順に示すが、③ 本書一5（一三頁以下）では、『世界レベルのNTTの**WDM**（波長分割多重 ―― Wavelength-Division Multiplexing）研究』に言及した。一本の光ファイバーを如何に効率よく使い、今後の爆発的なトラフィック増に基づく大容量化のニーズに対処するかの、鍵を握るのがWDMである。

だが、④ そのWDMのコア技術たる**AWG**（アレイ導波路格子 ―― Arrayed Waveguide Gating）について**NTTが世界の技術シェアの七〇％を握り**、かつ、二〇〇一（平成一三）年一月一日に、**『世界初の大規模一〇〇〇チャネルAWG開発』**にNTTが成功したことについて、本書一五頁で言及しておいた。それらの技術的位置づけについても、もとより後述する（本書四四〇頁）。

⑤ 本書四五頁（及び一〇二頁）では、**AWA**（Advanced Wireless Access）技術という「NTTで開発したアクセス無線方式」を用いた、**三六メガビット毎秒（世界初!!）**の「屋内高速無線アクセス技術」、つまり、「光ファイバと組み合わせた……屋内無線」方式の実現（「**バイポータブル**」というのがその名称。つまり、『**持ち運び出来る**』点がいわゆるFWAとは異なる）について、言及しておいた（右の引用は、林泰仁＝小野弘嗣「ホームネットワーク技術の動向とNTT R&Dの取り組み」NTT R&D二〇〇一年七月号四一頁。――早くも、中身に入りたくてウズウズし出した私、である!!――ちなみに、林＝小野・同前頁には、「既築住宅向けホームネットワークとして有望な無線通信技術の関連では、**NTT R&Dは、自主開発技術を基に、五GHz帯を用いた最大伝送速度五四Mbpsの無線LANの規格であるIEEE802.11aの制定に貢献している**（!!）。同規格は、普及による製品価格の低廉化とともに、ホームネットワーク構築の当面の主流になると期待されている」、とある）。

次に、⑥ 前記の①の点の補足として、本書四六頁には、〔図表⑭〕として、一九九八―二〇〇〇年の三年間における、Nature誌への掲載論文数も、掲げておいた。私の所属する（但し、規制改革の波の中で、崩壊寸前の）東京大学が一位なのは嬉しいが、NTTが民間研究機関のトップであることが、そこに示されている。だが、本書三3で示すように、**東大・京大等が束になって掛かってもNTTに全く勝てない、意外な学問領域**がある（!!）。

⑦　本書八〇頁では、「光コネクタ」につき、ＮＴＴが「高性能と低コスト」を「両立」させる新型（ＭＵ型）光コネクタを開発し、国内のＪＩＳ規格の他、ＩＥＣ（国際電気標準会議）及びＩＥＥＥで標準化されていることに言及した。二〇〇〇（平成一二）年七月の快挙である。――と書くと、ここで光コネクタについて、すべて書きたくなる。どうしよう……。やはり、本書三の論述がどんな感じになるかのサンプルとして、ここで光コネクタについて書こうか、それとも……。

やはり、最低限、ここで書いておこう。本書八〇頁では、日刊工業新聞の記事を引用したのみだったから。

実は、「**ＮＴＴが開発し国内外のメーカに技術移転して商品化された光コネクタ部品は、すでに世界市場の七〇～八〇％を制覇している**」のである。商品のシェアではない。ＮＴＴは製造部門を持たず、メーカーへの技術移転を行なうのである。その光コネクタの第二世代と呼ばれる**ＳＣ型**は一九「八六年」に「実用化」され、「プラグをアダプタ側に差し込むだけでロックされ、引っ張ると簡単に外せる」経済的・省スペース型のものである。自社開発のこのＳＣ型光コネクタ（「フェルール」と呼ばれる「光ファイバの軸合わせをするための……中心にファイバを通す一五〇㎛の穴の空いた円筒状の部品」を用いている）を「基本に」、ＮＴＴは、「光加入者線の端局装置に実装する**ＤＳ型**」を開発した。このＤＳ型光コネクタは、「ガイドを何重にも設け震度６でもびくともしないＮＴＴ独自仕様」である。更にＮＴＴは、「ＳＣ〔型〕よりも実装密度を四倍に高めた**ＭＵ**〔型〕などを〔一九〕九〇年前後に立て続けに開発」し、「現在では〔一九「七九年に開発された」ＮＴＴの第一世代光コネクタたる〕ＦＣ〔型〕……に比べ製造コストは四〇分の一となっている。〔光〕コネクタ技術〔も〕『**まず世の中に広めて標準化を図るという考え**』……により当初から次々と技術移転されて」おり、「ＳＣ〔型〕で、〔一九〕八七年からすでに国内外九三社に移転（うち三三社は海外企業）」され、「その結果、**世界市場を席巻**」した。そして、既述の「フェルールに至っては**世界で年間一億個生産されるうちの九八％**〔!!〕**がＮＴＴのものだ**」、とされている（以上、引用は、前掲の『ＮＴＴ　Ｒ＆Ｄの系譜――実用化研究への情熱の五〇年』三二一―三二二頁）。光コネクタは、光部品の一つであり、そこにおけるＮＴＴの実力については再度後述するつもりだが、本書八〇頁に戻れば、右の**ＭＵ型光コネクタが**、開発から約一〇年で**ＩＥＣ及びＩＥＥＥの標準**（ＩＥＣのものは、ＩＳＯのそれと同様の、国際標準）となったことが、二〇〇〇（平成一二）年夏に報道されていたことになる。――この辺で、本書三１の「序説」の、更にその導入部分たる①～⑦の続きの、本来淡々たるべき(!?)、本書のこれまでの論述の中における、〝技術の視点〟に関する確認作業を、続行する（私は禁欲的な人間ではないので〔本書三四八頁と対比せよ〕、自分の設定した作業〔執筆〕計画に対しても、すぐ反乱を起こしたくなるのだが、あくまで本質的には、極めて保守的な人間である。他人はどう思っているか知らんが〔!!〕）。

さて、――

⑧　右の⑦と関係するが、本書九二頁では、かの忌まわしき電通審第一次答申を引用しつつ、「**光ファイバ・光コネクタ・ＷＤＭ用光部品類**」に関して**ＮＴＴ**が「**世界市場の六～七割のシェア**」に及ぶ実績を有していることも、指摘しておいた。

⑨　次に、本書一一四頁以下では、「**世界初**」のＴ（テラ――テラは一兆）**ｂｐｓ級大容量**「**光ルーター**」の「**実現**」について示した。二〇〇一（平成一三）年五月の、ＮＴＴの快挙であり、しかも、「ルーター」である(!!)。光ＭＰＬＳ（**Multi-Protocol Label**

Switching）**ルーター**、である。本書一一五頁以下にも示したように、「**電気の処理速度の限界**」と「**ムーアの法則**」が関係する。「ＩＰパケット転送処理に関する**ノードのボトルネック**」を「解消」し、「既存の光ネットワークに、より一層の自律性、柔軟性をもたせる」画期的なＲ＆Ｄ成果である。その全体的なコンテクスト（!!）については、後述する。

⑩　本書一一七頁では、「**接触・非接触共用ＩＣカード**で、公開鍵暗号の高速処理を世界で初めて実現――非接触ＩＣカードによる高セキュリティ**電子マネー**で支払時間０・４秒を実現」との、ＮＴＴ技術ジャーナル一三巻四号（二〇〇一年四月号）の記述にも言及した。ＮＴＴのＩＣカード・暗号に関する技術については、本書三５（四八二頁以下）で後述する。そこから、この⑩の技術成果の意義を、改めて把握し直すことになる。

⑪　本書一一七頁では、「**そもそも一九『七七年に……世**〔**界**〕**にさきがけて六四キロビットＤＲＡＭの完成を発表**』**したのもＮＴＴである**」旨、言及した。**ＮＴＴの半導体研究の凄《すさま》じさ**（!!）について書くのが、今から楽しみでならない（本書四一八頁以下）。本当に（!!）。――ああ、早く先に行きたいのに、何故か今、「Ｇ線上のアリア」、である。

⑫　さて、前記①⑥の流れで、本書一六八頁では、（ＮＴＴ再編成前の）一九九三年度における、日本のテレコム事業者・メーカー等の研究開発費・研究者数についての〔図表㉒〕を掲げ、同・一七一頁では、一九八〇年代から一九九三年ないし九四年までの、ＡＴＴ等のアメリカのテレコム事業者の研究開発費・研究者数・特許取得件数についての〔図表㉓㉔㉕〕を掲げた。**ＮＴＴ分割論議**（～一九九六年）との関係で、である。本書三４で、（本書執筆が長期にわたってしまったため多少データが古くなってしまったが）世界の主要テレコム事業者の中におけるＮＴＴのＲ＆Ｄ体制について論ずるが（本書四二六頁以下）、それと関係する論点ではある。

⑬　本書二一四頁以下では、ＮＴＴが「**アクセス網の光化**に一九九三年から」取り組み、かくて「**アクセス系で、光がこれだけ普及しているのは世界中で日本だけ**」であること、そして、その実績を踏まえ、「**パッシヴ・ダブル・スター**（**ＰＤＳ**）**方式**」を用いた**ＢＰＯＮ**（Broadband Passive Optical Network ――通称「ビーポン」）により、ＮＴＴが世界の主要なテレコム事業者・メーカーを、**ＦＳＡＮ**（Full Service Access Network ――通称「エフサン」）という組織で一つにまとめ、**一九九八年のＦＴＴＨ国際標準化**を、ＩＴＵで成し遂げた経緯について、詳細に辿った。

そして、⑭　本書二一九頁以下で、『**ＶＩ＆Ｐ**』計画（一九九〇〔平成二〕年）から『**ＨＩＫＡＲＩ**』ビジョン（二〇〇一〔平成一三〕年）の提示へと至る、まさに本書三のメイン・テーマとなる諸点の、頭出しを行なった。

更に、⑮　本書二二五頁で、二〇〇一年の「**世界初**、複数ＩＳＰ間の経路障害を解析するインターネット自動診断システム『**ＥＮＣＯＲＥ**（An Inter-AS diagnostic ensemble system using cooperative reflector agents ――ＡＳとは Autonomous System〔自律システム〕）』の「開発」にも、言及しておいた。「インターネット〔が〕、ＡＳ……と呼ばれるＩＳＰ、大学、企業などのネットワークの巨人な集合体」であることが、前提となる。

だが、そこには、極めて重要な点がある。従って、やはり又、ここで書いてしまおう。

右は、ＮＴＴ先端技術総合研究所の、ＮＴＴ技術ジャーナル二〇〇一年一一月号七四頁からの引用だが、そこには、――

「あるASから送り出されたIPパケットは、複数のASを経由して目的のASに到達しますが、その際、IPパケットの転送経路は、各AS内のルータの経路表に従って決定されます。経路表は、AS間で交換する経路情報を参照することによって設定されますが、その際経路情報は、各AS内でそのASの経路情報管理ポリシーに従って書き換えられながら全世界のネットワークに伝播していきます。しかし、この経路情報管理ポリシーはASごとに独自であるため、AS間でのポリシーの不整合が発生しやすく、また、そのポリシーのルータへの設定が手作業で(!!)行われるため、設定の誤りが発生しやすく、経路が不安定になったり、場合によっては大規模な接続性の喪失事故(!!)を、引き起こします……。このような問題を解決するには、経路情報を追跡できればよいのですが、現状では、発した経路情報が各ASでどのように加工されIPパケット転送制御に使われているかについて、発信元ASから観測しただけでは分からないという困難さがあります。そこで……」

——とある（以上、同前頁）。

まずもって、『現状のインターネットの驚くべき（プリミティヴな!!）不完全さ』に、気付くべきであろう。

実は、これまでの①〜⑮、そして、これから書く⑯以降についても、本書三2の「『NTTとインターネット』の語られざる大きな実績」を多分に意識して、私はこうして書いている。のみならず、後述するように、従来のインターネットのルータが、IPパケットの伝送について基本的な問題を抱えており(!!)、その問題の解決のため、NTTが大きな世界貢献をしたという、私が最も強調したい点の一つが、事実としてある。この⑮の問題は、いわばその先の問題についての、NTTの世界貢献の一端を示すもの、との位置づけに、なるのである。

ちなみに、同前・七五頁には、「従来は、AS間の経路障害は、専門家が手作業による解析を行うしか方法がありませんでした」、とある。これに対して、NTTでは、「実〔際の〕ネットワークでの運用経験と実〔際の〕障害解析事例を基に(!!)分析を行い、AS外部においた複数のエージェントの分散定常観測と協調解析機能を用いてこの問題を解決する技術を確立し、これを実現する診断システムを開発し」た。それが、ENCOREの内容をなす（同前・七四頁）。日米間の「観測ポイントを使って、ENCOREシステムの世界規模での評価実験を進め」る、ともそこにある（同前・七五頁）。まさに『電話の世界での経験をインターネットの世界に活かす、あるいは両者を〝架橋〟する』構図、である。そこが又、本書三2で（IPv6と共に）示す点と、共通するのである。念のため、同前・七四―七五頁の二つの図を、〔図表㊸㊹〕として示しておこう。

さて、『技術の視点』について、これまで本書のどこで何を書いていたのかの、〝再整理〟に戻る。

⑯ 本書二二四頁以下では、「通信とエネルギー問題との関係」で、NTTにおける「極低電力情報端末用LSI」や「OPTIMA（OPTically Interconnected Multi-stage ATM switch architecture）スイッチ・システム」の開発に言及した。そして、『発熱量』と『冷却』の問題」にも言及し、将来的な「全光システム」への流れとの関係で、本書二二五頁には、〔図表㉙〕として、「スイッチシステム大容量化のブレークスルー技術」の図も引用した。

これらは、『NTTの基礎技術研究の醍醐味』について後に述べる際に、その位置づけが明確化されるであろうところの技術、である（以上、執筆は、二〇〇二〔平成一四〕年八月七日午後三時五分まで。ちと疲れたので筆を擱く。ここまでの部分の点検終了、同日午後三時五一分）。

⑰　次が『ＮＴＴとトロン』である（執筆再開は、翌八月八日朝五時二〇分。昨晩は疲れがドッと出て、日課の速歩も休み、そのまま寝てしまった）。本書二二八頁以下に示したように、アメリカは一九八八年あたりからの〝日米トロン摩擦〟において、マイクロソフトのＭＳ－ＤＯＳ等による世界征覇への重要な阻害要因として、トロンを見ていた。次世代デジタル通信網へのトロンの全面採用を発表していたＮＴＴは、ＩＲＯＳ（アイロス）という名称でＣ－ＴＲＯＮを実質取り込み（なお、この点で、ＮＴＴ研究開発本部・企画室発行『Ｒ＆Ｄの系譜――民営化後の研究体制の変遷〔一九八五～一九九八〕』〔一九九九年三月刊〕九八頁には、「ＩＲＯＳ……の内容はＴＲＯＮ……プロジェクトの一環であるＣ－ＴＲＯＮ（ＯＳ）のインタフェースと同等だが、グローバルな標準仕様としてＣ－ＴＲＯＮ……を〔ダイレクトに〕ＮＴＴの調達条件とするには海外ベンダから非関税障壁ととられかねないとの判断によりＩＲＯＳとして公開した」、とはっきり書いてある）、本書二三三頁に示したように、「交換システム系では、近年の新規開発ノードはほぼ全面的にＣ－ＴＲＯＮ（をベースとした）仕様」となっており、「ドコモの『ＩＭＴ－二〇〇〇』においても同様」とされている。ちなみに、本書三三〇頁に記したように、「トロンは……携帯電話への搭載で劇的に巻き返し」、デジカメ等々の情報家電にも広く用いられ、「パソコン用ＯＳをはるかに上回って」おり、「今、世界で最も普及しているＯＳは米マイクロソフトの『ウィンドウズ』ではなく、トロン」だ、とされている。そこに本書三三七頁の、「ドコモ……は契約者数ベースで世界最大のＩＳＰ」だとするＩＴＵ側からのレポートをインプットせよ。そして、既述のＨＩＫＡＲＩプロジェクトにおける「ユビキタス・サービス」で、有線・無線の相互連携の下に「あらゆる機器〔情報家電を含む!!〕……をネットワークに接続」することによる遍在性が志向されている、のである（鈴木滋彦編・前掲書〔『最先端のＮＴＴ研究者が語るＨＩＫＡＲＩビジョンへの挑戦』〕一〇頁）。まさに、『パソコン・オンリーの従来型インターネットからの脱却』、である。その旗手がＮＴＴであり、かつ、ＯＳレベルでのそれがトロンだ、ということになる（!!――更に、そこにＩＰｖ６が深く関係して来るのである）。

⑱　本書三三〇頁以下では、旧電電公社時代以来の無線系技術開発の流れを辿り、国際標準化を含めて、ディジタル・マイクロ波方式の旗手も、同じくＮＴＴであったこと、準ミリ波・ミリ波方式も同様であること、そしてこれらの周波数帯の利用が、前記⑤のＡＷＡ技術とは区別されるところの、ＦＷＡの更なる高度化と結びつく（同前・五一頁）とともに、本書三六三頁で示したように、移動系の４Ｇにおける「マイクロ波帯」の利用（木下耕太・前掲〔『やさしいＩＭＴ－二〇〇〇』一五三頁）の問題とも絡んで来ることを、指摘しておいた。

⑲　本書三三五頁以下には、２Ｇで世界初のパケット移動通信実用化が、一九九七年の、ドコモによるＰＤＣ－Ｐシステムであったこと、そして、『世界初のモバイル・インターネット』たるドコモのｉモードが、一九九九年二月にサービスを開始したことを示した。二〇〇一年一〇月の、ドコモによる世界初のＩＭＴ－二〇〇〇商用サービス開始の快挙との関係で、cdma2000が果たして３Ｇと言えるのか、との論点については、本書三四五頁以下を見よ。

⑳　ＩＭＴ－二〇〇〇（３Ｇ）国際標準化への、ドコモの、３ＧＰＰの場を用いた努力については、本書三三七頁以下で示したが、

〔図表㊸〕 従来のインターネットにおける経路情報の障害事例

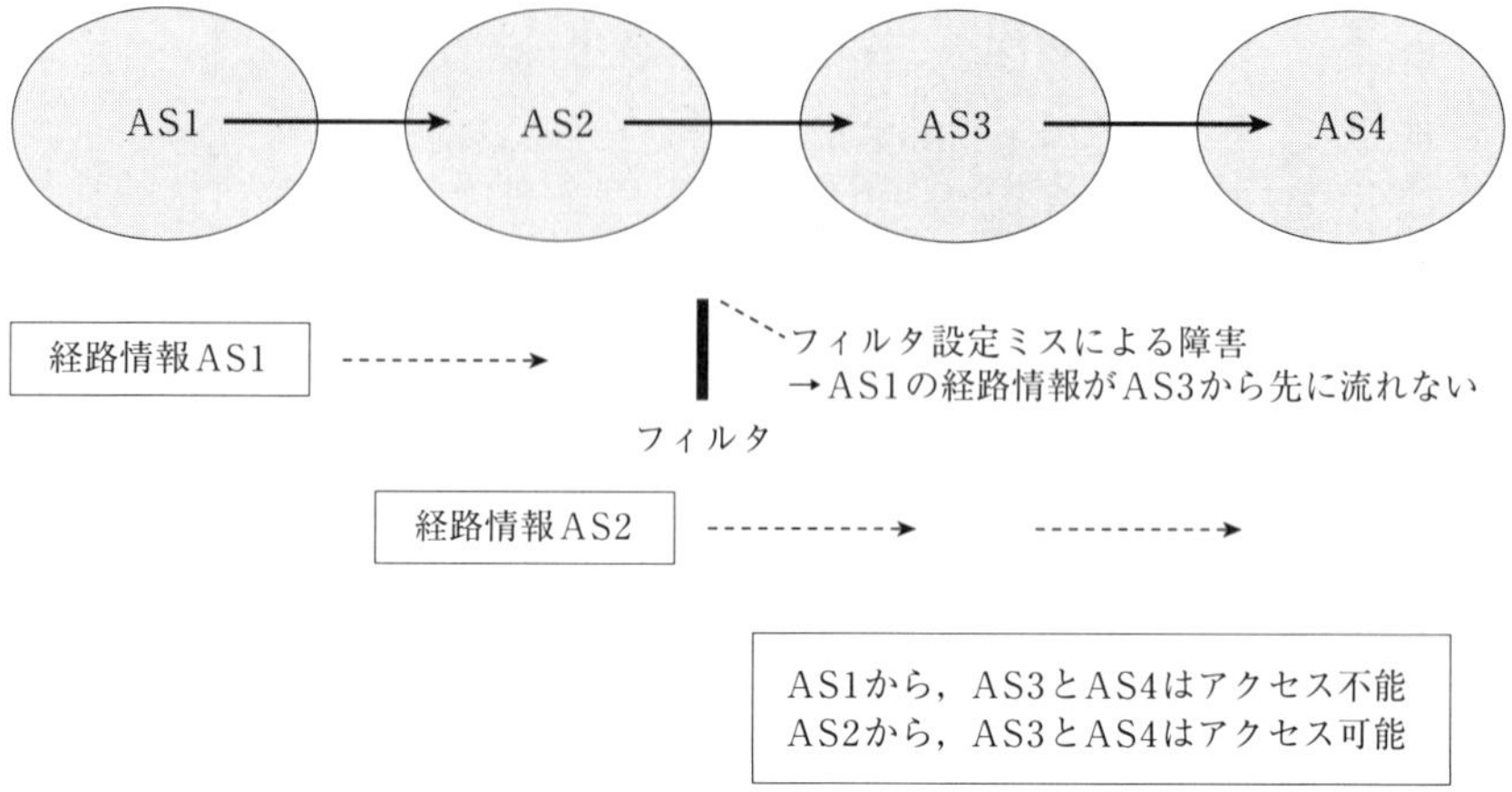

〔出典〕 NTT技術ジャーナル2001年11月号74頁の図1（ASについては本文中で説明済み）。

〔図表㊹〕 ENCOREの特徴

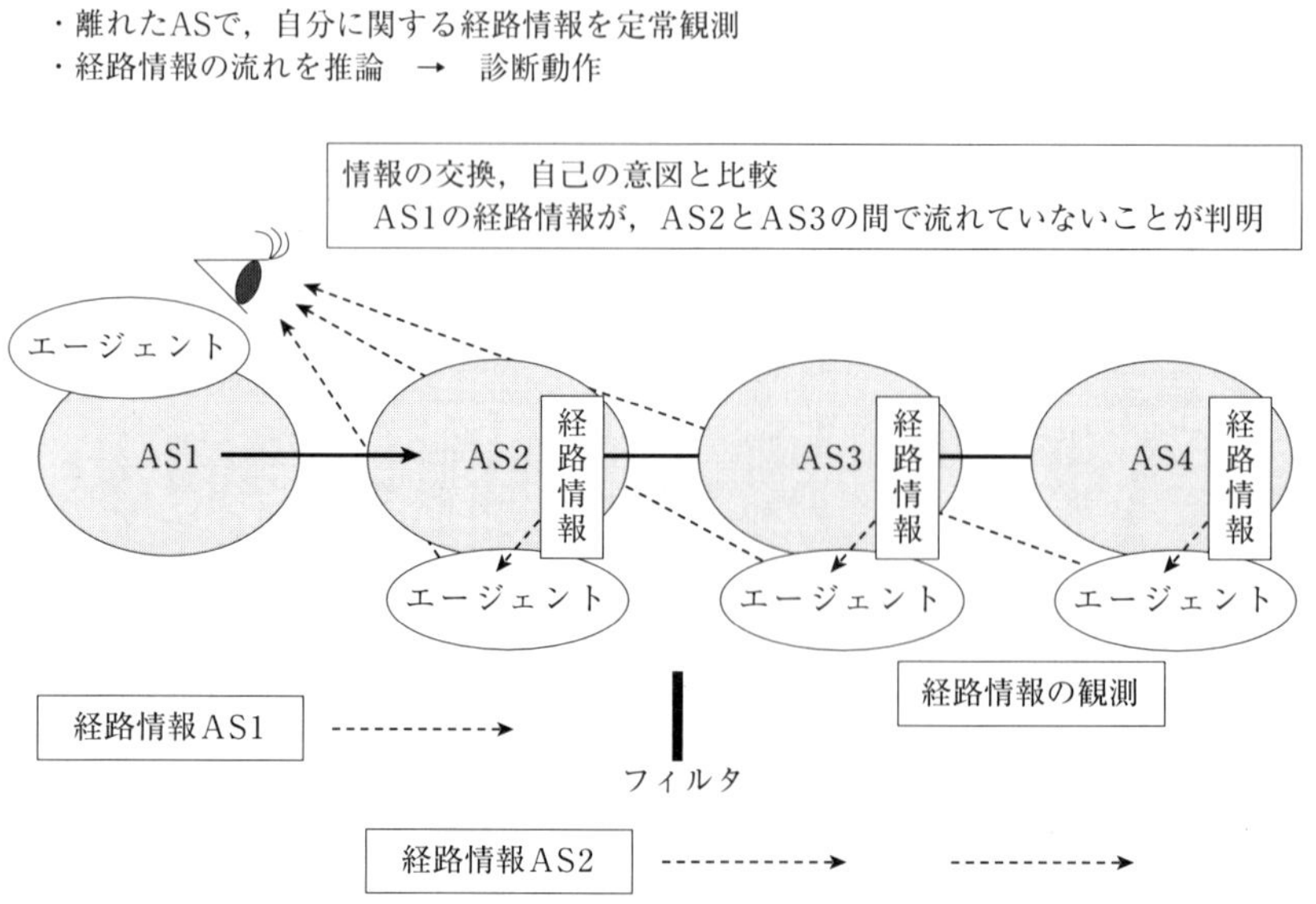

〔出典〕 同前・75頁の図2。

いわゆるW-CDMA方式がドコモ提案によることも、本書三四一頁に示しておいた。

㉑　本書二5⑶（三四八頁以下）では、3G用には既存のTCPで不十分ゆえ、ドコモがその改良を提案したこと（TCPゲートウェイ等）、ワイヤレス用のアプリケーション・プロトコルたるWAPにつき、ドコモが（エリクソン等の欧州勢の協力の下に）『次世代WAP』を提案し、従来のHTMLに替わるコンテンツ言語としてのXHTMLの採用も、同じくドコモの提案によること、等を示した。その過程で、モバイル史上世界初の映像配信サービスたるM-stage visual（二〇〇〇年一二月）、世界に先駆けてのSバンド移動体衛星通信システムの開発等々についても、言及しておいた。

＊　＊　＊

以上、最後の方は直前の論述ゆえ、多少一項目にいろいろ詰め込んで示したが、前記①〜㉑が、これまでに本書で言及した『技術の視点』のあらましである（DSLの技術的側面については、本書二八九頁以下でまとめて示しておいた）。それらを、もう一度サッと御目通し頂ければ、そして、覇権国家アメリカ側から①〜㉑を見たと仮定してその作業を行なって頂ければ、本書三1の目次（見出し）の意図するところは、大体把握可能かと思われる。本書八一頁以下の、元USTR次席代表たるアラン・ウルフ氏の某ペーパーに、一九八五年の日本のテレコム制度改革のときにも、「NTTの研究所が日本の産業発展に大きく寄与して来たことに対しては、何の措置もとられなかった」とし、NTT研究所の体質を弱める措置を日本側に求めるニュアンスの発言をしていたことは、その一例である。本書八一頁以下の、『アメリカ外交問題評議会』二〇〇〇年一〇月公表のペーパーも、NTTの接続料金を問題としつつ、前記①〜㉑の諸点（但し、所詮〝断片的〟たることは既述）に象徴されるような、NTTのR&Dこそが脅威であること、即ち『技術』が真の問題であることから、皆の目をそらす戦略に基づくものであることは、本書八三頁に示唆した通りである。「NTTの『ドミナンス』がIT革命・インターネット革命をブロックする主原因だ」とするこのペーパー（同前頁）に対し、再度、前記①〜㉑の諸点をぶつけて見よ。既存の、アメリカ主導のインターネットの在り方に対し、（ドコモも含めて）技術的に大いなる貢献をしつつ、鍵となる光ファイバー（アクセス系だけの問題ではないことに注意せよ）の更なる大容量化をはかる、等々の世界的活動をしているのが、NTTなのである。前記①〜㉑の〝断片〟を、全体像へと広げるのが本書三の役割なのであるが、アメリカの焦りを裏付ける点として、これまでの論述から、更に二つの点を示しておこう。

FTTHとの関係で、『DSLの先が見えないアメリカ』（本書二一七頁）の中にあってベル・サウス社がNTTとのFTTH共同研究の道を選び（同前頁）、既述の一九九八年FTTH国際標準化達成にも、無視し得ぬ力となってくれた。そこにも示したように、NTTの接続料金に関する日米摩擦は、まさにこの流れと連動して起こっていたのである。そして、私が身を挺してぶっ潰した（骨抜き化した）NTT関連法案との関係を含め、アメリカ側は次のようなことを言い出すに至る。即ち、日本が『インターネット促進のための政策』を、『この分野（!!）でのNTTの独占』防止策をとらずに進め、『定額接続、FTTH（!!）』等を推進したことが問題だ、との対日批判である（本書二〇九頁の＊の項）。在日アメリカ大使館の文書の他に、USTRもまた、「総務省がISDNやFTTHの推進という産業政策（!!）」を推進している、との批判をしている（本書二一一頁）。NTTコム社・NTTドコモを『支配的事業者』としてきつく縛りあげろ、との対日要求が、『法案骨抜き後国会通過』となって、あてがはずれたためのあがき、である。また、本書一九八頁の〔図表㉖㉗〕で示した『インターネット接続料金の日米逆転！』という事実を前にした、アメリカの焦り、でもある。

次の点だが、ドコモを抑えつけさせることに失敗したアメリカ（USTR）は、本書三〇九頁以下の、「移動電話に関する日米接続料金摩擦」で対日攻勢に出た。だが、本書三一一頁の〔図表㊱㊲〕、三一四頁の〔図表㊳〕、三三三頁の〔図表㊵㊶〕からも知られるように、USTRは、アメリカ国内の移動系の特異な料金構造に頰被りして対日（そして対EU）批判をしており、誠に筋が悪い主張である。これに対して、立ち直った〔!!〕旧郵政省及び日本政府は、対米反論をしてくれている（本書三一七頁以下）。だが、本書三一七、三三四頁にも示したように、二〇〇一年六月段階のアメリカ（FCC）側資料から明らかなように、アメリカの移動通信では、ディジタル化が遅れており、二〇〇〇年末段階で、三八％はいまだアナログ、の状態にある。アメリカの2G（ディジタル）の顧客は、一九九九年末には五一％、九八年末には三〇％でしかなかった、のである（本書三一七頁）。おまけに、ドコモ主導の3G（IMT－二〇〇〇）国際標準化に際しても、アメリカ内部は割れていた。テレコム標準化のT1委員会がドコモや欧・韓・中国とともに3GPPに加わったのに対し、TIA（アメリカ通信機械工業会）がcdma2000にこだわったのである（本書三四三頁以下。――KDDIは、後者にくっついたことになる）。

どんどん技術的に先行するNTT、そしてNTTドコモへの覇権国家アメリカの焦りは、いかばかりか。少し相手の立場に立って考えれば、すぐ分かることのはずである。

だから、アメリカは日本側に『公正競争』、しかも『国内』のそれの、煙幕を張る。旧電通審第一次答申はともかくとして（第二次答申〔情通審〕における変化については、本書三二二頁以下）、その煙幕の中で自らの影を巨人と錯覚して踊るのが、公取委である（本書二三四－二三九頁で、徹底的に、DSL問題を含めて、いかに公取委の行動がアンフェアかを示した）。『この踊り崖まで続くかと思ふ　一憲』の最近の一句そのもの、である。だが、本書三四七頁で示した懸念が、再度深まりつつある。元通産省高官N氏が、最近のある国内シンポジウムで、『NTTはISDNとFOMAの失敗〔??〕で2ストライクに追い込まれている。次に光ファイバーで失敗すると、ストライク・バッターアウトとなる。そして、その可能性は高い』とか、「NTTの研究開発と通信事業は切り離すべきだ」とか、言ったようである。あの人がそんなことを言うのかな、という思いだが、ともかく、その人が『技術の視点』など全く無視し、無理解のまま発言していることは、明らかである。ここで（再度）引用したばかりのアメリカ側のリアクションと対比しても、おかしいと思うべきはずのところだが、今の『日本の狂気』は、社会の最も深いところにまで（東大法学部にまで！）及んでいる。皆が皆、権力を握ったかの如き錯覚の下に、包丁を持って徘徊し、自分は正義の使者だと信じ込み（マインド・コントロール!!）、他者の領域に介入して切り刻むサディスティックな喜びにひたっている。これが今の日本ゆえ、私は、『国際摩擦と法――羅針盤なき日本（新版）』（二〇〇二年七月末刊・信山社――ISBN4-7972-5274-X C3032）の刊行に際し、第三部を新たに書きおろさねばならなかったのだ。同前・二五〇－二五一頁、そして、その二五一頁に白黒で示され、同書表紙カバーのカラー写真にもなっている絵を、じっと見よ、と言いたい。

こうした日本国内のアホな連中はともかく（死ぬまで踊れ!!）、本書三1との関係で、「アメリカの抱く対日脅威の内実」について、もう少し時代を遡って一点のみ記し、次の項目で、本当は後述の三2で書こうと思っていた点を、頭出し的に二つ、示しておこう。

＊『日米コンピュータ戦争の前史』——磁気ディスクPATTYの開発（一九七九年）

まず、既述の『トロン』（前記⑰）と同様のインパクトを有する、NTTのR&Dを基軸とする「日の丸コンピュータ開発計画」（前掲『NTT　R&Dの系譜——実用化研究への情熱の五〇年』二〇五頁以下）について、一言しておこう。そもそも『超LSI』という「新語を考案し」たのもNTTであるが（同前・二一一頁〔豊田博夫〕）、「戦後一貫して半導体・集積回路の分野で最先端を走り続けてきた」のが「NTT」であること（同前・一八九—一九〇頁）は、周知のことである。こうした諸点は、本書三3及び5でまとめて示すが、同前書・二〇五頁以下の、「巨人IBMに挑戦した磁気ディスク装置PATTY」の項から、若干の点を示しておこう。NTTで「磁気ディスク装置の開発が始まったのは〔一九〕七〇年のことだった」が（同前・二〇五頁）、一九七七年に、「IBMによって、三一七・五メガバイトの大容量・高信頼度を誇り、その後のハードディスクの原型となる磁気ディスク装置IBM三三五〇が商用化された」のに対し、NTTは、「次の磁気ディスク装置は八〇〇メガ〔バイト〕でいく」との方針を立てた。IBM「と同じ方式でそこまで容量を上げると、ディスク枚数を増やすためヘッドが揺れ、位置決めが困難になり、温度が上がり信頼性が落ちる」問題がある（同前・二〇六頁）。だが、NTTの研究所は「自らの考案するディスク装置を設計。図面を引いて小さな部品メーカに直接注文し、試作機を作ってい」き、そして遂に、一九「七九年、PATTY（Packaged Air Tight TinY）と命名された磁気ディスク装置が誕生、世界で初めてIBMのくびきから解き放たれたIBMを超える小型大容量磁気ディスク装置として、世のメーカに〝脱IBM〟の動きを促していく」こととなった（同前・二〇六—二〇七頁）。

右の点は、一九八〇年代の『日米コンピュータ戦争』（石黒・前掲国際摩擦と法〔新版〕三八頁以下）の〝前史〟と言える一つの出来事に過ぎないが、八〇年代の日本のコンピュータ産業の発展の裏にNTTの研究所がある、というアメリカの対日脅威の内実を示す、一つの例とはなろう。こうしたR&D成果の厖大な積み重ねの上に、一九九〇年のVI&P計画（既述）の正式発表があり、アメリカは大あわてをすることに、なるのである。

〔ATM（非同期転送モード）とIPサービスとの架橋——NTTの技術による国際標準化（一九九九・二〇〇〇年）〕

後述のIPv6（前記②参照）と同様、従来型（アメリカ型!?）インターネットに対する大きなインパクトを与える問題が、NTTの力で、国際標準化の達成として解決された。前記⑮のENCOREの、更にその前提をなす、画期的出来事、である。

ATM（Asynchronous Transfer Mode——非同期転送モード）とは、「数百メガ〜数ギガビット毎秒の高速通信網向けの伝送技術」であり（山田肇「米国主導のインターネット標準　電話の世界から切り込む——電話会社が作ったIP向け高速通信技術　IETFと協調図り、標準認定を勝ち取る」日経ネットワーク二〇〇〇年七月号二四〇頁）、通常の電話網の伝送方式である。それでは、何がどうなったというのか。

実は、従来から「ルーター同士をATM網でつなぐことは日常的に行われている。ただしルーターはATM網に対し、そこで運ぶデータがIPパケットであることを伝えられないでいる」状況(!!)が、続いていたのである(同前頁)。それで何が問題となるのかというと、要するに、従来のATM網上の高速IPパケット転送技術は、いずれも装置ベンダーの独自仕様であり、互換性や相互接続性に問題があったのである。

そのため、「各社の規格が乱立する状態になり……事態は一時、ユーザーの〔通信機器に対する〕買い控えを誘うまでになっ」ていた(日経産業新聞二〇〇〇〔平成一二〕年三月六日掲載の、「異なる方式相互に接続　次世代ネット技術、標準化」の記事からの引用)。その状況を、NTTの技術と標準化への努力が、打開したのである(鈴木宗良「B―ISDNシグナリングによるインターネットプロトコルサポートの標準化」NTT技術ジャーナル特集号『グローバルスタンダード最前線』〔二〇〇二年一月一日発行〕七一―七二頁)。

便宜、前記の日経産業新聞の記事における、NTT情報流通基盤総合研究所からの情報に基づく記述を引用すれば、NTTの新技術は、要するに、前記の状況を「回避する手段として……ATMの回線の中に、相手のコンピュータに直接つながる専用の別ルートを擬似的に作る」ものであり、「いわばデータごとに専用道路を作り、そこを通す」のだが、その「別ルートはATM網にできるので、ATMの特徴である高速性の恩恵も受けられる」ことになる。

これだけでは心許ないので補足すれば、要は、『電話のATM網と、インターネットの世界におけるIEFT標準たるMPLS〔前記⑨と対比せよ〕との連携』をはかった点がコアとなる。即ち、「MPLS……のラベルに関する識別子、セッションの識別子、インターネットのQoS〔クオリティ・オヴ・サービス〕保証プロトコルの転送方式等」が、前記の国際標準で「規定されて」おり(鈴木宗良・前掲七一頁)、「ATM網がIPパケットを運ぶとき、IPパケットの転送に適した伝送品質を動的に設定できるようになる」。そして、それによって「インターネットのセキュリティを強化したり、動画や音声を高い品質を維持して運ぶ用途での利用が期待でき」るようにもなる(山田肇・前掲二四〇頁)。そうしたフレキシブルな展開に対し、標準化された制御方式を用いるのみで、特殊な装置を追加することなく、より簡単な構成で対応できるようになるのである。前記の日経産業新聞の記事に再度戻れば、「規格乱立で迷惑したユーザーの声」に対応したのが、このNTTの技術的提案に基づく国際標準であり、それにより「どの機器でもATMとIPの接続が可能とな」り、「今後は通信機器メーカー各社の性能競争、販売合戦が一段と熱を帯びるとみられる」、とある。

つまり、NTTの技術によるこの国際標準化は、シスコ、ノーテル等々のルーター製造メーカー乱立による混乱を解消し、真の競争(メーカー間のそれ)の前提たる技術インフラを提供したことになる。重要な世界貢献と言うべきである。そのNTTが、前記⑨に示した二テラビット級光MPLSルーターの世界初の開発を行なっていることとも対比しつつ、その意義深さを認識すべきところであろう。そして、『電話の世界とインターネットの世界との架橋』という点では、本書の直近の個所で〔図表㊸㊹〕を示して論じた前記⑮のNTTの技術貢献とも、対比して考えるべきところであろう。ここで扱っているNTTの国際標準化実績と、前記⑮のENCOREとは、ともにインターネットによる通信の、最もベーシックな部分に光をあてたものと、評すべきである。

ところで、『ＡＴＭとＩＰサービスとの架橋』という、ここで扱っている国際標準化については、そこに至るプロセスが、極めて重要である。前記の日経産業新聞の記事にも示されているが、今まで漠然と〝国際標準〟と書いて来たものの、実際にはＩＴＵとＩＥＴＦとで、同じ技術が国際標準化されている。電話の世界のＩＴＵと、インターネットの世界のＩＥＴＦとの架橋を行なったのもＮＴＴなのであり、その意義は更に一層大きい、と言うべきである。

山田肇・前掲二四〇頁以下によると、まず、「インターネット分野ではＩＥＴＦが標準を作成してきたため、インターネット技術仕様に関してＩＴＵ-Ｔは蚊帳の外に置かれる状況が続いていた。ＩＴＵ-Ｔはインターネットが発展するにつれて電話網とＩＰ網の相互接続が避けられなくなると判断し、一九九六年ごろからＩＥＦＴへのアプローチを始めた」、とある。ＮＴＴ関係者の執筆ゆえ、やはりどこか禁欲的な書き振りである。但し、同前・二四一頁には、「一九九七年、ＩＴＵ-Ｔで電気通信プロトコルの標準化を進める作業部会の議長は、インターネット向けのＡＴＭ仕様を開発しようと提案した。議長はＮＴＴの社員であった……」、とあり、「ＮＴＴは、ＩＥＴＦの場では草案の編集者として活躍する一方で、ＩＴＵ-Ｔの場では技術の詳細を記述した文書を提出したり、編集に協力するなどしてＩＴＵ-Ｔ側の草案編集者を支援した」、とある。

公知のことゆえ、そのあたりを若干詳しく、ここで記しておく。まず、一九九七年一月、ＮＴＴの北見憲一氏がＩＴＵ-ＴのＳＧ11のＷＰ１の議長に就任し、同時にＮＴＴ側からインターネット重視(!!)の方針をＩＴＵ-Ｔに対して打ち出した。同年六月にＮＴＴ側から更に問題提起があり、同年九月、ＩＴＵ-Ｔにおいて、ＮＴＴ提案をもとに技術討論が開始されると共に、ＮＴＴがＩＴＵ-ＴとＩＥＴＦとの連携を提案し、双方の組織で受けいれられた。ＩＥＴＦでは、ＮＴＴ提案を正式のＷＧ審議課題にすることを九八年三―四月の間に決定。同年五月、ＩＴＵ-Ｔでは基本仕様を合意し、その草案化を開始した。九九年五月、ＩＥＴＦの側でＷＧが標準化を提案し、かくて、九九年一二月、ＩＴＵ-ＴのＳＧ11会合で勧告化が承認され、ＩＥＴＦ側（具体的にはＩＥＳＧ〔Internet Engineering Steering Group ―― 「ＩＥＴＦのワーキンググループを統括する幹事組織」（鈴木宗良・前掲七一頁）〕）では二〇〇〇年一月に標準化が決定されたのである。

山田肇・前掲二四一頁にあるように、「ＡＴＭ技術を利用して通信の確実性や安全性をＩＰ網に実現するという提案は、他の機器メーカーからも提出されていた」。だが、「電気通信事業で長い経験を積んでいる〔ＮＴＴ〕からの提案の方が汎用性に富んでいたため、より多くの参加者の要求を満たすことができた」し、他方、ＦＴＴＨ・３Ｇの国際標準化の場合と同様、「作業途中に他社の提案を盛り込」むことにおいて、やはりＮＴＴはフレキシブルであったことにも、注目しておくべきであろう（以上、同前頁）。

こうして、インターネットの世界をどんどん引っ張ってゆくＮＴＴのＲ＆Ｄとその実績の、出発点（具体的には、ＮＴＴのソフトウェア開発の原点）には、一体何があったのか。それは、これから先を執筆するときの楽しみとして、とっておく。

ここでは、「磁気ディスク装置ＰＡＴＴＹ」の開発による〝脱ＩＢＭ〟への動きについて、言及しておいた。前記⑮のＥＮＣＯＲＥの開発も、また、〝ＡＴＭとＩＰサービスとの架橋〟という、これまで示して来た点も、ともに機器メーカーごとに仕様が異なることから生ずる問題であった。

その関係で、ここでは、ＮＴＴの技術がまさに世界のデ・ファクト・スタンダードとなった重要な事例たる、ＭＩＡの場合について、言及しておこう。

〔世界のデ・ファクト・スタンダードたるＮＴＴの『ＭＩＡ』——一九九〇年代初頭におけるマルチ・ベンダ化要請への重要な足跡として〕

ＭＩＡのフルネームは、Multi-Vender Integration Architecture である。私は、電気通信産業連盟（ＪＴＩＦ）の研究会で、このＭＩＡについて知るところとなった（石黒・超高速通信ネットワーク——その構築への夢と戦略（一九九四年・ＮＴＴ出版）一八一頁以下）。当時の私の関心は、「ユーザー・サイドの声が、いかにメーカー側の利害対立を克服して、統一的なプロトコルないしインタフェイスを確立し得るか」の点にあり、この視点から「全銀手順」と「ＭＩＡ」について検討したのである（同前・一八一頁）。

まず、同連盟に置かれた「高度情報化促進協議会」の「第一分科会報告書」（一九九〇（平成二）年五月）における私の指摘を、左に示しておこう（石黒・前掲超高速通信ネットワーク一七四頁、一八二～一八三頁。左の引用は後者の頁）。

「ＭＩＡは、周知のごとく、ＮＴＴおよびＮＴＴデータ通信が、汎用コンピューター調達仕様として、主要コンピュータ・メーカー数社との共同研究開発のもとに定めつつあるものである。マルチベンダー化を進めつつ、同一目的に対しては単一のアプリケーション・プログラムで対処できるようにＡＰインタフェイス、通信プロトコル、ヒューマン・インタフェイスの三つにつき、共通インタフェイス仕様を定めることが意図されている。コンピュータに関するＮＴＴ（およびＮＴＴデータ通信）の巨大な調達力を背景にしてはじめて、このような企画が実現され得る、という点では、全銀手順作成の場合と同様の、ユーザー・サイドの強い発言力の裏付けがあってのことである、といえる。だが、ＭＩＡ制定の動機として示されていることは、マルチベンダー化（そしてそれを背景とするＶＡＮの相互接続）の問題を考える上での普遍的要請であるといえる。もっとも、現状では、ＭＩＡは、主として事務処理用ソフトへの使用が念頭におかれており、通信サービス、ネットワークの保守運用の側面では、（ＭＩＡが、本質的に、新たなインターフェイサーをかませる、というものであるがゆえにレスポンス・タイムの遅れが生ずるため、それほど魅力がない、とされているようではある。だが、この点はマルチベンダー化について常に問題となる点であり、今後の技術革新に〝改善〟を期待できないことではないようにも思われる。

たしかにＭＩＡに過大な期待をすることは問題、ともいえるが、そこに示された〝考え方〟には、マルチベンダー化、そしてＶＡＮの相互接続問題を考える上で、重要な鍵があるようにも思われる。それが、第一分科会で、全銀手順と共にＭＩＡについてとくに検討した主な理由なのである。」

右の引用部分は、まさにＭＩＡの仕様が固まる過程での執筆、ということになる。ＭＩＡについて「概念と設計原則」が公表されたのは一九八九（平成元）年七月七日、そして「マルチベンダー化に向けたコンピュータ統一——仕様の完成『ＭＩＡ』第一版の公開」は、一九九一（平成三）年一月二三日に、それぞれなされている（ＮＴＴ研究開発本部・企画室発行・前掲『Ｒ＆Ｄの系譜——民営化後の研究体制の変遷』一二〇、一二二頁）。前者は〝Concepts and Design

Philosophy: MIA (1989)"として、計四九頁の冊子体となっており、まさに今、（珍らしく自分で書類の山から発掘し）わが左手で開いている。

前もって一言しておけば、前記の私の、一九九〇年当時の指摘（一字下げの引用部分）にあるように、**当時ＮＴＴ側は、ＭＩＡはあくまでＮＴＴ（及びＮＴＴデータ）の社内用のものだ、と主張していた。**だが、私は、そんなはずはないと思っていた。そして、その通りの展開となり、ＭＩＡはその後、グローバルに認知されたのである。

前記の計四九頁の冊子体を見ておこう。まず、その「まえがき」にあるように、ＮＴＴとＮＴＴデータが、**「日本ＩＢＭ(!!)、日本ディジタルイクイップメント、ＮＥＣ、日立、富士通との共同研究」**として進めたのがＭＩＡである。同前・四頁の**「ＭＩＡの目的」**から引用をし、あわせて、同前・五頁のＭＩＡの基本を示す図を、〔図表㊺〕として、次頁に示しておこう。

「ＭＩＡの目的」としては、次のように、そこに記されている。即ち——

「マルチベンダ化の三つの問題点〔たる〕"ＡＰ開発の重複、資源共用の阻害、操作法の不統一"は、単一ベンダ構成のシステムにも存在していました（単一ベンダが提供するコンピュータの中にも相互にＡＰの流通ができなかったり、操作法の異なるものが数多く含まれていました）。最近、主要なベンダから発表された「アプリケーション・アーキテクチャ構想」は、このような問題を解決しようとするものです。しかしながら、これは単一ベンダ内の解決が中心であって、必ずしもマルチベンダ環境における問題解決にはなっていません。

ＭＩＡの目的は、マルチベンダ環境において、ベンダ固有のハードウェアおよびソフトウェアの特徴を生かしながら、〔前記の〕「三つの問題点」を解決することにあります。これによってユーザは、個々に問題解決の対策を講じるためのコストとリスクを負担することなく、マルチベンダ化のメリットを享受することができるようになります。」

——とある。そして、「ＭＩＡ」により、「ベンダ共通のインタフェースの仕様」が定められる三つのインタフェースとは、——

「①ＡＰインタフェース（ＡＰＩ）——基本ソフトウェアとＡＰとの間のインタフェース
②システム間接続インタフェース（ＳＩＩ）——通信プロトコル
③ヒューマン・インタフェース（ＨＵＩ）——画面表示形式と操作法」

——とされている（〔図表㊺〕と対比せよ）。これは、まさに**普遍的要請**ではないか、と当時の私は確信していた、のである。

ちなみに、前掲の『**ＮＴＴ　Ｒ＆Ｄの系譜——実用化研究への情熱の五〇年**』では、同前・二五二頁以下に、「多彩なデータ通信サービスの全国展開が急に現実のものになってきた」**一九六〇年代後半**において、「それを実現する」のに必要な「処理能力の高い標準化されたコンピュータ」のニーズに答えるべく構想された、かの『**ＤＩＰＳ**（Dendenkosha Information Processing System）計画』（一九六

〔図表㊺〕 ＭＩＡの基本――そこで定義される３つの共通インターフェース

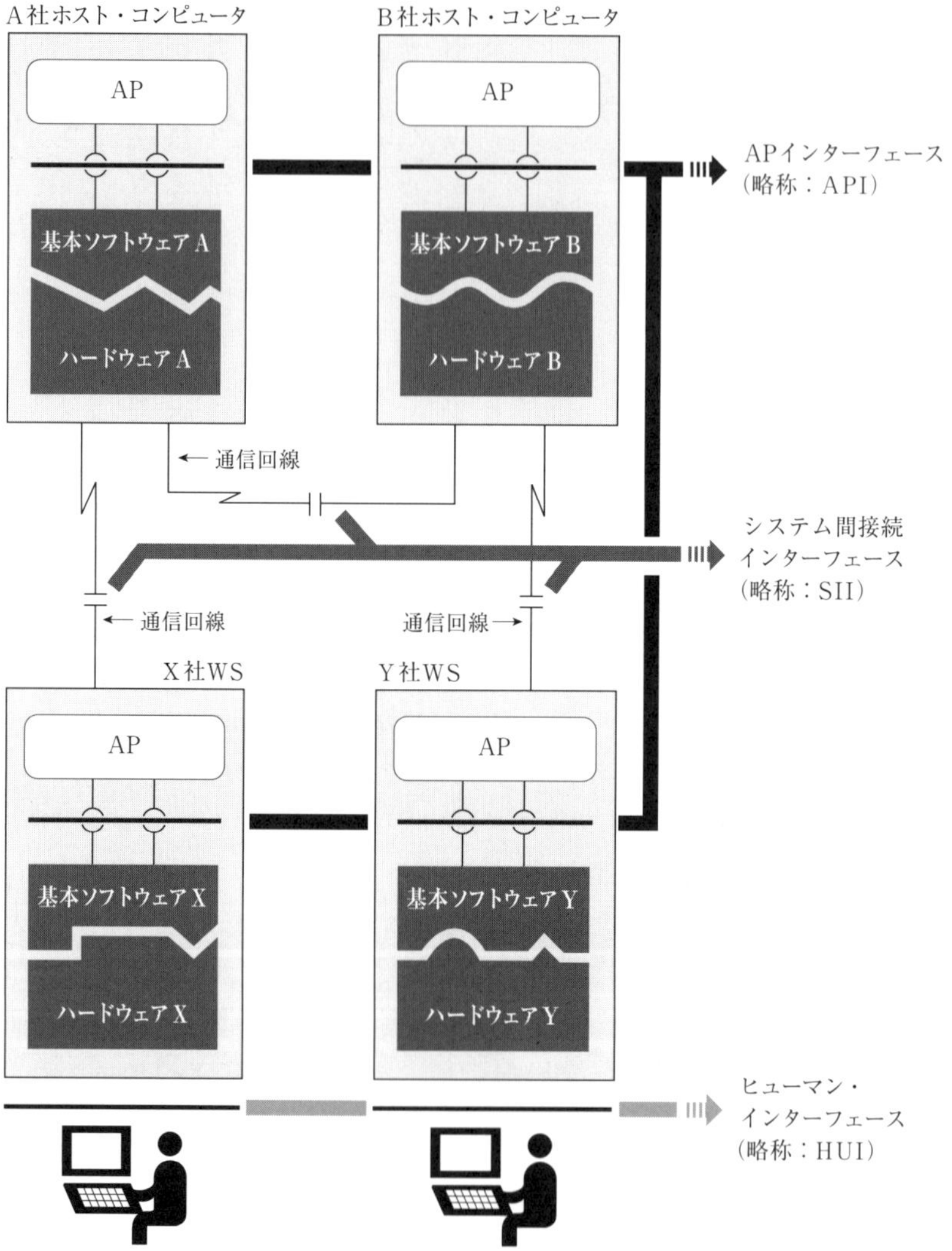

〔出典〕 NTT=NTTデータ・前掲（Concepts and Design Philosophy : MIA） 5頁。

七年九月に策定。同前・二五三頁）との関係で、ＭＩＡへの言及がある。ＤＩＰＳについては別途論ずるつもりだが、同前・二五二頁にあるように、ＤＩＰＳ自体が、「アーキテクチャの統一によりプログラム作成を一元化し〔!!〕開発コストを抑えるため」のものであった。そしてＭＩＡについて、同前・二六六頁は、――

「ソフトウェアのマシン依存性を取り払う代表的な試みとして……ＭＩＡ……がある。調達問題から発生した研究で、ＤＩＰＳの三社〔ＮＥＣ、日立、富士通〕にＩＢＭ、ＤＥＣも加えての共同研究となった。……これは、今ふうに言えば、ＪＡＶＡライクなハードフリーの思想を目指したものである……。九一年に完成した汎用コンピュータ調達の基本要件〔たるＭＩＡ〕は、単一アーキテクチャのＤＩＰＳと遜色ない相互運用性、ＡＰポータビリティを実現。九三年には、これを国際的なキャリア共通調達仕様として発展させるべく、国際的なメガキャリアが集うネットワーク・マネジメント・フォーラム内にＳＰＩＲＩＴ（Service Providers Integrated Requirements for Information Technology）チームを結成した。これはＵＮＩＸ標準化の一環として現在も活動を続けている。」

――とする。

その先の展開は、前掲・ＮＴＴ技術ジャーナル特集号『グローバルスタンダード最前線』（二〇〇二年一月一日刊）一八―一九頁の「ＴＯＧの標準化活動」の項に示されている。まず、ＴＯＧ（The Open Group）とは、「ユーザと〔!!〕ベンダのバランスを重視したプラットフォームの標準化機関」であり、「デファクトの機動性を保ちつつ、その仕様の十分性や品質検証を担保するという実用的な活動を行」ない、「世界的ベンダとユーザとをバランスさせる唯一のベンダニュートラルな国際的な標準化機関」だとされている。この「ＴＯＧにはSunやＩＢＭといったサプライヤだけでなく」、何と「米国国防総省〔!!〕やＧＭ、ボーイング」等も「ユーザの立場で参加してい」る。そうしたＴＯＧで、ＮＴＴのＭＩＡが、まさにグローバルなデ・ファクト・スタンダードとして認められたのである。その意義は大きい、と言うべきである。即ち、前記の一字下げでの引用部分からの更なる展開として、「ＮＴＴは……ＳＰＩＲＩＴ仕様〔既述〕の策定に寄与した上で、その成果を当時のX/Open仕様として標準化し」たが、「中でもＳＰＩＲＩＴの中のトランザクション通信プロトコルであるTxRPCは、ＮＴＴで開発されたＭＩＡ……が母体となっており〔!!〕、さらにＣＯＢＯＬやＳＱＬといった言語仕様に関してもＳＰＩＲＩＴで決めたプロファイルをX/Open仕様として反映することにも貢献しています。……」とある（以上、同前・一八―一九頁）。

かくて、「米国国防総省」も参加する場で、ＮＴＴのＭＩＡがグローバルに認知されたことは、特筆すべきことであろう。もっとも、国防総省が、その後のインターネットに至る研究の出発点において「異なるタイプのネットワーク」の「相互接続」を重視していたこと（石黒・前掲超高速通信ネットワーク九〇頁）からは、自然な展開とは言えようが。

以上においては、本書における『技術の視点』からの論述を①～㉑に〝再整理〟すると共に、前記⑮のＥＮＣＯＲＥの開発、『ＡＴＭとＩＰサービス（電話網とインターネット〔!!〕）との架橋』、そして『ＭＩＡ』を通して、ＮＴＴのＲ＆Ｄが、いかに大きな世界貢献をして来たかを、本書三の頭出しとしての、その1の項目として、それなりに示して来た。アメリカの抱く対日（対ＮＴＴ!!）脅威の内実についても、その中に、改めて織り込んで来た。

『NTTイコール電話会社』というイメージは、あまりにもNTTの世界的R&D実績を無視した、事実に反するとさえ言えるもの、である。

NTTのR&D成果とインターネットとが、いかに深いかかわりを有するかも、ある程度は、以上の『〝再整理〟プラスα』の論述から、示し得たとは思われる。だが、NTTのインターネットとの関係について、改めて一から論ずることによって、この点は一層鮮明なものとなる。そこで、次においては、現状のアメリカ主導型インターネット（IPv4の世界）からの大きな転換点たり得る、いわゆるIPv6の問題（前記②に注意せよ）を含め、筆を進めることとする（以上、二〇〇二〔平成一四〕年八月八日午後一時二五分脱稿。点検終了、同日午後二時四三分）。

2 「NTTとインターネット」の語られざる大きな実績――IPv6問題等を含めて

＊ 執筆再開にあたって

二〇〇二（平成一四）年八月一五日午後二時二七分、五七年前の日本を思いつつ、その五年後の八月二二日に生まれた私は、かくて、まさに〝ゼロからの出発〟であったNTT（電電公社）におけるソフトウェア開発と連動するところの、「『NTTとインターネット』の語られざる大きな実績」についての執筆を、開始する（今日は、三日前に妻が買ってくれたデュポンの『アフリカ』の金ペンで書く。バック・ミュージックは、〝ペンデレツキ〟である）。午前一一時頃からIPv6関連の最新資料（昨晩までにすべて整った）を点検し、こうして筆を執ったが、『そもそものはじめ』から書くのが、私の主義である。

本書三1において、本書のこれまでの論述中に鏤《ちりば》められていた『技術の視点』の〝再整理〟を行なった。そこからも、NTTがインターネットの中核にいかに深く（ドコモも含めて）食い込み、世界をリードしているかは、ある程度理解可能なはずである。

だが、物事には出発点というものが必ずある。今が今、と考えるのではなく、常に〝出発点での苦悩〟を意識しつつ行動することが、いかに大切か。――これは制度論でも技術論でも同じことだと、私は信ずる。だから、それを最初に書いてから先にゆくこととする。

〔NTTにおけるソフトウェア開発――『ゼロからの出発!!』〕

私が本書のもととなった論文執筆を決意した二〇〇〇（平成一二）年一二月末以来、一番書いておきたかったことが、これから示す点である。前掲『NTT R&Dの系譜――実用化研究への情熱の五〇年』三三二頁以下から、この点をまず見ておこう。

「ソフトウェア・サービス技術の研究実用化においてまず特筆すべき」こととして、そこには、「ゼロから始まった〔!!〕交換プログラムの実用化」の項がある（同前・三三二頁）。アメリカで「ソフトウェアによる制御方式……が交換技術に導入されるや、〔NTTの〕通研でも電子交換の実用化に向けて〔一九〕六三年に研究開発がスタート」した。だが、当時のNTT（公社）には、「交換プログラムに関する知識を有する人材が皆無に等しかった」（同前頁）。即ち「通研」で「電子交換機の開発を始めた」のはよいが、「交換のプログラムについて知っている者がたった一人しかいなかった」〔!!〕のである（同前・三三三頁）。

まさに、**〝ゼロからの出発〟**であった。そこから、日本のメーカーとの共同研究が着々と成果を生むに至るのだが、一九「八〇年頃までは、通研内でも**ソフトに対する認識は低**」く、「先見性を持つ少数のキーマン」の下に、「優秀なＳＥが次々と誕生」していった（同前・三三五頁）。そして、そこで**〝事件〟**が起こる。

一九「八四年の六月頃」のこと、「このままでいくとうち〔ＮＴＴ（公社）〕のソフトウェアは危ない。**全部メーカさんに任せきり**で、全然やっていない」との声が当時の技術局の側から挙がり、今年（二〇〇二〔平成一四〕年）退任したＮＴＴ（持株）の宮津純一郎社長（当時は企画室次長）が「調べてみた」ところ、「確かに……**『交換機が故障しても自ら〔の力では〕回復できない』**ことに驚いた」（同前・三三六頁）。そこで当時の真藤恒総裁の命の下に、「ソフト内製化の推進。モジュール化によるソフト生産性および品質の向上。グループ企業によるソフトの生産およびメンテナンス体制の確立」が「指針」とされた（同前）。**すべては、そこから出発し**、「交換システムのみならずオペレーションシステム〔!!〕の開発も強化」され、一例を挙げれば、一九九五（平成七）年一月一七日の、かの「**阪神・淡路大震災**の発生時に、どんな機関よりも早く震災の規模と範囲を的確に映し出し、**わずか一日で〔!!〕被災により故障した交換機の復旧を成し遂げた**」りもした。そして、一九九七（平成九）年、**ＮＴＴコムウェア**が、まさにソフトウェア専門会社として「分社独立」されるに至る。以上は、同前・三三九頁だが、そこには、「〝独学〟〔!!〕からわずか一〇年余りで専門家集団」への「飛躍」がなされたことへの感慨も、記されている（なお、**阪神・淡路大震災時の、テレコム関係の被害と復旧の状況**については、まさに、その一年前の日に起きた**カリフォルニア大震災**の場合と比較しつつのものとして、**石黒・前掲世界情報通信基盤の構築**八四頁以下。ちなみに、「ＮＴＴは、一か月を目途に通信インフラの完全復旧をすべく、関西以外の地域からの応援約一〇〇〇名を加えた**職員計四六〇〇名を動員した**」。石黒・同前八五頁。まさに、この阪神・淡路大震災のあった一九九五〔平成七〕年の**夏頃から**「**本格化**」した「**ＮＴＴ再編成〔分割〕論議**」――本書二2で詳述――においては、ＮＴＴの抱える多数の**保守・管理要員**のゆえに、**一人あたりのＮＴＴの利益率**が低いから云々、といった**愚論**がまかり通っていたことを、私は思い出す）。

この、ソフトウェアについての〝ゼロからの出発〟を前提に、ＮＴＴとインターネットとのかかわりあいについて、やはり**〝そもそもの始め〟**から記しておこう。

〔インターネット黎明期に遡るＮＴＴの研究開発――ＩＰｖ６に至る〝前史〟としての驚くべきその実績！〕

日本の「インターネット研究」としては、一九「八八年発足の学術団体**ＷＩＤＥ**（Widely Integrated Distributed Environment）が有名だが、その母体で、日本のインターネットの草分け的存在でもある**ＪＵＮＥＴ**（Japan Unix/University NETwork）が立ち上がった〔一九八四年〕に、既にＮＴＴは、国内に「もう一つ」の「ＬＡＮ間ネットワーク」を開設した。それが、「ＮＴＴの研究所を結んだ計算機ネットワーク」たる「**ＮＴＴ－ＩＮＥＴ**」、である（前掲『ＮＴＴＲ＆Ｄの系譜――実用化研究への情熱の五〇年』三四二頁〔以下においては、**前掲『情熱の五〇年』として引用する**〕。ちなみに、ＪＵＮＥＴは、慶応大・東工大・東大の三校の提携によるもの）。

時期的に言えば、現在のインターネットの前身たる**ＮＳＦネット**（ＮＳＦは米国科学財団）の運用開始が一九八六年ゆえ、その二年前、となる。そして、さらにその前身たる「アメリカ国防総省のARPAネットによって、TCP/IP……のプロトコルが……採用された」のが「一九八三年」のことゆえ（石黒・前掲超高速通信ネットワーク九〇頁）、まさに〝インターネットの黎明期〟の出来事である（インターネットの商用解禁は一九九〇年代はじめに、なし崩し的に進んだ。石黒・同前九二頁）。

では、日本でアメリカとの最初のＩＰ接続をしたのは、誰だったのであろうか。実は、それは一九八五（昭和六〇）年にＮＴＴが(!!)行なっていた。前掲『情熱の五〇年』三五六頁に、そのことが「電子メール事始め――それは電話線一本から始まった」と題する「こぼれ話・うら話」として示されている。日本からスタンフォード大学に、一本のｅメールが届いたのである。ＮＴＴの研究者間での、日米間でのメールである。ただ、当時は「数字の羅列」であり、「当時のＵＮＩＸおよびコンピュータネットワークでは日本語処理(!!)ができなかったので、〝２０２３〟とか一文字一文字漢字コードに変換してもらったものを、こちら〔スタンフォード大学側〕で解読する」形だった（以上、同前頁）。

ちなみに、「インターネットが爆発的に拡大するのは、モザイク(Mosaic)という強力なブラウザが誕生してＷＷＷが実用的なものとなった〔一九〕九三年からだが」、そこに、「モザイクの日本語化を手がけた」のもＮＴＴだった、とある（同前・三四四頁。ちなみに、そこにもあるように、〝日本で最初のｅメールの開通〟は、一九八一年、ＮＴＴの武蔵野通研と横須賀通研との間で、ということだったようである）。

この「モザイク」の、「日本語」のみへの対応は、当時の富士通がＮＴＴより先行して行なっていたようである。だが、ＮＴＴが行なったのは、正確には『モザイクの真の国際化（多言語化）』という、極めて重要な世界的技術貢献(!!)であった。

『第一回(!!)国際ＷＷＷ会議』が、一九九四年五月二五―二七日にジュネーヴで開催されたとき、その技術成果がＮＴＴ側から報告された（Toshihiro Takada [NTT], "Multilingual Information Exchange through the World-Wide Web", in: R. Cailliau/O. Nierstrasz/M. Ruggier eds., Advance Proceedings, First International World-Wide Web Conference (May 25–26–27 1994 Geneva), at 209–216.）。その邦訳が、高田敏弘「World-Wide Webの国際化とその問題点」ＮＴＴ　Ｒ＆Ｄ四五巻二号（一九九六年）一六七頁以下に掲載されているので、便宜、後者を見ておこう。

まず、高田・同前一六七頁冒頭には、「ＷＷＷ……はインターネット上に世界的な情報システムを構築しつつ(!!)ある。しかしその中で現在最も大きな障壁となっているのが国際化の問題、すなわち、いかにしてＷＷＷ上で多言語情報を取り扱うかという点である。本論文では、著者ら〔ＮＴＴ〕が開発したMulti-Localization Enhancement of NCSA Mosaic for X〔略称はMosaic-L10N〕の経験に基づき、ＷＷＷを国際化する際の問題点とその解決方法について述べる。……」、とある。

事柄の重大性に、気付くべきである。ウェブ上で日本語等の様々な言語が使えて当たり前という『今』の状況に至るには、ＮＴＴのＲ＆Ｄ成果が必要だったのである(!!)。

高田・同前頁から、更に引用すれば、第一回の国際ＷＷＷ会議が開催された当時、既に「一〇〇近くの国でサーバが立ち上が」っていたが、多くの国の人々（子供達のＷＷＷを介した情報発信が例示されている）にとって「彼らの母国語が使えるような環境は必要不可欠であろう。またインターネットに接続された様々な国が世界に向けてその文化・風習や言語を紹介しようとしたとき、もしそれぞれの国の言葉が自由に使えるならば、それは**より豊か**なものとなるであろう」、とされている。

まさに、ｅコマースに関する日本（旧通産省）提案たる『**ｅクオリティ・ペーパー**』（**石黒・前掲国際摩擦と法〔新版〕**二二〇頁を見よ）を想起させる、極めて温《あたた》かみのある問題設定であり、嬉しくなる。さて、その先が問題である。高田・同前一六七頁以下から、ポイントを示しておこう。右の如き問題設定をした後に示されている事柄は――

「しかし、現時点でＷＷＷの仕様を定めるプロトコルの多くはＩＳＯ八八五九－一〔**ISO 8859－1**: 1987, Information Processing ―― 8-bit Single-Byte Coded Graphic Character Sets ―― Part 1: Latin Alphabet No. 1〕のみを使用可能な文字集合としている。ＩＳＯ八八五九－一は主に西ヨーロッパ圏の言語を表記するために必要な文字のみを含む情報交換用符号（文字に符号を割り当てたもの の集合）であり、**ＩＳＯ八八五九－一のみでは日本語などその他の言語を表現することは困難**である。このような状況の下で、日本語をはじめとして、**韓国語や中国語**、**あるいはロシア語やヘブライ語**などといった、ＩＳＯ八八五九－一に含まれる以外の文字を必要とする言語をいかにしてＷＷＷ上で取り扱うかという試みが各所でなされている。……」

――というものである（同前・一六七頁）。だが、同前・一六八頁以下では、「**各国語化**（localization）と**国際化**（internationalization）の違い」を明確化すべきだ、との視点から――

「例えばインターネット上のアプリケーションで日本語を取り扱うため日本で数多くの努力がなされてきたのと同様に、世界各国でも自国の言語や文字の取扱いについて様々な試みが行われている。**しかし**〔!!〕これらの試みは通常、主に自国語（と英語）を扱うことのみを目標としたものが多〔い〕……。それに対して、単に一つの言語だけではなく複数の言語〔!!〕を取り扱うための試みが『国際化……』〔である〕……。理想的には国際化された環境が提供されていればなんの変更もなしにユーザは好きな言語や文字を扱うことが可能になるはずであるが……このような完全な形で国際化された環境は現時点で存在しない。……〔そこで〕その解決の一案を……述べることとする。」

――とされている（同前・一六八－一六九頁）。そこでＮＴＴが「試作」した、既述の **Mosaic-L1CN**（同前・一六八頁）が問題となる。

同前・一六九頁によれば、この「Mosaic－L10N は、**NCSA Mosaic**〔NCSA Mosaic for the X Window System, 1995〕を各国語の表示が可能なものへと**拡張**したものである。残念ながら現時点での Mosaic－L10N が実現しているのは、**様々な『各国語化』間の動的な切替え**であり、『国際化』ではない。すなわち、例えば日本語の文書中から中国語の文書へリンクが張られていた場合、日本語から中国語へ、その『**各国語化**』を**自動的に切り替えることに**よりそれぞれの文書の表示を可能とするものである。Mosaic－L10N では一つの文書中に複数の言語、例えば日本語と中国語などを共存させることはできない。しかしながら、Mosaic－L10N はＷＷＷの国際化に必要な幾つかの要素をすでに解決している」、とされている。だが、むしろ重要なのは、同前・一七一頁の「今後の課題」である。まず、「現在ＨＴＭＬについてはその使用文字集合が**ＩＳＯ八八五九－一**のみと定められている」が、それを「改める」必要のあること。次に、「現在ＨＴＴＰで使用可能なネゴシエーション・インタフェース」は限定されているが、それでよいのか、との点。最後に、「ＵＲＬの国際化」の必要性、つまり、「ディレクトリ名やファイル名に各国の文字を使」うという意味での「国際化は必要不可欠」だ、との点である。そして、同前・一七二頁には、「国際化ＷＷＷブラウザに関しては現在も研究を継続中であり、今後は著者ら〔ＮＴＴ〕は、真に国際化されたブラウザの実現を目指している」、とある。

同前・一七二頁の、本文中の最後の、印象的な言葉も、ここで引用しておこう。即ち――

「インターネットにおける国際化というものは、単に自分の使いたい言語や文字が自分の気に入った方法で表現できればよいというものではない。インターネット社会全体が国際化の手法そのものを共有しないことには情報の〔真の〕やりとりは不可能である。接続されたすべての人々の間で自由に情報の交換や共有ができてこそインターネットなのではないだろうか〔!!〕。」

――との、至当と言うべき指摘である。

ちなみに、このＮＴＴによる多言語化方式のリリースの後において、ＮＴＴのこの方式が、国内において日本語を取扱うためのバージョンとして広く使用されたことは、知る人ぞ知る事実である。だが、それよりも、ワールド・ワイド・ウェブの第一回国際会議で、ＮＴＴの側から、『インターネットのあるべき姿』が、そのＲ＆Ｄ実績を踏まえて熱く語られていたことを、我々は忘れるべきではない。本書でこれからも示してゆくように、ＮＴＴが日本のインターネットの、最も初期の段階から、技術面でそれと正面から取り組んで来ていたことが、すべてのベースとして、あるのである。そこに、注目すべきであろう。

ところで、インターネット上のもともとのＮＴＴの宛先が **user@site.NTT.jp** であったことが、インターネット黎明期におけるＮＴＴのプレゼンスを示す、一つの象徴的な事柄である。ＮＴＴの宛先には“co”や“ac”がついていなかったのである。

既述のＪＵＮＥＴにおけるドメイン表記の **”domain.（ac, go, co, or, ad）jp 化〃**は、一九八八年頃から進められて来た。だが、同じく既述の如く、ＮＴＴのインターネットでの実績はそれに先行するため、既述の宛先表示 ntt.jp がそのまま認められたのである。即ち、ＮＴＴのインターネットは、日本で数少ない、〝所属組織〃の識別名を持たないネットワークとして認知されて来ていた、のである。

ＮＴＴは、その全国展開がＮＴＴのそれと並行してなされて来たところの「ＪＵＮＥＴへの接続に加え、コンピュータ科学者の国際ネットワークであるＣＳＮＥＴ（Computer Science NETwork）に〔一九〕八七年に加盟、接続してからは、正式にＮＴＴ研究所の研究業務支援ネットワーク〔として既述の〕ＮＴＴ－ＩＮＥＴ」を「運営・運用」してゆくこととなる。のみならず、「TCP/IP による日米間通信では、ＪＵＮＥＴに先んじて〔一九〕八七年八月に成功」したのが、ＮＴＴなのである（前掲『情熱の五〇年』三四三頁）。そして、この点は、「研究所とＣＳＮＥＴを繋いだ点で、日本インターネット史上における記念すべき成果〔!!〕といえる」、とされている（同前・三四四頁）。

更に言えば、既述のＪＵＮＥＴは、設立当初から、そのネットワークの構築・運用支援自体が、実質的にＮＴＴによって行なわれて来ていた。この事実はあまり知られていないが、ＪＵＮＥＴの強力な推進者は、実はＮＴＴだったのである(!!)。

他方、本書三六六頁以下における、『技術の視点』の〝再整理〟の⑮に示した『ＥＮＣＯＲＥ』の開発（前記の〔図表㊸㊹〕を見よ!!）や、①〜㉑の〝再整理〟の後に示した『ＡＴＭ（非同期転送モード）とＩＰサービスの架橋』の項で示したように、ＮＴＴは、最近においても、ＩＰパケット伝送との関係で、従来の各社のルーター乱立状況から生ずる問題に対して、重要な世界的技術貢献をしている。だが、そもそも、その原点には、次の事実があった。即ち――

「パケット送信の場合、宛先のＩＰアドレスを識別して経路を制御する機能を持ったコンピュータ、すなわちルータは現在ではＣＩＳＣＯ社の製品が国内外で高いシェアを占めているが、日本で初めてＣＩＳＣＯ社の製品を導入したのも〔ＮＴＴ――引用部分が個人名ゆえＮＴＴと表記する〕だった。……今でこそ有名なＣＩＳＣＯだが、当時はスタンフォード大学の助手が設立した小さな会社。……武蔵野通研のＬＡＮ〔で〕……トラブルが続出〔し〕……そこで……以前から着目していたシスコシステムズ社のルータを入手して実験。トラブルを解消させた。以来、〔ＮＴＴ〕研究所はシスコシステムズ社の〝信頼性試験〟を引き受ける形になり〔!!〕、何か問題があるとスタンフォード大学のボザック氏（ＣＩＳＣＯ社の創設者）を追いかけた。……」

――との事実である（前掲『情熱の五〇年』三四四頁）。ルーターのＣＩＳＣＯ社とＮＴＴとの、この意外な関係を、一体どれだけの人々が知っているのか。だから、私が書く、のである。書かずには居られない、のである。

同様に、人々があまり知らないこと（あるいは意図的に〔!?〕忘れていること）を記しておく。

「『日本で最初のホームページ』は誰が作ったのか?・」――この問いに対する答として、「それはＮＴＴだ!!」、と言いたいのは山々だが、それは一九九二（平成四）年九月三〇日に、文部省高エネルギー加速器研究機構計算科学センターの森田洋平博士によって作られた（http://www.ibarakiken.gr.jp/www/first/index.html）。だが、ＮＴＴが成し遂げたことは、一九九三（平成五）年九月にＷＷＷサーバーを立ち上げ、それが「日本で最初の〝ホームページのホームページ〟」、つまり、今のyahooのような、ホームページの一覧や情報の閲覧の出来る『日本初のポータルサイト』、となった点にある。そしてそれが、その後の「ＮＴＴディレクトリの原型」となったのである（前掲『情熱の五〇年』三四四―三四五頁。ちなみに、『インターネットタウンページ』が、一九九五〔平成七〕〜九八〔平成一〇〕年の間、日本初のディレクトリ・サービス事業として開設されていた。なお、ＮＴＴディレクトリは一九九九年にＯＣＮナビとなり、二〇〇一年にその役割を終え、終了した）。

ちなみに、この、いわば日本のホームページの元締め的な「ＮＴＴホームページは日本の……情報を発信して世界からアクセスされ」、「さらに九五年には、より拡充した〝Japan Window〟を〔ＮＴＴ〕がスタンフォード大学と共同で米国西海岸に開設。これは日本の情報を世界に発信する窓口として世界から高い評価を受けた」（同前頁。ちなみに、この〝Japan Window〟もまた、日本初の英語ポータル・サービスなのである〔!!〕）。

こうして、従来型インターネット（IPv4――後述）の世界におけるNTTの活動は、ますます活発化してゆき、その先に、後述の『IPv6へのNTTの世界的技術貢献』が位置づけられることになる。だが、そのIPv6に深く関係する、画期的なNTTのR&D成果があるので、先にそれを見ておくこととする。

〈情報家電とIPネットワークとの融合――NTTによる世界初CSCソフトウェアの開発（二〇〇二〔平成一四〕年二月）!〉

後述のIPv6の出発点としては、「爆発的なインターネットの普及により現在のインターネット（IPv4）にはさまざまな問題が表面化してき」た、との認識がある。「最近になって携帯電話や情報家電（!!）など、非常に多数の機器類がインターネットに接続できるようになり……セキュリティや通信品質が重要視されるコンテンツが伝送されるようになったことから、IPv6への期待が急速に高まってき」たとされ、「特に第三世代移動通信の標準化団体である3GPP……においてIPv6の採用が承認されたことにより、IPv6の普及は一気に現実的なものになってき」た、とされる（貞田洋明「NTTコミュニケーションズにおけるIPv6ビジネス化への取り組み」NTT技術ジャーナル二〇〇〇年九月号一七頁）。3GPPについては、本書三三七頁以下で記したが、他方、本書三六六頁以下の『技術の視点』の〝再整理〟の、⑰の項目を見よ。つまり、前記の指摘の背後には、ウィンドウズを上回る日本発のOSたる『トロン』の存在が、裏打ちされている。そこに、注意すべきである。

さて、貞田・前掲頁には、インターネットと「情報家電」とが「接続されるようになった」とあるが、それをスムーズに、自動的かつ最適に実現するのが、NTTが二〇〇二（平成一四）年に開発したCSC（Communication Service Concierge）である。同年二月二七日の、NTTのニューズ・リリースから、その概要を示しておこう。ちなみに、電経新聞同年三月四日付の記事には、「NTT世界初　CSCを開発　情報家電とネットを融合」の見出しで――

「NTTは世界に先駆け、情報家電とネットワークを融合し、サーバから端末までをエンド・エンドでサポートする基本ソフトウェア『コミュニケーション・サービス・コンシェルジェ（CSC）』を開発した。……」

――とある。

「世界に先駆けて」の「開発」であることは、前記のNTTニューズ・リリースの冒頭にも示されている。そこには、「情報家電（ネットワーク・アプライアンス）」の意味として、「家庭電化製品（アプライアンス）に通信機能を組み込んだもので、インターネット経由でも操作できます。テレビ、AV機器から、洗濯機、冷蔵庫、電子レンジなどにまで広がりつつあります」、との注記がなされている（なお、NTT先端技術総合研究所「情報家電とネットワークの対話により、自動的にデータ加工・通信制御するソフトウェアを開発」NTT技術ジャーナル二〇〇二年五月号四五頁以下に、CSCについての解説がある）。

それでは、CSCが、何をどう解決したのか。便宜、NTT未来ねっと研究所の「Communication Service Concierge ――情報家電とネットワークが対話する基本ソフトウェア」と題した説明のための図を、〔図表㊻〕として示しておく。

この〔図表㊻〕を前提に、前記のNTTニューズ・リリースから

CSCの特色を示すならば、以下の如くなる。即ち、従来は、〔図表㊻〕のような状況下（とくに下の方の図を見よ）において、「サーバ負荷、ネットワーク混雑、ホームネットワーク状況など」が「情報家電とネットワーク」の関係における「快適性を損なってい」たが、それらの要因をユーザーの「側からは特定できなかったり、特定できても即座には解決できない、という従来の課題を解消」するのがCSC、だとされる。「具体的には」、ユーザーや「通信事業者がCSCを一度インストールしておけば」、ユーザーの「リクエストにあわせて……サーバ、ルータ、情報家電にそれぞれ最適なプログラム（プラグインモジュール）〔が〕自動的にダウンロード」される。それによって「通信のエンドーエンドをトータルにアレンジし、情報家電機器とネットワークが相互に対話・協調することにより、はじめて快適な通信が実現できる」、ということである。ちなみに、CSCには「Java 技術」が「利用」されているので、「機器やそのオペレーティングシステムの種類にほとんど依存し」ない、とされている。もとより、従来より、ネットワークのユーザ側、アプリケーション・サービスの提供者、ネットワーク・サービス提供者それぞれが新技術を開発して問題解決を試みて来た。だが、情報家電（端末）内だけ、あるいはネットワーク側だけの通信制御では根本的な問題解決とはならず、そこで、〝エンドーエンド〟での統合的な通信制御が必要である、というところからCSCが生まれた。ちなみに、このCSCは、NTT未来ねっと研究所とイリノイ大学シカゴ校、及び東京大学工学部との共同研究プロジェクト（N*Vectorという名称）の成果を踏まえた、同研究所の独自開発による「通信資源管理フレームワーク」である（筒井章博「先進的ネットワーク利用技術研究プロジェクト N*Vector」ＮＴＴ　Ｒ＆Ｄ五一巻二号（二〇〇二年）七六頁、八二頁以下）。

かくて、このCSCは、これから論ずるIPv6による、まさしくユビキタス（遍在的）なIP通信環境を整える上での、ソフトウェア面での、NTTの重要な世界貢献（検証実験を経たオープンな仕様化、標準化が考えられている）と言える。既に示したところの、NTTにおけるソフトウェア開発の『ゼロからの出発』を、想起すべきであろう（以上、執筆は、二〇〇二〔平成一四〕年八月一五日午後七時半まで）。

〔現状のインターネット（IPv4）の問題性——IPv6への移行を考える前提として〕

周知の如く、従来型の「インターネットは、ネットワーク番号の枯渇、経路表（前記の〔図表㊸㊹〕とその前後の指摘参照）の急増、ひいてはアドレス自体の枯渇という重大な危険に直面していた」（クリスチャン・ウイテマ著〔村井純監修・WIDEプロジェクトIPv6分科会監訳〕＝松島栄樹訳・IPv6——次世代インターネット・プロトコル（一九九七年・プレンティスホール出版）一頁）。その危機打開のために、「新しいインターネット・プロトコルが必要」（同前頁）とされ、IPv6問題へと至る。

注目すべきは、「中国には米国の一大学より少ないIPv4のアドレス空間しかなく、支障が生じつつある」（「『グローバルIPv6サミット』中国・北京国際会議場で開幕」——Mainichi Interactive 2002—05—09: http://www.mainichi.co.jp/digital/network/archive/200205/09/）、との象徴的な事実である。別に〝アドレスの涸渇〟のみがIPv6問題の本質ではないが、右の大学とは「MIT（マサチューセッツ工科大学）」のことであり、MITの有するアドレス数は「中国全体のアドレス数を上回る」ものとなっている（池田信夫＝山田肇

〔図表㊻〕 ＣＳＣが解決しようとする問題とは何か？

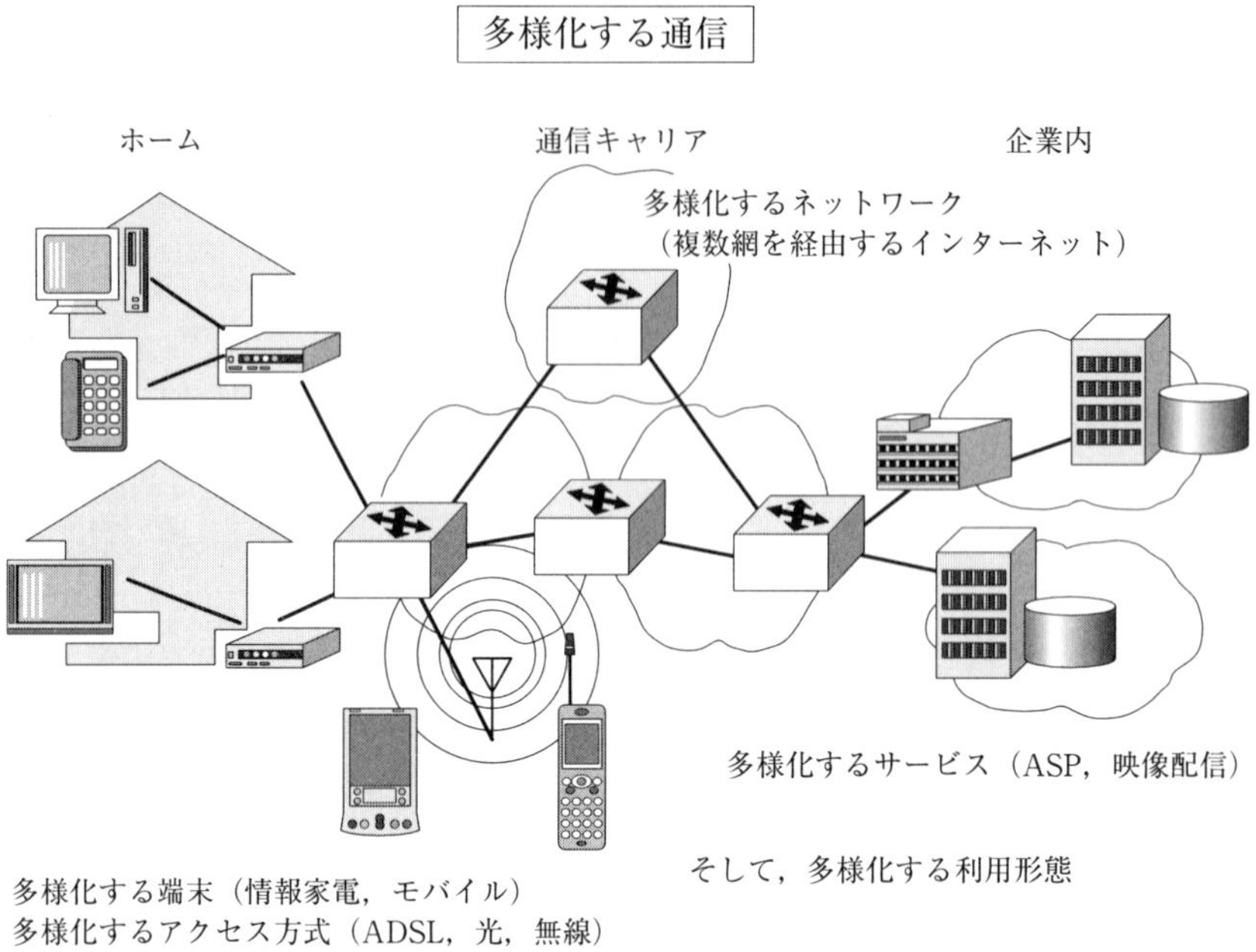

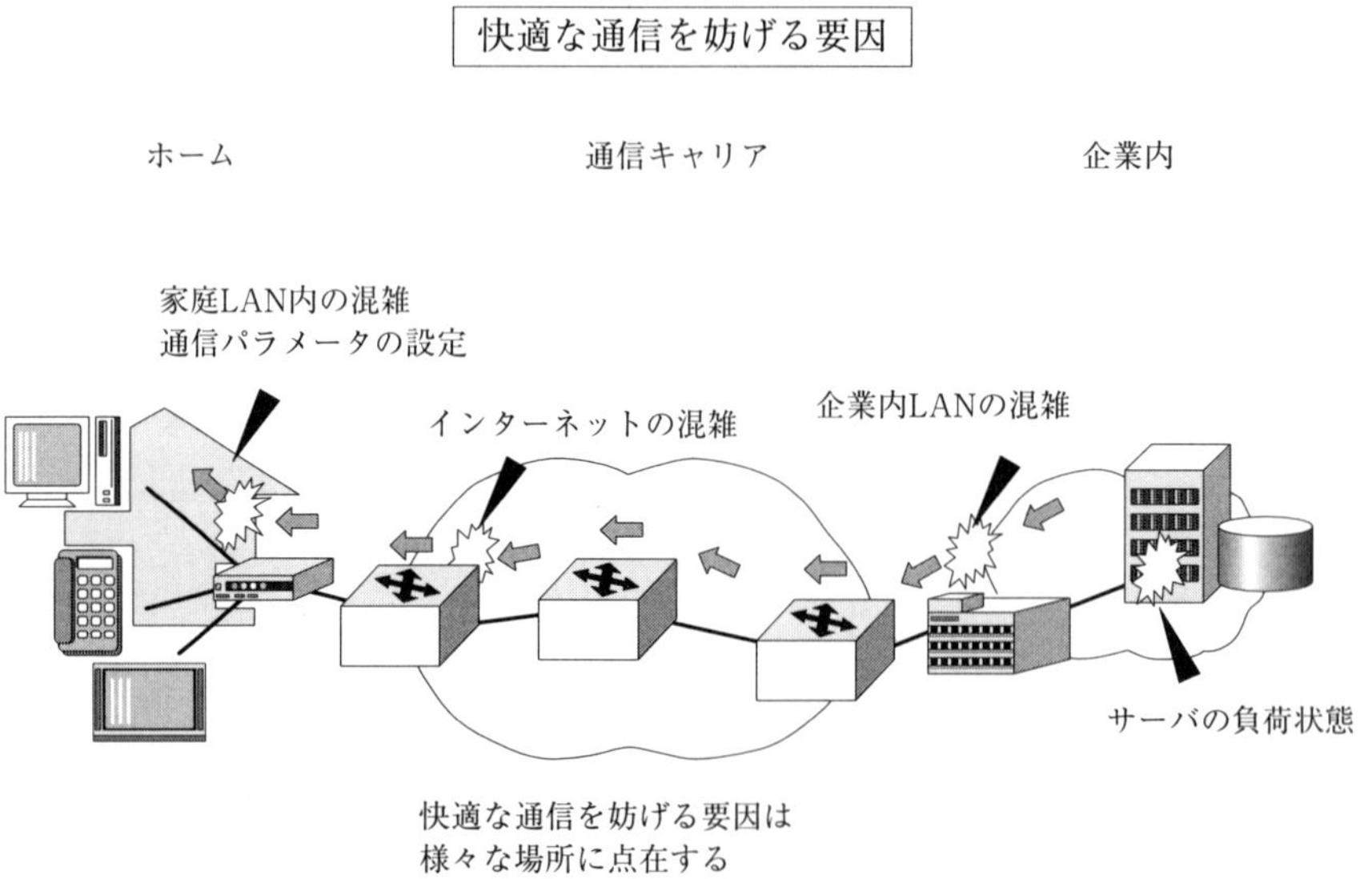

〔出典〕 NTT未来ねっと研究所・前掲。

「ＩＰｖ６は必要か」RIETI〔独立行政法人経済産業研究所〕Discussion Paper Series 01―J―006〔二〇〇一年一月〕七頁）。「**現在、全世界のアドレスの七四%がアメリカに配分**され、アジアは全部で九%である」（同前頁）、といった問題があるのである。

ＩＰｖ６化を急ぐ必要はないとするのが池田＝山田・同前の主張であるが、それはともかく、どうしてそんなことになったのかが問題である。「問題は残っているアドレスの量ではな」く、**従来の（アドレスの）「ゆがんだ配分」**にある、とする同前・六頁以下を、見ておこう。

同前・六頁によれば、「これまでに一九億個のアドレスが割り当てられているが、インターネットに接続しているコンピュータ（ホスト）の数は全世界で約一億三〇〇〇万台と推定されている。……問題は、なぜ一億三〇〇〇万台のコンピュータに一九億個ものアドレスが配られたのかということである。……**アドレスは一九九五年までに約一五億個、それから二〇〇一年までに約四億個配られ**」た。「世界のインターネット人口は一九九五年には三〇〇〇万人」だったから、「**初期の利用者**には一人あたり五〇個もアドレスが割り当てられ」たのに、世界のインターネット人口が「二〇〇一年には四億人を超え」た「**現在の〔その後の〕利用者**には一人あたり一個以下しかアドレスが配られていない」のである（同前・六―七頁）。

インターネットのアドレス割り当ては、「全世界の割り当てを管理しているＩＡＮＡ（Internet Assigned Number Authority）からＡＲＩＮ（アメリカ大陸）、ＡＰＮＩＣ（〔エーピーニック〕アジア太平洋）、ＲＩＰＥ（ヨーロッパ）の三つのＲＩＲ（Regional Internet Registry）に割り当てられ、そこから各国のＮＩＣ（Network Information Center）を経由してＩＳＰなどのユーザーに配布される」（同前・三頁）。この「中央集権的〔!!〕な割り当て」（同前・七頁）において、「初期には一つのサイトで必要なアドレス数がクラスＢ（約六五〇〇〇個）を超えるといきなり**クラスＡ（約一六七〇万個〔!!〕）**が与えられ、必要かどうかも確認しないで大きなブロックが、要求されるままに割り当てられ」、その結果、アメリカの「**国防総省だけでクラスＡを六ブロック（約一億個）も持っており、ＡＲＰＡＮＥＴ**（インターネットの前身〔既述〕）の設計を請け負った……会社……は、一社でクラスＡを三ブロック（約五〇〇〇万個）も持っている」、といったことになっている。「**ＭＩＴは**……クラスＡを１ブロック持っている」のだが、それが**中国全体のアドレス数**よりも多い、といった既述の点と結びつくのである（同前・七頁）。

そこから同前頁は、ＩＰ「ｖ６を推進する前にやるべきなのは、アドレスの利用状況を調査し、使われていないアドレスを返却させるとともに、割り当てるブロックの大きさを利用実態に見合ったものに変更することである」、とする。"But how?"（例えば国防総省が応ずるか？）とも言いたくなるが、それ自体は正当なクレイムであろう（まさにこの点でも、ＮＴＴがその後、大きな世界貢献をしたことは後述）。但し、それによって、アドレスが「常識的な推定では二〇年以上持つ」し、「二〇年というのは、インターネットではほぼ永遠の未来に等しい。……」とする同前頁の主張には、疑問を感ずる。

池田＝山田・同前九頁は、ＩＰ「ｖ６によって従来にない機能が実現するなら、移行する意味はあるかもしれない」が、「プライバシーとセキュリティの保護」や「マルチキャスト、実時間制御、プラグ・アンド・プレイ」などは「いずれも〔ＩＰ〕ｖ４で実現している」とし、「全世界のコンピュータや家電など……にすべてＩＰアドレスがつき、サーバを介さず……超分散的に作動する『**ユビキタス・ネットワーク**』……はセキュリティ上、危険」だとする（同前・一〇頁)。「各端末が裸で全世界とつながったら……ユーザーがコンピュータの知識を十分持っていないと、本人のみならず社会に迷惑を及ぼす」(同前頁)、ともされている。もっともな指摘であり、セキュリティ面のガード(後述)が必須なのは同感だが、全体として、モバイルで言えば2・5Gで十分ゆえ3G以降の展開は不要、といった論と似ているのが池田=山田・前掲の主張と言える。

一九九五年までにアドレスを(アメリカ中心に!!――同前・一五頁以下の「付録」の表を見よ)、誠に野放図に、しかも〝中央集権的〟(既述)にバラまいたそのやり方は、貿易と関係二〇〇〇年一二月号四七頁以下で論じた『USセントリック問題』や『**Global Tier One 問題**』を、想起させる。

その〝『インターネット』イコール『アメリカ』の閉鎖的イメージ〟を打破するのがIPv6問題であることもまた、周知の如くである。実際にも、「**IPv6の開発や実用化の活動は、日本と欧州において特に活発**であり、既存のインターネット技術であるIPv4が、ほとんどすべて〔!?〕米国主導で開発されたことと対比して語られることが多い」、とされる(宮川晋「米国におけるIPv6動向」NTT技術ジャーナル二〇〇〇年九月号一五頁。但し、同前頁は、「IPv6プロトコルの標準化においては、**アメリカにある人脈**〔!!〕が大きな役割を果たして」いる、とする)。また、「**欧州は、アジアと並んでIPv6への関心が高い地域**」であり、「これは、アメリカに比べて割り当てられているIPv4空間資源が小さく、IPv4アドレス不足が深刻であることが一因と考えられ」る、ともされている(柏木伸一郎=野村研仁「NTTヨーロッパにおけるIPv6への取り組み」同誌同号二二頁)。

他方、**アメリカ**は、「ルーターを製造する…… **Cisco** をはじめとする主要各社はすでにIPv6への対応を正式に表明し」たものの、「**サービスの実用化**においては、IPv4でのアドレス空間の枯渇具合がアジアや欧州ほど深刻ではないためか、コンシューマやコマーシャル向けの**サービス実用化には日本や欧州ほどの熱意は感じられない場合も多**」い、とされている(宮川・前掲一六頁。同前頁で「しかし……」として挙がっているのは、その後潰れたMCIワールドコムの例である)。

さて、この辺で、**IPv6それ自体とNTTの世界的技術貢献の輝やかしい実績**へと、眼を転じよう。

〔IPv6とNTTの世界的な技術貢献――その実績について〕

a IPv6のベースとなったNTT提案(PiP)

銅線ネットワークの延命策としての**DSL**と似たようなことで、「**CIDR**(Classless Inter Domain Routing)や**NAT**(Network Address Translation)などの技術により**IPv4のアドレスの枯渇時期**〔は〕先送りされ」た(貞田・前掲一七頁。但し、いずれにしても「あまり悠長に構えていることはできない、準備は早く始めた方がいいというのが我々の実感」だ、とする斉藤康己「インターネットの新しい世界――IPv6」電気通信(社)電気通信協会刊)二〇〇一年一〇月号二九頁の指摘に注意しつつ、池田=山田・前掲の論旨と対比せよ)。もともと、「インターネットの成長を……見積もった結果、〔IPv4の〕三二ビットのアドレスでは四〇億台のコンピュータしか収容できず、「今後数年間はアドレスは枯渇しない」にせよ、その先がどうなるのか、といったところから、**IPv6問題**は出発していた(ウイテマ・前掲訳書二頁)。

だが、『**IPv6が解決する課題**』は、「IPアドレスの枯渇」のほか、「経路制御情報の増大」・「インターネット接続作業の簡便化」・「マルチメディア対応とＱｏＳ制御」・「セキュアな通信路の確保」と、多様である。そして、『**ＩＰｖ６の特徴**』としては、①「ＩＰアドレス空間を〔ＩＰｖ４の〕三二ビットから**一二八ビット**に拡大」、②「階層的なアドレス管理による経路情報の削減」、③「機器固有アドレスの割り当てとネットワークアドレスの自動付与による〔いわゆる〕**Plug and Play** の実現」、④「フロー制御機構と通信種別フィールドの利用、およびマルチキャスト通信による効率的なパケット転送の実現」、⑤「**IPsec** の採用によるホスト間での安全〔セキュア〕な通信路の実現」、⑥「ＩＰパケットのヘッダ構成見直しによる処理の高速化」、⑦「現行インターネット技術からの円滑な移行と、**ＩＰｖ６・ＩＰｖ４の共存**」、が挙げられている（以上、太田賢治＝藤崎智宏＝三上博英「ＮＴＴにおけるＩＰｖ６研究実験ネットワーク（NTTv6net）の構築」ＮＴＴ技術ジャーナル二〇〇〇年九月号一〇頁）。

便宜、**ＩＥＴＦにおけるＩＰｖ６仕様策定の経緯**を略述しておく。まず、一九九三年九月に、ＩＥＴＦに**IPng**（次世代ＩＰ――ng は next generation）のワーキング・グループが設置され、一九九五年一月に、IPng として後述の**Ｓ－ＩＰＰ**（Simple IP Plus）を採択し、それをＩＰｖ６とする**ＲＦＣ**（Request For Comment）一七五二が出された。同年一二月に、ＲＦＣ一八八二によりＩＰｖ６の初期基本仕様が制定され、翌九六年一一月に、ＩＰｖ６テスト用アドレス空間がＲＦＣ一八九七で制定され、**九八年一二月**にＩＰｖ６の仕様が**……ＲＦＣ二四六〇**―― Internet Protocol, Version 6（IPv6）Specification ――としてまとめられた（右の最後の点につき、貞田・前掲一七頁）。かくて、ＩＰｖ６は、本格的な実証テスト段階に入ることとなる（以上の経緯については、ウイテマ・前掲訳書四頁以下と対比せよ）。

ここで、前記①～⑦の『ＩＰｖ６の特徴』を、ヘッダーのフォーマットに即して図示した、ＮＴＴコム社（Ⓒ二〇〇二年）の分かり易い図があるので、これを〔図表㊼〕として示す（以上、二〇〇二〔平成一四〕年八月一六日午後四時二七分。少々疲れてしまったので、今日はここで筆を擱く。「送り火も焚かずに仕事仕事かな」、といったところで、自分が病気であることを、すっかり忘れていた。危ない……）。

ちなみに、〔図表㊼〕には、「**トラヒック・クラス**」とあるが、**インターネットの世界（ＩＥＴＦ）において、〝トラフィック・コントロール〟の概念が明確に認識されたのは、一九九八年の前記ＲＦＣ二四六〇以来のこと**のようである。そのことによって、**ＱｏＳ**（クオリティ・オヴ・サービス）確保に向けた、新たな発展が、期待されることになる。

さて、こうしたＩＰｖ６について、ＮＴＴのＲ＆Ｄは、いかなる世界貢献をしたのであろうか。本書三六六頁以下の『技術の視点』からの〝再整理〟の②、即ち、『**世界初のＩＰｖ６商用サービス**』**の開始**（二〇〇〇〔平成一二〕年三月二三日――その意義については後述する）だけではなく、**実はＮＴＴは、ＩＰｖ６そのものの策定に、最初から深く関与していた**(!!)**のである**（八月一六日、やはりここまで書いてしまった。今、午後五時ちょうど。もう、今日は本当にここでやめる）。

次世代ＩＰ（**IPng**）への世界のインターネット・コミュニティの活動の節目となったのは、一九九二（平成四）年六月に「神戸で開催された、「インターネット学会（**Internet Society**）の国際会

〔図表㊼〕 IPv 6パケットのヘッダー・フォーマット

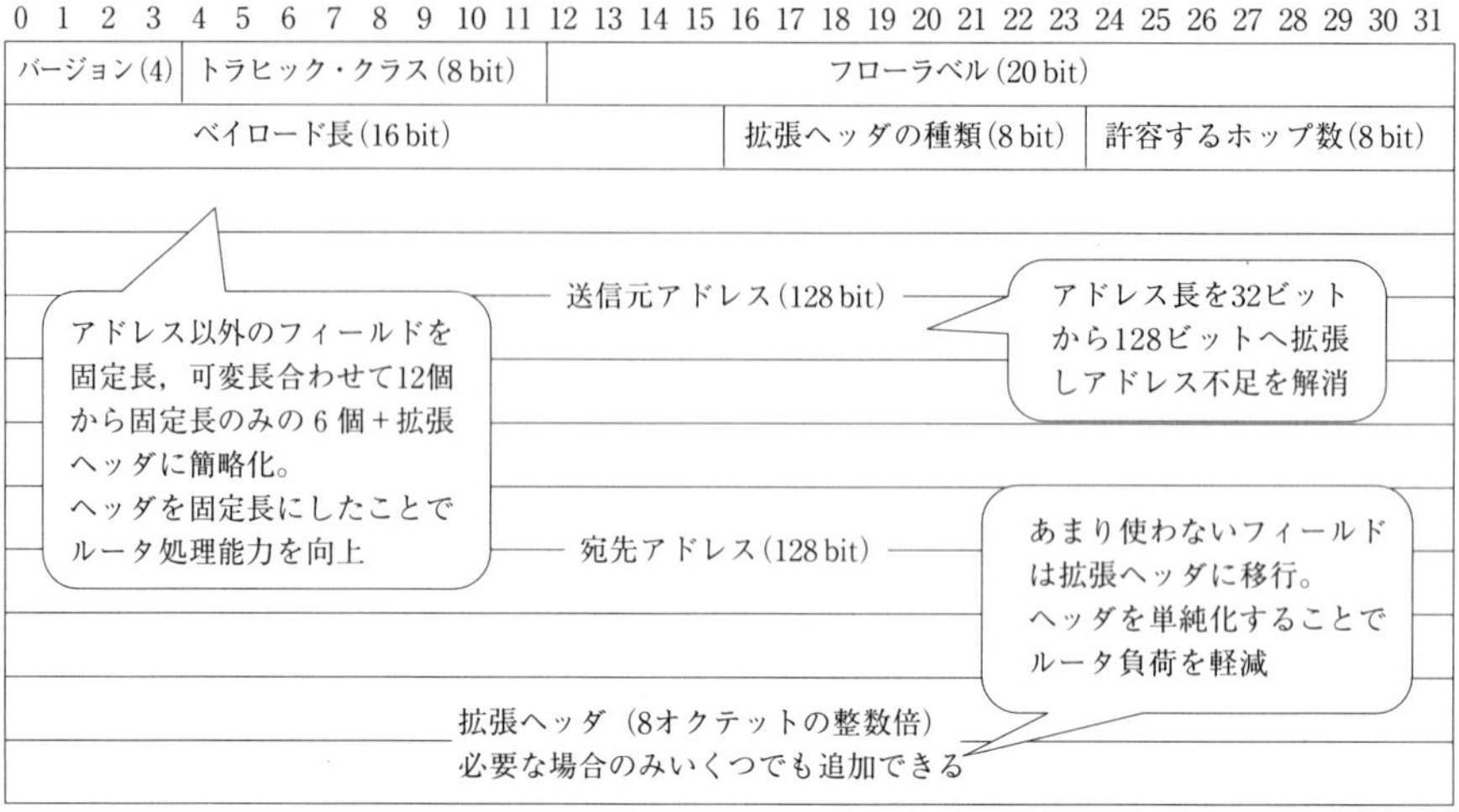

〔出典〕 NTTコミュニケーションズ社資料（2002年）。(図中の「クラス」とは，送信タイミング・コントロール優先度などによる輻輳制御，「フローラベル」とは，ルート指定による転送時間を送信元から保証して特別処理を必要とするパケットへの品質要求のこと。セキュリティ機能等は，図の下部分に「追加」できる。)

議」だったようである。「IAB（Internet Activities Board）のメンバーは、この会議中にミーティングを持」ち、この「ミーティング」で、IPv4の「三二ビットのアドレスの選択は、一九七八年当時には英断だったのだろう」が「このアドレス長は短過ぎると証明されてしまった」ため、次世代IPへの流れに火が付いたようである（以上、ウイテマ・前掲訳書一頁）。「一九九二（平成四）年七月のIETF（Internet Engineering Task Force）」の会合が若干紛糾し、「IESG（Internet Engineering Steering Group）などの管理機構の役割が改正され……IAB……は名称までも『Internet Architecture Board』に変更された」が（同前・二頁）、それはよい。

次世代IPについて、「IABが神戸でミーティングを行なったとき、新しいIP〔IPng〕の候補は三つしかなかった」とされる（同前・四頁）。その第三番目がNTTと深く関係する（!!）のである。

その「三つしかなかった」ところの「候補」の第一は、IABの、既述の神戸でのミーティングで考えられた「CLNP（Connection-Less Network Protocol）」であり、これは「ISOが定めるOSI（Open System Interconnection）の体系の一部に位置する」（同前・一頁）ものであり、神戸のミーティング（IABのそれ）においては、TUBA（TCP and UDP over Bigger Addresses）と呼ばれていた（同前・四頁）。だが、「欠点」として「CLNPはとても古く非効率なプロトコルであ」り、「実際にCLNPはIPの模造品〔!?〕であり、ISOでIPを標準化しようとした産物であること」（同前頁。――『インターネット村の人々』からOSIを見た場合の眼鏡の歪みがそこにあるか否かは、今は措く。OSIとTCP/IPとの関係についての石黒・前掲超高速通信ネットワーク九〇頁を見よ）等からして、「この〔CLNPの〕提案は失敗に終った」、とされる（ウイテマ・前掲訳書四頁）。

第二の「候補」は、「一九九二年六月に……Robert Ullmanが……提案し」た「IP version 7」である（同前頁。なお、なぜＩＰｖ４の次がｖ６なのかについては、斉藤・前掲電気通信二〇〇一年一〇月号二四頁に、「現在では使われていないマルチキャスト用のプロトコルがversion 5」だったとあることに注意）。このＩＰｖ７は、「一九九三年に名前がIP/IXに変更された」が、「この提案は勢いに乗れず、ＩＥＴＦでは重要視され」ず、九四年には「IP/IXはＣＡＴＮ－Ｐと呼ばれる新しい提案に発展した」が、「選考委員会は一九九四年七月に決断を下す際、十分に完成されていないと判断した」（ウイテマ・前掲訳書四－五頁）。

かくて残った「三番目の候補」が、問題となるが、これは三つの提案の〝融合〟であり、その一つが、何と〝ＮＴＴ提案〟だった（!!）のである。即ち、まず、「一九九二年の六月に登場」した「IP in IP」という提案が翌年「一月までに……ＩＰＡＥ（IP Address Encapsulation）……に発展し」、「その後、Steve Deeringが一九九二年の一一月に提案したＳＩＰ（Simple IP）への移行戦略として〔この〕ＩＰＡＥが採用された。ＳＩＰの本質は、ＩＰアドレスを拡大することとＩＰのすたれた機能を排除することである」（同前・五頁。その傍点部分を、前記〔図表㊼〕と対比せよ）。

その先が重要（!!）である。「一九九三年にＳＩＰはPiPと呼ばれる別の提案と統合された。Paul Francisは、PiPで経路指示リストを用いる革新的な経路制御戦略〔!!〕を提案した。……ＳＩＰとPiPは統合された結果、ＳＩＰＰ（Simple IP Plus）と」なり、「ＳＩＰＰでは、ＳＩＰの実現のしやすさとPiPの経路制御の柔軟性」が「引き継」がれた。そして、「IPngの選考委員会」は、この「ＳＩＰＰを新しいＩＰの雛型として使うが……ＳＩＰＰ〔の〕六四ビットのアドレス長」を「一二八ビット」とする「勧告」を、「一九九四年七月に……発行し」、これをＩＰｖ６とした（同前・五頁。以上の各提案の流れについては、マーク・Ａ・ミラー著＝トップスタジオ訳〔宇夫陽次朗監修〕・ＩＰｖ６入門〔一九九九年・翔泳社〕一二頁の図一－三参照）。

以上の限りでは、『ＮＴＴ』の名は出て来ない。これは、インターネットの世界での標準化では、基本的に個人ベースでの活動としての評価がなされるためである。実は、右の『ポール・フランシス氏』は、ＮＴＴ武蔵野のソフトウェア研究所の正規研究者であり、ウイテマ・前掲訳書・七頁に「PiPについてはＲＦＣ一六二一とＲＦＣ一六二二……を参照して欲しい」とあるところの、一九九四年五月の、二つのＲＦＣ（Request For Comment）には、いずれも〝P. Francis, NTT〟と所属が示されている（ちなみに、例えばＮＴＴ　Ｒ＆Ｄ四五巻二号〔一九九六年〕一五九頁以下の「次世代情報検索インフラストラクチャIngrid」と題した論文の共著者も、「ポール・フランシス＝神林隆＝佐藤進也＝清水奨」となっている）。

かくて、何とＩＰｖ６それ自体のベースとなった提案（PiP）は、実はＮＴＴの技術貢献としてのものだったのである。しかも、それが『経路制御の柔軟性』に関する『革新的な』提案であったと、ウイテマ・前掲訳書五頁が述べている点に注意せよ。その上で、前記の〔図表㊼〕とそこに付された私のコメントを見よ。前記の、〔図表㊸㊹〕に示したＮＴＴにおける『ＥＮＣＯＲＥ』の開発も、『ＡＴＭとＩＰサービスの架橋』（後者はＩＴＵ－ＴとＩＥＴＦ双方でのＮＴＴの国際標準化戦略上の大きな成果）も、ともにＩＰパケットの〝経路制御〟に関するものであり、かくて、ＮＴＴによるPiP提案は、次世代インターネットの在り方に関するＮＴＴのＲ＆Ｄの、いわば本流から発している。そこを、再確認すべきである。

b　世界共通のＩＰｖ６アドレス割り当てポリシー策定（二〇〇二年六月）へのＮＴＴの大きな貢献

現状のインターネットのアドレス割り当てが、アジア太平洋（ＡＰＮＩＣ〔Asia Pacific Network Information Center〕）、ヨーロッパ（ＲＩＰＥ〔Resource IP Europeens〕）、北米（ＡＲＩＮ〔American Registry for Internet Numbers〕）に分けてなされていたことは、既に示した。その三者が共同討議（joint discussions among the APNIC, ARIN and RIPE communities）を行ない、画期的な文書が二〇〇二（平成一四）年六月にまとめられた。それは、**"IPv6 Address Allocation and Assignment Policy, June 26, 2002"**（http://ftp.apnic.net/apnic/docs/ipv6-address-policy）と題した文書である。『世界共通のＩＰｖ６アドレス割り当てポリシー』を策定しよう、というのがこの文書の基本である。そして(!!)、その作成にも、『ＮＴＴの大きな世界貢献』があったのである。

だが、まずこの文書のポイントを見ておこう。

同文書４．の「ＩＰｖ６アドレス割り当て上の諸原則」の冒頭には、注目すべき次の指摘がある。即ち――

"4. 1. Address space **not** to be considered **property**: …… The policies in this document are based upon the understanding that …… IPv6 …… address space is licensed for use rather than owned [!!]. …… [I]n those cases where a requesting organization is not using the address space as intended, or is showing bad faith ……, RIRs [Regional Internet Registries (APNIC, ARIN, RIPE …… plus possible future RIRs) : Id. para. 2.] reserve the right not to renew the license. ……"

――とある。同様の文言は、少くともＡＰＮＩＣにおいては、ＩＰｖ４についても存在したし（"Policies for IPv4 address space management in the Asia Pacific region" [http://ftp.apnic.net/apnic/docs/add-manage-policy]）、業界コンセンサスにはなっていた。だが、実際には、既述のアメリカの如き、杜撰かつ大量の、アドレスの事前囲い込み（それがいわゆるＩＰアドレス〔ＩＰｖ４のそれ〕の世界的涸渇の原因、と認識されていることも既述）は、もはやＩＰｖ６については許されるべきではないとの宣言を、改めて全世界レベルで行なう意義は、実際上、非常に大きいのである。そこに気付くべきである。

ちなみに、この点は、同文書の「目標」（3. Goals of IPv6 address space management）においても――

"3. 5. Conservation: …… [A]ddress policies should avoid unnecessarily wasteful practice …… and stockpiling of unused addresses should be avoided."

――として、明確化されている（この点は、より明確にＲＦＣ二〇五〇として、ＩＰｖ４についても存在してはいたが、既述の如き別途の意義がある）。

もとより、この文書は、今後のＩＰｖ６の様々な発展との関係で"暫定的ポリシー"として位置づけられ、かつ、各地域ごとのヴァリエーションの余地も認められてはいる（Id. para. 1. 1. Overview）。けれども、それがインターネットの世界に公平性をもたらすための重要な一歩であることは、確かである。

だが、一層重要なのは、この文書はもともとＡＰＮＩＣの日本組織たるＪＰＮＩＣから出たものである、ということである。その点が Id. para. 8. 4.（Acknowledgment）に示され、そこには七名の日本人の名が、謝辞とともに記されている。そのうち三名（荒野高志・藤崎智宏・山崎俊之の三氏）はＮＴＴであり、かつ、荒野氏は、ＮＴＴのかの「ＯＣＮの立ち上げに携わ」る一方で、「ＪＰＮＩＣのＩＰ-ＷＧ主査やＩＣＡＮＮのアドレス評議委員も務めるなど、ＩＰｖ４の時代からインターネット、中でも……アドレス・ポリシー策定に関するフィールドで活躍して」来た、中心人物であった（http://www.atmarkit.co.jp/fnetwork/interview/ivp6-01/arano01.html）。そして、右に引用したネット上の荒野氏へのインタビュー記事には、既述の二〇〇二年六月の〝世界共通のＩＰｖ６アドレス割り当てポリシー策定〟までのプロセスが、若干示されているので、引用する。まず、（ＪＰＮＩＣの既述の提案をベースに）「二〇〇一年八月に台北でＡＰＮＩＣの会議があり……そこで提案」をしたが、他の「レジストリ側は……〔自らの〕アドレス資源を守る立場で……権益を残そうとする意図が見え隠れしていた」、とされる。「ＩＰｖ６〔で〕……アドレスが潤沢に割り当てられるようになると、当然彼らの仕事は減り、レジストリの必要性は薄くなる」というのがその理由である。擦った揉んだの末に、提案が「ＡＰＮＩＣの会議で了承され、以後のＲＩＰＥやＡＲＩＮの会議でも同様の議論が繰り返された」が、荒野氏（ＮＴＴ）は「アドレス・ポリシーを早急に決める必要性を訴え」続け、かくて前記の文書が、ＡＰＮＩＣ・ＡＲＩＮ・ＲＩＰＥ連名で、出されるに至ったのである。

c　ＮＴＴによる世界最大規模のＩＰｖ６検証用ネットワークNTTv6netの構築・運用とその実績――『ＮＴＴによる世界初ＩＰｖ６サービス商用化の快挙』との関係を含めて

「ＩＰｖ６の実用化というと、機器の実用化とサービスの実用化の二つ」がある（宮川晋「米国におけるＩＰｖ６動向」ＮＴＴ技術ジャーナル二〇〇〇年九月号一五頁）。ここでは、サービス面をとり上げる。

「ＮＴＴ……では、一九九六年からＩＰｖ６ネットワーク構築技術および運用管理技術の確立に取り組んでき」た（太田賢治＝藤崎智宏＝三上博英・前掲〔ＮＴＴ技術ジャーナル二〇〇〇年九月号〕一〇頁）。「ＩＰｖ６ホスト・ルータ実装を検証するためのネットワーク」は「6bone」と呼ばれ、それが「ワールドワイドに構築され、一九九六年より今日まで運用され続けてい」るが、「一九九六年八月」に、ＮＴＴは、まずは「末端組織として6boneへ接続」した。そのためには、6bone-JP pTLAという組織からＳＬＡというものを取得することが必要で、それを取得した上での接続、である。ちなみに、ＳＬＡ（Site Level Aggregator）とは、「末端レベルのアドレス空間（Site Level Aggregation ID）、およびそれを利用する組織」のことであり、ｐＴＬＡ（pseudo Top Level Aggregator）とは、「実験ネットワーク6boneにおける最上位レベルのアドレス空間（pseudo Top Level Aggregation ID）、またはそれを管理する組織」、である（以上、同前・一一頁）。

そして、その前提としてＮＴＴは、「一九九六年にＩＰｖ６研究実験ネットワーク**NTTv6net**を構築し」ていた。ＮＴＴは「その後、順次運用実績を蓄積しながら一九九七年に」、「ＴＬＡ（ｐＴＬ

A）に次ぐレベルのアドレス空間……およびそれを管理する組織」たる「**NLA**（Next Level Aggregator）」としての地位を取得し、翌**九八年七月には「pTLAとしてのアドレス空間の割り当てを受け」**るに至った（同前頁）。――このあたりの事情を図示すべく、同前頁の図1を若干簡略化し、〔図表㊽〕として示しておく（ちなみに、この九八年のNTTの快挙は、一九九八〔平成一〇〕年八月二八日付けの日経新聞でも、「次世代インターネット構築　NTT国際実験参加　最上位メンバーで」の見出しと共に、報道されている）。

次世代インターネット（IPv6）の世界での、**NTTのこの大躍進**を、同じ**NTTのFTTH国際標準化**達成の快挙と、時期的にダブらせて欲しい。**FSAN**の前身たる**G7**設立が一九九五年の春、NTTと**ベルサウス社**との共同開発合意が九八年六月、**ITU-T**での勧告採択が九八年一〇月、のことであった。まさに、それと時期的に連動して、**NTTのIPv6技術戦略**が、着々と進められていたことになる。

他方、**ドコモ**は、九七年に2Gで世界初のパケット移動通信方式たる**PDC-P**を、九九年二月には、かの**iモード**サービスを、開始した（なお、3GPPの正式設立は九八年一二月のことであった。既述）。

さて、pTLA取得後のNTTは、「一九九八年八月に、……**世界初の〔!!〕太平洋をまたぐメガクラスのIPv6専用リンクを立ち上げ**」た（太田＝藤崎＝三上・前掲一一―一二頁）。そこで用いられた回線は**GEMnet**（Global Enhanced Multifunctional Network）であり「日本・**マレーシア間**」での、NTTの「NTTv6netへの接続」に関しても、（NTTの!!）この「**ATM研究実験網GEMnet**」が利用されている（山崎毅＝Gopi Kurup「NTT MSCにおけるIPv6研究への取り組み」同誌同号二六頁）。そして、その後NTT（NTTv6net）は、「世界各国のpTLA組織と相

〔図表㊽〕　**IPv6アドレス階層構造**

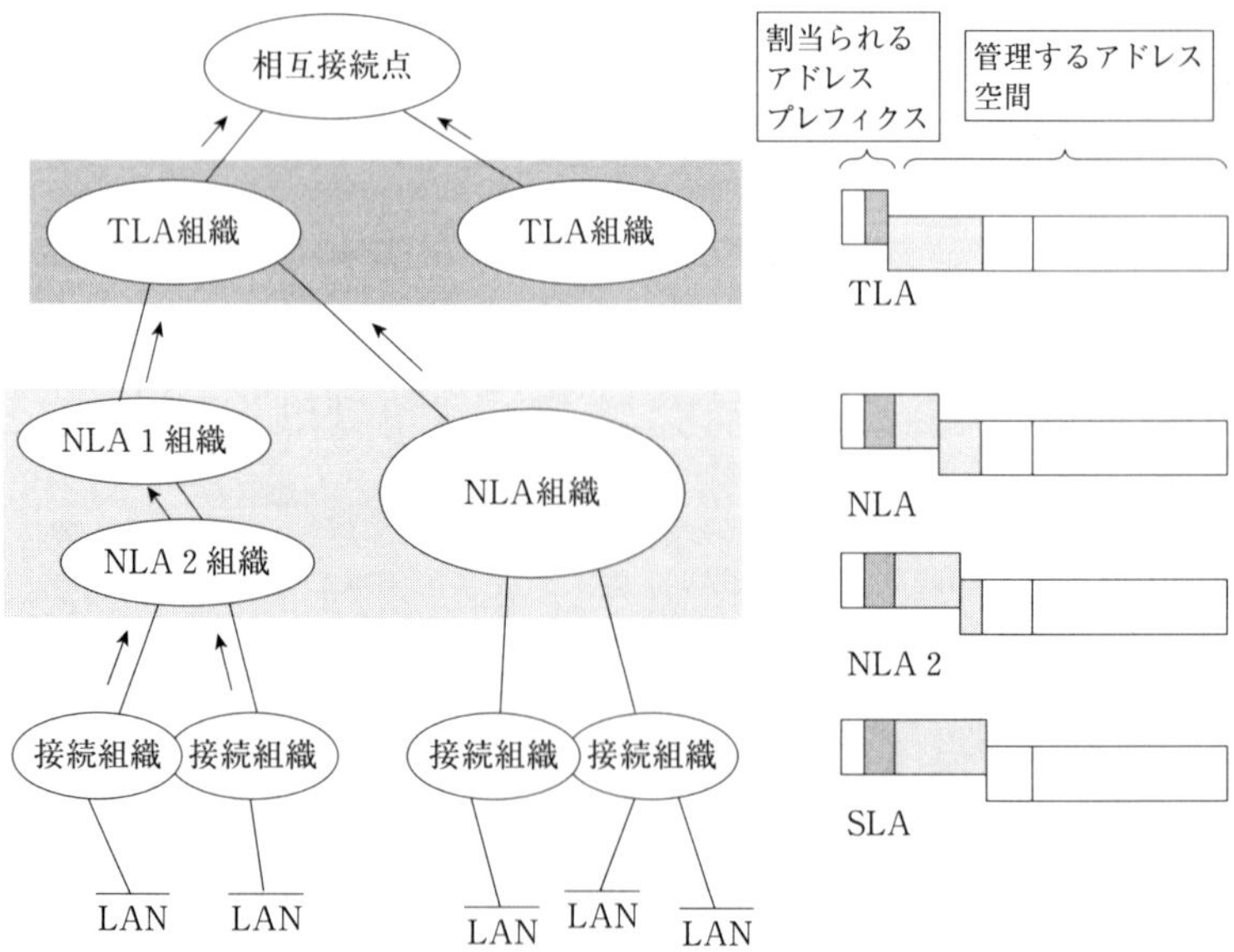

〔出典〕　太田＝藤崎＝三上・前掲11頁の図1

互接続」を「開始」し、「相互接続数では世界第三位〔!!〕となる規模のネットワークに発展し」た（太田＝藤崎＝三上・前掲一一－一二頁。ちなみに、一九九九年九月二三日段階での、6bone における、ｐＴＬＡ組織での相互接続数ランキングで見ると、一位がＵＵＮＥＴ－ＵＫの二八、二位がＳＰＲＩＮＴの二四で、ＮＴＴは第三位の二三。以下、ＣＩＳＣＯ・ＳＵＲＦＮＥＴが各一九で四位、と続く。この点は、ＩＰｖ6フォーラム第二回会合〔一九九九年一二月八日からベルリンで開催〕におけるＮＴＴの報告用資料を参照した）。

実は、一九九九年二月四日、ＩＥＴＦのＩＰｖ6に関するグルノーブルでの会合（IETF, IPng & NGtrans interim meeting at IMAG in Grenoble, Feb. 2–Feb. 4, 1999 [http://www.ipv6.imag fr/ietf1999.html]）において、ＮＴＴの側から、『世界初のＩＰｖ6実利用トラフィック解析結果』の報告が、なされている（Kenji OTA [presenter], Tomohiro FUJISAKI, Yuta KAMIZURU, Shigeyuki KOMATSUBARA, "Report on 6bone Transit between IETF−43 Terminal Room and Japan", 99/02/04 [http://www.nttv6.net/Grenoble/]）。こうした実績の下、一例として挙げれば、二〇〇一（平成一三）年に『グローバルＩＰｖ6サミット』が日本で開催された際にも、既述の荒野高志氏がプログラム委員長、藤崎智宏氏がネットワーク委員長を努める等、ＮＴＴ側からの多大な貢献があった。

そして、本書三六六頁以下における『技術の視点』からの〝再整理〟の②で示した、二〇〇〇（平成一二）年三月二三日の、ＮＴＴによる（アメリカでの!!）『世界初のＩＰｖ6商用サービス』の開始、という快挙に、至るのである（もっとも、これはＩＳＰ同士のトラフィック交換の場の提供としてのものであり、少なくとも日本において一層社会的認知度が高いのは、翌二〇〇一年四月一七日に、ＮＴＴコミュニケーションズ社によって開始されたＩＳＰ向けのトランジット・サービスたる『ＩＰｖ6ゲートウェイ・サービス』の方だ、とされる。ちなみに、二〇〇一年六月一一日には、同社により日本全国で、ＯＣＮトンネル接続サービスが、エンド・ユーザー向けに提供開始され、これも世界初のものとして注目された。研究所の成果が事業会社に引き継がれたのである。後出の〔図表㊿51〕参照）。ちなみに、「ＩＰｖ6ネットワークサービスを商用化するためには、各組織あるいは各ＩＳＰがそれぞれのネットワークを相互に接続することのできる、商用利用可能なＩＸ〔インターネット・エクスチェンジ〕の存在が不可欠だが、〔当時〕米国において〔も!!〕……サービスを受ける権利をきちんと享受できる場所としての商用利用可能なＩＰｖ6－ＩＸは」なかった。「このためＮＴＴ……の San Jose Data Center 内にＩＸを立ち上げ、ＩＰｖ6ネットワーク事業者はもちろんのこと、他にも製品のデータテストを行うために、実運用ネットワークへの接続と基本的なコロケーションのサービスを必要としているＩＰｖ6ハードウェアおよびソフトウェアの製造者など、現在の時点ですでにＩＰｖ6ネットワークをビジネスとして必要としている需要家に対してサービスを行う体制を整え」たというのが、この『世界初のＩＰｖ6商用サービス』開始の、具体的な意味あいである（宮川・前掲〔ＮＴＴ技術ジャーナル二〇〇〇年九月号〕一六頁）。

この点に言及した本書一三頁の＊の項では、『愚劣かつ自滅的なＮＴＴ叩き』の風潮に抗するのが主で、詳細を示すことが出来なかった。そこで、右の補足に加えて、これまでのＩＰｖ6に関する論述の意味を再確認するためにも、二〇〇〇（平成一二）年三月二〇日付けの NetworkWorldFusion NEWS における、Carolyn Duffy Marsan, "Japan's NTT to be first ISP to offer IPv6" の記述を、左に示しておこう。そこでは――

“NTT's announcement was made at the IPv6 Global Summit, a gathering of 150 Internet engineers and product designers, held in Telluride, Colo. The summit was sponsored by the IPv6 Forum, a group of 80 companies and research institutions promoting the IPv6 standard. …… IPv6 …… offers easier administration and tighter security. However, migrating to IPv6 is an expensive and time-consuming proposition. Few IPv6-compliant products are shipping, and ISPs have been slow to support the standard. That's why NTT's announcement is so significant, according to IPv6 proponents. ‘[NTT] would be the first official ISP to offer real IPv6 services,’ says Jim Bound, co-chairman of the IPv6 Forum's Technical Directorate and a principal member of the technical staff at Compaq. ‘[This announcement] is a major critical milestone for the development of IPv6.……’ ” (Marsan, supra.)

――とされているのである（!!）。

なお、ＮＴＴコミュニケーションズ社は、一九九九（平成一一）年「九月に、国内二番目（商用では初）、世界では一一番目にｓＴＬＡ〔sub-TLA ――「現時点での最上位レベルのＩＰｖ６実アドレス空間、または、それを管理する組織」〕を取得し、〔同〕年一二月からＯＣＮにおけるトンネル実験を開始し」、他方、同社の「ｓＴＬＡネットワークとＮＴＴ〔研究所〕のｐＴＬＡネットワークを相互接続し……実験を行ってい」る（太田＝藤崎＝三上・前掲一三頁）。

ちなみに、右に「トンネル実験」とある点について、一言しておく。ＮＴＴコム社は、「現存するＩＰｖ６のＩＸ（Internet Exchange）である、ＮＳＰＩＸＰ－６（日本）、ＮＴＴ　ＭＣＬ　ＩＸ（米国）、６ＴＡＰ（米国）、ＡＭＸ－ＩＸ（オランダ）と接続することで、世界の実験および商用のＩＰｖ６ネットワークへのリーチャビリティを高めて」来ている（貞田洋明・前掲〔ＮＴＴ技術ジャーナル二〇〇二年九月号〕一七頁。但し、二〇〇二年八月二八日時点では、６ＴＡＰとは接続しておらず、そのかわり、ＪＰＮＡＰ６〔日本〕、ＬＩＮＸ〔英国〕、ＵＫ６Ｘ〔英国〕が追加されている）。そのうちアメリカでのものは「商用ＩＸの運用」（同前・一八頁）であるが、そこで問題となるのが、「**IPv6-over-IPv4 トンネリング技術**」である（同前・一九頁）。

実は、既述の**6bone**は、ＩＥＴＦが「既存のＩＰｖ４インターネットの上にパケット・トンネリングを用いて**仮想ＩＰｖ６ライン**を構築することにより始まったＩＰｖ６運用実験用のネットワークで」あり、「現在はトンネルによらないＩＰｖ６ライン〔ＩＰｖ６専用の回線〕への置き換えも徐々に進みつつあ」る、といったことだったのである（宮川・前掲〔同誌同号〕一五頁）。ここで、視覚的にこの技術を把握すべく、貞田・前掲一九頁の図２を、〔図表㊾〕として示しておく。

ＩＰｖ６用の最上位の実アドレスたるｓＴＬＡを取得したＮＴＴ（コム社）の活動は米欧、そしてアジアに及ぶが（貞田・前掲一七頁以下、山崎＝Kurup 前掲二六頁以下）、ここで、柏木＝野村・前掲二二頁を見てみると、この〝「ｓＴＬＡ（最上位〔実〕アドレス階層）割当て」におけるアメリカの若干の立ち遅れ〟、という事実が判明する。二〇〇〇（平成一二）年七月時点で、「欧州は……一九組織」、「アジア」は「一二組織」なのに対し、「北米」は「五組織」、とある。

この点につき、二〇〇二（平成一四）年八月現在（同月二二日の

〔図表㊾〕　IPv6-over-IPv4トンネリング技術

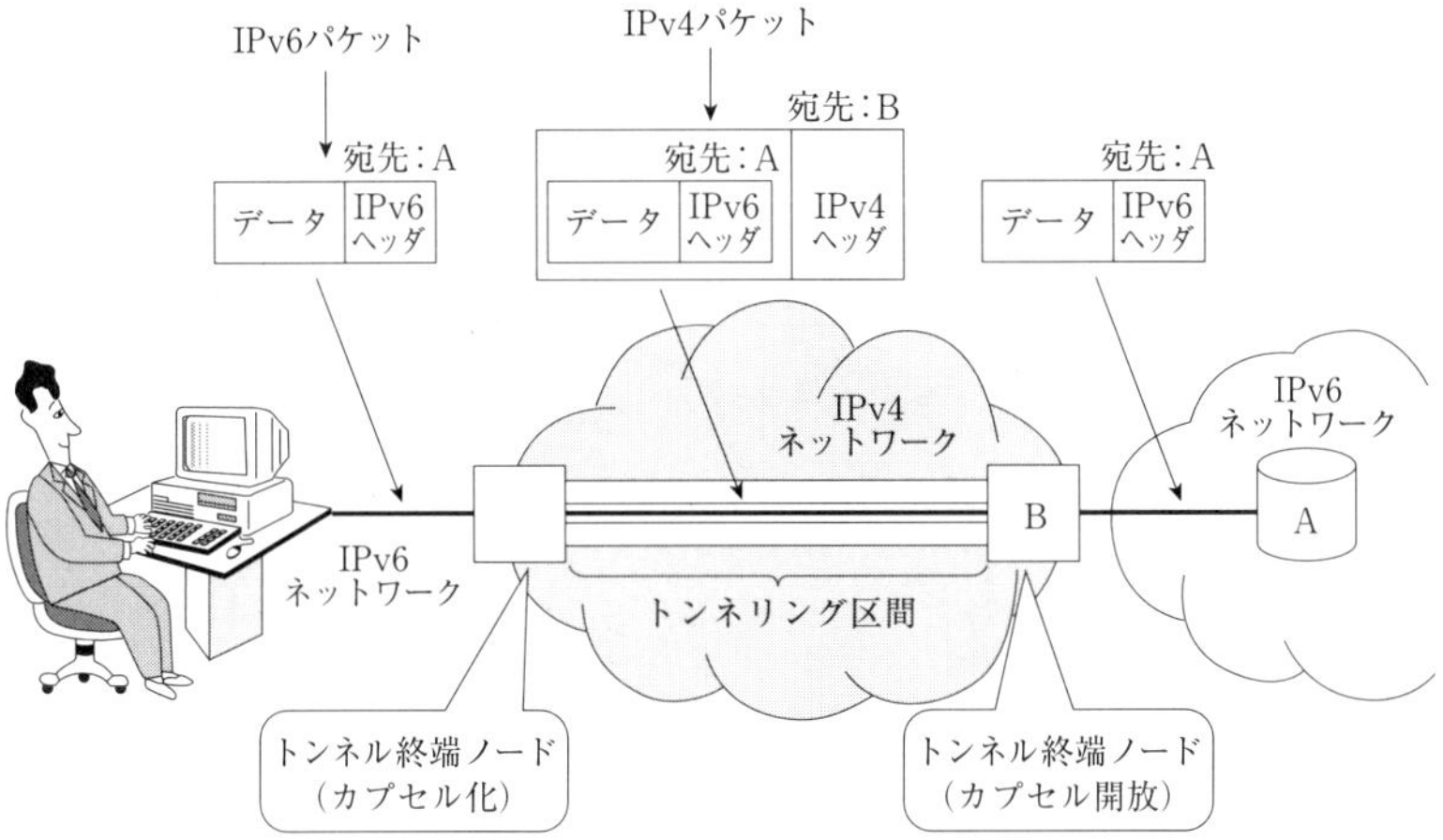

IPv6パケットはトンネル終端ノードでカプセル化され，IPv4ネットワーク上を通過（トンネリング）する。逆側のトンネル終端ノードではカプセルから開放され元のIPv6パケットの形に戻る。
このトンネルを終端する機能はIPv6対応ルータのほか，FreeBSD，Linux，Solaris 8，Windows 2000などのOSにも搭載されている（一部実験提供）。

〔出典〕　貞田・前掲19頁の図２。

データで更新）でのデータを見ると、地域別では欧州が八六組織、アジアが七五組織、北米は三二組織の順で、sＴＬＡ取得組織数の上での、前記の地域別の傾向は変わらない。但し、国別で見ると、実は日本が四二で断然トップ。アメリカは二三で第二位、続いてドイツが一七、韓国が一四、の順となっている（この数字は、文字通り日々増加する傾向にある）。

ここで、ＩＰｖ６が『携帯電話』や『情報家電』などのインターネットとの接続を鍵とするものであること（既述）を、想起すべきである。『家電』も『携帯電話』も、まさに日本が、（光ファイバーとともに!!）世界の先頭に立っている分野である。それが、日本が国別で世界一のsＴＬＡ取得数となっている背景として、あるのである。そして、そのＩＰｖ６を、実に様々な角度から発展させて来た中核に、輝やかしいＮＴＴのＲ＆Ｄ実績が、あるのである（!!）。

ところで、今や、ＩＰｖ６を支える、世界に冠たるＮＴＴの“**NTTv6net**”は、まさに全世界をカバーするものとなっている。そこで、本書二２の最後に、いくつかの図表を示しておこう。まず、ＮＴＴ研究所の**NTTv6net**のグローバルな展開を示す〔図表㊿〕、そして、ＩＰｖ６の商用化を目指すＮＴＴコム社（図中のアメリカのヴェリオ社については、本書七九頁を見よ！）のグローバル展開を示す〔図表51〕、である。なお、〔図表㊿〕中の「トンネル接続」については、既に〔図表㊾〕を示して説明してはあるが、この〔図表㊿〕の中に「ネイティヴ・リンク」の語があることにも鑑み、〔図表52〕も示しておくこととする。

なお、二〇〇一（平成一三）年一二月三日付けのＮＴＴコム社からのニュース・リリースには、同社は、二〇〇二（平成一四）年度

〔図表㊿〕 **NTTv6Netのグローバル・バックボーンとしての展開と主要な接続相手組織**

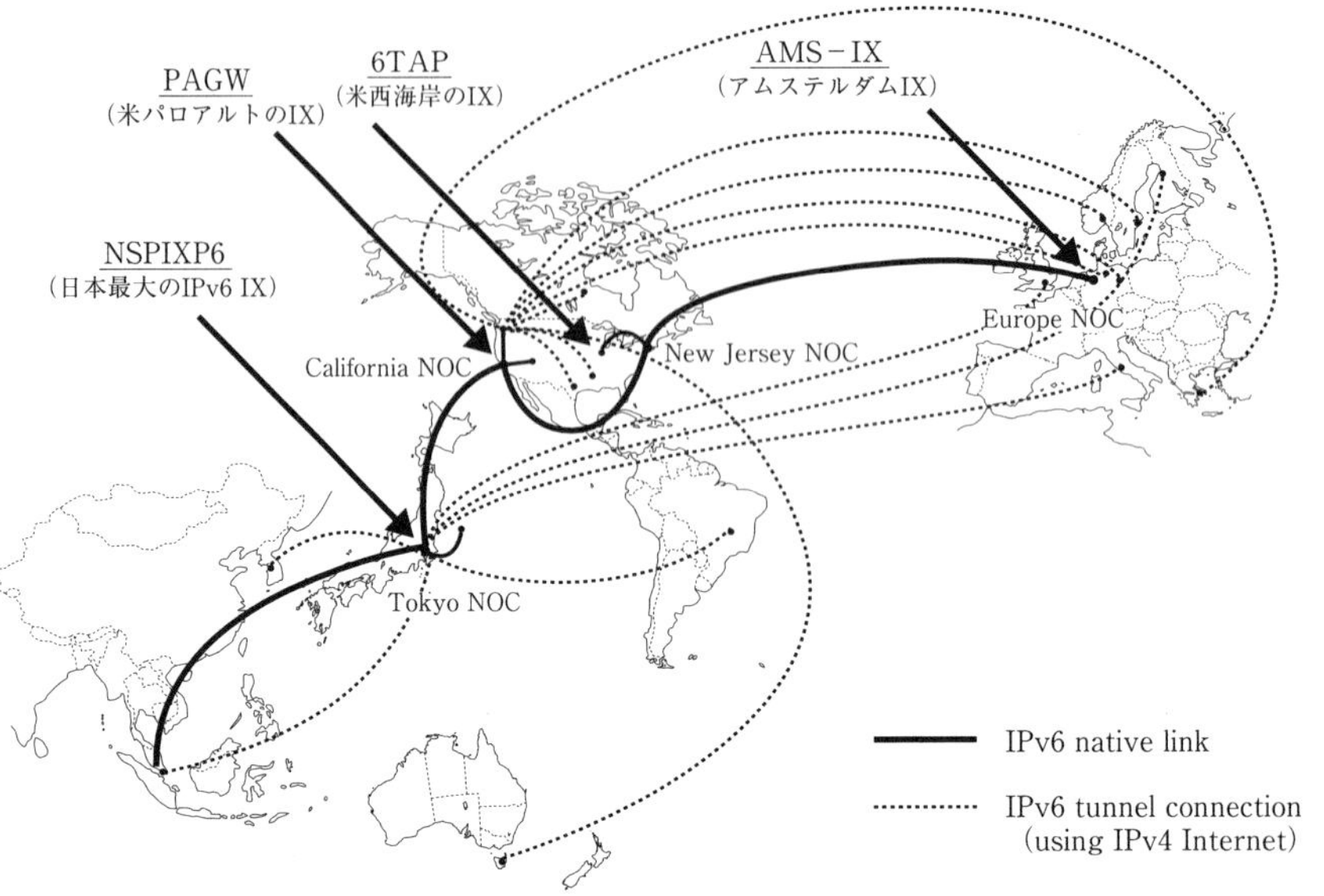

〔海外の主要な接続相手組織一覧〕

NW名	所属国	名　称　(業　種)
NUS-IRDU	シンガポール	National University of Singapore（研究機関）
MSC	マレーシア	Malaysia Super Coridore（NTT Comの子会社）
ETRI	韓国	Electronics and Telecommunication Research Institute（研究機関）
COMPAQ	アメリカ	COMPAQ（Computer Vender）
VERIO	アメリカ	Verio（ISP）
UUNET-UK	アメリカ	UUNET Technologies（ISP）
MCL	アメリカ	Multimedia Communication Lab.（研究機関、NTT Comの子会社）
SPRINT	アメリカ	SPRINT（Telecom. Carrier）
CICNET	アメリカ	CICNET（研究機関）
6TAP	アメリカ	a Joint Project between Esnet, Viagenie and CANARIE（研究機関）
VIAGENIE	アメリカ	VIAGENIE（SI事業者）
RNP	ブラジル	National Research Network/Rede Nacional de Pesquisa（研究機関）
TRUMPET	オーストラリア	TRUMPET（ISP）
BT-LABS	イギリス	British Telecommunications（Telecom. Carrier）
UIO	ノルウェー	University of Oslo（研究機関）
SICS	スウェーデン	Swedish Institute of Computer Science（研究機関）
SMS	フィンランド	Cygate Networks（ISP）
JOIN	ドイツ	JOIN Project Team（研究機関）
STUBA	スロバキア	Slovac University of Technology, Department of Computer Science and Engineering（研究機関）
CSELT	イタリア	Centro Studi E Laboratori Telecommunicazion（Telecom. Carrier）
GRNET	ギリシャ	National Technical University of Athens（研究機関）

〔出典〕: NTT提供資料(2002年8月現在)。図中の“native link”については、“tunnel connection”と共に、〔図表52〕参照。

〔図表51〕 NTT コミュニケーションズ社のグローバル IPv6バックボーン

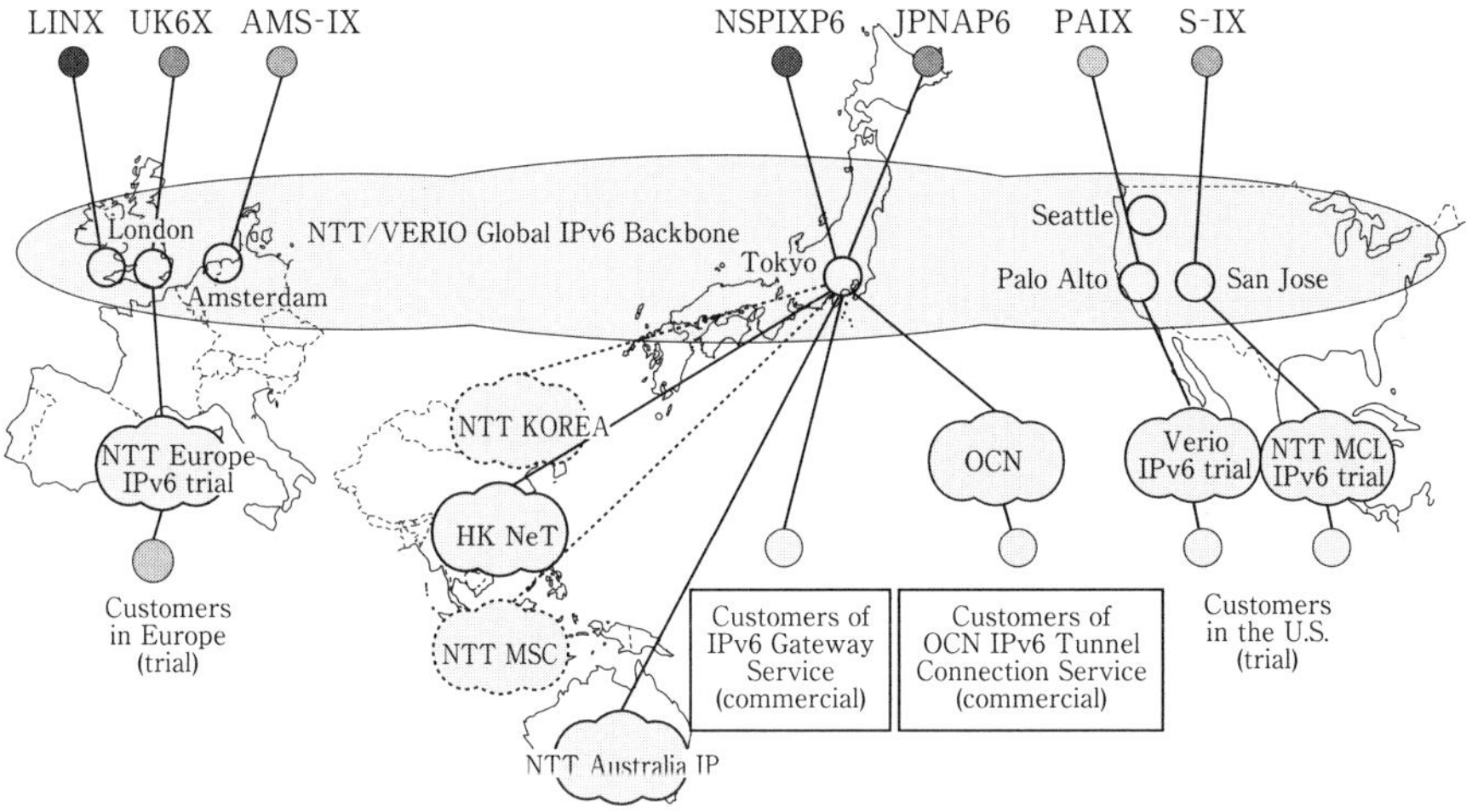

LINX : London Internet Exchange
UK6X : United Kingdom IPv6 Internet Exchange
AMS-IX : Amsterdam Internet Exchange
NSPIXP6 : Network Service Provider Internet Exchange Point 6
JPNAP6 : Japan Network Access Point 6
PAIX : Palo Alto Internet Exchange
S-IX : San Jose Internet Exchange

〔出典〕 NTTコミュニケーションズ社提供資料（2002年８月現在）。但し，北米で“trial”のみとしてある点は，誤解を招き易い。この点は，本文で説明してある。

〔図表52〕 IPv６の通信形態

■ネイティブ通信：IPv6パケットのみが流れる

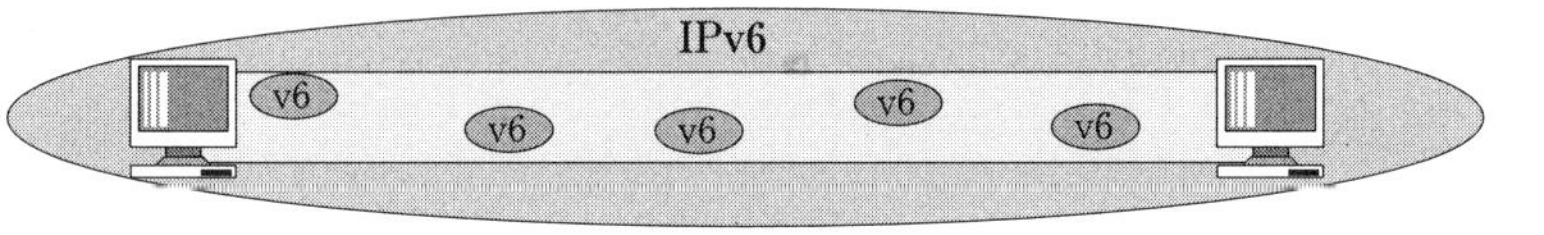

■デュアル通信：IPv4とIPv6のパケットを一緒に流すことが出来る

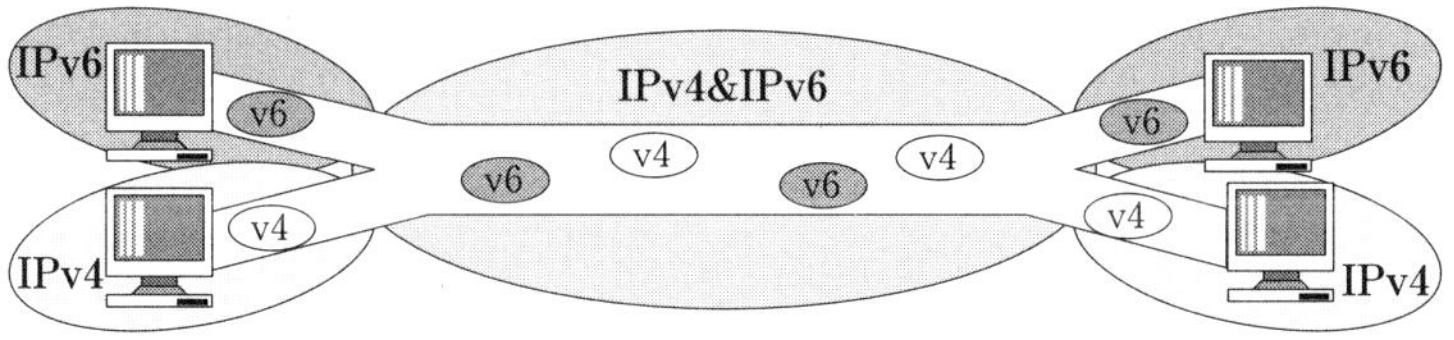

■トンネリング通信：IPv6パケットをIPv4パケットでカプセル化し，IPv4網内を通過

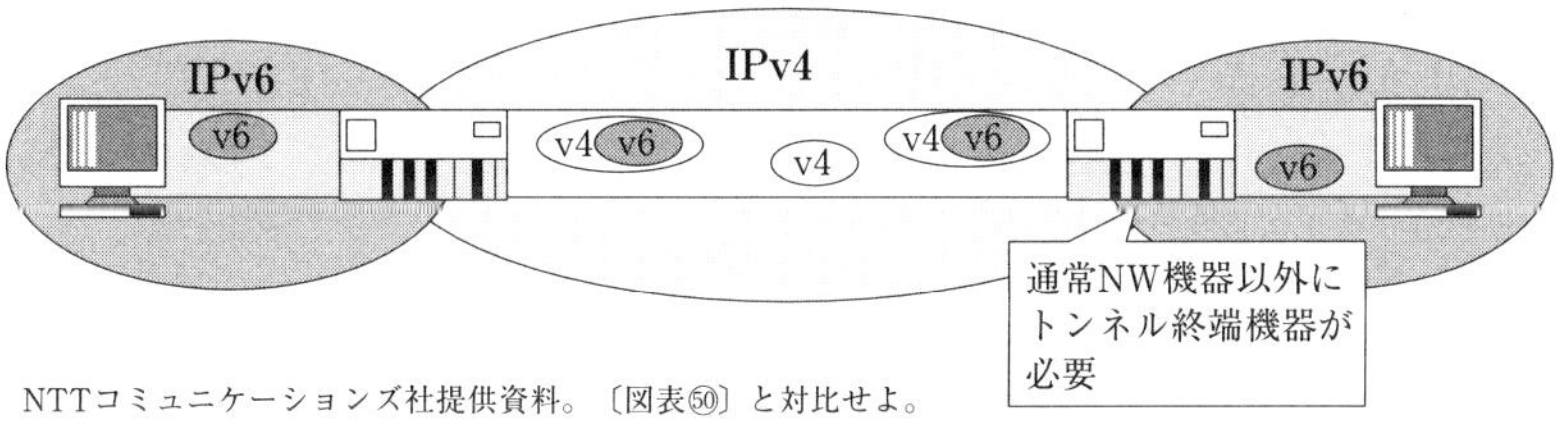

〔図版〕 NTTコミュニケーションズ社提供資料。〔図表50〕と対比せよ。

第一四半期を目途に、「ＩＰｖ６の本質的なメリットを活かしつつＩＰｖ４も同時に使える、全く新しい次世代ブロードバンドアクセスサービスを、㈱アッカ・ネットワークス……と共同で、世界に先駆け提供開始する予定」、とある。〔図表㊷〕の「デュアル通信」が、それに相当することになる（このサービスは、二〇〇二年八月一日に提供開始された旨、同年七月三一日に、ＮＴＴコム社のプレス・リリース（『ＯＣＮ　ＡＤＳＬサービスＩＰｖ６デュアル（Ａ）』の提供開始について――ＩＰｖ６・ＩＰｖ４を同時に使える常時接続環境をプラグアンドプレイで簡単に実現できる世界初（!!）の個人・ＳＯＨＯ向けブロードバンドＩＰｖ６アクセスサービス』）がなされた。その技術的意義としては、「特にＩＳＰからお客様ルータの設定を自動的に行なう」という非常に重要なプロトコルの標準化においてＮＴＴコム社が中心的な役割を果たしている、との点にある）。

＊　＊　＊

以上、ここまでは、『『ＮＴＴとインターネット』の語られざる実績』について、その『ゼロからの出発』から説き起こし、ＦＴＴＨや移動系の３Ｇ（ＩＭＴ－二〇〇〇）以降と同様、文字通りの『次世代インターネットの旗手』としてまさに世界を牽引し続けている『ＮＴＴのＲ＆Ｄの実像』を、こうして書き綴って来た。

ここで、『どうしても言いたいこと!!』がある。例えば本書八三頁（「許し難い……指摘」）を見よ。『日本の内外の多くの人々が、ＮＴＴのドミナンスは、日本がＩＴやインターネットによる革命から得る経済的恩恵を受けることを阻止する、主要な要因だと信じている』などと、そこにある。これは二〇〇〇（平成一二）年一〇月段階での、アメリカ外交問題評議会が公表したペーパーである。そして『内外のＮＴＴ叩き』（公取委も含む。）の裏にも、かかる見方がある。

だが、こうして慎重に三日間に分けて執筆した本書三２の、今四〇〇字で六八頁になっている原稿を、本当に読んでくれる人が仮りに居たとして（もとより同志たるわが妻は別!!）、右の〝月並みな指摘〟に対して、『一体何のことなのだろう??』と、頭の中がクエスチョン・マークで一杯にならないか。『技術の視点』を欠落させると、こんな言語道断でピンぼけなことが、堂々と、正論であるかの如く扱われる。それはまさに、『狂気の沙汰』、なのである。

『美しい技術の世界』の『語り部』たらんとして筆を進めている私の、究極的な怨念は、かくて、本書冒頭へと、戻ってゆくのである（まさに今、『タイボルトの死』が、私のうしろで流れている!!）。

＊　次は、三３からの執筆となる（執筆終了は、二〇〇二〔平成一四〕年八月一七日午後六時四九分。点検に入る。本書三２はすべて、妻からの誕生日プレゼントたる、デュポンの『ＡＦＲＩＫＡ二〇〇一』で執筆できた。とっても嬉しい。点検終了、同日午後八時四六分。今日は午前一〇時頃から、文字通りのぶっ通しで、かくて、本書三２を脱稿した。これで九月二〇日の締切りを気にすることなく、安心して、妻とパリに行ける。だから、なおさら私は嬉しい!!。

＊＊　本書三２の分（もともとの論文）初校は、一〇月一日から翌日未明にかけて東日本を縦断した台風二一号そのままに、わが妻が、まさに怒濤の如く、徹夜で一気に仕上げてくれた。「あなたは待ってなさい」の妻の一喝に、私は怖れおののき

つつ、内心すごく嬉しかった(!!)。そして、同月二日午前一〇時半、私のチェックも終了。あとは再校を残すのみ、となった。

3　ＮＴＴ研究所における研究実績の日本の主要大学との比較——純粋基礎研究に重点を置きつつ

〔日本の大学（国立大学）が置かれた現下の危機的状況——本書三3の前提として〕

本書二1⑷（一四九頁以下）において、いわゆる「規制改革論議」との関係につき、既に論じておいた。日本の大学（とくに国立大学）は、周知の如く、ニュージーランドを模範とする（石黒・前掲国際摩擦と法〔新版〕二三六頁以下、本書一七九頁以下の〔「ある鉱物学者からの手紙」〕）、いわゆる〝聖域なき構造改革〟により、もはや瀕死の状態にある。石黒・同前（新版）三〇頁に、意図的にあまり気付かれぬ（であろう）形で、私は、「……ところが、本書第三部で扱う規制改革ないし行革・構造改革問題との関係で、司法制度改革・国立大学の独立行政法人化・ロースクール構想等々の、全く情けない、日本の自己崩壊への過程としか思われない流れが、急である」、と記しておいた。

問題は、文科系より理科系の方が、一般には一層深刻とされている。そこで私は、自治体問題研究所編集の、『住民と自治』二〇〇一年三月号一三頁以下に、石黒「国際摩擦と日本の構造改革」と題した小論（もともとは前年一二月二日の講演、であった）を寄せ、同前・一六頁で、「じつはまだ公表されていませんが、国立環境研究所の大井玄所長と東京大学の大塚龍太郎先生のお二人の著作『ニュージーランドの行政改革と高等教育及び科学研究〔!!〕への影響予備調査報告』が、私の『法と経済』〔同書・二〇五頁以下〕とまったく同じ結論になっています」、と述べておいた。この大井＝大塚・前掲報告は、二〇〇〇年一二月二五日に、「者者の承諾を得て転載（Academia e-Network）」として公表された（http://www.ac-net.org/doc/00c/1z.shtml）。現物をあたり、考えて頂きたいと、私は切に願う。

ここで、小間篤「発表論文数からみた日本の大学の実力」科学（岩波書店）七〇巻九号（二〇〇〇年）七〇五頁以下を、次に見ておく。その冒頭には——

「国立大学の独立行政法人化問題とも関連して、世界の中での日本の大学の実力が、いったいどの程度であるのかが取りざたされている。ゴーマンレポート（＊）など欧米で出されているレポート（これらの評価は必ずしも客観的データによっていない）では、日本の大学の実力は欧米の大学のそれに比べて、いちじるしく低いかのような評価がなされている。

いっぽう、多くの国際会議に出席し、論文発表を活発におこなっている第一線の研究者の実感では、日本の大学の実力は、これらのレポートの評価よりずっと高いと思われ、両者には大きな隔たりがある。それにもかかわらず、ほかに適当な資料がないために、上述のレポートなどにおけるランキングが、日本の大学の実力であるかのように判断されかねないのが現状である。正しい判断をするには、客観的な指標での比較が不可欠であるが、以下に述べるように、最近、科学関連の論文に関する大規模なデータベースが容易に使えるようになり、発表論文数からみた世界の大学間の比較が可能になった。以下では、このデータベースを活用することによって、できるだけ客観的なデータに基づいて、日本の大学と世界の主要大学との比較を試みてみたい。」

――とある（小間・前掲七〇五頁）。なお、右の引用文中に＊マークがついている「ゴーマンレポート」につき、同前頁の注記には、「初版発行一九六七年の、アメリカの J. Gourman によるアメリカおよび世界の主要大学・大学院のランキング。訳本がアイ・エル・エス出版から出されている」、とある。何とも傲慢《ゴウマン》（!!）なレポートなのであり、日米通商摩擦におけるＵＳＴＲ等の対日主張を想起させる代物、である。

そこで小間・前掲頁は、「アメリカのＩＳＩ社の "Science Citation Index Expanded"」という、「物理、化学、生物科学、数学、情報科学、天文学、地球科学、医学、薬学、農学など、工学の一部を除く科学技術分野のほとんどをカバーし、世界の約五七〇〇編の学術雑誌に掲載された論文」を「対象と」する「データベース」を「使用」して、「できるだけ客観的なデータに基づいて、日本の大学と世界の主要大学との比較を試み」たのである。それが日本国内での、とりわけ国立大学に対する異常なまでの逆風に対する反論、としてのものであることは言うまでもない。

なお、小間・同前七〇七頁は、「論文数だけでは、本当の実力はわからないとの議論がある」、とする。そして、理科系の場合、前記のデータに「カウントされている論文の大部分は、査読を受けて掲載が認められた論文であるから、そのレベルは一定以上であり、その数が多いことは十分実力を反映していると思われる」、と反論する。その上で、「実力を〔より!?〕よく表わすといわれる引用数ではどんなランキングになるか」も、同前頁で調べ、表3として掲げている。だがそれは、「一九九〇年に発行された論文について、各大学ごとに一〇〇編を無作為に抽出し」た上でのものであり、若干説得力の点で、弱いものがある（石黒・前掲法と経済一九二頁以下と対比せよ）。従って、ここでは、その表3は略す。

小間・前掲七〇八頁は、「発表論文数からみた日本の大学の実力は、十分高い」と結論づけているが、「今後は……分野別に細かくチェックすることも重要であろう」とする。だが、他方、同前頁では、「アメリカでは、かなり以前から、引用回数の多い論文がどれくらいあるかが、昇進時の評価などで重視されるため、引用回数を上げる努力、たとえば仲間同士で引用を増やすなどの努力がなされている。このことも、アメリカの大学の論文引用回数が多い一因になっているように思われる」、としている（「企業の戦略的行動」と経済分析との関係について論じた石黒・前掲法と経済五六頁以下、同・前掲国際摩擦と法〔新版〕二〇二頁以下と対比せよ）。

"査読"・"引用回数"ともに、それだけで何かを判断するのはおかしい、というのが、実は私の考え方ではある。パリのサロンで落選した絵画が、何十年もたって世界的名画としての地位を確立する、といったことは、理科系の論文にもあることだろうし、右の"引用回数"のみではなく、"査読"にも、ある種の人間的な偏りがあり得るはずだ。

現に、石黒・前掲法と経済四頁で引用した石黒＝佐和隆光「〔対談〕経済学に求められるもの」経済セミナー一九九六年五月号二二頁以下において、佐和教授（同前・二三頁）は――

「過去を振り返ってみると、一九七〇年前後、大学紛争のころ、アメリカの経済学界にラディカル経済学派が台頭して、公正とは何かという問題を真っ正面から問い直そうとしました。しかしラディカル派は、四、五年も経たないうちに学界の表舞台から消え失せてしまいました。**アメリカの大学教官の昇進システムが、ラディカル・エコノミストを学界から追放する役割を担った**のです。博士号を取得してアメリカの大学に就職する際、最初は任期付きのアシスタント・プロフェッサーとして採用されます。そして三年ないし五年の任期を終えた後、アソシエート・プロフェッサーへの昇任の可否が決定されるのですが、昇進の決め手となるのがアカデミック・ジャーナル（学術専門誌）に掲載される論文の数なのです。ところが、ラディカル経済学の論文は既成経済学への批判を主旨としますから、**査読制**（!!）のあるアカデミック・ジャーナルに採択される可能性はほとんどないといってよい。業績不足というきわめてもっともな理由で、ラディカル・エコノミストは有名大学からほとんど確実に排除されていくわけです。その結果、**公正とは何かといった根源的な問題に正面から取り組むエコノミスト**は、経済学の世界にほとんどいなくなってしまいました。」

――としておられる。理科系の場合には、これはどひどいことは、あまりないとは思われる。けれども、小間・前掲の分析に戻れば、まさにそれは、**あまりにも理不尽な国立大学批判が、まさにかつてのNTT分割・郵政三事業民営化**（K首相が居なくなれば、後者の再**燃は収束する**）**の論議と同様に**（!!）、**日本中に谺する中での**、〝**窮余の一策**〟だったと言える。本書の〔図表②③④〕、そして〔図表⑭〕も、世の〝NTT叩き〟に対する、私なりの抵抗としての、同趣旨からのものであった（「**政策評価――数値化・定量化とその限界**」について論じた本書一五七頁の＊の項とも、対比せよ）。

以下においては、小間・前掲論文の示す二つの表を〔図表(53)(54)〕として示し、それを前提として（!!）、本書三3の〝本題〟（目次参照）に、入ることとする（〔図表(54)〕につき、小間・前掲七〇六頁には、「医学系分野とそれ以外の分野とでは、大学ごとのアクティビティに多少の差がある」とし、それを除いたもう一つの表を作った旨、ともかくも説明されている。東大を第一位に持ってゆきたいからそうした、とは思いたくないが……）。

〔日本の主要大学とNTTとの研究実績面での比較――一応の目安として！〕

論文の数や引用回数で真の〝実力〟が分かるなどとは、（既述の如く）私は考えない。文科系では、〝査読制〟など一般的に存在しないし、引用の回数で何かが判断されるなどということ自体、〝**法学部**〟**に在籍する私にとっては、「何を言うか！」**、の世界ではある。**理科系の論理が**（〔新古典派〕経済学などを介して）**文科系にも及ぶことに対して、私は、強く抵抗して来ている立場**である（特許取得件数でR&Dを評価しがちな経済分析への批判として、石黒・前掲法と経済一八八頁をも見よ!!）。

だが、東大の小間篤教授による前記の〔図表(53)(54)〕をもう一度点検して頂いた上で、以下に示すいくつかの図表を、是非御覧頂きたい。用いられたデータは、小間・前掲と同じく、「世界最大の科学情報会社である**米ISI**（Institute for Scientific Information）」のものであり、しかも、「一九八一年から一九九八年までのデータ」である。ISIからは、「被引用数の多い論文が**HIP**（High Impact Paper）として抽出され、この掲載件数に基づいたランキングが発表されている」（**鈴木滋彦監修・前掲書〔『最先端のNTT研究者が**

〔図表53〕 **自然科学分野**(工学の一部を除く)**における大学別発表論文数**（1990～99年）。＊印は医学系の論文が60％以上を占める大学

順位	大　学　名	論文数
1	ハーバード大学（アメリカ）＊	53555
2	東京大学	43611
3	京都大学	32504
4	カリフォルニア大学ロサンゼルス校（アメリカ）	32357
5	ミシガン大学（アメリカ）	32161
6	ワシントン大学シアトル校（アメリカ）	31450
7	トロント大学（カナダ）	30836
8	カリフォルニア大学バークレー校（アメリカ）	29920
9	コーネル大学（アメリカ）	29861
10	ケンブリッジ大学（イギリス）	28775
11	スタンフォード大学（アメリカ）	28612
12	大阪大学	28205
13	ウィスコンシン大学マディソン校（アメリカ）	28164
14	ジョンホプキンス大学（アメリカ）	26762
15	ペンシルバニア大学（アメリカ）	25453
16	カリフォルニア大学サンディエゴ校（アメリカ）	25172
17	マサチューセッツ工科大学（アメリカ）	25108
18	東北大学	25036
19	フロリダ大学（アメリカ）	24211
20	カリフォルニア大学サンフランシスコ校（アメリカ）	24018
32	九州大学	19816
36	名古屋大学	18533
42	北海道大学	16515
50	東京工業大学	14973
（参考）	慶應義塾大学	7354
	東京理科大学	4954
	日本大学	4104
	早稲田大学	3688
	国立台湾大学（台湾）	12166
	国立シンガポール大学（シンガポール）	10826
	ソウル国立大学（韓国）	8969

〔出典〕：小間・前掲705頁の表１。但し、表題中に原文では「(工学の一部を含む)」とあるが、この点は修正しておいた。本文で既述の点と対比せよ。

〔図表54〕 **自然科学分野**（医学および工学の一部を除く）**における大学別発表論文数**（1990～99年）

順位	大　学　名	論文数
1	東京大学	32239
2	カリフォルニア大学バークレー校（アメリカ）	27709
3	ケンブリッジ大学（イギリス）	25245
4	マサチューセッツ工科大学（アメリカ）	24337
5	京都大学	24205
6	トロント大学（カナダ）	20720
7	ウィスコンシン大学マディソン校（アメリカ）	20613
8	東北大学	19836
9	オックスフォード大学（イギリス）	19600
10	大阪大学	19210
11	イリノイ大学アーバナ校（アメリカ）	19197
12	ミシガン大学（アメリカ）	18816
13	コーネル大学（アメリカ）	18215
14	ワシントン大学シアトル校（アメリカ）	17370
15	フロリダ大学（アメリカ）	16863
16	アリゾナ大学（アメリカ）	16368
17	マッギル大学（カナダ）	16351
18	ペンシルバニア州立大学（アメリカ）	16347
19	パリ南大学（パリ第11大学、フランス）	16205
20	オハイオ州立大学（アメリカ）	16012
29	東京工業大学	14534
35	名古屋大学	12618
37	九州大学	12496
41	北海道大学	11708
（参考）	東京理科大学	4950
	慶應義塾大学	3836
	早稲田大学	3685
	日本大学	2749
	国立シンガポール大学（シンガポール）	9650
	国立台湾大学（台湾）	8986
	ソウル国立大学（韓国）	7599

〔出典〕：小間・前掲706頁の表２。

語るＨＩＫＡＲＩビジョンへの挑戦』――以下、前掲『ＨＩＫＡＲＩビジョンへの挑戦』として引用する〕一二八頁〔「解説　ナノテクノロジを支えるＮＴＴでの物性科学基礎研究の客観的評価と水準向上の取組み」の冒頭頁〕。なお、同前・一二九頁には、本書の〔図表⑭〕と同じ表が示されている）。

　理科系の標準的な比較方法ゆえ、但し、あくまで〝一応の目安〟として、まず、そこに示された三つの表を、〔図表⑮⑯⑰〕として示しておこう。日本全体のＲ＆Ｄ状況の中でＮＴＴがいかなる地位にあるかを、改めて知っておく一助として、である（但し、図表中のカッコ及び点線が示すように、ＮＴＴの物性科学基礎研究に重点を置いた図表になっていることに注意せよ）。

　要するに、「物理学および工学について注目してみれば……ＮＴＴのＨＩＰの被引用数は物理学においては国内二位、工学においては〔何と!!〕国内一位であ」ることが、〔図表⑮⑯〕の示すところ

〔図表⑮〕　工学（1981－1998年）：HIP

	大学・機関名	被引用数	平均被引用率	HIP論文数
1	NTT（物性科学基礎研究）	3,050（893）	74.39（111.63）	41（8）
2	東京工業大学	2,725	143.42	19
3	東京大学	1,086	77.57	14
4	日立製作所	865	86.50	10
	ソニー	822	82.20	10
6	大阪大学	743	82.56	9
	京都大学	729	81.00	9
8	富士通研究所	602	120.40	5
	名古屋大学	184	36.80	5
10	愛媛大学	230	57.50	4

〔出典〕：鈴木滋彦監修・前掲『HIKARI ビジョンへの挑戦』128頁の表３（朝日新聞社・大学ランキング2002年版からの引用）。HIP については本文中で説明したところ。

〔図表⑯〕　物理学（1981－1998年）：HIP

	大学・機関名	被引用数	平均被引用率	HIP論文数
1	東京大学	20,492	227.69	90
2	東北大学	6,585	219.50	30
	NTT（物性科学基礎研究）	6,841（3765）	228.03（313.75）	30（12）
4	京都大学	6,594	253.62	26
5	日亜化学工業	4,531	181.24	25
	大阪大学	4,948	197.92	25
7	東京工業大学	4,236	201.71	21
8	筑波大学	5,793	321.83	18
9	名古屋大学	3,064	180.24	17
10	NEC	5,027	335.13	15
11	高エネルギー加速器研究機構	5,605	400.36	14
12	アトムテクノロジー研究体	1,768	176.80	10
	金属材料研究所	4,316	431.60	10
	新潟大学	2,405	240.50	10
15	広島大学	1,970	218.89	9

〔出典〕：〔図表⑮〕と同じ（但し、その表２）。

である。〔図表(55)(56)(57)〕には、大学のほか、メーカー等も含まれている点に、十分注意すべきである。本書一六七頁以下に示したように、かつてのNTT分割論議に際しては、〝これからはメーカーのR&Dの時代だ〟などと、平然として言われていたからである(!!)。

なお、データというものは、そのとり方次第で、そこから得られる〝イメージ(!!)〟も変わる。そこで、若干ラフだが、『ある学術雑誌に掲載されたそれぞれの論文が、発表後一〜二年程度(!!)の短期間に、全雑誌から一年当り引用された回数の平均値』たる『インパクト・ファクター(IF)』というもので、一例として物理学(〔図表(56)〕と対比せよ)の分野を見ておく。これは、「研究動向解析研究会」(それについてはhttp://www.cria.co.jp/kenkyuukai.htm)の調査によるもので、現在、アクセスについては若干工夫を要するようだが、ともかくIF値が高い程、影響力の高い論文を出している、とされている。それによると、一九九五―九八年間の累計で、NTTは三・二、東大二・四、京大二・一、理研二・一、の順となっている(但し、『論文数』で見ると、この時期、同じく物理学の分野で、一位は東大の七八四本、二位は京大の五七九本。NTTは四六本で二〇位である。ちなみに理研は一二位で、一五五本。また、『論文当りIF順位』で言うと、右の、NTTの三・二は、日本で第二位であり、一位は通産省融合領域研究所で、論文当りIF値は、四・八となっている)。

いささか〝木を見て森を見ざる〟(数値にふりまわされるのみとなる)――実際には〝森〟を見ているのであるが――に近い、ややこしい世界に入りかけている気がする。従って、趣向を多少変えよう。

「インターネットで面白い順位表を見つけた。大学や研究所の論文生産力を約百の分野別に並べたものだ。研究動向解析研究会というグループが、米国から四年分の論文データを購入して解析した。学術雑誌は、掲載論文がどの位引用されるかで影響力が測られる。……」とする、一九九九(平成一一)年九月二五日付けの朝日新聞夕刊『窓』欄から、多少引用をしておこう。まさに、ここで論じて来た点を扱う「論説委員室から」の記事である。

そこには――

「情報・通信工学〔正確には電気・電子工学〕や光学・音響学ではNTTが二位以下を大きく引き離している。」

――とある。

私と同様、「もちろん、この数値だけで研究能力の評価はできない」と、そこにあり、「一つの参考にはなる」、との位置づけがなされている。だが、データの出所は同様、ということでお考え頂いた上で、右に掲げられた二つの分野におけるNTTの研究実績を示す二つの図を、〔図表(58)(59)〕として示しておこう。

小間・前掲七〇八頁も、「分野別に細かくチェックすることも重要であろう」としていたが、こうして〔図表(58)(59)〕を見てみると、それらの分野での年間総インパクト・ファクター(IF)値・論文数において〝断トツ〟たる、NTTのR&Dの実像が、それなりに、一応の目安としてではあれ、摑めるはずである。

そのNTTのR&D実績(ここまでのいくつかの図表は、本書でこれまで示して来た諸点を、別な角度から見詰め直してみた場合のものたるのみ、であることに注意せよ!!)を直視せず、『NTTのR&Dなど大したことはなく、唯我独尊でコスト高、かつ、世界に通用しない』云々の〝暴論〟が、つい最近までこの国を覆い尽くしていたこ

〔図表㊼〕 総合評価（1981－1998年）：HIP

	大学・機関名	被引用数	平均被引用率	HIP論文数
1	東京大学	86,348	195.80	441
2	京都大学	88,405	254.77	347
3	大阪大学	63,729	258.01	247
4	東北大学	21,545	134.66	160
5	名古屋大学	23,317	155.45	150
6	東京工業大学	13,118	124.93	105
7	NTT （物性科学基礎研究）	10,681 （5271）	110.11 （239.59）	97 （22）
8	九州大学	16,963	176.70	96
9	理化学研究所	11,749	123.67	95
10	筑波大学	27,328	337.38	81
	北海道大学	17,859	220.48	81
12	宇宙科学研究所	5,439	106.65	51
13	広島大学	8,821	180.02	49
14	神戸大学	37,609	800.15	47
15	国立がんセンター	15,192	361.71	42
16	慶應義塾大学	9,797	296.88	33
17	千葉大学	5,082	169.40	30
18	岡崎国立共同研究機構	20,652	712.14	29
	大阪バイオサイエンス研究所	155	54.10	29
	日亜化学工業	4,629	159.62	29

〔出典〕：〔図表㊺〕と同じ（但し、その表１）。

とを、我々は、ここで再度、想起すべきである（!!）。

〔ＮＴＴにおける〝純粋基礎研究〟の展開〕

ところで、〝ＮＴＴ叩き〟のみに没頭していた、かつての（旧）郵政省は、あたかも〝日本は基礎研究が駄目だ〟との〝一般常識〟（誤ったそれ!!）を、そのままＮＴＴに対しても向けるといった、非常識な（というよりは〝破廉恥〟、とさえ言いたくなる）対応を示していた（既述）。

ここでは、既に予告しておいたように、『ＮＴＴの純粋基礎研究の凄《すさま》じさ』を具体的に示し、右の如き〝暴論〟を打ち砕くこととする。だが、この点は、幸い、最近において一部マスコミにも、取りあげられつつある。そこで、まずそれをサッと見た上で、『ＮＴＴのＲ＆Ｄの軌跡における純粋基礎研究の位置づけ』について、続いて論じてゆくこととする（以上、執筆は二〇〇二〔平成一四〕年八月二八日の午後七時五八分まで。今日は、前記のＩＰｖ６関連の原稿に対し、若干面倒な加筆・訂正作業があったため、四〇〇字一九枚で、ひとまず筆を擱くこととする）。

まず、マスコミの報道についてだが、既述のＩＳＩ社のデータ（一九九五年　月－二〇〇一年六月）に基づき、「論文が引用される回数が多く世界が注目する研究成果をあげている日本人の研究者やグループを研究分野ごとに抽出した」とされる記事が、二〇〇二（平成一四）年一月七日付けの日経産業新聞に、「日本のトップ研究者①——論文引用調査から」と題して掲載された。私が昨日書いた分の中でも（執筆再開は二〇〇二〔平成一四〕年八月二三日午後一時五分）、こうした分析が一応の目安としてのものであることは示したが、日本の一～一〇位の中に、ＮＴＴ関係が三つ入っている。即ち、三位に「ＮＴＴ〔の〕コミュニケーション科学基礎研究所

〔図表58〕 電気・電子工学分野でのNTTのR&D実績（1995−1998年）

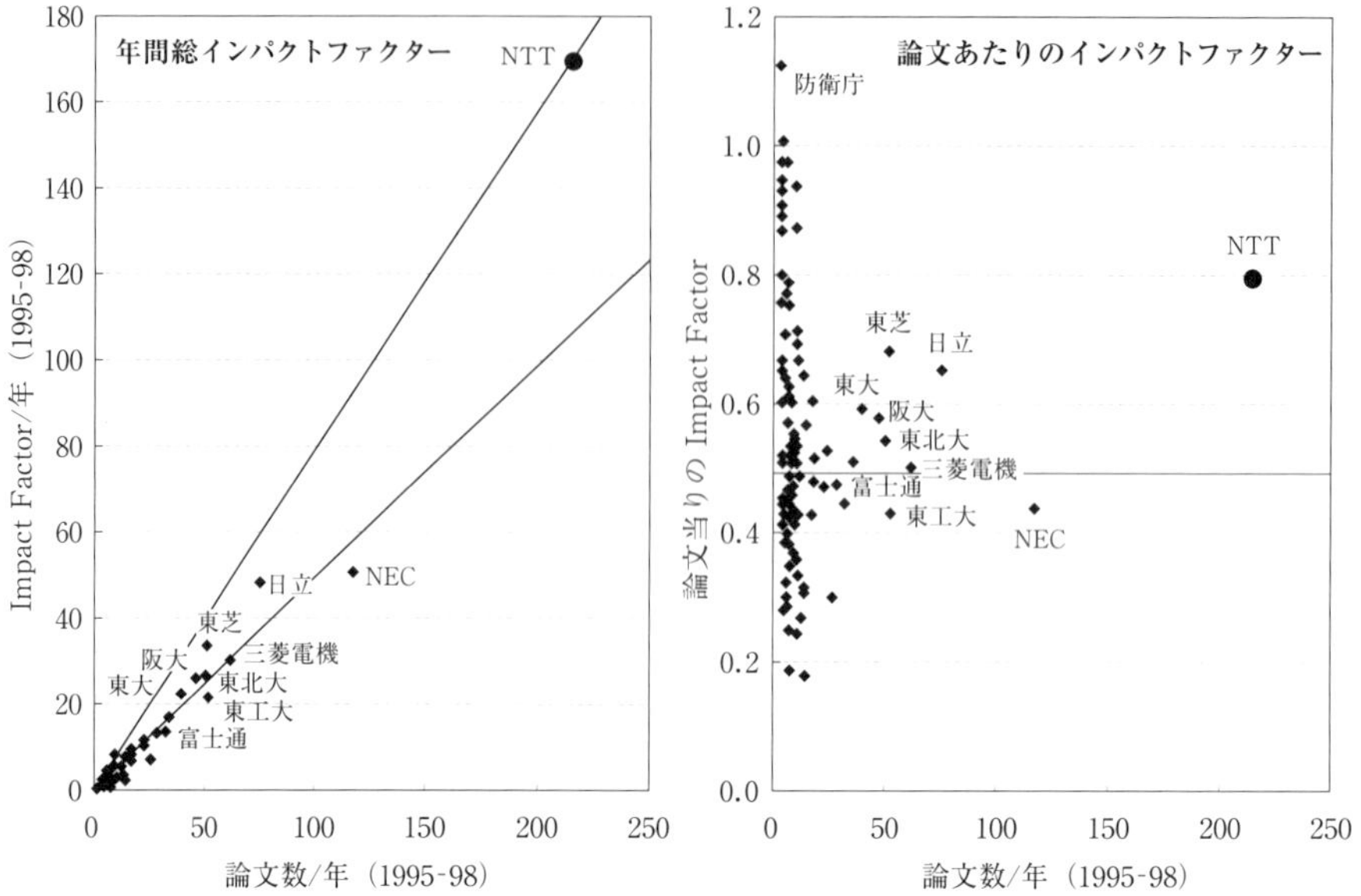

〔出典〕 本文中に示した第三者調査の結果を図示したNTT提供の資料。インパクト・ファクター（IF）については，本文中で説明済み。

〔図表59〕 光学・音響学分野でのNTTのR&D実績（1995−1998年）

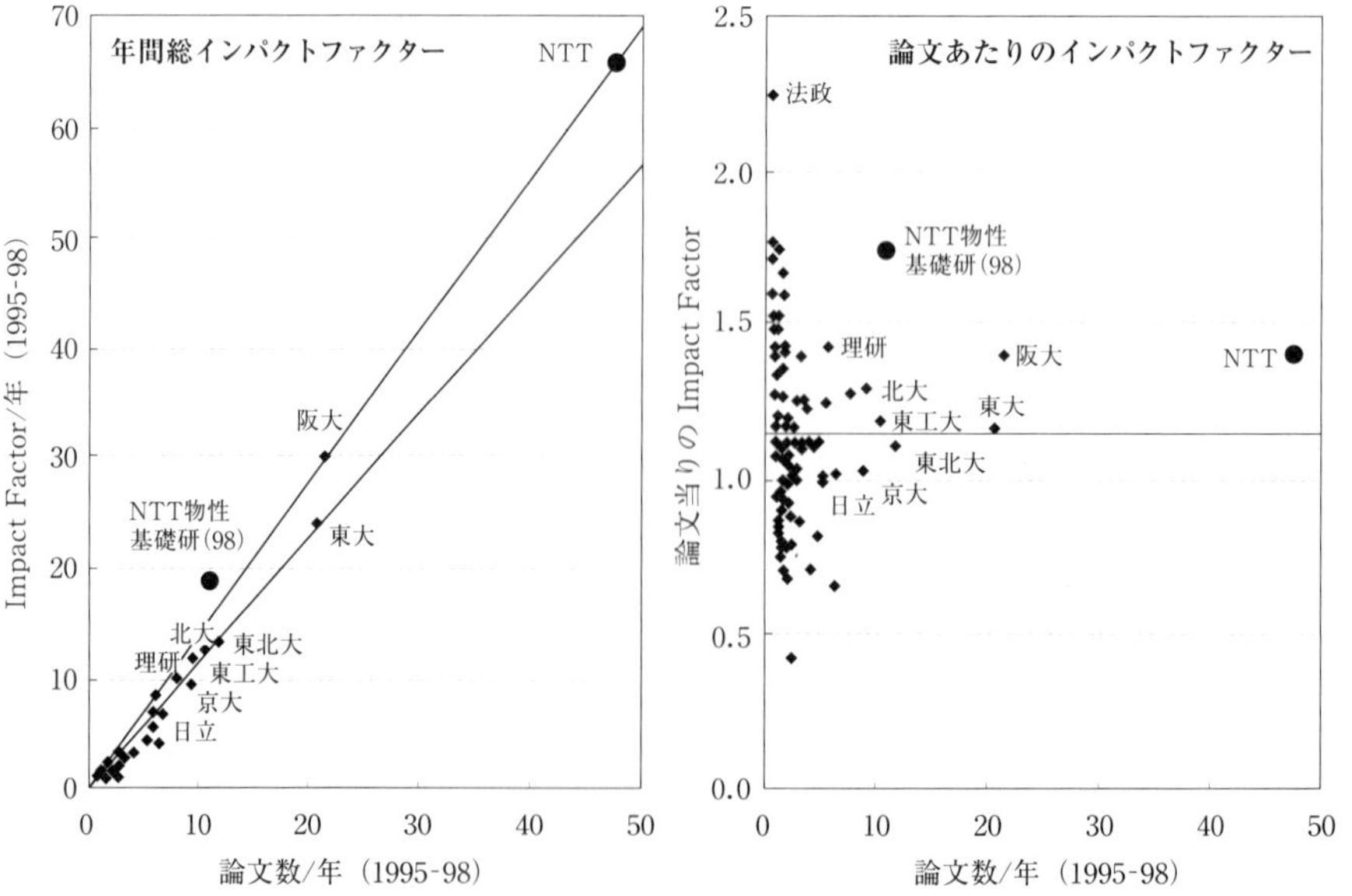

〔出典〕〔図表58〕と同じ。

の村瀬洋研究部長ら」の「三次元の物体を効率よく認識する技術」、五位に「室温で動く単一電子素子の製造法」（「ＮＴＴ物性科学基礎研究所の高橋庸夫主幹研究員」）、六位に、「東北大学の中沢正隆教授とＮＴＴ未来ねっと研究所のグループ」の、「通常の光ファイバーに性質の違うファイバーを組み合わせてソリトン通信を実現」（ちなみに、ソリトンとは、孤立した非線形の波動で、伝送中に衝突しても波形や速度の変化なしに通り抜ける性質を有するもの。それを利用して、ＮＴＴでは、現実のグローバル接続で必要となるところの、異なる二種類以上のファイバーの組み合わせでもソリトン伝送を行なう分散制御ソリトン法を世界に先駆けて提案し、八〇Ｇｂｐｓで一万キロ以上(!!)の世界最長レベルの伝送実験に成功している）、が入っている（なお、「工学企業研究者が活躍」との見出しを有する同記事において、一〇位までに、ソニーが二つ（二位と九位――ともに青緑色レーザー関連）、ＫＤＤＩが一つ（四位――「通常の光ファイバーを使ってソリトン通信を実現する通信制御技術」）、東芝（システムＬＳＩ開発センター）が一つ（八位――東京工大岩井洋教授との共同研究による「絶縁膜が一・五ナノメートルと薄いトランジスタの動作に成功」）、そして富士通が一つ（一〇位――「直径一〇ナノメートルほどの『量子箱』構造の半導体レーザーの室温動作に成功」）、挙がっている）。

　ＮＴＴの純粋基礎研究との関係では、右の五位の「単一電子素子」の点が、一見したところでは、最も目を引く存在、と一応言えよう。これについては後述する。右記事では、「大容量の情報を長距離伝送できる光ソリトン通信の論文」が注目される一方で――

「日本が欧米に比べて遅れる(!?)とされるソフトウェアの分野で引用件数が多かったのが、ＮＴＴ……の成果だ。複数方向から立体物を撮影、その物体の特徴的な部分だけを目印にたくさんの画像の中から特定の画像を選びだす。この成果をもとに開発したソフトは二四時間分の映像の中から一五秒間のＣＭがいつ、何回放送されたか探すのに一秒しかかからない。世界の通信業者が注目する技術に発展している。」

――として、大きく報道されている。そこで、純粋基礎研究の分野に入る前に、一見したところでは(!!)まさに実用化研究の典型例のようにも思われがちな、右の技術について、一言しておこう（引用回数云々の、私から見れば多少不純な考え方とは、ここでオサラバとなる）。

　右に引用されたＮＴＴの技術は、『学習アクティブ探索法』というものである。〝文字列ではなく、音楽や映像の断片をキーとして、マルチメディアコンテンツを検索する技術〟であり、ＣＭ関連のみがそれの利用される場、ではない（「インターネット上の音や映像を瞬時に探し出す『学習アクティブ探索法（ＬＡＳ）』」ＮＴＴ技術ジャーナル二〇〇一年一月号五〇頁以下）。ＮＴＴのコミュニケーション科学基礎(!!)研究所で「一九九八年秋に、従来（の手）法（「特徴ずらし照合法」）の約六〇〇倍の探索速度を実現した『時系列アクティブ探索法（ＴＡＳ）』を発表し」たのに続く成果である。ＴＡＳにより「普通のＰＣ程度の計算能力でも二四時間分の音や映像を約一秒で探索する」ことは実現できていたが、右の新技術（ＬＡＳ）では、更に「圧縮などによる、インターネット上の音や映像の「品質」の「劣化」に対し、「ほぼ一〇〇％の精度で探索」可能となった（同前・五〇頁）。ＬＡＳに関するＮＴＴ東日本ビジネス二〇〇〇年八月号二一頁以下の、冒頭頁では、「今回の開発は……さまざまな領域でバランスよく研究開発を推進しているＮＴＴならではの成果の一つ」、とされている。

但し、LASの前段階たるTASの開発がなされた際、「そこまで高速な探索法のニーズが本当にあるのかどうか、研究段階では『正直いって、よくわからなかった』。ニーズが高いとわかったのは、実際に技術を開発してあらためて世の中を見回してみたときだった」（同前・二二一―二二三頁）、とされている点は重要であろう。技術開発とは、常にそうした面を有しているはずである。最初から利用目的・ニーズを定めて一直線に、というものばかりではないはずだ。だから私は、本書一六二頁の＊の項で示したように、旧郵政省とNTTとの、一九九六（平成八）年末の、NTT再編成に関する合意中の、「基盤的」・「応用的」のR&Dの二分法に、強く異を唱えていたのである。この二つでR&Dを組織的に分けることは、不自然の極み、である（なお、従来の特徴ずらし照合法の用語説明を含め、二〇〇〇（平成一二）年五月三一日の、本件に関するNTTニュース・リリース参照。本技術が「音楽や映像の不正使用を調べる著作権管理の分野」で「まず」実用化される点につき、ともに同年六月一日付けの日経新聞朝刊・日経産業新聞・産経新聞朝刊・毎日新聞朝刊・朝日新聞夕刊、等の報道をも見よ。同年一〇月二六日には、NTTコム社から、実際のサービス開始についてのニュース・リリースがなされている）。

かくて、応用分野も広く、皆がとびつき、一見実用化研究の典型例であるかの如き学習アクティブ探索法も、まさに（純粋）基礎研究の成果だったことになる。

それを確認した上で、ここで、一層正面から、純粋基礎研究の分野に、光をあてておこう。ようやく二〇〇二（平成一四）年に至って、この分野でのNTTの技術的プレゼンスの高さが、日本のマスコミにも認識されるに至ったようである。同年二月五日付けの日経新聞には、何と『NTTから世界へ　気鋭の基礎物理学者たち』とのタイトルで、「世界的に活躍する基礎物理学の日本人研究者の中で、NTT出身者の存在感が急速に増している」、とまずある。「急速に」のあとの部分は、「我々マスコミの認識するところとなった」、と書くべきだろうが、それはよい。いまだにこの点を直視ないし正視出来ていない日本政府・霞ヶ関よりは、はるかにまし、なのだから。

右記事は、「一九八〇年代にNTTが基礎研究のナンバーワンを目指す中で育った人材が、国内外の大学などに移籍し、一線級の成果を出している。ノーベル賞受賞者を多数輩出した米国の旧ベル研究所の再現になるのかどうか、科学界は注視している」、とする。そこで紹介されている具体例は、①「NTT基礎研究所」の「樽茶清悟」氏（現東大教授）の「人工原子」、②同研究所の「山本喜久」氏（現スタンフォード大教授）の「光子一個の世界」への挑戦（「レーザーなどから出る光」の「揺らぎをそれまでの限界と思われていた以下に絞り込んだ光を半導体レーザーを使って作り出した」）、③山本氏と同様の世界で「光子一個を使った量子暗号通信の先駆者」たる、「井元信之氏」（現総合研究大学院大学教授）、④井元氏と同様「NTT出身」で同大学助教授となった「小芦雅斗」氏の「量子暗号理論の最前線を走」る活躍、である。

こうしたNTTの純粋基礎研究分野での世界的技術貢献については、後に若干具体的に示すが、同記事には、一九「八〇年代半ばから九〇年代初めに、NTT……は学術の世界で世界のトップに立つことを目標に掲げ、〔NTT〕基礎研ではあえて実用化を問わず〔!!〕、先進的な研究を猛烈に推し進めていた。そんな雰囲気の中で育った〔前記各氏〕の姿勢は、いわゆる企業の研究者とはかけ離れている〔!!〕。……しかし今後、ナノテクノロジー〔!!〕が進展すれば、何をするにも電子一個、光子一個の制御が必要な時代が来る。彼ら

〔ＮＴＴ!!〕の研究は、その根本原理を明らかにしている。……全く新しい情報通信技術を作り出すことにつながる可能性〔!!〕は高い」、とある（以上、同新聞科学技術部古田彩氏の記事）。まさにこれこそが、かの鈴木滋彦氏の、「大事なのは、『次』の技術を生み出すプロセスの中から、Ｒ＆Ｄが『次の次』の技術を着想し弾込めしている、ということなのです。『次の次』が読めるということは、このグローバル競争時代における事業戦略立案のための強力な武器」であり、それこそが「ＮＴＴの持株会社が自らＲ＆Ｄ〔部門〕を持つ意義」だ、との言葉と結びつく。私は強く、そう信ずる。

なお、二〇〇二（平成一四）年二月五―七日付けの日経産業新聞には、(上)(中)(下)の三回に分けて、詳細に、『基礎物理学研究　ＮＴＴ人脈走る』のタイトルの下で、紹介記事（これも古田彩氏の筆による）が載った。各回の見出しは、順に、「『学術で頂点』――一〇年の遺産　次代のリーダー続々輩出」、「量子情報処理に先べん　未踏の領域、挑み続ける」、「『極微の宇宙』を研究　電子や原子の本質明らかに」、である。

是非、現物を御一読頂きたいが、同年二月五日の「(上)」の記事には、気になる指摘もある。「経済は上り坂でビジネスは好調」の一九「八三年ごろから、〔ＮＴＴ（公社）は〕急速に学術研究への傾斜を強め」、「民営化」（一九八五年）後の「八七年に……基礎研究所は『学術面での世界への〔!!〕貢献』をはっきり目標に掲げた」。だが、「ＮＴＴの学術研究中心主義は、九〇年代半ばに終わりを告げる〔!?〕。バブルの崩壊と携帯電話の台頭〔!?〕でＮＴＴの収益が悪化。『余裕〔!?〕がなくなってきた』……」、とある。そして、「実用化に主力を置くというのが世界の潮流にな」る中（この点は、本書三４で後述する）、「事業戦略としての基礎研究を進める」方針にＮＴＴが転換した、とある。だが、そこにある「事業の将来を見据えた基礎研究への転換」とは、所詮私には、ある種のレトリックのように思われる（後述）。同じく同記事(上)にある、ＮＴＴの研究「分野は事業戦略から見て将来必要となるものに絞り込む」との方針にしても、何がどう〝化ける〟か分からないところに、研究開発の本質があることを、忘れてはならない。

まさにそのことは、一応（「基盤的」ではなく）「応用的」Ｒ＆Ｄ（既述）に分類されるかの如く思われがちな、既述のＴＡＳ（時系列アクティブ探索法）の開発に際し、「ニーズが本当にあるのか……研究段階では『正直いって、よくわからなかった』……」（前掲・ＮＴＴ東日本ビジネス二〇〇〇年八月号二二―二三頁）とされていることにも、ある程度は示されていると言えよう（この点があったから、ＴＡＳ・ＬＡＳに、あらかじめ言及しておいたのである。もっとも、書きながら随時〝構成〟を考えるのが、多分に〝偶然〟に支配される、私なりの執筆〔研究!?〕方法だが）。

日経産業新聞・同前（二月五日付けの(上)）の見出しに「一〇年の遺産」とあることは、既に示した。「当時、ＮＴＴでは大学ですら手をつけなかった先端的な研究を推し進めた」、と過去形でさえある（それが「九〇年代半ばに終わりを告げる」、ともあった）。

だが、それを過去形で語るのは、事実に反する。ここまでの論述においてその一端を、既に概略のみ、例示的に示したところのＮＴＴの純粋基礎研究は、日経新聞二〇〇二（平成一四）年二月五日付け夕刊の前記記事の結びにあったように、〝研究のための研究〟ではなく、「全く新しい情報通信技術につながる可能性」が「高い」ものである。再度言うが、それが鈴木・前掲の言う『先の先』、なのである。そのことを（これから）一層具体的に示しておくことが私の使命であると、私は固く信ずる（!!――なお、ＮＴＴの純粋基礎研究への傾斜が一九八〇年代から、という前記報道は、実は正しくない。

前掲『情熱の五〇年』二二四頁にあるように、少なくとも一九「七三〜八〇年」の段階で既に、「基本発想となる研究、すなわち、それが源泉となって新しい研究が展開され、一つのまとまった有用な技術の系列が形成されるような研究」が「大切に」され、「そのため、実用の呪縛から解き放たれて、成功の確率を気にせず研究できるようなマネジメント」が志向されていたからである。それはもはや、NTTのR&Dにおける基本的なカルチャーと言うべきもののように、私には思われる。)。

さて、この辺で、以上のマスコミ報道を裏付けるべく、前掲『情熱の五〇年』から、同前・二三三頁以下の「基礎研究所設立とR&D体制の全面的再編」の項を、まず見ておこう。「一九八〇年代半ば」にNTTの「基礎研究」の「組織」が「激しく再編を遂げ」た背景には、「民営化問題」の他に、意外にも、日米「半導体摩擦に端を発する米国からの対日批判」たる「基礎研究ただ乗り論」があった、とされている(同前・二五三頁。なお、日米半導体摩擦については、石黒・前掲国際摩擦と法〔新版〕一六〇頁以下)。何とも力強い企業精神の発露、と言うべきである。だが、そうした(方針及び)組織の大転換の裏には、前掲『情熱の五〇年』二三三頁にあるように、一九「七〇〜八〇年代を通して〔NTTの〕通研の基礎研究レベルが世界の頂点と並んだことも大きく関係し」、「もはや実用化のための基礎研究という時代ではないのでは、という議論の台頭」があった、とされている。そして、まさに第一次日米半導体摩擦の生じた一九「八五年に」、「基礎研究所」が設立され、「ナショナルフラッグとして世界的に通用する概念を創出することを目的とする純粋基礎研究の強化」が「打ち出」されることになる。

何とそこでは、「研究を何に使えるかで評価することをやめ(!!)、筋のよさ、概念の重要性で評価する(実用化中心主義からのテイクオフ)」ということが、目標として掲げられた(以上、同前・二三三―二三四頁)。但し、このことは、同前・二三四頁にあるように、従来から「意識されながら明確化されることのなかった」点であり、そこが重要である。その旗を万が一(!?)降ろしても、「意識」は「意識」として持続する。その「意識」は、一例たる既述のTAS開発の基底にもあったはずである。(公正!?)競争による日銭稼ぎへのやむなき没頭と実用化研究への退路なき傾斜への一般の流れの中で、その「意識」を如何にうまく持続させてゆけるかが、常に『次の次』を考えるR&D戦略の、従ってまた基本的な経営戦略(!!)の基軸たるべきである(!!)。「先端的な研究というのは、往々にして、遊びの中から生まれるもの」であり、「いろいろな研究組織の中で、一割は遊びの研究を残しておかないと……」、とする同前・二三五頁の指摘は、その意味で(当然のことながら)極めて重要である。

実際には前記の「意識」がNTTのR&Dに、今現在でも強く存在することについては、後に〝具体例〟で示す。だが、NTTのR&D体制が、その再編成(一九九九年七月)よりも前に、大きな変更を受けていたのは、事実である。この点を、NTT研究開発本部・企画室発行『R&Dの系譜――民営化後の研究体制の変遷』(一九九九年三月)一二頁以下の、宮津純一郎=宮脇陞=青木利晴「鼎談 民営化後のR&Dの歩みと情報流通社会に向けての展望」から、若干見ておこう。たしかに、一九「九二年に……このままの研究開発ではだめだ」との声が、当時のNTTの社長・会長から挙がり、「ソフトを活用してより一層サービスに力を入れる」こと、そして「独力でやるだけではなく、〔当時は!?〕先行していた米国のソフト技術を含めて社外提携を進める必要がある」こと、更に、「研究開発は事業自体を先取りするものを先導してやらなければ意味がない」ことの、計三点が提案された（同前・一三頁の宮津発言）。「それが基になって、より具体的な意味でマルチメディアや国際化（!!）につながっていったとする、同前頁の青木発言については、既述のFTTH国際標準化へのプロセス（!!）を、まずもって想起すべきである。

　だが、この一九九二（平成四）年の〝宮津改革〟（同前・一八―一九頁）には、極めて重要な含意があった。即ち、同前・一三頁の宮津発言にあるように、「それまでの研究所は、事業と直接のかかわりは少ないというように付属的な組織に思われていました。しかし、事業の先取りをするのが研究所だと言った手前、一人前にしようと考えたのです。研究開発、営業、法人営業、サービス生産の四本部体制を取ることでこれを実現しました」、ということなのであり、当時「R&Dの改革を担当し」た宮脇氏の同前頁の発言にあるように、「これにはみんな驚きました。研究所が四本部のひとつになったという」のは、「歴史的な出来事だった」のである（「実際今までの電々公社、NTTに至る歴史の中で、研究所が大手をふって事業部と肩を並べたのは初めてでした」とする、同前頁の青木発言にも注意せよ）。

　『美しい技術の世界』の〝語り部〟たらんとして、こうして筆を執っている私にとっては、右は、誠に意外な事実であるが、既述の鈴木滋彦氏の『先の先』論と同じことが、同前・一七頁にも示されている（!!）ので、引用する。即ち、まず、「事業展開の『根っこ』には、研究開発をきちんとやっておかなければいけないということと」があるとする宮津氏は、「ある時期は研究投資しなくとも増収ということがあるかもしれませんが、研究開発を怠っているといつか事業展開に限界がきてしまいます。……新しい発明をしても次から次へと『まね』をされ、それを超えるものが開発されてしまいます。ですからそれを超えるためにまた新たな研究開発が必要になってきます。つまり、研究・技術力は突如として新しいものを生み出す能力ではなく、年がら年中『ジャブ』を効かせているような能力が必要です。そのかわり、相手からもいいものを取り入れて、常にわれわれに有利なものを具現化する源泉になるのが技術力である」、としている。**その源泉の更なる源が〝純粋基礎研究〟だ、と私は言いたいが**、同前・一八頁に示されたこの〝宮津改革〟において、「外部との提携にあたっては、相手側がメリットを見いだせるような、NTTの魅力ある技術の確立が必要である」とされていることも、ここで補足しておく。

　以上を踏まえ、NTTの〝純粋基礎研究〟分野における、今日までに至る（!!）具体的成果のいくつかについて、以下に記しておきたい。**それが単に「一〇年の遺産」（既述）たるのみではないことを**、確認するために、である。

〔最近に至るまでのNTTの〝純粋基礎研究〟の成果――その若干の具体例について〕

　まず想起すべきは、前記〔図表55 56 57〕が、「ナノテクノロジを支えるNTTでの物性科学基礎研究の客観的評価と水準向上の取組み」（鈴木滋彦監修・前掲『HIKARIビジョンへの挑戦』一二八頁以下）の中で示されていたこと、である。

　同前書・一　八頁の同書第一〇章（花澤隆＝荻野俊郎＝向井孝彰＝高柳英明）は、「**ナノテクノロジで将来の技術革新に挑む――光と物質の極限を目指して**」と題したものであり、既に示した各種マスコミ（新聞報道）が注目したのと同様の、基礎研究分野での成果の紹介である。

以下、同前書等で紹介されている最新R&D成果を、a～hで示し、iで小括することとするが、私自身の〝お勉強〟も兼ねて、いわゆる〝ナノテク〟のイロハから、入ることとしよう。最初のaは、それにあて、かつ、同前書等の示す成果に至る**前史**についても、言及しておくこととする。

a　ナノテクノロジーとNTT——その〝前史〟を含めて

周知のことなのだろうが、「ナノテクノロジは、言葉の意味からすると、**一ミクロン（μm）**より小さくて原子の大きさよりも大きいという領域の技術」である。「現在、最も小さい物を作る技術は、**LSI**の加工技術であり、加工サイズは1μmを切って0.1μm程度になっています。……このレベルでは物の性質はそれほど変わっていません。ところが0.1μmを切って、**ナノメートル（nm）**の領域に入って来ますと、物理現象とか物の性質とかが変わってきます。……」（同前書・一一八頁〔荻野〕）、ということが、そもそもの出発点となる。但し、「**『ナノテク』という言葉**が頻繁に使われ出したのは二～三年前で、クリントン前米大統領が**NNI（国家ナノテク戦略）**を提唱したのがきっかけ」だったが、「NTTでの……研究は『ナノ』という言葉こそ使っていませんでしたが、**それ以前から自分達**の研究テーマとして積極的に取り組んで来ており、その証拠として……**ISI社**が選んだハイ・インパクト論文数でも、NTT研究所は国内の大学と競合するトップクラスに位置づけられています」（同前・一一九頁〔向井〕）、とされている。

こうして、同前書・一一九－一二〇頁では、「原子配列を操作し、**自己組織化でLSIを作る**」研究へと、話が進む。だが、ここでは、**そこに至る〝前史〟**について、まず述べておこう。

前掲『**情熱の五〇年**』一九四頁には、「**半導体集積回路の研究**」が、NTT〔公社〕において「電子交換を目標に**一九六五年から**〔!!〕始められていた」、とある。そして、「個別トランジスタから超**LSIの時代**まで一貫して半導体・集積回路の研究開発」がなされ、まだ「世界的に標準と呼べる論理回路が存在しなかった時代に、ICやLSIにおける理想は『**高速化と低電力化**〔!!——後述〕の両立、すなわち**低エネルギー化**を図ることだ』」として、「独自の……論理回路」が「考案」された（同前頁）。その過程で、本書で既に一言してあるところの、「**六四キロビットDRAM**」の「**世界に先駆けて**」の「**実現**」（一九七八年）の成果も生まれ、NTTは〔!!〕、かくて「国内外に大きなインパクトを与えたのみならず、**我が国の半導体産業を牽引**していくことになる」（同前・一九七頁）。その結果として**日米半導体摩擦**が生じ、それを契機（バネ!!）として、NTTの〝**純粋基礎研究**〟への傾斜が〔更に!!〕強まったことは、既述の通りである。**我々は、この力強い〝技術者魂〟から、既にして多くを学ぶべきなのである。**

他方、「NTT厚木研究開発センタ」には「SOR（Synchrotron Orbital Radiation〔シンクロトロン放射〕）リソグラフィティシステム **Super-ALIS**」があり、そこで「二一世紀の〔真の〕扉を開く**0.1μmの微細加工技術**」の開発が続けられて来ていた。その「プロジェクト発足」は、実に「**一九八四年**」のことであり、**当時**、「**同種の装置は世界的に例がな**」かった、とされる（同前・一八九頁）。この装置は、「レーストラック型シンクロトロンで光速近くまで加速した電子を、**超伝導磁石**の配置による磁場の作用で曲げ、一ナノメートル波長の強力な軟X線（**SOR光**）にして取り出し、これを用いて0.1μmの微細パタン形成を実現」するためのものである。

そして、**一九「八八年、ついに念願のSOR光の取り出しに成功」**し、「これにより、**国内外の半導体産業界に**、ＳＯＲリソグラフィ**ティシステムが産業用として使えるという気運**をもたらすこと」になった（同前頁）。この**Super-ALIS**は、国家プロジェクトの「中核システムとしても活躍」するに至っているが、それは、「**戦後一貫して半導体・集積回路の分野で最先端を走り続けてきたNTTの技術力の結晶**」だ、ともされている（同前・一八九―一九〇頁）。こうして、多面的かつ着実に、**いわゆるナノテクへの道が拓かれてゆく**ことに、なるのである。

　さて、ここまでの論述において、前掲『ＨＩＫＡＲＩビジョンへの挑戦』一一九頁を引用しつつ、「**原子配列を操作し、自己組織化でLSIを作る**」との、その旨を記した項目に言及しておいた。次のｂに移る前提として、それについて、ここで一言しておこう。同前頁では、「半導体基板の表面には原子が規則正しい配列で並んでい」るが、従来の「半導体の加工技術」においては、「この原子配列を利用していませんでした」、とある。いわゆるナノテクを用いて「原子の配列全部を完全に決めることも可能」ゆえ、この点が注目されるのである。つまり、「半導体」の「規則正しい結晶構造」においては、「原子一個一個が動いて、1nmとか2nmという構造が自然に形成され」て、そうなっている。それを「**自己組織化**（self-organization）とか自己形成」と呼び、「そのときのメカニズムと原子の運動を明らかにすることによって、半導体デバイスの構造とか機能を作っていく」ことが、研究のターゲットとなるのである（以上、同前頁〔荻野〕）。そして、「一九八〇年代に**走査型トンネル顕微鏡**（**STM**）……が開発され……原子一個をつまみ上げて、別の場所に置」き、「これを繰り返して原子を円形に並べると、中に電子が閉じ込められ、**電子の波**を観察することも可能」となる（以上、同前・一一九―一二〇頁〔荻野〕）。

　この流れにおいて、次の、ｈの最新Ｒ＆Ｄ成果の意義が、明らかとなるのである（以上、執筆打ち切りは二〇〇二〔平成一四〕年八月二九日午後六時五六分。四〇〇字で四三枚になってしまった。少し困った……）。

ｂ　半導体中の電子波動の直接観察――ＮＴＴによる世界初の快挙

二〇〇一（平成一三）年一一月一日、**科学技術振興事業団報第一八六号**として、以下の発表があった。ＮＴＴ物性科学基礎研究所の平山祥郎氏を研究代表者とする同事業団の研究プロジェクトの成果であるが、それが「ＮＴＴ」の同「研究所……によって得られたもの」たることが、そこに明示されており、かつ、その成果が同年「一一月五日付けの**米国物理学会発行の『Physical Review Letters』に発表される**」、とある。

　そこから更に引用すれば、「**半導体素子の高集積化**が進む中、素子寸法はミクロン（千分の一ミリ）からナノメータ（百万分の一ミリ）の時代に移行しようとしている。しかし、**電子が『波』として**の**性質を強めるナノ領域**においては、電子を『粒子』として扱う従来の素子動作原理ではなく、**量子力学を応用した新たな動作原理が必要**とされる。……特に、電子の波長と同程度の微小なサイズに電子を閉じ込めた〔いわゆる〕**ナノ構造半導体**（量子ドット）は量子力学を応用した革新的なデバイスである**量子コンピュータ**……の基本構造になると……注目を浴びている。しかし、その根幹となる**『ナノ構造半導体における電子の波としての性質』**の直接観察には、**誰も成功していなかった**。……ＮＴＴ……は、今回……**世界で初め**

て……〔それ〕をナノスケールで直接観察することに成功した。……〔この成果は〕半導体ナノ構造デバイスの進展に大きく貢献するものと期待される」、とある。また、この研究成果は「量子力学が古くから教えてきた**量子的に閉じ込められた状態**が半導体ナノ構造で本当に実現されていることを、あたかも顕微鏡を覗くように明らかにしたものである」、ともされている。

この点を、前掲『HIKARIビジョンへの挑戦』一二〇頁以下から、補足しておく。同前・一二一頁（向井）によれば、「一九九三年にIBMが、鉄の原子を円形に檻のように並べて、その中に銅の原子を置いて表面の電子波を観察した有名な例があ」るが、「我々〔NTT〕の研究の最大の特徴は、**半導体に使われている伝導電子系について、電子の波の可視化を行ない直線観察したこと**」だ、とされる。その「**観測技術もNTT独自の**」（同前頁（花澤））「オリジナルなもので、**伝導電子波の〔「実空間で」の〕観察は、世界で初めて**」で、「理論だけだったものが実験で検証できるようなフェーズに入ってきたということ」だ（同前・一二一―一二二頁（向井））、とある。そして、前記事業団の発表（二〇〇一年）に先んじて、この成果は「二〇〇〇年に大阪で開催されたこの分野で最も権威のある『**半導体物理国際会議**』の**招待講演**〔!!――それ自体、大変なことである〕になり、専門家の間でも極めて高い評価を得」た（同前・一二二頁（向井））、とされている。そのインパクトの大きさは、改めて説明し直す必要とてあるまい。『**量子力学の最もベーシックな領域でのNTTのR&D成果**』であり、かつ、それが半導体の未来を大きく切り拓くことにもなる。その〝**二重性**〟に、注目すべきである。

c　単電子トランジスタ（SET）の世界初の試作

一九九九（平成一一）年一二月九日のNTTニュース・リリース〔一〇万分の一の消費電力で動作する『**単電子トランジスタ**』でコンピュータ基本回路を実現――**究極の省エネコンピュータ**の実現に向けて〕を、次に見ておこう。「単電子トランジスタ」とは、「電子一個を操ることができる**究極の省エネルギー素子**。制御用電極の電子数を一個変化させるだけで、電流の流れをオン・オフすることができる。これを実現するためには、二つの電極の間に**電子の入れ物**となる一〇ナノメートル（一億分の一メートル）程度の〝**シリコン島**〟を設けるなど、非常に高度な設計・作製技術が要求される」、との説明がそこにある。この「**単電子トランジスタを組み合わせたコンピュータの基本回路の試作**」が、NTTによってなされた訳だが、これも「**世界で初めて**」の「成功」である。「この回路は**消費電力**が従来比約**一〇万分の一**である」のみならず、「**サイズ**についても**従来の一〇〇分の一**以下の大きさを実現し」たものであり、「**低消費電力**」の「**集積回路の実現**」、そして「次世代の通信機器やモバイルツール、パソコンなどの開発に大きな可能性を開」くものである（以上、前記ニュース・リリース）。前掲『情熱の五〇年』一九四頁の、**一九六五年以来のNTTにおける半導体集積回路の研究において、〝低エネルギー化〟が目標とされていたこと**（既述）を**想起すべきである**。そして、本書二二四頁の＊の項で扱った、『**通信とエネルギー問題との関係**』を、想起すべきである。なお、「消費電力が一〇万分の一に低減できる」理由は、「従来のトランジスタでは、電流のオン・オフを制御するのに**約一〇万個の電子**を必要とし」たが、「**単電子**」ゆえ、それが電子一個になるから、と説明されている（前記ニュース・リリース）。そこでは、ＮＴＴが一九九四年に、「シリコンで単電子トランジスタを作るための基本技術を開発し」、「今回……こ〔れ〕に改良を加え」て「極小の……コンピュータの基本演算回路」を「作製し、動作させることに成功し」た、とある。そして、「これを組み合わせることにより、あらゆる論理演算回路を構築することが可能にな」る、ともされている。そして、「今回の研究成果は、〔一九九九〕年一二月に米国ワシントンで開催される電子素子に関する最も権威ある国際会議『IEDM（International Electron Devices Meeting）』において……発表され」る、とある。

この〝世界初の快挙〟について、前掲『ＨＩＫＡＲＩビジョンへの挑戦』一二四頁以下では、「たった一個の電子で制御する究極のデバイス――単電子トランジスタ」の項で、紹介されている。ワクワクすることが、同前一二四頁（荻野）に書いてある。即ち、「半導体というのは……外から少し電界を加えてやると中の安定な電子の数を変化させることができます。そこで、〔電子が〕二個ある状態と三個ある状態のちょうど中間くらいの状態にしてやると、二個と三個のどちらでも安定ではない状態になります。そうすると、電子を一個入れたり、一個取りだしたりするといった動作が可能になります。……」とあり、「電子数が一個、二個、三個……〔と〕ある状態のそれぞれ中間で電流が流れる」、とある。それを利用するのである。そして、「一個の電子で動作するわけで……これ以上小さくできない究極のデバイスと言え」るのである。

d　単電子ＣＣＤ（電荷結合素子）を用いた電子一個の操作・検出に世界に先駆けて成功

これは、二〇〇一（平成一三）年三月三〇日のＮＴＴニュース・リリースである。以下、そこから引用する。このｄの成果は、前記のｃと関係するが、単電子トランジスタ（ＳＥＴ）とは別の、「新たな素子構造の提案」である。だが、目標は同じく「究極の省エネルギー化」、である。単電子ＣＣＤ（charge-coupled device）もまた「電子一個を操ることが可能な……素子」であり、それを「実際にシリコンウエハ上に試作し、その動作を確認し」たのが、このＲ＆Ｄ成果であり、「一個の電荷を自由に操ると共に一個の電荷の移動を検知する事に成功した点を評価されて、英国の科学誌『nature』〔二〇〇一年〕三月二九日号に掲載され」た（Akira Fujiwara, Yasuo Takahashi[NTT], "Manipulation of elementary charge in a silicon charge-coupled device"）。

「このデバイスの動作機構は、現在デジタルカメラの映像素子に用いられているＣＣＤと似て」いるが、その開発は、前記ｃの「単電子トランジスタ〔ＳＥＴ〕以外の選択肢を増やし、単電子トランジスタとの併用も含めて、デバイス応用の幅を広げる〔!!〕大きな一歩」、とされている。

ＮＴＴ内部で、〝世界に先駆けてのＳＥＴ〟に続き、更に選択肢を増やすべく、こうした研究成果が、（烈しい組織内競争により!!）もたらされているのである。『ＮＴＴという一つのコップの中に、世界最先端のナノテクの嵐が美しく吹き荒れ、光り輝やいている』、のである。私は、嬉しくなる（東大法学部も、かつてはそうした場だった、とも思う……）。

さて、この単電子ＣＣＤの技術だが、「従来技術の改良では、通信に伴う〔!!〕エネルギー消費量の削減を一〇分の一程度に抑えるのが限界で」あり、そこでＳＥＴ（前記のｃ）が登場するのだが、その「単電子トランジスタの使用のみ」が解決策として「考えられて」いたところに、別な可能性を示す、というのがその骨子である。

「将来の集積回路応用を考えた場合、ウエハ上への大規模集積化に適した、より作製が容易な素子が望まれてい」たとあり、それが単電子CCDというデバイスなのである。「従来の……単電子転送では、電子一個を一秒間に一〇〇万回以上転送することにより流れる電流……を測定することにより実際に単電子の転送が行われていることを確認して」いたが、「一個の電荷の転送をリアルタイムで検出したのは、本成果が〔世界で!!〕初めて」だ、とされている。

e　NTTにおける量子コンピュータへの取り組みの一端——量子ビットと永久電流の世界初の観測結果

前記bが量子力学の最もベーシックな領域での成果だったことを想起しつつ、次に、このeの点を記しておく（なお、平山祥郎「二一世紀の夢、量子コンピュータに向けたアプローチ」NTT　R&D五〇巻五号〔二〇〇一年〕三八五頁以下をも参照せよ）。だが、このeの成果の前提から入らねばならない。ここでは、前掲『HIKARIビジョンへの挑戦』一二六頁以下の「量子論的性質を利用することで動作する量子コンピュータ」の項から、見てゆくことにする。

同前・一二六頁（高柳）が、幸いにもイロハからの、以下の説明をしてくれている。即ち、「量子力学の特徴」は「あいまいさ」であり、「ある意味、デジタルではなくアナログに近い」。この「あいまいさ」が、「物体の位置と運動が確率的にしか決められないことに対応しており、これが量子コンピュータの本質とな」る。そして、「量子力学の世界では、〔例えば猫が〕生きている状態と死んでいる状態、さらに生きているとも死んでいるともいえない中間状態が実現できる」。その〝中間状態〟を「超伝導体リング」で作り出すことから、すべてが始まる。「このリングは超伝導なので、電流を流すと永久に電流が流れ続け」るが、「その方向に、右向きと左向きがあ」り、「超伝導リングを貫く磁束と呼ばれる磁場の大きさが……ちょうど〇・五本くらいの磁場にすると、リングに流れる電流が磁場と加わって一本になるか、逆に流れて0本になるかの両方の状態が同時に存在することにな」り、「それは、ちょうど右向きの電流と左向きの電流が同時に存在することを意味」する。「もちろん、〔それを〕見た（測定した）瞬間にどちらかにな」るのだが、「見なければ二つあるわけで……これが量子力学の観測問題」だ、とされる。

そして、同前頁（高柳）は、「従って……」とする。その〝つながり〟は、門外漢で、そもそも数Ⅲがいやで法学部を選び、かつ物理の教師と日比谷高校でケンカし、白紙の答案を出しても卒業できた〝実績〟のある私には、分からない。だが、ともかく、右の原理からは、「素子」が「n個だと2^nとなり」、「超並列コンピュータの場合、一〇〇台あっても一〇〇倍のスピードしかで」ないが、「量子コンピュータの場合は、〔素子が〕一〇〇個あると2^{100}倍になり……非常に沢山の状態が一度に実現でき……一回の計算で沢山の状態を全て計算できるので、ある特殊な計算に対しては〔!!〕極めて高速で処理できる」ことになる。同前頁（高柳）が、「量子コンピュータは、少し誤解されたところがあり……〔それ〕ができたとしても、今の古典コンピュータを全て置き換えるものではなく、極めて用途は特殊」だ、としている点には注意すべきである。だが、「一九九四年にAT&Tのピーター・ショア（Peter Shor）の発表した『ショアのアルゴリズム』」の「インパクト」は「大き」く、「彼は、量子コンピュータが大きな桁の整数の素因数分解をいとも容易に解いてしまうことを証明し」た。「実際に一六桁の整数の素因数分解は、現在の一GHz程度のコンピュータでは、一番速くて一万年～一〇万年かか」るとしても、「**量子コンピュータがもし最適化できれば、１μsecで……今ある暗号系はすべて解けてしまう**」ため、「**国防上非常に重要**」として、「**急に一斉に米国で研究を始めた**」、とある。**石黒・前掲世界情報通信基盤の構築の第Ⅲ部**（その副題は「**電子マネーと暗号政策**」）の同書・一二七－一三〇頁とも、ようやくここで、つながることになる（但し、前掲『ＨＩＫＡＲＩビジョンへの挑戦』五九頁〔岡本龍明〕の次の指摘に注意せよ。即ち、現状の「**セキュリティの基盤が、量子コンピュータの出現によって一気に崩壊する脅威**」〔花澤〕に対する「一つの回答」として、「**量子暗号**」がある。だが、「量子暗号は非常に特殊な光ファイバーの量子効果を持った特別な**装置が必要**」ゆえ、「**二〇〇〇年に**〔**ＮＴＴ――岡本氏等**〕**が提案**」した「**量子公開鍵暗号**」が別にある。「量子暗号そのものは、量子力学の原理のみを安全性の基盤にしており……今、**物理学者が信じている量子力学が間違っていなければ**〔!!〕安全」だが、「特別な装置が必要」ゆえ、世への普及のために、「**量子公開鍵暗号**」を考えた。但し、それの解読は「量子コンピュータとの競い合いにな」る、とされている）。

さて、半分自分の興味もあって大きな回り道をしたが、ここで同前・一二七頁（高柳）の示す、前記のｅのＲ＆Ｄ成果に、ようやく辿り着くことになる。

ＮＴＴでは、同前頁（高柳）にあるように、「**超伝導体と半導体を用いる方法**」で量子コンピュータを実現しようとしているが、その過程において、**ＮＴＴ**「**が作った量子ビットの顕微鏡写真と永久電流の向き**」が、**実際に**「**観測**」**された**。つまり、「一回の測定でパッと見た瞬間に、確かに右向きと左向きの電流がはっきりと区別でき」たのである。そして、「一回の測定でこのような観測結果が得られたのは**世界でも初めてで**」ある、と同前頁（高柳）にある（同前頁の図9を見よ）。ａ～ｄに比べれば、ささやかな一歩かも知れないが、重要な成果として、ここに記した次第である。

ちなみに、平山・前掲ＮＴＴ　Ｒ＆Ｄ五〇巻五号（二〇〇一年）三八六頁には、「ＮＴＴ…では**量子コンピュータが脚光を浴びる以前から**、量子相関〔「量子効果」（既述）による相関――同前・三八五頁〕の研究に適した薄膜構造、ナノ構造の研究を積極的に進め、高品質半導体……構造を作製する技術や〔既述の〕単電子を取り扱うノウハウを確立し、微細構造半導体〔量子ドットという〕において原子的な振る舞いを**世界に先駆け**観測してきた。……」、とある。前記のｄまでの成果が、（**エネルギー問題**と共に）**量子コンピュータ研究**にもつながることが、そこにも示されている点に、注意すべきである（同前・三八六頁注4〔同前・三九〇頁以下〕からして、このｅの〝観測〟は**一九九六年あたり**になされたものと思われる）。

ｆ　「量子ドット列を用いた人工物質の創生」と「ノーベル賞一〇〇周年シンポジウム（物理学）」（二〇〇一年一二月）

ｅで登場したＮＴＴの高柳英明氏は、二〇〇一年一二月四－七日の『**ノーベル賞一〇〇周年シンポジウム**（物理学）』で、同シンポジウムでの、実に三回目（一九九六、九七年、そして二〇〇一年、である――前掲『ＨＩＫＡＲＩビジョンへの挑戦』一二一－一二三頁〔高柳〕）の**招待講演**を行なった（招待講演者はノーベル賞受賞者一七名を含む約五〇名で、日本からは高柳氏とＮＥＣの中村泰信氏のみ）。

そのＮＴＴの高柳氏の研究（Appl. Phys. Lett. 78, 3702 [2001]）について見ておこう。まず「**量子ドットとは**、非常に小さい領域に電子を閉じ込めようというもの」、とされる（前掲「ＨＩＫＡＲＩビジョンへの挑戦』一二三頁〔高柳〕）。その「量子ドットを**籠目状の構**

造に配列すると、電子がある数になったときに、**半導体であるにもかかわらず磁石になることが分か**」った。「この場合……シリコンでも……イリジウム砒素でも、ガリウム砒素でも」同じことが起き、同氏はこれを「理論上……完璧に証明」したのみならず、「籠目状の構造をさらに少し変化させると、**半導体材料であるにもかかわらず超伝導物質になる**」ことが分かった。その「アイデア」に対して、「ノーベル賞級の人達もすごいと言ってくれ」たわけである。その「利点」としては、「半導体」ゆえに「ゲート構造ができ、ゲート電圧によって**電子の数を自由に制御できる点**」があり、「電圧を加えることによって磁石になったり、ならなかったりする」ため、それが「磁石になると光に反応するので、光のデバイスにな」る、とされる。また「シリコンでできるので、同じシリコンチップの上に、他の光デバイスやLSIと一緒に作りこむ、といった新しい応用が拓ける」（同前頁〔高柳〕）。のみならず、「ある構造を作ると、**人工原子**になり」、「そうすると従来にまったくない物質設計ができる」、つまり「**まったく自然界に存在しないような人工物質**を作るということ」になり、「これが**究極の目標**」とされている。

ちなみに、右に「**人工原子**」とあるが、これまた既に（二〇〇二〔平成一四〕年の新聞報道を示しつつ）言及した、NTTの樽茶清悟氏等の研究成果であり、それについては、一九九七（平成九）年二月一七日付けの朝日新聞夕刊にも、「核なし原子つくった　電子の数と配置で科学的性質を実現　将来の半導体素子研究から〝副産物〟」のタイトルの下に、大々的に報道されている。「物質の構成要素である各種原子の性質を、半導体の中で人工的に作り出」した〔同記事〕のである。

g　フォトニック結晶による〝超小型光集積回路（光LSI）〟の研究

次は、fとも連続性を有するところの、NTTの最新R&D成果の一つである。二〇〇二（平成一四）年一月二八日付け日経新聞朝刊に、「光の速度　一〇〇分の一に　**人工結晶**使い成功　NTT　**超小型光スイッチに応用**」のコラム記事が載っている（なお、横浜至「将来の光LSIに向けた光素材――フォトニック結晶」NTT　R&D五〇巻五号〔二〇〇一年〕三七九頁以下と対比せよ）。

横浜・同前三七九頁にあるように、「光技術が導入されているのは、主に伝送路部分にとどまっており、他の処理機能部分はほとんど電子技術で実現されている」現実が、まずある。その現状から、「**全光システムの実現**」への架け橋となる研究、なのである。

前記記事においては、「**フォトニック結晶**という**人工結晶**を使い、光の速度（真空中で秒速三〇万キロ）を百分の一に減速することに成功した」という、このNTTの研究成果が、「**世界で初めて**」のものとして、紹介されている。前掲『HIKARIビジョンへの挑戦』一二五―一二六頁によって、以下補足をする。

〝**光の速度の調節**〟**が必要な理由**は、現状における「**通常の光導波路**」が、光の「高屈折率」の部分と「低屈折率」のそれとの反射（いわゆる「**全反射**」）を「利用して、低損失の光導波路を実現している」ることとも関係する。そこにおいて、「**光ファイバを曲げすぎると**〔光の〕進入角が深くなって全反射条件が満たされなくなり、光が〔導波路から〕出ていってしまう」。その回避のため、光ファイバーの「最小の円孤が長くなり、物が大きくなってしま」う、との難点がある。

そこで登場する「フォトニック結晶（Photonic Crystal）」とは、「光波長と同程度な周期的屈折率分布（!!）を持つ光のための結晶構造」とされる。つまり、ナノテクを利用したそれは、「光に対する周期構造」を有する。この「周期構造」があると、「光の周波数に対して光が存在できない領域……ができ」、その条件では、物質は光の絶縁体」となる。その「光の絶縁体の中に」あえて「周期構造を乱すような」、ナノテクによる「加工技術」による穴あけを施すと、「光導波路」や「光共振器」が出来る（以上、同前・一二五頁（向井））。このような「光を高度に制御できる可能性」（横浜・前掲三七九頁）が、『フォトニック結晶』のポイント、なのである。

このフォトニック結晶を用いた「超小型光集積回路」の開発は、いまだその途上にあるが（前掲『ＨＩＫＡＲＩビジョンへの挑戦』一二五頁（向井））、既にＮＴＴは、「世界で初めて」、「1.5μmのフォトニック結晶の光絶縁体（その「結晶上の穴の大きさは、光の大きさ」ゆえ「μmサイズ」だが、穴の大きさの精度、位置精度はnmサイズで」ある。同前・一二五頁（高柳））中に、単一モードの光導波路を実現し」ている（「今後は光導波路を直角に曲げる」等の研究も進められる。以上、同前・一二六頁（向井））。

h　高品質ダイヤモンド半導体作製技術の開発

いわゆるナノテクと直接関係するものではないが、二〇〇二（平成一四）年四月八日付けの電経新聞一面に、「ダイヤモンド半導体　ＮＴＴ　通信衛星用に期待　高品質な薄膜結晶を作製」の記事が、大きく載った。「究極の半導体」とも、そこにある。この点については、同年四月二日付けでＮＴＴのニューズ・リリースがあり、それを見ておく。そこでは、この開発は「次世代半導体への第一歩」だとされている。即ち、「ダイヤモンドは、現在広く使われているシリコンに比べ五倍の高温動作、三〇倍の高電圧化（それにも耐え得ること）を可能とする」ものであり、「今回作製した高品質ダイヤモンド半導体をデバイスに適用することで、宇宙においても、安定に動作する、高出力・高効率な衛星通信用デバイスの実現が可能とな」る、とある。要するに、ＮＴＴは、「これまで理論的に予測されていたダイヤモンド半導体の優れた特徴を実証し」たのであり、「この成果は世界で初めての実証例」だ、とされている。「作製条件の高精密化、原料ガスの高純度化を可能にする技術を開発し……残留不純物、結晶欠陥を従来の数百分の一にまで飛躍的に低減でき」たことからの、まさに最新のＲ＆Ｄ成果、である。

i　小　括

かくて、『ナノテクから宇宙まで』、といったＮＴＴの最近のＲ＆Ｄ成果を、その純粋基礎研究分野に絞って、具体的に示して来た。それでも、ここで辛うじて（本当に辛かった!!）示し得た諸成果は、もとより例示的なものでしかない。だが、それらは、既に示した一九九二（平成四）年の〝宮津改革〟を、実は追い風として、その後もＮＴＴの純粋基礎研究が、着々と世界的な成果を生み続けていることを、具体的に示すための例示、であった。

全くの門外漢ゆえ、但し、そうであるが故に一層、自分の頭で必死に考え抜いた上で（!!）、自分が辛うじて理解可能と言える、ギリギリのところまでの紹介しか、出来てはいない。だが、ａ～ｈの最近の具体的Ｒ＆Ｄ成果を、そこに至るまでに書いて来たところと突きあわせて、改めて考えたとき、私は、猛烈なる感動を覚える。そして、大好きなモンテローザ、更にはマッターホルンをも手摑みに出来るような、あのゴルナグラードの、全くの無風にして雲一つなき快晴（Die ganze Schweiz: Schön!）の中に立つ、スイス留学中の自分を思い出す（今まさに私の背で終曲を迎えているリヒャルト・シュトラウスの『アルプス交響曲』は、シューマンの"Rheinische"がわが心の町バーゼルのライン川に一番ふさわしいのと同様、あそこで作曲されるべきだった）。

世界最高の〝景色〟を眼前に摑むが如き、〝神の荘厳〟とも言うべき至福。――私の中では、NTTのR&Dの〝風景〟は、まさしくそれとダブるのである（以上、執筆終了は二〇〇二〔平成一四〕年八月三〇日午後七時一五分。点検終了、同日午後九時三六分。再点検終了、翌日午前〇時四一分。これからようやく夕食、である）。

＊　次は、本書三の4と、（光ファイバー関連等の）5の一部の執筆、となる。心身とも、もうボロボロ。少しの間、執筆は、本気で控えねばならない……。

4　世界のテレコム事業者の研究開発体制との比較 ――「技術は外から買えばよい」の暴論性

＊　はじめに――執筆再開にあたって

本書三3では、〝純粋基礎研究〟の分野に重点を置き、『ナノテクから宇宙まで』に及ぶNTTのR&D成果を示しつつ、『持株会社体制による一元的なR&D推進の重要性』を、改めて強調した。それが、かの『一九九九年七月の「持株会社方式」によるNTTの「再編成」』の、最も重要な柱（国内公正競争論の暴走に抗してのそれ）だったからでもある。本書三3の末尾近くで、「一九九二〔平成四〕年の〝宮津改革〟」の真の意義について再度注意を喚起しておいたのも、その関係でのことである。

かくて、二〇〇二（平成一四）年八月三〇日の本書三3の脱稿以来、殆ど二か月ぶりに、同年一〇月二六日夕刻、ようやく再度筆を執ることとなる。

この〝本書執筆に関する空白（!?）の二か月〟の間にも、前記NTTの純粋基礎研究の領域でのR&Dは、着実に進捗している。その点は、何とか補足的に示しておきたい。

これから先の執筆上の主眼は、まずもって、光ファイバー関連のNTTのR&Dの軌跡と、その直近に至るまでの輝やかしい、まさに世界をリードする具体的成果とを、示すことにある。だが、その前に、『美しい技術の世界』の中の〝孤島〟の如く置かれた（後述）、この三4の項目を、ともかく片づけておかねばならない。

〔M・フランスマン教授の警鐘――「海外の主要テレコム事業者の研究開発体制弱体化への危惧」と〝NTTのR&D体制〟〕

ここで、一つの参考として紹介するのは、**Martin Fransman**（Professor of Economics and Founder-Director of Institute for Japanese-European Technology Studies, University of Edinburgh）教授が二〇〇〇年末頃に執筆した"The Crisis in Corporate R&D: What Are The Implications of Liberalisation And Globalization for R&D in The Telecoms Industry?"と題した全三〇頁の論文である。公表のされ方がどうなったか等は不明だが、ともかく、私が本稿執筆を決意した二〇〇〇（平成一二）年末の段階で、当時の最新資料として入手していたものである（同教授のeメール・アドレスを、念のため示しておく。M.Fransman@ed.ac.uk である）。

M・フランスマン教授は、かつて**日経新聞の「経済教室」**（二〇〇一〔平成一三〕年五月二一日付け）にも論稿を寄せており、本書一四〇頁の**＊**の項、等において、既にそれを紹介してある。**AT&T及びBTとNTTとを対比させる論述の基本**は、前記の英文ペーパー（Fransman, supra として、以下引用する）と同じである。だが、この英文ペーパーの方はR&D問題を正面から扱っており、そこで本書三4において、その論述を辿りつつ、私見でそれを補充するのである。

Fransman, supra, at 1 にあるように、同教授のこの英文の論文では、テレコム産業の発展との関係で、時期的に**第一～第四期までの区分**がなされている。即ち、**「第一期」**（一九八〇年代半ばまで）は、米（AT&Tのいわゆる（!!）分割）・英（複占方式の導入）・日で、テレコムの自由化・競争導入の新たな段階に入るまでの時期、**「第二期」**は、八〇年代半ばから九〇年代半ばまでの、新規参入事業者との競争激化の時期、**「第三期」**は、九〇年代半ばから二〇〇〇年までの、インターネット及びモバイルのブーム（それぞれ、九五年から、そしてモバイルのそれは九七年から、とされている）が始まってから世界的なIT関連の株価急落に至るまでの時期、そして**「第四期」**は、二〇〇〇年から先、とされている（同論文が二〇〇〇年末頃の執筆のものであることは既述）。

この第一期から第四期までに、**テレコム産業におけるR&Dの役割、及び**（!!）**R&Dの中央研究所**（**central R&D laboratories**）の役**割に重大な変化**が生じた、とされるのである。その中にあって、**NTTだけが例外**だ、とされていることは後述する（AT&TとBTとの比較においての〝例外〟である）。

この論文が最も強調する点を、その「結論」部分から、あらかじ

〔図表⑥⓪〕　**テレコム産業とR&Dの発展の時代区分**

時代区分	期間	特徴	R&D 既存事業者	R&D 新興事業者
第１期	80年代半ばまで	自由化以前	ビジネスから距離をおいた中央研究機関 Central research labs（CRL）体制	なし
第２期	80年代半ばから90年代半ばまで	自由化－新規参入－競争；主流は音声	CRLがよりビジネスとリンク	**R&D はアウトソース。＊**
第３期	90年代半ばから2000年	1995年頃からインターネットブームが始まる；1997年頃から携帯ブームが始まる；大容量化への需要高まる；欧米の強気市場に支えられた強力な市場サポート	デベロップメントはますますビジネスよりに移行；リサーチは縮小したCRLにとどまる；**長期的・基礎的研究の切り詰め**	**R&D はアウトソース。＊**
第４期	2000年～？	競争＋大規模投資＋伝統的収益構造を脅かす技術変革；多くの事業者にとって新規成長分野（インターネット、データ、モバイル）は穴埋めとならず；多くの事業者にとって収益と収益成長が落ち込む；雄牛（強気市場）から熊（弱気成長）へ。	各ビジネス部門の権限強化と、場合によっては、分割によってCRLおよびリサーチは存亡の危機に；デベロップメントは完全にビジネスへ移行。	新興事業者の中でビジネス指向のR&Dを始めるものも出てくる；CRLはナシ；**他は引き続きアウトソースに頼る。＊**

〔出典〕 M. Fransman, supra, at 6. CRLとは、表中にあるように、中央研究所のこと。また、Id. 2, 25 にあるように、NTTはこうした一般の流れの中で例外的だ、とされていることに、十分注意せよ。
＊ 「新興事業者」(新規参入事業者) のR&Dにつき太字体で示した点が、三4の副題と関係するが、更に本書の一4の項目（日本の状況）とも対比せよ。

め示しておこう。**自由化と競争圧力**とで（とくにAT&TとBTの――後述）R&D及び中央研究所に大きな変化（要するにその〝弱体化〟が生じ、とりわけ“the negative effect of decreasing the priority accorded to **longer term R&D**”が生じてしまったことは、“both ...... the company itself as well as ...... the Info-communications Industry **and society as a whole**[三]”にとって問題ある結果をもたらし得る（may ――私だったら、もっとはっきり言うところである）、とするのが、M・フランスマン教授の最も言いたいことである（以上は、Id. at 29 なお、Id. at 24 には、こうした傾向に対して、**“the danger”**の語を用いつつ、R&Dの重要性が訴えられている）。

同論文が、とくにアメリカの（!!）『ITバブル崩壊』の本格的な兆しが出始めたあたりまでの推移を分析したものであることに注意しつつ（その後の状況については、後述する）、Id. at 6 の表1（Exhibit 1. Periodising the Evolution of the Telecoms Industry and R&D）、及び、Id. at 13 の表2（Exhibit 2. Telecoms R&D, 1999）を、それぞれ邦訳した上で、〔図表60〕〔図表61〕として掲げておこう。

まず、〔図表60〕との関係での、フランスマン教授の指摘の骨子を、示しておこう。（〔図表61〕におけるベンダー〔メーカー〕のR&D投資の規模からも推測できることとして）半導体産業等々への新規参入と異なり、**テレコム（サービス）への新規参入については、新規参入者側が自分でR&D部門を十分持たずとも参入できる状況にあったことが**、Id. at 14 で指摘されている（〔図表60〕の下の＊部分に注意せよ）。他方、〔図表60〕の下（〔出典〕のところ）にも注記したように、「**NTTは顕著な例外（the notable exception）**」だ（Id. at 2）とされた上で、とくに『**AT&TとBTにおけるR&Dの弱体化**』が分析され、問題視されている。

要約的に、Id. at 2 から、まずBTについて言えば、BTの研究所が同社のビジネスに極めて強く結びついたのみならず、“[T]he laboratories themselves have become more like businesses in that they are being given the role of *directly* generating income.”――といったことになってしまったことが、そこに示されている。これは、AT&T及びBTとNTTとを対比して論ずる同論文の基本構図の下で、Ibid において、“[P]articularly in AT&T and BT, the central R&D laboratories become weakened.”とされた上での指摘、である。

ちなみに、Id. at 3 では、〔図表60〕の「第四期」におけるAT&TとBTのR&D体制について、“[T]he central R&D laboratories ...... *are becoming businesses themselves*. This is quite clear in the case of AT&T and BT.”との嘆かわしい事態（以上、イタリックは原文）が示されている。そのこととの関係で、極めて重要な指摘が、Id. at 20 においてなされている。**AT&Tの中央研究所をめぐる問題**である（海外電気通信一九九六年八月号二六頁以下の「一九九五年度AT&T社年次報告書」、とくに同前・三二―三三頁にあるように、AT&Tの（中央）研究所は「ベル研究所の、通信サービスを支える研究開発を行って来た部門」を引き継ぎ、それを除いた「ベル研究所」は、ルーセント・テクノロジーに引き継がれることになった。一九九六年九月二〇日の、AT&Tの自主的三分割〔AT&T、ルーセント、NCR〕の故である）。

二〇〇〇年一〇月二五日に、AT&Tが、またしても自主的に（!!）自社を四分割（AT&Tブロードバンド、AT&Tワイヤレス・グループ〔ドコモとの関係で後に言及する〕、AT&Tコンシューマー・サービシィズ、AT&Tビジネス・サービシィズの四社への自主分割）する旨公表し（Fransman, supra, at 2をも参照）、中央研究所は右のカッコ内に示した最後の会社に引き継がせることになった。そして、

三　ＮＴＴの世界的・総合的な技術力への適正なる評価の必要性

〔図表61〕 テレコム産業におけるR&D（1999年）

テレコム・オペレータ企業	1999年のR&D費用（＄'000）	売上（＄m）	売上に占めるR&D %	R&D／人員（＄'000）
AT&T	550,000	62,391	0.9	2.3
BT	556,037	30,163	1.8	2.6
ドイツテレコム	701,611	35,552	2.0	2.2
フランステレコム	594,572	27,297	2.2	2.1
NTT	**3,729,910**	**95,061**	**3.9**	**10.3**
テレコム系ベンダー				
シスコ	1,594,000	12,154	13.1	47.1
エリクソン	3,877,196	25,214	15.4	22.9
富士通	3,859,723	51,224	7.5	12.7
ルーセント	4,510,000	38,303	11.8	18.3
NEC	3,382,483	46,495	7.3	13.3
ノキア	2,030,662	19,817	10.2	22.8
ノーテル	2,908,000	22,217	13.1	23.5
産業界平均				
テレコム*			2.6	
自動車			4.2	
飲料			2.2	
IT関連ハード			7.9	
メディア・写真			4.2	
健康関連			3.3	
製薬関連			12.8	
ソフトウェア＆ITサービス			12.4	
Source: *Financial Times R&D Scoreboard*, FT Director, Sept. 19, 2000				

〔出典〕 M. Fransman, supra, at 13.

＊「産業界平均」の「テレコム」は、Id. at 14の指摘からして、「ベンダー」（telecoms equipment suppliers）を除いたものである。"数字"それ自体ではなく、全体的な構図に注目して頂くのが、この図表を掲げる趣旨であることに注意。但し、とりわけ「テレコム・オペレータ企業」の中で、NTT（製造部門を有していない）のR&D投資額が群を抜いて大きいことに要注目。

当該会社との関係で――

"Funding has been guaranteed to the Research Division for a period of three years[!!]. After this time the Research Division must become self-sufficient[!!]." (Id. at 20.)

――ということに、なってしまったのである（こんなことを自分でやる愚かさには、日本の現下の規制改革やニュージーランドのそれを想起させるものがある。但し、日本やＮＺは強制的な改革、である）。そして Ibid では、原文自体が太字体で――

"In effect, this means that AT&T is abandoning a central research laboratory[!!]."

――と記されている。

以上が〔図表60〕との関係だが、ここで〔図表61〕が問題となる。一九九九年という一年間のみを見て直ちに何かを論ずること自体の問題（**石黒・前掲法と経済一九二頁以下**）は、ここでは措く。この一九九九年という年は、前記のＡＴ＆Ｔの自主的四分割の前の年、ということになる。周知の如くＡＴ＆Ｔは（ＮＴＴとは異なり）製造部門を有しており、それが〔図表61〕の「**ルーセント**」として別に存在する（そのルーセントが、旧ベル研の大半を継承していたことに注意）。

その「**ルーセントの直近株価**」が「わずか一ドルと一昨年〔二〇〇〇年〕の高値七〇ドルの一・三％の低水準まで落ち続け、**ニューヨーク取引所の上場廃止に追いこまれる危険性**

が高まっている〔ベル研がその波に完全に呑み込まれていることに、注意すべきである〕。……ノーテル、コーニング社の株価下落率も九九％強と今や企業の存立が危ぶまれる状況にある……」と報じたのは、二〇〇二（平成一四）年九月二六日付けの日経新聞である（「大機小機」欄。見出しは「テレコム危機の教訓」。――これは、珍しく超まともな記事、である。そこには、「通信産業が直面している危機の真相は、新古典派理論による過度な市場メカニズム尊重とそれに基づく制度設計の誤りに帰すると見る論者が増えつつある」とあり、本書で既に示したパウエルＦＣＣ委員長の立場にも言及しつつ、「一国の経済社会を支える情報通信とエネルギーの公的インフラを投機家の道具にすることを許さぬ仕組みが『守旧型』との非難があろうとも必要だということだ。……」とある。同記事の示す〝見識〟の高さについては、更に後述する）。

〔図表⑥1〕の「テレコム系ベンダー」の中の「ルーセント」・「ノーテル」等をめぐる、右の如き直近の悲惨な状況（更に後述する）はともかく、Fransman, supra, at 12ff の、〔図表⑥1〕に関する指摘に、ここで、戻ることとする。

Id. at 13 は、〔図表⑥1〕で「テレコム・オペレータ企業」として選ばれている「ビッグ・ファイブ」の中で、〝ＮＴＴのＲ＆Ｄ〟が最も目立っている、とする。だが、フランスマン教授の論調は、「ビッグ・ファイブ」よりも「ベンダー」（メーカー）の方が、Ｒ＆Ｄに対して一層重点を置いている実態を示す方向に、傾いている。それでよいのか、というのが同教授の論文の趣旨であり、かつ、その観点からＢＴやＡＴ＆ＴのＲ＆Ｄの弱体化を嘆くのである。

既述の如く、その論調の中で、『ＮＴＴは顕著な例外』とされてはいた。だが、〔図表⑥1〕の中で『ＮＴＴそれ自体』を見たとき、「ビッグ・ファイブ」の中で、いかにＮＴＴのＲ＆Ｄが突出しているかの点に、本書の基本的関心事からは、ダイレクトに注目すべきことになる。もう一度、冷静に〔図表⑥1〕を見て頂き、その上で、本書のこれまでの、（万里の長城まで、とは言わぬが）実に長い論述の中で示して来た『ＮＴＴの世界的Ｒ＆Ｄ実績』を、個々的に、そして全体として、思い起こして頂きたい。

但し（!!）、Id. at 26 において、一九九九（平成一一）年のＮＴＴ再編成後の状況下で、ＮＴＴのＲ＆Ｄについて投げかけられている問題は、『美しい技術の世界』を示しつつ、その一方で、実際にこの私の頭に、こびりついて離れない、重大な問題でもある。即ち、それは――

"a. How to secure continuing financial support for central laboratory R&D from businesses that are becoming increasingly independent, and competition and profit oriented ?
b. How to ensure that the central laboratories can continue to do longer term research, including …… basic research, even though this kind of research is sometimes [!?] perceived by the businesses to be a not particularly high priority?" (M. Fransman, supra, at 26.)"

――との二つの問題である。

問題というより、まさに『ＮＴＴの経営陣に向けられた最重要課題』（!!）、である（右の引用中の複数形の「ビジネス」とは、ＮＴＴグループ内の事業会社、と考えればよい!!）。Ibid には、いわゆるＡＴ＆Ｔの分割（divestiture ――不採算部門の切り捨て）後に出来た、Baby Bells と呼ばれるベル系地域電話会社各社のＲ＆Ｄを担当したところの、ベルコア（**Bellcore**）の運命について、言及がある。八〇年代半ばに、ベル研からベルコアが〝分離〟された。だが——

“Baby Bells saw less need to continue supporting a central research facility …… Furthermore, longer term research, so important in the former Bell Laboratories, was accorded lower priority by the Baby Bells. The result was that the position of Bellcore could not be sustained, and the company [Bellcore] was eventually sold out.” (Id. at 26.)

——となってしまった。右は、ＮＴＴの研究所が同じ道を歩まぬように、との同教授の警鐘としての指摘である（なお、ベルコアどころか、ベル研自体の立場が致命的な形でおかしくなっていることは、既述）。

そして、私が本書三で、『美しい技術の世界』における『巨人ＮＴＴ』のＲ＆Ｄ実績を、これほどまでに（そして今後も）執拗に辿るのも、同教授と同様の懸念を、私自身が強く抱くからでもある（〝外〟との関係、のみではない!!）。

もう、この位にしよう。そして、『美しい技術の世界』に戻ろう（以上、二〇〇二〔平成一四〕年一〇月二六日午後九時五二分）。

——と思ったのだが、まだ書かねばならぬことが、残っていた（身体が全く言うことを聞かず、執筆再開は何と翌一〇月二七日(日)夕方五時五〇分!!——毎日少しずつ書き溜める〔!?〕しか、もはや道はないのか!?）。

〔いわゆる『世界的なＩＴバブルの崩壊』とＮＴＴのＲ＆Ｄ〕

もはや周知のことについてではあるが、二〇〇二（平成一四）年一〇月下旬、総務省から出された「欧米における通信市場の状況」と題した概要説明資料（基準時点は同年九月頃か、と思われる）を入手した。そこで、それに基づき、Ｍ・フランスマン教授の分析（それは、“[I]n Period 4, from 2000, the situation begins to change dramatically. …… Fixed voice services, the main source of revenue of the incumbents and some new entrants like **WorldCom**, is hit hard. The growth in both revenue and profitability slows. Support from capital markets decreases. Share prices fall dramatically.” というところまでのもの、である）の後に生じたいわゆる『世界的なＩＴバブルの崩壊』について、若干注意を喚起しておきたい。

欧米の状況と日本（とくにＮＴＴ）のそれとをゴッチャにするのは問題だし、アメリカと欧州とでも事情は異なる。それらを度外視して「世界的なＩＴバブル崩壊」と表現すること自体、大きな誤解を招き易いこともあって、この項の見出しに「いわゆる」と書いておいた。

前記総務省資料は、わずか五頁のものだが、うち四頁がアメリカ、一頁が欧州の状況を、それぞれ示している。まず「米国」を見ておく。一－四枚目は、「米国の通信市場の状況」と題するが、一枚目の内容は『事業者の経営破綻⇩ブロードバンド料金の値上げ』である。

フランスマン教授の原文を二つ前の段落で示した中でアンダーラインを引いた「ワールドコム」の、「破綻時期」は、二〇〇二年七月。同資料の「主な破綻事例」（二〇〇一年四月以来）の一二例の最後に、それが掲げられている（業種は、ＦＷＡ・ＩＳＰ（ＰＳＩネット等!!）・ＤＳＬ（コバット・コミュニケーションズ等）・データセンタ・国際衛星通信（グローバルスター）・光回線卸（ウィリアムズ・コミュニケーションズ）、そして「国際・長距離」のグローバル・クロッシング、更に一層業種も広いワールドコム、と多様である）。**連邦破産法チャプター11適用を申請した**「通信事業者」は「二〇〇一年で計三四社、二〇〇二年八月初旬現在で（更に）計二二社」、とされる。そうした中、「**インターネット定額料金**」につき、ベライゾン社のＡＤＳＬが、二〇〇一年五月に月三九・九五ドルから値上げされ、四九・九五ドル（二〇〇二年九月）となり、ＡＴ＆Ｔのケーブル・インターネットも二〇〇二年六月の値上げで、月三五・九五ドルから同年九月段階で四二・九五ドルになっている（以上、総務省調べ）。本書の〔図表㉖㉗〕（「**インターネット接続料金の日米逆転！**」の項目）と対比すべき点である。

前記総務省資料の二枚目（米国）には「**設備投資額の減少**」（!!）という、この本書三4がまさに扱うR&D問題に直結(!!)する重大事態が、記されている。「主要電気通信事業者」としては、「長距離」の「大手二社」たる「AT&Tとスプリント」、「地域」の「ベル系四社」たる「ベライゾン」・「SBC」・「ベルサウス」・「クェスト」（これも様々なM&Aのゆき過ぎの結果、である）が挙げられ、「売上高」の大幅落ち込みによる「財務状況の悪化等を受け、〔米〕**通信事業者の設備投資額**（六社計）**は減少傾向**」とある。右の六社計で、設備投資が二〇〇一年度実績で五九七億ドルのところ、二〇〇二年度「当初計画」で四八七－五一一億ドル、（更に、同年四～六月期の状況を踏まえ）同年度「修正計画」で四一五－四二七億ドルに落ち込んだ、とある（**その先のR&Dの問題は、やはり直視されていない**）。

他方、同資料三枚目は、「**米国**」の「**大手通信機器メーカーの経営状況の悪化**」と題し、「シスコ」・「ルーセント」・「ノーテル」・「モトローラ」の「大手四社とも」に、「二〇〇一年度最終損益は……赤字」、「削減雇用者数も約一一万人にのぼる（四社計）」、とある（既述の**日経新聞二〇〇二**（**平成一四**）**年九月二六日**の記事では、『過去二年間』で「米通信業者の倒産は六三社を数え、五〇万人の失業者を出し、五〇〇〇億ドルの資産を喪失、**市内通信市場への新規参入企業のほとんどが倒産した**」、とある）。

総務省・前記資料四枚目は、「米国」の「インターネット関連企業の**株価**」が、「二〇〇〇年三月」のピーク時から「二〇〇一年八月」までの「約二年間半で九二％下落」、としている。この点も、既述の日経新聞の記事とあわせて考えるべきところである。

ちなみに、前記の日経新聞記事には、「この現象は北米だけではない。**欧州の七大通信事業者の累積債務はベルギーの国内総生産**（GDP）**を上回り、関連各社の株価は劇的な下落**を続け、ＲＴ、仏テレコムの株価も一昨年比一割程度の惨状である」、とある。その〝**数字**〟**だけを見て、米欧は同じ状況、と思ってしまいがちな点が、要注意点**である。

前記の総務省資料五枚目は、「欧州の通信産業も低迷」とある。だが(!!)、そこには、「欧州」の「低迷」の要因として、正当にも(!!)――

「**オークションによる経営状況の悪化**」

――との見出しがある。それをクローズ・アップした上で、欧州については、①「第三世代携帯電話の免許取得費用の高騰」、②「企業買収（Ｍ＆Ａ）に伴う負債と評価損」、の二項目が、（再度言うが）正当に（!!）、「低迷」の原因として示されている。欧州については、アメリカ同様の②に加え、右の①のボディ・ブローが余りにも大きかったのである。

この①の点については、本書で既に一言してあるように「イギリス政府」が「ゲーム理論の専門家」に、３Ｇ用周波数オークション（免許取得と結びつくそれ）での〝金儲け〟を頼んだ云々、の展開である。前記総務省資料五枚目には、３Ｇ用オークション（英独とも二〇〇〇年中に実施）につき、「英国」の落札合計額「二二四億七七四〇万ポンド（約三兆七五〇〇億円）」、「ドイツ」のそれは「九九三億六八二〇万マルク（約五兆円）」とあり、「フランステレコムは出資先であった独携帯電話会社を通じ多額の損失」との注記がある。更に、二〇〇一年度最終損益は、ＢＴが二九億ポンドの赤字、かのボーダフォン（!!）が一三五億ポンドの赤字、ドイツテレコムは三三億ユーロの赤字、フランステレコムは八三億ユーロの赤字、とある。私が妻とパリに滞在していた二〇〇二年九月九－一四日の間に、フランステレコムのトップが辞めさせられた背景にも、右の①と②のダブル・パンチがあった。

かくして、『エンロン＆ワールドコム』で象徴される、もはや構造的（!!）なアメリカの状況（「株式交換」多用型Ｍ＆Ａと株価至上主義、そしてそのための会計操作、等々によってもたらされたそれ）と、欧州の状況とが、（前記②は同様にせよ）その要因において相当異なることに、十分な注意を要する。その点に五寸釘をありったけ打ち込んだ上で、前記の日経新聞の（珍らしく）見識ある記事に戻れば、そこには、結びとして、「インターネットの増加によって依然通信需要量が二けたで伸びているわが国にとって、欧米の実例を他山の石〔!!〕として独自の『新ジャパンモデル』を構築すべき秋が到来している」、とある。そこにインプライされているように、欧米と日本とでは、事情が大きく異なるのである。

たしかに、二〇〇二年三月期のＮＴＴの連結決算は、「八一二一億円の赤字」となった。便宜、毎号欠かさず送ってくれる『電経新聞』を見ておくこととするが、同紙二〇〇二（平成一四）年五月二〇日付けのトップに右の見出しがあり、「世界不況の影重く」とある。コム社の米ヴェリオ社関連の特別損失が「五四一五億円」、同じくドコモ関連では、「AT＆Tワイヤレスの株式評価損」が「五〇五六億円」、「KPNモバイル」等のそれが「三六〇一億円」で、好調なドコモが「海外事業の損失でほぼ利益を帳消しにした」、とある。

だが、ＮＴＴ東西については、『日米接続料金摩擦』（本書二４で詳論）の不当な影響で、経営側・組合側一体となって（!!）血のにじむ〝構造改革〟を断行した結果としての、「ＮＴＴ東西事業構造改革関連費用」が計六七一六億円（内訳は、「激変緩和一時金」一八九七億円、「希望退職一時金」六三六億円、「退職給付会計関連」四一八三億円）あったことを、断じて忘れてはならない。

なお、同紙同年一〇月七日付けには、「ドコモ」について、九月期中間決算で、更に「五七三〇億の特損を計上　欧米株の下落止まらず」の記事が載った。内訳は、「米AT＆Tワイヤレス」が二三九〇億円、オランダの「KPNモバイル」が一〇八〇億円、イギリスの「ハチソン3GUK」が二六〇〇億円、とある。

だが、同紙同年七月二九日付けにもあるように、「ドコモ」の「照準」はあくまで「世界」にあり、「ｉモード海外展開を加速」すべく、同月「二三日に欧州の現地法人組織を再編成したのに続き、二四日には世界第四位の携帯電話事業者であるスペインのテレフォニカ・モビレス社と技術供与に関して提携〔!!——最初からそれ（技術提携）でよかったはずである〔!!〕。株価のピーク時に、アングロサクソン系のコンサルティング会社の言うままに〝出資〟させられたその構図は、金融工学の悪しき一翼を担うGEにまんまと嵌《は》められた東電のそれと、殆ど同じである〔!!〕。これは、明確に、陰謀だったのである〕」、とある。他方、同紙同年九月二日付けにあるように、「ドコモ」は、「FOMA戦略を加速させ」、「エリアの拡大」、「新機種」の「投入」等により、「人口カバー率」が「九〇％を超えてからが勝負」、との攻めの経営〔!!〕を堅持している。

そして、小野寺良「グループ全体の結束を何よりも優先〝反転攻勢〟の成功が組合員への責任」ＮＴＴ労組・あけぼの二〇〇二年九月号二頁以下、とくに同前・三頁において、「持株会社は、グループ事業運営を前提に、市場に対してもっとも効果的なアプローチを調整〔!!〕すべきと考える。……ユーザーをめぐってのグループ同士のバッティングについても多少は認める。しかし……NTTの強みはグループの総合力ではないのか」との経営側への誠に力強いエールが、津田前委員長と同様のトーンで送られている〔!!〕。

＊　　＊　　＊

以上、M・フランスマン教授の前記論文を踏まえ、米・欧・日それぞれに異なる現下の〝逆風〟について、論じて来た。フランスマン教授は、いわゆる〔!!〕「世界的なITバブルの崩壊」（except in Japan!!）の本格化する直前までの状況を分析し、『ＮＴＴは顕著な例外』としつつ、ＢＴ・ＡＴ＆ＴのＲ＆Ｄ投資の少なさ、そして〝中央研究所〟（ＮＴＴで言えば、〝純粋基礎研究〟を含む、持株会社が一元管理する研究所群）の地位の低下は、大いに危険な現象だ、との警鐘を鳴らしていた。私が本書全体を通して強く訴えかけて来ていることと、全く同じことと言ってよい。ただ私は、これまでの長い論述を通して、日本全体に、政策決定上、そしてテレコム市場との関係で、『技術の視点』が欠落したまま、惰性で議論が流れてゆく（流されてゆく）状況を、断乎打破すべきだとして、訴えて来た。それは、ＮＴＴグループにとって、いわば「外部の状況」である。フランスマン教授は、「内なる状況」〔テレコム事業者自体の選択〕を問題としていた。——問題は、「内」と「外」との、双方にある、というのが正解であろう。フランスマン教授がＮＴＴを〝the notable exception〟としている点については、本書がこれまで、とくに本書三で論じて来た「NTTの世界的・総合的な技術力」と、華麗なまでの「国際的標準化戦略」〔ＦＴＴＨ・３Ｇ・ＭＩＡ、等々〕によって、一層の肉づけを、私なりに行なって来た。そして、その作業は、いよいよ次の三５の「分野別の検証」に移らんとしている。

その直前に置かれたこの三４の項目は、『R&Dを取り巻くもろもろの逆風』に耐えて、これまでのＮＴＴの輝やかしいＲ＆Ｄ実績に、個々的に、そして全体として、一層深い理解をして頂く必要あり、との私なりの判断に基づき、『美しい技術の世界』の中に、孤島の如く〔!?〕置かれたもの、なのである〔以上、ここまでの点検も含めて、二〇〇二〔平成一四〕年一〇月二七日午後九時四一分に終了〕。

＊　同年一一月二日午後四時五七分の執筆再開にあたり、前記の〔図表61〕との関係で、『一九九九〔平成一一〕年の再編成後の、NTTグループのR&D投資総額の推移』を見ておこう〔〔図表61〕の示す米ドルベースでのＲ＆Ｄ各社比較は、大体のイメージ、

という程度で〔そのソースからしても〕お考え頂きたい旨、〔図表61〕の下の＊マークのところでも注記しておいた）。NTT（持株会社）の有価証券報告書として、ホームページにも公開されている数字である。それによると――

●一九九九年度――三五〇四億二一〇〇万円
●二〇〇〇年度――四〇六〇億一八〇〇万円
●二〇〇一年度――三九〇八億九二〇〇万円
●二〇〇二年度――？

――となっており、**堅調かつ健全なR&D投資が、その後も、今までのところは続いている**（右の数字のうち、持株会社が統括する〝研究所〟のR&Dは、九九年度で約二二六八億円、二〇〇〇年度で二〇六三億円、二〇〇一年度で二〇二七億円、となっている）。**いくら苦しくとも、R&Dこそが、そして『先の先』を見越したそれこそが、テレコム・オペレータとしての〝最大の武器〟**だとする、前記のフランスマン教授の指摘と、右の最近の推移とを、あわせ考えた上で、〝今後〟もそれが続くことを、私としては祈るのみである。

5　NTTの「技術による世界進出」の底知れぬ実績――分野別の検証による「国際進出・国際競争力」概念の再考の必要性

この本書三5の「――」以下のサブ・タイトルは、本書二1⑶の目次にも掲げ、かつ、「技術」に言及した本書の随所で訴えて来たことである。本当に、文字通り「随所で」、である。それゆえ、もはやここでは、端的に「分野別の検証」を、ダイレクトに行なってゆきたい。

〔光ファイバー製造技術と「NTTのVAD法」、そして……！〕

a　光ファイバー製造技術に関するNTTのR&Dの出発点

前掲『情熱の五〇年』五六頁には、「光伝送の将来像は**七〇年にコーニンググラスワーク社が一km当たり二〇デシベルの低損失グラ**スファイバを発表した時点である程度見え始めていた」、とある。NTT（電電公社）の「通研における光伝送の現実的な研究開発は、**一九七五年に**……始まる」、と同前頁にある（但し、同社のこの発表を受け、NTT〔公社〕の「光学ガラス繊維の研究」は、既にその翌年たる一九「七一年から始まっ」ていた。同前・三〇六頁）。**その「コーニング社の株価下落率も九九％強と今や企業の存立が危ぶまれる状況にある」**ことは、既に引用した二〇〇二（平成一四）年九月二六日の日経新聞の記事にも示されていた。

ともかく、一九「**七〇年**、通信とはまったく関係のないガラスメーカの**米コーニング社**」が、右に示した「石英ガラスファイバ開発に成功した」ことが、出発点としてある。同社のこの技術は「**到達距離一・五km**の光通信を可能とする損失値であ」った（以上、前掲『情熱の五〇年』三〇六頁）。

一九「**七一年**から始まった」NTT（公社時代だが、以下、NTTと記す）R&Dの「当初目標は、五年間で〔コーニング〕社並みの一km当り二〇デシベルを実現、と抑え気味に設定されたものの、〝できないのではないか〟という悲観論が支配的だった」、とされている（同前頁）。**そこからの華麗なるR&D実績と『技術によるN**

TTの世界貢献』の実像について、いよいよこれから書くことになる。このテーマも、約二年前（まさに光陰矢の如し、である）から、書きたくて仕方なかったこと、である（カラヤンの『英雄の生涯』がバックで流れている）。

さて、コーニング社（一九七〇年）の開発に続く、次のショッキングな出来事が生じた。即ち、NTTは、「多成分ガラス（普通のガラス）」・「石英ガラス」双方による「光ファイバ製造技術」に「着手」していた。前者は、「石英系に比べて純度では劣るもののファイバ構造の形成が比較的容易な点が魅力」であり、「線路として用いるからには連続生産できなければ意味がない」、との信念に基づくものであり、「当時、最も高純度の多成分ガラスが一㎞当り三〇〇デシベル程度の損失値だったところを一挙に四八デシベルまで下げた光ファイバ開発に成功し」た。他方、「石英」による光ファイバについては、「最低損失一㎞当り一〇デシベルを得」る、との「成果」を得た。かくて、この段階では「多成分〔ガラス〕の研究は実用化に至らなかった」。だが、「連続生産にあくまでこだわる姿勢は、後のVAD（Vapor-phase Axial Deposition ――気相軸付け）法で開花する」ことになる、とされている（以上、同前・三〇六―三〇七頁）。つくづく技術はどこでどう化けるか分からない、と実感する私だが、VAD法について書くのは、もう少し先、である。

〝次のショッキングな出来事〟は、一九七四年に、生ずることとなる。即ち、右のR&D成果を携えてNTTが参加した一九「七四年国際ガラス会議（京都）の席上、驚くべき低損失光ファイバが米ベル研究所より発表され〔た〕。損失値一㎞当り一・一デシベル、すなわち三〇㎞の伝送が可能なファイバであ」り、ベル研は、コーニング社とは別の「新たなファイバ製造技術」で、これを可能とした（同前・三〇七―三〇八頁）。そのベル研も今は……、というのが既に示したところであり、『技術（R&D）を直視しない内外の流れ』（それに抗するのが私がこうして執筆している目的、である）は、つくづく悲しいとしか、言いようがない。

かくて、NTTの「通研」は、一九「七五年」に、「昭和五〇年代の三大重点研究項目に、超LSI、ディジタル通信と並んで、光ファイバ通信を掲げる」に至る。そこには、「日本の通信技術開発全体に責任を負う通研〔NTT〕としては、なんとしても自主技術開発で量産化の道を拓かなくてはならない」との、「強い危機意識に基づく信念があった。但し、ここでも「通研・メーカが一体となって、日本から次世代技術を発信しようと奮闘した」ことを、忘れてはならない。具体的には、「住友電気工業、藤倉電線（現フジクラ）、古河電気工業」のメーカー三社との「共同研究体制」が築かれた（同前・三〇八頁。最近の〝住友電工の快挙〟とその意味するところについては、後述する）。

b　世界に冠たる「NTTのVAD法」の登場――そこに至るプロセス！

前記のベル研の〝新たなファイバ製造技術〟（MCVD法〔Modified Chemical Vapor Deposition ――内付け法〕）の高度化と、それとは別の「新製造技術開発」とを目指すNTTのR&Dの中で、「世界的な発見」がなされていた。当時は、「光源波長〇・八五㎛（ミクロン）が光通信の最適波長域と考えられていた」が、NTTでは、前記のメーカーとの「共同研究開始前から」、「最適波長は一・五㎛付近」とする「**世界に先駆けた理論予測**」が、一九「**七三年**」になされていた。そして、「光源に一㎛以上の長波長帯域を利用すれば一挙に一㎞当り〇・四七デシベルの超低損失通信が可能であること」が「実証」され、当時の世界の「〃常識〃を覆した」のである。この〃実証〃は**NTTと「フジクラ」との共同研究**によるものであり、一九「**七六年**、英IEE（電気技術者協会）の**年間最優秀論文賞を受賞し**」た（以上、同前・三〇九頁）。この点につき、同前頁には、「基礎と実用化部門が連動」し、「**世界の光ファイバの研究において、日本が初めて実力を示した……瞬間だった**」、とある。

この成果は、ベル研の前記ファイバ製造技術の高度化の中で生まれた。けれども、この技術（MCVD法）には、「量産に限界がある」との「欠点」があった。「ガラス管の中で作るために、太さに制約が生じる。……コアガラスの分布を滑らかにするのに手間がか」る、等の「欠点」である。

だが、**実はNTTの研究者は、前記の〃ベル研ショック〃（一九七四年）の翌「七五年秋」、既に、これから示す「VAD法の概念を固めていた」**（同前・三一〇頁）。それはまさに、「コロンブスの卵」的な発想の転換であり、ベル研の「MCVD法ではガラス管の中……だから制約ができる。ならば、いっそのこと……**鐘乳洞の突起**のように〔!!〕軸方向にどんどん伸ばしてつなげてい」けばよい、というものだった。だが、その実現のためには「**茨の道**が待っていた」。

「改良」の過程で、「アイデアを次々と形にしてくれた日立市の〔日立製作所の、ではない〕飛田英夫さんという石英ガラス加工の**職人さん**〔!!〕に恵まれたことも大きかった」（以上、同前・三一〇―三一一頁）、とある点にも注意すべきである。本書三七五頁の＊の項において、「**巨人IBMに挑戦した〔NTT〕の磁気ディスク装置PATTY**」を扱った際にも、「NTTの研究所は『**自らの考案するディスク装置を設計。図面を引いて小さな部品メーカー〔!!〕に直接注文し**、試作機を作ってい』き、そして遂に……」といった展開だったことを、記しておいた。**日本の技術を下支えする『職人技』・『中小企業』の大きな存在意義**に、改めて注意すべきところである。

こうして、光ファイバーの「製造スピード」が「ベル研のMCVD法の約百倍」で、「しかも、特性でも上回り、MCVD法の元祖**AT&Tの工場までが〔それ――VAD法〕に乗り換えるようになった**」（**同前・三一二頁**）**ところの、NTTのVAD法が**、「世界にデビュー」したのは、一九**七七年**のことである（IOOC'77 [Integrated Optics and Optical fiber Communications '77] で発表。前掲『情熱の五〇年』三一一頁）。そして、既に一九「八〇年には、一・五㎛波長帯で**伝送損失一㎞当り〇・二デシベル**という極限的な超高純度光ファイバをVAD法で実現している」（同前・三一一頁。この『一㎞当り〇・二デシベル』の数字は、後述の〃**住友電工の快挙**〃とも関係するので注意）。この「実現」の前年たる一九「**七九年**」には、当該光ファイバーは「開発」されており、「**八一年**にはVAD法による光ファイバの製造法の研究が大量生産を可能にする経済性の追及へとステップアップした」（同前・一一一頁）。

ところが、そこで〃事件〃が起きた。一九八二（昭和五七）年六月、ちょうど私が一〇か月のスイス留学から帰国した、その月の出来事である。

即ち、当時既に、光ファイバーはNTTの「基幹伝送路に順調に導入され始めていた」が、敷設した光ファイバーケーブルにつき「半年ごとに全体の伝送損失を検査していた」ところ、「徐々にだが確実に損失が大きくなっていることが発見された」のである。「メーカの全面協力を得て、必死で原因究明を進めた」が、「それは光ファイバ通信の将来にとって生死にかかわる問題だったから」、である。

同年「一二月のクリスマス直前、損失の原因が水素にあるらしいということが判明した」。要するに、光ファイバーの「プラスチック被覆で発生した水素がファイバ中に入り込んで酸素とOH基を生成、それが損失の原因」となっていた。「これは光ファイバにとって本質的な現象で、完全に防ぐことは不可能だが、ファイバ被覆の改質などにより実用上支障のないレベルにまでOH基の生成を抑えることができた」のである。これが、同前・一一一―一一二頁に、「晴天の霹靂《へきれき》〝ファイバ中の癌〟」と題して紹介されている、エピソードである。

c　光ファイバーの低損失化に向けたNTTのR&Dの流れと〝新たなる挑戦〟

二〇〇二（平成一四）年四月一五日の電経新聞に「住友電工〔光ファイバーの〕低損失記録を更新」の記事が載った。「住友電気工業は光ファイバ低損失記録となる〇・一五一デシベル〔一㎞当り〕……を実現した光ファイバの開発に成功した。この開発成果は、米国で開催された世界最大の光通信コンベンション『OFC二〇〇二』で発表され高い評価を受けた。……一九八六年に……達成〔され〕たこれまでの低損失世界記録〇・一五四デシベル〔一㎞当り〕を上回」った云々、とある。「伝送距離を約三〇%伸ばすことが可能となる」、とそこにある点は、技術的には誤りのようだが、ともかく、この〝住友電工の快挙〟の意味を正しく理解するために、〔図表62〕を掲げておこう。

この〔図表62〕に示されているように、光ファイバーの低損失化技術について、一九七五年まではアメリカ主導だったが、その後はNTTがずっと世界一の記録を守って来ていた。〔図表62〕中の、一九八六年にNTTが達成した『〇・一五四デシベル、一㎞当り』の記録を、今般、住友電工が〇・〇〇三デシベル、更に進めたことになる。

だが、一九八六年のNTTの世界記録樹立の当時より、『石英系ガラスを用いた光ファイバーの理論限界』は、〇・一五デシベル〔一㎞当り〕と言われていた。もはや、その限界がすぐそこにまで来ている(!!)、ということが、背景としてあったのである（以上、二〇〇二〔平成一四〕年一一月二日午後九時五分。この続きは、明日書くこととする。――同九時四〇分まで、明日の分の資料整理をして、今日はここまで。少し、疲れている）。

そして、〔図表62〕における、NTTによる一九八六年の世界記録達成（このときの試作メーカーも、住友電工であった）の時点で、既にNTTとしては石英系の従来型光ファイバーの研究開発自体は、もはや（共同研究開発を行なって来た）メーカーに委ね、R&Dの重点をシフトする方向に向かっていた。即ち、一方では、後述の如く、従来型以外の、新たな光ファイバー製造技術を模索しつつ、他方で、光ファイバーの技術を応用した光回路基盤技術の確立の方に、R&Dの重点を置いたのである。従って、前記電経新聞の記事は、『NTTからメーカーへの技術移転』（例えば、本書三六八頁の『光コネク

〔図表62〕　光ファイバーの低損失化の歴史とＮＴＴ

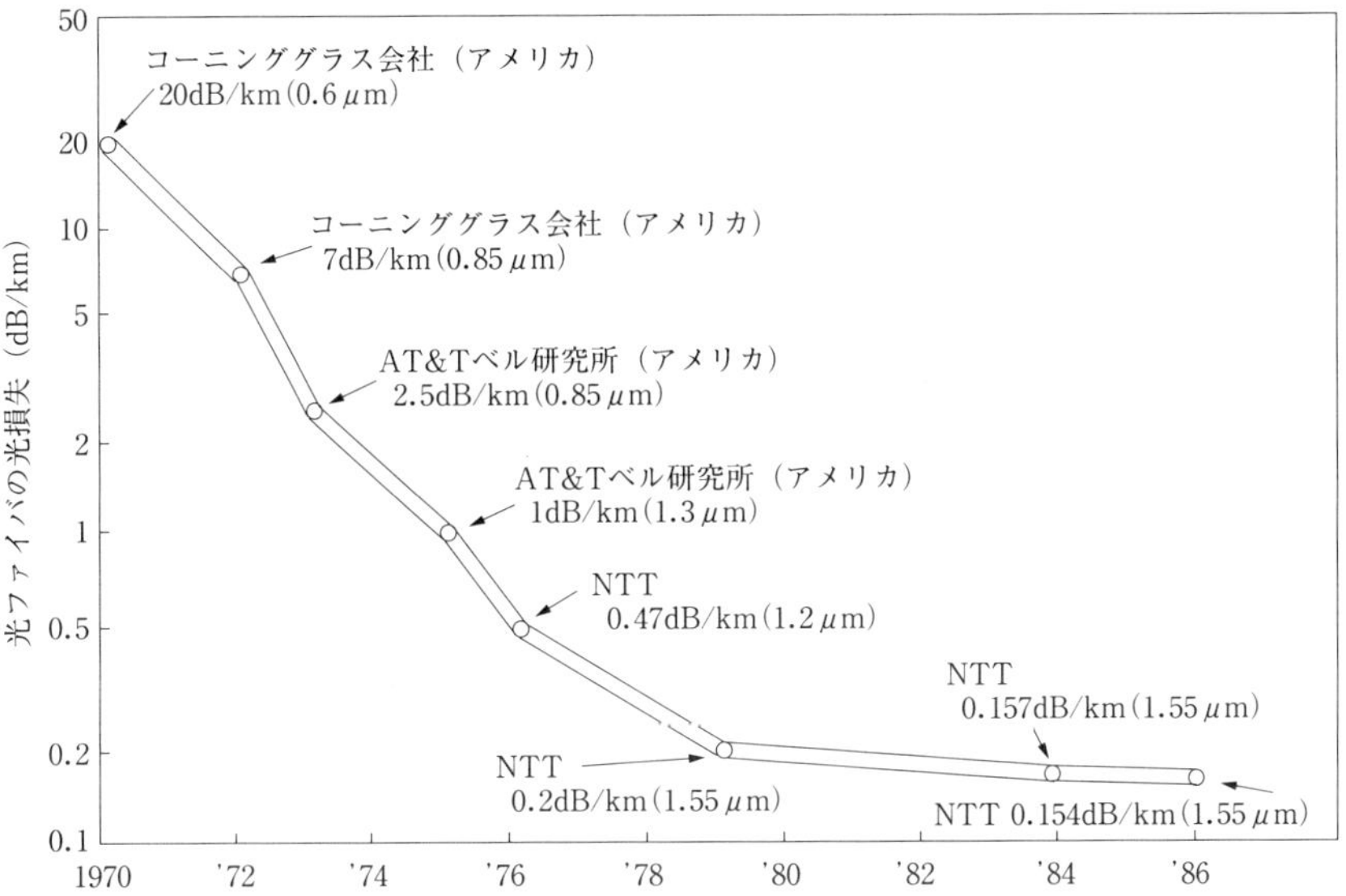

〔出典〕　西村憲一＝白川英俊編著・やさしい光ファイバ通信（改訂３版，［社］電気通信協会発行，1999年）４頁の図1.3から作成。

タ』についても、内外のメーカーへの活発な技術移転が行なわれていたことと、対比をせよ）がうまくファンクションした一例として、これを意味づけるべきなのである。

ちなみに、前掲『情熱の五〇年』三二三頁には、「**光ファイバが一応の完成を見た八〇年頃を境に、光ファイバ通信成否の鍵は、発光素子であるＬＤ**（レーザーダイオード）が握ることになった」とある（但し、同前・三二八頁以下に即して後述するように、「もう一つ、八〇年を境に本格的にスタートした研究が」ある。「**光回路部品**」のそれ、である）。ＶＡＤ法の一九七七年の公表に至るＲ＆Ｄの前提としての、既述の「長波長帯域」の「利用」（同前・三〇九頁）に「呼応して、長波長帯ＬＤの実用化研究を」、ＮＴＴは、「強化」することになったのである（同前・三二三頁）。

この「**ＬＤの共同研究のパートナー**」は「**日本電気、富士通**」であり、ＮＴＴと右の二社との「信頼感に基づいた連携なしには」その「開発」は「あり得なかった」旨、同前・三二五頁に記されている。そして、既に一九「**八一年**」に、「一・五㎛帯ＤＦＢ（Distributed Feedback〔分布帰還型〕）」のレーザーダイオード（ＤＦＢ-ＬＤ）の「室温連続発振に**世界で初めて成功**」し、「**八三年**には、**ＬＤ信頼性試験の世界標準**となるハードスクリーニング法」が「確立」された（同前・三二五頁）。これは、既に本書で〝**純粋基礎研究**〟について言及した際の〝キイ・ワード〟とも言える「微細加工技術や結晶成長技術」の「粋を集めた結果」としてのもの、とされている（同前頁。直接にはＤＦＢ-ＬＤそれ自体についての記述）。

このＤＦＢ-ＬＤ（発光素子としてのそれ）と、ＶＡＤ法に基づく石英系光ファイバーとの〝組み合わせ〟により、一九「**八二年**」に、「**毎秒四〇〇メガビット、一〇四㎞無中継伝送に成功**」したＮＴＴ（「通研」）は、まさに「部品から方式まで世界をリードする光通信のメッカとして名乗りを上げる」ことになるのである（同前・三一五頁）。

ところで、〔図表62〕からして、一九八〇年頃には〝従来型石英系光ファイバーの限界〟が見えて来ていたことから、前記の如くNTTでは、「材料をフッ化物ガラスに代えて超低損失光ファイバ」をつくる研究を進めていた。「理論的には、二〜一〇㎛の長波長域で一㎞当り〇・〇一〜〇・〇〇一デシベルは十分可能と思われて」おり、「そうなれば、太平洋横断無中継海底伝送ができる」からである（同前・三一六頁。一九八二年の通研の世界的成果とて「一〇四㎞無中継伝送」だったことと対比せよ。同前・三一五頁）。

だが、「一〇年余り」の研究の末、「フッ化物ガラス」の利用は、失敗に終わる。一九「九二」年のことである。ところが、「この失敗が大きな成功をもたらす」（!!）こととなった。即ち、「フッ化物」が「イオンを取り込みやすい柔軟な構造」であることを利用して、それを「光ファイバ増幅器に転用」する、〝逆転の発想〟、である（同前・三一六頁）。

当時、「光をそのまま増幅する装置がなかったため、いったん電気に戻し、また光に戻すという方法が中継器で使われていた」が、この方法だと一〇Gbps「の情報を運ぶとなると畳一畳分の大きさ（!!）が必要だ」ったのである。この〝逆転の発想〟から、「将来の波長多重化時代をにらむ」「超広帯域光ファイバ増幅器」が「世界に先駆けて……完成」した。「一六〇本以上の波長の異なる光信号をたった一本のファイバで一括増幅する夢の増幅器が実現」したのである。一九九七年のことである（同前・三一七―三一八頁）。

以上、①VAD法で極限的な低損失光ファイバー製造技術を確立するや、②送るべき光を出す「発光素子」で世界をリードし、〝失敗は成功の母〟そのものの〝逆転の発想〟で、③「超広帯域光ファイバ増幅器」を〝世界に先駆けて〟完成させる。――そうなると、多重化され増幅された光のコントロールが問題となる。

それが、同じく「八〇年を境に本格的にスタート」したNTTの「もう一つ」の研究テーマたる、「光回路部品」の研究であった。そして、その「最大のヒット作」（同前・三一九頁）が、「NTTが世界の技術シェアの七〇%を握り、かつ、二〇〇一（平成一三）年一月一日に、『世界初の大規模一〇〇〇チャネル……』を達成した、かのAWG（アレイ導波路格子）、だったのである（AWGについては、本書一五頁の*の項、同・三六七頁の④、とくに前者を見よ。ここでは、そのAWGの「技術的位置づけ」について、論じていることになるからである）。

WDM（波長分割多重）のためには「異なる光の波長を自在に合分波できる、しかも低コスト・小形の装置が必要」とされ、そこで一九「九四年に」、AWGが完成した（「世界に先駆けて」のその「開発」は、一九「九〇年」、NTTによるもの。以上、前掲『情熱の五〇年』三一九頁。なお、「光ファイバ、光増幅器、光波回路は、超広帯域大容量のFTTH時代を支える『フォトニック（光）ネットワーク三種の神器』といわれる」が、「もう一つ忘れてならないのがファイバ同士を接続する脱着可能な光コネクタ」だ、とする同前・三二〇―三二一頁の指摘に注意。そして「すでに世界市場の七〇〜八〇%」を〔技術シェアとして!!〕制覇している「NTTの光コネクタ」については、本書三六八頁の⑦で論じてある）。

ところで、一九九七年の、世界に先駆けての、超広帯域光増幅器の完成（既述）の際にも、「光信号を光のままで千倍にも増幅する……**能力**」があるので「いささか損失特性が悪くても関係しない」〔同前・三一七頁〕、との判断が、あるにはあった。

だが、ここで**重大な問題**が我々の眼前に迫っていることを、やはり直視せねばならなくなる。〔図表63〕である。

細かな点はともかく、やはり「既存石英系光ファイバを用いた……伝送容量」は、「極限領域に近づいて」おり、**「現在における実用的な限界」は、WDM技術を駆使しても、三・二T（テラ）bpsでしかない**、ということである。

そこで、再度、従来型の光ファイバーそのものの在り方が、正面から問題となることになる。

d　フォトニック・クリスタル・ファイバー（PCF）の開発とNTT

PCFという新たな光ファイバーは、〔図表63〕に示された『従来型石英系の光ファイバーの限界』を打破するためのものである。〔図表62〕の説明として、本文中に示しておいたように、**従来型石英系光ファイバーの理論限界**（光損失についてのそれ）は、**〇・一五デシベル（一㎞当り）**とされている。その壁を乗り越えるための様々な研究が、内外で今まさに行なわれているのだが、PCFについても、**少なくとも現状では、世界のトップをNTTが、やはり走っている**(!!)のである。それを、これから示してゆく。

まず、NTT先端技術総合研究所のNews Letter No. 091（二〇〇一〔平成一三〕年一一月一日）の「**偏波保持フォトニック結晶構造ファイバ〔PCF〕**」と題した技術紹介を、見ておこう。PCFは、まさに前記のNTTの〝**ナノテク**〟分野でのR&Dの一環、とも言える。即ち、従来型ファイバー（〝石英系ファイバー〟と呼ばれる）も

〔図表63〕　光伝送システムのブレークスルーを目指して

同軸ケーブルに替わって中継系伝送路への導入を開始した昭和58年には，無尽蔵に思えた既存石英系光ファイバを用いたTDM，WDMによる伝送容量も近年では極限領域に近づいてきている。NTTではさらなる大容量化のブレークスルーを目指して研究開発を進めているが，最近の成果をご紹介します。

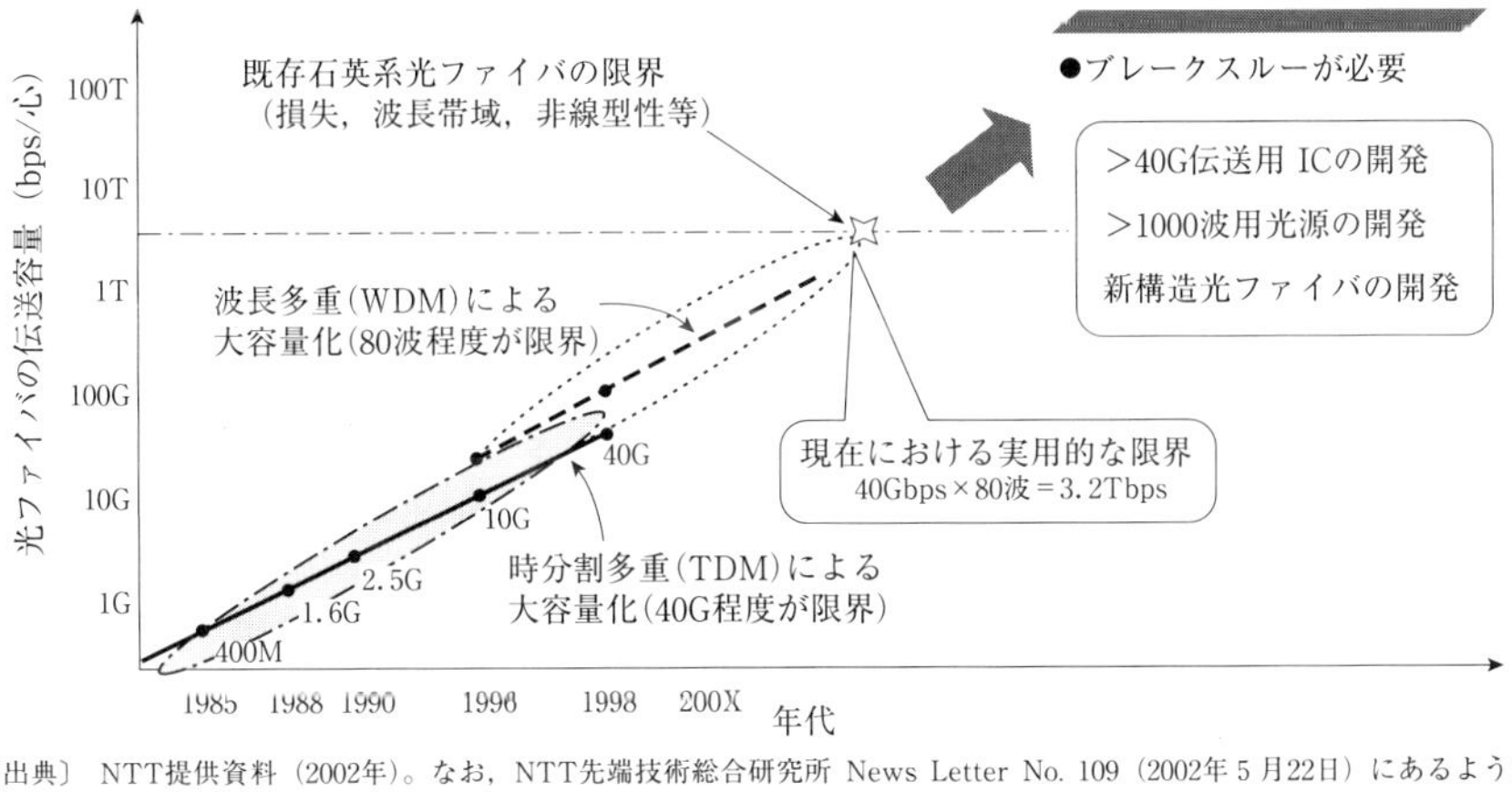

〔出典〕 NTT提供資料（2002年）。なお，NTT先端技術総合研究所 News Letter No. 109（2002年5月22日）にあるように，「基幹ネットワークの伝送容量は，電子回路による時分割多重（TDM）と光回路による波長分割多重（WDM）の積で大容量化が進められ」いる。それゆえ40Gbps×80波，となっていることに注意せよ。そして，「電気TDM……で使われるキーデバイスが化合物半導体を用いた超高速・広帯域〔の〕集積回路（IC）」なのである。この最後の点は，後に扱う。

ＰＣＦも、「石英ガラス」を用いる点では同じだが、ＰＣＦには、「コアの周りに光の波長オーダーで周期的に〔数十個の〕空孔」が「設け」られている。そして、「この空孔の直径や間隔を変えることにより、波長分散特性などの光ファイバの伝送特性を従来の光ファイバと比較して大幅に変化させることが可能」となる。そして、右のニュース・リリースで報告されたＮＴＴの「偏波保持型ＰＣＦ」の場合、空孔のあけ方の工夫により、「従来の同種ファイバより低い1.3dB/kmの伝送損失を実現」し、かつ、「このファイバを用いて一〇Ｇｂｐｓで一・五㎞の双方向……多重伝送実験に成功し」た、とそこにある。伝送損失では、従来型光ファイバーの〇・一五デシベル（一㎞当り）には、まだ遠く及ばない。だが、このブレークスルーなくして、テラ（Ｔ）ｂｐｓレベルから先への展望はない。それがゆえのＲ＆Ｄ、である。

　周健＝中島和秀＝黒河賢二＝田嶋克介「フォトニッククリスタルファイバ（ＰＣＦ）の研究開発について」Raisers ㈳電信電話工事協会刊）二〇〇二年一〇月三四―三五頁によると、「ＰＣＦの一つの特徴として、波長分散に対する高い制御性（!!）が挙げられ」ており、「任意の波長帯で低損失、低分散、低非線形性を有する理想的な伝送媒体が実現可能とな」る、とある。そして、ＰＣＦにより、従来型の石英系ファイバーの〇・一五デシベル（一㎞当り）という損失限界から「更なる低損失化が可能」となるのみならず、「波長帯域」も、「一・三㎛～一・六㎛程度が限界」の従来型から、「〇・六㎛～一・七㎛に拡大可能」とされる。更に、『光ファイバーは〝曲げ〟に弱い』との点についても、（空孔のゆえに）「曲げ損失の飛躍的向上」が可能、とされている。

　実際に、ＰＣＦ研究の世界的フォーラムで最近発表されたデンマーク工科大学側研究者の論文を見てみよう（A. Bjaklev et al., “Photonic Crystal Fibres ── The State－Of－The－Art”, paper submitted to ECOC [European Conference on Optical Communications] 2002)。そこには──

“The first photonic crystal fibres fabricated had losses in the range of several tens [8] or even hundreds of dB/km [9]. However, the level of attenuation has since then been drastically reduced and in 2001, results of a PCF with a loss of 1.3 dB/km at 1550 nm were published [10]. In year 2002, the attenuation level reached 1 dB/km [11], and no fundamental reasons prohibits PCN techno-logy from completely eliminating the current excess attenuation relative to standard fibre technology.”

　右の引用文中、“attenuation”とは、光の「損失」のことであり、低損失化がドラスティックに進んで二〇〇二年には、一デシベル（一㎞当り）にまでなったことからして、従来型光ファイバーの限界をＰＣＦが突き破ることへの期待が、熱く、そこで語られているのである。ところで、二〇〇一年の一・三デシベル（一㎞当り）達成がＮＴＴのＲ＆Ｄ成果であることは、既述の点から推測されるところであろうが、二〇〇二年の成果も含め、右引用中の注⑽・⑾には、いずれもＮＴＴ側の論文が引用されている。即ち──

“References

……………

10 K. Suzuki et al., Opt. Expr. [Optics Express], 9 (2001), pp. 676−80.

11 K. Tajima et al., OFC' 02 [Optical Fiber Communication 2002]

(2002), pp. 523－24.
……………….”

――となっているのである。かくて、**やはりＮＴＴは**、このＰＣＦ**研究における、世界の最先端を走っていることが**、この文献からも客観的に示されている、と言える。

＊　＊　＊

以上のｄは、前記の〔図表63〕中に「ブレークスルーが必要」とある下の、三つのポイントの第三（「新構造光ファイバの開発」）について、論じたものである。**「40Ｇを超える伝送用ＩＣの開発」・「一〇〇〇波用光源の開発」**の二項目には、まだ言及していない。

だが、今日の分の執筆は、ここまでとする。多少、後髪を引かれる思いもするが、明日のあることを、今は信じよう。最後に、**ＰＣＦに関するＮＴＴのＲ＆Ｄの基本**を示した〔図表64〕を掲げておくこととする（以上、二〇〇二〔平成一四〕年一一月三日午後七時五〇分脱稿。点検に入る。点検終了、同日九時四三分。夜中の〝速歩〟六〇分の後の妻の〝校閲〟中に、記述上の誤りを発見。翌一一月四日の午前五時まで、その訂正をした。疲れた）。

＊〔追記〕ＰＣＦファイバに関するＮＴＴの更なる世界記録（二〇〇三年三月）

本書四九五頁で、その後のＰＣＦファイバの低損失化への流れについて一言してあるが、更に、まさに本書初校が終わらんとする二〇〇三（平成一五）年四月一五日、最新ニュースが舞い込んだ。ＮＴＴは、同年三月二三－二八日にアメリカで開催されたＯＦＣ二〇〇三会議において、世界トップの(1)低損失（〇・三七デシベル〔一km当り〕）、(2)長尺化（一〇km）、そして(3)世界初の（ＰＣＦを用いた）ＤＷＤＭ伝送実験に成功したのである（!!）。OFC 2003 Conference & Exposition, Postdeadline Papers PD01 [K. Tajima et al., “Ultra low loss and long length PCF”〕参照。ＰＣＦを用いて8×10Gbps のＤＷＤＭ伝送実験が成功した、とそこにある（!!）。

＊〔追記〕ＶＡＤ法の世界的技術シェアについて

前記の〔図表63〕（「光伝送システムのブレークスルーを目指して」）の、〔出典〕のところの末尾にも示しておいた点（40Ｇを超える伝送用ＩＣの開発）から、書き始める予定であった（執筆再開は二〇〇二〔平成一四〕年一一月二三日午後三時半位。今日は、ほんのアイドリング程度にとどめるつもりだ）。この**「40Ｇを超える伝送用ＩＣの開発」**と**「一〇〇〇波用光源の開発」**の計二点が、前記の〔図表63〕の説明として、必要となる。それらを、前記の「ｄ　フォトニック・クリスタル・ファイバー（ＰＣＦ）の開発とＮＴＴ」と、まずは合体させてから、更にその先に行こう。その予定で書き進めるつもりである。

だが、その前に『ＶＡＤ法の技術シェア』について、補足しておく。前記の〔図表62〕（「光ファイバーの低損失化の歴史とＮＴＴ」）に示されているように、ＮＴＴが開発したＶＡＤ法による光ファイバーは、従来の石英系ファイバーの損失限界ぎりぎりの数字を、既に**一九八六年**に達成していた。

そのＶＡＤ法の世界的な**技術シェア**について、多少記しておきた

〔図表64〕 新構造光ファイバーへのＮＴＴ R&Dの基本スタンス

新構造光ファイバの特長
①低損失 ②超広帯域化 ③非線形特性の制御が可能 ④ファイバ入力光レベルが向上
⇩ 超長距離伝送，1000波以上の波長多重が可能となる

従来ファイバの限界を打破！

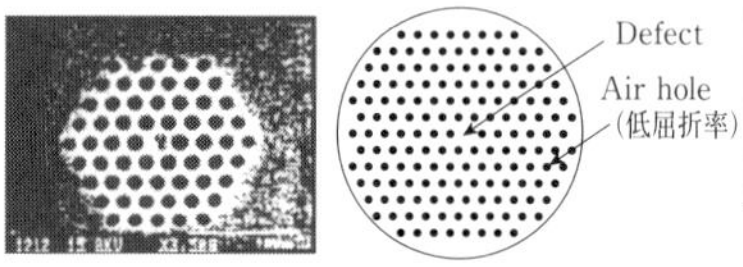

フォトニッククリスタルファイバ(PCF)

	NTT	その他の研究機関
損失	1dB/km以下を実現。（原理的には極限損失を達成可能。）	数十から，数百dB/km。（製造法に問題あり。）
長尺化	数km以上を実現。（原理的には100km以上も可能。）	数十から，数百m程度。（原理的に長尺化困難。）
用途	超大容量伝送路（光部品も可能。）	光部品としての用途に限定。

NTTでは世界に先駆けて伝送媒体で利用可能なフォトニッククリスタルファイバの作製に成功

〔出典〕 NTT提供資料（2002年）。上の「損失」の項にあるように，NTTでは，既に1 dB/km「以下」を実現している。本文中に示したデンマーク工科大学側ペーパー（その注〔11〕）で紹介されているレベルより，更にその先に進んでいることに注意せよ。なお，本文中には示さなかったが，従来PCFは，部品にしか使われないと思われていた。それが，“伝送媒体”にも使用可能であることを，前記〔図表63〕の，将来を見据えた危機意識の下に，実証したところにも，NTTの世界的技術貢献の重要な一端のあることに，注意せよ。

いのである。著作権の関係で直接の引用は出来ないが、〔図表62〕の**損失率の点は別として（!!）**、ともかく現実の世界で用いられている光ファイバーの製造方法として、二〇〇一年のある外国調査会社の資料によれば、**ＶＡＤ法**は、**米コーニング社のＯＶＤ**（Cutside Vapor Deposition）**法と共に**（他の製造技術を大きく引き離し）、それぞれ**約四〇％の世界的技術シェア**を占める、とされる（但し、ＯＶＤ法はアメリカで六〇％超のシェアを有し、それがＯＶＤ法で製造される光ファイバー全体の四分の三強となっている点に、注意が必要である。）。

だが、**ＶＡＤ法の世界的技術シェアは、実質的には一層高く、五〇～六〇％になるものと推測**されている。理由は、次の二点にある。即ち、まず、光ファイバー製造メーカでは、最近、**光ファイバー母材**（後述）を購入した上で製造する会社が増えているが、その中で、ＶＡＤ法による光ファイバー母材を販売している**日本企業の売り上げが大幅に向上**していること（関連英文資料は後掲）。次に、ＶＡＤ法の発明過程（既述）で得られた**多重火炎バーナー技術**は、光ファイバー母材を高速作製するのに有効な技術だが、この技術がＯＶＤ法のような、ＶＡＤ法以外の光ファイバー製造技術にも（適宜改良を加えつつ）用いられていると推定できること（この点も、法的な諸事情があって典拠を示せないのが残念である）。以上の二点である。

ちなみに、**石黒・前掲超高速通信ネットワーク七八頁でも引用したＬＩＧＨＴＷＡＶＥというアメリカの雑誌**に、以上の点と関連するペーパーが掲載されているので、一応の間接証拠的な意味あいで、それを示しておこう。Richard Mack/Arnab Sarkar, “Impact of the ongoing **fiber shortage** —— Recent developments in the fiber industry highlight the cyclical nature of **fiber manufacturers' ability** to meet demand.”, LIGHTWAVE, Sept. 2001, at 63ff である。タイトルからして、〝光ファイバーが足りない……〟という（アメ

リカ側からの）叫びに似たものがそこにある。日本メーカーの増産が頼りだ、ということは後に原文で示す通りであり、それによってＶＡＤ法の技術シェアが更に増えることに、なるのである。だが、ＶＡＤ法に関する（国際面も含めた）技術移転の実際の姿も、そこに示されている。この二つの意味あいから、ここで右のペーパーに着目する次第である。その前提として、ルーセント社（ベル研）のＭＣＶＤ（Modified Chemical Vapor Deposition）法という、前記ａ冒頭に掲げた光ファイバー製造技術がある。Mack.Sarkar, supra, at 68 には——

"…… The switch to singlemode fibers in the early 1980s coincided with the maturing of the OVD and **VAD** process. In the '80s, Corning and Furukawa stopped using the MCVD process.

In the 1990s, the number of VAD fiber producers increased dramatically with Shin-Etsu, Hitachi, Mitsubishi, and Showa in Japan obtaining **licenses from NTT**. Perelli developed and commercialized the VAD process in Europe with a license from Sumitomo. Also in the 1990s, **Lucent acquired a license from Sumitomo [!!]** and introduced VAD in its Atlanta factory. ……"

——とある。かくて、ＮＴＴの開発したＶＡＤ法は、日本メーカー各社への、積極的なライセンス付与を契機として、米欧にも広がり、まさにそれ、即ちＮＴＴのＲ＆Ｄ成果が、日本メーカーの、世界の光ファイバー製造市場におけるプレゼンス向上のために、大きく貢献したのである。これ自体、特筆すべきことであろう。

しかも、Id. at 70, 74では、信越化学（Shin-Etsu）の（ＶＡＤ法による!!）大増産計画が、（アメリカでの）光ファイバー不足解消のため、大いに注目されている。即ち、Id. at 74には——

"In 2000, Shin-Etsu, the dominant **preform** supplier, announced a new production facility to double its capacity to 24 million fiber-km per year, then later revised its announcements to say that the company will increase its capacity to 36 million fiber-km per year. **This expansion could affect the market share of the VAD process**, the process Shin-Etsu uses to produce **preforms**. …… Continued growth of Shin-Etsu's **preform** business will continue to increase the domestic capabilities in Russia, India, Brazil, Malaysia, and South Africa ……."

——とある。右引用中の"**preform**"が光ファイバーの"母材"であり、既に示したＶＡＤ法の技術シェアについての、既述の点の背景が、右にも示されていることになる。かくてＮＴＴのＶＡＤ法は、日本メーカーの活躍と、そこから外国企業への更なるライセンスとにより、ロシア、インド、ブラジル、マレーシア、南アフリカ等々（!!）へと、一層の広がりを示しつつある。

だが、当のＮＴＴは、従来型石英系光ファイバーの限界を直視し、"その先"を目指したＲ＆Ｄを進めていた、ということになる。そして、ここでようやく、当初予定していた次の項目に移ることが、可能となる（ちょうどモーツァルトのレクイエムが始まったところだが、今日はここで筆を擱く。昨晩の"**e-Japan**"関連の会議のあと、頭に来て朝までいろいろと活動していたものだから、無理は禁物である。以上、二〇〇二〔平成一四〕年一一月二三日午後五時三六分）。

e　40Gを超える伝送用ICの開発とNTT——直近の画期的出来事を含めて！

前記の〔図表63〕の、「光伝送システムのブレークスルーを目指し」た三つのポイントのうち、前記の〔図表64〕と共にdの項に示した「**新構造光ファイバー**（PCF）」の開発に続くのが、この「**40G《ギガ》を越える伝送用ICの開発**」である。まず、佐野栄一「超高速電子回路技術」NTT　R&D四八巻一号（一九九九年）六七頁以下から見てゆこう。

〔図表63〕の下の〔出典〕のところに、あわせて説明を付加しておいたように、「基幹ネットワークの伝送容量は、電子回路による**時分割多重**（TDM）と光回路による**波長分割多重**（WDM）の積で大容量化が進められて」いる。その積が「四〇Gbps」×「八〇波」で、三・二T《テラ》bpsとなり、それが「現在における実用的な限界」とされていた。そのブレークスルーを、〝電気的（Electrical）な時分割多重（TDM）〟の側から行なおうというのが、ここでのR&Dの主眼となる。

佐野・前掲六七頁にも、「電気時分割多重（ETDM：Electrical Time-Division Multiplexing）……の高速化は〔光伝送の〕トータル容量の増大のために重要」であり、かつ、「**超高速電子回路**（Ultrahigh-speed integrated-circuit）はETDMを支える重要な技術であり、シリコンおよび化合物半導体を用いた四〇Gbps級集積回路の研究が活発化している」、とある。同前頁には、「**このような高速領域を実現するためには、デバイス技術のみならず回路設計技術と実装設計技術の革新が必要となる**」、とあり、NTTの研究所（光ネットワークシステム研究所）で、「**InP**ヘテロ構造電界効果トランジスタを用いて……**四〇Gbps光伝送用IC**」の「試作」がなされ、それが「実現した」、とある。同前頁において、「ヘテロ構造電界効果トランジスタ（**HFET**: Heterostructure Field Effect Transistor）」の解説もあるにはあるが、さすがにそこには、私の手は及ばないので、〝ブラック・ボックス〟の中に押し込めることとする（ちなみに、十数年以上にわたる私の、経済学者達との、全く砂を噛むことの連続の如きつきあい〔共同研究〕の中で、モデルや数式の中身を「ブラック・ボックス」化して、じっと観察していると、インプッー部分とアウトプット部分との関係で、何かが見えて来ることに気付いた。要は適切な「ブラック・ボックス」のサイズを、「何かが見えて来るサイズ」にこちら側で設定することが肝要なのだ、と気付いた訳で、一九九八年刊の私の『法と経済』〔岩波〕の出発点にも、それがあった。なお、**InP**については後述する）。

ともかく、一九九九年一月刊の佐野・前掲論文において、同前・七〇頁にも示されているように、NTTにより「パッケージ実装状態で四〇Gbps〔の〕動作が確認され」、それが「**世界最速**〔!!〕」の成果、とされている。そして、この「ディジタルICモジュールは〔**NTTによる**〕**世界初**〔!!〕**のETDMによる四〇Gbps、三〇〇kmの伝送実験**に使用された」。のみならず、同前頁では、その延長線上で「**一〇〇Gbps**〔**の**〕**動作の可能性**もある」とされ、ただ、「このような速度領域では、低速領域では無視できた電磁波としての配線遅延が無視できなくなる」ため、「トランジスタおよび配線の微細化が必要となる」、との技術課題が示されてもいた。

一九九九年一月の佐野・前掲に記されたこの開発（試作）が「従来の回路と比較して約二倍の広帯域・高速」化を実現するものであることも、同前（七〇）頁に、示されている（なお、同前頁注18〔同前・七二頁〕にあるように、この点に関する海外でのＮＴＴによる論文発表は、一九九七年になされている。後掲〔図表⑥5〕の四〇Ｇ用ＩＣのところの縦の点線も一九九七年に合わせてある）。

次に、二〇〇二（平成一四）年**五月**二二日の、（前記〔図表⑥3〕の下にも引用した）ＮＴＴ先端技術総合研究所のニューズ・レター一〇九号を見ておく。そこには、ＮＴＴフォトニクス研究所で「昨年（二〇〇一（平成一三）年）度末に**InP**ヘテロ接合電界効果トランジスタ（ＨＦＥＴ）回路技術を**実用化**〔!!〕しました」、とある。前記の四〇Ｇｂｐｓ対応の、一九九九年の「**試作**」が、「実用化」に至ったのである。

のみならず、このニューズ・リリースには、ＮＴＴでは「更に、大規模、**低消費電力化**〔!!〕にも優れる**InP**ヘテロ接合バイポーラトランジスタ（ＨＢＴ）回路技術も研究開発中です」、とある。**ＨＦＥＴとＨＢＴとを同時開発中**、ということである。そして、このニューズ・リリースにおいて、「今回、**InP HBT**技術によ」っても、「光伝送用回路の設計、試作を行ない、四〇Ｇｂｐｓ級回路品種展開の可能性を確認

〔図表⑥5〕　**時分割多重（TDM）で100Gbpsを越える光通信を可能とするIC技術の開発とNTT**

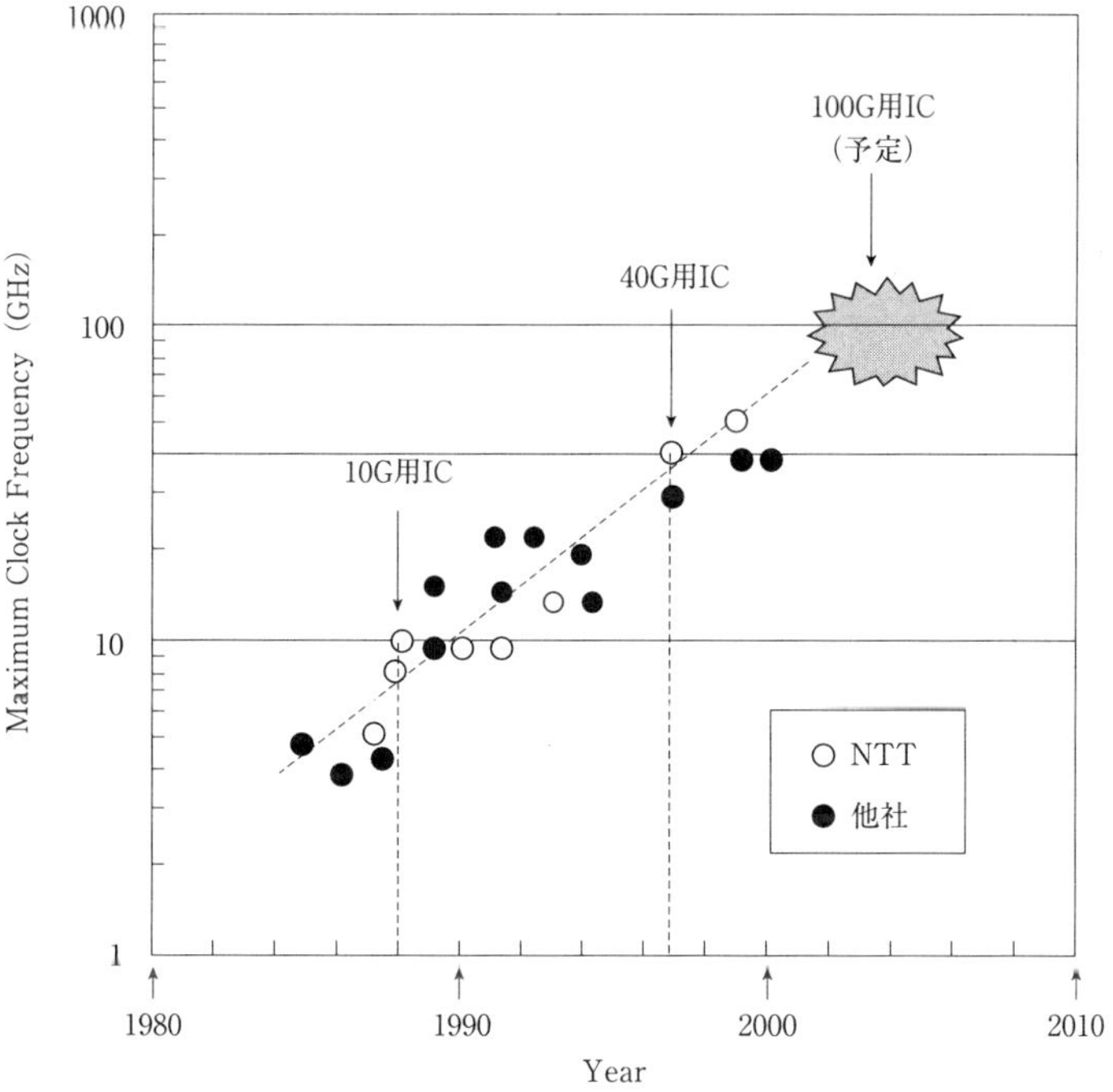

〔出典〕：NTT提供資料（2002年）。そこには，「10G，40G伝送用ＩＣでは世界に先駆けて開発・製品化を実現。現在100G用ＩＣの研究開発に力を入れている」，とある。なお，この図表の縦軸はGHzとなっているが，これは，ＩＣの処理能力を記述する場合，データ信号速度（単位：bps）で記述する方法の他に，（ＩＣでデータ信号を処理する際にデータ信号入力とは別にクロック信号という単一周波数の波〔サイン波〕を別ポートに入力する必要があるため，この）クロック信号の周波数（単位：Hz）で記述する方法があること，による。だが，クロック信号周波数とデータ信号速度の値は一致しているので，上図の縦軸は，GHzをGbpsに置き換えてよい（その方が分かり易い）。なお鈴木滋彦監修・前掲書（HIKARIビジョンへの挑戦）13頁（中村武則）では，NTTが「1995年から世界に先駆け，10GbpsのTDM伝送方式を実用化してい」たことが記されている。

しました」、とある。つまり、この「試作品」でも、「一秒間に四〇〇億ビットの信号を処理する速度で動作」することが、確認されたのである。

だが、NTTのR&Dは、実は、「一〇〇Gbps級次世代技術を開発中であ」る旨、そこにある。既に右のニューズ・リリース時点で「九〇GHzまで動作する……回路」の「動作」が「確認」されている（Hzとbpsとの関係は〔図表65〕の下の説明の中で行なう）。しかも、同じInP半導体の中で、既述のHFETに比し、HBTでは「約半分の電力で〔四〇Gbpsの〕機能を実現できており、低消費電力化と多機能・大規模集積化によるネットワーク装置の小型化、低コスト化に貢献します」、とそこにある。

ここで私が想起するのは、本書四一七頁以下の〔最近に至るまでのNTTの〝純粋基礎研究〟の成果――その若干の具体例について〕の項における、その「c　単電子トランジスタ（SET）の世界初の試作」（一九九九年一二月）と、「d　単電子CCD（電荷結合素子）を用いた電子一個の操作・検出に世界に先駆けて成功」との関係、である。そこにも記したように、〝SETとは別の新たな素子構造の提案〟により選択肢を増やし、「究極の省エネルギー化」を目指すための、このdのR&Dは、ここで記しているHFETとHBTとの関係に似ている。『NTTという一つのコップの中に、世界最先端のR&Dの嵐が美しく吹き荒れ、光り輝やいている』ことを、私は、ここでも強く感ずる。

そう私が感ずる理由は、前記〔図表63〕に示した〝ブレークスルー〟のための第二の技術たる超高速ICの開発に関する、NTTの輝やかしい、まさに世界をリードするR&D実績を示す図表が手許にあるから、でもある。それを〔図表65〕として示す（Hzとbpsとの関係は〔図表65〕の下に示す）。

〔図表65〕から知られるように、NTTは10G用ICで世界のトップに立ったが、一九九七年の四〇G用IC開発までは他社に抜かれ、四〇G用IC以降、再度トップに戻り、……、といった展開だったことになる。そして、近々、『世界に先駆けた一〇〇Gbps用IC』を開発「予定」、と〔図表65〕には示されている。四〇Gから一〇〇Gへのジャンプは、〔図表65〕からして、極めて大きなものと言える。まさに、〝熾烈を極める世界のR&D競争〟の中における、NTTの果敢な挑戦の実像が、〔図表65〕の中に凝縮されている、と言える。

＊　＊　＊

そして遂に(!!)、二〇〇二（平成一四）年一二月四日、NTTから、一〇〇G用ICの開発に成功、との発表がなされた。〔図表65〕の〝予定〟より数年早い快挙である(!!)。

＊「世界最高速一〇〇Gbps光通信用IC」の開発〔NTT・二〇〇二年一二月四日発表〕

以下、極めて重要な、最新かつ世界初・世界最高速の快挙ゆえ、同日付けのNTTからのニューズ・リリースを、若干長く引用するが、前記の〔図表65〕、〔図表63〕（「光伝送システムのブレークスルーを目指して」）、及びそれらの図表に付記した諸点との、事前の対比を再度した上で、以下を御覧頂きたい。

☆〔NTTニューズ・リリース（二〇〇二〔平成一四〕年一二月四

日）」

「世界最高速一〇〇Ｇｂｐｓ光通信用ＩＣ」を開発――従来の光通信速度を一〇倍にするＩＣ技術

「日本電信電話株式会社（以下ＮＴＴ、本社東京都千代田区、代表取締役社長和田紀夫）は、従来の最も高速な商用ネットワークの一〇倍の通信速度に相当する毎秒一〇〇ギガビットでのスイッチ動作を行なう光通信用集積回路（以下ＩＣ）を開発し、電気信号の**時分割多重**および分離動作に成功しました。電気信号の論理処理速度としては**世界最高速**です。

ＮＴＴフォトニクス研究所では、**電子移動度**の高い半導体である**インジウムリン（InP）**を用い、ゲート長を一〇〇ナノメートル（一万分の一ミリメートル）まで微細化した**高電子移動度トランジスタ（ＨＥＭＴ）**を均一に集積化する技術を開発するとともに、新回路構成の考案により、これまでトランジスタを集積化したＩＣでは実現困難と言われていた毎秒一〇〇ギガビットのスイッチ動作を**世界に先駆けて実現**し、**併せてそのエラーフリー動作に成功**しました。

今回開発したＩＣは、低速並列信号を高速直列信号に時分割多重する多重化回路と、高速直列信号を低速並列信号に変換する分離回路です。今後本技術の応用により、ネットワーク機器の通信速度をこれまでの商用システムの一〇倍に高速化することが可能となり、**一波長の光で長さ六時間分の映像データ（ＤＶＤ三枚分）を約一秒間で送れるようになる**ものと期待されます。

〈開発の経緯〉

データトラヒックの増大は急速に進んでおり、近い将来にはテラビット級の伝送容量が必要になると言われています。一本の光ファイバでより多くの情報を運ぶための技術の一つ、時分割多重を用いたシステムとしては、毎秒一〇ギガビットのシステムが実用化され、毎秒四〇ギガビットのシステムの開発が進められています。時分割多重システムの通信速度は、ネットワーク機器の光送受信部を構成する超高速ＩＣの動作速度によって決まり、システムを高速化するためには、より高速なトランジスタを集積化するプロセス技術と超高速回路設計技術が必要です。

現在、毎秒四〇ギガビットの光通信システム実現の為に、世界各機関で「超高速ＩＣ」の研究開発が精力的に進められており、これまでに四〇ギガビット級ＩＣが開発されていますが（〔図表65〕を見よ!!――その世界に先駆けての開発もまた、ＮＴＴによるものであったことに注意）、これ以上高速なＩＣについてはエラーフリー動作が確認されておらず、「毎秒一〇〇ギガビット以上でエラーフリー動作するＩＣ」を実現することはできませんでした。この理由は、①超高速トランジスタを均一に製作する技術が実現困難であったこと、及び②バッファ回路を有する従来の回路構成では超高速動作と大出力振幅とを同時に実現することが困難であったこと、によるものでした。

これに対しＮＴＴフォトニクス研究所では、高速性に優れたインジウムリンを用いたアプローチを採用するとともに、素子製作技術と回路設計技術とを極限まで追究することにより、**世界中のＩＣ研究者が目指していた一〇〇Ｇｂｐｓの壁を初めて破ることに成功**致しました。……」

なお、右の引用中の太字体で示した用語の説明もそこでなされており、便利ゆえ、それも引用しておこう（但し、ＨＥＭＴの説明については、更なる説明が必要となろうが、そのあたりは既述のＨＦＥＴ等と同様、ブラックボックスに〝格納〞しても、ここでは十分と思われる）。

『時分割多重』――時間軸上で情報を多重化する方法。通信システムを用いて情報を伝送する際に、時間を細かく区切って交互に複数の情報を載せることにより多重化する方式を時分割多重方式という。これに対し、一本の光ファイバの中に複数の波長の光を通し、その各々に別々の情報を担わせることにより多重化する方式を波長多重方式という。通常、超高速光通信システムは両者の組合せにより構成される〔前記の〔図表63〕の下の説明と対比せよ〕。

『電子移動度』――半導体における電子の動きやすさの尺度。電子の移動度が高いほどトランジスタ内の電子の速度は高く、スイッチ動作は高速化される。

『高電子移動度トランジスタ（HEMT）』――高純度の半導体チャネル層に形成された二次元電子ガスの電子数を、ショットキ金属〔!?〕からなるゲートを用いて制御する電界効果トランジスタ。

『エラーフリー動作』――ICの入力信号と出力信号との論理比較をおこない、IC中で生じた誤りビット数を全入力信号ビット数で割った値で定義される誤り率が、ある時間内においてゼロの状態でICが動作すること。」

そして、「今後の展開」として、そこには――

「今回の開発により、トランジスタ回路を用いて毎秒一〇〇ギガビットの信号を電気的に多重・分離処理することに成功しました。今後は、処理速度のさらなる向上とシステム化技術の開発を推進し、**高精細映像データ**や**大容量設計データ**などを快適にやりとりできるブロードバンドネットワークの一層の高度化ならびに低コスト化を目指していきます。

本技術の詳細は、〔二〇〇二年〕一二月九～一一日に米国カリフォルニア州サンフランシスコで開催予定の「国際電子デバイス会議」（IEDM: International Electron Devices Meeting）で発表の予定です。」

――とある。私にとっては待ちに待った発表であり、それがゆえに、パズルの最後の一枚のように、これをピタリと嵌めてこの部分を完成させるべく、この部分の原稿の点検を、一週間先送りしていたのである（なお、二〇〇二〔平成一四〕年一二月九日付けの電経新聞には、〔図表65〕との関係で、同年二月に富士通が九〇GbpsのICを開発していた、云々とある。だが、この九〇GbpsのICではビットエラーの評価が行われていなかった。また、それに先行して一九九七〔平成九〕年に八〇Gのものが学会発表されてもいたが、それらはいずれも〝波形観測〞のみ、即ち、測定装置を通して波の形を目視しただけであり、通信に使用可能かどうかは、ビットエラーの評価で決まる。今回、NTTでは、そのビットエラーの評価も行ない、世界で初めて、エラーフリーで使用可能な前記の快挙に至った。そのことに十分注意すべきである）。

f　一〇〇〇チャネル以上の超WDM用単一光源〔SC〔スーパーコンティニウム〕光源〕の開発（二〇〇〇年九月）

前記の〔図表63〕における〝ブレークスルー〞のための第三のポイントが、「**一〇〇〇波〔超〕用光源の開発**」であった。電気的な時分割多重（TDM）の側からのブレークスルーが、これまで見て来たeであり、波長分割多重（WDM）の側におけるNTTの挑戦が、かくて早くも実を結ぶことになったのである。**二〇〇〇〔平成**

一二）年九月一一日付けのNTTのニューズ・リリースは、まさにこのfの見出しであり、そこには「より大容量の『光のネットワーク』に向けて」、との副題がついている。しかも、その後の展開（!!）が、更にある。順次、述べてゆこう。

SC光源について記す前に、WDMの基本から入らねばならない。鈴木滋彦監修・前掲書（HIKARIビジョンへの挑戦〔二〇〇二年四月刊〕）二〇－二一頁（佐藤健一）の分かり易い説明を、見ておこう。「WDM」の場合、「光信号を波長・光の色で区別してい」るが、「現在使われているWDMシステム」で「実用化に供されている」のは「せいぜい一〇〇波程度」である（但し、前記の〔図表63〕には「八〇波程度が限界」とあった）。だが、この「一〇〇波を利用するということは、実は相当大変なことで」あり、そのためには、「一〇〇個〔の〕違う波長のレーザを並べて、そのレーザの波長が全く動かないように波長の安定化をしなければな」らない。その延長で「必要になって」くる「一〇〇〇波、一万波というもの」を実現する、の「ではなく」（!!）、「一つの光源から一〇〇〇波、一万波が発生できると、波長を単純な多重ということだけではなくアドレスとして使って、もっと高機能なことに使えることにな」る。ＮＴＴは、それを「実現する技術」たる「スーパーコンティニウム」光源により、「一つの光源から同時に数一〇〇波、あるいは一〇〇〇波以上の高品質の……光を発生する……技術を世界に先駆けて実証し……最近、国際学会でも」それを「発表し……二・五Ｇｂｐｓの信号を伝送することができる波長安定度も極めて高い高品質な光……一〇〇〇波を発生する……技術を開発し」た、ということなのである（以上、佐藤・前掲頁）。同前書・一二三－一二四頁の、佐藤健一「スーパーコンティニウム光源を用いた多波長ＷＤＭ技術」から若干補足すれば、「これまでのWDM用光源では……チャネル数の増大或いは〔「精密」な「制御」を要する〕チャネル間隔の最小化に伴って、〔既述の〕各レーザーの絶対波長の制御がより困難になるため、システムに占める光源部分のコスト〔!!〕の割合の増大、および信頼性の確保、故障時の保守用品の確保が問題となり」、そこで「現在実用的な波長数は一〇〇程度に限られてい」たのである。そして、「スーパーコンティニウム光発生技術」というＮＴＴの「光源技術」により、「出力光のスペクトラムを拡大」し、「一定の波長間隔の数本のスペクトラムを有する光を種光源として用いた場合、……各々の波長の光が相互作用して一定の波長間隔の多数の波長の光を連鎖的に発生させることが可能となる」のである。このＳＣ光源で発生させた光を、「AWG」（アレイ導波路格子!!）の「フィルタにより一波長ずつ分波」して雑音特性を調べ、ＳＣ光源が十分な通信品質を有することが、かくて確認されたのである（以上、佐藤・前掲頁）。

二〇〇〇（平成一二）年九月一一日の、既述のＮＴＴのニューズ・リリースに戻れば、「スーパーコンティニウムとは、ガラスのような透明な物質に強い光が通過した時に波長数が爆発的に増大する現象です」、とある。これも分かり易くて嬉しくなる（何となく、小学生の頃の理科の実験を思い出す……）。「波長間隔一二・五ＧＨｚの四～五種類の波長からなる光から、波長間隔が精密に制御された一〇〇〇波以上の光を出力する光源を実現しました」とも、そこにある。要するに、「シンプルな〔!!〕構成の単一光源を用いて、精密に波長配置された高品質の光を……一括して発生させる……ため、将来の光技術を活用した多種多様のサービスを低コストで〔!!〕実現するための中核技術」がSC光源の技術的位置づけであり、「数千波長の光を広大なアドレス空間〔!!〕として用いる将来の光ＩＰネットワークを実現することによって一家庭に一波長、さらには一人に一波長を用いる夢の超高速通信を可能に」する上で核となるのがS

C光源だ、ともそこに記されている。

なお、この**SC光源開発成功のニュース**は、二〇〇〇（平成一二）**年九月一二日**付けの日経産業新聞、日刊工業新聞等のほか、NIKKEI COMMUNICATIONS on the Web, Sept. 14, 2000, Headline Newsにも報ぜられ、ウェブ上の右の最後のものには、「この光源装置を使うことで、一〇T（テラ＝一兆）**ビット毎秒クラスの大容量バックボーンを実現できる**」、とある。前記の〔図表63〕に、「**三・二Tbps**」が「限界」、とある部分と、再度対比されたい。まさに、**ブレークスルー**、である（!!）。

もっとも、右のウェブ上のニュースには、NTTは「現時点では光の発生実験のみで、伝送実験は行っていない」、とある。だが、**二〇〇二**（**平成一四**）**年四月五日**付けの日経新聞朝刊では、（SC光源を用いて）NTTが、「通信速度がそれぞれ毎秒一〇ギガ（!!）……ビットの三一三種類の信号を一六〇キロメートル**伝送する実験に成功**」した旨が、大々的に報じられた。そこには、「構成装置が少なく〔既述の「**シンプル**」さ!!〕、一〇分の一以下の費用〔「**低コスト**」!!――同じく既述〕で大容量回線が実現できる」云々、とある。ちなみにそこには、〝**分波**〟した三一三の光を〝**合波**〟した場合、「一〇ギガ」×「三一三」で三・一三Tbpsとなることを前提に、この伝送実験（三・一三Tbps）により「**二時間の映画七五本分を一秒で送れる**」、ともある。

SC光源が**アクセス系**でも『一人に一波長』の時代をもたらし得ることは既に示したが、**かくて**、**前記のd**、**そしてそれに続くef**の**R&D実績により**、**着実に**〔**図表63**〕の「**ブレークスルー**」への**道**が、**世界をリードしつつ**、**NTTによって切り拓かれつつある**、のである（前記〔図表63〕の「現在における実用的な限界」たる「三・二Tbps」の数字と、SC光源を用いた右の伝送実験における「三・一三Tbps」とを対比せよ!!）。

なお、本書三六六頁以下の④〜⑨で示した**光**（**フォトニック**）**ネットワーク関連でのNTTのR&D――その全体像については**、**鈴木滋彦監修・前掲書**（**HIKARI―ビジョンへの挑戦**）**一二一―三七頁に**、**まとめて示されているので参照されたい**。今は、早く先に行きたいので（例えば、「フォトニックMPLSルータ」については、同前・一二一頁以下）。

g　新たな「光ファイバひずみ計測装置」の開発（二〇〇一年九月）

以上、defが、まさに光通信の「ブレークスルー」のための、最先端でのR&D成果であるのに対し、このgは、別な面での**NTTのR&Dの着実さ**を、示すものである。**その〝両面〟を示すことが**、**私には**、**とても重要なことのように思われる**（以上、二〇〇二〔平成一四〕年一一月二四日午後六時四四分。とても疲れたので、ここで筆を擱く。――執筆再開、同月三〇日午後四時四五分。同月二八日〔即ち、お不動さんの日!!〕午後五―六時の、**内閣府「IT戦略の今後の在り方に関する専門調査会」**第二回会合〔座長は例のI会長兼CEO〕の議事進行等に猛然と怒り、本書一―3の線に立って、〝第一次攻撃〟を翌二九日にかけて徹夜で実施。同三〇日に至り、〝犯人の焙《あぶ》り出し〟に成功――複数犯で、敵方の位置関係も、ほぼ判明。ある種の金縛り状態にした。これで〝自浄作用〟が働かなければ、機銃掃射とピン・ポイント爆撃に移るまでだ。「たかが大学の一法学部教授と思って舐めるんじゃねえ!!」、といったところだ。背で流れるストラビンスキーの『春の祭典』が、とても優しい曲に聴こえる位の、わが精神状態である）。

さて、二〇〇一（平成一三）年九月二〇日付けでNTT（情報流通基盤総合研究所）のニューズ・リリースがあった。タイトルは、「**コスト半減と三倍の計測精度向上を実現した『光ファイバひずみ計測装置』**を新たに開発――光ファイバセンサを用いた各種モニタリングシステムの構築に拍車」、とある。

本書三5冒頭のb（「世界に冠たる『NTTのVAD法』の登場――そこに至るプロセス」）の最後に示した**〝事件〟**が、右の「ひずみ」という言葉から、私にはまずもって想起される。「敷設した光ファイバーケーブルにつき『半年ごとに全体の伝送損失を検査していた』ところ、『徐々にだが確実に損失が大きくなっていることが発見された』」、との「**〝ファイバ中の癌〟**」の話である。

だが、このgは、それとは違う話である。**光ファイバーは通信みが用途ではなく、まさに〝防災〟という、社会経済上の重要問題についての光ファイバーの利用、がここでの問題**である。なお、このR&D成果は、同年九月二一日の日刊工業新聞等にも報じられた。

前記のNTTニューズ・リリースを見てみよう。ターゲットは、「**建築物・トンネル・乗り物などの経年劣化、あるいは、道路斜面などの崩壊危険性を予防医学的に診断するモニタリングシステムの確立**」、である。「コンクリート構造物、河川堤防、道路」等々に光ファイバーを張り、「光ファイバセンサを利用し」て、「ひずみを線あるいは面で計測」し、「**常時監視システム**」を構築するのである。「敷設作業も容易」ゆえ、「**国土交通省関連の重点研究のテーマ**」（同省の「新道路技術五ケ年計画（平成一〇―一四年度）」中の「**岩盤・斜面崩壊のリスクマネジメント技術**」）ともなっていた。

NTT（アクセスサービスシステム研究所）では、**既に一九九七（平成九）年に、「光ファイバを用いた地盤や建造物のひずみ計測技術（BOTDR〔Brillouin Optical Time Domain Reflectmetry〕）を開発」**していた。BOTDRは、「光ファイバにレーザ光を通したときに生ずる特殊な散乱光（ブリルアン散乱光）の変化に着目して、光ファイバに生じている〝ひずみ〟（既述の〝ファイバ中の癌〟の話を、ここで、イメージとして重ね合わせてみよ!!）を計測する技術」である。その原理を用いて、今回、新たな計測装置が開発されたわけである。NTTの従来装置は、「周波数変換回路を用いた〔システム〕構成」だったが、それでは「⑴コストがかかる、⑵計測が不安定になりやすい、⑶計測に時間がかかる、といった難点」があった。そのため、右回路を取り除いた「新しい方式」を導入したのである。その結果、「**コスト**」は「**従来装置の約二分の一**」に、「**計測精度**」は「**従来装置が誤差〇・〇一%だったのに対し、その三倍（〇・〇〇三%）の精度向上**」、「**計測時間**」は「**約一〇分から約五分に**」、**つまり約二分の一に短縮**された。なお、前記の「不安定」云々の点については、「周波数変換処理を施していないので、……安定した信号を用いて……検波」できる、とある。

「光ファイバ」で「計測できる……距離は、従来装置と同様で約一〇km」だが、「**土木学会で定められているコンクリートの許容ひび割れ**は、〇・一mm幅から」であり、「新装置はこの規定を満足」し、「**ひび割れ発生の早期発見や監視をシステム化**することで、事故防止」等に役立つ。「ビル、トンネル」等のほか、「**ダム、船舶、航空機など幅広いモニタリングシステムの適用**が想起されます」とある（いわゆる**〝東電不祥事〟**の、**裏の真の姿〔隠れた日米摩擦!!〕**を追っている私としては、「原子炉を停止して行なう検査は?」、とも思うところ、ではある）。そして、「今後の予定」としては、「NTTでは、これまでに政令指定都市を中心に通信用トンネルを構築してきた」たが、そこに「生じるひび割れなどの変状を監視する『**構造物監視シ**

ステム』へ適用し、来〔二〇〇二（平成一四）年〕春より、名古屋、大阪、東京エリアの中心部に必要に応じて〔!?〕順次導入する予定」、とある。

この技術は汎用性が高いこと、既述の通りであり、更にNTTの検査実績を踏まえた一般への利用が、早急になされるべきところであろう。

以上、gで、「防災」という新たな切り口を示すことで、光ファイバー製造技術とその周辺に関する、NTTのR&D実績の紹介を終える。

〔次の項目に移る前の、再確認事項と「若干の展開」――土木・環境・医療等とNTT〕

本書三5は、本来の私の計画では、本書三1冒頭の項目で①～㉑に分けて示したような諸点を、それこそ一から「分野別」に記すはずのものだった。だが、**それは出来なかった**。**『技術軽視』**、**『NTTのR&Dの世界貢献の実績』等を全く無視する〝世の風潮〟を、私なりに突き崩す必要が、大きかったからである**。

「モバイル」も、本書二5⑶で、当初の目次を更に細分化して、論じておいたし、もともとの本書目次の、三の2・3と、この5との関係からして、「純粋基礎研究」・「IP関連」の柱は、既に「分野別」の形で、終了している。そうなると、あとは、「**プラットフォームからコンテンツ流通へ**」あたりが、残ることになる。

だが、「その他」とするには惜しい、重要な諸領域がある。そこで、この項の見出しに「若干の展開」として示した「**土木・環境・医療等とNTT**」について、専らNTTのR&Dの**裾野の広さ**（今後も維持すべきそれら!!）を確認しておく意味で、以下、それらを記しておく。

これまで「**世界一**」・「**世界初**」のR&D成果に、ことさらに着目して来たのも、前記の〝世の風潮〟に抗するためであった。だが、前の項のgで示したような、**地道だが必須のR&Dは**、実は無数に、NTTの中でなされて来ている。少し**肩の力を抜いて**、それらを、気のおもむくままに（本来、「貿易と関税」誌での私の連載は、そのはずではじめたものだった）順次示してゆくこととする。まずは、数日前に私が実践した（「内閣府」での）**〝土竜（もぐら）叩き〟**に因《ちな》んで、**NTTの『もぐら』君**に、登場して頂こう。

h　NTTと「土木」――長距離曲線推進工法「エースモール」の開発とそれに至るまでのプロセス

前掲『情熱の五〇年』九五頁以下には、「**線路・通信土木技術――高信頼性と経済性　最適システムの追求**」の章がある。同前・九六頁には、「**厳しい自然環境との闘いの中で**」の「線路・通信土木技術……の研究開発の領域は、通信ケーブルから屋外設備の施行・保守〔!!〕方式まで多岐に渡り、つねに〝**夢**〟を持って取り組んできた研究者たちの五〇年には、さまざまなドラマが――」、とある。光ファイバー関連は既に済んでいるが、**銅線ネットワークの時代に何があったのか**。〝そもそものはじめ〟に、やはり私の目は向かうこととなる。『もぐら』君の登場はそのあと、である（以上、二〇〇二〔平成一四〕年一一月三〇日㈯午後七時五分まで、アイドリングとしての執筆。この世の、例えばあの二日前の晩のような、どうしようもない穢《けが》れを、パッヘルベルのカノンが、今まさに、私の背で、浄化しようとしている。それが終わる前に、筆を擱こう。――執筆再開、翌一二月一日午後二時。ＢＧＭはモーツァルトのレクイエムから、である)。

ＮＴＴの「アクセス網研究所」(筑波) にはＦＴＴＨのモデルネットワークと共に、「歴史資料館」があり、その展示は、「今日の光ファイバ通信実用化の陰でこの世に出ることなく(!!)消えていった技術」を示し、「まさに氷山の一角のヒーローのために(!!——本書でこれまで示して来た世界的なＮＴＴのＲ＆Ｄの諸成果も、氷山の一角のひとつずつを、私の理解し得る範囲で、指し示して来たに過ぎない)」、いかに多くの情熱と努力が必要であったかをそれらは雄弁に物語ってい」る、とされる(前掲『情熱の五〇年』九七頁)。そして、同前頁以下では、まさにその観点から、「線路・通信土木技術五〇年の歴史」が語られている。

「終戦後、国土の荒廃や世相の混乱」の中で、一九「五二年には電電公社が発足した」が、私の生まれた一九「五〇年には、それまで分散していた研究施設が武蔵野に結集」されていた(同前頁)。「公社発足当時の電話加入台数はわずか一五〇万台足らず、しかも、申し込んでもなかなか電話がつかない、いわゆる積滞数が約三四万台。また市外電話は、ほとんどが待時式であったため、いつつながるかわからない状態で」あった(同前・九四頁)。——今日は、肩の力をすべて抜いて書くゆえ、ここで想起される個人的逸話を書いておこう。石黒・前掲『超高速通信ネットワーク——その構築への夢と戦略』二二七頁以下(「あとがきにかえて」の一部)に記したこと、である。吉田茂内閣当時に衆議院電気通信委員長をつとめていた、私の母方の祖父関内正一は、私が生まれた一九五〇(昭和二五)年八月一二日午後一時四五分、「四国地方を視察中」であったが、母の実家(福島県平市(現いわき市平))からの、「当時の状況からして(大きな水害等もあったようである)まともにつながるはずもない電話がすぐつながり、のみならず以後の視察を副団長にまかせ、祖父がすぐに平に戻って来てしまった」(同前・二二八頁)。母子いずれを救うかの超難産が予期されていたからだが、かくして産まれるときから、私は〝逆児で臍《へそ》の緒が首に二まわり半〟の状態で、奇跡的にこの世に生を受けた。だから、〝どこまでも戦う運命〟(直近では二日前以来——既述)にあるのだろう。

さて、前記の「積滞」の解消は、実に一九七八(昭和五三)年、そして「全国ダイヤル通話自動即時化の悲願」は、翌七九(昭和五四)年に、ようやく達成され、そして一九八五(昭和六〇)年に、レーガン・中曽根ラインで〝公社民営化・ＮＴＴ誕生〟となる(石黒・前掲超高速通信ネットワーク四三頁)。

ここでは、そこに至るまでの旧電電公社の必死の努力を、前掲『情熱の五〇年』九九頁以下から辿っておこう。「総力をあげ」た「研究開発」により、「ケーブルのプラスチック化」が、「ケーブル構造の一大変革」として決定された。従来の「鉛被ケーブル」は、「厳しい自然環境下では……雨が降るたびに故障が起き、〝ひと雨千件〟の故障であったから、である。当時は、それが「〝夢のケーブル〟だった(同前・一〇一頁)のである。ところが、そこには「思わぬ落とし穴があった」(同前・一〇三—一〇四頁)。

一九六六(昭和四一)年冬、「ケーブル外被に亀裂が生じた」との「報告で騒然」となった電電公社。しかも「東北・北海道方面は全滅状態だった」(同前・一〇四頁)。「寒冷地で固くなった外被のプラスチックが(敷設)工事中に歪み……外被がバリバリ割れてしまった」ためである(同前頁)。だが、「自然環境の中に実際に架設してはじめてわかるというケーブル本来の宿命ともいえる問題」についての、この苦い経験は、「その後の光ファイバのケーブル構造の研究においても……貴重な教訓として生かされることになった」(同前・一〇五、一〇四頁)、とされる。

同前・一〇五頁には、次の指摘がある。即ち——

「線路なんて研究いらないだろう、現場でモノ作ってくっつければいいんだから、なんて言う人がいるが、とんでもないことだ。……線路技術は通信ケーブルのみならず、地上や地下の通信設備全般を扱う総合技術である。常に三つくらいの〝目〟を持って事に当たらないと、とてもではないが処理できない〔し〕……我が国は南北に細長く、四季の変化による寒暖の差が激しいうえに風水害など線路施設に悪影響を及ぼす条件は数限りない。そのような過酷な自然条件を克服しつつ、高い信頼性と安定性を備えた良好な通信サービスを常に提供する。……それは並大抵のことではない。」

——と。

そうであるのに、公社(NTT)のネットワークは血税で築き上げられたものゆえ、我々に安く使わせて当然だ、といった極めて皮相的なNCC(新規参入者)側の主張が、正論であるかの如くまかり通って来たこの十年余りの日本。そして、ネットワークの実態を一切見ずに、架空のモデルのみでLRIC(長期増分費用)方式の接続料金算定へと、アメリカに言われるままに進んだ日本。阪神淡路大震災がありながら、保守管理要員が多過ぎるからNTTの一人あたり収益率は低く、問題だ、といった議論が氾濫していた日本。——私は、それらの忌々しい主張と戦って来た自分自身の体験を、ここで想起する。

さて、ここでいよいよ、NTTの『もぐら君』が登場する。日本の経済成長により、「土木工事費削減のために……地下管路の有効利用が〔従来〕以上に要求されることになっ」て来ていたこと(同前・一〇一頁)が、その背景をなす。「中でも開削による管路工事は費用がかかり、安全性の面からも、一九五八〔昭和三三〕年頃から非開削への技術革新〔が〕迫られていた。新しい非開削工法が模索され、〔一九〕七〇〔昭和四五〕年から小断面シールド工法の研究が……着手され」、そして誕生したのが、「エースモール」こと、私の言うNTTの『もぐら君』である。同前・一〇六頁にその写真があるので、もう少し書いてから、〔図表66〕として、それを示しておこう。だが、それ(写真を見よ)を巨大化させれば、ドーバー海峡のユーロ・トンネル工事でも用いられた、日本の土木建設技術の粋を集めた、例の巨大装置になる。両者の技術開発上の関係は、どうなっているのであろうか。と言うのも、NTTで(一九八六年に」——前掲『HIKARIビジョンへの挑戦』一一二頁)開発された「長距離曲線推進工法『エースモール』」は、「今や建設業界でも高く評価されている」旨、前掲『情熱の五〇年』一〇七頁に記されているからである。「エースモール」は、「初めて長距離で曲線の〔掘削〕推進ができる……画期的な工法」として「世の中に出」されたものである。そして、「下水などNTT以外の工事で〔も〕利用されている」、とそこにはある。

更に、その後(何年にかは分からないが)、「世界で初めての動的圧力推進方式」をNTTが「開発」し、「次世代エースモール」が登場している。「『月に挑む』という月の探査に関するNHKのTV番組にヒントを得て」の「開発」、ということゆえ、面白い(前掲『HIKARIビジョンへの挑戦』一一二—一一三頁)。「動的圧力推進方式」の説明として、そこには、以下の如くある。即ち、「地震による液状化現象のように、ある程度の振動数で〔土を〕揺すると、土の粒子の結びつきが崩れて、中の水分の力が大きくなって流動化するという現象が生じ」る。「掘り進む機械の先端部分で振動を与えることによって、まさに一種の液状化現象に近い状況が起こって、三〇％くらい土の抵抗力が落ちるという研究結果がで」て、「それによってある程度固い地盤でも先端部分を振動することによって土を取り出さずに〔――それによって「スピード」が出る〕掘り進むことができる」、とのことである。「土砂を出さないという点では、開削工事と比べると約一〇分の一で……埋戻しの土砂の量でいうと約二〇分の一」ゆえ、「非常に環境に優しい技術」として、「国際的にも高い評価〔!!〕を得ています」、とある（以上、同前頁〔井上和幸〕）。

このあたりで、もともとの『モグラ君』（次世代ではない方）の姿を、〔図表66〕で示しておこう。ちなみに、「エースモールには、電磁波の応用など、電気通信のノウハウがぎっしり詰まっている。……今では下水道工事〔既述〕でも、硬い地盤でカーブの切れる長距離推進が可能ということで、非常に注目され、実績も伸びてきた」（前掲『情熱の五〇年』一〇七頁）、とされる（なお、次世代エースモールでは、「従来の電磁法ではなく光ファイバージャイロにより水平の位置を検知するような技術」等が導入されると共に、「推進管搬入・接続ロボット」が「開発」され、「ケーブルを……自動で継ぎ足していくことが可能とな」っている。前掲『ＨＩＫＡＲＩビジョンへの挑戦』一一三頁〔井上和幸〕）。更に、一九「八五〔昭和六〇〕年に」は「地中の埋設物を探知する地中探査レーダ『エスパー』」も「開発」され、「改良」の上「高機能化している」（前掲『情熱の五〇年』一〇七頁。一九「九二〔平成四〕年」設立の「エースモール協会」には、「現在では一〇〇社を超える推進業者が入会している」旨、同前・一〇八頁にある）。

i　ＮＴＴと環境――「電話帳」から「エコボール」が誕生！

本書三1冒頭の項目の⑯と、三3のナノテク関連で論じた諸点などからも、ＮＴＴがデバイス等の省電力化に対し、いかに真剣に取り組んでいるかは、十分に知られるところであろう。まず、「ＮＴＴ全体の電力消費量」を見ておこう。「一九九〇〔平成二〕年は約三五億ｋＷｈで、なりゆきまかせにしていると二〇〇〇〔平成一二〕年には七〇億ｋＷｈという予測があ」ったが、それを削減し、「二〇〇一年度は約五九億ｋＷｈ」となっている（前掲『ＨＩＫＡＲＩビジョンへの挑戦』一〇九頁〔中山諭〕）。他方、「二〇〇〇〔平成一二〕年度にＮＴＴグループが排出した温室効果ガスは二酸化炭素換算で約二七〇万トンで日本全体の〇・二％に相当し、また、電話帳に使用された紙の量は約一五万トンで、日本の紙生産量の約〇・五％に相当する」とされる。それらの削減を含めたＮＴＴの取り組みは、今後も続く（同前・一一六―一一七頁）。だが、ここで注目したいのは、「電話帳リサイクルから生まれたＭＰＭ」（同前・一一五頁〔花澤隆〕）について、である。

「ＭＰＭ（Micro Porous Material）」は、意外なところから生まれた。つまり、「通信用トンネル」を作る工法の主流たる「土圧式シールド工法」では「加泥材を使用し……この加泥材に電話帳リサイクルで出てくる製紙スラッジを利用しようと開発し」た「ＰＭＦ（Paper Micro Fiber）スーパー加泥材」が、「ＭＰＭ開発のそもそもの発端」とされるから、面白い（同前頁〔井上和幸〕）。

同前頁（井上）によれば、「製紙スラッジ」とは、「工場で紙を作る際に発生するいわばゴミで、製紙会社は焼却処分〔!!〕することになります。この焼却灰が、天然石のゼオライトの結晶構造と似てお

〔図表㊻〕 長距離曲線推進工法「エースモール」の姿

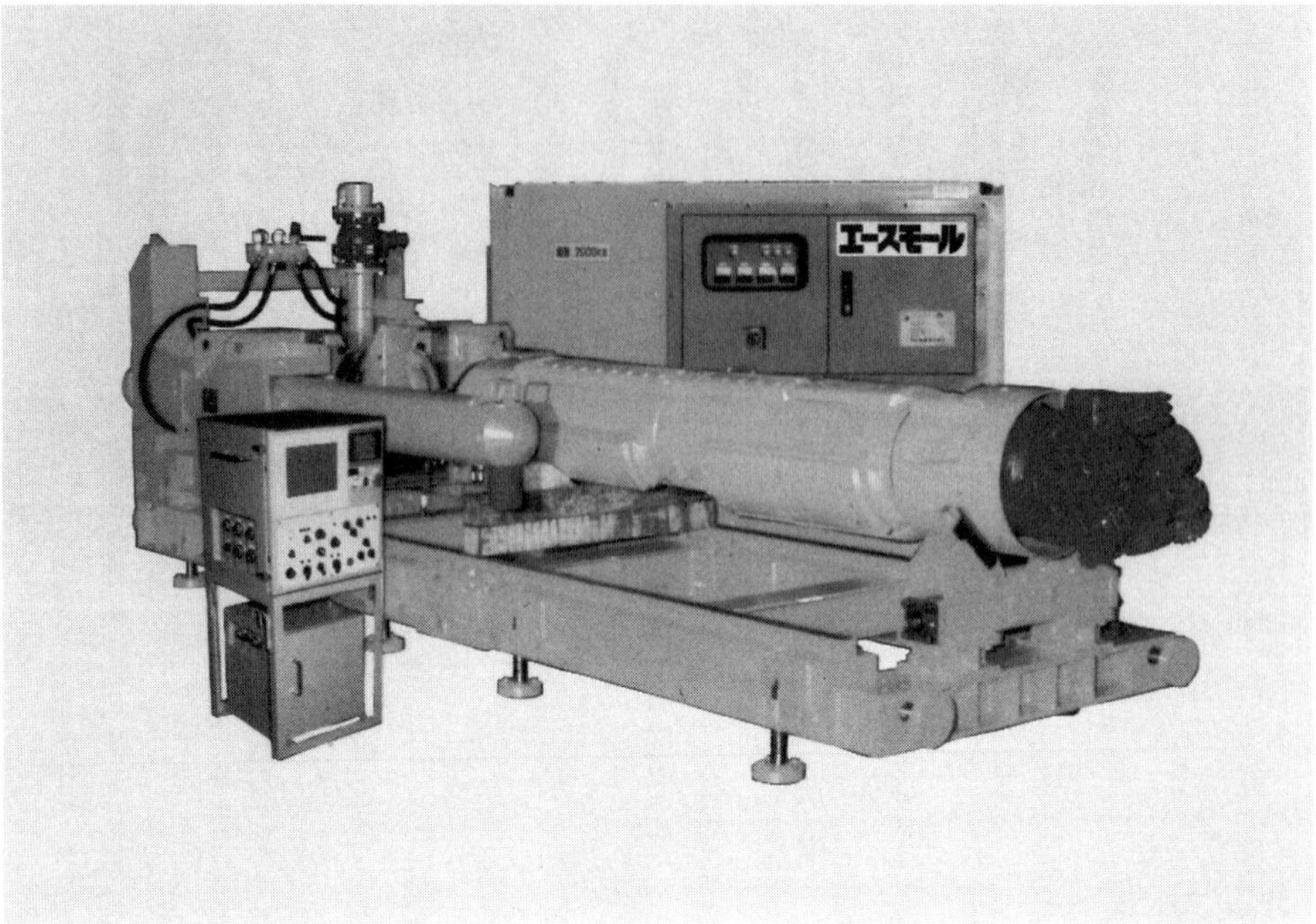

〔出典〕 前掲『情熱の50年』106頁。

り、これを利用すると面白いものができるということで新たな発想で研究をスタートしたのがＭＰＭです」、とある。

　本当に面白いし、大切な研究だと、私は思う。つまり、同前頁（井上）によれば、「ＭＰＭ」は「水質浄化やガス浄化への応用、さらにはモルタルにＭＰＭを添加することで劣化抑制につなが」るが、「特に水質浄化〔!!〕については、窒素とリンを同時に除去〔!!〕するということで非常に効果があ」る。「現在、生活排水から出てくる窒素やリンを同時に取る浄化材は世の中にはない〔!!〕と言われてい」る。「ＮＴＴ研究所では、水質浄化材として『ＭＰＭエコボール』という名称で、汚染の進んでいる手賀沼に流入する実際の排水路で……試験を実施し、……かなり効果があるということで、これまでに報道番組などで取り上げられたりし」た、とのことである。

　それだけではない。「浄化で使用済みのＭＰＭエコボールにはたくさん」の「窒素とリン」、即ち「まさに植物が成長することにおいて大切な要素」が「吸収されて」おり、それを「砕いて畑に戻すと当然肥料となる」。そこで「実際にＮＴＴ研究所内に畑を作って野菜を栽培」した、というから面白い。結果は「明らかに生育が良くなる」、であったとされる。「水質にとって有害物質を吸収し、それが自然に還って畑を肥沃なものにするということで、真の意味でのリサイクルが実現でき非常によい」（以上、同前頁（井上））と、私も思う。「焼却処分」による「焼却灰」の利用ゆえ、当該プロダクツのトータルな「ＬＣＡ（Life Cycle Assessment）」（同前・一〇四頁（岸本亭））の観点からの問いかけは別にあろうが、『電話帳からエコボール』のこの展開は、実に面白い。それが〝研究〟というものであろう。

　もっとも、ＮＴＴの研究者が白衣（!?）を着て、研究所内で畑を耕やしている後姿を見て、「あいつ、何やってるんだ!?」と、懐疑の眼差しが向けられたであろうことは、殆ど疑いないところであろう。それもまた〝研究者〟が背負うべき正しい十字架であろう。それを温かく包み込む、良い研究環境が、NTTにはまだある、ということである。それを、何としても守り続けてゆかねばならない(既述の「M・フランスマン教授の警鐘」を、想起せよ!!)。

j　NTTと医療・福祉、そして芸術!?

数日前、実にいやな思いをした(させられた)政府の「e-Japan戦略」でも「医療・福祉分野の情報化」が挙げられている。だが、私がここで強調したいのは、「NTTグループは全国に一三の病院を持」っているということ(!!)、である(前掲『HIKARIビジョンへの挑戦』八六頁〔桑野博喜〕。病院の数は訂正済で引用)。「NTTグループが病院を持っているということ」が「研究開発を進める上で」有する「利点」(同前・八六頁〔花澤隆〕)としては、「医師、看護婦など医療に携わる方々と日常的に交流できることが強み」だ、とされる。即ち、「通常、システムの開発者と医師が、密接な関係をもつことは難しい……が、私たち〔NTTの研究者達〕はそれが可能であるため、医師や患者さんが本当に求めているものは何かということを経験的に理解できるようになりました」(同前・八七頁〔桑野博喜〕)、とある。それが一番大切なことだと、例えば柳田邦男・「死の医学」への序章(一九八六年・新潮社)九九頁以下にも自分の名前が載っている私としては、痛感する。カルテの電子化等ばかりが重要なのではない。『心』のないカルテを電子化しても、虚《うつ》ろなものは虚《うつ》ろ、である。

もっとも、光通信を利用した動画像配信による、「より緊密なコミュニケーション……は病気の回復にも効果があると言われており、〔NTT〕も一九九九〔平成一一〕年から国立小児病院などの……協力のもとに実証実験」を行なっている(前掲『HIKARIビジョンへの挑戦』八七頁〔花澤隆〕)。

右の実験(国立小児病院等とのそれ)と同様、『NTTの有する一三の病院』(病床数六六五の大病院を含む)以外との連携の例として、同前・九四頁には、「西日本唯一〔!?――嘆かわしい〕の小児専門病院」たる「福岡市立こども病院」とNTTとの協力、がある。「同病院の感染症センター入院に際してはその疾患の性質上、面会が制限されることも少なくない。……入院中のお子さん方は、病気と戦うことと同時に、親しい人と会えないことや学校に行けないことによるストレスとも戦わなくてはならない。同病院は、この問題を小児患者の病状の推移・快復に大きな影響を与える課題と位置付け」(偉い!!)、「NTT研究所では、長期入院患者の教育とコミュニケーション環境を仮想空間と双方向動画像通信技術で支援する……システム」の「開発」で、こうした課題に対応し、「NTT西福岡支店は、Bフレッツサービスを二〇〇一〔平成一三〕年一一月から開始」して、光ネットワーク本格利用による患者支援プロジェクト(「e-ライフアメニティサービス」)が始まった。「療養中の子供たちに喜びを与えられるアメニティシステム、また一人暮らしの高齢者を同様なコンセプトにて支援するコミュニケーションシステムの展開」が、そのターゲットである(同前・九四―九五頁)。

なお、同前・八五頁には、「聴覚障害者支援インタフェース」の紹介がある。だが、横須賀のNTT研究所で数年前に私が知り、感銘を受けた研究については、どこにも書かれていない。

実はNTTは、一三もの〝病院〟を持っているのみではない。

”NTTフィル“という交響楽団も持っている（社員ボランティア組織として、である）。そのビオラ首席奏者が、実はDSL技術のオーソリティだったり、しているのである。同前・九五頁以下には「芸術系教育でのコラボレーション実験」の紹介があるが、私がここで是非一言したいことは、別にある。私の個人的知見に基づくことゆえ、何も引用できない（!!）ことが残念だが（その後、資料が見つかった。この点は、後に、〔追記〕として示す）、実は、NTTは、特殊なヘッドフォンを開発し、聴覚障害者の方々を、NTTフィル（等!?）の演奏会に招待し、クラシック音楽の擬似的体験による”喜び“（!!）を、何とか味わってもらおうと、R＆Dを進めている。『一人一人の心の豊かさ・喜び』の中にこそ、情報通信技術革新の意義がある。――『要するに心の問題なのだ』と、私は、ずっと何年も前から、そう訴えかけて来た。その実現こそが、「情報通信ネットワーク高度化」への、「夢」であり「戦略」のはず、である。そのことを、私はアイオワ州のICNを自分の眼で見て、確信していた（石黒・前掲超高速通信ネットワーク五三頁以下）。

数日前、「内閣府」の「IT戦略の今後の在り方に関する専門調査会」で、既述の如き、いやあな体験をし、その後、猛然と”亡霊“達と戦った直後であるがゆえに、ここでは、ことさらに『心』の問題を、強調しているのである。

――と書いているうちに、本当に、再度、ムカついて来た。そこで、公表（すべき）文書のゆえ、私が右の専門調査会に出した文書を、ここで”番外編“的に、〔参考〕として示しておこう。

技術的側面に関しては、本書がこれまで詳細に辿って来た諸点に比し、この〔参考〕の中では、ほんの表層部分しか示していない（最初から、細かく書いても無駄だと思っていたからである）。それすらも、議事進行その他すべてを座長I氏がとり仕切るという、異例のこの調査会では、今のところ、全く無視されている。明確なデュー・プロセス違反の議事進行も、そこにはある。殆ど”独裁政治“そのものである。「技術」も「人の心」も直視しない今の日本の風潮、そのものである。ものすごく醜い。本当はI氏宛の私の抗議のファクスも引用しようと思う位だが、まあ、それはやめておこう。

次には、『プラットフォームからコンテンツ流通へ』といったあたりで、再度、世界をリードするNTTのR＆Dの実像を、辿ってゆくこととしたい（以上、二〇〇二〔平成一四〕年一二月一日午後七時四九分に筆を擱く。但し、今回の執筆分については、数日中に補充すべき点が出て来るはずなので、点検は、その後に行なうこととする。――〔追記〕部分を書き足した上での、全体についての点検終了は、同年『一二月八日』〔!!〕午後三時）。

＊〔参考〕――「IT戦略の今後の在り方に関する専門調査会の運営について」（二〇〇二年一一月二二日）の「議事内容の公開等について」の⑵に基づく、「専門調査会で配布された資料」（「原則として、会議終了後速やかに公開する。」――前記⑵）としての二〇〇二年一一月二八日会合用石黒メモ

二〇〇二年一一月二八日、東大・法・教授・石黒一憲

『◎IT戦略の今後の在り方に関する専門調査会（二〇〇二年一一月二八日）用石黒メモ

◆インフラ関連

(1)「超高速一〇〇〇万世帯、高速三〇〇〇万世帯」の目標達成(?)、との認識はおかしい。ＩＴ基本法の基本理念の規定には、あまねく全国民が、とある。

①国民（世帯）を超高速・高速に二分すること自体、同法に合致しない。

②「地域別」で上記「世帯数」を更に示すべき。――「地域格差是正」も同法の基本理念ゆえ。

(2) 同法には「受信」同様「発信も」、とある。「Ａ」ＤＳＬでは高度ダウンロード社会たるのみ。かつ、ＶＤＳＬでも数十メガ毎秒が限度（更に、皆がＶＤＳＬに走った場合のスペクトラム・マネジメントは未知数）。

(3)「全国ＦＴＴＨを二〇〇五年までに」との国家目標は、まだ生きているはず。完全双方向ＦＴＴＨの全国構築を一層強く目指すべき。――非対称規制は、電力本格参入で、不要のはず。

◆「米欧のＩＴバブル崩壊と日本の状況が基本的に異なること」の（再）認識の必要性

(1) 過度なＭ＆Ａプラス「株式交換多用」によるダブルパンチは米欧共通 but ３Ｇ用周波数オークションが欧州のダメージの大きな原因。

(2) 日米接続料金摩擦が無ければ、日本の状況はもっと輝いていたはず。――二〇〇二年四月の日本政府（及び総務省）の対米反論の線を維持すべき。ＦＴＴＨ推進が日本の不当な産業政策だとする米側主張の理不尽さに注意。

(3) パウエル委員長の下での米ＦＣＣの方針転換（ＮＷ敷設へのインセンティヴ重視。「ブロードバンドは規制緩和」によるインセンティヴ付与）の具体的な内容（！）とその意義を深く認識すべき。

◆「市場シェア」オンリー的発想でなく、「技術シェア」・「技術力」で政策を考える必要性

(1) 例えば光部品・光ファイバー等の日本の「技術シェア」が世界の過半に達していることへの認識、十分か。――Ｒ＆Ｄインセンティヴ付与の政策の一層の推進が必須。

(2) 日本は世界の光（フォトニック）ＮＷの技術的リーダーであることを、一層深く認識すべき。→ＦＴＴＨは一九九八年に日本の技術で世界をまとめ、日本が de jure の世界標準をＩＴＵで勝ち取った。IMT-2000（３Ｇ）もこの点（世界標準の先導）では同じ（↑↓いまだアナログ残存型の米のモバイル事情）。だが、最大二メガたるのみ。――「４Ｇ以降」へのＲ＆Ｄ加速化へのインセンティヴ付与が急務。

(3) ３Ｇも、一般へのＦＴＴＨも日本が世界初。ＩＰｖ６用最上位アドレス割り当て資格機関（ＴＬＡ）取得数も、日本が断トツの世界一。――それらを前提とした情報家電・固定・移動融合型ユビキタスNWの更なる推進は、出荷台数ベースでの世界一のOSたる「トロン」との関係でも、更に強力に行うべき。

(4) 従来の政策がどこまで「技術の視点」を直視していたかは大いに疑問。

〔例〕公取委のDSL警告は、世界初のライン・シェアリング実験の終了直前。技術を、そして、エンド・ユーザーにフレンドリーな「ライン・シェアリング実験」の意義を、直視していない。↓「警告」は単なる行政指導！——しかも、警告書本体とプレスリリースの内容がずれているのは許し難い！

◆セキュリティ関連

(1) 無意味な暗号輸出規制を撤廃せよ！——ワッセナー・アレンジメントは法的拘束力なし。しかるに、それを根拠に暗号輸出規制を、(欧米は緩和しているのに！) 何を言っても維持するのはおかしい。日本の暗号技術のレベルの高さは、米NSAも恐れる程。「日本のIT技術の強みたる暗号技術」につき、なぜその世界展開を阻止するか。米暗号特使D・アーロンの脅しにいつまで屈従するつもりか (犯罪捜査等は別枠で考えるべき問題。——〔追記〕その後METIから、二〇〇三年三月三〇日に至り、「マス・マーケット品」なら後述のカメリア暗号等も輸出OKとの回答あり。目下、更に、詳細を照会中だが、更なる回答はナシ)。

(2) ICカード神話の危険性とIT投資の基本——国際的な暗号「技術」の学会たるCRYPTOの常識としても、ICカードの安全神話はナンセンス。「セキュリティの基本」は、いかなる暗号も破られることを前提として、その際の被害の最小化を考えること、これ常識なり。日本のIT投資の問題点もここに在り。「セキュリティが破られた場合の対策」込みでIT投資するよう、強く注意喚起すること、必須。

◆著作権侵害対策

◇〔例〕「学習アクティヴ探索法(LAS)」の存在——一四時間分の映像配信から、一五秒の特定の画像の検出に、わずか一秒！↓「純粋基礎研究」からの成果。その種のR&D推進への更なるインセンティヴ付与が肝要。

◆金融(証券)市場における「技術力」評価軸の欠落を糾弾する必要性大！

◇日本のIT技術こそが (次世代インターネットを含めて) 世界をリードしている現実が、何ら評価されずに推移している日本の金融(証券)市場は大いに問題。日本企業の「技術による世界進出」の華麗なる実態を正確に評価すべし (二テラビット級光MPLSルータの世界初の開発、3Gモバイルに従来のTCP/IP・HTML不適ゆえのIETFへの技術提言、ITUとIETFとをブリッジする日本企業の果敢な国際標準化戦略、等々)。

◆国際標準化戦略の重要性

◇例えばJRのスイカ・カード(！)も、紛争発生時点でモトローラのISOにおける de jure の国際標準化が済んでいたら、危うかった。「日本工業標準調査会での戦略的国際標準化提言」を十分インプットして e-Japan 2003 戦略を策定されたし。
u.s.w.』

＊　右の〔参考〕にも、一々注釈を付したいところだが、今はその気分ではない。なお、右の最後の「スカイ・カード」は、ＳＯＮＹに対する皮肉である。

＊　執筆再開にあたって

二〇〇二（平成一四）年一二月二八日午後二時五五分、かくて、若干の準備を終えて筆を執る。その筆（万年筆）とは、妻裕美子が数日前のクリスマスのプレゼント用に買っておいてくれた Dupont Limited Editions: 2002 Taj Mahal（0289/1000）である。これが同年最後の執筆となる。年末年始、少しずつ、書いてゆくつもりである。

計二五回目の連載となり、かくて二回目の年越しとなってもまだ続くこの論文の、この三の5においては、その見出しにもあるように、「ＮＴＴの『技術による世界進出』の底知れぬ実績」について、「分野別の検証」を行なうことが主眼となる。その作業は、もう少しでほぼ終了し、次の三6の項目に移るつもりで、こうして筆を執っている。

だが、前の執筆分の後半では、「i　ＮＴＴと環境」、「j　ＮＴＴと医療・福祉、そして芸術!?」についても言及し、〝ＮＴＴのＲ＆Ｄのヒューマンな一面〟を、意識的にとり上げた。「世界初」のみがＮＴＴのＲ＆Ｄの目指す姿ではないことを、念のために示しておくために、である。そして、その最後には、若干の怨念と共に、**内閣府の e-Japan 2003 策定作業**についても、〔参考〕として言及しておいた。

そこで、三5の、予定していた次の項目（〔プラットフォームからコンテンツ流通へ〕）に移る前に、二点のみ補充しておく。即ち、次のkにおいて、前記の「ＮＴＴと医療・福祉……」の項で概要説明を済ませておいた点につき、（既に予告しておいたように）文献引用を行ない、記述に正確を期し、**ＮＴＴのＲ＆Ｄの基底に流れるヒューマンな一面**を再確認しておく。

そして、それを踏まえて、続くkにおいて、前記の〔参考〕以降、**内閣府の前記会合（専門調査会）**の第三回・第四回日にあたり、私がいかなる文書を提出していたかを、本書の中で、開示しておく（なぜ、あえてそうしたことを行なうかの理由は、kを経て、その次の＊の項の冒頭で示す）。それらはウェブ上公開されるはずのものだが、Ｒ＆Ｄ問題に特化した本書三が、狙いとするところを、本書二までで論じた諸点との関係で再確認するためのものとしても、ここでそれらを示す。

ただ、それら（二つの文書――後掲）は、**内閣府の会合における、屈折した（既述）論議の流れ**の中で、それが妙な方向に行かぬために出されたもののゆえ、その**全体的な文脈**を、再度示しておく必要がある。そのため、昨日（一二月二七日）届いた『**電経新聞**』二〇〇三（平成一五）年一月一日号の私の小論（もともとはインタビュー記事）と、それを若干敷衍《ふえん》した**ＮＴＴ西日本の広報誌（Wit Solution Journal 2002 Vol.11――二〇〇二〔平成一四〕年一二月二四日発行）**における私のインタビュー記事とを、転載しておく。後者の二つのものは、本書三におけるこれまでの、また、これから行なう論述を踏まえ、**「技術力」の重要性**を正面に据えたものである。

なお、その関係で、本書三4の中で示した「**ＮＴＴ再編成後の状況下で、ＮＴＴのＲ＆Ｄについて投げかけられている問題**」（Ｍ・フランスマン教授の警鐘）について、NTT内部で、その後、新たな動きがあった。即ち、二〇〇二（平成一四）年一一月二九日付け日経産業新聞で、「転換期のNTT㊦」と題し、『稼げるR&D』へ号令」との大きな、そして極めてミスリーディングな（!!）見出しと共に報じられたように、NTT持株会社分のR&D費用年間約二〇〇〇億円（その総額は、新たな計画でも、基本的に変わっていない〔!!〕ことに、まずもって注意すべきである）の「一部」〔!?〕につき、研究者が、「研究費を出してくれるスポンサーを、各自が責任を持って事業会社から見つけよ」との、「一九五二年の電電公社発足以来、初めての試み」がなされることになった。「個別費用負担制度」と言われるものであり、前記R&D総額の「一割前後」がそれにあてられる、ともそこにある。

研究とビジネスとの間の「デスバレー（死の谷）」を「克服せよ」、というのがこの制度導入の理由とされている（以上、同紙からの引用）。それは、本書三を執筆しつつ、私自身が肌で感じていた問題でもあるが、そのような〝緊張関係〟の下で、NTTのR&Dが更なる発展をし、世界貢献の度合いを高め、そして深めてゆくことを、私としては、祈らざるを得ない。

以上、若干前置きが長くなってしまったが、ここまでの分の脱稿（二〇〇二〔平成一四〕年一二月八日——「真珠湾の日」〔!!〕。次の項目で〝暗号〟を書く!!）以降の展開に対する、最低限のコメントとして、御了承頂きたい。

k 〔追記〕——「骨伝導ヘッドホン」の開発と「聴覚障害者の音楽観賞」へのNTTの取り組み

一九九八（平成一〇）年一〇月五日付けの日経新聞夕刊に、「聴覚障害者向けコンサート普及——音楽を感じて！」の記事が載った。「振動で伝達　企業、ハイテク駆使」の見出しがある。右の「企業」は、NTTのみという訳ではなく、「パイオニア」は、「音楽のリズムに合わせ会場の座席に張り付けられた装置が振動、体を通じて音を感じる」形のもの、また「ソニー」は、会場で「水槽を振動させてクラシック音楽を水の波形にしたり、石ころの上を歩いた時の足の感触で音を表現したり」するもの、である〔!?〕。

これに対し、NTTは、「自社の電話技術の応用〔!!〕で生まれた特別なヘッドホンを使っているのが特徴。耳と頭の骨を振動させ音を直接脳に伝える方式を採用、利用者は聴きやすいように音域やバランスなどを調整できる。『中途失聴された方が、音楽をまた聴くことができるなんて、と涙を流して喜んでくれました』……と担当者。会場で実施した来場者アンケートでも『耳が不自由になり、コンサートから足が遠のいていた。楽しい場を提供してくれありがとう』といった声が多数寄せられた……」、とある（以上、引用は同紙）。

私にとって、これは他人事ではあり得ない。一九九九（平成一一）年九月、〝変調〟に気付いて三日目に、思い切って医師の診察を受けたからよかったものの、それが二週間たってからだったら、確実に左耳の聴力を全く失うところであった。「特」発性難聴。——ステロイド投与で、多少の耳鳴りは残っても、こうして今も、『春の祭典』を聴きつつ、筆を進めることが出来ている（それ以来、ストレス解消のため、〔俳句ではストレス解消はダメゆえ〕絵を描き始めたのである）。

NTTの最新資料によれば、「聴覚障害者用ステレオヘッドホンを用いたコンサート活動」は、一九八七（昭和六二）年から二〇〇二（平成一四）年までで計二三〇回、計三八〇〇名余りの聴覚障害の方々が参加された、とのこと。「主なコンサート例」の中には、国内だけではなく、一九九六（平成八）年三月のニューヨーク（カーネギーホール、三〇名）、九七（平成九）年三月のリンカーンセンタ（二八名）、同年一一月マレーシア（ペタリンジャヤ、二八名）なども、含まれている。

ＮＴＴ東日本のホームページにも「ＮＴＴ東日本社会貢献」として、「ライブホン『ときめき』」の紹介があり、そこには――

「ライブホン『ときめき』が誕生するまで――『聴覚障害を持つ方にコンサートなどの音楽を楽しんでいただきたい』そんな思いからＮＴＴグループでは聴覚障害者用ステレオヘッドホンの開発に着手しました。一九八〇年に発表した聴覚障害を持つ方のための電話機『シルバーホンひびき』、ここで使われている骨伝導方式の原理を応用して、一九八七年に第一号機が完成しました。その後、医師や補聴器の研究者など多くの方々のご協力を得て、度重なる機器の改良を行い、一九九六年一月に現在のライブホン『ときめき』は完成しました。……」

――とある。

ちなみに、一九九七（平成九）年一〇月一日、この『ときめき』は、通産大臣から「平成九年度『グッドデザイン金賞』」を授与された。その時点で「約一三〇回」のコンサートに「耳の不自由な方々（延べ一三〇〇名参加）を招待したことで、聴覚障害者の社会参加の機会を広げていこうとしている点」と、『ときめき』が「使用者の抵抗感を無くした点で高く評価された」、というのが受賞理由とされている（NTT LET'S一三号（同年一一月六日）四頁）。

技術面を含めたその紹介は、水島昌英＝中野志保「骨伝導ヘッドホン『ライブホンときめき』」発明九五巻三号（一九九八年）六三頁以下にある。同前・六四頁にあるように、「日本には約三六万人の聴覚障害者がいます。しかもこの数字は障害者として認定を受けた人（いわゆる障害者手帳を持っている人）の数で、これに（私の母を含めた!!）老人性の難聴や、軽度の難聴まで含めますと実に六〇〇万人(!!)くらいになるともいわれています。これからますます高齢化社会が進んでいくのは確実ですから……」、といった展開の中で、このR&D成果の真の意義深さを、理解すべきである。

ところで、「補聴器」と『ときめき』とで、どこがどう違うのか。同前頁は、「補聴器は眼鏡のように『付ければ健聴者と同じように聞こえる』わけではありません。例えば、スピーカー（やオークストラ）が遠くにあるコンサートホールなどの広い空間では、『残響』と呼ばれる壁からの反射音によって音声の明瞭性が損なわれます。健聴の人であれば、それでもなんなく聴き取れる『残響混じりの音声』は、聴覚障害者にとっては非常に聴きづらいもので、今の補聴器だけでは解決できません」、とする（この説明で、なぜ私の母が補聴器を嫌うのかが、ようやく分かった!!）。そこで、「マイクで拾った音声や楽器の音を直接、専用のヘッドホンで聴ける仕組み」が必要となるのである（同前頁）。

『ときめき』は、「岩崎通信機の協力により完成し」たものであり、『ライブホンときめき』という名前」も「一般公募により決定したもの」である（同前・六五頁）。そして、『ときめき』を利用した「コンサートは、専門技術が必要な音響機器の調整などを除いて、ほとんどＮＴＴの社員ボランティアが運営」し、招待者の「募集」から、「参加者一人一人に対して行われる機器の調整」等々までがなされる。

このコンサートの中に、前記の『ＮＴＴフィルハーモニー管弦楽

〔図表67〕　ライブボン『ときめき』とその仕組み

（ライブホン「ときめき」
（骨伝導ヘッドホンと
フィッティングアンプ））

〔ライブボンの聴こえる仕組み〕

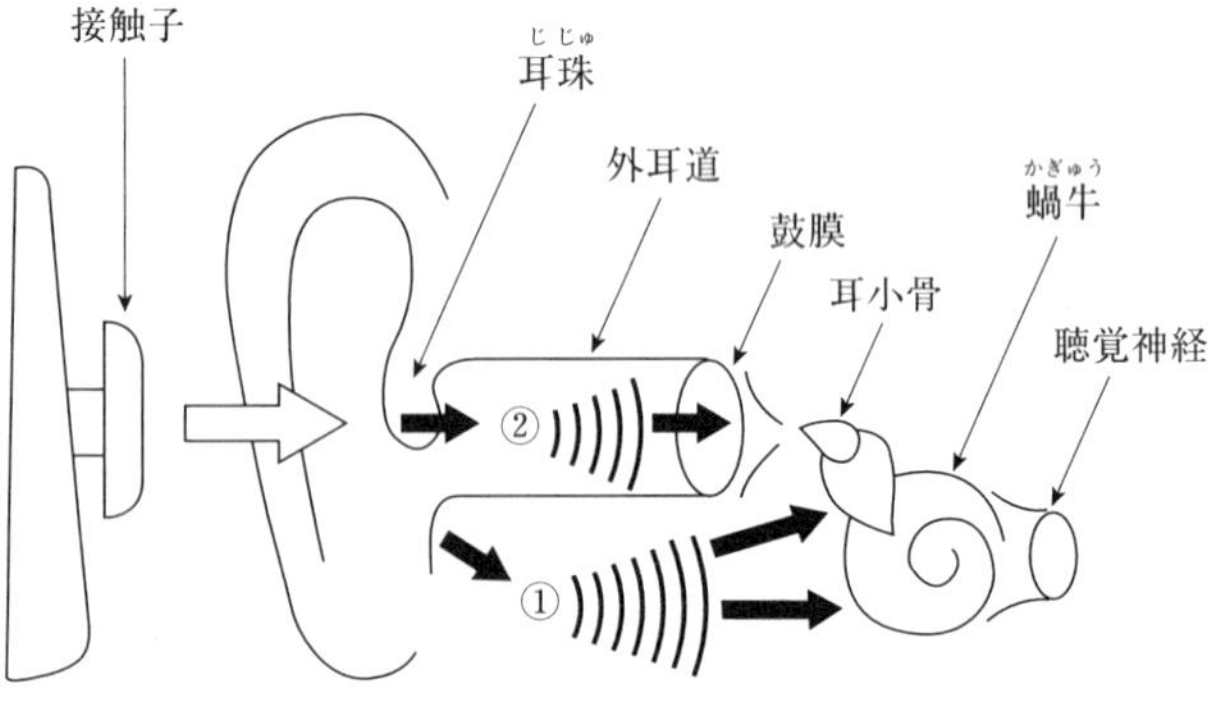

〔出典〕　水島＝中野・前掲63，66頁。下の図の①②は同前・66頁の，
本文で引用する説明に対応する。

団』のそれが含まれているのはもとよりのことであり、二〇〇二（平成一四）年末の、NTTフィルによる『NTT東日本関東病院（耳鼻咽喉科を含む一八の科数で病床数六六五の大病院）での入院患者のためのクリスマスコンサート』の模様を、何とか写真を入手した上で……、と思っていたのだが、「露出のセット失敗で一枚もまともに写っていなかったことが判明」とのことゆえ、断念する。

そのかわりに、水島＝中野・前掲六六頁の、「ライブホンのシステム構成」の説明を、同前頁及び同前・六三頁の図表ないし写真と共に示し（〔図表67〕）、先に行くこととする。

同前・六六頁によると――

「ライブホンは、骨伝導方式を応用したヘッドホンと、音量、音質などを調整するフィッティングアンプで構成されています。

ライブホンのヘッドホンは、普通のヘッドホンと違って、頭の骨に「振動」を与えることによって音を伝えます。……〔〔図表(67)〕の下の図のように〕……通常、音波は経路②のように空気の振動が耳穴から外耳道を伝わって鼓膜を振るわせます。その振動が内耳（蝸牛）で電気信号に変換〔!!〕されて、聴覚神経へと伝わり、音として感じます（これを気導音と呼びます）。**ところが音は、経路①のように頭の骨の振動が直接内耳に伝わっても聞こえる**のです。この音のことを「骨導音」と呼んでいます。ライブホンのヘッドホンは、耳穴の近くに振動する接触子を密着させて頭の骨を振動させることで、骨導管はもちろん、その振動によって外耳道内にも音波を発生させ、**気導音**も聞くことができるようになっています。さらに振動は「皮膚感覚」として直接、体感することもできます。音の聞こえが十分でない聴覚障害者にとって、例えば音楽のリズムがはっきりするなど、振動（の感覚）が「聞こえ」を助ける効果もあるようです。

フィッティングアンプは、聴覚障害者の一人一人耳の聞こえ具合に合わせて音量や音質の調整（フィッティング）を行うものです。同様な機能は補聴器にもありますが、ライブホンでは、聴覚障害者自身が、実際に音楽を聴きながら自分で聴きやすいように簡単に調整できるところが大きな特徴です。」

――というのが、「骨伝導」方式による『ときめき』の基本、とされている。

それが、既述の如く**聴覚障害者用の「電話機」の原理の応用**としてのものであること、そして、他方それが、本書の〔図表㊾〕に示した、「光学・音響学〔!!〕分野でのＮＴＴのＲ＆Ｄ実績（一九九五―一九九八年）」における、**他の追随を許さぬＮＴＴの音響学研究の上に立つ成果であること**に、十分注意すべきところであろう（なお、一九九九〔平成一一〕年には、ＮＴＴアドバンステクノロジ社から、「音・泉・響〔おん・せん・きょう〕」が商用一号機として発売された。これは『ときめき』の発展型であり、二〇〇〇〔平成一二〕年にグッドデザイン賞を受賞した。**「高齢者・難聴者向けサウンドサポートシステム」**としてのそれは、「ホールや劇場などで集音された音信号を、補聴援助用のＦＭ電波にのせて」届けるものであり、**「補聴器との併用も可能」**、とされている。同社ホームページ参照）。

＊　e-Japan 2003 の方向性をめぐって（①～④）

右のｋにおいて、**ＮＴＴによるＲ＆Ｄの、大なる社会貢献**（**ボランティア活動を基軸とするそれ!!**）の一端を、若干詳細に辿った私の意図は、既述の **e-Japan 2003** 策定作業において、私から見れば**極めて皮相的な意味で、〝技術〟を直視することなく〔!!〕、〝ＩＴが人々に感動を与える社会〟**などということが、（それ自体はもとより正当な目標であるにせよ!!）言われているからでもある。一方で「社会」を挙げつつ、大勢は「**経済**」に傾く。「**持続可能な経済発展**」などという、不況のどん底の日本で、今、一体何を言うのか、といった言葉まで飛び出すのが、その実態であり、かつ、**サプライ・サイド・オンリーの〝競争〟論議や、〝構造改革〟ないし〝規制改革〟関連の不穏な動きもちらつく**。そして、すべてに共通する現象が、『技術を直視しないこと』、である〔!!〕。――審議の概要は公開されているはずゆえ、既に予告しておいたように、私が内閣府のこの会合で追加提出した文書を二つ（①②）、そして、「技術の視点」を重視する最近の私の小稿を二つ（③④）、ここで掲げておく。

①は、内閣府の会合で「国際」グループに入ることになった私が、「構造改革」グループの論議を牽制するために出したもの。そして、②は、「国際」グループで最終的には確実に落とされるであろう論

点(!!)について、である（最後から二つ目の矢印の、「在庫品一掃セール」云々は、「是即ち、国民をバカにするもの也」との私の手書きコメントと共に掲げた、本書冒頭の〔図表①〕の、「ＩＴ戦略会議・討議用資料」と深く関係する、とだけここでは言っておこう）。

以下、淡々と①〜④を掲げ、その上で、『美しい技術の世界』に、再度戻ることとする。

① 二〇〇二（平成一四）年一二月一七日「ＩＴ戦略の今後の在り方に関する専門調査会』第三回会合配布資料（資料６）

「前略

一二月一七日の会合に遅参いたしますので、構造改革グループのご検討につき、念のため、以下の点を指摘させていただきます。

☆規制の在り方と公取委

一一月二八日（第二回）配布資料にもその一端を示しましたように、現在の公取委は、――

① ＤＳＬの対ＮＴＴ警告における「技術の視点の無視」、「警告書本体とプレス・リリースとの内容的なズレについての意図的な操作」等の不公平さ、

② 主としてサプライ・サイドの、しかも今が今の短期的競争にしか関心がない、即ち、そこに将来のイノベーションも直視した社会経済の「発展」への契機がなく、その点、米ＦＣＣパウエル委員長の下でのアメリカのテレコム競争政策に比し、見劣りする点があまりに大きい、

③ 事後規制を主としつつ、ＯＥＣＤ「規制産業の構造分離」報告書の如き、日々の規制はコスト高ゆえ、規制産業（テレコム含む）を事前にバラしてしまえ、といった方針を実は支持している（月刊「正論」二〇〇二年七月号〔石黒〕参照）、

④ 「望ましい条項」の多用（電力・テレコムガイドライン以来の新現象）で、厳密な法の執行を離れた政策提言活動を重視するという危ない橋を渡りつつあるが、これも米ＦＣＣパウエル委員長の示す正当な〔ブロードバンドへの〕規制の在り方（demonstrable なケースのみに〝介入〟を限定する）を逸脱し、市場での競争への萎縮効果をもたらしつつある、

⑤ 日本政府が二〇〇二年四月のアメリカ政府の対日批判に反論し、日本の地域電話市場は（ＡＤＳＬ等々により）競争的だとしているにもかかわらず、特に糸田公取委委員のように、一九九九年のＮＴＴ再編成があっても日本のテレコム市場の閉鎖性は「何ら」変わっていない、などとアメリカ向けの発言を（Ｄ．Ｃ．で）公式に行うなど、基本認識がおかしい。

――以上の点を、e-Japan 2003 策定のベースとして認識すべきものと、私は考えます。（詳細は、二〇〇一年三月号以降、「貿易と関税」の毎月の連載論文にて示しているところ。）

以上よろしくお願いいたします。

草々

東大・法・教授・石黒一憲」

② 同前・第四回会合用配布資料

「e-Japan 2003・「国際」グループ――石黒補足コメント〔二〇〇二年一二月二四日〕

（内閣府・ＩＴ戦略の今後の在り方に関する専門調査会）

☆「アジア」に関する基本スタンス――「アジアを軸とした『世界』への眼差し」の重要性

・「他のアジア諸国とともに進む」（「アジアのピボット（回転軸！）としての日本」）との意識の重要性。

・「世界のＩＴの牽引車としての（日本を含めた）アジア」、との認識の重要性。具体的には、「アメリカ主導の従来のインターネットから世界の全ての人々＆全ての国々のための（for all people and for all nations）それへの転換」を、日本がその技術力の裏打ちと実績のもとに、一層自覚的に推進することの重要性。

→上記は、ＩＭＴ−２０００・ＦＴＴＨ等の「国際的標準化」（de jure のそれを基軸とする）で既に日本が（アジアを含めた）世界をまとめて実践して来たことであることへの、再認識が必要（ＩＰｖ６も同じ！）。

→従って、アジアの地域標準化とＩＴＵ・ＩＳＯ・ＩＥＴＦ等でのグローバルな（国際）標準化との連動を、一層自覚的な政策課題とすることが肝要（アップ・ストリームな国際標準化の重要性）。

〔例〕「ＪＲスイカカード日米摩擦」で国際 de jure 標準獲得に熱心だった米社とそうではなかった日本企業（ＳＯＮＹ）――後者の危うさ（再論）→ＷＴＯのＴＢＴ（貿易の技術的障害）協定の重要性

→ベースとなるのは、ＷＴＯ（世界貿易機関）向けに日本が出して久しい eQuality paper、沖縄ＩＴ憲章、そしてＩＴ基本法に共通する基本理念（実はもともとのＡ・ゴアのＧＩＩ〔世界情報通信基盤〕提案の基本理念とも共通）。経済至上主義の排除と各国ごとの多様な価値観への正当な認識の重要性。つまりは単線的自由化論・市場アクセス改善論議からの脱却（ＷＴＯ向けの日本の eQuality paper やエネルギー・ペーパーは、この点で重要な一歩）。

→**光（フォトニック）ＩＰネットワークに関する日本の世界的技術先導性への認識不十分。「光」になったら日本の技術は強い。しかもそれは、音声・データ・動画像一体型の完全双方向。それこそがインフォメーション・スーパーハイウェイ。ＡＤＳＬの技術的限界を直視せよ**（再度、「高度ダウンロード社会」が我々の目指す社会なのかを、国際的視点のもとに、問う！）。

そもそも技術的に「時限的なもの」との前提で導入されたのがＡＤＳＬ。そのことが十分国民に伝えられていないこと自体、問題。ＡＤＳＬで数年儲けて後は市場から退出（hit & run ＝「轢き逃げ」――轢き逃げされるのはユーザーたる国民）!?

→ネットワークインフラとプラットフォーム双方の重要性。とくにセキュアなネットワーク・Ｅコマースのための「認証」、そしてその技術基盤たる「暗号技術・暗号製品」の輸出規制撤廃（欧米並みへの緩和）のなされることが必要。

その点の（アメリカの脅しによる）「不必要な規制」の「撤廃」なしに、アジアから世界に向けたネットワーク展開など出来るわけがない！（再度、この点を強調する！）

→e-Japan 2003 において、「既存の技術・既存の製品の**在庫品一掃セール**」のごとき発想は、明確に排除されるべき。常に「先の先」を見越したＲ＆Ｄへの政策支援（単なる補助金バラマキではない、真のインセンティヴ付与）の重要性。

→ちなみに、二国間IT協定の発想は、例えば日・星（シンガポール）協定にもテレコム（IT）が既にインプットされていることからして、屋上屋を架するがごときこと。

――以上を、石黒の既に提出したペーパーを前提に、「国際」グループ鈴木主査の本調査会への報告を補足するものとして、次回会合での配布希望文書として提出します。」

③　電経新聞二〇〇三（平成一五）年一月一日付けコラム記事「『技術力』に自信を――独自のビジョン明確に」（石黒）

「ＩＴ不況と言われているが、米欧のＩＴバブル崩壊と日本の状況は極めて異なることを、まず認識しなければならない。日本経済全体が落ち込んでいる時期に、ＮＴＴの業績悪化などが重なり、米欧と同じような不況に陥ったと錯覚しがちだが、本質は異なる。米欧では、過度なＭ＆Ａ（企業の合併・買収）や株式交換の多用、とくに欧州では、政府自体が儲けようということで始まった3Ｇライセンスの高騰による通信キャリアの経営悪化で、非常に大きなダメージを受けている。

一方、通信キャリアの海外戦略における株式評価の急落や、日米接続料金摩擦によるＮＴＴ地域会社の収益減により、通信業界全体が影響を受けた、というのが日本の場合である。つまり、米欧は戦略そのものに問題があったのに対して、日本の場合、株式市場や通商摩擦を背景とする規制の影響で市場が低迷しており、基本戦略自体には何ら問題はなかったのである。そういう意味で、日本の状況は米欧のそれと、異なる。

日本経済が全体的に落ち込んでいる理由の一つに、Ｒ＆Ｄを正しく評価できない証券市場、金融市場がある。経済学者はＲ＆Ｄの評価の指標に特許取得件数などを持ち出すが、これは全く意味を持たない。3ＧやＦＴＴＨ関連だけでなく、ＩＰｖ6技術や世界初の2テラビット級光ＭＰＬＳルータ、一〇〇ギガビット伝送用ＩＣの開発、さらには、モバイルやインターネットの分野における国際標準化活動も日本が率先して行っているなど、日本のＩＴ分野は世界をリードしているにもかかわらず、一般の論調、そして政策にも、技術評価の視点が欠けていること。これは根底にある経済分析の在り方にも関わってくることだが、金融市場における「技術力」分析の欠落は今後も大きな問題となるだろう。もう一つが規制の問題。旧郵政省のＮＴＴ解体路線にはじまり、日米接続料金摩擦、暗号技術の輸出規制など、政府の各種規制や安易な公正競争論議が市場成長に大きな弊害となっている。これにより、とくにＮＴＴ地域会社は大きなダメージを受け、その波紋が通信産業全体に影響を及ぼした格好だ。

ただし、先述したように金融、規制以外の部分においては、日本の通信産業には好材料が多いのも事実だ。インターネット需要は毎年二桁成長を続けており、3Ｇ、ＦＴＴＨなど世界でも日本しか手がけていない最先端技術に基づくビジネスが、すでに登場している。とくに、技術力や技術シェアで考えた場合、日本が世界のリーダーとなっていることも重要な要素だ。例えば、ＮＴＴが開発したＶＡＤ法（光ファイバ製造技術）、ＡＷＧ、光コネクタなどの技術シェアは、世界の過半に達している。市場シェアのみでなく、技術シェアを重視すべきである。果敢なＲ＆Ｄを続けていくことが日本再生への近道である。

また、ＮＴＴに関して言えば、ＮＴＴ東西は接続料金の値下げを余儀なくされ大幅な収益減になったものの、大胆な構造改革を経て来年には赤字を解消できるまでに立ち直っている。日米接続料金問題でも総務省はこれ以上下げない方針で議論を進めており、再生へ向けた好材料と言える。

これまで培ってきた技術や国際標準化戦略に自信を持つこと。また、日本国内外からのさまざまな規制にとらわれることなく、日本独自のビジョンを明確に示していくこと。これが、世界の通信産業再生への第一歩ともなるだろう。」

④　石黒「ＩＴ時代において国際競争力を決するのは技術だ――技術開発こそ日本の強み」（Wit Solution Journal 2002 Vol.11〔同年一二月二四日刊。ＮＴＴ西日本ソリューション営業本部発行〕一五頁以下のインタビュー記事）

「経済効率だけではなく電子社会を支える技術に焦点を

――国際経営開発研究所（ＩＭＤ）の報告によると、二〇〇二年の日本の国際競争力は三〇位にランキングされるなど、ここ数年順位が低下してきています。クロスボーダーを本質とする電子社会が到来する中で、国際競争力の向上は大命題となってくると思いますが、こうした現状についてどう思われますか。

石黒　国の国際競争力を語る際に、この種の報告書が何を基準としているのかがまず問題になるところです。〔実証性の問題を別としても〕今までは経済効率を指標として語られることが多かったと思いますが、ＩＴが支える電子社会における国際競争力を論じるのであれば、もっと技術的側面やＩＴ時代における社会インフラである通信インフラの整備状況を考慮していくべきではないでしょうか。

それにはまず世界の通信市場が現在、どういう状況にあるのか、その中で日本はどういう位置にあるのかを、再度確認する必要があります。

アメリカ、ヨーロッパとも、ＩＴバブルの崩壊によって通信事業者の倒産等が相次ぐなど、市場は混迷の度合いを深め、日本においてもメインプレーヤーであるＮＴＴグループが厳しい経営状態にあります。ですが、ＩＴ不況の背景にあるものを詳しく見ていくと、それぞれ状況が異なっていることがわかってきます。例えば、アメリカにおけるＩＴ不況の原因は株式交換によるＭ＆Ａ（企業買収）を繰り返したことによる負債と評価損〔株価低迷によるダブル・パンチ〕が大きいのに対し、ヨーロッパにおいては第三世代携帯電話にかかわる、数兆円に及んだ免許取得費用の高騰が大きい。

一方、日本では未だにインターネット需要は二桁で伸び続け、事業者間の競争も活発です。通信料金の面から見ても、日本は世界中で一番ブロードバンドの通信料金が安い。さらに言えば、一〇〇メガの光ファイバーが一般家庭にまで来ているなんていうのは、世界中見回しても日本だけです。そのＦＴＴＨの早期全国展開が重要です。

しかしながら、ブロードバンドインフラ整備での日本の先進性や実績といった技術力が、世界ばかりか日本においてもあまり認識されておらず、株式市場にも反映されていない点が問題です。もっと技術力に重きを置いて評価すべきなのではないでしょうか。言うまでもなく「ＩＴ」の「Ｔ」は Technology を指しているのですから。ＩＴ時代において国際競争力を決するのは、単に経済効率ではなく技術なのです。

――技術に立脚した視点で世界を見た場合、日本はどのような役割を果たしているのでしょうか。

石黒　例えば、光ファイバを各家庭に引き込むＦＴＴＨについて、日本は世界に先行して実用化を実現していますが、それと同時に技術面で国際標準化にも貢献しています。また、モバイルインターネットにおける第三世代移動通信や次世代インターネットプロトコルであるＩＰｖ６の実用化も日本から始まり、その国際標準化に多大な貢献をしてきています。

絶え間なく新しい技術を開発し続け、それをオープンにすることで、世界市場を牽引できることが日本の強みです。技術開発力を武器として、ＩＴ時代の基盤を支える「技術」の真価を世界市場に問うていく。これこそが、これからの日本に求められるスタンスなのではないでしょうか。

電子社会の到来で変わる法制度のあり方

――電子社会の到来に伴い、新たな法システムを求める声も高まってきています。

石黒　現在、「電子商取引対応型の新たな法システムの構築」に向けた学際的研究プロジェクトを進めているところですが、一方には、従来の法制度はすべて駄目で、「サイバー法」なるものを作ろう、などという声があります。また、世界中の法規制の調和（ハーモナイゼーション）なくして電子商取引などできない、といった声もあります。特に、各国の法の調和と言いつつ、実はアメリカの法制度を世界中に輸出したいという、覇権国家アメリカの思惑があり、日本の中にも単純にそれに同調しようとする人々が多数います。けれども、世界中の国々が、（まるですべての人に同じ制服を着せるように）単一の価値観や考え方で行動すること、とりわけ、アメリカ至上主義のようなことで法制度を作ったりすることは、非常に危険です。

だからこそ、電子社会に対応した新たな法システムを構築するためには、既存の法の各分野を個別に検討するだけでは不十分であり、真に国際的な視点から各分野を有機的に統合して新たな体系を構築していく、またその拠り所となる理論的枠組みを示すことが求められるのです。法制度の構築および運用に優れていることは、技術面で優れていることと並んで、ＩＴ時代のイニシアティブを握るカギとなるでしょう。

健全な電子社会構築に向けて求められる政府の役割

――電子社会のあり方をめぐっては様々に論議されていますが、あるべき電子社会像について、どのようにお考えですか。

石黒　各国の文化的多様性を重んじ、人権保障と社会的結合を促進するものとしてＩＴを位置づける――これは、ＧＩＩ（世界情報通信基盤）構築の理念ですが、二〇〇〇年七月のＧ８九州・沖縄サミットでは、まさにこの理念に立ち返った宣言が行われています。

さらに、それに先行して旧通産省（現経済産業省）は、ＷＴＯ次期交渉に向けて二〇〇〇年六月に「ｅクオリティ・ペーパー」という電子商取引に関する文書を出しています。そこには、「すべての人々、すべての国々のより良きウェルフェア」を目指す、という強い信念が示されています。「ｅクオリティ」という言葉は、電子商取引の「質」を重んじると共に、「平等（イクオリティ）」を重視するという、この文書の基本精神を表したものです。

「eクオリティ・ペーパー」は、サプライ・サイドの利益確保を偏重し、先進国の、しかも大企業の利益ばかりを「自由化」の美名の下に追求するWTOに対する問題提起という、実に重大な挑戦でもありました。「市場の失敗」など存在し得ないかのごとく振る舞い、すべてを市場に委ねることが最善だとする考え方――すなわち市場原理主義がかえって経済的混乱の度合いを深めていることを指摘する声は、アメリカの経済学者の中からも起きています。

社会は企業のみを構成員とするものではありません。物やサービスを供給する側の企業と共に、それらを受け取る一般消費者を含めたデマンド・サイドの声にも十分留意していく必要があります。そのバランスをとっていくことが政府の役割になるでしょう。あるべき電子社会像を考える時、GII構築の理念、日本が先頭に立って取りまとめた「沖縄IT憲章」、そして「IT基本法」の基本理念に今一度立ち戻ることが重要です。

技術のサポートなくして社会安全は実現しない

――サイバーテロの脅威が増すにつれて、セキュリティの重要性が高まってきていますが。

石黒　社会にとって最も重要なことは、治安の良さではないかと思います。電子社会においてもサイバーテロという万一の時の備えだけではなく、日常の備えを十全にし、社会安全を守ることは、非常に大切なことです。そして、暗号等のセキュリティ技術でも、日本は世界の最先端を走っているのです。

ヨーロッパではドイツを中心に、社会安全を明確に重視した電子社会づくりを推進しています。高レベルの技術標準を設けて、それに合致していれば、「攻撃に対してタフなシステムである」と認定されるという仕組みです。アメリカは、これを政府による規制に当たるとして非難していますが、もともと消費者保護の理念が発達しているヨーロッパは、社会安全第一の姿勢を貫き通しています。

社会安全を守るためには、違反者を罰する法律を作るだけではなく、違反者を極力出さない、あるいは速やかに摘発する技術的な仕組みが不可欠です。情報弱者を「疎外化」することなく、皆が安心して暮らせる電子社会は、技術のサポートがあって初めて実現できるのです。」

ちなみに、この④の冒頭頁には、私の言いたいことが、極めて適確に、次のように要約されている。即ち――

「クロスボーダーを本質とする電子社会の本格的な到来を控えて今、日本の国際競争力が問われている。

IT時代において国際競争力を決定づけるものは技術であるという論を展開してきた石黒一憲氏。

これまで世界を牽引してきた日本の技術を評価すると共に今後も新たな技術を研究開発し続けることが日本の国際競争力を高めていくことにもなると言う。

また、サプライ・サイドでの企業間競争に特化した視点ではなく消費者保護等をも十分に取り込み、すべての国民がウェルフェアを享受できる社会こそあるべき電子社会像であり、そのためにも情報技術のサポートは欠かせないと強調する。」

――と。インタビュアー氏への深い感謝の念と共に右を引用しつつ、以上で、ここまで延々と記して来た〔執筆再開にあたって――三5

jへの〝追記〟を含めて〕の項を終え、本書三5の〝本線〟へと、やっと復帰することとなる（以上、二〇〇二〔平成一四〕年一二月二八日午後七時三五分。防寒は一応しているものの、わが部屋での冬の執筆は、とにかく寒い。もう、限度ゆえ、明日のあることを信じつつ、筆を擱く）。

＊　＊　＊

〔プラットフォームからコンテンツ流通へ――NTTの世界的R&D実績の実像〕

＊はじめに

鈴木滋彦監修・前掲『HIKARIビジョンへの挑戦』三八頁以下、五〇頁以下、六二頁以下には、「情報流通プラットフォーム(1)(2)(3)」と題して、それぞれ「ICカード」、「ネットワーク・セキュリティ」、「コンテンツ流通」に関するNTTのR&D成果が、まとめられている。全体像についてはそれに譲るとして、いよいよ、私の視点から、それらについて、正面から言及することになる（執筆再開は、二〇〇三〔平成一五〕年一月二日午後六時一〇分。今日は、〝並行輸入〟関連の一年程前に書いた論文の校正を済ませてから、こうして、新年初の筆を執る。やはり、こうして書き始めると、気持ちがスッとする。カラヤンの『アルプス交響曲』の半ば近くで、校正が終った……）。

やはり、最新の、誠に画期的なR&D成果の紹介から、入ることとしよう。自分ながらワクワクする（既に本書四一三頁以下で示した**『学習アクティブ探索法』**なども、この分野における重要なR&D成果である。だが、以下のl・m・nにおいては、**大容量動画像伝送関連**に焦点をあて、次に**暗号関連**のR&D成果を示し、三6に移りたい）。

1　地球規模での超高精細・高品質・大容量コンテンツのインターネット上の配信実験に成功（二〇〇二年一一月）

インターネットと言っても、いわゆる **Internet 2**（「北米二〇〇大学等による、次世代IPネットワーク・アプリケーション検討を牽引する次世代インターネット研究開発コンソーシアム。〔http://www.internet2.org/〕」――「地球規模の超高精細、高品質ストリーム・コンテンツ配信実験に成功――**Internet 2** 上で長距離三〇〇〇㎞、三〇〇Mbps、大容量IPストリーム配信技術を確認」**NTT NEWS RELEASE**〔二〇〇二（平成一四）年一一月一三日〕より引用。以下も同じ）、である。

インターネット上の動画像（例えば映画）の配信など、まさに地球レベルで、既に技術的に確立されているものとばかり、私は思っていた。だが、そうではなかった(!!)のである。右のNTT側の発表によれば、まず、「**これまでの実験では、直線距離約五㎞**(!!)（飯田橋ー銀座間）**の配信距離にとどまって**」いた、とある。**驚き**である。それを一気に三〇〇〇㎞にまで、しかも **Internet 2** 上で日米を結び、実現したのである(!!)。「これまで」は、「超長距離間の〔インターネット上の!!〕大容量配信時」に、「**伝送遅延や減衰現象などによる動画像の乱れ**」があり、「送信元のデータと変わらない**品質を伝送でき**」なかった。それを克服した快挙であり、「今回の三〇〇〇㎞、三〇〇Mbps、大容量(!!)コンテンツ（**超高精細ディジタルシネマ**）の配信は**世界初の試み**(!!)で、この実験成功に対して **Internet 2** 会議関係者、会場のUSC〔**南カリフォルニア大学**〕映画TV学科(!!)関係者などから**高い評価を**」得た、とされる。

まさに、**〝ハリウッドの中枢〟に乗り込んでのNTTの世界的R&D成果**、なのである。具体的に伝送された「**超高精細ディジタルシネマ**(Super High Definition Digital Cinema)」とは、「三五㎜映画フィルムの画像品質を完全にカバーできる**走査線素二〇〇〇本クラス**の非常に高精細な画像」、とされる。「映画素材」として実際に「使用」されたのは「"Galaxy"・"Milkway"(イリノイ大学NCSA制作)」、「Billy Goat(KWCC社制作)」の二本であり、それを「約半日にわたって三〇〇〇㎞、平均三〇〇Mbps、最大八〇〇―九〇〇Mbpsのトラヒック状況で」配信した、とある。

「**三〇〇〇㎞**」**とは**、「**シカゴ―ロサンゼルス間**」であり、具体的には、「**横須賀市**のNTT未来ねっと研究所と米・シカゴ(イリノイ大学……、ノースウェスタン大学……)、ロサンゼルス……(USC)の**三拠点を接続し**」て、前記実験が、「約五〇〇名の参加を得て公開実証実験」として行なわれた。

シカゴ・ロス間の「伝送距離三〇〇〇㎞」については「59msec(往復)」の「遅延」があるが、それを技術的制禦によって克服し、「**多重化**」により「三〇〇Mbpsを実現」した点が主たる成果だが、「**日米間六〇〇〇㎞で最大伝送遅延190msec**(往復)**離れた三拠点相互に六Mbpsのリアルタイム画像を他へ同時配信すること**に〔も〕成功」し、**インターネット上で**「個人が気軽に自分の端末**から地球規模で**」、「〔動〕画像を……同報配信ができる道を開いた」**点も、大きな成果**である。

ちなみに、日米間では、本書三2でも言及した、NTTの**GEMnet**回線が使用され、かくて、「**Internet 2**および**GEMnet**を通過して、多地点に同時配信できる」という、「**広域多地点配信方式**(**Flexcast**)の実用性・有効性」が「確認」された、とある。その「Flexcast(Flexible Stream Multicast)」とは、「ユーザーの視聴要求に応じて、ネットワークが自律的に最適な配信経路を構築する」もので、「オペレータが介入しなくても、送受信者の増減・移動やネットワークの変化にも追随し、構築した配信経路を自動的に最適化する自律型広域多地点配信技術」、とされている。**このFlexcastも、既述の「超高精細ディジタルシネマ」技術も、そして次に述べるMXQ技術も、いずれも「NTT開発技術」**だ、とそこに記されている。何とも嬉しい限りである。再度言うが、**〝ハリウッドの中枢〟でNTTが、自社技術で世界初の画期的な実験を成功させたのである。その意義は極めて大きい**、と言うべきである。

既述のFlexcast技術が、これからのインターネットにとって極めて重要な、核心的な意義を有するものであることは、もはや説明を要すまいが、同じことは、今回の実証実験で使用された**MXQ技術**についても言える。MXQ(MaXimal Queuing)技術とは、「ユーザの送信トラヒック量を計測し、その結果に基づきユーザトラヒックの優先順位を決めてトラヒックの転送を行うという**IPルータのトラヒック制御技術**〔!!〕。ネットワークの混雑に大きく寄与する送信量の多いユーザのトラヒックを低い優先順位とすることにより、多くの平均的なユーザに快適なネットワーク利用環境を提供すること」を「可能と」する技術、とされる。言い換えれば、**インターネットという「ベストエフォートネットワークにおける公平性〔!!〕」を実現する技術**、である。そこには、本書三八八頁以下で、〔図表㊻〕と共に示した**NTTのCSC開発**、そして、それに続いて順次示したように、**従来型のインターネットの世界に〝経路制御〟ないし〝トラフィック・コントロール〟という、電話の世界の基本概念を次々と〝導入〟して来ているNTTの、一貫したR&Dの姿勢が**、はっきりと裏打ちされている。そこに、我々としては、大いに注目すべきである。私は、強くそう思う。

ところで、実は、このlの実証実験の一つのコアたる、既述の「超高精細ディジタルシネマ」技術については、前年に、やはり〝ハリウッドの中枢〟で、NTTのR&D成果が、〝絶賛〟を受けていた（少し疲れたので、今日はここで筆を擱く。正月二日午後七時五八分）。

m 超高精細ディジタルシネマ配信システムの開発とハリウッドの反応（二〇〇一年八月）

このmのシステムの内容自体は、前記のlで示した。以下は、NTT先端技術総合研究所 News Letter No.089（二〇〇一〔平成一三〕年一〇月一日号）「ディジタルシネマ配信システムをSIGGRAPH二〇〇一で展示」の紹介による。NTTの開発によるこのシステムの展示も、「アメリカ」は「ロサンジェルス」で、「二〇〇一年八月一三～一五日」になされた。その「八〇〇万画素という解像度は、現在アメリカや日本でテスト上映されているディジタルシネマの規格……の約四倍」で、「音響についても、ステレオ・サウンド等の様々な方式に対応してい」る。この「八〇〇万画素のディジタルシネマをギガビットイーサ〔ネット〕を介してIPストリーム配信」し、「マルチフォーマットをサポートするリアルタイムデコーダと超高精細液晶プロジェクタ（解像度三八四〇×二〇四八画素）を用いて映写」したのである。

そして、「NTTの展示ブースは、パネルセッションで評判になり、二〇〇〇名以上の見学者が訪れ」、その中には「複数のハリウッドスタジオ関係者（映画技術責任者）」がおり、彼らからは、『HDTVが家庭に入ってくる時代に、映画館で何を観客に提供できるかが大きな問題である。NTTのシステムはこれに対する答えである。』と絶賛を受け」た、とある。

同（二〇〇一）年一〇月一日付けの、NTT未来ねっと研究所の「SIGGRAPHディジタルシネマの展示とその反響」という「説明資料」から、若干補足しておこう。NTTによる、「三五㎜映画フィルムの品質を完全にカバーできる……八〇〇万画素のディジタルシネマ配信システム」の「完成」は、「世界に先駆けて」のものであり、前記のアメリカでの展示には「パラマウント、ユニバーサル、ワーナー・ブラザース、ディズニーの技術担当責任者」が訪れている（なお、SIGGRAPHとは、「コンピュータグラフィックス関係の国際会議」とのこと）。そして、「ハリウッドのスタジオ関係者の反応」としては、（現在の日米の規格の約四倍の解像度ゆえ——既述）「ハリウッドに持ち込んで、評価を進めて欲しい」との声もあった、とされている。

また、このアメリカでの二〇〇一（平成一三）年八月の「展示」に続く、同年一一月の「東京シネマショー」での「ネットワーク配信実験」は、「超高精細ディジタルシネマのIPストリーム配信」としては「世界初」、とされている。そして同年一二月には、「パリのForum des images」（藤井＝萩本＝小野・後掲八一頁では、フランスで「映画フィルムのディジタルアーカイブの検討を具体的に進めている研究機関」、としてそれが紹介されている）でも「公開実験」を行ない、「国際標準化に向けて」も活動していく予定、とある（既に「ITUから招待を受け」ている、とそこにある）。

ちなみに、藤井哲郎＝萩本和男＝小野定康「ディジタルシネマ・コンソーシアムの紹介」NTT技術ジャーナル二〇〇一年七月号七八頁以下にあるように、NTTは、自社技術開発でこのm、そして既述のlの快挙に至る一方で、自らが「中核メンバとなって」、

「ディジタルシネマ・コンソーシアム」を組織し、元ＮＴＴ研究所の「東京大学の**青山友紀教授**」を「会長」に、『慶応義塾大学、中央大学、早稲田大学、シャープ、ソニー、日本ビクター、三菱電機、メディアトピア」、そしてＮＴＴ「等」がそこに集う、いわば〝オール・ジャパン〟の「強力なコンソーシアム」を築いて来ている（同前・七八頁）。

その考え方の基本には、同前頁にあるように、「世界の映画産業の中心」としての「ハリウッド」、そして「ヨーロッパ」でも「特にフランスなどでも映画は活気ある産業としてその地位を確保して」いること、が一方にあり、他方で「残念ながら日本映画は元気がない」、との認識がある。そうした状況下で、「**日本発の映画の新しい流れを生み出そうという試み**」が、前記のコンソーシアム設立へと、つながっていたのである。

内閣府の e-Japan 2003 策定のための前記専門調査会において、ソニーの出井会長（座長）は、（ゲーム等は別として）日本発の「コンテンツが無い」としきりに叫ぶが、「コンテンツ」の「配信」における、日本（ＮＴＴ）のかかる技術貢献について、そして、ソニーも参加するこのコンソーシアムについて、そもそも彼は知っているのか、と私は疑う。

それはともかく、藤井＝萩本＝小野・前掲七八頁に戻れば、「通**常、我々が見ることができる映画**は、三五㎜フィルムを用いて撮影・製作・配給が行われてい」るが、「この三五㎜フィルムのクオリティを完全に維持したまま映画をディジタル化して扱うことができるようになると、映画の製作・流通プロセスが大きく変わ」ることになる。同前・七八―七九頁によれば、「ディジタルシネマ……という言葉を初めて耳にしたのは、**ジョージ・ルーカス監督が一九九九年に Star Wars Episode I**（!!――妻と一緒に観たが、実につまらなかったあれ、である。娘も同意見）をディジタル技術を駆使して製作し、試験的にフィルムレス上映を行ったとき」だ、とされている。**だが、そこには、まさにＮＴＴがこのm、そして前記の1で克服したところの、大きな技術的課題が、残されていた**（!!）のである。それを、これから示してゆく。

ディズニー社も、「一九九五年」の同社のディジタル化「宣言」以来、「ディジタル化を着々と進めてきた」が、**ジョージ・ルーカス監督の試みとディズニー社の方針**「の両者に共通することは、アニメーションおよびＣＧ……を駆使する映画であり、**シリコングラフィックス社製のワークステーション上で映画編集用のソフトウェアを使って映画を製作してい**」ること、そして、「コンピュータ上で映画を製作し、それをそのまま配給にまで結びつけようという試みで」ある。だが（!!）、「**映画への提供形式はＨＤＴＶの規格である**（ところの）……ＦＣＣ……が一九九八年に制定した**一〇八〇×一九二〇画素**のビデオ信号規格」である。そして、「ハリウッド等で試みが開始されている……（この）**ＨＤＴＶの規格を流用した解像度が**（**走査線**）**一〇八〇本の方式で**」は、「**残念ながら、三五㎜フィルムの品質を完全には保持でき**」ない（!!）のである。つまり、「対象がアニメあるいはＣＧ（だけ）であれば特に問題がない」が、**映画本来の品質となると別**であり、このことは「広く知られている事実」、とされる（同前・七八―七九頁からの引用であり、以下も同じ）。

これに対して「ＮＴＴ研究所」では、「従来より……（走査線）二〇〇〇本クラスの……画像をネットワークを介して取り扱う技術……（の）開発が進められてき」ていた。「この技術はこれまでにも**医療**（武蔵野の研究所に以前から展示されていた遠隔画像診断用技術のブースを、私はずっと忘れられなかった!!）・**美術**・**博物学**・**印刷**など高精細な画像が要求される分野で活躍しており、今回いよ

〔図表⑱〕 超高精細ディジタルシネマ配信システムと従来型 TV，HDTV 等との比較

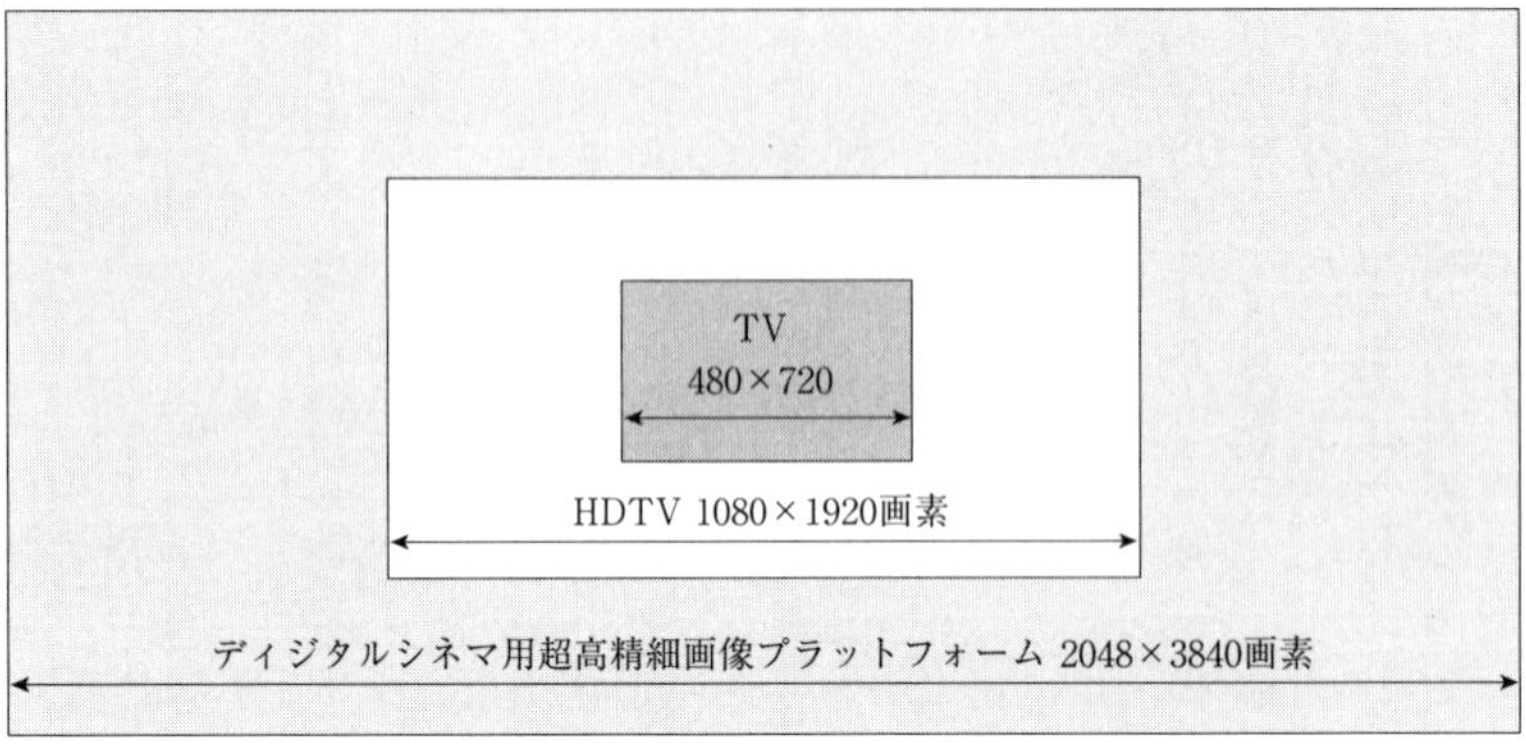

〔超高精細画像とHDTVおよび通常のTVとの画像サイズの比較〕

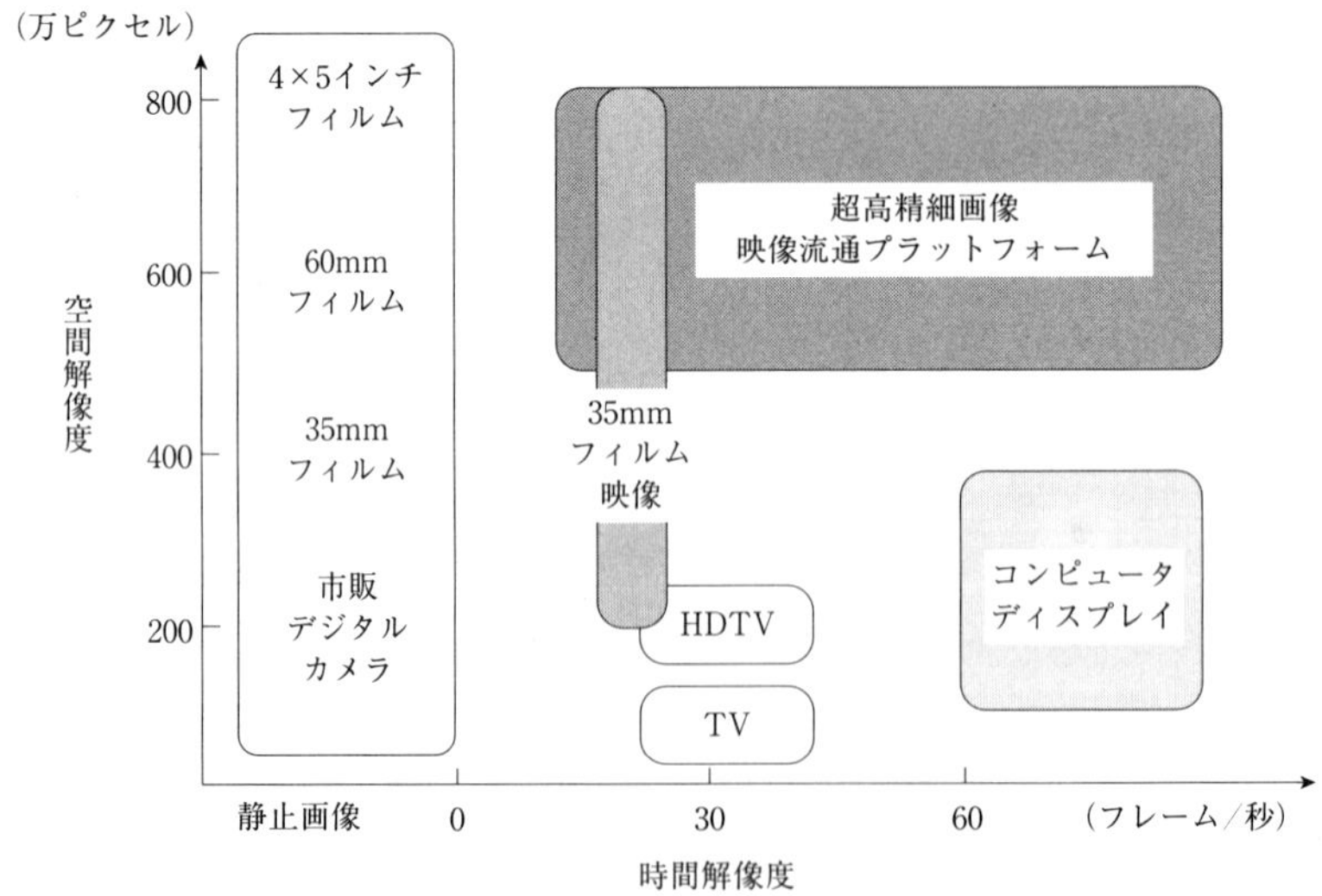

〔時間解像度と空間解像度による画像メディアの分類〕

〔出典〕 藤井＝萩本＝小野・前掲79頁の図１・図２。

いよ動画像である映画(!!)をターゲットにシステムの適用を進める」のだ、とそこにある。早くもその具体的成果が示されたことになる。

なお、前記のlの項において、実際の映画を『約半日にわたって三〇〇〇km、平均三〇〇Mbps』で配信した、とあった点についても、同前・八〇頁から、若干の補足をしておく。そこには、「二**時間の映画を〔走査線〕二〇四八〔本の〕方式でディジタル化すると約5 TByte**（テラバイト）**の容量にな**」り、「**この非圧縮状態の映画データを六〇〇Mbpsのネットワークで配信しようとすると約二〇時間**(!!)**もかかってしま**」うため、「**画像圧縮**」が「**必要**」、とされている。実際には『平均三〇〇Mbps』で、前記lの『配信』が行なわれた訳であり、この点で、更なる「画像圧縮」技術が「適用」された上で、前記lの快挙に至っていたことになる。その点にも注意すべきである。

さて、従来型のTVやHDTV等と、このmの「超高精細ディジタルシネマ配信システム」（**画像配信プラットフォームとしてのそれ**）とを、画素数・解像度で比較した、**分かり易い図表**が同前・七九頁にあるので、それを〔図表68〕として示し、その上で次の項目に移ろう。

但し、本書における『技術の視点』からの考察の流れにおいて、極めて重要な点が、同前・八一頁に示されているので、このmの項の最後として、付記しておく。即ち、「**ディジタルシネマのネットワーク配信はまさに光ファイバがなければ実現し得ないサービスであ**」**る、との点である**(!!)。もとより、念のための付記、である（以上、二〇〇三〔平成一五〕年一月四日午後三時一分。今日は、いろいろとやるべきことがあるので、この辺で筆を擱く）。

n　HDTV対応LSI『VASA』の開発（二〇〇二年一〇月）

二〇〇三（平成一五）年末から、いよいよ日本で地上波デジタルTV放送が始まり、HDTVへの関心が高まる中、**これまた意外なところで、技術的な不便があった**。前記l・mの如く、そして、〔図表68〕から一見して明らかなように、NTTのR&Dは、いわゆるHDTV（**High Definition Television**）の先を見越してなされて来ている。だが、HDTVそれ自体についても、大きな技術貢献をしている。それが、このnのR&D成果である。

二〇〇二（平成一四）年一〇月一五日、二つの（技術的ベースは同一の）プレス・リリースが、一つは①NTT（研究所）から、他は②NHK（日本放送協会）・NTTコミュニケーションズ社の連名で、それぞれなされた。NTTとしては、研究所と事業会社とが一体となったR&D成果の一例と言える。

まず、同日の、右の①のNTT側のニューズ・リリースから見ておこう。タイトルは、「**MPEG-2 HDTV CODEC LSIの1チップ化を世界で初めて**(!!)**実現――HDTV CODECシステム機器の小型化・経済化を可能に**」、というものである。一々、説明が必要となる。

そこに付された「用語解説」にもあるように、まず、「**MPEG-2**（Moving Picture Experts Group-2）」のMPEGとは、周知の如く、「**動画像圧縮に関する国際標準方式**」であり、そのうち「**MPEG-2は、HDTVを含むテレビ映像など高品質な映像の標準符号化方式で、DVDやデジタルテレビ放送にも適用されてい**」るものである。――そう書くと、MPEG―2自体についてはNTTは無縁、と思われがちだが、実はそうではない。NTTの世界最先端の研究者達にとって、（ノーベル賞はこれからとして）なかなか受賞できないであろう賞がある。『エミー賞』、である。『エミー賞』というとアメリカのドラマか何かに対するものではないか、と私も思っていたが、『テレビジョン放送における創作、開発活動の内、顕著な功績、貢献』に対してアメリカのNational Academy of Television Arts and Scienceが贈る『エミー賞』を、NTTの横須賀の研究所長から今は（青山友紀教授と共に）東大に移られた安田浩氏が、一九九六（平成八）年一〇月一日に受賞している。受賞理由は、まさにMPEG―2の国際標準化への、大なる貢献、である（どうでもよいが、海外で著名な賞が授与されると日本国内でもあわてて〔!?〕賞を、といった展開は、このときにもあった。半月遅れの同月一六日、同氏は、「国際標準化等に関わる貢献」を理由に、通産大臣から、工業標準化事業功労者表彰を受けている）。

次に「CODEC」だが、（前記①のニューズ・リリースの「用語解説」に戻れば）フルネームは〝COder and DECoder〟であり、「映像や音声データを所定のストリームに圧縮するエンコーダ（Coder〔とも言う〕）と、逆に圧縮されたストリームから映像や音声データに伸張するデコーダ（Decoder）の、両方の機能を有するもの。デジタルの映像や音声はデータ量が膨大となるため、適切なCODECを用いてデータを圧縮することが大切」だ、とある。

どの位膨大なデータとなるのか。――そこが、このnのR&D成果の、いわば前提となる。番組伝送の際のデータ量と、番組の「素材」（撮影現場での〝収録〟によるそれ）の「伝送」に要するデータ量とでは、後者の方がずっと大きい〔!!〕、のである。即ち、同じく前記①の「用語解説」によれば、「通常のBSデジタル放送等で用いられている」のは「HDTVでも二〇Mbps程度」だが、「それらのHDTV番組を制作する過程で使用される素材伝送」に際しては、「六〇Mbpsから一五〇Mbps……の実現が必要とな」る。

ここで、ようやくこのnのR&D成果の意義を記す前提が整ったことになる。前記①のNTTのニューズ・リリース、そしてnの見出しにもあるVASAとは、当該技術の「開発コード名」である（Versatile and Advanced Signal processing Architectureがフルネーム）。このVASAは、「従来、動画像を圧縮して伝送するにあたり膨大な演算を必要とするため、専用チップを複数個用いて実現していたMPEG―2準拠のHDTV映像のエンコード（圧縮）処理・デコード（伸張）処理を世界で初めて〔!!〕一つのチップ上で実現したもの」である。そして、「これにより、既存の最小のポータブルHDTVエンコーダシステムの数分の一程度まで小型化〔!!〕が可能であり、低価格化も期待でき」る、とある。

そこまでで一区切りとし、一層分かり易い説明を、前記①②のプレス・リリースを共に掲げる二〇〇二（平成一四）年一〇月一六日付けの電波新聞（同日付けの日刊工業新聞、日経産業新聞にも報道がなされている）の記事に、求めてみよう。それによれば、このnの成果により、（収録の際に用いられる）「従来のNHKエンコーダー標準品の重さが約一八キロ〔!!〕に対し、〔VASA搭載による「はがき大」の〕エンコーダ基板は約二〇〇グラム〔!!〕と軽量化」され、「これにより初めてエンコーダー内蔵の可搬型無線伝送装置」が「可能に」なった。そして、「消費電力も従来のNHK標準仕様品の二〇〇Wから約一三Wに大幅低減させた」、とある（但し、前記①のプレス・リリースの「別紙1」にあるように、VASAチップ自体の消費電力は五Wである）。

この点は、前記②の、NHKとNTTコム社との共同プレスリリースを見た方がよい。そこには、「両者は、平成一二（二〇〇〇）年八月に共同開発実行委員会を発足させ、ユーザーとして互いに協力して開発を進めてきました」とあるが、それはともかく、ＶＡＳＡの開発により、それをベースとして、「圧縮器を内蔵した可搬型無線伝送装置が実現し、**機動性**」が「大幅に改善」され、**ＮＨＫとしても、「ハイビジョン無線伝送装置の全国配備が可能となり、今後はニュースやスポーツ番組など生番組〔!!〕についても全面的なハイビジョン化が進み、番組のさらなる充実をはかることができ」る、**とある。**「番組制作設備のハイビジョン化」が問題であったことも、**そこに記されている（コム社側は、ＶＡＳＡをベースに、現在「開発中のデジタルテレビジョン中継サービスに反映」させる、とある）。ちなみに、「両者」が（ＶＡＳＡを組み込んで）「共同開発」したのが、前記の電波新聞等でも報道された、重さ二〇〇グラムの「**ハガキ大**のハイビジョンコーデック」、である（但し、①②が同日の発表たることに注意）。そして、この②にも、「**ＭＰＥＧ‐２を採用するため、ビデオカメラや大容量映像ファイル、デジタル映画館〔!!〕などへの応用も期待されます**」、とある。

ここで、前記①のＮＴＴ（研究所）側プレスリリースに、再度戻ろう。右の最後に傍点と「!!」マークを付したところからも知られるように、**ＮＴＴのＶＡＳＡ開発は、ＨＤＴＶを番組制作面でサポートするのみのものではない。**前記①にもあるように、**ＶＡＳＡの場合、「特別の外部装置を用いなくても……複数の〔ＶＡＳＡ〕チップを連結するだけで、ＨＤＴＶを超える〔!!〕高臨場大画面映像のＣＯＤＥＣ処理を実現」できる。**そして、まさにそれを「実現しました」とも、そこにある。

ここで、**前記ｌ・ｍの世界的Ｒ＆Ｄ成果と、このｎの成果とが、みごとに結びつくことになる。**前記①の、ＶＡＳＡについてのプレスリリースにも、「**ＨＤＴＶ時代の本格的な到来に向け、……ＨＤＴＶを超える高臨場大画面映像の効率的な実現方法も必要とされています**」、との指摘がある。まさに、**〝『次の次』に向けたＮＴＴのダイナミックなＲ＆Ｄ展開〟の姿**が、以上のｌ・ｍ、そしてｎからも、再度、鮮明に浮かび上がって来るはずである。

ちなみに、ＶＡＳＡには「**必要な六千万個のトランジスタ**」が「**最先端の微細加工**プロセステクノロジ」により「集積」されていることも、前記①に示されている。本書四一八頁以下で論じた、**ＮＴＴにおける、実に「一九六五（昭和四〇）年から」の「半導体集積回路の研究」の蓄積の上に、このＶＡＳＡの開発があることも、**忘れてはならない点である。

＊　　＊　　＊

ここで、これまでに示したｌ・ｍ・ｎのＲ＆Ｄ成果が得られた時期を、もう一度整理しておきたい。**〝ハリウッドの中枢〟からも絶賛**された「超高精細ディジタルシネマ配信システムの開発」（ｍ）が**二〇〇一（平成一三）年八月、**ＶＡＳＡの開発（ｎ）が、**二〇〇二（平成一四）年一〇月、**そして、再度〝ハリウッドの中枢〟をも巻き込みつつなされた、「シカゴ－ロサンゼルス間」三〇〇〇㎞の、まさに地球規模（横須賀とも結ばれていたことに注意）での超高精細ディジタルシネマの配信実験（ｌ）が、その翌月の、**二〇〇二（平成一四）年一一月、**である。――書きながら、本当にスゴいことだと、つくづく思う。**これが日本の技術開発の〝現場〟なのに、**どれだけの人々が、そのことを知っているのだろう。

人々は、あまりにも〝本当のこと〟を、知らされていなさ過ぎる。

私がそうしたことを書いたところで、誰かは読み、何かを感じ取ってくれるのではあろうが、それしか出来ない淋しい自分が、ここに居る。マーラーの第五番の、あの一番美しい旋律が今、自分の背にあるから、なおさら淋しく、悲しいのだろうか……。

年末年始にかけて、（季語の厳密な意味は別として）虚子の『**去年今年貫く棒の如きもの**』のつもりで、かくてここまでの分を書いて来た。次の分では、οとして暗号技術をとり上げ、その上で三６の項目に移ろうと思う。

前掲の『情熱の五〇年』・『HIKARIビジョンへの挑戦』の二冊を軸に、そこに更にNTTの最新R&D成果を、極力リアルタイムに近い形で書き進めて来た本書三も、そろそろ〝山を越した〟と、私自身感じつつある。――ひょっとして、それが淋しいのか(!!)。

ともかく、今日の分は、これまでとする（以上、二〇〇三（平成一五）年一月五日午後四時四五分。点検に入る。点検終了、同日午後六時五八分。昨日、妻にたくさん防寒着等を買ってもらったが、やはり寒い。紙の類があまりに多く、危ないので、机の下の小さなパネル・ヒーター一個でがんばっていたのだ！）。

ο　NTTの暗号技術開発の展開――直近の「単一光子光源を用いた量子暗号伝送実験」の世界初の成功（二〇〇二年一二月）に至るまで

＊　ICカードの安全性!?

本書一一七頁において、**NTTが「接触・非接触共用ICカードで、公開鍵暗号の高速処理を世界で初めて実現――非接触ICカードによる高セキュリティ電子マネーで支払時間〇・四秒を実現」**したことについて、一言しておいた。そこで「**楕円暗号方式**」が用いられたことも含めて、である（NTT技術ジャーナル一三巻四号〔二〇〇一年〕四〇頁を引用しておいた）。

その後、同年一一月三〇日付けの日経産業新聞、日経新聞、日刊工業新聞、読売新聞、そして一二月三日付けの電経新聞、日本工業新聞には、同年一一月二九日に、『**非接触型ICカード**』で、『**利用者の確認（本人認証）から（カードの）有効期限などのチェックまで含め二五〇ミリ秒、つまり〇・二五秒以下を達成**』し、それが『**世界最高速の処理能力**』たることが、大々的に報道された。

同月二九日付けの、この点に関するNTTのニューズ・リリース（「交通機関や店舗での決済に安全で高速に利用できる電子マネー(!!)を実現――バスの精算からレジの支払いまで、バス車内や公衆電話機でチャージも可能に」）を見てみよう。そこには、「公開鍵暗号による**署名処理時間は最短で一ミリ秒を達成**……、**電子マネー支払い処理時間は二五〇ミリ秒以下を実現しました。これは**……**公開鍵暗号を非接触型ICカードに搭載したものとしては世界最高速の処理能力**を有する」旨、明確に記されている。NTTでは、同年「二月、**楕円暗号方式**を用い」て、「公開鍵暗号」の「高セキュリティ特性に加えて」、「高速処理も可能にした電子マネー方式を開発」していた（http://www.ntt.co.jp/news/news01/0102/010202.html）。その発展形態が、右の同年一一月のもの、である。前記ニューズ・リリースには、これだけのスピードがあれば、「バス乗車券システムにも適用できるレベル」だとあり、他方NTT東西の「**ICカード公衆電話機**（平成一三〔二〇〇一〕年九月末現在、全国約四二二〇〇台設置）」を「電

子マネーの入金（チャージ）**端末**として……利用する技術も開発し」た、とある。「**電子マネーセンタのサーバ側からＩＣカード公衆電話機を制御する方式**」が「採用」されるのである。そして、「この電子マネーシステムは、ＩＣクレジットカード端末規格である**ＥＭＶ仕様**（Europay/Mastercard/Visa――「ヨーロッパのクレジットカード会社が共通で策定したＩＣクレジットカードの統一仕様。事実上の世界標準となっている」）や、金融機関等で検討が進められている**オフラインデビット**に関する仕様なども参照しており、……百貨店をはじめ全国あらゆる店舗の決済手段としても適用可能」、とある。

そこにはまた、このＩＣカード開発が、「これまでの**ＮＴＴ電子マネー技術**を集大成し**実用レベル**にまで高め」たものだ、ともある。たしかに、スピードや、ＥＭＶ仕様にマッチする点は大きい。しかも、世界最高速である。だが、「集大成」という右の言葉には、私として、若干抵抗を覚える。ＮＴＴの暗号（その裏返しとしての認証）技術は、ＩＣカード・ベースのものばかりではなく、しかも――

「**ＩＣカード**は多数発行され、**不特定多数**に所有〔所持〕されるので、悪意をもった人がカードを分解して、**電子現金の偽造**を試みる恐れが大きい。この方式で、カードの物理的安全性だけに〔!!〕安全性の根拠を求めるのは大変危険である……。」（**太田和夫「セキュリティ応用――ディジタルキャッシュ」電子情報通信学会誌七九巻二号〔一九九六年〕**一三六頁。）

――との、石黒・前掲世界情報通信基盤の構築二七三頁に引用した点との関係もある。ＮＴＴの太田氏の右の指摘は、直接には石黒・同前二七三―二七四頁の、かの（どうしようもない）**モンデックス**を直接念頭に置いたものではある。「モンデックスの設計上の最大のポイントは……ＩＣメモリーへのタンパー、つまり物理的な侵入は絶対に不可能という前提で作られていることです」とする**岩村充・電子マネー入門**（**一九九六年・日経文庫**）二六頁以下と、「**ＩＣカードは本当に安全か**」と題した岩村・同前二五頁の、それと矛盾する屈折したコラムとの対比も、石黒・同前二七三―二七四頁で、あわせて行なっておいた。

モンデックスの如き稚拙な代物――暗号鍵の〝**鍵長**（**鍵のビット数**）〟がそもそも問題――と、ＮＴＴの前記Ｒ＆Ｄ成果とは比較にならず、後者で用いられた「**楕円暗号方式**」は、従来の「**ＲＳＡ暗号方式**（「データの暗号化と復号〔化〕で異なる鍵を使用する**公開鍵暗号**の代表的な方式。認証やディジタル署名等で広く一般に使用されている。……名称は、共同開発者三人の名前〔R. Rivest, A. Shamir, L. Adleman〕に由来する」）に比べて、より少ない鍵長でも、より解読が困難となることを特長とする公開鍵暗号の一方式。**安全強度にかかわる鍵長は　六〇ビットでＲＳＡ方式の一〇〇〇ビット程度の強度に相当する**」ものである（以上の引用は、前記ＮＴＴニュース・リリース）。

だが、「暗号研究の第一人者」で「東京大学で客員教授も務める」ＮＴＴの「**岡本龍明**」氏の言う通り、「**暗号には絶対**（**安全**）**という文字はない**」（日経産業新聞二〇〇一〔平成一三〕年一月一五日付け〔Emerging Technology 欄〕）、と言うべきであり、前記の太田氏の指摘（同氏もＮＴＴの暗号技術者）も、その前提に立った上でのもの、である。

前掲『ＨＩＫＡＲＩビジョンへの挑戦』四一頁（永井靖浩）にあるように、実は、「**非接触型ＩＣカードを通信サービスに適用したのは**」、**ＮＴＴが**「**世界初**」であり、かつ、「**異なったメーカーが**

作った複数の非接触型ICカード等を一つのサービスに対して相互に利用できているのは、これも」NTTが「世界初」、ではある。「近接型」の「非接触型ICカード」(「非接触型」には「密着型、近接型、近傍型、マイクロ波型」があり、それぞれにISOで国際標準化が進んでいる)は「ISO一四四四三において標準化……が進められてきた」が、「その主査をNTTが務めて」いたりもする(同前・四二頁〔永井〕)。「通信距離が一〇cm以下」がこの「近接型」で、「欧米も含めて一番広がっていくタイプだろうと予想」されている(同前頁〔同〕)。だが、それについても、ISOの「国際標準」(いくつかのタイプが認められている)に準拠してはいても「メーカが異なれば、ISOの規定だけでサービスの互換運用はできません」(同前・四四頁〔永井〕)、といったことが背景としてあったのである。

それらの実績の上に、前記のNTTのニューズ・リリースの快挙が、それとして位置づけられる。バスの「運転手経由で電子マネーの入金(チャージ)が行えるオフライン〔そこが危ない!!——石黒・前掲世界情報通信基盤の構築二六六—二六七頁、二七五頁を見よ〕……システム」には「電子マネーの誤発行を防ぐ独自のセキュリティ技術を導入し」ており、「今回、開発した方式はICカード公衆電話器に電子マネー処理用のソフトウェアを搭載することが不要」なため、「ICカード・チップとの通信機能が提供されれば、携帯電話にも簡単に適用可能です」とも、前記のNTTニューズ・リリース(二〇〇一〔平成一三〕年一一月二九日)にはある。本書三五六頁において、IMT—二〇〇〇に搭載されるICカード(U—M)の安全性につき、前記の太田和夫氏の指摘を引用しつつ、多少懸念を示しておいた点と対比せよ。それなりに高度なセキュリティ・システムがネットワーク側に(!!)組み込まれる形になってはいるのだろうが、既述の如く、『絶対に安全なシステムなどない』点が、やはり気になる。

＊　＊　＊

この点で、本書四二二頁以下において、量子コンピュータ、そして量子暗号について一言しておいたところが関係する。そして、二〇〇二(平成一四)年一一月一五日付けの読売新聞朝刊に、「究極の暗号　三菱電機実用化へ」の記事が載った。同月一四日の同社発表に基づく右記事から、若干の引用をしておこう。そこには、同社が「光子を検出する装置を改善」し、「盗聴が原理的に不可能という『量子暗号通信』の世界記録」たる、「これまでの二倍以上の八七km遠方への送信に成功」、とある。そして、「実際の通信回線を使っての実用実験に乗り出す」、とある。「欧米で実現した二〇—四〇kmの通信可能距離を大きく更新し、実用化のめどを立てた」、ともある。また、「光子一個の光はとても弱く、光を検出する素子をマイナス七二度に冷やすなどして通信の精度を改善」、ともある。

＊暗号技術の動向——AESとの関係を含めて

ここで、岡本龍明「暗号技術動向と将来技術」NTT技術ジャーナル二〇〇二年八月号一二頁以下から、暗号技術の基本を含めて、多少記し、その上で量子暗号に関する直近のNTTのR&D成果について論じておこう。まず、同前・一二頁にあるように、「共通鍵暗号は〔事前の〕鍵配送が必要」だが、「処理速度が非常に速」く、「公開鍵暗号は……処理速度が非常に遅い」、とされている。非接触型ICカードを用いて、その公開鍵暗号方式での世界最高速を実現したのが、NTTの前記ニューズ・リリース(二〇〇一〔平成一三〕

年一一月二九日）だったことになる。

岡本・同前一二頁には、公開鍵・共通鍵の「二つの暗号を」、「実際には……組み合わせて……使」う、とあるが、それぞれの暗号方式について、同前・一三頁の紹介を見ておこう。「**共通鍵暗号の代表例**」には、「米国の標準暗号であったＤＥＳ」（Data Encryption Standard ――「一九七七年に制定」されたが「鍵長が五六ビットと比較的短いため……解読される危険性が増加してい」た）や、「**現在の米国標準暗号**」たる「**ＡＥＳ**」（Advanced Encryption Standards）の他に、ＮＴＴが「一九八六年に」開発した「ＦＥＡＬ」（Fast data Encipherment ALgorithm）、そして、「**ＡＥＳに対応する**新世代の共通鍵暗号」としてＮＴＴが「二〇〇〇年に**三菱電機と共同で**……開発し」た「**Camellia**」などがある。なお、この「**カメリア**」暗号の「鍵長」は、「ＡＥＳと同様」に、「一二八、一九二、二五六ビットを利用者が選択できるようになって」いる。

なお、**辻井重男・暗号と情報社会**（**一九九九年・文春新書**）一三四頁以下の「**ＤＥＳからＡＥＳへ**」の項から、若干の引用をしておこう。ＡＥＳ制定のために、「日本からはＮＴＴがＥ2と名づける暗号を提案」し、「**Ｅ2は研究者の間での評価は高かったが、選に洩れたのは残念であった**」（同前・一三六頁）、とされている。但し、**国防上の理由等からも、アメリカ政府がＮＴＴの暗号方式など、初めから採用する訳がない、と私は終始思っていた**。本書の随所で述べた『ＮＴＴの技術力』へのアメリカの焦りが、それを裏付ける（本書三6直前の、後述の〔追記〕をみよ!!）。

ここで、前掲『ＨＩＫＡＲＩビジョンへの挑戦』に、目を転じよう。同前・五六頁（岡本龍明）では、「**カメリア**」暗号について、「いろいろなプラットフォームでの効率性・実用性において、**世界最高レベルの性能**……ほとんど世界トップレベルの性能を誇っており、かつハードウェアで設計する専用チップを作った場合でも、非常にコンパクトにゲート数が少なく設計でき……例えば携帯端末に**実装するような場合でも、非常に省電力かつ小型化が実現できる**」、とされている。また、この「カメリア」は、岡本・前掲ＮＴＴ技術ジャーナル二〇〇二年八月号　三頁によれば、「各種攻撃に対して安全であると評価されています」、とある。

他方、同前頁によれば、「**代表的な公開鍵暗号方式**」としては、「いずれも**整数論を利用した**」ものとして、既述の『**ＲＳＡ方式**』、そして「**Diffie-Hellman-ElGamal** 方式〔一九七六年に発表〕」、**楕円曲線暗号**方式などがあ」る、とされる。この「方式の原理は、大きな数の素因数分解が難しいことに基づいて」いるが、「**楕円曲線暗号方式**」の場合、同前・一四頁では、安全性を維持しつつ「鍵サイズが短くできることに応じて、**処理速度が高速となり……ＲＳＡ暗号方式などに比べて……処理時間は数倍から数十倍程度高速にな**」る、とされている。

岡本・同前頁によれば、「**一九九八年に**ＮＴＴはＲＳＡ方式〔等――既述〕とはまったく別の原理による公開鍵暗号方式（**Okamoto-Uchiyama** 暗号方式）を提案し」、この方式は、既述のＲＳＡ方式等と「同等の効率を持ち」つつ、「安全であると証明」された。この安全性証明つきの「**効率の良い暗号方式が発見されたのは、Rabin 暗号**〔と呼ばれる暗号方式〕**の発見以来ほぼ二〇年ぶりのこと**〔!!〕」だ、とある。

ちなみに、辻井・前掲書一四九―一五〇頁は、一般に用いられている「**ＲＳＡ暗号は安泰か**」を問題視し、「**素因数分解以外にＲＳＡ暗号を解く方法は絶対にない……という数学的な証明はできていないのである**〔!!〕」、とのショッキングな指摘をしている。そしてそこでは、「素因数分解以外に解く方法がないことの証明がついた暗号」として、「一九九八年に……高度な安全性を有するEPOCが岡本龍明、内山成憲、藤崎英一郎（NTT）によって発明されている」、とされている。このEPOCが、岡本・前掲一四頁の前記の指摘と、結びつくのである。

但し、岡本・同前頁では、「岡本・内山方式」の開発とは別に、NTTが確率論を用いた前記の如き暗号を、あるモデル（ランダムオラクルモデル）を用いて「強い安全性……を持った暗号方式に変換する一般的で効率的な方法を発表し」、「この原理に基づき、NTTではEPOC（Efficient Probabilistic Public-Key Encryption）ならびに楕円暗号方式PSEC（Provably Secure Elliptic Curve Encryption）を開発しています」、とされている。

他方、同前頁には、「一九八〇年代にNTTで開発されたディジタル署名法がESIGNで」あり、「この方式は、代表的なディジタル署名方式であるRSA署名に比べて、署名処理が数十倍以上高速」、かつ、前記と同様に、その「安全」性も「証明できます」、とある。辻井・前掲書の示していたRSA暗号の危うさをも、ここで想起すべきであろう（なお、前掲『HIKARIビジョンへの挑戦』五七頁〔岡本龍明〕には、ESIGN（Efficient digital SIGNature scheme）は「現在実用的に使われている署名方式のいずれに比べても、数十倍～数倍という世界一の高速性を持ってい」るため、「ICカードのような非常に性能の限られたプラットフォームでも、ESIGNを使えば高速に実現できます」とある）。

＊　NTTとしての量子暗号との取り組み

だが、量子コンピュータが『最適化』されると、楕円暗号も含めて（!!――岡本・前掲NTT技術ジャーナル二〇〇二年八月号一五頁）、『今ある暗号系はすべて解けてしまう』。そのことは、本書四二二頁以下に示した通りである。

そこで、二〇〇二（平成一四）年一月一五日付けの読売新聞朝刊で報道された、既述の『三菱電機の量子暗号に関する快挙』が、関係して来る。それでは、NTTとしての量子暗号との取り組みは、どうなのであろうか。

たしかに、岡本・同前一五頁にあるように（また、既述の如く）、「量子暗号」方式の場合、「送信者と受信者の間に量子通信路という特殊で高価な通信路を設置する必要があ」るが、「真に暗号や認証が必要なのは、インターネットのようなエンド‐エンド通信であり、量子暗号はあまり良い解決策とは思われ」ない一面がある。そこで、NTTとしては、「量子公開鍵暗号」という別の処理方法を提案している。この点は、前記の二〇〇一（平成一三）年一月一五日付け日経産業新聞の記事にも紹介されており、「既存の伝送システムで利用できる」ものとして、「従来の公開カギの考え方を踏襲しながらも、カギの形成に量子コンピューターを想定した計算方式を応用し」、「これまでの公開カギより（速度も）数百倍程度優れ」たものが、そこで目指されている、とある。

だが、〝量子暗号〟それ自体についても、（カメリア暗号と同様の）NTTの共同研究の成果として、二〇〇二（平成一四）年一一月一九日に、『世界初』の画期的発表がなされた（!!）。それが、科学技術振興事業団（JST）・NTTの共同による、「単一光子光源を用いた量子暗号伝送実験に成功――量子暗号の長距離伝送への適用に期待」と題した記者発表である。そこには、同日、即ち同年『一二月一九日付けの英国科学誌ネイチャーに発表される案件』たること、そして、「山本教授がアメリカにいるため、資料配布のみ」とする旨、記されている。

　その「山本教授」とは、本書四一四頁にも、ＮＴＴの純粋基礎研究との関係で記した「スタンフォード大学教授・ＮＴＴ　Ｒ＆Ｄフェロー」の「山本喜久氏」であり、山本教授が前記事業団の「量子もつれプロジェクト」の「代表研究者」の一人（もう一人はフランスの教授）となり、それと「ＮＴＴ物性科学基礎研究所・スタンフォード大学両者の共同研究」とが合体し、かくて――

「未来永劫にわたって絶対に盗聴されないという夢の暗号方式である量子暗号の伝送実験に、科学技術振興事業団と日本電信電話株式会社は相互の協力により世界で初めて成功した。……」

――との記者発表がなされた。だが、それでは、前記の、同年一一月一五日の『三菱電機の快挙』はどうなるのか。実は、右の記者発表は、正確ではない。『世界初』は、『単一光子光源を用いた』点にある。同事業団報第二八四号（同年一二月一九日）には、――

「単一光子光源を用いた量子暗号の伝送実験に世界で初めて成功した。」

――と、正確に記されている。以下、便宜それによれば、従来の「量子暗号には実用技術として重大な欠点があった。半導体レーザに代表される通常の光源から放出される光パルスでは、光子の数を厳密に確定することができない」のである。そのため、「光子が二個以上あるパルスに対しては、第三者が光子一個を秘密裏に抜き取……〔っ〕ても、残りの光子にはその盗聴の痕跡が残らないので、安全性が破られてしまう〔!!〕のである」。そこで、山本教授他計二名を代表とする前記事業団のプロジェクトとＮＴＴ側とで、「半導体素子を用いて単一光子を確実に発生する技術を確立し……これを用いて……量子暗号の伝送実験に今回、世界で初めて成功した」のである。その延長線上で、「人工衛星を介した超長距離の衛星通信量子暗号システムの実現にメドをつけたい」、ともそこにある。

　右の引用中の最後に、傍点を付した部分については、二〇〇二（平成一四）年一二月一九日付けの日刊工業新聞の報道の方が分かり易いので、それを見ておく。そこには、「量子暗号通信を通常の〔半導体レーザー〕で行うと、伝送距離は一〇〇km程度が限界といわれてきた」が「今回の結果で伝送損失が大幅に緩和され〔!!〕、初めて太平洋横断伝送に耐えられるめどがついた」として、その先に衛星通信の話が出て来る。

　前記の『三菱電機の快挙』における伝送距離の世界記録が八七kmだったことを、ここで想起せよ。「一〇〇km」の「限界」に対するブレークスルーが、ＮＴＴの共同研究によって、なされつつあることに、なるのである(!!)。本書三3の後半で示したＮＴＴの『ナノテクから宇宙まで』に及ぶ純粋基礎研究の、今日に至るまでの華麗な軌跡の上に、明確にこの〝世界初の快挙〟が位置づけられることに、最も注意すべきである(!!)。

＊　＊　＊

　以上、電子商取引の要たる、電子認証を支える暗号技術（なお、石黒・前掲世界情報通信基盤の構築二一七―三一〇頁、同・前掲日本経済再生への法的警鐘二七〇―二八〇頁、同「電子社会と政策」辻井重男編著・電子社会のパラダイム〔二〇〇二年・新世社〕一五四―一五六頁、等参照）に関する、ＮＴＴの、多面的なＲ＆Ｄ実績を示して来た。

今、「多面的な」と書いたが、それには、暗号特有の技術的な理由がある。つまり、前掲『HIKARIビジョンへの挑戦』五七頁（岡本龍明）にあるように、「暗号というものには絶対はなく」、また、「暗号というものは、一つのものだけで良いかというと……（それでは）かえって危うい世界になる。……一つの暗号だけが使われていると、ある時突然世界中のシステムが崩壊してしまうということが起こり得る」のである。

そして、前記のR&Dの〝多面性〟について言えば、同前頁（岡本）にあるように、「世界的に見ても、一つの研究機関が共通鍵暗号、公開鍵暗号、デジタル署名〔等々〕というすべての分野で、世界的なレベルの独自の暗号技術を持っているところは私ども以外にありません。そういった意味では、NTTは非常に高い独自の暗号技術を持っている」、ということなのである。私は、本書四二一頁で私自身が記した言葉を想起しつつ、やはり暗号についても、『NTTという一つのコップの中に、世界最先端のR&Dの嵐が美しく吹き荒れている』ことを、ここで強く実感する（リヒャルト・シュトラウスの『アルプス交響曲』（カラヤン）が、今まさに私の背で、終曲に向けて崇高なる美を奏でている!!）。

以上をもって、本書三5の〝分野別の検証〟を、終えることとする（二〇〇三〔平成一五〕年一月一三日午後八時四八分。今日はここまでとする）。

＊〔追記〕EUの次世代暗号方式選定作業における快挙!!
（二〇〇三年二月）

ずっと待っていた報道が、二〇〇三（平成一五）年二月二七日付け日経新聞朝刊で、大々的になされた。EUの次世代暗号方式選定作業が終了し、共通鍵方式四種中、NTT・三菱電機共同開発の「カメリア」と三菱電機の「ミスティー1」が、そして「公開鍵暗号三種のうち第一（!!）推奨暗号として」、NTTの『PSEC－KEM』が、選ばれたのである（!!）。

6 「究極は光ファイバー」との国際的共通認識の確立とNTTの「技術による世界貢献」——ギガからテラへ、そして！

「一九九八年のFTTH（ファイバー・ツー・ザ・ホーム）の国際標準化」がNTTの技術をベースとしたものであることについては、本書二4⑵で示した。本書三6では、〝そこに至るまで〟の展開と、右の〝国際標準化〟の後の展開、更に、「ギガからテラへ、そして！」について、それぞれ論じておこう。

まず、私は、今日に至る情報通信高度化への世界的な流れの〝火付け役〟がNTTであったことを忘れるな、との趣旨のことを、何度となく書き、また様々な場で訴えて、今日に至っている。その際に、NTTによる一九九〇年の〝VI&P計画〟（Vは「ヴィジュアル」、Iは「インテリジェント」、Pは「パーソナル」）がアメリカのゴア前副大統領に、強い脅威の念を抱かせた、と説明して来ている。そのあたりについて、〝時点〟を明確化させつつ、再度論じておきたい。

というのも、二〇〇二〔平成一四〕年の秋、大阪大学で電子情報通信学会のシンポジウムが、同学会誌八五巻五号（二〇〇二年）の『特集　フォトニックIPネットワークは人類の幸せのために』をテーマとして開催された際、元通産省の某氏から、同誌同号三〇六頁に私が、「ゴアは、もともと日本のＮＴＴが**一九九〇年**に正式に発表したＶＩ＆Ｐ……計画という、二〇一五年までの日本全国光ファイバ敷設計画を軸とする計画に対して、大いなる脅威ないし危機意識を抱き、そこからすべてが出発した、ということ」を「忘れ」るべきではない、と書いたことに対し、質問を受けたからである。『アメリカの**ＨＰＣ計画の発表は一九八九年**であり、ＶＩ＆Ｐ計画より一年前なのをどう考えているのか』という、およそつまらぬ質問だった。だが、良い機会だから、この質問を契機として、**"前後の事情"**を、再度明らかにしておきたいのである。だが、多少準備をしてみると、私自身、ＶＩ＆Ｐ計画のエッセンスについては何度となく言及したが、実際のその内容の豊富さと深さ(!!)については、直接記して来なかったことに、改めて気付いた。**"e-Japan 2003"** は、**ＶＩ＆Ｐ計画の内容をそのまま書き写した方がmuch better** とさえ、思われて来る程である。そして、他面、**ＶＩ＆Ｐ計画の発表に至るプロセス**を辿る作業を、私が十分には行なって来なかったことにも気付いた。その両面から、以下、若干の点を記しておく。

＊　ＮＴＴのＶＩ＆Ｐ計画発表（一九九〇年）に至るまでのプロセス

ＮＴＴのＶＩ＆Ｐ計画が英文で公表されたのは、一九九〇（平成二）年三月のことである。即ち、**NTT, A Service Vision For The 21st Century: Realization of Visual, Intelligent & Personal Communications Service** (March 1990) と題した計一九頁の英文パンフレットが公表され、同年八月二〇日刊の山口開生（ＮＴＴ会長）・二一世紀テレコム社会の構図——わが電気通信事業の展望（一九九〇年・ダイヤモンド社）一〇三頁以下でも、「ＮＴＴサービスビジョン——『ＶＩ＆Ｐ』」の項が設けられている。なお、同書は翌年、**Haruo Yamaguchi, Telecommunications: NTT's Vision of the Future (translated by Norman Havens: NTT Publishing Co. Ltd. 1991)** として英訳された（ＶＩ＆Ｐ関連はこの英訳の一〇五頁以下）。前掲『情熱の五〇年』一四二頁にあるように、この計画（構想）は、現ＮＴＴドコモ社長の「立川敬二」氏等が「検討し、山口開生」会長「が国内外に発表したもので、**我が国〔ＮＴＴ〕のＶＩ＆Ｐ構想に刺激されてクリントン政権のゴア副大統領がＮＩＩ（全米情報〔通信〕基盤）構想を練り、米国内の情報化政策のみならず、グローバルな展開にまで至ったという背景は、すでに周知のこととなっている**」はず(!!)である。

一九九〇年公表の前記英文ペーパー一五頁には——

"The network that supports VI&P is the **B-ISDN**. In order to handle voice, text and video signals all at the same time, this connects all households via **optical fiber** and also consists of a high-speed digital communications system for long-distance transmissions. Construction on this network will start in 1995, which is the year that digitazation of the existing network will almost be completed, and is targeted for completion 20 years after that, in **2015**."

——との、このＶＩ＆Ｐ計画のコアが示されている（Id. at 10 には、"NTT plans to provide these one-to-one, **interactive** communications services uniformly throughout the country." ともある）。

ここで、注意すべき点が一つある。右引用部分中のB－ISDNは、光ファイバーによる伝送を含む。従って、そこで言う『ブロードバンド』ないしB－ISDNとは、G《ギガ》bpsレベルまでのものを、自然に包摂するものとなっている。

ところが、いつの間にか『ブロードバンド』の語が、光ファイバーによる『超高速』と区別され、ADSL等の『高速』（十数Mbpsレベル）を意味するものとなってしまった（本書九九頁以下のcの項と対比せよ!!）。この『ブロードバンド』（広帯域）の語義の矮小化も、所詮はアメリカからの風に災いされてのものと思われるが、実におかしい。

この点で、山口・前掲書七四頁にも、「光ファイバ」による「毎秒一六億ビット」、更には「毎秒一兆ビットレベルの伝送方式」を含めて、「広帯域〔B-〕ISDN」の語が用いられている。また、まだKDDが生きていた頃のKDD総研・国際通信略語用語辞典（一九九三年・同総研）四〇頁の「B-ISDN」の項にも、「ISDNの次世代におけるより高速（一五〇Mbps以上六〇〇Mbps）で、広帯域のISDN〔サービス統合ディジタル網〕」との説明が、（不十分ながら）ともかくもある。N（狭帯域）-ISDNはたしかに銅線ネットワークから出発したが、B-ISDNの語は、光ファイバー・ネットワークを包摂するものとなっていたはず、である。そのことを、ここで、あえて再確認しておく。

ところで、山口・前掲書一頁以下の「二十一世紀社会」の章には、「自然と人間の均衡回復」、「地方と都市の均衡回復」、「文化と経済の均衡回復」、「多元主義への転換」等の項目が並んでいる。例えば同前・七頁は「本当の豊かさ」を問題とし、「人間が生み出す価値は計算できるが、自然の生み出した価値は計算できない」。けれども、「計算手法がないということと、価値がないということとは別なはず」、とする。同前・四三頁には「競争」と「協調」の対立軸も示され、同前・一二四頁には、「純経済学的には、『地方の方はあとまわし、しかも高い料金で』『利用者の少ない地方はいっそ旧設備のまま』というのが利口なやり方であろう。しかし、それでは短期的にはともかく、長期的には国民全体の幸福にはならない」、ともある。

そうした〝基本思想〟の下に、NTTのVI&P計画が一九九〇（平成二）年三月に打ち出されたことを、我々は、もう一度見直すべきである。内閣府のe-Japan 2003策定のための専門調査会でガタガタ議論するより、〝VI&P計画の基本に戻れ〟と私が強く思うのは、この故である（!!）。

さて、NTTのこのVI&P計画を受けて、翌一九九一年一二月九日に、ブッシュ政権末期のアメリカでHPC法〔High Performance Computing Act〕が制定され、一九九三年春には、同法の実施のため、クリントン＝ゴア政権下で（コミュニケーションのCを加えて）HPCCプログラムが出され、同年九月のNII構想、そして、翌九四年三月のGII構想の発表に至る。それらについては、石黒・前掲世界情報通信基盤の構築（石黒・前掲GIIと略記する）一二頁以下、一二五頁以下、同・前掲超高速通信ネットワーク八〇頁以下で論じた（ゴアの、直訳すれば『グローバルな村のためのインフラ』となるタイトルの英語論文〔後述〕も、一九九一年九月のものである。右の前者の著書の一二頁を見よ）。

但し、たしかに、同・前掲一九頁にもあるように、HPCプログラムの初出は、一九八九年九月八日である。Executive Office of the

President (Office of Science and Technology Policy), The Federal High Performance Computing Program (Sept. 8, 1989) が、それである。

実は、右を含め、一九九〇年三月（英文でＶＩ＆Ｐ計画が出た月）、同年四月、同年五月に、**同様のトーンの計四つの文書**が、アメリカ側で出されていた。ＨＰＣプログラムにもインフラ面の柱はあるが、右の残り三つの文書は、インフラ整備の必要性を正面に据えたものである（**詳細は、石黒・ボーダーレス社会への法的視座〔一九九二年・中央経済社〕八三―九二頁**）。しかも、アメリカのテレコム・ネットワークの高度化の必要性がそれらによって強調される際、〝**デジタル化の遅れ**〟（同前・八七頁）も大きな（アメリカにとっての）懸念材料となっていた点に、注意を要する。ゴアは、終始〝全米光ファイバー網の構築〟（アメリカの全家庭までのそれ!!）を訴えていたが（石黒・前掲ＧＩＩ一二頁注3に引用した、アル・ゴア〔石田順子訳〕「**インフラ整備に政府の投資を」鴨武彦＝伊藤元重＝石黒編・リーディングス国際政治経済システム第一巻**〔一九九七年・有斐閣〕一八四頁以下に「光ファイバー」の項があることに注意せよ）、ディジタル化の遅れも大きな問題とされていたのである。

ところで、全国ディジタル化・光化を二つの柱とする**一九九〇（平成二）年のＶＩ＆Ｐ計画は、突然出て来たものなのか。――そんなことはない（!!）のである。**

前掲『情熱の五〇年』二七頁にあるように、夙に「一九七八年」に、電電公社「副総裁・北原安定が『ＩＮＳ構想』を提唱」し、「すべての電気通信網をディジタル化する」旨、宣言していた。ちなみに、それを受けて「**一九八四年**」に「三鷹・武蔵野地域と霞ケ関で」なされた「『**ＩＮＳモデルシステム』の実験**」こそが、**オール・ディジタル化に関する「世界でも初めての実験」**だったのである。そして、それをベースに、「**諸外国に先駆けて**ＮＴＴはＩＮＳ〔ＩＳＤＮ〕の全国展開を進め」（以上、同前頁）、**一九九七（平成九）年一二月一七日の『全国ディジタル化完了宣言』**に至るのである。

他方、夙に、一九七九年九月にジュネーブで開催された**第三回世界テレコム・フォーラム**において、当時の北原副総裁が、「基調講演」を行ない、『**ＩＮＳ構想**』を、**広く世界に向けて「打ち出し」**ていた（同前・一三六頁）。なお、一九八三年一〇月二五日―一一月一日に、同じくジュネーブで開催された**第四回世界テレコム・フォーラム**でも北原氏は同様の講演をしている。その原稿が（英・和文とも）手許にあるので、引用しておこう（英文の方のタイトル等は、**Kitahara, "Telecommunications for the Advanced Information Society ―― Information Network System [INS]", paper submitted to the 4th World Telecommunication Forum held by ITU at Geneva, during Oct. 25 to Nov. 1 in 1983** である）。

北原氏はそこで、「**ＩＮＳを実現するための基本条件**」は四つあるとし、「第一」として「すべての電気通信ネットワークをディジタル化すること」と明言し、「第三」として、「**光ファイバ通信技術**〔!!〕や大容量衛星通信技術」の「導入」を、挙げている。それによって「情報交流の**格差**をなくし、**国土全体の均衡ある発展**を促し、世界平和〔!!〕にも大きく貢献する」ことが、堂々と宣言され、大きな感銘を参加者達に与えたのである。とくに「光ファイバ」については、日本の先進的な状況が紹介され、「加入者系光ファイバケーブル」への言及も、既にそこでなされていた。

一九九〇年のＶＩ＆Ｐ計画は、電々公社以来の、そうしたＮＴＴの営為の集大成として発表されたものであることを、ここで再確認すべきである（既述のＨＰＣプログラムとの関係を含めて、である!!）。

さて、これで本書三6の前半を書き終えたことになる。次は、『一九九八年のFTTH国際標準化』以降の標準化動向と、「ギガからテラへ、そして!」、である（以上、二〇〇三〔平成一五〕年一月一四日午後七時四六分。――執筆再開、翌一五日午前七時三八分）。

＊　＊　＊

＊『一九九八年のFTTH国際標準化』以降の標準化動向

NTTが、『パッシヴ・ダブル・スター』（PDS）方式を用いたBPON（ビーポン）』により、欧米・アジアの主要二一キャリア及び各国の主要メーカーを、FSAN（エフサン）という組織で一つにまとめ、一九九八年一〇月にITUで、FTTHの国際標準化を成し遂げたこと（G.983.1勧告――NTT提案をもとに作成された、BPONの基本仕様についてのもの）については、本書二4(2)で述べた。但し、**G.983シリーズの勧告は、そしてBPON自体も、基本的には実は**ユーザー宅に「一〇〇Mbpsクラスの……サービスを……提供する光アクセスシステム」であった（右の個所にも引用した中西健治=前田洋一「FSANの標準化活動――ブロードバンドPON（B-PON）の国際標準化動向」NTT技術ジャーナル二〇〇一年一二月号六八頁）。また、同前・六九頁にもあるように、「**B-PONは発展途上の技術であ**」る。従って、**更なる国際標準化への努力**が必要となる。そこにおけるNTTの活動はどうなのか。――その点につき、一言のみしておく。

これを書いているのは二〇〇三（平成一五）年一月の一五日（故上本修君の命日――柳田邦男・「死の医学」への序章〔一九八六年・新潮社〕九七頁以下の、「若き法律学徒の訴え」を見よ）だが、O plus E誌（http://www.ss-com.co.jp/oe/）の、まさに二〇〇三年一月号に掲載の**篠原弘道「高速光アクセスシステムの現状と将来展望」**と題した（ネット上の?）論稿の、「更なる高速化に向けた標準化・開発の動向」の個所が、私にとっての最新資料となる。それによれば、「現在一〇〇Mbpsクラスの光アクセスシステムが一般的に用いられている」（一般家庭向けにそんなことが実際に出来ているのは日本のみである）が、「更なる高速化を狙いとして、**一Gbpsクラスの光アクセスシステムの検討が開始されている**」、とある。"一GbpsのFTTH"（!!）である。

だが、篠原・前掲（O plus E）によると、このクラスの光アクセスシステムとして、①「ギガビットメディアコンバータ」（G-MC）、②「ギガビットイーサPON」（GE-PON）、③「ギガビットPON」（G-PON）の「**三種類のシステム**」がある。**そもそもNTTのR&Dに負うところの大きいPON**（既述のBPONのPONである）は、「ファイバ上の伝送容量を複数のユーザでシェア」する（右の②③）のに対し、右の①の方式（G-MC）は、「ISPや大規模ユーザに一Gbpsのサービスを提供することを想定して開発されている」、という**発想の違い**（!!）がある。

また、右の①②（G-MC・GE-PON）は「IP通信を最も効率的に伝送することを目的」とし、「ユーザに提供するイーサネット〔Ethernet〕インタフェースをそのまま伝送する」べく、「伝送区間にはイーサネットフレームを〔そのまま!!〕採用」している。それに対し、右の③（G-PON）は、**『IP通信サービス』と『電話や専用線等の既存通信サービス』を同時に提供すること**を目的」とするため、「伝送区間」は「B-PONで採用したATMと、〔右の②の〕GE-PONで採用されているEthernetを併用したフレーム構成」となっている（右の①②の「伝送速度」は「上り・下りの双方向とも一・二五Ｇｂｐｓ」、③のそれは「下り」が「一・二五Ｇｂｐｓ」だが「上り」は「一・二五Ｇｂｐｓ、六二二Ｍｂｐｓ、一五六Ｍｂｐｓの三種類がある」。以上も、篠原・前掲〔O plus E〕からの引用）。

こう見て来ると、右の③（Ｇ－ＰＯＮ）がＦＴＴＨの基本からして最も素直な方式のように思われる。だが、①～③の各方式間の「インターオペラビリティの実現のために、標準化の意義」が「大きい」（篠原・同前）ことは、確かである。ところが、右の①②と③とでは、標準化のためのフォーラムが異なるのである。即ち、右の①②はＩＥＥＥ（米国電気電子学会）で、そして③は、既述のＦＳＡＮで、それぞれ「現在標準化が進められている」のである（篠原・前掲〔O plus E〕。ＦＳＡＮでは「Ｂ－ＰＯＮ」につき、「六〇〇メガクラスの標準は既に勧告化され」ている。これに対し、「これまでのＩＥＥＥでの標準化はＬＡＮでの利用を想定したものであり、アクセス系に導入することを想定していなかった」（前掲『ＨＩＫＡＲＩビジョンへの挑戦』三七頁〔篠原弘道〕）ために、後述の如き、多少ギクシャクした展開となっているのである）。

ＦＳＡＮでのＮＴＴの、引き続いてなされている活動については、本書二４⑵で示した。だが、それだけではない。前記①②についてのＩＥＥＥでの標準化についても、ＮＴＴは積極的に貢献している。篠原・前掲〔O plus E〕によると、前記①②（Ｇ－ＭＣ・ＧＥ－ＰＯＮ）の「標準化はＩＥＥＥ 802.3ah（通称ＥＦＭ―― Ethernet in the First Mile〔ラスト・マイルでないのは、「ユーザ側を起点に考え」てのこと。藤本・後掲六六頁〕）で進められて」いるが、「ＮＴＴはこれまでの光アクセスシステムの開発経験を生かし、ＥＦＭ〔つまりはＩＥＥＥ〕の『前記①②に関する』標準化活動に積極的に参加し」、「イーサネット上で属性の異なる複数のサービスを効率良く提供する方法や、遅延の少ない通信を実現するためのアルゴリズム等の提案を行い、標準案に採用〔!!〕されている」（以上、篠原・同前）。のみならず、前記①～③の「三種類のシステムが当面共存する可能性が高い」中で「システムの経済化を達成するためには、システムコストの最大の支配要因である『光部品』〔!!――ＮＴＴの世界的技術シェアが最も高い領域であることにつき、本書において、再三示したところ〕をシステム間で共通化することが大切である」ことに鑑み、「光部品の共通化を狙いとして、ＩＥＥＥとＦＳＡＮのリエゾン」をＮＴＴが「取り」、前記①～③の「物理レイヤの仕様共通化を達成した」、とされる。

『ＧｂｐｓレベルでのＦＴＴＨ』の国際標準化は、このように、現在なお進行中、なのである。そこにおけるＮＴＴの大きな技術貢献に、私としては期待したい。

なお、ＦＴＴＨの今後の展開との関係で、従来「中継系ネットワークで……長距離区間で使用する光ファイバの本数を少なくする」べく用いられていた、ＮＴＴがやはり強いところのＷＤＭ技術（既述）を、「アクセス系ネットワークにも活用すること」も、ＮＴＴで「研究してい」る。「ＷＤＭ技術を使って新しいサービスを多重化して提供する」等の目的のためである。例えば『ＶｏＩＰ』（Voice over IP）などは、「ＩＰのレイヤで提供できるので、間違いなく光に多重〔化〕されて提供でき」る、とされている（前掲『光ビジョンへの挑戦』二八－二九頁〔篠原弘道〕。なお、ＶｏＩＰを含めた次世代ＩＰネットワーク上のマルチメディア・サービス国際標準化に対するＮＴＴの貢献の一端につき、三宅功＝大羽巧「ＭＳＦ〔Multiservice Switching Forum〕大阪会合報告」ＮＴＴ技術ジャーナル二〇〇二年四月号七六頁以下、白石智＝長山和弘「オープンＡＰＩ〔Open Application

Programming Interface〕の標準化動向」NTT技術ジャーナル二〇〇二年五月号六三頁以下、同六月号八四頁以下。また、VoIPを支えるNTTの音声符号化技術たるCS－ACELPという技術は、フランステレコム、カナダのシェルブルーク大学の技術と共に、ITU－TのG.729標準となり、かつ、この三者による「特許〔及び著作権〕コンソーシアム設立」が、一九九八〔平成一〇〕年三月一二日のNTTニューズ・リリースで発表された。NTTの右の技術については、藤島信一郎・通信担当者のためのVoIP――Q&Aで学ぶ基礎〔二〇〇一年・リックテレコム〕八八頁以下。その他、NTTは、IP電話の品質評価手法についても、ITU－TのSG13で、国際標準化に貢献してもいる。ちなみに、ビジネスコミュニケーション三九巻一〇号〔二〇〇二年〕九〇頁以下に、「VoIPテクノロジー最新動向」と題した「特別企画」が組まれている）。

ところで、ここまで書いて来て、やはり気になるのはIEEEサイドの動きである。この点を、藤本幸洋「IEEE 802.3ah（EFM）標準化動向――Ethernet 規格がアクセス系に本格進出」NTT技術ジャーナル二〇〇二年一〇月号六六頁以下から、若干見ておこう。実は、この802.3ahのタスクフォース（TF）では、銅線（Copper）利用型のVDSLの標準化までやっている（藤本・同前六六頁の「Copper サブTF」）。しかも、「VDSLの変調方式が二つに分かれたまま市中に製品が出回っているため二方式が提案され」ざるを得ず、「現在どちらか片方だけを採用することは困難な状況」、とある。FTTHを論じつつ、今更VDSLに話を戻すのは、私にとって苦痛だが、重要なのは、「現在……市場にあ」る二つのVDSLの方式の間で「お互いの接続はできません」（!!）と、同前頁にあることである。『ADSLの先はVDSLがあるから光ファイバーなど不要』などという声がいまだにあるが、右の〝事実〟には、いずれにせよ注意すべきである。困るのは一般ユーザーなのだから（!!）。

他方、光物理層PMD（Physical Media Dependent）サブTFでは、一〇〇Mbps・一Gbps用の「光物理層インターフェース」が「五セット・九種類」も「追加」されるとのことで、そこでも「相互接続できません」（同前・六六―六七頁）云々、とある。但し、この点は、篠原・前掲（O plus E）にあるように、NTTが「IEEEとFSANのリエゾンを取り」、前記①～③の三方式（IEEEが担当するのは①②のみ）の「物理レイヤの仕様共通化を達成した」とあるので、その後、それなりに解決された、のであろう。そうであることを祈る。ともかく、NTTが複数の標準化機関をつないで活躍してくれていないと、インターオペラビリティの確保など覚束なく、とくにIEEEの内情は、放置すれば危なっかしくて見ていられない、と私は感ずる。

このように、FTTH、即ち「『究極は光ファイバー』との国際的共通認識」（本書三6の見出しを見よ）は、一九九八年のFTTH国際標準化で「確立」されたが、一〇〇M《メガ》bpsから一G《ギガ》bpsに進む段階で、更なる（!!）〝NTTの『技術による世界貢献』〟が、強く求められているのが、現状である。

＊　ギガからテラへ、そして……！

だが、NTTのフォトニック（光）R&Dは、G（ギガ）からT（テラ）へ、そしてその先に向かって、猛然と突き進んでいる。夙に「市内中継系は毎秒一〇ギガビット、幹線系は毎秒一テラビットという時代がくる」（前掲『情熱の五〇年』六〇頁）との予測がなされており、一九九八年二月には、「国際会議ＯＦＣ'98（Optical Fiber Communication '98）のキーノートアドレスで」、ＮＴＴ側から、「『ペタメディア』ネットワーク社会に向けて」と題した講演がなされた。「ペタとは、一〇の一五乗。メガ（一〇の六乗）、ギガ（一〇の九乗）、テラ（一〇の一二乗）のさらに先」、である。一〇〇Ｍｂｐｓレベルを基本的に前提としたＦＴＴＨ国際標準化が達成された、まさにその年の講演たることに、注意すべきである。まさに、『先の先』を見越した提案である。「毎秒ペタビットの伝送能力を有するネットワークにおいては、百万人のユーザが毎秒ギガビットの超高速大容量伝送をいつでもストレスなく行うことができる。毎秒一ギガビットといえば、どんなに膨大な百科辞典でも数秒あれば全巻送れる伝送容量だ。大容量を要するマルチメディア情報にしても、質感や表情まで伝えて余りある。……本当にマルチメディアが社会と文化を〔!!〕変革するためには、ペタメディアネットワークの構築が不可欠」であり、その際の「キーワードは『もっと光を』だ」、とされている（以上、同前・三〇三頁。ちなみに、前掲『ＨＩＫＡＲＩビジョンへの挑戦』一一頁には、更に「Ｐ〔ペタ〕レベルからＥ〔エクサ〕レベルへ」の「指数関数的な発展が期待される」、とある。

　そのための「光伝送システムへのブレークスルー」の基本が、本書の〔図表63〕にも、示されていたことになる（なお、そこに示した「フォトニック・クリスタル・ファイバー（ＰＣＦ）」については、「一デシベル〔一㎞当り〕」から、更に低損失化が進んでいるようである。即ち、久保田寛和＝川西悟基「フォトニック結晶構造ファイバの光学特性と光通信への応用」ＮＴＴ　Ｒ＆Ｄ五二巻一号〔二〇〇三年――昨日届いたばかり!!〕六〇頁には、「最近になって〇・五八デシベル〔一㎞当り〕」のファイバが報告された。また、やや構造は異なるが……〇・四一デシベル〔一㎞当り〕という損失のファイバも報告されている」、とある。その注を見ると、右の前者は外国の研究者、後者は"T. Hasegawa, S. Sasaoka, M. Onishi, N. Nishimura, Y. Tsuji, and M. Koshiba"とある。後者は住友電工の成果のようだが、ともかく、ＰＣＦについても、本書の〔図表65〕――一〇〇Ｇｂｐｓ伝送用ＩＣ開発――と同様の、烈しい技術競争が進行中、ということになる。この点に関するＮＴＴの更なる成果は、いずれ世に示されることになろうが、いずれにせよ、本書の〔図表64〕の下に書いたように、「従来ＰＣＦは、部品にしか使われないと思われていた」常識を打ち破って突き進んで来たＮＴＴの技術貢献には、実に大きなものがあることを、忘れるべきではない。そして、待っていたＮＴＴによる世界初のＲ＆Ｄ成果の発表が、遂になされた〔!!〕。本書四四三頁の＊マークの〔追記〕を見よ）。

7　想起すべき一九八八年の電気通信技術審議会答申（「通信方式の標準化に関する長期構想」）の戦略性と工業技術院側の最近の動き――その連動におけるＮＴＴの役割の再認識に向けて

　これまでの論述においても、再度国際標準化（とくに複数の標準化フォーラム間での橋渡し）におけるＮＴＴの活躍の一端を示した。国際標準の重要性は、今更強調するまでもなく、また、本書の随所で具体例に即しつつ、ＮＴＴのこの分野での果敢な活動に焦点をあて、論じて来た。

　ただ、一九八八（昭和六三）年の、右の電技審答申（『ＩＳＤＮ時代の標準化戦略』とのタイトルを有する。――それについては、石黒・

〔研究展望〕ＧＡＴＴウルグアイ・ラウンド〔一九八九年・ＮＩＲＡ〕一一六頁以下で論じてある）に私があえて着目するのは、次のような指摘がそこにあるからである（石黒・同前一一九頁）。即ち、「他の分野はともかく電気通信分野においては相互に通信できることがユーザ利便を向上させるため、あるいは通信サービス、通信機器・システムの発展のために必須であり、また、通信方式の標準化が先行してマーケットの拡大を支援していくという側面が強い」（同答申・一九頁）とされ、その際、ＮＴＴ・ＫＤＤ（当時のＫＤＤ!!）の「優れた技術先導性」を活用しつつ「標準化にあたっての主導権を確保」すべきだ、とされていたのである（同前・一七頁）。

ところが、その数年後に私が電技審の専門委員になった頃には、デ・ファクト・スタンダード重視（要するに市場にまかせろ）論が台頭し、更に、〝ＮＴＴ分割論〟の頃からは、ＮＴＴの技術力など大したことないから云々、の愚論がまかり通り、その延長線上で、本書執筆の直接の引き金になった二〇〇〇（平成一二）年末の状況にまで立ち至った。

本書（とくにその三）は、（死んでしまったＫＤＤはともかく）ＮＴＴの世界的な「優れた技術先導性」と国際標準化への献身的努力とを、具体的に記すことにより、前記の電技審答申の指摘の正しさを、それが出されて十余年後の今、改めて示すための、私なりの営為だった、とも言えるのである。

他方、「（旧）工業技術院側の最近の動き」とは、貿易と関税二〇〇〇年一二月号三八頁以下で論じた、改組前の工業技術院の「二一世紀に向けた標準化問題検討特別委員会報告書」（委員長は、本書一七四頁の＊の項に御登場頂いた富士通名誉会長の山本卓眞氏!!）のことである（その公表は二〇〇〇〔平成一二〕年五月二九日）。同報告書・四頁は、「規制緩和の流れを踏まえた社会的規範の構築における柔軟なルール構築手段としての標準の活用」を説き、同前・六頁以下は、「国際的な公共財提供の観点」も重視しつつ、「産業競争力強化の視点からの戦略的国際デジュール（!!）標準獲得の重要性の増大」を、正当に指摘する。更に、同前・一〇頁は、「電子商取引」や「情報家電」のネットワーク利用を挙げ、「消費者保護」の視点からも、「ＩＳＯとＩＴＵの合同フォーラム」を設立する等、適切な国際標準化フォーラムの検討を含め、デジュールによる国際標準化を図っていく必要がある」、と明言している。

実は、この報告書には、相当程度私の意見が盛り込まれているのだが、ＮＴＴサイドからの山田肇委員（国際大学グローバル・コミュニケーション・センタ主任研究員」に転じた。）からの発言は殆どなかった。『こんなことはＮＴＴがずっとやって来たことなのに、なぜそれについて発言しないのか』と、私は相当頭に来ていた。事実である。

その後、私は、改組後の日本工業標準調査会（会長は山本卓眞氏）の正委員となったが、それはともかく、前記報告書に関する座談会（山本卓眞＝石黒＝高柳誠一〔ＩＥＣ会長〕＝武田貞生「二一世紀の標準化政策を展望する――国際標準化活動の新展開」経済産業ジャーナル二〇〇一年一一月号三頁以下）でも、私は――

「第一に、私が関与している情報通信分野では、従来から日本はＩＴＵ〔等〕の舞台で国際標準化について、かなりのリーダーシップを発揮してきました。ところが、一九八五年の競争導入以降、率直に申し上げて、日銭を稼ぐことに目が行き、社内で標準化の専門家の方の立場が宙ぶらりんの状態になってしまいました〔とくに、かつてのＫＤＤでそれが目立っていた〕。情報通信や情報処理を含めて国際標準化機関では日本のプレゼンスが高かったにもかかわらず、企業レベルでは長期的展望を欠いた流れが若干あったのです。現在、日本全体の景気が低迷している状況にありますが、ある意味では、今こそ、国際標準化活動において頑張らなければいけないときだと思います。それにもかかわらず、［一般には］各企業が後ろ向きになっているのではないでしょうか。

第二に、デファクト対デジュールについて、情報通信分野では、何となくデファクトでいいんだという雰囲気が数年前から非常に強くなりましたが、私はデジュールが基本になければいけないと考えており、この流れに強い抵抗感を抱いています。

第三に、先程ご指摘があったようなパラダイムシフトが実際に起きており、数年前にもＩＴＵ、ＩＳＯ、ＩＥＣの三機関の事務局長が集まってＷＴＯ向けのステートメントを出してきました。これを具体的にいえば、ＧＡＴＳ（サービス貿易一般協定）六条あるいは七条から発している流れで、純粋な技術標準というよりもむしろレギュレーションをスタンダードによって置き換えようという動きなのです。ただし、レギュレーションの標準化とは実際にはどのように進めていくのか、これが非常に悩ましい問題を提起しています［この点の詳細については、石黒・グローバル経済と法（二〇〇〇年・信山社）七二頁以下、三〇五頁以下を見よ］。

ですから、ＩＴＵ、ＩＳＯ、ＩＥＣにおける国際標準化のなかには、純粋な技術標準とサービス・スタンダードに係るレギュレーションが混在しているわけであり、日本はそのいずれにおいても頑張らなくてはいけません。デファクト標準でも、もちろん頑張らなければいけませんが、デジュール標準を押さえなければ、結局は勝てない。これらのことについて、現在、日本では十分に認識されていないのではないかと懸念しています。」（同前・六―七頁）。

「実は、日本企業にも国際標準化活動を積極的にリードしている人々は多数いらっしゃいます。標準を作成するうえでは、技術面だけではなく、むしろ戦略に満ち満ちた力学が働くわけですが、その面でも頑張っている人々が実際にはいらっしゃると思います。ところが、全体的な日本の戦略という面で考えると、まだまだ不十分です。その意味で今般、日本工業標準調査会が戦略性を正面からうたった標準化戦略をとりまとめたことは重要な第一歩でしょう。」（同前・八頁）

「情報通信分野での日本のセキュリティー技術、より正確にいえば暗号の技術は世界一流のレベルにあります。そういう分野で世界に貢献できるのに、なかなか人々の目はそこに向かない。セキュリティーの問題は後方に押しやられている。そしてその道の専門家は、この問題については、アメリカよりもヨーロッパと組んだほうがいいといっています。私も同意見です。ですから、先程ご指摘のあったように、常にアジアのことを意識しながら、アメリカと組むか、ヨーロッパと組むか、問題ごとに対処するスタンスが必要ではないかと思います。

それから、今後大切なこととして、標準の専門家、知的財産の専門家、技術開発の専門家という、実はそれぞれカルチャーが違うこれら三分野の専門家を統合していくトータルマネジメントのできる人材が、官の側にも企業の側にも必要とされていると思います。」（同前・一〇頁。）

――等の発言をした。

ともかく、本書冒頭以来、詳細に示したように、二〇〇〇（平成一二）年という年に、一方では、全く『技術の視点』を欠く形でNTTグループの解体（海外売却も可なり、とするそれ）が叫ばれ、他方、旧工業技術院側から、『産業競争力強化の視点』を含めて、〝戦略的な国際的 de jure 標準獲得の重要性〟が説かれていたのである。つくづく〝妙な年〟だった、と思う。テレコムについて言えば、後者の指摘は、前記の一九八八（昭和六三）年の電技審答申と連動する。むしろ右の後者においては、本書で再三示して来たような、NTTの果敢かつ多面的、そして戦略的な国際標準化実績を模範として論を立てるべきだったとさえ、私は感ずる。但し、前記座談会・一〇頁からの引用の、最後の段落（「それから、……」の部分）で私が述べた点は、実は極めて重要である。今後のNTTのR&Dを考える上でも、である。

そこから先を書こうとすれば、この本書三7の項目については、貿易と関税二〇〇一年三月号以来、私が実に計二六回（二年と二か月）にわたって書き綴って来た事柄、即ち本書それ自体に、すべてが回帰する。もう潮時、であろう。

四　総　括——我々は何を目指すべきなのか？

電子情報通信学会誌八五巻五号（二〇〇二年五月）の、同誌の「特集**『フォトニックIPネットワークは人類の幸せのために』**に寄せた、石黒「IT基本法と『光の国』日本の国際戦略」（同・三〇六頁以下）の冒頭（「ABSTRACT」）に、私は――

「『人類の幸せのために』との、本特集のタイトルと目的意識は正しい。だが、現実の世界では、一握りの巨大企業のグローバル寡占確立のために、また、覇権国家の世界覇権維持のために、IP関連の技術や今後の技術開発のあり方自体が、向けられがちである。国内外での政策論議において、前記の目的意識を維持し、実現することは、実は至難の業である。他方、技術開発の現場においても、企業収益直結型の短期的思考に毒されることなく、長期的戦略に基づく着実な営為こそが真の『人類の幸せ』に直結することへの、深い認識が必要である。」

――と記した。

「我々は何を目指すべきなのか？」との、二年程前（二〇〇〇〔平成一二〕年一二月末）の自分が自分自身に対して突きつけた問題に対する答――それは、本論文の〃全体〃である。**VI&P計画の基本**にも、右のABSTRACTと同様の視点が、本書三6で示したように、明確に裏打ちされていた。また、**私自身が起草委員となった一九九五（平成七）年五月の電気通信審議会答申**（『グローバルな**知的社会の構築に向けて――情報通信基盤のための国際指針**』〔平成六年諮問第一〇九号〕）二五頁には、次の図がある。同頁の説明文と共に、これを〔図表69〕として掲げておこう。

説明は、殆ど不要であろう。内閣府のe-Japan 2003策定のための

〔図表69〕「情報発信権・情報アクセス権の実現に向けた構造」

「相互接続性・相互運用性の確保のためには，情報通信の技術的事項について標準化が実現していることが極めて重要である。標準化の徹底により，シームレスでオープンな情報通信インフラが実現する。

「情報発信権」「情報アクセス権」の実現に向けた相互接続性・相互運用性と標準化との関係は，下図のとおりである。」

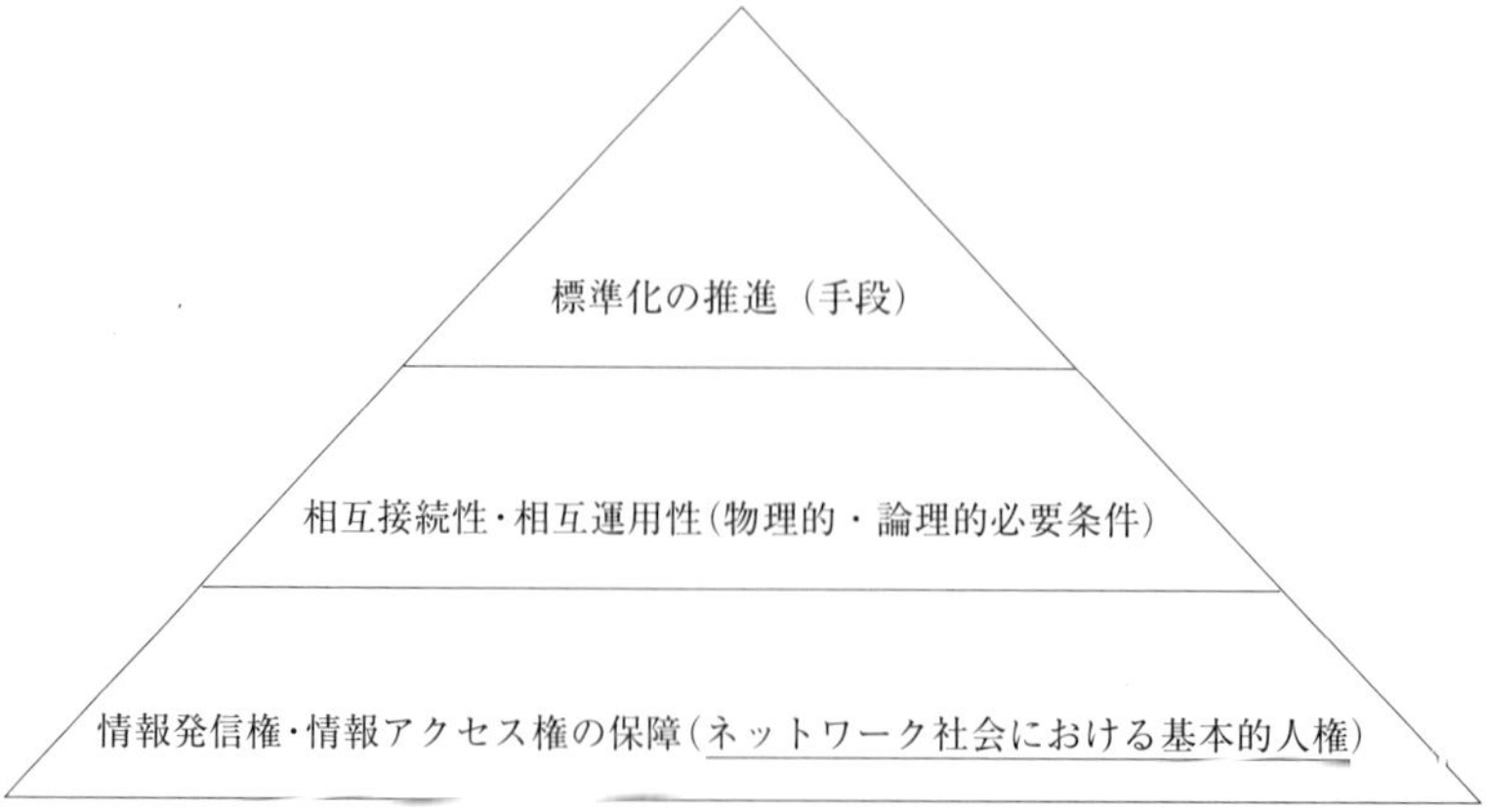

〔出典〕　電通審・前記答申（1995年）25頁。この図表の見出しも同頁にある言葉である。

会合で私が訴えているのも、この〔図表69〕と同じことなのである。そして、それはIT基本法の〝基本理念〟の諸規定の趣旨とも合致する。〔図表69〕の中にアンダーラインを引いた部分の**「基本的人権」**の語に、注目すべきである。

この答申が出た直後から、NTT分割論議が本格化した。そして、「公正競争」の波に、「基本的人権」は、そしてそれを支える「技術の視点」は、いつしか流されて行ってしまっていた。

＊　＊　＊

但し、その頃の自分は、「技術」について、殆ど知らなかった。何となく「技術の視点」の重要性を肌で感じていたに過ぎない、悲しい存在であった。

だが、今はもう、昔の自分ではない。二〇〇〇（平成一二）年一二月二七日以来、私は変わった。そして、『美しい技術の世界』のあることを知り、それを知り得たことに深く感謝しつつ、こうして本書を結ぼうとしている。

最後に、本当に最後に、（マーラーの第三番の最終楽章が静かに流れる中で……）前掲『情熱の五〇年』二一九頁の写真を〔図表70〕として示し、同前・九頁からの引用を、しておこう。この論文を書き始めたときから、そうしようと心に決めていたことだから……。

「**一九五〇年**一二月一日〔!!――私が生まれたのは**その年**の八月一二日〕に建立され、今も〔NTTの〕武蔵野研究開発センタ……に立っている**石碑**に刻まれた吉田初代所長の言葉は、いまもその輝

〔図表70〕 **NTT R&Dの出発点**

（武蔵野研究開発センターにある故・吉田五郎初代通研所長の言葉を記した石碑（1950.12.1建立））
〔出典〕 前掲『情熱の50年』219頁（写真は現時点でのものとした）。

きを失っていない。

『知の泉を汲んで研究し実用化により世に恵を具体的に提供しよう。』

この言葉は、五〇年にわたって研究者たちの精神的なバックボーンとして生き続けている。……」

＊　＊　＊

以上をもって、本書の結びとする。今まさに、マーラー交響曲第三番が最後の高まりと共に、終わろうとしている……（二〇〇三〔平成一五〕年一月一五日午後三時四三分。――実に長く、辛い、〝**自分との戦い**〟であった。点検は、いずれ日を改めて行なう。――そのつもりだったが、同日午後五時三一分、何とか終了）。

＊「本書」の初校は、二〇〇三（平成一五）年三月二四―三〇日の間、一気に済ませ、あとは妻裕美子にすべてを委ねる。一日一〇時間以上ぶっ通しでの校正の日々。これまた苦しかった。だが、詳細チェックをする妻の方がはるかにキツイだろうと思う……。――以上、同月三〇日午後六時二九分、記す。一昨日の思いもかけぬ訃報のゆえに、何としても今日までに、と思い、成し遂げた（!!）。――再校は、同年五月二七日に、一日で済ませ、あとは裕美子の詳細チェックに、すべてを委ねることとする。なお、その後、出版用ソフトのトラブルが判明し、再校刷を一度戻して、七月一一日にようやくそれが到着。私はクロス・レファレンスと目次の頁のみをチェックし、明日以降、妻が再校刷に再度アタックしてくれることになっている。

そして、七月三〇日午前〇時一五分、妻の再校が終了。これから二人で最終チェックに入る。――最終チェック終了、同日午前五時二一分（!!）。

ＩＴ戦略の法と技術

2003年10月10日　初版第１刷

著　者
石黒一憲
発行者
袖　山　貴＝村岡侖衛
発行所
信山社出版株式会社
〒113-0033　東京都文京区本郷 6-2-9-102
TEL　03-3818-1019　FAX　03-3818-0344
印刷・製本　松澤印刷株式会社
PIRINTED IN JAPAN

ISBN 4-7972-5275-8 C3032